高等机械系统动力学
——原理与方法

李有堂 著

U0287483

科学出版社
北京

内 容 简 介

本书为适应现代机械产品和结构的动力学分析及动态设计需要，结合作者多年的科研实践和机械系统动力学教学实践撰写而成。全书共 7 章，主要阐述高等机械系统动力学的原理与方法。第 1 章绪论。第 2 章动力学问题的数学基础，主要包括张量分析、积分变换等。第 3 章动力学问题的力学基础，主要包括拉格朗日方法、哈密顿方法、变分原理、机电系统动力学方程等。第 4 章系统运动稳定性原理，主要包括二阶定常系统、保守系统、线性系统、周期变系数系统的稳定性等。第 5 章刚性动力学原理，主要包括刚体运动学方程、刚体动力学方程、刚体的一般运动等。第 6 章弹性动力学原理，主要包括应力张量、应变张量、弹性动力学的基本方程、弹性动力学问题的基本解法等。第 7 章塑性动力学原理，主要包括塑性动力学的本构关系理论、弹塑性系统的动力响应、刚塑性动力学的原理等。

本书可作为机械工程及相关设计与制造专业研究生教材，也可供现代制造领域相关高级技术人员、研究人员参考。

图书在版编目（CIP）数据

高等机械系统动力学：原理与方法/李有堂著. —北京：科学出版社，2019.11

ISBN 978-7-03-062908-1

Ⅰ. ①高…　Ⅱ. ①李…　Ⅲ. ①机械工程-动力学-高等学校-教材　Ⅳ. ①TH113

中国版本图书馆 CIP 数据核字（2019）第 245883 号

责任编辑：裴　育　李　娜 / 责任校对：郭瑞芝
责任印制：赵　博 / 封面设计：蓝　正

科学出版社出版
北京东黄城根北街 16 号
邮政编码：100717
http://www.sciencep.com
北京天宇星印刷厂印刷
科学出版社发行　各地新华书店经销
*
2019 年 11 月第　一　版　开本：720 × 1000　B5
2024 年 1 月第三次印刷　印张：30 1/4
字数：597 000

定价：198.00 元

（如有印装质量问题，我社负责调换）

前　　言

随着现代工业和科学技术的快速发展，智能制造、工业 4.0 等先进制造技术使制造业日新月异，机械产品与设备日益朝着高速、高效、精密、轻量化和自动化方向发展，良好的结构动态性能要求已成为产品设计中的重要优化指标之一。在高速、精密机械设计中，为了保证机械的精确度和稳定性，需要对结构进行动力学分析和动态设计。现代机械设计已经从为实现某种功能的运动学设计转向以改善和提高机器运动和动力特性为主要目的的动力学综合分析与设计。可见，机械系统动力学对现代机械设计有着重要且深远的意义，对机械行业的发展起着关键性的作用。

力学是现代自然科学的基础学科，是现代工程的基础支柱。系统动力学问题对机械设计的动态特性和机械运动规律具有重要影响。因此，一位优秀的机械产品设计师或工程师，首先应该掌握扎实的力学知识，尤其是动力学知识。目前，机械工程等领域的人才培养，虽然对动力学知识有所涉及，但距离现代设计的要求还有差距。为了实施中国制造“三步走”发展战略，实现从中国制造到中国创造、建设制造业强国的目标，需要培养大批全面掌握机械系统动力学的高端人才。动力学问题内容广泛，涉及一些特殊的数学基础和力学原理。针对现代机械产品设计的动力学分析和动态设计要求，作者结合多年的科学研究与研究生课程教学实践撰写本书。

本书主要阐述高等机械系统动力学的原理与方法，涉及动力学问题的数学基础、力学基础和各类动力学原理。第 1 章绪论，主要讨论动载荷、动力学问题的特征、固体材料的动力特性等问题。第 2 章动力学问题的数学基础，主要包括张量分析、黎曼卷积、积分变换等。第 3 章动力学问题的力学基础，主要涉及基本概念与原理、拉格朗日方程、哈密顿方程、变分原理、机电系统动力学方程等。第 4 章系统运动稳定性原理，主要讨论二阶定常系统、保守系统、线性系统、周期变系数系统的稳定性等。第 5 章刚性动力学原理，主要涉及刚体的有限转动、刚体运动学方程、刚体动力学方程、刚体的定点转动、刚体的一般运动等。第 6 章弹性动力学原理，主要包括应力张量、应变张量、弹性动力学的基本方程、弹性动力学问题的基本解法和互易定理等。第 7 章塑性动力学原理，主要涉及高应变率下塑性变形的微观机制、塑性动力学的本构关系理论、弹塑性系统的动力响应、刚塑性动力学的一般原理和广义原理等。

本书相关研究工作得到国家自然科学基金、教育部“长江学者和创新团队发展计划”、兰州理工大学红柳一流学科建设和研究生精品课程建设计划的支持，在此表示感谢！

由于作者水平有限，书中难免存在不妥之处，恳请广大读者批评指正。

作　者

2019 年 6 月

于兰州理工大学

目　录

第1章　绪　　论

1.1　系统与机械系统

运动是物质存在的形式，是物质的固有属性。机械运动是物质运动的最简单形态，是指物体的空间位置或物体的一部分相对于其他部分空间位置随时间变化的过程。将动力学研究对象的质点系称为**动力学系统**，或简称**系统**。机械系统动力学是研究机械在运行过程中的受力情况，以及在这些力作用下的运动状态的一门学科。

1.1.1　系统

系统可定义为一些元素的组合，这些元素之间相互关联、相互制约、相互影响，并组成一个整体。从此定义来看，系统是由多个元素组成的，单一元素不能构成系统。系统的概念范围很广，大到天体系统，小到微观系统。

按照受力性质，系统可以分为**静态系统**和**动态系统**。

按照应用性质，系统一般可分为**工程系统**和**非工程系统**两类。工程系统有机械系统、电气系统、气动系统和液压系统等；非工程系统有经济学系统、生物学系统、星球系统等。

1.1.2　机械系统

机械系统是由一些机械元件组成的系统，如平面连杆机构系统、由凸轮元件组成的凸轮机构系统、由齿轮元件组成的齿轮系统等。这些元件常常与电气系统、液压系统等结合，组成一种新的系统，如机械和电气结合形成的机电一体化系统、机械和液压结合形成的机液控制系统等。

从工程应用的角度来考虑，把研究和处理的对象定义为一个工程系统。例如，对于一台机械设备，一般由下列三大部分组成：动力装置、传动装置和工作装置。而将每一部分作为对象来研究时，就形成一个系统，即动力系统、传动系统和执行系统，如图1.1.1所示。对图1.1.1中的传动系统，在机床和车辆中大多数是齿轮传动箱，而齿轮传动箱要完成传递动力的任务，需要齿轮箱内部各元件如齿轮、轴、轴承等协调配合来完成工作，不得出现卡死、干涉等现象。除了系统中各元件(元素)协调工作之外，系统与系统之间也必须协调工作，才能完成机械设备分配给系统的任务。

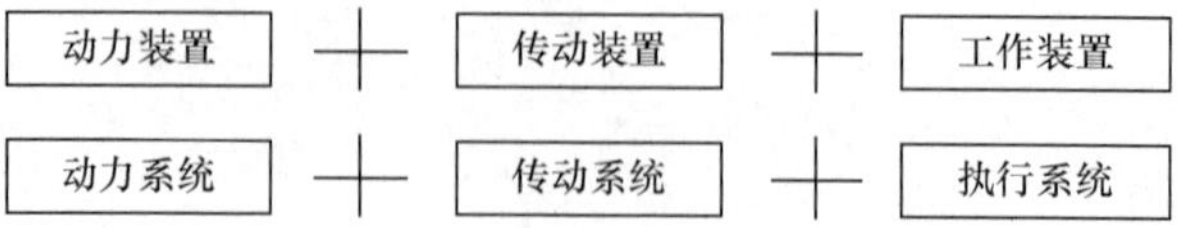

图 1.1.1　机械设备的系统组成

1.1.3　系统组成

在研究和分析一个系统时，常用“信号”这一物理量来描述。

信号是在系统之间连接通道中“流动”着的物理变量，是一个“动态”量。例如，对于图 1.1.2 所示的车辆传动系统，M_1是动力源(发动机)输入给传动系统的转矩，M_2是经过系统后输出给执行系统(驱动车轮)的转矩。由于输入转矩 M_1较小，而输出转矩 M_2较大，故转矩 M 经过传动系统后由小变大，是一个动态量，可视为信号。同样，转速 n 也可看成一个信号。由于发动机输入的转速 n_1较高，而经过传动系统后输出给驱动车轮的转速 n_2较低，所以转速 n 是一个动态量。也就是说，传动系统的作用是减速增矩，转矩 M 和转速 n 都可以作为信号来处理。

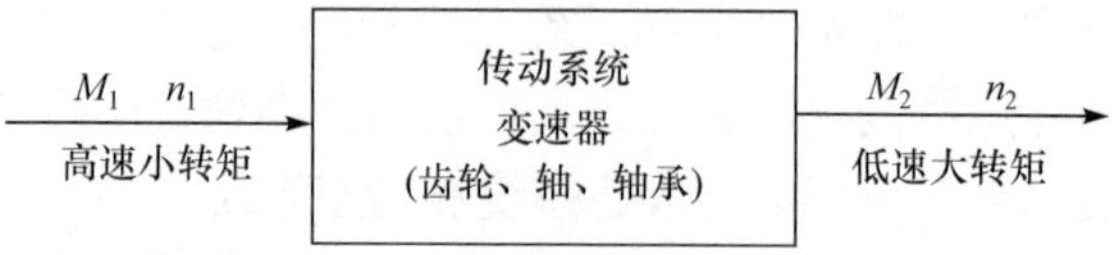

图 1.1.2　车辆传动系统

1.2　动 载 荷

物体在外部载荷作用下将会改变其原有的形状和运动状态，物体内各部分之间的相互作用力也随之发生变化。这些变化统称为物体对于外部作用的响应。物体承受的载荷多种多样，根据引起物体响应的不同，可将载荷分为静载荷和动载荷。**静载荷**是指加载过程缓慢，物体由此而产生的加速度很小，惯性效应可以略去不计，因而在此加载过程中可以认为物体的各部分随时都处于静力平衡状态。如果在加载过程中能使物体产生显著的加速度，且由加速度引起的惯性力对物体的变形和运动有明显的影响，这类载荷称为**动载荷**。动载荷有周期性、非周期性和短时强载荷等类型。例如，金属切削机床所受的切削力，车辆的碰撞，海浪、水下爆炸对舰船的冲击，空气流动、飞行物对飞机的影响等。动载荷大致可表示为图 1.2.1 所示的五种类型。

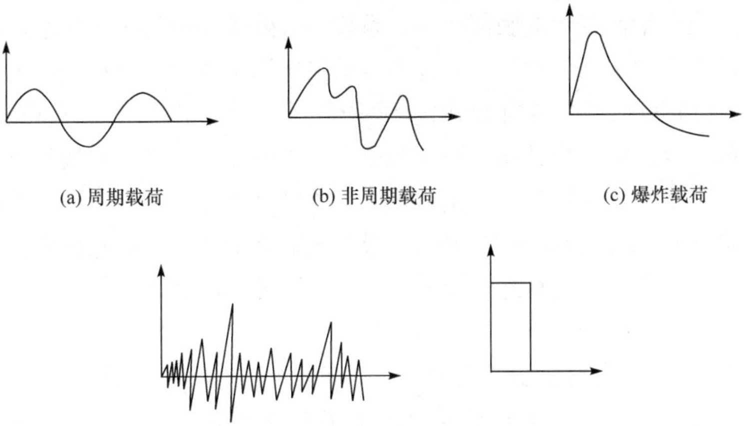

(a) 周期载荷　(b) 非周期载荷　(c) 爆炸载荷

(d) 地震载荷　(e) 冲击载荷

图 1.2.1　动载荷分类

同静载荷相比，物体对动载荷的响应在性质上存在很大的差异。在静力问题中，对于给定的载荷，响应具有单一的解。求解静态响应只需要考虑加载前的参考状态和加载后的变形状态之间的差异，这是由于略去了惯性效应，物体局部受到扰动后，整个物体各部分的响应立即完成，而不需要任何时间过程。在动力问题中，局部的扰动并不能立即引起离扰动源较远部分的响应，而且物体中每一点处的响应也将随时间变化。可见，动力学是研究惯性效应不能忽略的力学问题，虽然其控制方程仅比静力学方程多出了惯性项和时间变量，但相对而言，动力学问题不仅在数学求解上困难得多，而且其物理本质也复杂得多。

不同形式的载荷将引起系统的不同响应，且与材料性质、运动状态和系统的结构形式等密切相关。对于一般周期载荷和载荷强度、撞击速度不高的非周期载荷，需要重点分析系统的弹性振动问题，关注振动失稳和共振等问题。而对于爆炸载荷和冲击载荷等短时强载荷，作用时间很短，强度或者速度很高，输入系统的能量很大，引起系统的应力和变形比将超出弹性极限而进入塑性状态，因而需要研究系统的塑性动力响应、塑性波效应、塑性动力失效等问题。

1.3　动力学问题的特征

当弹塑性系统受到动载荷作用时，对于弹性体，当载荷的峰值不大于使系统进入塑性状态所需的载荷时，系统呈现弹性振动状态。对于弹塑性体，尽管外载荷的峰值远远超过静力极限载荷，但由于载荷作用的持续时间短，输入系统的能量有限，且由于塑性变形的吸能效应，系统仍可处于许可的工作状态。

结构的动态稳定性包含材料失稳和运动失稳两个方面，材料失稳表现为材料的软化，运动失稳则考虑结构系统本身平衡和运动的稳定性。就运动稳定性而言，也有不同的原因，如参数共振、跟踪载荷、冲击载荷等。参数共振是指结构在周期力作用下产生的分叉现象，不论其分叉后路径是否稳定，如压杆在周期力作用下都产生横向振动且其幅度迅速增大。跟踪载荷是指载荷以静态作用，但系统是保守的，如压杆受一个沿杆端切向作用的力，这类问题需要作为一个动态稳定问题来考虑。

短时超强载荷或突加载荷作用下的结构稳定性是冲击屈曲问题的主要内容。如果所加载荷较小，系统将在其静力平衡位置附近振荡，且振幅较小。当载荷加大时，系统将偏离静力平衡位置而达到静力不平衡状态，运动将发散，这就是冲击屈曲。

1.4 固体材料的动力特性

固体材料在外力作用下，将会发生变形。对于各向同性材料，在静态载荷作用下，随着力的增加，先后发生弹性变形、塑性变形，直至断裂。图 1.4.1 是低碳钢在拉伸实验时的应力-应变曲线。

物体受动载荷作用与受静载荷作用后的反应不同。动载荷与静载荷并没有严格的分界线，可以认为使物体变形的应变率在 $10^{-1}s^{-1}$ 以下为准静态加载；在 10^{-1}～$10s^{-1}$ 为中等应变率状态；在 10～10^4s^{-1} 为高应变率状态。应变率越高，所需加载的速度越快，完成加载的时间越短。要实现应变率为 10^2s^{-1}，则产生 1%的应变，所需加载时间为 $10^{-10}s$。在准静态加载时，产生 1%的应变所需时间为 10s 以上。实现高应变状态可以用分离式 Hopkinson 压杆装置的高速加载，要实现更高的应变率，则需要采用轻气泡或爆炸导致的平板撞击才可以实现。

固体材料在高速载荷下会出现**应变率效应**、**应变率历史效应**和**温度效应**等一系列力学特性。

1. 应变率效应

许多金属材料在高速加载条件下，屈服极限明显提高，屈服的出现有滞后现象。图 1.4.2 为应变率效应的实验结果，从图中可以看出，应变率升高时，瞬时应力呈线性形式升高。屈服极限和瞬时应力随应变率提高而提高的现象，称为**应变率效应**。

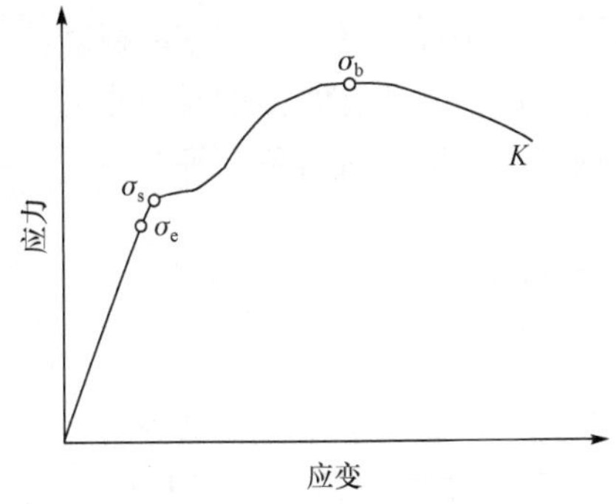

图 1.4.1　低碳钢在拉伸实验时的应力-应变曲线

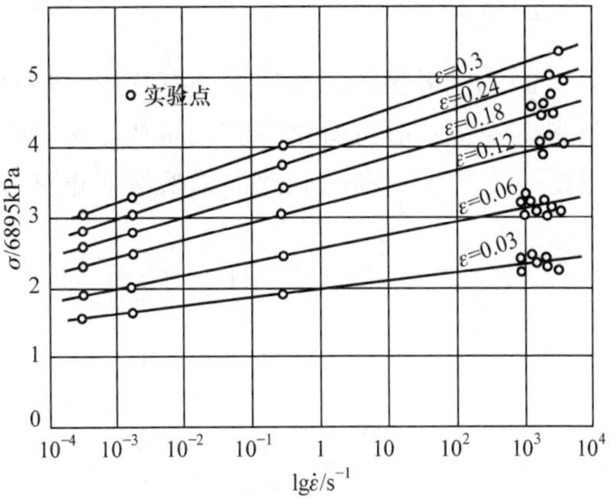

图 1.4.2　应变率效应

2. 应变率历史效应

对于同种材料，在给定的应变率下，应力-应变曲线是一定的。在加载过程中应变率改变，材料的应力-应变关系并不立刻遵守与改变后的应变率对应的应力-应变关系，即固体材料对应变率历史往往是有“记忆”的，称为**应变率历史效应**。

3. 温度效应

瞬时应力将随温度升高而降低，随着应变率的提高，材料的强化效应将有所降低，而破坏强度有所提高。图 1.4.3 是材料的温度效应，图中 Ⅰ 区表示低应变率时，温度与应变率关系不大；Ⅱ 区表示屈服应力随温度提高而降低，且呈线性变化；Ⅲ 区表示实验未达区；Ⅳ 区表示在高应变率条件下，温度的升高引起屈服应力的急剧下降，且不再呈线性关系。

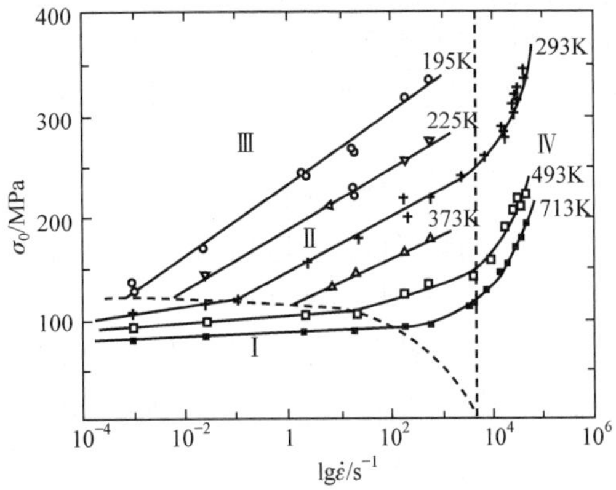

图 1.4.3　材料的温度效应

4. 其他效应

固体材料在动态条件下还有其他一些力学特性。例如，随着应变率的提高，材料的强化效应将有所降低，而破坏强度则有所提高；介质在很强的激波作用下可能发生相变，在超高速加载条件下介质将出现许多新的物理现象；等等。

1.5 动力学问题类型

图 1.5.1 动态系统模型框图

动力学系统一般由三个部分组成：系统、系统施加的输入信号和输出信号，如图 1.5.1 所示。在实际应用中，将系统输入信号称为**激励**，把系统在激励作用下的动态行为，即输出信号称为**响应**。根据图 1.5.1 的动态系统模型框图，动力学问题可归纳为以下三类。

(1) 已知激励 x 和系统 S，求响应 y。这类问题称为系统动力响应分析，又称为动态分析。这是工程中最常见和最基本的问题，其主要任务是为计算和校核机器(结构)的强度、刚度、允许的振动能量水平提供依据。动力响应包括位移、速度、加速度、应力和应变等。

(2) 已知激励 x 和响应 y，求系统 S。这类问题称为系统辨识，也可称为振动系统设计。这类问题主要是求系统的数学模型及其结构参数，通过获得系统的物理参数(如质量、刚度及阻尼等)，了解系统的固有特性(如自然频率、主振型等)。

(3) 已知系统 S 和响应 y，求激励 x。这类问题称为环境预测。例如，为了避免产品在运输过程中的损坏，需要通过实例记录车辆的振动或产品的振动，以便通过分析来求解激励，从而了解运输过程是处于什么样的振动环境中，以及对产品产生怎样的影响，为减振包装提供依据。又如，飞机在飞行过程中，通过检测飞行的动态响应，来预测飞机处于一种什么样的随机激励环境中，为优化设计提供依据。

对于上述三类问题，动力学特性受加载形式、材料特性、运动形式和结构形式等因素的影响。动态分析问题可以分为刚性动力学、弹性动力学、机械振动、塑性动力学、断裂动力学等几类。根据图 1.4.1 所示材料的应力-应变曲线，在低速加载条件下，刚性动力学、弹性动力学、塑性动力学和断裂动力学分别对应应变很小阶段、弹性变形阶段($\sigma \leqslant \sigma_e$)、塑性变形阶段($\sigma_e < \sigma < \sigma_s$)和强化阶段($\sigma \geqslant \sigma_s$)以后。

第 2 章　动力学问题的数学基础

2.1　张 量 代 数

2.1.1　指标记法与常用符号

1. *求和约定与哑指标*

考虑和式

$$S = a_1x_1 + a_2x_2 + \cdots + a_nx_n$$

可以用求和符号将上式写为如下形式：

$$S = \sum_{i=1}^{n} a_i x_i = \sum_{j=1}^{n} a_j x_j$$

式中，指标 i、j 与求和无关，所用字母可以任意选取。按照爱因斯坦求和约定，上式可写为如下形式：

$$S = a_i x_i = a_j x_j$$

其中，i、j 称为**哑指标**。对于三维问题，哑指标取 1、2、3，上式表示三项之和。

求和约定也可以用来表示双重和式及多重和式。例如，下面的双重和式及三重和式：

$$S = \sum_{i=1}^{n}\sum_{j=1}^{n} a_{ij} x_i x_j \text{ ,} \quad S = \sum_{i=1}^{n}\sum_{j=1}^{n}\sum_{k=1}^{n} a_{ijk} x_i x_j x_k$$

可以用爱因斯坦求和约定分别表示为

$$S = a_{ij} x_i x_j \text{ ,} \quad S = a_{ijk} x_i x_j x_k$$

哑指标具有以下性质：

(1) 与字母的选取无关，但不能和其他已有的指标重复。

(2) 在同一项中，哑指标总是成对出现的。

(3) 哑指标表示同一公式中的不同项相加。例如，对于三维问题，双重及三重爱因斯坦求和约定分别是 9 项及 27 项之和。

2. 自由指标

对于下列方程组：

$$\begin{cases} X_1 = a_{11}x_1 + a_{12}x_2 + \cdots + a_{1n}x_n \\ X_2 = a_{21}x_1 + a_{22}x_2 + \cdots + a_{2n}x_n \\ X_3 = a_{31}x_1 + a_{32}x_2 + \cdots + a_{3n}x_n \end{cases}$$

对每个方程应用爱因斯坦求和约定，则上列方程组的三式可以分别写为

$$X_1 = a_{1j}x_j\,,\quad X_2 = a_{2j}x_j\,,\quad X_3 = a_{3j}x_j$$

将上面三式统一起来，可以写为

$$X_i = a_{ij}x_j$$

式中，指标 j 为哑指标；指标 i 称为**自由指标**，在同一项中只出现一次。

自由指标具有以下性质：

(1) 与字母的选取无关，但不能和其他已有的指标重复。

(2) 在同一项中，自由指标总是只出现一次。出现在方程内的自由指标必须相同，例如，表达式 $X_k = a_{ij}x_j$ 是无意义的。

(3) 自由指标代表一组方程中的不同方程。在方程中可以出现两个以上的自由指标，例如，

$$T_{ij} = a_{ik}a_{jk},\quad i,j = 1,2,3$$

表示 9 个方程的指标形式。如果出现双重指标，但不表示求和，则在指标下面画杠以示区别。例如，$C_i = A_i B_{\underline{i}}$ 是三个式子 $C_1 = A_1B_1$、$C_2 = A_2B_2$、$C_3 = A_3B_3$ 的指标形式，i 是一个自由指标，而 $\underline{i}$ 只是在数值上等于 i，并不与 i 求和。又如

$$x_1^2 + x_2^2 + x_3^2 = u_1v_1w_1 + u_2v_2w_2 + u_3v_3w_3$$

可记为

$$x_ix_i = u_{\underline{i}}v_iw_i = u_iv_{\underline{i}}w_i = u_iv_iw_{\underline{i}}$$

表示 $\underline{i}$ 不参与求和，只是在数值上等于 i。

例 2.1.1 将弹性问题中的几何方程

$$\begin{cases} \varepsilon_{xx} = \dfrac{\partial u}{\partial x},\quad \varepsilon_{yy} = \dfrac{\partial v}{\partial y},\quad \varepsilon_{zz} = \dfrac{\partial w}{\partial z} \\ \gamma_{yz} = \dfrac{\partial v}{\partial z} + \dfrac{\partial w}{\partial y},\quad \gamma_{zx} = \dfrac{\partial w}{\partial x} + \dfrac{\partial u}{\partial z},\quad \gamma_{xy} = \dfrac{\partial u}{\partial y} + \dfrac{\partial v}{\partial x} \end{cases}$$

写为指标形式。

解　记 $x=x_1$、$y=x_2$、$z=x_3$、$u=u_1$、$v=u_2$、$w=u_3$，则上述方程可写为

$$\begin{cases}\varepsilon_{11}=\dfrac{\partial u_1}{\partial x_1}=\dfrac{1}{2}\left(\dfrac{\partial u_1}{\partial x_1}+\dfrac{\partial u_1}{\partial x_1}\right), & \varepsilon_{23}=\varepsilon_{32}=\dfrac{1}{2}\gamma_{yz}=\dfrac{1}{2}\left(\dfrac{\partial u_2}{\partial x_3}+\dfrac{\partial u_3}{\partial x_2}\right)\\ \varepsilon_{22}=\dfrac{\partial u_2}{\partial x_2}=\dfrac{1}{2}\left(\dfrac{\partial u_2}{\partial x_2}+\dfrac{\partial u_2}{\partial x_2}\right), & \varepsilon_{13}=\varepsilon_{31}=\dfrac{1}{2}\gamma_{zx}=\dfrac{1}{2}\left(\dfrac{\partial u_1}{\partial x_3}+\dfrac{\partial u_3}{\partial x_1}\right)\\ \varepsilon_{33}=\dfrac{\partial u_3}{\partial x_3}=\dfrac{1}{2}\left(\dfrac{\partial u_3}{\partial x_3}+\dfrac{\partial u_3}{\partial x_3}\right), & \varepsilon_{12}=\varepsilon_{21}=\dfrac{1}{2}\gamma_{xy}=\dfrac{1}{2}\left(\dfrac{\partial u_2}{\partial x_1}+\dfrac{\partial u_1}{\partial x_2}\right)\end{cases}$$

采用指标记法，上面的六个方程可统一写为

$$\varepsilon_{ij}=\frac{1}{2}\left(\frac{\partial u_i}{\partial x_j}+\frac{\partial u_j}{\partial x_i}\right)$$

若记 $u_{i,j}=\partial u_i/\partial x_j$，则得到几何方程的指标形式为

$$\varepsilon_{ij}=\frac{1}{2}(u_{i,j}+u_{j,i})$$

3. 克罗内克符号

在笛卡儿坐标系中，由 δ_{ij} 表示的克罗内克(Kronecker)符号表示为

$$\delta_{ij}=\delta_i^j=\begin{cases}1, & i=j\\ 0, & i\neq j\end{cases}\tag{2.1.1}$$

即 $\delta_{11}=\delta_{22}=\delta_{33}=1$，$\delta_{12}=\delta_{21}=\delta_{13}=\delta_{31}=\delta_{23}=\delta_{32}=0$。

换言之，矩阵

$$\begin{bmatrix}\delta_{11} & \delta_{12} & \delta_{13}\\ \delta_{21} & \delta_{22} & \delta_{23}\\ \delta_{31} & \delta_{32} & \delta_{33}\end{bmatrix}=\begin{bmatrix}1 & 0 & 0\\ 0 & 1 & 0\\ 0 & 0 & 1\end{bmatrix}$$

是单位矩阵。根据上述定义，可推出下列关系：

$$\delta_{ii}=\delta_{11}+\delta_{22}+\delta_{33}=3\tag{2.1.2}$$

$$\delta_j^i a^j=a^i\tag{2.1.3}$$

$$\delta_k^i T^{kj}=T^{ij}\tag{2.1.4}$$

特别地

$$\delta_i^k\delta_{kj}=\delta_{ij}\,,\quad \delta_i^k\delta_k^j\delta_{jl}=\delta_{il}\tag{2.1.5}$$

若 $\boldsymbol{e}_1$、$\boldsymbol{e}_2$、$\boldsymbol{e}_3$ 为相互垂直的单位矢量，则这两个矢量的点积为

$$\boldsymbol{e}_i \cdot \boldsymbol{e}_j = \delta_{ij} \tag{2.1.6}$$

4. 置换符号

由 e_{ijk} 或 e^{ijk} 表示的置换符号定义为

$$e_{ijk} = e^{ijk} = \begin{cases} 1, & i、j、k\text{为1、2、3的顺序排列(奇排列)} \\ -1, & i、j、k\text{为1、2、3的逆序排列(偶排列)} \\ 0, & i、j、k\text{为1、2、3的非序排列} \end{cases} \tag{2.1.7}$$

即当 i、j、k 取 1、2、3 时，要

$$e_{123} = e_{231} = e_{312} = 1\text{，}\quad e_{213} = e_{132} = e_{321} = -1\text{，}\quad e_{111} = e_{121} = \cdots = 0$$

按照排序规则，可以得到

$$e_{ijk} = e_{jki} = e_{kij} = -e_{jik} = -e_{ikj} = -e_{kji}$$

置换符号 e_{ijk} 也称为三维空间的排列符号。置换符号存在下列关系式：

$$e_{ijk} e_{lmn} = \begin{bmatrix} \delta_{il} & \delta_{im} & \delta_{in} \\ \delta_{jl} & \delta_{jm} & \delta_{jn} \\ \delta_{kl} & \delta_{km} & \delta_{kn} \end{bmatrix} \tag{2.1.8}$$

$$e_{ijk} e_{lmk} = \delta_{il}\delta_{jm} - \delta_{im}\delta_{jl} \tag{2.1.9}$$

$$e_{ijk} e_{ljk} = 2\delta_{il} \tag{2.1.10}$$

$$e_{ijk} e_{ijk} = 6 \tag{2.1.11}$$

对于上述关系式，可以作为练习自行证明。

2.1.2 并矢与缩并

1. 矢量及其运算规则

引入坐标基后，记各坐标轴的基矢量为 $\boldsymbol{e}_i$，**标量**是不能在坐标基中分解的量，而**矢量**是可以在坐标基的坐标轴上分解的，且其分量有一个指标的量，即有 $\boldsymbol{a} = a_i \boldsymbol{e}_i$。

对于矢量 $\boldsymbol{r}_i = \{x_i, y_i, z_i\}$，$i$=1, 2，则有：

(1) $\boldsymbol{r}_1 = \boldsymbol{r}_2$，当且仅当 $x_1 = x_2$、$y_1 = y_2$、$z_1 = z_2$。

(2) $\boldsymbol{r}_1 \pm \boldsymbol{r}_2 = \{x_1 \pm x_2, y_1 \pm y_2, z_1 \pm z_2\}$。

矢量运算满足以下规则：

(1) 矢量相等，即两个矢量相等表示其具有相同的模和方向。

(2) 矢量和，即两个矢量的矢量和遵循平行四边形法则，如图 2.1.1 所示，即

$$\boldsymbol{c}=\boldsymbol{a}+\boldsymbol{b} \tag{2.1.12}$$

矢量和满足交换律和结合律，即有

$$\boldsymbol{a}+\boldsymbol{b}=\boldsymbol{b}+\boldsymbol{a} \tag{2.1.13}$$

$$(\boldsymbol{a}+\boldsymbol{b})+\boldsymbol{c}=\boldsymbol{a}+(\boldsymbol{b}+\boldsymbol{c}) \tag{2.1.14}$$

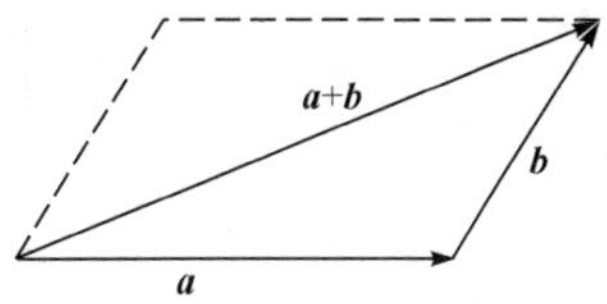

图 2.1.1　矢量的平行四边形法则

(3) 数乘矢量：如果矢量 $\boldsymbol{b}$ 与 $\boldsymbol{a}$ 共线，且模为 $\boldsymbol{a}$ 的 λ 倍，则有

$$\boldsymbol{b}=\lambda\boldsymbol{a} \tag{2.1.15}$$

当 λ 为正值时 $\boldsymbol{b}$ 与 $\boldsymbol{a}$ 同向，当 λ 为负值时 $\boldsymbol{b}$ 与 $\boldsymbol{a}$ 反向，当 λ 为零时 $\boldsymbol{b}$ 为零矢量。

数乘矢量满足分配律，即有

$$\lambda\boldsymbol{a}+\mu\boldsymbol{a}=(\lambda+\mu)\boldsymbol{a}\,,\quad \lambda(\boldsymbol{a}+\boldsymbol{b})=\lambda\boldsymbol{a}+\lambda\boldsymbol{b} \tag{2.1.16}$$

数乘矢量满足结合律，即有

$$\lambda(\mu\boldsymbol{a})=\lambda\mu\boldsymbol{a} \tag{2.1.17}$$

2. 矢量的点积与矢积

矢量的点积表示两个矢量进行点积运算，记为 $\boldsymbol{a}\cdot\boldsymbol{b}$，两矢量点积结果为标量。

$$\boldsymbol{a}\cdot\boldsymbol{b}=|\boldsymbol{a}|\cdot|\boldsymbol{b}|\cos\langle\boldsymbol{a},\boldsymbol{b}\rangle=x_1x_2+y_1y_2+z_1z_2 \tag{2.1.18}$$

式中，$\langle\boldsymbol{a},\boldsymbol{b}\rangle$ 为矢量 $\boldsymbol{a}$ 和 $\boldsymbol{b}$ 的正向较小的夹角。

两个矢量的点积服从交换律、分配律和正定性，即

$$\boldsymbol{a}\cdot\boldsymbol{b}=\boldsymbol{b}\cdot\boldsymbol{a} \tag{2.1.19}$$

$$\boldsymbol{F}\cdot(\boldsymbol{a}+\boldsymbol{b})=\boldsymbol{F}\cdot\boldsymbol{a}+\boldsymbol{F}\cdot\boldsymbol{b} \tag{2.1.20}$$

$$\boldsymbol{a}\cdot\boldsymbol{b}\geqslant 0 \tag{2.1.21}$$

若有 $\boldsymbol{a}\cdot\boldsymbol{a}=0$，当且仅当 $\boldsymbol{a}=\boldsymbol{0}$ 时成立。

矢量的点积满足施瓦茨不等式，即

$$|\boldsymbol{a}\cdot\boldsymbol{b}|\leqslant|\boldsymbol{a}|\cdot|\boldsymbol{b}| \tag{2.1.22}$$

两个矢量 $\boldsymbol{a}$、$\boldsymbol{b}$ 相互垂直的充要条件为 $\boldsymbol{a}\cdot\boldsymbol{b}=0$。

矢量的矢积表示两个矢量进行矢积运算，记为 $\boldsymbol{a}\times\boldsymbol{b}$，两矢量的矢积仍为矢量。

$$\boldsymbol{a}\times\boldsymbol{b}=|\boldsymbol{a}|\cdot|\boldsymbol{b}|\sin\langle\boldsymbol{a},\boldsymbol{b}\rangle\boldsymbol{I}=\begin{vmatrix}\boldsymbol{i} & \boldsymbol{j} & \boldsymbol{k}\\ x_1 & y_1 & z_1\\ x_2 & y_2 & z_2\end{vmatrix} \tag{2.1.23}$$

式中，$\boldsymbol{I}$ 为单位矢量；矢量 $\boldsymbol{a}$、$\boldsymbol{b}$ 和矢积矢量 $\boldsymbol{a}\times\boldsymbol{b}$ 构成右手系，如图 2.1.2 所示。

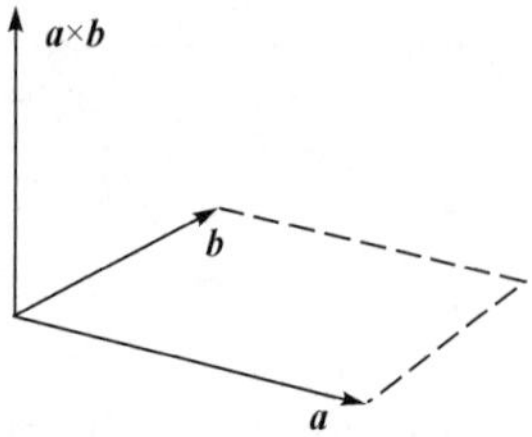

图 2.1.2　矢量的矢积

矢积的物理意义：矢积的模等于以两个矢量为边构成的平行四边形的面积，其方向垂直于该平行四边形所在平面。

矢积的模为 $|\boldsymbol{a}\times\boldsymbol{b}|=|\boldsymbol{a}|\cdot|\boldsymbol{b}|\sin\langle\boldsymbol{a},\boldsymbol{b}\rangle$。

矢量的矢积服从分配律，即

$$\boldsymbol{F}\times(\boldsymbol{a}+\boldsymbol{b})=\boldsymbol{F}\times\boldsymbol{a}+\boldsymbol{F}\times\boldsymbol{b} \tag{2.1.24}$$

矢量的矢积不服从交换律和结合律，即有

$$\boldsymbol{a}\times\boldsymbol{b}=-\boldsymbol{b}\times\boldsymbol{a} \tag{2.1.25}$$

$$\boldsymbol{a}\times(\boldsymbol{b}\times\boldsymbol{c})\neq(\boldsymbol{a}\times\boldsymbol{b})\times\boldsymbol{c} \tag{2.1.26}$$

矢量 $\boldsymbol{a}$、$\boldsymbol{b}$ 相互平行的充要条件为 $\boldsymbol{a}\times\boldsymbol{b}=\boldsymbol{0}$ 或 $k\boldsymbol{a}+l\boldsymbol{b}=\boldsymbol{0}$。

3. 矢量的混合积和双重积

三个矢量的混合积为

$$[\boldsymbol{a},\boldsymbol{b},\boldsymbol{c}]=(\boldsymbol{a}\times\boldsymbol{b})\cdot\boldsymbol{c}=(\boldsymbol{b}\times\boldsymbol{c})\cdot\boldsymbol{a}=(\boldsymbol{c}\times\boldsymbol{a})\cdot\boldsymbol{b}=\begin{vmatrix}a_x & a_y & a_z\\ b_x & b_y & b_z\\ c_x & c_y & c_z\end{vmatrix} \tag{2.1.27}$$

三个矢量的混合积满足下面的关系：

$$[\boldsymbol{a},\boldsymbol{b},\boldsymbol{c}]=[\boldsymbol{b},\boldsymbol{c},\boldsymbol{a}]=[\boldsymbol{c},\boldsymbol{a},\boldsymbol{b}]=-[\boldsymbol{b},\boldsymbol{a},\boldsymbol{c}]=-[\boldsymbol{a},\boldsymbol{c},\boldsymbol{b}]=-[\boldsymbol{c},\boldsymbol{b},\boldsymbol{a}] \tag{2.1.28}$$

三个矢量的混合积表示三个矢量组成的平行六面体的体积。六个矢量的两两点积所构成的行列式等于两对矢量的混合积之积，即有

$$\begin{vmatrix}\boldsymbol{a}\cdot\boldsymbol{a}' & \boldsymbol{a}\cdot\boldsymbol{b}' & \boldsymbol{a}\cdot\boldsymbol{c}'\\ \boldsymbol{b}\cdot\boldsymbol{a}' & \boldsymbol{b}\cdot\boldsymbol{b}' & \boldsymbol{b}\cdot\boldsymbol{c}'\\ \boldsymbol{c}\cdot\boldsymbol{a}' & \boldsymbol{c}\cdot\boldsymbol{b}' & \boldsymbol{c}\cdot\boldsymbol{c}'\end{vmatrix}=[\boldsymbol{a},\boldsymbol{b},\boldsymbol{c}][\boldsymbol{a}',\boldsymbol{b}',\boldsymbol{c}'] \tag{2.1.29}$$

三个矢量的二重矢积为

$$(\boldsymbol{a}\times\boldsymbol{b})\times\boldsymbol{c}=(\boldsymbol{b}\times\boldsymbol{c})\times\boldsymbol{a}=(\boldsymbol{c}\times\boldsymbol{a})\times\boldsymbol{b}=\begin{vmatrix}\boldsymbol{i} & \boldsymbol{j} & \boldsymbol{k}\\ \begin{vmatrix}a_y & a_z\\ b_y & b_z\end{vmatrix} & \begin{vmatrix}a_z & a_x\\ b_z & b_x\end{vmatrix} & \begin{vmatrix}a_x & a_y\\ b_x & b_y\end{vmatrix}\\ c_x & c_y & c_z\end{vmatrix} \tag{2.1.30}$$

三个矢量 $\boldsymbol{a}$、$\boldsymbol{b}$、$\boldsymbol{c}$ 共面的充要条件为 $[\boldsymbol{a},\boldsymbol{b},\boldsymbol{c}]=\boldsymbol{0}$ 或 $\lambda\boldsymbol{a}+\mu\boldsymbol{b}+\kappa\boldsymbol{c}=\boldsymbol{0}$。

矢量的双重积满足以下计算公式：

$$\boldsymbol{a}\times(\boldsymbol{b}\times\boldsymbol{c})=\boldsymbol{b}(\boldsymbol{a}\cdot\boldsymbol{c})-\boldsymbol{c}(\boldsymbol{a}\cdot\boldsymbol{b}) \tag{2.1.31}$$

$$\boldsymbol{a}\times(\boldsymbol{b}\times\boldsymbol{c})+\boldsymbol{b}\times(\boldsymbol{c}\times\boldsymbol{a})+\boldsymbol{c}\times(\boldsymbol{a}\times\boldsymbol{b})=\boldsymbol{0} \tag{2.1.32}$$

4. 并矢

依序并列的矢量称为并矢。并矢是一个线性算子，以黑体大写字母表示。设矢量 $\boldsymbol{a}$、$\boldsymbol{b}$ 组成并矢 $\boldsymbol{D}$，即

$$\boldsymbol{D}=\boldsymbol{ab} \tag{2.1.33}$$

并矢与任一矢量的点积为矢量，运算规则为

$$\boldsymbol{D}\cdot\boldsymbol{r}=\boldsymbol{a}(\boldsymbol{b}\cdot\boldsymbol{r})\,,\quad \boldsymbol{r}\cdot\boldsymbol{D}=(\boldsymbol{r}\cdot\boldsymbol{a})\boldsymbol{b} \tag{2.1.34}$$

式(2.1.34)表示的变换是线性的，即

$$(\lambda\boldsymbol{r}+\mu\boldsymbol{p})\cdot(\boldsymbol{ab})=\lambda\boldsymbol{r}\cdot\boldsymbol{ab}+\mu\boldsymbol{p}\cdot\boldsymbol{ab} \tag{2.1.35}$$

并矢与并矢的点积仍为并矢。设 $\boldsymbol{C}=\boldsymbol{cd}$ 为另一并矢，则运算规则为

$$\boldsymbol{D}\cdot\boldsymbol{C}=\boldsymbol{a}(\boldsymbol{b}\cdot\boldsymbol{c})\boldsymbol{d}\,,\quad \boldsymbol{C}\cdot\boldsymbol{D}=\boldsymbol{c}(\boldsymbol{d}\cdot\boldsymbol{a})\boldsymbol{b} \tag{2.1.36}$$

并矢运算服从结合律和分配律，即

$$\begin{cases}\lambda(\boldsymbol{ab})=(\lambda\boldsymbol{a})\boldsymbol{b}=\boldsymbol{a}(\lambda\boldsymbol{b})=\lambda\boldsymbol{ab}\\(\boldsymbol{ab})\boldsymbol{c}=\boldsymbol{a}(\boldsymbol{bc})=\boldsymbol{abc}\\(\lambda\boldsymbol{a})(\mu\boldsymbol{b})=\lambda\mu(\boldsymbol{ab})\end{cases} \tag{2.1.37}$$

$$\begin{cases}\boldsymbol{a}(\boldsymbol{b}+\boldsymbol{c})=\boldsymbol{ab}+\boldsymbol{ac}\\\lambda(\boldsymbol{ab}+\boldsymbol{cd})=\lambda\boldsymbol{ab}+\lambda\boldsymbol{cd}\\(\boldsymbol{a}+\boldsymbol{b})(\boldsymbol{c}+\boldsymbol{d})=\boldsymbol{ac}+\boldsymbol{ad}+\boldsymbol{bc}+\boldsymbol{bd}\end{cases} \tag{2.1.38}$$

并矢运算不服从交换律，即

$$\boldsymbol{ab}\neq\boldsymbol{ba} \tag{2.1.39}$$

矢量的混合积和双重矢积有以下关系式：

$$\boldsymbol{a}\cdot(\boldsymbol{b}\times\boldsymbol{c})=\boldsymbol{b}\cdot(\boldsymbol{c}\times\boldsymbol{a})=\boldsymbol{c}\cdot(\boldsymbol{a}\times\boldsymbol{b}) \tag{2.1.40}$$

$$\boldsymbol{a}\times(\boldsymbol{b}\times\boldsymbol{c})=\boldsymbol{b}(\boldsymbol{a}\cdot\boldsymbol{c})-\boldsymbol{c}(\boldsymbol{a}\cdot\boldsymbol{b}) \tag{2.1.41}$$

$$\boldsymbol{a}\times(\boldsymbol{b}\times\boldsymbol{c})+\boldsymbol{b}\times(\boldsymbol{c}\times\boldsymbol{a})+\boldsymbol{c}\times(\boldsymbol{a}\times\boldsymbol{b})=\boldsymbol{0} \tag{2.1.42}$$

矢量的双重矢积、混合积与并矢之间存在以下关系式：

$$\boldsymbol{a}\times(\boldsymbol{b}\times\boldsymbol{c})=[(\boldsymbol{c}\cdot\boldsymbol{a})\boldsymbol{I}-\boldsymbol{ca}]\cdot\boldsymbol{b} \tag{2.1.43}$$

$$(\boldsymbol{a}\times\boldsymbol{b})\cdot(\boldsymbol{c}\times\boldsymbol{d})=\boldsymbol{a}\cdot[(\boldsymbol{d}\cdot\boldsymbol{b})\boldsymbol{I}-\boldsymbol{db}]\cdot\boldsymbol{c} \tag{2.1.44}$$

$$\boldsymbol{a}\times[\boldsymbol{b}\times(\boldsymbol{b}\times\boldsymbol{a})]=\boldsymbol{b}\times[(\boldsymbol{a}^2\boldsymbol{I}-\boldsymbol{aa})\cdot\boldsymbol{b}] \tag{2.1.45}$$

式(2.1.40)～式(2.1.45)可利用双重矢积和混合积的性质证明。

5. 缩并、并矢的点积与矢积

在并矢中，取某两个矢量进行点积，称为**缩并**。每缩并一次，并矢的阶数降低两阶，即

$$\boldsymbol{a}\cdot\boldsymbol{bcd}=(\boldsymbol{a}\cdot\boldsymbol{b})\boldsymbol{cd}\,,\quad \boldsymbol{ab}\cdot\boldsymbol{cd}=(\boldsymbol{b}\cdot\boldsymbol{c})\boldsymbol{ad}\,,\quad \overset{\frown\,\cdot\,\frown}{\boldsymbol{abcd}}=(\boldsymbol{a}\cdot\boldsymbol{d})\boldsymbol{bc} \tag{2.1.46}$$

两个**并矢的点积**是将它们相邻的两个矢量进行缩并，即有

$$\boldsymbol{u}\cdot(\boldsymbol{ab})=(\boldsymbol{u}\cdot\boldsymbol{a})\boldsymbol{b}\ ,\quad (\boldsymbol{ab})\cdot(\boldsymbol{cd})=(\boldsymbol{b}\cdot\boldsymbol{c})\boldsymbol{ad} \tag{2.1.47}$$

并矢的点积的次序不能交换，即有

$$(\boldsymbol{ab})\cdot\boldsymbol{u}\neq\boldsymbol{u}\cdot(\boldsymbol{ab})\ ,\quad (\boldsymbol{cd})\cdot(\boldsymbol{ab})\neq(\boldsymbol{ab})\cdot(\boldsymbol{cd}) \tag{2.1.48}$$

6. 并矢的双点积、双矢积与混合积

并矢的双点积表示两个并矢进行两次点积运算。并矢的双点积具有串联和并联两种形式。

并联形式双点积的运算符号为“:”，运算规则为运算符号两边相邻的四个矢量运算，具体为前矢量和前矢量点积，后矢量和后矢量点积，即有

$$\boldsymbol{abc}:\boldsymbol{def}=\boldsymbol{a}(\boldsymbol{b}\cdot\boldsymbol{d})(\boldsymbol{c}\cdot\boldsymbol{e})\boldsymbol{f} \tag{2.1.49}$$

串联形式双点积的运算符号为“··”，运算规则为运算符号两边相邻的四个矢量运算，具体为内矢量和内矢量点积，外矢量和外矢量点积，即有

$$\boldsymbol{abc}\cdot\cdot\,\boldsymbol{def}=\boldsymbol{a}(\boldsymbol{c}\cdot\boldsymbol{d})(\boldsymbol{b}\cdot\boldsymbol{e})\boldsymbol{f} \tag{2.1.50}$$

两个并矢进行双点积，并矢降低四阶。式(2.1.49)和式(2.1.50)中的两个三阶并矢双点积后为二阶并矢。两个二阶并矢的双点积为标量。

并矢的双矢积表示两个并矢进行两次矢积运算。并矢的双矢积同样具有串联和并联两种形式。

并联形式双矢积的运算符号为“$\overset{\times}{\times}$”，运算规则同并联形式双点积类似，即运算符号两边相邻的四个矢量运算，具体为前矢量和前矢量矢积，后矢量和后矢量矢积，即有

$$\boldsymbol{abc}\overset{\times}{\times}\boldsymbol{def}=\boldsymbol{a}(\boldsymbol{b}\times\boldsymbol{d})(\boldsymbol{c}\times\boldsymbol{e})\boldsymbol{f} \tag{2.1.51}$$

串联形式双矢积的运算符号为“××”，运算规则为运算符号两边相邻的四个矢量运算，具体为内矢量和内矢量矢积，外矢量和外矢量矢积，即有

$$\boldsymbol{abc}\times\times\,\boldsymbol{def}=\boldsymbol{a}(\boldsymbol{c}\times\boldsymbol{d})(\boldsymbol{b}\times\boldsymbol{e})\boldsymbol{f} \tag{2.1.52}$$

两个并矢进行双矢积，并矢降低二阶。式(2.1.51)和式(2.1.52)中的两个三阶并矢双矢积后为四阶并矢。两个二阶并矢的双矢积为二阶并矢。

并矢的混合积表示两个并矢进行一次点积运算和一次矢积运算。并矢的混合积同样具有串联和并联两种形式。

并联形式混合积的运算符号为“$\overset{\cdot}{\times}$”或“$\overset{\times}{\cdot}$”，运算规则同并联形式双点积并联形式双矢积类似，即运算符号两边相邻的四个矢量运算，具体为前矢量和前矢量按第一个运算符号运算，后矢量和后矢量按第二个运算符号运算，即有

$$\boldsymbol{abc}\overset{\cdot}{\times}\boldsymbol{def}=\boldsymbol{a}(\boldsymbol{b}\cdot\boldsymbol{d})(\boldsymbol{c}\times\boldsymbol{e})\boldsymbol{f}\ ,\quad \boldsymbol{abc}\overset{\times}{\cdot}\boldsymbol{def}=\boldsymbol{a}(\boldsymbol{b}\times\boldsymbol{d})(\boldsymbol{c}\cdot\boldsymbol{e})\boldsymbol{f} \tag{2.1.53}$$

串联形式混合积的运算符号为“$\cdot\times$”或“$\times\cdot$”，运算规则为运算符号两边相邻的四个矢量运算，具体为内矢量和内矢量按第一个运算符号运算，外矢量和外矢量按第二个运算符号运算，即有

$$\boldsymbol{abc}\cdot\times\boldsymbol{def}=\boldsymbol{a}(\boldsymbol{c}\cdot\boldsymbol{d})(\boldsymbol{b}\times\boldsymbol{e})\boldsymbol{f}\ ,\quad \boldsymbol{abc}\times\cdot\boldsymbol{def}=\boldsymbol{a}(\boldsymbol{c}\times\boldsymbol{d})(\boldsymbol{b}\cdot\boldsymbol{e})\boldsymbol{f} \tag{2.1.54}$$

两个并矢进行混合积，并矢降低三阶。式(2.1.53)和式(2.1.54)中的两个三阶并矢混合积后为三阶并矢。两个二阶并矢的混合积为矢量。

并矢同样可以进行三次以上的点积、矢积和混合积运算，运算规则同二次积类似，例如，

$$\boldsymbol{abc}\cdot\times\cdot\boldsymbol{def}=(\boldsymbol{c}\cdot\boldsymbol{d})(\boldsymbol{b}\times\boldsymbol{e})(\boldsymbol{a}\cdot\boldsymbol{f})\ ,\quad \boldsymbol{abc}\overset{\cdot}{\underset{\cdot}{\times}}\boldsymbol{def}=(\boldsymbol{a}\cdot\boldsymbol{d})(\boldsymbol{b}\times\boldsymbol{e})(\boldsymbol{c}\cdot\boldsymbol{f}) \tag{2.1.55}$$

2.1.3　坐标、基矢量、度量张量和坐标转换

在二维和三维空间中，常用的坐标系(如二维问题的直角坐标系、极坐标系，三维问题的圆柱坐标系和球面坐标系)都具有两个特性：一是正交性，即各坐标相互正交；二是坐标轴的特殊性，即坐标轴为直线或圆弧，因而上述坐标系均为特殊坐标系。事实上，许多问题常涉及斜角、曲线或曲面边界等，利用这些边界建立坐标往往更容易解决问题。下面讨论斜角直线坐标系和曲线坐标系及其基矢量。

1. 斜角直线坐标系及其基矢量

1) 斜角直线坐标系

在图 2.1.3 所示的斜角直线坐标系 (x^1, x^2, x^3) 中，三维空间的每一点以 (x^1, x^2, x^3) 表示。x^i 面为给定常数的各点的集合，是相互平行的坐标平面，即一个 x^i 固定，两个 x^i 变化，构成坐标面，$i=1,2,3$ 时分别为三组平行的坐标面。而两个 x^i 固定，一个 x^i 变化时形成三个不同的坐标线。在斜角直线坐标系中，三组坐标面和三组坐标线都是斜交的。

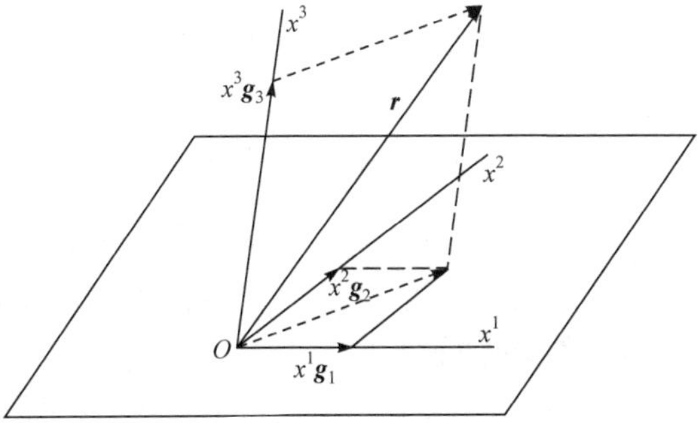

图 2.1.3　三维空间的斜角直线坐标系

三维空间点的位置可以用坐标原点至该点的矢径 $\boldsymbol{r}(x^1, x^2, x^3)$ 表示。对于直线坐标系，矢径 $\boldsymbol{r}$ 与坐标呈线性关系：

$$\boldsymbol{r} = \boldsymbol{r}(x^1, x^2, x^3) = x^1\boldsymbol{g}_1 + x^2\boldsymbol{g}_2 + x^3\boldsymbol{g}_3 = x^i\boldsymbol{g}_i \tag{2.1.56}$$

式中，$\boldsymbol{g}_i (i=1,2,3)$ 分别为沿三个坐标轴方向的参考矢量。在直线坐标系中，其大小与方向都不随空间点的位置变化。

2) 协变基矢量

由式(2.1.56)求矢径对坐标的微分，即

$$\mathrm{d}\boldsymbol{r} = \frac{\partial \boldsymbol{r}}{\partial x^i}\mathrm{d}x^i = \boldsymbol{g}_i \mathrm{d}x^i \tag{2.1.57}$$

式中，

$$\boldsymbol{g}_i = \frac{\partial \boldsymbol{r}}{\partial x^i} \tag{2.1.58}$$

称为**协变基矢量**，或者称为**自然基矢量**。其方向沿着坐标线的正方向，大小等于当坐标 x^i 有 1 个单位增量时两点之间的距离。因三个坐标线非共面，故有

$$[\boldsymbol{g}_1, \boldsymbol{g}_2, \boldsymbol{g}_3] = \boldsymbol{g}_1 \cdot (\boldsymbol{g}_2 \times \boldsymbol{g}_3) \neq 0$$

即 $\boldsymbol{g}_1$、$\boldsymbol{g}_2$、$\boldsymbol{g}_3$ 线性无关。当 $\boldsymbol{g}_1$、$\boldsymbol{g}_2$、$\boldsymbol{g}_3$ 构成右手系时，混合积为正值，记

$$[\boldsymbol{g}_1, \boldsymbol{g}_2, \boldsymbol{g}_3] = \sqrt{g} \tag{2.1.59}$$

3) 逆变基矢量

定义一组与协变基矢量 $\boldsymbol{g}_i$ 互为对偶条件的**逆变基矢量** $\boldsymbol{g}^j$，$\boldsymbol{g}_i$ 与 $\boldsymbol{g}^j$ 之间满足对偶关系：

$$\boldsymbol{g}_i \cdot \boldsymbol{g}^j = \delta_i^j, \quad i, j = 1,2,3 \tag{2.1.60}$$

式中，$\delta_i^j\ (i, j = 1,2,3)$ 为式(2.1.1)所示的克罗内克符号。

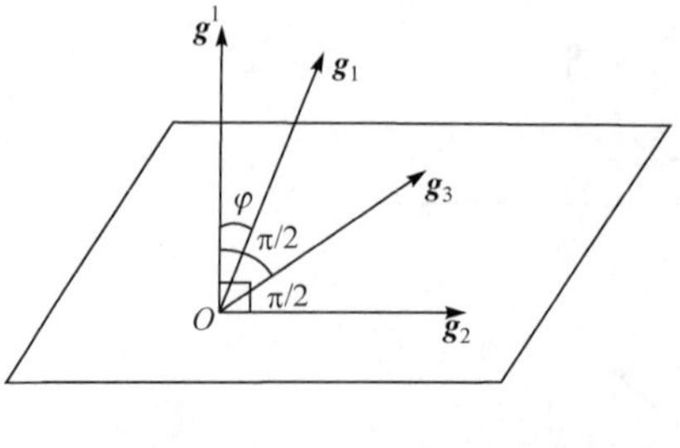

图 2.1.4　逆变基矢量与协变基矢量的几何关系

逆变基矢量 $\boldsymbol{g}^j$ 与协变基矢量 $\boldsymbol{g}_i$ 的几何关系如图 2.1.4 所示，其方向垂直于两个协变基矢量 $\boldsymbol{g}_i (i \neq j)$，并与 $\boldsymbol{g}_j$ 有夹角 φ，故有

$$\boldsymbol{g}^j \cdot \boldsymbol{g}_j = \left|\boldsymbol{g}^j\right| \cdot \left|\boldsymbol{g}_j\right| \cos\varphi = 1 \tag{2.1.61}$$

从而得到逆变基矢量的模为

$$\left|\boldsymbol{g}^i\right| = \frac{1}{\left|\boldsymbol{g}_i\right| \cos\varphi} \tag{2.1.62}$$

逆变基矢量 $\boldsymbol{g}^i$ 是垂直于坐标 x^i 的等值面(坐标面)的梯度，即有

$$\boldsymbol{g}^i = \mathrm{grad}x^i = \nabla x^i \tag{2.1.63}$$

4) 协变基矢量与逆变基矢量的关系

逆变基矢量根据对偶关系式(2.1.60)由协变基矢量唯一确定。因为 $\boldsymbol{g}^1$ 垂直于 $\boldsymbol{g}_2$ 与 $\boldsymbol{g}_3$，即 $\boldsymbol{g}^1$ 平行于 $\boldsymbol{g}_2 \times \boldsymbol{g}_3$。若记 $\boldsymbol{g}^1 = a \cdot (\boldsymbol{g}_2 \times \boldsymbol{g}_3)$，利用对偶关系式(2.1.60)，并考虑式(2.1.59)得到

$$\boldsymbol{g}^1 \cdot \boldsymbol{g}_1 = a \cdot (\boldsymbol{g}_2 \times \boldsymbol{g}_3) \cdot \boldsymbol{g}_1 = a\sqrt{g} = 1$$

从上式得 $a = 1/\sqrt{g}$，从而得到利用协变基矢量求逆变协变基矢量的关系为

$$\boldsymbol{g}^1 = \frac{1}{\sqrt{g}}(\boldsymbol{g}_2 \times \boldsymbol{g}_3)，\quad \boldsymbol{g}^2 = \frac{1}{\sqrt{g}}(\boldsymbol{g}_3 \times \boldsymbol{g}_1)，\quad \boldsymbol{g}^3 = \frac{1}{\sqrt{g}}(\boldsymbol{g}_1 \times \boldsymbol{g}_2) \tag{2.1.64}$$

可以证明

$$[\boldsymbol{g}_1, \boldsymbol{g}_2, \boldsymbol{g}_3][\boldsymbol{g}^1, \boldsymbol{g}^2, \boldsymbol{g}^3] = 1 \tag{2.1.65}$$

当协变基矢量构成右手系时，$[\boldsymbol{g}_1, \boldsymbol{g}_2, \boldsymbol{g}_3]$ 为正值，利用式(2.1.65)，有

$$[\boldsymbol{g}^1, \boldsymbol{g}^2, \boldsymbol{g}^3] = \frac{1}{[\boldsymbol{g}_1, \boldsymbol{g}_2, \boldsymbol{g}_3]} = \frac{1}{\sqrt{g}} \tag{2.1.66}$$

式中，$[\boldsymbol{g}^1, \boldsymbol{g}^2, \boldsymbol{g}^3]$ 为正值，同样构成右手系。从而得到利用逆变基矢量求协变基矢量的关系为

$$\boldsymbol{g}_1 = \sqrt{g} \cdot (\boldsymbol{g}^2 \times \boldsymbol{g}^3)，\quad \boldsymbol{g}_2 = \sqrt{g} \cdot (\boldsymbol{g}^3 \times \boldsymbol{g}^1)，\quad \boldsymbol{g}_3 = \sqrt{g} \cdot (\boldsymbol{g}^1 \times \boldsymbol{g}^2) \tag{2.1.67}$$

5) 指标升降关系

矢量 $\boldsymbol{P}$ 可以在协变基矢量中分解，又可在逆变基矢量中分解，即

$$\boldsymbol{P} = P^i \boldsymbol{g}_i = P_j \boldsymbol{g}^j \tag{2.1.68}$$

式(2.1.68)两边点乘 $\boldsymbol{g}^i$ 或 $\boldsymbol{g}_j$ 可以得到

$$\begin{cases} P^i = \boldsymbol{P} \cdot \boldsymbol{g}^i = P_k \boldsymbol{g}^k \cdot \boldsymbol{g}^i = P_k g^{ki}, & i = 1, 2, 3 \\ P_j = \boldsymbol{P} \cdot \boldsymbol{g}_j = P^k \boldsymbol{g}_k \cdot \boldsymbol{g}_j = P^k g_{kj}, & j = 1, 2, 3 \end{cases} \tag{2.1.69}$$

式(2.1.69)的两式称为矢量分量的指标升降关系。利用指标升降关系可以表示斜角直线坐标系中两个矢量的点积：

$$\boldsymbol{u} \cdot \boldsymbol{v} = u^i v_i = u_j v^j = u_i v_j g^{ij} = u^i v^j g_{ij} \tag{2.1.70}$$

当两个矢量相等时，有

$$|\boldsymbol{u}|^2 = u^i u_i = u^i u^j g_{ij} = u_i u_j g^{ij}, \quad \cos(\boldsymbol{u}\cdot\boldsymbol{v}) = \frac{\boldsymbol{u}\cdot\boldsymbol{v}}{|\boldsymbol{u}||\boldsymbol{v}|} = \frac{u^i v_i}{\sqrt{u^j u_j}\sqrt{v^k v_k}} \tag{2.1.71}$$

2. 曲线坐标系及其基矢量

1) 曲线坐标系

三维空间中任意点 P 的位置由固定点 O 至该点的矢径 $\boldsymbol{r}$ 表示。矢径 $\boldsymbol{r}$ 可以由三个独立参量 $x^i\,(i=1,2,3)$ 确定：

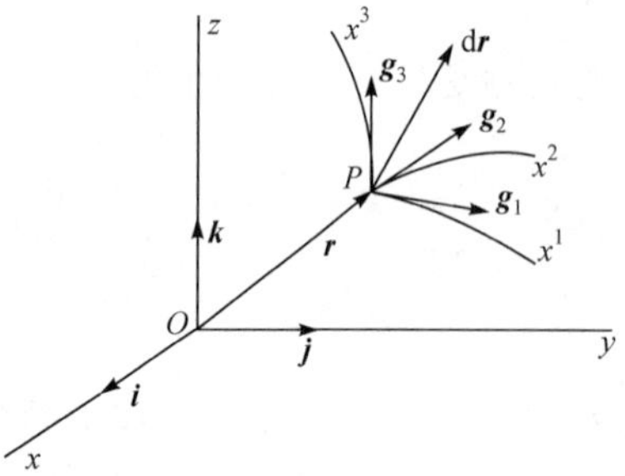

图 2.1.5　曲线坐标系

$$\boldsymbol{r} = \boldsymbol{r}(x^1, x^2, x^3) \tag{2.1.72}$$

参量 x^i 的选择要求：在 x^1、x^2、x^3 的定义域内，x^i 与空间所有的点能够一一对应，x^i 就称为曲线坐标。在具体表达时，常借助于一参考的笛卡儿坐标系及相应的正交标准化基 $\boldsymbol{i}$、$\boldsymbol{j}$、$\boldsymbol{k}$，如图 2.1.5 所示。此时式(2.1.72)可写为

$$\boldsymbol{r} = x(x^1, x^2, x^3)\boldsymbol{i} + y(x^1, x^2, x^3)\boldsymbol{j} + z(x^1, x^2, x^3)\boldsymbol{k} \tag{2.1.73}$$

式(2.1.73)的分量形式为

$$x^{k'} = x^{k'}(x^1, x^2, x^3) = x^{k'}(x^i), \quad k' = 1, 2, 3 \tag{2.1.74}$$

式中，$x^{k'}$ 为笛卡儿坐标 x、y、z；x^i 为曲线坐标 x^1、x^2、x^3；k' 为自由指标，而自变量 i 既非自由指标，也非哑指标，只表示在取值范围内取值。曲线坐标 x^i 与空间点一一对应的条件，即要求函数 $x^{k'}(x^i)$ 在 x^i 的定义域内单值、连续光滑且可逆，应满足

$$\det\left[\frac{\partial x^{k'}}{\partial x^i}\right] \neq 0, \quad \det\left[\frac{\partial x^i}{\partial x^{k'}}\right] \neq 0 \tag{2.1.75}$$

式中，矩阵 $\left[\dfrac{\partial x^{k'}}{\partial x^i}\right]$、$\left[\dfrac{\partial x^i}{\partial x^{k'}}\right]$ 称为雅可比矩阵，其行列式为雅可比行列式。

在曲线坐标系中，当一个坐标 x^i 保持常数时，空间各点的集合构成的坐标面一般是曲面。只有一个坐标 x^i 变化，另两个坐标不变的空间各点轨迹形成的坐标线一般是曲线。通过空间各点有三根坐标线，不同点处的坐标线方向一般是变化的。曲线坐标的选择可以不是长度的量纲，矢径与坐标之间一般不满足线性关系。

2) 空间点的局部基矢量

在曲线坐标系中，过空间一点 $P(x^1, x^2, x^3)$ 处有三根非共面的坐标线，若曲线坐标 x^i 有微小增量 $\mathrm{d}x^i$，则矢径 $\boldsymbol{r}$ 有增量 $\mathrm{d}\boldsymbol{r}$，该增量是一个矢量，即

$$\mathrm{d}\boldsymbol{r} = \frac{\partial \boldsymbol{r}}{\partial x^1}\mathrm{d}x^1 + \frac{\partial \boldsymbol{r}}{\partial x^2}\mathrm{d}x^2 + \frac{\partial \boldsymbol{r}}{\partial x^3}\mathrm{d}x^3 = \frac{\partial \boldsymbol{r}}{\partial x^i}\mathrm{d}x^i \tag{2.1.76}$$

与直线坐标不同，在曲线坐标系中，矢径 $\boldsymbol{r}$ 不是 x^1、x^2、x^3 的线性组合，而微分 $\mathrm{d}\boldsymbol{r}$ 是 $\mathrm{d}x^1$、$\mathrm{d}x^2$、$\mathrm{d}x^3$ 的线性组合。即选择任意点 (x^1, x^2, x^3) 处的基矢量 $\boldsymbol{g}_i\ (i=1,2,3)$，使得在该点的局部邻域内，矢径的微分 $\mathrm{d}\boldsymbol{r}$ 与坐标系的微分 $\mathrm{d}x^i\ (i=1,2,3)$ 满足类似于直线坐标系中的关系式：

$$\mathrm{d}\boldsymbol{r} = \boldsymbol{g}_i \mathrm{d}x^i \tag{2.1.77}$$

由式(2.1.76)和式(2.1.77)可得到

$$\boldsymbol{g}_i = \frac{\partial \boldsymbol{r}}{\partial x^i},\quad i=1,2,3 \tag{2.1.78}$$

按式(2.1.78)定义的 $\boldsymbol{g}_i$ 称为曲线坐标点 (x^1, x^2, x^3) 处的协变基矢量或自然局部基矢量。$\boldsymbol{g}_i\ (i=1,2,3)$ 沿着 P 点处三根坐标线的切线并指向 x^i 增加的方向。$\boldsymbol{g}_i$ 在空间每一点处构成一组三个非共面的活动标架，称这个标架为空间某点处关于曲线坐标系 (x^1, x^2, x^3) 的切标架。

在曲线坐标系中，基矢量 $\boldsymbol{g}_i$ 不是常矢量，其大小、方向都随空间点的位置变化，是与所研究点的坐标线相切的自然局部基矢量。若已知式(2.1.73)，则可给出 $\boldsymbol{g}_i$ 与笛卡儿坐标系中的正交标准基的转换关系为

$$\boldsymbol{g}_i = \frac{\partial x}{\partial x^i}\boldsymbol{i} + \frac{\partial y}{\partial x^i}\boldsymbol{j} + \frac{\partial z}{\partial x^i}\boldsymbol{k},\quad i=1,2,3 \tag{2.1.79}$$

按照斜角直线坐标系的方法，引入一组与 $\boldsymbol{g}_i$ 满足对偶条件式(2.1.60)的矢量 $\boldsymbol{g}^j\ (j=1,2,3)$，即逆变基矢量。前面有关斜角直线坐标系中的有关公式，都可适用于曲线坐标系。

例 2.1.2　试证明逆变基矢量是垂直于坐标的等值面(坐标面)的梯度，即

$$\boldsymbol{g}^i = \mathrm{grad}x^i = \nabla x^i = \frac{\partial x^i}{\partial x}\boldsymbol{i} + \frac{\partial x^i}{\partial y}\boldsymbol{j} + \frac{\partial x^i}{\partial z}\boldsymbol{k}$$

证明　利用式(2.1.79)，并将笛卡儿坐标记为

$$x^{k'} = (x^{1'}, x^{2'}, x^{3'}) = (x, y, z)$$

则有

$$[\boldsymbol{g}_i \cdot \nabla x^j] = \left[\frac{\partial x^{k'}}{\partial x^i}\right]\left[\frac{\partial x^j}{\partial x^{k'}}\right] = [I]$$

即两者满足对偶关系

$$\boldsymbol{g}_i \cdot \nabla x^j = \delta_i^j$$

故证得

$$\boldsymbol{g}^i = \mathrm{grad} x^i = \nabla x^i$$

3. 度量张量

将逆变基矢量 $\boldsymbol{g}^i$ $(i=1,2,3)$ 作为矢量在协变基矢量 $\boldsymbol{g}_j$ 中分解：

$$\boldsymbol{g}^i = g^{ij}\boldsymbol{g}_j, \quad i=1,2,3 \tag{2.1.80}$$

由式(2.1.80)和式(2.1.60)，得到

$$\boldsymbol{g}^i \cdot \boldsymbol{g}^j = g^{ik}\boldsymbol{g}_k \cdot \boldsymbol{g}^j = g^{ik}\delta_k^j = g^{ij}, \quad i,j=1,2,3 \tag{2.1.81}$$

同理，将协变基矢量 $\boldsymbol{g}_i$ 在逆变基矢量 $\boldsymbol{g}^j$ 中分解：

$$\boldsymbol{g}_i = g_{ij}\boldsymbol{g}^j, \quad i=1,2,3 \tag{2.1.82}$$

$$\boldsymbol{g}_i \cdot \boldsymbol{g}_j = g_{ij}, \quad i,j=1,2,3 \tag{2.1.83}$$

三维空间中的 9 个量 g_{ij} 与 g^{ij} 各自构成 3×3 的对称矩阵，满足张量分量的转换关系，构成张量，称为度量张量 $\boldsymbol{G}$：

$$\boldsymbol{G} = g^{ij}\boldsymbol{g}_i\boldsymbol{g}_j = g_{ij}\boldsymbol{g}^i\boldsymbol{g}^j \tag{2.1.84}$$

式中，g_{ij} 与 g^{ij} 分别称为度量张量的协变分量和逆变分量。由对偶条件易证量 g_{ij} 与 g^{ij} 互逆，只有 6 个独立分量：

$$\delta_i^j = \boldsymbol{g}_i \cdot \boldsymbol{g}^j = g_{ik}\boldsymbol{g}^k \cdot \boldsymbol{g}^j = g_{ik}g^{kj}, \quad i,j=1,2,3 \tag{2.1.85}$$

式(2.1.85)写为矩阵形式为

$$[g^{ij}] = [g_{ij}]^{-1} \tag{2.1.86}$$

度量张量的混合分量就是克罗内克符号。度量张量具有坐标的不变性，即

$$\boldsymbol{G} = g^{i'j'}\boldsymbol{g}_{i'}\boldsymbol{g}_{j'} = g_{i'j'}\boldsymbol{g}^{i'}\boldsymbol{g}^{j'} = \delta_{j'}^{i'}\boldsymbol{g}_{i'}\boldsymbol{g}^{j'} = \delta_{i'}^{j'}\boldsymbol{g}^{i'}\boldsymbol{g}_{j'} = \boldsymbol{g}_{i'}\boldsymbol{g}^{i'} = \boldsymbol{g}^{i'}\boldsymbol{g}_{i'} \tag{2.1.87}$$

4. 坐标转换

描述同一空间的物理问题，可以根据需要选择各种坐标系。同一物理量在不同坐标系中往往用不同的分量加以定量描述。下面讨论同一物理量的不同分量之间的转换关系。

设有一组原坐标系 x^i 及一组新坐标系 $x^{j'}$，两坐标系之间的函数关系为 $x^i(x^{j'})$ 或 $x^{j'}(x^i)$，并满足式(2.1.75)所给出的雅可比行列式不为零的条件。新、原

两坐标系各自有协变基矢量与逆变基矢量。原坐标系 x^i 的协变基矢量 $\boldsymbol{g}_i$ 、逆变基矢量 $\boldsymbol{g}^i$ ，原坐标系 $x^{i'}$ 的协变基矢量 $\boldsymbol{g}_{i'}$ 、逆变基矢量 $\boldsymbol{g}^{i'}$ 。

1) 基矢量的转换关系

新、原两坐标系的协变与逆变基矢量分别满足对偶条件式(2.1.60)。将新坐标系的基矢量在原坐标系基矢量分解，有

$$\boldsymbol{g}_{i'}=\beta_{i'}^{j}\boldsymbol{g}_j\,,\quad \boldsymbol{g}^{i'}=\beta_{j}^{i'}\boldsymbol{g}^j,\quad i'=1,2,3 \tag{2.1.88}$$

式中，$\beta_{i'}^{j}$ 为协变转换系数；$\beta_{j}^{i'}$ 为逆变转换系数。$\beta_{i'}^{j}$ 和 $\beta_{j}^{i'}$ 各有 9 个分量，各自构成 3×3 阶矩阵，但相互之间不独立。由于

$$\delta_{i'}^{j'}=\boldsymbol{g}_{i'}\cdot\boldsymbol{g}^{j'}=\beta_{i'}^{k}\boldsymbol{g}_k\cdot\beta_{l}^{j'}\boldsymbol{g}^l=\beta_{i'}^{k}\cdot\beta_{l}^{j'}\delta_{k}^{l}=\beta_{i'}^{k}\cdot\beta_{k}^{j'},\quad i',j'=1,2,3 \tag{2.1.89}$$

式(2.1.89)表明，协、逆变转换系数组成的矩阵互逆，即

$$\begin{bmatrix}\beta_{1'}^{1} & \beta_{1'}^{2} & \beta_{1'}^{3}\\ \beta_{2'}^{1} & \beta_{2'}^{2} & \beta_{2'}^{3}\\ \beta_{3'}^{1} & \beta_{3'}^{2} & \beta_{3'}^{3}\end{bmatrix}\begin{bmatrix}\beta_{1}^{1'} & \beta_{1}^{2'} & \beta_{1}^{3'}\\ \beta_{2}^{1'} & \beta_{2}^{2'} & \beta_{2}^{3'}\\ \beta_{3}^{1'} & \beta_{3}^{2'} & \beta_{3}^{3'}\end{bmatrix}=\begin{bmatrix}1 & 0 & 0\\ 0 & 1 & 0\\ 0 & 0 & 1\end{bmatrix} \tag{2.1.90}$$

将原坐标系的基矢量在新坐标系基矢量中分解，也应有 9 个转换系数，即

$$\boldsymbol{g}_j=\alpha_{j}^{i'}\boldsymbol{g}_{i'}$$

将上式两边点积 $\boldsymbol{g}^{i'}$ ，利用对偶条件式(2.1.60)，有

$$\boldsymbol{g}_j\cdot\boldsymbol{g}^{i'}=\alpha_{j}^{k'}\boldsymbol{g}_{k'}\cdot\boldsymbol{g}^{i'}=\alpha_{j}^{k'}\delta_{k'}^{i'}=\alpha_{j}^{i'},\quad i',j=1,2,3 \tag{2.1.91}$$

将式(2.1.91)中的 $\boldsymbol{g}^{i'}$ 以式(2.1.88)的第二式代入，得到

$$\boldsymbol{g}_j\cdot\boldsymbol{g}^{i'}=\boldsymbol{g}_j\cdot\beta_{k}^{i'}\boldsymbol{g}^k=\delta_{j}^{k}\beta_{k}^{i'}=\beta_{j}^{i'},\quad i',j=1,2,3 \tag{2.1.92}$$

比较式(2.1.91)和式(2.1.92)可知，$\alpha_{j}^{i'}=\beta_{j}^{i'}$ ，从而将原坐标系的基矢量在新坐标系基中分解为

$$\boldsymbol{g}_j=\beta_{j}^{i'}\boldsymbol{g}_{i'},\quad j=1,2,3 \tag{2.1.93}$$

同理可证得

$$\boldsymbol{g}^j=\beta_{i'}^{j}\boldsymbol{g}^{i'},\quad j=1,2,3 \tag{2.1.94}$$

且有

$$\delta_{i}^{j}=\boldsymbol{g}_i\cdot\boldsymbol{g}^j=\beta_{i}^{k'}\boldsymbol{g}_{k'}\cdot\beta_{l'}^{j}\boldsymbol{g}^{l'}=\beta_{i}^{k'}\cdot\beta_{l'}^{j}\delta_{k'}^{l'}=\beta_{i}^{k'}\cdot\beta_{k'}^{j},\quad i,j=1,2,3 \tag{2.1.95}$$

式(2.1.95)表示协变与逆变转换系数的另一种矩阵互逆关系。式(2.1.88)～式(2.1.95)说明，两坐标系的协变基与逆变基矢量之间共有 18 个转换系数 $\beta_{i'}^{j}$ 和 $\beta_{j}^{i'}$ ，相互之间满足矩阵互逆关系，独立的转换系数只有 9 个。

2) 协变与逆变转换系数

由原、新坐标系之间函数关系与协变基矢量的定义式(2.1.78)可以求得协变与逆变转换系数。矢径 $\boldsymbol{r}$ 可以看作复合函数 $\boldsymbol{r}\left[x^j(x^{i'})\right]$，利用复合函数求导规则：

$$\boldsymbol{g}_{i'}=\frac{\partial \boldsymbol{r}}{\partial x^{i'}}=\frac{\partial \boldsymbol{r}}{\partial x^{j}}\frac{\partial x^{j}}{\partial x^{i'}}=\frac{\partial x^{j}}{\partial x^{i'}}\boldsymbol{g}_{j},\quad i'=1,2,3$$

考虑到式(2.1.88)，得到

$$\beta_{i'}^{j}=\frac{\partial x^{j}}{\partial x^{i'}},\quad i',j=1,2,3 \tag{2.1.96}$$

同理，可得

$$\beta_{j}^{i'}=\frac{\partial x^{i'}}{\partial x^{j}},\quad i',j=1,2,3 \tag{2.1.97}$$

可见，协变与逆变转换系数排列成雅可比矩阵。

3) 矢量分量的坐标转换关系

矢量 $\boldsymbol{V}$ 可以在不同的坐标系中对不同的基矢量分解，在新、原坐标系中对逆变基分解，得到同一矢量的不同协变分量；或者对协变基分解，得到同一矢量的不同逆变分量。但矢量实体不随坐标系的不同而变化，即

$$\boldsymbol{V}=\begin{cases}v_{i'}\boldsymbol{g}^{i'}=v_{j}\boldsymbol{g}^{j}\\ v^{i'}\boldsymbol{g}_{i'}=v^{j}\boldsymbol{g}_{j}\end{cases} \tag{2.1.98}$$

不同坐标系中矢量分量之间所满足的关系可由基矢量的转换关系确定，将式(2.1.94)代入式(2.1.98)，得到

$$v_{i'}\boldsymbol{g}^{i'}=v_{j}\boldsymbol{g}^{j}=v_{j}\beta_{i'}^{j}\boldsymbol{g}^{i'}$$

以 $\boldsymbol{g}_{k'}$ 点乘上式两边得

$$v_{k'}=v_{i'}\boldsymbol{g}^{i'}\cdot\boldsymbol{g}_{k'}=v_{j}\beta_{i'}^{j}\boldsymbol{g}^{i'}\cdot\boldsymbol{g}_{k'}=\beta_{k'}^{j}v_{j},\quad k'=1,2,3 \tag{2.1.99}$$

将式(2.1.93)代入式(2.1.98)，并以 $\boldsymbol{g}^{k'}$ 点乘两边可得

$$v^{k'}=v^{i'}\boldsymbol{g}_{i'}\cdot\boldsymbol{g}^{k'}=v^{j}\beta_{j}^{i'}\boldsymbol{g}_{i'}\cdot\boldsymbol{g}^{k'}=\beta_{j}^{k'}v^{j},\quad k'=1,2,3 \tag{2.1.100}$$

同样还可以得到

$$v_{k}=v_{j'}\beta_{k}^{j'} \tag{2.1.101}$$

$$v^{k}=v^{j'}\beta_{j'}^{k} \tag{2.1.102}$$

对比式(2.1.99)和式(2.1.88)的第一式可知，矢量的协变分量与协变基矢量以同一组协变转换系数 $\beta_{i'}^{j}$ 进行坐标转换，这种方式转换的量可称为协变量；而以逆变

转换系数 $\beta_j^{i'}$ 方式转换的量称为逆变量。

4) 度量张量分量的坐标转换关系

由度量张量分量 g_{ij} 和 g^{ij} 的定义式(2.1.83)和式(2.1.81)，以及基矢量的转换关系，可以给出度量张量分量的坐标转换关系为

$$\begin{cases} g_{i'j'} = \boldsymbol{g}_{i'} \cdot \boldsymbol{g}_{j'} = \beta_{i'}^k \boldsymbol{g}_k \cdot \beta_{j'}^l \boldsymbol{g}_l = \beta_{i'}^k \beta_{j'}^l g_{kl} \\ g^{i'j'} = \boldsymbol{g}^{i'} \cdot \boldsymbol{g}^{j'} = \beta_k^{i'} \boldsymbol{g}^k \cdot \beta_l^{j'} \boldsymbol{g}^l = \beta_k^{i'} \beta_l^{j'} g^{kl} \end{cases}, \quad i', j' = 1, 2, 3$$

$$\begin{cases} g_{ij} = \boldsymbol{g}_i \cdot \boldsymbol{g}_j = \beta_i^{k'} \boldsymbol{g}_{k'} \cdot \beta_j^{l'} \boldsymbol{g}_{l'} = \beta_i^{k'} \beta_j^{l'} g_{k'l'} \\ g^{ij} = \boldsymbol{g}^i \cdot \boldsymbol{g}^j = \beta_{k'}^i \boldsymbol{g}^{k'} \cdot \beta_{l'}^j \boldsymbol{g}^{l'} = \beta_{k'}^i \beta_{l'}^j g^{k'l'} \end{cases}, \quad i, j = 1, 2, 3 \tag{2.1.103}$$

2.1.4　正交曲线坐标系下的基矢量及其张量分量

1. 正交曲线坐标系与拉梅系数

若曲线坐标系的坐标曲线相互正交，则称为**正交曲线坐标系**。在正交曲线坐标系中，基矢量相互正交，但不一定是单位矢量，同一点的各基矢量可以有不同的量纲。对偶基矢量与基矢量的方向相同，大小不相等。度量张量的协变分量为

$$g_{ij} = \begin{cases} (H_i)^2, & i = j \\ 0, & i \neq j \end{cases} \tag{2.1.104}$$

式中，H_i 称为拉梅(Lame)系数，也称为度量系数或比例因子。在正交曲线坐标系中有

$$g = g_{11} g_{22} g_{33} = (H_1 H_2 H_3)^2 \tag{2.1.105}$$

度量张量的逆变分量由以下关系计算：

$$\begin{cases} g^{\underline{ii}} = \dfrac{1}{g_{\underline{ii}}} = \dfrac{1}{H_i}, & i\text{不求和} \\ g^{ij} = 0, & i \neq j \end{cases} \tag{2.1.106}$$

在正交曲线坐标系中，当采用单位基矢量 $\boldsymbol{e}_i$ 时，矢量的协变分量和逆变分量的差别消失。下面介绍几种常用的正交曲线坐标系：圆柱坐标系和球面坐标系及其协变基矢量、逆变基矢量、度量张量的协变分量和逆变分量。

2. 圆柱坐标系

如图 2.1.6 所示，从几何关系可得直角坐标 z^i 与圆柱坐标 x^i 的关系为

$$z^1 = x^1 \cos x^2, \quad z^2 = x^1 \sin x^2, \quad z^3 = x^3 \tag{2.1.107}$$

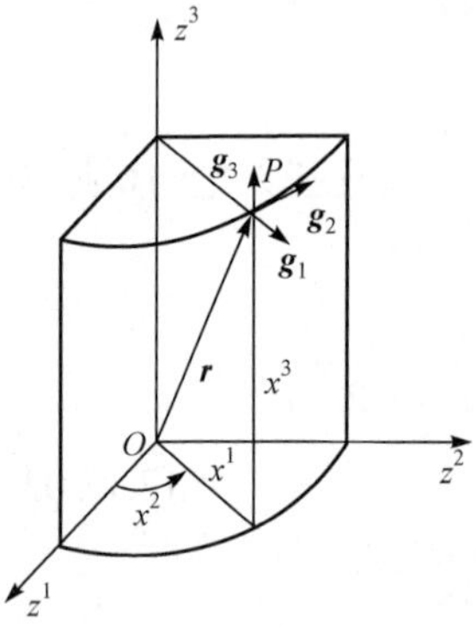

图 2.1.6　圆柱坐标系

由式(2.1.79)得到圆柱坐标 x^i 的协变基矢量为

$$\begin{cases} \boldsymbol{g}_1 = (\cos x^2)\boldsymbol{i}_1 + (\sin x^2)\boldsymbol{i}_2, & |\boldsymbol{g}_1| = 1 \\ \boldsymbol{g}_2 = (-x^1 \sin x^2)\boldsymbol{i}_1 + (x^1 \cos x^2)\boldsymbol{i}_2, & |\boldsymbol{g}_2| = x^1 \\ \boldsymbol{g}_3 = \boldsymbol{i}_3, & |\boldsymbol{g}_3| = 1 \end{cases} \tag{2.1.108}$$

由式(2.1.60)得到圆柱坐标 x^i 的逆变基矢量为

$$\begin{cases} \boldsymbol{g}^1 = \boldsymbol{g}_1, & |\boldsymbol{g}^1| = 1 \\ \boldsymbol{g}^2 = \boldsymbol{g}_2 / (x^1)^2, & |\boldsymbol{g}^2| = 1/x^1 \\ \boldsymbol{g}^3 = \boldsymbol{g}_3 = \boldsymbol{i}_3, & |\boldsymbol{g}^3| = 1 \end{cases} \tag{2.1.109}$$

由式(2.1.83)和式(2.1.78)得到圆柱坐标 x^i 下度量张量的协变分量为

$$\begin{cases} g_{11} = (\cos x^2)^2 + (\sin x^2)^2 = 1 \\ g_{22} = (-x^1 \sin x^2)^2 + (x^1 \cos x^2)^2 = (x^1)^2 \\ g_{33} = 1 \\ g_{12} = g_{23} = g_{13} = 0 \end{cases} \tag{2.1.110}$$

度量张量的值为

$$g = \begin{vmatrix} 1 & 0 & 0 \\ 0 & (x^1)^2 & 0 \\ 0 & 0 & 1 \end{vmatrix} = (x^1)^2 \tag{2.1.111}$$

由式(2.1.106)得到圆柱坐标 x^i 下度量张量的逆变分量为

$$g^{11} = 1,\quad g^{22} = 1/(x^1)^2,\quad g^{33} = 1,\quad g^{12} = g^{23} = g^{13} = 0 \tag{2.1.112}$$

3. 球面坐标系

如图 2.1.7 所示，从几何关系可得直角坐标 z^i 与球面坐标 x^i 的关系为

$$z^1 = x^1 \sin x^2 \cos x^3,\quad z^2 = x^1 \sin x^2 \sin x^3,\quad z^3 = x^1 \cos x^2 \tag{2.1.113}$$

由式(2.1.79)得到球面坐标 x^i 的协变基矢量为

$$\begin{cases} \boldsymbol{g}_1 = (\sin x^2 \cos x^3)\boldsymbol{i}_1 + (\sin x^2 \sin x^3)\boldsymbol{i}_2 + (\cos x^2)\boldsymbol{i}_3, & |\boldsymbol{g}_1| = 1 \\ \boldsymbol{g}_2 = (x^1 \cos x^2 \cos x^3)\boldsymbol{i}_1 + (x^1 \cos x^2 \sin x^3)\boldsymbol{i}_2 + (-x^1 \sin x^2)\boldsymbol{i}_3, & |\boldsymbol{g}_2| = x^1 \\ \boldsymbol{g}_3 = (-x^1 \sin x^2 \sin x^3)\boldsymbol{i}_1 + (x^1 \sin x^2 \cos x^3)\boldsymbol{i}_2, & |\boldsymbol{g}_3| = x^1 \sin x^2 \end{cases} \tag{2.1.114}$$

由式(2.1.60)得到球面坐标 x^i 的逆变基矢量为

$$\begin{cases} \boldsymbol{g}^1=\boldsymbol{g}_1, & \left|\boldsymbol{g}^1\right|=1 \\ \boldsymbol{g}^2=\boldsymbol{g}_2/(x^1)^2, & \left|\boldsymbol{g}^2\right|=1/x^1 \\ \boldsymbol{g}^3=\boldsymbol{g}_3/(x^1\sin x^2)^2, & \left|\boldsymbol{g}^3\right|=1/(x^1\sin x^2) \end{cases} \tag{2.1.115}$$

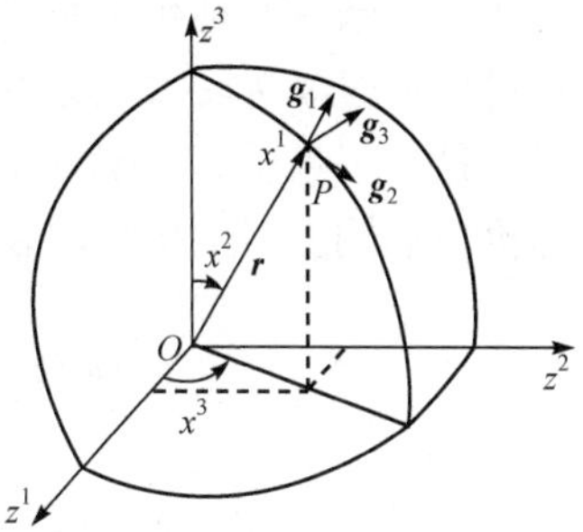

图 2.1.7　球面坐标系

由式(2.1.83)和式(2.1.78)得到球面坐标 x^i 下度量张量的协变分量为

$$\begin{cases} g_{11}=(\sin x^2\cos x^3)^2+(\sin x^2\sin x^3)^2+(\cos x^2)^2=1 \\ g_{22}=(x^1\cos x^2\cos x^3)^2+(x^1\cos x^2\sin x^3)^2+(-x^1\sin x^2)^2=(x^1)^2 \\ g_{33}=(-x^1\sin x^2\sin x^3)^2+(x^1\sin x^2\cos x^3)^2=(x^1\sin x^2)^2 \\ g_{12}=g_{23}=g_{13}=0 \end{cases} \tag{2.1.116}$$

度量张量的值为

$$g=\begin{vmatrix} 1 & 0 & 0 \\ 0 & (x^1)^2 & 0 \\ 0 & 0 & (x^1\sin x^2)^2 \end{vmatrix}=(x^1)^4(\sin x^2)^2 \tag{2.1.117}$$

由式(2.1.106)得到球面坐标 x^i 下度量张量的逆变分量为

$$g^{11}=1,\quad g^{22}=\frac{1}{(x^1)^2},\quad g^{33}=\frac{1}{(x^1\sin x^2)^2},\quad g^{12}=g^{23}=g^{13}=0 \tag{2.1.118}$$

2.1.5　张量及其表示法

1. 矢量的分量表示法与实体表示法

如果在三维空间中任意点处的物理量可以用 3 个有序数 v_i(或另外 3 个有序数 v^i)的集合表示，且当坐标转换时，在新坐标系中按式(2.1.99)和式(2.1.100)的转换关系转换为另一组 3 个有序数的集合，则 v_i (i=1, 2, 3)或 v^i (i=1, 2, 3)分别称为矢量的协变分量或逆变分量，该物理量称为矢量，并用黑体字记为 $\boldsymbol{V}$。在三维空间的每一点处，矢量 $\boldsymbol{V}$ 可以按该点处的基矢量(协变基或逆变基)分解为 3 个分量(逆变分量 v^i 或协变分量 v_i)。在同一坐标系中，协变分量与逆变分量互不独立，以该坐标系的度量张量分量式(2.1.80)升降指标。可以从矢量是一个由其大小与方向描述的实体表达式(2.1.98)推导得到式(2.1.99)和式(2.1.100)。

如果选择其他坐标系，则同一矢量将具有不同的分量。不同坐标系的矢量分量可以通过坐标转换关系互导。一旦给定一个矢量在某一坐标系中的任何一组分量，这个矢量就完全确定了。可见，两种表示方法，即分量表示法和实体表示法等价。利用矢量的坐标转换关系可证明

$$v_{i'}\boldsymbol{g}^{i'} = \beta_{i'}^{j} v_j \beta_k^{i'} \boldsymbol{g}^k = \frac{\partial x^j}{\partial x^{i'}} \frac{\partial x^{i'}}{\partial x^k} v_j \boldsymbol{g}^k = \delta_k^j v_j \boldsymbol{g}^k = v_j \boldsymbol{g}^j \tag{2.1.119}$$

2. 张量的定义与两种表示法

张量是矢量的推广。当坐标转换时，满足坐标转换关系的若干有序数组成的集合称为张量。例如，一个由 9 个有序数组成的集合 $T(i, j)$ $(i, j=1, 2, 3)$，在坐标转换时，这组数按照以下坐标转换关系变化：

$$T(i', j') = \beta_k^{i'} \beta_l^{j'} T(k, l), \quad i', j' = 1, 2, 3 \tag{2.1.120}$$

则这组有序数的集合就是张量。式(2.1.120)中自由指标的数目称为**张量的阶数**。例如，T^{ij} 是二阶张量，T^{ijk} 是三阶张量，矢量是一阶张量，而标量是零阶张量。在 n 维空间中，m 阶张量是 n^m 个数的集合。

当坐标转换时，如果张量分量所乘的是逆变(或协变)转换系数，则称为张量的逆变(或协变)分量，用上标(或下标)表示，记为 T^{ij} (或 T_{ij})。若改变坐标时张量分量所乘的既有逆变转换系数，又有协变转换系数，按照对应转换系数的逆变、协变性质，分别表示分量指标的上或下，称为张量的混变分量，如 $T_i^{\cdot j}$ 或者 $T_{\cdot i}^{j}$。为表示指标的前后次序，在上下标的空位处有小点，指标顺序不能调换，即 $T_i^{\cdot j} \neq T_{\cdot i}^{j}$。

在同一坐标系中，张量的协变、逆变、混变分量之间满足式(2.1.69)所示的指标升降关系。m 阶张量是 3^m 种分量的集合。

在不同坐标系中，满足张量分量的坐标转换关系，例如

$$T_{\cdot j' \cdot}^{i' \cdot k'} = \beta_l^{i'} \beta_{j'}^{m} \beta_n^{k'} T_{\cdot m \cdot}^{l \cdot n}$$

与矢量类似，张量也有两种等价的表示方法。

1) 张量的分量表示法

在同一坐标系下，张量的分量满足指标升降关系，即对于二阶张量，有

$$\begin{cases} T^{ij} = g^{ik} T_k^{\cdot j} = g^{ik} g^{jl} T_{kl} \\ T_{ij} = g_{ik} T_{\cdot j}^{k} = g_{ik} g_{jl} T^{kl}, \quad i, j = 1, 2, 3 \\ \qquad \cdots \end{cases} \tag{2.1.121}$$

对于三阶张量，有

$$\begin{cases} T^{ijk}=g^{il}T_{l}^{\cdot jk}=g^{il}g^{jm}T_{lm}^{\cdot\cdot k}=g^{il}g^{jm}g^{kn}T_{lmn} \\ T_{ijk}=g_{il}T_{\cdot jk}^{l}=g_{il}g_{jm}T_{\cdot\cdot k}^{lm}=g_{il}g_{jm}g_{kn}T^{lmn} \\ \cdots \end{cases},\quad i,j,k=1,2,3 \tag{2.1.122}$$

由上面的指标升降关系可以看出，对于每一个要求下降的指标，需要度量张量的协变分量 g_{ij} 作一次线性变换。对于每一个要求上升的指标，需要度量张量的逆变分量 g^{ij} 作一次线性变换。而 T^{ij} 、T_{ij} 、$T_{\cdot j}^{i}$ 、$T_{i}^{\cdot j}$ 只是同一个物理量(张量)的不同类型的分量的集合。

当坐标转换时，张量的各类分量满足坐标转换关系，即

$$\begin{cases} T^{i'j'}=\beta_{k}^{i'}\beta_{l}^{j'}T^{kl} & (\text{二重逆变}) \\ T_{i'j'}=\beta_{i'}^{k}\beta_{j'}^{l}T_{kl} & (\text{二重协变}) \\ T_{j'}^{i'}=\beta_{k}^{i'}\beta_{j'}^{l}T_{l}^{k} & (\text{混变}) \\ T_{i'}^{j'}=\beta_{i'}^{k}\beta_{l}^{j'}T_{k}^{l} & (\text{混变}) \end{cases},\quad i',j'=1,2,3 \tag{2.1.123}$$

$$\begin{cases} T^{i'j'k'}=\beta_{l}^{i'}\beta_{m}^{j'}\beta_{n}^{k'}T^{lmn} & (\text{三重逆变}) \\ T_{i'j'k'}=\beta_{i'}^{l}\beta_{j'}^{m}\beta_{k'}^{n}T_{lmn} & (\text{三重协变}) \\ T_{\cdot j'\cdot}^{i'\cdot k'}=\beta_{l}^{i'}\beta_{j'}^{m}\beta_{n}^{k'}T_{\cdot m\cdot}^{l\cdot n} & (\text{混变}) \\ \cdots \end{cases},\quad i',j',k'=1,2,3 \tag{2.1.124}$$

2) 张量的实体表示法(并矢表示法)

与矢量类似，也可将张量看作一个实体，即将张量表示成各分量与基矢量的组合。例如，在同一坐标系内，二阶张量可以表示为

$$\boldsymbol{T}=T_{ij}\boldsymbol{g}^{i}\boldsymbol{g}^{j}=T_{\cdot j}^{i}\boldsymbol{g}_{i}\boldsymbol{g}^{j}=T_{i}^{\cdot j}\boldsymbol{g}^{i}\boldsymbol{g}_{j}=T^{ij}\boldsymbol{g}_{i}\boldsymbol{g}_{j} \tag{2.1.125}$$

三阶张量可以表示为

$$\boldsymbol{T}=T^{ijk}\boldsymbol{g}_{i}\boldsymbol{g}_{j}\boldsymbol{g}_{k}=T_{ijk}\boldsymbol{g}^{i}\boldsymbol{g}^{j}\boldsymbol{g}^{k}=T_{\cdot jk}^{i}\boldsymbol{g}_{i}\boldsymbol{g}^{j}\boldsymbol{g}^{k}=T_{i}^{\cdot jk}\boldsymbol{g}^{i}\boldsymbol{g}_{j}\boldsymbol{g}_{k}=\cdots \tag{2.1.126}$$

在上述并矢表示法中假定：基矢量的 $\boldsymbol{g}_i(\boldsymbol{g}^i)$ $(i=1,2,3)$ 是线性无关的，而其并矢 $\boldsymbol{g}_i\boldsymbol{g}_j(\boldsymbol{g}^i\boldsymbol{g}^j)$ 称为基张量。9 个二阶基张量也是线性无关的。

张量分量的指标可以随意上升或者下降，但相配的基矢量的指标相应下降或者上升：

$$\boldsymbol{T}=T_{ij}\boldsymbol{g}^{i}\boldsymbol{g}^{j}=T_{ij}g^{ir}g^{js}\boldsymbol{g}_{r}\boldsymbol{g}_{s}=T_{rs}g^{ri}g^{sj}\boldsymbol{g}_{i}\boldsymbol{g}_{j} \tag{2.1.127}$$

当坐标转换时，张量实体不因坐标转换而变化，即对于二阶张量，有

$$\boldsymbol{T}=\begin{cases}T^{ij}\boldsymbol{g}_i\boldsymbol{g}_j=T_{ij}\boldsymbol{g}^i\boldsymbol{g}^j=T^i_{\cdot j}\boldsymbol{g}_i\boldsymbol{g}^j=T_i^{\cdot j}\boldsymbol{g}^i\boldsymbol{g}_j\\ T^{i'j'}\boldsymbol{g}_{i'}\boldsymbol{g}_{j'}=T_{i'j'}\boldsymbol{g}^{i'}\boldsymbol{g}^{j'}=T^{i'}_{\cdot j'}\boldsymbol{g}_{i'}\boldsymbol{g}^{j'}=T_{i'}^{\cdot j'}\boldsymbol{g}^{i'}\boldsymbol{g}_{j'}\end{cases}\tag{2.1.128}$$

对于三阶张量，有

$$\boldsymbol{T}=\begin{cases}T^{ijk}\boldsymbol{g}_i\boldsymbol{g}_j\boldsymbol{g}_k=T_{ijk}\boldsymbol{g}^i\boldsymbol{g}^j\boldsymbol{g}^k=T^i_{\cdot jk}\boldsymbol{g}_i\boldsymbol{g}^j\boldsymbol{g}^k=T_i^{\cdot jk}\boldsymbol{g}^i\boldsymbol{g}_j\boldsymbol{g}_k=\cdots\\ T^{i'j'k'}\boldsymbol{g}_{i'}\boldsymbol{g}_{j'}\boldsymbol{g}_{k'}=T_{i'j'k'}\boldsymbol{g}^{i'}\boldsymbol{g}^{j'}\boldsymbol{g}^{k'}=T^{i'}_{\cdot j'k'}\boldsymbol{g}_{i'}\boldsymbol{g}^{j'}\boldsymbol{g}^{k'}=T_{i'}^{\cdot j'k'}\boldsymbol{g}^{i'}\boldsymbol{g}_{j'}\boldsymbol{g}_{k'}=\cdots\end{cases}\tag{2.1.129}$$

式(2.1.128)和式(2.1.129)与分量形式的坐标转换关系式(2.1.123)和式(2.1.124)是等价的，即它们可以互导。在张量的各种表示方法中，分量指标的排列必须与相配的基矢量对应：

$$\boldsymbol{T}=T^{ij}\boldsymbol{g}_i\boldsymbol{g}_j=T^{ji}\boldsymbol{g}_j\boldsymbol{g}_i\neq T^{ji}\boldsymbol{g}_i\boldsymbol{g}_j\tag{2.1.130}$$

在张量的实体表示法中，每项基张量包含的并基矢量的个数就是张量的阶数。标量是零阶张量，矢量是一阶张量。标量不因坐标转换而改变。

2.1.6 张量的代数运算、商法则

1. 张量的相等

若两个张量 $\boldsymbol{T}$、$\boldsymbol{S}$ 在同一坐标系中的逆变(协变或某一混变)分量一一相等，即

$$T^{ij\cdots}=S^{ij\cdots},\quad i,j,\cdots=1,2,3\tag{2.1.131}$$

则此两个张量的其他分量均一一相等，即

$$T_{ij\cdots}=S_{ij\cdots},\quad T^i_{\cdot j\cdots}=S^i_{\cdot j\cdots},\quad i,j,\cdots=1,2,3\tag{2.1.132}$$

且在任意坐标系中的一切分量均一一相等，即

$$T^{i'j'\cdots}=S^{i'j'\cdots},\quad T_{i'j'\cdots}=S_{i'j'\cdots},\quad i',j',\cdots=1,2,3\tag{2.1.133}$$

与式(2.1.131)等价的写法是

$$\boldsymbol{T}=\boldsymbol{S}\tag{2.1.134}$$

即张量 $\boldsymbol{T}$ 和 $\boldsymbol{S}$ 相等。

2. 张量的相加

若两个张量 $\boldsymbol{T}$、$\boldsymbol{S}$ 在某一坐标系中的逆变(协变或任一混变)分量一一相加，则得到一组数，是新张量 $\boldsymbol{U}$ 的逆变(协变或任一混变)分量。

$$T^{ij\cdots}+S^{ij\cdots}=U^{ij\cdots},\quad i,j,\cdots=1,2,3\tag{2.1.135}$$

且对于任意坐标系中任意其他分量，此和式均成立，式(2.1.135)的等价写法是

$$\boldsymbol{T}+\boldsymbol{S}=\boldsymbol{U}\tag{2.1.136}$$

3. 标量与张量的乘积

若两个张量在某一坐标系中的逆变(协变或任一混变)分量分别乘以标量 k，则得到一组数，也是张量的逆变(协变或任一混变)分量，即

$$kT^{ij\cdots}=U^{ij\cdots},\quad i,j,\cdots=1,2,3 \tag{2.1.137}$$

且对于任意坐标系中任意其他分量，此等式均成立，式(2.1.137)的等价写法是

$$k\boldsymbol{T}=\boldsymbol{U} \tag{2.1.138}$$

若把式(2.1.136)中的张量 $\boldsymbol{S}$ 乘以 $k=-1$，则为张量相减，即

$$\boldsymbol{T}-\boldsymbol{S}=\boldsymbol{T}+(-1)\boldsymbol{S} \tag{2.1.139}$$

4. 张量与张量的并乘

设 T^{ij}、$S_k^{\cdot l}$ 分别是张量 $\boldsymbol{T}$、$\boldsymbol{S}$ 的分量(可以是任意形式的分量，即逆变分量、协变分量或混变分量)，则 T^{ij} 与 $S_k^{\cdot l}$ 各分量的两两乘积是新张量的一组分量，即

$$T^{ij}S_k^{\cdot l}=U^{ij\cdot l}_{\cdot\cdot k\cdot},\quad i,j,k,l=1,2,3 \tag{2.1.140}$$

利用张量分量的转换规律和指标升降关系，可以证明，对于任意坐标系中任意其他分量此等式均成立。新张量 $\boldsymbol{U}$ 的阶数等于张量 $\boldsymbol{T}$ 与 $\boldsymbol{S}$ 的阶数之和，新张量 $\boldsymbol{U}$ 的分量指标的前后顺序和上下位置都应与张量 $\boldsymbol{T}$ 与 $\boldsymbol{S}$ 的指标顺序和上下位置一致。这种运算称为**张量的并乘**，用实体形式表示为

$$\boldsymbol{TS}=\boldsymbol{U} \tag{2.1.141}$$

式(2.1.141)与式(2.1.140)是等价的，其含义是

$$\boldsymbol{TS}=T^{ij}S_k^{\cdot l}\boldsymbol{g}_i\boldsymbol{g}_j\boldsymbol{g}^k\boldsymbol{g}_l=U^{ij\cdot l}_{\cdot\cdot k\cdot}\boldsymbol{g}_i\boldsymbol{g}_j\boldsymbol{g}^k\boldsymbol{g}_l=\boldsymbol{U},\quad i,j,k,l=1,2,3 \tag{2.1.142}$$

式中，$\boldsymbol{TS}$ 也可以看作并张量。张量并乘时的顺序不能任意调换，即

$$\boldsymbol{TS}\neq\boldsymbol{ST} \tag{2.1.143}$$

5. 张量的缩并

张量的缩并是将张量中的任意两个基矢量进行点积。为方便处理，一般选择一个协变基和一个逆变基点积。例如，将四阶张量 $\boldsymbol{T}=T^{ij}_{\cdot\cdot kl}\boldsymbol{g}_i\boldsymbol{g}_j\boldsymbol{g}^k\boldsymbol{g}^l$ 中的第 2、第 4 基矢量进行点积，得

$$\boldsymbol{S}=T^{ij}_{\cdot\cdot kl}\boldsymbol{g}_i\boldsymbol{g}_j\boldsymbol{g}^k\boldsymbol{g}^l=T^{ij}_{\cdot\cdot kl}\delta^l_j\boldsymbol{g}_i\boldsymbol{g}^k=T^{ij}_{\cdot\cdot kj}\boldsymbol{g}_i\boldsymbol{g}^k=S^i_{\cdot k}\boldsymbol{g}_i\boldsymbol{g}^k \tag{2.1.144}$$

式中，$S^i_{\cdot k}=T^{ij}_{\cdot\cdot kj}$，利用 $T^{ij}_{\cdot\cdot kj}$ 满足两坐标间的转换关系，可以证明 $S^i_{\cdot k}$ 是张量的分量。张量每缩并一次，就消去两个基矢量，因而降低两阶。从分量的角度来看，缩并

就是令张量的一个上指标和一个下指标缩并，这样把两个自由指标化为一对哑指标，因而按求和约定得到的新张量的阶数降低两阶。例如，一个二阶张量 $T^{i}_{\cdot j}$ 经缩并后变为零阶张量，即标量

$$f = T^{r}_{\cdot r} = T^{1}_{\cdot 1} + T^{2}_{\cdot 2} + T^{3}_{\cdot 3} = T^{1'}_{\cdot 1'} + T^{2'}_{\cdot 2'} + T^{3'}_{\cdot 3'} \tag{2.1.145}$$

当坐标转换时，缩并关系仍保持不变。

6. 张量的点积与双点积

两个张量 $\boldsymbol{T}$ 与 $\boldsymbol{S}$ 先并乘后缩并的运算称为**点积**(或称**内积**)。和缩并一样，对于点积运算应说明是将张量 $\boldsymbol{T}$ 中的哪一个基矢量和张量 $\boldsymbol{S}$ 中的哪一个基矢量点积。为方便处理，一般选择一个协变基和一个逆变基点积。两个张量点积后得到一个新张量 $\boldsymbol{U}$，如果 $\boldsymbol{T}$ 是 m 阶张量，$\boldsymbol{S}$ 是 n 阶张量，则 $\boldsymbol{U}$ 是 $m+n-2$ 阶张量。

若有四阶张量 $\boldsymbol{T} = T^{ij}_{\cdot\cdot kl}\boldsymbol{g}_i\boldsymbol{g}_j\boldsymbol{g}^k\boldsymbol{g}^l$ 和三阶张量 $\boldsymbol{S} = S^{rs}_{\cdot\cdot t}\boldsymbol{g}_r\boldsymbol{g}_s\boldsymbol{g}^t$，并乘得到七阶张量

$$\boldsymbol{TS} = T^{ij}_{\cdot\cdot kl}S^{rs}_{\cdot\cdot t}\boldsymbol{g}_i\boldsymbol{g}_j\boldsymbol{g}^k\boldsymbol{g}^l\boldsymbol{g}_r\boldsymbol{g}_s\boldsymbol{g}^t$$

对其缩并一次得到一个五阶张量

$$\begin{aligned}\boldsymbol{TS} &= T^{ij}_{\cdot\cdot kl}S^{rs}_{\cdot\cdot t}\boldsymbol{g}_i\boldsymbol{g}_j\boldsymbol{g}^k\boldsymbol{g}^l\boldsymbol{g}_r\boldsymbol{g}_s\boldsymbol{g}^t = T^{ij}_{\cdot\cdot kl}S^{rs}_{\cdot\cdot t}\boldsymbol{g}_i\boldsymbol{g}_j\delta^k_s\boldsymbol{g}^l\boldsymbol{g}_r\boldsymbol{g}^t \\ &= T^{ij}_{\cdot\cdot kl}S^{rk}_{\cdot\cdot t}\boldsymbol{g}_i\boldsymbol{g}_j\boldsymbol{g}^l\boldsymbol{g}_r\boldsymbol{g}^t = U^{ij\cdot r}_{\cdot\cdot l\cdot t}\boldsymbol{g}_i\boldsymbol{g}_j\boldsymbol{g}^l\boldsymbol{g}_r\boldsymbol{g}^t = \boldsymbol{U}\end{aligned} \tag{2.1.146}$$

如果将前张量的最后一个基矢量和后张量的第一个基矢量点积，则可以表示为

$$\begin{aligned}\boldsymbol{T}\cdot\boldsymbol{S} &= (T^{ij}_{\cdot\cdot kl}\boldsymbol{g}_i\boldsymbol{g}_j\boldsymbol{g}^k\boldsymbol{g}^l)\cdot(S^{rs}_{\cdot\cdot t}\boldsymbol{g}_r\boldsymbol{g}_s\boldsymbol{g}^t) = T^{ij}_{\cdot\cdot kl}S^{rs}_{\cdot\cdot t}\boldsymbol{g}_i\boldsymbol{g}_j\boldsymbol{g}^k\delta^l_r\boldsymbol{g}_s\boldsymbol{g}^t \\ &= T^{ij}_{\cdot\cdot kl}S^{ls}_{\cdot\cdot t}\boldsymbol{g}_i\boldsymbol{g}_j\boldsymbol{g}^k\boldsymbol{g}_s\boldsymbol{g}^t = U^{ij\cdot s}_{\cdot\cdot k\cdot t}\boldsymbol{g}_i\boldsymbol{g}_j\boldsymbol{g}^k\boldsymbol{g}_s\boldsymbol{g}^t\end{aligned} \tag{2.1.147}$$

若两个张量 $\boldsymbol{T}$ 与 $\boldsymbol{S}$ 先并乘后再进行两次缩并，则称为**双点积**。双点积的运算规定为符号两边相邻的四个矢量运算，张量的双点积有并联和串联两种方式。

并联式：并联式双点积的运算规则定义为前和前、后和后的基矢量点积运算。

$$\begin{aligned}\boldsymbol{W} = \boldsymbol{T}:\boldsymbol{S} &= (T^{ij}_{\cdot\cdot kl}\boldsymbol{g}_i\boldsymbol{g}_j\boldsymbol{g}^k\boldsymbol{g}^l):(S^{rs}_{\cdot\cdot t}\boldsymbol{g}_r\boldsymbol{g}_s\boldsymbol{g}^t) = T^{ij}_{\cdot\cdot kl}S^{rs}_{\cdot\cdot t}\boldsymbol{g}_i\boldsymbol{g}_j(\boldsymbol{g}^k\cdot\boldsymbol{g}_r)(\boldsymbol{g}^l\cdot\boldsymbol{g}_s)\boldsymbol{g}^t \\ &= T^{ij}_{\cdot\cdot kl}S^{rs}_{\cdot\cdot t}\boldsymbol{g}_i\boldsymbol{g}_j\delta^k_r\delta^l_s\boldsymbol{g}^t = T^{ij}_{\cdot\cdot kl}S^{kl}_{\cdot\cdot t}\boldsymbol{g}_i\boldsymbol{g}_j\boldsymbol{g}^t = W^{ij}_{\cdot\cdot t}\boldsymbol{g}_i\boldsymbol{g}_j\boldsymbol{g}^t\end{aligned} \tag{2.1.148}$$

串联式：串联式双点积的运算规则定义为里和里、外和外的基矢量点积运算，即

$$\begin{aligned}\boldsymbol{Z} = \boldsymbol{T}\cdot\cdot\boldsymbol{S} &= (T^{ij}_{\cdot\cdot kl}\boldsymbol{g}_i\boldsymbol{g}_j\boldsymbol{g}^k\boldsymbol{g}^l)\cdot\cdot(S^{rs}_{\cdot\cdot t}\boldsymbol{g}_r\boldsymbol{g}_s\boldsymbol{g}^t) = T^{ij}_{\cdot\cdot kl}S^{rs}_{\cdot\cdot t}\boldsymbol{g}_i\boldsymbol{g}_j(\boldsymbol{g}^l\cdot\boldsymbol{g}_r)(\boldsymbol{g}^k\cdot\boldsymbol{g}_s)\boldsymbol{g}^t \\ &= T^{ij}_{\cdot\cdot kl}S^{rs}_{\cdot\cdot t}\boldsymbol{g}_i\boldsymbol{g}_j\delta^l_r\delta^k_s\boldsymbol{g}^t = T^{ij}_{\cdot\cdot kl}S^{lk}_{\cdot\cdot t}\boldsymbol{g}_i\boldsymbol{g}_j\boldsymbol{g}^t = Z^{ij}_{\cdot\cdot t}\boldsymbol{g}_i\boldsymbol{g}_j\boldsymbol{g}^t\end{aligned} \tag{2.1.149}$$

以上两种双点积的结果 $\boldsymbol{W}$ 和 $\boldsymbol{Z}$ 不是同一个张量。

7. 张量的矢积与双矢积

两个**张量的矢积**定义为并乘和两个张量末首两个基矢量矢积的联合运算。矢

积后得到一个新张量 $\boldsymbol{U}$。如果 $\boldsymbol{T}$ 是 m 阶张量，$\boldsymbol{S}$ 是 n 阶张量，则 $\boldsymbol{U}$ 是 $m+n-1$ 阶张量。若有四阶张量 $\boldsymbol{T}=T^{ij}_{\cdot\cdot kl}\boldsymbol{g}_i\boldsymbol{g}_j\boldsymbol{g}^k\boldsymbol{g}^l$ 和三阶张量 $\boldsymbol{S}=S^{rs}_{\cdot\cdot t}\boldsymbol{g}_r\boldsymbol{g}_s\boldsymbol{g}^t$，矢积后为

$$\begin{aligned}\boldsymbol{T}\times\boldsymbol{S}&=(T^{ij}_{\cdot\cdot kl}\boldsymbol{g}_i\boldsymbol{g}_j\boldsymbol{g}^k\boldsymbol{g}^l)\times(S^{\cdot\cdot t}_{rs}\boldsymbol{g}^r\boldsymbol{g}^s\boldsymbol{g}_t)=T^{ij}_{\cdot\cdot kl}S^{\cdot\cdot t}_{rs}\boldsymbol{g}_i\boldsymbol{g}_j\boldsymbol{g}^k e^{lru}\boldsymbol{g}_u\boldsymbol{g}^s\boldsymbol{g}_t\\&=T^{ij}_{\cdot\cdot kl}S^{\cdot\cdot t}_{rs}e^{lru}\boldsymbol{g}_i\boldsymbol{g}_j\boldsymbol{g}^k\boldsymbol{g}_u\boldsymbol{g}^s\boldsymbol{g}_t=U^{ij\cdot u\cdot t}_{\cdot\cdot k\cdot s}\boldsymbol{g}_i\boldsymbol{g}_j\boldsymbol{g}^k\boldsymbol{g}_u\boldsymbol{g}^s\boldsymbol{g}_t\end{aligned}\tag{2.1.150}$$

若两个张量 $\boldsymbol{T}$ 与 $\boldsymbol{S}$ 进行两次矢积，则称为**张量的双矢积**。张量的双矢积有并联和串联两种方式。并联式和串联式的运算规则同双点积一致。

$$\begin{aligned}\boldsymbol{W}=\boldsymbol{T}\overset{\times}{\times}\boldsymbol{S}&=(T^{ij}_{\cdot\cdot kl}\boldsymbol{g}_i\boldsymbol{g}_j\boldsymbol{g}^k\boldsymbol{g}^l)\overset{\times}{\times}(S^{\cdot\cdot t}_{rs}\boldsymbol{g}^r\boldsymbol{g}^s\boldsymbol{g}_t)=T^{ij}_{\cdot\cdot kl}S^{\cdot\cdot t}_{rs}\boldsymbol{g}_i\boldsymbol{g}_j e^{kru}\boldsymbol{g}_u e^{lsv}\boldsymbol{g}_v\boldsymbol{g}_t\\&=T^{ij}_{\cdot\cdot kl}S^{\cdot\cdot t}_{rs}e^{kru}e^{lsv}\boldsymbol{g}_i\boldsymbol{g}_j\boldsymbol{g}_u\boldsymbol{g}_v\boldsymbol{g}_t=V^{ijuvt}\boldsymbol{g}_i\boldsymbol{g}_j\boldsymbol{g}_u\boldsymbol{g}_v\boldsymbol{g}_t\end{aligned}\tag{2.1.151}$$

$$\begin{aligned}\boldsymbol{Z}=\boldsymbol{T}\times\times\boldsymbol{S}&=(T^{ij}_{\cdot\cdot kl}\boldsymbol{g}_i\boldsymbol{g}_j\boldsymbol{g}^k\boldsymbol{g}^l)\times\times(S^{\cdot\cdot t}_{rs}\boldsymbol{g}^r\boldsymbol{g}^s\boldsymbol{g}_t)=T^{ij}_{\cdot\cdot kl}S^{\cdot\cdot t}_{rs}\boldsymbol{g}_i\boldsymbol{g}_j e^{lru}\boldsymbol{g}_u e^{ksv}\boldsymbol{g}_v\boldsymbol{g}_t\\&=T^{ij}_{\cdot\cdot kl}S^{\cdot\cdot t}_{rs}e^{lru}e^{ksv}\boldsymbol{g}_i\boldsymbol{g}_j\boldsymbol{g}_u\boldsymbol{g}_v\boldsymbol{g}_t=Z^{ijuvt}\boldsymbol{g}_i\boldsymbol{g}_j\boldsymbol{g}_u\boldsymbol{g}_v\boldsymbol{g}_t\end{aligned}\tag{2.1.152}$$

以上两种双矢积的结果 $\boldsymbol{W}$ 和 $\boldsymbol{Z}$ 不是同一个张量。

8. 张量的商法则

设有一组数的集合 $T(i,j,k,l,m)$，如果对于任意一个 q 阶张量 $\boldsymbol{S}$，满足内积均为一个 p 阶张量 $\boldsymbol{U}$，即在任何坐标系中下列等式均成立：

$$T(i,j,k,l,m)S^{lm}=U^{ijk},\quad i,j,k=1,2,3\tag{2.1.153}$$

则这组数的集合 $T(i,j,k,l,m)$ 必定是一个 $p+q$ 阶张量。

$$T(i,j,k,l,m)=T^{ijk}_{\cdot\cdot\cdot lm}\tag{2.1.154}$$

这就是**张量的商法则**。可以用 $T(i,j,k,l,m)$ 满足坐标转换关系的方法来证明商法则。

2.1.7　二阶张量的迹、矩阵与行列式

1. 二阶张量的迹

设 $\boldsymbol{a}$ 和 $\boldsymbol{b}$ 是两个矢量，则关于并矢 $\boldsymbol{ab}$ 的迹定义为

$$\mathrm{Tr}\boldsymbol{ab}=\boldsymbol{a}\cdot\boldsymbol{b}\tag{2.1.155}$$

对于基矢量，则为

$$\mathrm{Tr}(\boldsymbol{g}_i\boldsymbol{g}_j)=\boldsymbol{g}_i\cdot\boldsymbol{g}_j=g_{ij}\tag{2.1.156}$$

对于任意二阶张量，由于 $\boldsymbol{T}=T_i^{\ j}\boldsymbol{g}^i\boldsymbol{g}_j$，二阶张量的迹定义为

$$\mathrm{Tr}(\boldsymbol{T})=\mathrm{Tr}(T_i^{\ j}\boldsymbol{g}^i\boldsymbol{g}_j)=T_i^{\ j}\mathrm{Tr}(\boldsymbol{g}^i\boldsymbol{g}_j)=T_i^{\ i}\tag{2.1.157}$$

设 $\boldsymbol{A}$ 和 $\boldsymbol{B}$ 是两个二阶张量，则二阶张量的迹具有以下性质：

$$\begin{cases}\mathrm{Tr}(\boldsymbol{A}+\boldsymbol{B})=\mathrm{Tr}\boldsymbol{A}+\mathrm{Tr}\boldsymbol{B}\\ \mathrm{Tr}(\boldsymbol{A}\cdot\boldsymbol{B})=\mathrm{Tr}(\boldsymbol{B}\cdot\boldsymbol{A})\\ \mathrm{Tr}\boldsymbol{A}^2=A_{im}A_{mi},\quad \mathrm{Tr}\boldsymbol{A}^n=A_{im}A_{mn}\cdots A_{ji}\end{cases}\tag{2.1.158}$$

式中，$\mathrm{Tr}\boldsymbol{A}^2$ 称为张量 $\boldsymbol{A}$ 的二阶矩；$\mathrm{Tr}\boldsymbol{A}^n$ 称为张量 $\boldsymbol{A}$ 的 n 阶矩。

2. 二阶张量的矩阵

任意一个二阶张量总可以写成式(2.1.127)所示的并矢展开式，这是对于坐标具有不变性的形式。在任一给定的坐标系中，张量也可以用其分量来表示，即协变分量、逆变分量或混合分量。四种分量均随坐标转换而改变。只要在一个特定坐标系中给定四种分量的任意一种，该坐标系中其他三种分量都可以通过指标升降关系而求出，且其他任意坐标系中的四种分量也都通过坐标转换而确定。可见，任一给定坐标系中的任意一种形式的全部张量分量包含该张量的全部信息。

n 维空间中任意一种形式的二阶张量分量均含有 $n\times n$ 个分量，可以按通常表示矩阵的方法列出。一般第一个指标符号对应行号，第二个指标符号对应列号，成为一个方阵。在三维空间中，可以列为 3×3 的矩阵。一个二阶张量在同一坐标系中的四种形式的分量分别对应四个不同的矩阵，记作 $\boldsymbol{\tau}_1$、$\boldsymbol{\tau}_2$、$\boldsymbol{\tau}_3$、$\boldsymbol{\tau}_4$。

$$\begin{cases}\boldsymbol{\tau}_1=\begin{bmatrix}T_{11}&T_{12}&T_{13}\\T_{21}&T_{22}&T_{23}\\T_{31}&T_{32}&T_{33}\end{bmatrix}=[T_{ij}],\qquad \boldsymbol{\tau}_2=\begin{bmatrix}T_1^{\cdot 1}&T_1^{\cdot 2}&T_1^{\cdot 3}\\T_2^{\cdot 1}&T_2^{\cdot 2}&T_2^{\cdot 3}\\T_3^{\cdot 1}&T_3^{\cdot 2}&T_3^{\cdot 3}\end{bmatrix}=[T_i^{\cdot j}]\\ \boldsymbol{\tau}_3=\begin{bmatrix}T_{\cdot 1}^1&T_{\cdot 2}^1&T_{\cdot 3}^1\\T_{\cdot 1}^2&T_{\cdot 2}^2&T_{\cdot 3}^2\\T_{\cdot 1}^3&T_{\cdot 2}^3&T_{\cdot 3}^3\end{bmatrix}=[T_{\cdot j}^i],\qquad \boldsymbol{\tau}_4=\begin{bmatrix}T^{11}&T^{12}&T^{13}\\T^{21}&T^{22}&T^{23}\\T^{13}&T^{32}&T^{33}\end{bmatrix}=[T^{ij}]\end{cases}\tag{2.1.159}$$

根据张量分量的指标升降关系，有

$$T_{ij}=T_i^{\cdot l}g_{lj}=g_{il}T_{\cdot j}^l=g_{il}T^{lm}g_{mj}\tag{2.1.160}$$

因此，二阶张量的上述四个矩阵之间满足以下关系：

$$\boldsymbol{\tau}_1=\boldsymbol{\tau}_2\boldsymbol{g}_*=\boldsymbol{g}_*\boldsymbol{\tau}_3=\boldsymbol{g}_*\boldsymbol{\tau}_4\boldsymbol{g}_*\tag{2.1.161}$$

式中，$\boldsymbol{g}_*$ 为度量张量协变分量 g_{ij} 构成的矩阵。

$$\boldsymbol{g}_*=\begin{bmatrix}g_{11}&g_{12}&g_{13}\\g_{21}&g_{22}&g_{23}\\g_{31}&g_{32}&g_{33}\end{bmatrix}=[g_{ij}]\tag{2.1.162}$$

在一般情况下，二阶张量的四个矩阵各不相等。应特别指出，切不可将 $\boldsymbol{\tau}_2$ 与

$\boldsymbol{\tau}_3$混淆。

$$\boldsymbol{\tau}_2 = \boldsymbol{g}_* \boldsymbol{\tau}_3 \boldsymbol{g}_*^{-1} \tag{2.1.163}$$

显然，$\boldsymbol{\tau}_2$与$\boldsymbol{\tau}_3$一般并不具有相同的矩阵元素。通常若不说明，定义$\boldsymbol{\tau}_3$为张量的矩阵：

$$[\boldsymbol{T}] = [T^{i}_{\cdot j}] = \boldsymbol{\tau}_3 \tag{2.1.164}$$

只有在笛卡儿坐标系中，这四个矩阵才相同。

二阶张量与矩阵虽然有上述对应关系，但并非全能一一对应。例如，首先，矩阵并非只有方阵，而二阶张量只能对应方阵；其次，在一般坐标系中，转置张量与转置矩阵、对称(或反对称)张量与对称(或反对称)矩阵不能一一对应；最后，二阶张量的某些运算不完全用矩阵的运算与之对应。

3. 二阶张量的行列式

二阶张量所对应的四种矩阵分别具有不同的行列式值。由式(2.1.161)知

$$\det(\boldsymbol{\tau}_1) = g\det(\boldsymbol{\tau}_2) = g\det(\boldsymbol{\tau}_3) = g^2\det(\boldsymbol{\tau}_4) \tag{2.1.165}$$

通常，定义$\boldsymbol{\tau}_3^T$的行列式为张量$\boldsymbol{T}$的行列式

$$\det \boldsymbol{T} = \det(\boldsymbol{\tau}_3^T) \tag{2.1.166}$$

由于两个互为转置的矩阵的行列式相等，所以

$$\begin{cases} \det(\boldsymbol{\tau}_1^{T^{\mathrm{T}}}) = \det(\boldsymbol{\tau}_1^T), \quad \det(\boldsymbol{\tau}_4^{T^{\mathrm{T}}}) = \det(\boldsymbol{\tau}_4^T) \\ \det(\boldsymbol{\tau}_3^{T^{\mathrm{T}}}) = \det(\boldsymbol{\tau}_2^T) = \det(\boldsymbol{\tau}_3^T) = \det(\boldsymbol{\tau}_2^{T^{\mathrm{T}}}) \end{cases} \tag{2.1.167}$$

故两个互为转置的张量的行列式相等，即

$$\det \boldsymbol{T} = \det \boldsymbol{T}^{\mathrm{T}} \tag{2.1.168}$$

2.1.8　特殊的二阶张量

1. 零二阶张量

零二阶张量对应的矩阵为

$$[\boldsymbol{O}] = \begin{bmatrix} 0 & 0 & 0 \\ 0 & 0 & 0 \\ 0 & 0 & 0 \end{bmatrix} \tag{2.1.169}$$

零二阶张量是一种特殊的退化二阶张量，它将任意矢量映射为零矢量，即

$$\boldsymbol{O} \cdot \boldsymbol{u} = \boldsymbol{0} \tag{2.1.170}$$

式中，左端的$\boldsymbol{O}$为零二阶张量；右端的$\boldsymbol{0}$为零矢量。

2. 度量张量 $\boldsymbol{G}$

度量张量也称为恒等张量或单位张量，定义为

$$\boldsymbol{G} = g_{ij}\boldsymbol{g}^i\boldsymbol{g}^j = \delta^i_{\cdot j}\boldsymbol{g}_i\boldsymbol{g}^j = \delta_i^{\cdot j}\boldsymbol{g}^i\boldsymbol{g}_j = g^{ij}\boldsymbol{g}_i\boldsymbol{g}_j \tag{2.1.171}$$

度量张量对应的矩阵为

$$[\boldsymbol{G}] = \begin{bmatrix} 1 & 0 & 0 \\ 0 & 1 & 0 \\ 0 & 0 & 1 \end{bmatrix} \tag{2.1.172}$$

度量张量将任意矢量映射为原矢量，即

$$\boldsymbol{G} \cdot \boldsymbol{u} = \boldsymbol{u} \tag{2.1.173}$$

度量张量与任意二阶张量的点积仍为原张量自身，即

$$\boldsymbol{G} \cdot \boldsymbol{T} = \boldsymbol{T} = \boldsymbol{T} \cdot \boldsymbol{G} \tag{2.1.174}$$

3. 转置张量

如果保持基矢量的排列顺序不变，而调换张量分量的指标顺序，则得到一个新的同阶张量，称为原张量的**转置张量**。对于高阶张量，对不同指标的转置结果不同。所以，应指明是对哪两个指标的转置张量。例如，四阶张量

$$\boldsymbol{T} = T^{ij}_{\cdot\cdot kl}\boldsymbol{g}_i\boldsymbol{g}_j\boldsymbol{g}^k\boldsymbol{g}^l \tag{2.1.175}$$

对第 1、2 指标转置

$$\boldsymbol{S} = T^{ji}_{\cdot\cdot kl}\boldsymbol{g}_i\boldsymbol{g}_j\boldsymbol{g}^k\boldsymbol{g}^l \tag{2.1.176}$$

对第 1、3 指标转置

$$\boldsymbol{R} = T_{k\cdot\cdot l}^{\cdot ji}\boldsymbol{g}_i\boldsymbol{g}_j\boldsymbol{g}^k\boldsymbol{g}^l \tag{2.1.177}$$

一般 $\boldsymbol{T} \neq \boldsymbol{S} \neq \boldsymbol{R}$。可以看到，张量转置仅调换其分量指标的前后顺序，其协变、逆变性质不变。张量 $\boldsymbol{T}$ 的转置张量也称张量 $\boldsymbol{T}$ 的**共轭张量**。关于转置张量，具有下列性质：

(1) 二阶张量 $\boldsymbol{T}$ 的转置张量 $\boldsymbol{T}^{\mathrm{T}}$ 的转置为原张量，即

$$(\boldsymbol{T}^{\mathrm{T}})^{\mathrm{T}} = \boldsymbol{T} \tag{2.1.178}$$

(2) 转置张量 $\boldsymbol{T}^{\mathrm{T}}$ 和原张量 $\boldsymbol{T}$ 的迹相同。即

$$\mathrm{Tr}\boldsymbol{T}^{\mathrm{T}} = \mathrm{Tr}\boldsymbol{T} \tag{2.1.179}$$

(3) 设 $\boldsymbol{a}$、$\boldsymbol{b}$ 为矢量，$\boldsymbol{T}$ 为二阶张量，则有

$$\boldsymbol{a} \cdot \boldsymbol{T} = \boldsymbol{T}^{\mathrm{T}} \cdot \boldsymbol{a} \tag{2.1.180}$$

$$\boldsymbol{a} \cdot \boldsymbol{T} \cdot \boldsymbol{b} = \boldsymbol{b} \cdot \boldsymbol{T}^{\mathrm{T}} \cdot \boldsymbol{a} \tag{2.1.181}$$

(4) 设 $\boldsymbol{T}$、$\boldsymbol{S}$ 均为二阶张量，则有

$$(\boldsymbol{T}\cdot\boldsymbol{S})^{\mathrm{T}}=\boldsymbol{S}^{\mathrm{T}}\cdot\boldsymbol{T}^{\mathrm{T}} \tag{2.1.182}$$

对于任意多个二阶张量依次点积的转置有下列结果：

$$(\boldsymbol{T}\cdot\boldsymbol{S}\cdot\cdots\cdot\boldsymbol{W})^{\mathrm{T}}=\boldsymbol{W}^{\mathrm{T}}\cdot\cdots\cdot\boldsymbol{S}^{\mathrm{T}}\cdot\boldsymbol{T}^{\mathrm{T}} \tag{2.1.183}$$

4. 逆张量

设 $\boldsymbol{T}$、$\boldsymbol{S}$ 均为二阶张量，$\boldsymbol{G}$ 为度量张量，若有 $\boldsymbol{T}\cdot\boldsymbol{S}=\boldsymbol{S}\cdot\boldsymbol{T}=\boldsymbol{G}$，则张量 $\boldsymbol{S}$ 称为张量 $\boldsymbol{T}$ 的逆张量，记为 $\boldsymbol{T}^{-1}$，即有

$$\boldsymbol{T}^{-1}\cdot\boldsymbol{T}=\boldsymbol{T}\cdot\boldsymbol{T}^{-1}=\boldsymbol{G} \tag{2.1.184}$$

若设 $\boldsymbol{T}$、$\boldsymbol{S}$ 均为二阶张量，则有

$$(\boldsymbol{T}\cdot\boldsymbol{S})^{-1}=\boldsymbol{S}^{-1}\cdot\boldsymbol{T}^{-1} \tag{2.1.185}$$

对于任意多个二阶张量，则有

$$(\boldsymbol{T}\cdot\boldsymbol{S}\cdot\cdots\cdot\boldsymbol{W})^{-1}=\boldsymbol{W}^{-1}\cdot\cdots\cdot\boldsymbol{S}^{-1}\cdot\boldsymbol{T}^{-1} \tag{2.1.186}$$

5. 正交张量

设 $\boldsymbol{a}$、$\boldsymbol{b}$ 为任意矢量，$\boldsymbol{Q}$ 为二阶张量，如果满足下列关系：

$$|\boldsymbol{Q}\cdot\boldsymbol{a}|=|\boldsymbol{a}|,\quad |\boldsymbol{Q}\cdot\boldsymbol{b}|=|\boldsymbol{b}|,\quad \cos(\boldsymbol{a},\boldsymbol{b})=\cos(\boldsymbol{Q}\cdot\boldsymbol{a},\boldsymbol{Q}\cdot\boldsymbol{b}) \tag{2.1.187}$$

即二阶张量 $\boldsymbol{Q}$ 使被变换矢量保持其长度和夹角不变的线性变换，则 $\boldsymbol{Q}$ 称为**正交张量**。可以证明，正交张量的转置张量也是正交张量。正交张量和其转置张量的点积是一个度量张量，即

$$\boldsymbol{Q}\cdot\boldsymbol{Q}^{\mathrm{T}}=\boldsymbol{Q}^{\mathrm{T}}\cdot\boldsymbol{Q}=\boldsymbol{G} \tag{2.1.188}$$

换言之，$\boldsymbol{Q}^{\mathrm{T}}$ 为 $\boldsymbol{Q}$ 的逆，也可写成 $\boldsymbol{Q}^{-1}$。

6. 对称张量与反对称张量

若调换某两个张量分量指标的顺序，而张量保持不变，则称张量对于这两个指标具有对称性。例如，四阶张量 $\boldsymbol{T}=T^{ij}_{\cdot\cdot kl}\boldsymbol{g}_i\boldsymbol{g}_j\boldsymbol{g}^k\boldsymbol{g}^l$，满足 $T^{ij}_{\cdot\cdot kl}=T^{ji}_{\cdot\cdot kl}$，则张量对于第 1、2 指标是对称张量。对称张量一般用 $\boldsymbol{N}$ 表示，对于二阶张量，对称张量与其对应的转置张量相等，即

$$\boldsymbol{N}^{\mathrm{T}}=\boldsymbol{N} \tag{2.1.189}$$

二阶对称张量只有 6 个独立分量。

若调换某两个张量分量指标的顺序，所得张量分量与原张量的对应分量差一

符号，则称张量对于这两个指标具有反对称性。例如，四阶张量 $\boldsymbol{T}=T^{ij}_{\cdot\cdot kl}\boldsymbol{g}_i\boldsymbol{g}_j\boldsymbol{g}^k\boldsymbol{g}^l$，满足 $T^{ij}_{\cdot\cdot kl}=-T^{ji}_{\cdot\cdot kl}$，即张量对于第 1、2 指标来说是反对称张量。反对称张量一般用 $\boldsymbol{\Omega}$ 表示，对于二阶张量，反对称张量与其对应的转置张量相差一个负号，即

$$\boldsymbol{\Omega}^{\mathrm{T}}=-\boldsymbol{\Omega} \tag{2.1.190}$$

可见，反对称张量的对角分量均为零，即 $\Omega^{ii}_{\cdot\cdot kl}=0$。对于二阶反对称张量，只有 3 个独立分量，相当于一个矢量。因此，对于二阶反对称张量还可以定义其反偶矢量，即任意二阶反对称张量 $\boldsymbol{\Omega}$，总可以找到一个矢量 $\boldsymbol{\omega}$，使得任一矢量 $\boldsymbol{a}$ 在 $\boldsymbol{\Omega}$ 作用下满足下列关系：

$$\boldsymbol{\Omega}\cdot\boldsymbol{a}=\boldsymbol{\omega}\times\boldsymbol{a} \tag{2.1.191}$$

则矢量 $\boldsymbol{\omega}$ 称为二阶反对称张量 $\boldsymbol{\Omega}$ 的**反偶矢量**，反偶矢量 $\boldsymbol{\omega}$ 与反对称张量 $\boldsymbol{\Omega}$ 之间满足

$$\boldsymbol{\omega}=-\frac{1}{2}\boldsymbol{\varepsilon}:\boldsymbol{\Omega} \tag{2.1.192}$$

反对称二阶张量也可用其反偶矢量表示，即

$$\boldsymbol{\Omega}=-\boldsymbol{\varepsilon}\cdot\boldsymbol{\omega} \tag{2.1.193}$$

对称化运算：任意张量 $\boldsymbol{T}$，分量指标中的某两个指标顺序互换，得到张量 $\boldsymbol{S}$。并按照式(2.1.194)构成新张量

$$\boldsymbol{N}=\frac{1}{2}(\boldsymbol{T}+\boldsymbol{S}) \tag{2.1.194}$$

则 $\boldsymbol{N}$ 对于该两个指标具有对称性，这种运算称为张量 $\boldsymbol{T}$ 的对称化。

反对称化运算：如按照式(2.1.195)构成新张量

$$\boldsymbol{\Omega}=\frac{1}{2}(\boldsymbol{T}-\boldsymbol{S}) \tag{2.1.195}$$

则 $\boldsymbol{\Omega}$ 对于该两个指标具有反对称性，这种运算称为张量 $\boldsymbol{T}$ 的反对称化。

7. 正则的二阶张量与退化的二阶张量

行列式值不为零($\det\boldsymbol{T}\neq 0$ 的)二阶张量 $\boldsymbol{T}$ 称为**正则的二阶张量**，否则，称为**退化的二阶张量**。显然，如果二阶张量 $\boldsymbol{T}$ 是正则的，则其转置张量也是正则的。正则的二阶张量具有以下重要性质。

(1) 二阶张量 $\boldsymbol{T}$ 是正则的充分必要条件。

定理 2.1.1 二阶张量 $\boldsymbol{T}$ 是正则的充分必要条件是：将一组线性无关的矢量组 $\boldsymbol{u}(i)(i=1,2,3)$ 映射为另一组线性无关的矢量组 $\boldsymbol{T}\cdot\boldsymbol{u}(i)(i=1,2,3)$。

换言之，二阶张量 $\boldsymbol{T}$ 必将线性无关的矢量集映射为线性无关的矢量集，其条件是二阶张量 $\boldsymbol{T}$ 是正则的，而退化的二阶张量则将线性无关的矢量组映射为线性

相关的矢量组。

此定理的另一种表达方式为：二阶张量 $\boldsymbol{T}$ 是正则的充分必要条件是 $\boldsymbol{T}\cdot\boldsymbol{u}=\boldsymbol{0}$，当且仅当 $\boldsymbol{u}=\boldsymbol{0}$；或者二阶张量 $\boldsymbol{T}$ 是退化的充分必要条件是 $\boldsymbol{u}\neq\boldsymbol{0}$，使得 $\boldsymbol{T}\cdot\boldsymbol{u}=\boldsymbol{0}$。

(2) 正则的二阶张量 $\boldsymbol{T}$ 映射的**满射性**。

定义 2.1.1　对于正则的二阶张量 $\boldsymbol{T}$，必存在唯一的正则的二阶张量 $\boldsymbol{T}^{-1}$，使

$$\boldsymbol{T}\cdot\boldsymbol{T}^{-1}=\boldsymbol{T}^{-1}\cdot\boldsymbol{T}=\boldsymbol{G} \tag{2.1.196}$$

式中，$\boldsymbol{T}^{-1}$ 称为正则的二阶张量 $\boldsymbol{T}$ 的逆，正则的二阶张量也称为可逆二阶张量。

正则的二阶张量的逆张量的矩阵等于原张量的逆矩阵，即

$$[\boldsymbol{T}^{-1}]=[\boldsymbol{T}]^{-1} \tag{2.1.197}$$

同样还存在下列关系：

$$\det(\boldsymbol{T}^{-1})=\frac{1}{\det\boldsymbol{T}} \tag{2.1.198}$$

$$(\boldsymbol{T}^{-1})^{-1}=\boldsymbol{T} \tag{2.1.199}$$

$$(\boldsymbol{T}^{\mathrm{T}})^{-1}=(\boldsymbol{T}^{-1})^{\mathrm{T}} \tag{2.1.200}$$

满射性：对于正则二阶张量 $\boldsymbol{T}$ 对任意矢量 $\boldsymbol{u}$ 所作的线性变换 $\boldsymbol{T}\cdot\boldsymbol{u}=\boldsymbol{w}$，必存在唯一的逆变换，使 $\boldsymbol{T}^{-1}\cdot\boldsymbol{w}=\boldsymbol{u}$。

退化的二阶张量不存在逆，所对应的线性变换没有单射性与满射性。

8. 二阶张量的幂

1) 二阶张量的正整数次幂

定义 n 个 $\boldsymbol{T}$ 的连续点积为 $\boldsymbol{T}$ 的整数次幂，即

$$\boldsymbol{T}^n=\underbrace{\boldsymbol{T}\cdot\boldsymbol{T}\cdot\cdots\cdot\boldsymbol{T}}_{n\text{个}\boldsymbol{T}},\quad n=2,3,\cdots \tag{2.1.201}$$

二阶张量 $\boldsymbol{T}$ 本身当然可以写成 $\boldsymbol{T}^1$。$\boldsymbol{T}$ 之间的幂进行点积，有

$$\boldsymbol{T}^m\cdot\boldsymbol{T}^n=\boldsymbol{T}^{m+n} \tag{2.1.202}$$

2) 二阶张量的零次幂

由于 $\boldsymbol{G}\cdot\boldsymbol{T}^n=\boldsymbol{T}^n=\boldsymbol{T}^n\cdot\boldsymbol{G}$，故可定义任意二阶张量的零次幂是度量张量，即

$$\boldsymbol{T}^0=\boldsymbol{G} \tag{2.1.203}$$

式(2.1.202)也适用于幂指数为零的情况。

3) 二阶张量的负整数次幂

式(2.1.196)已定义了正则的二阶张量的逆。由式(2.1.196)和式(2.1.203)可知，式(2.1.202)也适用于幂指数为−1 的情况。进一步可定义

$$\boldsymbol{T}^{-n}=\underbrace{\boldsymbol{T}^{-1}\cdot\boldsymbol{T}^{-1}\cdot\cdots\cdot\boldsymbol{T}^{-1}}_{n\text{个}\boldsymbol{T}^{-1}},\quad n=2,3,\cdots \tag{2.1.204}$$

由此，式(2.1.202)也适用于负整数幂的情况。

9. 正张量、非负张量及其方根、对数

正张量、非负张量都属于对称二阶张量 $\boldsymbol{N}$。对称二阶张量 $\boldsymbol{N}$ 对应一个二次型 $\boldsymbol{u}\cdot\boldsymbol{N}\cdot\boldsymbol{u}$，如果这个二次型是正定的，则称 $\boldsymbol{N}$ 为正张量，记作 $\boldsymbol{N}>\boldsymbol{0}$；如果这个二次型是非负定的，则称 $\boldsymbol{N}$ 为非负张量，记作 $\boldsymbol{N}\geqslant\boldsymbol{0}$。即

对于任意 $\boldsymbol{u}\neq\boldsymbol{0}$，**正张量** $\boldsymbol{N}>\boldsymbol{0}$ 满足

$$\boldsymbol{u}\cdot\boldsymbol{N}\cdot\boldsymbol{u}=\boldsymbol{N}:\boldsymbol{uu}>0 \tag{2.1.205}$$

对于任意 $\boldsymbol{u}\neq\boldsymbol{0}$，**非负张量** $\boldsymbol{N}\geqslant\boldsymbol{0}$ 满足

$$\boldsymbol{u}\cdot\boldsymbol{N}\cdot\boldsymbol{u}=\boldsymbol{N}:\boldsymbol{uu}\geqslant 0 \tag{2.1.206}$$

对称二阶张量 $\boldsymbol{N}$ 必定可在一组正交化标准基中化为对角标准形

$$\boldsymbol{N}=N_1\boldsymbol{e}_1\boldsymbol{e}_1+N_2\boldsymbol{e}_2\boldsymbol{e}_2+N_3\boldsymbol{e}_3\boldsymbol{e}_3 \tag{2.1.207}$$

$\boldsymbol{N}$ 为正张量的充分必要条件为

$$N_1>0,\quad N_2>0,\quad N_3>0 \tag{2.1.208}$$

$\boldsymbol{N}$ 为非负张量的充分必要条件为

$$N_1\geqslant 0,\quad N_2\geqslant 0,\quad N_3\geqslant 0 \tag{2.1.209}$$

对于非负张量，张量的幂可以推广到方根。可以证明，对于非负张量 $\boldsymbol{N}\geqslant\boldsymbol{0}$，存在唯一的非负张量 $\boldsymbol{M}\geqslant\boldsymbol{0}$，使

$$\boldsymbol{M}^2=\boldsymbol{N} \tag{2.1.210}$$

定义 $\boldsymbol{M}$ 为 $\boldsymbol{N}$ 的方根，记作

$$\boldsymbol{M}=\boldsymbol{N}^{1/2} \tag{2.1.211}$$

可以将张量方根的概念推广到任意方次的根，如 $\boldsymbol{N}\geqslant\boldsymbol{0}$，$p$ 为非负整数，则存在唯一的 $\boldsymbol{S}=\boldsymbol{N}^{1/p}\geqslant\boldsymbol{0}$，有

$$\boldsymbol{S}=N_1^{1/p}\boldsymbol{e}_1\boldsymbol{e}_1+N_2^{1/p}\boldsymbol{e}_2\boldsymbol{e}_2+N_3^{1/p}\boldsymbol{e}_3\boldsymbol{e}_3 \tag{2.1.212}$$

还可以将上述讨论扩展到正张量 $\boldsymbol{N}>\boldsymbol{0}$ 的对数 $\ln\boldsymbol{N}$：

$$\ln\boldsymbol{N}=\ln(N_1)\boldsymbol{e}_1\boldsymbol{e}_1+\ln(N_2)\boldsymbol{e}_2\boldsymbol{e}_2+\ln(N_3)\boldsymbol{e}_3\boldsymbol{e}_3 \tag{2.1.213}$$

可以证明，利用任意一个非对称二阶张量 $\boldsymbol{T}$ 可以构造两个非负张量：

$$\boldsymbol{X}=\boldsymbol{T}\cdot\boldsymbol{T}^{\mathrm{T}}\geqslant\boldsymbol{0},\quad \boldsymbol{Y}=\boldsymbol{T}^{\mathrm{T}}\cdot\boldsymbol{T}\geqslant\boldsymbol{0} \tag{2.1.214}$$

如果 $\boldsymbol{T}$ 是正则的，则 $\boldsymbol{X}$、$\boldsymbol{Y}$ 是正张量：

$$\boldsymbol{X}=\boldsymbol{T}\cdot\boldsymbol{T}^{\mathrm{T}}>\boldsymbol{0},\quad \boldsymbol{Y}=\boldsymbol{T}^{\mathrm{T}}\cdot\boldsymbol{T}>\boldsymbol{0} \tag{2.1.215}$$

一般说来，$\boldsymbol{X}$、$\boldsymbol{Y}$ 是两个不同的二阶张量，但是可以证明，它们具有相同的主分量，只是主轴方向不同而已。

2.1.9　二阶张量的不变量

1. 张量的标量不变量

二阶张量 $\boldsymbol{T}=T_{\cdot j}^{i}\boldsymbol{g}_i\boldsymbol{g}^j$ 的分量与基张量均随坐标转换而变换，从而保证了其实体对于坐标的不变性。但如果对这些随坐标转换而变换的张量分量进行一定的运算(例如，这些运算可以由几个 $\boldsymbol{T}$ 自身运算，也可由 $\boldsymbol{T}$ 与度量张量 $\boldsymbol{G}$ 或者置换张量 $\boldsymbol{\varepsilon}$ 进行运算)，就可以得到一些不随坐标转换而变换的标量，这种标量称为张量 $\boldsymbol{T}$ 的**标量不变量**，简称张量的**不变量**。例如

$$\begin{cases}\boldsymbol{G}:\boldsymbol{T}=\boldsymbol{G}\cdot\cdot\boldsymbol{T}=\delta_i^j T_{\cdot j}^{i}=T_{\cdot i}^{i}=\mathrm{Tr}\boldsymbol{T}=C_1\\ \boldsymbol{T}\cdot\cdot\boldsymbol{T}=T_{\cdot j}^{i}T_{\cdot i}^{j}=\mathrm{Tr}(\boldsymbol{T}\cdot\boldsymbol{T})=C_2\\ e_{ijk}e^{lmn}T_{\cdot j}^{i}T_{\cdot m}^{j}T_{\cdot n}^{k}=C_3\end{cases}\tag{2.1.216}$$

式中，C_1、C_2、C_3 都为标量。通常对于一个二阶张量可以写出多种标量不变量。

2. 二阶张量的主不变量

在二阶张量的各种不变量中，式(2.1.217)定义的三个不变量称为主不变量

$$\begin{cases}J_1=\boldsymbol{G}:\boldsymbol{T}=\delta_i^j T_{\cdot j}^{i}=T_{\cdot i}^{i}\\ J_2=\dfrac{1}{2}\delta_{lm}^{ij}T_{\cdot i}^{l}T_{\cdot j}^{m}=\dfrac{1}{2}(T_{\cdot i}^{i}T_{\cdot l}^{l}-T_{\cdot l}^{i}T_{\cdot i}^{l})\\ J_3=\dfrac{1}{3!}\delta_{lmn}^{ijk}T_{\cdot i}^{l}T_{\cdot j}^{m}T_{\cdot k}^{n}=\dfrac{1}{6}e^{ijk}e_{lmn}T_{\cdot i}^{l}T_{\cdot j}^{m}T_{\cdot k}^{n}=\det\boldsymbol{T}\end{cases}\tag{2.1.217}$$

J_1、J_2、J_3 还可以写为分量的展开形式，分别是 $T_{\cdot j}^{i}$ 的一、二、三阶主子式之和，即

$$\begin{aligned}&J_1=T_{\cdot 1}^{1}+T_{\cdot 2}^{2}+T_{\cdot 3}^{3}\\ &J_2=\begin{vmatrix}T_{\cdot 1}^{1}&T_{\cdot 2}^{1}\\T_{\cdot 1}^{2}&T_{\cdot 2}^{2}\end{vmatrix}+\begin{vmatrix}T_{\cdot 2}^{2}&T_{\cdot 3}^{2}\\T_{\cdot 2}^{3}&T_{\cdot 3}^{3}\end{vmatrix}+\begin{vmatrix}T_{\cdot 3}^{3}&T_{\cdot 1}^{3}\\T_{\cdot 3}^{1}&T_{\cdot 1}^{1}\end{vmatrix}\\ &J_3=\begin{vmatrix}T_{\cdot 1}^{1}&T_{\cdot 2}^{1}&T_{\cdot 3}^{1}\\T_{\cdot 1}^{2}&T_{\cdot 2}^{2}&T_{\cdot 3}^{2}\\T_{\cdot 1}^{3}&T_{\cdot 2}^{3}&T_{\cdot 3}^{3}\end{vmatrix}\end{aligned}\tag{2.1.218}$$

二阶张量 $\boldsymbol{T}$ 对任意线性无关矢量进行线性变换，满足

$$\begin{cases}[\boldsymbol{T}\cdot\boldsymbol{u}\quad \boldsymbol{v}\quad \boldsymbol{w}]+[\boldsymbol{u}\quad \boldsymbol{T}\cdot\boldsymbol{v}\quad \boldsymbol{w}]+[\boldsymbol{u}\quad \boldsymbol{v}\quad \boldsymbol{T}\cdot\boldsymbol{w}]=J_1^T[\boldsymbol{u}\quad \boldsymbol{v}\quad \boldsymbol{w}]\\ [\boldsymbol{T}\cdot\boldsymbol{u}\quad \boldsymbol{T}\cdot\boldsymbol{v}\quad \boldsymbol{w}]+[\boldsymbol{u}\quad \boldsymbol{T}\cdot\boldsymbol{v}\quad \boldsymbol{T}\cdot\boldsymbol{w}]+[\boldsymbol{T}\cdot\boldsymbol{u}\quad \boldsymbol{v}\quad \boldsymbol{T}\cdot\boldsymbol{w}]=J_2^T[\boldsymbol{u}\quad \boldsymbol{v}\quad \boldsymbol{w}]\\ [\boldsymbol{T}\cdot\boldsymbol{u}\quad \boldsymbol{T}\cdot\boldsymbol{v}\quad \boldsymbol{T}\cdot\boldsymbol{w}]=J_3^T[\boldsymbol{u}\quad \boldsymbol{v}\quad \boldsymbol{w}]\end{cases} \tag{2.1.219}$$

对于正则二阶张量 $\boldsymbol{T}$，还有 Nanson 公式

$$(\boldsymbol{T}\cdot\boldsymbol{u})\times(\boldsymbol{T}\cdot\boldsymbol{v})=J_3^T(\boldsymbol{T}^{\mathrm{T}})^{-1}(\boldsymbol{u}\times\boldsymbol{v}) \tag{2.1.220}$$

3. 二阶张量的矩

除 J_1、J_2、J_3 这三个主不变量外，比较重要的二阶张量的不变量是矩，n 个二阶张量 $\boldsymbol{T}$ 依次点积再求迹得到 n 阶矩 J_n^*。

$$J_1^*=\mathrm{Tr}\boldsymbol{T}=T_{\cdot i}^{i},\quad J_2^*=\mathrm{Tr}(\boldsymbol{T}\cdot\boldsymbol{T})=T_{\cdot j}^{i}T_{\cdot i}^{j},\quad J_3^*=\mathrm{Tr}(\boldsymbol{T}\cdot\boldsymbol{T}\cdot\boldsymbol{T})=T_{\cdot j}^{i}T_{\cdot k}^{j}T_{\cdot i}^{k} \tag{2.1.221}$$

二阶张量的矩 J_1^*、J_2^*、J_3^* 彼此之间是三个相互独立的不变量。但对于高阶的矩(如 $J_4^*=\mathrm{Tr}(\boldsymbol{T}\cdot\boldsymbol{T}\cdot\boldsymbol{T}\cdot\boldsymbol{T})$)与 J_1^*、J_2^*、J_3^* 互不独立，可以证明，它们之间的关系为

$$J_4^*=\mathrm{Tr}(\boldsymbol{T}\cdot\boldsymbol{T}\cdot\boldsymbol{T}\cdot\boldsymbol{T})=J_1J_3^*-J_2J_2^*+J_3J_1^* \tag{2.1.222}$$

矩 J_1^*、J_2^*、J_3^* 与主不变量 J_1、J_2、J_3 之间是互不独立的，具有如下关系：

$$J_1^*=J_1,\quad J_2^*=(J_1)^2-2J_2,\quad J_3^*=(J_1)^3-3J_1J_2+3J_3 \tag{2.1.223}$$

或

$$J_1=J_1^*,\quad J_2=\frac{1}{2}[(J_1^*)^2-J_2^*],\quad J_3=\frac{1}{6}(J_1^*)^3-\frac{1}{2}J_1^*J_2^*+\frac{1}{3}J_3^* \tag{2.1.224}$$

一个二阶张量可以有许多标量不变量，但由于三维空间中对称张量有 6 个独立分量，只有 3 个独立不变量；非对称二阶张量具有 9 个独立分量，只有 6 个独立不变量。

2.1.10　张量的特征值和特征矢量

考察一个二阶张量 $\boldsymbol{T}$，若任意矢量 $\boldsymbol{a}$ 在张量 $\boldsymbol{T}$ 的作用下变换成一个平行于自身的矢量，即

$$\boldsymbol{T}\cdot\boldsymbol{a}=\lambda\boldsymbol{a} \tag{2.1.225}$$

则矢量 $\boldsymbol{a}$ 是二阶张量 $\boldsymbol{T}$ 的特征矢量，λ 称为相应的特征值。如果矢量 $\boldsymbol{a}$ 是具有线性变换 $\boldsymbol{T}$ 的相应特征值 λ 的特征矢量，则有

$$\boldsymbol{T}\cdot(\alpha\boldsymbol{a})=\alpha\boldsymbol{T}\cdot\boldsymbol{a}=\alpha(\lambda\boldsymbol{a})=\lambda(\alpha\boldsymbol{a}) \tag{2.1.226}$$

即平行于 $\boldsymbol{a}$ 的任意矢量 $\alpha\boldsymbol{a}$ 也是具有同一特征值 λ 的特征矢量。因此，由式(2.1.226)定义的特征矢量具有任意长度。

一个张量可在不同方向具有特征矢量，例如，$\boldsymbol{G}\cdot\boldsymbol{a}=\boldsymbol{a}$，任意矢量都是度量张量 $\boldsymbol{G}$ 的特征矢量，而且特征值都等于 1。对于张量$\alpha\boldsymbol{G}$同样正确，只要取所有特征值都等于α。

为了求得特征值和特征矢量，取单位矢量$\boldsymbol{n}$为特征矢量，$\boldsymbol{T}\cdot\boldsymbol{n}=\lambda\boldsymbol{n}=\lambda\boldsymbol{G}\cdot\boldsymbol{n}$，有

$$(\boldsymbol{T}-\lambda\boldsymbol{G})\cdot\boldsymbol{n}=\boldsymbol{0} \tag{2.1.227}$$

令$\boldsymbol{n}=\alpha_i\boldsymbol{e}_i$，则式(2.1.227)的分量形式为

$$(T_{ij}-\lambda\delta_{ij})\alpha_i=0 \tag{2.1.228}$$

式中，α_i满足条件$\alpha_i\alpha_i=1$，即

$$\alpha_1^2+\alpha_2^2+\alpha_3^2=1 \tag{2.1.229}$$

方程(2.1.228)是关于α_i $(i=1,2,3)$的线性齐次方程组，方程关于α_i有非零解的条件是其系数行列式为零，即

$$\left|\boldsymbol{T}-\lambda\boldsymbol{G}\right|=0 \tag{2.1.230}$$

若$\boldsymbol{T}$给定，则其分量T_{ij}为已知，式(2.1.230)是关于λ的三次方程，称为$\boldsymbol{T}$的特征方程，其根是$\boldsymbol{T}$的特征值。

求解方程组(2.1.230)，得到三个根λ_1、λ_2、λ_3，代回方程(2.1.228)，联立求解得到α_i，再由$\boldsymbol{n}=\alpha_i\boldsymbol{e}_i$，即可确定特征矢量$\boldsymbol{n}$。

任意二阶张量$\boldsymbol{T}$的特征方程(2.1.230)是关于λ的三次方程，可以写成

$$\lambda^3-J_1\lambda^2+J_2\lambda-J_3=0 \tag{2.1.231}$$

式中，J_1、J_2、J_3分别为张量$\boldsymbol{T}$的第一、第二、第三主不变量或标量不变量。因为λ是$\boldsymbol{T}$的特征值，而特征值与基矢量的选择无关，所以三次方程的系数J_1、J_2、J_3对所有的基矢量应该相同，故称为$\boldsymbol{T}$的标量不变量。

可以证明：任一实对称张量的特征值都是实的。对于实对称张量，至少存在三个实特征矢量，其方向称为**主方向**，相应的特征值称为**主值**。对于每个实对称张量，至少存在一组三个互相垂直的主方向。

2.1.11　凯莱-哈密顿定理

若在二阶张量$\boldsymbol{T}$的特征方程(2.1.231)中，用二阶张量$\boldsymbol{T}$代入其中，则得到

$$\boldsymbol{T}^3-J_1\boldsymbol{T}^2+J_2\boldsymbol{T}-J_3\boldsymbol{G}=\boldsymbol{0} \tag{2.1.232}$$

写成分量形式为

$$T_{ij}T_{jk}T_{kl}-J_1T_{ik}T_{kl}+J_2T_{il}-J_3\delta_{il}=0 \tag{2.1.233}$$

式(2.1.232)和式(2.1.233)表示张量$\boldsymbol{T}$满足其自身的特征方程。这就是凯莱-哈密顿定理。

在应用中，有时需要改变凯莱-哈密顿定理的形式。例如，若张量$\boldsymbol{T}$的逆，即

$\boldsymbol{T}^{-1}$存在，则对式(2.1.232)点乘$\boldsymbol{T}^{-1}$，得

$$\boldsymbol{T}^2=\boldsymbol{T}^3\cdot\boldsymbol{T}^{-1}=J_1\boldsymbol{T}^2\cdot\boldsymbol{T}^{-1}-J_2\boldsymbol{T}\cdot\boldsymbol{T}^{-1}+J_3\boldsymbol{G}\cdot\boldsymbol{T}^{-1}=J_1\boldsymbol{T}-J_2\boldsymbol{G}+J_3\boldsymbol{T}^{-1} \tag{2.1.234}$$

应用凯莱-哈密顿定理，可以用$\boldsymbol{T}^2$、$\boldsymbol{T}$和$\boldsymbol{G}$的线性组合表示张量$\boldsymbol{T}$的任意正次幂$\boldsymbol{T}^n(n\geqslant 3)$。例如

$$\begin{aligned}\boldsymbol{T}^4&=\boldsymbol{T}\cdot\boldsymbol{T}^3=\boldsymbol{T}\cdot(J_1\boldsymbol{T}^2-J_2\boldsymbol{T}+J_3\boldsymbol{G})=J_1\boldsymbol{T}^3-J_2\boldsymbol{T}^2+J_3\boldsymbol{T}\\&=J_1(J_1\boldsymbol{T}^2-J_2\boldsymbol{T}+J_3\boldsymbol{G})-J_2\boldsymbol{T}^2+J_3\boldsymbol{T}=(J_1^2-J_2)\boldsymbol{T}^2+(J_3-J_1J_2)\boldsymbol{T}+J_1J_3\boldsymbol{G}\end{aligned} \tag{2.1.235}$$

2.1.12　一阶张量(矢量)的物理分量

一阶张量(矢量)$\boldsymbol{V}$, 可以用张量分量表示。在曲线坐标系中, 基矢量$\boldsymbol{g}_r$和$\boldsymbol{g}^r$通常并不是单位矢量，其大小分别为

$$|\boldsymbol{g}_r|=\sqrt{g_{\underline{rr}}},\quad |\boldsymbol{g}^r|=\sqrt{g^{\underline{rr}}},\quad r\text{不求和} \tag{2.1.236}$$

基矢量$\boldsymbol{g}_r$和$\boldsymbol{g}^r$可以有量纲，而且各基矢量(对偶基矢量)的量纲可以各不相同。例如，在圆柱坐标系中，$|\boldsymbol{g}_1|=|\boldsymbol{g}_3|=1$，无量纲；而$|\boldsymbol{g}_2|=x^1$，有量纲。因此，在曲线坐标系中，矢量的各逆变分量(或各协变分量)不一定有相同的物理量纲。

若将式(2.1.98)中矢量$\boldsymbol{V}$的分量写成

$$\boldsymbol{V}=v^r\sqrt{g_{\underline{rr}}}\frac{\boldsymbol{g}_r}{\sqrt{g_{\underline{rr}}}}\qquad\text{或}\qquad \boldsymbol{V}=v_r\sqrt{g^{\underline{rr}}}\frac{\boldsymbol{g}^r}{\sqrt{g^{\underline{rr}}}} \tag{2.1.237}$$

则由于$\boldsymbol{g}_r/\sqrt{g_{\underline{rr}}}$和$\boldsymbol{g}^r/\sqrt{g^{\underline{rr}}}$是单位矢量，各分量$v^r\sqrt{g_{\underline{rr}}}$和$v_r\sqrt{g^{\underline{rr}}}$ (r不求和)与矢量$\boldsymbol{V}$有相同的物理量纲。可以看出，$v^r\sqrt{g_{\underline{rr}}}$是$\boldsymbol{V}$沿单位矢量$\boldsymbol{g}_r/\sqrt{g_{\underline{rr}}}$方向分解的分量，$\boldsymbol{g}_r/\sqrt{g_{\underline{rr}}}$与坐标曲线相切；而$v_r\sqrt{g^{\underline{rr}}}$是沿单位矢量$\boldsymbol{g}^r/\sqrt{g^{\underline{rr}}}$方向分解的分量，$\boldsymbol{g}^r/\sqrt{g^{\underline{rr}}}$与坐标面垂直。

$$v^r\sqrt{g_{\underline{rr}}},\quad v_r\sqrt{g^{\underline{rr}}},\quad r\text{不求和} \tag{2.1.238}$$

称为矢量$\boldsymbol{V}$的物理分量。在坐标转换时，矢量的物理分量不服从张量的变换法则，因此不是张量分量。物理分量以符号$v^{(r)}$、$v_{(r)}$表示，以区别于张量分量v^r、v_r。在曲线坐标系中，$v^{(r)}$、和$v_{(r)}$的方向一般不相同，在正交曲线坐标系中则相同。

在工程应用时，常选择单位矢量$\boldsymbol{g}_r/\sqrt{g_{\underline{rr}}}$作为基矢量，以$\boldsymbol{e}_r$表示，其方向与曲线坐标$x^r$相切。这样，矢量$\boldsymbol{V}$可以沿$\boldsymbol{e}_r$方向按平行四边形法则分解，即

$$V = v^{(r)} \boldsymbol{e}_r \tag{2.1.239}$$

式中，

$$\boldsymbol{e}_r = \frac{\boldsymbol{g}_r}{\sqrt{g_{\underline{rr}}}}, \quad v^{(r)} = v^r \sqrt{g_{\underline{rr}}} \tag{2.1.240}$$

一个物理量的张量分量是以一个特定的曲线坐标系作为参考的。

2.1.13　二阶张量的分解

1. 二阶张量的加法分解

对于任意二阶张量$\boldsymbol{T} = T_{ij}\boldsymbol{g}^i\boldsymbol{g}^j = T_i^{\cdot j}\boldsymbol{g}^i\boldsymbol{g}_j = T_{\cdot j}^i\boldsymbol{g}_i\boldsymbol{g}^j = T^{ij}\boldsymbol{g}_i\boldsymbol{g}_j$，可以进行对称化和反对称化运算，即分别构造对称张量和反对称张量：

$$\boldsymbol{N}=\frac{1}{2}(\boldsymbol{T}+\boldsymbol{T}^{\mathrm{T}}), \quad \boldsymbol{\Omega}=\frac{1}{2}(\boldsymbol{T}-\boldsymbol{T}^{\mathrm{T}}) \tag{2.1.241}$$

由对称张量与反对称张量的性质可以证明，任意二阶张量 $\boldsymbol{T}$ 都可以分解为一个对称张量 $\boldsymbol{N}$ 和一个反对称张量 $\boldsymbol{\Omega}$，式(2.1.241)唯一确定了 $\boldsymbol{N}$ 与 $\boldsymbol{\Omega}$，故张量的加法分解是唯一的。

一般的二阶张量具有 9 个独立的分量，而二阶对称张量 $\boldsymbol{N}$ 具有 6 个独立的分量，二阶反对称张量 $\boldsymbol{\Omega}$ 具有 3 个独立的分量。

1) 球形张量

对于对称张量 $\boldsymbol{N}$，还可以进一步分解为球形张量 $\boldsymbol{P}$ 与偏斜张量 $\boldsymbol{D}$，即

$$\boldsymbol{N} = \boldsymbol{P} + \boldsymbol{D} \tag{2.1.242}$$

或

$$\boldsymbol{T} = \boldsymbol{N} + \boldsymbol{\Omega} = \boldsymbol{P} + \boldsymbol{D} + \boldsymbol{\Omega} \tag{2.1.243}$$

式中，球形张量为

$$\boldsymbol{P}=P_{\cdot j}^i\boldsymbol{g}_i\boldsymbol{g}^j = \frac{1}{3}J_1^T\boldsymbol{G} = \frac{1}{3}J_1^T\delta_j^i\boldsymbol{g}_i\boldsymbol{g}^j \tag{2.1.244}$$

球形张量 $\boldsymbol{P}$ 只有一个独立的分量，即

$$P_{\cdot j}^i = \frac{1}{3}J_1^T\delta_j^i=\frac{1}{3}J_1^N\delta_j^i=\begin{cases}(N_{\cdot 1}^1 + N_{\cdot 2}^2 + N_{\cdot 3}^3)/3, & i = j \\ 0, & i \neq j\end{cases} \tag{2.1.245}$$

球形张量 $\boldsymbol{P}$ 的三个主不变量为

$$J_1^P = J_1^T = J_1^N, \quad J_2^P = \frac{1}{3}(J_1^N)^2, \quad J_3^P = \frac{1}{27}(J_1^N)^3 \tag{2.1.246}$$

显然，球形张量 $\boldsymbol{P}$ 只有一个独立的不变量，且其第一主不变量就是对应的对称张量 $\boldsymbol{N}$ 或任意二阶张量 $\boldsymbol{T}$ 的第一主不变量。球形张量的 3 个主分量均相等，空

间任意一组正交标准化基都是球形张量的特征矢量。

$$P_1 = P_2 = P_3 = \frac{1}{3}J_1^N = \frac{1}{3}(N_{\cdot 1}^1 + N_{\cdot 2}^2 + N_{\cdot 3}^3) \tag{2.1.247}$$

因而，任意两组球形张量都是比例张量。

2) 偏斜张量

偏斜张量为

$$\boldsymbol{D} = D_{\cdot j}^i \boldsymbol{g}_i \boldsymbol{g}^j = (N_{\cdot j}^i - P_{\cdot j}^i)\boldsymbol{g}_i \boldsymbol{g}^j \tag{2.1.248}$$

偏斜张量 **D** 的分量为

$$D_{\cdot j}^i = N_{\cdot j}^i - \frac{1}{3}J_1^N \delta_j^i = \begin{cases} N_{\cdot j}^i - (N_{\cdot 1}^1 + N_{\cdot 2}^2 + N_{\cdot 3}^3)/3, & i = j \\ N_{\cdot j}^i, & i \neq j \end{cases} \tag{2.1.249}$$

偏斜张量 **D** 的 9 个分量除满足对称条件外，还应满足其第一主不变量为零的条件，故只有 5 个独立分量。偏斜张量 **D** 的三个主不变量为

$$J_1^D = 0\,,\quad J_2^D = J_2^N - \frac{1}{3}(J_1^N)^2\,,\quad J_3^D = J_3^N - \frac{1}{3}J_1^N J_2^N + \frac{2}{27}(J_1^N)^3 \tag{2.1.250}$$

显然，偏斜张量 **D** 只有两个独立的不变量，可以证明，对于偏斜张量 **D**，按照式(2.1.250)计算所得的 J_2^D 恒为负。偏斜张量 **D** 的特征方程为

$$\lambda^3 + J_2^D \lambda - J_3^D = 0 \tag{2.1.251}$$

由偏斜张量 **D** 的定义式(2.1.248)可以证明，对于偏斜张量 **D** 的主方向就是所对应的对称张量的主方向，这也可以从球形张量的主方向为任意的去理解。

例 2.1.3　在小变形的连续介质力学中，加法分解的物理意义十分明显。试讨论加法分解在塑性力学中的应用。

解　在小变形问题中，可以把位移梯度张量分解为应变张量 $\boldsymbol{\varepsilon}$ 与旋转张量 $\boldsymbol{\Omega}$ 两部分。其中应变张量 $\boldsymbol{\varepsilon}$ 是对称张量，所对应的线性变换是沿主轴方向的伸长(或缩短)，因此应变张量表示线元的纯变形；而旋转张量 $\boldsymbol{\Omega}$ 是反对称张量，若其反偶矢量为 $\boldsymbol{\omega}$，则对于任意矢量 $\boldsymbol{u}$，$\boldsymbol{\Omega}$ 所作的线性变换为

$$\boldsymbol{\Omega} \cdot \boldsymbol{u} = \boldsymbol{\omega} \times \boldsymbol{u}$$

在小变形情况下，上式表示线元 $\boldsymbol{\Omega}$ 绕轴的方向的刚体转动，转动矢量 $\boldsymbol{\Omega}$ 的反偶矢量为 $\boldsymbol{\omega}$。因此，在小变形问题中，位移梯度张量通过加法分解为一个反映纯变形的张量和一个反映刚体转动的张量。

在塑性力学小变形理论中，通常进一步将应变张量分解为球形张量 $\varepsilon_0 \boldsymbol{G}$ 与偏斜张量 $\boldsymbol{e}$ 两部分。其中，球形张量代表所研究微元体的体积变形 θ，它只与应变张量的第一主不变量有关：

$$\theta=\varepsilon_1+\varepsilon_2+\varepsilon_3=J_1^{\varepsilon}=3\varepsilon_0$$

而偏斜张量 $\boldsymbol{e}$ 表示所研究微元体的形状变化。对于大部分金属材料，塑性变形不包含体积变形，所以如果两个偏斜张量 $\boldsymbol{e}$ 与 $\boldsymbol{e}'$ 具有相同的主方向，则其主分量满足

$$\frac{e_1}{e_1'}=\frac{e_2}{e_2'} \quad 或 \quad \frac{e_1}{e_2}=\frac{e_1'}{e_2'}$$

这两个偏斜张量之间互为比例张量。当主方向保持不变时，一系列偏斜张量是否成为比例张量只取决于其 ω (或 ψ)在加载过程中是否改变。塑性力学中常用 Lode 参数 μ 来表示 ω (或 ψ)：

$$\mu=\sqrt{3}\cot(\omega+\pi/3)=\sqrt{3}\tan\psi=\frac{(D_2-D_1)+(D_2-D_3)}{D_1-D_3}$$

显然，比例加载应使加载过程中应变偏量的主方向不变，Lode 参数 μ 不变，只改变 J_2^{ε}。应当指出，对于大变形的几何分析，基于线性叠加规则的加法分解已无意义。

2. 二阶张量的乘法分解(极分解)

在连续介质力学中进行大变形的几何分析时，通常需要对变形梯度张量进行乘法分解。

定理 2.1.2　正则的二阶张量 $\boldsymbol{T}$ 必定可以分解为一个正交张量与一个正张量的点积，即

$$\boldsymbol{T}=\boldsymbol{Q}\cdot\boldsymbol{H}=\boldsymbol{H}_1\cdot\boldsymbol{Q}_1 \tag{2.1.252}$$

式中，左式称为**左极分解**，右式称为**右极分解**。可以证明，左、右极分解都是唯一的。

2.2　张 量 分 析

2.2.1　张量函数及其导数、链规则

各种物理状态常常用一系列物理量来描述，其中不少物理量又是张量。例如，温度、密度、压力、能量等是标量；位移、速度、力、温度梯度等是矢量；应力、应变、位移梯度、变形梯度、应变率等是二阶张量。描述某种物理状态的各张量之间常常是相互关联的。例如，根据胡克定律，在受力的线弹性材料中应力与应变成比例，它们之间的关系是材料本身的客观力学性质；又如，描述固体受热状态的傅里叶热传导定律指出，固体材料中的热流密度与温度梯度成比例，它们之

间的关系取决于固体的导热性质。但是，除标量外，这些物理量都是一些可以随坐标转换而改变的数的集合。这就提出两个问题：①如何表达这些物理量之间的相互关系，才能正确表示客观的物理规律？②用什么方法来定量地表达一个物理量随另一个(或一些)物理量变化的“变化率”？这就需要讨论张量函数及其导数概念。

1. 张量函数的定义

张量函数是指自变量是张量，而函数值是标量、矢量或张量的函数，例如

$$\begin{cases} f = f(\boldsymbol{B}), \quad f = f(B_{ij}) \\ \boldsymbol{a} = \boldsymbol{a}(\boldsymbol{B}), \quad a_k = a_k(B_{ij}) \\ \boldsymbol{C} = \boldsymbol{C}(\boldsymbol{B}), \quad C_{kl} = C_{kl}(B_{ij}) \end{cases} \tag{2.2.1}$$

分别称为二阶自变量张量 $\boldsymbol{B}$ 的标量值、矢量值或二阶张量值的张量函数。一般来说，若一个张量 $\boldsymbol{H}$(标量、矢量、张量)依赖 n 个张量 $\boldsymbol{T}_1, \boldsymbol{T}_2, \cdots, \boldsymbol{T}_n$ (矢量、张量)而变化，即当 $\boldsymbol{T}_1, \boldsymbol{T}_2, \cdots, \boldsymbol{T}_n$ 给定时，$\boldsymbol{H}$ 可以对应地确定(或者说，在任一坐标系中，$\boldsymbol{H}$ 的每个分量都是 $\boldsymbol{T}_1, \boldsymbol{T}_2, \cdots, \boldsymbol{T}_n$ 的一切分量的函数)，则称 $\boldsymbol{H}$ 是张量 $\boldsymbol{T}_1, \boldsymbol{T}_2, \cdots, \boldsymbol{T}_n$ 的张量函数。记作

$$\boldsymbol{H}=\boldsymbol{F}(\boldsymbol{T}_1, \boldsymbol{T}_2, \cdots, \boldsymbol{T}_n) \tag{2.2.2}$$

张量函数在实际中的应用非常广泛，例如：

(1) 矢量 $\boldsymbol{F}$、$\boldsymbol{u}$ 的标量函数 φ。$\boldsymbol{F}$ 为作用于质点的力，$\boldsymbol{u}$ 为质点的位移，则力所做的功为

$$\varphi=f(\boldsymbol{F}, \boldsymbol{u})=\boldsymbol{F} \cdot \boldsymbol{u} \tag{2.2.3}$$

(2) 对称二阶张量 $\boldsymbol{\varepsilon}$ 的对称二阶张量函数 $\boldsymbol{\sigma}$。$\boldsymbol{\varepsilon}$、$\boldsymbol{\sigma}$ 分别为应变张量和应力张量，设 $\boldsymbol{C}$ 为四阶常数张量，称为弹性张量。应力与应变的关系为

$$\boldsymbol{\sigma}=\boldsymbol{F}(\boldsymbol{\varepsilon}) = \boldsymbol{C} : \boldsymbol{\varepsilon} \tag{2.2.4}$$

式(2.2.4)的分量形式为

$$\sigma_{ij} = C_{ijkl}\varepsilon^{kl} \tag{2.2.5}$$

(3) 对称二阶张量 $\boldsymbol{\varepsilon}$ 的对称二阶张量函数 $\boldsymbol{\sigma}$。$\boldsymbol{\varepsilon}$、$\boldsymbol{\sigma}$ 分别为应变张量和应力张量，设 λ、μ 为材料的弹性常数(λ 为拉梅系数，μ 为剪切模量)，则各向同性材料的广义胡克定律为

$$\boldsymbol{\sigma}=\boldsymbol{F}(\boldsymbol{\varepsilon}) = \lambda J_1^{\varepsilon}\boldsymbol{G}+2\mu\boldsymbol{\varepsilon} \tag{2.2.6}$$

(4) 多种自变量的二阶张量函数 $\boldsymbol{\sigma}$。对于压电材料，函数 $\boldsymbol{\sigma}$ 为应力张量；自变量为 $\boldsymbol{\varepsilon}$、$\boldsymbol{E}$、T。其中，应变张量 $\boldsymbol{\varepsilon}$ 为二阶张量，电场强度 $\boldsymbol{E}$ 为矢量，温度 T 为

标量。设 $\boldsymbol{C}$ 为给定四阶常数张量，称为弹性张量，$\boldsymbol{B}$ 为给定三阶常数张量，称为压电张量，$\boldsymbol{A}$ 为给定二阶张量，称为热张量。压电材料的本构关系为

$$\boldsymbol{\sigma}=\boldsymbol{F}(\boldsymbol{\varepsilon}, \boldsymbol{E}, T)=\boldsymbol{C}:\boldsymbol{\varepsilon}+\boldsymbol{B}\cdot\boldsymbol{E}+\boldsymbol{A}T \tag{2.2.7}$$

式(2.2.7)的分量形式为

$$\sigma_{ij}=C_{ijkl}\varepsilon^{kl}+B_{ijk}E^{k}+A_{ij}T \tag{2.2.8}$$

由于张量的分量一般因坐标转换而变化，在描述张量与张量之间的函数关系时，同一个函数在不同坐标系中将具有不同的形式。如果张量函数对所有的单位正交基是相同的，则称为**各向同性张量函数**。

2. 有限微分、导数与微分

张量函数的导数刻画了对其自变量(另一个张量)的变化率。在下面的讨论中，假设所研究的函数都是连续和连续可微的；在需要将张量对基张量分解时，仅限于在直角坐标系(直角或斜角)中讨论，即认为基矢量 $\boldsymbol{g}_1$、$\boldsymbol{g}_2$、$\boldsymbol{g}_3$ 是不变的。

对于函数 $\boldsymbol{B}=\boldsymbol{F}(\boldsymbol{A})$，其中 $\boldsymbol{A}$、$\boldsymbol{B}$ 均可能是标量、矢量和张量。当自变量 $\boldsymbol{A}$ 为标量时，不论函数 $\boldsymbol{B}$ 是什么量，总可以定义函数 $\boldsymbol{F}(x)$ 的导数为

$$\boldsymbol{F}'(x)=\lim_{\xi\to 0}\frac{1}{\xi}[\boldsymbol{F}(x+\xi)-\boldsymbol{F}(x)] \tag{2.2.9}$$

对于自变量 $\boldsymbol{A}$ 为矢量(或张量)的情况，式(2.2.9)不能成立，因为按照式(2.2.9)可写出

$$\lim_{\boldsymbol{u}\to \boldsymbol{0}}\frac{1}{\boldsymbol{u}}[\boldsymbol{F}(\boldsymbol{v}+\boldsymbol{u})-\boldsymbol{F}(\boldsymbol{v})]$$

其中包含了矢量(或张量)为除数的运算，而这种运算是没有定义过的。如果将式(2.2.9)略加改变，定义标量 x 的函数 $\boldsymbol{F}(x)$ 对于增量 z 的**有限微分** $\boldsymbol{F}'(x;z)$ 为

$$\boldsymbol{F}'(x;z)=\lim_{h\to 0}\frac{1}{h}[\boldsymbol{F}(x+hz)-\boldsymbol{F}(x)] \tag{2.2.10}$$

式中，z 为自变量 x 的有限量值的增量，与 x 的量纲相同；h 为一个无量纲的无穷小值。对比式(2.2.9)和式(2.2.10)可知，当 z=1 时，有 $\boldsymbol{F}'(x;1)=\boldsymbol{F}'(x)$。所以，可以认为导数 $\boldsymbol{F}'(x)$ 是函数 $\boldsymbol{F}(x)$ 对于增量 1 的有限微分。

利用导数定义式(2.2.9)和有限微分定义式(2.2.10)，以及复合函数求导规则可以证明：

$$\boldsymbol{F}'(x;z)=\boldsymbol{F}'(x)z \tag{2.2.11}$$

可见，有限微分 $\boldsymbol{F}'(x;z)$ 的物理意义是，自变量增加有限量值的小量 z 时，函

数增量的主要部分。

对于矢量 $\boldsymbol{v}$ 的矢量函数 $\boldsymbol{w}$，即

$$\boldsymbol{w} = \boldsymbol{F}(\boldsymbol{v}) \tag{2.2.12}$$

定义矢量 $\boldsymbol{v}$ 的矢量函数 $\boldsymbol{F}(\boldsymbol{v})$ 对于增量 $\boldsymbol{u}$ 的有限微分为自变量 $\boldsymbol{v}$ 每增加 $\boldsymbol{u}$ 时，函数 $\boldsymbol{F}$ 的增量，即

$$\boldsymbol{F}'(\boldsymbol{v};\boldsymbol{u}) = \lim_{h\to 0}\frac{1}{h}[\boldsymbol{F}(\boldsymbol{v}+h\boldsymbol{u}) - \boldsymbol{F}(\boldsymbol{v})] \tag{2.2.13}$$

矢量函数 $\boldsymbol{F}(\boldsymbol{v})$ 对于增量 $\boldsymbol{u}$ 的有限微分 $\boldsymbol{F}'(\boldsymbol{v};\boldsymbol{u})$ 也是矢量。可以证明：$\boldsymbol{F}'(\boldsymbol{v};\boldsymbol{u})$ 对于增量 $\boldsymbol{u}$ 为线性函数，即

$$\boldsymbol{F}'(\boldsymbol{v};a\boldsymbol{u}+b\boldsymbol{w}) = a\boldsymbol{F}'(\boldsymbol{v};\boldsymbol{u}) + b\boldsymbol{F}'(\boldsymbol{v};\boldsymbol{w}) \tag{2.2.14}$$

对于增量 $\boldsymbol{u}$ 的线性性质可以进一步得到

$$\boldsymbol{F}'(\boldsymbol{v};\boldsymbol{u}) = \boldsymbol{F}'(\boldsymbol{v};u^i\boldsymbol{g}_i) = u^i\boldsymbol{F}'(\boldsymbol{v};\boldsymbol{g}_i) \tag{2.2.15}$$

式(2.2.15)说明，有限微分 $\boldsymbol{F}'(\boldsymbol{v};\boldsymbol{u})$ 是增量 $\boldsymbol{u}$ 的分量的线性组合，即矢量 $\boldsymbol{u}$ 可以通过线性变换为矢量 $\boldsymbol{F}'(\boldsymbol{v};\boldsymbol{u})$。根据商法则(2.1.153)和(2.1.154)，这种线性变换是通过一个二阶张量来实现的，即式(2.2.15)可以写为

$$\boldsymbol{F}'(\boldsymbol{v};\boldsymbol{u}) = \boldsymbol{F}'(\boldsymbol{v})\cdot\boldsymbol{u} \tag{2.2.16}$$

式中，$\boldsymbol{F}'(\boldsymbol{v})$ 为一个二阶张量，称为函数 $\boldsymbol{F}(\boldsymbol{v})$ 的导数或写作 $\dfrac{\mathrm{d}\boldsymbol{F}(\boldsymbol{v})}{\mathrm{d}\boldsymbol{v}}$。则式(2.2.13)还可写为

$$\boldsymbol{F}(\boldsymbol{v}+h\boldsymbol{u}) - \boldsymbol{F}(\boldsymbol{v}) = h\boldsymbol{F}'(\boldsymbol{v};\boldsymbol{u}) + o(h) = h\boldsymbol{F}'(\boldsymbol{v})\cdot\boldsymbol{u} + o(h) \tag{2.2.17}$$

式中，$o(h)$ 为其值的量级小于 h 的无穷小量，即

$$\lim_{h\to 0}\frac{o(h)}{h} = 0 \tag{2.2.18}$$

令 $\mathrm{d}\boldsymbol{v} = h\boldsymbol{u}$，取式(2.2.17)的主部，称为矢量函数 $\boldsymbol{F}(\boldsymbol{v})$ 的微分，它是自变量 $\boldsymbol{v}$ 有微小的增量 $\mathrm{d}\boldsymbol{v}$ 时，函数 $\boldsymbol{F}$ 的微小增量，记为 $\mathrm{d}\boldsymbol{F}$，它与导数 $\boldsymbol{F}'(\boldsymbol{v})$ 之间满足

$$\mathrm{d}\boldsymbol{F} = \boldsymbol{F}'(\boldsymbol{v})\cdot\mathrm{d}\boldsymbol{v} = \mathrm{d}\boldsymbol{v}\cdot[\boldsymbol{F}'(\boldsymbol{v})]^{\mathrm{T}} \tag{2.2.19}$$

式中，$[\boldsymbol{F}'(\boldsymbol{v})]^{\mathrm{T}}$ 为二阶张量 $\boldsymbol{F}'(\boldsymbol{v})$ 的转置。

对于张量函数 $\boldsymbol{T}(\boldsymbol{A})$，定义增量 $\boldsymbol{C}$ 的有限微分为自变量每增加 $\boldsymbol{C}$ 时，函数 $\boldsymbol{T}(\boldsymbol{A})$ 的增量

$$\boldsymbol{T}'(\boldsymbol{A};\boldsymbol{C}) = \lim_{h\to 0}\frac{1}{h}[\boldsymbol{T}(\boldsymbol{A}+h\boldsymbol{C}) - \boldsymbol{T}(\boldsymbol{A})] \tag{2.2.20}$$

式中，增量 $\boldsymbol{C}$ 为自变量 $\boldsymbol{A}$ 同阶的 n 阶张量，而有限微分 $\boldsymbol{T}'(\boldsymbol{A};\boldsymbol{C})$ 是与函数 $\boldsymbol{T}(\boldsymbol{A})$ 同阶的 m 阶张量。同矢量函数类似，不论 $\boldsymbol{T}(\boldsymbol{A})$ 是怎样的函数，其有限微分 $\boldsymbol{T}'(\boldsymbol{A};\boldsymbol{C})$

与增量 $\boldsymbol{C}$ 之间总满足线性关系，即类似于式(2.2.15)有

$$\boldsymbol{T}'(\boldsymbol{A};\boldsymbol{C})=\boldsymbol{T}'(\boldsymbol{A};C^{ij\cdots}\boldsymbol{g}_i\boldsymbol{g}_j\cdots)=C^{ij\cdots}\boldsymbol{T}'(\boldsymbol{A};\boldsymbol{g}_i\boldsymbol{g}_j\cdots) \tag{2.2.21}$$

式中，$ij\cdots$ 共计有 n 个哑指标，表示有 3^n 项求和。此式表示 $\boldsymbol{T}(\boldsymbol{A})$ 对于增量 $\boldsymbol{C}$ 的有限微分是 $\boldsymbol{C}$ 的各分量的线性组合；而由于 $\boldsymbol{T}'(\boldsymbol{A};\boldsymbol{C})$ 是 m 阶张量，故式(2.2.21)相应地可以有 3^m 个分量表达式；即 $\boldsymbol{T}'(\boldsymbol{A};\boldsymbol{C})$ 的 3^m 个分量是 $\boldsymbol{C}$ 的 3^n 个分量的线性组合，组合系数共计有 3^{m+n} 个，根据商法则，这 3^{m+n} 个系数的集合必定构成一个 $m+n$ 阶张量，称为张量函数 $\boldsymbol{T}(\boldsymbol{A})$的导数，记作

$$\frac{\mathrm{d}\boldsymbol{T}(\boldsymbol{A})}{\mathrm{d}\boldsymbol{T}}=\boldsymbol{T}'(\boldsymbol{A}) \tag{2.2.22}$$

于是式(2.2.21)可写为

$$\boldsymbol{T}'(\boldsymbol{A};\boldsymbol{C})=\boldsymbol{T}'(\boldsymbol{A})\overset{*}{_n}\boldsymbol{C} \tag{2.2.23}$$

式中，“$\overset{*}{_n}$”表示 n 重点积。

与式(2.2.19)类似，若设 $\mathrm{d}\boldsymbol{A}=h\boldsymbol{C}$，将式(2.2.20)写为

$$\boldsymbol{T}(\boldsymbol{A}+h\boldsymbol{C})-\boldsymbol{T}(\boldsymbol{A})=h\boldsymbol{T}'(\boldsymbol{A};h\boldsymbol{C})+o(h) \tag{2.2.24}$$

定义 $\boldsymbol{T}(\boldsymbol{A}+h\boldsymbol{C})-\boldsymbol{T}(\boldsymbol{A})$ 的主部为 $\boldsymbol{T}$ 的微分，利用式(2.2.23)，$\mathrm{d}\boldsymbol{T}$ 与其导数 $\boldsymbol{T}'(\boldsymbol{A})$ 之间满足

$$\mathrm{d}\boldsymbol{T}=\boldsymbol{T}'(\boldsymbol{A})\overset{*}{_n}\mathrm{d}\boldsymbol{A} \tag{2.2.25}$$

式(2.2.20)、式(2.2.22)和式(2.2.25)分别是张量函数的有限微分、导数与微分的一般定义式。可以根据这三式写出矢量 $\boldsymbol{v}$ 的标量函数 $\varphi=f(\boldsymbol{v})$、矢量 $\boldsymbol{v}$ 的矢量函数 $\boldsymbol{w}=\boldsymbol{F}(\boldsymbol{v})$、矢量 $\boldsymbol{v}$ 的二阶张量函数 $\boldsymbol{H}=\boldsymbol{T}(\boldsymbol{v})$、二阶张量 $\boldsymbol{S}$ 的标量函数 $\varphi=f(\boldsymbol{S})$、二阶张量 $\boldsymbol{T}$ 的二阶张量函数 $\boldsymbol{H}=\boldsymbol{T}(\boldsymbol{S})$ 等的有限微分、导数与微分。

3. 张量函数导数的链规则

对于复合张量函数

$$\boldsymbol{H}(\boldsymbol{T})=\boldsymbol{G}(\boldsymbol{F}(\boldsymbol{T})) \tag{2.2.26}$$

式中，自变量 $\boldsymbol{T}$ 为 m 阶张量；$\boldsymbol{F}$ 为 n 阶张量函数；$\boldsymbol{H}$ 与 $\boldsymbol{G}$ 为 p 阶张量。则存在链规则

$$\boldsymbol{H}'(\boldsymbol{T})=\boldsymbol{G}'(\boldsymbol{F})\overset{*}{_n}\boldsymbol{F}'(\boldsymbol{T}) \tag{2.2.27}$$

式中，$\boldsymbol{H}'(\boldsymbol{T})$ 为 $p+m$ 阶张量；$\boldsymbol{G}'(\boldsymbol{F})$ 为 $p+n$ 阶张量；$\boldsymbol{F}'(\boldsymbol{T})$ 为 $n+m$ 阶张量。

链规则可以直接利用有限微分与导数的关系式证明，可以作为练习自行证明。

如果自变量为时间 t，并以“·”表示 d/dt，则自变量 t 的复合函数 $\boldsymbol{F}'(\boldsymbol{v}(t))$ (设 $\boldsymbol{v}(t)$ 为矢量)对时间的导数为

$$\dot{\boldsymbol{F}}(t)=\frac{\mathrm{d}}{\mathrm{d}t}\boldsymbol{F}(\boldsymbol{v}(t))=\boldsymbol{F}'(\boldsymbol{v})\cdot\frac{\mathrm{d}}{\mathrm{d}t}\boldsymbol{v}(t)=\boldsymbol{F}'(\boldsymbol{v})\cdot\dot{\boldsymbol{v}}(t) \tag{2.2.28}$$

4. 两个张量函数乘积的导数

在各种实际问题中，常需要研究两个同一自变量函数的各种乘积(并乘、点积、矢积等，统一用符号 $\otimes$ 表示)的导数，但它们不一定都能给出显式表达式。现以二阶张量 $\boldsymbol{T}$ 的两个二阶张量函数 $\boldsymbol{U}(\boldsymbol{T})$、$\boldsymbol{V}(\boldsymbol{T})$为例进行讨论。

设 $\boldsymbol{H}(\boldsymbol{T})$=$\boldsymbol{U}(\boldsymbol{T})\otimes\boldsymbol{V}(\boldsymbol{T})$，已知 $\boldsymbol{H}'(\boldsymbol{T})$ 由 $\boldsymbol{H}'(\boldsymbol{T};\boldsymbol{C})$=$\boldsymbol{H}'(\boldsymbol{T}):\boldsymbol{C}$ 定义，则有

$$\begin{aligned}\boldsymbol{H}'(\boldsymbol{T};\boldsymbol{C})&=\lim_{h\to 0}\frac{1}{h}[\boldsymbol{H}(\boldsymbol{T}+h\boldsymbol{C})-\boldsymbol{H}(\boldsymbol{T})]\\&=\lim_{h\to 0}\frac{1}{h}\{\boldsymbol{U}(\boldsymbol{T}+h\boldsymbol{C})\otimes[\boldsymbol{V}(\boldsymbol{T}+h\boldsymbol{C})-\boldsymbol{V}(\boldsymbol{T})]+[\boldsymbol{U}(\boldsymbol{T}+h\boldsymbol{C})-\boldsymbol{U}(\boldsymbol{T})]\otimes\boldsymbol{V}(\boldsymbol{T})\}\\&=\boldsymbol{U}(\boldsymbol{T})\otimes\boldsymbol{V}'(\boldsymbol{T};\boldsymbol{C})+\boldsymbol{U}'(\boldsymbol{T};\boldsymbol{C})\otimes\boldsymbol{V}(\boldsymbol{T})\\&=\boldsymbol{U}(\boldsymbol{T})\otimes\boldsymbol{V}'(\boldsymbol{T}):\boldsymbol{C}+[\boldsymbol{U}'(\boldsymbol{T}):\boldsymbol{C}]\otimes\boldsymbol{V}(\boldsymbol{T})\end{aligned}$$

从以上 $\boldsymbol{H}'(\boldsymbol{T};\boldsymbol{C})$ 的表达式无法得到一般的 $\boldsymbol{H}'(\boldsymbol{T})$ 的显式表达式，但可以得到

$$\mathrm{d}\boldsymbol{H}(\boldsymbol{T})=\boldsymbol{U}(\boldsymbol{T})\otimes\boldsymbol{V}'(\boldsymbol{T}):\mathrm{d}\boldsymbol{T}+[\boldsymbol{U}'(\boldsymbol{T}):\mathrm{d}\boldsymbol{T}]\otimes\boldsymbol{V}(\boldsymbol{T}) \tag{2.2.29}$$

利用定义可以证明以下张量函数乘积的导数表达式：

$$\begin{cases}f(\boldsymbol{T})=\varphi(\boldsymbol{T})\psi(\boldsymbol{T}), & f'(\boldsymbol{T})=\psi(\boldsymbol{T})\varphi'(\boldsymbol{T})+\varphi(\boldsymbol{T})\psi'(\boldsymbol{T})\\ \varphi(\boldsymbol{v})=\boldsymbol{u}(\boldsymbol{v})\cdot\boldsymbol{w}(\boldsymbol{v}), & \varphi'(\boldsymbol{v})=\boldsymbol{w}(\boldsymbol{v})\cdot\boldsymbol{u}'(\boldsymbol{v})+\boldsymbol{u}(\boldsymbol{v})\cdot\boldsymbol{w}'(\boldsymbol{v})\\ \boldsymbol{w}(\boldsymbol{v})=\varphi(\boldsymbol{v})\boldsymbol{u}(\boldsymbol{v}), & \boldsymbol{w}'(\boldsymbol{v})=\boldsymbol{u}(\boldsymbol{v})\varphi'(\boldsymbol{v})+\varphi(\boldsymbol{v})\cdot\boldsymbol{u}'(\boldsymbol{v})\\ f(\boldsymbol{T})=\boldsymbol{U}(\boldsymbol{T}):\boldsymbol{V}(\boldsymbol{T}), & f'(\boldsymbol{T})=\boldsymbol{V}(\boldsymbol{T}):\boldsymbol{U}'(\boldsymbol{T})+\boldsymbol{U}(\boldsymbol{T}):\boldsymbol{V}'(\boldsymbol{T})\end{cases} \tag{2.2.30}$$

式中，f、φ、ψ 为标量；$\boldsymbol{u}$、$\boldsymbol{v}$、$\boldsymbol{w}$ 为矢量；$\boldsymbol{T}$、$\boldsymbol{U}$、$\boldsymbol{V}$ 为二阶张量。式(2.2.30)对应的微分公式为

$$\begin{cases}\mathrm{d}f(\boldsymbol{T})=\mathrm{d}\varphi(\boldsymbol{T})\psi(\boldsymbol{T})+\varphi(\boldsymbol{T})\mathrm{d}\psi(\boldsymbol{T})\\ \mathrm{d}\varphi(\boldsymbol{v})=\mathrm{d}\boldsymbol{u}(\boldsymbol{v})\cdot\boldsymbol{w}(\boldsymbol{v})+\boldsymbol{u}(\boldsymbol{v})\cdot\mathrm{d}\boldsymbol{w}(\boldsymbol{v})\\ \mathrm{d}\boldsymbol{w}(\boldsymbol{v})=\mathrm{d}\varphi(\boldsymbol{v})\boldsymbol{u}(\boldsymbol{v})+\varphi(\boldsymbol{v})\mathrm{d}\boldsymbol{u}(\boldsymbol{v})\\ \mathrm{d}f(\boldsymbol{T})=\mathrm{d}\boldsymbol{U}(\boldsymbol{T}):\boldsymbol{V}(\boldsymbol{T})+\boldsymbol{U}(\boldsymbol{T}):\mathrm{d}\boldsymbol{V}(\boldsymbol{T})\end{cases} \tag{2.2.31}$$

以上各式的证明作为习题自行证明。

2.2.2　梯度、散度、旋度

1. 梯度

1) 标量场的梯度

设 $f = f(\boldsymbol{P})$ 是位置矢量 $\boldsymbol{P}$ 的标量函数，即对每个位置矢量 $\boldsymbol{P}$，f 给出一个标量值。引进哈密顿算子

$$\nabla = \boldsymbol{e}_i \frac{\partial}{\partial x_i} = \boldsymbol{e}_i \partial_i \tag{2.2.32}$$

式中，$\boldsymbol{e}_i$ 为坐标的单位基矢量。于是，标量函数 f 的梯度定义为

$$\mathrm{grad} f = \nabla f \tag{2.2.33}$$

在笛卡儿坐标系下，其分量形式为(后续各种分量形式均表示在笛卡儿坐标系下)：

$$\mathrm{grad} f = \nabla f = \frac{\partial f}{\partial x_i}\boldsymbol{e}_i = \frac{\partial f}{\partial x_1}\boldsymbol{e}_1 + \frac{\partial f}{\partial x_2}\boldsymbol{e}_2 + \frac{\partial f}{\partial x_3}\boldsymbol{e}_3 = (\nabla f)_i \boldsymbol{e}_i \tag{2.2.34}$$

式中，$(\nabla f)_i = \dfrac{\partial f}{\partial x_i}$。于是，$f$ 的微分可写为

$$\mathrm{d}f = f(\boldsymbol{P} + \mathrm{d}\boldsymbol{P}) - f(\boldsymbol{P}) = \frac{\partial f}{\partial x_i}\mathrm{d}x_i = (\mathrm{d}x_i \boldsymbol{e}_i)\cdot\left(\frac{\partial f}{\partial x_j}\boldsymbol{e}_j\right) = \mathrm{d}\boldsymbol{P}\cdot\nabla f \tag{2.2.35}$$

若 $\boldsymbol{e}$ 是 $\mathrm{d}\boldsymbol{P}$ 方向的单位矢量，则式(2.2.34)可以写成

$$\mathrm{grad} f = \frac{\mathrm{d}\boldsymbol{P}}{|\mathrm{d}\boldsymbol{P}|}\cdot\nabla f = \boldsymbol{e}\cdot\nabla f \tag{2.2.36}$$

即在 $\boldsymbol{e}$ 方向，∇f 的分量给出 f 在该方向的变化率。

梯度矢量具有简单的几何意义，在 f 的值为常数的任一曲面上，对切于曲面的任一 $\mathrm{d}\boldsymbol{P}$，有 $\mathrm{d}f=0$，因此 $\mathrm{d}\boldsymbol{P}\cdot\nabla f = 0$，所以 ∇f 垂直于常数 f 的曲面。

例 2.2.1　如果 $f = xy + z$，试求垂直通过点(2, 1, 0)的常数 f 的曲面上的单位矢量 $\boldsymbol{n}$。

解　因为

$$\nabla f = \frac{\partial f}{\partial x}\boldsymbol{e}_1 + \frac{\partial f}{\partial y}\boldsymbol{e}_2 + \frac{\partial f}{\partial z}\boldsymbol{e}_3 = y\boldsymbol{e}_1 + x\boldsymbol{e}_2 + \boldsymbol{e}_3$$

在点(2, 1, 0)处，有

$$\nabla f = \boldsymbol{e}_1 + 2\boldsymbol{e}_2 + \boldsymbol{e}_3$$

从而有

$$\boldsymbol{n}=\frac{\nabla f}{|\nabla f|}=\frac{1}{\sqrt{6}}(\boldsymbol{e}_1+2\boldsymbol{e}_2+\boldsymbol{e}_3)$$

若f和g均为标量函数，则有

$$\nabla(fg)=f\nabla g+g\nabla f \tag{2.2.37}$$

若$\boldsymbol{f}$和$\boldsymbol{g}$均为矢量函数，由于

$$\nabla(\boldsymbol{f}\cdot\boldsymbol{g})=\boldsymbol{e}_i\partial_i(f_j g_j)=(\boldsymbol{e}_i\partial_i f_j)g_j+(\boldsymbol{e}_i\partial_i g_j)f_j=\boldsymbol{e}_j(\partial_j f_i)^{\mathrm{T}}g_j+\boldsymbol{e}_j(\partial_j g_i)^{\mathrm{T}}f_j$$

从而有

$$\nabla(\boldsymbol{f}\cdot\boldsymbol{g})=(\nabla\boldsymbol{f})^{\mathrm{T}}\cdot\boldsymbol{g}+(\nabla\boldsymbol{g})\cdot\boldsymbol{f} \tag{2.2.38}$$

由于∇f是一个一阶张量，故标量场函数的梯度是一个矢量函数。

2) 矢量场的梯度

设$\boldsymbol{a}=\boldsymbol{a}(\boldsymbol{P})$是关于位置的矢量函数，矢量场$\boldsymbol{a}$的左梯度定义为

$$\mathrm{grad}\boldsymbol{a}=\nabla\boldsymbol{a}=\boldsymbol{e}_i\partial_i(a_j\boldsymbol{e}_j)=\frac{\partial a_j}{\partial x_i}\boldsymbol{e}_i\boldsymbol{e}_j=a_{j,i}\boldsymbol{e}_i\boldsymbol{e}_j=(\nabla\boldsymbol{a})_{ij}\boldsymbol{e}_i\boldsymbol{e}_j \tag{2.2.39}$$

写成矩阵形式为

$$[\nabla\boldsymbol{a}]=\begin{bmatrix}\dfrac{\partial a_1}{\partial x_1} & \dfrac{\partial a_2}{\partial x_1} & \dfrac{\partial a_3}{\partial x_1}\\ \dfrac{\partial a_1}{\partial x_2} & \dfrac{\partial a_2}{\partial x_2} & \dfrac{\partial a_3}{\partial x_2}\\ \dfrac{\partial a_1}{\partial x_3} & \dfrac{\partial a_2}{\partial x_3} & \dfrac{\partial a_3}{\partial x_3}\end{bmatrix} \tag{2.2.40}$$

矢量$\boldsymbol{a}$的微分可写为

$$\mathrm{d}\boldsymbol{a}=\boldsymbol{a}(\boldsymbol{P}+\mathrm{d}\boldsymbol{P})-\boldsymbol{a}(\boldsymbol{P})=\frac{\partial\boldsymbol{a}}{\partial x_i}\mathrm{d}x_i=\frac{\partial a_j}{\partial x_i}\mathrm{d}x_i\boldsymbol{e}_j=(\boldsymbol{e}_k\mathrm{d}x_k)\cdot\left(\frac{\partial a_j}{\partial x_i}\boldsymbol{e}_i\boldsymbol{e}_j\right)=\mathrm{d}\boldsymbol{P}\cdot\nabla\boldsymbol{a} \tag{2.2.41}$$

类似地，矢量$\boldsymbol{a}$的右梯度(在字母 g 上加上划线“—”表示，以区别于左梯度)定义为

$$\overline{\mathrm{g}}\mathrm{rad}\boldsymbol{a}=\boldsymbol{a}\nabla=(a_i\boldsymbol{e}_i)(\boldsymbol{e}_j\partial_j)=\frac{\partial a_i}{\partial x_j}\boldsymbol{e}_i\boldsymbol{e}_j=a_{i,j}\boldsymbol{e}_i\boldsymbol{e}_j=(\boldsymbol{a}\nabla)_{ij}\boldsymbol{e}_i\boldsymbol{e}_j \tag{2.2.42}$$

由于$\nabla\boldsymbol{a}$是一个二阶张量，故矢量场函数的梯度是一个二阶张量函数，左梯度和右梯度不相同。矢量$\boldsymbol{a}$的微分可写成

$$\mathrm{d}\boldsymbol{a}=(\boldsymbol{a}\nabla)\cdot\mathrm{d}\boldsymbol{P} \tag{2.2.43}$$

对于矢量$\boldsymbol{a}$的梯度，可以证明

$$(\boldsymbol{a}\nabla)^{\mathrm{T}}=\nabla\boldsymbol{a} \tag{2.2.44}$$

若 φ 为标量，$\boldsymbol{a}$ 为矢量，则由于

$$\nabla(\varphi \boldsymbol{a}) = \boldsymbol{e}_i\partial_i(\varphi a_j \boldsymbol{e}_j) = (a_j \boldsymbol{e}_j)\boldsymbol{e}_i\partial_i\varphi + \varphi \boldsymbol{e}_i\partial_i(a_j \boldsymbol{e}_j)$$

故有

$$\nabla(\varphi \boldsymbol{a}) = \boldsymbol{a}\nabla\varphi + \varphi\nabla \boldsymbol{a} \tag{2.2.45}$$

3) 张量场的梯度

设 $\boldsymbol{T}$ 为任意二阶张量，张量 $\boldsymbol{T}$ 的左梯度定义为

$$\text{grad}\boldsymbol{T} = \nabla \boldsymbol{T} = \boldsymbol{e}_i\partial_i(T_{jk}\boldsymbol{e}_j\boldsymbol{e}_k) = \frac{\partial T_{jk}}{\partial x_i}\boldsymbol{e}_i\boldsymbol{e}_j\boldsymbol{e}_k = T_{jk,i}\boldsymbol{e}_i\boldsymbol{e}_j\boldsymbol{e}_k \tag{2.2.46}$$

这是一个三阶张量。张量 $\boldsymbol{T}$ 的右梯度定义为

$$\overline{\text{grad}}\boldsymbol{T} = \boldsymbol{T}\nabla = (T_{jk}\boldsymbol{e}_j\boldsymbol{e}_k)\boldsymbol{e}_i\partial_i = \frac{\partial T_{jk}}{\partial x_i}\boldsymbol{e}_j\boldsymbol{e}_k\boldsymbol{e}_i = T_{jk,i}\boldsymbol{e}_j\boldsymbol{e}_k\boldsymbol{e}_i \tag{2.2.47}$$

一般地

$$\nabla \boldsymbol{T} \neq \boldsymbol{T}\nabla \tag{2.2.48}$$

张量 $\boldsymbol{T}$ 的微分可写为

$$\mathrm{d}\boldsymbol{T} = \mathrm{d}\boldsymbol{r}\cdot(\nabla \boldsymbol{T}) = (\boldsymbol{T}\nabla)\cdot \mathrm{d}\boldsymbol{r} \tag{2.2.49}$$

类似地，可以定义更高阶的张量的梯度。任意阶张量的梯度是高一阶的张量。

2. 散度

1) 矢量场的散度

设 $\boldsymbol{a} = \boldsymbol{a}(\boldsymbol{P})$是关于位置的矢量函数，则矢量场 $\boldsymbol{a}$ 的左散度定义为

$$\text{div}\boldsymbol{a} = \nabla\cdot \boldsymbol{a} = (\boldsymbol{e}_i\partial_i)\cdot(a_j\boldsymbol{e}_j) = \frac{\partial a_j}{\partial x_i}\boldsymbol{e}_i\cdot\boldsymbol{e}_j = a_{j,i}\boldsymbol{e}_i\cdot\boldsymbol{e}_j = \delta_{ij}a_{j,i} = a_{i,i} \tag{2.2.50}$$

矢量场 $\boldsymbol{a}$ 的右散度定义为

$$\overline{\text{div}}\boldsymbol{a} = \boldsymbol{a}\cdot\nabla = (a_i\boldsymbol{e}_i)\cdot(\boldsymbol{e}_j\partial_j) = \frac{\partial a_i}{\partial x_j}\boldsymbol{e}_i\cdot\boldsymbol{e}_j = a_{i,j}\boldsymbol{e}_i\cdot\boldsymbol{e}_j = \delta_{ij}a_{i,j} = a_{i,i} \tag{2.2.51}$$

可见，$\text{div}\boldsymbol{a} = \overline{\text{div}}\boldsymbol{a}$，即矢量场的左、右散度均为标量，没有区别，统一记为 $\text{div}\boldsymbol{a}$。

例 2.2.2　对标量场 $\alpha = \alpha(\boldsymbol{P})$和矢量场 $\boldsymbol{a} = \boldsymbol{a}(\boldsymbol{P})$，试证明：

$$\text{div}(\alpha \boldsymbol{a}) = \alpha\text{div}\boldsymbol{a} + (\text{grad}\alpha)\cdot \boldsymbol{a}$$

证明　令 $\boldsymbol{b} = \alpha \boldsymbol{a}$，即有 $b_i = \alpha a_i$，则有

$$\text{div}\boldsymbol{b} = b_{i,i} = \frac{\partial b_i}{\partial x_i} = \frac{\partial(\alpha a_i)}{\partial x_i} = \alpha\frac{\partial a_i}{\partial x_i} + \frac{\partial \alpha}{\partial x_i}a_i = \alpha\text{div}\boldsymbol{a} + (\text{grad}\alpha)\cdot \boldsymbol{a}$$

2) 张量场的散度

设 $\boldsymbol{T}$ 为任意二阶张量，张量 $\boldsymbol{T}$ 的左散度定义为

$$\text{div}\boldsymbol{T} = \nabla \cdot \boldsymbol{T} = (\boldsymbol{e}_i \partial_i) \cdot (T_{jk} \boldsymbol{e}_j \boldsymbol{e}_k) = \frac{\partial T_{jk}}{\partial x_i} \boldsymbol{e}_i \cdot \boldsymbol{e}_j \boldsymbol{e}_k = \delta_{ij} T_{jk,i} \boldsymbol{e}_k = T_{ik,i} \boldsymbol{e}_k \tag{2.2.52}$$

这是一个矢量，其分量为 $(\text{div}\boldsymbol{T})_k = T_{ik,i}$。张量 $\boldsymbol{T}$ 的右散度定义为

$$\overline{\text{div}}\boldsymbol{T} = \boldsymbol{T} \cdot \nabla = (T_{ki} \boldsymbol{e}_k \boldsymbol{e}_i) \cdot (\boldsymbol{e}_j \partial_j) = \frac{\partial T_{ki}}{\partial x_j} \boldsymbol{e}_k \boldsymbol{e}_i \cdot \boldsymbol{e}_j = \delta_{ij} T_{ki,j} \boldsymbol{e}_k = T_{ki,i} \boldsymbol{e}_k \tag{2.2.53}$$

一般地

$$\nabla \cdot \boldsymbol{T} \neq \boldsymbol{T} \cdot \nabla \tag{2.2.54}$$

在 $\boldsymbol{T}$ 为对称二阶张量时，可以证明，张量场的左右散度相同，即

$$\nabla \cdot \boldsymbol{T} = \boldsymbol{T} \cdot \nabla \tag{2.2.55}$$

类似地，可以定义更高阶的张量的散度。任意阶张量的散度是低一阶的张量，因而标量没有散度。

3. 旋度

1) 矢量场的旋度

设 $\boldsymbol{a} = \boldsymbol{a}(\boldsymbol{P})$是关于位置的矢量函数，矢量场 $\boldsymbol{a}$ 的左旋度定义为

$$\text{curl}\boldsymbol{a} = \nabla \times \boldsymbol{a} = (\boldsymbol{e}_i \partial_i) \times (a_j \boldsymbol{e}_j) = \frac{\partial a_j}{\partial x_i} \boldsymbol{e}_i \times \boldsymbol{e}_j = a_{j,i} e_{ijk} \boldsymbol{e}_k \tag{2.2.56}$$

可见，矢量场的旋度为矢量，其分量为

$$(\nabla \times \boldsymbol{a})_k = a_{j,i} e_{ijk} \tag{2.2.57}$$

矢量场 $\boldsymbol{a}$ 的右旋度定义为

$$\overline{\text{curl}}\boldsymbol{a} = \boldsymbol{a} \times \nabla = (a_j \boldsymbol{e}_j) \times (\boldsymbol{e}_i \partial_i) = \frac{\partial a_j}{\partial x_i} \boldsymbol{e}_j \times \boldsymbol{e}_i = a_{j,i} e_{jik} \boldsymbol{e}_k \tag{2.2.58}$$

比较式(2.2.56)和式(2.2.58)得到

$$\boldsymbol{a} \times \nabla = a_{j,i} e_{jik} \boldsymbol{e}^k = -a_{j,i} e_{ijk} \boldsymbol{e}^k = -\nabla \times \boldsymbol{a} \tag{2.2.59}$$

可见，矢量场的左、右旋度为矢量，且有 $\overline{\text{curl}}\boldsymbol{a} = -\text{curl}\boldsymbol{a}$。

例 2.2.3　设 $\boldsymbol{a}$ 和 $\boldsymbol{b}$ 为两个矢量，试证明：

$$\text{div}(\boldsymbol{a} \times \boldsymbol{b}) = \boldsymbol{b} \cdot \text{curl}\boldsymbol{a} - \boldsymbol{a} \cdot \text{curl}\boldsymbol{b} \tag{2.2.60}$$

证明　由于

$$\operatorname{div}(\boldsymbol{a}\times\boldsymbol{b})=\nabla\cdot(\boldsymbol{a}\times\boldsymbol{b})=\boldsymbol{e}_k\cdot\boldsymbol{e}_i\times\boldsymbol{e}_j\partial_k(a_ib_j)=e_{ijk}a_i\partial_kb_j+e_{ijk}b_j\partial_ka_i$$
$$=-a_ie_{ikj}\partial_kb_j+e_{ijk}b_j\partial_ka_i=\boldsymbol{b}\cdot\text{curl}\boldsymbol{a}-\boldsymbol{a}\cdot\text{curl}\boldsymbol{b}$$

从而式(2.2.60)得证。

例 2.2.4　试证明下列恒等式：

$$\text{curl}(\boldsymbol{a}\times\boldsymbol{b})=\boldsymbol{a}\operatorname{div}\boldsymbol{b}+\boldsymbol{b}\cdot\nabla\boldsymbol{a}-\boldsymbol{b}\operatorname{div}\boldsymbol{a}-\boldsymbol{a}\nabla\boldsymbol{b}\tag{2.2.61}$$

证明　由于

$$\text{curl}(\boldsymbol{a}\times\boldsymbol{b})=(\boldsymbol{e}_i\partial_i)\times(a_j\boldsymbol{e}_j\times b_k\boldsymbol{e}_k)=\partial_i(a_jb_i-a_ib_j)$$
$$=b_i\partial_ia_j+a_j\partial_ib_i-a_i\partial_ib_j-b_j\partial_ia_i=\boldsymbol{a}\operatorname{div}\boldsymbol{b}+\boldsymbol{b}\cdot\nabla\boldsymbol{a}-\boldsymbol{b}\operatorname{div}\boldsymbol{a}-\boldsymbol{a}\nabla\boldsymbol{b}$$

例 2.2.5　试证明下列恒等式：

$$\text{grad}(\boldsymbol{a}\cdot\boldsymbol{b})=\boldsymbol{a}\times\text{curl}\boldsymbol{b}+\boldsymbol{a}\cdot\nabla\boldsymbol{b}+\boldsymbol{b}\times\text{curl}\boldsymbol{a}+\boldsymbol{b}\cdot\nabla\boldsymbol{a}\tag{2.2.62}$$

证明　利用三个矢量的矢积可得

$$\begin{cases}\boldsymbol{a}\times\text{curl}\boldsymbol{b}=\boldsymbol{a}\times\nabla\times\hat{\boldsymbol{b}}=\nabla(\boldsymbol{a}\cdot\hat{\boldsymbol{b}})-\boldsymbol{a}\cdot\nabla\hat{\boldsymbol{b}}\\ \boldsymbol{b}\times\text{curl}\boldsymbol{a}=\boldsymbol{b}\times\nabla\times\hat{\boldsymbol{a}}=\nabla(\boldsymbol{b}\cdot\hat{\boldsymbol{a}})-\boldsymbol{b}\cdot\nabla\hat{\boldsymbol{a}}\\ \text{grad}(\boldsymbol{a}\cdot\boldsymbol{b})=\nabla(\hat{\boldsymbol{a}}\cdot\hat{\boldsymbol{b}})=\nabla(\hat{\boldsymbol{a}}\cdot\boldsymbol{b})+\nabla(\boldsymbol{a}\cdot\hat{\boldsymbol{b}})\end{cases}$$

式中，$\hat{\boldsymbol{a}}$、$\hat{\boldsymbol{b}}$ 为哈密顿算子作用的矢量。把上式中的前两项相加后代入第三式，则得到式(2.2.62)。在式(2.2.62)中，令 $\boldsymbol{a}=\boldsymbol{b}$，则有

$$\text{grad}\boldsymbol{a}^2=2\boldsymbol{a}\times\text{curl}\boldsymbol{a}+2\boldsymbol{a}\cdot\nabla\boldsymbol{a}\tag{2.2.63}$$

式(2.2.63)可写为

$$\boldsymbol{a}\cdot\nabla\boldsymbol{a}=\frac{1}{2}\text{grad}\boldsymbol{a}^2-\boldsymbol{a}\times\text{curl}\boldsymbol{a}\tag{2.2.64}$$

式(2.2.64)就是流体力学中的兰姆(Lamb)公式。

2) 张量场的旋度

设 $\boldsymbol{T}$ 为任意二阶张量，张量 $\boldsymbol{T}$ 的左旋度定义为

$$\text{curl}\boldsymbol{T}=\nabla\times\boldsymbol{T}=(\boldsymbol{e}_i\partial_i)\times(T_{jk}\boldsymbol{e}_j\boldsymbol{e}_k)=\frac{\partial T_{jk}}{\partial x_i}\boldsymbol{e}_i\times\boldsymbol{e}_j\boldsymbol{e}_k=T_{jk,i}e_{ijl}\boldsymbol{e}_l\boldsymbol{e}_k\tag{2.2.65}$$

二阶张量的旋度为二阶张量，其分量为：$(\nabla\times\boldsymbol{T})_{lk}=T_{jk,i}e_{ijl}$，张量 $\boldsymbol{T}$ 的右旋度定义为

$$\overline{\text{curl}}\boldsymbol{T}=\boldsymbol{T}\times\nabla=(T_{ki}\boldsymbol{e}_k\boldsymbol{e}_i)\times(\boldsymbol{e}_j\partial_j)=\frac{\partial T_{ki}}{\partial x_j}\boldsymbol{e}_k\boldsymbol{e}_i\times\boldsymbol{e}_j=T_{ki,j}e_{ijl}\boldsymbol{e}_k\boldsymbol{e}_l\tag{2.2.66}$$

一般地，$\text{curl}\boldsymbol{T}\neq\overline{\text{curl}}\boldsymbol{T}$，在 $\boldsymbol{T}$ 为对称二阶张量时，有

$$(\nabla\times\boldsymbol{T})^{\mathrm{T}}=-\boldsymbol{T}\times\nabla\tag{2.2.67}$$

类似地，可以定义更高阶张量的旋度。任意阶张量的旋度是同阶的张量，标量没有旋度。

根据上述旋度的定义，可以导出下列结果：

$$\nabla \times \boldsymbol{T} \times \nabla = \boldsymbol{e}_j \partial_j \times (T_{ik}\boldsymbol{e}_i\boldsymbol{e}_k) \times \boldsymbol{e}_l \partial_l = (e_{jip}\partial_j T_{ik}\boldsymbol{e}_p\boldsymbol{e}_k) \times \boldsymbol{e}_l \partial_l = e_{klq}e_{jip}\partial_l\partial_j T_{ik}\boldsymbol{e}_p\boldsymbol{e}_q \tag{2.2.68}$$

$$(\nabla \times \boldsymbol{T})^{\mathrm{T}} = -\boldsymbol{T}^{\mathrm{T}} \times \nabla \tag{2.2.69}$$

2.2.3　克里斯托费尔符号

在基矢量组 $\boldsymbol{g}_1$、$\boldsymbol{g}_2$、$\boldsymbol{g}_3$ 中，可以把 $\partial_i \boldsymbol{g}_j$ 按式(2.2.70)分解：

$$\partial_i \boldsymbol{g}_j = \varGamma_{ijp}\boldsymbol{g}^p \text{，} \partial_i \boldsymbol{g}_j = \varGamma_{ij}^p \boldsymbol{g}_p \tag{2.2.70}$$

式中，分解系数 $\varGamma_{ijp}$ 和 $\varGamma_{ij}^p$ 分别称为第一类和第二类克里斯托费尔符号。用 $\boldsymbol{g}_k$ 和 $\boldsymbol{g}^k$ 分别点乘式(2.2.70)中两式的右边，则得到

$$\begin{cases} \varGamma_{ijp}\boldsymbol{g}^p \cdot \boldsymbol{g}_k = \varGamma_{ijp}\delta_k^p = \varGamma_{ijk} = \partial_i \boldsymbol{g}_j \cdot \boldsymbol{g}_k \\ \varGamma_{ij}^p \boldsymbol{g}_p \cdot \boldsymbol{g}^k = \varGamma_{ij}^p \delta_p^k = \varGamma_{ij}^k = \partial_i \boldsymbol{g}_j \cdot \boldsymbol{g}^k \end{cases} \tag{2.2.71}$$

由于 $\delta_j^k = \boldsymbol{g}_j \cdot \boldsymbol{g}^k$，故有 $\partial_i(\boldsymbol{g}_j \cdot \boldsymbol{g}^k) = \partial_i \boldsymbol{g}_j \cdot \boldsymbol{g}^k + \partial_i \boldsymbol{g}^k \cdot \boldsymbol{g}_j = 0$，从而得到

$$\partial_i \boldsymbol{g}^k \cdot \boldsymbol{g}_j = -\varGamma_{ij}^k \text{，} \partial_i \boldsymbol{g}^j = -\varGamma_{ik}^j \boldsymbol{g}^k \tag{2.2.72}$$

克里斯托费尔符号具有如下性质：

(1) 克里斯托费尔符号 $\varGamma_{ijk}$ 和 $\varGamma_{ij}^k$ 不是张量。

(2) $\varGamma_{ijk}$ 和 $\varGamma_{ij}^k$ 关于指标 i 和 j 对称。

(3) $\varGamma_{ijk}$ 和 $\varGamma_{ij}^k$ 的指标可用度量张量升降。

(4) 在直线坐标系中，$\varGamma_{ijk} = 0$，$\varGamma_{ij}^k = 0$。

(5) 克里斯托费尔符号可用度量张量表示：

$$\begin{cases} \varGamma_{ijk} = \dfrac{1}{2}(g_{jk,i} + g_{ki,j} - g_{ji,k}) \\ \varGamma_{ij}^k = \dfrac{1}{2}g^{kl}(g_{jl,i} + g_{li,j} - g_{ji,l}) \end{cases} \tag{2.2.73}$$

(6) 克里斯托费尔符号可表示为

$$\varGamma_{ik}^k = \partial_i\left(\lg\sqrt{g}\right) \tag{2.2.74}$$

作为例题，下面证明性质(1)和性质(6)，其余可以作为习题读者自行证明。

例 2.2.6　证明克里斯托费尔符号 $\varGamma_{ijk}$ 和 $\varGamma_{ij}^k$ 不是张量。

证明　设两个坐标系 $\{x^i\}$ 和 $\{x^{i'}\}$ 间的变换系数为 $\beta_i^{i'}$ 和 $\beta_{i'}^i$，于是有

$$\begin{aligned}\Gamma_{i'j'}^{k'} &= \partial_{i'}\boldsymbol{g}_{j'}\cdot\boldsymbol{g}^{k'} = \partial_{i'}(\beta_{j'}^j\boldsymbol{g}_j)\cdot(\beta_k^{k'}\boldsymbol{g}^k) = \beta_{j'}^j\beta_k^{k'}\partial_{i'}\boldsymbol{g}_j\cdot\boldsymbol{g}^k + (\partial_{i'}\beta_{j'}^j)\beta_k^{k'}\boldsymbol{g}_j\cdot\boldsymbol{g}^k \\ &= \beta_{j'}^j\beta_k^{k'}\beta_{i'}^i\partial_i\boldsymbol{g}_j\cdot\boldsymbol{g}^k + (\partial_{i'}\beta_{j'}^j)\beta_j^{k'} = \beta_{i'}^i\beta_{j'}^j\beta_k^{k'}\Gamma_{ij}^k + (\partial_{i'}\beta_{j'}^j)\beta_j^{k'} \end{aligned}\tag{2.2.75}$$

式(2.2.75)右边第二项的存在，说明 Γ_{ij}^k 不是张量。同理，可证明 Γ_{ijk} 不是张量。

例 2.2.7　证明 $\Gamma_{ik}^k = \partial_i\left(\lg\sqrt{g}\right)$。

证明　由于 $\sqrt{g} = [\boldsymbol{g}_1,\boldsymbol{g}_2,\boldsymbol{g}_3]$，故有

$$\begin{aligned}\partial_i\sqrt{g} &= \partial_i[\boldsymbol{g}_1,\boldsymbol{g}_2,\boldsymbol{g}_3] = [\partial_i\boldsymbol{g}_1,\boldsymbol{g}_2,\boldsymbol{g}_3] + [\boldsymbol{g}_1,\partial_i\boldsymbol{g}_2,\boldsymbol{g}_3] + [\boldsymbol{g}_1,\boldsymbol{g}_2,\partial_i\boldsymbol{g}_3] \\ &= \Gamma_{i1}^k[\boldsymbol{g}_1,\boldsymbol{g}_2,\boldsymbol{g}_3] + \Gamma_{i2}^k[\boldsymbol{g}_1,\boldsymbol{g}_2,\boldsymbol{g}_3] + \Gamma_{i3}^k[\boldsymbol{g}_1,\boldsymbol{g}_2,\boldsymbol{g}_3] = \Gamma_{ik}^k[\boldsymbol{g}_1,\boldsymbol{g}_2,\boldsymbol{g}_3] = \Gamma_{ik}^k\sqrt{g}\end{aligned}$$

从而得到

$$\Gamma_{ik}^k = \frac{\partial_i\sqrt{g}}{\sqrt{g}} = \partial_i\left(\lg\sqrt{g}\right)$$

2.2.4　协变导数、逆变导数

1. 协变导数

在曲线坐标系下，哈密顿算子定义为

$$\nabla = \boldsymbol{g}^i\partial_i \tag{2.2.76}$$

设 $\boldsymbol{T}$ 为任意张量，则 $\nabla\boldsymbol{T}$ 是 $\boldsymbol{T}$ 的梯度，是一个新的张量。现以三阶张量为例给出其梯度的并矢形式。

对于三阶张量，$\boldsymbol{T} = T_k^{ij}\boldsymbol{g}_i\boldsymbol{g}_j\boldsymbol{g}^k$，则有

$$\begin{aligned}\nabla\boldsymbol{T} &= \boldsymbol{g}^t\partial_t(\hat{T}_k^{ij}\hat{\boldsymbol{g}}_i\hat{\boldsymbol{g}}_j\hat{\boldsymbol{g}}^k) = \boldsymbol{g}^t[(\partial_t\hat{T}_k^{ij}\boldsymbol{g}_i\boldsymbol{g}_j\boldsymbol{g}^k) + T_k^{ij}(\partial_t\hat{\boldsymbol{g}}_i\boldsymbol{g}_j\boldsymbol{g}^k + \boldsymbol{g}_i\partial_t\hat{\boldsymbol{g}}_j\boldsymbol{g}^k + \boldsymbol{g}_i\boldsymbol{g}_j\partial_t\hat{\boldsymbol{g}}^k)] \\ &= \boldsymbol{g}^t[(\partial_t T_k^{ij}\boldsymbol{g}_i\boldsymbol{g}_j\boldsymbol{g}^k) + T_k^{ij}(\Gamma_{ti}^p\boldsymbol{g}_p\boldsymbol{g}_j\boldsymbol{g}^k + \Gamma_{tj}^p\boldsymbol{g}_i\boldsymbol{g}_p\boldsymbol{g}^k - \Gamma_{tp}^k\boldsymbol{g}_i\boldsymbol{g}_j\boldsymbol{g}^p)] \\ &= (\partial_t T_k^{ij} + \Gamma_{tp}^i T_k^{pj} + \Gamma_{tp}^j T_k^{ip} - \Gamma_{tk}^p T_p^{ij})\boldsymbol{g}^t\boldsymbol{g}_i\boldsymbol{g}_j\boldsymbol{g}^k = \nabla_t T_k^{ij}\boldsymbol{g}^t\boldsymbol{g}_i\boldsymbol{g}_j\boldsymbol{g}^k\end{aligned}\tag{2.2.77}$$

式中，

$$\nabla_t T_k^{ij} = \partial_t T_k^{ij} + \Gamma_{tp}^i T_k^{pj} + \Gamma_{tp}^j T_k^{ip} - \Gamma_{tk}^p T_p^{ij} \tag{2.2.78}$$

称为张量 $\boldsymbol{T}$ 的协变导数，也可记为

$$\nabla_t T_k^{ij} = T_{k;t}^{ij} \tag{2.2.79}$$

对于度量张量和置换张量，不难证明以下的结果：

$$\nabla^t g_{ij} = \nabla_t g^{ij} = \nabla_t \delta^i_j = 0 \tag{2.2.80}$$

$$\nabla^t e_{ijk} = \nabla_t e^{ijk} = 0 \tag{2.2.81}$$

可见，度量张量和置换张量对于∇_t和∇^t犹如常数，可以移进其内或移出其外。

对于矢量$\boldsymbol{a}$，有

$$\nabla \boldsymbol{a} = \boldsymbol{g}^i \partial_i (\hat{a}_k \hat{\boldsymbol{g}}^k) = \boldsymbol{g}^i (\partial_i a_k \boldsymbol{g}^k - a_k \Gamma^k_{ip} \boldsymbol{g}^p) = (\partial_i a_k - a_p \Gamma^p_{ik}) \boldsymbol{g}^i \boldsymbol{g}^k = \nabla_i a_k \boldsymbol{g}^i \boldsymbol{g}^k \tag{2.2.82}$$

式中，

$$\nabla_i a_k = \partial_i a_k - a_p \Gamma^p_{ik} = a_{k;i} \tag{2.2.83}$$

称为矢量协变分量a_k的协变导数。另外，也可以写出

$$\nabla \boldsymbol{a} = \boldsymbol{g}^i \partial_i (\hat{a}^k \hat{\boldsymbol{g}}_k) = \boldsymbol{g}^i (\partial_i a^k \boldsymbol{g}_k + a^k \Gamma^k_{ip} \boldsymbol{g}_p) = (\partial_i a^k - a^p \Gamma^k_{ip}) \boldsymbol{g}^i \boldsymbol{g}_k = \nabla_i a^k \boldsymbol{g}^i \boldsymbol{g}_k \tag{2.2.84}$$

式中，

$$\nabla_i a^k = \partial_i a^k - a^p \Gamma^k_{ip} = a^k_{;i} \tag{2.2.85}$$

称为矢量逆变分量a^k的协变导数。

2. 逆变导数

由于协变导数的指标是张量指标，故可应用逆变度量张量，将其进行指标升降而得到。

$$\nabla^r T^{ij}_k = g^{rt} \nabla_t T^{ij}_k \tag{2.2.86}$$

2.2.5　双重微分算子的运算、不变性微分算子

1. 双重微分算子的运算

对于双重微分算子的运算，先作如下定义：

$$\nabla\nabla = \boldsymbol{e}_i \boldsymbol{e}_j \partial_i \partial_j \tag{2.2.87}$$

$$\nabla^2 = \nabla \cdot \nabla = \partial_i \partial_j = \mathrm{div\,grad} \quad \text{(拉普拉斯算子)} \tag{2.2.88}$$

$$\nabla\nabla\cdot = \mathrm{grad\,div} \tag{2.2.89}$$

对于双重微分算子的运算，有以下有用的等式：

(1) 设f为标量，则有

$$\mathrm{curl\,grad} f = \boldsymbol{0} \tag{2.2.90}$$

(2) 设$\boldsymbol{a}$为矢量，则有

$$\mathrm{div\ curl}\boldsymbol{a} = 0 \tag{2.2.91}$$

(3) 设 $\boldsymbol{a}$ 为矢量，则有

$$\mathrm{curl\ curl}\boldsymbol{a} = \mathrm{grad\ div}\boldsymbol{a} - \mathrm{div\ grad}\boldsymbol{a} \tag{2.2.92}$$

(4) 设 $\boldsymbol{a}$ 为矢量，而 $\boldsymbol{D} = \nabla\boldsymbol{a} + \boldsymbol{a}\nabla$，则有

$$\mathrm{div}\boldsymbol{D} = \nabla\cdot\boldsymbol{D} = \mathrm{div\ grad}\boldsymbol{a} + \mathrm{grad\ div}\boldsymbol{a} \tag{2.2.93}$$

(5) 设 $\boldsymbol{A}$ 为二阶张量，则有

$$\mathrm{div\ curl}\boldsymbol{A} = \boldsymbol{0} \tag{2.2.94}$$

(6) 设 $\boldsymbol{a}$ 为矢量，$\boldsymbol{G}$ 为度量张量，则有

$$\mathrm{div}\,[(\mathrm{div}\boldsymbol{a})\boldsymbol{G}] = \mathrm{grad\ div}\boldsymbol{a} \tag{2.2.95}$$

作为例题，本书仅证明式(2.2.92)和式(2.2.95)，其他等式可作为习题自行证明。

例 2.2.8　设 $\boldsymbol{a}$ 为矢量，试证明：$\mathrm{curl\ curl}\boldsymbol{a} = \mathrm{grad\ div}\boldsymbol{a} - \mathrm{div\ grad}\boldsymbol{a}$。

证明　由于

$$\begin{aligned}\mathrm{curl\ curl}\boldsymbol{a} &= \nabla\times\nabla\times\boldsymbol{a} = \boldsymbol{e}_i\partial_i\times\boldsymbol{e}_j\partial_j\times a_r\boldsymbol{e}_r = e_{ijk}\boldsymbol{e}_k\partial_i\partial_j\times a_r\boldsymbol{e}_r = e_{ijk}e_{krs}\partial_i\partial_j a_r\boldsymbol{e}_s\\ &= (\delta_{ir}\delta_{js} - \delta_{is}\delta_{jr})\partial_i\partial_j a_r\boldsymbol{e}_s = \partial_i\partial_j a_i\boldsymbol{e}_j - \partial_i\partial_j a_j\boldsymbol{e}_i\\ &= \nabla(\nabla\cdot\boldsymbol{a}) - \nabla\cdot\nabla\boldsymbol{a} = \mathrm{grad\ div}\boldsymbol{a} - \mathrm{div\ grad}\boldsymbol{a}\end{aligned}$$

从而命题得证。

例 2.2.9　设 $\boldsymbol{a}$ 为矢量，$\boldsymbol{G}$ 为度量张量，试证明：$\mathrm{div}\,[(\mathrm{div}\boldsymbol{a})\boldsymbol{G}] = \mathrm{grad\ div}\boldsymbol{a}$。

证明　设 f 为一标量，则有

$$\mathrm{div}\,(f\boldsymbol{G}) = \nabla\cdot(f\boldsymbol{G}) = \boldsymbol{e}_i\partial_i\cdot(f\delta_{jk}\boldsymbol{e}_j\boldsymbol{e}_k) = \partial_i f\delta_{ij}\delta_{jk}\boldsymbol{e}_k = \partial_i f\boldsymbol{e}_i = \mathrm{grad}f$$

在上式中，令 $f = \mathrm{div}\boldsymbol{a}$，则得到 $\mathrm{div}\,[(\mathrm{div}\boldsymbol{a})\boldsymbol{G}] = \mathrm{grad\ div}\boldsymbol{a}$，命题得证。

由于

$$\nabla\times\boldsymbol{A}\times\nabla = \boldsymbol{e}_j\partial_j\times(A_{ik}\boldsymbol{e}_i\boldsymbol{e}_k)\times\boldsymbol{e}_l\partial_l = (e_{jip}\partial_j A_{ik}\boldsymbol{e}_p\boldsymbol{e}_k)\times\boldsymbol{e}_l\partial_l = -e_{klq}e_{jip}\partial_l\partial_j A_{ik}\boldsymbol{e}_p\boldsymbol{e}_q$$

如果 $\boldsymbol{A}$ 为应变张量 $\boldsymbol{\varepsilon}$，则有

$$\nabla\times\boldsymbol{\varepsilon}\times\nabla = \boldsymbol{O} \tag{2.2.96}$$

式(2.2.96)即为线性弹性理论中的无限小应变的协调方程，因而可将 $\nabla\times\boldsymbol{\varepsilon}\times\nabla$ 定义为二阶张量场 $\boldsymbol{A}$ 的非协调度，记为

$$\mathrm{inc}\boldsymbol{A} = \nabla\times\boldsymbol{A}\times\nabla = -e_{klq}e_{jip}\partial_l\partial_j A_{ik}\boldsymbol{e}_p\boldsymbol{e}_q \tag{2.2.97}$$

非协调度有以下的两个性质。

(1) 若 $\boldsymbol{A}$ 为二阶张量，则有

$$\mathrm{div}(\mathrm{inc}\boldsymbol{A}) = \boldsymbol{0} \tag{2.2.98}$$

(2) 设 $\boldsymbol{u}$ 为矢量，将 $\mathrm{grad}\boldsymbol{u}$ 的对称部分记为 $\mathrm{sym\ \ grad}\boldsymbol{u} = u_{i,k}\boldsymbol{e}_i\boldsymbol{e}_k$，则有

$$\mathrm{inc}(\mathrm{sym\ \ grad}\boldsymbol{u}) = \boldsymbol{O} \tag{2.2.99}$$

证明 由非协调度的定义式(2.2.97)，得到

$$\mathrm{inc}(\mathrm{sym\ grad}\boldsymbol{u}) = \mathrm{inc}(u_{i,k}\boldsymbol{e}_i\boldsymbol{e}_k) = -\frac{1}{2}[e_{ijp}e_{klq}(u_{i,kjl}+u_{k,ijl})\boldsymbol{e}_p\boldsymbol{e}_q] = \boldsymbol{O}$$

2. 不变性微分算子

任意张量(以三阶混合张量为例)在曲线坐标系下的不变性微分算子定义如下：

1) 梯度

$$\mathrm{grad}\boldsymbol{T} = \nabla\boldsymbol{T} = \nabla_r T_k^{ij}\boldsymbol{g}^r\boldsymbol{g}_i\boldsymbol{g}_j\boldsymbol{g}^k \tag{2.2.100}$$

2) 散度

$$\mathrm{div}\boldsymbol{T} = \nabla\cdot\boldsymbol{T} = \nabla_r T_k^{rj}\boldsymbol{g}_j\boldsymbol{g}^k \tag{2.2.101}$$

若 $\boldsymbol{T}$ 为矢量 $\boldsymbol{a}$，由于 $\nabla_i a^k = \partial_i a^k - a^j\Gamma_{ij}^k$，考虑到式(2.2.73)，则有

$$\nabla_i a^i = \partial_i a^i - a^j\Gamma_{ij}^i = \partial_i a^i - \partial_j\left(\lg\sqrt{g}\right)a^j = \frac{1}{\sqrt{g}}\left(\sqrt{g}a^i\right)_{,i} \tag{2.2.102}$$

$$\mathrm{div}\boldsymbol{a} = \nabla\cdot\boldsymbol{a} = \frac{1}{\sqrt{g}}\left(\sqrt{g}a^i\right)_{,i} \tag{2.2.103}$$

3) 旋度

$$\mathrm{curl}\boldsymbol{T} = \nabla\times\boldsymbol{T} = \boldsymbol{g}^r\partial_r\times T_{ij}^k\boldsymbol{g}^i\boldsymbol{g}^j\boldsymbol{g}_k = \boldsymbol{g}^r\times\boldsymbol{g}^i\partial_r T_{ij}^k\boldsymbol{g}^j\boldsymbol{g}_k = e^{sri}\nabla_r T_{ij}^k\boldsymbol{g}_s\boldsymbol{g}^j\boldsymbol{g}_k \tag{2.2.104}$$

若 $\boldsymbol{T}$ 为矢量 $\boldsymbol{a}$，则有

$$\mathrm{curl}\boldsymbol{a} = \nabla\times\boldsymbol{a} = e^{sri}\nabla_r a_i\boldsymbol{g}_s = e^{sri}a_{i;r}\boldsymbol{g}_s \tag{2.2.105}$$

4) 拉普拉斯算子

$$\nabla^2\boldsymbol{T} = \nabla\cdot\nabla\boldsymbol{T} = \nabla^r\nabla_r T_k^{ij}\boldsymbol{g}_i\boldsymbol{g}_j\boldsymbol{g}^k \tag{2.2.106}$$

对于标量 f，有

$$\begin{aligned}\nabla^2 f &= \nabla\cdot\nabla f = \nabla_i\nabla^i f = \nabla_i(g^{il}\nabla_l f) = \nabla_i(g^{il}\partial_l f)\\ &= g^{il}(f_{,l})_{;i} = \frac{1}{\sqrt{g}}\left(\sqrt{g}g^{il}\frac{\partial f}{\partial y^l}\right)\end{aligned} \tag{2.2.107}$$

2.2.6 内禀导数、曲率张量

1. 内禀导数

设区域内的曲线 C 定义为

$$x^k = x^k(t), \quad t_1 \leqslant t \leqslant t_2$$

式中，t 为一参数。若 $\boldsymbol{a}(x)$ 是可微的矢量，且 $x^k(t)$ 是属于 C 类的，则

$$\frac{\mathrm{d}\boldsymbol{a}}{\mathrm{d}t} = \frac{\partial \boldsymbol{a}}{\partial x^l}\frac{\mathrm{d}x^l}{\mathrm{d}t} = \frac{\partial(a^k \boldsymbol{g}_k)}{\partial y^l}\frac{\mathrm{d}x^l}{\mathrm{d}t} = a^k_{;l}\frac{\mathrm{d}x^l}{\mathrm{d}t}\boldsymbol{g}_k = \frac{\delta a^k}{\delta t}\boldsymbol{g}_k \tag{2.2.108}$$

式中，

$$\frac{\delta a^k}{\delta t} = a^k_{;l}\frac{\mathrm{d}x^l}{\mathrm{d}t} \tag{2.2.109}$$

称为 a^k 对 t 的**内禀导数**。

对于任意张量(以二阶混合张量为例)，有

$$\frac{\delta T^i_j}{\delta t} = \nabla_l T^i_j \frac{\mathrm{d}x^l}{\mathrm{d}t} = (\partial_l T^i_j + \Gamma^i_{lk}T^k_j - \Gamma^m_{lj}T^i_m)\frac{\mathrm{d}x^l}{\mathrm{d}t} = \frac{\mathrm{d}T^i_j}{\mathrm{d}t} + (\Gamma^i_{lk}T^k_j - \Gamma^m_{lj}T^i_m)\frac{\mathrm{d}x^l}{\mathrm{d}t} \tag{2.2.110}$$

对于度量张量，由于

$$\frac{\delta g_{kl}}{\delta t} = (\nabla_i g_{kl})\frac{\mathrm{d}x^i}{\mathrm{d}t} = 0, \quad \frac{\delta g^{kl}}{\delta t} = (\nabla_i g^{kl})\frac{\mathrm{d}x^i}{\mathrm{d}t} = 0 \tag{2.2.111}$$

故度量张量可以移进或移出内禀导数记号之内或移出内禀导数记号之外。

若矢量 $\boldsymbol{a}$ 和 t 显式相关，即 $\boldsymbol{a} = \boldsymbol{a}(x,t)$，则有

$$\frac{\mathrm{d}\boldsymbol{a}}{\mathrm{d}t} = \left.\frac{\partial \boldsymbol{a}}{\partial t}\right|_x + \left.\frac{\partial \boldsymbol{a}}{\partial x^l}\right|_t \frac{\mathrm{d}x^l}{\mathrm{d}t} = \left(\frac{\partial a^k}{\partial t} + a^k_{;l}\frac{\mathrm{d}x^l}{\mathrm{d}t}\right)\boldsymbol{g}_k = \frac{\mathrm{D}a^k}{\mathrm{D}t}\boldsymbol{g}_k \tag{2.2.112}$$

式中，

$$\frac{\mathrm{D}a^k}{\mathrm{D}t} = \frac{\partial a^k}{\partial t} + a^k_{;l}\frac{\mathrm{d}x^l}{\mathrm{d}t} \tag{2.2.113}$$

称为 a^k 的**物质导数**。符号 $|_x$ 和 $|_t$ 表示对 x 和 t 固定。

对于任意张量(以二阶混合张量为例)，其物质导数为

$$\frac{\mathrm{D}T^i_j}{\mathrm{D}t} = \frac{\partial T^i_j}{\partial t} + T^i_{j;l}\frac{\mathrm{d}x^l}{\mathrm{d}t} = \frac{\partial T^i_j}{\partial t} + \frac{\delta T^i_j}{\delta t} \tag{2.2.114}$$

对于度量张量，由于 g_{kl} 和 g^{kl} 与 t 没有显式关系，故有

$$\frac{\mathrm{D}g_{kl}}{\mathrm{D}t} = 0, \quad \frac{\mathrm{D}g^{kl}}{\mathrm{D}t} = 0 \tag{2.2.115}$$

2. 曲率张量

在满足连续性的要求下，偏导数的次序是可以交换的。现以矢量场 $\boldsymbol{u} = u_i\boldsymbol{g}^i$ 为

例，讨论在什么条件下，协变导数的次序可以交换。

由于$u_{i;j}=u_{i,j}-\Gamma_{ij}^{\alpha}u_{\alpha}$，所以有

$$\begin{aligned}u_{i;jk}&=(u_{i;j})_{;k}=(u_{i;j})_{,k}-\Gamma_{ik}^{\alpha}u_{\alpha;j}-\Gamma_{jk}^{\alpha}u_{i;\alpha}\\&=(u_{i,j}-\Gamma_{ij}^{\alpha}u_{\alpha})_{,k}-\Gamma_{ik}^{\alpha}(u_{\alpha,j}-\Gamma_{\alpha j}^{\beta}u_{\beta})-\Gamma_{jk}^{\alpha}(u_{i,\alpha}-\Gamma_{i\alpha}^{\chi}u_{\chi})\\&=u_{i,jk}-\Gamma_{ij,k}^{\alpha}u_{\alpha}-\Gamma_{ij}^{\alpha}u_{\alpha,k}-\Gamma_{ik}^{\alpha}u_{\alpha,j}+\Gamma_{ik}^{\alpha}\Gamma_{\alpha j}^{\beta}u_{\beta}-\Gamma_{jk}^{\alpha}u_{i,\alpha}+\Gamma_{jk}^{\alpha}\Gamma_{i\alpha}^{\chi}u_{\chi}\end{aligned}\tag{2.2.116}$$

在式(2.2.116)中，交换指标为j和k，则得到

$$u_{i;kj}=u_{i,kj}-\Gamma_{ik,j}^{\alpha}u_{\alpha}-\Gamma_{ik}^{\alpha}u_{\alpha,j}-\Gamma_{ij}^{\alpha}u_{\alpha,k}+\Gamma_{ij}^{\alpha}\Gamma_{\alpha k}^{\beta}u_{\beta}-\Gamma_{kj}^{\alpha}u_{i,\alpha}+\Gamma_{kj}^{\alpha}\Gamma_{i\alpha}^{\chi}u_{\chi}\tag{2.2.117}$$

将式(2.2.116)和式(2.2.117)相减得到

$$\begin{aligned}u_{i;jk}-u_{i;kj}&=\Gamma_{ik}^{\alpha}\Gamma_{\alpha j}^{\beta}u_{\beta}-\Gamma_{ij,k}^{\alpha}u_{\alpha}-\Gamma_{ij}^{\alpha}\Gamma_{\alpha k}^{\beta}u_{\beta}+\Gamma_{ik,j}^{\alpha}u_{\alpha}\\&=(\Gamma_{ik,j}^{\alpha}-\Gamma_{ij,k}^{\alpha}+\Gamma_{ik}^{\beta}\Gamma_{\beta j}^{\alpha}-\Gamma_{ij}^{\beta}\Gamma_{\beta k}^{\alpha})u_{\alpha}=R_{ijk}^{\alpha}u_{\alpha}\end{aligned}\tag{2.2.118}$$

式中，

$$R_{ijk}^{\alpha}=\Gamma_{ik,j}^{\alpha}-\Gamma_{ij,k}^{\alpha}+\Gamma_{ik}^{\beta}\Gamma_{\beta j}^{\alpha}u_{\beta}-\Gamma_{ij}^{\beta}\Gamma_{\beta k}^{\alpha}\tag{2.2.119}$$

式(2.2.119)可以写为下列形式：

$$R_{ijk}^{\alpha}=\begin{vmatrix}\dfrac{\partial}{\partial y^{k}} & \dfrac{\partial}{\partial y^{l}}\\ \Gamma_{jk}^{i} & \Gamma_{jl}^{i}\end{vmatrix}+\begin{vmatrix}\Gamma_{\alpha k}^{i} & \Gamma_{\alpha l}^{i}\\ \Gamma_{jk}^{\alpha} & \Gamma_{jl}^{\alpha}\end{vmatrix}\tag{2.2.120}$$

根据商法则，R_{ijk}^{α}为四阶张量，称为**(混合)曲率张量**，或称为**第二类黎曼-克里斯托费尔张量**。

把式(2.2.119)写为不变性形式为

$$\boldsymbol{R}=R_{ijk}^{\alpha}\boldsymbol{g}_{\alpha}\boldsymbol{g}^{i}\boldsymbol{g}^{j}\boldsymbol{g}^{k}\tag{2.2.121}$$

现利用指标升降关系将指标α降下，则有

$$\begin{aligned}R_{ijkl}=g_{i\alpha}R_{jkl}^{\alpha}&=\begin{vmatrix}\dfrac{\partial}{\partial y^{k}} & \dfrac{\partial}{\partial y^{l}}\\ \Gamma_{jki} & \Gamma_{jli}\end{vmatrix}+\begin{vmatrix}\Gamma_{jk}^{\alpha i} & \Gamma_{jl}^{\alpha}\\ \Gamma_{ik\alpha} & \Gamma_{il\alpha}\end{vmatrix}\\&=\Gamma_{jli,k}-\Gamma_{jki,l}+\Gamma_{jk}^{\alpha}\Gamma_{il\alpha}-\Gamma_{jl}^{\alpha}\Gamma_{ik\alpha}\end{aligned}\tag{2.2.122}$$

将克里斯托费尔符号按照式(2.2.73)代入其中，则有

$$R_{ijkl}=\frac{1}{2}(g_{il,jk}+g_{jk,il}-g_{ik,jl}-g_{jl,ik})+g^{\alpha\beta}(\Gamma_{il\alpha}\Gamma_{jk\beta}-\Gamma_{ik\alpha}\Gamma_{jl\beta})\tag{2.2.123}$$

式中，R_{ijkl} 称为**(协变)曲率张量**，或称为**第一类黎曼-克里斯托费尔张量**。

同样地，也可以从矢量的逆变分量着手导出相应的曲率张量。

由于在直线坐标系中克里斯托费尔符号为零，故 $u_{i;jk} \doteqdot u_{i,jk}$。且 $u_{i,jk} - u_{i,kj} = 0$，因而 $R^{\alpha}_{jkl} \doteqdot 0$。对于曲率张量 $\boldsymbol{R}$，在其他坐标系中也应该为零。从而 $u_{i,[jk]} = 0$。这就是说，在三维欧氏空间中，协变导数的次序可以互换。符号“$\doteqdot$”表示有条件的成立。

曲率张量具有以下性质：

$$\begin{cases} R_{jikl} = -R_{ijkl}, \quad R_{ijlk} = -R_{ijkl}, \quad R_{klij} = R_{ijkl} \\ R_{ijkl} + R_{iklj} + R_{iljk} = 0, \quad R^{i}_{jkl} + R^{i}_{klj} + R^{i}_{ljk} = 0 \end{cases} \tag{2.2.124}$$

2.2.7　积分定理、广义积分定理

1. 积分定理

对于 n 维直线坐标系，有下面**斯豪滕(Schouten)积分公式**：

$$\int_{f_{q+1}} \mathrm{d}f^{ri\cdots j}\partial_r \otimes T^{k\cdots l} = \oint_{f_q} \mathrm{d}f^{i\cdots j} \otimes T^{k\cdots l} \tag{2.2.125}$$

式中，$\mathrm{d}f^{ri\cdots j}$ 和 $\mathrm{d}f^{i\cdots j}$ 分别为 q+1 和 q 维的格拉斯曼(Grassmann)容积元素；f_{q+1} 为左边积分的积分区域，f_q 为其边界；符号“$\otimes$”为张量 $\boldsymbol{T}$ 和容积元素间的任意代数运算。对于三维欧氏空间，由体积分变为面积分的**格林(Green)变换**和由面积分变为线积分的**开尔文(Kelvin)变换**的不变性形式可表示为

$$\int_V \mathrm{d}V \nabla \otimes \boldsymbol{T} = \oint_S \mathrm{d}\boldsymbol{S} \otimes \boldsymbol{T} \tag{2.2.126}$$

$$\int_S \mathrm{d}\boldsymbol{S} \times \nabla \otimes \boldsymbol{T} = \oint_L \mathrm{d}\boldsymbol{L} \otimes \boldsymbol{T} \tag{2.2.127}$$

式中，V、S、L 分别为体积、面积和线段。当符号“$\otimes$”分别为并乘、点积和矢积时，式(2.2.126)的格林变换分别具有下列形式：

$$\begin{cases} \int_V \mathrm{d}V \nabla \boldsymbol{T} = \oint_S \mathrm{d}\boldsymbol{S}\boldsymbol{T} = \int_V \mathrm{d}V \mathrm{grad}\boldsymbol{T} \\ \int_V \mathrm{d}V \nabla \cdot \boldsymbol{T} = \oint_S \mathrm{d}\boldsymbol{S} \cdot \boldsymbol{T} = \int_V \mathrm{d}V \mathrm{div}\boldsymbol{T} \\ \int_V \mathrm{d}V \nabla \times \boldsymbol{T} = \oint_S \mathrm{d}\boldsymbol{S} \times \boldsymbol{T} = \int_V \mathrm{d}V \mathrm{curl}\boldsymbol{T} \end{cases} \tag{2.2.128}$$

在式(2.2.128)的第二式中，取 $\boldsymbol{T}$ 为一阶张量，即矢量 $\boldsymbol{u}$，则有

$$\int_V \mathrm{div}\boldsymbol{u}\mathrm{d}V = \oint_S \mathrm{d}S\boldsymbol{n} \cdot \boldsymbol{u} \tag{2.2.129}$$

式中，$\boldsymbol{n}$ 为 S 上面元的外法线方向的单位矢量。这就是熟知的**矢量散度定理**，或称为**格林-高斯(Gauss)定理**。

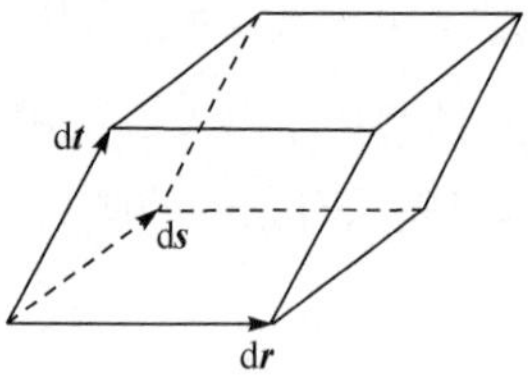

图 2.2.1　六面体元

如图 2.2.1 所示，一矢元 d$\boldsymbol{r}$、d$\boldsymbol{s}$、d$\boldsymbol{t}$ 为棱的体元，体元可以表示为

$$\mathrm{d}V=\mathrm{d}\boldsymbol{r}\times\mathrm{d}\boldsymbol{s}\cdot\mathrm{d}\boldsymbol{t}=\mathrm{d}r^i\mathrm{d}s^j\mathrm{d}t^k e_{ijk} \tag{2.2.130}$$

则格林-高斯定理的张量分量形式为

$$\int_V u^l_{,l}e_{ijk}\mathrm{d}r^i\mathrm{d}s^j\mathrm{d}t^k=\oint_S u^l\mathrm{d}S_l \tag{2.2.131}$$

若在式(2.2.127)中，符号“⊗”点积时，则有

$$\int_S \mathrm{d}\boldsymbol{S}\cdot\nabla\times\boldsymbol{T}=\oint_L \mathrm{d}\boldsymbol{L}\cdot\boldsymbol{T}=\int_S \mathrm{d}\boldsymbol{S}\cdot\mathrm{curl}\boldsymbol{T} \tag{2.2.132}$$

在式(2.2.132)中，取 $\boldsymbol{T}$ 为矢量 $\boldsymbol{u}$，则有

$$\int_S \mathrm{d}\boldsymbol{S}\cdot\mathrm{curl}\boldsymbol{u}=\oint_L \mathrm{d}\boldsymbol{L}\cdot\boldsymbol{u} \tag{2.2.133}$$

式(2.2.134)就是**斯托克斯(Stokes)积分公式**。利用式(2.1.70)，将式(2.2.57)代入式(2.2.133)，可得斯托克斯积分公式的张量分量表示式为

$$\int_S e^{ijk}u_{j,i}\mathrm{d}S_k=\oint_L u_i\mathrm{d}x^i \tag{2.2.134}$$

式中，右端的积分称为矢量 $\boldsymbol{u}$ 沿曲线 L 的环量。

2. 广义积分定理

若在式(2.2.126)和式(2.2.127)中的体积 V 内和面积 S 上包含间断曲面 σ 和间断曲线 γ，当越过 σ 和 γ 时，张量 $\boldsymbol{T}$ 发生跳变，则称为**广义格林变换**和**广义开尔文变换**。

定理 2.2.1(广义格林变换定理)　设在体积 V 内具有间断曲面 σ，$\boldsymbol{T}$ 为任意张量，则式(2.2.135)成立：

$$\int_{V-\sigma}\mathrm{d}V\nabla\otimes\boldsymbol{T}=\int_{S-\sigma}\mathrm{d}S\boldsymbol{n}\otimes\boldsymbol{T}-\int_\sigma \mathrm{d}S\boldsymbol{n}\otimes(\boldsymbol{T}^+-\boldsymbol{T}^-) \tag{2.2.135}$$

式中，$V-\sigma=V-V\cap\sigma$；$S-\sigma=S-S\cap\sigma$；$(\boldsymbol{T}^+-\boldsymbol{T}^-)$ 表示跳变，$\boldsymbol{T}^+$ 和 $\boldsymbol{T}^-$ 分别表示间断曲面两侧的 $\boldsymbol{T}$ 值。式(2.2.135)就是**广义格林变换定理**。若取 $\boldsymbol{T}$ 为矢量 $\boldsymbol{u}$，并取符号“⊗”为点积，则式(2.2.135)成为

$$\int_{V-\sigma}\mathrm{div}\boldsymbol{u}\mathrm{d}V=\int_{S-\sigma}\boldsymbol{n}\cdot\boldsymbol{u}\mathrm{d}S-\int_\sigma \boldsymbol{n}\cdot(\boldsymbol{u}^+-\boldsymbol{u}^-)\,\mathrm{d}S \tag{2.2.136}$$

式(2.2.136)称为**广义格林-高斯公式**。

例 2.2.10　试证明式(2.2.135)所表示的广义格林变换定理。

证明　将式(2.2.126)所表示的格林变换分别应用于由 $S^+ \cup \sigma^+$ 和 $S^- \cup \sigma^-$ 所限界的间断曲面 σ 的两侧，则得

$$\int_{V^+} \mathrm{d}V \nabla \otimes \boldsymbol{T} = \int_{S^+} \mathrm{d}S \boldsymbol{n} \otimes \boldsymbol{T} + \int_{\sigma^+} \boldsymbol{n} \mathrm{d}S \otimes \boldsymbol{T} \tag{2.2.137}$$

$$\int_{V^-} \mathrm{d}V \nabla \otimes \boldsymbol{T} = \int_{S^-} \mathrm{d}S \boldsymbol{n} \otimes \boldsymbol{T} + \int_{\sigma^-} \boldsymbol{n} \mathrm{d}S \otimes \boldsymbol{T} \tag{2.2.138}$$

式中，带有上标+或–的各分量为间断面 σ 两侧相应的量。

将式(2.2.137)和式(2.2.138)相加，则得到

$$\int_{V^+ + V^-} \mathrm{d}V \nabla \otimes \boldsymbol{T} = \int_{S^+ + S^-} \mathrm{d}S \boldsymbol{n} \otimes \boldsymbol{T} + \int_{\sigma^+} \boldsymbol{n}^+ \mathrm{d}S \otimes \boldsymbol{T}^+ + \int_{\sigma^-} \boldsymbol{n}^- \mathrm{d}S \otimes \boldsymbol{T}^- \tag{2.2.139}$$

令 $\sigma^+ \to \sigma$，$\sigma^- \to \sigma$，则 $V^+ + V^- = V - V \cap \sigma = V - \sigma$，$S^+ + S^- = S - S \cap \sigma = S - \sigma$；考虑到 $\boldsymbol{n}^+ = -\boldsymbol{n}^- = -\boldsymbol{n}$，则(2.2.139)式可写为

$$\int_{V-\sigma} \mathrm{d}V \nabla \otimes \boldsymbol{T} = \int_{S-\sigma} \mathrm{d}S \boldsymbol{n} \otimes \boldsymbol{T} - \int_{\sigma^-} \boldsymbol{n} \mathrm{d}S \otimes (\boldsymbol{T}^+ - \boldsymbol{T}^-)$$

这就是式(2.2.135)。命题得证。

定理 2.2.2(广义开尔文变换定理)　设在面积 S 上具有间断曲线 γ，$\boldsymbol{T}$ 为任意张量，则式(2.2.140)成立。

$$\int_{S-\gamma} \mathrm{d}\boldsymbol{S} \times \nabla \otimes \boldsymbol{T} = \int_{L-\gamma} \mathrm{d}\boldsymbol{L} \otimes \boldsymbol{T} - \int_{\gamma} \mathrm{d}L \boldsymbol{h} \otimes (\boldsymbol{T}^+ - \boldsymbol{T}^-) \tag{2.2.140}$$

式中，$S-\gamma = S - S \cap \gamma$；$L - \gamma = L - L \cap \gamma$；$\boldsymbol{h}$ 表示间断线上的切矢量。式(2.2.140)就是**广义开尔文变换定理**。若取 $\boldsymbol{T}$ 为矢量 $\boldsymbol{u}$，并取符号“$\otimes$”为点积，则式(2.2.140)成为

$$\int_{S-\gamma} \mathrm{d}\boldsymbol{S} \times \nabla \cdot \boldsymbol{u} = \int_{S-\gamma} \mathrm{d}\boldsymbol{S} \cdot \nabla \times \boldsymbol{u} = \int_{S-\gamma} \mathrm{d}\boldsymbol{S} \cdot \mathrm{curl}\boldsymbol{u} = \int_{L-\gamma} \mathrm{d}\boldsymbol{L} \cdot \boldsymbol{u} - \int_{\gamma} \mathrm{d}L \boldsymbol{h} \cdot (\boldsymbol{u}^+ - \boldsymbol{u}^-) \tag{2.2.141}$$

式(2.2.141)称为**广义开尔文公式**。式(2.2.140)的证明可参照例 2.2.10 自行证明。

2.2.8　非完整系物理标架下的微分算子

1. 非完整系物理标架

对于正交曲线坐标系，满足下列条件：

$$\boldsymbol{g}_i \cdot \boldsymbol{g}_j = 0, \quad i \neq j \tag{2.2.142}$$

将基矢量的大小记为 H_i，称为拉梅系数，即

$$H_i = |\boldsymbol{g}_i| = \left|\frac{\partial x_k}{\partial y_i}\boldsymbol{e}_k\right| = \sqrt{\left(\frac{\partial x_1}{\partial y_i}\right)^2 + \left(\frac{\partial x_2}{\partial y_i}\right)^2 + \left(\frac{\partial x_3}{\partial y_i}\right)^2} \tag{2.2.143}$$

对常用的正交坐标系(笛卡儿坐标系、圆柱坐标系、球面坐标系)中，拉梅系数分别为

$$\begin{cases} H_1 = 1, \quad H_2 = 1, \quad H_3 = 1 & \text{(笛卡儿坐标系)} \\ H_1 = 1, \quad H_2 = r, \quad H_3 = 1 & \text{(圆柱坐标系)} \\ H_1 = 1, \quad H_2 = r, \quad H_3 = r\sin\theta & \text{(球面坐标系)} \end{cases} \tag{2.2.144}$$

如果取与 $\boldsymbol{g}_i$ 同向的单位矢量 $\bar{\boldsymbol{g}}_i$ 作为基矢量，即

$$\bar{\boldsymbol{g}}_i = \frac{1}{H_i}\boldsymbol{g}_i \tag{2.2.145}$$

则构成**非完整系物理标架**(或称**单位正交活动标架**)，其基矢量具有以下性质：

$$\bar{\boldsymbol{g}}_i \cdot \bar{\boldsymbol{g}}_j = \delta_{ij} \tag{2.2.146}$$

采用非完整系物理标架，则协变分量和逆变分量的差别消失，在这种标架下所有分量都是物理分量。

2. 偏导数算子、克里斯托费尔符号

非完整系物理标架下的偏导数算子 $\bar{\partial}_i$ 定义为

$$\bar{\partial}_i = \frac{1}{H_{\underline{i}}}\partial_i = \frac{1}{H_{\underline{i}}}\frac{\partial}{\partial x_i} \tag{2.2.147}$$

它对标架每个矢量作用，仍是一个矢量。不妨记为

$$\bar{\partial}_i\bar{\boldsymbol{g}}_j = \bar{\Gamma}_{ij1}\bar{\boldsymbol{g}}_1 + \bar{\Gamma}_{ij2}\bar{\boldsymbol{g}}_2 + \bar{\Gamma}_{ij3}\bar{\boldsymbol{g}}_3 = \bar{\Gamma}_{ijk}\bar{\boldsymbol{g}}_k \tag{2.2.148}$$

式中，$\bar{\Gamma}_{ijk}$ 称为非完整系物理标架下的克里斯托费尔符号，表示 $\bar{\partial}_i\bar{\boldsymbol{g}}_j$ 在 $\bar{\boldsymbol{g}}_k$ 上的投影，即

$$\bar{\Gamma}_{ijk} = \bar{\boldsymbol{g}}_k \cdot \bar{\partial}_i\bar{\boldsymbol{g}}_j \tag{2.2.149}$$

对式(2.2.146)的两端作用偏导数算子，则有

$$\bar{\partial}_i(\delta_{kj}) = \bar{\partial}_i(\bar{\boldsymbol{g}}_k \cdot \bar{\boldsymbol{g}}_j) = (\bar{\partial}_i\bar{\boldsymbol{g}}_k)\cdot\bar{\boldsymbol{g}}_j + \bar{\boldsymbol{g}}_k \cdot (\bar{\partial}_i\bar{\boldsymbol{g}}_j) = \bar{\Gamma}_{ikj} + \bar{\Gamma}_{ijk} = 0$$

即

$$\bar{\Gamma}_{ikj} = -\bar{\Gamma}_{ijk} \tag{2.2.150}$$

可见，$\bar{\Gamma}_{ijk}$ 对后两个指标具有反对称性。$\bar{\Gamma}_{ijk}$ 的具体表达式为

$$\bar{\varGamma}_{ijk}=\frac{1}{H_{\underline{i}}}\left\{-\frac{1}{H_{\underline{j}}}\delta_{jk}\partial_i H_{\underline{j}}+\frac{1}{2H_{\underline{j}}H_{\underline{k}}}[\partial_i(H_{\underline{j}}H_{\underline{k}})\delta_{jk}+\partial_j(H_{\underline{i}}H_{\underline{k}})\delta_{ik}-\partial_k(H_{\underline{i}}H_{\underline{j}})\delta_{ij}]\right\}$$

(2.2.151)

在式(2.2.151)中，当三个指标互不相等时，有

$$\begin{cases}\bar{\varGamma}_{ijk}=0, \quad \bar{\varGamma}_{iii}=0, \quad \bar{\varGamma}_{ijj}=0\\ \bar{\varGamma}_{iki}=-\bar{\varGamma}_{iik}=\dfrac{1}{H_i H_k}\partial_k H_i=\bar{\partial}_k \ln H_i\end{cases} \tag{2.2.152}$$

可见，不为零的克里斯托费尔符号只有$\bar{\varGamma}_{iki}$和$\bar{\varGamma}_{iik}$。

在常用的正交坐标系中，偏导数算子和克里斯托费尔符号分别为：

在笛卡儿坐标系中

$$\begin{cases}\bar{\partial}_1=\dfrac{\partial}{\partial x}, \quad \bar{\partial}_2=\dfrac{\partial}{\partial y}, \quad \bar{\partial}_3=\dfrac{\partial}{\partial z}\\ \bar{\varGamma}_{ijk}=0\end{cases} \tag{2.2.153}$$

在圆柱坐标系中

$$\begin{cases}\bar{\partial}_1=\dfrac{\partial}{\partial r}, \quad \bar{\partial}_2=\dfrac{1}{r}\dfrac{\partial}{\partial \theta}, \quad \bar{\partial}_3=\dfrac{\partial}{\partial z}\\ \bar{\varGamma}_{212}=-\bar{\varGamma}_{221}=\dfrac{1}{r}, \quad \text{其余}\bar{\varGamma}_{ijk}=0\end{cases} \tag{2.2.154}$$

在球面坐标系中

$$\begin{cases}\bar{\partial}_1=\dfrac{\partial}{\partial r}, \quad \bar{\partial}_2=\dfrac{1}{r}\dfrac{\partial}{\partial \theta}, \quad \bar{\partial}_3=\dfrac{1}{r\sin\theta}\dfrac{\partial}{\partial \varphi}\\ \bar{\varGamma}_{212}=-\bar{\varGamma}_{221}=\bar{\varGamma}_{313}=-\bar{\varGamma}_{331}=\dfrac{1}{r}, \quad \bar{\varGamma}_{323}=-\bar{\varGamma}_{332}=\dfrac{\cot\theta}{r}, \quad \text{其余}\bar{\varGamma}_{ijk}=0\end{cases}$$

(2.2.155)

3. 梯度

1) 哈密顿算子

非完整系物理标架下的哈密顿算子$\bar{\nabla}$定义为

$$\bar{\nabla}=\boldsymbol{g}_i\bar{\partial}_i \tag{2.2.156}$$

在笛卡儿坐标系下($H_1=H_2=H_3=1$)，$\bar{\nabla}=\boldsymbol{e}_i\partial_i$。这和前面关于笛卡儿坐标系下的哈密顿算子$\nabla$定义是一致的。

2) 标量函数的梯度

设$f=f(\boldsymbol{r})$是位置矢量$\boldsymbol{r}$的标量函数，在非完整系物理标架下的梯度定义为

$$\operatorname{grad} f=\bar{\nabla} f \tag{2.2.157}$$

这是一个矢量，其并矢形式为

$$\text{grad}f=\overline{\nabla}f=\overline{\boldsymbol{g}}_i\overline{\partial}_i f=\frac{1}{H_{\underline{i}}}\overline{\boldsymbol{g}}_i\partial_i f=\frac{1}{H_{\underline{1}}}\frac{\partial f}{\partial x_1}\overline{\boldsymbol{g}}_1+\frac{1}{H_{\underline{2}}}\frac{\partial f}{\partial x_2}\overline{\boldsymbol{g}}_2+\frac{1}{H_{\underline{3}}}\frac{\partial f}{\partial x_3}\overline{\boldsymbol{g}}_3 \tag{2.2.158}$$

将式(2.2.154)和式(2.2.155)中相应坐标的拉梅系数代入式(2.2.158)，则得圆柱坐标系、球面坐标系中的梯度分别为

$$\begin{cases}\text{grad}f=\dfrac{\partial f}{\partial r}\overline{\boldsymbol{g}}_r+\dfrac{1}{r}\dfrac{\partial f}{\partial\theta}\overline{\boldsymbol{g}}_\theta+\dfrac{\partial f}{\partial z}\overline{\boldsymbol{g}}_z & (\text{圆柱坐标系})\\ \text{grad}f=\dfrac{\partial f}{\partial r}\overline{\boldsymbol{g}}_r+\dfrac{1}{r}\dfrac{\partial f}{\partial\theta}\overline{\boldsymbol{g}}_\theta+\dfrac{1}{r\sin\theta}\dfrac{\partial f}{\partial\varphi}\overline{\boldsymbol{g}}_\varphi & (\text{球面坐标系})\end{cases} \tag{2.2.159}$$

3) 矢量场的梯度

设矢量场 $\boldsymbol{a}=\boldsymbol{a}(\boldsymbol{r})=a_i\overline{\boldsymbol{g}}_i$，在非完整系物理标架下的左梯度定义为

$$\text{grad}\boldsymbol{a}=\overline{\nabla}\boldsymbol{a} \tag{2.2.160}$$

这是一个二阶张量，其并矢形式为

$$\begin{aligned}\text{grad}\boldsymbol{a}&=\overline{\nabla}\boldsymbol{a}=\overline{\boldsymbol{g}}_i\overline{\partial}_i(a_j\overline{\boldsymbol{g}}_j)=\overline{\boldsymbol{g}}_i\overline{\boldsymbol{g}}_j\overline{\partial}_i a_j+a_j\overline{\boldsymbol{g}}_i\overline{\partial}_i\overline{\boldsymbol{g}}_j\\&=\overline{\boldsymbol{g}}_i\overline{\boldsymbol{g}}_j\overline{\partial}_i a_j+a_j\overline{\varGamma}_{ijk}\overline{\boldsymbol{g}}_i\overline{\boldsymbol{g}}_k=\overline{\boldsymbol{g}}_i\overline{\boldsymbol{g}}_j\left(\overline{\partial}_i a_j+a_k\overline{\varGamma}_{ikj}\right)=(\text{grad}\boldsymbol{a})_{ij}\overline{\boldsymbol{g}}_i\overline{\boldsymbol{g}}_j\end{aligned} \tag{2.2.161}$$

式中，

$$(\text{grad}\boldsymbol{a})_{ij}=(\overline{\partial}_i a_j+a_k\overline{\varGamma}_{ikj}) \tag{2.2.162}$$

类似地，可以定义其右梯度为

$$\overline{\text{grad}}\boldsymbol{a}=\boldsymbol{a}\overline{\nabla}$$

且有

$$\boldsymbol{a}\overline{\nabla}=(\overline{\nabla}\boldsymbol{a})^{\mathrm{T}} \tag{2.2.163}$$

4) 张量场的梯度

设二阶张量场 $\boldsymbol{T}=\boldsymbol{T}(\boldsymbol{r})=T_{ij}\overline{\boldsymbol{g}}_i\overline{\boldsymbol{g}}_j$，在非完整系物理标架下的左梯度定义为

$$\text{grad}\boldsymbol{T}=\overline{\nabla}\boldsymbol{T} \tag{2.2.164}$$

这是一个三阶张量，其并矢形式为

$$\begin{aligned}\text{grad}\boldsymbol{T}&=\overline{\nabla}\boldsymbol{T}=\overline{\boldsymbol{g}}_i\overline{\partial}_i(T_{jk}\overline{\boldsymbol{g}}_j\overline{\boldsymbol{g}}_k)\\&=\overline{\partial}_i T_{jk}\overline{\boldsymbol{g}}_i\overline{\boldsymbol{g}}_j\overline{\boldsymbol{g}}_k+T_{jk}\overline{\varGamma}_{ijl}\overline{\boldsymbol{g}}_i\overline{\boldsymbol{g}}_l\overline{\boldsymbol{g}}_k+T_{jk}\overline{\varGamma}_{ikl}\overline{\boldsymbol{g}}_i\overline{\boldsymbol{g}}_j\overline{\boldsymbol{g}}_l\\&=\overline{\partial}_i T_{jk}\overline{\boldsymbol{g}}_i\overline{\boldsymbol{g}}_j\overline{\boldsymbol{g}}_k+T_{lk}\overline{\varGamma}_{ilj}\overline{\boldsymbol{g}}_i\overline{\boldsymbol{g}}_j\overline{\boldsymbol{g}}_k+T_{jl}\overline{\varGamma}_{ilk}\overline{\boldsymbol{g}}_i\overline{\boldsymbol{g}}_j\overline{\boldsymbol{g}}_k\\&=(\overline{\partial}_i T_{jk}+T_{lk}\overline{\varGamma}_{ilj}+T_{jl}\overline{\varGamma}_{ilk})\overline{\boldsymbol{g}}_i\overline{\boldsymbol{g}}_j\overline{\boldsymbol{g}}_k\end{aligned} \tag{2.2.165}$$

类似地，可定义矢量场 $\boldsymbol{a}=\boldsymbol{a}(\boldsymbol{r})=a_i\overline{\boldsymbol{g}}_i$ 在非完整系物理标架下的右梯度为 $\overline{\text{grad}}\boldsymbol{T}=\boldsymbol{T}\overline{\nabla}$。

一般地

$$\boldsymbol{T}\overline{\nabla}\neq(\overline{\nabla}\boldsymbol{T})^{\mathrm{T}} \tag{2.2.166}$$

4. 散度

1) 矢量场的散度

设矢量场 $\boldsymbol{a}=\boldsymbol{a}(\boldsymbol{r})=a_i\overline{\boldsymbol{g}}_i$，在非完整系物理标架下的散度定义为

$$\text{div}\boldsymbol{a}=\overline{\nabla}\cdot\boldsymbol{a} \tag{2.2.167}$$

这是一个标量，其展开形式为

$$\begin{aligned}\text{div}\boldsymbol{a}&=\overline{\nabla}\cdot\boldsymbol{a}=\overline{\boldsymbol{g}}_i\overline{\partial}_i\cdot(a_j\overline{\boldsymbol{g}}_j)=\overline{\boldsymbol{g}}_i\cdot\overline{\boldsymbol{g}}_j\overline{\partial}_i a_j+a_j\overline{\boldsymbol{g}}_i\cdot\overline{\partial}_i\overline{\boldsymbol{g}}_j\\&=\delta_{ij}\overline{\partial}_i a_j+a_j\overline{\Gamma}_{ijk}\overline{\boldsymbol{g}}_i\cdot\overline{\boldsymbol{g}}_k=\overline{\partial}_i a_i+\overline{\Gamma}_{iji}a_j\end{aligned} \tag{2.2.168}$$

将式(2.2.153)～式(2.2.155)中相应坐标的偏导数算子和克里斯托费尔符号代入式(2.2.168)，则得笛卡儿坐标系、圆柱坐标系、球面坐标系中的散度分别为

$$\begin{cases}\text{div}\boldsymbol{a}=\dfrac{\partial a_x}{\partial x}+\dfrac{\partial a_y}{\partial y}+\dfrac{\partial a_z}{\partial z} & (\text{笛卡儿坐标系})\\ \text{div}\boldsymbol{a}=\dfrac{\partial a_r}{\partial r}+\dfrac{1}{r}\dfrac{\partial a_\theta}{\partial\theta}+\dfrac{\partial a_z}{\partial z}+\dfrac{a_r}{r} & (\text{圆柱坐标系})\\ \text{div}\boldsymbol{a}=\dfrac{\partial a_r}{\partial r}+\dfrac{1}{r}\dfrac{\partial a_\theta}{\partial\theta}+\dfrac{1}{r\sin\theta}\dfrac{\partial a_\varphi}{\partial\varphi}+\dfrac{2}{r}a_r+\dfrac{\cot\theta}{r}a_\theta & (\text{球面坐标系})\end{cases} \tag{2.2.169}$$

2) 张量场的散度

设任意二阶张量场 $\boldsymbol{T}=\boldsymbol{T}(\boldsymbol{r})=T_{ij}\overline{\boldsymbol{g}}_i\overline{\boldsymbol{g}}_j$，在非完整系物理标架下的左散度定义为

$$\text{div}\boldsymbol{T}=\overline{\nabla}\cdot\boldsymbol{T} \tag{2.2.170}$$

这是一个矢量，其并矢形式为

$$\begin{aligned}\text{div}\boldsymbol{T}&=\overline{\nabla}\cdot\boldsymbol{T}=\overline{\boldsymbol{g}}_k\overline{\partial}_k\cdot T_{ij}\overline{\boldsymbol{g}}_i\overline{\boldsymbol{g}}_j=\overline{\boldsymbol{g}}_k\cdot\overline{\boldsymbol{g}}_i\overline{\boldsymbol{g}}_j\overline{\partial}_k T_{ij}+T_{ij}\overline{\boldsymbol{g}}_k\cdot\partial_k\overline{\boldsymbol{g}}_i\overline{\boldsymbol{g}}_j+T_{ij}\overline{\boldsymbol{g}}_k\cdot\overline{\boldsymbol{g}}_i\partial_k\overline{\boldsymbol{g}}_j\\&=\delta_{ki}\overline{\partial}_k T_{ij}\overline{\boldsymbol{g}}_j+T_{ij}\overline{\Gamma}_{kik}\overline{\boldsymbol{g}}_j+\delta_{ki}T_{ij}\overline{\Gamma}_{kjl}\overline{\boldsymbol{g}}_l=\overline{\partial}_k T_{kj}\overline{\boldsymbol{g}}_j+T_{ij}\overline{\Gamma}_{kik}\overline{\boldsymbol{g}}_j+T_{kj}\overline{\Gamma}_{kjl}\overline{\boldsymbol{g}}_l\\&=(\overline{\partial}_k T_{ki}+\overline{\Gamma}_{kjk}T_{ij}+\overline{\Gamma}_{kji}T_{kj})\overline{\boldsymbol{g}}_i=(\text{div}\boldsymbol{T})_i\overline{\boldsymbol{g}}_i\end{aligned} \tag{2.2.171}$$

式中，

$$(\text{div}\boldsymbol{T})_i=\overline{\partial}_k T_{ki}+\overline{\Gamma}_{kjk}T_{ij}+\overline{\Gamma}_{kji}T_{kj} \tag{2.2.172}$$

类似地，可以定义二阶张量场 $\boldsymbol{T}=\boldsymbol{T}(\boldsymbol{r})$在非完整系物理标架下的右散度为 $\overline{\text{div}}\boldsymbol{T}=\boldsymbol{T}\cdot\overline{\nabla}$。

5. 旋度

1) 矢量场的旋度

设任意矢量场 $\boldsymbol{a}=\boldsymbol{a}(\boldsymbol{r})=a_i\overline{\boldsymbol{g}}_i$，在非完整系物理标架下的左旋度定义为

$$\mathrm{curl}\boldsymbol{a}=\overline{\nabla}\times\boldsymbol{a} \tag{2.2.173}$$

这是一个矢量，其展开形式为

$$\begin{aligned}\mathrm{curl}\boldsymbol{a}&=\overline{\nabla}\times\boldsymbol{a}=\overline{\boldsymbol{g}}_k\overline{\partial}_k\times(a_j\overline{\boldsymbol{g}}_j)=\overline{\boldsymbol{g}}_k\times\overline{\boldsymbol{g}}_j\overline{\partial}_k a_j+a_j\overline{\boldsymbol{g}}_k\times\overline{\partial}_k\overline{\boldsymbol{g}}_j\\&=e_{kji}\overline{\partial}_k a_j\overline{\boldsymbol{g}}_i+a_j\overline{\Gamma}_{kjl}\overline{\boldsymbol{g}}_k\times\overline{\boldsymbol{g}}_l=e_{kji}\overline{\partial}_k a_j\overline{\boldsymbol{g}}_i+a_j\overline{\Gamma}_{kjl}e_{kli}\overline{\boldsymbol{g}}_i\\&=e_{kji}\overline{\partial}_k a_j\overline{\boldsymbol{g}}_i+a_l\overline{\Gamma}_{klj}e_{kji}\overline{\boldsymbol{g}}_i=e_{kji}(\overline{\partial}_k a_j+\overline{\Gamma}_{klj}a_l)\overline{\boldsymbol{g}}_i=(\mathrm{curl}\boldsymbol{a})_i\overline{\boldsymbol{g}}_i\end{aligned} \tag{2.2.174}$$

式中，

$$(\mathrm{curl}\boldsymbol{a})_i=e_{kji}(\overline{\partial}_k a_j+\overline{\Gamma}_{klj}a_l) \tag{2.2.175}$$

将式(2.2.154)和式(2.2.155)中相应坐标的偏导数算子和克里斯托费尔符号代入式(2.2.175)，则得相应坐标的旋度分量如下。

在圆柱坐标系中

$$\begin{cases}(\mathrm{curl}\boldsymbol{a})_r=\dfrac{1}{r}\dfrac{\partial a_z}{\partial\theta}-\dfrac{\partial a_\theta}{\partial z}\\(\mathrm{curl}\boldsymbol{a})_\theta=\dfrac{\partial a_z}{\partial z}-\dfrac{\partial a_z}{\partial r}\\(\mathrm{curl}\boldsymbol{a})_z=\dfrac{\partial a_\theta}{\partial r}-\dfrac{1}{r}\dfrac{\partial a_r}{\partial\theta}+\dfrac{a_\theta}{r}\end{cases} \tag{2.2.176}$$

在球面坐标系中

$$\begin{cases}(\mathrm{curl}\boldsymbol{a})_r=\dfrac{1}{r}\dfrac{\partial a_\varphi}{\partial\theta}-\dfrac{1}{r\sin\theta}\dfrac{\partial a_\theta}{\partial\varphi}+\dfrac{\cot\theta}{r}a_\varphi\\(\mathrm{curl}\boldsymbol{a})_\theta=\dfrac{1}{r\sin\theta}\dfrac{\partial a_r}{\partial\varphi}-\dfrac{1}{r}\dfrac{\partial a_r}{\partial\varphi}-\dfrac{\partial a_\varphi}{\partial r}-\dfrac{a_\varphi}{r}\\(\mathrm{curl}\boldsymbol{a})_\varphi=\dfrac{\partial a_\theta}{\partial r}-\dfrac{1}{r}\dfrac{\partial a_r}{\partial\theta}+\dfrac{a_\theta}{r}\end{cases} \tag{2.2.177}$$

类似地，可以定义矢量场 $\boldsymbol{a}=\boldsymbol{a}(\boldsymbol{P})$在非完整系物理标架下的右旋度为 $\overline{\mathrm{curl}}\boldsymbol{a}=\boldsymbol{a}\times\overline{\nabla}$，且有

$$\boldsymbol{a}\times\overline{\nabla}=-\overline{\nabla}\times\boldsymbol{a} \tag{2.2.178}$$

2) 张量场的旋度

设任意二阶张量场 $\boldsymbol{T}=\boldsymbol{T}(\boldsymbol{r})=T_{ij}\overline{\boldsymbol{g}}_i\overline{\boldsymbol{g}}_j$，在非完整系物理标架下的左旋度定义为

$$\mathrm{curl}\boldsymbol{T}=\overline{\nabla}\times\boldsymbol{T} \tag{2.2.179}$$

这是一个二阶张量，其并矢形式为

$$\begin{aligned}\mathrm{curl}\boldsymbol{T}&=\overline{\nabla}\times\boldsymbol{T}=\overline{\boldsymbol{g}}_k\overline{\partial}_k\times T_{ij}\overline{\boldsymbol{g}}_i\overline{\boldsymbol{g}}_j\\&=\overline{\partial}_kT_{ij}\overline{\boldsymbol{g}}_k\times\overline{\boldsymbol{g}}_i\overline{\boldsymbol{g}}_j+T_{ij}(\overline{\boldsymbol{g}}_k\times\partial_k\overline{\boldsymbol{g}}_i)\overline{\boldsymbol{g}}_j+T_{ij}(\overline{\boldsymbol{g}}_k\times\overline{\boldsymbol{g}}_i)\partial_k\overline{\boldsymbol{g}}_j\\&=\overline{\partial}_kT_{ij}e_{kil}\overline{\boldsymbol{g}}_l\overline{\boldsymbol{g}}_j+T_{ij}\overline{\Gamma}_{kil}e_{klm}\overline{\boldsymbol{g}}_m\overline{\boldsymbol{g}}_j+T_{ij}e_{kil}\overline{\Gamma}_{kjm}\overline{\boldsymbol{g}}_l\overline{\boldsymbol{g}}_m\\&=\overline{\partial}_kT_{lj}e_{kli}\overline{\boldsymbol{g}}_i\overline{\boldsymbol{g}}_j+T_{mj}\overline{\Gamma}_{kml}e_{kli}\overline{\boldsymbol{g}}_i\overline{\boldsymbol{g}}_j+T_{lm}e_{kli}\overline{\Gamma}_{kmj}\overline{\boldsymbol{g}}_i\overline{\boldsymbol{g}}_j\\&=e_{kli}(\overline{\partial}_kT_{lj}+T_{mj}\overline{\Gamma}_{kml}+T_{lm}\overline{\Gamma}_{kmj})\overline{\boldsymbol{g}}_i\overline{\boldsymbol{g}}_j=(\overline{\nabla}\times\boldsymbol{T})_{ij}\overline{\boldsymbol{g}}_i\overline{\boldsymbol{g}}_j\end{aligned} \tag{2.2.180}$$

式中，

$$(\overline{\nabla}\times\boldsymbol{T})_{ij}=e_{kli}(\overline{\partial}_kT_{lj}+T_{mj}\overline{\Gamma}_{kml}+T_{lm}\overline{\Gamma}_{kmj}) \tag{2.2.181}$$

就是 $\mathrm{curl}\boldsymbol{T}$ 的分量形式。

类似地，可以定义二阶张量场 $\boldsymbol{T}=\boldsymbol{T}(\boldsymbol{r})$在非完整系物理标架下的右旋度为 $\overline{\mathrm{curl}}\boldsymbol{T}=\boldsymbol{T}\times\overline{\nabla}$。

6. 拉普拉斯算子

1) 作用于标量场的拉普拉斯算子

在非完整系物理标架下，拉普拉斯算子定义为

$$\overline{\nabla}^2=\overline{\nabla}\cdot\overline{\nabla} \tag{2.2.182}$$

当普拉斯算子作用于标量函数 $f=f(\boldsymbol{r})$时，有

$$\overline{\nabla}^2f=\overline{\nabla}\cdot\overline{\nabla}f=\overline{\boldsymbol{g}}_i\overline{\partial}_i\cdot\overline{\boldsymbol{g}}_j\overline{\partial}_jf=\delta_{ij}\overline{\partial}_i\overline{\partial}_jf+\delta_{ik}\overline{\Gamma}_{ijk}\overline{\partial}_jf=(\overline{\partial}_i\overline{\partial}_i+\overline{\Gamma}_{iji}\overline{\partial}_j)f \tag{2.2.183}$$

将式(2.2.154)和式(2.2.155)中相应坐标的偏导数算子和克里斯托费尔符号代入式(2.2.183)，则得相应坐标的普拉斯算子分别为

$$\begin{cases}\overline{\nabla}^2=\dfrac{\partial^2}{\partial r^2}+\dfrac{1}{r^2}\dfrac{\partial^2}{\partial\theta^2}+\dfrac{\partial^2}{\partial z^2}+\dfrac{1}{r}\dfrac{\partial}{\partial r} & \text{(圆柱坐标系)}\\ \overline{\nabla}^2=\dfrac{\partial^2}{\partial r^2}+\dfrac{1}{r^2}\dfrac{\partial^2}{\partial\theta^2}+\dfrac{1}{r^2\sin^2\theta}\dfrac{\partial^2}{\partial\varphi^2}+\dfrac{2}{r}\dfrac{\partial}{\partial r}+\dfrac{\cot\theta}{r}\dfrac{\partial}{\partial\theta} & \text{(球面坐标系)}\end{cases} \tag{2.2.184}$$

2) 作用于矢量场的拉普拉斯算子

当拉普拉斯算子作用于矢量函数 $\boldsymbol{a}=\boldsymbol{a}(\boldsymbol{r})$时，有

$$\begin{aligned}\overline{\nabla}^2\boldsymbol{a}&=\overline{\nabla}\cdot\overline{\nabla}\boldsymbol{a}=\overline{\boldsymbol{g}}_k\overline{\partial}_k\cdot\overline{\boldsymbol{g}}_j\overline{\partial}_j(a_i\overline{\boldsymbol{g}}_i)=\overline{\boldsymbol{g}}_k\overline{\partial}_k\cdot\overline{\boldsymbol{g}}_j\overline{\boldsymbol{g}}_i(\overline{\partial}_ja_i+\overline{\Gamma}_{jmi}a_m)\\&=[\overline{\partial}_j(\overline{\partial}_ja_i+\overline{\Gamma}_{jmi}a_m)+\overline{\Gamma}_{kjk}(\overline{\partial}_ja_i+\overline{\Gamma}_{jmi}a_m)+\overline{\Gamma}_{jki}(\overline{\partial}_ja_k+\overline{\Gamma}_{jmk}a_m)]\overline{\boldsymbol{g}}_i\\&=[\overline{\nabla}^2a_i+2\overline{\Gamma}_{jki}\overline{\partial}_ja_k+\overline{\Gamma}_{jki}\overline{\Gamma}_{jmk}a_m+(\overline{\partial}_i\overline{\Gamma}_{jmi}+\overline{\Gamma}_{kjk}\overline{\Gamma}_{jmi})a_m]\overline{\boldsymbol{g}}_i=(\overline{\nabla}^2\boldsymbol{a})_i\overline{\boldsymbol{g}}_i\end{aligned} \tag{2.2.185}$$

式中，

$$(\nabla^2 \boldsymbol{a})_i = \nabla^2 a_i + 2\bar{\Gamma}_{jki}\bar{\partial}_j a_k + \bar{\Gamma}_{jki}\bar{\Gamma}_{jmk}\bar{\partial}_j a_m + (\bar{\partial}_i \bar{\Gamma}_{jmi} + \bar{\Gamma}_{kjk}\bar{\Gamma}_{jmi})a_m \tag{2.2.186}$$

3) 作用于张量场的拉普拉斯算子

当普拉斯算子作用于张量函数 $\boldsymbol{T} = \boldsymbol{T}(\boldsymbol{r})$时，有

$$\begin{aligned}
\bar{\nabla}^2 \boldsymbol{T} &= \bar{\nabla} \cdot \bar{\nabla} \boldsymbol{T} = \bar{\boldsymbol{g}}_m \bar{\partial}_m \cdot (\bar{\partial}_k T_{ij} + \bar{\Gamma}_{kli} T_{lj} + \bar{\Gamma}_{klj} T_{il}) \bar{\boldsymbol{g}}_k \bar{\boldsymbol{g}}_i \bar{\boldsymbol{g}}_j \\
&= \bar{\partial}_m (\bar{\partial}_k T_{ij} + \bar{\Gamma}_{kli} T_{lj} + \bar{\Gamma}_{klj} T_{il})(\bar{\boldsymbol{g}}_m \cdot \bar{\boldsymbol{g}}_k) \bar{\boldsymbol{g}}_i \bar{\boldsymbol{g}}_j \\
&\quad + (\bar{\partial}_k T_{ij} + \bar{\Gamma}_{kli} T_{lj} + \bar{\Gamma}_{klj} T_{il})(\bar{\boldsymbol{g}}_m \cdot \bar{\partial}_m \bar{\boldsymbol{g}}_k) \bar{\boldsymbol{g}}_i \bar{\boldsymbol{g}}_j \\
&\quad + (\bar{\partial}_k T_{ij} + \bar{\Gamma}_{kli} T_{lj} + \bar{\Gamma}_{klj} T_{il})(\bar{\boldsymbol{g}}_m \cdot \bar{\boldsymbol{g}}_k)(\bar{\partial}_m \bar{\boldsymbol{g}}_i) \bar{\boldsymbol{g}}_j \\
&\quad + (\bar{\partial}_k T_{ij} + \bar{\Gamma}_{kli} T_{lj} + \bar{\Gamma}_{klj} T_{il})(\bar{\boldsymbol{g}}_m \cdot \bar{\boldsymbol{g}}_k) \bar{\boldsymbol{g}}_i (\bar{\partial}_m \bar{\boldsymbol{g}}_j) \\
&= \delta_{km} \bar{\partial}_m (\bar{\partial}_k T_{ij} + \bar{\Gamma}_{kli} T_{lj} + \bar{\Gamma}_{klj} T_{il}) \bar{\boldsymbol{g}}_i \bar{\boldsymbol{g}}_j + \bar{\Gamma}_{mkn} \delta_{mn} (\bar{\partial}_k T_{ij} + \bar{\Gamma}_{kli} T_{lj} + \bar{\Gamma}_{klj} T_{il}) \bar{\boldsymbol{g}}_i \bar{\boldsymbol{g}}_j \\
&\quad + \bar{\Gamma}_{min} \delta_{mk} (\bar{\partial}_k T_{ij} + \bar{\Gamma}_{kli} T_{lj} + \bar{\Gamma}_{klj} T_{il}) \bar{\boldsymbol{g}}_n \bar{\boldsymbol{g}}_j + \delta_{mk} \bar{\Gamma}_{mjn} (\bar{\partial}_k T_{ij} + \bar{\Gamma}_{kli} T_{lj} + \bar{\Gamma}_{klj} T_{il}) \bar{\boldsymbol{g}}_i \bar{\boldsymbol{g}}_n \\
&= \bar{\partial}_k (\bar{\partial}_k T_{ij} + \bar{\Gamma}_{kli} T_{lj} + \bar{\Gamma}_{klj} T_{il}) \bar{\boldsymbol{g}}_i \bar{\boldsymbol{g}}_j + \bar{\Gamma}_{nkn} (\bar{\partial}_k T_{ij} + \bar{\Gamma}_{kli} T_{lj} + \bar{\Gamma}_{klj} T_{il}) \bar{\boldsymbol{g}}_i \bar{\boldsymbol{g}}_j \\
&\quad + \bar{\Gamma}_{kin} (\bar{\partial}_k T_{ij} + \bar{\Gamma}_{kli} T_{lj} + \bar{\Gamma}_{klj} T_{il}) \bar{\boldsymbol{g}}_n \bar{\boldsymbol{g}}_j + \bar{\Gamma}_{kjn} (\bar{\partial}_k T_{ij} + \bar{\Gamma}_{kli} T_{lj} + \bar{\Gamma}_{klj} T_{il}) \bar{\boldsymbol{g}}_i \bar{\boldsymbol{g}}_n \\
&= [\bar{\partial}_k (\bar{\partial}_k T_{ij} + \bar{\Gamma}_{kli} T_{lj} + \bar{\Gamma}_{klj} T_{il}) + \bar{\Gamma}_{nkn} (\bar{\partial}_k T_{ij} + \bar{\Gamma}_{kli} T_{lj} + \bar{\Gamma}_{klj} T_{il}) \\
&\quad + \bar{\Gamma}_{kni} (\bar{\partial}_k T_{nj} + \bar{\Gamma}_{kln} T_{lj} + \bar{\Gamma}_{klj} T_{nl}) + \bar{\Gamma}_{knj} (\bar{\partial}_k T_{in} + \bar{\Gamma}_{kli} T_{ln} + \bar{\Gamma}_{kln} T_{il})] \bar{\boldsymbol{g}}_i \bar{\boldsymbol{g}}_j \\
&= [\bar{\nabla}^2 T_{ij} + \bar{\partial}_k (\bar{\Gamma}_{kli} T_{lj} + \bar{\Gamma}_{klj} T_{il}) + \bar{\Gamma}_{nkn} (\bar{\Gamma}_{kli} T_{lj} + \bar{\Gamma}_{klj} T_{il}) \\
&\quad + \bar{\Gamma}_{kni} (\bar{\partial}_k T_{nj} + \bar{\Gamma}_{kln} T_{lj} + \bar{\Gamma}_{klj} T_{nl}) + \bar{\Gamma}_{knj} (\bar{\partial}_k T_{in} + \bar{\Gamma}_{kli} T_{ln} + \bar{\Gamma}_{kln} T_{il})] \bar{\boldsymbol{g}}_i \bar{\boldsymbol{g}}_j \\
&= (\bar{\nabla}^2 \boldsymbol{T})_{ij} \bar{\boldsymbol{g}}_i \bar{\boldsymbol{g}}_j
\end{aligned} \tag{2.2.187}$$

式中，

$$\begin{aligned}
(\bar{\nabla}^2 \boldsymbol{T})_{ij} = \bar{\nabla}^2 T_{ij} &+ \bar{\partial} (\bar{\Gamma}_{kli} T_{lj} + \bar{\Gamma}_{klj} T_{il}) + \bar{\Gamma}_{nkn} (\bar{\Gamma}_{kli} T_{lj} + \bar{\Gamma}_{klj} T_{il}) \\
&+ \bar{\Gamma}_{kni} (\bar{\partial}_k T_{nj} + \bar{\Gamma}_{kln} T_{lj} + \bar{\Gamma}_{klj} T_{nl}) + \bar{\Gamma}_{knj} (\bar{\partial}_k T_{in} + \bar{\Gamma}_{kli} T_{ln} + \bar{\Gamma}_{kln} T_{il})
\end{aligned} \tag{2.2.188}$$

是 $\bar{\nabla}^2 \boldsymbol{T}$ 的分量形式。

7. 双重哈密顿算子

1) 作用于标量场的双重哈密顿算子

设 f 为任一标量函数，双重哈密顿算子对 f 作用，则有

$$\begin{aligned}
\bar{\nabla}\bar{\nabla} f &= \bar{\boldsymbol{g}}_i \bar{\partial}_i \bar{\boldsymbol{g}}_j \bar{\partial}_j f = \bar{\partial}_i \bar{\partial}_j f \bar{\boldsymbol{g}}_i \bar{\boldsymbol{g}}_j + \bar{\partial}_i f \bar{\boldsymbol{g}}_i \bar{\partial}_j \bar{\boldsymbol{g}}_j = \bar{\partial}_i \bar{\partial}_j f \bar{\boldsymbol{g}}_i \bar{\boldsymbol{g}}_j + \bar{\Gamma}_{ijk} \bar{\partial}_j f \bar{\boldsymbol{g}}_i \bar{\boldsymbol{g}}_k \\
&= \bar{\partial}_i \bar{\partial}_j f \bar{\boldsymbol{g}}_i \bar{\boldsymbol{g}}_j + \bar{\Gamma}_{ikj} \bar{\partial}_k f \bar{\boldsymbol{g}}_i \bar{\boldsymbol{g}}_j = (\bar{\partial}_i \bar{\partial}_j f + \bar{\Gamma}_{ikj} \bar{\partial}_k f) \bar{\boldsymbol{g}}_i \bar{\boldsymbol{g}}_j = (\bar{\nabla}\bar{\nabla} f)_{ij} \bar{\boldsymbol{g}}_i \bar{\boldsymbol{g}}_j
\end{aligned} \tag{2.2.189}$$

这是一个张量，式中，

$$(\bar{\nabla}\bar{\nabla}f)_{ij}=(\bar{\partial}_i\bar{\partial}_j+\bar{\Gamma}_{ikj}\bar{\partial}_k)f \tag{2.2.190}$$

2) 作用于矢量场的双重哈密顿算子

设任意矢量场 $\boldsymbol{a}=\boldsymbol{a}(\boldsymbol{r})=a_i\bar{\boldsymbol{g}}_i$，双重哈密顿算子对 $\boldsymbol{a}$ 的点积作用为

$$\bar{\nabla}\bar{\nabla}\cdot\boldsymbol{a}=\nabla(\bar{\partial}_k\bar{\boldsymbol{g}}_k+\bar{\Gamma}_{kjk}a_j)=\bar{\partial}_i(\bar{\partial}_k\bar{\boldsymbol{g}}_k+\bar{\Gamma}_{kjk}a_j)\bar{\boldsymbol{g}}_i=(\bar{\nabla}\bar{\nabla}\cdot\boldsymbol{a})_i\bar{\boldsymbol{g}}_i \tag{2.2.191}$$

8. 物质导数

1) 标量函数的物质导数

设 $f=f(t,\boldsymbol{r})$是标量变量 t 和位置矢量 $\boldsymbol{r}=\boldsymbol{r}(t)$的标量函数，则物质导数定义为

$$\frac{\mathrm{D}f}{\mathrm{D}t}=\frac{\partial f}{\partial t}+\frac{\mathrm{d}\boldsymbol{P}}{\mathrm{d}t}\cdot\bar{\nabla}f \tag{2.2.192}$$

记 $\boldsymbol{v}=\dfrac{\mathrm{d}\boldsymbol{r}}{\mathrm{d}t}$，如果 t 是时间，则 $\boldsymbol{v}$ 便是速度矢量。将物质导数写成分量形式为

$$\frac{\mathrm{D}f}{\mathrm{D}t}=\frac{\partial f}{\partial t}+\boldsymbol{v}\cdot\bar{\nabla}f=\frac{\partial f}{\partial t}+v_i\bar{\boldsymbol{g}}_i\cdot\bar{\boldsymbol{g}}_i\bar{\partial}_jf=\frac{\partial f}{\partial t}+v_i\delta_{ij}\bar{\partial}_jf=\frac{\partial f}{\partial t}+v_i\bar{\partial}_if \tag{2.2.193}$$

将式(2.2.153)～式(2.2.155)中相应坐标的偏导数算子代入式(2.2.193)，则得相应坐标的物质导数为

$$\begin{cases}\dfrac{\mathrm{D}f}{\mathrm{D}t}=\dfrac{\partial f}{\partial t}+v_x\dfrac{\partial f}{\partial x}+v_y\dfrac{\partial f}{\partial y}+v_z\dfrac{\partial f}{\partial z} & (\text{笛卡儿坐标系})\\ \dfrac{\mathrm{D}f}{\mathrm{D}t}=\dfrac{\partial f}{\partial t}+v_r\dfrac{\partial f}{\partial r}+\dfrac{v_\theta}{r}\dfrac{\partial f}{\partial\theta}+v_z\dfrac{\partial f}{\partial z} & (\text{圆柱坐标系})\\ \dfrac{\mathrm{D}f}{\mathrm{D}t}=\dfrac{\partial f}{\partial t}+v_r\dfrac{\partial f}{\partial r}+\dfrac{v_\theta}{r}\dfrac{\partial f}{\partial\theta}+\dfrac{v_\varphi}{r\sin\theta}\dfrac{\partial f}{\partial\varphi} & (\text{球面坐标系})\end{cases} \tag{2.2.194}$$

2) 矢量函数的物质导数

对于矢量场函数 $\boldsymbol{a}=\boldsymbol{a}(t,\boldsymbol{r})=a_i\bar{\boldsymbol{g}}_i$，物质导数定义为

$$\frac{\mathrm{D}\boldsymbol{a}}{\mathrm{D}t}=\frac{\partial\boldsymbol{a}}{\partial t}+\boldsymbol{v}\cdot\bar{\nabla}f \tag{2.2.195}$$

将物质导数写成并矢形式为

$$\begin{aligned}\frac{\mathrm{D}\boldsymbol{a}}{\mathrm{D}t}&=\frac{\partial}{\partial t}(a_i\bar{\boldsymbol{g}}_i)+v_l\bar{\boldsymbol{g}}_l\cdot\bar{\boldsymbol{g}}_i\bar{\partial}_i(a_j\bar{\boldsymbol{g}}_j)=\frac{\partial a_i}{\partial t}\bar{\boldsymbol{g}}_i+v_l\bar{\boldsymbol{g}}_l\cdot(\bar{\partial}_ia_j+a_k\bar{\Gamma}_{ikj})\bar{\boldsymbol{g}}_i\bar{\boldsymbol{g}}_j\\&=\frac{\partial a_i}{\partial t}\bar{\boldsymbol{g}}_i+v_l\delta_{li}(\bar{\partial}_ia_j+a_k\bar{\Gamma}_{ikj})\bar{\boldsymbol{g}}_j=\frac{\partial a_i}{\partial t}\bar{\boldsymbol{g}}_i+v_l(\bar{\partial}_la_j+a_k\bar{\Gamma}_{lkj})\bar{\boldsymbol{g}}_j\\&=\left[\frac{\partial a_i}{\partial t}+v_l(\bar{\partial}_la_i+a_k\bar{\Gamma}l_{lki})\right]\bar{\boldsymbol{g}}_i=\left(\frac{\mathrm{D}a_i}{\mathrm{D}t}+v_l\bar{\Gamma}_{lki}a_k\right)\bar{\boldsymbol{g}}_i=\left(\frac{\mathrm{D}\boldsymbol{a}}{\mathrm{D}t}\right)_i\bar{\boldsymbol{g}}_i\end{aligned} \tag{2.2.196}$$

式中，

$$\left(\frac{\mathrm{D}\boldsymbol{a}}{\mathrm{D}t}\right)_i = \frac{\mathrm{D}a_i}{\mathrm{D}t} + v_l \bar{\Gamma}_{lki} a_k \tag{2.2.197}$$

是矢量函数 $\boldsymbol{a}$ 的物质导数的分量形式。

2.2.9 两点张量场

本节前面的内容都是针对某一坐标系本身考虑的，在动力学中，很多问题需要采用两种不同的坐标系，这就需要研究两点张量场的有关问题。

1. 两点张量场的定义

两点张量场的定义：分别描述物体变形后和未变形状态的两个坐标系为 x^k 和 X^K，如果

$$\bar{x}^k = \bar{x}^k(x), \quad \bar{X}^K = \bar{X}^K(X) \tag{2.2.198}$$

是可微的坐标转换，则一组量 $A_K^k(x,X)$ 都可以对指标 k 和 K 进行变换

$$\bar{A}_K^k(\bar{x},\bar{X}) = A_M^m(x,X)\frac{\partial \bar{x}^k}{\partial x^m}\frac{\partial X^M}{\partial \bar{X}^K} \tag{2.2.199}$$

则 $A_K^k(x,X)$ 张量是坐标系 x^k 中的点和坐标系 X^K 中的点的函数，故称为两点张量。两点张量的指标可以都是逆变指标，也可以都是协变指标。若 $\boldsymbol{g}_k$ 和 $\boldsymbol{G}^K$ 分别是两个坐标系中的基矢量，而 $\boldsymbol{g}^k$ 和 $\boldsymbol{G}_K$ 是其互逆基矢量，则式(2.2.199)的并矢形式为

$$\boldsymbol{A}(x,X) = A_K^k(x,X)\boldsymbol{g}_k(x)\boldsymbol{G}^K(X) \tag{2.2.200}$$

2. 转移张量

转移张量(或移位子)定义如下：

$$\begin{cases} g_K^k(x,X) = \boldsymbol{g}^k(x)\cdot\boldsymbol{G}_K(X) = g_K^k \\ g_k^K(x,X) = \boldsymbol{G}^K(X)\cdot\boldsymbol{g}_k(x) = g_k^K \\ g^{Kk}(x,X) = \boldsymbol{G}^K(X)\cdot\boldsymbol{g}^k(x) = g^{kK} \\ g_{kK}(x,X) = \boldsymbol{g}_k(x)\cdot\boldsymbol{G}_K(X) = g_{Kk} \end{cases} \tag{2.2.201}$$

转移张量在两个坐标间起着有关量的相互转移作用。对于基矢量存在以下转移关系：

$$\boldsymbol{G}_K = g_K^k\boldsymbol{g}_k, \quad \boldsymbol{G}^K = g_k^K\boldsymbol{g}^k, \quad \boldsymbol{g}_k = g_k^K\boldsymbol{G}_K, \quad \boldsymbol{g}^k = g_K^k\boldsymbol{G}^K \tag{2.2.202}$$

转移张量应满足以下关系：

$$g_L^k g_k^K = g_L^K \,,\quad g_K^k g_l^K = \delta_l^k \tag{2.2.203}$$

矢量 $\boldsymbol{u}$ 的一端在坐标系 X^K 中，另一端在坐标系 x^k 中，则矢量 $\boldsymbol{u}$ 可沿 $\boldsymbol{g}_k$ 分解，也可沿 $\boldsymbol{G}_K$ 分解。矢量 $\boldsymbol{u}$ 在两坐标系中的分量满足下列关系：

$$u_K = g_K^k u_k \,,\quad u^K = g_k^K u^k \,,\quad u_k = g_k^K u_K \,,\quad u^k = g_K^k u^K \tag{2.2.204}$$

由此可知：一个矢量在两个坐标系 x^k 和 X^K 中的分量，通过转移张量而相互转换。若两个坐标系是重合的或平行的直角坐标系，则 $g_K^k = \delta_K^k$ ，$g_k^K = \delta_k^K$ ，因此有 $u_k = \delta_k^K u_K$ 、$u^k = \delta_K^k u^K$ ，即在两个平行的直角坐标系中，矢量 $\boldsymbol{u}$ 的分量是相同的。

3. 两点张量场的全协变导数

若 x 和 X 由映射 $x = x(X)$相关，则任意两点张量

$$\boldsymbol{T} = T^{A\cdots Bi\cdots j}_{C\cdots Dk\cdots l}\boldsymbol{G}_A\cdots\boldsymbol{G}_B\boldsymbol{G}^C\cdots\boldsymbol{G}^D\boldsymbol{g}_i\cdots\boldsymbol{g}_j\boldsymbol{g}^k\cdots\boldsymbol{g}^l$$

的全协变导数定义为

$$\begin{cases}\varPi_M T^{A\cdots Bi\cdots j}_{C\cdots Dk\cdots l} = T^{A\cdots Bi\cdots j}_{C\cdots Dk\cdots l:M} = T^{A\cdots Bi\cdots j}_{C\cdots Dk\cdots l;M} + T^{A\cdots Bi\cdots j}_{C\cdots Dk\cdots l;r}x^r_{;M} \\ \varPi_r T^{A\cdots Bi\cdots j}_{C\cdots Dk\cdots l} = T^{A\cdots Bi\cdots j}_{C\cdots Dk\cdots l:r} = T^{A\cdots Bi\cdots j}_{C\cdots Dk\cdots l:M}x^M_{;r} + T^{A\cdots Bi\cdots j}_{C\cdots Dk\cdots l;r}\end{cases} \tag{2.2.205}$$

对于二阶两点张量场 $\boldsymbol{A}$，式(2.2.205)的两式分别为

$$A^k_{K:L} = A^k_{K;L} + A^k_{K;l}x^l_{,L} \,,\quad A^k_{K:l} = A^k_{K;L}X^L_{,l} + A^k_{K;l} \tag{2.2.206}$$

式中，符号 “:” 、 “;” 和 “,” 分别表示全协变导数、偏协变导数和偏导数。

在式(2.2.206)中，$A^k_{K;L}$ 表示当 x 固定时，A^k_K 对 X^L 的偏协变导数，而 $A^k_{K;l}$ 表示当 X 固定时，A^k_K 对 x^l 的偏协变导数，即

$$A^k_{K;L} = \frac{\partial A^k_K}{\partial X^L} - \varGamma^M_{LK}A^k_M \,,\quad A^k_{K;l} = \frac{\partial A^k_K}{\partial x^l} + \varGamma^k_{lm}A^m_K \tag{2.2.207}$$

将式(2.2.207)代入式(2.2.206)，则得到

$$\begin{cases}A^k_{K:L} = \dfrac{\partial A^k_K}{\partial X^L} - \varGamma^M_{LK}A^k_M + \left(\dfrac{\partial A^k_K}{\partial x^l} + \varGamma^k_{lm}A^m_K\right)\dfrac{\mathrm{d}x^l}{\mathrm{d}X^L} \\ A^k_{K:l} = \left(\dfrac{\partial A^k_K}{\partial X^L} + \varGamma^M_{LK}A^k_M\right)\dfrac{\mathrm{d}X^L}{\mathrm{d}x^l} + \dfrac{\partial A^k_K}{\partial x^l} - \varGamma^k_{lm}A^m_K\end{cases} \tag{2.2.208}$$

式(2.2.208)写成不变性形式和并矢形式为

$$\frac{\partial \boldsymbol{A}}{\partial X^L} = A^k_{K:L}\boldsymbol{g}_k\boldsymbol{G}^K \,,\quad \frac{\partial \boldsymbol{A}}{\partial x^l} = A^k_{K:l}\boldsymbol{g}_k\boldsymbol{G}^K \tag{2.2.209}$$

将全协变导数式(2.2.208)的第一式应用于变形梯度 $x^k_{,K}(X)$，可得

$$(x^k_{,K})_{:L}=\frac{\partial^2 x^k}{\partial X^L\partial X^K}-\Gamma^M_{LK}\frac{\partial x^k}{\partial X^M}+\Gamma^k_{lm}\frac{\partial x^m}{\partial X^K}\frac{\partial x^l}{\partial X^L} \tag{2.2.210}$$

全协变导数的运算规则和偏协变导数的运算规则相同，例如

$$(A^k_K+B^k_K)_{:M}=A^k_{K:M}+B^k_{K:M}\text{，}\ (A^k_K B^L_l)_{:t}=A^k_{K:t}B^L_l+A^k_K B^L_{l:t} \tag{2.2.211}$$

关于转移张量的偏协变导数和全协变导数均为零，即

$$g_{kl;M}=g^k_{K;M}=G_{KL;m}=0\text{，}\ g_{kl:M}=g^k_{K:M}=G_{KL:m}=0 \tag{2.2.212}$$

由此可知，转移张量就像常数，对于偏协变导数和全协变导数可以移进其内或移出其外，即

$$(g^k_K A^K_l)_{:m}=g^k_K A^K_{l:m}\text{，}\ (g^{kl}A^K_l)_{:m}=g^{kl}A^K_{l:m} \tag{2.2.213}$$

2.3 黎曼卷积与泊松括号

2.3.1 黎曼卷积

弹性动力学的互易定理一般以时间变量的卷积形式给出，下面讨论黎曼(Riemann)卷积(以下简称卷积)的定义和若干性质。

如果 ϕ 和 ψ 为

$$\{\phi(x,t),\psi(x,t)\}\in C^{0,0}(R\times T^+) \tag{2.3.1}$$

称由式(2.3.2)定义的函数 $\theta(x,t)$

$$\theta(x,t)=\begin{cases}0, & (x,t)\in(R\times T^-)\\ \int\phi(x,t-\tau)\psi(x,\tau)\mathrm{d}\tau, & (x,t)\in(R\times T^+)\end{cases} \tag{2.3.2}$$

为 ϕ 和 ψ 的卷积，记为

$$\theta=\phi*\psi\quad 或\quad \theta(x,t)=[\phi*\psi](x,t) \tag{2.3.3}$$

式中，$\phi(x,t)\in C^{m,n}(R\times T)$，其中 m、n 是整数，说明函数 ϕ 在 $R\times T$ 上具有直到 m 阶的空间连续偏导数和 n 阶的时间连续偏导数，“$\times$”表示两集的笛卡儿积。定义 $T^+=[0,\infty)$，$T^-=(-\infty,0]$，$T^\infty=T^-\cup T^+$。

卷积具有如下性质：

(1) 交换律。

$$\phi*\psi=\psi*\phi \tag{2.3.4}$$

(2) 结合律。

$$\phi*(\psi*\omega)=(\phi*\psi)*\omega=\phi*\psi*\omega \tag{2.3.5}$$

(3) 分配律。

$$\phi*(\psi+\omega)=\phi*\psi+\phi*\omega \tag{2.3.6}$$

(4) 若 $\phi*\psi=0$ (在 $R\times T^+$ 上)，则意味着在 $R\times T^+$ 上有 $\phi=0$ 或 $\psi=0$ 。

从卷积的定义出发，可以导出卷积关于空间导数和时间导数的一些有用的结果。如果 $\theta=\phi*\psi$ (在 $R\times T^+$ 上)，则

$$\begin{cases}\dot{\theta}=\dot{\varphi}*\psi+\phi(x,t)\psi \\ \theta_{,i}=\phi_{,i}*\psi+\phi(x,t)\psi\end{cases}，在 R\times T^+ 上 \tag{2.3.7}$$

对于标量函数 ϕ 和矢量函数 $\boldsymbol{u}$ 的卷积或标量函数 ϕ 和张量函数 $\boldsymbol{T}$ 的卷积，习惯上约定：

$$\begin{cases}\boldsymbol{v}=\phi*\boldsymbol{u}, & v_i=\phi*u_i \\ \boldsymbol{S}=\phi*\boldsymbol{T}, & S_{ij}=\phi*T_{ij}\end{cases} \tag{2.3.8}$$

式中，$\boldsymbol{v}$ 为矢量；$\boldsymbol{S}$ 为二阶张量。本书还采用记号：

$$\boldsymbol{u}*\boldsymbol{v}=u_i*v_i，\ \boldsymbol{T}*\boldsymbol{S}=T_{ij}*S_{ij} \tag{2.3.9}$$

对于矢量函数 $\boldsymbol{u}$，有以下恒等式成立：

$$(t*\boldsymbol{u})^{\cdot\cdot}=(1*\boldsymbol{u})^{\cdot}=\boldsymbol{u}(x,t) \tag{2.3.10}$$

式中，“·”表示卷积对时间求导。利用交换律和卷积的时间导数运算可得

$$\boldsymbol{u}=(t*\boldsymbol{u})^{\cdot\cdot}=(\boldsymbol{u}*t)^{\cdot\cdot}=t*\ddot{\boldsymbol{u}}+t\boldsymbol{v}_0(x)+\boldsymbol{u}_0(x) \tag{2.3.11}$$

式中，$\boldsymbol{u}_0(x)=\boldsymbol{u}(x,0)$ ；$\boldsymbol{v}_0(x)=\dot{\boldsymbol{u}}(x,0)$ 。

2.3.2　泊松括号

泊松(Poisson)建立了泊松括号的运算规则，并由此提出了利用哈密顿方程的若干首次积分进一步求得其他首次积分的一般性方法。

设 $q_1,q_2,\cdots,q_k$ 与 $p_1,p_2,\cdots,p_k$ 是两组变量，$\varphi=\varphi(q_1,q_2,\cdots,q_k;p_1,p_2,\cdots,p_k;t)$ 与 $\psi=\psi(q_1,q_2,\cdots,q_k;p_1,p_2,\cdots,p_k;t)$ 是关于两组变量的两个任意函数且连续可微。对于函数 φ 与 ψ 进行某种运算，其结果仍是两组变量 $q_i,p_i(i=1,2,\cdots,k)$ 的函数。定义关于 φ 与 ψ 的如下运算：

$$[\varphi,\psi]=\sum_{i=1}^{k}\left(\frac{\partial\varphi}{\partial q_i}\frac{\partial\psi}{\partial p_i}-\frac{\partial\varphi}{\partial p_i}\frac{\partial\psi}{\partial q_i}\right) \tag{2.3.12}$$

称为**泊松括号**，关于 φ 与 ψ 的泊松括号是运算 $[\cdot,\cdot]$ 作用于函数 φ 与 ψ ，其结果是 q_i 与 p_i 的函数。式(2.3.12)还可以写为矩阵形式，即

$$[\varphi,\psi]=\sum_{i=1}^{k}\begin{vmatrix}\partial\varphi/\partial q_i & \partial\psi/\partial q_i\\ \partial\varphi/\partial p_i & \partial\psi/\partial p_i\end{vmatrix} \tag{2.3.13}$$

对于任意函数$\varphi(q_1,q_2,\cdots,q_k;p_1,p_2,\cdots,p_k;t)$，$\psi(q_1,q_2,\cdots,q_k;p_1,p_2,\cdots,p_k;t)$，$\omega(q_1,q_2,\cdots,q_k;p_1,p_2,\cdots,p_k;t)$及常数$c$，泊松括号具有如下基本性质：

$$[\varphi,\varphi]=[\varphi,c]=[c,\varphi]=0 \tag{2.3.14}$$

$$[c\varphi,\psi]=[\varphi,c\psi]=c[\varphi,\psi] \tag{2.3.15}$$

$$[\varphi+\psi,\omega]=[\varphi,\omega]+[\psi,\omega] \tag{2.3.16}$$

$$[\varphi,\psi]=-[\psi,\varphi] \tag{2.3.17}$$

$$[\varphi\psi,\omega]=\varphi[\psi,\omega]+\psi[\varphi,\omega] \tag{2.3.18}$$

$$\begin{cases}\partial[\varphi,\psi]/\partial t=[\partial\varphi/\partial t,\psi]+[\varphi,\partial\psi/\partial t]\\ \partial[\varphi,\psi]/\partial q_i=[\partial\varphi/\partial q_i,\psi]+[\varphi,\partial\psi/\partial q_i], \quad i=1,2,\cdots,k\\ \partial[\varphi,\psi]/\partial p_i=[\partial\varphi/\partial p_i,\psi]+[\varphi,\partial\psi/\partial p_i]\end{cases} \tag{2.3.19}$$

$$[q_j,q_i]=[p_j,p_i]=0\text{，}[q_j,p_i]=\delta_{ji}\text{，}i,j=1,2,\cdots,k \tag{2.3.20}$$

$$[\varphi,[\psi,\omega]]+[\psi,[\omega,\varphi]]+[\omega,[\varphi,\psi]]=0 \tag{2.3.21}$$

上述性质式(2.3.14)～式(2.3.21)由泊松括号的定义式(2.3.12)即可直接证明。性质式(2.3.21)称为**泊松恒等式**或**雅可比恒等式**。

例 2.3.1　关于变量q,p的函数

$$\varphi=q\cos(\omega t)+\frac{p}{\omega}\sin(\omega t)\text{，}\quad \psi=p\cos(\omega t)-q\omega\sin(\omega t)$$

式中，ω为常数，求泊松括号$[\varphi,\psi]$。

解　根据泊松括号的定义，将函数求相关导数后运算得到

$$[\varphi,\psi]=\frac{\partial\varphi}{\partial q}\frac{\partial\psi}{\partial p}-\frac{\partial\varphi}{\partial p}\frac{\partial\psi}{\partial q}=\cos(\omega t)\cos(\omega t)-\frac{1}{\omega}\sin(\omega t)\left[-\omega\sin(\omega t)\right]=1$$

例 2.3.2　设某二自由度系统的广义坐标为q_1,q_2，广义动量为p_1,p_2，函数

$$\varphi=\frac{1}{2}p_1^2+q_1^2\text{，}\quad \psi=\frac{1}{2}(p_1^2+p_2^2)+(q_2-q_1)^2$$

试求泊松括号$[\varphi,\psi],[\varphi,\varphi\psi],[\varphi,[\varphi,\psi]]$。

解　根据泊松括号的定义和性质，将函数求相关导数后运算得到

$$[\varphi,\psi]=\frac{\partial\varphi}{\partial q_1}\frac{\partial\psi}{\partial p_1}-\frac{\partial\varphi}{\partial p_1}\frac{\partial\psi}{\partial q_1}+\frac{\partial\varphi}{\partial q_2}\frac{\partial\psi}{\partial p_2}-\frac{\partial\varphi}{\partial p_2}\frac{\partial\psi}{\partial q_2}=2q_2p_1$$

$$[\varphi,\varphi\psi]=[\varphi,\varphi]\psi+[\varphi,\psi]\varphi=[\varphi,\psi]\varphi=q_2p_1(p_1^2+2q_1^2)$$

$$[\varphi,[\varphi,\psi]]=\frac{\partial\varphi}{\partial q_1}\frac{\partial[\varphi,\psi]}{\partial p_1}-\frac{\partial\varphi}{\partial p_1}\frac{\partial[\varphi,\psi]}{\partial q_1}+\frac{\partial\varphi}{\partial q_2}\frac{\partial[\varphi,\psi]}{\partial p_2}-\frac{\partial\varphi}{\partial p_2}\frac{\partial[\varphi,\psi]}{\partial q_2}=4q_1q_2$$

2.4 数学变换

2.4.1 勒让德变换

设函数 $X=X(x_1,x_2,\cdots,x_n;\alpha_1,\alpha_2,\cdots,\alpha_m)$ 是变量 $x_1,x_2,\cdots,x_n$ 的函数，且包含参数 $\alpha_1,\alpha_2,\cdots,\alpha_m$。将其中变量 $x_1,x_2,\cdots,x_n$ 变换为另一组变量 $y_1,y_2,\cdots,y_n$，相应地函数 X 成为 $Y=Y(y_1,y_2,\cdots,y_n;\alpha_1,\alpha_2,\cdots,\alpha_m)$。如果变量 y_i 由函数 X 关于 x_i 的导数生成，即

$$y_i=\frac{\partial X}{\partial x_i},\quad i=1,2,\cdots,n \tag{2.4.1}$$

而函数

$$Y=\left(\sum_{i=1}^{n}x_iy_i-X\right)_{x_i\to y_i} \tag{2.4.2}$$

则称该变换为**勒让德(Legendre)变换**。进行勒让德变换，需要将变量 x_i 通过 y_i 表示。式(2.4.1)将 y_i 表示为 x_i 的函数，由其反解必须满足条件

$$\det\left[\frac{\partial(y_1,y_2,\cdots,y_n)}{\partial(x_1,x_2,\cdots,x_n)}\right]=\det\left[\frac{\partial^2X}{\partial x_i\partial y_i}\right]\neq 0 \tag{2.4.3}$$

式(2.4.3)是勒让德变换存在的基本条件，同时还要求函数 X 二阶连续可微。

函数 Y 是变量 $y_1,y_2,\cdots,y_n$ 的函数，利用式(2.4.1)可以将变量 y_i 变换为 x_i，相应地函数 Y 成为 X。由式(2.4.2)得

$$\frac{\partial Y}{\partial y_i}=\sum_{j=1}^{n}\frac{\partial x_i}{\partial y_i}y_i+x_i-\sum_{j=1}^{n}\frac{\partial X}{\partial x_i}\frac{\partial x_i}{\partial y_i}=\sum_{j=1}^{n}\frac{\partial x_i}{\partial y_i}y_i+x_i-\sum_{j=1}^{n}y_i\frac{\partial x_i}{\partial y_i}=x_i,\quad i=1,2,\cdots,n \tag{2.4.4}$$

因此，勒让德变换的逆变换也是勒让德变换，变量 x_i 由函数 Y 关于 y_i 的导数生成，且函数为

$$X=\left(\sum_{i=1}^{n}x_iy_i-Y\right)_{y_i\to x_i} \tag{2.4.5}$$

分别比较式(2.4.1)与式(2.4.4)、式(2.4.3)与式(2.4.5)可知，勒让德变换及其逆

变换之间存在对偶性。函数 X 是变量 x_i 的函数，其全微分为

$$\begin{aligned}\mathrm{d}X &= \sum_{i=1}^{n}\frac{\partial X}{\partial x_i}\mathrm{d}x_i = \sum_{i=1}^{n} y_i\mathrm{d}x_i = \sum_{i=1}^{n}\mathrm{d}\left(y_i x_i\right) - \sum_{i=1}^{n} x_i\mathrm{d}y_i \\ &= \mathrm{d}\left(\sum_{i=1}^{n} x_i y_i\right) - \sum_{i=1}^{n}\frac{\partial Y}{\partial y_i}\mathrm{d}y_i = \mathrm{d}\left(\sum_{i=1}^{n} x_i y_i\right) - \mathrm{d}Y\end{aligned}$$

由此可得式(2.4.2)与式(2.4.5)。变换的函数 X 与 Y 之间可以相差一个与参数 $\alpha_1,\alpha_2,\cdots,\alpha_m$ 相关的常数。利用式(2.4.2)，可得函数 Y 关于参数 α_j 的偏导数，即

$$\begin{aligned}\frac{\partial Y}{\partial \alpha_j} &= \sum_{i=1}^{n}\frac{\partial x_i}{\partial \alpha_j}y_i - \frac{\partial X}{\partial \alpha_j} - \sum_{i=1}^{n}\frac{\partial X}{\partial x_i}\frac{\partial x_i}{\partial \alpha_j} \\ &= \sum_{i=1}^{n}\frac{\partial x_i}{\partial \alpha_j}y_i - \frac{\partial X}{\partial \alpha_j} - \sum_{i=1}^{n} y_i\frac{\partial x_i}{\partial \alpha_j} = -\frac{\partial X}{\partial \alpha_j}, \quad j=1,2,\cdots,n\end{aligned} \tag{2.4.6}$$

例 2.4.1 某动力学系统的拉格朗日函数为

$$L = \frac{5}{2}\dot{q}_1^2 + \frac{1}{2}\dot{q}_2^2 + \dot{q}_1\dot{q}_2\cos\left(q_1 - q_2\right) + 3\cos q_1 + \cos q_2 - 4$$

式中，$\dot{q}_1$、$\dot{q}_2$ 为变量；q_1、q_2 为参数。试确定该函数是否存在勒让德变换，若存在，求勒让德变换函数，并验证关系式

$$\partial L/\partial q_1 = -\partial H/\partial q_1, \quad \partial L/\partial q_2 = -\partial H/\partial q_2$$

解 将该动力学系统的拉格朗日函数式对变量 $\dot{q}_1$、$\dot{q}_2$ 求两次微分，代入式(2.4.3)得到

$$\det\left[\frac{\partial^2 L}{\partial \dot{q}_i\partial \dot{q}_j}\right] = \begin{vmatrix} 5 & \cos(q_1 - q_2) \\ \cos(q_1 - q_2) & 1 \end{vmatrix} = 5 - \cos^2(q_1 - q_2) > 0$$

上式满足勒让德变换存在的条件，故存在勒让德变换。由 L 的导数生成的量为

$$p_1 = \frac{\partial L}{\partial \dot{q}_1} = 5\dot{q}_1 + \dot{q}_2\cos(q_1 - q_2), \quad p_2 = \frac{\partial L}{\partial \dot{q}_2} = \dot{q}_2 + \dot{q}_1\cos(q_1 - q_2)$$

将 $\dot{q}_1$、$\dot{q}_2$ 通过 p_1、p_2 表示为

$$\dot{q}_1 = \frac{p_1 - p_2\cos(q_1 - q_2)}{5 - \cos^2(q_1 - q_2)}, \quad \dot{q}_2 = \frac{5p_2 - p_1\cos(q_1 - q_2)}{5 - \cos^2(q_1 - q_2)}$$

由式(2.4.2)得勒让德变换函数为

$$
\begin{aligned}
H &= p_1 \frac{p_1 - p_2\cos(q_1 - q_2)}{5 - \cos^2(q_1 - q_2)} + p_2 \frac{5p_2 - p_1\cos(q_1 - q_2)}{5 - \cos^2(q_1 - q_2)} \\
&\quad - \frac{5}{2}\left[\frac{p_1 - p_2\cos(q_1 - q_2)}{5 - \cos^2(q_1 - q_2)}\right]^2 - \frac{1}{2}\left[\frac{5p_2 - p_1\cos(q_1 - q_2)}{5 - \cos^2(q_1 - q_2)}\right]^2 \\
&\quad - \frac{[p_1 - p_2\cos(q_1 - q_2)][5p_2 - p_1\cos(q_1 - q_2)]\cos(q_1 - q_2)}{[5 - \cos^2(q_1 - q_2)]^2} \\
&\quad - 3\cos q_1 - \cos q_2 + 4 \\
&= \frac{p_1^2 + 5p_2^2 - 2p_1 p_2\cos(q_1 - q_2)}{2[5 - \cos^2(q_1 - q_2)]} - 3\cos q_1 - \cos q_2 + 4
\end{aligned}
$$

将函数 H 关于变量 p_1 、 p_2 求偏导数，即得逆变换的生成变量 $\dot{q}_1$ 、 $\dot{q}_2$ ，与上述表达式一致。由变量 p_1 、 p_2 代入函数 H 的表达式，容易验证，变换前后函数 L 与 H 相差与参数 q_1 、 q_2 相关的后三项。函数 L 与 H 关于参数 q_1 、 q_2 的偏导数分别为

$$
\frac{\partial L}{\partial q_1} = -\dot{q}_1\dot{q}_2\sin(q_1 - q_2) - 3\sin q_1 \text{，} \quad \frac{\partial L}{\partial q_2} = \dot{q}_1\dot{q}_2\sin(q_1 - q_2) - \sin q_2
$$

$$
\frac{\partial H}{\partial q_1} = \frac{p_1 p_2[5 + \cos^2(q_1 - q_2)] - (p_1^2 + 5p_2^2)\cos(q_1 - q_2)}{[5 - \cos^2(q_1 - q_2)]^2}\sin(q_1 - q_2) + 3\sin q_1
$$

$$
\frac{\partial H}{\partial q_2} = \frac{-p_1 p_2[5 + \cos^2(q_1 - q_2)] + (p_1^2 + 5p_2^2)\cos(q_1 - q_2)}{[5 - \cos^2(q_1 - q_2)]^2}\sin(q_1 - q_2) + \sin q_2
$$

利用 $\dot{q}_1$ 、 $\dot{q}_2$ 或 p_1 、 p_2 的表达式，容易验证导数关系 $\partial L/\partial q_1 = -\partial H/\partial q_1$ 、 $\partial L/\partial q_2 = -\partial H/\partial q_2$ 。

2.4.2 辛变换与辛算法

1. 辛内积及其性质

设 Oxy 平面上的矢量 $\boldsymbol{r}_1 = \boldsymbol{OA}_1 = x_1\boldsymbol{i} + y_1\boldsymbol{j}$ ， $\boldsymbol{r}_2 = \boldsymbol{OA}_2 = x_2\boldsymbol{i} + y_2\boldsymbol{j}$ ，其中 $\boldsymbol{i}$ 、 $\boldsymbol{j}$ 分别为 x、y 坐标的单位矢量，则以两矢量为边形成平行四边形的面积为 $S = \boldsymbol{r}_1\boldsymbol{r}_2\sin\alpha$ (α 为两矢量的夹角)，也等于两矢量积的大小，即

$$
S = |\boldsymbol{r}_1 \times \boldsymbol{r}_2| = |x_1 y_2 - x_2 y_1|
$$

从几何到代数，矢量 $\boldsymbol{r}_1$ 等价于向量 $\boldsymbol{a}_1 = [x_1, y_1]^{\mathrm{T}}$ ，矢量 $\boldsymbol{r}_2$ 等价于向量 $\boldsymbol{a}_2 = [x_2, y_2]^{\mathrm{T}}$ 。于是，该式就定义了关于向量的一种运算，记为

$$
\langle \boldsymbol{a}_1, \boldsymbol{a}_2 \rangle_s = x_1 y_2 - x_2 y_1 \tag{2.4.7}
$$

式中，运算 $\langle \cdot , \cdot \rangle_s = x_1 y_2 - x_2 y_1$ 称为关于两个**向量的辛(Symplectic)内积**。不同于欧

几里得(Euclid)空间的内积度量几何长度，它度量了几何面积。上述概念容易推广到 $2k$ 维空间，设向量

$$\boldsymbol{u}=[\boldsymbol{u}_1^{\mathrm{T}},\boldsymbol{u}_2^{\mathrm{T}}]^{\mathrm{T}},\quad \boldsymbol{u}_1=[q_1,q_2,\cdots,q_k]^{\mathrm{T}},\quad \boldsymbol{u}_2=[p_1,p_2,\cdots,p_k]^{\mathrm{T}}$$

$$\boldsymbol{v}=[\boldsymbol{v}_1^{\mathrm{T}},\boldsymbol{v}_2^{\mathrm{T}}]^{\mathrm{T}},\quad \boldsymbol{v}_1=[Q_1,Q_2,\cdots,Q_k]^{\mathrm{T}},\quad \boldsymbol{v}_2=[P_1,P_2,\cdots,P_k]^{\mathrm{T}}$$

则关于向量 $\boldsymbol{u}$ 与 $\boldsymbol{v}$ 的辛内积为

$$\langle\boldsymbol{u},\boldsymbol{v}\rangle_s=\sum_{i=1}^{k}(q_iP_i-p_iQ_i)=\boldsymbol{u}_1^{\mathrm{T}}\boldsymbol{v}_2-\boldsymbol{u}_2^{\mathrm{T}}\boldsymbol{v}_1 \tag{2.4.8}$$

辛内积具有如下基本性质：

$$\langle\boldsymbol{u},\boldsymbol{u}\rangle_s=0\text{，}\quad \boldsymbol{u}\text{ 为任意向量} \tag{2.4.9}$$

$$\langle c\boldsymbol{u},\boldsymbol{v}\rangle_s=\langle\boldsymbol{u},c\boldsymbol{v}\rangle_s=c\langle\boldsymbol{u},\boldsymbol{v}\rangle_s\text{，}\ c\text{ 为常数} \tag{2.4.10}$$

$$\langle\boldsymbol{u}+\boldsymbol{w},\boldsymbol{v}\rangle_s=\langle\boldsymbol{u},\boldsymbol{v}\rangle_s+\langle\boldsymbol{w},\boldsymbol{v}\rangle_s \tag{2.4.11}$$

$$\langle\boldsymbol{u},\boldsymbol{v}\rangle_s=-\langle\boldsymbol{v},\boldsymbol{u}\rangle_s \tag{2.4.12}$$

这些性质由辛内积的定义式(2.4.8)即可直接证明。关于辛内积的大小，具有如下不等式：

$$\begin{aligned}\left|\langle\boldsymbol{u},\boldsymbol{v}\rangle_s\right|&=\left|\boldsymbol{u}_1^{\mathrm{T}}\boldsymbol{v}_2-\boldsymbol{u}_2^{\mathrm{T}}\boldsymbol{v}_1\right|\leqslant\left|\boldsymbol{u}_1^{\mathrm{T}}\boldsymbol{v}_2\right|+\left|\boldsymbol{u}_2^{\mathrm{T}}\boldsymbol{v}_1\right|\leqslant|\boldsymbol{u}_1||\boldsymbol{v}_2|+|\boldsymbol{u}_2||\boldsymbol{v}_1|\\&=\sqrt{\left(|\boldsymbol{u}_1||\boldsymbol{v}_2|+|\boldsymbol{u}_2||\boldsymbol{v}_1|\right)^2}\leqslant\sqrt{\left(|\boldsymbol{u}_1|^2+|\boldsymbol{u}_2|^2\right)\left(|\boldsymbol{v}_1|^2+|\boldsymbol{v}_2|^2\right)}=|\boldsymbol{u}||\boldsymbol{v}|\end{aligned} \tag{2.4.13}$$

式中，$|\boldsymbol{u}|=\sqrt{(\boldsymbol{u},\boldsymbol{u})}$、$|\boldsymbol{v}|=\sqrt{(\boldsymbol{v},\boldsymbol{v})}$ 为向量的长度。由此可定义非零向量 $\boldsymbol{u}$ 与 $\boldsymbol{v}$ 的夹角为

$$\theta=\arcsin\frac{\langle\boldsymbol{u},\boldsymbol{v}\rangle_s}{|\boldsymbol{u}||\boldsymbol{v}|},\quad \frac{\pi}{2}\geqslant\theta\geqslant-\frac{\pi}{2} \tag{2.4.14}$$

当两向量成比例时，$\boldsymbol{u}=c\boldsymbol{v}$ (c 为常数)，则 $\theta=0$；而当 $\theta=\pm\pi/2$ 时，两向量正交。式(2.4.13)取等号。

2. 辛矩阵与辛变换

引入辛的基本矩阵，为了与矢量和张量区别，用黑体字母加下划线表示矩阵。

$$\underline{\boldsymbol{J}}=\begin{bmatrix}\boldsymbol{0} & \underline{\boldsymbol{I}}_k\\ -\underline{\boldsymbol{I}}_k & \boldsymbol{0}\end{bmatrix} \tag{2.4.15}$$

式中，$\underline{\boldsymbol{I}}_k$ 为 k 阶单位矩阵。则辛内积式(2.4.8)可表示为

$$\langle\boldsymbol{u},\boldsymbol{v}\rangle_s=\boldsymbol{u}^{\mathrm{T}}\underline{\boldsymbol{J}}\boldsymbol{v} \tag{2.4.16}$$

矩阵 $\underline{\boldsymbol{J}}$ 是反对称的，并具有如下性质：

$$\underline{\boldsymbol{J}}^2=-\underline{\boldsymbol{I}}_{2k} \tag{2.4.17}$$

$$\underline{\boldsymbol{J}}^{\mathrm{T}}=\underline{\boldsymbol{J}}^{-1}=-\underline{\boldsymbol{J}} \tag{2.4.18}$$

$$|\underline{\boldsymbol{J}}|=1 \tag{2.4.19}$$

$$\boldsymbol{u}^{\mathrm{T}}\underline{\boldsymbol{J}}\boldsymbol{u}=\boldsymbol{0}\text{，}\ \boldsymbol{u}\text{为任意向量} \tag{2.4.20}$$

$$\langle\underline{\boldsymbol{J}}\boldsymbol{u},\boldsymbol{v}\rangle_s=-\langle\boldsymbol{u},\underline{\boldsymbol{J}}\boldsymbol{v}\rangle_s=(\boldsymbol{u},\boldsymbol{v})\text{，}\ (\underline{\boldsymbol{J}}\boldsymbol{u},\boldsymbol{v})=-(\boldsymbol{u},\underline{\boldsymbol{J}}\boldsymbol{v})=-\langle\boldsymbol{u},\boldsymbol{v}\rangle_s \tag{2.4.21}$$

根据矩阵 $\underline{\boldsymbol{J}}$ 的定义式(2.4.15)及辛内积的性质，容易验证这些性质。式(2.4.20)表明矩阵 $\underline{\boldsymbol{J}}$ 建立了辛内积与欧氏内积之间的转换关系，由此可将夹角式(2.4.14)表示成

$$\theta=\arcsin\frac{(\boldsymbol{u},\underline{\boldsymbol{J}}\boldsymbol{v})}{|\boldsymbol{u}||\underline{\boldsymbol{J}}\boldsymbol{v}|}$$

当向量 $\boldsymbol{u}$ 与 $\boldsymbol{v}$ 的夹角 $\theta=0$ 时，式(2.4.14)表明两者平行，而此式表明向量 $\boldsymbol{u}$ 与 $\underline{\boldsymbol{J}}\boldsymbol{v}$ 正交，可见矩阵 $\underline{\boldsymbol{J}}$ 产生一种 $\pi/2$ 的旋转变换。

空间中向量的线性变换可以通过相应的变换矩阵 $\underline{\boldsymbol{T}}$ 来描述，它将 $2k$ 维空间的向量 $\boldsymbol{u}$、$\boldsymbol{v}$ 分别变换成向量 $\boldsymbol{u}_t$、$\boldsymbol{v}_t$，即 $\boldsymbol{u}_t=\underline{\boldsymbol{T}}\boldsymbol{u}$、$\boldsymbol{v}_t=\underline{\boldsymbol{T}}\boldsymbol{v}$，其辛内积为

$$\langle\boldsymbol{u}_t,\boldsymbol{v}_t\rangle_s=\boldsymbol{u}_t^{\mathrm{T}}\underline{\boldsymbol{J}}\boldsymbol{v}_t=\boldsymbol{u}^{\mathrm{T}}\underline{\boldsymbol{T}}^{\mathrm{T}}\underline{\boldsymbol{J}}\underline{\boldsymbol{T}}\boldsymbol{v} \tag{2.4.22}$$

如果该变换使得两向量在变换前后的辛内积保持不变，即为保辛变换，则比较式(2.4.16)与式(2.4.22)得到

$$\underline{\boldsymbol{T}}^{\mathrm{T}}\underline{\boldsymbol{J}}\underline{\boldsymbol{T}}=\underline{\boldsymbol{J}} \tag{2.4.23}$$

这种变换称为**辛变换**，相应的矩阵称为辛矩阵。因此，一个线性变换 $\underline{\boldsymbol{T}}$ 是辛变换，或矩阵 $\underline{\boldsymbol{T}}$ 是辛矩阵的充分必要条件为：$\underline{\boldsymbol{T}}$ 满足式(2.4.23)。

辛变换矩阵 $\underline{\boldsymbol{T}}$ 及 $\underline{\boldsymbol{S}}$ 具有如下基本性质：

$$|\underline{\boldsymbol{T}}|=\pm1 \tag{2.4.24}$$

$$\underline{\boldsymbol{T}}^{-1}=-\underline{\boldsymbol{J}}\underline{\boldsymbol{T}}^{\mathrm{T}}\underline{\boldsymbol{J}} \tag{2.4.25}$$

$$\underline{\boldsymbol{T}}\underline{\boldsymbol{J}}\underline{\boldsymbol{T}}^{\mathrm{T}}=\underline{\boldsymbol{J}}\text{，}\ \underline{\boldsymbol{T}}^{\mathrm{T}}\text{是辛的} \tag{2.4.26}$$

$$\underline{\boldsymbol{T}}^{-\mathrm{T}}\underline{\boldsymbol{J}}\underline{\boldsymbol{T}}^{-1}=\underline{\boldsymbol{J}}\text{，}\ \underline{\boldsymbol{T}}^{-1}\text{是辛的} \tag{2.4.27}$$

$$\underline{\boldsymbol{T}}\boldsymbol{u}=\boldsymbol{0}\Leftrightarrow\boldsymbol{u}=\boldsymbol{0}\text{，}\ \boldsymbol{u}\text{为向量} \tag{2.4.28}$$

$$(\underline{\boldsymbol{T}}\underline{\boldsymbol{S}})^{\mathrm{T}}\underline{\boldsymbol{J}}(\underline{\boldsymbol{T}}\underline{\boldsymbol{S}})=\underline{\boldsymbol{J}}\text{，}\ \underline{\boldsymbol{T}}\underline{\boldsymbol{S}}\text{是辛的} \tag{2.4.29}$$

$$\langle\underline{\boldsymbol{T}}\boldsymbol{u},\boldsymbol{v}\rangle_s=\langle\boldsymbol{u},\underline{\boldsymbol{T}}^{-1}\boldsymbol{v}\rangle_s\text{，}\ \boldsymbol{u},\boldsymbol{v}\text{为向量} \tag{2.4.30}$$

这些性质由辛变换的充分必要条件式(2.4.23)、矩阵 $\underline{\boldsymbol{J}}$ 的性质及辛内积的定义式(2.4.16)即可直接证明。容易验证，矩阵 $\underline{\boldsymbol{J}}$ 与单位矩阵 $\underline{\boldsymbol{I}}_{2k}$ 都是辛矩阵。

对于对称矩阵 $\underline{\boldsymbol{B}}$，其指数矩阵为

$$\exp(\underline{\boldsymbol{J}}\underline{\boldsymbol{B}}) = \underline{\boldsymbol{I}} + \underline{\boldsymbol{J}}\underline{\boldsymbol{B}} + \frac{1}{2!}(\underline{\boldsymbol{J}}\underline{\boldsymbol{B}})^2 + \frac{1}{3!}(\underline{\boldsymbol{J}}\underline{\boldsymbol{B}})^3 + \cdots$$

利用辛矩阵 $\underline{\boldsymbol{J}}$ 的性质，可得

$$\begin{aligned}\underline{\boldsymbol{J}}\exp(\underline{\boldsymbol{J}}\underline{\boldsymbol{B}}) &= \underline{\boldsymbol{J}} + \underline{\boldsymbol{J}}^2\underline{\boldsymbol{B}} + \frac{1}{2!}\underline{\boldsymbol{J}}^2(\underline{\boldsymbol{J}}\underline{\boldsymbol{B}})(\underline{\boldsymbol{B}}\underline{\boldsymbol{J}}\underline{\boldsymbol{B}}) + \frac{1}{3!}\underline{\boldsymbol{J}}^2(\underline{\boldsymbol{J}}\underline{\boldsymbol{B}})^2\underline{\boldsymbol{B}} + \cdots \\ &= \underline{\boldsymbol{J}} - \underline{\boldsymbol{B}} - \frac{1}{2!}\underline{\boldsymbol{B}}\underline{\boldsymbol{J}}\underline{\boldsymbol{B}} - \frac{1}{3!}(\underline{\boldsymbol{B}}\underline{\boldsymbol{J}})^2\underline{\boldsymbol{B}} - \cdots \\ &= \underline{\boldsymbol{J}} + (-\underline{\boldsymbol{B}}\underline{\boldsymbol{J}}^{\mathrm{T}})\underline{\boldsymbol{J}} + \frac{1}{2!}(-\underline{\boldsymbol{B}}\underline{\boldsymbol{J}}^{\mathrm{T}})^2\underline{\boldsymbol{J}} + \frac{1}{3!}(-\underline{\boldsymbol{B}}\underline{\boldsymbol{J}}^{\mathrm{T}})^3\underline{\boldsymbol{J}} + \cdots \\ &= \left[\underline{\boldsymbol{I}} + (-\underline{\boldsymbol{B}}^{\mathrm{T}}\underline{\boldsymbol{J}}^{\mathrm{T}}) + \frac{1}{2!}(-\underline{\boldsymbol{B}}^{\mathrm{T}}\underline{\boldsymbol{J}}^{\mathrm{T}})^2 + \frac{1}{3!}(-\underline{\boldsymbol{B}}^{\mathrm{T}}\underline{\boldsymbol{J}}^{\mathrm{T}})^3 + \cdots\right]\underline{\boldsymbol{J}} \\ &= \exp(-\underline{\boldsymbol{B}}^{\mathrm{T}}\underline{\boldsymbol{J}}^{\mathrm{T}})\underline{\boldsymbol{J}}\end{aligned}$$

于是，有

$$\exp(\underline{\boldsymbol{J}}\underline{\boldsymbol{B}})^{\mathrm{T}}\boldsymbol{J}\exp(\underline{\boldsymbol{J}}\underline{\boldsymbol{B}}) = \exp(\underline{\boldsymbol{B}}^{\mathrm{T}}\underline{\boldsymbol{J}}^{\mathrm{T}})\exp(\underline{\boldsymbol{B}}^{\mathrm{T}}\underline{\boldsymbol{J}}^{\mathrm{T}})\underline{\boldsymbol{J}} = \underline{\boldsymbol{J}}$$

故指数矩阵 $\exp(\underline{\boldsymbol{J}}\underline{\boldsymbol{B}})$ 是辛矩阵。如陀螺系统中的广义陀螺力为反对称的，其系数矩阵 $\underline{\boldsymbol{G}}^{\mathrm{T}} = -\underline{\boldsymbol{G}}$，扩展到 $2k$ 维空间，令

$$\underline{\boldsymbol{A}} = \begin{bmatrix} \underline{\boldsymbol{G}} & \underline{\boldsymbol{0}} \\ \underline{\boldsymbol{0}} & \underline{\boldsymbol{G}} \end{bmatrix}$$

则矩阵 $\underline{\boldsymbol{A}}$ 反对称，即 $\underline{\boldsymbol{A}}^{\mathrm{T}} = -\underline{\boldsymbol{A}}$，而矩阵 $\underline{\boldsymbol{B}} = \underline{\boldsymbol{J}}\underline{\boldsymbol{A}}$ 对称，由此得 $\underline{\boldsymbol{A}} = -\underline{\boldsymbol{J}}\underline{\boldsymbol{B}}$。容易验证，矩阵 $\underline{\boldsymbol{A}}$ 的转置可表示为

$$\underline{\boldsymbol{A}}^{\mathrm{T}} = \underline{\boldsymbol{J}}\underline{\boldsymbol{A}}\underline{\boldsymbol{J}} \tag{2.4.31}$$

关于函数 $\varphi(\boldsymbol{u},t)$ 与 $\phi(\boldsymbol{u},t)$ 的泊松括号可表示为

$$\begin{aligned}[\varphi,\phi] &= \sum_{i=1}^{k}\left(\frac{\partial\varphi}{\partial q_i}\frac{\partial\phi}{\partial p_i} - \frac{\partial\varphi}{\partial p_i}\frac{\partial\phi}{\partial q_i}\right) = \left(\frac{\partial\varphi}{\partial\boldsymbol{u}_1}\right)^{\mathrm{T}}\frac{\partial\phi}{\partial\boldsymbol{u}_2} - \left(\frac{\partial\varphi}{\partial\boldsymbol{u}_2}\right)^{\mathrm{T}}\frac{\partial\phi}{\partial\boldsymbol{u}_1} \\ &= \left(\frac{\partial\varphi}{\partial\boldsymbol{u}}\right)^{\mathrm{T}}\underline{\boldsymbol{J}}\left(\frac{\partial\phi}{\partial\boldsymbol{u}}\right) = \left\langle\frac{\partial\varphi}{\partial\boldsymbol{u}},\frac{\partial\phi}{\partial\boldsymbol{u}}\right\rangle_s\end{aligned} \tag{2.4.32}$$

可见，泊松括号的性质与辛的基本矩阵 $\underline{\boldsymbol{A}}$ 或辛内积的性质存在一定的关系，例如，它们都具有反对称性质，即

$$[\varphi,\varphi] = \left\langle\frac{\partial\varphi}{\partial u},\frac{\partial\varphi}{\partial u}\right\rangle_s = 0,\quad [\boldsymbol{u},\boldsymbol{u}] = \underline{\boldsymbol{J}} \tag{2.4.33}$$

3. 辛算法

保持系统的内在特性是一个好近似方法的重要标志之一。在动力学问题中，保守的哈密顿系统具有的重要特性是其内在的辛性质，表现在系统运动状态变化的保辛性、状态变换雅可比行列式的单位性、状态空间中广义体积的不变性等。

保持哈密顿系统这种辛性质的离散化得到的数值方法，称为**辛算法**。

如果选取状态向量 $\boldsymbol{u}(t)$ 的指数函数中前三项级数，构造离散化的近似变换

$$\boldsymbol{u}(t+\tau)=\exp(\underline{\boldsymbol{A}}\tau)\boldsymbol{u}(t)\approx\left(\underline{\boldsymbol{I}}+\underline{\boldsymbol{A}}\tau+\frac{1}{2}\underline{\boldsymbol{A}}^2\tau^2\right)\boldsymbol{u}(t) \tag{2.4.34}$$

式中，系数矩阵 $\underline{\boldsymbol{A}}=\underline{\boldsymbol{J}}\underline{\boldsymbol{B}}$。按照此近似的迭代式，可由初始状态 $\boldsymbol{u}(0)$ 逐步计算得到一个近似解 $\boldsymbol{u}(0)$，$\boldsymbol{u}(\tau)$，$\boldsymbol{u}(2\tau)$，…。相邻近似状态之间的变换矩阵为

$$\underline{\boldsymbol{T}}=\underline{\boldsymbol{I}}+\underline{\boldsymbol{A}}\tau+\frac{1}{2}\underline{\boldsymbol{A}}^2\tau^2 \tag{2.4.35}$$

可得

$$\begin{aligned}\underline{\boldsymbol{T}}^{\mathrm{T}}\underline{\boldsymbol{J}}\underline{\boldsymbol{T}}&=\underline{\boldsymbol{T}}^{\mathrm{T}}\left(\underline{\boldsymbol{J}}-\underline{\boldsymbol{B}}\tau-\frac{1}{2}\underline{\boldsymbol{B}}\underline{\boldsymbol{J}}\underline{\boldsymbol{B}}\tau^2\right)=\left[\underline{\boldsymbol{I}}-\underline{\boldsymbol{B}}\underline{\boldsymbol{J}}\tau+\frac{1}{2}(\underline{\boldsymbol{B}}\underline{\boldsymbol{J}}\tau)^2\right]\left[\underline{\boldsymbol{I}}+\underline{\boldsymbol{B}}\underline{\boldsymbol{J}}\tau+\frac{1}{2}(\underline{\boldsymbol{B}}\underline{\boldsymbol{J}}\tau)^2\right]\\&=\left\{\left[\underline{\boldsymbol{I}}+\frac{1}{2}(\underline{\boldsymbol{B}}\underline{\boldsymbol{J}}\tau)^2\right]^2-(\underline{\boldsymbol{B}}\underline{\boldsymbol{J}}\tau)^2\right\}\underline{\boldsymbol{J}}=\left[\underline{\boldsymbol{I}}+\frac{1}{4}(\underline{\boldsymbol{B}}\underline{\boldsymbol{J}}\tau)^4\right]\underline{\boldsymbol{J}}=\underline{\boldsymbol{J}}-\frac{1}{4}\tau^4\underline{\boldsymbol{B}}\underline{\boldsymbol{A}}^3\neq\underline{\boldsymbol{J}}\end{aligned}$$

因此，该近似变换矩阵 $\underline{\boldsymbol{T}}$ 不是辛矩阵，相应的近似解不具有原系统的辛性质。

线性保守哈密顿系统运动状态的变换矩阵 $\underline{\boldsymbol{T}}$ 取决于辛指数矩阵 $\exp(\underline{\boldsymbol{A}}\tau)$，其中 $\underline{\boldsymbol{A}}$ 满足 $\underline{\boldsymbol{A}}^{\mathrm{T}}=\underline{\boldsymbol{J}}\underline{\boldsymbol{A}}\underline{\boldsymbol{J}}$，一个辛算法应使其离散化的近似变换仍为辛变换。可以证明，指数矩阵的有理分式近似，例如

$$\underline{\boldsymbol{T}}=\frac{P_l(\underline{\boldsymbol{A}}\tau)}{P_l(-\underline{\boldsymbol{A}}\tau)} \tag{2.4.36}$$

是一个辛矩阵，并具有 $2l$ 阶精度，其中 $P_l(\underline{\boldsymbol{A}}\tau)$ 为 l 次多项式，由此近似变换得到的系统状态解将具有保辛性。例如，$l=2$ 时，可构造保辛近似迭代式

$$\boldsymbol{u}(t+\tau)=\frac{P_2(\underline{\boldsymbol{A}}\tau)}{P_2(-\underline{\boldsymbol{A}}\tau)}\boldsymbol{u}(t)=\left(\underline{\boldsymbol{I}}-\frac{\tau}{2}\underline{\boldsymbol{A}}+\frac{\tau^2}{12}\underline{\boldsymbol{A}}^2\right)^{-1}\left(\underline{\boldsymbol{I}}-\frac{\tau}{2}\underline{\boldsymbol{A}}+\frac{\tau^2}{12}\underline{\boldsymbol{A}}^2\right)\boldsymbol{u}(t) \tag{2.4.37}$$

对于具有广义坐标 $\boldsymbol{u}_1$ 与广义动量 $\boldsymbol{u}_2$ 分离形式的哈密顿函数

$$H=T(\boldsymbol{u}_2)+V(\boldsymbol{u}_1) \tag{2.4.38}$$

H 相应的哈密顿方程为

$$\dot{\boldsymbol{u}}=\underline{\boldsymbol{J}}\frac{\partial H}{\partial\boldsymbol{u}} \tag{2.4.39}$$

如下的离散化近似迭代式：

$$\begin{cases}\boldsymbol{u}_2(t+\tau)=\boldsymbol{u}_2(t)-\tau\dfrac{\partial V[\boldsymbol{u}_1(t)]}{\partial\boldsymbol{u}_1(t)}\\[2ex]\boldsymbol{u}_1(t+\tau)=\boldsymbol{u}_1(t)-\tau\dfrac{\partial V[\boldsymbol{u}_2(t+\tau)]}{\partial\boldsymbol{u}_1(t+\tau)}\end{cases} \tag{2.4.40}$$

具有保辛性。

2.5　积 分 变 换

积分变换无论在数学理论或其应用中都是一种非常有用的工具。最重要的积分变换有傅里叶变换、拉普拉斯变换。由于不同应用的需要，还有其他一些积分变换，其中应用较为广泛的有梅林(Mellin)变换和汉克尔(Hankel)变换，它们都可通过傅里叶变换或拉普拉斯变换转化而来。

2.5.1　傅里叶变换

傅里叶变换在动力学，尤其是断裂动力学中有许多重要应用。为了便于讨论，先从傅里叶级数出发。

1. 傅里叶级数

由微积分学可知，一个以 T 为周期的函数 $f(x)$，可以写成傅里叶级数：

$$f(x)=\frac{a_0}{2}+\sum_{n=1}^{\infty}\left(a_n\cos\frac{2n\pi}{T}x+b_n\sin\frac{2n\pi}{T}x\right) \tag{2.5.1}$$

式中，a_n 与 b_n 称为傅里叶系数，可以分别表示为

$$\begin{cases} a_n=\dfrac{2}{T}\displaystyle\int_0^T f(x)\cos\frac{2n\pi}{T}x\mathrm{d}x, & n=0,1,2,\cdots \\ b_n=\dfrac{2}{T}\displaystyle\int_0^T f(x)\sin\frac{2n\pi}{T}x\mathrm{d}x, & n=1,2,\cdots \end{cases} \tag{2.5.2}$$

也可以把傅里叶系数写成

$$\begin{cases} a_n=\dfrac{2}{T}\displaystyle\int_{-T/2}^{T/2} f(x)\cos\frac{2n\pi}{T}x\mathrm{d}x, & n=0,1,2,\cdots \\ b_n=\dfrac{2}{T}\displaystyle\int_{-T/2}^{T/2} f(x)\sin\frac{2n\pi}{T}x\mathrm{d}x, & n=1,2,\cdots \end{cases} \tag{2.5.3}$$

傅里叶级数(2.5.1)也可以表示成指数函数的形式，即

$$f(x)=\sum_{n=-\infty}^{\infty}C_n\mathrm{e}^{-\mathrm{i}2n\pi x/T} \tag{2.5.4}$$

式中，系数

$$C_n=\frac{1}{T}\int_{-T/2}^{T/2}f(x)\mathrm{e}^{\mathrm{i}2n\pi x/T}\mathrm{d}x \tag{2.5.5}$$

比较公式(2.5.1)与(2.5.4)，则有

$$C_n = \frac{a_n + \mathrm{i}b_n}{2}, \quad C_{-n} = \frac{a_n - \mathrm{i}b_n}{2} \tag{2.5.6}$$

即 C_n 与 C_{-n} 是复数。表达式(2.5.5)也可以写成

$$C_n = \frac{1}{T}\int_{-T/2}^{T/2} f(t)\mathrm{e}^{\mathrm{i}2n\pi t/T}\mathrm{d}t \tag{2.5.7}$$

将式(2.5.7)代入式(2.5.4)，有

$$f(x) = \sum_{n=-\infty}^{\infty} \frac{1}{T}\int_{-T/2}^{T/2} f(t)\mathrm{e}^{\mathrm{i}2n\pi(t-x)/T}\mathrm{d}t \tag{2.5.8}$$

这是一个周期函数的傅里叶级数展开的一般形式。

并不是任意周期函数都可以表示成傅里叶级数，为了使式(2.5.8)右端的级数收敛，并且收敛于函数 $f(x)$，必须对函数 $f(x)$本身作一些限制。这就是数学分析中讨论的狄利克雷(Dirichlet)条件。

狄利克雷条件：如果以 T 为周期的函数 $f(x)$在区间$[-T/2, T/2]$上分段单调，并且在这个区间上不连续点的个数有限，则此函数的傅里叶级数在每个连续点处收敛于 $f(x)$，在每个不连续点处收敛于$[f(x+0)+f(x-0)]/2$。这里 $f(x+0)$、$f(x-0)$分别表示 $f(x)$的右、左极限。

2. 傅里叶积分

展开式(2.5.8)及其成立的狄利克雷条件很容易被形式地推广到非周期函数的情形。一个非周期函数，可以设想成区间$(-\infty, \infty)$上的周期函数，这相当于令 $T\to\infty$。令

$$2n\pi/T = a_n \tag{2.5.9}$$

并且记

$$\Delta a_n = a_{n+1} - a_n = 2\pi/T \tag{2.5.10}$$

则式(2.5.8)可写成

$$f(x) = \frac{1}{2\pi}\sum_{n=-\infty}^{\infty} \Delta a_n \int_{-T/2}^{T/2} f(t)\mathrm{e}^{\mathrm{i}a_n(t-x)}\mathrm{d}t \tag{2.5.11}$$

当 $T\to\infty$ 时，$\Delta a_n \equiv \Delta a \to 0$，这时离散参量 a_n 变成连续变量 a。如果此时式(2.5.11)右端的积分在 $T\to\infty$时有意义，由该积分定义的作为变量 a_n 的函数项级数收敛于 $f(x)$，则有

$$f(x) = \frac{1}{2\pi}\int_{-\infty}^{\infty}\mathrm{d}a\int_{-\infty}^{\infty} f(t)\mathrm{e}^{\mathrm{i}a_n(t-x)}\mathrm{d}t \tag{2.5.12}$$

由于积分

$$\overline{f}(a_n)=\int_{-T/2}^{T/2}f(t)\mathrm{e}^{\mathrm{i}a_n(t-x)}\mathrm{d}t \tag{2.5.13}$$

当 $T\to\infty$时是否存在尚未可知，也不知道级数的极限

$$\lim_{a_n\to 0}\frac{1}{2\pi}\sum_{n=-\infty}^{\infty}\Delta a_n\overline{f}(a_n) \tag{2.5.14}$$

是否收敛及是否收敛于$f(x)$。因而，式(2.5.12)暂时只是一个形式上的记号。

式(2.5.12)称为**傅里叶积分**。为了使一个函数$f(x)$能表示成傅里叶积分，必须对函数$f(x)$提出一些限制性条件，这些条件就构成傅里叶积分的基本定理。

定理 2.5.1 如果函数$f(x)$在区间$(-\infty,\infty)$上绝对可积，即

$$\int_{-\infty}^{\infty}|f(x)|\mathrm{d}x$$

取有限值，并且$f(x)$在区间$(-\infty,\infty)$上满足狄利克雷条件，则

$$\frac{1}{2}[f(x+0)+f(x-0)]=\frac{1}{2\pi}\int_{-\infty}^{\infty}\overline{f}(a)\mathrm{e}^{-\mathrm{i}ax}\mathrm{d}a \tag{2.5.15}$$

式中，

$$\overline{f}(a)=\int_{-\infty}^{\infty}f(x)\mathrm{e}^{\mathrm{i}ax}\mathrm{d}x \tag{2.5.16}$$

这里$\overline{f}(a)$称为函数$f(x)$的**傅里叶变换**(或者称为**相函数**、**谱函数**)。

3. 傅里叶变换的性质

式(2.5.16)所示的积分称为傅里叶变换，式(2.5.15)称为一个函数的傅里叶展开或傅里叶积分。从这个意义上来说，$\overline{f}(a)$也可以说是展开式的系数。若$\overline{f}(a)$为已知，求式(2.5.15)的左端，则称为**求反变换**或**数值反演**。当$f(x)$在点x连续，即$f(x+0)=f(x-0)$，则有

$$f(x)=\frac{1}{2\pi}\int_{-\infty}^{\infty}\overline{f}(a)\mathrm{e}^{-\mathrm{i}ax}\mathrm{d}a \tag{2.5.17}$$

下面讨论与变换(2.5.17)及其数值反演有关的几个性质。

性质 2.5.1 傅里叶变换是线性变换，即

$$\int_{-\infty}^{\infty}[\beta_1 f_1(x)+\beta_2 f_2(x)]\mathrm{e}^{\mathrm{i}ax}\mathrm{d}x=\beta_1\overline{f}_1(a)+\beta_2\overline{f}_2(a) \tag{2.5.18}$$

这里假定$f_1(x)$与$f_2(x)$的傅里叶变换存在，β_1与β_2为任意常数。

性质 2.5.2 如果函数$f(x)$及其各阶导数的傅里叶变换存在，并且在$|x|\to\infty$时趋于零，则有

$$\int_{-\infty}^{\infty}f^{(n)}(x)\mathrm{e}^{\mathrm{i}ax}\mathrm{d}x=(-\mathrm{i}a)^n\overline{f}(a) \tag{2.5.19}$$

由分部积分法很容易证明这一点。

性质 2.5.3　若 $f_1(x)$ 与 $f_2(x)$ 的傅里叶变换分别是 $\overline{f}_1(a)$ 与 $\overline{f}_2(a)$，则

$$\int_{-\infty}^{\infty} f_1(x-\eta)f_2(\eta)\mathrm{d}\eta = \int_{-\infty}^{\infty} \overline{f}_1(t)\overline{f}_2(t)\mathrm{e}^{-\mathrm{i}xt}\mathrm{d}t \tag{2.5.20}$$

式中，左端称为函数 f_1 与 f_2 在区间$(-\infty, \infty)$上的卷积，此结果称为傅里叶变换的卷积定理。

由 $\overline{f}(a)$ 的定义，很容易证明这一结果。

性质 2.5.4　若 $f(x)=f(-x)$，则

$$\begin{cases} \overline{f}(a) = \int_0^{\infty} f(x)\cos(ax)\mathrm{d}x \\ f(x) = \int_0^{\infty} \overline{f}(a)\cos(ax)\mathrm{d}a \end{cases} \tag{2.5.21}$$

这里 $\overline{f}(a)$ 称为**傅里叶余弦变换**；若 $f(x)=-f(-x)$，则

$$\begin{cases} \overline{f}(a) = \int_0^{\infty} f(x)\sin(ax)\mathrm{d}x \\ f(x) = \int_0^{\infty} \overline{f}(a)\sin(ax)\mathrm{d}a \end{cases} \tag{2.5.22}$$

这里 $\overline{f}(a)$ 称为**傅里叶正弦变换**。

傅里叶积分的定理 2.5.1 中要求函数 $f(x)$在$(-\infty,\infty)$上绝对可积这一要求太高，大大限制了傅里叶变换的适应范围。实际上这一要求并不是必要的。有些函数虽然并不满足这一条件，其傅里叶变换仍然存在。

2.5.2　拉普拉斯变换及其数值反演

1. 拉普拉斯变换

拉普拉斯变换是断裂动力学分析中经常要用到的工具。在形式上拉普拉斯变换容易由傅里叶变换得到。在式(2.5.15)中，以 $f(x)\mathrm{e}^{-ax}$ 取代的 $f(x)$，其中 a 为正实常数，则得到

$$\begin{aligned} f(x)\mathrm{e}^{-ax} &= \frac{1}{2\pi}\int_{-\infty}^{\infty}\mathrm{d}\eta\int_{-\infty}^{\infty} f(u)\mathrm{e}^{-au}\mathrm{e}^{\mathrm{i}\eta(u-x)}\mathrm{d}u \\ &= \frac{1}{2\pi}\int_{-\infty}^{\infty}\mathrm{e}^{-\mathrm{i}\eta x}\mathrm{d}\eta\int_{-\infty}^{\infty} f(u)\mathrm{e}^{-au}\mathrm{e}^{\mathrm{i}\eta u}\mathrm{d}u = \frac{1}{2\pi}\int_{-\infty}^{\infty}\mathrm{e}^{\mathrm{i}\beta x}\mathrm{d}\beta\int_{-\infty}^{\infty} f(u)\mathrm{e}^{au}\mathrm{e}^{-\mathrm{i}\beta u}\mathrm{d}u \end{aligned} \tag{2.5.23}$$

把式(2.5.23)进行整理，有

$$
\begin{aligned}
f(x) &= \frac{1}{2\pi}\mathrm{e}^{ax}\int_{-\infty}^{\infty}\mathrm{e}^{\mathrm{i}\beta x}\mathrm{d}\beta\int_{-\infty}^{\infty}f(u)\mathrm{e}^{-(a+\mathrm{i}\beta)u}\mathrm{d}u \\
&= \frac{1}{2\pi}\int_{-\infty}^{\infty}\mathrm{e}^{(a+\mathrm{i}\beta)x}\mathrm{d}\beta\int_{-\infty}^{\infty}f(u)\mathrm{e}^{-(a+\mathrm{i}\beta)u}\mathrm{d}u
\end{aligned}
\tag{2.5.24}
$$

令 $s=a+\mathrm{i}\beta$，由于 a 为实的常数，则 $\mathrm{d}s=\mathrm{i}\mathrm{d}\beta$，由此，式(2.5.24)可写成

$$
f(x)=\frac{1}{2\pi\mathrm{i}}\int_{a-\mathrm{i}\infty}^{a+\mathrm{i}\infty}\mathrm{e}^{sx}\mathrm{d}s\int_{-\infty}^{\infty}f(u)\mathrm{e}^{-su}\mathrm{d}u \tag{2.5.25}
$$

如果记

$$
\hat{f}(s)=\int_{-\infty}^{\infty}f(u)\mathrm{e}^{-su}\mathrm{d}u \tag{2.5.26}
$$

则 $f(x)$ 可表示成

$$
f(x)=\frac{1}{2\pi\mathrm{i}}\int_{a-\mathrm{i}\infty}^{a+\mathrm{i}\infty}\hat{f}(s)\mathrm{e}^{sx}\mathrm{d}s \tag{2.5.27}
$$

这里要求积分 $\int_{-\infty}^{\infty}\mathrm{e}^{-sx}|f(x)|\mathrm{d}x$ 在 $a_1<a<a_2$ 内取有限值,其中, a 是复变数 $s=a+\mathrm{i}\beta$ 的实部。不等式 $a_1<a<a_2$ 所定义的是 s 平面上平行于虚轴的一个无穷长条形区域，此区域也可能是一个半平面(如 $a_1=-\infty$、$a_2=\mathrm{const}$)，或 $a_1=\mathrm{const}$、$a_2=\infty$ 也可能是全平面(即 $a_1=-\infty$、$a_2=\infty$)。

式(2.5.26)称为**双边拉普拉斯变换**，式(2.4.27)称为**拉普拉斯变换的反变换**或**数值反演**，这个积分沿平行于虚轴的一条直线进行。函数 $f(x)$的傅里叶积分基本定理，对这里的函数 $f(x)\mathrm{e}^{-ax}$ 也是有效的。下面仅对特殊情形进行适当讨论。

在实际中常出现 $f(x)$=0(当 x<0 时)，在这种情形中，若 $f(x)$及其导数 $f'(x)$ 除去有限个不连续点外，分段连续，并且

$$
|f(x)|\leqslant A\mathrm{e}^{a_0 x},\quad 0<x<\infty \tag{2.5.28}
$$

其中 A 与 a_0 为常数，$a_0\geqslant 0$，则

$$
\hat{f}(s)=\int_{0}^{\infty}f(x)\mathrm{e}^{-sx}\mathrm{d}x \tag{2.5.29}
$$

有意义，其数值反演由式(2.5.27)表示，其中 $a>a_0$。尤其有意义的是积分式(2.5.29)是 $\mathrm{Re}s=a>a_0$ 半平面上的解析函数。式(2.5.29)称为**单边拉普拉斯变换**或简称**拉普拉斯变换**。

2. 拉普拉斯数值反演

由式(2.5.27)可知，求拉普拉斯变换的数值反演就是计算复变函数 $\hat{f}(s)$ 的积分。在多数实际问题中，$\hat{f}(s)$ 很难得到分析表达式，即使得到分析表达式，其形

式也极其复杂，因而积分式(2.5.27)难以通过分析方法得到，而只能用数值方法计算得到。即使用数值方法计算积分式(2.5.27)，也存在许多困难。下面讨论一种基于雅可比多项式的方法，在断裂动力学某些问题中求拉普拉斯变换的数值反演具有较好的效果。这一方法的主要步骤如下：

设函数 $f(t)$ 的拉普拉斯变换为

$$\hat{f}(s)=\int_0^{\infty} f(t)\mathrm{e}^{-st}\mathrm{d}t \tag{2.5.30}$$

其数值反演是

$$f(t)=\frac{1}{2\pi\mathrm{i}}\int_{c-\mathrm{i}\infty}^{c+\mathrm{i}\infty}\hat{f}(s)\mathrm{e}^{sx}\mathrm{d}s \tag{2.5.31}$$

式中，$s=s_1+\mathrm{i}s_2$；$c>c_0\geqslant 0$。令 s 在正实轴上取值，然后使它离散化，即

$$s=(\beta+l)\delta,\quad l=1,2,\cdots \tag{2.5.32}$$

式中，$\beta>-1$，$\delta>0$。作变量代换

$$y=2\mathrm{e}^{-\delta t}-1 \tag{2.5.33}$$

则有

$$t=-\frac{1}{\delta}\ln\left(\frac{1+y}{2}\right),\quad \mathrm{e}^{-st}=\left(\frac{1+y}{2}\right)^{s/\delta} \tag{2.5.34}$$

这样就得到一个定义在[−1, 1]上的函数 $g(y)$

$$f(t)=f\left[-\frac{1}{\delta}\ln\left(\frac{1+y}{2}\right)\right]=g(y) \tag{2.5.35}$$

在式(2.5.30)中引进上述代换后，有

$$\hat{f}(s)=\frac{1}{2\delta}\int_{-1}^{1}\left(\frac{1+y}{2}\right)^{s/(\delta-1)} g(y)\,\mathrm{d}y \tag{2.5.36}$$

假定式(2.5.36)的左端是已知的，现在设法求 $f(t)$ 或 $g(y)$。把未知函数 $g(y)$ 展开成以下级数：

$$g(y)=\sum_{n=1}^{\infty} c_n P_n^{(0,\beta)}(y) \tag{2.5.37}$$

式中，$P_n^{(0,\beta)}(y)$ 为 n 阶雅可比多项式。

$$\begin{cases} P_n^{(0,\beta)}(y)=\dfrac{(-1)^{n-1}}{2^{n-1}(n-1)!}(1+y)^{-\beta}\cdot\dfrac{\mathrm{d}^{n-1}}{\mathrm{d}y^{n-1}}\left[(1-y)^{n-1}(1+y)^{n-1+\beta}\right] \\ P_1^{(0,\beta)}(y)=1 \end{cases} \tag{2.5.38}$$

将式(2.4.37)代入式(2.4.36)中，利用雅可比多项式的正交性，得到

$$
\begin{cases} \displaystyle\sum_{n=1}^{k} \frac{(k-1)(k-2)\cdots[k-(n-2)]}{(k+\beta)(k+\beta+1)\cdots(k+\beta+n)} c_n = \delta \bar{f}[(\beta+k)s], & n \geqslant 2 \\ \dfrac{c_1}{\beta+1} = \delta \bar{f}[(\beta+1)\delta], & n=1 \end{cases} \tag{2.5.39}
$$

由于方程组(2.5.39)右端是已知的，前 N 个系数 c_n 可以求得。$g(x)$可以近似表示成部分和，即

$$
g(y) \approx \sum_{n=1}^{N} c_n P_n^{(0,\beta)}(y) \tag{2.5.40}
$$

考虑到 $y = 2\mathrm{e}^{-\delta t} - 1$，最后得到

$$
f(t) = g[y(t)] \approx \sum_{n=1}^{N} c_n P_n^{(0,\beta)}(2\mathrm{e}^{-\delta t} - 1) \tag{2.5.41}
$$

2.5.3 梅林变换及其卷积公式

梅林变换是一种十分有用的工具，可以由傅里叶变换引出。在式(2.5.16)中，令 x 和 a 分别由 ξ 和 s 取代，其中，$\xi = \mathrm{e}^x$、$s = c + \mathrm{i}a$，则有

$$
\tilde{f}\left(\frac{s-c}{\mathrm{i}}\right) = \int_0^{\infty} \xi^{-a} f(\ln \xi) \xi^{s-1} \mathrm{d}\xi \tag{2.5.42}
$$

在式(2.5.17)中作同一变量代换，则有

$$
f(\ln \xi) = \frac{1}{2\pi \mathrm{i}} \int_{c-\mathrm{i}\infty}^{c+\mathrm{i}\infty} \tilde{f}\left(\frac{s-c}{\mathrm{i}}\right) \xi^{s-1} \mathrm{d}\xi \tag{2.5.43}
$$

如果记

$$
g(\xi) = \xi^{-c} f(\ln \xi), \quad \tilde{g}(s) = \tilde{f}\left(\frac{s-c}{\mathrm{i}}\right) \tag{2.5.44}
$$

则式(2.5.43)和式(2.5.44)便是**梅林变换**及**梅林反演**的定义式。因而，有下面的定理。

定理 2.5.2 如果积分

$$
\int_0^{\infty} \xi^{k-1} |g(\xi)| \mathrm{d}\xi \tag{2.5.45}
$$

对 $k>0$ 存在，式(2.5.46)称为函数 $g(\xi)$ 的梅林变换

$$
\tilde{g}(s) = \int_0^{\infty} g(\xi) \xi^{s-1} \mathrm{d}\xi \tag{2.5.46}
$$

则其梅林反演公式为

$$
g(\xi) = \frac{1}{2\pi \mathrm{i}} \int_{c-\mathrm{i}\infty}^{c+\mathrm{i}\infty} \tilde{g}(s) \xi^{-s} \mathrm{d}s \tag{2.5.47}
$$

对于 $c>k$ 成立，其中式(2.5.47)的积分沿着一条与虚轴平行的直线进行。

如果函数 $f(x)$ 与 $g(x)$ 的梅林变换存在，并且记为 $\tilde{f}(x)$ 与 $\tilde{g}(x)$，则有

$$\int_0^{\infty} f(x)g(x)x^{s-1}\mathrm{d}x = \frac{1}{2\pi \mathrm{i}}\int_{c-\mathrm{i}\infty}^{c+\mathrm{i}\infty} \tilde{f}(\sigma)\tilde{g}(s-\sigma)\mathrm{d}\sigma \tag{2.5.48}$$

式(2.5.48)称为**梅林变换的卷积公式**。

2.5.4　汉克尔变换

在三维断裂动力学问题中要用到汉克尔变换。设函数 $f(y)$ 在 $(0, \infty)$ 上绝对可积，并且在点 x 的邻域是有界函数，若

$$\overline{f}_v(u) = \int_0^{\infty} yf(y)J_v(uy)\mathrm{d}y \tag{2.5.49}$$

是函数 $f(y)$ 的 v 阶汉克尔变换，则其反变换为

$$\frac{1}{2}\left[f(x+0)+f(x-0)\right] = \int_0^{\infty} u\overline{f}_v(u)J_v(xy)\mathrm{d}u \tag{2.5.50}$$

当 $f(y)$ 在点 x 连续时，式(2.5.50)的左端为 $f(x)$。

在求函数 $f(r)$ 的导数的汉克尔变换时，需要假定 $r\to 0$ 和 $rf(r)\to 0$。利用上面的定义和这两个补充假定，再利用分部积分法，可以得到

$$\int_0^{\infty} r\left(\frac{\mathrm{d}^2 f}{\mathrm{d}r^2}+\frac{1}{r}\frac{\mathrm{d}f}{\mathrm{d}r}-\frac{v^2 f}{r^2}\right)J_v(\xi r)\mathrm{d}r = -\xi^2\overline{f}_v(\xi) \tag{2.5.51}$$

式中，$\overline{f}_v(\xi) = \int_0^{\infty} rf(r)J_v(\xi r)\mathrm{d}\xi$。

第 3 章　动力学问题的力学基础

3.1　基本概念与动力学定理

3.1.1　运动、位形、状态变量、约束及其分类

1. 运动、位形与位形空间

由 n 个质点通过一定的联系而组成的研究系统称为质点系。质点 M 的位置随时间在空间的迁移称为运动，即运动表现为构形的时间序列。质点 M 的位置可由矢量坐标 $\boldsymbol{r}$ 或直角坐标确定，质点在 t 时刻的位置由式(3.1.1)给出

$$\boldsymbol{r}=\boldsymbol{r}(t) \quad 或 \quad x_i=x_i(t), \quad i=1,2,3 \tag{3.1.1}$$

由 n 个质点 $P_i\ (i=1,2,\cdots,n)$ 组成的质点系需要 n 个矢量坐标 $\boldsymbol{r}_i\ (i=1,2,\cdots,n)$ 或 $3n$ 个笛卡儿坐标 $(x_i, y_i, z_i)\ (i=1,2,\cdots,n)$ 确定系统内部各质点的位置，这 $3n$ 个笛卡儿坐标的集合构成质点系的**位形**。所张成的抽象空间的 $3n$ 维空间称为质点系的**位形空间**。质点系的每个瞬时位形与位形空间中的点一一对应，质点系的运动过程可以抽象为位形空间中点的位置随时间的变化过程。

2. 状态变量与状态空间

运动中的质点在任一瞬时所占据的位置及所具有的速度组合起来称为质点在该瞬时的**状态变量**，由 3 个坐标及其导数共 6 个标量组成。由 n 个质点 P_i $(i=1,2,\cdots,n)$ 组成的质点系需要 $2n$ 个状态矢量 $(\boldsymbol{r}_i,\dot{\boldsymbol{r}}_i)\ (i=1,2,\cdots,n)$ 或 $6n$ 个状态变量 $(x_i, y_i, z_i, \dot{x}_i, \dot{y}_i, \dot{z}_i)\ (i=1,2,\cdots,n)$ 确定系统内部各质点的位置和速度，这 $6n$ 个状态变量张成的 $6n$ 维空间称为质点系的**状态空间**。位形空间是状态空间的 $3n$ 维子空间。质点系在每个瞬时的运动状态与状态空间中的点一一对应，后者称为**相点**。随着时间的推移，相点在状态空间中的位置变化所描绘的超曲线称为**相轨迹**。

3. 约束及其分类

对于质点系位形和运动的限制或限制条件称为**约束**。质点系内部各质点之间的相互约束称为**内约束**；质点系内部质点受到的外部约束称为**外约束**。约束可以通过一定的数学表达式描述，这个数学表达式称为**约束方程**或**约束不等式**。根据约束的性质，从不同的角度可将约束分类如下：

1) 几何约束与运动约束

仅限制质点系空间位形的约束称为**几何约束**。相应的约束方程只含各质点的

位置坐标，其一般的形式为

$$f_k(\boldsymbol{r}_i,t)=f_k(x_i,y_i,z_i;t)=0,\quad i=1,2,\cdots,n \tag{3.1.2}$$

对于质点系的限制，除了空间位形外，还包括运动情况的约束，称为**运动约束**。相应的约束方程含有各质点的位置坐标及其关于时间的导数，其一般形式为

$$f_k(\boldsymbol{r}_i,\dot{\boldsymbol{r}}_i,t)=f_k(x_i,y_i,z_i;\dot{x}_i,\dot{y}_i,\dot{z}_i;t)=0,\quad i=1,2,\cdots,n \tag{3.1.3}$$

如图 3.1.1 所示的单摆，由杆 OA 和质点 A 组成，摆长为 l，在 Oxy 平面内摆动。质点 A 的运动受到杆的约束为几何约束。约束方程为

$$x^2+y^2-l^2=0 \tag{3.1.4}$$

图 3.1.2 为在倾角为 α 的冰面上运动的冰刀，简化为长度为 l 的均质杆 AB，其质心 O_c 的速度方向与刀刃 AB 保持一致，约束条件为冰刀中心速度的方向总是沿着冰刀刀刃方向，此约束为运动约束，如果以冰刀中心的坐标 (x_c, y_c) 及冰刀的方向角 θ 描述冰刀的位形，则约束方程为

$$\dot{y}_c-\dot{x}_c\tan\theta=0 \tag{3.1.5}$$

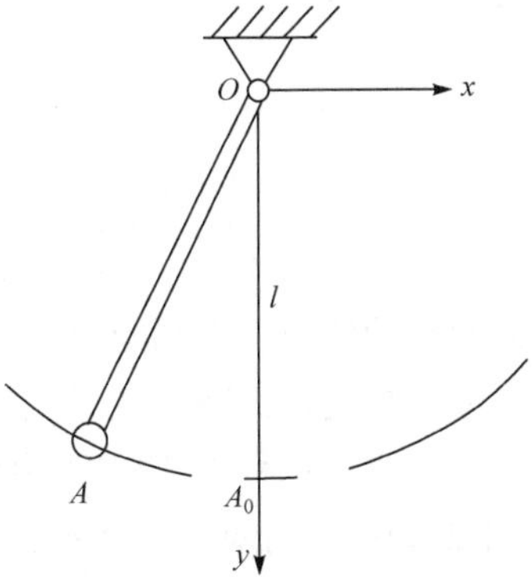

图 3.1.1　单摆

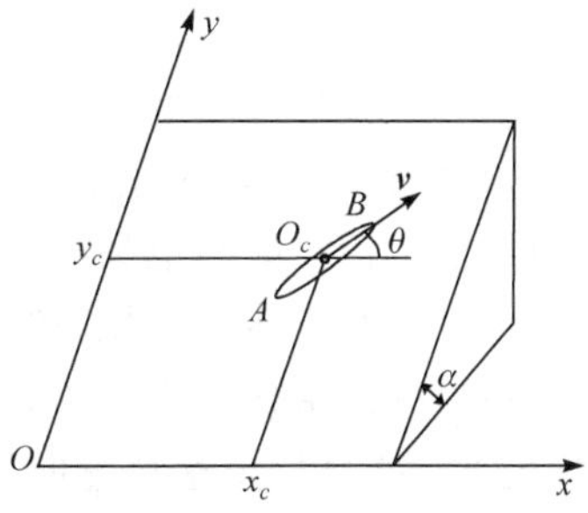

图 3.1.2　冰面上运动的冰刀

2) 定常约束与非定常约束

对于质点系的限制条件不随时间变化的约束称为**定常约束**。定常约束的约束方程不显含时间 t。限制条件随时间变化的约束称为**非定常约束**。非定常约束的约束方程显含时间 t。

如图 3.1.1 所示的单摆，约束方程(3.1.4)不随时间变化，为定常的几何约束。而图 3.1.3 中，滑块 A 依据某正弦函数在其平衡位置附近所受约束为非定常约束，约束方程为

$$(x-\sin t)^2+y^2=l^2 \tag{3.1.6}$$

3) 双面约束与单面约束

对于质点系的限制条件，唯一确定或由等式描述的约束称为**双面约束**或**固执约束**。限制条件非唯一确定或由不等式描述的约束称为**单面约束**或**非固执约束**。

如图 3.1.1 所示的单摆，质点只能在半径为 l 的圆周上运动，约束方程(3.1.4)为等式，为双面约束。而图 3.1.4 中，摆由不可伸长的软绳与质点组成，质点可以在半径为 l 的圆周内运动，约束方程为不等式的运动，为单面约束。约束方程为

$$x^2 + y^2 \leqslant l^2 \tag{3.1.7}$$

如果绳子 O 端以速度 v 收缩，则约束方程又成为

$$(l - vt)^2 - (x^2 + y^2) \geqslant 0 \tag{3.1.8}$$

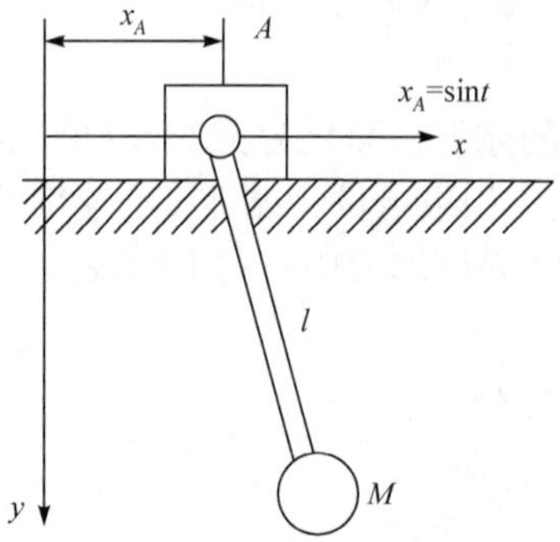

图 3.1.3　滑块与摆

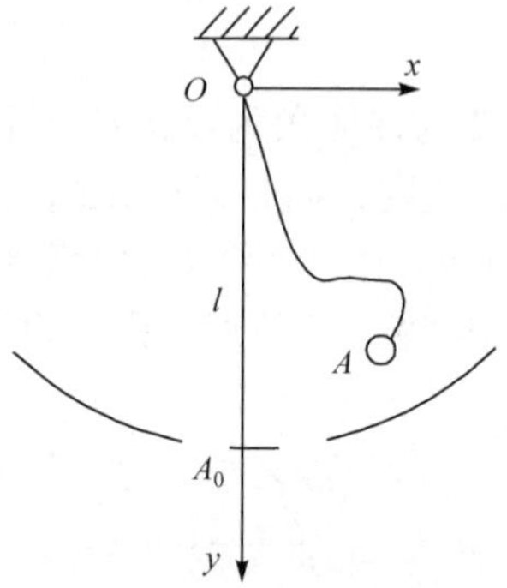

图 3.1.4　软绳摆

4) 完整约束与非完整约束

完整约束包括几何约束和可转化成几何约束的运动约束，即约束方程中不含速度项的约束。不能转化成几何约束的运动约束称为**非完整约束**。仅受完整约束的质点系称为**完整系统**。所受约束包含非完整约束的质点系称为**非完整系统**。

如图 3.1.1 所示的单摆是几何约束，因而是完整约束。可见，该系统是几何、定常、双面、完整的约束。对于质点 A 是一个外约束。而对于图 3.1.2 所示的冰面上运动的冰刀，其约束方程(3.1.5)是运动约束，且约束方程中不存在积分因子，是不可积的，所以冰刀在冰面上的运动是非完整约束。

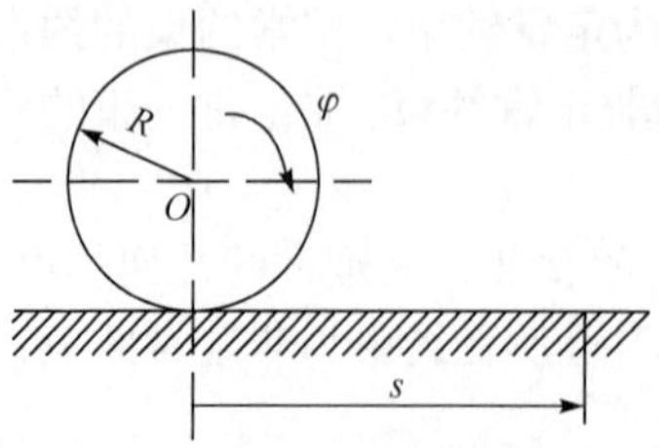

图 3.1.5　纯滚动的圆轮

如图 3.1.5 所示，半径为 R 的圆轮在平面上沿直线纯滚动。圆轮受到平面的两个约束，其一是轮心 O 到平面的距离不变，即 $y_O - R = 0$，这是几何、定常、双面、完整的约束；其二是轮 O 的速度 v 与角速度 $\dot{\varphi}$ 的比例关系，约束方程为

$$v - R\dot{\varphi} = 0 \tag{3.1.9}$$

这是运动约束。但通过积分可转化为几何约束，即

$$x - R\varphi = c \tag{3.1.10}$$

式中，c 为积分常数。因此，该约束是完整约束。

对于有 s 个非完整约束的非完整系统，其约束方程为质点速度的一次代数方程，可写为

$$\sum_{i=1}^{3n} A_{ki}\dot{x}_i + A_{k0} = 0, \quad k = 1,2,\cdots,s \tag{3.1.11}$$

在方程(3.1.11)中各项乘以 $\mathrm{d}t$，化为

$$\sum_{i=1}^{3n} A_{ki}\mathrm{d}x_i + A_{k0}\mathrm{d}t = 0, \quad k = 1,2,\cdots,s \tag{3.1.12}$$

对于定常约束情形，系数 A_{ki}, A_{k0} 为 x_i $(i=1,2,\cdots,3n)$ 的函数。若约束为非定常约束，则 A_{ki}, A_{k0} 也是时间 t 的函数。对完整约束方程(3.1.2)计算全微分，可得到与式(3.1.12)形式相同的方程。

$$\sum_{i=1}^{3n} \frac{\partial f_k}{\partial x_i}\mathrm{d}x_i + \frac{\partial f_k}{\partial t}\mathrm{d}t = 0, \quad k = 1,2,\cdots,r \tag{3.1.13}$$

可见，微分形式的约束方程(3.1.12)可同时表示完整约束，称为**线性微分约束**。也可认为完整约束是微分方程(3.1.12)的可积分形式。若系统内同时存在 r 个完整约束和 s 个非完整约束，则可统一表示为

$$\sum_{i=1}^{3n} A_{ki}\mathrm{d}x_i + A_{k0}\mathrm{d}t = 0, \quad k = 1,2,\cdots,r+s \tag{3.1.14}$$

其中，r 个完整约束的系数规定为

$$A_{ki} = \frac{\partial f_k}{\partial x_i}, \quad A_{k0} = \frac{\partial f_k}{\partial t}, \quad k = 1,2,\cdots,r; i = 1,2,\cdots,3n \tag{3.1.15}$$

系数 A_{k0} 源自约束随时间的变化。定常约束对应的 A_{k0} 为零。

3.1.2　自由度与广义坐标

1. 自由度

在动力问题分析中需要建立系统质量上的惯性力、阻尼力、弹性力与其加速度、速度、位移等运动参量之间的关系，而速度、加速度分别是位移对时间的一阶导数和二阶导数，位移又与质量在任意时刻所处的位置有关，由此就引出自由度的概念。

对于完整系统，确定系统位形所需的最少参量数或独立参量数，称为系统的**自由度**。自由度等于确定系统位形的代数坐标数减去约束方程数。由 n 个质点组成的质点系，具有 r 个完整约束时，系统的自由度为 $f = 3n - r$ 。

若系统除 r 个完整约束外，还受到 s 个非完整约束的限制，则系统的自由度减少为 $f = 3n - r - s$ 。

例 3.1.1　对图 3.1.6 所示的滑轮-质块-弹簧系统，按考虑定滑轮质量与不考虑定滑轮质量的情况分别确定系统的自由度。

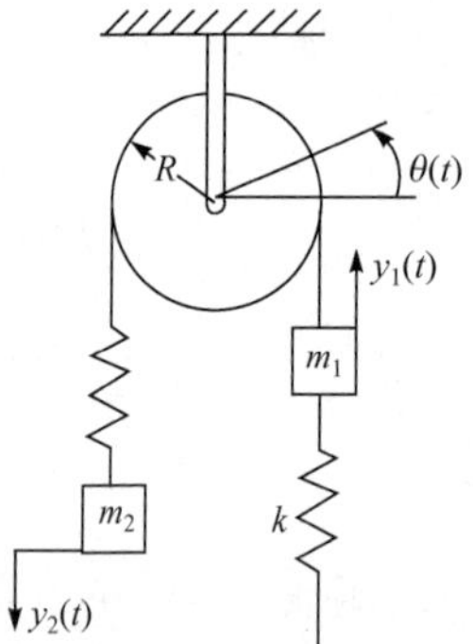

图 3.1.6　滑轮-质块-弹簧系统

解　若不考虑定滑轮的质量，则本系统的两个集中质量 m_1、m_2 在任一时刻的位置可分别用它们在竖直方向的位移 $y_1(t)$ 和 $y_2(t)$ 来确定，系统的自由度为 2。若考虑定滑轮的质量，由于定滑轮做刚体定轴转动，只需用其转过的角度 $\theta(t)$就能描述其上所有质点在任何时刻的位置。在绳子不打滑的前提下，有

$$\theta(t)=y_1(t)/R$$

即 $\theta(t)$不是独立参量，故系统的自由度与不考虑定滑轮质量的情况相同，仍然为 2。

2. 广义坐标

集中参数系统的自由度和广义坐标是与系统的约束有连带关系的两个概念。确定系统位形所需要的独立参变量，称为**广义坐标**，记作 $q_j(j=1,2,\cdots,k)$，k 为广义坐标数。广义坐标具有两个特性，一是完备性，即能够完全地确定系统在任一时刻的位置或形状；二是独立性，即各坐标都能在一定范围内任意取值，其间不存在函数关系。广义坐标可以是具有明确物理意义的线坐标、角坐标，也可以是不具有任何物理意义，但便于描述系统位形的量。

广义坐标的完备性和独立性决定了完整系统的广义坐标数与系统的自由度相等，广义坐标数小于系统的自由度，坐标不完备；广义坐标数大于系统的自由度，坐标不独立。广义坐标根据系统的具体结构和问题的要求选定。对于定常约束情况，系统中任一点的位置矢径 $\boldsymbol{r}_i$ 均可以表达为广义坐标 q_i 的函数，即

$$\boldsymbol{r}_i=\boldsymbol{r}_i(q_1,q_2,\cdots,q_k;t),\quad i=1,2,\cdots,n \tag{3.1.16}$$

式(3.1.16)也可写为笛卡儿坐标形式，即

$$x_i=x_i(q_1,q_2,\cdots,q_k;t),\quad i=1,2,\cdots,3n \tag{3.1.17}$$

运动系统的广义坐标将随速度变化，广义坐标对时间 t 的导数称为**广义速度**。由式(3.1.16)和式(3.1.17)，可将系统各质点的速度通过广义速度表示为

$$\dot{\boldsymbol{r}}_i=\sum_{j=1}^{k}\frac{\partial \boldsymbol{r}_i}{\partial q_j}\dot{q}_j+\frac{\partial \boldsymbol{r}_i}{\partial t},\quad i=1,2,\cdots,n \tag{3.1.18}$$

式(3.1.18)也可写为笛卡儿坐标形式，即

$$\dot{x}_i=\sum_{j=1}^{k}\frac{\partial x_i}{\partial q_j}\dot{q}_j+\frac{\partial x_i}{\partial t},\quad i=1,2,\cdots,3n \tag{3.1.19}$$

若非完整系统的约束方程为式(3.1.11)所示的线性式，将式(3.1.17)对 t 求导后代入式(3.1.11)，改变求和次序，得到限制广义速度的 s 个非完整约束方程为

$$\sum_{j=1}^{k} B_{kj}\dot{q}_j + B_{k0} = 0, \quad k = 1,2,\cdots,s \tag{3.1.20}$$

式中，

$$B_{kj} = \sum_{i=1}^{3n} A_{ki}\frac{\partial x_i}{\partial q_j}, \quad B_{k0} = A_{k0} + \sum_{i=1}^{3n} A_{ki}\frac{\partial x_i}{\partial t}, \quad k = 1,2,\cdots,s; j = 1,2,\cdots,k \tag{3.1.21}$$

对于非完整系统，当其具有 r 个完整约束和 s 个非完整约束时，自由度为 $f = 3n - r - s$。由于非完整约束方程不能积分为联系广义坐标的关系式，广义坐标数为 k=3n–r。可见，确定系统位形空间的广义坐标数大于系统的自由度。在处理问题时，除 3n–r 个广义坐标外，再选取 s 个非独立坐标，称为多余坐标。此时，坐标总数 $(k = 3n - r + s)$ 大于自由度，应补充列出与多余坐标数相等的联系广义坐标与多余坐标的完整约束方程，为

$$f_l(q_1, q_2, \cdots, q_k; t), \quad l = 1,2,\cdots,s \tag{3.1.22}$$

若将式(3.1.22)对 t 求导，可得形式上与式(3.1.12)相同的一阶微分约束方程。若将完整系统的包括多余坐标的全部坐标统称为广义坐标，并将完整约束方程(3.1.22)用求导后的一阶微分方程(3.1.20)代替，则可将非完整系统和含多余坐标的完整系统在形式上统一起来。区别仅在于后者的约束方程为可积分的特殊形式。

例 3.1.2　希立克测振仪由小球 A 和无质量杆组成，如图 3.1.7 所示。O、B 均为旋转铰，O' 为圆柱铰，设小球质量为 m，试选择广义坐标并写出约束方程。

解　系统只有一个质量元件，为单自由度系统，选择 $O'A$ 杆的转角 φ 为广义坐标，再引入 B 点与支点 O' 的距离 x 为多余坐标，在三角形 $OO'B$ 中利用余弦定理可写出以下完整约束方程：

$$a^2 + x^2 - 2ax\cos\varphi - b^2 = 0$$

例 3.1.3　试确定图 3.1.8 所示的机械系统的自由度，建立约束方程，并选择广义坐标。

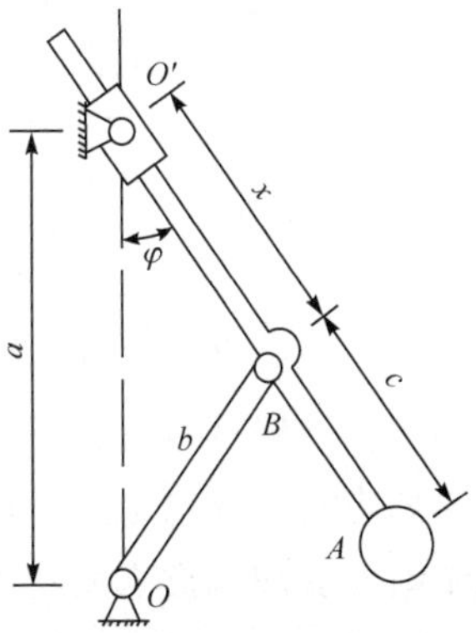

图 3.1.7　希立克测振仪

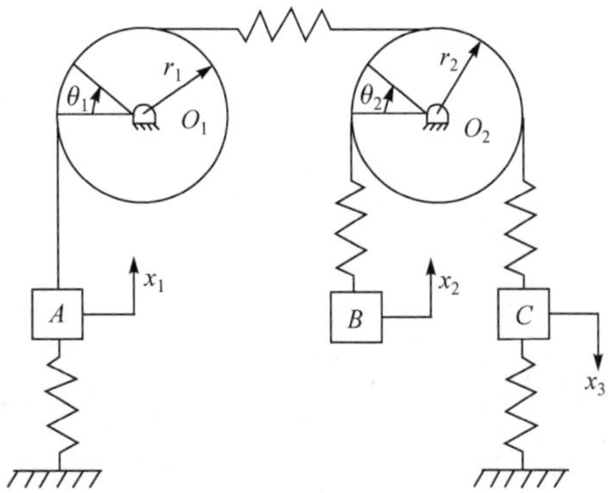

图 3.1.8　圆盘-质块-弹簧系统

解　该系统有 3 个质块和 2 个圆盘，可以选择 5 个参量来描述，分别为：

θ_1，即以 O_1 为圆心的圆盘从平衡位置起顺时针角位移。θ_2，即以 O_2 为圆心的圆盘从平衡位置起顺时针角位移。x_1，即物块 A 向上的位移。x_2，即物块 B 向上的位移。x_3，即物块 C 向下的位移。

注意到 x_1 与 θ_1 之间存在函数关系，故系统有 4 个自由度，广义坐标可选择为 $(x_2, x_3, \theta_1, \theta_2)$ 。

系统的质点数大于广义坐标数，约束方程为

$$x_1 = r_1\theta_1$$

3.1.3　虚位移原理

1. 功和能

牛顿第二定律是讨论动力学问题的基础，牛顿第二定律可以表示为

$$\boldsymbol{F} = m\ddot{\boldsymbol{r}} \tag{3.1.23}$$

在式(3.1.23)的两端点乘微分位移 d$\boldsymbol{r}$，得到

$$\boldsymbol{F}\cdot \mathrm{d}\boldsymbol{r} = m\ddot{\boldsymbol{r}}\cdot \mathrm{d}\boldsymbol{r} = \mathrm{d}\left(\frac{1}{2}m\dot{\boldsymbol{r}}\cdot\dot{\boldsymbol{r}}\right) \tag{3.1.24}$$

式中，左端表示力 $\boldsymbol{F}$ 在微分位移 d$\boldsymbol{r}$ 上所做的功，将其记为 dW；而右端表示一标量函数

$$T = \frac{1}{2}m\dot{\boldsymbol{r}}\cdot\dot{\boldsymbol{r}} = \frac{1}{2}m\dot{\boldsymbol{r}}^2 \tag{3.1.25}$$

的增量，此函数就是动能，从而得到

$$\mathrm{d}W = \boldsymbol{F}\cdot\mathrm{d}\boldsymbol{r} = \mathrm{d}T \tag{3.1.26}$$

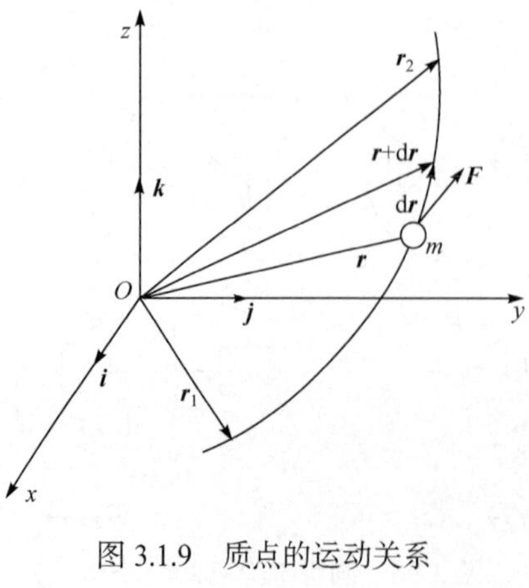

图 3.1.9　质点的运动关系

即力 $\boldsymbol{F}$ 在 d$\boldsymbol{r}$ 上做功，使质点的动能增加 dT。如图 3.1.9 所示，如果质点在力 $\boldsymbol{F}$ 作用下，从位置 $\boldsymbol{r}_1$ 运动到 $\boldsymbol{r}_2$，则将式(3.1.26)从 $\boldsymbol{r}_1$ 到 $\boldsymbol{r}_2$ 积分，得到

$$\int_{\boldsymbol{r}_1}^{\boldsymbol{r}_2}\boldsymbol{F}\cdot\mathrm{d}\boldsymbol{r} = T_2 - T_1 = \frac{1}{2}m\dot{\boldsymbol{r}}_2\cdot\dot{\boldsymbol{r}}_2 - \frac{1}{2}m\dot{\boldsymbol{r}}_1\cdot\dot{\boldsymbol{r}}_1$$

即 $\boldsymbol{F}$ 推动质点沿轨线从位置 $\boldsymbol{r}_1$ 移动到 $\boldsymbol{r}_2$ 所做的功等于质点动能的增量。在许多情况下，如果作用力 $\boldsymbol{F}$ 仅与质点所在的位置有关，则 $\boldsymbol{F}\cdot\mathrm{d}\boldsymbol{r}$ 可以表示为某一标量函数的

全微分

$$\mathrm{d}W = \boldsymbol{F}(\boldsymbol{r})\cdot \mathrm{d}\boldsymbol{r} = -\mathrm{d}V(\boldsymbol{r}) \tag{3.1.27}$$

式中，$V(\boldsymbol{r})$为势能函数；$\boldsymbol{F}(\boldsymbol{r})$为势场力或称保守力。这表明，势场力做功消耗了部分势能。

2. 虚位移

对于具有 n 个质点的质点系，若系统内同时存在 r 个完整约束和 s 个非完整约束，各质点在无限小的时间间隔 $\mathrm{d}t$ 内所产生的无限小位移 $\mathrm{d}\boldsymbol{r}_i\ (i=1,2,\cdots,n)$ 或 $\mathrm{d}\boldsymbol{x}_i\,(i=1,2,\cdots,n)$ 受约束方程(3.1.14)的限制。满足约束方程(3.1.14)的无限小位移称为质点系的可能位移。对于定常约束情形，对应的 A_{k0} 为零，可能位移约束方程简化为

$$\sum_{i=1}^{3n} A_{ki}\mathrm{d}\boldsymbol{x}_i = 0,\quad k=1,2,\cdots,r+s \tag{3.1.28}$$

质点系实际发生的微小位移称为**实位移**。实位移是无数可能位移中的一个，除满足约束条件式(3.1.14)或式(3.1.28)外，还必须满足动力学的基本定律和运动的初始条件，且与时间有关。实位移具有确定的方向，可能是微小值，也可能是有限值。某给定瞬时，质点或质点系为约束所允许的无限小的位移称为质点或质点系的**虚位移**。虚位移是一个纯粹的几何概念，只与约束条件有关，不需经历时间。虚位移为无穷小，根据约束情况可能有多种方向。在定常约束情形，虚位移就是可能位移。对于非定常约束，各质点的虚位移相当于时间突然停滞，约束在瞬间“凝固”时的可能位移。

如图 3.1.10 所示，$\delta\theta$、δr_A、δr_B 分别是曲柄-滑块系统中点 O、A、B 处的虚位移。

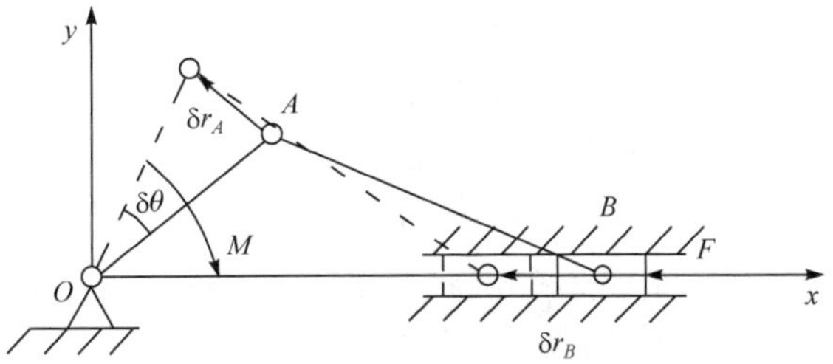

图 3.1.10　曲柄-滑块机构及其虚位移

平衡的物体不会发生实位移，但可以使其具有虚位移。实位移可用矢径 $\boldsymbol{r}$ 的微分 $\mathrm{d}\boldsymbol{r}$ 表示；虚位移用变分符号 δ 表示，如 $\delta\boldsymbol{r}$ 或其投影 δx_i、δy_i、δz_i 等，表示在时间不变的情况下，线位移或角位移的无穷小变化。δ 的运算规则与微分算子 d

的运算规则相同。令式(3.1.14)中 $\mathrm{d}t=0$，将 $\mathrm{d}x_i$ 换作 δx_i，即转化为虚位移的约束方程：

$$\sum_{i=1}^{3n} A_{ki}\delta x_i = 0, \quad k=1,2,\cdots,r+s \tag{3.1.29}$$

比较式(3.1.28)和式(3.1.29)可以看出，对于定常约束，虚位移与可能位移完全相同。但对于非定常约束，一般情况下，约束条件式(3.1.29)不同于式(3.1.14)，因此虚位移不一定等同于可能位移。

设质点系在同一时刻、同一位形有两组可能位移 $\mathrm{d}x_i^*$ 和 $\mathrm{d}x_i^{**}$ $(i=1,2,\cdots,3n)$，分别满足约束条件式(3.1.14)，即

$$\sum_{i=1}^{3n} A_{ki}\mathrm{d}x_i^* + A_{k0}\mathrm{d}t = 0, \quad \sum_{i=1}^{3n} A_{ki}\mathrm{d}x_i^{**} + A_{k0}\mathrm{d}t = 0, \quad k=1,2,\cdots,r+s \tag{3.1.30}$$

将式(3.1.30)的两式相减，令

$$\delta x_i = \mathrm{d}x_i^* - \mathrm{d}x_i^{**}, \quad i=1,2,\cdots,3n \tag{3.1.31}$$

相减后含 $\mathrm{d}t$ 的第二项被消除，导致与式(3.1.29)相同的虚位移约束方程。因此，也可将虚位移定义为质点系在同一时刻、同一位形两组可能位移之差。

虚位移必须适应约束条件的要求，虚位移的个数必须等于系统的自由度。由于 r+s 个约束条件式(3.1.29)的存在，虚位移 δx_i $(i=1,2,\cdots,3n)$ 中只有 $3n-r-s$ 个独立变量，所以也可以将系统的独立虚位移数目定义为系统自由度。图 3.1.10 所示的连杆两端的虚位移 δr_A 和 δr_B，其实只有一个是独立的，因为这是一个单自由度系统。

虚位移可以用广义坐标表示。由 n 个质点 P_i $(i=1,2,\cdots,n)$ 组成的具有 r 个完整约束和 s 个非完整约束的非完整系统，其自由度为 $f=3n-r-s$。选取 $k=3n-r$ 个广义坐标 $q_j\,(j=1,2,\cdots,k)$，系统的位形由广义坐标表达为式(3.1.17)，各质点包括实位移的可能位移由广义坐标的微分完全确定。

$$\mathrm{d}x_i = \sum_{j=1}^{k}\frac{\partial x_i}{\partial q_j}\mathrm{d}q_j + \frac{\partial x_i}{\partial t}\mathrm{d}t, \quad i=1,2,\cdots,3n \tag{3.1.32}$$

由于广义坐标数 k 大于系统自由度 f，$\mathrm{d}q_j$ 不是独立变量，受约束方程(3.1.20)的限制，即

$$\sum_{j=1}^{k} B_{kj}\mathrm{d}q_j + B_{k0}\mathrm{d}t = 0, \quad k=1,2,\cdots,s \tag{3.1.33}$$

设质点系在同一时刻、同一位形有两组广义坐标微分 $\mathrm{d}q_j^*$ 和 $\mathrm{d}q_j^{**}$ $(j=1,2,\cdots,k)$，分别对应于两组可能位移

$$\mathrm{d}x_i^* = \sum_{j=1}^{k} \frac{\partial x_i}{\partial q_j}\mathrm{d}q_j^* + \frac{\partial x_i}{\partial t}\mathrm{d}t = 0, \quad \mathrm{d}x_i^{**} = \sum_{j=1}^{k} \frac{\partial x_i}{\partial q_j}\mathrm{d}q_j^{**} + \frac{\partial x_i}{\partial t}\mathrm{d}t = 0, \quad i = 1,2,\cdots,3n \tag{3.1.34}$$

将式(3.1.34)的两式相减，利用式(3.1.31)，引入 δq_j $(j = 1,2,\cdots,k)$ 为广义坐标的等时变分，即同一时刻、同一位形两组广义坐标微分之差为

$$\delta q_j = \mathrm{d}q_j^* - \mathrm{d}q_j^{**}, \quad j = 1,2,\cdots,k \tag{3.1.35}$$

则质点系的广义位移由广义坐标的变分完全确定

$$\delta x_i = \sum_{j=1}^{k} \frac{\partial x_i}{\partial q_j}\delta q_j, \quad i = 1,2,\cdots,3n \tag{3.1.36}$$

将式(3.1.36)表达为矢径形式为

$$\delta \boldsymbol{r}_i = \sum_{j=1}^{k} \frac{\partial \boldsymbol{r}_i}{\partial q_j}\delta q_j, \quad i = 1,2,\cdots,n \tag{3.1.37}$$

将约束方程(3.1.33)中的 $\mathrm{d}q_j$ 分别以 $\mathrm{d}q_j^*$ 和 $\mathrm{d}q_j^{**}$ 代替相减，利用式(3.1.35)，导出广义坐标变分应满足的约束方程为

$$\sum_{j=1}^{k} B_{kj}\delta q_j = 0, \quad k = 1,2,\cdots,s \tag{3.1.38}$$

3. 虚速度

将质点的位移求时间的一阶导数，即得到质点的速度 $\dot{x}_i$。由于 $\dot{x}_i = \mathrm{d}x_i/\mathrm{d}t$，故速度 $\dot{x}_i$ 与无限小位移 $\mathrm{d}x_i$ 应满足相同的约束条件。质点系中与可能位移对应的速度称为**可能速度**，即约束允许的运动速度，应满足约束条件式(3.1.11)。质点系的实际运动速度为无数可能速度中的一个，必须同时满足动力学基本定律和运动的初始条件。质点系在确定时刻，设想约束在瞬间“凝固”，质点系保持原有位形不变时，约束允许发生的可能速度，称为质点系的**虚速度**。利用变分符号 δ 将虚速度表示为 $\delta\dot{\boldsymbol{r}}_i$ $(i = 1,2,\cdots,n)$ 或 $\delta\dot{x}_i$ $(i = 1,2,\cdots,3n)$。与无限小位移不同，速度不必限制为无限小量。与虚位移类似，虚速度也可定义为同一时刻、同一位形两组可能速度 $\dot{x}_i^*$ 和 $\dot{x}_i^{**}$ $(i = 1,2,\cdots,3n)$ 之差，即

$$\delta\dot{x}_i = \dot{x}_i^* - \dot{x}_i^{**}, \quad i = 1,2,\cdots,3n \tag{3.1.39}$$

将 $\dot{x}_i^*$ 和 $\dot{x}_i^{**}$ 代入式(3.1.11)并相减，即导出与虚位移约束条件式(3.1.29)类似的虚速度约束条件

$$\sum_{i=1}^{3n} A_{ki}\delta\dot{x}_i = 0, \quad k = 1,2,\cdots,r+s \tag{3.1.40}$$

定常约束的虚速度与可能速度完全相同。但在非定常情形，约束条件式(3.1.40)不同于式(3.1.11)，因此非定常约束的虚速度与可能速度不一定等同。

与虚位移类似，虚速度也可用广义坐标表达。将式(3.1.32)各项除以 dt，即可得到速度的表达式为

$$\mathrm{d}\dot{x}_i = \sum_{j=1}^{k} \frac{\partial x_i}{\partial q_j}\mathrm{d}\dot{q}_j + \frac{\partial \dot{x}_i}{\partial t}\mathrm{d}t, \quad i = 1,2,\cdots,3n \tag{3.1.41}$$

类似于虚位移的广义坐标表达式的推导过程，可得到虚速度的广义坐标表达式为

$$\delta\dot{x}_i = \sum_{j=1}^{k} \frac{\partial x_i}{\partial q_j}\delta\dot{q}_j = 0, \quad i = 1,2,\cdots,3n \tag{3.1.42}$$

式中，$\delta\dot{q}_j\ (j = 1,2,\cdots,k)$ 为广义速度的变分，即质点系在同一时刻、同一位形两组广义速度之差。其约束条件为

$$\sum_{j=1}^{k} B_{kj}\delta\dot{q}_j = 0, \quad i = 1,2,\cdots,3n \tag{3.1.43}$$

与广义坐标的约束条件式(3.1.38)类似。

4. 虚加速度

质点系可能运动的加速度称为**可能加速度**。将约束方程(3.1.12)对时间微分两次，得到可能加速度满足的约束条件为

$$\sum_{i=1}^{3n}(A_{ki}\mathrm{d}\ddot{x}_i + \dot{A}_{ki}\dot{x}_i) + \dot{A}_{ki} = 0, \quad k = 1,2,\cdots,r+s \tag{3.1.44}$$

设质点系在同一时刻、同一位形且保持同一速度的两组可能位移 $\ddot{x}_i^*$ 和 $\ddot{x}_i^{**}$ $(i = 1,2,\cdots,3n)$，分别满足约束条件式(3.1.44)，即

$$\sum_{i=1}^{3n}(A_{ki}\ddot{x}_i^* + \dot{A}_{ki}\dot{x}_i) + \dot{A}_{k0} = 0, \quad \sum_{i=1}^{3n}(A_{ki}\ddot{x}_i^{**} + \dot{A}_{ki}\dot{x}_i) + \dot{A}_{k0} = 0, \quad k = 1,2,\cdots,r+s \tag{3.1.45}$$

将 $\delta\ddot{x}_i = \ddot{x}_i^* - \ddot{x}_i^{**}$ 称为加速度的变分或**虚加速度**。可理解为约束在瞬间“凝固”，质点保持原有位形和速度不变时约束允许发生的可能加速度。将式(3.1.45)的两式相减，得到虚加速度的约束条件为

$$\sum_{i=1}^{3n} A_{ki}\delta\ddot{x}_i = 0, \quad k = 1,2,\cdots,r+s \tag{3.1.46}$$

此约束方程与虚位移和虚速度的约束方程(3.1.29)和(3.1.40)类似，仅需要将其中的 δx_i 或 $\delta\dot{x}_i$ 替换为 $\delta\ddot{x}_i$。将式(3.1.46)与式(3.1.44)比较看出，当约束为非定常时，虚加速度不一定等同于可能加速度。

5. 虚功、广义力与理想约束

力在虚位移上所做的功称为**虚功**，记为 δW 。力 $\boldsymbol{F}_i$ 的虚功可表示为

$$\delta W = \boldsymbol{F}_i \cdot \delta \boldsymbol{r}_i = \boldsymbol{F}_i \cdot \sum_{j=1}^{k} \frac{\partial \boldsymbol{r}_i}{\partial q_j} \delta q_j = \sum_{j=1}^{k} \left(\boldsymbol{F}_i \cdot \frac{\partial \boldsymbol{r}_i}{\partial q_j} \right) \delta q_j \tag{3.1.47}$$

具有 n 个质点的质点系的虚功为

$$\delta W = \sum_{i=1}^{n} \boldsymbol{F}_i \cdot \sum_{j=1}^{n} \frac{\partial \boldsymbol{r}_i}{\partial q_j} \delta q_j = \sum_{j=1}^{n} \left(\sum_{i=1}^{n} \boldsymbol{F}_i \cdot \frac{\partial \boldsymbol{r}_i}{\partial q_j} \right) \delta q_j = 0 \tag{3.1.48}$$

式中，

$$\sum_{i=1}^{n} \boldsymbol{F}_i \cdot \frac{\partial \boldsymbol{r}_i}{\partial q_j} = Q_j, \quad i = 1, 2, \cdots, n \tag{3.1.49}$$

称为力 $\boldsymbol{F}_i$ 相应于广义坐标 q_j $(j = 1, 2, \cdots, k)$ 的**广义力**。质点系的广义力是各力相应的广义力之和，虚功也可表示为各广义力与广义虚位移乘积之和。系统受到有势力(或保守力) $\boldsymbol{F}_i$ 作用时，势能是系统的位形的函数，是广义坐标的复合函数，即

$$V = V(\boldsymbol{r}_i) = V\left[\boldsymbol{r}_i(q_j) \right] \tag{3.1.50}$$

有势力 $\boldsymbol{F}_i$ 相应的广义力为

$$Q_j = \sum_{i=1}^{n} \boldsymbol{F}_i \cdot \frac{\partial \boldsymbol{r}_i}{\partial q_j} = -\sum_{i=1}^{n} \frac{\partial V}{\partial \boldsymbol{r}_i} \cdot \frac{\partial \boldsymbol{r}_i}{\partial q_j} = -\frac{\partial V}{\partial q_j} \tag{3.1.51}$$

可见，有势力相应的广义力等于负的势能关于广义坐标的偏导数。

在质点系 P_i $(i = 1, 2, \cdots, n)$ 中，约束对质点的作用力称为**约束力**。第 i 个质点上作用的约束力记作 $\boldsymbol{F}_{ni}$ $(i = 1, 2, \cdots, n)$。凡约束力对质点系内任何虚位移所做的元功之和等于零的约束称为**理想约束**，相应的约束力称为**理想约束力**。理想约束满足下列条件：

$$\sum_{i=1}^{n} \boldsymbol{F}_{ni} \cdot \partial \boldsymbol{r}_i = 0 \tag{3.1.52}$$

常见的理想约束有以下几种。

(1) 光滑固定面或按照某种给定规律运动的光滑曲面。在此情形下，曲面的约束力 $\boldsymbol{F}_{ni}$ 均沿着曲面的法向，而满足约束条件的质点虚位移 $\delta \boldsymbol{r}_i$ 一定位于该点的切平面内。

(2) 光滑固定铰链和轴承。在此情形下，没有约束力矩，仅有过固定点的约束

力，而刚体的虚位移等于零，虚功之和等于零。

(3) 连接物体的光滑圆柱铰链。在此情形下，彼此相连接的物体，均直接与销钉发生相互作用。此时虚位移和约束力相互垂直，虚功之和等于零。

(4) 二力杆和不可伸长的柔索。在此情形下，质点所受的沿柔索或二力杆的约束力相等，而质点彼此之间沿柔索或二力杆某一相对运动，虚功之和等于零。

(5) 刚体在固定面上所做纯滚动(不计滚阻力偶)。在此情形下，可将约束力分解为沿法线方向的 $\boldsymbol{F}_{Ni}$ 和位于切平面内的 $\boldsymbol{F}_{li}$，而虚位移 $\delta\boldsymbol{r}_i$ 被限定在切平面内。由于法向约束力 $\boldsymbol{F}_{Ni}$ 与虚位移 $\delta\boldsymbol{r}_i$ 相互垂直，且静摩擦力所做的功等于零，故虚功之和等于零。

6. 虚位移原理

对于具有双面、完整、定常、理想约束的质点系，由式(3.1.52)知，n 个质点的约束力应该满足

$$\delta W=\sum_{i=1}^{n}\boldsymbol{F}_i\cdot\delta\boldsymbol{r}_i=0 \tag{3.1.53}$$

可见，具有理想约束的质点系平衡的充分必要条件是，作用于质点系的主动力在任何虚位移中所做虚功之和等于零。这就是**虚位移原理**，也称为**虚功原理**。式(3.1.53)是矢量形式的虚位移原理，也可写为直角坐标形式，即

$$\delta W=\sum_{i=1}^{n}(F_{ix}\cdot\delta x_i+F_{iy}\cdot\delta y_i+F_{iz}\cdot\delta z_i)=0 \tag{3.1.54}$$

式中，F_{ix}、F_{iy}、F_{iz} 分别为作用于点 $\boldsymbol{r}_i$ 处的主动力 $\boldsymbol{F}_i$ 在坐标轴上的投影；δx_i、δy_i、δz_i 分别为虚位移 $\delta\boldsymbol{r}_i$ 在坐标轴上的投影。

平衡条件式(3.1.53)的必要性与充分性证明如下：

证明 必要性：当质点系保持平衡时，其中任一质点也平衡。作用于该质点的主动力的合力 $\boldsymbol{F}_i$ 与约束力的合力 $\boldsymbol{F}_{ci}$ 平衡，由汇交力系的平衡条件得

$$\boldsymbol{F}_i+\boldsymbol{F}_{ci}=\boldsymbol{0}$$

给质点系一组虚位移，其中该质点的虚位移为 $\delta\boldsymbol{r}_i$。上式两边同乘以 $\delta\boldsymbol{r}_i$ 得

$$\boldsymbol{F}_i\cdot\delta\boldsymbol{r}_i+\boldsymbol{F}_{ci}\cdot\delta\boldsymbol{r}_i=0$$

对于质点系内所有质点，都可得到与上式同样的等式。将这些等式相加得

$$\sum_{i=1}^{n}\boldsymbol{F}_i\cdot\delta\boldsymbol{r}_i+\sum_{i=1}^{n}\boldsymbol{F}_{ci}\cdot\delta\boldsymbol{r}_i=0$$

在理想约束条件下，约束力在虚位移上所做的虚功总和等于零，即上式中的第二项为零，则得到式(3.1.53)。这表明，质点系的主动力在虚位移上所做的虚功

总和等于零。

充分性：反证法，设主动力的虚功总和等于零，即式(3.1.53)成立，但质点系不平衡。则质点系至少有一个质点将进入运动状态，以其中一个质点 M_j 为例。由质点运动学定律知，其微小位移将沿主动力 $\boldsymbol{F}_j$ 和约束力 $\boldsymbol{F}_{cj}$ 的合力方向。对于定常约束情况，实际的微小位移也是一个虚位移，记为 $\delta\boldsymbol{r}_i$。于是有虚功

$$\boldsymbol{F}_i\cdot\delta\boldsymbol{r}_i+\boldsymbol{F}_{ci}\cdot\delta\boldsymbol{r}_i>0$$

质点系进入运动的质点上力的虚功都大于零，而其余平衡的质点上力的虚功均等于零。将质点系的所有虚功相加得

$$\sum_{i=1}^{n}\boldsymbol{F}_i\cdot\delta\boldsymbol{r}_i+\sum_{i=1}^{n}\boldsymbol{F}_{ci}\cdot\delta\boldsymbol{r}_i>0$$

在理想约束时，有 $\sum\limits_{i=1}^{n}\boldsymbol{F}_{ci}\cdot\delta\boldsymbol{r}_i=0$，则上式成为

$$\sum_{i=1}^{n}\boldsymbol{F}_i\cdot\delta\boldsymbol{r}_i>0$$

这与原假设“虚功总和等于零”矛盾。故质点系必然保持平衡。

在广义坐标 $q_j\ (j=1,2,\cdots,k)$ 下，质点系的虚位移可以通过广义坐标的变分进行描述。对广义坐标与矢径的函数关系式(3.1.16)进行变分，得到虚位移的广义坐标表达式(3.1.37)。将式(3.1.37)代入式(3.1.53)，则虚位移原理可以用式(3.1.48)表达。考虑到广义力的定义式(3.1.49)，则得到

$$\delta W=\sum_{j=1}^{n}Q_j\delta q_j=0 \tag{3.1.55}$$

此即为在广义坐标下的虚位移原理，即系统处于静平衡的充要条件。对于完整系统，因 δq_j 彼此独立，故有

$$Q_j=0,\quad j=1,2,\cdots,k \tag{3.1.56}$$

例 3.1.4　杠杆 AB 在 O 处受固定铰支座约束，如图 3.1.11 所示，长度 $OA=a$、$OB=b$。杆 A 端与 B 端分别受铅直力 $\boldsymbol{F}_1$、$\boldsymbol{F}_2$ 作用，在图示水平状态平衡，杆的质量不计。证明其力系的平衡方程等价于虚功为零。

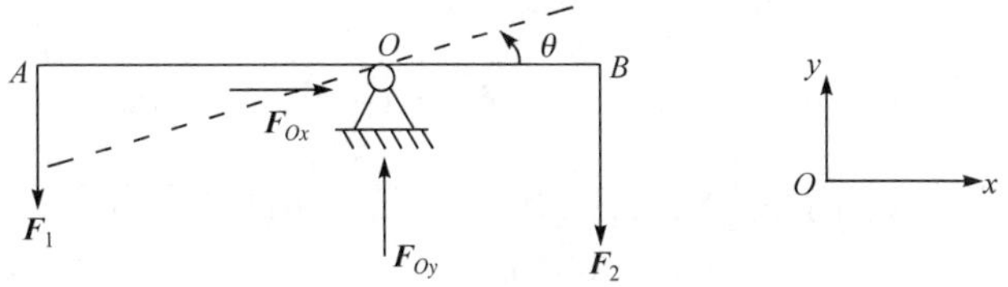

图 3.1.11　固定铰杠杆

证明 解除支座 O 的约束，将约束力 $\boldsymbol{F}_{Ox}$、$\boldsymbol{F}_{Oy}$ 转化为主动力。杆受平面一般力系作用，其平衡方程为

$$\sum \boldsymbol{F}_x = \boldsymbol{F}_{Ox} = \boldsymbol{0},\quad \sum \boldsymbol{F}_y = \boldsymbol{F}_{Oy} - \boldsymbol{F}_1 - \boldsymbol{F}_2 = \boldsymbol{0},\quad \sum \boldsymbol{M}_O = \boldsymbol{F}_1 a - \boldsymbol{F}_2 b = \boldsymbol{0} \tag{3.1.57}$$

杆的自由度为 3，选取点 O 的线坐标 x_O 、 y_O 与杆的角坐标 θ 为广义坐标，广义虚位移 δx_O 、 δy_O 、 $\delta\theta$ 相互独立。与作用力相应的虚位移为

$$\delta y_A = \delta y_O - a\delta\theta,\quad \delta y_B = \delta y_O + b\delta\theta$$

杆的虚功方程为

$$\begin{aligned}\sum \delta W &= F_{Ox}\delta x_O + F_{Oy}\delta y_O - F_1\delta y_A - F_2\delta y_B \\ &= F_{Ox}\delta x_O + (F_{Oy} - F_1 - F_2)\delta y_O + (F_1 a - F_2 b)\delta\theta = 0\end{aligned} \tag{3.1.58}$$

比较平衡方程(3.1.57)的各式与虚功方程(3.1.58)，可得平衡方程成立时必有总虚功等于零，反之总虚功等于零时也能推得平衡方程(基于广义虚位移 δx_O 、 δy_O 、 $\delta\theta$ 的独立性与任意性)，故两者等价。

例 3.1.5 平面桁架结构如图 3.1.12(a)所示，杆长 $AC=BC=a$，$\angle CAD=\angle CBD=\alpha$，杆 CD 铅直，AD 与 BD 水平，A 端为固定铰支座，B 端为滑动铰支座。铰 D 受铅直力 F 作用，各杆质量不计。求：杆 BD 的内力。

解 解除杆 BD，增加一对力 $F_1 = -F_1'$，如图 3.1.12(b)所示。结构受双面、定常、理想约束，自由度为 1，选取 x_B 为广义坐标，由于结构的对称性，可得铰 B 的虚位移为 δx_B，铰 D 的虚位移为 $\delta x_D=0$。

$$\delta y_D = \frac{1}{2}\delta x_B \cot\alpha$$

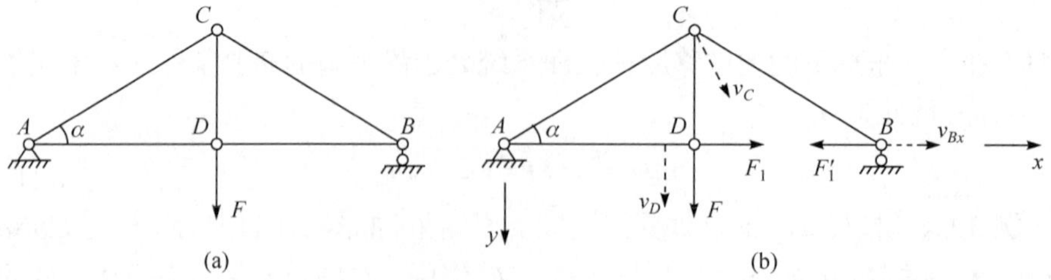

图 3.1.12 平面桁架结构

根据虚位移原理，结构平衡的虚功方程为

$$\sum \delta W = F\delta y_D + F_1\delta x_D - F_1'\,\delta x_B = \left(\frac{F}{2}\cot\alpha - F_1\right)\delta x_B = 0$$

由广义虚位移 δx_B 的独立性与任意性，解得杆 BD 的内力为

$$F_1 = \frac{F}{2}\cot\alpha$$

例 3.1.6　两球通过直杆连接，置于光滑的球形槽中，如图 3.1.13 所示，球 A 与球 B 的质量分别为 m_1、$m_2(m_1>m_2)$，杆的质量不计，长度 $AB=2a$，槽的半径为 $R(R>a)$。两球在图示状态平衡。求：偏角 φ。

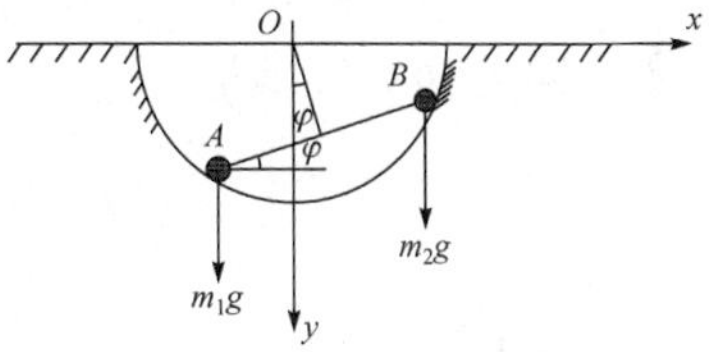

图 3.1.13　球形槽中的两球系统

解　系统的自由度由两球的 x, y 坐标减去槽和杆的约束确定，为 4–3=1。选取 φ 为广义坐标。平衡时，不计及球跳起，系统受双面、定常、理想约束。主动力只有两个重力，为有势力。以 x 轴位置为零势位，系统的势能为

$$V=-m_1g\left(\sqrt{R^2-a^2}\cos\varphi+a\sin\varphi\right)-m_2g\left(\sqrt{R^2-a^2}\cos\varphi-a\sin\varphi\right)$$

$$=-(m_1+m_2)g\sqrt{R^2-a^2}\cos\varphi-(m_1-m_2)ga\sin\varphi$$

根据虚位移原理，系统平衡条件的势能形式为

$$\frac{\partial V}{\partial\varphi}=(m_1+m_2)g\sqrt{R^2+a^2}\sin\varphi-(m_1-m_2)ga\cos\varphi=0$$

解得偏角 φ 满足

$$\tan\varphi=\frac{(m_1-m_2)a}{(m_1+m_2)\sqrt{R^2-a^2}}$$

例 3.1.7　平面双摆如图 3.1.14 所示，直杆 OA 与 AB 的长度分别为 a、b，两杆在 A 端通过光滑铰连接，O 端为固定铰支座。铰 A 与 B 分别受 y 轴方向的力 F_1、F_2 及 x 轴方向的力 F 作用，在图示状态平衡，各杆质量不计。求：偏角 θ_1 与 θ_2。

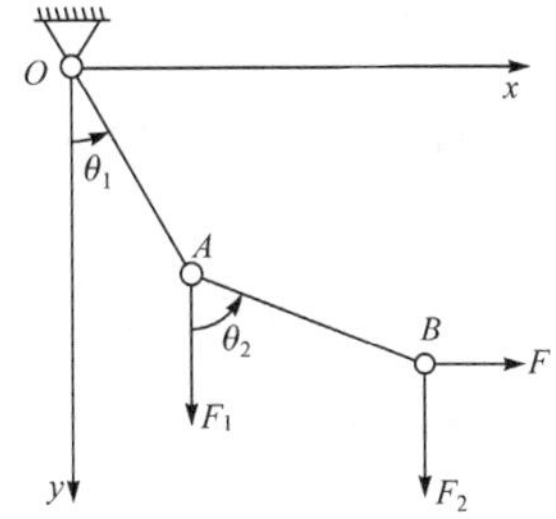

图 3.1.14　平面双摆

解　摆受双面、定常、理想约束，自由度为 2，选取 θ_1、θ_2 为广义坐标，广义位移 $\delta\theta_1$、$\delta\theta_2$ 相互独立。按照例 3.1.4 的分析方法，可得虚位移为

$$\delta y_A=-a\sin\theta_1\delta\theta_1$$
$$\delta x_B=a\cos\theta_1\delta\theta_1+b\cos\theta_2\delta\theta_2$$
$$\delta y_B=-a\sin\theta_1\delta\theta_1-b\sin\theta_2\delta\theta_2$$

根据虚位移原理，摆平衡的虚功方程为

$$\begin{aligned}\sum\delta W&=F_1\delta y_A+F_2\delta y_B+F\delta x_B\\&=(-F_1\sin\theta_1-F_2\sin\theta_1+F\cos\theta_1)a\delta\theta_1+(-F_2\sin\theta_2+F\cos\theta_2)b\delta\theta_2\\&=Q_1\delta\theta_1+Q_2\delta\theta_2=0\end{aligned}$$

由广义虚位移 $\delta\theta_1$、$\delta\theta_2$ 的独立性与任意性，得到广义力 $Q_1=0$ 与 $Q_2=0$，联立解之得偏角 θ_1、θ_2 满足

$$\tan\theta_1 = \frac{F}{F_1+F_2}, \quad \tan\theta_2 = \frac{F}{F_2}$$

例 3.1.8　对于图 3.1.15 所示的机构，线性弹簧原长为 x_0，系统的约束如图 3.1.15 所示，当弹簧未伸长时，可以不计质量的刚性杆处于水平位置，如图 3.1.15 中虚线所示。试以虚功原理确定系统处于静平衡位置时的角 θ。

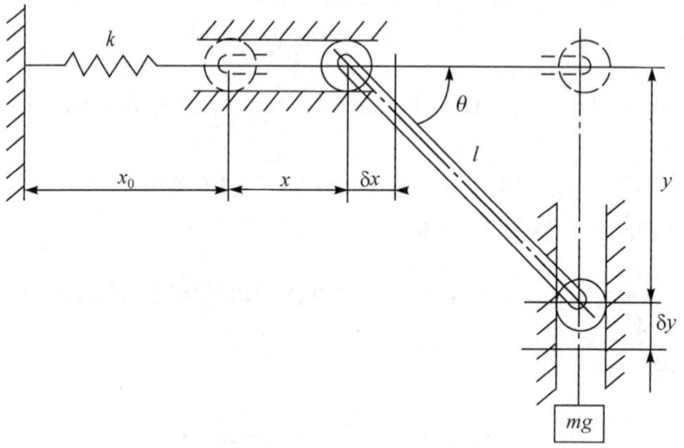

图 3.1.15　杆轮弹簧机构

解　在平衡位置附近，系统产生的虚位移为 δx 、δy ，则弹性力与重力所做的虚功和为

$$\delta W = -kx\delta x + mg\delta y = 0 \tag{3.1.59}$$

系统为单自由度系统，取 θ 角为广义坐标，由几何关系可以得到 x、y 坐标与角 θ 的关系为

$$x = l(1-\cos\theta), \quad y = l\sin\theta \tag{3.1.60}$$

对式(3.1.60)的两端取微分，得到

$$\delta x = l\sin\theta\delta\theta, \quad \delta y = l\cos\theta\delta\theta \tag{3.1.61}$$

将式(3.1.61)代入式(3.1.59)，得到

$$\delta W = -kl(1-\cos\theta)\sin\theta + mg\cos\theta = 0$$

化简得到

$$(1-\cos\theta)\tan\theta = \frac{mg}{kl} \tag{3.1.62}$$

式(3.1.62)就是确定平衡时的广义坐标 θ 值的表达式。

3.1.4　动力学基本定理

一切连续介质在其运动过程中都应服从一些基本定理，这些基本定理可以表达为守恒律或平衡律的形式。当守恒律用于物体一部分时，常包含对于所考虑量的体积积分和面积积分，这种积分形式称为总体的平衡律。当用空间描述法来陈述这些定律时，由于积分是对给定的一组物质来计算的，所以积分区域是随物质一起运动的，称这样的积分区域分别为物质的体积和物质的面积。当所考虑的量满足一定的连续可微条件时，可借助于散度定理将面积积分化为体积积分。由于所考虑的量可取自物体的任何一个部分，由此便可导出所考察的场量在空间任一点处所应满足的微分方程，即微分形式的局部守恒律，常称其为**场方程**。物质运动应遵循以下五条基本定理：质量守恒定律、线动量守恒定律、角动量守恒定律、能量守恒定律和熵不等式。本书只讨论动力学问题，不讨论熵不等式。

1. 质量守恒定律

设物体 Ω 在初始构形 ℓ_0 上占据的区域由体积 V_0 及表面积 S_0 构成，在时刻 t 的构形 ℓ_t 上占据的区域由物质体积 V 和包围 V 的物质表面积 S 构成。假定物体内部不存在任何增加质量的机制，即无生成新物质的“源”存在，又由于物质表面和物体的粒子一起运动，也就没有物质通量，所以总质量的增加率为零。这就是质量守恒定律。若 Ω 的质量记为 $m(\Omega)$，则有

$$\frac{\mathrm{d}m}{\mathrm{d}t}=\frac{\mathrm{d}}{\mathrm{d}t}\int_V \rho\,\mathrm{d}V=0 \tag{3.1.63}$$

应用控制体雷诺输运定理，当以控制体为研究对象时，式(3.1.63)成为

$$\frac{\mathrm{d}}{\mathrm{d}t}\int_V \rho\,\mathrm{d}V=\int_V \frac{\mathrm{d}\rho}{\mathrm{d}t}\mathrm{d}V+\int_S \rho\,\mathrm{d}S=0 \tag{3.1.64}$$

式中，右边第一项为局部质量变化率；第二项为对流质量通量。式(3.1.63)表明物体 Ω 在构形和 ℓ_t 和 ℓ_0 上的质量保持不变，即

$$m(\Omega)=\int_V \rho\,\mathrm{d}V=\int_{V_0} \rho_0\,\mathrm{d}V_0 \tag{3.1.65}$$

式中，ρ 和 ρ_0 是构形 ℓ_t 和 ℓ_0 上的质量密度。其左端又可写成

$$\int_V \rho\,\mathrm{d}V=\int_{V_0} \rho J\,\mathrm{d}V_0$$

于是式(3.1.65)变成

$$\int_{V_0} (\rho J-\rho_0)\,\mathrm{d}V_0=0 \tag{3.1.66}$$

由于V_0的任意性，所以有

$$\rho J - \rho_0 = 0 \tag{3.1.67}$$

在导出守恒律的局部形式时，需要计算体积积分的物质导数。设$\psi(x,t)$是$V+S$上的连续可微的标量函数，则其体积积分的物质导数可表示为

$$\frac{\mathrm{d}}{\mathrm{d}t}\int_V \psi \,\mathrm{d}V = \int_V \frac{\partial \psi}{\partial t}\mathrm{d}V + \int_S \psi \boldsymbol{v}\cdot\boldsymbol{n}\,\mathrm{d}S \tag{3.1.68}$$

式中，$\boldsymbol{v}$是速度矢量；$\boldsymbol{n}$是区域边界S的单位法向矢量。式(3.1.68)右端第一项是场量ψ对时间的变化率所引起的体积积分的变化率，而第二项是物体体积V的变化率对体积积分变化率的贡献。若对第二项使用散度定理，将面积分化为体积分，则有

$$\frac{\mathrm{d}}{\mathrm{d}t}\int_V \psi \,\mathrm{d}V = \int_V \left[\frac{\partial \psi}{\partial t} + \mathrm{div}(\psi \boldsymbol{v})\right]\mathrm{d}V \tag{3.1.69}$$

若在式(3.1.69)中的ψ取为质量密度函数ρ，则方程(3.1.69)变成

$$\frac{\mathrm{d}}{\mathrm{d}t}\int_V \rho \,\mathrm{d}V = \int_V \left[\frac{\partial \rho}{\partial t} + \mathrm{div}(\rho \boldsymbol{v})\right]\mathrm{d}V = 0 \tag{3.1.70}$$

式(3.1.70)是积分形式的质量守恒方程。由于V的任意性，所以有

$$\frac{\partial \rho}{\partial t} + \mathrm{div}(\rho \boldsymbol{v}) = 0 \tag{3.1.71}$$

式(3.1.71)是微分形式的质量守恒方程，又称连续性方程。式(3.1.71)还可写成

$$\frac{\partial \rho}{\partial t} + \boldsymbol{v}\mathrm{grad}\rho + \rho\mathrm{div}\boldsymbol{v} = 0 \tag{3.1.72}$$

2. 动量守恒定律

考虑物体Ω的部分ℓ上受到的作用力由两部分构成，一部分是定义在ℓ的内部连续分布的单位质量上的体积力$\boldsymbol{b}(\boldsymbol{x},t)$和体积力偶$\boldsymbol{M}(\boldsymbol{x},t)$；另一部分是变形物体内部$\ell$的相邻部分对于$\ell$的作用，这是一个连续分布在$\ell$的表面$S$上的接触力$\boldsymbol{t}(\boldsymbol{x},\boldsymbol{n},t)$，于是作用在$\ell$上总合力$\boldsymbol{f}$为

$$\boldsymbol{f} = \int_S \boldsymbol{t}\,\mathrm{d}S + \int_V \rho \boldsymbol{b}\,\mathrm{d}V \tag{3.1.73}$$

所有力对坐标原点的合力矩为

$$\boldsymbol{L} = \int_S \boldsymbol{x}\times\boldsymbol{t}\,\mathrm{d}S + \int_V \rho\boldsymbol{x}\times\boldsymbol{b}\,\mathrm{d}V + \int_V \rho\boldsymbol{M}\,\mathrm{d}V \tag{3.1.74}$$

在式(3.1.73)和式(3.1.74)中$\boldsymbol{t}=\boldsymbol{t}(\boldsymbol{x},\boldsymbol{n},t)$是外法线为$\boldsymbol{n}$的面元上的应力矢量，$\boldsymbol{b}=\boldsymbol{b}(\boldsymbol{x},t)$、$\boldsymbol{M}=\boldsymbol{M}(\boldsymbol{x},t)$是单位质量上的体积力和力偶。

定义 $\rho\boldsymbol{v}$ 为单位体积内的线动量密度，而 $\boldsymbol{x}\times\rho\boldsymbol{v}$ 为关于坐标原点的角动量密度。于是，体积为 V 的部分物体 ℓ 上的总线动量和角动量分别为 $\int_V \rho\boldsymbol{v}\,\mathrm{d}V$ 及 $\int_V \boldsymbol{x}\times\rho\boldsymbol{v}\,\mathrm{d}V$，则有

$$\frac{\mathrm{d}}{\mathrm{d}t}\int_V \rho\boldsymbol{v}\,\mathrm{d}V = \boldsymbol{f} \tag{3.1.75}$$

$$\frac{\mathrm{d}}{\mathrm{d}t}\int_V \boldsymbol{x}\times\rho\boldsymbol{v}\,\mathrm{d}V = \boldsymbol{L} \tag{3.1.76}$$

式(3.1.75)和式(3.1.76)分别称为**欧拉第一定律**和**第二运动定律**，或分别称为**线动量守恒定律**和**角动量守恒定律**，是动量定理的总体平衡形式，由式(3.1.75)和式(3.1.76)可以导出局部的平衡定律，即运动方程。

由于式(3.1.75)和式(3.1.76)中的积分是在特定的物质区域 ℓ 上进行的，计算左边的时间导数时，必须考虑物质体积随 ℓ 的运动的变化。为此首先证明对于任何标量场、矢量场或张量场 ψ 和任意的物质体积 V，有

$$\frac{\mathrm{d}}{\mathrm{d}t}\int_V \rho\psi\,\mathrm{d}V = \int_V \rho\frac{\mathrm{d}\psi}{\mathrm{d}t}\mathrm{d}V \tag{3.1.77}$$

实际上，由于

$$\begin{aligned}\frac{\mathrm{d}}{\mathrm{d}t}\int_V \rho\psi\,\mathrm{d}V &= \frac{\mathrm{d}}{\mathrm{d}t}\int_{V_0} \rho\psi J\,\mathrm{d}V_0 = \int_{V_0}\frac{\mathrm{d}(\rho\psi J)}{\mathrm{d}t}\mathrm{d}V_0\\ &= \int_{V_0}\left[\psi\frac{\mathrm{d}(\rho J)}{\mathrm{d}t}+\rho J\frac{\mathrm{d}\psi}{\mathrm{d}t}\right]\mathrm{d}V_0 = \int_{V_0}\rho J\frac{\mathrm{d}\psi}{\mathrm{d}t}\mathrm{d}V_0 = \int_V \rho\frac{\mathrm{d}\psi}{\mathrm{d}t}\mathrm{d}V\end{aligned}$$

此处利用了质量守恒定律 $\frac{\mathrm{d}(\rho J)}{\mathrm{d}t} = \frac{\mathrm{d}(\rho_0)}{\mathrm{d}t} = 0$，于是式(3.1.75)可以写成

$$\int_V \rho\frac{\mathrm{d}\boldsymbol{v}}{\mathrm{d}t}\mathrm{d}V = \int_S \boldsymbol{t}\,\mathrm{d}S + \int_V \rho\boldsymbol{b}\,\mathrm{d}V \tag{3.1.78}$$

将式(3.1.78)写成分量的形式为

$$\int_V \rho\frac{\mathrm{d}v_l}{\mathrm{d}t}\mathrm{d}V = \int_S t_l\,\mathrm{d}S + \int_V \rho b_l\,\mathrm{d}V \tag{3.1.79}$$

角动量守恒定律的表达式(3.1.76)写成分量形式为

$$\frac{\mathrm{d}}{\mathrm{d}t}\int_V e_{ijk}x_j\rho v_k\,\mathrm{d}V = \int_S e_{ijk}x_j t_k\,\mathrm{d}S + \int_V e_{ijk}x_j\rho b_k\,\mathrm{d}V + \int_V \rho M_i\,\mathrm{d}V \tag{3.1.80}$$

动量守恒定律在推导运动方程等方面具有重要意义。将在第 6 章的运动方程中进行讨论。

3. 能量守恒定律

能量守恒可以有不同的推导方法。这里利用弹性物体的运动来推导能量守恒定律。质点的运动方程用张量形式可以表达为

$$\sigma_{ji,j} + \rho b_i = \rho \dot{v}_i \tag{3.1.81}$$

在方程(3.1.81)的两边乘以运动速度 v_i，则有

$$\rho v_i \dot{v}_i = v_i \sigma_{ji,j} + \rho b_i v_i = (v_i \sigma_{ji})_{,j} - v_{i,j} \sigma_{ji} + \rho b_i v_i \tag{3.1.82}$$

将速度梯度 $v_{i,j}$ 分解成对称和反对称两部分

$$v_{i,j} = d_{ij} + w_{ij} \tag{3.1.83}$$

式中，

$$d_{ij} = \frac{1}{2}(v_{i,j} + v_{j,i}), \quad w_{ij} = \frac{1}{2}(v_{i,j} - v_{j,i}) \tag{3.1.84}$$

式中，d_{ij} 和 w_{ij} 分别称为**变形率张量**和**旋转速率张量**的分量。由于 σ_{ji} 的对称性及 w_{ij} 的反对称性，所以 $\sigma_{ji} w_{ij} = 0$，式(3.1.82)变成

$$\rho v_i \dot{v}_i + \sigma_{ij} d_{ij} = (v_i \sigma_{ij})_{,j} + \rho b_i v_i \tag{3.1.85}$$

在现时构形的任意物质体积 V 上积分式(3.1.85)，利用式(3.1.77)及散度定理便可得到

$$\frac{\mathrm{d}}{\mathrm{d}t}\int_V \frac{1}{2}\rho v_i v_j \,\mathrm{d}V + \int_V \sigma_{ij} d_{ij} \,\mathrm{d}V = \int_S t_i v_i \,\mathrm{d}S + \int_V \rho b_i v_i \,\mathrm{d}V \tag{3.1.86}$$

方程(3.1.86)是反应的机械能守恒，其左边的项是动能的变化率和应力功率，其右端的项代表了面力和体力的外力功率。在略去热效应的纯力学过程中，应力功率的增加将被完全贮藏为仅依赖应变的应变能。

3.1.5　影响系数、势能及其广义坐标表达、动能及其广义坐标表达

1. 影响系数

刚度影响系数：对于图 3.1.16 所示的多自由度质量-弹簧系统，刚度影响系数 k_{ij} 定义为在坐标 q_j 上产生单位位移 $q_j = 1$，而在坐标 q_i 上需要施加的力，它表征了线性系统在外力作用下的刚度特性。

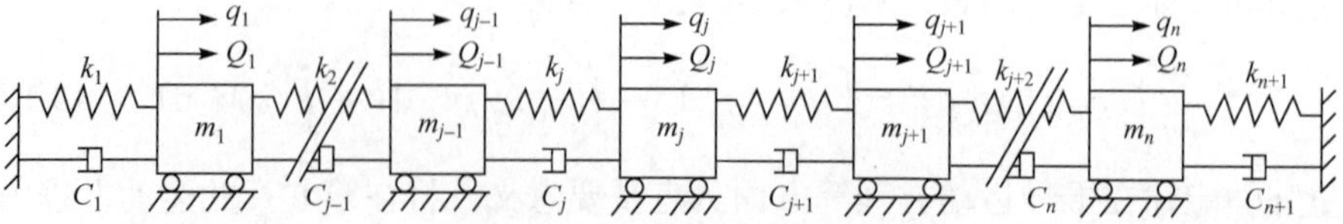

图 3.1.16　多自由度质量-弹簧系统

按照刚度影响系数的定义，在坐标 q_j 处的位移所引起的 q_i 的力为 $k_{ij}q_j(t)$，应用叠加原理，系统在各自由度上的位移 q_j $(j=1,2,\cdots,n)$ 在 q_i 上产生的力为

$$Q_i=\sum_{j=1}^{n}k_{ij}q_j,\quad i=1,2,\cdots,n \tag{3.1.87}$$

式中，q_i 为广义坐标；Q_i 为广义力。以 $\underline{\boldsymbol{q}}$ 、$\underline{\boldsymbol{Q}}$ 表示系统的广义坐标列向量和广义力列向量。式(3.1.87)写成矩阵形式(为了和矢量与张量的表示区别，本书以黑体下划线表示矩阵)为

$$\underline{\boldsymbol{Q}}=\underline{\boldsymbol{k}}\underline{\boldsymbol{q}} \tag{3.1.88}$$

式中，$\underline{\boldsymbol{k}}$ 为由刚度影响系数 k_{ij} $(i,j=1,2,\cdots,n)$ 组成的 $n\times n$ 方阵，称为刚度矩阵。

柔度影响系数：对于图 3.1.16 所示的多自由度质量-弹簧系统，柔度影响系数 a_{ij} 定义为在坐标 q_j 上作用单位力 $Q_j=1$，而在坐标 q_i 处所引起的位移，它表征了线性系统在外力作用下的变形情况，即柔度特性。

按照柔度影响系数的定义，在 q_j 处的力 Q_j 所引起的 q_i 的位移为 $a_{ij}Q_j$，应用叠加原理，系统在各自由度上的作用力 Q_j $(j=1,2,\cdots,n)$ 在 q_i 上产生的位移为

$$q_i=\sum_{j=1}^{n}a_{ij}Q_j,\quad i=1,2,\cdots,n \tag{3.1.89}$$

式(3.1.89)写成矩阵形式为

$$\underline{\boldsymbol{q}}=\underline{\boldsymbol{a}}\underline{\boldsymbol{Q}} \tag{3.1.90}$$

式中，$\underline{\boldsymbol{a}}$ 为由柔度影响系数 a_{ij} $(i,j=1,2,\cdots,n)$ 组成的 $n\times n$ 方阵，称为柔度矩阵。

将式(3.1.90)代入式(3.1.88)，得 $\underline{\boldsymbol{q}}=\underline{\boldsymbol{a}}\underline{\boldsymbol{k}}\underline{\boldsymbol{q}}$，故有

$$\underline{\boldsymbol{a}}\underline{\boldsymbol{k}}=\underline{\boldsymbol{I}} \tag{3.1.91}$$

由式(3.1.91)可知，当 $\underline{\boldsymbol{k}}$ 存在逆矩阵时，柔度矩阵 $\underline{\boldsymbol{a}}$ 与刚度矩阵 $\underline{\boldsymbol{k}}$ 互为逆矩阵，即 $\underline{\boldsymbol{a}}=\underline{\boldsymbol{k}}^{-1}$。这一性质与单自由度系统的刚度系数 k 和柔度系数 a 之间的关系相似。

2. 势能及其广义坐标表达

对于单独的弹簧，如图 3.1.17(a)所示，当受到拉伸变形时，其位移由零增加到 $\boldsymbol{q}$，而作用在弹簧上的作用力则由 0 逐渐增加到 $\boldsymbol{Q}=k\boldsymbol{q}$，如图 3.1.17(b)所示，系统的势能等于有阴影的三角形的面积

$$V=\frac{1}{2}\boldsymbol{Q}\cdot\boldsymbol{q}=\frac{1}{2}k\boldsymbol{q}\cdot\boldsymbol{q}=\frac{1}{2}kq^2=\frac{1}{2}aQ^2 \tag{3.1.92}$$

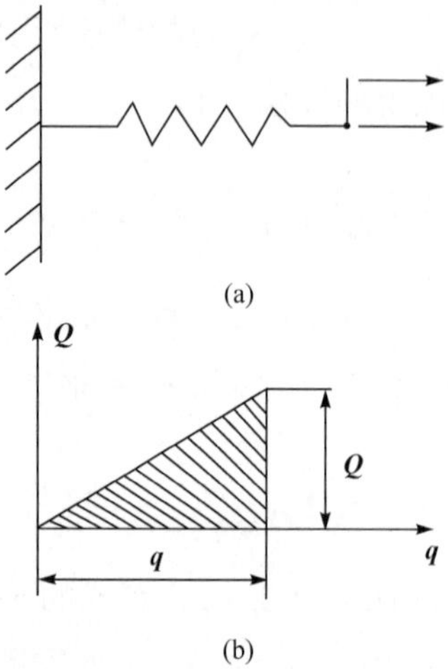

图 3.1.17　弹簧势能及其表达

这是一个关于 $\boldsymbol{q}$ 或 $\boldsymbol{Q}$ 的二次函数。对 n 自由度线性系统，有 n 个力 $\boldsymbol{Q}_i$ 作用在系统上，现在考虑质块 m_i，在加载过程中其上受到的作用力由 0 增加到 $\boldsymbol{Q}_i$，而其位移也相应地由零增加到 $\boldsymbol{q}_i$，可以得到作用在 m_i 上的外力做功，即系统由此获得的势能为

$$V_i = \frac{1}{2}\boldsymbol{Q}_i \cdot \boldsymbol{q}_i$$

对于各质块的受力与变形都进行同样的分析，整个系统的势能为

$$V = \sum_{i=1}^{n} V_i = \frac{1}{2}\sum_{i=1}^{n} \boldsymbol{Q}_i \cdot \boldsymbol{q}_i \tag{3.1.93}$$

将式(3.1.87)代入式(3.1.93)，得

$$V = \frac{1}{2}\sum_{i=1}^{n}\left(\sum_{j=1}^{n} k_{ij}\boldsymbol{q}_j\right)\cdot \boldsymbol{q}_i = \frac{1}{2}\sum_{i=1}^{n}\sum_{j=1}^{n} k_{ij}\boldsymbol{q}_i \cdot \boldsymbol{q}_j \tag{3.1.94}$$

式(3.1.94)是势能的广义坐标的函数形式，这是一个二次齐次函数，也称为**二次型**。势能只由系统的状态确定，而与到达该状态的加载过程无关。所以，式(3.1.94)适用于任何缓变的加载过程。可用矩阵形式将式(3.1.94)表达为

$$V = \frac{1}{2}\underline{\boldsymbol{q}}^{\mathrm{T}}\,\underline{\boldsymbol{k}}\underline{\boldsymbol{q}} \tag{3.1.95}$$

式中，$\underline{\boldsymbol{k}}$ 为刚度矩阵；$\underline{\boldsymbol{q}}$ 为广义坐标向量。

另外，将式(3.1.89)代入式(3.1.93)，得

$$V = \frac{1}{2}\sum_{i=1}^{n} Q_i\left(\sum_{j=1}^{n} a_{ij}Q_j\right) = \frac{1}{2}\sum_{i=1}^{n}\sum_{j=1}^{n} a_{ij}Q_iQ_j \tag{3.1.96}$$

式(3.1.96)可用矩阵形式表达为

$$V = \frac{1}{2}\underline{\boldsymbol{Q}}^{\mathrm{T}}\underline{\boldsymbol{a}}\underline{\boldsymbol{Q}} \tag{3.1.97}$$

式中，$\underline{\boldsymbol{a}}$ 为柔度矩阵；$\underline{\boldsymbol{Q}}$ 为广义力向量。

3. 动能及其广义坐标表达

系统中单个质点的动能由式(3.1.25)表示，由于动能是可叠加量，全系统中 n 个质点的总动能可表示为

$$T = \sum_{i=1}^{n} T_i = \frac{1}{2}\sum_{i=1}^{n} m_i \dot{\boldsymbol{r}}_i \cdot \dot{\boldsymbol{r}}_i \tag{3.1.98}$$

将以广义坐标 q_i 的速度表达式(3.1.18)代入式(3.1.98)，得

$$T = \frac{1}{2}\sum_{i=1}^{n} m_i \left(\sum_{r=1}^{k}\frac{\partial \boldsymbol{r}_i}{\partial q_r}\dot{q}_r + \frac{\partial \boldsymbol{r}_i}{\partial t}\right)\left(\sum_{s=1}^{k}\frac{\partial \boldsymbol{r}_i}{\partial q_s}\dot{q}_s + \frac{\partial \boldsymbol{r}_i}{\partial t}\right)$$

运算并改变求和次序，得

$$T = \frac{1}{2}\sum_{r=1}^{k}\sum_{s=1}^{k} m_{rs}\dot{q}_r\dot{q}_s + \sum_{r=1}^{k} a_r \dot{q}_r + a_0 = T_2 + T_1 + T_0 \tag{3.1.99}$$

式中，

$$a_0 = \frac{1}{2}\sum_{i=1}^{n} m_i \frac{\partial \boldsymbol{r}_i}{\partial t}\cdot\frac{\partial \boldsymbol{r}_i}{\partial t}, \quad a_r = \sum_{i=1}^{n} m_i \frac{\partial \boldsymbol{r}_i}{\partial q_r}\cdot\frac{\partial \boldsymbol{r}_i}{\partial t}, \quad m_{rs} = \sum_{i=1}^{n} m_i \frac{\partial \boldsymbol{r}_i}{\partial q_r}\cdot\frac{\partial \boldsymbol{r}_i}{\partial q_s} \tag{3.1.100}$$

是广义坐标与时间 t 的函数，m_{rs} 具有对称性，即 $m_{rs} = m_{sr}$。式(3.1.99)表明系统的动能可表示为广义速度的二次型函数。对于定常约束系统，由于 $\partial \boldsymbol{r}_i / \partial t = 0$，系统动能表达式(3.1.99)只有第一项。此时，其写成二次型的矩阵形式为

$$T = \frac{1}{2}\dot{\underline{\boldsymbol{q}}}^{\mathrm{T}}\underline{\boldsymbol{m}}\dot{\underline{\boldsymbol{q}}} \tag{3.1.101}$$

例 3.1.9　对于图 3.1.14 所示的双摆系统，试以 θ_1、θ_2 为广义坐标表达系统的动能和势能。

解　m_1、m_2 两质点的坐标和广义坐标之间存在下列关系：

$$x_1 = l_1\sin\theta_1 \quad y_1 = l_1\cos\theta_1, \quad x_2 = l_1\sin\theta_1 + l_2\sin\theta_2, \quad y_2 = l_1\cos\theta_1 + l_2\cos\theta_2 \tag{3.1.102}$$

取 x 轴为重力势能的零点，系统的势能可表示为

$$V = -m_1 g y_1 - m_2 g y_2$$

以式(3.1.102)的第二、四式代入式(3.1.103)，得到以广义坐标 θ_1、θ_2 表示的势能表达式，为

$$V(\theta_1,\theta_2)=-m_1gl_1\cos\theta_1-m_2g(l_1\cos\theta_1+l_2\cos\theta_2)$$

系统的动能为

$$T=\frac{1}{2}m_1v_1^2+\frac{1}{2}m_2v_2^2$$

式中，v_1、v_2分别为两质点m_1、m_2的线速度，用固定坐标表示为

$$v_1^2=\dot{x}_1^2+\dot{y}_1^2,\quad v_2^2=\dot{x}_2^2+\dot{y}_2^2 \tag{3.1.103}$$

将式(3.1.102)求导后代入式(3.1.103)，得

$$v_1^2=(l_1\cos\theta_1\dot{\theta}_1)^2+(-l_1\sin\theta_1\dot{\theta}_1)^2$$

$$v_2^2=(l_1\cos\theta_1\dot{\theta}_1+l_2\cos\theta_2\dot{\theta}_2)^2+(-l_1\sin\theta_1\dot{\theta}_1-l_2\sin\theta_2\dot{\theta}_2)^2$$

对于微幅摆动，θ_1、θ_2为微小值，化简得

$$v_1^2=(l_1\dot{\theta}_1)^2,\quad v_2^2=(l_1\dot{\theta}_1)^2+(l_2\dot{\theta}_2)^2+2l_1l_2\dot{\theta}_1\dot{\theta}_2\cos(\theta_2-\theta_1)$$

代入式(3.1.99)并整理，得到以广义坐标和广义速度表达的动能为

$$T(\theta_1,\theta_2,\dot{\theta}_1,\dot{\theta}_2)=\frac{1}{2}(m_1+m_2)l_1^2\dot{\theta}_1^2+m_2l_1l_2\cos(\theta_2-\theta_1)\dot{\theta}_1\dot{\theta}_2+\frac{1}{2}m_2l_2^2\dot{\theta}_2^2$$

从上式可以看出，动能T确实是广义速度$\dot{\theta}_1$、$\dot{\theta}_2$的二次型，且此二次型的系数$m_2l_1l_2\cos(\theta_2-\theta_1)$又是广义坐标的函数。

3.1.6 达朗贝尔原理

设质点系由n个质点组成，其中任一质点的质量为m_i，加速度为$\boldsymbol{a}_i$，所受主动力的合力为$\boldsymbol{F}_i$，约束力的合力为$\boldsymbol{F}_{ci}$，则有动力学关系

$$\boldsymbol{F}_i+\boldsymbol{F}_{ci}=m_i\boldsymbol{a}_i \tag{3.1.104}$$

令$\boldsymbol{F}_{gi}=-m_i\boldsymbol{a}_i$，称为质点的**惯性力**。作用于该质点，则式(3.1.104)成为

$$\boldsymbol{F}_i+\boldsymbol{F}_{ci}+\boldsymbol{F}_{gi}=\boldsymbol{0} \tag{3.1.105}$$

式(3.1.105)意味着作用于质点的主动力、约束力和惯性力组成一个汇交力系，该汇交力系的主矢量等于零，即汇交力系平衡。每个质点的平衡力系相加得到质点系的平衡力系。因此，质点系在任一瞬间，作用于其上的所有主动力、约束力和惯性力在形式上组成平衡力系。这个结论称为**达朗贝尔(d'Alembert)原理**。根据达朗贝尔原理，可通过平衡条件建立质点系的动力学方程。例如，由一般力系平衡的主力矢量和主矩矢量等于零的条件，有

$$\sum_{i=1}^{n}\boldsymbol{F}_i+\sum_{i=1}^{n}\boldsymbol{F}_{ci}+\sum_{i=1}^{n}\boldsymbol{F}_{gi}=\boldsymbol{0},\quad \sum_{i=1}^{n}\boldsymbol{M}_O(\boldsymbol{F}_i)+\sum_{i=1}^{n}\boldsymbol{M}_O(\boldsymbol{F}_{ci})+\sum_{i=1}^{n}\boldsymbol{M}_O(\boldsymbol{F}_{gi})=\boldsymbol{0} \tag{3.1.106}$$

对于运动的质点系，主动力、约束力和惯性力的平衡是形式上的，惯性力是虚加的，随系统运动而变化。

例 3.1.10　直角杆由均质杆 OA 与 OB 组成，在 O 处通过光滑柱铰与转轴连接，如图 3.1.18 所示，长度 $OA=a$、$OB=b$，两杆的材料与横截面均相同。设杆随转轴以匀角速度 ω 转动时，杆 OA 与 z 轴的夹角为 φ。求：ω 与 φ 的关系式。

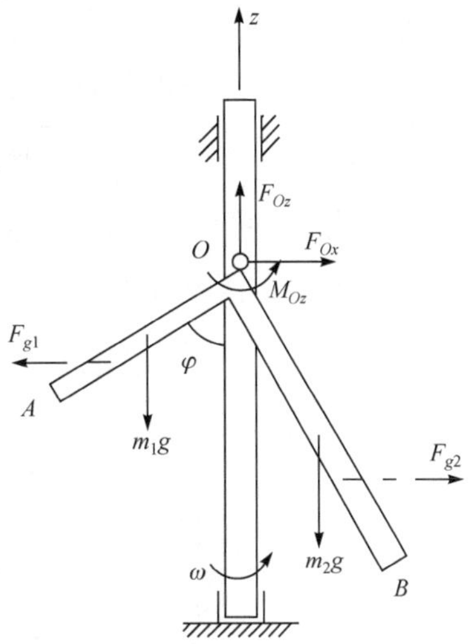

图 3.1.18　直角杆转轴

解　直角杆受力如图 3.1.18 所示。杆 OA 上的惯性力组成一个线性分布力系。设杆的单位长度质量为 ρ，距杆 O 端 ξ 处取微段 $\mathrm{d}\xi$，其质量为 $\mathrm{d}m=\rho\mathrm{d}\xi$，绕 z 轴做圆周运动的加速度 $a_\xi=\xi\omega^2\sin\varphi$，方向指向 z 轴，相应的惯性力为 $F_{g\xi}=-\mathrm{d}ma_\xi$，则杆单位长度的惯性力为

$$q_g=\xi\rho\omega^2\sin\varphi$$

可见，杆 OA 上的惯性力呈线性分布。其等效力作用于杆上距 O 端 $\dfrac{2a}{3}$ 处，方向垂直并离开 z 轴，大小为

$$F_{g1}=\frac{1}{2}\rho a^2\omega^2\sin\varphi=\frac{1}{2}m_1a\omega^2\sin\varphi$$

类似地，可得杆 OB 上的惯性力也组成一个线性分布力系，其等效力作用于杆上距 O 端 $\dfrac{2b}{3}$ 处，方向垂直并离开 z 轴，大小为

$$F_{g2}=\frac{1}{2}\rho b^2\omega^2\cos\varphi=\frac{1}{2}m_2b\omega^2\cos\varphi$$

根据达朗贝尔原理，作用于直角杆 OAB 的重力 m_1g 和 m_2g，约束力 F_{Ox}、F_{Oz} 和 M_{Oz}，与惯性力 F_{g1} 和 F_{g2} 组成平衡力系。由关于垂直于 OAB 的 O 轴的力矩平衡方程得

$$\sum M_O=m_1g\times\frac{1}{2}a\sin\varphi-m_2g\times\frac{1}{2}b\cos\varphi-F_{g1}\times\frac{2}{3}a\cos\varphi+F_{g2}\times\frac{2}{3}b\sin\varphi=0$$

联立求解得 ω 与 φ 的关系式为

$$\omega=\sqrt{3g\frac{b^2\cos\varphi-a^2\sin\varphi}{(b^3-a^3)\sin(2\varphi)}}$$

例 3.1.11 杆、轮和质块组成系统如图 3.1.19(a)所示，杆 BC 水平，长度 $BC=b$，C 端固定，B 端通过光滑铰连接轮心。均质圆轮 B 的半径为 R，质量为 m_2，位于铅直平面内。质块 A 的质量为 m_1，通过绕在圆轮 B 上的绳子悬挂，绳与杆的重量不计。当质块 A 下落时，带动圆轮 B 转动。求：固定端 C 的约束力。

解 质块 A 与圆轮 B 组成的子系统如图 3.1.19(b)所示，受到重力 m_1g、m_2g 和约束力 F_{Bx}、F_{By} 作用。圆轮 B 定轴转动，惯性力系等效为绕圆轮心的一个力偶。

$$M_{g2}=J_{B\alpha}=\frac{1}{2}m_2R^2\alpha$$

质块 A 的惯性力为 $F_{g1}=m_1a$。根据达朗贝尔原理，重力、约束力和惯性力组成平衡力系，则有平衡方程为

$$\sum M_B=M_{g2}+F_{g1}R-m_1gR=0$$

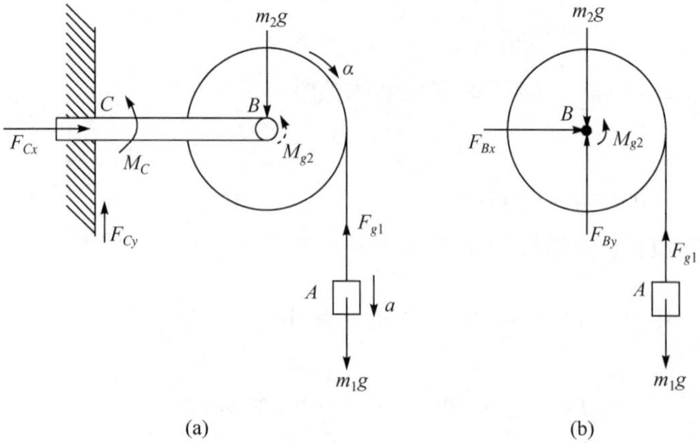

图 3.1.19 杆-轮-质块系统

利用运动学关系 $a=R\alpha$，解得

$$a=\frac{2m_1g}{2m_1+m_2}$$

再分析整个系统，受到主动力、约束力和惯性力，如图 3.1.19(a)所示。根据达朗贝尔原理，它们组成平衡力系，平面一般力系平衡方程的基本形式为

$$\sum F_x=F_{Cx}=0,\quad \sum F_y=F_{Cy}+F_{g1}-m_1g-m_2g=0$$

$$\sum M_C=M_C+M_{g2}+F_{g1}(b+R)-m_1g(b+R)-m_2gb=0$$

解之得固定端 C 的约束力为

$$F_{Cx}=0,\quad F_{Cy}=\frac{3m_1+m_2}{2m_1+m_2}m_2g,\quad M_C=\frac{3m_1+m_2}{2m_1+m_2}m_2gb$$

3.2　拉格朗日方法

3.2.1　动力学普遍方程

1. 虚功形式的动力学普遍方程

动力学普遍方程是分析力学的基本原理，可叙述为：具有理想双侧约束的质点系在运动的任意瞬时，其主动力和惯性力对系统内任意虚位移所做的元功之和等于零，即

$$\sum \delta W = \sum_{i=1}^{n} (\boldsymbol{F}_i - m_i \ddot{\boldsymbol{r}}_i) \cdot \delta \boldsymbol{r}_i = 0 \tag{3.2.1}$$

方程(3.2.1)称为**虚功形式的动力学普遍方程**或**拉格朗日形式的达朗贝尔原理**。其解析表达式为

$$\sum \delta W = \sum_{i=1}^{n} [(F_{ix} - m_i \ddot{x}_i)\delta x_i + (F_{iy} - m_i \ddot{y}_i)\delta y_i + (F_{iz} - m_i \ddot{z}_i)\delta z_i] = 0 \tag{3.2.2}$$

在分析静力学中，式(3.1.53)所示的虚功原理的适用范围被严格限制为受完整、定常、理想、双侧约束的质点系，而在动力学方程中，由于非定常约束对质点运动的影响已在惯性力中得到体现，所以动力学普遍方程也适用于受非定常约束的质点系。

2. 虚功率形式的动力学普遍方程

在约束被“凝固”，质点位置不变的条件下，其虚速度的方向与虚位移的方向完全一致。因此动力学普遍方程(3.2.1)中的虚位移 $\delta \boldsymbol{r}_i$ 可以虚速度 $\delta \dot{\boldsymbol{r}}_i$ 代替，写为

$$\sum_{i=1}^{n} (\boldsymbol{F}_i - m_i \ddot{\boldsymbol{r}}_i) \cdot \delta \dot{\boldsymbol{r}}_i = 0 \tag{3.2.3}$$

力对虚速度所做的功的功率称为**虚功率**。方程(3.2.3)称为**虚功率形式的动力学普遍方程**，也称为**若丹(Jourdain)原理**。由于刚体的虚速度可直接利用运动学公式导出，且虚速度 $\delta \dot{\boldsymbol{r}}_i$ 不受无限小量的限制，所以虚功率形式的动力学普遍方程更便于实际应用，尤其适合处理碰撞问题和非完整系统的动力学问题。

3. 高斯形式的动力学普遍方程

理想约束条件式(3.1.52)中的虚位移 $\delta \boldsymbol{r}_i$ 也可以虚加速度 $\delta \ddot{\boldsymbol{r}}_i$ 代替。以沿约束曲面运动的质点为例，在约束被“凝固”，质点保持位置和速度不变的条件下，质点可能运动的法向加速度必保持不变，其加速度变分只能沿切向与理想约束正交。

因此，理想约束条件式(3.1.52)可改写为

$$\sum_{i=1}^{n} \boldsymbol{F}_{ni} \cdot \partial \ddot{\boldsymbol{r}}_i = 0 \tag{3.2.4}$$

从达朗贝尔原理式(3.1.105)和式(3.2.4)可以导出

$$\sum_{i=1}^{n} (\boldsymbol{F}_i - m_i \ddot{\boldsymbol{r}}_i) \cdot \delta \ddot{\boldsymbol{r}}_i = 0 \tag{3.2.5}$$

方程(3.2.5)称为高斯形式的动力学普遍方程，也称**高斯原理**，其最大优点是可转化为变分问题，将在 3.4.2 节中详细讨论。

4. 广义力形式的动力学普遍方程

相应于广义坐标的广义虚位移 $\delta q_1, \delta q_2, \cdots, \delta q_k$ 相互独立，考虑到用广义坐标表达的虚位移表示式(3.1.37)，主动力的虚功总和可表示为广义力在广义虚位移上所做虚功之和，即

$$\sum \delta W_a = \sum_{i=1}^{n} \boldsymbol{F}_i \cdot \delta \boldsymbol{r}_i = \sum_{i=1}^{n} \boldsymbol{F}_i \cdot \sum_{j=1}^{k} \frac{\partial \boldsymbol{r}_i}{\partial q_j} \delta q_j = \sum_{j=1}^{k} \left(\sum_{i=1}^{n} \boldsymbol{F}_i \cdot \frac{\partial \boldsymbol{r}_i}{\partial q_j} \right) \delta q_j = \sum_{j=1}^{k} Q_j \delta q_j \tag{3.2.6}$$

式中，Q_j 为质点系所受主动力相应的广义力。类似地，惯性力的虚功总和可表示为

$$\sum \delta W_g = -\sum_{i=1}^{n} m \ddot{\boldsymbol{r}}_i \cdot \sum_{j=1}^{k} \frac{\partial \boldsymbol{r}_i}{\partial q_j} \delta q_j = -\sum_{j=1}^{k} \left(\sum_{i=1}^{n} m \ddot{\boldsymbol{r}}_i \cdot \frac{\partial \boldsymbol{r}_i}{\partial q_j} \right) \delta q_j = \sum_{j=1}^{k} Q_{gj} \delta q_j \tag{3.2.7}$$

式中，Q_{gj} 为一个代数量，称为质点系相应于广义坐标 q_j 的广义惯性力，表达式为

$$Q_{gj} = \sum_{i=1}^{n} \boldsymbol{F}_{gi} \cdot \frac{\partial \boldsymbol{r}_i}{\partial q_j} = -\sum_{i=1}^{n} m_i \boldsymbol{a}_i \cdot \frac{\partial \boldsymbol{r}_i}{\partial q_j} = -\sum_{i=1}^{n} m_i \ddot{\boldsymbol{r}}_i \cdot \frac{\partial \boldsymbol{r}_i}{\partial q_j} \tag{3.2.8}$$

将主动力与惯性力虚功的表达式(3.2.6)与(3.2.7)代入动力学普遍方程(3.2.1)，得到

$$\sum \delta W = \sum_{j=1}^{k} (Q_j + Q_{gj}) \delta q_j = 0 \tag{3.2.9}$$

由于广义虚位移 $\delta q_1, \delta q_2, \cdots, \delta q_k$ 独立且任意，所以有

$$Q_j + Q_{gj} = 0, \quad j = 1, 2, \cdots, k \tag{3.2.10}$$

式(3.2.10)表明质点系的动力学普遍方程也可以表达为广义力与广义惯性力之和等于零。这是代数方程组，其数目等于系统的自由度。

5. 用动能表示的动力学普遍方程

仍讨论由 n 个质点 P_i $(i = 1, 2, \cdots, n)$ 组成的具有 r 个完整约束和 s 个非完整约束的非完整系统，其自由度为 $f = 3n - r - s$。选取 $k = 3n - r$ 个广义坐标 q_j

$(j=1,2,\cdots,k)$，系统的位形由广义坐标表达式(3.1.16)表示，相应于广义坐标的广义虚位移 $\delta q_1,\delta q_2,\cdots,\delta q_k$ 相互独立，将用广义坐标表达的虚位移表示式(3.1.37)代入动力学普遍方程(3.2.1)，得到

$$\sum_{j=1}^{k}\left(\sum_{i=1}^{n}\boldsymbol{F}_i\cdot\frac{\partial\boldsymbol{r}_i}{\partial q_j}-\sum_{i=1}^{n}m_i\ddot{\boldsymbol{r}}_i\cdot\frac{\partial\boldsymbol{r}_i}{\partial q_j}\right)\delta q_j=0,\quad j=1,2,\cdots,k \tag{3.2.11}$$

式(3.2.11)左端括号内第一项即式(3.1.49)定义的广义力 Q_j，将括号内第二项化为

$$\sum_{i=1}^{n}m_i\ddot{\boldsymbol{r}}_i\cdot\frac{\partial\boldsymbol{r}_i}{\partial q_j}=\sum_{i=1}^{n}m_i\frac{\mathrm{d}\dot{\boldsymbol{r}}_i}{\mathrm{d}t}\frac{\partial\boldsymbol{r}_i}{\partial q_j}=\sum_{i=1}^{n}m_i\left[\frac{\mathrm{d}}{\mathrm{d}t}\left(\dot{\boldsymbol{r}}_i\cdot\frac{\partial\boldsymbol{r}_i}{\partial q_j}\right)-\dot{\boldsymbol{r}}_i\cdot\frac{\mathrm{d}}{\mathrm{d}t}\left(\frac{\partial\boldsymbol{r}_i}{\partial q_j}\right)\right] \tag{3.2.12}$$

将广义速度的表达式(3.1.18)两边对某个广义速度 $\dot{q}_j$ 求偏导数，可以导出恒等式为

$$\frac{\partial\dot{\boldsymbol{r}}_i}{\partial\dot{q}_j}=\frac{\partial\boldsymbol{r}_i}{\partial q_j},\quad i=1,2,\cdots,n;\ j=1,2,\cdots,k \tag{3.2.13}$$

该式是**经典的拉格朗日关系式**。质点速度关于广义坐标 q_j 的导数为

$$\frac{\partial\dot{\boldsymbol{r}}_i}{\partial q_j}=\sum_{l=1}^{k}\frac{\partial^2\boldsymbol{r}_i}{\partial q_l\partial q_j}\dot{q}_j+\frac{\partial^2\boldsymbol{r}_i}{\partial t\partial q_j} \tag{3.2.14}$$

而质点位移关于广义坐标的导数仍为广义坐标的函数，对其关于时间求全导数，可得

$$\frac{\mathrm{d}}{\mathrm{d}t}\left(\frac{\partial\boldsymbol{r}_i}{\partial q_j}\right)=\sum_{l=1}^{k}\frac{\partial}{\partial q_l}\left(\frac{\partial\boldsymbol{r}_i}{\partial q_j}\right)\dot{q}_l+\frac{\partial}{\partial t}\left(\frac{\partial\boldsymbol{r}_i}{\partial q_j}\right)=\sum_{l=1}^{k}\frac{\partial^2\boldsymbol{r}_i}{\partial q_j\partial q_l}\dot{q}_l+\frac{\partial^2\boldsymbol{r}_i}{\partial q_j\partial t} \tag{3.2.15}$$

这里，假定矢量坐标 $\boldsymbol{r}_i$ 一阶与二阶连续可微。比较式(3.2.14)与式(3.2.15)两边，即得另一个恒等关系式：

$$\frac{\partial\dot{\boldsymbol{r}}_i}{\partial q_j}=\frac{\mathrm{d}}{\mathrm{d}t}\left(\frac{\partial\boldsymbol{r}_i}{\partial q_j}\right),\quad i=1,2,\cdots,n;\ j=1,2,\cdots,k \tag{3.2.16}$$

利用式(3.2.13)和式(3.2.16)，将式(3.2.12)化简为

$$\sum_{i=1}^{n}m_i\ddot{\boldsymbol{r}}_i\cdot\frac{\partial\boldsymbol{r}_i}{\partial q_j}=\sum_{i=1}^{n}m_i\left[\frac{\mathrm{d}}{\mathrm{d}t}\left(\dot{\boldsymbol{r}}_i\cdot\frac{\partial\boldsymbol{r}_i}{\partial q_j}\right)-\dot{\boldsymbol{r}}_i\cdot\frac{\partial\dot{\boldsymbol{r}}_i}{\partial q_j}\right]=\frac{\mathrm{d}}{\mathrm{d}t}\left(\frac{\partial T}{\partial q_j}\right)-\frac{\partial T}{\partial q_j} \tag{3.2.17}$$

式中，T 为质点系的动能。将式(3.1.49)、式(3.2.17)代入式(3.2.11)得到用动能表示的动力学普遍方程为

$$\sum_{j=1}^{k}\left[Q_j-\frac{\mathrm{d}}{\mathrm{d}t}\left(\frac{\partial T}{\partial \dot{q}_j}\right)+\frac{\partial T}{\partial q_j}\right]\delta q_j=0 \tag{3.2.18}$$

3.2.2 拉格朗日方程

1. 第二类拉格朗日方程

若系统为无多余坐标的完整系统，则广义坐标数 k 与自由度 n 相等，动力学普遍方程(3.2.18)可写作

$$\sum_{j=1}^{n}\left[Q_j-\frac{\mathrm{d}}{\mathrm{d}t}\left(\frac{\partial T}{\partial \dot{q}_j}\right)+\frac{\partial T}{\partial q_j}\right]\delta q_j=0 \tag{3.2.19}$$

由于 n 个广义坐标的变分 $\delta q_j (j=1,2,\cdots,n)$ 为独立变量，可以任意选取，所以方程(3.2.19)成立的充分必要条件为 δq_j 前的系数等于零，从而导出

$$\frac{\mathrm{d}}{\mathrm{d}t}\left(\frac{\partial T}{\partial \dot{q}_j}\right)-\frac{\partial T}{\partial q_j}=Q_j,\quad j=1,2,\cdots,n \tag{3.2.20}$$

式(3.2.20)称为**第二类拉格朗日(Lagrange)方程**或**拉格朗日方程**，该方程是确定质点系运动规律的普遍形式的动力学方程。式(3.2.20)是常微分形式的方程，其数目等于系统的自由度。应用拉格朗日方程必须首先计算质点系的动能，即系统内所有质点和刚体的动能之和。

2. 保守系统的拉格朗日方程

若质点系为保守系统，主动力都是有势力，式(3.1.51)表明，广义力等于势能对广义坐标的偏导数的负值，则拉格朗日方程(3.2.20)成为

$$\frac{\mathrm{d}}{\mathrm{d}t}\left(\frac{\partial T}{\partial \dot{q}_j}\right)-\frac{\partial T}{\partial q_j}+\frac{\partial V}{\partial q_j}=0,\quad j=1,2,\cdots,n \tag{3.2.21}$$

注意到势能仅取决于质点系的位形，只是广义坐标的函数，即 $V=V(q_1,q_2,\cdots,q_k)$，从而 $\partial V/\partial \dot{q}_j=0$。引入函数

$$L=T-V \tag{3.2.22}$$

式中，L 称为拉格朗日函数或动势，且有 $L=L(\dot{q}_1,\dot{q}_2,\cdots,\dot{q}_k;q_1,q_2,\cdots,q_k)$，则方程(3.2.21)可表示为

$$\frac{\mathrm{d}}{\mathrm{d}t}\left(\frac{\partial L}{\partial \dot{q}_j}\right)-\frac{\partial L}{\partial q_j}=0,\quad j=1,2,\cdots,n \tag{3.2.23}$$

质点系的运动规律由拉格朗日函数 L 完全确定，因此 L 也称为质点系的动力

学函数。分析力学中有各种动力学函数，拉格朗日函数是其中之一。若质点系同时受到非有势力的作用，可将拉格朗日方程写为更一般的形式，即

$$\frac{\mathrm{d}}{\mathrm{d}t}\left(\frac{\partial L}{\partial \dot{q}_j}\right)-\frac{\partial L}{\partial q_j}=Q_j, \quad j=1,2,\cdots,n \tag{3.2.24}$$

应用拉格朗日方程建立质点系的动力学关系的一般过程如下：

(1) 明确研究的系统对象及其约束的性质。

(2) 分析确定系统的自由度，选取适当的广义坐标。

(3) 计算系统的动能，并通过广义速度及广义坐标表示。

(4) 计算广义力，可以按照定义公式(3.1.51)计算，也可利用虚功通过式(3.2.25)算得

$$Q_j=\frac{\left(\sum \delta W\right)_j}{\delta q_j}, \quad j=1,2,\cdots,n \tag{3.2.25}$$

式中，$\left(\sum \delta W\right)_j$ 为仅广义虚位移 $\delta q_j \neq 0$ 时的质点系总虚功。

(5) 将动能与广义力代入拉格朗日方程(3.2.20)，求导并整理得到系统的运动微分方程组。对于保守系统，只需计算系统的动能与势能，利用方程(3.2.23)即可得到运动微分方程。

例 3.2.1　水平面内的行星轮机构如图 3.2.1 所示，均质杆 OA 的质量为 m_1，可绕轴 O 转动，A 端通过光滑铰与轮心 A 连接，均质小圆轮 A 的质量为 m_2，半径为 r，大圆轮固定，轮心位于 O 处，半径为 R。当杆在力偶矩 M 作用下转动时，带动小圆轮转动，设小圆轮与大圆轮在接触点处无相对滑动。求：杆的角加速度。

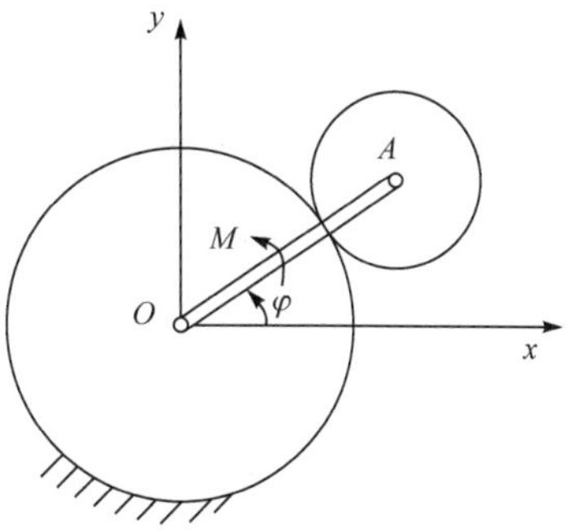

图 3.2.1　行星轮机构

解　以杆 OA 与小圆轮 A 组成的系统为研究对象，其自由度为 1，选取杆的角坐标 φ 为广义坐标。杆定轴转动的动能为

$$T_1=\frac{1}{2}J_O\dot{\varphi}^2=\frac{1}{6}m_1(R+r)\dot{\varphi}^2 \tag{3.2.26}$$

小圆轮做平面运动，轮心速度 $v_A=(R+r)\dot{\varphi}$，角速度 $\omega_2=v_A/r$，小轮的动能为

$$T_2=\frac{1}{2}m_2v_A^2+\frac{1}{2}J_A\omega_2^2=\frac{1}{2}m_2(R+r)^2\dot{\varphi}^2+\frac{1}{4}m_2(R+r)^2\dot{\varphi}^2$$

系统的动能及其对广义速度的导数为

$$T = T_1 + T_2 = \frac{1}{12}(2m_1 + 9m_2)(R+r)^2 \dot{\varphi}^2$$

$$\frac{\partial T}{\partial \dot{\varphi}} = \frac{1}{6}(2m_1 + 9m_2)(R+r)^2 \dot{\varphi}$$

系统受到定常约束，相应的动能只有广义速度$\dot{\varphi}$的二次项。

系统的约束是理想的，只有主动力偶做功，利用虚功表达式或定义式，可得广义力为

$$Q_\varphi = \frac{M\delta\varphi}{\delta\varphi} = M$$

将广义力与动能及其导数的表达式代入拉格朗日方程(3.2.24)，得到

$$\frac{1}{6}(2m_1 + 9m_2)(R+r)^2 \ddot{\varphi} = M$$

则杆的角加速度为

$$\ddot{\varphi} = \frac{6M}{(2m_1 + 9m_2)(R+r)^2}$$

例 3.2.2　铅直平面内的小球摆如图 3.2.2 所示，小球质量为 m，通过细绳悬挂，绳另一端绕在固定的圆柱上，圆柱半径为 R。当摆在铅直位置时，绳的直线部分长度为 l，绳的质量不计。求：摆动微分方程。

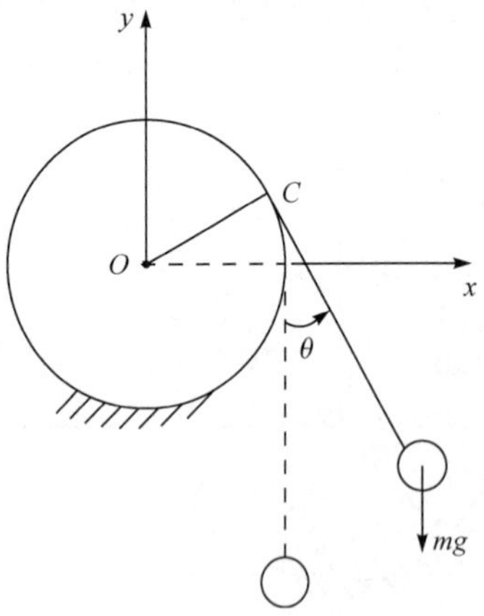

图 3.2.2　小球摆

解　以摆为研究对象，其自由度为 1，选取摆角 θ 为广义坐标。

绳与圆柱的切点 C 为速度瞬心，球的速度 $v=(l+R\theta)\dot{\theta}$，系统动能及其对广义速度的导数为

$$T = \frac{1}{2}m(l+R\theta)^2\dot{\theta}^2, \quad \frac{\partial T}{\partial \dot{\theta}} = m(l+R\theta)^2\dot{\theta}$$

摆长虽然随运动而改变，但其约束依然是定常的，约束方程为

$$(x - R\cos\theta)^2 + (y - R\sin\theta)^2 = (l+R\theta)^2$$

因此，系统的动能只有广义速度$\dot{\theta}$的二次项。

系统的约束是理想的，只有主动的重力做功，而重力为有势力，故广义力可通过势能的导数算得。设摆的平衡状态为零势位，则势能为

$$V = mg\left[(l + R\sin\theta) - (l + R\theta)\cos\theta\right]$$

势能是广义坐标的函数，与广义速度无关。广义力为

$$Q_\theta = -\frac{\partial V}{\partial \theta} = -mg(l + R\theta)\sin\theta$$

将广义力与动能及其导数的表达式代入拉格朗日方程(3.2.24)，得到摆动微分方程为

$$(l + R\theta)\ddot{\theta} + R\dot{\theta}^2 + g\sin\theta = 0$$

这是一个非线性的二阶常微分方程。由于动能中有关于广义速度的二次项参量 $m(l + R\theta)^2$，故拉格朗日方程中具有广义速度 $\dot{\theta}$ 的二次非线性项。

例 3.2.3　铅直平面内的椭圆摆如图 3.2.3 所示，滑块 A 的质量为 m_1，可在光滑水平面上滑动，摆球 B 的质量为 m_2，滑块与摆球通过直杆连接，杆 AB 长为 l，质量不计，A 处为光滑铰。求：系统的运动微分方程，并求摆球的运动轨迹方程。

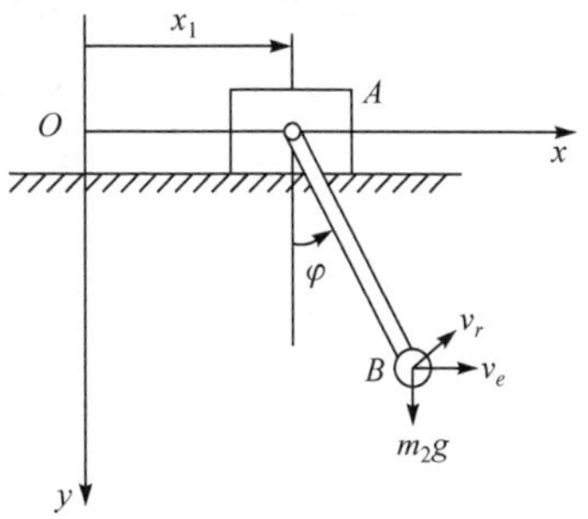

图 3.2.3　椭圆摆

解　以物块 A 与球 B 组成的系统为研究对象，其自由度为 2，选取物块的水平坐标 x_1 与杆的角坐标 φ 为广义坐标。物块 A 的动能为

$$T_1 = \frac{1}{2}m_1\dot{x}_1^2$$

小球运动的牵连速度 $v_e = \dot{x}_1$，相对速度 $v_r = l\dot{\varphi}$，动能为

$$T_2 = \frac{1}{2}m_2\left[\left(v_e + v_r\cos\varphi\right)^2 + \left(v_r\sin\varphi\right)^2\right] = \frac{1}{2}m_2\dot{x}_1^2 + \frac{1}{2}m_2 l^2\dot{\varphi}^2 + m_2 l\dot{x}_1\dot{\varphi}\cos\varphi$$

系统的动能及其广义速度的导数分别为

$$T = T_1 + T_2 = \frac{1}{2}(m_1 + m_2)\dot{x}_1^2 + \frac{1}{2}m_2 l^2\dot{\varphi}^2 + m_2 l\dot{x}_1\dot{\varphi}\cos\varphi$$

$$\frac{\partial T}{\partial \dot{x}_1} = (m_1 + m_2)\dot{x}_1 + m_2 l\dot{\varphi}\cos\varphi, \quad \frac{\partial T}{\partial \dot{\varphi}} = m_2 l^2\dot{\varphi} + m_2 l\dot{x}_1\cos\varphi$$

系统受到定常约束，相应的动能只有广义速度的二次项，其二次型的系数矩阵为

$$\underline{\boldsymbol{m}} = \begin{bmatrix} m_1 + m_2 & m_2 l\cos\varphi \\ m_2 l\cos\varphi & m_2 l^2 \end{bmatrix}$$

容易验证，矩阵 $\underline{\boldsymbol{m}}$ 为对称正定矩阵。

系统的约束是理想的，只有主动的重力 m_2g 做功，而该重力为有势力，故广义力可由势能的导数算得。该系统的平衡状态为零势位，则势能为

$$V = m_2gl(1-\cos\varphi)$$

这是广义坐标 φ 的函数。广义力为

$$Q_x = -\frac{\partial V}{\partial x_1} = 0, \quad Q_\varphi = -\frac{\partial V}{\partial \varphi} = -m_2gl\sin\varphi$$

将广义力与动能及其导数的表达式代入拉格朗日方程(3.2.24)，得到系统的运动微分方程为

$$\begin{cases}(m_1+m_2)\ddot{x}_1 + m_2l\ddot{\varphi}\cos\varphi - m_2l\dot{\varphi}^2\sin\varphi = 0\\ \ddot{x}_1\cos\varphi - l\ddot{\varphi} + g\sin\varphi = 0\end{cases}$$

因动能二次型的系数矩阵 $\underline{\boldsymbol{m}}$ 为广义坐标 φ 的函数，故拉格朗日方程具有广义速度的二次非线性项。由动能二次型的系数矩阵 $\underline{\boldsymbol{m}}$ 的正定性可知，可以将系统的运动微分方程组的二阶导数项解耦，解耦后的方程为

$$(m_1 + m_2\sin^2\varphi)\ddot{x}_1 - m_2l\dot{\varphi}^2\sin\varphi - m_2g\sin\varphi\cos\varphi = 0$$

$$(m_1 + m_2\sin^2\varphi)l\ddot{\varphi} + m_2l\dot{\varphi}^2\sin\varphi\cos\varphi + (m_1+m_2)g\sin\varphi = 0$$

系统的质心在水平方向运动守恒，则小球的坐标可表达为

$$x_B = x_C + \frac{m_1}{m_1+m_2}l\sin\varphi, \quad y_B = l\cos\varphi$$

式中，质心坐标 x_C 为常数。由此两式消去 φ，即得球运动的轨迹方程为

$$\left[\frac{x_B - x_C}{m_1l/(m_1+m_2)}\right]^2 + \left(\frac{y_B}{l}\right)^2 = 1$$

它是一个椭圆，故称该摆为椭圆摆。

例 3.2.4　半径为 r 的圆环绕垂直轴以匀角速度 ω 转动，质量为 m 的小球 P 可在管内无摩擦地滑动，如图 3.2.4 所示。试利用拉格朗日方程建立其动力学方程。

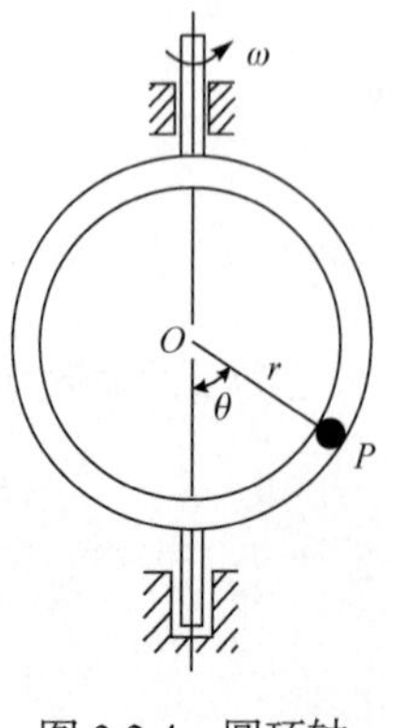

图 3.2.4　圆环轴

解　这是带有非定常完整约束的单自由度系统。以小球 P 与圆心 O 连线相对垂直轴的偏角 θ 为广义坐标，系统的动能和势能分别为

$$T = \frac{1}{2}mr^2(\dot{\theta}^2 + \omega^2\sin^2\theta), \quad V = -mgr\cos\theta \tag{3.2.27}$$

利用式(3.1.49)计算离心惯性力对应的广义力，得到

$$Q_\theta = mr^2\omega^2\sin\theta\cos\theta \tag{3.2.28}$$

将式(3.2.27)、式(3.2.28)代入拉格朗日方程(3.2.24)，得到

小球 P 的动力学方程为

$$\ddot{\theta}+(g/r-\omega^2\cos\theta)\sin\theta=0 \tag{3.2.29}$$

3. 拉格朗日方程的展开式与陀螺力

将动能的表达式(3.1.99)代入拉格朗日方程(3.2.20)，得到

$$\sum_{i=1}^{n}m_{ij}\ddot{q}_i+\sum_{i=1}^{n}\sum_{l=1}^{n}\left(\frac{\partial m_{ij}}{\partial q_l}-\frac{1}{2}\frac{\partial m_{il}}{\partial q_j}\right)\dot{q}_i\dot{q}_l+\sum_{i=1}^{n}\left(\frac{\partial a_i}{\partial q_j}-\frac{\partial a_j}{\partial q_i}\right)\dot{q}_i+\sum_{i=1}^{n}\frac{\partial m_{ij}}{\partial t}\dot{q}_i+\dot{a}_j-\frac{\partial a_0}{\partial q_j}=Q_j,$$

$$j=1,2,\cdots,n \tag{3.2.30}$$

一般情况下，这是 n 个关于广义坐标的二阶微分方程组，其二阶导数项的系数矩阵为 $\underline{\boldsymbol{m}}$，由 $\underline{\boldsymbol{m}}$ 的正定性知，该方程组的二阶导数项可以解耦。

质点系的动能一般包括广义速度的二次项、一次项及零次项。但在定常约束、质点的矢量坐标不显含时间 t 的情况下，有 $a_i=0$、$a_0=0$，此时质点系的动能只有广义速度的二次项，拉格朗日方程成为

$$\sum_{i=1}^{k}m_{ij}\ddot{q}_i+\frac{1}{2}\sum_{i=1}^{k}\sum_{l=1}^{k}\frac{\partial m_{il}}{\partial q_j}\dot{q}_i\dot{q}_l=Q_j,\quad j=1,2,\cdots,n \tag{3.2.31}$$

当参量 m_{ij} 是广义坐标的函数时，拉格朗日方程将具有广义速度的非线性项。

在方程(3.2.30)中的第三项称为**陀螺力**，它为广义速度的一次式，通常由旋转运动产生的科氏惯性力引起，记作 Q_{gj}，即

$$Q_{gj}=-\sum_{i=1}^{n}g_{ji}\dot{q}_i \tag{3.2.32}$$

式中，系数 g_{ji}

$$g_{ji}=\frac{\partial a_j}{\partial q_i}-\frac{\partial a_i}{\partial q_j},\quad j,i=1,2,\cdots,n \tag{3.2.33}$$

是广义坐标的函数，具有反对称性，即

$$g_{ji}=-g_{ij},\quad g_{jj}=0,\quad j,i=1,2,\cdots,n \tag{3.2.34}$$

以 $g_{ji}(j,i=1,2,\cdots,n)$ 为元素组成的矩阵 $\underline{\boldsymbol{g}}$ 为反对称矩阵。陀螺力为无功力，所做功的总功率为零

$$\sum_{j=1}^{n}Q_{gj}\dot{q}_j=-\sum_{j=1}^{n}\sum_{i=1}^{n}g_{ij}\dot{q}_i\dot{q}_j=-\frac{1}{2}\sum_{j=1}^{n}\sum_{i=1}^{n}(g_{ij}+g_{ji})\dot{q}_i\dot{q}_j=0 \tag{3.2.35}$$

可见，陀螺力可能改变质点或子系统的能量，但不改变系统的总能量。即陀

螺力(3.2.32)存在时必有自由度 $k \geqslant 2$ 。

如果物体的牵连运动为转动时，一般将具有科氏(Coriolis)加速度，动力学关系中包含科氏惯性力

$$\boldsymbol{F}_i = -2m_i\boldsymbol{\omega}_{ie} \times \boldsymbol{v}_{ir} = -2m_i\boldsymbol{\omega}_{ie} \times (\boldsymbol{v}_{ia} - \boldsymbol{v}_{ie}) = -2m_i\boldsymbol{\omega}_{ie} \times \boldsymbol{v}_{ia} + 2m_i\boldsymbol{\omega}_{ie} \times \boldsymbol{v}_{ie} \tag{3.2.36}$$

式中，第一项表示的科氏惯性力分量的功率为

$$P = -\sum_{i=1}^{n} 2m_i(\boldsymbol{\omega}_{ie} \times \boldsymbol{v}_{ia}) \cdot \boldsymbol{v}_{ia} = -\sum_{i=1}^{n} 2m_i(\boldsymbol{v}_{ia} \times \boldsymbol{v}_{ia}) \cdot \boldsymbol{\omega}_{ie} = 0 \tag{3.2.37}$$

因此，该分力是一个陀螺力。

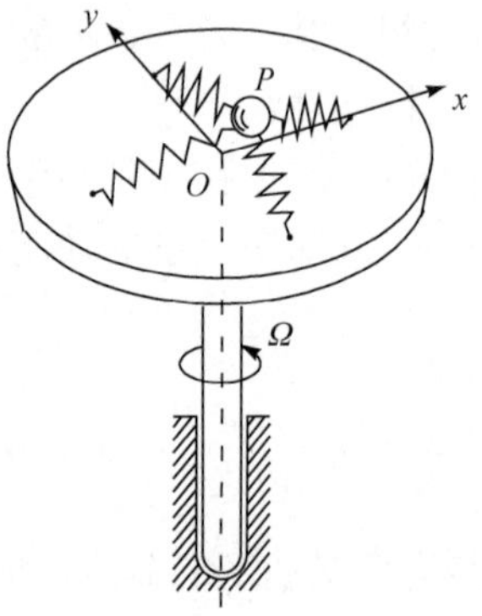

图 3.2.5　滑块-弹簧-转盘系统

例 3.2.5　设滑块 P 在转盘上受到相互正交的弹簧的约束，转盘以角速度 Ω 做匀速转动，滑块的质量为 m，弹簧刚度为 k，滑块的平衡位置在盘心处，如图 3.2.5 所示。试写出滑块的动能和势能，指出陀螺力，列出滑块的动力学方程。

解　以盘心为原点 O，沿正交的弹簧建立转盘坐标系 $O\text{-}xy$，滑块 P 的速度 $\boldsymbol{v}$ 为

$$\boldsymbol{v} = (\dot{x} - \Omega y)\boldsymbol{i} + (\dot{y} + \Omega x)\boldsymbol{j} \tag{3.2.38}$$

滑块的动能 T 和势能 V 分别为

$$\begin{cases} T = \dfrac{1}{2}m[(\dot{x}^2 - \Omega y)^2 + (\dot{y}^2 - \Omega x)^2] = T_0 + T_1 + T_2 \\ T_0 = \dfrac{1}{2}m\Omega^2(x^2 + y^2), \quad T_1 = m\Omega(x\dot{y} + y\dot{x}), \quad T_2 = \dfrac{1}{2}m(\dot{x}^2 + \dot{y}^2) \\ V = \dfrac{1}{2}k(x^2 + y^2) \end{cases} \tag{3.2.39}$$

与式(3.1.100)对照，得到

$$a_1 = -m\Omega y, \quad a_2 = m\Omega x \tag{3.2.40}$$

代入式(3.2.33)，导出

$$\begin{aligned} g_{12} &= \frac{\partial a_1}{\partial y} - \frac{\partial a_2}{\partial x} = -2m\Omega \\ g_{21} &= \frac{\partial a_2}{\partial x} - \frac{\partial a_1}{\partial y} = 2m\Omega \end{aligned} \tag{3.2.41}$$

陀螺力即滑块的科氏惯性力。将式(3.2.39)中的动能和势能以拉格朗日函数形式代入拉格朗日方程(3.2.23)，得到滑块 P 的动力学方程为

$$\begin{cases} m\ddot{x} - 2m\Omega\dot{y} + (k - m\Omega^2)x = 0 \\ m\ddot{y} - 2m\Omega\dot{x} + (k - m\Omega^2)y = 0 \end{cases} \tag{3.2.42}$$

引入复变量 $z = x + \mathrm{i}y$，对称的两个方程可综合为复数形式

$$\ddot{z} + 2\mathrm{i}\Omega\dot{z} + (k/m - \Omega^2)z = 0 \tag{3.2.43}$$

4. 黏性摩擦力与瑞利耗散函数

若系统内存在黏性摩擦力，记作 Q_{dj}，通常可表示为广义速度 $\dot{q}_j$ 的线性函数，即

$$Q_{dj} = -\sum_{i=1}^{n} c_{ij}\dot{q}_i \tag{3.2.44}$$

式中，

$$c_{jl} = \sum_{i=1}^{n} c_i \frac{\partial \boldsymbol{r}_i}{\partial q_j} \cdot \frac{\partial \boldsymbol{r}_i}{\partial q_l} \tag{3.2.45}$$

是广义坐标的函数。引入瑞利耗散函数 Ψ，定义为

$$\Psi = \frac{1}{2}\sum_{j=1}^{n} c_{ij}\dot{q}_i\dot{q}_j \tag{3.2.46}$$

这是广义速度的二次型，其系数矩阵对称正定。将耗散函数通过广义速度表示为

$$\Psi = \sum_{i=1}^{n}\frac{1}{2}c_i\dot{\boldsymbol{r}}_i \cdot \dot{\boldsymbol{r}}_i = \sum_{i=1}^{n}\frac{1}{2}c_i\left(\sum_{j=1}^{k}\frac{\partial \boldsymbol{r}_i}{\partial q_j}\dot{q}_j\right)\cdot\left(\sum_{l=1}^{k}\frac{\partial \boldsymbol{r}_i}{\partial q_l}\dot{q}_l\right) = \frac{1}{2}\sum_{j=1}^{k}\sum_{l=1}^{k} c_{jl}\dot{q}_j\dot{q}_l \tag{3.2.47}$$

则黏性摩擦力 Q_{dj} 可利用耗散函数表示为

$$Q_{dj} = -\partial\Psi/\partial\dot{q}_j, \quad j = 1, 2, \cdots, n$$

耗散力的功率为

$$P = \sum_{j=1}^{k} Q_j\dot{q}_j = -\sum_{j=1}^{k}\sum_{l=1}^{k} c_{jl}\dot{q}_j\dot{q}_l \leqslant 0 \tag{3.2.48}$$

可见，该耗散力的功率为广义速度的二次型且二次型正定，即二次型的系数矩阵 $\underline{c}$ 对称正定。黏性摩擦力所做的负功引起系统的总能量 E 的耗散，能量函数率等于耗散函数的 2 倍，即

$$\frac{\mathrm{d}E}{\mathrm{d}t} = \sum_{j=1}^{n} Q_{dj}\dot{q}_j = -\sum_{j=1}^{n} c_{ij}\dot{q}_i\dot{q}_j = -2\Psi \tag{3.2.49}$$

存在黏性摩擦力的系统的拉格朗日方程(3.2.24)可写为

$$\frac{\mathrm{d}}{\mathrm{d}t}\left(\frac{\partial L}{\partial \dot{q}_j}\right)-\frac{\partial L}{\partial q_j}+\frac{\partial \Psi}{\partial \dot{q}_j}=Q_j,\quad j=1,2,\cdots,n \tag{3.2.50}$$

式中，Q_j 为质点系内除有势力和黏性摩擦力以外的其他广义力。

例如，物体的滑动摩擦力为

$$\boldsymbol{F}_i=-f_iF_{Ni}\boldsymbol{\tau}_i$$

式中，$f_i>0$ 为滑动摩擦系数；$F_{Ni}\geqslant 0$ 为物体间的正压力，与运动速度无关。相应的广义力为

$$Q_j=-\sum_{i=1}^{n}f_iF_{Ni}\boldsymbol{\tau}_i\cdot\frac{\partial \boldsymbol{r}_i}{\partial q_j}=-\sum_{i=1}^{n}f_iF_{Ni}\frac{\partial v_i}{\partial \dot{q}_j}=-\frac{\partial \boldsymbol{\Phi}}{\partial \dot{q}_j}$$

式中，耗散函数 $\boldsymbol{\Phi}=\sum_{i=1}^{n}f_iF_{Ni}v_i$。该摩擦力的功率为

$$P=-\sum_{i=1}^{n}f_iF_{Ni}v_i\leqslant 0$$

故这是一个耗散力。

又如，物体受到的流体黏性阻力为

$$\boldsymbol{F}_i=-c_i\boldsymbol{v}_i$$

式中，$c_i>0$ 为黏性阻尼系数。相应的广义力为

$$Q_j=-\sum_{i=1}^{n}c_i\boldsymbol{v}_i\cdot\frac{\partial \boldsymbol{r}_i}{\partial q_j}=-\sum_{i=1}^{n}c_iv_i\frac{\partial v_i}{\partial \dot{q}_j}=-\frac{\partial \boldsymbol{\Phi}}{\partial \dot{q}_j}$$

式中，耗散函数 $\boldsymbol{\Phi}=\sum_{i=1}^{n}\frac{1}{2}c_iv_i^2$。该阻力的功率为

$$P=-\sum_{i=1}^{n}c_iv_i^2\leqslant 0$$

故这是一个耗散力。当系统受定常约束时，扰动运动将使动能的扰动出现扰动速度的一次项，从而产生陀螺力和耗散力。

例 3.2.6　滑块 A 及悬挂在滑块上的单摆 B 组成的系统，如图 3.2.6 所示。摆长为 l，滑块和摆的质量分别为 m_A、m_B，滑块受弹簧约束且受黏性摩擦力作用，弹簧刚度系数为 c，试用拉格朗日方程建立其动力学方程。

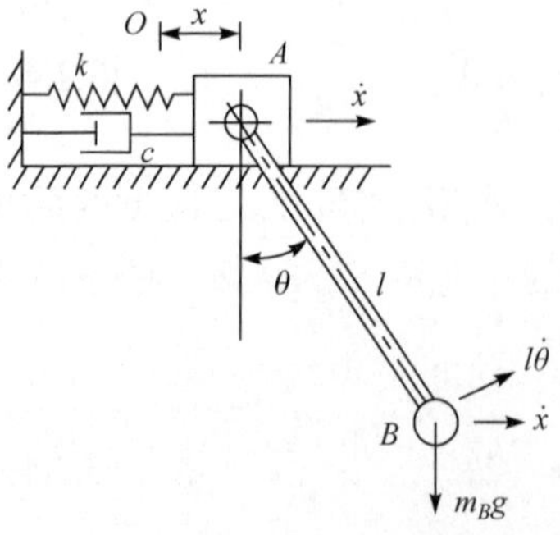

图 3.2.6　滑块-单摆系统

解　这是 2 自由度完整系统，取滑块相对弹

簧末端未变形位置的位移 x 和相对垂直轴的偏角 θ 为广义坐标，滑块 A 和摆 B 的速度如图 3.2.6 所示，系统的动能、势能和瑞利耗散函数分别为

$$T=\frac{1}{2}m_A\dot{x}^2+\frac{1}{2}m_B[(\dot{x}+l\dot{\theta}\cos\theta)^2+l^2\dot{\theta}\sin^2\theta] \tag{3.2.51}$$

$$V=\frac{1}{2}kx^2-m_Bgl\cos\theta,\quad \varPsi=\frac{1}{2}c\dot{x}^2 \tag{3.2.52}$$

代入拉格朗日方程(3.2.50)，得到系统的动力学方程为

$$\begin{cases}(m_A+m_B)\ddot{x}+c\dot{x}+kx+m_Bl(\ddot{\theta}\cos\theta-\dot{\theta}^2\sin\theta)=0\\ m_Bl\ddot{\theta}+\ddot{x}\cos\theta+g\sin\theta=0\end{cases} \tag{3.2.53}$$

如果系统中存在扰动，设扰动为

$$u_i(t)=q_i^*(t)-q_i(t),\quad i=1,2,\cdots,n \tag{3.2.54}$$

则动能的扰动为

$$\Delta T=T(\dot{q}_i+\dot{u}_i,q_i+u_i)-T(\dot{q}_i,q_i)\approx\sum_{i=1}^{k}\left(\frac{\partial T}{\partial\dot{q}_i}\dot{u}_i+\frac{\partial T}{\partial q_i}u_i\right) \tag{3.2.55}$$

广义力的扰动为

$$\Delta Q_j\approx\sum_{i=1}^{k}\left(\frac{\partial Q_j}{\partial\dot{q}_i}\dot{u}_i+\frac{\partial Q_j}{\partial q_i}u_i\right) \tag{3.2.56}$$

将式(3.2.55)和式(3.2.56)代入拉格朗日方程的扰动方程

$$\frac{\mathrm{d}}{\mathrm{d}t}\left(\frac{\partial\Delta T}{\partial\dot{q}_j}\right)-\frac{\partial\Delta T}{\partial q_j}=\Delta Q_j,\quad j=1,2,\cdots,n \tag{3.2.57}$$

得到

$$\sum_{i=1}^{k}(\tilde{a}_{ij}\ddot{u}_i+\tilde{b}_{ij}\dot{u}_i+\tilde{g}_{ij}\dot{u}_i+\tilde{c}_{ij}u_i)=0,\quad j=1,2,\cdots,n \tag{3.2.58}$$

式中，系数为

$$\tilde{a}_{ij}=\tilde{a}_{ji}=\frac{\partial^2T}{\partial\dot{q}_i\partial\dot{q}_j},\quad \tilde{b}_{ij}=\sum_{l=1}^{k}\frac{\partial^3T}{\partial q_l\partial\dot{q}_i\partial\dot{q}_j}\dot{q}_l-\frac{\partial Q_j}{\partial\dot{q}_i},\quad \tilde{g}_{ij}=-\tilde{g}_{ji}=\frac{\partial^2T}{\partial q_i\partial\dot{q}_j}-\frac{\partial^2T}{\partial q_j\partial\dot{q}_i}$$

$$\tilde{c}_{ij}=\sum_{l=1}^{k}\left(\frac{\partial^3T}{\partial q_i\partial\dot{q}_j\partial\dot{q}_l}\ddot{q}_l+\frac{\partial^3T}{\partial q_l\partial q_i\partial\dot{q}_j}\dot{q}_l\right)-\frac{\partial^2T}{\partial q_i\partial q_j}-\frac{\partial Q_j}{\partial q_i}$$

因系数 $\tilde{g}_{ij}$ 组成的矩阵反对称，故 $\sum\tilde{g}_{ij}\dot{u}_i$ 项表示广义陀螺力。而 $\tilde{b}_{ij}$ 一般不具有对称性或反对称性，但总可以分解为对称的 $\tilde{b}'_{ij}$ 与反对称的 $\tilde{b}''_{ij}$ 之和，其中 $\sum\tilde{b}'_{ij}\dot{u}_i$ 部分表示耗散力，而 $\sum\tilde{b}''_{ij}\dot{u}_i$ 部分表示陀螺力。

例 3.2.7 旋转摆如图 3.2.7 所示，摆球 A 的质量为 m，杆 OA 长为 l，杆与旋转轴于 O 处通过光滑柱铰连接，杆重不计。求：摆的扰动微分方程。

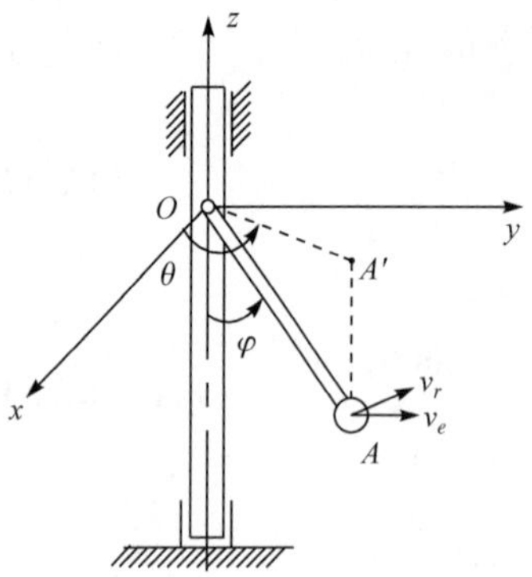

图 3.2.7 旋转摆

解 旋转摆的自由度为 2，选取角 θ 、φ 为广义坐标。摆球的绝对速度为

$$\boldsymbol{v} = \boldsymbol{v}_e + \boldsymbol{v}_r$$

其中 $\boldsymbol{v}_e$ 和 $\boldsymbol{v}_r$ 的值为

$$v_e = l\dot{\theta}\sin\varphi, \quad v_r = l\dot{\varphi}$$

在圆柱坐标上的分速度为

$$v_\tau = l\dot{\theta}\sin\varphi, \quad v_n = l\dot{\varphi}\cos\varphi, \quad v_z = l\dot{\varphi}\sin\varphi$$

则摆球的动能为

$$T = \frac{1}{2}m(v_\tau^2 + v_n^2 + v_z^2) = \frac{1}{2}ml^2(\dot{\varphi}^2 + \dot{\theta}^2\sin^2\varphi)$$

系统中做功的重力是有势力，以点 O 处为零势位，其势能为

$$V = -mgl\cos\varphi$$

广义力为

$$Q_\theta = -\frac{\partial V}{\partial \theta} = 0, \quad Q_\varphi = -\frac{\partial V}{\partial \varphi} = -mgl\sin\varphi$$

将广义力与动能的表达式代入拉格朗日方程(3.2.24)，得到摆的运动微分方程为

$$\begin{cases} \ddot{\theta}\sin\varphi + 2\dot{\theta}\dot{\varphi}\cos\varphi = 0 \\ l\ddot{\varphi} - l\dot{\theta}^2\sin\varphi\cos\varphi + g\sin\varphi = 0 \end{cases}$$

显然，方程不包含陀螺力项。由摆的第一个运动微分方程知，系统存在旋转角速度 $\dot{\theta} = \omega$ 为常数、摆角 $\varphi = \varphi_0$ 为常数的运动，再由摆的第二个运动微分方程可得 ω 与 φ_0 的关系为

$$l\omega^2\cos\varphi_0 = g$$

设该运动的扰动为

$$\theta^* = \theta + u_1, \quad \dot{\theta}^* = \omega + \dot{u}_1, \quad \varphi^* = \varphi_0 + u_2$$

将其代入摆的运动微分方程，略去高阶小量后，即得摆的扰动微分方程为

$$\begin{cases} \ddot{u}_1\sin^2\varphi_0 + \omega\dot{u}_2\sin(2\varphi_0) = 0 \\ \ddot{u}_2 - \omega\dot{u}_1\sin(2\varphi_0) + \left[g/l\cdot\cos\varphi_0 - \omega^2\cos(2\varphi_0)\right]u_2 = 0 \end{cases}$$

两个方程中的第二项表示成矩阵形式为

$$\begin{bmatrix} 0 & \omega\sin(2\varphi_0) \\ -\omega\sin(2\varphi_0) & 0 \end{bmatrix}\begin{Bmatrix} \dot{u}_1 \\ \dot{u}_2 \end{Bmatrix}$$

这是扰动速度的线性函数，且系数矩阵反对称，因此是一个陀螺力。

3.2.3　能量积分与循环积分

用拉格朗日方程建立的一般质点系的动力学关系，通常是关于广义坐标的二阶微分方程组，非线性的微分方程组很难通过积分得到解析解。但在一些特定的情况下，可将拉格朗日方程经过一次积分获得关于广义坐标和广义速度的结果，称为拉格朗日方程的**首次积分**。这些首次积分可用于消减坐标变量，降低系统的维数，从而进一步得到动力学系统的解。常见的首次积分有能量积分与循环积分。

1. 能量积分

设完整系统由 n 个质点组成，具有 k 个自由度。当系统的拉格朗日函数 L 不显含时间 t 时，有 $\partial L/\partial t=0$，利用式(3.2.23)，则拉格朗日函数关于时间的全导数为

$$\frac{\mathrm{d}L}{\mathrm{d}t}=\sum_{j=1}^{k}\left(\frac{\partial L}{\partial \dot{q}_j}\frac{\mathrm{d}\dot{q}_j}{\mathrm{d}t}+\frac{\partial L}{\partial q_j}\dot{q}_j\right)=\sum_{j=1}^{k}\left[\frac{\partial L}{\partial \dot{q}_j}\frac{\mathrm{d}\dot{q}_j}{\mathrm{d}t}+\frac{\mathrm{d}}{\mathrm{d}t}\left(\frac{\partial L}{\partial \dot{q}_j}\right)\dot{q}_j\right]=\frac{\mathrm{d}}{\mathrm{d}t}\left(\sum_{j=1}^{k}\frac{\partial L}{\partial \dot{q}_j}\dot{q}_j\right) \tag{3.2.59}$$

两边关于时间积分，得到

$$\sum_{j=1}^{k}\frac{\partial L}{\partial \dot{q}_j}\dot{q}_j-L=h \tag{3.2.60}$$

式中，h 为常数。式(3.2.60)左边是关于广义速度与广义坐标的函数，满足拉格朗日方程的广义坐标使其恒等于常数，因此式(3.2.60)是拉格朗日方程的一个首次积分。

利用动能的广义速度表达式(3.1.99)，可得

$$\sum_{j=1}^{k}\frac{\partial L}{\partial \dot{q}_j}\dot{q}_j=\sum_{j=1}^{k}\frac{\partial\left(T_2+T_1\right)}{\partial \dot{q}_j}\dot{q}_j=\sum_{j=1}^{k}\left(\sum_{i=1}^{k}m_{ij}\dot{q}_i+a_j\right)\dot{q}_j=2T_2+T_1$$

则式(3.2.60)成为

$$h=2T_2+T_1-(T_2+T_1+T_0-V)=T_2+V-T_0 \tag{3.2.61}$$

式中，T_2+V-T_0 表达了系统的一种能量，称为**广义能量**，故首次积分式(3.2.60)称为拉格朗日方程的**广义能量积分**或**雅可比(Jacobi)积分**。对于定常约束系统，$T_0=T_1=0$，则 $h=T+V$ 表示系统的机械能。此时，系统的广义能量退化为机械能，首次积分式(3.2.60)表达了定常保守系统的机械能守恒。

例如，图 3.2.3 所示的椭圆摆是一个定常、保守、完整的系统，其拉格朗日函数为

$$L=\frac{1}{2}(m_1+m_2)\dot{x}_1^2+\frac{1}{2}m_2l^2\dot{\varphi}^2+m_2l\dot{x}_1\dot{\varphi}\cos\varphi-m_2gl(1-\cos\varphi) \tag{3.2.62}$$

式(3.2.62)不显含时间 t，故系统存在能量积分

$$T+V=\frac{1}{2}(m_1+m_2)\dot{x}_1^2+\frac{1}{2}m_2l^2\dot{\varphi}^2+m_2l\dot{x}_1\dot{\varphi}\cos\varphi+m_2gl(1-\cos\varphi)=h \tag{3.2.63}$$

实际上，摆的运动方程为

$$\begin{cases}(m_1+m_2)\ddot{x}_1+m_2l\ddot{\varphi}\cos\varphi-m_2l\dot{\varphi}^2\sin\varphi=0\\ \ddot{x}_1\cos\varphi-l\ddot{\varphi}+g\sin\varphi=0\end{cases}$$

由此第二式乘以 $m_2l\mathrm{d}\varphi$ 与第一式乘以 $\mathrm{d}x_1$ 相加，再积分，即可得能量积分式(3.2.63)，这也正是动能定理的结果。

2. 循环积分

当系统的拉格朗日函数 L 不显含某个广义坐标 q_r 时，有 $\partial L/\partial q_r=0$，则称 q_r 为循环坐标。对于循环坐标，拉格朗日方程(3.2.23)成为

$$\frac{\mathrm{d}}{\mathrm{d}t}\left(\frac{\partial L}{\partial\dot{q}_r}\right)=\frac{\partial L}{\partial q_r}=0$$

对其关于时间积分，得到

$$\frac{\partial L}{\partial\dot{q}_r}=\frac{\partial T}{\partial\dot{q}_r}=p_r \tag{3.2.64}$$

式中，p_r 为常数。式(3.2.64)是拉格朗日方程对于循环坐标一次积分的结果，称为**循环积分**。

利用动能的广义速度表达式(3.1.99)，可得

$$\frac{\partial T}{\partial\dot{q}_r}=\sum_{i=1}^{k}m_{ir}\dot{q}_r+a_r \tag{3.2.65}$$

如果广义坐标表达线性位移，则式(3.2.65)描述系统的动量；如果广义坐标表达角位移，则式(3.2.65)描述系统的动量矩，故称(3.2.65)为**广义动量**。循环积分式(3.2.64)表述了系统关于循环坐标的**广义动量守恒**。

对于定常约束系统，$a_r=0$，则式(3.2.65)成为

$$\frac{\partial T}{\partial\dot{q}_r}=\sum_{i=1}^{k}m_{ir}\dot{q}_i$$

能量积分存在与否取决于系统的性质，而循环积分存在与否不仅与系统的性

质有关，还依赖广义坐标的选取。循环积分可以有多个，但能量积分只有一个。利用这些首次积分，可以消减坐标变量，从而降低系统的维数，便于求解。例如，由循环坐标 q_r 的循环积分式(3.2.64)解出相应的广义速度 $\dot{q}_r$，将其代入拉格朗日函数 L 可消去坐标变量 q_r，从而减少方程数目，使系统降维。

例如，图 3.2.3 所示的椭圆摆是一个定常、保守、完整的系统。式(3.2.62)所表示的拉格朗日函数不显含广义坐标 x_1，故 x_1 为循环坐标，系统存在循环积分

$$\frac{\partial L}{\partial \dot{x}_1} = (m_1 + m_2)\dot{x}_1 + m_2 l\dot{\varphi}\cos\varphi = p_x \tag{3.2.66}$$

实际上，摆在水平方向无外力作用，因此水平动量守恒，而 $\partial L / \partial \dot{x}_1$ 为系统的水平动量，即得循环积分式(3.2.66)。这也可由关于 x_1 的拉格朗日方程，乘以 $\mathrm{d}t$ 并积分得到。

利用能量积分式(3.2.63)，解出广义速度为

$$\dot{x}_1 = \frac{1}{m_1 + m_2}(p_x - m_2 l\dot{\varphi}\cos\varphi) \tag{3.2.67}$$

由初始条件确定常数 p_x，再将 $\dot{x}_1$ 代入拉格朗日函数 L，即可消去广义坐标 x_1。也可将 $\dot{x}_1$ 代入能量积分式(3.2.63)，得到关于 φ 的一阶微分方程为

$$\dot{\varphi}^2 = \frac{2h(m_1 + m_2) - p_x^2}{m_2 l(m_1 + m_2\sin^2\varphi)} - \frac{2g(m_1 + m_2)}{l(m_1 + m_2\sin^2\varphi)}(1 - \cos\varphi)$$

由初始条件确定常数 h，并积分一次即得 φ。再将 φ 代入 $\dot{x}_1$ 的表达式(3.2.67)，并积分一次可得 x_1，同时利用初始条件确定积分常数。

3.2.4　拉格朗日乘子法与劳斯方程

拉格朗日方程只适用于不含多余坐标的完整系统。拉格朗日乘子法是处理非完整系统的一种实用方法。

1. 第一类拉格朗日方程

设质点系由 n 个质点 $P_i\ (i = 1,2,\cdots,n)$ 组成，以 $3n$ 个笛卡儿坐标确定其位形。若系统内同时存在 r 个完整约束和 s 个非完整约束，则约束方程由式(3.1.14)的微分形式表示，也可写作关于虚位移的约束条件式(3.1.29)，系统内各质点的运动必须满足动力学普遍方程(3.2.1)。将主动力 $\boldsymbol{F}_i\ (i = 1,2,\cdots,n)$ 相对某个参考坐标系的 $3n$ 个分量依次排列为 $F_i\ (i = 1,2,\cdots,3n)$，则动力学普遍方程(3.2.1)的标量形式为

$$\sum_{i=1}^{3n}(F_i - m_i\ddot{x}_i)\delta x_i = 0 \tag{3.2.68}$$

由于 $r+s$ 个独立约束条件式(3.1.29)的存在，在 $3n$ 个坐标变分 $\delta x_i\ (i = 1,2,\cdots,3n)$ 中，

只有 $f=3n-r-s$ 个独立变量。至于 $3n$ 个坐标变分哪些是独立的，则可以任意指定。

引入 $r+s$ 个未定乘子 λ_k 分别与式(3.1.29)中标号相同的各式相乘，然后将其和式与式(3.2.68)相加，得到

$$\sum_{i=1}^{3n}\left(F_i-m_i\ddot{x}_i+\sum_{k=1}^{r+s}\lambda_k A_{ki}\right)\delta x_i=0 \tag{3.2.69}$$

如果选择适当的 $r+s$ 个未定乘子 λ_k，使式(3.2.69)中 $r+s$ 个事先指定为不独立变分 $\delta x_i\ (i=1,2,\cdots,r+s)$ 前的系数等于零，则可得到 $r+s$ 个方程。在方程(3.2.69)中只包含 f 个与独立变分 $\delta x_i\ (i=r+s+1,r+s+2,\cdots,3n)$ 有关的和式。这 f 个坐标变分既然是独立变量，则方程(3.2.69)成立的充分必要条件是各坐标变分前的系数等于零，共得到 f 个方程，连同已得到的 $r+s$ 个方程，共列出 $3n$ 个方程，即

$$F_i-m_i\ddot{x}_i+\sum_{k=1}^{r+s}\lambda_k A_{ki}=0,\quad i=1,2,\cdots,3n \tag{3.2.70}$$

式(3.2.70)称为第一类**拉格朗日方程**。式(3.2.70)中包含的 $r+s$ 个未定乘子称为**拉格朗日乘子**。由于方程中除特定的各质点坐标 $x_i(i=1,2,\cdots,3n)$ 以外，又增加了待定的拉格朗日乘子，共有 $3n+r+s$ 个未知变量，所以还必须同时列出 r 个完整约束方程(3.1.2)和 s 个线性非完整约束方程(3.1.3)，才能使方程组封闭。

2. 拉格朗日方程乘子的物理意义

设一质点在固定曲面 $f(x_1,x_2,x_3)$ 上运动，取 λ 为拉格朗日乘子，第一类拉格朗日方程为

$$F_i-m_i\ddot{x}_i+\lambda\left(\frac{\partial f}{\partial x_i}\right)=0,\quad i=1,2,3 \tag{3.2.71}$$

或写为

$$m_i\ddot{x}_i=F_i+\lambda\left(\frac{\partial f}{\partial x_i}\right),\quad i=1,2,3 \tag{3.2.72}$$

与牛顿第二定律

$$m_i\ddot{x}_i=F_i+F_{Ni},\quad i=1,2,3 \tag{3.2.73}$$

比较可以看出，拉格朗日乘子与约束反力 F_{Ni} 成正比，即有

$$\lambda\left(\frac{\partial f}{\partial x_i}\right)=F_{Ni},\quad i=1,2,3 \tag{3.2.74}$$

式(3.2.74)表明，动力学普遍方程中已被消去的理想约束力通过拉格朗日乘子又被

引回来。因此，利用第一类拉格朗日方程可同时解出系统的约束力。

例 3.2.8　如图 3.2.8 所示，长度为 l 的无质量直杆一端用球铰 O 与支座固定，另一端固定一质量为 m 的小球 A，长度为 h 的软绳一端固定于 C 点，另一端固定于杆上的 B 点，BO 的距离为 b，平衡时 OA 水平而 BC 垂直。试用拉格朗日乘子方法建立小球的动力学方程。

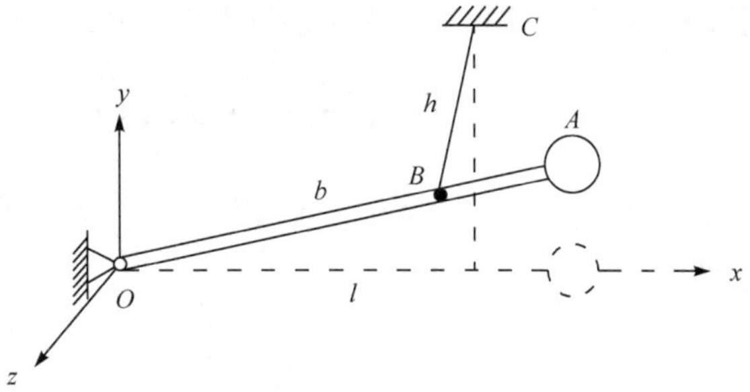

图 3.2.8　杆-球-绳系统

解　小球 A 具有 1 个自由度，设小球的坐标为 x、y、z，如图 3.2.8 所示，则 B 点的坐标为 bx/l、by/l、bz/l。由于 OA、BC 的长度不变，可列出两个约束方程为

$$\begin{cases} f_1 = x^2 + y^2 + z^2 - l^2 \\ f_2 = \left(b - \dfrac{bx}{l}\right)^2 + \left(h - \dfrac{by}{l}\right)^2 + \left(\dfrac{bz}{l}\right)^2 - h^2 \end{cases} \tag{3.2.75}$$

约束方程(3.2.75)的变分形式为

$$\begin{cases} x\delta x + y\delta y + z\delta z = 0 \\ b(x-l)\delta x + (by - hl)\delta y + bz\delta z = 0 \end{cases} \tag{3.2.76}$$

小球 A 受到的主动力为重力，沿 y 轴的负方向，即有

$$F_x = 0, \quad F_y = -mg, \quad F_z = 0 \tag{3.2.77}$$

将式(3.2.76)分别乘以 λ_1、λ_2，代入第一类拉格朗日方程(3.2.70)，导出

$$\begin{cases} m\ddot{x} = \lambda_1 x + \lambda_2 b(x-l) \\ m\ddot{y} = -mg + \lambda_1 y + \lambda_2 (by - hl) \\ m\ddot{z} = \lambda_1 z + \lambda_2 bz \end{cases} \tag{3.2.78}$$

方程(3.2.78)与约束条件式(3.2.75)联立确定小球的运动规律。

3. 劳斯方程

当分析实际工程问题时，采用广义坐标代替笛卡儿坐标可使未知变量明显减少。利用广义坐标表示的拉格朗日方程仅限于不含有多余坐标的完整系统，利用拉格朗日乘子法将约束条件引入方程，可使第二类拉格朗日方程的使用范围扩大到非完整系统或含有多余坐标的完整系统。

由 n 个质点 P_i $(i=1,2,\cdots,n)$ 组成的质点系，系统内同时存在 r 个完整约束和

s个非完整约束，选择$k=3n-r$个广义坐标q_j $(j=1,2,\cdots,k)$描述系统的位形，则系统的位形由方程(3.1.17)确定。式(3.1.20)表示的非完整约束方程可以写为

$$\sum_{j=1}^{k} B_{lj}\mathrm{d}q_j + B_{l0}\mathrm{d}t = 0, \quad l=1,2,\cdots,s \tag{3.2.79}$$

令式(3.2.79)中$\mathrm{d}t=0$，导出对广义坐标的等时变分δq_j $(j=1,2,\cdots,k)$的约束条件为

$$\sum_{j=1}^{k} B_{lj}\delta q_j = 0, \quad l=1,2,\cdots,k-f+s \tag{3.2.80}$$

将式(3.2.80)的每个方程乘以标号相同的拉格朗日乘子λ_l，求和后与动能表示的动力学普遍方程(3.2.18)相加，得到

$$\sum_{j=1}^{k}\left[Q_j - \frac{\mathrm{d}}{\mathrm{d}t}\left(\frac{\partial T}{\partial q_j}\right) + \frac{\partial T}{\partial q_j} + \sum_{l=1}^{s}\lambda_l B_{lj}\right]\delta q_j = 0 \tag{3.2.81}$$

如果选择适当的s个未定乘子λ_l，使式(3.2.81)中s个事先指定为不独立变分δq_j $(j=1,2,\cdots,s)$前的系数等于零，则可得到s个方程，于是在方程(3.2.81)只包含与$k-s$个独立坐标变分δq_j $(j=s+1,s+2,\cdots,k)$有关的和式，这$k-s$个坐标变分既然是独立变量，则方程(3.2.81)成立的充分必要条件是各坐标变分前的系数等于零，得到$k-s$个方程，连同事先得到的s个方程，共列出k个方程，即

$$\frac{\mathrm{d}}{\mathrm{d}t}\left(\frac{\partial T}{\partial q_j}\right) - \frac{\partial T}{\partial q_j} = Q_j + \sum_{l=1}^{s}\lambda_l B_{lj} = 0, \quad j=1,2,\cdots,k \tag{3.2.82}$$

此k个方程与s个非完整约束条件式(3.1.20)联立，共$k+s$个方程，可以确定k个坐标和s个拉格朗日乘子，方程组封闭。方程(3.2.82)称为**劳斯方程**，是第二类拉格朗日方程的扩展。方程右边所含拉格朗日乘子的附加项可理解为与坐标q_j对应的理想约束力所构成的广义力。

例 3.2.9 3.1 节讨论的在倾角为α的冰面上运动的冰刀(图 3.1.2)，冰刀可简化为长度为l的均质杆AB，其质心的速度方向保持与刀刃AB一致，试用拉格朗日乘子法建立冰刀的动力学方程。

解 如图 3.1.2 所示，选择x_c、y_c、θ为广义坐标，应满足非完整约束条件：

$$\dot{y}_c\cos\theta - \dot{x}_c\sin\theta = 0 \tag{3.2.83}$$

其变分形式为

$$\cos\theta\delta y_c - \sin\theta\delta x_c = 0 \tag{3.2.84}$$

冰刀的动能和势能分别为

$$\begin{cases} T=\dfrac{1}{2}m(x_c^2+y_c^2)+\dfrac{1}{2}\cdot\dfrac{1}{12}ml^2\dot{\theta}^2 \\ V=mgy_c\sin\alpha \end{cases} \tag{3.2.85}$$

代入劳斯方程(3.2.82)，导出

$$\begin{cases} m\ddot{x}_c=-\lambda\sin\theta \\ m\ddot{y}_c+mg\sin\alpha=\lambda\cos\theta \\ \ddot{\theta}=0 \end{cases} \tag{3.2.86}$$

动力学方程(3.2.86)与约束方程(3.2.83)共同确定冰刀的运动规律。可以看出，拉格朗日乘子的物理意义即冰面对冰刀的侧向约束力。

3.2.5　阿佩尔方程与凯恩方程

阿佩尔方程是另一种处理非完整系统的经典方法，其特点是以准速度作为独立变量，代替拉格朗日方程使用的广义坐标。凯恩(Kane)方法是阿佩尔方程的不同表达形式。

1. 准速度与准坐标

设质点系由 n 个质点 $P_i\ (i=1,2,\cdots,n)$ 组成，且系统内同时存在 r 个完整约束和 s 个非完整约束，选择 $k=3n-r$ 个广义坐标 $q_j\ (j=1,2,\cdots,k)$ 描述系统的位形。限制广义速度 $\dot{q}_j$ 的非完整约束方程如式(3.1.20)所示，由于 s 个非完整约束方程的存在，广义坐标数 k 大于系统的自由度 $f=k-s$ ，k 个广义速度 $\dot{q}_j\ (j=1,2,\cdots,k)$ 中只有 $f=k-s$ 个为独立参量。原则上，可在 $\dot{q}_j\ (j=1,2,\cdots,k)$ 中选取 f 个广义速度代替不独立的广义坐标 $q_j\ (j=1,2,\cdots,k)$ ，作为确定非完整系统的独立变量。在更普遍的情况下，也可构造出 f 个独立的广义速度的线性组合作为独立变量，记作 $u_\nu\ (\nu=1,2,\cdots,f)$ 。

$$u_\nu=\sum_{j=1}^{k}f_{\nu j}\dot{q}_j+f_{\nu 0},\quad \nu=1,2,\cdots,f \tag{3.2.87}$$

式中，系数 $f_{\nu j}$ 、 $f_{\nu 0}$ 均为 q_j 和 t 的函数。具有速度量纲的变量 u_ν 称为**准速度**，可在形式上表示成某个变量的导数，即

$$u_\nu=\dot{\pi}_\nu,\quad \nu=1,2,\cdots,f \tag{3.2.88}$$

方程(3.2.88)通常不可积，因此变量 $\pi_\nu\ (\nu=1,2,\cdots,f)$ 通常仅具有形式而无实际坐标意义，称为**准坐标**或**伪坐标**。仅在准速度等于广义速度的特殊情形下，准坐标才等同于广义坐标。一般情况下，不可能用准坐标表示系统的位形。相互独立的

式(3.1.20)和式(3.2.87)构成 k 个线性无关代数方程组，从中解出 $\dot{q}_j$，得到

$$\dot{q}_j = \sum_{v=1}^{f} h_{jv} u_v + h_{j0}, \quad j = 1,2,\cdots,k \tag{3.2.89}$$

将式(3.2.89)再对时间 t 微分一次，得到

$$\ddot{q}_j = \sum_{v=1}^{f} h_{jv} \dot{u}_v + \eta_v, \quad j = 1,2,\cdots,k \tag{3.2.90}$$

式中，η_v 是与 $\dot{u}_v$ 无关的项；参数 h_{jv} 为广义速度对准速度的偏导数，满足

$$h_{jv} = \frac{\partial \dot{q}_j}{\partial u_v} = \frac{\partial \ddot{q}_j}{\partial \dot{u}_v}, \quad j = 1,2,\cdots,k; v = 1,2,\cdots,f \tag{3.2.91}$$

2. 阿佩尔方程

虚功率形式的动力学普遍方程(3.2.3)中，各质点的速度 $\dot{\boldsymbol{r}}_i$ $(i = 1,2,\cdots,n)$ 由式(3.1.18)确定，其中不独立的 k 个广义速度 $\dot{q}_j$ $(j = 1,2,\cdots,k)$ 可通过式(3.2.89)由 f 个独立的准速度 u_v $(v = 1,2,\cdots,f)$ 确定。式(3.2.89)中的 $\dot{q}_j$ 的变分 $\delta\dot{q}_j$，以准速度变分表示 δu_v 为

$$\delta\dot{q}_j = \sum_{v=1}^{k} h_{jv} \delta u_v, \quad j = 1,2,\cdots,k \tag{3.2.92}$$

利用式(3.1.18)计算各质点在同一时间同一位置的速度变分 $\delta\dot{r}_i$，将式(3.2.92)代入其中，改变求和次序，得到

$$\delta\dot{\boldsymbol{r}}_i = \sum_{j=1}^{k} \frac{\partial \boldsymbol{r}_i}{\partial q_j} \delta q_j = \sum_{v=1}^{f} \sum_{j=1}^{k} \frac{\partial \boldsymbol{r}_i}{\partial q_j} h_{jv} \delta u_v, \quad i = 1,2,\cdots,n \tag{3.2.93}$$

将式(3.1.18)再对时间 t 微分一次，得到

$$\ddot{\boldsymbol{r}}_i = \sum_{j=1}^{k} \frac{\partial \boldsymbol{r}_i}{\partial q_j} \ddot{q}_j + \eta_i, \quad i = 1,2,\cdots,n \tag{3.2.94}$$

式中，η_i 是与 $\ddot{q}_j$ 无关的项。从式(3.1.18)、式(3.2.94)导出以下恒等式：

$$\frac{\partial \ddot{\boldsymbol{r}}_i}{\partial \ddot{q}_j} = \frac{\partial \dot{\boldsymbol{r}}_i}{\partial \dot{q}_j} = \frac{\partial \boldsymbol{r}_i}{\partial q_j}, \quad i = 1,2,\cdots,n; j = 1,2,\cdots,k \tag{3.2.95}$$

将式(3.2.92)、式(3.2.94)代入动力学方程(3.2.3)，适当改变求和顺序，并利用式(3.2.95)，得到

$$\sum_{v=1}^{f} \left[\sum_{j=1}^{k} \left(\sum_{i=1}^{n} \boldsymbol{F}_i \cdot \frac{\partial \boldsymbol{r}_i}{\partial q_j} \right) h_{jv} - \sum_{i=1}^{n} m_i \ddot{\boldsymbol{r}} \cdot \left(\sum_{j=1}^{k} \frac{\partial \ddot{\boldsymbol{r}}_i}{\partial \ddot{q}_j} h_{jv} \right)_i \frac{\partial \boldsymbol{r}_i}{\partial q_j} \right] \delta u_v = 0 \tag{3.2.96}$$

式(3.2.96)中第一项圆括号内的求和即式(3.1.49)定义的广义力 Q_j $(j=1,2,\cdots,k)$，利用式(3.2.91)，将式(3.2.96)中第二项圆括号化作

$$\sum_{j=1}^{k}\frac{\partial\ddot{\boldsymbol{r}}_i}{\partial\ddot{q}_j}h_{jv}=\sum_{j=1}^{k}\frac{\partial\ddot{\boldsymbol{r}}_i}{\partial\ddot{q}_j}\frac{\partial\ddot{q}_j}{\partial\dot{u}_v}=\frac{\partial\ddot{\boldsymbol{r}}_i}{\partial\dot{u}_v},\quad i=1,2,\cdots,n;v=1,2,\cdots,k \tag{3.2.97}$$

将式(3.2.97)代回式(3.2.96)，得到

$$\sum_{v=1}^{f}\left(\sum_{j=1}^{k}Q_jh_{jv}-\sum_{i=1}^{n}m_i\ddot{\boldsymbol{r}}_i\cdot\frac{\partial\ddot{\boldsymbol{r}}_i}{\partial\dot{u}_v}\right)\delta u_v=0 \tag{3.2.98}$$

定义与准速度 u_v 对应的广义力 $\tilde{Q}_v$ 为

$$\tilde{Q}_v=\sum_{j=1}^{k}Q_jh_{jv},\quad v=1,2,\cdots,f \tag{3.2.99}$$

再引入物理量 G

$$G=\frac{1}{2}\sum_{i=1}^{n}m_i\ddot{\boldsymbol{r}}_i\cdot\ddot{\boldsymbol{r}}_i \tag{3.2.100}$$

G 称为质点系的**吉布斯函数**或**加速度能**，是系统的另一类动力学函数。加速度能用加速度代替动能中的速度，在形式上与动能相似，但并不具备能量的含义。利用上述物理量将方程(3.2.98)改写为

$$\sum_{v=1}^{f}\left(\tilde{Q}_v-\frac{\partial G}{\partial\dot{u}_v}\right)\delta u_v=0 \tag{3.2.101}$$

由于 δu_v 为独立变分，从方程(3.2.101)成立的充分必要条件导出 f 个独立的动力学方程，称为**阿佩尔方程**。

$$\frac{\partial G}{\partial\dot{u}_v}=\tilde{Q}_v,\quad v=1,2,\cdots,f \tag{3.2.102}$$

例 3.2.10　试用阿佩尔方程建立例 3.2.6 讨论的滑块-悬挂摆系统(图 3.2.6)的动力学方程。

解　将广义坐标 x、θ 的导数取作准速度，令 $u_1=\dot{x}$、$u_2=\dot{\theta}$，滑块 A 和摆 B 的加速度如图 3.2.6 所示。系统的加速度能为

$$\begin{aligned}G&=\frac{1}{2}m_A\ddot{x}^2+\frac{1}{2}m_B[(l\ddot{\theta}+\ddot{x}\cos\theta)^2+(l\dot{\theta}^2-\ddot{x}\sin\theta)^2]\\&=\frac{1}{2}(m_A+m_B)\ddot{x}^2+\frac{1}{2}m_B[l\ddot{\theta}^2+2l\ddot{x}(\ddot{\theta}\cos\theta-\theta^2\sin\theta)^2]+\cdots\end{aligned} \tag{3.2.103}$$

为计算广义力，现列出全部作用力的虚功率为

$$\delta P=-(c\dot{x}+kx)\delta\dot{x}-mgl\sin\theta\delta\theta \tag{3.2.104}$$

由于准速度与广义速度相同，所对应的广义力亦完全相同，由式(3.2.104)导出

$$\tilde{Q}_x = Q_x = -(c\dot{x} + kx), \quad \tilde{Q}_\theta = Q_\theta = -m_B g l \sin\theta \tag{3.2.105}$$

将式(3.2.103)、式(3.2.105)代入阿佩尔方程(3.2.102)，得到动力学方程为

$$\begin{cases} (m_A + m_B)\ddot{x} + c\dot{x} + kx + m_B l(\ddot{\theta}\cos\theta - \dot{\theta}^2 \sin\theta) = 0 \\ m_B l\ddot{\theta} + \ddot{x}\cos\theta + g\sin\theta = 0 \end{cases} \tag{3.2.106}$$

该结果与例 3.2.6 得到的动力学方程相同。

3. 刚体的加速度能

刚体是一种特殊的质点系。刚体内质点 m_i 的加速度 $\ddot{\boldsymbol{r}}_i$ 可分解为质心加速度 $\ddot{\boldsymbol{r}}_c$ 和由转动引起的相对加速度 $\ddot{\boldsymbol{\rho}}_i$，即

$$\ddot{\boldsymbol{r}}_i = \ddot{\boldsymbol{r}}_c + \ddot{\boldsymbol{\rho}}_i \tag{3.2.107}$$

对于刚体做平面运动的特殊情形，刚体的角速度 ω 垂直于此平面，质点的相对加速度 $\ddot{\boldsymbol{\rho}}_i$ 在此平面内，可分解为切向分量和径向分量，如图 3.2.9 所示。设为刚体的质心速度 $\boldsymbol{v}_c$，则有

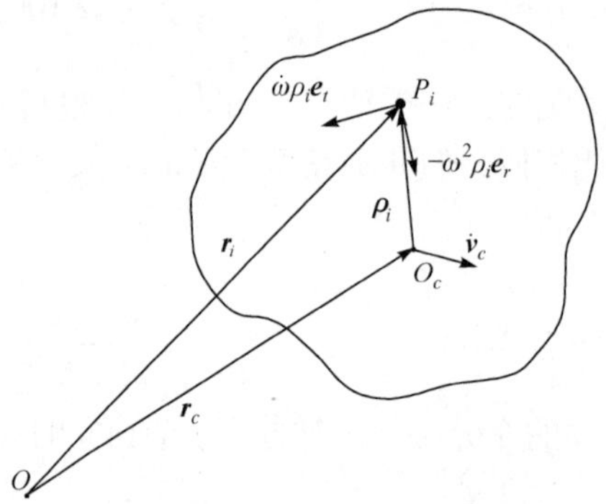

图 3.2.9　平面运动的刚体

$$\ddot{\boldsymbol{r}}_i = \dot{\boldsymbol{v}}_c, \quad \ddot{\boldsymbol{\rho}}_i = \dot{\omega}\rho_i \boldsymbol{e}_t - \omega^2 \rho_i \boldsymbol{e}_r \tag{3.2.108}$$

式中，$\boldsymbol{e}_t$、$\boldsymbol{e}_r$ 分别为 m_i 相对质心 O_c 的切向基矢量和径向基矢量。将式(3.2.108)代入式(3.2.107)、式(3.2.100)，展开后考虑 $\boldsymbol{e}_t$ 与 $\boldsymbol{e}_r$ 正交，设刚体的质量为 m，相对质心的惯性矩为 J_c，令

$$\sum_i m_i = m, \quad \sum_i m_i \rho_i = 0, \quad \sum_i m_i \rho_i^2 = J_c \tag{3.2.109}$$

导出加速度能的计算公式为

$$G = \frac{1}{2}(m\dot{v}_c^2 + J_c \dot{\omega}^2) + \cdots \tag{3.2.110}$$

因此，做平面运动刚体的加速度能等于质心运动与绕质心转动的加速度能之和，与计算刚体动能的柯尼西定理相似。

例 3.2.11　试利用阿佩尔方程建立例 3.2.9 讨论的冰刀(图 3.1.2)的动力学方程。

解　冰刀为二自由度，在 3 个广义坐标中选择 x_c、θ 的导数为准速度，令 $u_1 = \dot{x}_c$、$u_2 = \dot{\theta}$，冰刀的约束方程为

$$\dot{y}_c = \dot{x}_c \tan\theta \tag{3.2.111}$$

利用约束方程(3.2.111)，3 个广义坐标导数均可用准速度表示为

$$\dot{x}_c = u_1, \quad \dot{y}_c = u_1 \tan\theta, \quad \dot{\theta} = u_2 \tag{3.2.112}$$

与广义坐标 x_c、y_c、θ 对应的广义力依次为

$$Q_1 = 0, \quad Q_2 = -mg\sin\alpha, \quad Q_3 = 0 \tag{3.2.113}$$

利用式(3.2.99)，导出

$$\tilde{Q}_1 = -mg\sin\alpha\tan\theta, \quad \tilde{Q}_2 = 0 \tag{3.2.114}$$

将约束方程(3.2.111)对 t 微分一次，化作

$$\ddot{y}_c = \ddot{x}_c \tan\theta + \dot{x}_c\dot{\theta}\sec^2\theta \tag{3.2.115}$$

利用式(3.2.110)计算冰刀的加速度能 G，利用式(3.2.115)消去 $\ddot{y}_c$，得到

$$G = \frac{1}{2}m\left(\ddot{x}_c^2 + \ddot{y}_c^2 + \frac{1}{12}l^2\ddot{\theta}^2\right) = \frac{1}{2}m\left[\ddot{x}_c^2\sec^2\theta(\ddot{x}_c + 2\dot{x}_c\dot{\theta}\tan\theta) + \frac{1}{12}l^2\ddot{\theta}^2\right] + \cdots \tag{3.2.116}$$

将式(3.2.114)、式(3.2.116)代入阿佩尔方程(3.2.102)，即得到冰刀的动力学方程为

$$\begin{cases} \ddot{x}_c + \dot{x}_c\dot{\theta}\tan\theta + g\sin\alpha\cos\theta\sin\theta = 0 \\ \ddot{\theta} = 0 \end{cases} \tag{3.2.117}$$

与例 3.20 导出的动力学方程消去乘子后的结果一致

4. 凯恩方程

凯恩方程以准速度为独立变量，但将准速度改称为**广义速率**。凯恩方程是阿佩尔方程的另一种表达形式。当 f 个广义速率 u_ν $(\nu = 1,2,\cdots,f)$ 选定以后，系统内各质点的速度 $\boldsymbol{v}_i = \dot{\boldsymbol{r}}_i$ 可唯一地表示为广义速率的线性组合，即

$$\boldsymbol{v}_i = \sum_{\nu=1}^{f} \boldsymbol{v}_i^{(\nu)} u_\nu + \boldsymbol{v}_i^{(0)}, \quad i = 1,2,\cdots,n \tag{3.2.118}$$

式中，矢量系数 $\boldsymbol{v}_i^{(\nu)}$ $(\nu = 1,2,\cdots,f)$ 均为 q_j $(j = 1,2,\cdots,k)$ 的函数

$$\boldsymbol{v}_i^{(\nu)} = \frac{\partial \boldsymbol{v}_i}{\partial u_\nu}, \quad i = 1,2,\cdots,n; \nu = 1,2,\cdots,f \tag{3.2.119}$$

凯恩方程将以上定义的矢量系数 $\boldsymbol{v}_i^{(\nu)}$ 称为第 i 个质点 P_i 的第 ν 个**偏速度**。由于广义速率 u_ν 是具有速度或角速度量纲的标量，偏速度的作用是赋予广义速率以方向性。在实际计算中，偏速度通常表现为基矢量或基矢量的组合，对式(3.2.118)各项取速度变分，导出用独立变分 δu_ν 表示的各质点速度的变分为

$$\delta \boldsymbol{v}_i = \sum_{\nu=1}^{f} \boldsymbol{v}_i^{(\nu)} \delta u_\nu, \quad i = 1, 2, \cdots, n \tag{3.2.120}$$

利用式(3.2.95)将式(3.2.93)改写为

$$\delta \dot{\boldsymbol{r}}_i = \delta \boldsymbol{v}_i = \sum_{\nu=1}^{f} \sum_{j=1}^{k} \frac{\partial \boldsymbol{v}_i}{\partial q_j} h_{j\nu} \delta u_\nu, \quad i = 1, 2, \cdots, n \tag{3.2.121}$$

将其中的 $h_{j\nu}$ 以式(3.2.91)代入，与式(3.2.120)对比，得到与式(3.2.119)相同的结果。

$$\boldsymbol{v}_i^{(\nu)} = \sum_{j=1}^{l} \frac{\partial \boldsymbol{v}_i}{\partial \dot{q}_j} \frac{\partial \dot{q}_j}{\partial u_\nu} = \frac{\partial \boldsymbol{v}_i}{\partial u_\nu}, \quad i = 1, 2, \cdots, n; \nu = 1, 2, \cdots, f \tag{3.2.122}$$

将式(3.2.120)代入虚功形式的动力学普遍方程(3.2.1)，以 $\boldsymbol{F}_i^* = -m_i \ddot{\boldsymbol{r}}_i$ 表示质点 P_i 的惯性力，改变求和次序，得到

$$\sum_{\nu=1}^{f} \left(\sum_{i=1}^{n} \boldsymbol{F}_i \cdot \boldsymbol{v}_i^{(\nu)} + \sum_{i=1}^{n} \boldsymbol{F}_i^* \cdot \boldsymbol{v}_i^{(\nu)} \right) \delta u_\nu = 0 \tag{3.2.123}$$

凯恩给出广义主动力 $\tilde{F}_\nu$ 和广义惯性力 $\tilde{F}_\nu^*$ 的以下定义：

$$\tilde{F}_\nu = \sum_{i=1}^{n} \boldsymbol{F}_i \cdot \boldsymbol{v}_i^{(\nu)}, \quad \tilde{F}_\nu^* = \sum_{i=1}^{n} \boldsymbol{F}_i^* \cdot \boldsymbol{v}_i^{(\nu)}, \quad \nu = 1, 2, \cdots, f \tag{3.2.124}$$

则方程(3.2.123)改写为

$$\sum_{\nu=1}^{f} (\tilde{F}_\nu + \tilde{F}_\nu^*) \delta u_\nu = 0 \tag{3.2.125}$$

由于 δu_ν 为独立变分，方程(3.2.125)成立的充分必要条件为

$$\tilde{F}_\nu + \tilde{F}_\nu^* = 0, \quad \nu = 1, 2, \cdots, f \tag{3.2.126}$$

即各广义速度所对应的广义主动力与广义惯性力之和为零。将式(3.2.126)中的广义主动力与广义惯性力以式(3.2.124)代入，即得到系统的动力学方程。

例 3.2.12 试利用凯恩方法建立例 3.2.4 讨论过的小球(图 3.2.4)在圆环管内运动的动力学方程。

解 取 $u = \dot{\theta}$ 为广义速率，小球速度为

$$\boldsymbol{v} = r u \boldsymbol{e}_\theta \tag{3.2.127}$$

式中，$\boldsymbol{e}_\theta$ 为 P 点处圆环切线方向的基矢量。根据式(3.2.119)的定义，小球的偏速度为

$$\boldsymbol{v}^{(1)} = \frac{\partial \boldsymbol{v}}{\partial u} = r \boldsymbol{e}_\theta \tag{3.2.128}$$

利用小球的重力 $\boldsymbol{F}$ 和惯性力 $\boldsymbol{F}^*$ 向圆环切线方向的投影，计算广义主动力和广义惯性力。得到

$$\begin{cases}\tilde{F}=\boldsymbol{F}\cdot\boldsymbol{e}_\theta=-mgr\sin\theta\\ \tilde{F}^*=\boldsymbol{F}^*\cdot\boldsymbol{e}_\theta=-mr^2\ddot{\theta}+mr^2\omega\sin\theta\cos\theta\end{cases}\tag{3.2.129}$$

代入方程(3.2.126)，即得到小球的动力学方程为

$$\ddot{\theta}+(g/r-\omega^2\cos\theta)\sin\theta=0\tag{3.2.130}$$

结果与例 3.2.4 相同。

5. 刚体的广义主动力和广义惯性力

作为特殊的质点系，组成刚体的质点速度 $\boldsymbol{v}_i$ 可用刚体的质心速度 $\boldsymbol{v}_c$ 和转动角速度 $\boldsymbol{\omega}$ 表示为

$$\boldsymbol{v}_i=\boldsymbol{v}_c+\boldsymbol{\omega}\times\boldsymbol{\rho}_i,\quad i=1,2,\cdots\tag{3.2.131}$$

当 f 个广义速度选定之后，刚体的质心速度和转动角速度也可表示为广义速率的线性组合。

$$\boldsymbol{v}_c=\sum_{\nu=1}^{f}\boldsymbol{v}_c^{(\nu)}u_\nu+\boldsymbol{v}_c^{(0)},\quad \boldsymbol{\omega}=\sum_{\nu=1}^{f}\boldsymbol{\omega}^{(\nu)}u_\nu+\boldsymbol{\omega}^{(0)}\tag{3.2.132}$$

式中，$\boldsymbol{v}_c^{(\nu)}$、$\boldsymbol{\omega}^{(\nu)}$ $(\nu=1,2,\cdots,f)$ 分别为刚体的质心偏速度和偏角速度。将式(3.2.118)、式(3.2.132)代入方程(3.2.131)，得到

$$\sum_{\nu=1}^{f}(\boldsymbol{v}_i^{(\nu)}-\boldsymbol{v}_c^{(\nu)}-\boldsymbol{\omega}^{(\nu)}\times\boldsymbol{\rho}_i)u_\nu+\sum_{\nu=1}^{f}(\boldsymbol{v}_i^{(0)}-\boldsymbol{v}_c^{(0)}-\boldsymbol{\omega}^{(0)}\times\boldsymbol{\rho}_i)=0,\quad i=1,2,\cdots\tag{3.2.133}$$

对式(3.2.133)各项取速度变分，得到

$$\sum_{\nu=1}^{f}(\boldsymbol{v}_i^{(\nu)}-\boldsymbol{v}_c^{(\nu)}-\boldsymbol{\omega}^{(\nu)}\times\boldsymbol{\rho}_i)u_\nu=0,\quad i=1,2,\cdots\tag{3.2.134}$$

由于 δu_ν 为独立变分，方程(3.2.134)成立的充分必要条件为

$$\boldsymbol{v}_i^{(\nu)}=\boldsymbol{v}_c^{(\nu)}+\boldsymbol{\omega}^{(\nu)}\times\boldsymbol{\rho}_i,\quad i=1,2,\cdots\tag{3.2.135}$$

将式(3.2.135)代入式(3.2.124)，得到

$$\begin{cases}\tilde{F}_\nu=\sum_{i=1}^{\infty}\boldsymbol{F}_i\cdot(\boldsymbol{v}_c^{(\nu)}+\boldsymbol{\omega}^{(\nu)}\times\boldsymbol{\rho}_i)=\boldsymbol{F}\cdot\boldsymbol{v}_c^{(\nu)}+\boldsymbol{M}\cdot\boldsymbol{\omega}^{(\nu)}\\ \tilde{F}_\nu^*=\sum_{i=1}^{\infty}\boldsymbol{F}_i^*\cdot\boldsymbol{v}_c^{(\nu)}+\boldsymbol{\omega}^{(\nu)}\times\boldsymbol{\rho}_i)=\boldsymbol{F}^*\cdot\boldsymbol{v}_c^{(\nu)}+\boldsymbol{M}^*\cdot\boldsymbol{\omega}^{(\nu)}\end{cases},\quad \nu=1,2,\cdots,f\tag{3.2.136}$$

式中，$\boldsymbol{F}$、$\boldsymbol{M}$ 分别为作用于刚体的主动力的主矢和对质心的主矩；$\boldsymbol{F}^*$、$\boldsymbol{M}^*$ 分别

为刚体的惯性力的主矢和对质心的主矩，即

$$\boldsymbol{F}=\sum_{i=1}^{\infty}\boldsymbol{F}_i,\quad \boldsymbol{M}=\sum_{i=1}^{\infty}\boldsymbol{\rho}_i\times\boldsymbol{F}_i,\quad \boldsymbol{F}^*=\sum_{i=1}^{\infty}\boldsymbol{F}_i^*,\quad \boldsymbol{M}^*=\sum_{i=1}^{\infty}\boldsymbol{\rho}_i\times\boldsymbol{F}_i^* \tag{3.2.137}$$

例 3.2.13 试用凯恩方程建立例 3.2.9 和例 3.2.11 讨论过的冰刀(图 3.2.2)的动力学方程。

解 利用θ为广义坐标，例 3.2.9 中已经给出非完整约束条件式(3.2.111)和用准速度表示的广义坐标导数(3.2.112)。以$\boldsymbol{i}$、$\boldsymbol{j}$、$\boldsymbol{k}$表示x、y、z各轴的基矢量，将冰刀的质心速度$\boldsymbol{v}_c$和角速度$\boldsymbol{\omega}$用广义坐标表示为

$$\boldsymbol{v}_c=\dot{x}_c(\boldsymbol{i}+\tan\theta\boldsymbol{j}),\quad \boldsymbol{\omega}=\dot{\theta}\boldsymbol{k} \tag{3.2.138}$$

可直接从式(3.2.139)得到刚体的质心偏速度和偏角速度为

$$\boldsymbol{v}_c^{(1)}=\boldsymbol{i}+\tan\theta\boldsymbol{j},\quad \boldsymbol{v}_c^{(2)}=\boldsymbol{0},\quad \boldsymbol{\omega}^{(1)}=\boldsymbol{0},\quad \boldsymbol{\omega}^{(2)}=\boldsymbol{k} \tag{3.2.139}$$

刚体上作用的主矢和主矩为

$$\boldsymbol{F}=-mg(\sin\alpha\boldsymbol{j}+\cos\alpha\boldsymbol{k}),\quad \boldsymbol{M}=\boldsymbol{0} \tag{3.2.140}$$

惯性力的主矢和主矩为

$$\boldsymbol{F}^*=-m[\ddot{x}_c\boldsymbol{i}+(\ddot{x}_c\tan\theta+\dot{x}_c\dot{\theta}\sec^2\theta)\boldsymbol{j}],\quad \boldsymbol{M}^*=-(ml^2/12)\ddot{\theta}\boldsymbol{k} \tag{3.2.141}$$

利用式(3.2.136)计算广义主动力和广义惯性力，得到

$$\begin{cases}\tilde{F}_1=\boldsymbol{F}\cdot\boldsymbol{v}_c^{(1)}+\boldsymbol{M}\cdot\boldsymbol{\omega}^{(1)}=-mg\sin\alpha\tan\theta\\ \tilde{F}_2=\boldsymbol{F}\cdot\boldsymbol{v}_c^{(2)}+\boldsymbol{M}\cdot\boldsymbol{\omega}^{(2)}=0\\ \tilde{F}_1^*=\boldsymbol{F}^*\cdot\boldsymbol{v}_c^{(1)}+\boldsymbol{M}^*\cdot\boldsymbol{\omega}^{(1)}=-m[\ddot{x}_c+(\ddot{x}_c\tan\theta+\dot{x}_c\dot{\theta}\sec^2\theta)\tan\theta]\\ \tilde{F}_2^*=\boldsymbol{F}^*\cdot\boldsymbol{v}_c^{(2)}+\boldsymbol{M}^*\cdot\boldsymbol{\omega}^{(2)}=-(ml^2/12)\ddot{\theta}\end{cases} \tag{3.2.142}$$

代入方程(3.2.126)，整理后得到冰刀的动力学方程为

$$\begin{cases}\ddot{x}_c+\dot{x}_c\dot{\theta}\tan\theta+g\sin\alpha\cos\theta\sin\theta=0\\ \ddot{\theta}=0\end{cases} \tag{3.2.143}$$

与例 3.2.9 和例 3.2.11 导出的动力学方程消去乘子λ后的结果一致。

3.2.6 尼尔森方程

同拉格朗日方程一样，尼尔森(Nielsen)方程可以建立系统的运动微分方程。尼尔森方程可以用达朗贝尔原理-拉格朗日方程推导。

设系统的自由度为f，系统的位形由k个广义坐标$(q_1,q_2,\cdots,q_k)$确定，将矢径的广义坐标形式(3.1.37)代入动力学普遍方程(3.2.1)中运算，并改变求和次序，

得到

$$\sum_{s=1}^{k}\sum_{i=1}^{n}\left(\boldsymbol{F}_i\cdot\frac{\partial \boldsymbol{r}_i}{\partial q_s}-m_i\ddot{\boldsymbol{r}}_i\cdot\frac{\partial \boldsymbol{r}_i}{\partial q_s}\right)\cdot\delta q_s=0 \tag{3.2.144}$$

下面证明关系式

$$\frac{\partial \ddot{\boldsymbol{r}}_i}{\partial q_s}=2\frac{\partial \dot{\boldsymbol{r}}_i}{\partial q_s},\quad i=1,2,\cdots,n \tag{3.2.145}$$

成立。由矢径与广义坐标之间的关系，可知

$$\ddot{\boldsymbol{r}}_i=\sum_{s=1}^{k}\frac{\partial \boldsymbol{r}_i}{\partial q_s}\cdot\ddot{q}_s+\sum_{l=1}^{k}\sum_{s=1}^{k}\frac{\partial^2 \boldsymbol{r}_i}{\partial q_l\partial q_s}\cdot\dot{q}_s\dot{q}_l+2\sum_{s=1}^{k}\frac{\partial^2 \boldsymbol{r}_i}{\partial q_l\partial t}\cdot\dot{q}_s+\frac{\partial^2 \boldsymbol{r}_i}{\partial t^2} \tag{3.2.146}$$

在式(3.2.146)的两端求偏导数，得到

$$\frac{\partial \ddot{\boldsymbol{r}}_i}{\partial \dot{q}_s}=2\left(\sum_{l=1}^{k}\frac{\partial^2 \boldsymbol{r}_i}{\partial q_l\partial q_s}\cdot\dot{q}_l+\frac{\partial^2 \boldsymbol{r}_i}{\partial q_s\partial t}\right) \tag{3.2.147}$$

考虑到广义速度的表达式(3.1.18)，则有

$$\frac{\partial \dot{\boldsymbol{r}}_i}{\partial q_s}=\sum_{l=1}^{k}\frac{\partial^2 \boldsymbol{r}_i}{\partial q_s\partial q_l}\cdot\dot{q}_l+\frac{\partial^2 \boldsymbol{r}_i}{\partial q_s\partial t} \tag{3.2.148}$$

比较关系式(3.2.148)和式(3.2.147)，便可得到关系式(3.2.145)。

将由式(3.1.98)表示的质点系动能对时间的全导数为

$$\dot{T}=\frac{\mathrm{d}}{\mathrm{d}t}\left(\sum_{i=1}^{n}\frac{1}{2}m_i\dot{\boldsymbol{r}}_i\cdot\dot{\boldsymbol{r}}_i\right)=\sum_{i=1}^{n}m_i\dot{\boldsymbol{r}}_i\cdot\ddot{\boldsymbol{r}}_i \tag{3.2.149}$$

动能 T 对广义坐标 q_s 和 $\dot{T}$ 对广义速度 $\dot{q}_s$ 的偏导数分别为

$$\frac{\partial T}{\partial q_s}=\sum_{i=1}^{n}m_i\dot{\boldsymbol{r}}_i\cdot\frac{\partial \boldsymbol{r}_i}{\partial q_s} \tag{3.2.150}$$

$$\frac{\partial \dot{T}}{\partial \dot{q}_s}=\sum_{i=1}^{n}m_i\ddot{\boldsymbol{r}}_i\cdot\frac{\partial \dot{\boldsymbol{r}}_i}{\partial \dot{q}_s}+\sum_{i=1}^{n}m_i\dot{\boldsymbol{r}}_i\cdot\frac{\partial \ddot{\boldsymbol{r}}_i}{\partial \dot{q}_s} \tag{3.2.151}$$

利用恒等式(3.2.13)及式(3.2.145)，可将式(3.2.151)表示为

$$\frac{\partial \dot{T}}{\partial \dot{q}_s}=\sum_{i=1}^{n}m_i\ddot{\boldsymbol{r}}_i\cdot\frac{\partial \boldsymbol{r}_i}{\partial \dot{q}_s}+2\sum_{i=1}^{n}m_i\dot{\boldsymbol{r}}_i\cdot\frac{\partial \dot{\boldsymbol{r}}_i}{\partial \dot{q}_s} \tag{3.2.152}$$

由式(3.2.150)和式(3.2.152)，可以得到

$$\sum_{i=1}^{n}m_i\ddot{\boldsymbol{r}}_i\cdot\frac{\partial \boldsymbol{r}_i}{\partial \dot{q}_s}=\frac{\partial \dot{T}}{\partial \dot{q}_s}-2\frac{\partial T}{\partial q_s} \tag{3.2.153}$$

利用式(3.2.153)，可将式(3.2.144)表示为

$$\sum_{s=1}^{k}\left(2\frac{\partial T}{\partial q_s}-\frac{\partial \dot{T}}{\partial \dot{q}_s}+Q_s\right)\cdot\delta q_s \tag{3.2.154}$$

式中，$Q_s=\sum_{i=1}^{n}\boldsymbol{F}_i\cdot\frac{\partial \boldsymbol{r}_i}{\partial q_s}\ (s=1,2,\cdots,k)$ 为广义力。

式(3.2.154)称为动力学普遍方程的尼尔森形式。对于完整系统，式(3.2.154)中的 δq_s 彼此独立，故可得到方程

$$\frac{\partial \dot{T}}{\partial \dot{q}_s}-2\frac{\partial T}{\partial q_s}=Q_s,\quad s=1,2,\cdots,k \tag{3.2.155}$$

式(3.2.155)称为**尼尔森方程**。尼尔森方程与第二类拉格朗日方程的重要差别在于函数 $\dot{T}$ 的出现，尼尔森方程具有重要的理论价值，具体体现在：①尼尔森方程向高阶系统推广便产生了切诺夫(Chernov)方程；②尼尔森方程向非完整系统推广便产生了广义尼尔森方程。

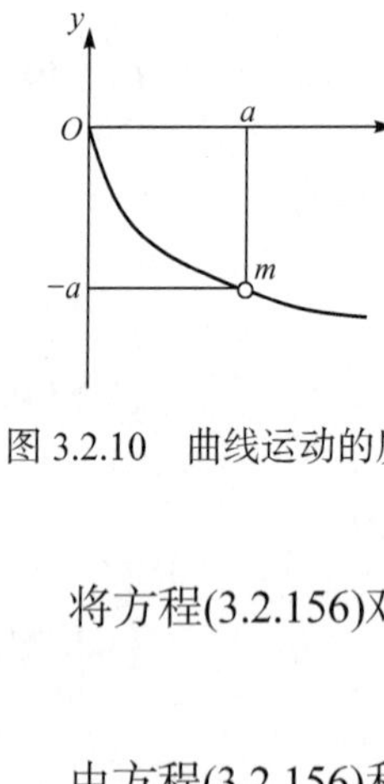

图 3.2.10　曲线运动的质点

例 3.2.14　某质点沿光滑曲线 $y^3+ax^2=0$ $(a>0)$ 的凹边以速度 $\frac{2}{3}\sqrt{2ag}$ 从原点抛出，x 轴为水平，如图 3.2.10 所示。试证明速度的铅直分量为常数，即 $\dot{y}=\text{const}$ (Nicomedi 问题)。

证明　质点沿平面曲线运动的自由度为 1，取铅直分量 y 为广义坐标。曲线方程为

$$y^3+ax^2=0,\quad a>0 \tag{3.2.156}$$

将方程(3.2.156)对时间求一阶导数，得

$$3y^2\dot{y}+2ax\dot{x}=0 \tag{3.2.157}$$

由方程(3.2.156)和(3.2.157)得

$$\dot{x}^2=\frac{9y}{4a}\dot{y}^2 \tag{3.2.158}$$

质点的动能和广义力分别为

$$T=\frac{1}{2}m(\dot{x}^2+\dot{y}^2)=\frac{1}{2}m\dot{y}^2\left(1-\frac{9y}{4a}\right),\quad Q_y=-mg \tag{3.2.159}$$

由式(3.2.159)的第一式知

$$\begin{cases}\dot{T}=m\left[\dot{y}\ddot{y}\left(1-\dfrac{9y}{4a}\right)+\dfrac{1}{2}\dot{y}^2\left(-\dfrac{9\dot{y}}{4a}\right)\right]\\ \dfrac{\partial\dot{T}}{\partial\dot{y}}=m\left[\ddot{y}\left(1-\dfrac{9y}{4a}\right)+\dot{y}^2\left(-\dfrac{27}{8a}\right)\right]\\ \dfrac{\partial T}{\partial y}=\dfrac{1}{2}m\dot{y}^2\left(-\dfrac{9}{4a}\right)\end{cases}\tag{3.2.160}$$

将式(3.2.160)代入尼尔森方程(3.2.155)，有

$$\ddot{y}\left(1-\frac{9y}{4a}\right)+\dot{y}^2\left(-\frac{9}{8a}\right)=-g\tag{3.2.161}$$

将式(3.2.161)的两边乘以 $\dot{y}$ 并积分，得到

$$\frac{1}{2}\dot{y}^2\left(1-\frac{9y}{4a}\right)+gy=h\tag{3.2.162}$$

式中，h 为任意常数。方程(3.2.162)实质上是能量积分。将 $t=0$ 时，质点运动的初始条件 $y=0$ ， $\dot{y}=2\sqrt{2ag}/3$ 代入方程(3.2.162)，即可确定任意常数为

$$h=\frac{4}{9}ag\tag{3.2.163}$$

将式(3.2.163)代入式(3.2.162)，得

$$\frac{1}{2}\dot{y}^2\left(1-\frac{9y}{4a}\right)-\frac{4}{9}ag\left(1-\frac{9y}{4a}\right)=0\tag{3.2.164}$$

由约束方程 $y^3+ax^2=0$ 可知 $y\leqslant 0$ ，$1-9y/(4a)\geqslant 1$ 。因此，由式(3.2.164)消去因子$1-9y/(4a)\neq 0$ ，得到

$$\dot{y}^2=\frac{8}{9}ag=\text{const}\tag{3.2.165}$$

式(3.2.165)表示质点的速度的铅直分量是常数。

3.3　哈密顿方法

3.3.1　哈密顿方程

1. 保守系统的哈密顿方程

设质点系由 n 个质点组成，受到 r 个完整约束，具有 $k=3n-r$ 个自由度。对于理想约束情况，作用于系统的主动力都是有势力，保守系统的拉格朗日方程(3.2.23)是关于广义坐标 q_j $(j=1,2,\cdots,k)$ 的二阶微分方程组。由广义坐标

$q_1,q_2,\cdots,q_k$ 构成的 k 维空间中，方程(3.2.23)的解对应于位形空间中的一条曲线。但是，位形空间中的一条曲线却不能唯一地确定方程(3.2.23)的解，因为广义速度 $\dot{q}_1,\dot{q}_2,\cdots,\dot{q}_k$ 不能确定，可能有无穷多条不同广义速度、相同广义坐标的曲线重叠在一起。所以，在位形空间中，无法看清动力学方程(3.2.23)解的几何性质，而需要同时考虑广义速度 $\dot{q}_1,\dot{q}_2,\cdots,\dot{q}_k$ 的增广位形空间。

将广义速度与广义坐标看作独立的变量，可以变换 k 个二阶微分方程组(3.2.23)成为 $2k$ 个一阶微分方程组，这种变换可有多种形式。哈密顿引入广义动量

$$p_i=\frac{\partial L}{\partial \dot{q}_i},\quad i=1,2,\cdots,k \tag{3.3.1}$$

以广义动量 $p_1,p_2,\cdots,p_k$ 和广义坐标 $q_1,q_2,\cdots,q_k$ 作为描述系统的**状态变量**，建立系统的运动微分方程组。与拉格朗日方程、拉格朗日函数 L 以广义速度 $\dot{q}_1,\dot{q}_2,\cdots,\dot{q}_k$ 和广义坐标 $q_1,q_2,\cdots,q_k$ 为变量描述系统比较，相当于将广义速度变换为广义动量，而该广义动量由拉格朗日函数关于广义速度的偏导数生成式(3.3.1)，这将是一个勒让德变换。将广义坐标看作参数。利用系统动能的广义速度表达式(3.1.99)，可得

$$\det\left[\frac{\partial^2 L}{\partial \dot{q}_i\partial \dot{q}_j}\right]=\det\left[\frac{\partial^2\left(T_2+T_1+T_0-V\right)}{\partial \dot{q}_i\partial \dot{q}_j}\right]=\det\underline{\boldsymbol{a}}>0 \tag{3.3.2}$$

故满足勒让德变换的条件，存在勒让德变换，其逆变换也是勒让德变换。由式(2.4.2)，拉格朗日函数 L 变换为

$$H=H(p_1,p_2,\cdots,p_k;q_1,q_2,\cdots,q_k)=\left(\sum_{i=1}^{k}p_i\dot{q}_i-L\right)_{\dot{q}_i\to p_i} \tag{3.3.3}$$

由逆勒让德变换的生成变量表达式(2.4.4)与关于参数偏导数的关系式(2.4.6)，可得

$$\dot{q}_i=\frac{\partial H}{\partial p_i},\quad i=1,2,\cdots,k \tag{3.3.4}$$

$$\frac{\partial H}{\partial q_i}=-\frac{\partial L}{\partial q_i},\quad i=1,2,\cdots,k \tag{3.3.5}$$

二阶微分的拉格朗日方程，变换后将为一阶微分方程组，并通过函数 H 表示。关于变量 q_i 的一阶微分方程如式(3.3.4)所示。利用式(3.3.1)、式(3.2.21)、式(3.3.5)，得到关于变量 p_i 的一阶微分方程组

$$\dot{p}_i=\frac{\mathrm{d}}{\mathrm{d}t}\left(\frac{\partial L}{\partial \dot{q}_i}\right)=\frac{\partial L}{\partial q_i}=-\frac{\partial H}{\partial q_i},\quad i=1,2,\cdots,k \tag{3.3.6}$$

式(3.3.4)与式(3.3.6)组成了关于系统状态变量 $q_1,q_2,\cdots,q_k$ 和 $p_1,p_2,\cdots,p_k$ 的

$2k$ 个一阶微分方程组

$$\dot{q}_i = \frac{\partial H}{\partial p_i}, \quad \dot{p}_i = -\frac{\partial H}{\partial q_i}, \quad i = 1, 2, \cdots, k \tag{3.3.7}$$

式(3.3.7)称为**哈密顿方程**，其中函数 $H(p_1, p_2, \cdots, p_k; q_1, q_2, \cdots, q_k)$ 称为**哈密顿函数**。哈密顿方程由哈密顿函数的偏导数完全确定。哈密顿方程形式简洁，具有广义坐标 q_i 与广义动量 p_i 的对偶性和反对称性。哈密顿方程是代数形式的方程，其数目等于系统自由度的 2 倍，可用于建立复杂系统的动力学关系及其解的研究。哈密顿函数也是代数量，一般需要通过拉格朗日函数(3.3.3)确定。

2. 哈密顿函数

利用系统动能的广义速度表达式(3.1.99)，可得拉格朗日函数 $L = T_2 + T_1 + T_0 - V$ 。将其代入式(3.3.3)，得到哈密顿函数为

$$\begin{aligned} H &= \sum_{i=1}^{k} \frac{\partial L}{\partial \dot{q}_i} \dot{q}_i - L = \sum_{i=1}^{k} \left(\sum_{j=1}^{k} m_{ij} \dot{q}_j + a_i \right) \dot{q}_j - L \\ &= 2T_2 + T_1 - (T_2 + T_1 + T_0 - V) = T_2 + V - T_0 \end{aligned} \tag{3.3.8}$$

式(3.3.8)与能量积分的表达式(3.2.60)和式(3.2.61)一致，故哈密顿函数 H 是通过广义动量 p_i 和广义坐标 q_i 表示的动力学系统的广义能量。对于定常约束系统，动能分量 $T_0 = T_1 = 0$ ，则有 $H = T + V$ ，即哈密顿函数表示系统的机械能。因此，哈密顿函数具有明确的物理意义。

利用动能的广义速度表达式(3.1.99)，将拉格朗日函数表示为

$$L = \frac{1}{2} \sum_{i=1}^{k} \sum_{j=1}^{k} m_{ij} \dot{q}_i \dot{q}_j + \sum_{i=1}^{k} a_i \dot{q}_i + a_0 - V \tag{3.3.9}$$

将式(3.3.9)代入式(3.3.1)，得到广义动量为

$$p_i = \sum_{j=1}^{k} m_{ij} \dot{q}_j + a_i, \quad i = 1, 2, \cdots, k \tag{3.3.10}$$

因系数矩阵 $\underline{\boldsymbol{m}}$ 正定，故可解得广义速度为

$$\dot{q}_i = \sum_{j=1}^{k} d_{ij} p_j + e_i, \quad i = 1, 2, \cdots, k \tag{3.3.11}$$

其中，系数矩阵 $\underline{\boldsymbol{d}}$ 为 $\underline{\boldsymbol{m}}$ 的逆阵，向量 $\boldsymbol{e}$ 为 $\underline{\boldsymbol{m}}$ 的逆阵与负的向量 $\boldsymbol{a}$ 之积，它们都是广义坐标及时间的函数。将式(3.3.11)代入式(3.3.8)，并利用式(3.3.10)，得到哈密顿函数为

$$H=\frac{1}{2}\sum_{i=1}^{k}\left(\sum_{j=1}^{k}d_{ij}p_j+e_i\right)(p_i-a_i)-c+V$$
$$=\frac{1}{2}\sum_{i=1}^{k}\sum_{j=1}^{k}d_{ij}p_ip_j+\sum_{i=1}^{k}e_ip_i-\frac{1}{2}\sum_{i=1}^{k}a_ie_i-a_0+V \tag{3.3.12}$$

因此，哈密顿函数 H 是广义动量 p_i 的二次函数。对于定常约束情况，$a_i=a_0=0$，从而 $e_i=0(i=1,2,\cdots,k)$，则哈密顿函数成为

$$H=\frac{1}{2}\sum_{i=1}^{k}\sum_{j=1}^{k}d_{ij}p_ip_j+V \tag{3.3.13}$$

式(3.3.13)中，除 V 是势能外，前一项是广义动量的二次型。利用哈密顿函数(3.3.12)，可将哈密顿方程(3.3.8)表示为

$$\begin{aligned}\dot{p}_i&=-\frac{1}{2}\sum_{j=1}^{k}\sum_{l=1}^{k}\frac{\partial d_{jl}}{\partial q_i}p_jp_l-\sum_{j=1}^{k}\frac{\partial e_j}{\partial q_i}p_j+\frac{\partial}{\partial q_i}\left(\frac{1}{2}\sum_{j=1}^{k}a_je_i+a_0-V\right),\\ \dot{q}_i&=\sum_{j=1}^{k}d_{ij}p_j+e_i,\quad i=1,2,\cdots,k\end{aligned} \tag{3.3.14}$$

在定常约束情况下，方程(3.3.14)退化为

$$\dot{p}_i=-\frac{1}{2}\sum_{j=1}^{k}\sum_{l=1}^{k}\frac{\partial d_{jl}}{\partial q_i}p_jp_l-\frac{\partial V}{\partial q_i},\quad \dot{q}_i=\sum_{j=1}^{k}d_{ij}p_j,\quad i=1,2,\cdots,k \tag{3.3.15}$$

利用保守系统的哈密顿函数(3.3.8)，得到哈密顿函数关于时间的全导数为

$$\frac{\mathrm{d}H}{\mathrm{d}t}=\sum_{i=1}^{k}\left(\frac{\partial H}{\partial q_i}\dot{q}_i+\frac{\partial H}{\partial p_i}\dot{p}_i\right)+\frac{\partial H}{\partial t}$$
$$=\sum_{j-1}^{k}\left(\frac{\partial H}{\partial q_i}\frac{\partial H}{\partial p_i}-\frac{\partial H}{\partial p_i}\frac{\partial H}{\partial q_i}\right)+\frac{\partial H}{\partial t}=\frac{\partial H}{\partial t} \tag{3.3.16}$$

因此，保守系统的哈密顿函数 H 随时间 t 的变化取决于显含时间的部分。而实际上 H 不显含 t，故 $\mathrm{d}H/\mathrm{d}t=\partial H/\partial t=0$，即哈密顿函数不随时间变化，系统机械能守恒。

3. 非保守系统的哈密顿方程

对于非保守系统，主动力可以分为有势力与非有势力两类，系统的拉格朗日方程为

$$\frac{\mathrm{d}}{\mathrm{d}t}\left(\frac{\partial L}{\partial \dot{q}_i}\right)-\frac{\partial L}{\partial q_i}=\tilde{Q}_i,\quad i=1,2,\cdots,k \tag{3.3.17}$$

式中，$\tilde{Q}_i$ 为非有势力相应的广义力，广义动量仍如式(3.3.1)所示。拉格朗日函数 L 是广义速度和广义坐标的函数，仍满足条件式(3.3.2)，可以应用勒让德变换将广义速度变换成广义动量，拉格朗日函数 L 变换成如式(3.3.3)所示的哈密顿函数 H，其逆变换也是勒让德变换，从而式(3.3.4)和式(3.3.5)仍然成立。但是，广义动量关于时间的全导数为

$$\dot{p}_i = \frac{\mathrm{d}}{\mathrm{d}t}\left(\frac{\partial L}{\partial \dot{q}_i}\right) = \frac{\partial L}{\partial q_i} + \tilde{Q}_i = -\frac{\partial H}{\partial q_i} + \tilde{Q}_i, \quad i = 1, 2, \cdots, k \tag{3.3.18}$$

式(3.3.4)和式(3.3.18)组成了**非保守系统的哈密顿方程**为

$$\dot{q}_i = \frac{\partial H}{\partial p_i}, \quad \dot{p}_i = -\frac{\partial H}{\partial q_i} + \tilde{Q}_i, \quad i = 1, 2, \cdots, k \tag{3.3.19}$$

式(3.3.19)与保守系统哈密顿方程(3.3.7)的区别仅在于第二个方程的右边多了一项非有势力的广义力，非有势力的广义力 $\tilde{Q}_i$ 应表示为广义坐标和广义动量的函数。哈密顿方程(3.3.19)建立了一般系统的动力学关系。当广义力 $\tilde{Q}_i$ 相对于其他力，如有势力等较小时，方程(3.3.19)描述的系统称为**拟哈密顿系统**，拟哈密顿系统的运动将以相应的哈密顿系统的运动为基础。

非保守系统的哈密顿函数 H 仍然可以表示成式(3.3.12)，代入哈密顿方程(3.3.19)，得到

$$\begin{aligned} \dot{p}_i &= -\frac{1}{2}\sum_{j=1}^{k}\sum_{l=1}^{k}\frac{\partial d_{jl}}{\partial q_i}p_j p_l - \sum_{j=1}^{k}\frac{\partial e_i}{\partial q_i}p_j + \frac{\partial}{\partial q_i}\left(\frac{1}{2}\sum_{j=1}^{k}a_j e_j + a_0 - V\right) + \tilde{Q}_i, \\ \dot{q}_i &= \sum_{j=1}^{k}d_{ij}p_j + e_i \quad i = 1, 2, \cdots, k \end{aligned} \tag{3.3.20}$$

4. 耗散系统与陀螺系统

如果非保守系统存在耗散力，则耗散函数为 $\phi(\dot{q}_1, \dot{q}_2, \cdots, \dot{q}_k; q_1, q_2, \cdots, q_k; t)$，广义耗散力为

$$\tilde{Q}_i = -\left(\frac{\partial \phi}{\partial \dot{q}_i}\right)_{\dot{q}_i \to p_i}, \quad i = 1, 2, \cdots, k$$

将耗散函数表示成广义动量的函数，即 $\phi(\dot{q}_1, \dot{q}_2, \cdots, \dot{q}_k; q_1, q_2, \cdots, q_k; t)$，并利用式(3.3.10)，可将广义耗散力表示为

$$\tilde{Q}_i = -\sum_{j=1}^{k}\frac{\partial \phi}{\partial p_j}\frac{\partial p_j}{\partial \dot{q}_i} = -\sum_{j=1}^{k}a_{ij}\frac{\partial \phi}{\partial p_j}, \quad i = 1, 2, \cdots, k$$

则哈密顿方程(3.3.19)成为

$$\dot{q}_i=\frac{\partial H}{\partial p_i},\quad \dot{p}_i=-\frac{\partial H}{\partial q_i}-\sum_{j=1}^{k}a_{ij}\frac{\partial \phi}{\partial p_j},\quad i=1,2,\cdots,k \tag{3.3.21}$$

此式描述的系统称为**耗散的哈密顿系统**。哈密顿函数或系统广义能量关于时间的全导数为

$$\frac{\mathrm{d}H}{\mathrm{d}t}=\sum_{i=1}^{k}\left(\frac{\partial H}{\partial q_i}\dot{q}_i+\frac{\partial H}{\partial p_i}\dot{p}_i\right)+\frac{\partial H}{\partial t}=-\sum_{i=1}^{k}\sum_{j=1}^{k}a_{ij}\frac{\partial H}{\partial p_i}\frac{\partial \phi}{\partial p_j}+\frac{\partial H}{\partial t}=\sum_{i=1}^{k}\tilde{Q}_i\dot{q}_i+\frac{\partial H}{\partial t}$$

对于定常约束情况，$\partial H/\partial t=0$，由广义耗散力的功率非正性知，系统的能量 H 将随时间 t 不断减少，其减少速度取决于耗散力的功率。对于瑞利耗散函数，ϕ 为 $\dot{q}_i$ 的二次型，则其广义耗散力为

$$\tilde{Q}_i=-\sum_{j=1}^{k}d_{ij}^{R}\dot{q}_j=-\sum_{j=1}^{k}d_{ij}^{R}\left(\sum_{l=1}^{k}d_{jl}p_l+e_j\right),\quad i=1,2,\cdots,k$$

是广义动量的线性函数。

如果保守系统存在陀螺力，例如系统动能包含广义速度的一次项，则产生陀螺力的是动能 T 或拉格朗日函数 L 中与 a_i 有关的项，在拉格朗日方程中具有广义陀螺力项 $g_{ij}\dot{q}_i$，其中 $g_{ij}=-g_{ji}=\partial a_i/\partial q_j-\partial a_j/\partial q_i$。然而，在哈密顿函数(3.3.12)中，$a_i$ 有关的项通过勒让德变换进入广义动量 p_i 的一次项和零次项。哈密顿函数关于时间的全导数仍如式(3.3.16)所示，所以尽管与陀螺力有关的项出现在哈密顿函数中，但不会导致哈密顿函数随时间的变化，即不改变系统的广义能量。

哈密顿方程仍如式(3.3.14)所示，当该方程右边存在 e_i 有关的项时，系统具有陀螺力，则方程(3.3.15)描述的系统称为**哈密顿陀螺系统**。但哈密顿形式的方程中没有反对称形式的陀螺力项。陀螺力项主要体现在两部分，一部分只与广义坐标 q_i 相关，出现在第二个方程中，为 $\frac{1}{2}\partial\sum_{j=1}^{k}a_je_j/\partial q_i$；另一部分与系统状态 (q_i,p_i) 相关，为 $q_ie_i-p_i\sum_{j=1}^{k}\frac{\partial e_j}{\partial q_i}p_j$。

对于线性陀螺情况，系数为

$$a_i=\frac{1}{2}\sum_{j=1}^{k}g_{ij}q_j,\quad i=1,2,\cdots,k \tag{3.3.22}$$

式中，$g_{ij}=-g_{ji}$ 为常数。由它组成的矩阵 $[g_{ij}]$ 即为反对称的陀螺矩阵，则有

$$e_i=-\sum_{j=1}^{k}d_{ij}b_j=-\frac{1}{2}\sum_{j=1}^{k}\sum_{l=1}^{k}d_{ij}g_{jl}q_l,\quad i=1,2,\cdots,k$$

哈密顿函数(3.3.12)成为

$$H=\frac{1}{2}\sum_{i=1}^{k}\sum_{j=1}^{k}d_{ij}p_ip_j-\frac{1}{2}\sum_{i=1}^{k}\sum_{j=1}^{k}\sum_{l=1}^{k}d_{ij}g_{jl}q_lp_i+\frac{1}{8}\sum_{i=1}^{k}\sum_{j=1}^{k}\sum_{l=1}^{k}\sum_{m=1}^{k}d_{il}g_{ij}g_{lm}q_jq_m-a_0+V$$

哈密顿方程(3.3.14)成为

$$\begin{aligned}\dot{p}_i=&-\frac{1}{2}\sum_{j=1}^{k}\sum_{l=1}^{k}\frac{\partial d_{jl}}{\partial q_i}p_jq_l+\frac{1}{2}\sum_{j=1}^{k}\sum_{l=1}^{k}\left(\frac{\partial d_{jl}}{\partial q_i}\sum_{m=1}^{k}g_{lm}q_m+d_{jl}g_{li}\right)p_j\\&-\frac{1}{8}\sum_{j=1}^{k}\sum_{l=1}^{k}\sum_{m=1}^{k}\left(\frac{\partial d_{jl}}{\partial q_i}\sum_{n=1}^{k}g_{jn}q_n+2d_{jl}g_{ji}\right)g_{lm}q_m+\frac{\partial}{\partial q_i}(a_0-V)\\\dot{q}_i=&\sum_{j=1}^{k}d_{ij}p_j-\frac{1}{2}\sum_{j=1}^{k}\sum_{l=1}^{k}d_{ij}g_{jl}q_l,\quad i=1,2,\cdots,k\end{aligned}$$

其中与 g_{ji} 有关的项即为陀螺力所产生的,它不仅具有拉格朗日方程中简单的反对称形式。由式(3.3.10)和式(3.3.11)知，陀螺力使得广义速度与广义动量之间的变换式非齐次。

例 3.3.1　设某二自由度动力学系统的广义坐标为 q_1、q_2，拉格朗日函数为

$$L=\frac{3}{2}\dot{q}_1^2+\frac{1}{2}\dot{q}_2^2-q_1^2-\frac{1}{2}q_2^2-q_1q_2$$

求：该系统的哈密顿函数，并求系统的动能和势能。

解　系统的广义动量为

$$p_1=\frac{\partial L}{\partial \dot{q}_1}=3\dot{q}_1,\quad p_2=\frac{\partial L}{\partial \dot{q}_2}=\dot{q}_2 \tag{3.3.23}$$

式中，广义速度的系数矩阵为正定对角矩阵。因拉格朗日函数 L 不显含时间 t，故系统受定常约束，广义动量与广义速度的关系式中无零次项。由式(3.3.23)得到广义速度为

$$\dot{q}_1=\frac{1}{3}p_1,\quad \dot{q}_2=p_2 \tag{3.3.24}$$

可见，广义速度与广义动量互为线性关系。将式(3.3.24)代入式(3.3.3)，可得系统的哈密顿函数为

$$\begin{aligned}H&=(p_1\dot{q}_1+p_2\dot{q}_2-L)_{\dot{q}_i\to p_i}\\&=\frac{1}{3}p_1^2+p_2^2-\left(\frac{1}{6}p_1^2+\frac{1}{2}p_2^2-q_1^2-\frac{1}{2}q_2^2-q_1q_2\right)\\&=\frac{1}{6}p_1^2+\frac{1}{2}p_2^2+q_1^2+\frac{1}{2}q_2^2+q_1q_2\end{aligned}$$

它是广义动量的二次函数，且因定常约束而无广义动量的一次项。

哈密顿函数关于广义坐标的偏导数为

$$\frac{\partial H}{\partial q_1}=2q_1+q_2=-\frac{\partial L}{\partial q_1},\quad \frac{\partial H}{\partial q_2}=q_2+q_1=-\frac{\partial L}{\partial q_2}$$

在定常约束情况下，拉格朗日函数 $L=T-V$，而哈密顿函数 $H=T+V$。故系统的动能与势能分别为

$$T=\frac{1}{2}(L+H)=\frac{1}{2}\left(\frac{3}{2}\dot{q}_1^2-\frac{1}{2}\dot{q}_2^2+\frac{1}{6}p_1^2+\frac{1}{2}p_2^2\right)_{p_i\to\dot{q}_i}=\frac{3}{2}\dot{q}_1^2-\frac{1}{2}\dot{q}_2^2$$

$$V=\frac{1}{2}(H-L)_{p_i\to\dot{q}_i}=q_1^2+\frac{1}{2}q_2^2+q_1q_2$$

例 3.3.2 对例 3.2.2 讨论的小球摆(图 3.2.2)。求摆的哈密顿方程，并求系统的运动微分方程。

解 摆受定常、理想、完整约束，系统自由度为 1，选取角度 θ 为广义坐标。摆为保守系统，由例 3.2.2 的分析，系统的动能和势能分别为

$$T=\frac{1}{2}m(l+R\theta)^2\dot{\theta}^2$$

$$V=mg[(l+R\sin\theta)-(l+R\theta)\cos\theta]$$

则拉格朗日函数为

$$L=\frac{1}{2}m(l+R\theta)^2\dot{\theta}^2-mg[(l+R\sin\theta)-(l+R\theta)\cos\theta]$$

它是广义速度的二次函数，因定常约束而无广义速度的一次项。故系统的广义动量为

$$p=\frac{\partial L}{\partial\dot{\theta}}=m(l+R\theta)^2\dot{\theta}$$

它是广义速度的线性函数，一次项系数为正，相应于定常约束的拉格朗日函数而无零次项。故可得广义速度为

$$\dot{\theta}=\frac{p}{m(l+R\theta)^2}$$

利用广义速度的表达式，哈密顿函数可表示为

$$H=(p\dot{\theta}-L)_{\dot{\theta}\to p}=\frac{p^2}{2m(l+R\theta)^2}+mg[(l+R\sin\theta)-(l+R\theta)\cos\theta]$$

这是广义动量的二次函数，同样因定常约束而无广义动量的一次项，且 H 与 L 的二次项系数的 2 倍互为倒数。显然，哈密顿函数 H 并不直接将广义速度的表达式代入拉格朗日函数 L 的结果，H 与 L 可以相差广义坐标的函数项。对于定常约束

情况，上述哈密顿函数可由系统的动能与势能之和得到。

将哈密顿函数 H 代入保守系统的哈密顿方程(3.3.7)，即得摆的哈密顿方程为

$$\dot{\theta}=\frac{\partial H}{\partial p}=\frac{p}{m(l+R\theta)^2}$$

$$\dot{p}=-\frac{\partial H}{\partial \theta}=\frac{Rp^2}{m(l+R\theta)^3}-mg(l+R\theta)\sin\theta$$

式中，第一式就是广义速度的广义动量表达式，因定常约束而为线性齐次式。该两式是关于系统状态变量 (θ,p) 的一阶微分方程组。由第一式得到广义动量，并代入第二式，可得关于广义坐标 θ 的二阶微分方程为

$$(l+R\theta)\ddot{\theta}+R\dot{\theta}^2+g\sin\theta=0$$

这就是摆的运动微分方程。

3.3.2 保守系统的首次积分

具有 k 个自由度的完整系统，其哈密顿方程是关于广义坐标 $q_1,q_2,\cdots,q_k$ 与广义动量 $p_1,p_2,\cdots,p_k$ 的 $2k$ 个一阶微分方程组，方程的解或系统的状态将是时间与初始状态的函数。如果能够找到 $2k$ 个独立的函数 $f_j\ (j=1,2,\cdots,2k)$，将沿哈密顿方程解的轨线保持常值，即

$$f_j(q_1,q_2,\cdots,q_k;p_1,p_2,\cdots,p_k;t)=C_j,\quad j=1,2,\cdots,2k$$

联立求解该 $2k$ 个代数方程组可得哈密顿方程的解。函数 $f_i\ (j=1,2,\cdots,2k)$ 称为**哈密顿方程的首次积分**，常数 $C_1,C_2,\cdots,C_{2k}$ 可以通过初始条件确定。虽然寻找一般系统的 $2k$ 个首次积分并非易事，但是找到若干首次积分，也可以消减未知量与方程数，使系统降维，便于进一步求解。

对于保守系统，哈密顿方程为

$$\dot{q}_i=\frac{\partial H}{\partial p_i},\qquad \dot{p}_i=-\frac{\partial H}{\partial q_i},\quad i=1,2,\cdots,k \tag{3.3.25}$$

常见的首次积分有两种：能量积分与循环积分。

1. 能量积分及降维

保守系统的哈密顿函数 H 不显含时间 t，故 $\partial H/\partial t=0$。利用式(3.3.25)，则哈密顿函数关于时间的全导数为

$$\frac{\mathrm{d}H}{\mathrm{d}t}=\sum_{i=1}^{k}\left(\frac{\partial H}{\partial q_i}\dot{q}_i+\frac{\partial H}{\partial p_i}\dot{p}_i\right)+\frac{\partial H}{\partial t}=\sum_{i=1}^{k}\left(\frac{\partial H}{\partial q_i}\frac{\partial H}{\partial p_i}-\frac{\partial H}{\partial p_i}\frac{\partial H}{\partial q_i}\right)+\frac{\partial H}{\partial t}=0$$

积分得

$$H(q_1,q_2,\cdots,q_k;p_1,p_2,\cdots,p_k)=h \tag{3.3.26}$$

式中，h 为常数。式(3.3.26)是哈密顿方程的一个首次积分，而哈密顿函数 H 表示系统的广义能量，故该首次积分也称为**能量积分**。对于定常约束，积分 $H=h$ 表示系统的机械能守恒。

由能量积分式(3.3.26)可以解得某个广义能量，如 p_1，即有

$$p_1=-K(q_1,q_2,\cdots,q_k;p_1,p_2,\cdots,p_k;h) \tag{3.3.27}$$

将式(3.3.27)代入式(3.3.26)，并两边关于 q_j、p_j 求偏导数，得到

$$\frac{\partial H}{\partial q_j}+\frac{\partial H}{\partial p_1}\frac{\partial(-K)}{\partial q_j}=0,\quad \frac{\partial H}{\partial p_j}+\frac{\partial H}{\partial p_1}\frac{\partial(-K)}{\partial p_j}=0,\quad j=1,2,\cdots,k \tag{3.3.28}$$

利用式(3.3.28)与哈密顿方程(3.3.25)，可得

$$\begin{cases}\dfrac{\mathrm{d}q_j}{\mathrm{d}q_1}=\dfrac{\mathrm{d}q_j/\mathrm{d}t}{\mathrm{d}q_1/\mathrm{d}t}=\dfrac{\partial H/\partial p_j}{\partial H/\partial p_1}=\dfrac{\partial K}{\partial p_j}\\[2ex] \dfrac{\mathrm{d}p_j}{\mathrm{d}q_1}=\dfrac{\mathrm{d}p_j/\mathrm{d}t}{\mathrm{d}q_1/\mathrm{d}t}=-\dfrac{\partial H/\partial q_j}{\partial H/\partial p_1}=-\dfrac{\partial K}{\partial q_j}\end{cases},\quad j=1,2,\cdots,k \tag{3.3.29}$$

式(3.3.29)是以 q_1 为自变量、$K(q_1,q_2,\cdots,q_k;p_1,p_2,\cdots,p_k;h)$ 为哈密顿函数、关于广义坐标 $q_2,\cdots,q_k$ 与广义动量 $p_2,\cdots,p_k$ 的 $2k-2$ 个一阶微分的哈密顿方程。可见，通过能量积分减少了 2 个状态变量及其相应的方程，从而使系统降维。其中，广义坐标 q_1 与时间 t 的关系由下式确定：

$$t=\int\mathrm{d}t+C_1=\int\frac{\mathrm{d}q_1}{\partial H/\partial p_1}+C_1$$

例如，图 3.2.2 所示的小球摆是一个定常、保守、完整的系统。哈密顿函数

$$H=\frac{p^2}{2m(l+R\theta)^2}+mg[(l+R\sin\theta)-(l+R\theta)\cos\theta]$$

不显含时间 t，系统存在能量积分 $H=h$。由此可解得广义动量为

$$p=\pm(l+R\theta)\sqrt{2mh-2m^2g[(l+R\sin\theta)-(l+R\theta)\cos\theta]}$$

而广义坐标由哈密顿方程

$$\dot{\theta}=\frac{\partial H}{\partial p}=\frac{p}{m\left(l+R\theta\right)^2}$$

得到

$$t=\int\frac{m(l+R\theta)^2}{p}\mathrm{d}\theta+C_1$$
$$=\pm\int\frac{m(l+R\theta)\mathrm{d}\theta}{\sqrt{2mh-2m^2g[(l+R\sin\theta)-(l+R\theta)\cos\theta]}}+C_1$$

求解此式得到广义坐标 θ 与时间 t 的关系，再代回 p 的表达式可得到广义动量与时间的关系；同时利用初始条件确定积分常数，从而得到哈密顿方程的解，确定摆的运动规律。

2. 循环积分及降维

当保守系统的哈密顿函数 H 不显含某个广义坐标 q_r 时，有 $\partial H/\partial q_r=0$，则 q_r 为循环坐标。对于该循环坐标，哈密顿方程(3.3.25)的第二式成为

$$\dot{p}_r=-\frac{\partial H}{\partial q_r}=0$$

积分得

$$p_r(t)=\alpha \tag{3.3.30}$$

式中，α 为常数。式(3.3.30)是哈密顿方程的一个首次积分，即**循环积分**，表示系统的一个广义动量守恒。

为便于表达，设 q_1 为循环坐标。将循环积分式(3.3.30)代入哈密顿函数得

$$H=\tilde{H}(q_2,\cdots,q_k;\alpha,p_2,\cdots,p_k)$$

则系统的哈密顿方程成为

$$\dot{q}_j=\frac{\partial\tilde{H}}{\partial p_j},\quad \dot{p}_j=-\frac{\partial\tilde{H}}{\partial q_j},\quad j=2,3,\cdots,k \tag{3.3.31}$$

式(3.3.31)是关于非循环坐标 $q_2,\cdots,q_k$ 与相应广义动量 $p_2,\cdots,p_k$ 的 $2k-2$ 个哈密顿方程，通过一个循环积分减少了 2 个状态变量与相应的方程，从而使系统降维。循环坐标可以有多个，利用循环积分可将系统降维到一定程度。循环坐标 q_1 与时间 t 的关系由哈密顿方程积分得到

$$q_1=\int\left.\frac{\partial H}{\partial p_1}\right|_{p_1=\alpha}\mathrm{d}t+C_1$$

例如，图 3.2.3 所示的椭圆摆，是一个定常、保守、完整的系统。哈密顿函数

$$H=\frac{1}{2(m_1+m_2\sin^2\varphi)m_2l^2}[m_2l^2p_x^2+(m_1+m_2)p_\varphi^2-2m_2lp_xp_\varphi\cos\varphi]+m_2gl(1-\cos\varphi)$$

不显含广义坐标 x_1，故 x_1 为循环坐标，系统存在循环积分 $p_x=\alpha$。将其代入哈密

顿函数得

$$\tilde{H}=\frac{1}{2(m_1+m_2\sin^2\varphi)m_2l^2}[m_2l^2\alpha^2+(m_1+m_2)p_\varphi^2-2m_2l\alpha p_\varphi\cos\varphi]+m_2gl(1-\cos\varphi)$$

哈密顿方程成为关于 φ 与 p_φ 的两个式子。而且哈密顿函数 H 或 $\tilde{H}$ 不显含时间 t，系统同时存在能量积分 $H=\tilde{H}=h$。

由能量积分解得广义动量 $p_\varphi=\tilde{p}_\varphi(\varphi,\alpha,h)$，再代入关于广义坐标 φ 的哈密顿方程

$$\dot{\varphi}=\frac{\partial\tilde{H}}{\partial p_\varphi}=\frac{(m_1+m_2)\tilde{p}_\varphi-m_2l\alpha\cos\varphi}{(m_1+m_2\sin^2\varphi)m_2l^2}$$

积分得

$$t=\int\frac{(m_1+m_2\sin^2\varphi)m_2l^2}{(m_1+m_2)\tilde{p}_\varphi-m_2l\alpha\cos\varphi}\mathrm{d}\varphi+C_1$$

求解此式得广义坐标 φ 与时间 t 的关系，再代回 p_φ 的表达式得广义动量与时间的关系。而循环坐标 x_1 由哈密顿方程

$$\dot{x}_1=\frac{\partial\tilde{H}}{\partial p_x}=\frac{l\alpha-\tilde{p}_\varphi\cos\varphi}{(m_1+m_2\sin^2\varphi)l}$$

积分得

$$x_1=\int\frac{l\alpha-\tilde{p}_\varphi\cos\varphi}{(m_1+m_2\sin^2\varphi)l}\mathrm{d}t+C_2$$

同时利用初始条件确定积分常数，从而通过循环积分与能量积分得到哈密顿方程的解，确定椭圆摆的运动规律。

3.3.3　泊松方法与分离变量法

1. 积分定理

设 k 自由度系统的广义坐标为 $q_1,q_2,\cdots,q_k$，广义动量为 $p_1,p_2,\cdots,p_k$，哈密顿函数为 $H(q_1,q_2,\cdots,q_k;p_1,p_2,\cdots,p_k;t)$，则泊松括号为

$$[q_i,H]=\frac{\partial H}{\partial p_i},\quad [p_i,H]=-\frac{\partial H}{\partial q_i},\quad i=1,2,\cdots,k$$

哈密顿方程(3.3.19)可表示成

$$\dot{q}_i=[q_i,H],\quad \dot{p}_i=[p_i,H]+\tilde{Q}_i,\quad i=1,2,\cdots,k \tag{3.3.32}$$

对于保守系统，式(3.3.32)成为

$$\dot{q}_i=[q_i,H],\quad \dot{p}_i=[p_i,H],\quad i=1,2,\cdots,k \tag{3.3.33}$$

利用泊松括号，可将保守系统状态变量的任意函数 $f(q_1,q_2,\cdots,q_k;p_1,p_2,\cdots,p_k;t)$ 关于时间 t 的全导数表示为

$$\frac{\mathrm{d}f}{\mathrm{d}t}=\sum_{i=1}^{k}\left(\frac{\partial f}{\partial q_i}\dot{q}_i+\frac{\partial f}{\partial p_i}\dot{p}_i\right)+\frac{\partial f}{\partial t}=\sum_{i=1}^{k}\left(\frac{\partial f}{\partial q_i}\frac{\partial H}{\partial p_i}-\frac{\partial f}{\partial p_i}\frac{\partial H}{\partial q_i}\right)+\frac{\partial f}{\partial t}=[f,H]+\frac{\partial f}{\partial t} \tag{3.3.34}$$

定理 3.3.1　设保守完整系统的状态变量为 q_i 和 $p_i\ (i=1,2,\cdots,k)$，函数 $f=f(q_1,q_2,\cdots,q_k;p_1,p_2,\cdots,p_k;t)$，则 $f=C$ 是该系统哈密顿方程(3.3.33)一个首次积分的充分必要条件为

$$\frac{\partial f}{\partial t}+[f,H]=0 \tag{3.3.35}$$

证明　函数 $f=C$ 是哈密顿方程(3.3.33)的首次积分，即 $f(q_1,q_2,\cdots,q_k;p_1,p_2,\cdots,p_k;t)$ 沿哈密顿方程解的轨线保持常值，等价于 $\mathrm{d}f/\mathrm{d}t=0$，由式(3.3.34)可知,此式就是条件式(3.3.35)。因此,式(3.3.35)是确定保守系统哈密顿方程(3.3.33)首次积分 $f=C$ 的充分必要条件。

如果 f 不显含时间，即 $\partial f/\partial t=0$，则定理 3.3.1 的充分必要条件式(3.3.35)成为

$$\left[f,H\right]=0 \tag{3.3.36}$$

由定理 3.3.1 可得，哈密顿函数 $H=C$ 是哈密顿方程(3.3.33)首次积分的充分必要条件为 $\partial f/\partial t=0$，即 H 不显含时间 t。对于哈密顿函数 H 的函数 $f\left[H(q_1,q_2,\cdots,q_k;p_1,p_2,\cdots,p_k)\right]$，有

$$[f,H]=\sum_{i=1}^{k}\left(\frac{\partial f}{dH}\frac{\partial H}{\partial q_i}\frac{\partial H}{\partial P_i}-\frac{\partial f}{dH}\frac{\partial H}{\partial P_i}\frac{\partial H}{\partial q_i}\right)=0$$

故函数 $f(H)$ 也是哈密顿方程(3.3.33)的一个首次积分。

定理 3.3.2　设保守完整系统的状态变量为 q_i 和 $p_i\ (i=1,2,\cdots,k)$、函数 $\varphi(q_1,q_2,\cdots,q_k;\ p_1,p_2,\cdots,p_k;t)=C_1$ 与 $\psi(q_1,q_2,\cdots,q_k;p_1,p_2,\cdots,p_k;t)=C_2$ 是该系统哈密顿方程(3.3.33)的两个首次积分，C_1 与 C_2 为常数，且泊松括号 $[\varphi,\psi]$ 也是状态变量的函数，则 $[\varphi,\psi]=C_3$ (常数)也是该系统哈密顿方程(3.3.33)的一个首次积分。

证明　由定理 3.3.1，$\varphi=C_1$ 与 $\psi=C_2$ 是哈密顿方程(3.3.33)的首次积分，可得

$$\frac{\partial\varphi}{\partial t}+[\varphi,H]=0,\quad \frac{\partial\psi}{\partial t}+[\psi,H]=0$$

利用泊松括号的性质式(2.3.16)、式(2.3.17)、式(2.3.19)、式(2.3.21)及上式，对函数 $[\varphi,\psi]$ 的积分条件为

$$
\begin{aligned}
\frac{\partial[\varphi,\psi]}{\partial t}+[[\varphi,\psi],H]&=\left[\frac{\partial\varphi}{\partial t},\psi\right]+\left[\varphi,\frac{\partial\psi}{\partial t}\right]+[H,[\varphi,\psi]]\\
&=\left[\frac{\partial\varphi}{\partial t},\psi\right]+\left[\varphi,\frac{\partial\psi}{\partial t}\right]-[\psi,[\varphi,H]]-[\varphi,[H,\psi]]\\
&=\left[\frac{\partial\varphi}{\partial t}+[\varphi,H],\psi\right]+\left[\varphi,\frac{\partial\varphi}{\partial t}+[\varphi,H]\right]\\
&=[0,\psi]+[\varphi,0]=0
\end{aligned}
$$

而泊松括号$[\varphi,\psi]$是状态变量q_i和p_i的函数，由定理 3.3.1 可知，$[\varphi,\psi]=C_3$也是哈密顿方程(3.3.33)的首次积分。

定理 3.3.2 也称为**泊松定理**，给出了由哈密顿方程的两个首次积分寻求其他首次积分的一般方法，这种方法称为**泊松方法**。这种方法并非总是有效的，例如，当哈密顿函数H不显含时间t时，是哈密顿方程(3.3.33)的一个首次积分，如果关于系统状态变量的函数φ不显含时间，且它也是哈密顿方程的一个首次积分，则由定理 3.3.1 有$[\varphi,H]=0$。可见，首次积分φ与H的泊松括号并不产生新的首次积分。对于保守统的哈密顿方程(3.3.33)的两个首次积分$\varphi=C_1$与$\varphi=C_2$，如果其泊松括号恒为零，即

$$
[\varphi,\phi]=0 \tag{3.3.37}
$$

则称这两个首次积分为**内旋(in involution)积分系**。

由定理 3.3.1 及泊松括号的性质有

$$
\frac{\partial(\varphi+\phi)}{\partial t}+[\varphi+\phi,H]=\frac{\partial\varphi}{\partial t}+[\varphi,H]+\frac{\partial\phi}{\partial t}+[\phi,H]\ =0 \tag{3.3.38}
$$

$$
\frac{\partial(\varphi\phi)}{\partial t}+[\varphi\phi,H]=\phi\left(\frac{\partial\varphi}{\partial t}+[\varphi,H]\right)+\varphi\left(\frac{\partial\phi}{\partial t}+[\phi,H]\right)=0 \tag{3.3.39}
$$

因此，函数$\varphi+\phi=C_3$(常数)与$\varphi\phi=C_4$(常数)都是哈密顿方程(3.3.33)的首次积分，即首次积分之和，或首次积分之积也是首次积分。如果φ与ϕ是内旋的，则φ、ϕ、$\varphi+\phi$、$\varphi\phi$都是相互内旋的，因为

$$
\begin{aligned}
&[\varphi,\varphi+\phi]=[\varphi,\varphi]+[\varphi,\phi]=0\\
&[\phi,\varphi+\phi]=[\phi,\varphi]+[\phi,\phi]=0\\
&[\varphi,\varphi\phi]=[\varphi,\varphi]\phi+[\varphi,\phi]\varphi=0\\
&[\phi,\varphi\phi]=[\phi,\varphi]\phi+[\phi,\phi]\varphi=0\\
&[\varphi+\phi,\varphi\phi]=[\varphi,\varphi\phi]+[\phi,\varphi\phi]=0
\end{aligned}
$$

这些首次积分却不是完全独立的，$\varphi+\phi$与$\varphi\phi$是由φ、ϕ生成的。一般地，如果保守完整系统的自由度为k，具有k个独立的首次积分，且其中广义能量与广义坐标之间的雅可比行列式不等于零，则由这k个首次积分可以解得广义动量与广义坐标的关系式，此外的首次积分将可以通过这些关系式或k个独立首次积分

表达，即独立的首次积分至多有 k 个。

推论 3.3.1　设保守完整系统的状态变量为 q_i 和 $p_i(i=1,2,\cdots,k)$，哈密顿函数 $H(q_1,q_2,\cdots,q_k;p_1,p_2,\cdots,p_k)$ 不显含时间 t，函数 $\varphi(q_1,q_2,\cdots,q_k;p_1,p_2,\cdots,p_k;t)=C_1$ 是该系统哈密顿方程(3.3.33)的一个首次积分，C_1 为常数，且函数 φ 关于时间的偏导数 $\partial\varphi/\partial t,\partial^2\varphi/\partial t^2,\cdots$ 存在，同时也是状态变量的函数，则 $\partial\varphi/\partial t=C_2,\partial^2\varphi/\partial t^2=C_3,\cdots$，都是该系统哈密顿方程(3.3.33)的首次积分。

证明　由定理 3.3.1，$\varphi=C_1$ 是哈密顿方程(3.3.33)的首次积分，可得

$$\frac{\partial\varphi}{\partial t}+[\varphi,H]=0$$

对其关于时间求偏导数，并利用泊松括号的性质式(2.3.19)及 $\partial H/\partial t=0$，得到

$$\frac{\partial^2\varphi}{\partial t^2}+\frac{\partial[\varphi,H]}{\partial t}=\frac{\partial}{\partial t}\left(\frac{\partial\varphi}{\partial t}\right)+\left[\frac{\partial\varphi}{\partial t},H\right]+\left[\varphi,\frac{\partial H}{\partial t}\right]=\frac{\partial}{\partial t}\left(\frac{\partial\varphi}{\partial t}\right)+\left[\frac{\partial\varphi}{\partial t},H\right]=0 \tag{3.3.40}$$

而偏导数 $\partial\varphi/\partial t$ 存在，且为状态变量 q_i 和 p_i 的函数，因此由定理 3.3.1 知，$\partial\varphi/\partial t=C_2$ 也是哈密顿方程(3.3.33)的首次积分。

上述推论给出了由哈密顿方程的一个首次积分寻求其他首次积分的更直接方法，但是它有一个限制条件，即已知的首次积分必须是时间的函数，且其偏导数存在。

例 3.3.3　设某 2 自由度保守系统的广义坐标为 q_1、q_2，广义动量为 p_1、p_2，哈密顿函数为

$$H=p_1p_2+q_1q_2$$

且有函数

$$\varphi=p_1^2+q_2^2,\quad \phi=p_2^2+q_1^2$$

求证：函数 $\varphi=C_1$、$\phi=C_2$ 与泊松括号 $[\varphi,\phi]=C_3$ 都是 H 相应的哈密顿方程的首次积分。

证明　泊松括号

$$[\varphi,\phi]=\sum_{i=1}^{2}\left(\frac{\partial\varphi}{\partial q_i}\frac{\partial\phi}{\partial p_i}-\frac{\partial\varphi}{\partial p_i}\frac{\partial\phi}{\partial q_i}\right)=4(p_2q_2-p_1q_1)$$

是广义坐标与广义动量的函数。而

$$\frac{\partial\varphi}{\partial t}+[\varphi,H]=[\varphi,H]=-2p_1q_2+2q_2p_1=0$$

$$\frac{\partial\phi}{\partial t}+[\phi,H]=[\phi,H]=2q_1p_2-2p_2q_1=0$$

$$\frac{\partial[\varphi,\phi]}{\partial t}+[[\varphi,\phi],H]=[[\varphi,\phi],H]=-4p_1p_2+4q_1q_2+4p_2p_1-4q_2q_1=0$$

因此，函数φ、ϕ与$[\varphi,\phi]$均满足定理 3.3.1 的条件，从而是哈密顿函数的首次积分。

例 3.3.4 设某保守系统的广义坐标为$q_1,q_2,\cdots,q_k$，广义动量为$p_1,p_2,\cdots,p_k$，哈密顿函数 H 不显含广义坐标q_r，即q_r为循环坐标。函数$\varphi(q_1,q_2,\cdots,q_k;p_1,p_2,\cdots,p_k;t)=C_1$(常数)是 H 相应的哈密顿方程的首次积分，且偏导数$\partial\varphi/\partial q_r$，$\partial^2\varphi/\partial q_r^2$，…存在，也是状态变量的函数。求证：$\partial\varphi/\partial q_r=C_2$(常数)，$\partial^2\varphi/\partial q_r^2=C_3$(常数)，…都是$H$相应的哈密顿方程的首次积分。

证明 由定理 3.3.1 知，$\varphi=C_1$是哈密顿方程的首次积分，可得

$$\frac{\partial\varphi}{\partial t}+[\varphi,H]=0$$

关于q_r求偏导数，得到

$$\frac{\partial}{\partial t}\left(\frac{\partial\varphi}{\partial q_r}\right)+\left[\frac{\partial\varphi}{\partial q_r},H\right]+\left[\varphi,\frac{\partial H}{\partial q_r}\right]=0$$

由于广义坐标q_r为循环坐标，故$\partial H/\partial q_r=0$，上式成为

$$\frac{\partial}{\partial t}\left(\frac{\partial\varphi}{\partial q_r}\right)+\left[\frac{\partial\varphi}{\partial q_r},H\right]=0$$

而偏导数$\partial\varphi/\partial q_r$存在，且为状态变量$q_i$和$p_i$的函数。因此，由定理 3.3.1 知，$\partial\varphi/\partial q_r=C_2$也是哈密顿方程的首次积分。

例 3.3.5 设某保守系统的广义坐标为$q_1,q_2,\cdots,q_k$，广义动量为$p_1,p_2,\cdots,p_k$，函数$\varphi_i=(q_i,p_i)$是其中一对变量(q_i,p_i)的函数$(i=1,2,\cdots,k)$，而哈密顿函数具有形式

$$H=H\left[\varphi_1(q_1,p_1),\cdots,\varphi_k(q_k,p_k)\right]$$

是$\varphi_1,\varphi_2,\cdots,\varphi_k$的函数。求证：$\varphi_i=C_i$ $(i=1,2,\cdots,k)$都是H相应的哈密顿方程的首次积分，C_i为常数。

证明 将φ_i代入积分条件式(3.2.37)，可得

$$\begin{aligned}\frac{\partial\varphi_i}{\partial t}+[\varphi_i,H]=[\varphi_i,H]&=\frac{\partial\varphi_i}{\partial q_i}\frac{\partial H}{\partial p_i}-\frac{\partial\varphi_i}{\partial p_i}\frac{\partial H}{\partial q_i}\\&=\frac{\partial\varphi_i}{\partial q_i}\frac{\partial H}{\partial\varphi_i}\frac{\partial\varphi_i}{\partial p_i}-\frac{\partial\varphi_i}{\partial p_i}\frac{\partial H}{\partial\varphi_i}\frac{\partial\varphi_i}{\partial q_i}=0,\quad i=1,2,\cdots,k\end{aligned}$$

因此由定理 3.3.1 知，变量q_i和p_i的函数$\varphi_i=C_i$是H相应的哈密顿方程的首次

积分。

例 3.3.6　图 3.3.1 所示空间中质点的质量为 m，受中心引力 $F=-br$ 作用，b 为常数。求：质点运动的哈密顿方程及其首次积分。

解　质点在空间中运动的自由度为 3，选取直角坐标 x、y、z 为广义坐标。因中心引力 $\boldsymbol{F}$ 为有势力，故该质点为保守系统，其动能与势能(原点 O 为零势位)分别为

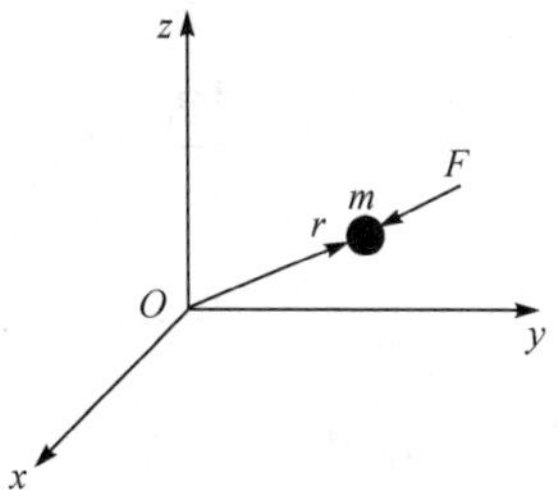

图 3.3.1　空间中的质点

$$T=\frac{1}{2}m(\dot{x}^2+\dot{y}^2+\dot{z}^2),\quad V=\frac{1}{2}b(x^2+y^2+z^2)$$

则拉格朗日函数

$$L=\frac{1}{2}m(\dot{x}^2+\dot{y}^2+\dot{z}^2)-\frac{1}{2}b(x^2+y^2+z^2)$$

是广义速度的二次函数。质点的广义动量为

$$p_x=\frac{\partial L}{\partial \dot{x}}=m\dot{x},\quad p_y=\frac{\partial L}{\partial \dot{y}}=m\dot{y},\quad p_z=\frac{\partial L}{\partial \dot{z}}=m\dot{z}$$

是广义速度的线性函数，且一次项的系数矩阵为正定对角阵 $\mathrm{diag}[m,m,m]$，故可反解出广义速度为

$$\dot{x}=\frac{p_x}{m},\quad \dot{y}=\frac{p_y}{m},\quad \dot{z}=\frac{p_z}{m}$$

质点的状态变量为 $(x,y,z;p_x,p_y,p_z)$，相应的哈密顿函数

$$\begin{aligned}H&=(\dot{x}p_x+\dot{y}p_y+\dot{z}p_z-L)_{\dot{x}\to p_x,\dot{y}\to p_y,\dot{z}\to p_z}\\&=\frac{1}{2m}(p_x^2+p_y^2+p_z^2)+\frac{1}{2}b(x^2+y^2+z^2)\end{aligned}$$

是广义动量的二次函数。将 H 代入哈密顿方程(3.3.7)，即得质点运动的哈密顿方程为

$$\dot{x}=\frac{\partial H}{\partial p_x}=\frac{p_x}{m},\quad \dot{y}=\frac{\partial H}{\partial p_y}=\frac{p_y}{m},\quad \dot{z}=\frac{\partial H}{\partial p_z}=\frac{p_z}{m}$$

$$\dot{p}_x=-\frac{\partial H}{\partial x}=-bx,\quad \dot{p}_y=-\frac{\partial H}{\partial y}=-by,\quad p_z=\frac{\partial H}{\partial z}=-bz$$

因中心引力 $\boldsymbol{F}$ 过原点 O，故质点关于 x、y、z 轴的动量矩守恒，即

$$\varphi_x=yp_z-zp_y=C_1,\quad \varphi_y=zp_x-xp_z=C_2,\quad \varphi_z=xp_y-yp_x=C_3$$

式中，C_1、C_2、C_3 为常数。根据定理 3.3.1，得

$$\frac{\partial\varphi_x}{\partial t}+[\varphi_x,H]=[\varphi_x,H]=\frac{p_z p_y}{m}+bzy-\frac{p_y p_z}{m}-byz=0$$

$$\frac{\partial\varphi_y}{\partial t}+[\varphi_y,H]=[\varphi_y,H]=-\frac{p_z p_x}{m}-bzx+\frac{p_x p_z}{m}+bxz=0$$

$$\frac{\partial\varphi_z}{\partial t}+[\varphi_z,H]=[\varphi_z,H]=\frac{p_y p_x}{m}+byx-\frac{p_x p_y}{m}-bxy=0$$

所以，函数$\varphi_x = C_1$、$\varphi_y = C_2$、$\varphi_z = C_3$都是该质点哈密顿方程的首次积分。而φ_x与φ_y的泊松括号为

$$[\varphi_x,\varphi_y]=p_y x-yp_x=\varphi_z$$

可见，第三个首次积分可以通过前两个首次积分的泊松括号生成，这三个首次积分相互间非内旋、非独立。从上述定理 3.3.1 的条件也可看出，φ_x、φ_y、φ_z分别与哈密顿函数H具有内旋关系。

哈密顿函数H也可表示为

$$H=\varphi_1(x,p_x)+\varphi_2(y,p_y)+\varphi_3(z,p_z)$$

式中，函数φ_1、φ_2、φ_3分别为

$$\varphi_1=\frac{p_x^2}{2m}+\frac{1}{2}bx^2,\quad \varphi_2=\frac{p_y^2}{2m}+\frac{1}{2}by^2,\quad \varphi_3=\frac{p_z^2}{2m}+\frac{1}{2}bz^2$$

则根据例 3.3.5 的结论，函数$\varphi_1 = C_1$、$\varphi_2 = C_2$与$\varphi_3 = C_3$都是H相应的质点哈密顿方程的首次积分，由定理 3.3.1 的积分条件容易验证。这组首次积分是相互独立、内旋的，它们分别与哈密顿函数H具有内旋关系，但H由φ_1、φ_2、φ_3生成。两组首次积分的内旋关系为$[\varphi_1,\varphi_x]=0$、$[\varphi_1,\varphi_y]\neq 0$、$[\varphi_1,\varphi_z]\neq 0$，其余类似。

2. 可积性与分离变量法

设保守系统具有k个自由度，广义坐标为$q_1,q_2,\cdots,q_k$，广义动量为$p_1,p_2,\cdots,p_k$，哈密顿函数$H(q_1,q_2,\cdots,q_k;p_1,p_2,\cdots,p_k)$，相应的哈密顿方程如式(3.3.33)所示。刘维尔(Liouville)证明，如果该系统存在k个独立、内旋的首次积分，则可以通过求积(有限次代数运算与求已知函数的积分)得到系统的积分解，这种系统称为**可积的哈密顿系统**。其中，独立是指首次积分的微分线性无关，系统的运动将由这些首次积分完全确定。上述条件可以表述为：系统具有首次积分函数$\varphi_1,\varphi_2,\cdots,\varphi_k$，且$\mathrm{d}\varphi_1,\mathrm{d}\varphi_2,\cdots,\mathrm{d}\varphi_k$线性无关，则有

$$[\varphi_i,\varphi_j]=0,\quad i,j=1,2,\cdots,k$$

然而，并非所有哈密顿系统都存在k个独立、内旋的首次积分，即是可积的。当

$k \geqslant 2$时，如果该系统不存在与哈密顿函数 H 相互独立、内旋的首次积分，则称该系统为**不可积的哈密顿系统**。

例如，二自由度保守系统，哈密顿函数为

$$H=\frac{1}{2}(p_1^2+p_2^2+aq_1^2+aq_2^2)+\frac{1}{4}(q_1^4+q_2^4+6q_1^2q_2^2)$$

式中，a 为常数。因 H 可分离，表示成 $H=\varphi_1+\varphi_2$，函数 φ_1 与 φ_2 分别为

$$\varphi_1=\frac{1}{4}(p_1+p_2)^2+\frac{1}{4}a(q_1+q_2)^2+\frac{1}{8}(q_1+q_2)^4$$

$$\varphi_2=\frac{1}{4}(p_1-p_2)^2+\frac{1}{4}a(q_1-q_2)^2+\frac{1}{8}(q_1-q_2)^4$$

故函数 $\varphi_1=C_1$、$\varphi_2=C_2$ 是 H 相应的哈密顿系统的首次积分，C_1、C_2 为常数，且相互独立，泊松括号 $[\varphi_1,\varphi_2]=0$，即它们具有内旋关系。所以，该哈密顿函数 H 相应的哈密顿系统可积。

一般地，如果 k 个自由度的保守系统，其哈密顿函数可以表示成

$$H=H\left[\varphi_1(q_1,p_1),\varphi_2(q_2,p_2),\cdots,\varphi_k(q_k,p_k)\right] \tag{3.3.41}$$

这是一种变量分离形式，函数 H 是子函数 φ_i 的函数，而每个 φ_i $(i=1,2,\cdots,k)$ 仅为一对状态变量 (q_i,p_i) 的函数。如例 3.3.5，函数 $\varphi_i(q_i,p_i)$ 满足积分条件式(3.3.33)，即

$$\frac{\partial\varphi_i}{\partial t}+[\varphi_i,H]=[\varphi_i,H]=0,\quad i=1,2,\cdots,k$$

因此由定理 3.1.1 知，函数 $\varphi_1=C_1,\varphi_2=C_2,\cdots,\varphi_k=C_k$ 都是式(3.3.41)表示的哈密顿 H 相应的哈密顿方程的首次积分 $C_1,C_2,\cdots,C_k$ 为常数。且这些函数相互独立、具有内旋关系，即 $[\varphi_i,\varphi_j]=0(i,j=1,2,\cdots,k)$。所以，该哈密顿方程可积。由首次积分

$$\varphi_i(q_i,p_i)=C_i,\quad i=1,2,\cdots,k \tag{3.3.42}$$

解出广义动量

$$p_i=\phi_i(q_i,C_i),\quad i=1,2,\cdots,k \tag{3.3.43}$$

利用式(3.3.42)和式(3.3.43)，可将哈密顿方程表示成

$$\dot{q}_i=\frac{\partial H}{\partial p_i}=\frac{\partial H(C_1,C_2,\cdots,C_k)}{\partial C_i}\frac{\partial\varphi_i(q_i,\phi_i)}{\partial\phi_i} \tag{3.3.44}$$

注意到式(3.3.42)关于 C_i 的偏导数为

$$\frac{\partial\varphi_i(q_i,\phi_i)}{\partial\phi_i}\frac{\partial\phi_i(q_i,C_i)}{\partial C_i}=1$$

将上式代入式(3.3.44)，得到

$$\frac{\partial \phi_i(q_i, C_i)}{\partial C_i} \mathrm{d}q_i = \frac{\partial H(C_1, C_2, \cdots, C_k)}{\partial C_i} \mathrm{d}t$$

由此式两边积分，即得广义坐标q_i与时间t的关系为

$$\int \frac{\partial \phi_i(q_i, C_i)}{\partial C_i} \mathrm{d}q_i = \int \frac{\partial H(C_1, C_2, \cdots, C_k)}{\partial C_i} \mathrm{d}t + \alpha_i, \quad i = 1, 2, \cdots, k \tag{3.3.45}$$

式中，α_i为常数。式(3.3.45)确定了哈密顿系统在位形空间中的运动$q_i(t)$，代入式(3.3.43)可进一步得到广义动量$p_i(t)$，从而确定哈密顿系统在状态空间中的运动(q_i, p_i)，即哈密顿方程的完全积分解。上述方法称为**分离变量法**。

3.3.4　积分哈密顿方程的雅可比方法

正则变换的目的是尽可能多的正则变量成为循环坐标，以得到尽可能多的循环积分。最理想的情况是：经过正则变换，使新的哈密顿量$H^* = 0$，于是$\dot{P}_i = 0$、$\dot{Q}_i = 0$，即所有新的正则变量都成为循环坐标，则有

$$P_i = \beta_i = \text{const}, \quad Q_i = \alpha_i = \text{const}, \quad i = 1, 2, \cdots, k$$

利用正则变换的充分条件

$$\sum_{j=1}^{k} p_j \dot{q}_j - H(q_i, p_i, t) = \sum_{j=1}^{k} P_j \dot{Q}_j - H^*(Q_i, P_i, t) + \frac{\mathrm{d}F}{\mathrm{d}t}$$

选取$F_1 = F(q_i, Q_i, t)$，生成函数S为

$$S(q_i, P_i, t) \stackrel{\text{def}}{=} \sum_{j=1}^{k} Q_j(q_i, P_i, t) P_j + F_1(q_i, P_i, t)$$

变换关系为

$$P_i = \frac{\partial S}{\partial q_i}, \quad Q_i = \frac{\partial S}{\partial P_i}, \quad H^* = H + \frac{\partial S}{\partial t}$$

可以得到正则变换的母函数应满足的偏微分方程为

$$\frac{\partial S}{\partial t} + H\left(q_1, q_2, \cdots, q_k; \frac{\partial S}{\partial q_1}, \frac{\partial S}{\partial q_2}, \cdots, \frac{\partial S}{\partial q_k}; t\right) = 0 \tag{3.3.46}$$

方程(3.3.46)称为**哈密顿-雅可比方程**，S称为**哈密顿主函数**。这是一个一阶偏微分方程，未知函数S是q_i、t共k+1个自变量的函数，完全解S应含有k+1个常数。

变量分离法是哈密顿-雅可比方程常用的求解方法。如果哈密顿函数不显含时间t，则可以将时间变量t分离出来，从而有方程

$$\frac{\mathrm{d}S}{\mathrm{d}t} + H\left(q_1, q_2, \cdots, q_k; \frac{\partial S}{\partial q_1}, \frac{\partial S}{\partial q_2}, \cdots, \frac{\partial S}{\partial q_k}\right) = 0 \tag{3.3.47}$$

对时间变量 t 进行分离，则 S 的解可设为 $S = S_0(q_i, P_i) - \beta t$ ，可以直接推出常数 β 等于哈密顿函数。分离变量后，S_0 的解可设为

$$S_0(q_1, q_2, \cdots, q_k; P_1, P_2, \cdots, P_k) = S_1(q_1, P_1) + \cdots + S_k(q_k, P_k) \tag{3.3.48}$$

式(3.3.48)意味着哈密顿主函数等于若干项 S_i 之和，每一项 S_i 仅与一对变量 (q_i, P_i) 有关。哈密顿函数 H 可进一步表示为

$$H\left(q_1, q_2, \cdots, q_k; \frac{\mathrm{d}S_1}{\mathrm{d}q_1}, \frac{\mathrm{d}S_2}{\mathrm{d}q_2}, \cdots, \frac{\mathrm{d}S_k}{\mathrm{d}q_k}\right) = E \tag{3.3.49}$$

为了将上述方程分解为 k 个关于 $S_i(q_i, P_i)$ 的微分方程，函数 H 必须满足某些条件，可以设函数 H 的形式为

$$H(q_1, q_2, \cdots, q_k; p_1, p_2, \cdots, p_k) = H_1(q_1, p_1) + \cdots + H_k(q_k, p_k) \tag{3.3.50}$$

函数 H 分解后，相应的微分方程为

$$H_1\left(q_1, \frac{\partial S_1}{\partial q_1}\right) + \cdots + H_k\left(q_k, \frac{\partial S_k}{\partial q_k}\right) = E \tag{3.3.51}$$

令每一项 H_i 分别等于常数 β_i，即可满足上述方程。因此

$$H_1\left(q_1, \frac{\partial S_1}{\partial q_1}\right) = \beta_1, \quad H_2\left(q_2, \frac{\partial S_2}{\partial q_2}\right) = \beta_2, \quad \cdots, \quad H_k\left(q_k, \frac{\partial S_k}{\partial q_k}\right) = \beta_k \tag{3.3.52}$$

其中，

$$\beta_1 + \beta_2 + \cdots + \beta_k = E \tag{3.3.53}$$

易知总共有 k 个积分常数 β_i，可以得到 k 个函数 $S_i(q_i, p_i)$ 。根据变换关系式，由 S_i 可求出与坐标 q_i 共轭的动量为

$$p_i = \frac{\mathrm{d}S}{\mathrm{d}q_i} \tag{3.3.54}$$

因为坐标 (q_i, p_i) 的独立性，各坐标彼此独立、互不耦合，故与这些坐标对应的运动彼此独立。

例 3.3.7　已知开普勒问题的有势力势场 $V(r) = -K/r$ ，用哈密顿-雅可比方法求解开普勒问题。

解　选取平面极坐标 (r, θ) 为广义坐标，系统的哈密顿函数为

$$H = \frac{1}{2M}\left(p_r^2 + \frac{p_\theta^2}{r^2}\right) - \frac{K}{r}$$

可见，坐标 θ 为哈密顿函数 H 的循环坐标，故有 $p_\theta = \text{const}$ 。广义动量可以用哈密顿作用函数 S 表示为

$$p_i = \frac{\partial S}{\partial q_i} \Rightarrow p_r = \frac{\partial S}{\partial r}, \quad p_\theta = \frac{\partial S}{\partial \theta} = \text{const} = \beta_2$$

对应的哈密顿-雅可比方程为

$$\frac{\partial S}{\partial t}+\frac{1}{2m}\left[\left(\frac{\partial S}{\partial r}\right)^2+\frac{1}{r^2}\left(\frac{\partial S}{\partial \theta}\right)^2\right]-\frac{K}{r}=0$$

采用变量分离法求解哈密顿作用函数

$$S=S_1(r)+S_2(\theta)+S_3(t)$$

将分离变量后的 S 代入上述哈密顿-雅可比方程，得到

$$\frac{1}{2m}\left[\left(\frac{\partial S_1}{\partial r}\right)^2+\frac{1}{r^2}\left(\frac{\partial S_2}{\partial \theta}\right)^2\right]-\frac{K}{r}=-\frac{\partial S_3}{\partial t}$$

因为上式右端只与时间 t 相关联，而左端仅与坐标 (r,θ) 有关系，所以当且仅当两端都等于共同的常数 β_3 时，等式才成立；常数 β_3 恰为系统的总能量，因为

$$-\frac{\partial S}{\partial t}=H=E\Rightarrow-\frac{\partial S_3}{\partial t}=\text{const}=\beta_3=E$$

将条件 $-\partial S_3/\partial t=\beta_3$ 代入哈密顿-雅可比方程，可求解 $\partial S_2/\partial\theta$ ，得到

$$\left(\frac{\partial S_2}{\partial \theta}\right)^2=r^2\left[2m\beta_3+\frac{2mK}{r}-\left(\frac{\partial S_1}{\partial r}\right)^2\right]$$

因坐标 θ 为哈密顿函数 H 的循环坐标，故有

$$p_\theta=\frac{\partial S}{\partial \theta}=\text{const}=\beta_3$$

从而有

$$\frac{\partial S_2}{\partial \theta}=\frac{\mathrm{d}S_2}{\mathrm{d}\theta}=\text{const}=\beta_3$$

进一步可求解 $\partial S_1/\partial r$ ，得

$$\frac{\partial S_1}{\partial r}=\frac{\mathrm{d}S_1}{\mathrm{d}r}=\sqrt{2m\beta_3+\frac{2mK}{r}-\frac{\beta_2^2}{r^2}}$$

将三部分合在一起可生成函数 S，即 $S=S_1(r)+S_2(\theta)+S_3(t)$ ，则

$$S=\int\sqrt{2m\beta_3+\frac{2mK}{r}-\frac{\beta_2^2}{r^2}}\mathrm{d}r+\beta_2\theta-\beta_3 t$$

若定义 β_2 和 β_3 作为新的动量 P_θ 和 P_r ；则与 P_i 共轭的新坐标 Q_i 为

$$Q_r=\frac{\partial S}{\partial \beta_3}=\frac{\partial}{\partial \beta_3}\int\sqrt{2m\beta_3+\frac{2mK}{r}-\frac{\beta_2^2}{r^2}}\mathrm{d}r-t=\alpha_3$$

$$Q_\theta = \frac{\partial S}{\partial \beta_2} = \frac{\partial}{\partial \beta_2}\int\sqrt{2m\beta_3 + \frac{2mK}{r} - \frac{\beta_2^2}{r^2}}\mathrm{d}r + \theta = \alpha_2$$

由已知的变换关系可得

$$P_i = \beta_i, \quad Q_i = \frac{\partial S}{\partial P_i} = \frac{\partial S_2}{\partial \beta_i} = \alpha_i$$

式中，α_i、β_i为由初始条件确定的常数。

3.3.5　离散哈密顿原理与保结构算法

1. 变分积分子

引入离散力学模型，其构建原理与拉格朗日变分力学类似。该方法给出的数值算法是直接对力学变分原理进行离散，而不是先依据变分原理建立系统的运动方程，再对运动方程进行离散。

将拉格朗日函数 $L:TQ \to \mathbf{R}$ 替换为离散拉格朗日函数 $L_h : Q \times Q \to \mathbf{R}$。离散化的曲线由一组点集 $\{q_k\}_{k=0}^N$ 组成，且对于连续的曲线 $q(t), t \in [t_0, t_N]$，力学作用量沿连续路径曲线的积分替换为拉格朗日函数在不同离散点的取值之和。离散的哈密顿原理定义为：

若给定一组点集 $\{q_k\}_{k=0}^N$，可以构建一条具有固定端点 q_0 和 q_N 的离散化的曲线，使得离散化的作用量之和表达式(3.3.55)取极值，则该曲线应为正确的、物理可实现的路径。

$$S(q_0, q_1, \cdots, q_N) = \sum_{k=0}^{N-1} L_h(q_k, q_{k+1}) \tag{3.3.55}$$

式中，L_h 为系统离散的拉格朗日函数。

若某正确的、物理可实现的路径使得离散化的作用量之和表达式(3.3.55)取极值，则得到

$$\frac{\partial S}{\partial q_k}(q_0, q_1, \cdots, q_N) = 0, \quad k = 1, 2, \cdots, N-1 \tag{3.3.56}$$

因离散的拉格朗日函数仅为两个端点的函数，故式(3.3.55)关于某坐标求偏导数仅有两项不等于零。因此，方程(3.3.56)等价于下面的方程组：

$$\frac{\partial}{\partial q_k}(q_{k-1}, q_k) + \frac{\partial}{\partial q_k}L_h(q_{k-1}, q_k) = 0, \quad k = 1, 2, \cdots, N-1 \tag{3.3.57}$$

为了将其转换为数值积分方法，给出**精确离散的拉格朗日函数**的概念。

若已知连续的拉格朗日函数 $L(q, \dot{q}) = 0$，则响应的离散的拉格朗日函数为

$$L_h^E(q_k, q_{k+1}) = \int_{t_k}^{t_{k+1}} L(q, \dot{q})\,\mathrm{d}t \tag{3.3.58}$$

对应于精确离散的拉格朗日函数的作用量之和为

$$S(q_0,q_1,\cdots,q_N) = \sum_{k=0}^{N-1} L_h^E(q_k, q_{k+1}) = \sum_{k=0}^{N-1} \int_{t_k}^{t_{k+1}} L(q,\dot{q})\,\mathrm{d}t = \int_{t_0}^{t_N} L(q,\dot{q}) = G(q) \tag{3.3.59}$$

精确离散的拉格朗日函数的作用量之和等于相应的连续拉格朗日函数的作用量的积分。该项结果意味着离散化的 $\{q_k\}_{k=0}^N$ 曲线上的点必须位于相应的精确曲线上，且有

$$q_k = q(k), \quad k = 0,1,\cdots,N \tag{3.3.60}$$

离散拉格朗日函数定义为作用在时间间隔 $t \in [t_k, t_{k+1}]$ 内沿折线段 $\tilde{q}(t)$ 的积分，即

$$L_k(q_k, q_{k+1}) \approx \int_{t_k}^{t_{k+1}} L(\tilde{q}(t), \dot{\tilde{q}}(t))\,\mathrm{d}t \tag{3.3.61}$$

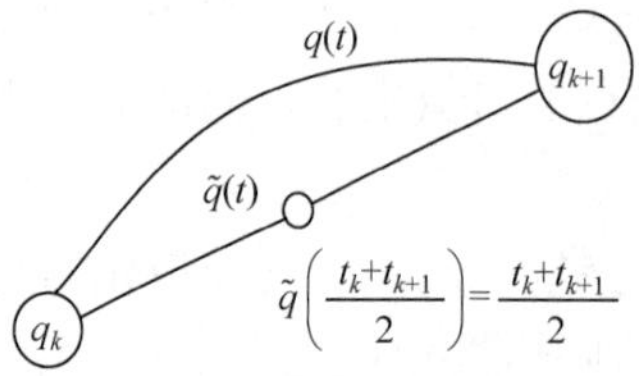

图 3.3.2 离散拉格朗日函数

折线段 $\tilde{q}(t), t \in [t_k, t_{k+1}]$ 近似于精确解曲线 $q(t), t \in [t_k, t_{k+1}]$，如图 3.3.2 所示。由此可见，精确离散的拉格朗日函数与离散拉格朗日函数的区别在于积分路径。

如果时间步长 $h = t_{k+1} - t_k$ 很小，作用量之和近似等于作用量的积分，即

$$G(q) = S(q_0, q_1, \cdots, q_N) \tag{3.3.62}$$

则可称其为**变积分子**。方程(3.3.57)直接给出积分子为

$$\Phi : Q \times Q \to Q \times Q, \quad (q_{k-1}, q_k) \to (q_k, q_{k+1}) \tag{3.3.63}$$

式中，q_{k+1} 由式(3.3.64)给出

$$\frac{\partial L_k(q_k, q_{k+1})}{\partial q_k} + \frac{\partial L_k(q_{k-1}, q_k)}{\partial q_k} = 0 \tag{3.3.64}$$

若方程(3.3.64)关于 q_{k+1} 的解存在，即在每个步长区间内求解方程(3.3.64)，由 $(q_{k-1}, q_k) = \Phi^k(q_0, q_1)$ 求解 $\{q_k\}_{k=2}^N$，则可将其作为数值解的积分子。

有很多方法可将连续的拉格朗日函数离散化。下面介绍两种简单的方法：

(1) 引入自由参数 α，定义离散拉格朗日函数为

$$L_h^\alpha(q_k, q_{k+1}) = \frac{h}{2} L\left(q_k, \frac{q_{k+1} - q_k}{h}\right) + \frac{h}{2} L\left(q_{k+1}, \frac{q_{k+1} - q_k}{h}\right) \tag{3.3.65}$$

式(3.3.65)是用连续的拉格朗日函数在某点的取值近似代替作用量在时间区间$[t_k,t_{k+1}]$上的积分。

(2) 对称取点法，定义离散拉格朗日函数为

$$L_h^{\text{sym}}(q_k,q_{k+1})=\frac{h}{2}L\left(q_k,\frac{q_{k+1}-q_k}{h}\right)+\frac{h}{2}L\left(q_{k+1},\frac{q_{k+1}-q_k}{h}\right) \tag{3.3.66}$$

式(3.3.66)是用连续的拉格朗日函数在某两点的取值近似代替作用量在时间区间$[t_k,t_{k+1}]$上的积分。

对于非完整约束，要将连续的约束流形 D 离散化为 D_k，还需离散达朗贝尔-拉格朗日原理，选取离散的拉格朗日函数，离散的约束流形为

$$D_k=\{(q_k,q_{k+1})\in Q\times Q \mid \omega_k(q_k,q_{k+1})=0\} \tag{3.3.67}$$

达朗贝尔-拉格朗日的离散化研究离散的拉格朗日系统(L_h,Q)，且$L_h:Q\times Q\to \mathbf{R}$，同时涉及光滑的约束流行 D 和离散化的流形 D_k，以及具有两个固定端点 q_0 和 q_N 的离散化曲线$\{q_k\}_{k=0}^N$。若某离散曲线使得离散化的作用量取极值，则该曲线应为系统正确的、物理可实现的路径。

$$S(q_0,q_1,\cdots,q_N)=\sum_{k=0}^{N-1}L_h(q_k,q_{k+1}) \tag{3.3.68}$$

坐标的变分需满足$\delta q_k\in D$，且$(q_k,q_{k+1})\in D_h$。

离散的达朗贝尔-拉格朗日原理等价于下面一组方程：

$$\begin{cases}\dfrac{\partial L_h(q_k,q_{k+1})}{\partial q_k}+\dfrac{\partial L_h(q_{k-1},q_k)}{\partial q_k}=\lambda_k\omega(q_k)\\ \omega_k(q_k,q_{k+1})=0\end{cases} \tag{3.3.69}$$

式(3.3.69)是非完整力学变分积分子的基础。

对于线性非完整约束系统，式(3.3.69)可表示为

$$\begin{cases}\dfrac{\partial L_h(q_k,q_{k+1})}{\partial q_k}+\dfrac{\partial L_h(q_{k-1},q_k)}{\partial q_k}=\omega(q_k)\lambda\\ \omega_k(q_k,q_{k+1})=0\end{cases} \tag{3.3.70}$$

式(3.3.70)给出的数值解(流)属于多步法，它由一组坐标$(q_0,q_1)\in Q\times Q$给出；而连续拉格朗日系统的轨迹(流)则由单个点$(q,\dot q)\in TQ$的值给定。

因为在切空间 TQ 中制定 1 个点要比在位形空间 Q 中制定若干点容易实施，故单步法比多步法简单。若想利用足够精确的 q_1 来获得高阶精度的积分子，必须利用另一个积分子，即由$(q_0,\dot q_0)\in TQ$给出$(q_0,\dot q_0)\in Q\times Q$，这样就削弱了多步法积分子的优势。

采用离散的勒德让变换可以给出完整拉格朗日系统的单步变分积分子。利用离散的勒德让变换可将式(3.3.63)和式(3.3.64)给出的积分子转换为单步法。

2. 单步法和离散的勒德让变换

当系统受外力作用时，离散勒德让变换定义为

$$\Phi^{+}:Q\times Q\to T^{*}Q,\ (q_k,q_{k+1})\mapsto(p_{k+1},q_{k+1})$$

$$p_{k+1}=\frac{\partial L_h(q_k,q_{k+1})}{\partial q_{k+1}}+F_h^{+}(q_k,q_{k+1}) \tag{3.3.71}$$

且有

$$\Phi^{-}:Q\times Q\to T^{*}Q,\ (q_k,q_{k+1})\mapsto(p_k,q_k)$$

$$p_k=-\frac{\partial L_h(q_k,q_{k+1})}{\partial q_{k+1}}-F_h^{-}(q_k,q_{k+1}) \tag{3.3.72}$$

离散化的外力 F^{-} 和 F^{+} 由式(3.3.73)给出

$$F^{-}=\omega(q_k)\lambda_k,\quad F^{+}=\omega(q_{k+1})\lambda_{k+1} \tag{3.3.73}$$

一般地，单步积分子可表示为

$$\begin{cases} p_k=-\dfrac{\partial L_h(q_k,q_{k+1})}{\partial q_k}-\omega(q_k)\lambda_k \\ p_{k+1}=-\dfrac{\partial L_h(q_k,q_{k+1})}{\partial q_{k+1}}+\omega(q_{k+1})\lambda_{k+1} \\ 0=A(q_{k+1})\dot{q}_{k+1} \end{cases} \tag{3.3.74}$$

可先利用式(3.3.74)的第一个公式求得 q_{k+1}，再利用第二个、第三个两式联立求解 p_{k+1} 和 λ_{k+1}。

3. 变分积分子与数值算法

1) 多步法积分子

依据方程(3.3.65)和(3.3.66)将拉格朗日函数离散化，按照方程(3.3.70)得出多步法数值解。

参数法离散拉格朗日函数(Ld)：已知非完整系统的拉格朗日函数为 $L:TQ\to\mathbf{R}$，约束分布为 $A(q)\dot{q}=0$。若选取式(3.3.65)给出的离散拉格朗日函数 L_h^{α}，且 $\alpha=1/2$，则由式(3.3.70)可得

$$q_{k-1/2}=\frac{q_k+q_{k-1}}{2},\quad q_{k+1/2}=\frac{q_{k+1}+q_k}{2},\quad \dot{q}_{k-1/2}=\frac{q_k-q_{k-1}}{h},\quad \dot{q}_{k+1/2}=\frac{q_{k+1}-q_k}{h} \tag{3.3.75}$$

以及

$$\begin{cases}\left(\dfrac{h}{2}\dfrac{\partial}{\partial q}-\dfrac{\partial}{\partial \dot{q}}\right)L(q_{k+1/2},\dot{q}_{k+1/2})+\left(\dfrac{h}{2}\dfrac{\partial}{\partial q}+\dfrac{\partial}{\partial \dot{q}}\right)L(q_{k-1/2},\dot{q}_{k-1/2})+\omega(q_k)\lambda \\ A(q_{k+1/2})\dot{q}_{k+1/2}=0\end{cases} \tag{3.3.76}$$

式(3.3.75)和式(3.3.76)给出数值解流 $\varPhi:Q\times Q\to Q\times Q$，可依据方程解出 q_{k+1}。

对称取点法离散拉格朗日函数(LdS)： 已知非完整系统的拉格朗日函数为 $L:TQ\to\mathbf{R}$，约束分布为 $A(q)\dot{q}=0$。若选取式(3.3.66)给出的离散拉格朗日函数 L_h^{sym}，则由式(3.3.70)可得

$$\dot{q}_{k-1/2}=\frac{q_k-q_{k-1}}{h},\quad \dot{q}_{k+1/2}=\frac{q_{k+1}-q_k}{h} \tag{3.3.77}$$

以及

$$\begin{cases}\dfrac{1}{2}\left(\dfrac{\partial}{\partial q}-\dfrac{1}{h}\dfrac{\partial}{\partial \dot{q}}\right)L(q_k,\dot{q}_{k+1/2})-\dfrac{1}{2h}\dfrac{\partial L(q_{k+1},\dot{q}_{k+1/2})}{\partial \dot{q}}+\dfrac{1}{2h}\dfrac{\partial L(q_{k-1},\dot{q}_{k-1/2})}{\partial \dot{q}} \\ \quad +\dfrac{1}{2}\left(\dfrac{\partial}{\partial q}+\dfrac{1}{h}\dfrac{\partial}{\partial \dot{q}}\right)L(q_k,\dot{q}_{k-1/2})=\omega(q_k)\lambda \\ \dfrac{1}{2}[A(q_k)\dot{q}_{k+1/2}+A(q_{k+1})\dot{q}_{k+1/2}]=0\end{cases} \tag{3.3.78}$$

式(3.3.77)和式(3.3.78)给出数值解流 $\varPhi:TQ\to TQ$，可依据方程解出 q_{k+1}。若初值具有二阶精度，则积分子 Ld 和 LdS 均具有二阶精度。

2) 单步法积分子

方程(3.3.75)给出单步法积分子，分别依据 $L_k^{1/2}$ 和 L_k^{sym} 将拉格朗日函数离散化，则可得出两种单步法的数值解。在单步法公式中，仍然需要利用连续的勒德让变换将广义动量 p 表示为 $(q,\dot{q})$ 的函数，相关的公式为

$$p=\frac{\partial L}{\partial \dot{q}}(q,\dot{q}),\quad \dot{q}=\frac{\partial H}{\partial p}(q,p) \tag{3.3.79}$$

参数法离散拉格朗日函数(Hd)： 已知非完整拉格朗日系统 $L:TQ\to\mathbf{R}$，其约束分布为 $A(q)\dot{q}=0$。若选取式(3.3.65)给出的离散拉格朗日函数 $L_h^{1/2}$，则由式(3.3.78)可得数值解流 $\varPhi:TQ\to TQ$，以及

$$q_{k+1/2}=\frac{q_{k+1}+q_k}{2},\quad \dot{q}_{k+1/2}=\frac{q_{k+1}-q_k}{h} \tag{3.3.80}$$

且有

$$\begin{cases} p_k = \left(-\dfrac{h}{2}\dfrac{\partial}{\partial q} + \dfrac{\partial}{\partial \dot{q}}\right) L(q_{k+1/2}, \dot{q}_{k+1/2}) + \omega(q_k)\lambda_k \\ p_{k+1} = \left(-\dfrac{h}{2}\dfrac{\partial}{\partial q} + \dfrac{\partial}{\partial \dot{q}}\right) L(q_{k+1/2}, \dot{q}_{k+1/2}) - \omega(q_{k+1})\lambda_{k+1} \\ 0 = A(q_{k+1})\dot{q}_{k+1} \end{cases} \tag{3.3.81}$$

式中，$\dot{q}_{k+1}$ 为点 (q_{k+1}, p_{k+1}) 处的广义速度，由勒德让变换给出解析解，利用方程(3.3.81)可以解出 q_{k+1} 和 $\dot{q}_{k+1}$。

类似地，可以构建基于“对称取点法” L_h^{sym} 的数值解流。

对称取点法离散拉格朗日函数(HdS)：已知非完整拉格朗日系统 $L: TQ \to \mathbf{R}$，其约束分布为 $A(q)\dot{q} = 0$。利用式(3.3.66)给出的离散拉格朗日函数 L_h^{sym}，则由式(3.3.78)可得数值解流 $\varPhi: TQ \to TQ$，以及

$$\dot{q}_{k+1/2} = \frac{q_{k+1} - q_k}{h} \tag{3.3.82}$$

且有

$$\begin{cases} p_k = \left(-\dfrac{h}{2}\dfrac{\partial}{\partial q} + \dfrac{1}{2}\dfrac{\partial}{\partial \dot{q}}\right) L(q_k, \dot{q}_{k+1/2}) - \dfrac{1}{2}\dfrac{\partial}{\partial \dot{q}} L(q_{k+1}, \dot{q}_{k+1/2}) + \omega(q_k)\lambda_k \\ p_{k+1} = \dfrac{1}{2}\dfrac{\partial}{\partial \dot{q}} L(q_{k+1}, \dot{q}_{k+1/2}) + \left(\dfrac{h}{2}\dfrac{\partial}{\partial q} + \dfrac{1}{2}\dfrac{\partial}{\partial \dot{q}}\right) L(q_{k+1}, \dot{q}_{k+1/2}) - \omega(q_{k+1})\lambda_{k+1} \\ 0 = A(q_{k+1})\dot{q}_{k+1} \end{cases} \tag{3.3.83}$$

式中，$\dot{q}_{k+1}$ 为点 (q_{k+1}, p_{k+1}) 处的广义速度，由勒德让变换给出解析解，利用方程(3.3.83)可以解出 q_{k+1} 和 $\dot{q}_{k+1}$。

3.3.6　哈密顿系统的辛性质

设保守系统具有 k 个自由度，广义坐标向量 $\boldsymbol{u}_1 = [q_1, q_2, \cdots, q_k]^{\mathrm{T}}$，广义动量向量 $\boldsymbol{u}_2 = [p_1, p_2, \cdots, p_k]^{\mathrm{T}}$，系统状态为 $\boldsymbol{u} = [\boldsymbol{u}_1^{\mathrm{T}}, \boldsymbol{u}_2^{\mathrm{T}}]^{\mathrm{T}}$，哈密顿函数为 $H(u)$，则利用辛矩阵 $\underline{\boldsymbol{J}}$，可将哈密顿方程(3.3.7)或(3.3.33)表示成

$$\dot{\boldsymbol{u}}_1 = \frac{\partial H}{\partial \boldsymbol{u}_2}, \quad \dot{\boldsymbol{u}}_2 = -\frac{\partial H}{\partial \boldsymbol{u}_1}$$

即

$$\dot{\boldsymbol{u}} = \underline{\boldsymbol{J}}\frac{\partial H}{\partial \boldsymbol{u}} \tag{3.3.84}$$

哈密顿方程(3.3.84)确定了哈密顿系统运动状态随时间沿轨线的变化 $\boldsymbol{u} = \boldsymbol{u}(t)$，

称为**状态空间中的流形**。状态空间中的一个域由无限多个点组成，每个点随时间的运动变化为其流形所描述，因此哈密顿方程也确定了状态空间中的域随时间的变化，即**流域**。域的广义体积是它的一个基本特征，定常系统广义体积的变化可以通过状态速度向量的广义散度来描述，如果等于零，则表明广义体积不变。利用保守系统哈密顿方程(3.3.84)，可计算状态速度的广义散度为

$$\operatorname{div}\dot{\boldsymbol{u}}=\left(\frac{\partial}{\partial \boldsymbol{u}}\right)^{\mathrm{T}}\underline{\boldsymbol{J}}\frac{\partial H}{\partial \boldsymbol{u}}=\left(\frac{\partial}{\partial \boldsymbol{u}}\right)^{\mathrm{T}}\underline{\boldsymbol{J}}\left(\frac{\partial}{\partial \boldsymbol{u}}\right)H=\left\langle\frac{\partial}{\partial \boldsymbol{u}},\frac{\partial}{\partial \boldsymbol{u}}\right\rangle_s H=0$$

因此，哈密顿系统运动状态的演变将保持状态空间中域的广义体积不变，这个结论称为**刘维尔定理**，该定理揭示了哈密顿系统的一种守恒性。

哈密顿系统的运动流形决定了任一时刻系统状态 $\boldsymbol{u}(t)$ 到另一时刻状态 $\boldsymbol{v}(t+\Delta t)$ 的变化，这种变化也可以看作状态空间中的一个变换 $T:\boldsymbol{u}(t)\rightarrow\boldsymbol{v}(t+\Delta t)$ 。这个变换将更一般地描述哈密顿系统的特性，也包含了上述状态空间域的广义体积不变性，该不变性取决于变换矩阵 $\underline{\boldsymbol{T}}$ 的雅可比行列式，即 $|\partial\boldsymbol{v}/\partial\boldsymbol{u}|=|\underline{\boldsymbol{T}}|$ 。

因状态 $\boldsymbol{u}$ 与 $\boldsymbol{v}$ 都是同一哈密顿系统的运动状态，故均满足哈密顿方程(3.3.84)，即

$$\dot{\boldsymbol{u}}=\underline{\boldsymbol{J}}\frac{\partial H(\boldsymbol{u})}{\partial \boldsymbol{u}},\quad \dot{\boldsymbol{v}}=\underline{\boldsymbol{J}}\frac{\partial H(\boldsymbol{v})}{\partial \boldsymbol{v}}\tag{3.3.85}$$

从状态向量 $\boldsymbol{u}$ 到 $\boldsymbol{v}$ 的变换矩阵为

$$\underline{\boldsymbol{T}}=\frac{\partial \boldsymbol{v}}{\partial \boldsymbol{u}}\tag{3.3.86}$$

假定变换矩阵 $\underline{\boldsymbol{T}}$ 不显含时间 t 。将状态变量 $\boldsymbol{v}$ 看作 $\boldsymbol{u}$ 的函数，即 $\boldsymbol{v}=\boldsymbol{v}(\boldsymbol{u})$ ，关于时间求全导数得

$$\dot{\boldsymbol{v}}=\left(\frac{\partial \boldsymbol{v}}{\partial \boldsymbol{u}}\right)^{\mathrm{T}}\dot{\boldsymbol{u}}\tag{3.3.87}$$

将式(3.3.87)代入式(3.3.85)，并利用变换矩阵(3.3.86)，可得

$$\dot{\boldsymbol{v}}=\underline{\boldsymbol{T}}^{\mathrm{T}}\underline{\boldsymbol{J}}\frac{\partial H(\boldsymbol{u})}{\partial \boldsymbol{u}}\tag{3.3.88}$$

由哈密顿函数 $H=H\left[\boldsymbol{v}(\boldsymbol{u})\right]$ 关于状态向量 $\boldsymbol{u}$ 求偏导数得

$$\frac{\partial H(\boldsymbol{u})}{\partial \boldsymbol{u}}=\frac{\partial \boldsymbol{v}}{\partial \boldsymbol{u}}\frac{\partial H(\boldsymbol{v})}{\partial \boldsymbol{v}}\tag{3.3.89}$$

将式(3.3.89)代入式(3.3.88)，并利用变换矩阵(3.3.86)，可得

$$\dot{\boldsymbol{v}}=\underline{\boldsymbol{T}}^{\mathrm{T}}\underline{\boldsymbol{J}}\underline{\boldsymbol{T}}\frac{\partial H(\boldsymbol{v})}{\partial \boldsymbol{v}}\tag{3.3.90}$$

式(3.3.90)表示哈密顿方程(3.3.85)的第一式随系统状态变化后的形式，应与哈密顿

方程(3.3.85)的第二式一致，比较两者即得

$$\underline{\boldsymbol{T}}^{\mathrm{T}}\underline{\boldsymbol{J}}\underline{\boldsymbol{T}}=\underline{\boldsymbol{J}} \tag{3.3.91}$$

式(3.3.91)揭示了哈密顿系统运动状态演变决定的状态变换矩阵$\underline{\boldsymbol{T}}$满足的关系，与式(2.4.23)相比可知，变换矩阵$\underline{\boldsymbol{T}}$为辛矩阵，哈密顿系统的运动状态变换为辛变换。由此可得，变换的雅可比行列式的绝对值为 1，从而有状态空间中的广义体积不变性。

例如，哈密顿函数

$$H=\frac{1}{2}\boldsymbol{u}^{\mathrm{T}}\underline{\boldsymbol{B}}\boldsymbol{u}$$

式中，$\underline{\boldsymbol{B}}$为 $2k$ 阶对称正定的常数矩阵。H 相应的哈密顿方程为

$$\dot{\boldsymbol{u}}=\underline{\boldsymbol{J}}\frac{\partial H}{\partial \boldsymbol{u}}=\underline{\boldsymbol{J}}\underline{\boldsymbol{B}}\boldsymbol{u} \tag{3.3.92}$$

其积分分解为

$$\boldsymbol{u}(t)=\exp(\underline{\boldsymbol{J}}\underline{\boldsymbol{B}}t)\boldsymbol{u}(0)$$

由$\underline{\boldsymbol{B}}$的对称性可知，$\underline{\boldsymbol{J}}\underline{\boldsymbol{B}}$满足关系式(3.3.92)，即

$$\underline{\boldsymbol{J}}(\underline{\boldsymbol{J}}\underline{\boldsymbol{B}})\underline{\boldsymbol{J}}=-\underline{\boldsymbol{B}}\underline{\boldsymbol{J}}=(\underline{\boldsymbol{J}}\underline{\boldsymbol{B}})^{\mathrm{T}}$$

利用$\boldsymbol{u}(t)$的表达式，得哈密顿方程确定的系统状态的变换矩阵为

$$\underline{\boldsymbol{T}}=\frac{\partial \boldsymbol{u}(t+\Delta t)}{\partial \boldsymbol{u}(t)}=\exp(\underline{\boldsymbol{J}}\underline{\boldsymbol{B}}\Delta t) \tag{3.3.93}$$

从而可得

$$\exp(\underline{\boldsymbol{J}}\underline{\boldsymbol{B}}\Delta t)^{\mathrm{T}}\underline{\boldsymbol{J}}\exp(\underline{\boldsymbol{J}}\underline{\boldsymbol{B}}\Delta t)=\underline{\boldsymbol{J}}$$

因此，该变换矩阵$\underline{\boldsymbol{T}}$是辛矩阵。

3.4 变分原理

上述讨论的各种分析方法均以动力学普遍方程为基本原理，推导出各种形式的动力学微分方程。变分原理是分析力学的另一类基本原理，并不需要建立动力学微分方程，而是将真实运动与在同样条件下的主动力和约束条件下可能发生的运动加以比较，依据确定的准则将真实运动从可能运动中鉴别出来。这种准则通常表现为某个函数或泛函的极值条件。根据判断准则的不同，变分原理可分为微分和积分两种类型。**微分型变分原理**所依据的准则表现为，由状态变量构成的某个函数的极值问题，如高斯原理。**积分型变分原理**所依据的准则表现为，某个时间间隔内，由运动所确定的某个泛函的极值问题，如哈密顿原理。

3.4.1　泛函与变分、欧拉方程

1. 泛函的概念

设函数 $x(t)$ 是自变量 t 的一个函数，而函数 $f(x)$ 是 x 的一个函数，则 $f[x(t)]$ 是一个复合函数，其中函数关系都是唯一确定的。如果函数 $x(t)$ 不唯一确定，其函数形式可以在一定范围内变化，称为自变函数，而函数 $F(x)$ 定义在自变函数 x 上，其值随自变函数形式不同而变化，则称函数 $F(x)$ 为定义在函数集 $\{x\}$ 上的**泛函**，自变函数 x 的容许集称为泛函 $F(x)$ 的定义域。显然，泛函 $F(x)$ 不同于函数 $f[x(t)]$，其根本区别在于函数 $x(t)$ 的形式是否可变，泛函 $F(x)$ 的取值主要依赖函数 x 形式，而函数 $f[x(t)]$ 的取值最终依赖自变量 t 的值。

例如，最速落径问题，设铅直平面 Axy 如图 3.4.1 所示，平面内两确定点，点 A 为坐标原点，点 B 的坐标为(a, b)，函数 $y(x)$ 表示连接 A、B 两点的平面曲线。质量为 m 的质点，在重力作用下由静止开始沿曲线 $y(x)$ 从点 A 下滑至点 B，不计摩擦力与空气阻力，寻求下滑时间最短的曲线形状 $y^*(x)$。

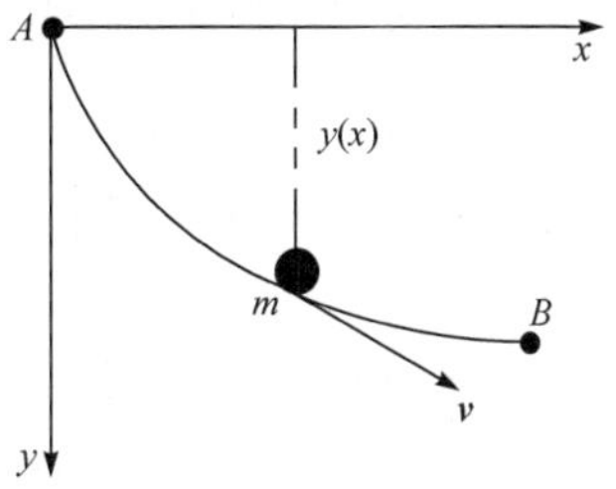

图 3.4.1　最速落径

由质点运动的动能定理得

$$\frac{1}{2}mv^2 = mgy$$

于是质点下滑速度为

$$v = \sqrt{2gy}$$

从几何方面考虑，质点速度又可表示为

$$v = \frac{\mathrm{d}s}{\mathrm{d}t} = \frac{\sqrt{\mathrm{d}x^2 + \mathrm{d}y^2}}{\mathrm{d}t} = \frac{\sqrt{1+y'^2}}{\mathrm{d}t}\mathrm{d}x$$

利用两个速度表达式，可得

$$\mathrm{d}t = \sqrt{\frac{1+y'^2}{2gy}}\mathrm{d}x$$

积分得下滑时间为

$$J(y) = \int_0^a \sqrt{\frac{1+y'^2}{2gy}}\mathrm{d}x \tag{3.4.1}$$

可见，质点的水平坐标 x 为自变量，铅直坐标 $y(x)$ 为 x 的函数，因其形式待定而是一个自变函数，下滑时间 $J(y)$ 依赖函数 $y(x)$ 的形式，所以其是定义在 y 上的泛

函，因其表达式为积分形式而称为**积分泛函**。

上述最速落径问题归结为寻求函数 $y(x)$ ，满足边界条件 $y(0)=0$ 和 $y(a)=b$ ，并使积分泛函 $J(y)(a)$ 的值极小。由积分泛函的极值及边界条件，可以确定函数 $y(x)$ 。其中，函数 $y(x)$ 的变化与相应泛函 $J(y)$ 的变化之间并非通常的微分关系，需要用变分来描述。

2. 变分法

设函数 $x(t)$ 是时间 t 的一个连续可微函数，因时间的无限小变化 $\mathrm{d}t$ 产生的函数的相应无限小改变 $\mathrm{d}x=\dot{x}\mathrm{d}t$ ，称为函数 $x(t)$ 的微分。当时间 t 不变时，函数 $x(t)$ 形式的无限小变更为函数 x 的等时变分或变分，用 δ 表示。令变更后的函数为 $\tilde{x}(t,\varepsilon)$ ，其中 ε 为无穷小量，则函数的一阶变分为

$$\delta x=\tilde{x}(t,\varepsilon)-x(t) \tag{3.4.2}$$

变分不同于微分，其根本区别在于变化的起因不同。虚位移也是位移函数的一个变分。

变分的运算法则类似于微分，基本法则如下：

$$\delta(c_1x_1+c_2x_2)=c_1\delta x_1+c_2\delta x_2,\quad c_1,c_2\text{为常数}$$

$$\delta(x_1x_2)=x_1\delta x_2+x_2\delta x_1$$

$$\delta\dot{x}_1=\frac{\mathrm{d}}{\mathrm{d}t}(\delta x_1)$$

$$\delta\int_{t_1}^{t_2}x_1\mathrm{d}t=\int_{t_1}^{t_2}\delta x_1\mathrm{d}t$$

式中，x_1 、 x_2 为时间 t 的函数。

设 $F(x)$ 是函数 $x(t)$ 的泛函，则自变函数 $x(t)$ 形式的无限小变更或变分 δx 引起的泛函 $F(x)$ 的相应无限小变化，称为泛函 $F(x)$ 的变分，可表示为

$$\delta F=F(x+\delta x)-F(x)=\frac{\partial F}{\partial x}\delta x \tag{3.4.3}$$

上述关于泛函及其变分的概念可以推广到定义在多个自变函数上的泛函情况。例如，对于图 3.4.1 所示的最速落径问题，积分泛函 J 可以看作函数 y 与 y' 的泛函，其变分为

$$\delta J=\int_0^a\delta\sqrt{\frac{1+y'^2}{2gy}}\mathrm{d}x=\int_0^a\delta F(y,y')\mathrm{d}x=\int_0^a\left(\frac{\partial F}{\partial y}\delta y+\frac{\partial F}{\partial y'}\delta y'\right)\mathrm{d}x$$

式中，

$$\frac{\partial F}{\partial y}=-\frac{1}{2}\sqrt{\frac{1+y'^2}{2gy^3}},\quad \frac{\partial F}{\partial y'}=\frac{y'}{\sqrt{2gy(1+y'^2)}}$$

3. 积分泛函的驻值与欧拉方程

设函数 $x(t)$ 是时间 t 的连续可微函数，定义在时间间隔 $[t_0,t_1]$ 上，其导函数为 $\dot{x}(t)$。泛函 $F(x,\dot{x},t)$ 是自变函数 $x(t)$ 及其导函数 $\dot{x}(t)$ 与时间 t 的函数，积分泛函 $J(x,\dot{x})$ 为

$$J=\int_{t_0}^{t_1}F(x,\dot{x},t)\mathrm{d}t \tag{3.4.4}$$

其值随函数 $x(t)$ 形式的变更而变化，其中可能存在极大值或极小值，相应地有该泛函的一阶变分为零，即 $\delta J=0$，此时的泛函值称为**驻值**。泛函的驻值反映了泛函值随自变函数变更而变化的一个特性，也可揭示实际问题的一个重要而基本的性质。

为确定积分泛函(3.4.4)取驻值时自变函数 $x^*(t)$ 的形式或需要满足的条件，设过程始末的函数给定，即 $x(t_0)=x_0$、$x(t_1)=x_1$，则其变分 $\delta x(t_0)=\delta x(t_1)=0$。积分泛函 J 的变分为

$$\begin{aligned}\delta J&=\int_{t_0}^{t_1}\delta F(x,\dot{x},t)\mathrm{d}t=\int_{t_0}^{t_1}\left(\frac{\partial F}{\partial x}\delta x+\frac{\partial F}{\partial \dot{x}}\delta\dot{x}\right)\mathrm{d}t=\int_{t_0}^{t_1}\left[\frac{\partial F}{\partial x}\delta x+\frac{\partial F}{\partial \dot{x}}\frac{\mathrm{d}}{\mathrm{d}t}(\delta x)\right]\mathrm{d}t\\&=\int_{t_0}^{t_1}\left[\frac{\partial F}{\partial x}\delta x+\frac{\mathrm{d}}{\mathrm{d}t}\left(\frac{\partial F}{\partial \dot{x}}\delta x\right)-\frac{\mathrm{d}}{\mathrm{d}t}\left(\frac{\partial F}{\partial \dot{x}}\right)\delta x\right]\mathrm{d}t=\int_{t_0}^{t_1}\left[\frac{\partial F}{\partial x}-\frac{\mathrm{d}}{\mathrm{d}t}\left(\frac{\partial F}{\partial \dot{x}}\right)\right]\delta x\mathrm{d}t+\left(\frac{\partial F}{\partial \dot{x}}\delta x\right)\Bigg|_{t_0}^{t_1}\end{aligned} \tag{3.4.5}$$

由始末函数给定知，此式最后一项为零，再由 $\delta x(t)$ 的任意性，可得积分泛函取驻值，即 $\delta J=0$ 等价于自变函数 $x^*(t)$ 满足

$$\frac{\partial F(x^*,\dot{x}^*,t)}{\partial x^*}-\frac{\mathrm{d}}{\mathrm{d}t}\left[\frac{\partial F(x^*,\dot{x}^*,t)}{\partial \dot{x}^*}\right]=0 \tag{3.4.6}$$

此方程称为**欧拉(Euler)方程**。求解欧拉方程，可确定自变函数 $x^*(t)$ 的形式。上述从积分泛函取驻值导出欧拉方程也反映出泛函取驻值与微分问题的一种等价性。

如图 3.4.1 所示的最速落径问题，自变量为坐标 x，边界函数给定为 $y(0)=0$ 与 $y(a)=b$，质点的下滑时间最短，即积分泛函 $J(y)(a)$ 最小或取驻值，$\delta J=0$，则函数 $y^*(x)$ 满足欧拉方程(3.4.5)，即

$$-\frac{1}{2}\sqrt{\frac{1+(y'^*)^2}{2g(y'^*)^3}}-\frac{\mathrm{d}}{\mathrm{d}x}\left\{\frac{y'^*}{\sqrt{2gy^*[1+(y^*)^2]}}\right\}=0$$

两边乘以 y'^*，可化为

$$\frac{\mathrm{d}}{\mathrm{d}x}\left\{\sqrt{\frac{1+(y'^*)^2}{y^*}}-\frac{(y'^*)^2}{\sqrt{y^*[1+(y'^*)^2]}}\right\}=0$$

积分得

$$\frac{1}{\sqrt{y^*[1+(y'^*)^2]}}=c$$

式中，c 为正常数。解出 y'^* 得

$$y'^*=\sqrt{\frac{1/c^2-y^*}{y^*}}$$

作变换

$$y^*=\frac{1}{c^2}\sin^2\theta$$

将上式代入 y'^* 的表达式，并利用边界条件，积分得

$$x^*=\frac{1}{2c^2}\left[2\theta-\sin(2\theta)\right]$$

此两式，即 x^* 与 y^* 的表达式组成了以 θ 为参数的曲线方程，表示一条圆滚线，其中常数 c 由下式确定：

$$ac^2+\sqrt{bc^2(1-bc^2)}-\arcsin\sqrt{bc^2}=0$$

该例子也说明积分泛函的驻值问题与欧拉方程中函数的自变量不一定是时间。而当积分泛函(3.4.4)中 F 为拉格朗日函数 $L(q,\dot{q},t)$ 时，欧拉方程(3.4.5)就是保守系统的拉格朗日方程。

3.4.2　高斯原理

高斯原理是高斯于 1829 年提出的微分型变分原理。设系统由 n 个质点 P_i $(i=1,2,\cdots,n)$ 组成，具有完整约束和非完整约束。对于加速度的无限小变分，高斯形式的动力学普遍方程(3.2.5)可以化作某个函数 Z 的驻值条件

$$\delta Z=0 \tag{3.4.7}$$

Z 是各质点的加速度 $\ddot{\boldsymbol{r}}_i$ $(i=1,2,\cdots,n)$ 的函数，称为系统的**拘束**，定义为

$$Z=\frac{1}{2}\sum_{i=1}^{n}m_i\left(\ddot{\boldsymbol{r}}-\frac{\boldsymbol{F}_i}{m_i}\right)^2 \tag{3.4.8}$$

将式(3.4.8)代入式(3.4.7)，对加速度 $\ddot{\boldsymbol{r}}_i$ $(i=1,2,\cdots,n)$ 取高斯变分，即各质点在位置和速度不变条件下的加速度变分，得到

$$\sum_{i=1}^{n}(\boldsymbol{F}_i - m_i\ddot{\boldsymbol{r}}_i)\cdot\delta\ddot{\boldsymbol{r}}_i = 0 \tag{3.4.9}$$

式(3.4.9)与高斯形式的动力学普遍方程完全等价。从而证明：在任一时刻，系统的真实运动与位置和速度相同但加速度不同的可能运动比较，其拘束取驻值。还可进一步证明，真实运动对应的拘束取极小值。

设 $\ddot{\boldsymbol{r}}_i$ 为真实运动的加速度，$\ddot{\boldsymbol{r}}_i+\delta\ddot{\boldsymbol{r}}_i$ 为约束所允许的可能加速度，代入式(3.4.8)计算可能运动的拘束 Z^* 与真实运动的拘束 Z 之差，得到

$$Z^* - Z = \frac{1}{2}\sum_{i=1}^{n} m_i\left[\left(\ddot{\boldsymbol{r}}_i + \delta\ddot{\boldsymbol{r}}_i - \frac{\boldsymbol{F}_i}{m_i}\right)^2 - \left(\ddot{\boldsymbol{r}}_i - \frac{\boldsymbol{F}_i}{m_i}\right)^2\right] = \frac{1}{2}\sum_{i=1}^{n} m_i(\delta\ddot{\boldsymbol{r}}_i)^2 + \sum_{i=1}^{n}(m_i\ddot{\boldsymbol{r}}_i - \boldsymbol{F}_i)\cdot\delta\ddot{\boldsymbol{r}}_i \tag{3.4.10}$$

由于真实运动必须满足动力学普遍方程(3.2.5)，故式(3.4.10)右边第二项为零，得到

$$Z^* - Z = \frac{1}{2}\sum_{i=1}^{n} m_i(\delta\ddot{\boldsymbol{r}}_i)^2 > 0 \tag{3.4.11}$$

从而证明，真实运动对应的拘束具有极小值。因此，高斯原理也称为最小拘束原理。将式(3.4.9)表示的拘束展开，化为

$$Z = G - \sum_{i=1}^{n}\ddot{\boldsymbol{r}}_i\cdot\boldsymbol{F}_i + \cdots \tag{3.4.12}$$

式(3.4.12)右边中的 G 即式(3.2.100)表示的加速度能，省略号表示与加速度无关的项。式(3.4.12)表明，拘束 Z 等于加速度能 G 表示的惯性项与所有质点的主动力与加速度标量积的负值之和。

若将系统的运动采用式(3.2.87)定义的准速度 u_ν $(\nu = 1,2,\cdots,f)$ 描述，可将式(3.4.12)表示的拘束改写为

$$Z = G(\dot{u}_\nu) - \sum_{\nu=1}^{f}\tilde{Q}_\nu\cdot\dot{u}_\nu \tag{3.4.13}$$

式中，$\tilde{Q}_\nu$ $(\nu = 1,2,\cdots,f)$ 是与准速度 u_ν 对应的广义力，如式(3.2.99)的定义。将式(3.4.13)代入高斯原理式(3.4.5)，得到

$$\delta Z = \left(\frac{\partial G}{\partial \dot{u}_\nu} - \tilde{Q}_\nu\right)\delta\dot{u}_\nu = 0,\quad \nu = 1,2,\cdots,f \tag{3.4.14}$$

于是在 u_ν $(\nu = 1,2,\cdots,f)$ 为独立变量的条件下，从高斯原理出发沿另一条途径导出式(3.2.101)表示的阿佩尔方程。对于刚体平面运动的特殊情形，将运动学关系式(3.2.107)、式(3.2.108)代入阿佩尔方程(3.2.101)后展开，导出刚体平面运动的拘束

计算公式为

$$Z = G - \boldsymbol{F} \cdot \dot{\boldsymbol{v}}_c - \boldsymbol{M} \cdot \dot{\boldsymbol{\omega}} \tag{3.4.15}$$

式中，$\boldsymbol{F}$、$\boldsymbol{M}$ 为刚体上主动力的主矢和相对质心的主矩；加速度能 G 按照式(3.2.110)计算。更一般情况下，做任意运动刚体的加速度和拘束计算公式将在第 5 章中进行讨论。

根据多元函数的极值条件，令拘束 Z 对于各质点的加速度的偏导数等于零，可导出系统的动力学方程。此计算过程与应用阿佩尔方程的计算过程无异。在更多情况下，可利用数值方程直接确定拘束 Z 的极值。而不必经过动力学微分方程的求解过程。

对于非完整系统或有多余变量的完整系统，若不能选取与自由度相等的广义坐标或准速度，则拘束 Z 的自变量并非独立量。系统的真实运动必须同时满足对加速度的约束条件。多元函数的极值问题转变为条件极值问题，有各种处理方法，以拉格朗日乘子方法为例。

设 n 个质点 $P_i\ (i=1,2,\cdots,n)$ 组成的系统，以 k 个广义坐标 $q_j\ (j=1,2,\cdots,k)$ 为未知变量，附加对加速度 $\ddot{q}_j\ (j=1,2,\cdots,k)$ 的 s 个约束条件，表示为

$$\varPhi_l(\ddot{q}_j, \dot{q}_j, q_j, t) = 0, \quad l = 1,2,\cdots,s; j = 1,2,\cdots,k \tag{3.4.16}$$

引入 s 个拉格朗日乘子 $\lambda_l\ (l=1,2,\cdots,s)$，在式(3.4.12)的拘束 Z 基础上定义新的拘束函数 Z^*

$$Z^* = Z + \sum_{l=1}^{s} \lambda_l \varPhi_l(\ddot{q}_j, \dot{q}_j, q_j, t) \tag{3.4.17}$$

将 $\lambda_l\ (l=1,2,\cdots,s)$ 视为新增的待定未知变量，则拘束 Z 对 k 个变量的条件极值问题转变为函数 Z^* 对 $k+s$ 个变量的无条件极值问题。极值条件中 $\partial Z^*/\partial \lambda_k = 0$ $(l=1,2,\cdots,s)$ 与约束条件式(3.4.16)等价。求极值的过程应采用数值计算方法。

为解释高斯原理的物理意义，讨论一质量为 m 的质点沿固定平面运动的特殊情况。在主动力 $\boldsymbol{F}$ 和约束力 $\boldsymbol{F}_N$ 共同作用下，质点产生加速度 $\ddot{\boldsymbol{r}}$

$$\ddot{\boldsymbol{r}} = \frac{1}{m}(\boldsymbol{F} + \boldsymbol{F}_N) \tag{3.4.18}$$

将式(3.4.18)代入式(3.4.8)，导出的拘束 Z 正比于约束力模 F_N 的平方，即

$$Z = \frac{F_N^2}{2m} \tag{3.4.19}$$

由此可看出，拘束名称的由来。在图 3.4.2 中，约束力 $\boldsymbol{F}_N$ 等于主动力 $\boldsymbol{F}$ 的矢量端点至矢量 $m\ddot{\boldsymbol{r}}$ 端点的矢量 $\boldsymbol{AB}$。约束允许的可能加速度所对应的矢量端点 B 在此平面内可取任意位置，但由于约束力 $\boldsymbol{F}_N$ 沿平面法线方向，质点的真实运动所对

应的点 B 必为点 A 的垂足，即长度最短的位置，对应于拘束 Z 的极小值。

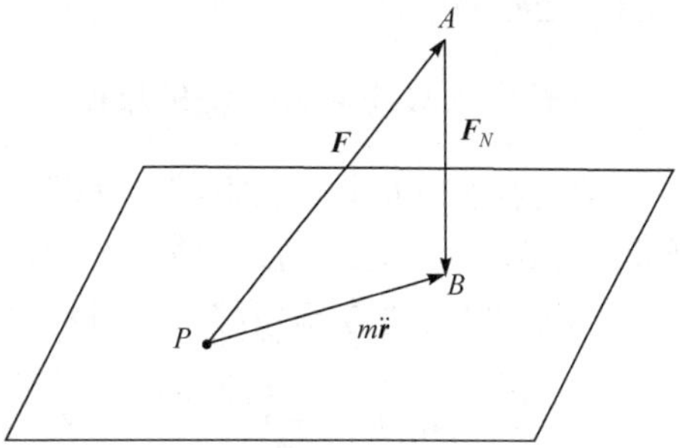

图 3.4.2　高斯原理的物理解释

例 3.4.1　试写出例 3.2.6 和例 3.2.10 讨论过的滑块-悬挂摆系统的拘束，利用高斯原理建立动力学方程。

解　拘束公式(3.4.15)中的加速度能 G 已在例 3.2.10 中由式(3.2.103)给出。其余项为

$$\boldsymbol{F}\cdot\dot{\boldsymbol{v}}_c = -(c\dot{x}+kx)\ddot{x} - m_B gl(\ddot{\theta}\sin\theta + \dot{\theta}^2\sin\theta),\quad \boldsymbol{M}\cdot\dot{\boldsymbol{\omega}} = 0 \tag{3.4.20}$$

将加速度能 G 和式(3.4.20)代入式(3.4.15)计算滑块-单摆系统的拘束，得到

$$Z = \frac{1}{2}(m_A+m_B)\ddot{x}^2 + \frac{1}{2}m_B[l^2\ddot{\theta}^2 + 2l\ddot{x}(\ddot{\theta}\cos\theta - \dot{\theta}^2\sin\theta) + (c\dot{x}+kx)\ddot{x}] + m_B gl\ddot{\theta}\sin\theta + \cdots \tag{3.4.21}$$

根据高斯定理，拘束 Z 的极小值必要条件为

$$\frac{\partial Z}{\partial \ddot{x}_c} = 0,\quad \frac{\partial Z}{\partial \ddot{\theta}} = 0 \tag{3.4.22}$$

将式(3.4.21)代入式(3.4.22)后，得到系统的动力学方程为

$$\begin{cases}(m_A+m_B)\ddot{x} + c\dot{x} + kx + m_B l(\ddot{\theta}\cos\theta - \dot{\theta}^2\sin\theta) = 0\\ m_B l\ddot{\theta} + \ddot{x}\cos\theta + g\sin\theta = 0\end{cases} \tag{3.4.23}$$

其结果与例 3.2.6 和例 3.2.10 得到的动力学方程相同。

例 3.4.2　试写出例 3.2.9 和例 3.2.11 讨论过的冰刀(图 3.1.2)的拘束，利用高斯原理建立动力学方程。

解　利用式(3.4.15)计算冰刀的拘束，其中的加速度能 G 已经由例 3.2.11 中的式(3.2.116)给出。计算式(3.4.15)的其余项，并利用例 3.2.9 中的式(3.2.83)表示非完整约束条件，得到

$$\boldsymbol{F}\cdot\dot{\boldsymbol{v}}_c = -mg\ddot{y}_c\sin\alpha = -mg\ddot{x}_c\sin\alpha\tan\theta,\quad \boldsymbol{M}\cdot\dot{\boldsymbol{\omega}} = 0 \tag{3.4.24}$$

将加速度能 G 和式(3.4.24)代入式(3.4.15)计算冰刀的拘束，得到

$$Z = \frac{1}{2}m\left[\sec^2\theta(\ddot{x}_c^2 + 2\dot{x}_c\dot{\theta}\ddot{x}_c\tan\theta) + \frac{1}{12}l^2\ddot{\theta}^2\right] + mg\ddot{x}_c\sin\alpha\tan\theta + \cdots \tag{3.4.25}$$

代入拘束 Z 的极值条件 $\partial Z/\partial\ddot{x}_c = \partial Z/\partial\ddot{\theta} = 0$，导出冰刀的动力学方程为

$$\begin{cases}\ddot{x}_c + \dot{x}_c\theta\tan\theta + g\sin\alpha\cos\theta\sin\theta = 0\\ \ddot{\theta} = 0\end{cases} \tag{3.4.26}$$

其结果与例 3.2.9 和例 3.2.11 得到的动力学方程相同。

3.4.3 哈密顿原理

1. 始末位形确定的哈密顿原理

设质点系由 n 个质点组成，受到 s 个完整约束，系统自由度为 $k=3n-s$ 。对于双面、定常、理想的约束，质点系的运动满足动力学普遍方程(3.2.1)，方程(3.2.1)的第二项为惯性力在虚位移上所做的总虚功，可表示为

$$-\sum_{i=1}^{n} m_i \boldsymbol{a}_i \cdot \delta \boldsymbol{r}_i = -\sum_{i=1}^{n} \frac{\mathrm{d}(m_i \boldsymbol{v}_i)}{\mathrm{d}t} \cdot \delta \boldsymbol{r}_i = -\sum_{i=1}^{n} \left[\frac{\mathrm{d}}{\mathrm{d}t}(m_i \boldsymbol{v}_i \cdot \delta \boldsymbol{r}_i) - m_i \boldsymbol{v}_i \cdot \frac{\mathrm{d}}{\mathrm{d}t}(\delta \boldsymbol{r}_i) \right]$$

$$= -\sum_{i=1}^{n} \frac{\mathrm{d}}{\mathrm{d}t}(m_i \boldsymbol{v}_i \cdot \delta \boldsymbol{r}_i) + \sum_{i=1}^{n} m_i \boldsymbol{v}_i \cdot \frac{\mathrm{d}}{\mathrm{d}t}(\delta \boldsymbol{r}_i) \tag{3.4.27}$$

对于完整系统，矢量坐标 $\boldsymbol{r}_i$ 的等时变分与时间微分运算具有可交换性，即

$$\frac{\mathrm{d}}{\mathrm{d}t}(\delta \boldsymbol{r}_i) = \delta \dot{\boldsymbol{r}}_i = \delta \boldsymbol{v}_i$$

利用此式，惯性力的总虚功可进一步表示为

$$-\sum_{i=1}^{n} m_i \boldsymbol{a}_i \cdot \delta \boldsymbol{r}_i = -\frac{\mathrm{d}}{\mathrm{d}t} \sum_{i=1}^{n} (m_i \boldsymbol{v}_i \cdot \delta \boldsymbol{r}_i) + \sum_{i=1}^{n} m_i \boldsymbol{v}_i \cdot \delta \boldsymbol{v}_i = -\frac{\mathrm{d}}{\mathrm{d}t} \sum_{i=1}^{n} (m_i \boldsymbol{v}_i \cdot \delta \boldsymbol{r}_i) + \sum_{i=1}^{n} m_i \cdot \delta\left(\frac{1}{2} \boldsymbol{v}_i \cdot \boldsymbol{v}_i\right)$$

$$= -\frac{\mathrm{d}}{\mathrm{d}t} \sum_{i=1}^{n} (m_i \boldsymbol{v}_i \cdot \delta \boldsymbol{r}_i) + \delta\left(\sum_{i=1}^{n} \frac{1}{2} m_i \boldsymbol{v}_i^2\right) = -\frac{\mathrm{d}}{\mathrm{d}t} \sum_{i=1}^{n} (m_i \boldsymbol{v}_i \cdot \delta \boldsymbol{r}_i) + \delta T \tag{3.4.28}$$

式中，δT 表示质点系总动能 T 的变分。将式(3.4.27)与式(3.4.28)代入动力学普遍方程(3.2.1)，得到

$$\delta T + \delta W = \frac{\mathrm{d}}{\mathrm{d}t}\left(\sum_{i=1}^{n} m_i \boldsymbol{v}_i \cdot \delta \boldsymbol{r}_i\right) \tag{3.4.29}$$

对于时间从 t_1 到 t_2 的动力学过程，当初始与末了的质点系位形给定，即各质点的始末位置确定 $\boldsymbol{r}_i(t_1)=\boldsymbol{r}_{i1}$、$\boldsymbol{r}_i(t_2)=\boldsymbol{r}_{i2}$ 时，有各质点的始末虚位移或始末位置的变分等于零，即

$$\delta \boldsymbol{r}_i(t_1) = \delta \boldsymbol{r}_i(t_2) = 0, \quad i=1,2,\cdots,n \tag{3.4.30}$$

给定各质点的始末位置或质点系的位形，相当于系统在时间域上的一种约束。系统满足约束条件的可能运动有多种，真实的运动将满足动力学普遍方程(3.2.1)或方程(3.4.29)。积分方程(3.4.29)，并利用始末位形确定的条件，得到

$$\int_{t_1}^{t_2} (\delta T + \delta W)\mathrm{d}t = \left(\sum_{i=1}^{n} m_i \boldsymbol{v}_i \cdot \delta \boldsymbol{r}_i\right)\Bigg|_{t_1}^{t_2} = 0$$

或

$$\delta S = \delta \int_{t_1}^{t_2} (T + W) \mathrm{d}t = 0 \tag{3.4.31}$$

式中，广义坐标$q_1, q_2, \cdots, q_k$为时间t的函数；动能T和功W为广义坐标及广义速度的函数；而S为广义坐标及广义速度的积分泛函。方程(3.4.31)表明，对于有限动力学过程，在系统始末位形给定的条件下，真实运动将使得系统总动能和功在整个过程中的总值S取驻值,或总值S的变分等于零,这个结论称为**哈密顿原理**。该原理揭示了真实运动的动能和功总值泛函的驻值性，成为判别动力学系统真实运动的一个准则。它不依赖广义坐标的选择，对于不同的广义坐标具有统一的形式，从而保持了系统的内在特性与坐标转换的不变性。

2. 保守系统的哈密顿原理

对于保守系统，其受到的主动力都是有势力。设系统的势能为$V(q_1, q_2, \cdots, q_k)$，则所有有势力所做功的变分可表示为

$$\delta W = \sum_{j=1}^{k} Q_j \cdot \delta q_j = -\sum_{j=1}^{k} \frac{\partial V}{\partial q_j} \delta q_j = -\delta V \tag{3.4.32}$$

即质点系总功的变分等于负的总势能的变分。将式(3.4.32)代入方程(3.4.31)，可得

$$\delta S = \int_{t_1}^{t_2} \left(\delta T - \delta V \right) \mathrm{d}t = \int_{t_1}^{t_2} \delta L \mathrm{d}t = \delta \int_{t_1}^{t_2} L \mathrm{d}t = 0 \tag{3.4.33}$$

式中，$L = T - V$为系统的拉格朗日函数，而

$$S = \int_{t_1}^{t_2} L \mathrm{d}t \tag{3.4.34}$$

是定义在广义坐标及广义速度上的、以拉格朗日函数为被积函数的积分泛函，称为**哈密顿作用量**。方程(3.4.33)表明，对于有限的动力学过程，在系统始末位形给定的条件下，真实运动将使得保守系统的哈密顿作用量S取驻值，或哈密顿作用量S的变分等于零，这个结论称为**保守系统的哈密顿原理**。

由哈密顿作用量或积分泛函S取驻值，可得出被积函数L满足欧拉方程，即

$$\frac{\partial L}{\partial q_j} - \frac{\mathrm{d}}{\mathrm{d}t} \left(\frac{\partial L}{\partial \dot{q}_j} \right) = 0, \quad j = 1, 2, \cdots, k \tag{3.4.35}$$

因L为拉格朗日函数，故此式即为保守系统的拉格朗日方程，也可认为是哈密顿原理的一种微分方程表现形式。

3. 始末位形不确定的哈密顿原理

上述哈密顿原理式(3.4.31)具有一个强的约束条件，即系统在有限动力学过程

中的始末位形给定。然而，实际的系统运动是一个渐进的动力学过程，其末了的位形是事先难以确定的。对于一个运动控制系统，却是要求一定的最终位形的，初始的系统位形可不确定。为此，需要放松上述哈密顿原理对于系统始末位形给定的约束，得到哈密顿原理的更一般形式。

在始末位形确定的哈密顿原理的推导中，对于具有 k 个自由度的完整系统，从动力学普遍方程(3.2.1)到方程(3.4.29)的过程并没有引入系统始末位形给定的约束，故式(3.4.29)仍具有一般性，将其关于时间积分，得

$$\int_{t_1}^{t_2}(\delta T+\delta V)\mathrm{d}t-\left(\sum_{i=1}^{n}m_i\boldsymbol{v}_i\cdot\delta\boldsymbol{r}_i\right)\Bigg|_{t_1}^{t_2}=0 \tag{3.4.36}$$

矢量坐标的变分 $\delta\boldsymbol{r}_i$ 可通过广义坐标的变分 δq_j 表示为

$$\delta\boldsymbol{r}_i=\sum_{j=1}^{k}\frac{\partial\boldsymbol{r}_i}{\partial q_j}\delta q_j=\sum_{j=1}^{k}\frac{\partial\boldsymbol{v}_i}{\partial\dot{q}_j}\delta q_j$$

式(3.4.36)中的边界项成为

$$\begin{aligned}\sum_{i=1}^{n}m_i\boldsymbol{v}_i\cdot\delta\boldsymbol{r}_i&=\sum_{i=1}^{n}m_i\boldsymbol{v}_i\cdot\sum_{j=1}^{k}\frac{\partial\boldsymbol{v}_i}{\partial\dot{q}_j}\delta q_j=\sum_{j=1}^{k}\sum_{i=1}^{n}m_i\frac{\partial}{\partial\dot{q}_j}\left(\frac{1}{2}\boldsymbol{v}_i\cdot\boldsymbol{v}_i\right)\delta q_j\\&=\sum_{j=1}^{k}\frac{\partial}{\partial\dot{q}_j}\left(\sum_{i=1}^{n}\frac{1}{2}m_i\boldsymbol{v}_i^2\right)\delta q_j=\sum_{j=1}^{k}\frac{\partial T}{\partial\dot{q}_j}\delta q_j=\sum_{j=1}^{k}p_j\delta q_j\end{aligned}$$

将上式代入式(3.4.36)，得到

$$\delta\int_{t_1}^{t_2}(T+W)\mathrm{d}t-\left(\sum_{j=1}^{k}p_j\delta q_j\right)\Bigg|_{t_1}^{t_2}=0 \tag{3.4.37}$$

式中，广义动量 $p_j=p_j(\dot{q}_1,\dot{q}_2,\cdots,\dot{q}_k;q_1,q_2,\cdots,q_k;t)$。方程(3.4.37)表明，对于有限的动力学过程，真实运动将使得系统动能和功总值的变分与一个边界项之差等于零，这个结论称为**始末位形不确定的哈密顿原理**或**变作用的哈密顿原理**。该原理对于系统的始末位形没有任何限制，但是系统的动能和功的总值不再取驻值。引入脉冲函数 $\delta_F(t-t_1)$ 与 $\delta_F(t-t_2)$，则方程(3.4.37)可表示为

$$\int_{t_1}^{t_2}\left\{(\delta T+\delta W)+\sum_{j=1}^{k}p_j\delta q_j[\delta_F(t-t_1)-\delta_F(t-t_2)]\right\}\mathrm{d}t=0 \tag{3.4.38}$$

将广义力分为有势力与非有势力两部分，则系统的虚功可表示为

$$\delta W=\sum_{j=1}^{k}Q_j\delta q_j=\sum_{j=1}^{k}\left(-\frac{\partial V}{\partial q_j}+\tilde{Q}_j\right)\delta q_j=-\delta V+\sum_{j=1}^{k}\tilde{Q}_j\delta q_j$$

式中，V 为系统的势能；$\tilde{Q}_j$ 为非有势广义力。系统总动能和功的变分为

$$\delta T+\delta W=\delta T-\delta V+\sum_{j=1}^{k}\tilde{Q}_j\delta q_j=\delta L+\sum_{j=1}^{k}\tilde{Q}_j\delta q_j$$

式中，L 为拉格朗日函数。将此式代入式(3.4.38)，得到

$$\int_{t_1}^{t_2}\left\{\delta L+\sum_{j=1}^{k}\tilde{Q}_j\delta q_j+\sum_{j=1}^{k}p_j\delta q_j[\delta_F(t-t_1)-\delta_F(t-t_2)]\mathrm{d}t\right\}=0 \tag{3.4.39}$$

再以广义动量和广义坐标为状态变量，利用勒让德变换，表达拉格朗日函数的变分为

$$\begin{aligned}\delta L&=\delta\left(\sum_{j=1}^{k}p_j\dot{q}_j-H\right)=\sum_{j=1}^{k}(\delta p_j\dot{q}_j+p_j\delta\dot{q}_j)-\delta H\\&=\sum_{j=1}^{k}\left[\frac{\mathrm{d}}{\mathrm{d}t}(q_j\delta p_j)-q_j\delta\dot{p}_j+p_j\delta\dot{q}_j\right]-\delta H\end{aligned}$$

式中，H 为哈密顿函数。将上式代入式(3.4.39)，得到

$$\begin{aligned}\int_{t_1}^{t_2}&\left\{\sum_{j=1}^{k}(p_j\delta\dot{q}_j-q_j\delta\dot{p}_j+\tilde{Q}_j\delta q_j)-\delta H\right.\\&\left.+\sum_{j=1}^{k}(p_j\delta q_j-q_j\delta p_j)[\delta_F(t-t_1)-\delta_F(t-t_2)]\right\}\mathrm{d}t=0\end{aligned}$$

或

$$\int_{t_1}^{t_2}\left[\sum_{j=1}^{k}(p_j\delta\dot{q}_j-q_j\delta\dot{p}_j+\tilde{Q}_j\delta q_j)-\delta H\right]\mathrm{d}t-\left[\sum_{j=1}^{k}(p_j\delta q_j-q_j\delta p_j)\right]\Bigg|_{t_1}^{t_2}=0 \tag{3.4.40}$$

这是**变作用哈密顿原理方程的另一形式**，其中边界项表达了该原理包含的关于时间的自然边界条件。当动力学系统的初始位形及其速率(或广义动量)给定时，有 $\delta q_j(t_1)=\delta p_j(t_1)=0$ ，则方程(3.4.40)成为

$$\int_{t_1}^{t_2}\left[\sum_{j=1}^{k}(p_j\delta\dot{q}_j-q_j\delta\dot{p}_j+\tilde{Q}_j\delta q_j)-\delta H\right]\mathrm{d}t-\left[\sum_{j=1}^{k}(p_j\delta q_j-q_j\delta p_j)\right]\Bigg|_{t_2}=0$$

保守系统受到的作用力都是有势力，有势力所做的虚功等于负势能的变分，如式(3.4.32)所示，则系统的动能和功的变分等于拉格朗日函数的变分，即 $\delta T+\delta W=\delta(T-V)=\delta L$ ，变作用哈密顿原理的方程(3.4.37)成为

$$\int_{t_1}^{t_2}\delta L\mathrm{d}t-\left(\sum_{j=1}^{k}p_j\delta q_j\right)\Bigg|_{t_1}^{t_2}=\delta S-\left(\sum_{j=1}^{k}p_j\delta q_j\right)\Bigg|_{t_1}^{t_2}=0 \tag{3.4.41}$$

3.4.4 实路径、可能路径与虚路径

为了说明式(3.4.34)仅适用于完整系统，必须解释系统在某个时间间隔内的真实运动与可能运动的确切含义。设质点系由 k 个广义坐标 q_j $(j=1,2,\cdots,k)$ 表征，且具有包括完整约束和非完整约束在内的 s 个一阶线性微分约束(3.2.79)，即

$$\sum_{j=1}^{l} B_{kj}\mathrm{d}q_j + B_{k0}\mathrm{d}t = 0, \quad k=1,2,\cdots,s \tag{3.4.42}$$

系统在 $[t_1,t_2]$ 时间间隔的可能运动是满足约束条件式(3.4.42)的一切运动。系统在此时间间隔内的真实运动还必须同时满足动力学普遍方程和初始条件。为便于形象地理解，以 k 个广义坐标 q_j $(j=1,2,\cdots,k)$ 和时间 t 为变量，建立抽象的 $k+1$ 维正交欧氏空间。设初始时刻 t_1 及位形 $q_j(t_1)(j=1,2,\cdots,k)$ 对应此空间中的 A 点，终止时刻 t_2 及位形 $q_j(t_2)$ $(j=1,2,\cdots,k)$ 对应 B 点，则系统的真实运动过程对应时间空间中的自 A 点至 B 点的一条连续超曲线，称为**实路径**。系统可能运动过程对应实路径附近包括实路径在内的一族连续超曲线，称为**可能路径**。如规定在起始时刻和终止时刻，可能运动与真实运动具有相同的位形，则可能路径也都通过 A、B 两点，如图 3.4.3 所示。

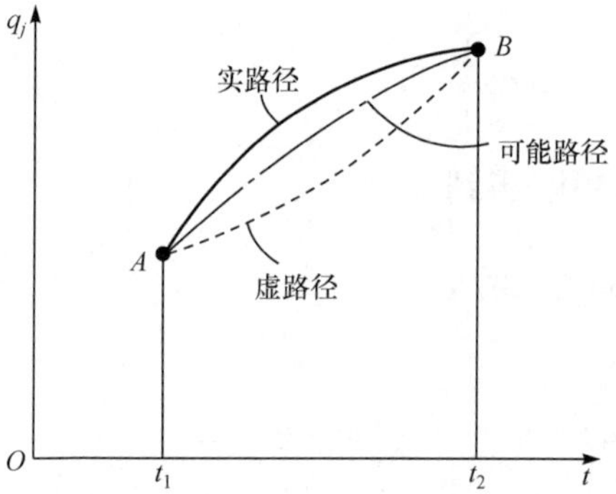

图 3.4.3 实路径、可能路径与虚路径

在 $[t_1,t_2]$ 时间间隔内的每个瞬时，令系统中各质点从真实位形出发的虚位移 $\delta q_j(j=1,2,\cdots,k)$，满足约束条件式(3.2.80)，即

$$\sum_{j=1}^{l} B_{kj}\delta q_j = 0, \quad k=1,2,\cdots,s \tag{3.4.43}$$

每个瞬时各质点完成虚位移所到达的位形在时间空间中连成通过 A、B 两点的另一条超曲线，称为**虚路径**。由于约束条件式(3.4.43)不同于式(3.4.42)，虚路径一般不同于可能路径。但可以证明，如果约束条件式(3.4.42)可积，成为完整约束，则虚路径同时满足可能路径条件，即虚位移可从一种可能状态导致另一种可能状态。3.4.3 节中的积分式(3.4.33)是沿虚路径进行的，而式(3.4.34)中哈密顿作用量是沿可能路径的积分。由于完整系统的虚路径，即可能路径，式(3.4.34)必与式(3.4.33)等价。

3.4.5　利用哈密顿原理推导运动方程

哈密顿原理是系统动力学的基本原理，通过哈密顿原理可以推导出系统微分形式的动力学方程，如拉格朗日方程、哈密顿方程等。

1. 利用哈密顿原理推导拉格朗日方程

对于完整有势系统，利用变分理论中对欧拉方程的推导方法，也可从哈密顿原理导出拉格朗日方程。设广义坐标数与自由度相等，令 $k=f$，将积分式(3.4.33)的被积函数展开，得到所有力的虚功或总功的变分为

$$\int_{t_1}^{t_2}\sum_{j=1}^{f}\left(\frac{\partial L}{\partial q_j}\delta q_j+\frac{\partial L}{\partial \dot{q}_j}\delta \dot{q}_j\right)\mathrm{d}t=0 \tag{3.4.44}$$

改变求导和变分的顺序，式(3.4.44)括号中的第二项化为

$$\frac{\partial L}{\partial \dot{q}_j}\delta \dot{q}_j=\frac{\partial L}{\partial \dot{q}_j}\frac{\mathrm{d}(\delta q_j)}{\mathrm{d}t}=\frac{\mathrm{d}}{\mathrm{d}t}\left(\frac{\partial L}{\partial \dot{q}_j}\delta q_j\right)-\delta q_j\frac{\mathrm{d}}{\mathrm{d}t}\left(\frac{\partial L}{\partial \dot{q}_j}\right) \tag{3.4.45}$$

将式(3.4.45)代入式(3.4.44)，得到

$$\int_{t_1}^{t_2}\sum_{j=1}^{f}\left[\frac{\partial L}{\partial q_j}-\frac{\mathrm{d}}{\mathrm{d}t}\left(\frac{\partial L}{\partial \dot{q}_j}\right)\right]\delta q_j\mathrm{d}t+\int_{t_1}^{t_2}\sum_{j=1}^{f}\frac{\mathrm{d}}{\mathrm{d}t}\left(\frac{\partial L}{\partial \dot{q}_j}\delta q_j\right)\mathrm{d}t=0 \tag{3.4.46}$$

由于 δq_j 在 t_1 和 t_2 时刻为零，式(3.4.46)第二项化为

$$\int_{t_1}^{t_2}\sum_{j=1}^{f}\frac{\mathrm{d}}{\mathrm{d}t}\left(\frac{\partial L}{\partial \dot{q}_j}\delta q_j\right)\mathrm{d}t=\sum_{j=1}^{f}\frac{\partial L}{\partial \dot{q}_j}\delta q_j\bigg|_{t_1}^{t_2}=0 \tag{3.4.47}$$

将式(3.4.47)代入式(3.4.46)，导出

$$\int_{t_1}^{t_2}\sum_{j=1}^{f}\left[\frac{\partial L}{\partial q_j}-\frac{\mathrm{d}}{\mathrm{d}t}\left(\frac{\partial L}{\partial \dot{q}_j}\right)\right]\delta q_j\mathrm{d}t=0 \tag{3.4.48}$$

由于积分区间可以任意选取，式(3.4.48)仅被积函数等于零时才能成立。又由于 $\delta q_j\ (j=1,2,\cdots,f)$ 为独立变分，从式(3.4.48)成立的成分必要条件导出

$$\frac{\mathrm{d}}{\mathrm{d}t}\left(\frac{\partial L}{\partial \dot{q}_j}\right)-\frac{\partial L}{\partial q_j}=0,\quad j=1,2,\cdots,f \tag{3.4.49}$$

式(3.4.49)即为系统运动的拉格朗日方程(3.2.23)。

2. 利用哈密顿原理推导哈密顿方程

哈密顿方程也可以从哈密顿原理出发导出。利用哈密顿函数(3.3.3)可将拉格

朗日函数 L 写为

$$L=\sum_{i=1}^{f}p_i\dot{q}_i-H,\quad j=1,2,\cdots,f \tag{3.4.50}$$

将式(3.4.50)代入哈密顿原理式(3.4.33)，得到

$$\delta S=\delta\sum_{i=1}^{f}\int_{t_1}^{t_2}(p_i\dot{q}_i-H)\mathrm{d}t=\sum_{i=1}^{f}\int_{t_1}^{t_2}\left(p_i\delta\dot{q}_i+\dot{q}_i\delta p_i-\frac{\partial H}{\partial q_i}\delta q_i-\frac{\partial H}{\partial p_i}\delta p_i\right)\mathrm{d}t=0 \tag{3.4.51}$$

式(3.4.51)第一项可以化为

$$p_i\delta\dot{q}_i=\frac{\mathrm{d}}{\mathrm{d}t}(p_i\delta q_i)-\dot{p}_i\delta q_i \tag{3.4.52}$$

代入式(3.4.51)得到

$$\delta S=\sum_{i=1}^{f}\left\{p_i\delta q_i\Big|_{t_1}^{t_2}+\int_{t_1}^{t_2}\left[\left(\dot{q}_i-\frac{\partial H}{\partial p_i}\delta q_i\right)\delta p_i-\left(\dot{p}_i-\frac{\partial H}{\partial q_i}\delta q_i\right)\delta p_i\right]\mathrm{d}t\right\}=0 \tag{3.4.53}$$

由于在 t_1 和 t_2 时刻的虚位移为零，式(3.4.53)右边第一项为零。又由于 δq_i 与 δp_i $(i=1,2,\cdots,f)$ 为独立变分，从而得到

$$\dot{q}_i=\frac{\partial H}{\partial p_i},\quad \dot{p}_i=-\frac{\partial H}{\partial q_i},\quad j=1,2,\cdots,f \tag{3.4.54}$$

式(3.4.54)就是式(3.3.7)表示的保守系统的哈密顿方程。可见，对于不同的广义坐标与状态变量，微分形式的拉格朗日方程与哈密顿方程具有不同的形式，而积分形式的哈密顿原理则具有不变的统一形式及对于变量变换的不变性，因此哈密顿原理更具有一般性。

3.4.6 变分问题的直接方法

在高斯原理中，真实运动条件由某个函数的极值条件所体现。而哈密顿原理的真实运动条件为某个泛函的极值条件。采用各种直接方法可将泛函的极值问题也化为函数极值问题的近似解。里茨方法是最常用的一种直接方法。设质点系由 k 个广义坐标 q_j $(j=1,2,\cdots,k)$ 表征，边界条件为

$$q_j(t_1)=q_{j1},\quad q_j(t_2)=q_{j2},\quad j=1,2,\cdots,k \tag{3.4.55}$$

里茨方法的计算步骤如下：

(1) 选择函数 $w_{j0}(t)$ $(j=1,2,\cdots,k)$ 使其满足广义坐标的边界条件，再选择一函数序列 $w_{jl}(t)$ $(j=1,2,\cdots,k;l=1,2,\cdots,n)$，使其满足以下边界条件：

$$w_{jl}(t_1)=w_{jl}(t_2)=0,\quad j=1,2,\cdots,k;l=1,2,\cdots,n$$

此函数序列的个数 n 可根据计算要求的精度确定。

(2) 将广义坐标近似表示为上述函数的线性组合：

$$q_j(t)=w_{j0}(t)+\sum_{l=1}^{n}a_{jl}w_{jl}(t),\quad j=1,2,\cdots,k$$

式中，a_{jl} $(j=1,2,\cdots,k;l=1,2,\cdots,n)$ 为 $k\times n$ 个待定常数。各广义坐标显然均满足边界条件式(3.4.55)。

(3) 将式(3.4.54)代入哈密顿作用量的被积函数，积分得到

$$S=S(a_{11},a_{12},\cdots,a_{1n};\cdots;a_{k1},a_{k2},\cdots,a_{kn})\tag{3.4.56}$$

(4) 选择系数 a_{jl} $(j=1,2,\cdots,k;l=1,2,\cdots,n)$，使满足以下多元函数极值条件：

$$\frac{\partial S}{\partial a_{jl}}=0,\quad j=1,2,\cdots,k;l=1,2,\cdots,n\tag{3.4.57}$$

解此 $k\times n$ 元线性代数方程组，将解出的系数 a_{jl} 代入式(3.4.57)即可得到近似解。

运用哈密顿原理建立动力学系统的运动微分方程的一般过程如下：

(1) 明确研究的系统对象及其约束的性质。

(2) 分析确定系统的自由度，选取适当的广义坐标。

(3) 计算系统的动能，并通过广义坐标与广义速度或广义动量表示。

(4) 计算所有力的虚功，对于有势力可通过势能算得。

将系统动能与功的变分表达式代入哈密顿原理的方程(3.4.31)，利用等时变分与微分的可交换性变换方程形式，并由始末位形确定的条件与广义坐标及广义动量变分的独立性和任意性，得到系统的运动微分方程。

例 3.4.3　利用哈密顿原理和里茨方法计算简支梁横向振动的第一、二阶固有频率。设梁的单位长度质量、长度和抗弯刚度分别为 ρ、l、EI。

解　设梁的横向坐标为 x，挠度为 y，如图 3.4.4 所示，则横向振动梁的动能和势能分别为

$$T=\frac{\rho}{2}\int_0^l\left(\frac{\partial y}{\partial t}\right)^2\mathrm{d}x,\quad V=\frac{EI}{2}\int_0^l\left(\frac{\partial^2 y}{\partial x^2}\right)^2\mathrm{d}x\tag{3.4.58}$$

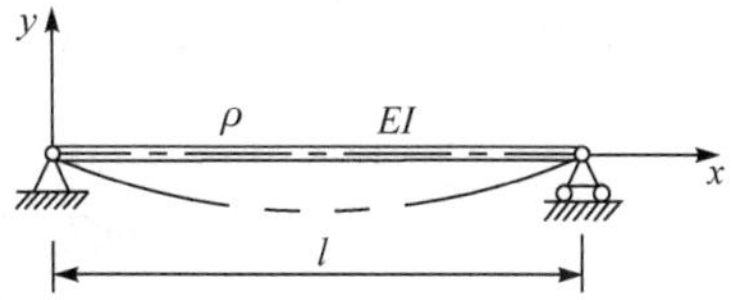

图 3.4.4　简支梁

选择以下里茨基函数描述梁的横向振动：

$$y(x,t)=\sum_{i=1}^{2}a_i\sin\left(\frac{i\pi x}{l}\right)\sin(\omega t)\tag{3.4.59}$$

将式(3.4.59)代入式(3.4.33)，计算哈密顿作用量 S，令 $t_1=0$、$t_2=2\pi/\omega$，展开后积分得到

$$S=\frac{1}{2}\int_0^{2\pi/\omega}\int_0^l\left[\left(\frac{\partial y}{\partial t}\right)^2-EI\left(\frac{\partial^2 y}{\partial x^2}\right)^2\right]\mathrm{d}x\mathrm{d}t$$

$$=\frac{\pi l}{4\omega}\left[\left(\rho\omega^2-\frac{\pi^4 EI}{l^4}\right)a_1^2+\left(\rho\omega^2-\frac{16\pi^4 EI}{l^4}\right)a_2^2\right] \tag{3.4.60}$$

利用 S 的极值条件 $\partial S/\partial a_1=0$、$\partial S/\partial a_2=0$，导出第一、二阶固有频率为

$$\omega_1=\frac{\pi^2}{l^2}\sqrt{\frac{EI}{\rho}},\quad \omega_2=\frac{4\pi^2}{l^2}\sqrt{\frac{EI}{\rho}} \tag{3.4.61}$$

例 3.4.4 对图 3.2.2 所示的小球摆(例 3.2.2)。求：小球摆的哈密顿方程和运动微分方程。

解 小球摆受定常、理想、完整约束，系统自由度为 1，选取角 θ 为广义坐标。该摆为保守系统，由例 3.2.2 的分析，系统的动能与势能为

$$T=\frac{1}{2}m(l+R\theta)^2\dot{\theta}^2,\quad V=mg\left[(l+R\sin\theta)-(l+R\theta)\cos\theta\right] \tag{3.4.62}$$

系统的拉格朗日函数为

$$L=\frac{1}{2}m(l+R\theta)^2\dot{\theta}^2-mg\left[(l+R\sin\theta)-(l+R\theta)\cos\theta\right] \tag{3.4.63}$$

是广义速度的二次函数，因定常约束而无广义速度的一次项。系统的广义动量为

$$p=\frac{\partial L}{\partial\dot{\theta}}=m(l+R\theta)^2\dot{\theta} \tag{3.4.64}$$

是广义速度的线性函数，一次项系数为正，相应于定常约束的拉格朗日函数，而无零次项。由式(3.4.64)可得广义速度为

$$\dot{\theta}=\frac{p}{m(l+R\theta)^2} \tag{3.4.65}$$

利用广义速度的表达式(3.4.65)，可得哈密顿函数为

$$H=(p\dot{\theta}-L)_{\dot{\theta}\to p}=\frac{p^2}{2m(l+R\theta)^2}+mg\left[(l+R\sin\theta)-(l+R\theta)\cos\theta\right] \tag{3.4.66}$$

H 是广义动量的二次函数，同样因定常约束而无广义动量的一次项，且 H 与 L 的二次项系数的二倍互为倒数。显然，哈密顿函数 H 并不等于直接将广义速度的表达式代入拉格朗日函数 L 的结果，H 与 L 可以相差广义坐标的函数项。对定常约束的情况，上述哈密顿函数可由系统的动能与势能之和得到。

将哈密顿函数 H 代入保守系统的哈密顿方程，即得小球摆的哈密顿方程为

$$\dot{\theta}=\frac{p}{m(l+R\theta)^2},\quad \dot{p}=\frac{Rp^2}{m(l+R\theta)^3}+mg(l+R\theta)\sin\theta \tag{3.4.67}$$

式中，第一式是上述广义速度的广义动量表达式，因定常约束而为线性齐次式。式(3.4.67)关于系统状态变量(θ, p)的一阶微分方程组。由第一式得到广义动量，代入第二式可得广义坐标的二阶微分方程为

$$(l+R\theta)\ddot{\theta}+R\dot{\theta}+g\sin\theta=0 \tag{3.4.68}$$

3.5　机电系统动力学方程

电机、仪表和自动控制等行业普遍存在由机械元件和电磁元件组成的机电系统。在机电系统中，机械元件的机械运动服从动力学基本定律，而电磁元件的电荷和磁场变化遵循电磁学的物理规律。由于电磁运动可产生作用力，而机械运动可影响电荷和磁场的分布，这两类运动相互耦合，从能量的观点出发，这两类运动都服从能量转换的普遍规律。将拉格朗日函数中的动能和势能扩展为包含电磁能、广义力扩展为包含电磁力，可将描述机械运动的拉格朗日方程与描述电磁运动的麦克斯韦方程综合为形式对称的拉格朗日-麦克斯韦方程，成为分析机电系统动力学的数学模型。

3.5.1　电路方程

设机电系统由 f 个自由度的机械元件和包含 n 个电路的电磁元件组成。f 个机械自由度以广义坐标 $q_j\ (j=1,2,\cdots,f)$ 表示。n 个电路由电容器 C_k、电感线圈 L_k、电阻 R_k 和输入电压 $u_k\ (k=1,2,\cdots,n)$ 组成，如图 3.5.1 所示。将电容器电荷和电流分别记作 e_k、$i_k\ (k=1,2,\cdots,n)$。设 u_k^L 为电感线圈的感应电动势，u_k^R、u_k^C 分别为电阻和电容的电压降。根据基尔霍夫定律，列出每个电路的电压变换：

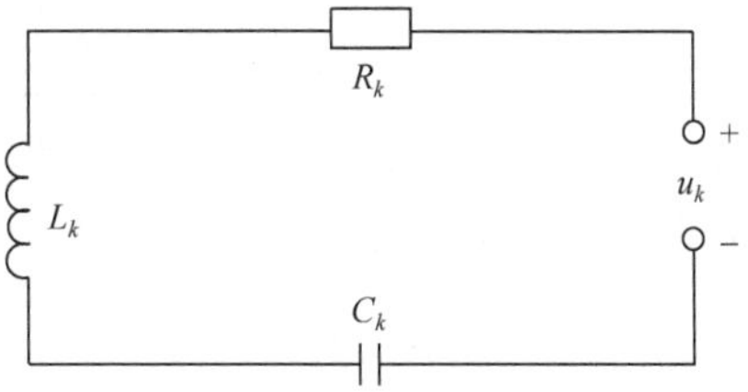

图 3.5.1　电磁元件

$$u_k+u_k^L-u_k^C-u_k^R=0 \tag{3.5.1}$$

式中，电阻的电压降 u_k^R 满足欧姆定律，可用电磁耗散函数 Ψ_e 对电流的导数表示为

$$u_k^R=R_k i_k=\frac{\partial \Psi_e}{\partial i_k},\quad \Psi_e=\frac{1}{2}\sum_{k=1}^{n}R_k i_k^2 \tag{3.5.2}$$

电感的电动势 u_k^L 等于磁通量 Φ_k 的变化率

$$u_k^L=\frac{\mathrm{d}\Phi_k}{\mathrm{d}t} \tag{3.5.3}$$

磁通量Φ_k可用磁场能量E_m对电流的导数表示

$$\Phi_k = \sum_{r=1}^{n} L_{kr} i_r = \frac{\partial E_m}{\partial i_k}, \quad E_m = \frac{1}{2}\sum_{k=1}^{n}\sum_{r=1}^{n} L_{kr} i_k i_r \tag{3.5.4}$$

式中，L_{kk}为第k个回路的自感系数；L_{kr}为第k个回路与第r个回路之间的互感系数，均为

$$L_{kr} = L_{kr}(q_1, q_2, \cdots, q_f), \quad k, r = 1, 2, \cdots, n \tag{3.5.5}$$

将式(3.5.4)代入式(3.5.3)，电感的电动势u_k^L也可用磁通量E_m的导数表示为

$$u_k^L = \frac{\mathrm{d}}{\mathrm{d}t}\left(\frac{\partial E_m}{\partial i_k}\right), \quad k = 1, 2, \cdots, n \tag{3.5.6}$$

电容的电压降u_k^C等于静电场能量E_e对电荷的导数，即

$$u_k^C = \frac{\partial E_e}{\partial e_k} = \frac{e_k}{C_k}, \quad E_e = \frac{1}{2}\sum_{k=1}^{n}\frac{e_k^2}{C_k} \tag{3.5.7}$$

电容C_k为广义坐标q_j $(j = 1, 2, \cdots, f)$的函数，即

$$C_k = C_k(q_1, q_2, \cdots, q_f), \quad k = 1, 2, \cdots, n \tag{3.5.8}$$

将式(3.5.2)、式(3.5.6)、式(3.5.7)代入式(3.5.1)，得到电路方程为

$$\frac{\mathrm{d}}{\mathrm{d}t}\left(\frac{\partial E_m}{\partial i_k}\right) + \frac{\partial E_e}{\partial e_k} + \frac{\partial \Psi_e}{\partial i_k} = u_k, \quad k = 1, 2, \cdots, n \tag{3.5.9}$$

式中，u_k为输入电压。

3.5.2 电磁场的广义力

根据能量守恒定律，输入系统的电功率转换为电磁场能量的变化率、电阻耗散功率及电磁作用力完成的机械功率。上述电磁系统中的功率平衡可表示为

$$\sum_{k=1}^{n} u_k i_k = \frac{\mathrm{d}E_m}{\mathrm{d}t} + \frac{\mathrm{d}E_e}{\mathrm{d}t} + \sum_{k=1}^{n} R_k i_i^2 + \sum_{k=1}^{n} Q_j^* \dot{q}_j \tag{3.5.10}$$

式中，Q_j^* $(j = 1, 2, \cdots, f)$为电磁场产生的广义力。式(3.5.10)中的磁通量E_m不仅取决于电流变化，而且与机械运动有关。其变化率为

$$\frac{\mathrm{d}E_m}{\mathrm{d}t} = \sum_{k=1}^{n}\frac{\partial E_m}{\partial i_k} i_k + \sum_{j=1}^{f}\frac{\partial E_m}{\partial q_j}\dot{q}_j = \frac{\mathrm{d}}{\mathrm{d}t}\left(\sum_{k=1}^{n}\frac{\partial E_m}{\partial i_k} i_k\right) - \sum_{k=1}^{n}\frac{\mathrm{d}}{\mathrm{d}t}\left(\frac{\partial E_m}{\partial i_k}\right) i_k + \sum_{j=1}^{f}\frac{\partial E_m}{\partial q_j}\dot{q}_j \tag{3.5.11}$$

式(3.5.11)右边第一项中的求和式可以利用欧拉奇次函数定理化简为

$$\sum_{k=1}^{n}\frac{\partial E_m}{\partial i_k}i_k = 2E_m \tag{3.5.12}$$

利用式(3.5.12)，式(3.5.11)可以化为

$$\frac{\mathrm{d}E_m}{\mathrm{d}t}=\sum_{k=1}^{n}\frac{\mathrm{d}}{\mathrm{d}t}\left(\frac{\partial E_m}{\partial i_k}\right)i_k-\sum_{j=1}^{f}\frac{\partial E_m}{\partial q_j}\dot{q}_j \tag{3.5.13}$$

式(3.5.10)中的静电场能量 E_e 不仅取决于电荷变化，也与机械运动有关。其变化率为

$$\frac{\mathrm{d}E_e}{\mathrm{d}t}=\sum_{k=1}^{n}\frac{\partial E_e}{\partial e_k}\dot{e}_k+\sum_{j=1}^{f}\frac{\partial E_e}{\partial q_j}\dot{q}_j \tag{3.5.14}$$

将式(3.5.13)、式(3.5.14)代入式(3.5.10)，以电荷对时间的导数表示电流，令 $\dot{e}_k = i_k$，得到

$$\sum_{k=1}^{n}\left[u_k-\frac{\mathrm{d}}{\mathrm{d}t}\left(\frac{\partial E_m}{\partial i_k}\right)-\frac{\partial E_e}{\partial e_k}-\frac{\partial \varPsi_e}{\partial i_k}\right]i_k=\sum_{j=1}^{f}\left(-\frac{\partial E_m}{\partial q_j}+\frac{\partial E_e}{\partial q_j}+Q_j^*\right)\dot{q}_j \tag{3.5.15}$$

式(3.5.9)要求式(3.5.15)左边为零，因 $\dot{q}_j$ 为独立坐标，导出电磁场的广义力为

$$Q_j^*=\frac{\partial E_m}{\partial q_j}-\frac{\partial E_e}{\partial q_j},\quad j=1,2,\cdots,f \tag{3.5.16}$$

3.5.3 拉格朗日-麦克斯韦方程

设 T、V、$\varPsi_q$ 分别为机械系统的动能、势能和瑞利耗散函数，在列写系统的拉格朗日方程(3.2.50)时，除机械系统的广义力之外，增加电磁系统的广义力。

$$\frac{\mathrm{d}}{\mathrm{d}t}\left(\frac{\partial T}{\partial \dot{q}_j}\right)-\frac{\partial T}{\partial q_j}=-\frac{\partial V}{\partial q_j}-\frac{\partial \varPsi_j}{\partial q_j}+Q_j+Q_j^* \tag{3.5.17}$$

定义以下包含静电场能量和磁场能量的广义拉格朗日函数 $\tilde{L}$ 为

$$\tilde{L}(q_j,\dot{q}_j,i_k,e_k)=T(q_j,\dot{q}_j)-V(q_j)+E_m(q_j,i_k)-E_e(q_j,i_k) \tag{3.5.18}$$

定义系统的总耗散能量函数 $\varPsi$ 为机械耗散函数 $\varPsi_q$ 与电磁耗散函数 $\varPsi_m$ 之和，即

$$\varPsi=\varPsi_q(\dot{q}_j)+\varPsi_m(i_k) \tag{3.5.19}$$

利用广义拉格朗日函数，将拉格朗日方程(3.5.17)写为

$$\frac{\mathrm{d}}{\mathrm{d}t}\left(\frac{\partial \tilde{L}}{\partial \dot{q}_j}\right)-\frac{\partial \tilde{L}}{\partial q_j}+\frac{\partial \varPsi_j}{\partial q_j}=Q_j,\quad j=1,2,\cdots,n \tag{3.5.20}$$

方程(3.5.9)也可用广义拉格朗日函数表示，称为**麦克斯韦方程**。

$$\frac{\mathrm{d}}{\mathrm{d}t}\left(\frac{\partial \tilde{L}}{\partial i_k}\right)-\frac{\partial \tilde{L}}{\partial e_k}+\frac{\partial \Psi_j}{\partial i_k}=u_k,\quad k=1,2,\cdots,n \tag{3.5.21}$$

方程(3.5.20)和(3.5.21)组成具有完美对称性的**拉格朗日-麦克斯韦方程**。此方程组以广义坐标 q_j $(j=1,2,\cdots,f)$ 与电荷 e_k 或电流 $i_k=\dot{e}_k$ $(k=1,2,\cdots,n)$ 为未知变量，确定机电耦合系统的机械运动及电荷或电流的变化规律。

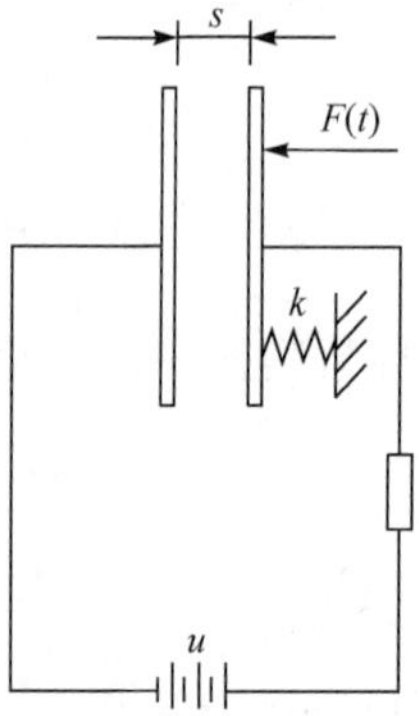

图 3.5.2 电容式话筒

例 3.5.1 设电容式话筒由弹性支承的电容极板、电阻 R 和电压为 u 的直流电源组成，如图 3.5.2 所示。电容极板的间隙为 s，作用于极板的声波压力 F 使极板产生受迫振动并改变电容值 C，设极板的质量为 m，弹簧刚度系数为 k，使弹簧不变形时极板的间隙为 a，电容值为 C_0，试用拉格朗日-麦克斯韦方程建立系统的动力学方程。

解 电容 C 随间隙的变化规律为

$$C=C_0(a/s) \tag{3.5.22}$$

以间隙 s 和电荷 e 为独立变量，写出极板的动能和势能及电容器的静电能量，得到

$$T=\frac{1}{2}m\dot{s}^2,\quad V=\frac{1}{2}k(s-a)^2,\quad E_e=\frac{e^2}{2C}=\frac{e^2 s}{2C_0 a} \tag{3.5.23}$$

将式(3.5.23)代入系统的拉格朗日函数为

$$\tilde{L}=\frac{1}{2}m\dot{s}^2-\frac{1}{2}k(s-a)^2-\frac{e^2 s}{2C_0 a} \tag{3.5.24}$$

设机械阻尼系数为 c，则系统的耗散函数为

$$\Psi=\frac{1}{2}c\dot{s}^2+\frac{1}{2}Re^2 \tag{3.5.25}$$

将式(3.5.24)和式(3.5.25)代入拉格朗日-麦克斯韦方程(3.5.20)、(3.5.21)，得到

$$m\ddot{s}+c\dot{s}+k(s-a)+\frac{e^2}{2C_0 a}=F(t),\quad R\dot{e}+\frac{es}{C_0 a}=u$$

例 3.5.2 磁悬浮车厢利用电磁铁的电磁吸力悬浮在 T 形导轨上，如图 3.5.3 所示。电磁铁回路由电感 L 和电阻 R 组成，输入电压为 u。近似认为磁铁与导轨下缘之间的气隙内的感应强度 B 均匀分布，则磁通量 $\Phi=BSN$，S 为气隙面积，N 为车厢的磁铁数。设平衡时的间隙为 h，质心为 O_c，相对平衡位置 O 点向上的垂直位移为 y。车厢的质量为 m，空气阻力系数为 c，使用拉格朗日-麦克斯韦方程建立磁悬浮车厢的动力学方程。计算车厢平衡时的稳态电流值。

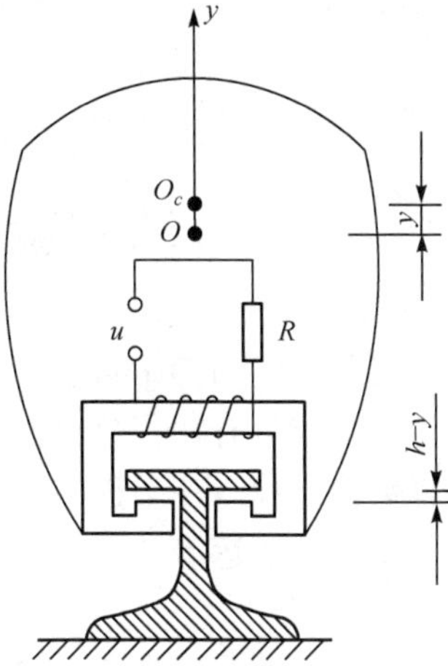

图 3.5.3　磁悬浮车厢

解　系统的动能和势能分别为

$$T = \frac{1}{2} m\dot{y}^2, \quad V = mgy \tag{3.5.26}$$

均匀磁场内的能量与磁感应强度的平方成正比，与气隙体积成正比，即

$$E_m = \frac{1}{\mu_0} B^2 S(h-y) \tag{3.5.27}$$

式中，μ_0 为空气的磁导率；$h-y$ 为实际间隙。将磁通代入式(3.5.4)，导出磁感应强度 B，再代入式(3.5.27)计算，得到

$$B = \frac{Li}{SN^2}, \quad E_m = \frac{L^2 i^2}{\mu_0 SN^2}(h-y) \tag{3.5.28}$$

根据式(3.5.4)，磁场能量也可表示为 $E_m = Li^2/2$。令其与式(3.5.28)的 E_m 相等，解出电感 L 与间隙成反比：

$$L = \frac{\mu_0 SN^2}{2(h-y)} \tag{3.5.29}$$

将式(3.5.29)代回式(3.5.28)，导出磁场能量 E_m：

$$E_m = \frac{\mu_0 SN^2}{4(h-y)} i^2$$

写出拉格朗日函数和耗散函数：

$$\tilde{L} = \frac{1}{2} m\dot{y}^2 - mgy + \frac{\mu_0 SN^2}{4(h-y)} i^2, \quad \Psi = \frac{1}{2} c\dot{y}^2 + \frac{1}{2} Ri^2 \tag{3.5.30}$$

将式(3.5.30)代入拉格朗日-麦克斯韦方程(3.5.20)、(3.5.21)并对 t 求导，得到

$$\begin{cases} m\ddot{y} + c\dot{y} + mg - \dfrac{hL_0}{2(h-y)^2} i^2 = 0 \\ \dfrac{hL_0}{h-y} \dot{i} + \dfrac{hL_0}{(h-y)^2} \dot{y} i + Ri = u \end{cases} \tag{3.5.31}$$

式中，L_0 为车厢无垂直位移时的电感值：

$$L_0 = \frac{\mu_0 SN^2}{4h}$$

第 4 章　系统运动稳定性原理

对于确定的初始状态，系统的运动规律由微分方程的解完全确定。虽然在某些特殊情况下有初积分存在，但一般情况下很难得到微分方程的解析积分，只能依靠数值计算。在工程实践中，有必要无须求解就能直接从微分方程判断解的性质，用以了解运动的定性规律。这种实际需要推动了系统运动稳定性理论的产生和发展。

机械系统的正常工作状态通常是系统的某种特定的稳态运动，如平衡状态或某种周期运动。实际系统在运动过程中难以避免外界的扰动，这种扰动会对稳态运动产生影响。随着时间的推移，根据受扰运动偏离稳态运动的趋势区分稳态运动是稳定的还是不稳定的。系统运动稳定性理论是一门独立的学科且起源于力学。1892 年俄国数学家李雅普诺夫对稳定性概念给出了严格的数学定义，建立了判断运动稳定性的一系列定理，奠定了运动稳定性的理论基础。

4.1　运动稳定性的基本概念

4.1.1　系统的平衡状态与给定运动

1. 系统的平衡状态

研究系统

$$\dot{\boldsymbol{x}} = \boldsymbol{f}(\boldsymbol{x},t) \tag{4.1.1}$$

定义满足矢量方程 $\boldsymbol{f}(\boldsymbol{x}_e,t)=0$ 的状态矢量 $\boldsymbol{x}_e=(x_{1e},x_{2e},\cdots,x_{ne})^{\mathrm{T}}$ 为系统的平衡状态，即满足

$$\dot{\boldsymbol{x}}_e = \boldsymbol{0}, \quad x_{ie} = \text{const}, \quad i=1,2,\cdots,n \tag{4.1.2}$$

的解时为系统的平衡状态。

2. 系统的给定运动

系统的给定运动

$$\boldsymbol{x} = \boldsymbol{g}(\boldsymbol{x},t), \quad x_i = g_i(t), \quad i=1,2,\cdots,n \tag{4.1.3}$$

是指某一具体运动，是由系统的运动微分方程(4.1.1)和某一初始条件 $\boldsymbol{x}(t_0)=\boldsymbol{x}_0$ 确

定的唯一解，即

$$\boldsymbol{x}(t)=\boldsymbol{x}(t,\boldsymbol{x}_0,t_0) \tag{4.1.4}$$

一个系统随着初始条件的不同，可以具有很多不同的运动。

方程(4.1.1)称为系统的**状态方程**，独立的空间变量称为**状态变量**。以状态变量为基础，建立抽象的 n 维空间，称为**状态空间**或**相空间**。单自由度系统的相空间为二维，称为**相平面**。状态变量的每一组值在相空间内对应的抽象点，称为**相点**。方程(4.1.1)确定的状态变量随时间的变化规律对应于相空间内相点位置的不断改变，所描绘的超曲线称为**相轨迹**。

对于受定常约束的情形，扰动方程(4.1.1)的右端不显含时间变量 t，称此类系统为**定常系统**。

4.1.2　扰动方程

1. 平衡状态的扰动方程

设 $\boldsymbol{x}_e$ 是如式(4.1.1)所示系统的状态平衡矢量，若在满足某种干扰作用下，系统的状态变成 $\boldsymbol{x}_0(\neq \boldsymbol{x}_e)$，则在初始条件 $\boldsymbol{x}(t_0)=\boldsymbol{x}_0$ 下，由式(4.1.4)决定的运动称为被扰运动，即初始扰动 $(\boldsymbol{x}_0,\boldsymbol{x}_e)$ 引起的运动，简记为 $\boldsymbol{x}(t)$。

引入初始扰动矢量

$$\boldsymbol{y}_0=\boldsymbol{x}_0-\boldsymbol{x}_e \quad 或 \quad y_{i0}=x_{i0}-x_{ie},\quad i=1,2,\cdots,n \tag{4.1.5}$$

被扰运动的状态 $\boldsymbol{x}(t)$ 与平衡状态矢量 $\boldsymbol{x}_e$ 之差称为扰动矢量，即

$$\boldsymbol{y}(t)=\boldsymbol{x}(t)-\boldsymbol{x}_e \quad 或 \quad y_i(t)=x_i(t)-x_{ie},\quad i=1,2,\cdots,n \tag{4.1.6}$$

式中，$y_i(t)$ 称为扰动变量。扰动变量 $y_i(t)$ 应服从的微分方程

$$\frac{\mathrm{d}}{\mathrm{d}t}\boldsymbol{y}=\frac{\mathrm{d}}{\mathrm{d}t}(\boldsymbol{x}-\boldsymbol{x}_e)=f(\boldsymbol{x},t)=f(\boldsymbol{y}+\boldsymbol{x}_e,t)=\boldsymbol{F}(\boldsymbol{y},t) \tag{4.1.7}$$

称为关于平衡状态 $\boldsymbol{x}_e$ 的**扰动方程**，记为 $\dot{\boldsymbol{y}}=\boldsymbol{F}(\boldsymbol{y},t)$，$\boldsymbol{F}(\boldsymbol{y},t)$ 满足条件 $\boldsymbol{F}(\boldsymbol{0},t)\equiv\boldsymbol{0}$。故被扰运动是下列初值问题的解：

$$\dot{\boldsymbol{y}}=\boldsymbol{F}(\boldsymbol{y},t),\quad \boldsymbol{y}(t_0)=\boldsymbol{y}_0 \tag{4.1.8}$$

2. 运动的扰动方程

引入 $\boldsymbol{y}(t_0)$、$\boldsymbol{y}(t)$：

$$\boldsymbol{y}(t_0)=\tilde{\boldsymbol{x}}_0-\boldsymbol{x}_0,\quad \boldsymbol{y}(t)=\boldsymbol{x}(t)-\boldsymbol{g}(t) \tag{4.1.9}$$

分别称为给定运动 $\boldsymbol{g}(t)$ 的一个初始扰动矢量和扰动矢量，扰动矢量的分量

$$y_i(t)=x_i(t)-g_i(t),\quad i=1,2,\cdots,n \tag{4.1.10}$$

称为给定运动的扰动变量。

给定运动 $\boldsymbol{g}(t)$ 的扰动方程，即 $\boldsymbol{y}(t)$ 应满足的微分方程为

$$\begin{aligned}\dot{\boldsymbol{y}} &= \dot{\boldsymbol{x}}(t) - \dot{\boldsymbol{g}}(t) = \boldsymbol{f}(\boldsymbol{x},t) - \boldsymbol{f}[\boldsymbol{g}(t),t] \\ &= \boldsymbol{f}[\boldsymbol{y}+\boldsymbol{g}(t),t] - \boldsymbol{f}[\boldsymbol{g}(t),t] = \boldsymbol{F}(\boldsymbol{y},t)\end{aligned} \tag{4.1.11}$$

式中，$\boldsymbol{F}(\boldsymbol{y},t)$ 满足条件 $\boldsymbol{F}(\boldsymbol{0},t)\equiv\boldsymbol{0}$。

4.1.3 稳定性的定义

1. 平衡状态的稳定性定义

定义 4.1.1 在系统

$$\dot{\boldsymbol{x}} = \boldsymbol{f}(\boldsymbol{x},t), \quad \boldsymbol{F}(\boldsymbol{x}_e,t)\equiv\boldsymbol{0} \tag{4.1.12}$$

的平衡状态 $\boldsymbol{x}_e$ 的某个邻域 H 中

$$|x_i(t)-x_{ie}|<H, \quad i=1,2,\cdots,n \tag{4.1.13}$$

(1) 若给定任意小的正数 ε，存在正数 $\delta(\varepsilon, t_0)$，使得当初始状态 x_0 满足，$|x_{i0}-x_{ie}|\leqslant\delta(i=1,2,\cdots,n)$ 时，对于一切 $t\geqslant t_0$，恒有

$$|x_i(t)-x_{ie}|<\varepsilon, \quad i=1,2,\cdots,n \tag{4.1.14}$$

则称平衡状态 $\boldsymbol{x}_e$ 是**稳定的**。

(2) 若平衡状态 $\boldsymbol{x}_e$ 是稳定的，且有

$$\lim_{t\to\infty} x_i(t)=0, \quad i=1,2,\cdots,n \tag{4.1.15}$$

则称平衡状态 $\boldsymbol{x}_e$ 是**渐近稳定的**。

(3) 否则，称平衡状态 $\boldsymbol{x}_e$ 是**不稳定的**。

系统 $\dot{\boldsymbol{x}} = \boldsymbol{f}(\boldsymbol{x},t)$ 的平衡状态 $\boldsymbol{x}_e$ 的稳定性，等价于其扰动方程(4.1.7)在原点 $\boldsymbol{y}=\boldsymbol{0}$ 处的稳定性。

2. 给定运动的稳定性定义

定义 4.1.2 在方程(4.1.1)表示的系统的给定运动 $\boldsymbol{x}=\boldsymbol{g}(t)$ 的某个邻域 H 中

$$|x_i(t)-g_i(t)|<H, \quad i=1,2,\cdots,n \tag{4.1.16}$$

(1) 若给定任意小的正数 ε，存在正数 $\delta(\varepsilon, t_0)$，使得对任意满足 $|\tilde{x}_{i0}-x_{i0}|\leqslant\delta$ $(i=1,2,\cdots,n)$ 的初始状态 $\tilde{\boldsymbol{x}}_0$，系统的解 $\boldsymbol{x}(t)$ 对于一切 $t\geqslant t_0$ 均满足

$$|x_i(t)-g_i(t)|<\varepsilon, \quad i=1,2,\cdots,n \tag{4.1.17}$$

则称给定运动 $\boldsymbol{x}=\boldsymbol{g}(t)$ 是**稳定的**。

(2) 若给定运动 $\boldsymbol{x}=\boldsymbol{g}(t)$ 是稳定的，且有

$$\lim_{t\to\infty} x_i(t) = g_i(t), \quad i = 1, 2, \cdots, n \tag{4.1.18}$$

则称给定运动 $\boldsymbol{x} = \boldsymbol{g}(t)$ 是**渐近稳定的**。

(3) 否则，称给定运动 $\boldsymbol{x} = \boldsymbol{g}(t)$ 是**不稳定的**。

系统 $\dot{\boldsymbol{x}} = \boldsymbol{f}(\boldsymbol{x},t)$ 的给定运动 $\boldsymbol{x} = \boldsymbol{g}(t)$ 的稳定性，等价于给定运动 $\boldsymbol{x} = \boldsymbol{g}(t)$ 扰动方程(4.1.11)在原点 $\boldsymbol{y}=\boldsymbol{0}$ 处的稳定性。

例 4.1.1　试从李雅普诺夫稳定性的定义出发分析单自由度振子的平衡状态稳定性(图 4.1.1)。

解　单自由度振子由质量块 m 和刚度系数为 k 的弹簧组成，设 x 为弹簧变形，在 $x=0$ 平衡位置附近的动力学方程为

$$\ddot{x} + \omega_0^2 x = 0, \quad \omega_0^2 = k/m$$

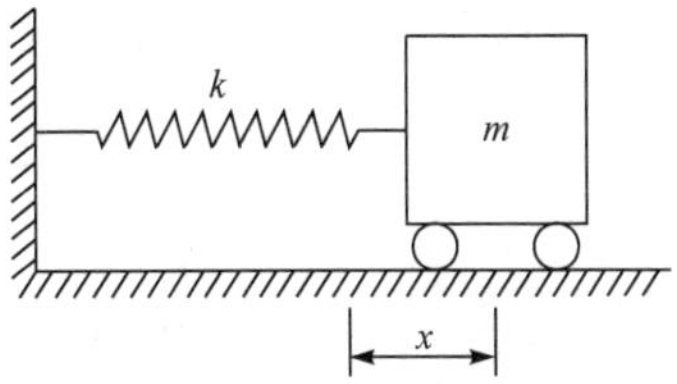

图 4.1.1　单自由度振子

令 $x_1 = x$, $x_2 = \dot{x}$，化作

$$\dot{x}_1 = x_2, \quad \dot{x}_2 = -\omega_0^2 x_1$$

设初始值为 $x_1(0) = x_{10}$, $x_2(0) = x_{20}$，则方程组的通解为

$$\begin{cases} x_1(t) = x_{10}\cos(\omega_0 t) + (x_{20}/\omega_0)\sin(\omega_0 t) \\ x_2(t) = x_{20}\cos(\omega_0 t) - \omega_0 x_{10}\sin(\omega_0 t) \end{cases}$$

则有

$$|x_1(t)| \leqslant |x_{10}| + (|x_{20}|/\omega_0), \quad |x_2(t)| \leqslant |x_{20}| + \omega_0|x_{10}|$$

要保证 $|x_1(t)| < \varepsilon, |x_2(t)| < \varepsilon$，只需要初始值满足

$$|x_{10}| + (|x_{20}|/\omega_0) < \varepsilon, \quad |x_{20}| + \omega_0|x_{10}| < \varepsilon$$

将 $|x_{10}| < \delta$, $|x_{20}| < \delta$ 代入上式导出

$$\delta = \min\left(\frac{\varepsilon}{1+\omega_0}, \frac{\omega_0\varepsilon}{1+\omega_0}\right)$$

从而证明振子的平衡位置稳定。

4.2　二阶定常系统的稳定性

4.2.1　系统的轨线与平衡状态

自然界和工程应用领域有很多物理量的变化规律可以用一组常微分方程来描述，下面引入一些相关的定义和基本概念。

假设某二阶定常系统的状态可以用函数 $y_1(t)$ 和 $y_2(t)$ 来描述。这些状态变量

可用来描述质点的位置和速度，而独立参量 t 通常表示时间。假设状态描述变量 $y_1(t)$ 和 $y_2(t)$ 变化的物理定律可以表示为以下的数学模型：

$$\dot{y}_i = f_i(y_1, y_2), \quad i = 1, 2 \tag{4.2.1}$$

方程组(4.2.1)亦可表示为矢量形式 $\dot{\boldsymbol{y}} = \boldsymbol{f}(\boldsymbol{y})$。上述系统称为**自治系统**，因其左端函数 f_1 和 f_2 不显含时间 t。如图 4.2.1 所示，方程的解 $y_1(t)$ 和 $y_2(t)$ 在 y_1Oy_2 平面构成一组轨线(亦称为轨道、流线)，轨线可覆盖 y_1Oy_2 平面的一部分或者全部。图 4.2.1 描述部分选定的轨线，这类图称为**相图**；平面 y_1Oy_2 称为**相平面**。特定轨线，即初值通过某一指定点 (z_1, z_2)，即

$$y_i(t_0) = z_i, \quad i = 1, 2 \tag{4.2.2}$$

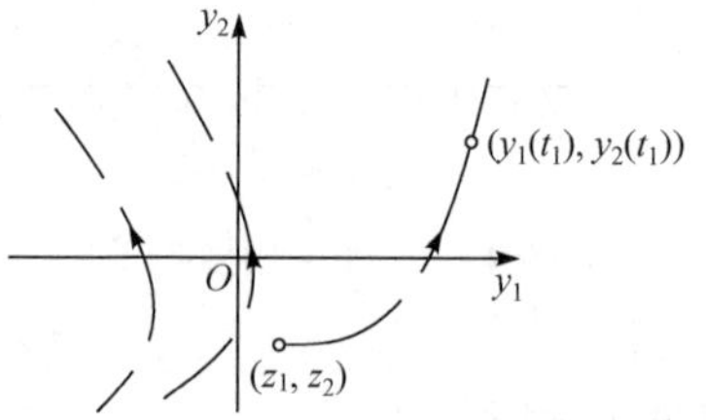

图 4.2.1　相平面上的轨线

若某一组轨线的初值均取决于相平面上的某一区域，则称这组轨线为发自这一区域的流。

系统的平衡状态 (y_1^s, y_2^s)，由下列方程定义：

$$\dot{y}_1 = 0, \quad \dot{y}_2 = 2 \tag{4.2.3}$$

平衡点对应系统的静止状态，系统的解也称为平稳解，有时也称奇点、临界点或固定点。它们是方程组的解：

$$f_i(y_1^s, y_2^s) = 0, \quad i = 1, 2 \tag{4.2.4}$$

用矢量符号可表示为 $\boldsymbol{f}(\boldsymbol{y}^s) = \boldsymbol{0}$，由该方程可定义平稳解 $\boldsymbol{y}^s$。

4.2.2　偏差

微分方程初始值的偏差会影响方程的解。偏差的起因来自多方面：一类来自物理模型，称作“内部的”扰动产生的偏差；另一类来自“外部的”扰动。例如，触摸一个振动的单摆，会引起瞬时的动力学行为突变。用数学的语言可将这类外部的扰动表述为：某瞬时 t_1 轨线发生跃变。

$$(y_1(t_1), y_2(t_1)) \to (z_1, z_2)$$

当扰动结束时 $(t_2 > t_1)$，系统仍将满足同一个微分方程，初始条件变为

$$y_i(t_2) = z_i, \quad i = 1, 2 \tag{4.2.5}$$

变化后的轨线在原来的邻域内演化，如图 4.2.2 所示。

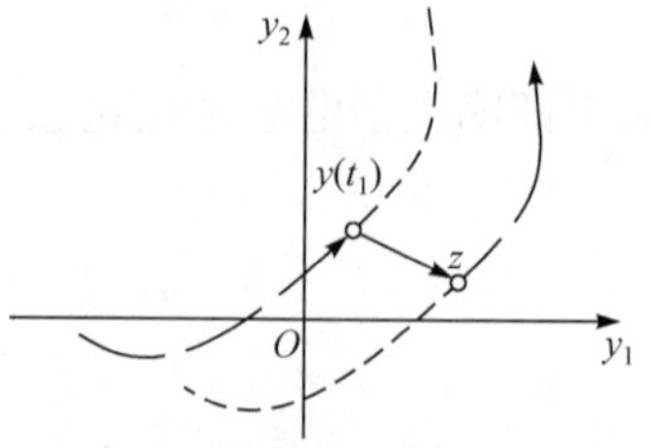

图 4.2.2　轨线的扰动

若将相平面上的轨线视为“移动的质点”历经的轨线，则其预定的轨线应为微分方程组(4.2.1)在初值 $(z_1, z_2) = (y_1^s, y_2^s)$ 下的解曲线。扰动引起的偏差的存在，使得 $t_0 = 0$ 时刻，$(z_1, z_2) \neq (y_1^s, y_2^s)$，即由于初值的偏差，新的解曲线不再是原来的“预定轨线”。现在考察扰动后的解曲线与原预定轨

线之间的关系，即初值问题

$$\dot{\boldsymbol{y}} = \boldsymbol{f}(\boldsymbol{y}), \quad \boldsymbol{y}(0) = \boldsymbol{z} \tag{4.2.6}$$

解曲线 $\boldsymbol{y}(t)$ 在 $t > 0$ 之后的形态。

4.2.3 稳定性相关概念

定义 4.2.1 当时间趋于无穷时，如果扰动引起的偏差趋近于零，则称平稳解 $\boldsymbol{y}^s$ 是渐近稳定的，即

$$\boldsymbol{y}(t) \xrightarrow{t\to\infty} \boldsymbol{y}^s \tag{4.2.7}$$

定义 4.2.2 当时间趋于无穷时，如果小扰动引起的偏差仍然很小，则称平稳解 $\boldsymbol{y}^s$ 是稳定的；否则，称平稳解 $\boldsymbol{y}^s$ 是不稳定的(扰动引起的偏差随时间不断增长)。

上述关于稳定性的定义是局部意义上的，某一平衡点有可能对于小的扰动是稳定的，而对于大的扰动却是不稳定的。

将二阶自治系统线性化之后，可以得到对应的线性系统，考察相应首次近似系统平衡点的属性对于理解稳定性理论是非常有益的。

将式(4.2.1)所示的二阶自治系统线性化，将右端函数 f_1 在平衡点 (y_1^s, y_2^s) 处展开为

$$\begin{aligned}\dot{y}_1 = f_1(y_1, y_2) &= f_1(y_1^s, y_2^s) + \frac{\partial f_1}{\partial y_1}(y_1^s, y_2^s)(y_1 - y_1^s) \\ &\quad + \frac{\partial f_1}{\partial y_2}(y_1^s, y_2^s)(y_2 - y_2^s) + o\left(\left|\boldsymbol{y} - \boldsymbol{y}^s\right|^2\right)\end{aligned} \tag{4.2.8}$$

式中，高阶项为二阶以上的小量，用符号 $o\left(\left|\boldsymbol{y} - \boldsymbol{y}^s\right|^2\right)$ 表示，函数 f_2 可进行类似展开。因为 $f_1(y_1^s, y_2^s) = f_2(y_1^s, y_2^s) = 0$ ，略去高阶项后的微分方程转化为 $(y_1 - y_1^s)$ 和 $(y_2 - y_2^s)$ 的线性方程。引入雅可比矩阵 $\boldsymbol{f}$，则

$$\frac{\partial \boldsymbol{f}}{\partial \boldsymbol{y}}(\boldsymbol{y}^s) = \begin{bmatrix} \dfrac{\partial f_1}{\partial y_1}(y_1^s, y_2^s) & \dfrac{\partial f_1}{\partial y_2}(y_1^s, y_2^s) \\ \dfrac{\partial f_2}{\partial y_1}(y_1^s, y_2^s) & \dfrac{\partial f_2}{\partial y_2}(y_1^s, y_2^s) \end{bmatrix}$$

雅可比矩阵在平衡点 $\boldsymbol{y}^s$ 的值用 $\boldsymbol{f}_y^s$ 表示，近似简化后的线性系统可表示为

$$\dot{\boldsymbol{h}} = \boldsymbol{f}_y^s \boldsymbol{h} \tag{4.2.9}$$

式中，$\boldsymbol{h}$ 表示一阶近似，且

$$h_1(t) = y_1(t) - y_1^s, \quad h_2(t) = y_2(t) - y_2^s$$

$\boldsymbol{h}(t)$可以用来描述解曲线的局部特性。线性系统表达式(4.2.9)的解 $\boldsymbol{h}(t)$能刻画由初值偏离平衡状态带来的偏差如何随时间发生演变。因此，讨论二阶自治系统

局部稳定性的问题转化为研究其对应的线性系统表达式(4.2.9)的解曲线。设 $\boldsymbol{h}(t)=\mathrm{e}^{\lambda t}\boldsymbol{w}$，即

$$h_1(t)=\mathrm{e}^{\lambda t}w_1,\quad h_2(t)=\mathrm{e}^{\lambda t}w_2 \tag{4.2.10}$$

将式(4.2.10)代入线性系统表达式(4.2.9)引出特征值的计算问题为

$$(\underline{\boldsymbol{f}}_y^s-\lambda\underline{\boldsymbol{I}})\boldsymbol{w}=\boldsymbol{0} \tag{4.2.11}$$

式中，λ 为特征值；$\boldsymbol{w}$ 为特征矢量；$\underline{\boldsymbol{I}}$ 为单位矩阵。首先需要求解特征根 λ_1 和 λ_2。方程(4.2.11)有平凡解 $\boldsymbol{w}\neq\boldsymbol{0}$ 的条件是 λ_1 和 λ_2 应为式(4.2.12)所示特征方程的根：

$$\det(\underline{\boldsymbol{f}}_y^s-\lambda\underline{\boldsymbol{I}})=0 \tag{4.2.12}$$

因此，研究线性系统表达式(4.2.9)解曲线的问题转化为考察特征方程(4.2.11)的特征根的属性问题。

1. 结点

特征根 λ_1 和 λ_2 为同号且相异的实根，即 $\lambda_1\cdot\lambda_2>0$，$\lambda_1\neq\lambda_2$。此时的平衡点 y^s 称作**结点**。下面分两种情况讨论：

(1) $\lambda<0$，与情形 $\lim\limits_{t\to 0}\mathrm{e}^{\lambda t}=0$ 对应。扰动 $\boldsymbol{h}(t)$ 趋近于零，而轨线 $y(t)$ 在结点附近充分小的邻域内收敛于 y^s。这类结点称为**稳定的结点**。

(2) $\lambda>0$，与情形 $\lim\limits_{t\to 0}\mathrm{e}^{\lambda t}=\infty$ 对应。扰动 $\boldsymbol{h}(t)$ 呈“爆炸”状，在结点附近充分小的邻域内轨线 $y(t)$ 远离结点 y^s。这类结点称为**不稳定的结点**。

在上述两种情形下，两个实特征矢量 $\boldsymbol{w}$ 分别定义了通过平衡点的两条直线，如图 4.2.3 和图 4.2.4 所示，表示线性系统的轨线。若 $|\lambda|$ 较大(或较小)，则称对应的运动较快(或较慢)。特征值 $\lambda<0$ 对应的轨线趋于平衡点 y^s；特征值 $\lambda>0$ 对应的轨线远离平衡点 y^s。

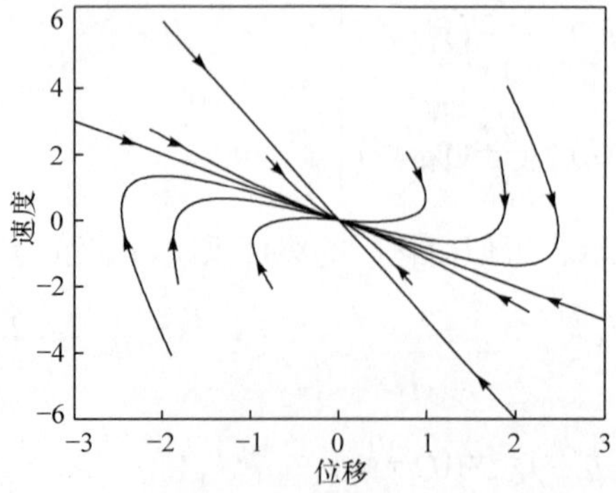

图 4.2.3　稳定的结点

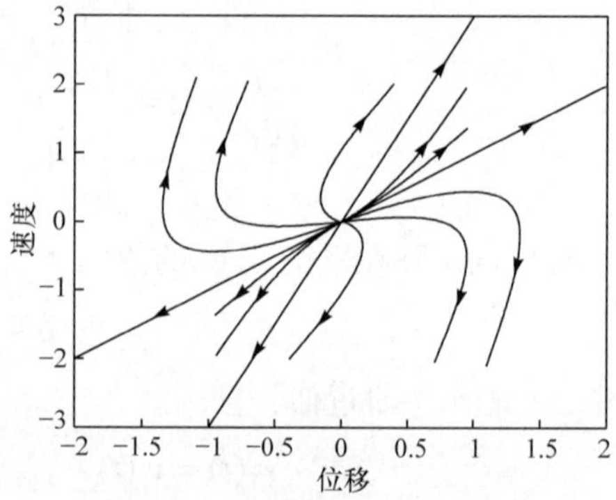

图 4.2.4　不稳定的结点

2. 鞍点

特征根 λ_1 和 λ_2 为异号且相异的实根，即 $\lambda_1 \cdot \lambda_2 < 0\ (\lambda_1 \neq \lambda_2)$。此时的平衡点 y^s 称作鞍点。由于有一个特征值为正，其对应的轨线远离平衡点。因此，鞍点总是不稳定的，如图 4.2.5 所示。

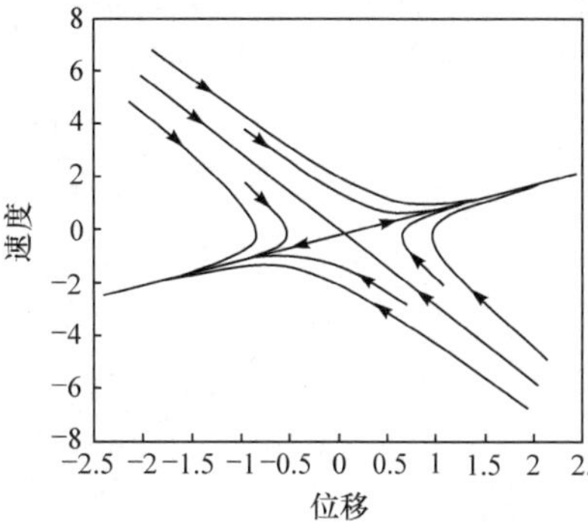

图 4.2.5　不稳定的鞍点

3. 焦点

特征根 λ_1 和 λ_2 是实部非零的共轭复数，即 $\lambda_1 = \alpha + \mathrm{i}\beta$、$\lambda_2 = \alpha - \mathrm{i}\beta$。考察式(4.2.10)所设特解 $\boldsymbol{h}(t)$ 中与时间相关部分：

$$\mathrm{e}^{(\alpha+\mathrm{i}\beta)t} = \mathrm{e}^{\alpha t}\mathrm{e}^{\mathrm{i}\beta t}$$

式中，因子 $\mathrm{e}^{\mathrm{i}\beta t} = \cos(\beta t) + \mathrm{i}\sin(\beta t)$ 表示轨线是螺旋线，当 $\beta > 0$ 时，螺旋线为逆时针；当 $\beta < 0$ 时，螺旋线为顺时针；此时的平衡点 y^s 称作**焦点**。

因子 $\mathrm{e}^{\alpha t}$ 表示曲线半径，当 $\alpha < 0$ 时，平衡点渐近稳定；且 $t \to \infty$ 时，轨线上的点趋近于平衡点，如图 4.2.6 所示，此时的平衡点为稳定的焦点，称为**汇**。当 $\alpha > 0$ 时，平衡点不稳定，轨线上的点远离平衡点，如图 4.2.7 所示，此时的平衡点为不稳定的焦点，称为**源**。

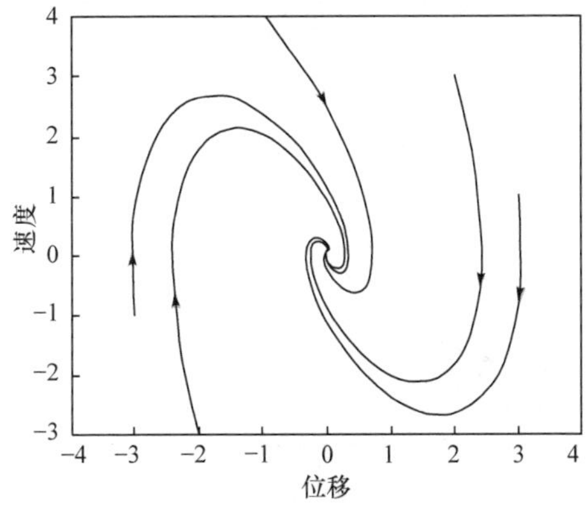

图 4.2.6　稳定的焦点——汇

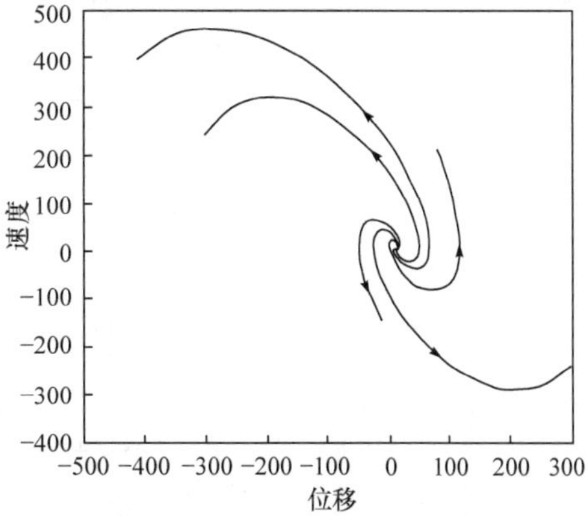

图 4.2.7　不稳定的焦点——源

上述关于三类平衡点(结点、鞍点和焦点)的特性说明，系统平衡点附近的轨线的动力学行为是由雅可比矩阵在平衡点的特征值决定的。这三种情况满足条件：$\lambda_1 \neq \lambda_2$、$\lambda_1 \cdot \lambda_2 \neq 0$、$\alpha = \mathrm{Re}(\lambda) \neq 0$；对于不满足此条件的情形称为退化的平衡点。

4. 退化结点

特征根是实重根，即 $\lambda_1 = \lambda_2 = \lambda \neq 0$，此时的平衡点 y^s 称为**退化结点**，又称为**单切结点**，若 $\lambda < 0$，则退化结点是稳定的，如图 4.2.8 所示；若 $\lambda > 0$，则退化结点是不稳定的，如图 4.2.9 所示。

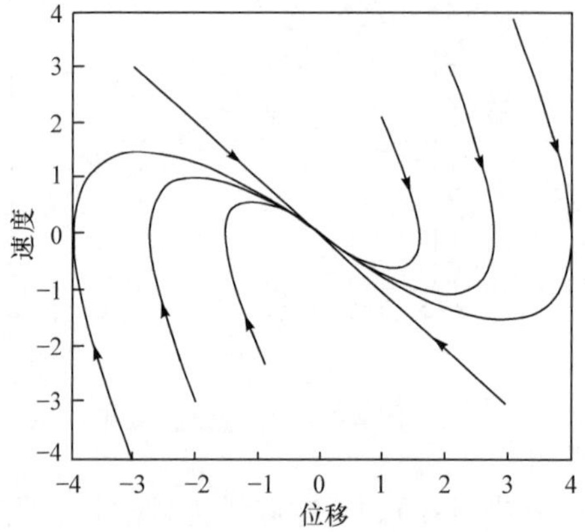

图 4.2.8　稳定的退化结点

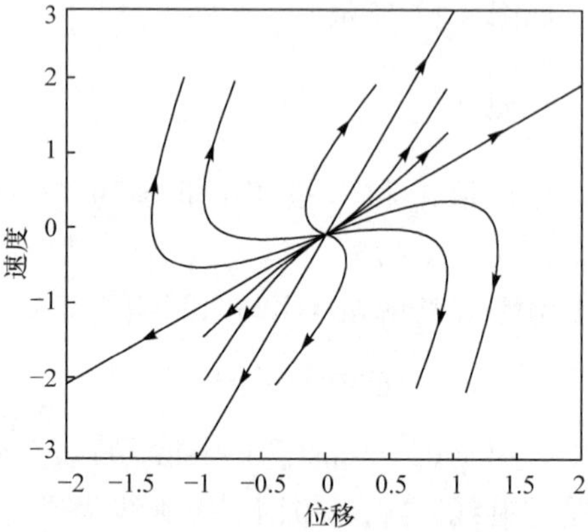

图 4.2.9　不稳定的退化结点

5. 中心

特征根是共轭纯虚数，即 $\lambda_1 = \mathrm{i}\beta$、$\lambda_2 = -\mathrm{i}\beta$。此时的平衡点 y^s 是稳定但非渐近稳定的，称为**中心**；对应的轨线代表周期性运动，称为**闭轨**，如图 4.2.10 所示。

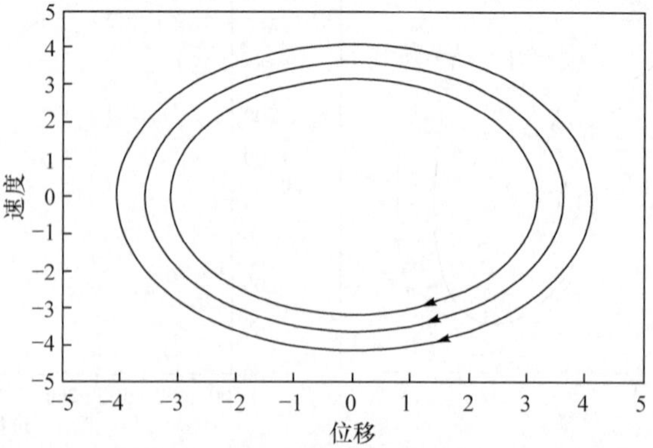

图 4.2.10　闭轨

6. 直线

特征根有一个零根，另一个根为非零实数，当 $\lambda_1 = 0$、$\lambda_2 < 0$ 时，轨线为稳定

的直线，如图 4.2.11 所示。

当 $\lambda_1 = 0$ 、$\lambda_2 > 0$ 时，轨线为不稳定的直线，如图 4.2.12 所示。

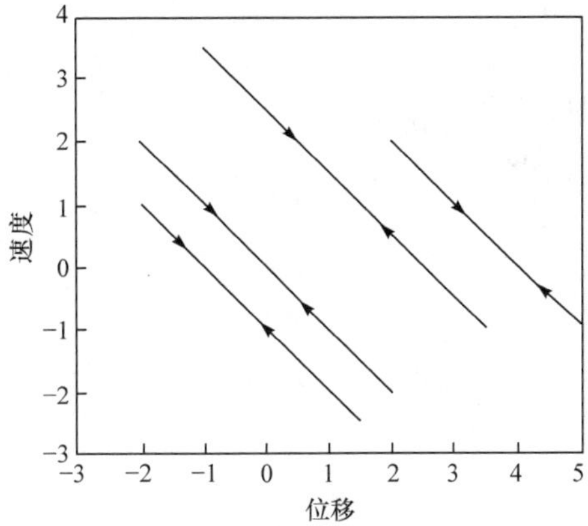

图 4.2.11　稳定的直线

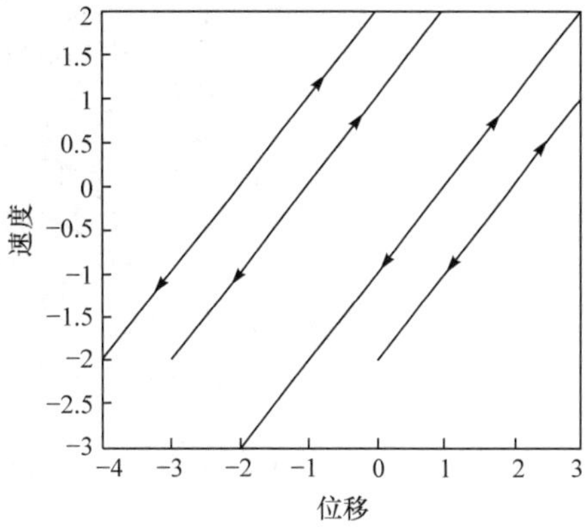

图 4.2.12　不稳定的直线

4.2.4　线性系统平衡点的分类总图

二阶自治系统平衡点的稳定性问题可转化为研究对应线性系统的特征值问题。因此，对任意线性常系数平面自治系统的平衡点进行如下总结。现讨论线性常系数平面自治系统的平衡点，并给出其分类总图。平面自治系统常表示为 $\underline{\dot{\boldsymbol{x}}} = \underline{\boldsymbol{A}}\underline{\boldsymbol{x}}$ ，或者

$$\dot{x} = a_1 x + b_1 y, \quad \dot{y} = a_2 x + b_2 y \tag{4.2.13}$$

考察上述系统的平衡点(0, 0)附近的轨线走向。

设 $\Delta = \begin{vmatrix} a_1 & b_1 \\ a_2 & b_2 \end{vmatrix} \neq 0$ ，(0, 0)是唯一的平衡点。为了统一表示线性常系数平面自治系统的平衡点总体特性，引入下列符号。记系统的系数矩阵为

$$\underline{\boldsymbol{A}} = \begin{bmatrix} a_1 & b_1 \\ a_2 & b_2 \end{bmatrix}, \quad p = \mathrm{Tr}\underline{\boldsymbol{A}} = a_1 + b_2, \quad q = \det\underline{\boldsymbol{A}} = a_1 b_2 - a_2 b_1 \tag{4.2.14}$$

线性系统的特征方程为

$$f(\lambda) = \lambda^2 - p\lambda + q \tag{4.2.15}$$

对应的特征根为

$$\lambda_{1,2} = \frac{p \pm \sqrt{p^2 - 4q}}{2} \tag{4.2.16}$$

且有

$$p = \lambda_1 + \lambda_2, \quad q = \lambda_1 \cdot \lambda_2 \tag{4.2.17}$$

指定特征方程的判别式为

$$d = p^2 - 4q \tag{4.2.18}$$

线性系统平衡点分类点图可用图 4.2.13 来概括。

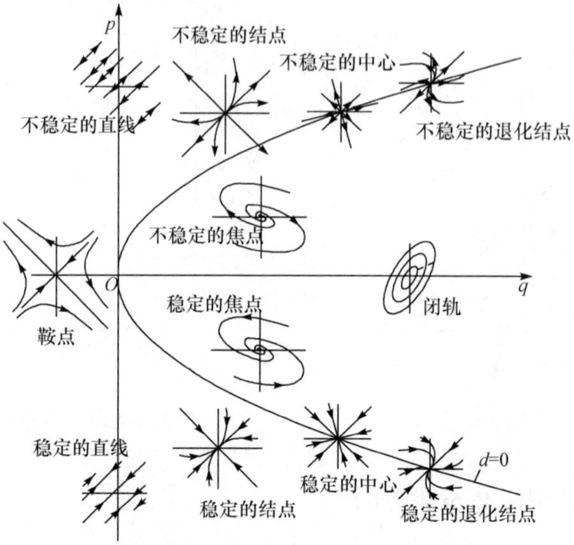

图 4.2.13　线性系统平衡点分类总图

上述平衡点的分类是依据 p、q、d 来划分的，抛物线 $p^2-4q=0$ 是点 (p,q) 沿曲线 $d=0$ 的轨线。平面 pOq 上，抛物线 $p^2-4q=0$ 包围的区域内满足关系式 $d=p^2-4q<0$。

前面讨论过平衡点的所有情形均可在平面 pOq 上找到对应的位置，当 $d<0$ 且 $p\neq 0$ 时，特征值 λ_1 和 λ_2 为复数根，特征值对应的轨线为螺旋线；当 $d<0$ 且 $p=0$ 时，特征值 λ_1 和 λ_2 为纯虚数，对应的轨线为包含平衡点的圆或椭圆。

4.2.5　极限环

前面讨论的系统 $\dot{\boldsymbol{y}}=\boldsymbol{f}(\boldsymbol{y})$ 所涉及的稳定和不稳定的属性均为局部意义上的。对于某一特定问题，即便可以找到全部平衡点，也不可能将所有这些平衡点的局部属性拼凑而给出全局的概貌。平衡点是系统形式上最为简单的吸引子，另一类吸引子称为**极限环**。极限环是一种规则运动。

许多电子和生物系统的振动可以用范德波尔方程来描述，即

$$\ddot{u} - \lambda(1-u^2)\dot{u} + y = 0 \tag{4.2.19}$$

令 $y_1 = u$ 、$y_2 = \dot{u}$，则有

$$\dot{y}_1 = y_2, \quad \dot{y}_2 = \lambda(1-y_1^2)y_2 - y_1$$

该系统有一个平衡点 $(y_1^s, y_2^s) = (0,0)$。对于 $0<\lambda<2$，此平衡点是不稳定的

焦点。

数值模拟常用于研究系统轨线的全局性态。模拟的一般过程为：从不同的初始值 z 出发，用数值积分的方法计算某时间区间 $0 \leqslant t \leqslant t_f$ 上的轨线。若取参数为 $z_1 = 0.1$ 、$z_2 = 0$ 、$\lambda = 0.5$ 、$t_f = 50$ ，从不稳定的焦点附近出发，对系统进行积分，得到图 4.2.14 所示的范德波尔方程 y_1、y_2 的相平面。

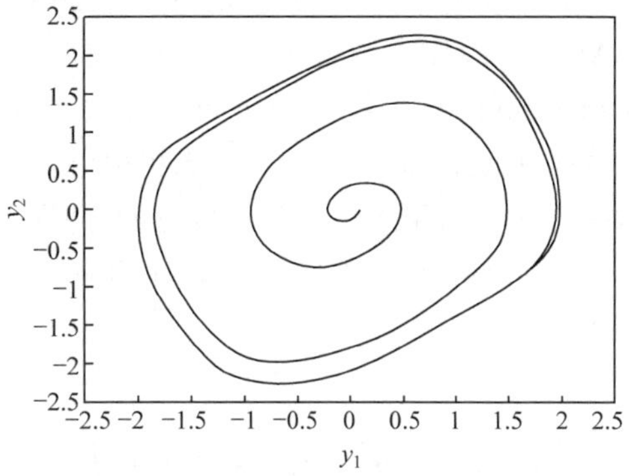

图 4.2.14　范德波尔方程 y_1、y_2 相平面

从图 4.2.14 中可以看出，轨线趋近于某一闭合曲线并保持在该位置。中央盘旋部分代表过渡相；其终态为闭合曲线，该闭合曲线称为**极限环**。

极限环代表周期解，历经时间 T 后，y 的值不变，即 $y(t+T)=y(t)$ 满足上述方程的最小的 $T>0$ ，称为系统的周期。若无论从哪出发均趋近于此极限环，则称系统为稳定的；否则为不稳定的。

范德波尔振子的极限环的形状和大小取决于参数 λ 的值。

定理 4.2.1(庞加莱(Poincare)-本迪克松(Bendixson)定理)　假定二维常微分方程在平面某区域 D 内。

(1) 设 D 为有限区域，内部不包含平衡点且没有自此区域内出发的轨线，则在此区域 D 内存在极限环。

(2) 若下述表达式

$$\frac{\partial f_1}{\partial y_1}+\frac{\partial f_2}{\partial y_2}$$

在区域 D 内符号不发生变化，则在此区域 D 内不存在极限环。

4.2.6　方向场和相图

对二维自治系统进行定性的讨论，常用的几何方法是用等倾线方法画出方向场和相图。等倾线方法适用于有两个变量的系统。假设系统的一阶线性微分方程组可以表示为

$$\dot{x}_i = f_i(x_1, x_2), \quad i=1,2$$

则与其对应的相轨线微分方程为

$$\frac{\mathrm{d}x_2}{\mathrm{d}x_1}=\frac{f_2(x_1,x_2)}{f_1(x_1,x_2)}$$

等倾线就是在 x_1-x_2 相平面中斜率相等的点的轨迹，令此斜率为 λ ，则

$$\frac{\mathrm{d}x_2}{\mathrm{d}x_1}=\frac{f_2(x_1,x_2)}{f_1(x_1,x_2)}=F(x_1,x_2)=\lambda(x_1,x_2)$$

将解曲线画在图中，就可以观察斜率场和解曲线的关系，图 4.2.15 是用 MATLAB 绘制的斜率场和解曲线。曲线族 $F(x_1,x_2)=\lambda$ 就是斜率为 λ 的等倾线；λ 取不同的值的等倾线在平面 x_1-x_2 上组成一系列的等倾线(图 4.2.15 中各点处的切线等于该点的 λ 的值)。系统在相空间的轨线(积分曲线)就是从初始点出发经过每一点时其斜率应正好等于该点的等倾线斜率的值。

相图能够提供系统微分方程的一些定性的性质，图 4.2.16 为单摆方向场和相图。

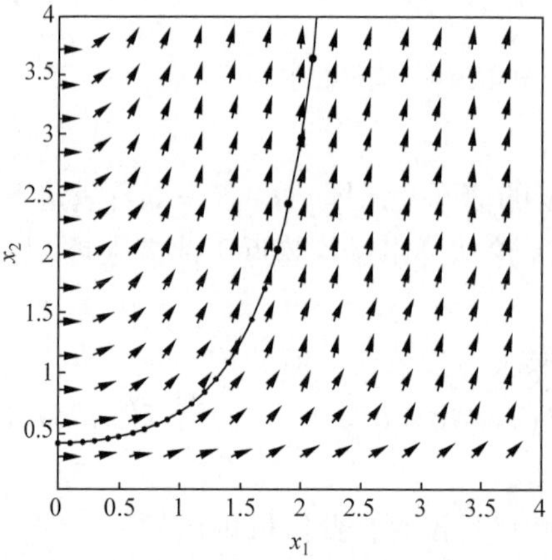

图 4.2.15 斜率场和解曲线

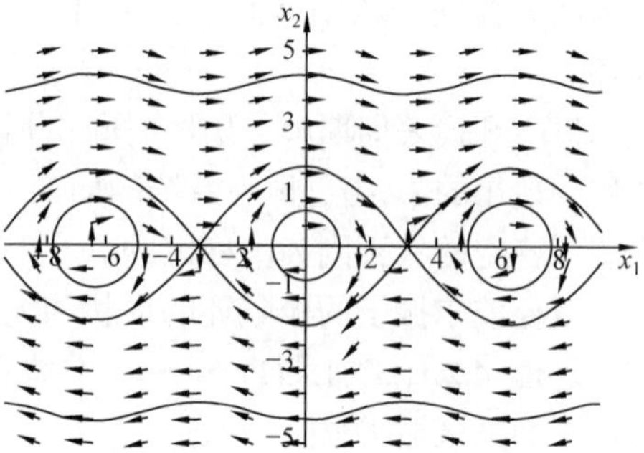

图 4.2.16 单摆方向场和相图

单摆的一阶线性微分方程组为

$$\dot{x}_1=f_1(x_1,x_2)=x_2,\quad \dot{x}_2=f_2(x_1,x_2)=-\sin x_2$$

对系统区域内的点 (x_1,x_2)，计算矢量

$$(f_1(x_1,x_2),f_2(x_1,x_2))=(x_2,-\sin x_2)$$

该矢量表示曲线 $(x_1(t),x_2(t))$ 通过点 (x_1,x_2) 时的方向，在 x_1-x_2 平面上依照此方法并按指定间隔画出一系列这样的矢量就构成方向场。利用方向场可获得解直线随时间演化的相图。

4.3 保守系统的稳定性

受定常约束的单自由度完整系统是最简单的动力学系统，属于不显含时间

t 的**自治系统**。这类系统的相空间为二维相平面，其运动过程可利用相平面内的相轨迹来描述。系统的平衡状态对应于相轨迹的奇点。根据李雅普诺夫稳定性定义的几何解释，可根据奇点的不同类型确定奇点附近的相轨迹走向，从而判断系统平衡状态的稳定性。这种直观的几何方法称为**相平面方法**。

4.3.1　保守系统的能量积分

保守系统的作用力由力场内的位置单值确定。设单自由度保守系统的广义坐标为 x，其动力学方程的普遍形式为

$$\ddot{x}+f(x)=0 \tag{4.3.1}$$

引入新变量 $y=\dot{x}$，化作

$$\dot{x}=y,\quad \dot{y}=-f(x) \tag{4.3.2}$$

将式(4.3.2)的两个方程相除，化作不含时间变量的一阶自治系统：

$$\frac{\mathrm{d}y}{\mathrm{d}x}=-\frac{f(x)}{y} \tag{4.3.3}$$

方程(4.3.3)可分离变量积分，得到相平面(x,y)内的相轨迹方程为

$$\frac{1}{2}y^2+V(x)=E,\quad V(x)=\int_0^x f(x)\mathrm{d}x \tag{4.3.4}$$

式中，$V(x)$ 为保守系统的势能；积分常数 $E=(y_0^2/2)+V(x_0)$ 为系统的总机械能；x_0、y_0 分别为 x、y 的初值。相轨迹方程(4.3.4)即 3.2.3 节中式(3.2.60)表示的广义能量积分。

4.3.2　保守系统的相轨迹

从能量积分式(4.3.4)解出

$$y=\pm\sqrt{2[E-V(x)]} \tag{4.3.5}$$

由式(4.3.5)可得保守系统的相轨迹如图 4.3.1 所示，从图中可以看出，该相轨迹有以下特点：

(1) 相轨迹相对横坐标轴对称。

(2) 势能曲线 $z=V(x)$ 与横坐标轴的平行线 $z=E$ 交点的横坐标 $x=C_1$、C_2、C_3 处，相轨迹与横坐标轴相交。

(3) 横坐标轴上与势能曲线 $z=V(x)$ 的驻点对应的点满足 $V'(x)=f(x)=0$，$y=0$，因此是相轨迹微分方程(4.3.3)的奇点。在奇点处微分方程(4.3.2)化作 $\dot{x}=\dot{y}=0$，因此相平面内的奇点与系统的平衡状态对应。此结论表明：**保守系统在平衡位置处的势能取驻值**。

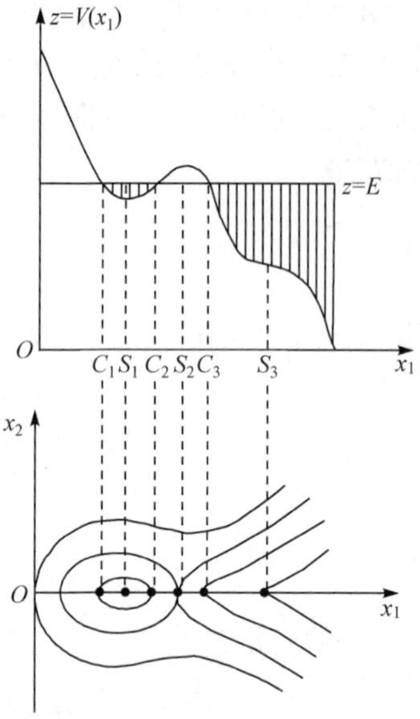

图 4.3.1　保守系统的相轨迹

(4) 在势能取极小值的 $x=S_1$ 处，设 $E>V(S_1)$，则在 $x=S_1$ 的某个小邻域内都有 $E\geqslant V(S_1)$，利用式(4.3.5)判断，在相平面上可以得到一条围绕奇点 S_1 的封闭相轨迹。当 E 减小时，此封闭相轨迹逐渐收缩，而当 $E=V(S_1)$ 时，缩为奇点 S_1。当 $E<V(S_1)$ 时，相平面上不存在相应的相轨迹，这种类型的奇点称为**中心**，对应于系统的稳定平衡状态。

(5) 在势能取极大值的点 $x=S_2$ 处，设 $E<V(S_2)$，则在区间 (C_2,C_3) 内没有对应的相轨迹，而在 $x<C_2$ 及 $x>C_3$ 处得到相轨迹的两个分支，当 E 增大时这两个分支曲线逐渐靠近，当 $E=V(S_2)$ 时这两个分支曲线在奇点 S_2 处接触。当 $E>V(S_2)$ 时，这两个分支曲线为分布在 x 轴上方和下方的两支曲线。这种类型的奇点称为**鞍点**，对应于系统的不稳定平衡状态。通过鞍点的相轨迹称为**分隔线**，将相平面分隔成不同类型相轨迹的若干区域。

(6) 在势能曲线的拐点 $x=S_3$ 处，相轨迹在 $x<S_3$ 的左半边具有中心性质，在 $x>S_3$ 的右半边具有鞍点性质，相轨迹不封闭。这种奇点为**退化鞍点**，也对应于不稳定的平衡状态。

如上所述，保守系统的平衡稳定性可利用奇点的类型判断。与中心对应的平衡状态稳定，与鞍点或退化鞍点对应的平衡状态不稳定。于是，对于单自由度系统的特殊情况，利用几何方法可以证明：**若定常完整单自由度保守系统的势能 V 在平衡位置取孤立极小值，则平衡状态稳定**。拉格朗日就任意自由度的普遍形式提出此定理，狄利克雷给出严格证明，称为**拉格朗日-狄利克雷定理**，简称**拉格朗日定理**。

例 4.3.1　试分析单自由度线性系统 $\ddot{x}+ax=0$ 的相轨迹特性，用以判断平衡的稳定性。

解　令 $y=\dot{x}$，将方程(4.3.3)中的 $f(x)$ 以 ax 代替，化作

$$\frac{\mathrm{d}y}{\mathrm{d}x}=-\frac{ax}{y}$$

与平衡状态对应的奇点为 $x=y=0$。积分得到相轨迹方程为

$$y^2+ax^2=\mathrm{const}$$

平衡的稳定性取决于参数 a 的符号。$a>0$ 时相轨迹为围绕奇点的椭圆族，奇

点为中心，平衡稳定；$a<0$ 时相轨迹为围绕奇点的双曲线族，奇点为鞍点，平衡不稳定。稳定与不稳定分别与势能 $V(x)=ax^2/2$ 的极小值和极大值对应。

例 4.3.2　如图 3.1.1 所示的单摆，摆的质量为 m，试分析单摆的相轨迹特性，判断各平衡位置的稳定性。

解　设单摆的摆长为 l，相对垂直轴的偏角为 φ，可写出单摆的动力学方程为

$$\ddot{\varphi}+\omega_0^2\sin\varphi=0,\quad \omega_0^2=g/l \tag{4.3.6}$$

令 $x=\varphi, y=\dot{\varphi}$，则有

$$f(x)=\omega_0^2\sin\varphi=0,\quad V(x)=\omega_0^2(1-\cos x) \tag{4.3.7}$$

能量积分为

$$\frac{1}{2}y^2+\omega_0^2(1-\cos x)=E \tag{4.3.8}$$

式(4.3.7)和式(4.3.8)的相轨迹如图 4.3.2 所示。利用式(4.3.8)判断，相平面的横坐标轴上有无数个中心 $x=\pm 2n\pi$ 和鞍点 $x=\pm(2n+1)\pi\ (n=0,1,\cdots)$。由于转角 φ 的周期性，中心和鞍点各据有同一位置，即单摆的下垂位置和倒立位置，根据奇点的几何特征判断：单摆的下垂位置稳定，倒立位置不稳定。此结论也可根据拉格朗日定理直接作出判断。

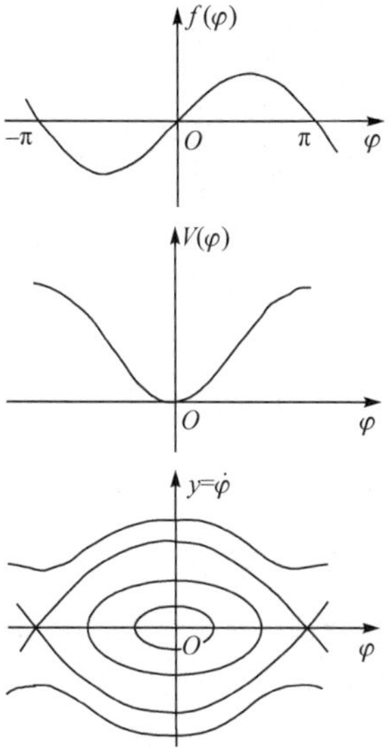

图 4.3.2　单摆的相轨迹

4.3.3　静态分叉

设所讨论的保守系统的力场依赖某个参数 μ，运动方程(4.3.1)写为

$$\ddot{x}+f(x,\mu)=0 \tag{4.3.9}$$

则根据式(4.3.4)计算的势能 V 为

$$V(x,\mu)=\int_0^x f(x,\mu)\mathrm{d}x \tag{4.3.10}$$

当参数 μ 变化时，相轨迹随之变化。若 μ 经过某个临界值时，相轨迹的拓扑性质包括奇点的个数和类型发生突变，则称 μ 为分岔参数，μ 的临界值为分岔值。这种相轨迹的拓扑性质随参数的变化产生突变的现象称为分岔。

相轨迹的奇点 x_s 由以下方程确定：

$$f(x_s,\mu)=0 \tag{4.3.11}$$

方程(4.3.11)在 (x_s,μ) 平面上确定的曲线将此平面分隔成两个区域，分别对应 $f(x_s,\mu)>0$ 和 $f(x_s,\mu)<0$，如图 4.3.3 所示。图中以阴影线表示 $f(x_s,\mu)>0$ 的区

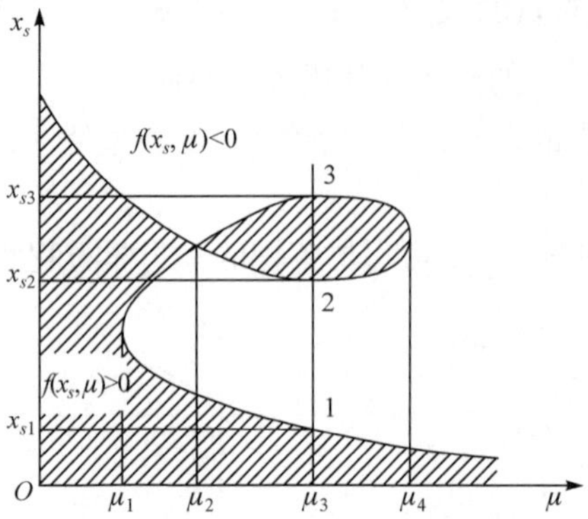

图 4.3.3 奇点位置与参数 μ 的关系曲线

域。对于任一给定的参数 μ_0，奇点的位置可由直线 $\mu=\mu_0$ 与曲线 $f(x_s,\mu)=0$ 的交点 1、2、3 的纵坐标 x_{s1}、x_{s2}、x_{s3} 确定。当 x 由小于 x_{s1} 经过 x_{s1} 变为大于 x_{s1} 时，$f(x_s,\mu)$ 从正值变为负值，因而有

$$f(x_s,\mu)<0 \quad \text{即} \quad V''_x(x_s,\mu_0)<0 \tag{4.3.12}$$

式(4.3.12)表明，势能 $V(x_s,\mu_0)$ 在 $x=x_{s1}$ 处取极小值，奇点为鞍点。同样，奇点 $x=x_{s3}$ 也是鞍点。至于 $x=x_{s2}$，则有

$$f(x_s,\mu)>0 \quad \text{即} \quad V''_x(x_s,\mu_0)>0 \tag{4.3.13}$$

因此，势能 $V(x_s,\mu_0)$ 在 $x=x_{s2}$ 处取极小值，奇点为中心。基于以上分析，庞加莱提出判断平衡位置稳定性和确定分岔点的几何方法：如果区域 $f(x_s,\mu)>0$ 位于曲线 $f(x_s,\mu)=0$ 的上方，则奇点为中心，平衡位置稳定；如果区域 $f(x_s,\mu)>0$ 位于曲线 $f(x_s,\mu)=0$ 的下方，则奇点为鞍点，平衡位置不稳定。

在图 4.3.3 中以阴影线表示 $f(x_s,\mu)>0$ 区域。用上述方法判断出的稳定和不稳定位置分别以实线和虚线表示。曲线上 $\mathrm{d}\mu/\mathrm{d}x_s$ 为零或取不定值所对应的点 $\mu=\mu_1$、μ_2、μ_3 都具有临界性质，因为当 μ 经过这些点时，奇点的个数和类型都产生突变，所以 μ_1、μ_2、μ_3 就是相轨迹的分岔值。若 $f(x_s,\mu)$ 为 x 的线性函数，则不存在分岔值。因此，**分岔现象仅存在于非线性系统**。

例 4.3.3 试用几何方法分析例 3.2.4 中小球在转动圆环管(图 3.2.4)中的相对平衡位置及稳定性与圆环转速 Ω 的关系，确定的 Ω 分岔值。

解 将例 3.2.4 中式(3.2.27)表示的动能 T 和势能 V 代入拉格朗日方程，写出小球的动力学方程为

$$\ddot{\theta}+f(\theta,\Omega)=0, \quad f(\theta,\Omega)=\sin\theta\left(\frac{g}{r}-\Omega^2\cos\theta\right)$$

令 $f(\theta,\Omega)=0$，解出小球的平衡位置为

$$\theta_{s1}=0, \quad \theta_{s2}=\arccos\left(\frac{g}{r\Omega^2}\right), \quad \theta_{s3}=\pi$$

式中，θ_{s2} 仅在 $\Omega_{cr}>\sqrt{g/r}$ 条件下存在。在 (Ω,θ_s) 平面上作出 $f(\theta_s,\Omega)=0$ 曲线，用实线和虚线标出中心和鞍点，如图 4.3.4 所示。并可确定 Ω 的分叉值为 $\Omega_{cr}=\sqrt{g/r}$。

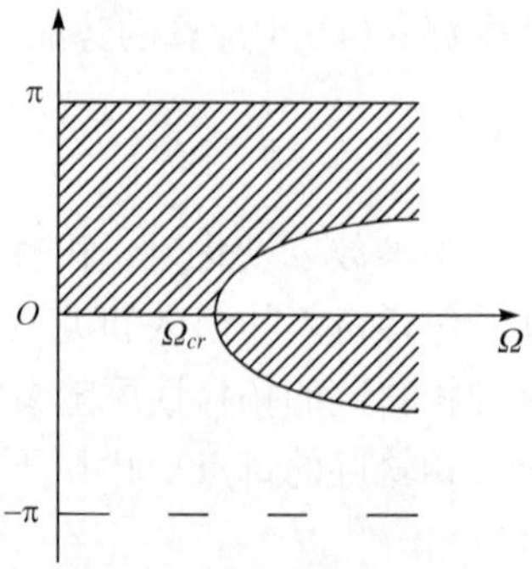

图 4.3.4 中心和鞍点

4.3.4 保守系统的平衡位置稳定性

定理 4.3.1(拉格朗日-狄利克雷定理)　对于定常完整保守系统，若势能函数在平衡位置取孤立极小值，则该平衡位置是稳定的。

证明　取保守力学系统的总机械能为李雅普诺夫函数：

$$E(\underline{\boldsymbol{x}},\dot{\underline{\boldsymbol{x}}})=T(\underline{\boldsymbol{x}},\dot{\underline{\boldsymbol{x}}})+V(\underline{\boldsymbol{x}}) \tag{4.3.14}$$

式中，$\underline{\boldsymbol{x}}=\{x_1,x_2,\cdots,x_n\}^{\mathrm{T}}$ 为广义坐标矢量。动能是广义速度 $\dot{\boldsymbol{x}}$ 的二次函数，即

$$T=\frac{1}{2}\sum_{i=1}^{n}\sum_{j=1}^{n}m_{ij}(\underline{\boldsymbol{x}})\dot{x}_i\dot{x}_j=\frac{1}{2}\dot{\underline{\boldsymbol{x}}}^{\mathrm{T}}\underline{\boldsymbol{M}}(\underline{\boldsymbol{x}})\dot{\underline{\boldsymbol{x}}} \tag{4.3.15}$$

式中，惯性矩阵 $\underline{\boldsymbol{M}}(\underline{\boldsymbol{x}})=[m_{ij}(\underline{\boldsymbol{x}})]$ 为正定的。

势能可选取满足条件：$V(\underline{\boldsymbol{x}})\big|_{\underline{\boldsymbol{x}}=\underline{\boldsymbol{0}}}=0$，在 $\underline{\boldsymbol{x}}=\underline{\boldsymbol{0}}$ 时平衡位置。在平衡位置 $\underline{\boldsymbol{x}}=\underline{\boldsymbol{0}}$ 处，所有广义力均等于零，即 $\partial V(\underline{\boldsymbol{x}})/\partial x_i\big|_{\underline{\boldsymbol{x}}=\underline{\boldsymbol{0}}}$ $(i=1,2,\cdots,n)$，按该定理给出的条件，势能在原点取极小值，即在原点的邻域内，$V(\underline{\boldsymbol{x}})$ 除 $\underline{\boldsymbol{x}}=\underline{\boldsymbol{0}}$ 外，对于一切 $\underline{\boldsymbol{x}}$ 均取正值。故 $V(\underline{\boldsymbol{x}})$ 是 $\underline{\boldsymbol{x}}$ 的正定函数。

综上所述，$E(\underline{\boldsymbol{x}},\dot{\underline{\boldsymbol{x}}})$ 是关于 $\underline{\boldsymbol{x}}$ 和 $\dot{\underline{\boldsymbol{x}}}$ 的正定函数，又由保守力学系统的机械能守恒，故 $E(\underline{\boldsymbol{x}},\dot{\underline{\boldsymbol{x}}})\equiv 0$，根据李雅普诺夫定理，系统原点稳定。

对于单自由度保守力学系统，在平衡位置上取极小值，则该平衡位置是稳定的；若在平衡位置上势能非极小(极大或非极大、非极小)，则该平衡位置是不稳定的。此结论可用李雅普诺夫直接方法给出严格证明。

对于一般多自由度保守力学系统，拉格朗日定理已经证明是成立的，但对不稳定性的证明，例子是人为选取的。下面给出契达耶夫关于不稳定性的定理。

设势能 $V(x)$ 在平衡位置 $x=0$ 上可展开为泰勒级数，即

$$V(x)=V_m(x_1,x_2,\cdots,x_n)+V_{m+1}(x_1,x_2,\cdots,x_n)+\cdots$$

式中，$V_m(x_1,x_2,\cdots,x_n)$ 为 m 次齐次函数，$m\geqslant 2$。

将动能的表达式(4.3.15)中的系数 $m_{ij}(\underline{\boldsymbol{x}})$ 在原点展开为泰勒级数，即

$$m_{ij}(\underline{\boldsymbol{x}})=m_{ij}(\underline{\boldsymbol{0}})+B_{ij}(\underline{\boldsymbol{x}}) \tag{4.3.16}$$

式中，$m_{ij}(\underline{\boldsymbol{0}})$ 为常数；$B_{ij}(\underline{\boldsymbol{x}})$ 为所有非常数的一次项及高次项的和。从而动能表达式可写为

$$T=\frac{1}{2}\sum_{i=1}^{n}\sum_{j=1}^{n}m_{ij}(\underline{\boldsymbol{0}})\dot{x}_i\dot{x}_j+\frac{1}{2}\sum_{i=1}^{n}\sum_{j=1}^{n}B_{ij}(\underline{\boldsymbol{x}})\dot{x}_i\dot{x}_j \tag{4.3.17}$$

证明过程常用到齐次函数的性质，对 m 次齐次函数 $f(x_1,x_2\cdots,x_n)$，有

$$\sum_{i=1}^{n} x_i \frac{\partial f(x_1, x_2, \cdots, x_n)}{\partial x_i} = mf(x_1, x_2, \cdots, x_n) \tag{4.3.18}$$

假设系统的运动微分方程可用哈密顿方程表述，即

$$\dot{x}_i = \frac{\partial H}{\partial \dot{x}_i}, \quad \ddot{x}_i = -\frac{\partial H}{\partial x_i}, \quad i = 1, 2, \cdots, n \tag{4.3.19}$$

若取李雅普诺夫函数 $E = \sum_{i=1}^{n} \dot{x}_i x_i$，则其沿系统表达式(4.3.19)的解曲线的导数为

$$\begin{aligned}\dot{E} &= \sum_{i=1}^{n} \dot{x}_i \frac{\partial H}{\partial \dot{x}_i} - \sum_{i=1}^{n} x_i \frac{\partial H}{\partial x_i} = \sum_{i=1}^{n} \dot{x}_i \frac{\partial T}{\partial \dot{x}_i} - \frac{1}{2} \sum_{i,j=1}^{n} x_l \frac{\partial B_{ij}}{\partial x_l} \dot{x}_i \dot{x}_j - \sum_{i=1}^{n} x_l \left(\frac{\partial V_m}{\partial x_l} + \frac{\partial V_{m+1}}{\partial x_l} + \cdots \right) \\ &= \left[\sum_{i,j=1}^{n} m_{ij} \dot{x}_i \dot{x}_j + \sum_{i,j=1}^{n} \left(B_{ij} - \frac{1}{2} \sum_{i=1}^{n} x_l \frac{\partial B_{ij}}{\partial x_l} \right) \dot{x}_i \dot{x}_j \right] - [mV_m + (m+1)V_{m+1} + \cdots]\end{aligned}$$

当 $\underline{\boldsymbol{x}} = \underline{\boldsymbol{0}}$ 时，因 $B_{ij}(\underline{\boldsymbol{x}})$ 是 $m_{ij}(\underline{\boldsymbol{0}})$ 的泰勒级数展开式中高于一次的项，故有

$$\left(B_{ij} - \frac{1}{2} \sum_{i=1}^{n} x_l \frac{\partial B_{ij}}{\partial x_l} \right) = 0$$

又 $\sum_{i=1}^{n} \sum_{j=1}^{n} m_{ij} \dot{x}_i \dot{x}_j$ 是正定的，因此在 $\underline{\boldsymbol{x}} = \underline{\boldsymbol{0}}$ 近旁 $\sum_{i=1}^{n} m_{ij} \dot{x}_i \dot{x}_j + \sum_{i,j=1}^{n} \left(B_{ij} - \frac{1}{2} \sum_{i=1}^{n} x_l \frac{\partial B_{ij}}{\partial x_l} \right) \dot{x}_i \dot{x}_j$ 是 $\dot{x}_i$ 的正定二次型。

定理 4.3.2(契达耶夫定理)　若保守系统的孤立平衡点 $x = 0$ 上势能非极小，且势能是齐次函数，则该平衡位置是不稳定的。

证明　将系统的运动方程表示为式(4.3.19)，并设势能是 x_i 的 m 次齐次函数，m 为任一数，即

$$V(x_1, x_2, \cdots, x_n) = V_m(x_1, x_2, \cdots, x_n)$$

取李雅普诺夫函数 $E = -H \sum_{i=1}^{n} \dot{x}_i x_i$，其中 $H = T + V$ 是哈密顿函数。

因在 $x = 0$ 处非极小，故在相空间 $(x_i, \dot{x}_i)$ 的原点任一邻域中，存在区域 Ω_0 满足在其内部取负值，且有 $H = T + V < 0$。显然，在 Ω_0 的内部可找到边界过原点的一区域 Ω^*，使得在 Ω^* 的边界上，$H = 0$ 或 $\sum_{i=1}^{n} \dot{x}_i x_i = 0$，而在其内部有 $\sum_{i=1}^{n} \dot{x}_i x_i > 0$。这样在 Ω^* 中，$E > 0$。

李雅普诺夫函数沿系统表达式(4.3.19)的解曲线的全导数为

$$\dot{E} = -H \left[\sum_{i,j=1}^{n} m_{ij} \dot{x}_i \dot{x}_j + \sum_{i,j=1}^{n} \left(B_{ij} - \frac{1}{2} \sum_{i=1}^{n} x_l \frac{\partial B_{ij}}{\partial x_l} \right) \dot{x}_i \dot{x}_j \right] + mHV_m$$

前述已论证 $\sum_{i,j=1}^{n} m_{ij}\dot{x}_i\dot{x}_j + \sum_{i,j=1}^{n}\left(B_{ij} - \frac{1}{2}\sum_{l=1}^{n} x_l \frac{\partial B_{ij}}{\partial x_l}\right)\dot{x}_i\dot{x}_j > 0$ 是正定的，而 HV_m 在 Ω^* 中也为正，于是 Ω^* 中 $\dot{E} > 0$ 是正定的。

4.3.5　耗散力对平衡位置稳定性的影响

如果在系统的运动过程中，广义力的功率小于或等于零，则称此广义力为**耗散力**。如果定常完整力学系统中除受到有势力作用外，还受到与速度一次方成正比的耗散力，即广义力可写为

$$Q_i = -\sum_{j=1}^{n} m_{ij}(x)\dot{x}_j, \quad i = 1, 2, \cdots, n \tag{4.3.20}$$

其中 $m_{ij} = m_{ji}\ (i = 1, 2, \cdots, n)$，耗散力的功率为 $\sum_{i=1}^{n} Q_i\dot{x}_i = -\sum_{i=1}^{n}\sum_{j=1}^{n} m_{ij}(x)\dot{x}_i\dot{x}_j$，其功率应该小于等于零，即

$$N = \sum_{i=1}^{n} Q_i\dot{x}_i \leqslant 0$$

定义瑞利耗散函数

$$R = \frac{1}{2}\sum_{i=1}^{n}\sum_{j=1}^{n} m_{ij}\dot{x}_i\dot{x}_j \tag{4.3.21}$$

若只有当所有 $\dot{q}_i = 0\ (i = 1, 2, \cdots, n)$ 时，耗散力的功率 N 才等于零，该系统受到的阻力为完全的耗散力系，其力学意义为：只要有速度就有能耗。反之，称耗散力系为非完全的，例如系统的某一部分没有受到阻力，当这一部分有运动时，耗散力系并不消耗能量。

定理 4.3.3　若定常保守系统在李雅普诺夫意义下稳定，则耗散力不会改变平衡位置的稳定性；若耗散力具有完全耗散性，可使平衡位置变为渐近稳定。

证明　由该定理的条件，势能函数 V 为正定函数，构造李雅普诺夫函数为

$$E(\dot{\boldsymbol{x}}, \boldsymbol{x}) = T + V \tag{4.3.22}$$

计算李雅普诺夫函数 E 对时间的导数为

$$\begin{aligned} W = \frac{\mathrm{d}E}{\mathrm{d}t} &= \sum_{i=1}^{n}\left(\frac{\partial T}{\partial \dot{x}_i}\ddot{x}_i + \frac{\partial T}{\partial x_i}\dot{x}_i\right) + \sum_{i=1}^{n}\frac{\partial V}{\partial x_i}\dot{x}_i \\ &= \sum_{i=1}^{n}\frac{\mathrm{d}}{\mathrm{d}t}\left(\frac{\partial T}{\partial \dot{x}_i}\dot{x}_i\right) + \sum_{i=1}^{n}\left(\frac{\mathrm{d}}{\mathrm{d}t}\frac{\partial T}{\partial \dot{x}_i}\right)\dot{x}_i + \sum_{i=1}^{n}\frac{\partial T}{\partial \dot{x}_i}\dot{x}_i - \sum_{i=1}^{n}\frac{\partial V}{\partial x_i}\dot{x}_i + 2\sum_{i=1}^{n}\frac{\partial V}{\partial x_i}\dot{x}_i \\ &= 2\frac{\mathrm{d}T}{\mathrm{d}t} - \sum_{i=1}^{n}\left(\frac{\mathrm{d}}{\mathrm{d}t}\frac{\partial T}{\partial \dot{x}_i} - \frac{\partial T}{\partial x_i} + \frac{\partial V}{\partial x_i}\right)\dot{x}_i + 2\frac{\mathrm{d}V}{\mathrm{d}t} = 2\frac{\mathrm{d}E}{\mathrm{d}t} - \sum_{i=1}^{n}\left(\frac{\mathrm{d}}{\mathrm{d}t}\frac{\partial L}{\partial \dot{x}_i} - \frac{\partial L}{\partial x_i}\right)\dot{x}_i \end{aligned} \tag{4.3.23}$$

由第二类拉格朗日方程知，式(4.3.23)括号项等于 Q_i，因此式(4.3.23)可简化为

$$W = 2W - \sum_{i=1}^{n} Q_i x_i$$

再由式(4.3.20)和式(4.3.21)，可得

$$\sum_{i=1}^{n} Q_i x_i = -2R$$

故有 $W = -2R$，由于 $R \geqslant 0$，所以 $W \leqslant 0$。由该定理的条件知，E 为广义坐标与广义速度的正定函数，故由稳定性判定定理知，平衡位置仍为稳定的平衡位置。若耗散力具有完全耗散性，R 为正定函数，W 为负定函数。平衡位置变为渐近稳定。定理得证。

定理 4.3.4　若定常保守系统在李雅普诺夫意义下是不稳定的，则增加完全耗散性的耗散力不能使平衡位置稳定。

证明　由该定理的条件，势能函数 V 为广义的变号函数，因此由式(4.3.22)定义的 E 函数为变号函数。又由式(4.3.23)知，W 为负定函数，故由李雅普诺夫不稳定判定定理知，平衡位置仍为不稳定。定理得证。

设单自由度系统除保守力外，还受到与速度成比例的黏性阻力作用，阻尼系数为 c。在方程(4.3.1)的右项增加 $-c\dot{x}$，得到单自由度耗散系统的动力学方程为

$$\ddot{x} + c\dot{x} + f(x) = 0$$

仍令 $y = \dot{x}$，化作

$$\frac{\mathrm{d}y}{\mathrm{d}x} = -\frac{f(x)}{y} - c \tag{4.3.24}$$

方程(4.3.24)确定相平面(x, y)内的向量场。保守系统的方程(4.3.3)是 $c=0$ 的特殊情形，其稳定平衡状态对应中心类奇点。附近的相轨迹为围绕奇点的封闭曲线族，其幅度随初始能量的降低而缩小。当 $c \neq 0$ 时，将方程(4.3.24)与保守系统的方程(4.3.3)比较，可看出二者的区别在于相平面上同一点处的相轨迹斜率相差一项 $-c$。可以估计，耗散系统的相点将从能级较高的封闭曲线向内进入能级较低的封闭曲线，不断朝奇点方向趋近。根据李雅普诺夫的稳定性定义，平衡状态由稳态转为渐近稳定。当阻尼较微弱时，相轨迹仍保持封闭系统的部分特征，因此在向奇点趋近的过程中可围绕奇点无穷尽地转动而形成一条螺线。这类奇点称为**稳定焦点**。对于较强的阻尼作用，相轨迹尚未完成绕奇点转动一周即接近奇点，成为直接通往奇点的射线。对应的奇点称为**稳定结点**。作为耗散系统，阻尼系数 c 必须为正值。若 c 为负值，则相点的运动趋势相反，不断向外进入能级较高的相轨迹，平衡状态转为不稳定，奇点类型改称为**不稳定焦点**或**不稳定结点**。

4.3.6　陀螺力对平衡位置稳定性的影响

如果广义力的功率为零，则称为陀螺力。如果定常完整系统除受有势力作用

外，还受到陀螺力作用，则其广义力可写成 $\underline{\boldsymbol{Q}}=\underline{\boldsymbol{G}}\underline{\dot{\boldsymbol{x}}}$，或

$$Q_i=\sum_{j=1}^{n}g_{ij}(\underline{\boldsymbol{x}})\dot{x}_j,\quad i=1,2,\cdots,n,\quad g_{ij}=-g_{ji},\quad i,j=1,2,\cdots,n \tag{4.3.25}$$

计算陀螺力的功率，由式(4.3.25)，有

$$\sum_{i=1}^{n}Q_i\dot{x}_i=\sum_{i=1}^{n}g_{ij}\dot{x}_i\dot{x}_j\equiv 0 \tag{4.3.26}$$

即陀螺力的总功率之和恒为零。

耗散力(线性)不会破坏系统的稳定性，在一定条件下，如果阻尼是完全阻尼，可以增进系统的稳定性，例如，使系统变成渐近稳定的，但耗散力却不能起到镇定作用，变不稳定系统为稳定的。

陀螺力与耗散力不同，具有某些奇特性质，不会破坏系统的稳定性，也不会增进系统的稳定性，但在一定条件下可以起到镇定作用，把不稳定系统变成稳定的(非渐近稳定的)。

本节就线性保守力学系统，讨论陀螺力对系统稳定性的影响。在线性系统中，动能、势能及耗散函数

$$T=\frac{1}{2}\underline{\dot{\boldsymbol{x}}}^{\mathrm{T}}\underline{\boldsymbol{M}}\underline{\dot{\boldsymbol{x}}},\quad V=\frac{1}{2}\underline{\dot{\boldsymbol{x}}}^{\mathrm{T}}\underline{\boldsymbol{K}}\underline{\dot{\boldsymbol{x}}},\quad R=\frac{1}{2}\underline{\dot{\boldsymbol{x}}}^{\mathrm{T}}\underline{\boldsymbol{D}}\underline{\dot{\boldsymbol{x}}} \tag{4.3.27}$$

均为二次型，且

$$\underline{\boldsymbol{M}}>\underline{\boldsymbol{0}},\quad \underline{\boldsymbol{K}}=\underline{\boldsymbol{K}}^{\mathrm{T}},\quad \underline{\boldsymbol{D}}=\underline{\boldsymbol{D}}^{\mathrm{T}}\geqslant\underline{\boldsymbol{0}} \tag{4.3.28}$$

即：惯性矩阵 $\underline{\boldsymbol{M}}$ 是正定的；刚度矩阵 $\underline{\boldsymbol{K}}$ 对称，可以正定、变号或负定，视保守力的性质而定，但当平衡状态 $\underline{\boldsymbol{x}}=\underline{\boldsymbol{0}}$ 是孤立点时，恒有 $|\underline{\boldsymbol{K}}|\neq 0$；耗散矩阵 $\underline{\boldsymbol{D}}$ 则是半正定的。

受到陀螺力作用的系统称为**陀螺力系统**，其线性模型通常表达为

$$\underline{\boldsymbol{M}}\underline{\ddot{\boldsymbol{x}}}+\underline{\boldsymbol{D}}\underline{\dot{\boldsymbol{x}}}+\underline{\boldsymbol{G}}\underline{\dot{\boldsymbol{x}}}+\underline{\boldsymbol{K}}\underline{\boldsymbol{x}}=\underline{\boldsymbol{0}} \tag{4.3.29}$$

式中，$\underline{\boldsymbol{M}}>\underline{\boldsymbol{0}}$，$\underline{\boldsymbol{K}}=\underline{\boldsymbol{K}}^{\mathrm{T}}$，$\underline{\boldsymbol{D}}=\underline{\boldsymbol{D}}^{\mathrm{T}}\geqslant\underline{\boldsymbol{0}}$，$\underline{\boldsymbol{G}}=-\underline{\boldsymbol{G}}^{\mathrm{T}}$。

定理 4.3.5　设保守力学系统

$$\underline{\boldsymbol{M}}\underline{\ddot{\boldsymbol{x}}}+\underline{\boldsymbol{K}}\underline{\boldsymbol{x}}=\underline{\boldsymbol{0}}$$

稳定，增加陀螺力 $\underline{\boldsymbol{G}}\underline{\dot{\boldsymbol{x}}}$，不管有无耗散力 $\underline{\boldsymbol{D}}\underline{\dot{\boldsymbol{x}}}$，都不会破坏系统表达式(4.3.29)的稳定性。即系统式(4.3.29)总是稳定的。

证明　取

$$E(\underline{\boldsymbol{x}},\underline{\dot{\boldsymbol{x}}})=\frac{1}{2}\underline{\dot{\boldsymbol{x}}}^{\mathrm{T}}\underline{\boldsymbol{M}}\underline{\dot{\boldsymbol{x}}}+\frac{1}{2}\underline{\dot{\boldsymbol{x}}}^{\mathrm{T}}\underline{\boldsymbol{K}}\underline{\dot{\boldsymbol{x}}}$$

为李雅普诺夫函数，显然 $E(\underline{\boldsymbol{x}},\underline{\dot{\boldsymbol{x}}})$ 是正定的。求其沿系统解的导数，得

$$\dot{E}=\underline{\dot{\boldsymbol{x}}}^{\mathrm{T}}\underline{\boldsymbol{M}}\underline{\ddot{\boldsymbol{x}}}+\underline{\boldsymbol{x}}^{\mathrm{T}}\underline{\boldsymbol{K}}\underline{\dot{\boldsymbol{x}}}$$

考虑到

$$\ddot{\underline{x}} = -\underline{M}^{-1}(\underline{D}\dot{\underline{x}} + \underline{G}\dot{\underline{x}} + \underline{K}\underline{x})$$

则有

$$\begin{aligned}\dot{E} &= -\dot{\underline{x}}^{\mathrm{T}}\underline{M}\underline{M}^{-1}(\underline{D}\dot{\underline{x}} + \underline{G}\dot{\underline{x}} + \underline{K}\underline{x}) + \underline{x}^{\mathrm{T}}\underline{K}\dot{\underline{x}} \\ &= -\dot{\underline{x}}^{\mathrm{T}}\underline{D}\dot{\underline{x}} - \dot{\underline{x}}^{\mathrm{T}}\underline{G}\dot{\underline{x}} = -\dot{\underline{x}}^{\mathrm{T}}\underline{D}\dot{\underline{x}} \leqslant 0\end{aligned}$$

由于$E(\underline{x},\dot{\underline{x}})$是正定的，而$\dot{E}(\underline{x},\dot{\underline{x}})$是半负定的，故系统仍然稳定。这一结论当耗散力不存在时也成立。利用施加陀螺力方式使原来不稳定的平衡位置变为稳定，这样实现的稳定称为陀螺稳定。

4.4　李雅普诺夫直接方法

1892 年李雅普诺夫提出判断运动稳定性的一种直接方法。该方法不需要对扰动方程求解，而是根据扰动方程本身直接判断其零解的稳定性。**李雅普诺夫直接方法**要求构造具有特殊性质的函数，称为**李雅普诺夫函数**。计算该函数沿扰动方程解的全导数，使之与扰动方程联系，从而估计受扰运动解随时间推移的变化趋势。前面曾用几何方法证明了判断单自由度保守系统平衡稳定性的拉格朗日定理，即利用势能函数 V 在平衡位置孤立极小值作为稳定性的充分条件。利用李雅普诺夫直接方法可对更普遍意义下的拉格朗日定理做出严格的证明。也可以认为，李雅普诺夫直接方法是拉格朗日定理的发展和深化。

4.4.1　定号、半定号和不定号函数

设函数 $V(x)$是 n 维状态空间原点邻域内向量 $\underline{x}$ 的单值连续实函数。

定义 4.4.1　若 $V(x)$当且仅当 $\underline{x}=\underline{0}$ 时取零值，即 $V(0)=0$，而对 $\underline{x}=\underline{0}$ 的邻域内任何 $\underline{x}\neq\underline{0}$ 的值恒取正值(或负值)，即 $\underline{x}\neq\underline{0}$ 时 $V(x)>0$(或 $V(x)<0$)，则称 $V(x)$为正定(或负定)函数。正定和负定函数统称为**定号函数**。

定义 4.4.2　若 $V(x)$在 $\underline{x}=\underline{0}$ 时取零值，即 $V(0)=0$，而对 $\underline{x}=\underline{0}$ 的邻域内任何 $\underline{x}\neq\underline{0}$ 的值均不小于(或不大于)零，即 $\underline{x}\neq\underline{0}$ 时 $V(x)\geqslant 0$ 或($V(x)\leqslant 0$)，则称 $V(x)$为半正定(或半负定)函数。半正定与半负定函数统称为**半定号函数**。

定义 4.4.3　若 $V(x)$在 $\underline{x}=\underline{0}$ 时取零值，即 $V(0)=0$，而对 $\underline{x}=\underline{0}$ 的任意小邻域内任何 $\underline{x}\neq\underline{0}$ 的值既可取正值，也可取负值，则称 $V(x)$为**不定号函数**。

4.4.2　李雅普诺夫定理

定常系统的扰动方程的一般形式为

$$\dot{x}_i(t) = X_i(x_1, x_2, \cdots, x_n), \quad i = 1, 2, \cdots, n \tag{4.4.1}$$

式中，$x_i(i=1,2,\cdots,n)$ 为稳定运动的扰动。函数 $X_i(i=1,2,\cdots,n)$ 不显含时间 t，用状态空间中的向量 $\boldsymbol{x}$ 和向量函数 $\boldsymbol{X}(\boldsymbol{x})$ 表示为

$$\dot{\boldsymbol{x}} = \boldsymbol{X}(\boldsymbol{x}) \tag{4.4.2}$$

$\boldsymbol{X}$ 和 $\boldsymbol{x}$ 在 n 维空间中的坐标矩阵为

$$\underline{\boldsymbol{x}} = (x_1, x_2, \cdots, x_n)^{\mathrm{T}}, \quad \underline{\boldsymbol{X}} = (X_1, X_2, \cdots, X_n)^{\mathrm{T}} \tag{4.4.3}$$

为判断方程(4.4.1)零解的稳定性，必须构造一个可微函数 $E(x_1, x_2, \cdots, x_n)$，简写为 $E(\underline{\boldsymbol{x}})$。计算其沿扰动方程(4.4.1)解曲线的对时间 t 的全导数 $\dot{E}(\underline{\boldsymbol{x}})$ 为

$$\dot{E}(\underline{\boldsymbol{x}}) = \sum_{i=1}^{n} \frac{\partial E}{\partial x_i} \dot{x}_i = \sum_{i=1}^{n} \frac{\partial E}{\partial x_i} X_i \tag{4.4.4}$$

函数 $E(\underline{\boldsymbol{x}})$ 称为**李雅普诺夫函数**。根据函数 $E(\underline{\boldsymbol{x}})$ 及其全导函数 $\dot{E}(\underline{\boldsymbol{x}})$ 的定号性判断零解稳定性的方法称为李雅普诺夫直接方法，可归纳为以下三个基本定理。

定理 4.4.1　若能构造一个可微正定函数 $E(\underline{\boldsymbol{x}})$，使沿扰动方程(4.4.1)解曲线对时间 t 的全导数 $\dot{E}(\underline{\boldsymbol{x}})$ 为半负定或等于零，则系统的未扰运动稳定。

定理 4.4.2　若能构造一个可微正定函数 $E(\underline{\boldsymbol{x}})$，使沿扰动方程(4.4.1)解曲线对时间 t 的全导数 $\dot{E}(\underline{\boldsymbol{x}})$ 为负定，则系统的未扰运动渐近稳定。

定理 4.4.3　若能构造一个可微正定函数 $E(\underline{\boldsymbol{x}})$，使沿扰动方程(4.4.1)解曲线对时间 t 的全导数 $\dot{E}(\underline{\boldsymbol{x}})$ 为正定，则系统的未扰运动不稳定。

现从几何观点出发进行直观的证明。设扰动变量为二维，向量 $\underline{\boldsymbol{x}}$ 的坐标为 (x_1, x_2)。在 (x_1, x_2, E) 三维空间内作正定的函数曲面 Σ。此曲面在原点处与 (x_1, x_2) 相平面相切。以原点为中心，在 (x_1, x_2) 相平面内作半径为 ε 的圆 S_ε。过 S_ε 作柱面与 Σ 交于 S_1，过 S_1 曲线的最低点作平面 E(= 常量)与 Σ 相交于 S_2，S_2 在相平面上的投影 S_3 是与 S_ε 相切的封闭曲线，选择此封闭曲线的内切圆 S_δ (图 4.4.1)。若 E 沿扰动方程(4.1.5)解曲线计算的全导数 $\dot{E}$ 为半负定或等于零，则从 S_δ 出发的任意相点 P 在 Σ 上的对应点 P' 的运动不可能上行而必局限于 S_2 曲线的下方，因此从 S_δ 出发的每一条扰动方程的相轨迹均不能越出 S_ε，根据李雅普诺夫的定义 4.1.1，未扰运动稳定。若 $\dot{E}$ 为负定，则 P' 点的运动必沿曲面 Σ 下降至最低点，在相平面内对应的 P 点必向原点趋近。根据李雅普诺夫的定义 4.1.2，未扰运动为渐近稳定。若 E 为不定而 $\dot{E}$ 为正定，则在 $E > 0$ 区域内出发的 P' 点的运动必沿曲面 Σ 上升，相平面的 P 点必相应地不断远离原点而达到任意指定的 S_ε 的边界(图 4.4.2)。根据李雅普诺夫的定义 4.2.1，未扰运动不稳定。

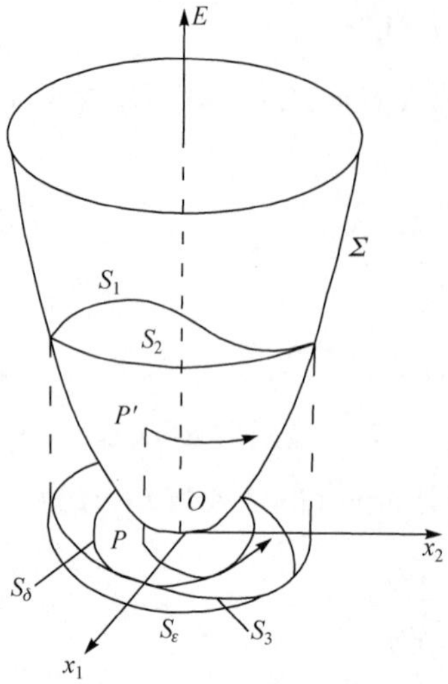

图 4.4.1 李雅普诺夫定理 4.4.1、4.4.2 的几何解释

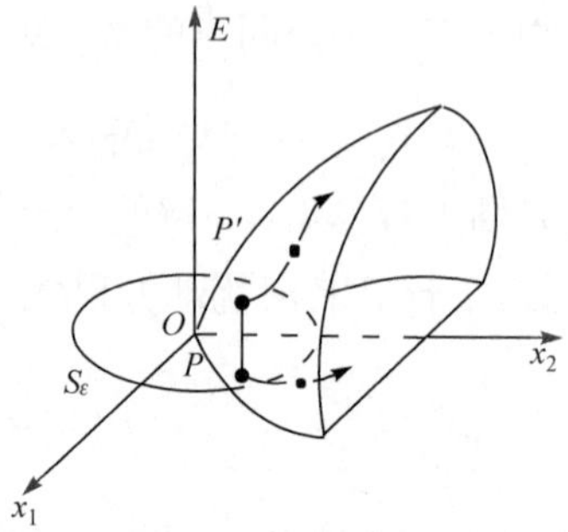

图 4.4.2 李雅普诺夫定理 4.4.3 的几何解释

例 4.4.1 试用李雅普诺夫直接方法判断以下系统的零解稳定性：

$$\begin{cases}\dot{x}_1 = x_2 + x_1 x_2^2 \\ \dot{x}_2 = -x_1 - x_1^2 x_2\end{cases} \tag{4.4.5}$$

解 选择正定的李雅普诺夫函数

$$E(x_1, x_2) = x_1^2 + x_2^2$$

计算 E 沿方程(4.4.5)解曲线的全导数，得到

$$\dot{E} = \frac{\partial E}{\partial x_1}\dot{x}_1 + \frac{\partial E}{\partial x_2}\dot{x}_2 = 2x_1(x_2 + x_1 x_2^2) + 2x_2(-x_1 - x_1^2 x_2) = 0$$

由于 $\dot{E}$ 等于零，所以系统的未扰运动稳定。

例 4.4.2 试用李雅普诺夫直接方法判断以下系统的零解稳定性：

$$\begin{cases}\dot{x}_1 = x_2 - x_1(x_1^2 + x_2^2) \\ \dot{x}_2 = -x_1 - x_2(x_1^2 + x_2^2)\end{cases} \tag{4.4.6}$$

解 选择正定的李雅普诺夫函数

$$E(x_1, x_2) = x_1^2 + x_2^2$$

计算 E 沿方程(4.4.6)解曲线的全导数，得到

$$\dot{E} = \frac{\partial E}{\partial x_1}\dot{x}_1 + \frac{\partial E}{\partial x_2}\dot{x}_2 = 2x_1[x_2 - x_1(x_1^2 + x_2^2)] + 2x_2[-x_1 - x_2(x_1^2 + x_2^2)] = -2(x_1^2 + x_2^2)^2$$

由于 $\dot{E}$ 为负定，所以系统的未扰运动为渐近稳定。

例 4.4.3　试用李雅普诺夫直接方法判断以下系统的零解稳定性：

$$\begin{cases} \dot{x}_1 = a^2 x_1 + x_1 x_2 \\ \dot{x}_2 = -b^2 x_2 + x_1^2 \end{cases} \tag{4.4.7}$$

解　选择不定的李雅普诺夫函数

$$E(x_1, x_2) = x_1^2 - x_2^2$$

计算 E 沿方程(4.4.7)解曲线的全导数，得到

$$\dot{E} = \frac{\partial E}{\partial x_1}\dot{x}_1 + \frac{\partial E}{\partial x_2}\dot{x}_2 = 2x_1(a^2 x_1 + x_1 x_2) - 2x_2(-b^2 x_2 + x_1^2) = 2(a^2 x_1^2 + b^2 x_2^2)$$

由于 $\dot{E}$ 为正定，所以系统的未扰运动为不稳定。

例 4.4.4　试确定例 3.2.4 中小球在转动圆环管内(图 3.2.4)运动的平衡位置，利用李雅普诺夫直接方法分析各平衡位置的稳定性。

解　列写小球运动的哈密顿方程，用 ω 表示 $\dot{\theta}$ ，计算系统的广义动量，得到

$$p = \frac{\partial L}{\partial \dot{\theta}} = mr^2\dot{\theta} = mr^2\omega \tag{4.4.8}$$

将式(4.4.8)与例 3.2.4 的式(3.2.27)代入式(3.3.13)，得到系统的哈密顿函数为

$$H = \frac{mr}{2}[r(\omega^2 - \Omega^2 \sin^2\theta) - 2g\cos\theta] \tag{4.4.9}$$

代入式(3.3.7)列出哈密顿方程为

$$\dot{\theta} = \omega, \quad \dot{\omega} = \Omega^2 \sin\theta\left(\cos\theta - \frac{g}{r\Omega^2}\right) \tag{4.4.10}$$

令 $\dot{\theta} = \dot{\omega} = 0$ ，导出与例 4.3.3 相同的小球平衡位置

$$\theta_{s1} = 0, \quad \theta_{s2} = \arccos\left(\frac{g}{r\Omega^2}\right), \quad \theta_{s3} = \pi, \quad \omega_s = 0$$

式中，θ_{s2} 仅在 $\Omega_{cr} > \sqrt{g/r}$ 条件下存在。将扰动 $x_1 = \theta - \theta_s, x_2 = \omega - \omega_s$ 代入式(4.4.9)仅保留 x_1、x_2 的二次项，略去不影响函数定号性的高阶小量，导出受扰运动的哈密顿函数为

$$H = \frac{mr}{2}[2\sin\theta_s(g - r\Omega^2\cos\theta_s)x_1 + (g\cos\theta_s - r\Omega^2 2\cos\theta_s)x_1^2 + rx_2^2]$$

将 H 取为李雅普诺夫函数，因存在广义能量积分，H 的全导数为零。分别令 $\theta_s = \theta_{s1}$ 或 θ_{s2} ，化作

$$\begin{cases} H(\theta_{s1}) = \dfrac{mr}{2}[(g - r\Omega^2)x_1^2 + rx_2^2] \\ H(\theta_{s2}) = \dfrac{mr}{2}\left[\left(\dfrac{r^2\Omega^4 - g^2}{r\Omega^2}\right)x_1^2 + rx_2^2\right] \end{cases}$$

$H(\theta_{s1})$ 当 $\Omega < \sqrt{g/r}$ 时为正定，$H(\theta_{s2})$ 当 $\Omega > \sqrt{g/r}$ 时为正定。根据李雅普诺夫的定理 4.4.1，当上述条件满足时，θ_{s1} 和 θ_{s2} 的平衡状态稳定。

为确定其余平衡状态的稳定性，将方程(4.4.10)化作 x_1、x_2 的扰动方程。仅保留扰动的一次项，得到

$$\dot{x}_1 = x_2, \quad \dot{x}_2 = \left[\Omega^2 \cos(2\theta_s) - \frac{g}{r}\cos\theta_s\right]x_1 \tag{4.4.11}$$

选择不定号函数 $U = x_1 x_2$，计算 U 函数沿方程(4.4.11)的解曲线的全导数，得到

$$\dot{U} = \frac{\partial U}{\partial x_1}\dot{x}_1 + \frac{\partial U}{\partial x_2}\dot{x}_2 = x_2^2 + \left[\Omega^2 \cos(2\theta_s) - \frac{g}{r}\cos\theta_s\right]x_1^2 \tag{4.4.12}$$

分别令式(4.4.12)中 $\theta_s = \theta_{s1}$ 或 θ_{s3}，化作

$$\dot{U}(\theta_{s1}) = x_2^2 + \left(\Omega^2 - \frac{g}{r}\right)x_1^2, \quad \dot{U}(\theta_{s3}) = x_2^2 + \left(\Omega^2 + \frac{g}{r}\right)x_1^2$$

$\dot{U}(\theta_{s1})$ 当 $\Omega > \sqrt{g/r}$ 时为正定，根据李雅普诺夫的定理 4.4.3，满足此条件时 θ_{s1} 平衡状态不稳定。$\dot{U}(\theta_{s3})$ 对 Ω 的任何值均为正定，根据同一定理，θ_{s3} 平衡状态恒不稳定。此结论与例 4.4.3 用几何方法的分析结果一致。

4.4.3　拉格朗日定理

4.3.2 节中已从几何观点证明了单自由度保守系统平衡稳定性的拉格朗日定理。利用李雅普诺夫直接方法可进一步证明，拉格朗日定理也适用于任意自由度的保守系统。为此，取系统的哈密顿函数 $H=T+V$ 为李雅普诺夫函数，其中的动能 T 为广义速度的正定二次齐函数。将平衡位置作为势能的零点，若势能 V 在平衡位置取孤立极小值，则 V 为广义坐标的正定函数。因此，H 为包含广义坐标和广义速度的全部扰动变量的正定函数。由于保守系统存在能量积分，任何受扰运动对应的 $T+V$ 均保持常数，其沿扰动方程解曲线的全导数 $\dot{H}$ 必等于零。根据李雅普诺夫的定理 4.4.1，平衡状态稳定。从而证明：**若定常完整保守系统的势能 V 在平衡位置取孤立极小值，则其平衡状态稳定。**

为讨论拉格朗日定理的逆命题，将系统的正则变量，即广义坐标 q_i 和对应的广义动量 $p_i(i=1,2,\cdots,f)$ 取作独立变量。将保守系统的动能 T 改写为广义动量

$p_i(i=1,2,\cdots,f)$的二次齐函数

$$T=\frac{1}{2}\sum_{i=1}^{f}\sum_{j=1}^{f}\beta_{ij}p_i p_j \tag{4.4.13}$$

将系统的受扰运动方程写为哈密顿方程(3.3.7)的形式。取不定号函数 $U=\sum_{i=1}^{f}p_i q_i$，计算其沿扰动方程解曲线的全导数，将哈密顿方程(3.3.7)代入，则得到

$$\dot{U}=\sum_{i=1}^{f}(p_i\dot{q}_i+q_i\dot{p}_i)=\sum_{i=1}^{f}\left(p_i\frac{\partial H}{\partial p_i}-q_i\frac{\partial H}{\partial q_i}\right) \tag{4.4.14}$$

设势能 V 为广义坐标 $q_i(i=1,2,\cdots,f)$ 的二次齐函数，略去不影响定号性的高阶小量，利用欧拉齐次函数定理将式(4.4.14)化为

$$\dot{U}=2(T-V)=2H \tag{4.4.15}$$

若势能 V 在平衡位置取孤立极大值，则为广义坐标的负定函数。式(4.4.15)表明 $\dot{U}$ 为 q_i 和 $p_i(i=1,2,\cdots,f)$ 的正定函数。根据李雅普诺夫的定理 4.4.3，平衡状态不稳定。从而证明：**若势能 V 在平衡位置取孤立极大值，且 V 为广义坐标的二次齐函数，则保守系统的平衡状态不稳定**。此结论的限制条件还可以放宽为：**若势能 V 在平衡位置不具有孤立极小值，且 V 为广义坐标的 m 次齐函数($m\geqslant 2$)，则保守系统的平衡状态不稳定**。由契达耶夫证明的上述定理也称作**契达耶夫定理**。

上述对拉格朗日定理的证明过程提供了一种构造李雅普诺夫函数的实用方法。对于有初积分存在的系统，只要将受扰运动的初积分或初积分的组合选为李雅普诺夫函数，其全导数必等于零。则无扰运动的稳定性只取决于所选李雅普诺夫函数的定号性。

例 4.4.5　试分析例 3.2.5 中受弹簧约束的滑块在转盘上(图 3.2.5)相对平衡的稳定性。

解　利用例 3.2.5 的式(3.2.39)给出的 V 和 T_0，滑块在转动坐标系中的相对势能 V^* 为

$$V^*=V-T_0=\frac{1}{2}(k-m\Omega^2)(x^2+y^2) \tag{4.4.16}$$

暂不考虑科氏惯性力的影响，利用拉格朗日定理，根据式(4.4.16)判断相对势能 V^* 在 $x_s=y_s=0$ 处的极值条件。如 $k>m\Omega^2$，V^* 为正定，在平衡位置 $x_s=y_s=0$ 处取极小值，平衡稳定；如 $k<m\Omega^2$，V^* 为负定，在平衡位置 $x_s=y_s=0$ 处取极大值，平衡不稳定。

为检验此结论的合理性，可利用例 3.2.5 导出的线性化动力学方程(3.2.43)分析科氏惯性力对受扰运动的影响

$$\ddot{z}+2\mathrm{i}\Omega\dot{z}+\left(\frac{k}{m}-\Omega^2\right)z=0 \tag{4.4.17}$$

按照线性微分方程的通常处理方法，将指数函数特解 $z=z_0\mathrm{e}^{\lambda t}$ 代入方程(4.4.17)，导出特征方程为

$$\lambda^2+2\mathrm{i}\Omega\lambda+\frac{k}{m}-\Omega^2=0 \tag{4.4.18}$$

如忽略与科氏惯性力相关的第二项，从方程(4.4.18)解出的特征值为

$$\lambda_{1,2}=\pm\mathrm{i}\sqrt{\frac{k}{m}-\Omega^2}$$

当 $k>m\Omega^2$ 时，特征值为纯虚根，平衡稳定。当 $k<m\Omega^2$ 时，特征值有正实根，平衡不稳定。与上述应用拉格朗日定理的判断结果一致。

若保留科氏惯性力，则方程(4.4.18)的特征值改为

$$\lambda_{1,2}=-\mathrm{i}\left(\Omega\pm\sqrt{\frac{k}{m}}\right)$$

在任何情况下特征值均为纯虚根，受扰运动均为绕盘心的圆周运动，平衡恒稳定，与 k 的值无关。此结果与拉格朗日定理的判断不一致。根据 4.4.3 节的分析，利用纯虚根特征值判断线性系统稳定尚不能严格证明原系统稳定。但从物理概念分析，即使离心惯性力超过弹簧恢复能力，与径向扰动正交的科氏惯性力会使受扰运动沿周向偏转，根据线性系统稳定性的判断结果更具合理性。

4.5 线性系统的稳定性

虽然李雅普诺夫直接方法理论上适用于所有系统，但缺乏普遍适用的构造李雅普诺夫函数的方法，因此其在实际应用时存在不少困难。线性系统是用线性常系数常微分方程描述的特殊动力学系统，由于线性常系数常微分方程的数学理论已发展得十分完善，可以提供简便实用的稳定性判断方法。因此，在工程设计中，常将原系统的非线性项略去，近似地化作线性系统，称为原系统的一次近似系统。但原系统和简化后的线性系统是两个不同的系统，能否利用一次近似系统的分析结果来判断原非线性系统的稳定性，李雅普诺夫的一次近似理论对此进行了严格的论证。

4.5.1　线性系统的基本解

讨论含 n 个状态变量的定常系统，其普遍形式的动力学方程可表示为

$$\dot{x}_i(t) = X_i(x_1, x_2, \cdots, x_n), \quad i = 1, 2, \cdots, n \tag{4.5.1}$$

写作 n 维状态空间中的坐标矩阵形式为

$$\underline{\dot{\boldsymbol{x}}} = \underline{\boldsymbol{X}}(\underline{\boldsymbol{x}}) \tag{4.5.2}$$

当扰动足够微小时，将扰动方程(4.5.1)的右项展开成泰勒级数，略去二次以上的项，得到的线性方程组为原系统(4.5.1)的一次近似方程，即

$$\dot{x}_i = \sum_{j=1}^{n} a_{ij} x_j, \quad i = 1, 2, \cdots, n \tag{4.5.3}$$

用矩阵形式表达为

$$\underline{\dot{\boldsymbol{x}}} = \underline{\boldsymbol{A}}\underline{\boldsymbol{x}} \tag{4.5.4}$$

$n \times n$ 系数矩阵 $\underline{\boldsymbol{A}} = [a_{ij}]$ 为函数 $\underline{\boldsymbol{X}}$ 在 $\underline{\boldsymbol{x}} = \underline{\boldsymbol{0}}$ 处对向量 $\underline{\boldsymbol{x}}$ 的雅可比矩阵

$$a_{ij} = \left.\frac{\partial X_i}{\partial x_j}\right|_{\underline{\boldsymbol{x}}=\underline{\boldsymbol{0}}}, \quad i, j = 1, 2, \cdots, n \tag{4.5.5}$$

方程(4.5.4)存在指数函数解

$$\underline{\boldsymbol{x}} = \underline{\boldsymbol{B}} \mathrm{e}^{\lambda t} \tag{4.5.6}$$

式中，$\underline{\boldsymbol{B}} = \{B_j\}$ 为 n 维常值列阵，代入方程(4.5.4)，化作

$$(\underline{\boldsymbol{A}} - \lambda \underline{\boldsymbol{I}})\underline{\boldsymbol{B}} = \underline{\boldsymbol{0}} \tag{4.5.7}$$

式中，$\underline{\boldsymbol{I}}$ 为 n 阶单位矩阵。$\underline{\boldsymbol{B}}$ 有非零解的充分必要条件为系数行列式等于零，即

$$\left|\underline{\boldsymbol{A}} - \lambda \underline{\boldsymbol{I}}\right| = 0 \tag{4.5.8}$$

展开后得到 λ 的 n 次代数方程，称为矩阵 $\underline{\boldsymbol{A}}$ 的特征方程。此方程的根为矩阵 $\underline{\boldsymbol{A}}$ 的特征值。设共有 m 个不同的特征值 $\lambda_1, \lambda_2, \cdots, \lambda_m$，各根的重数分别为 $n_1, n_2, \cdots, n_m$，满足 $\sum\limits_{k=1}^{m} n_k = n$。

将方程(4.5.4)的 m 个特解记作 $\underline{\tilde{\boldsymbol{x}}}_k(t)(k = 1, 2, \cdots, m)$。若各特解之间为线性无关，则称 $\underline{\tilde{\boldsymbol{x}}}_k(t)$ 为方程(4.5.4)的基本解。依次将 $\underline{\tilde{\boldsymbol{x}}}_k(t)$ 排列成 $m \times m$ 阶矩阵 $\underline{\tilde{\boldsymbol{x}}}$

$$\underline{\tilde{\boldsymbol{x}}}(t) = \{\underline{\tilde{\boldsymbol{x}}}_1(t), \underline{\tilde{\boldsymbol{x}}}_2(t), \cdots, \underline{\tilde{\boldsymbol{x}}}_m(t)\} \tag{4.5.9}$$

基本解矩阵 $\underline{\tilde{\boldsymbol{x}}}$ 可用矩阵指数函数 $\mathrm{e}^{\underline{\boldsymbol{A}}t}$ 表示为

$$\underline{\tilde{\boldsymbol{x}}}(t) = \mathrm{e}^{\underline{\boldsymbol{A}}t} = \underline{\boldsymbol{I}} + \underline{\boldsymbol{A}}t + \frac{1}{2!}\underline{\boldsymbol{A}}^2 t^2 + \cdots \tag{4.5.10}$$

作为式(4.5.10)的一维特解，将 $\underline{\boldsymbol{A}}$ 以标量 a 代替，即化作通常指数函数的幂级数展开式：

$$\mathrm{e}^{at} = 1 + at + \frac{1}{2!}a^2 t^2 + \cdots \tag{4.5.11}$$

将式(4.5.10)逐项对 t 求导，得到

$$\dot{\underline{\tilde{\boldsymbol{x}}}}(t) = \underline{\boldsymbol{A}} + \underline{\boldsymbol{A}}^2 t + \frac{1}{2!}\underline{\boldsymbol{A}}^3 t^2 + \cdots = \underline{\boldsymbol{A}}\left(\underline{\boldsymbol{I}} + \underline{\boldsymbol{A}}t + \frac{1}{2!}\underline{\boldsymbol{A}}^2 t^2 + \cdots\right) = \underline{\boldsymbol{A}}\mathrm{e}^{\underline{\boldsymbol{A}}t} = \underline{\boldsymbol{A}\tilde{\boldsymbol{x}}} \tag{4.5.12}$$

从而证明，矩阵指数函数 $\mathrm{e}^{\underline{\boldsymbol{A}}t}$ 确为方程(4.5.4)的解。矩阵指数函数有以下性质：

$$\mathrm{e}^{\underline{\boldsymbol{A}}t}\ \mathrm{e}^{\underline{\boldsymbol{B}}t} = \mathrm{e}^{(\underline{\boldsymbol{A}}+\underline{\boldsymbol{B}})t}, \quad [\mathrm{e}^{\underline{\boldsymbol{A}}t}]^{-1} = \mathrm{e}^{-\underline{\boldsymbol{A}}t} \tag{4.5.13}$$

4.5.2 线性系统的稳定性准则

利用矩阵 $\underline{\boldsymbol{T}}$ 对状态变量 $\underline{\boldsymbol{x}}$ 作非奇异变换

$$\underline{\boldsymbol{x}} = \underline{\boldsymbol{T}}\,\underline{\boldsymbol{y}} \tag{4.5.14}$$

代入方程(4.5.4)，左乘 $\underline{\boldsymbol{T}}^{-1}$，引入 $\underline{\boldsymbol{J}} = \underline{\boldsymbol{T}}^{-1}\underline{\boldsymbol{AT}}$，变换为

$$\dot{\underline{\boldsymbol{y}}} = \underline{\boldsymbol{J}}\,\underline{\boldsymbol{y}} \tag{4.5.15}$$

式中，$\underline{\boldsymbol{y}} = \underline{\boldsymbol{T}}^{-1}\underline{\boldsymbol{x}}$ 为变换后的状态变量。线性代数中证明，适当选择 $\underline{\boldsymbol{T}}$ 可将矩阵 $\underline{\boldsymbol{A}}$ 化作**柯西(Cauchy)正则型**，即变换后的矩阵 $\underline{\boldsymbol{J}}$ 是由子矩阵 $\underline{\boldsymbol{J}}_k\,(k=1,2,\cdots,m)$ 排成的对角型分块矩阵。

$$\underline{\boldsymbol{J}} = \begin{bmatrix} \underline{\boldsymbol{J}}_1 & & & \\ & \underline{\boldsymbol{J}}_2 & & \\ & & \ddots & \\ & & & \underline{\boldsymbol{J}}_m \end{bmatrix} \tag{4.5.16}$$

式中，$n_k \times n_k$ 阶子矩阵 $\underline{\boldsymbol{J}}_k\,(k=1,2,\cdots,m)$ 称为与特征值 λ_k 对应的**若尔当(Jordan)块**，n_k 为特征根 λ_k 的重数。$\underline{\boldsymbol{J}}_k$ 的对角线上所有元素均为 λ_k，左下方次对角线上所有元素均为 1，其余元素均为零。

$$\underline{\boldsymbol{J}}_k = \begin{bmatrix} \lambda_k & & & & \\ 1 & \lambda_k & & & \\ & 1 & \ddots & & \\ & & \ddots & \lambda_k & \\ & & & 1 & \lambda_k \end{bmatrix}, \quad k = 1,2,\cdots,m \tag{4.5.17}$$

由于 $\underline{\boldsymbol{T}}$ 为相似矩阵，矩阵 $\underline{\boldsymbol{J}}$ 与 $\underline{\boldsymbol{A}}$ 有相同的特征值。将特征方程(4.5.8)中的矩

阵 $\underline{\boldsymbol{A}}$ 以 $\underline{\boldsymbol{J}}$ 代替，且利用式(4.5.15)，导出 m 个 n_k 阶行列式。

$$\left|\underline{\boldsymbol{J}}_k-\lambda\underline{\boldsymbol{I}}\right|=\begin{vmatrix}\lambda-\lambda_k & & & & & \\ 1 & \lambda-\lambda_k & & & & \\ & 1 & \ddots & & & \\ & & \ddots & \lambda-\lambda_k & & \\ & & & 1 & \lambda-\lambda_k\end{vmatrix}=0,\quad k=1,2,\cdots,m \tag{4.5.18}$$

式中，$\underline{\boldsymbol{I}}$ 为 n_k 矩阶单位矩阵。将基本解(4.5.10)中的矩阵 $\underline{\boldsymbol{A}}$ 以 $\underline{\boldsymbol{J}}$ 代替，改为

$$\underline{\tilde{\boldsymbol{x}}}(t)=\mathrm{e}^{\underline{\boldsymbol{J}}t}=\underline{\boldsymbol{I}}+\underline{\boldsymbol{J}}t+\frac{1}{2}\underline{\boldsymbol{J}}^2t^2+\cdots \tag{4.5.19}$$

将式(4.5.16)代入基本解(4.5.19)，化作

$$\underline{\tilde{\boldsymbol{x}}}(t)=\begin{bmatrix}\mathrm{e}^{\underline{\boldsymbol{J}}_1t} & & & \\ & \mathrm{e}^{\underline{\boldsymbol{J}}_2t} & & \\ & & \ddots & \\ & & & \mathrm{e}^{\underline{\boldsymbol{J}}_mt}\end{bmatrix} \tag{4.5.20}$$

将式(4.5.17)代入与特征根 λ_k 对应的子矩阵 $\mathrm{e}^{\underline{\boldsymbol{J}}_kt}$，整理为

$$\mathrm{e}^{\underline{\boldsymbol{J}}_kt}=\mathrm{e}^{\lambda_kt}\begin{bmatrix}1 & & & & \\ t & 1 & & & \\ t^2/2! & t & 1 & & \\ \vdots & \vdots & \vdots & \ddots & \\ \gamma_1 & \gamma_2 & \gamma_3 & \cdots & 1\end{bmatrix},\quad k=1,2,\cdots,m \tag{4.5.21}$$

式中，$\gamma_j=t^{n_k-j}/(n_k-j)!(j=1,2,\cdots,n_k-1)$。将式(4.5.21)代入式(4.5.20)，得出以下结论：

(1) 设 $\underline{\boldsymbol{A}}$ 有 n 个不同的单根，则 $n_k=1\,(k=1,2,\cdots,m)$，$\underline{\boldsymbol{J}}$ 简化为由 λ_k 组成的对角阵。方程(4.5.4)的基本解(4.5.10)简化为

$$\tilde{\boldsymbol{x}}_k=\mathrm{e}^{\lambda_kt},\quad k=1,2,\cdots,m \tag{4.5.22}$$

当特征值 λ_k 的实部为负值时，对应的基本解随时间的推移趋近于零。当 λ_k 的实部为正值时，对应的基本解无限增大。实部为零的特征值 λ_k 对应的基本解为有界函数。

(2) 设 $\underline{\boldsymbol{A}}$ 有重数为 n_k 的重根 λ_k，则方程(4.5.4)的基本解含以下成分：

$$\tilde{\boldsymbol{x}}_k=f_k(t)\mathrm{e}^{\lambda_kt} \tag{4.5.23}$$

式中，$f_k(t)$ 为 t 的 n_k-1 次代数多项式。对应的基本解随时间无限增大。

由于线性方程组的通解是由基本解线性组合而成，方程组(4.5.4)的零解稳定性可根据上述基本解的稳定性判定。归纳为以下定理：

定理 4.5.1　若所有特征值的实部均为负值，则线性方程组的零解渐近稳定。

定理 4.5.2　若至少有一特征值的实部为正值，则线性方程组的零解不稳定。具有正实部特征值的数目称为不稳定度。

定理 4.5.3　若存在实部为零的特征值且为单根，其余根的实部为负值，则线性方程组的零解稳定。若零实部特征值中有重根，则零解不稳定。

4.5.3　李雅普诺夫一次近似理论

以上在对线性方程(4.5.4)的讨论过程中，由于将高次项略去，已完全不同于原方程(4.5.2)。对线性化的一次近似系统判断的稳定性称为一次近似稳定性。李雅普诺夫的一次近似理论阐明了在何种条件下允许根据一次近似稳定性的结论推断原方程的稳定性。作为一次近似理论的引理，先讨论李雅普诺夫函数存在定理，即对于已知渐近稳定或已知不稳定的线性系统，是否存在相应的李雅普诺夫函数。

设 W 和 U 为按以下定义的二次型函数：

$$W = -\underline{\boldsymbol{x}}^{\mathrm{T}}\underline{\boldsymbol{G}}\underline{\boldsymbol{x}}, \quad U = \underline{\boldsymbol{x}}^{\mathrm{T}}\underline{\boldsymbol{P}}\underline{\boldsymbol{x}} \tag{4.5.24}$$

式中，$\underline{\boldsymbol{G}}$ 和 $\underline{\boldsymbol{P}}$ 均为 $n\times n$ 阶方阵；W 被设定为负定二次型。现讨论在何种条件下，对于给定的二次型 W 有二次型 U 唯一存在，满足

$$\dot{U} = W \tag{4.5.25}$$

即函数 U 沿线性方程(4.5.4)解曲线对时间 t 的全导数等于函数 W。将式(4.5.24)代入式(4.5.25)，且利用方程(4.5.4)，得到

$$\dot{U} = \dot{\underline{\boldsymbol{x}}}^{\mathrm{T}}\underline{\boldsymbol{P}}\underline{\boldsymbol{x}} + \underline{\boldsymbol{x}}^{\mathrm{T}}\underline{\boldsymbol{P}}\dot{\underline{\boldsymbol{x}}} = \underline{\boldsymbol{x}}^{\mathrm{T}}(\underline{\boldsymbol{A}}^{\mathrm{T}}\underline{\boldsymbol{P}} + \underline{\boldsymbol{P}}\underline{\boldsymbol{A}})\underline{\boldsymbol{x}} = -\underline{\boldsymbol{x}}^{\mathrm{T}}\underline{\boldsymbol{G}}\underline{\boldsymbol{x}} \tag{4.5.26}$$

式中，矩阵 $\underline{\boldsymbol{G}}$ 定义为

$$-\underline{\boldsymbol{G}} = \underline{\boldsymbol{A}}^{\mathrm{T}}\underline{\boldsymbol{P}} + \underline{\boldsymbol{P}}\underline{\boldsymbol{A}} \tag{4.5.27}$$

问题归结为，对于给定的 $\underline{\boldsymbol{G}}$ 能否从式(4.5.25)唯一解出矩阵 $\underline{\boldsymbol{P}}$ 。

设 $\underline{\boldsymbol{y}}$ 与 $\underline{\boldsymbol{z}}$ 均为以 $\underline{\boldsymbol{A}}^{\mathrm{T}}$ 为系数矩阵的线性方程的解，满足

$$\dot{\underline{\boldsymbol{y}}} = \underline{\boldsymbol{A}}^{\mathrm{T}}\underline{\boldsymbol{y}}, \quad \dot{\underline{\boldsymbol{z}}} = \underline{\boldsymbol{A}}^{\mathrm{T}}\underline{\boldsymbol{z}} \tag{4.5.28}$$

虽然变量符号不同，但两组方程完全相同。其特征值均为矩阵 $\underline{\boldsymbol{A}}^{\mathrm{T}}$ 的特征值，记作 λ_r 和 $\lambda_s(r,s=1,2,\cdots,n)$，满足

$$\underline{\boldsymbol{A}}^{\mathrm{T}}\underline{\boldsymbol{y}} = \lambda_r\underline{\boldsymbol{y}}, \quad \underline{\boldsymbol{A}}^{\mathrm{T}}\underline{\boldsymbol{z}} = \lambda_s\underline{\boldsymbol{z}}, \quad r,s=1,2,\cdots,n \tag{4.5.29}$$

因 $\underline{\boldsymbol{A}}^{\mathrm{T}}$ 与 $\underline{\boldsymbol{A}}$ 的特征值相同，λ_r 、λ_s 也是方程(4.5.4)的特征值。将矩阵 $\underline{\boldsymbol{P}}$ 设计

为特征值向量 $\underline{\boldsymbol{y}}$ 与 $\underline{\boldsymbol{z}}^{\mathrm{T}}$ 的乘积

$$\underline{\boldsymbol{P}} = \underline{\boldsymbol{y}}\underline{\boldsymbol{z}}^{\mathrm{T}} \tag{4.5.30}$$

将式(4.5.30)代入式(4.5.27)，利用式(4.5.29)的第一式和转置后的第二式化作

$$-\underline{\boldsymbol{G}} = (\lambda_r + \lambda_s)\underline{\boldsymbol{P}} \tag{4.5.31}$$

将矩阵方程(4.5.31)中 n 阶方阵 $\underline{\boldsymbol{P}}$ 和 $\underline{\boldsymbol{G}}$ 所含各列按序连接为 $1\times n^2$ 阶的列阵，记作 $\underline{\tilde{\boldsymbol{P}}}$ 和 $\underline{\tilde{\boldsymbol{G}}}$。将式(4.5.31)的矩阵元素重新排列，化作以 $\underline{\tilde{\boldsymbol{P}}}$ 为未知变量的 n^2 阶方程：

$$-\underline{\tilde{\boldsymbol{G}}} = (\lambda_r + \lambda_s)\underline{\tilde{\boldsymbol{P}}} = \underline{\boldsymbol{L}}\underline{\tilde{\boldsymbol{P}}} \tag{4.5.32}$$

式中，$\underline{\boldsymbol{L}}$ 为特定的 n^2 阶方阵。$\underline{\tilde{\boldsymbol{P}}}$ 的非零解条件满足

$$\left|\underline{\boldsymbol{L}} - (\lambda_r + \lambda_s)\underline{\boldsymbol{I}}\right| = 0 \tag{4.5.33}$$

式中，$\underline{\boldsymbol{I}}$ 为 n^2 阶单位方阵，表明 $\lambda_r + \lambda_s$ 为矩阵 $\underline{\boldsymbol{L}}$ 的特征值。若方程(4.5.4)的任意两个特征值之和不为零，即

$$\lambda_r + \lambda_s \neq 0, \quad r, s = 1, 2, \cdots, n \tag{4.5.34}$$

则 $\underline{\boldsymbol{L}} \neq \underline{\boldsymbol{0}}$ 对于给定的 $\underline{\tilde{\boldsymbol{G}}}$，方程(4.5.32)必唯一存在 $\underline{\tilde{\boldsymbol{P}}}$ 的非零解。从而证明以下定理：

定理 4.5.4　如线性方程的系数矩阵 $\underline{\boldsymbol{A}}$ 的任意两个特征值之和不为零，则对于任意给定的二次型 W，必唯一存在二次型 U，其沿方程解曲线对时间 t 的全导数满足 $\dot{U} = W$。

若线性方程(4.5.4)零解为渐近稳定，则矩阵 $\underline{\boldsymbol{A}}$ 的所有特征值的实部均为负值，任意两个特征值之和的非零条件式(4.5.34)必自然满足。对于给定的负定二次型 $W(\underline{\boldsymbol{x}})$，必存在唯一的二次型 $U(\underline{\boldsymbol{x}})$，其沿一次近似方程(4.5.4)解曲线对时间 t 的全导数 $\dot{U}$ 满足

$$\dot{U} = \sum_{i=1}^{n} \frac{\partial U}{\partial x_i}\dot{x}_i = \sum_{i=1}^{n} \frac{\partial U}{\partial x_i}\sum_{j=1}^{n} a_{ij}x_j = W \tag{4.5.35}$$

且 $U(\underline{\boldsymbol{x}})$ 必为正定。否则，相点在状态空间的走向与渐近稳定的已知条件矛盾。

若线性方程(4.5.4)的零解不稳定，矩阵 $\underline{\boldsymbol{A}}$ 的特征值中至少有一个实部为正值，将要求满足的式(4.5.25)修改为

$$\dot{U} = aU + W \tag{4.5.36}$$

式中，a 为充分小的正数。将方程(4.5.4)也修改为

$$\underline{\dot{\boldsymbol{x}}} = \left(\underline{\boldsymbol{A}} - \frac{a}{2}\underline{\boldsymbol{I}}\right)\underline{\boldsymbol{x}} \tag{4.5.37}$$

设此方程的特征值为σ，满足特征方程

$$\left|\underline{\boldsymbol{A}}-\left(\frac{a}{2}+\sigma\right)\underline{\boldsymbol{I}}\right|=0 \tag{4.5.38}$$

方程(4.5.37)的特征值σ与方程(4.5.4)的特征值λ之间有以下关系：

$$\sigma=\lambda-\frac{a}{2} \tag{4.5.39}$$

若特征值λ之中有一个λ_k的实部大于零，则适当选择 a 可使特征值 $\sigma_k=\lambda_k-(a/2)$ 满足条件式(4.5.34)，即与其他特征值$\sigma_s(s=1,2,\cdots,k-1,\ k+1,\cdots,n)$之和不为零。

$$\sigma_k+\sigma_s\neq 0,\quad s=1,2,\cdots,k-1,k+1,\cdots,n \tag{4.5.40}$$

根据上述李雅普诺夫函数存在定理，对于给定的二次型 W，必存在唯一二次型 U，其沿方程(4.5.37)的解曲线的全导数满足$\dot{U}=W$，即

$$\dot{U}=\sum_{s=1}^{n}\frac{\partial U}{\partial x_s}\left[a_{s1}x_1+a_{s2}x_2+\cdots+\left(a_{ss}-\frac{a}{2}\right)x_s+\cdots+a_{sn}x_n\right]=W \tag{4.5.41}$$

利用欧拉齐次函数定理，有

$$\sum_{s=1}^{n}\frac{\partial U}{\partial x_s}\left(\frac{a}{2}x_s\right)=\frac{a}{2}(2U)=aU \tag{4.5.42}$$

则式(4.5.41)化作

$$\dot{U}=\sum_{s=1}^{n}\frac{\partial U}{\partial x_s}(a_{s1}x_1+a_{s2}x_2+\cdots+a_{sn}x_n)=aU+W \tag{4.5.43}$$

则存在唯一的二次型 U，其沿方程(4.5.4)的解曲线的全导数等于$aU+W$，满足式(4.5.36)。且 U 必不可能为负定或半负定，否则不能保证$\dot{U}$为正定，与不稳定的已知条件矛盾。

为讨论一次近似稳定性的结论能否判断原方程稳定性，将定常系统的受扰运动方程(4.5.2)的非线性右项$\underline{\boldsymbol{X}}(\underline{\boldsymbol{x}})$写作一次近似项$\underline{\boldsymbol{A}}\underline{\boldsymbol{x}}$与含二次以上扰动量的余项$\underline{\boldsymbol{R}}(\underline{\boldsymbol{x}})$之和，即

$$\dot{\underline{\boldsymbol{x}}}=\underline{\boldsymbol{A}}\underline{\boldsymbol{x}}+\underline{\boldsymbol{R}}(\underline{\boldsymbol{x}}) \tag{4.5.44}$$

式中，

$$\underline{\boldsymbol{R}}(\underline{\boldsymbol{x}})=\{R_1(\underline{\boldsymbol{x}}),R_2(\underline{\boldsymbol{x}}),\cdots,R_n(\underline{\boldsymbol{x}})\}^{\mathrm{T}} \tag{4.5.45}$$

略去余项$\underline{\boldsymbol{R}}(\underline{\boldsymbol{x}})$后，方程(4.5.44)转变为一次近似方程(4.5.4)。

前面已证明，若一次近似方程的零解为渐近稳定，则必存在唯一的正定二次型$U(\underline{\boldsymbol{x}})$，其沿一次近似方程(4.5.4)解曲线对时间 t 的全导数$\dot{U}=W$为负定二次型。

现将函数 $U(\underline{\boldsymbol{x}})$ 改为原方程(4.5.44)的解曲线计算全导数 $\dot{U}(\underline{\boldsymbol{x}})$，得到

$$\dot{U}=\sum_{i=1}^{n}\frac{\partial U}{\partial x_i}\dot{x}_i=\sum_{i=1}^{n}\frac{\partial U}{\partial x_i}\left(\sum_{j=1}^{n}a_{ij}x_j+R_i\right)=W+\sum_{i=1}^{n}\frac{\partial U}{\partial x_i}R_i \tag{4.5.46}$$

与式(4.5.35)比较，式(4.5.46)所增加的最后一项为高于二阶的小量，不影响 $\dot{U}(\underline{\boldsymbol{x}})$ 的定号性。即 $U(\underline{\boldsymbol{x}})$ 函数沿原方程(4.5.44)的解曲线对 t 的全导数也为负定，根据李雅普诺夫的稳定性定理 4.4.2，原方程(4.5.44)的零解为渐近稳定。

前面已证明，若一次近似方程的零解不稳定，则对于给定的正定二次型 W，必存在唯一非负的二次型 U，使其沿一次近似方程(4.5.4)解曲线对时间 t 的全导数 $\dot{U}$ 满足 $\dot{U}=aU+W$。将函数 $U(\underline{\boldsymbol{x}})$ 改为沿原方程(4.5.44)的解曲线计算全导数 $\dot{U}(\underline{\boldsymbol{x}})$，得到

$$\dot{U}=\sum_{i=1}^{n}\frac{\partial U}{\partial x_i}\dot{x}_i=\sum_{i=1}^{n}\frac{\partial U}{\partial x_i}\left(\sum_{j=1}^{n}a_{ij}x_j+R_i\right)=aU+W+\sum_{i=1}^{n}\frac{\partial U}{\partial x_i}R_i \tag{4.5.47}$$

因增加的最后一项为高于二阶的小量，所以不影响 $\dot{U}(\underline{\boldsymbol{x}})$ 的定号性，即 $U(\underline{\boldsymbol{x}})$ 函数沿原方程(4.5.44)的解曲线对 t 的全导数也为非负的二次型。

若一次近似方程具有零实部特征值，则条件式(4.5.34)必不满足，不可能找出相应的李雅普诺夫函数，不能用上述方法证明原系统的稳定性。

以上分析结果可归纳为以下 3 条定理：

定理 4.5.5　若一次近似方程的所有特征值实部均为负，则原方程的零解渐近稳定。

定理 4.5.6　若一次近似方程至少有一个特征值实部为正，则原方程的零解不稳定。

定理 4.5.7　若一次近似方程存在零实部的特征值，其余根无正实部，则原方程的零解稳定性不能判断。

上述定理 4.5.5 和定理 4.5.6 与线性方程组的零解渐近稳定和不稳定的条件完全一致，因此可直接根据一次近似方程来判断原方程的零解稳定性。定理 4.5.7 是介于定理 4.5.5 和定理 4.5.6 之间的临界情形，虽满足线性方程组的零解稳定性条件，但不能判断原方程的零解稳定性。这是因为在临界情形中，原非线性方程的零解稳定性在很大程度上取决于所略去的高次项。

例 4.5.1　试分析如图 4.5.1 所示带阻尼单摆平衡状态的稳定性。

解　设单摆的质量为 m，摆长为 l，黏性阻尼系数为 c，相对垂直轴的偏角为 φ，其动力学方程为

$$\ddot{\varphi}+2n\dot{\varphi}+\omega_0^2\sin\varphi=0 \tag{4.5.48}$$

其中，

$$2n = \frac{c}{ml^2}, \quad \omega_0^2 = \frac{g}{l} \tag{4.5.49}$$

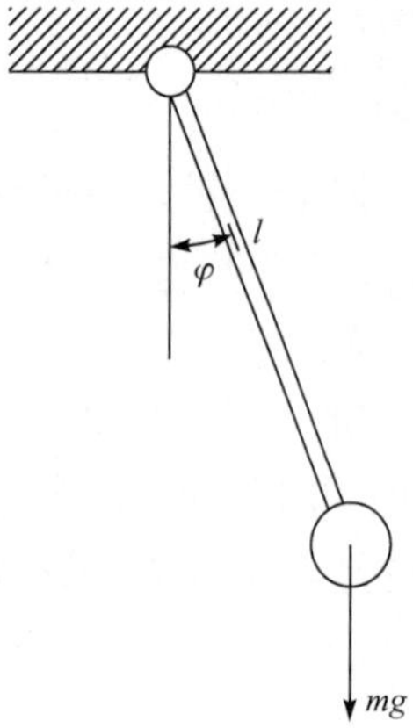

图 4.5.1　带阻尼单摆

仅保留 φ 的一次项，简化为一次近似方程：

$$\ddot{\varphi} + 2n\dot{\varphi} + \omega_0^2\varphi = 0$$

此线性系统的特征方程和特征值分别为

$$\lambda^2 = 2n\lambda + \omega_0^2 = 0, \quad \lambda_{1,2} = -n \pm \sqrt{n^2 - \omega_0^2}$$

在任何情况下，特征值的实部均为负，因此线性方程(4.5.49)的零解渐近稳定。根据李雅普诺夫一次近似理论的定理 4.5.5，原非线性系统(4.5.48)的零解亦渐近稳定，即带阻尼单摆的平衡为渐近稳定。

若单摆无阻尼，令 n=0，则特征值方程为纯虚根

$$\lambda_{1,2} = \pm \mathrm{i}\omega_0$$

表明无阻尼单摆的线性方程零解稳定，但属于李雅普诺夫一次近似理论的临界情况，因此不能判断原非线性方程的零解稳定性。

例 4.5.2　试分析如图 4.5.2 所示倒置单摆平衡的稳定性。

解　倒置单摆的动力学方程为

$$\ddot{\varphi} + 2n\dot{\varphi} + \omega_0^2 \sin\varphi = 0$$

其一次近似方程的特征方程和特征值分别为

$$\lambda^2 = 2n\lambda + \omega_0^2 = 0, \quad \lambda_{1,2} = -n \pm \sqrt{n^2 - \omega_0^2}$$

特征值存在正实部。根据李雅普诺夫一次近似理论的定理 4.5.6，一次近似方程与原方程的零解均不稳定，即倒置单摆的平衡不稳定。

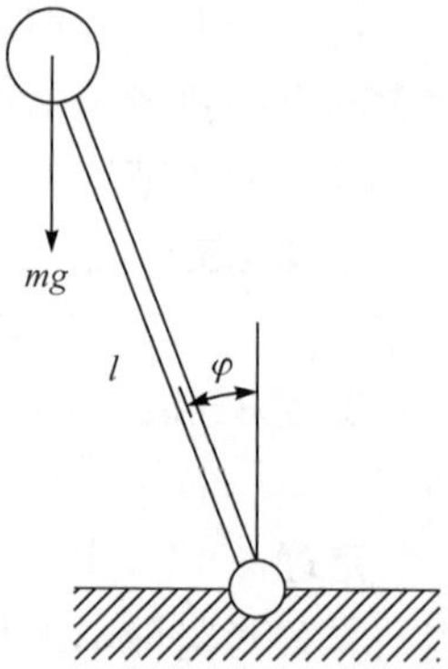

图 4.5.2　倒置单摆

例 4.5.3　试讨论以下非线性系统的零解稳定性。

$$\dot{x}_1 = -x_2 + ax_1^3, \quad \dot{x}_2 = x_1 + ax_2^3 \tag{4.5.50}$$

解　方程(4.5.50)的一次近似方程为

$$\dot{x}_1 = -x_2, \quad \dot{x}_2 = x_1 \tag{4.5.51}$$

特征方程和特征值分别为

$$\lambda^2 + 1 = 0, \quad \lambda_{1,2} = \pm \mathrm{i}$$

表明一次近似方程(4.5.51)的零解稳定。但由于存在零实部特征值，根据李雅普诺夫一次近似理论的定理 4.5.7，原方程(4.5.50)的零解稳定性不能由一次近似方程

确定。为证明此结论，选择正定李雅普诺夫函数

$$U(x_1,x_2)=x_1^2+x_2^2$$

计算 U 函数沿方程(4.5.50)解曲线的全导数，得到

$$\dot{U}=\frac{\partial U}{\partial x_1}\dot{x}_1+\frac{\partial U}{\partial x_2}\dot{x}_2=2a(x_1^4+x_2^4)$$

可见，原方程的零解稳定性取决于被忽略的非线性项系数 a。当 $a<0$ 时，$\dot{U}$ 为负定，原方程的零解渐近稳定；当 $a=0$ 时，$\dot{U}$ 恒等于零，原方程的零解稳定；当 $a>0$ 时，$\dot{U}$ 为正定，原方程的零解不稳定。

4.5.4　劳斯-赫尔维茨判据

分析表明，一次近似方程的全部特征值实部为负是一次近似方程的，也是原方程的零解渐近稳定的充分条件，劳斯-赫尔维茨判据是判断此条件是否满足的实用方法。设线性方程组的特征方程(4.5.8)展开后的一般形式为

$$a_0\lambda^n+a_1\lambda^{n-1}+\cdots+a_{n-1}\lambda+a_0=0 \tag{4.5.52}$$

规定式中 $a_0>0$。将此方程的系数按以下规则构成 n 阶方阵 $\underline{\boldsymbol{D}}$：

(1) 将 $a_1,a_2,\cdots,a_n$ 依次排列为对角线元素。

(2) 任意第 k 行内，自对角线元素 a_k 向左的元素依次按 $a_{k+1},a_{k+2},\cdots,a_n$ 排列，a_n 以后的元素为零。

(3) 自 a_k 向右的元素依次按 $a_{k-1},a_{k-2},\cdots,0$ 排列，a_0 以后的元素为零。

$$\underline{\boldsymbol{D}}=\begin{bmatrix} a_1 & a_0 & 0 & 0 & 0 & 0 & \cdots & 0 \\ a_3 & a_2 & a_1 & a_0 & 0 & 0 & \cdots & 0 \\ a_5 & a_4 & a_3 & a_2 & a_1 & a_0 & \cdots & 0 \\ \vdots & \vdots & \vdots & \vdots & \vdots & \vdots & & \vdots \\ 0 & 0 & 0 & 0 & 0 & 0 & \cdots & a_n \end{bmatrix} \tag{4.5.53}$$

矩阵 $\underline{\boldsymbol{D}}$ 的 n 个主子行列式 $\varDelta_i(i=1,2,\cdots,n)$ 称为多项式(4.5.52)的**赫尔维茨行列式**：

$$\varDelta_1=a_1 \quad \varDelta_2=\begin{vmatrix} a_1 & a_0 \\ a_3 & a_2 \end{vmatrix}, \quad \varDelta_3=\begin{vmatrix} a_1 & a_0 & 0 \\ a_3 & a_2 & a_1 \\ a_5 & a_4 & a_3 \end{vmatrix}, \quad \cdots \tag{4.5.54}$$

定理 4.5.8　代数方程(4.5.52)的所有根均有负实部的充分必要条件为所有的赫尔维茨行列式均大于零，即

$$\varDelta_k>0, \quad k=1,2,\cdots,n \tag{4.5.55}$$

对于几种低阶情形，上述条件可予以简化，在表 4.5.1 中列出。

表 4.5.1 劳斯-赫尔维茨判据

n	劳斯-赫尔维茨判据
1	$a_0 > 0, a_1 > 0$
2	$a_0 > 0, a_1 > 0, a_2 > 0$
3	$a_0 > 0, a_1$或$a_2 > 0, a_3 > 0,\ a_1a_2 - a_0a_3 > 0$
4	$a_0 > 0, a_1 > 0, a_2$或 $a_3 > 0, a_4 > 0, a_3(a_1a_2 - a_0a_3) - a_1^2a_4 > 0$
5	$a_0 > 0,\ a_1$或 $a_2 > 0,\ a_3$或 $a_4 > 0,\ a_5 > 0,\ a_1a_2 - a_0a_3 > 0,$ $(a_1a_2 - a_0a_3)(a_3a_4 - a_2a_5) - (a_1a_4 - a_0a_5)^2 > 0$

例 4.5.4 试讨论例 3.2.6 中滑块-单摆系统(图 3.2.6)的平衡位置及其稳定性。

解 令例 3.2.6 的动力学方程(3.2.53)中 $\dot{x} = \ddot{x} = \dot{\theta} = \ddot{\theta} = 0$，导出系统的平衡位置 x_s 和 θ_s 为

$$x_s = 0,\quad \theta_s = 0 \text{ 或 } \pi$$

仅保留扰动 x 和 $y = \theta - \theta_s$ 的一次项，对方程组(3.2.53)作线性化，得到扰动方程为

$$\begin{cases} (m_A + m_B)\ddot{x} + c\dot{x} + kx + (m_B l\cos\theta_s)\ddot{y} = 0 \\ l\ddot{y} + (g\cos\theta_s)y + (\cos\theta_s)\ddot{x} = 0 \end{cases} \tag{4.5.56}$$

此线性方程组的特征方程为

$$a_0\lambda^4 + a_1\lambda^3 + a_2\lambda^2 + a_3\lambda + a_4 = 0$$

利用表 4.5.1 的劳斯-赫尔维茨判据，导出平衡状态的渐近稳定性条件为

$$\begin{cases} a_0 = (m_A + m_B\sin\theta_s)l > 0, \quad a_1 = cl > 0 \\ a_2 = (m_A + m_B)g\cos\theta_s + kl > 0, \quad a_3 = g\cos\theta_s > 0, \quad a_4 = kg\cos\theta_s > 0 \\ a_3(a_1a_2 - a_0a_3) - a_1^2a_4 = m_B g^2c^2 ly\cos^4\theta_s > 0 \end{cases}$$

可以看出，单摆的下垂平衡位置 $\theta_s = 0$ 满足全部渐近稳定条件，而倒置平衡位置 $\theta_s = \pi$ 不能满足。

例 4.5.5 试根据例 3.5.2 建立的磁悬浮车厢(图 3.5.3)动力学方程，计算车厢无垂直位移时的电流和输入电压的稳态值，讨论为保证平衡稳定性，控制参数 k 的取值范围。

解 令例 3.5.2 中的动力学方程(3.5.31)中 $y = \dot{y} = \ddot{y} = \dot{i} = 0$，计算电流和输入电压的稳态值 i_s、u_s，得到

$$i_s = \sqrt{\frac{2mgl}{L_0}},\quad u_s = Ri_s$$

设车厢做小偏移运动，输入电压随偏移 y 变化的控制规律为

$$u = u_s - ky$$

仅保留偏移 y 和电流偏差量 $x = i - i_s$ 的一次项，对例 3.5.2 的方程(3.5.31)作线性化，得到扰动方程为

$$\begin{cases} m\ddot{y} + c\dot{y} - (a^2/L_0)y - ax = 0 \\ L_0\dot{x} + Rx + a\dot{y} + ky = 0 \end{cases} \tag{4.5.57}$$

式中，$a = L_0 i_s / h$。线性方程组(4.5.57)的特征方程为

$$a_0\lambda^3 + a_1\lambda^2 + a_2\lambda + a_3 = 0$$

式中，各系数为

$$a_0 = mL_0,\quad a_1 = mR + cL_0,\quad a_2 = cR,\quad a_3 = a[k - (i_s R/h)]$$

利用表 4.5.1 的劳斯-赫尔维茨判据，导出为保证平衡渐近稳定性控制参数 k 应满足的条件为

$$\frac{i_s R}{h} < k < \frac{i_s R}{h} + \frac{(mR + cL_0)cRh}{mL_0^2 i_s}$$

4.5.5　开尔文定理

工程中的机械系统除受到重力和弹性恢复力等保守力作用外，还难以避免各种阻尼因素的存在，如轴承摩擦力或材料的内阻尼。带有旋转部件的机械系统在运动过程中，还会出现由科氏惯性力形成的特殊广义力，即陀螺力。因此，一般机械系统的线性化动力学方程中通常包含保守力、阻尼力和陀螺力三种类型的广义力。对于仅含保守力的理想化系统，可利用 4.4.3 节中叙述的拉格朗日定理判断其稳定性，但对于实际机械系统，还必须了解阻尼力和陀螺力对保守系统平衡稳定性的影响。开尔文定理是对此类机械系统稳定性普遍规律的总结。

线性定常系统的动力学方程可利用拉格朗日方程导出。设系统的动能 T 和势能 V 的一般形式为

$$T = \frac{1}{2}\sum_{i=1}^{f}\sum_{j=1}^{f} m_{ij}\dot{x}_i\dot{x}_j,\quad V = \frac{1}{2}\sum_{i=1}^{f}\sum_{j=1}^{f} k_{ij}x_i x_j \tag{4.5.58}$$

设系统内还存在如式(3.2.44)、式(3.2.32)所示的黏性摩擦力和陀螺力，既有

$$Q_{di} = -\sum_{j=1}^{f} c_{ij}\dot{x}_j,\quad Q_{gi} = -\sum_{j=1}^{f} g_{ij}\dot{x}_j,\quad i = 1,2,\cdots,f \tag{4.5.59}$$

将式(4.5.58)、式(4.5.59)代入拉格朗日方程(3.2.50)，导出线性系统动力学方程的普遍形式为

$$\sum_{j=1}^{f}[m_{ij}\ddot{x}_j+(c_{ij}+g_{ij})\dot{x}_j+k_{ij}x_j]=0,\quad i=1,2,\cdots,f \tag{4.5.60}$$

将 x_i 视为对机械系统稳态运动的扰动，则方程(4.5.60)称为机械系统的线性化扰动方程。设 $\underline{\boldsymbol{x}}=\{x_i\}$ 为 $x_i(i=1,2,\cdots,f)$ 排成的 f 阶列阵，将方程(4.5.60)写作矩阵形式：

$$\underline{\boldsymbol{M}}\ddot{\underline{\boldsymbol{x}}}+(\underline{\boldsymbol{C}}+\underline{\boldsymbol{G}})\dot{\underline{\boldsymbol{x}}}+\underline{\boldsymbol{K}}\underline{\boldsymbol{x}}=\underline{\boldsymbol{0}} \tag{4.5.61}$$

式中，f 阶方阵 $\underline{\boldsymbol{M}}$、$\underline{\boldsymbol{K}}$、$\underline{\boldsymbol{C}}$、$\underline{\boldsymbol{G}}$ 分别称为系统的质量矩阵、刚度矩阵、阻尼矩阵、陀螺矩阵。

$$\underline{\boldsymbol{M}}=[m_{ij}],\quad \underline{\boldsymbol{K}}=[k_{ij}],\quad \underline{\boldsymbol{C}}=[c_{ij}],\quad \underline{\boldsymbol{G}}=[g_{ij}] \tag{4.5.62}$$

式中，$\underline{\boldsymbol{M}}$、$\underline{\boldsymbol{K}}$、$\underline{\boldsymbol{C}}$ 通常为对称矩阵；$\underline{\boldsymbol{G}}$ 为反对称矩阵。

线性方程(4.5.61)的零解稳定性遵循以下定理：

定理 4.5.9 对于保守系统($\underline{\boldsymbol{M}}\neq\underline{\boldsymbol{0}},\underline{\boldsymbol{K}}\neq\underline{\boldsymbol{0}},\underline{\boldsymbol{C}}=\underline{\boldsymbol{G}}=\underline{\boldsymbol{0}}$)，若刚度矩阵 $\underline{\boldsymbol{K}}$ 为正定，则零解稳定。

定理 4.5.10 对于保守-阻尼系统($\underline{\boldsymbol{M}}\neq\underline{\boldsymbol{0}},\underline{\boldsymbol{K}}\neq\underline{\boldsymbol{0}},\underline{\boldsymbol{C}}\neq\underline{\boldsymbol{0}},\underline{\boldsymbol{G}}=\underline{\boldsymbol{0}}$)，若保守系统稳定，即 $\underline{\boldsymbol{K}}$ 为正定矩阵，则阻尼矩阵 $\underline{\boldsymbol{C}}$ 的加入不影响系统的零解稳定性。若为完全阻尼，即 $\underline{\boldsymbol{C}}$ 为正定，则系统转为渐近稳定。若保守系统不稳定，则加入阻尼矩阵 $\underline{\boldsymbol{C}}$ 后系统仍不稳定。

定理 4.5.11 对于保守-陀螺系统($\underline{\boldsymbol{M}}\neq\underline{\boldsymbol{0}},\underline{\boldsymbol{K}}\neq\underline{\boldsymbol{0}},\underline{\boldsymbol{G}}\neq\underline{\boldsymbol{0}},\underline{\boldsymbol{C}}=\underline{\boldsymbol{0}}$)，若保守系统稳定，即 $\underline{\boldsymbol{K}}$ 为正定矩阵，则陀螺矩阵 $\underline{\boldsymbol{G}}$ 的加入不影响系统的零解稳定性。若保守系统不稳定，无零根，且不稳定度(具有正实部的特征值的数目)为偶数，则 $\underline{\boldsymbol{G}}$ 的加入有可能使系统转为稳定。若不稳定度为奇数，则 $\underline{\boldsymbol{G}}$ 的加入不可能改变系统的不稳定性。

定理 4.5.12 对于保守-陀螺-阻尼系统($\underline{\boldsymbol{M}}\neq\underline{\boldsymbol{0}},\underline{\boldsymbol{K}}\neq\underline{\boldsymbol{0}},\underline{\boldsymbol{G}}\neq\underline{\boldsymbol{0}},\underline{\boldsymbol{C}}\neq\underline{\boldsymbol{0}}$)，若保守系统稳定，即 $\underline{\boldsymbol{K}}$ 为正定，则 $\underline{\boldsymbol{G}}$ 和 $\underline{\boldsymbol{C}}$ 的加入不影响系统的零解稳定性。若为完全阻尼，即 $\underline{\boldsymbol{C}}$ 为正定，则系统转为渐近稳定，且不受 $\underline{\boldsymbol{G}}$ 加入的影响。若保守系统不稳定，且 $\underline{\boldsymbol{C}}$ 为完全阻尼，则由于 $\underline{\boldsymbol{C}}$ 的存在，不可能借助 $\underline{\boldsymbol{G}}$ 的加入改变系统的不稳定性。

其中，定理 4.5.9 即 4.4.3 节中已被严格证明的拉格朗日定理。刚度矩阵 $\underline{\boldsymbol{K}}$ 即势能函数 V 的**黑塞矩阵**，写作

$$k_{ij}=\left(\frac{\partial^2 V}{\partial x_i\partial x_j}\right)_{x_i=x_j=0},\quad i,j=1,2,\cdots,f$$

$\underline{\boldsymbol{K}}$ 矩阵的正定性，是指由 $\underline{\boldsymbol{K}}$ 矩阵构成的二次型的正定性，即势能函数 V 的

正定性。$\underline{\boldsymbol{K}}$ 矩阵的正定性可利用**西尔维斯特(Sylvester)判据判断：$\underline{\boldsymbol{K}}$ 矩阵正定性的充分必要条件为 $\underline{\boldsymbol{K}}$ 矩阵的各阶主子行列式大于零。**

定理 4.5.10 表明，阻尼力的加入对系统的稳定性无实质性影响。定理 4.5.11 表明，有可能利用陀螺力起镇定作用，使原来的不稳定系统转为稳定。但定理 4.5.12 表明，若系统内存在阻尼，且为完全阻尼，陀螺力的镇定作用将不可能实现。上述定理由开尔文和泰特于 1879 年提出，后由契达耶夫利用李雅普诺夫直接法加以严格证明，因此称为**开尔文-泰特-契达耶夫定理**或简称**开尔文定理**。本节以 n=2 的特殊情况为例，利用劳斯-赫尔维茨判据验证此定理的正确性。

证明　将方程(4.5.61)写作

$$\begin{bmatrix} m_1 & 0 \\ 0 & m_2 \end{bmatrix}\begin{Bmatrix} \ddot{x}_1 \\ \ddot{x}_2 \end{Bmatrix}+\left(\begin{bmatrix} c_1 & 0 \\ 0 & c_2 \end{bmatrix}+\begin{bmatrix} 0 & g \\ -g & 0 \end{bmatrix}\right)\begin{Bmatrix} \dot{x}_1 \\ \dot{x}_2 \end{Bmatrix}+\begin{bmatrix} k_1 & 0 \\ 0 & k_2 \end{bmatrix}\begin{Bmatrix} x_1 \\ x_2 \end{Bmatrix}=\begin{Bmatrix} 0 \\ 0 \end{Bmatrix} \tag{4.5.63}$$

此线性方程的特征方程为

$$a_0\lambda^4 + a_1\lambda^3 + a_2\lambda^2 + a_3\lambda + a_4 = 0 \tag{4.5.64}$$

式中，各系数为

$$\begin{cases} a_0 = m_1 m_2, \quad a_1 = m_1 c_2 + m_2 c_1 \\ a_2 = g^2 + m_1 k_2 + m_2 k_1 + c_1 c_2, \quad a_3 = c_1 k_2 + c_2 k_1, \quad a_4 = k_1 k_2 \end{cases} \tag{4.5.65}$$

设系统的特征值无零根，$a_4 \neq 0$，即 k_1 或 k_2 均不得为零。先讨论无阻尼的陀螺-保守系统。令 $c_1 = c_2 = 0$，则 $a_1 = a_3 = 0$。特征方程(4.5.64)简化为

$$a_0\lambda^4 + a_2\lambda^2 + a_4 = 0 \tag{4.5.66}$$

系统的稳定性条件，即特征值的纯虚根条件为

$$a_0 > 0, \quad a_2 > 0, \quad a_4 > 0, \quad a_2^2 - 4a_0 a_4 > 0 \tag{4.5.67}$$

以下分三种情形讨论。

情形一：$k_1 > 0$、$k_2 > 0$，稳定性条件必满足，不受 g 的影响。此条件若不满足，则系统必不稳定。

情形二：$k_1 < 0$、$k_2 < 0$、$g = 0$ 时 $a_2 < 0$，系统不稳定，若 $g \neq 0$ 且满足 $g^2 > m_1|k_2| + m_2|k_1|$，则 $a_2 > 0$，系统稳定。

情形三：$k_1 < 0$、$k_2 > 0$ 或 $k_1 > 0$、$k_2 < 0$，则 $a_4 < 0$，系统不稳定且不受 g 的影响。定理 4.5.9 和定理 4.5.11 得证。

再讨论保守-陀螺-阻尼的普遍情形，导出

$$a_3(a_1 a_2 - a_0 a_3) - a_1^2 a_4 = (g^2 + c_1 c_2)(m_1 c_2 + m_2 c_1)(c_1 k_2 + c_2 k_1) + c_1 c_2 (m_1 k_2 - m_2 k_1)^2$$

对于情形一，全部劳斯-赫尔维茨判据条件均满足，系统为渐近稳定，不受 g

的影响。定理 4.5.10 得证。对于情形二，$a_3<0$；对于情形三，$a_4<0$。即使加入陀螺力，系统也不稳定。定理 4.5.12 得证。

例 4.5.6 试应用开尔文定理讨论例 4.5.4 讨论过的滑块-单摆(图 3.2.6)系统的平衡稳定性。

解 将例 4.5.4 中列出的一次近似方程(4.5.56)写作矩阵形式为

$$\underline{\boldsymbol{M}}\ddot{\underline{\boldsymbol{x}}}+\underline{\boldsymbol{C}}\dot{\underline{\boldsymbol{x}}}+\underline{\boldsymbol{K}}\underline{\boldsymbol{x}}=\underline{\boldsymbol{0}}$$

各矩阵定义分别为

$$\underline{\boldsymbol{M}}=\begin{bmatrix} m_A+m_B & m_B l\cos\theta_s \\ \cos\theta_s & l \end{bmatrix},\quad \underline{\boldsymbol{C}}=\begin{bmatrix} c & 0 \\ 0 & 0 \end{bmatrix},\quad \underline{\boldsymbol{K}}=\begin{bmatrix} k & 0 \\ 0 & g\cos\theta_s \end{bmatrix},\quad \underline{\boldsymbol{x}}=\begin{Bmatrix} x \\ y \end{Bmatrix}$$

式中，$y=\theta-\theta_s$。矩阵 $\underline{\boldsymbol{K}}$ 的正定条件 $\cos\theta_s>0$ 仅在 $\theta_s=0$ 时满足，$\theta_s=\pi$ 时不满足。根据稳定性定理 4.5.9，平衡位置 $\theta_s=0$ 稳定，$\theta_s=\pi$ 不稳定。若单摆的转轴内亦有黏性阻尼存在，阻尼系数为 c_1，则 $\underline{\boldsymbol{C}}=\mathrm{diag}(c,c_1)$ 为正定矩阵，根据开尔文定理 4.5.10，平衡位置 $\theta_s=0$ 转为渐近稳定。

例 4.5.7 试应用开尔文定理分析例 3.2.5 讨论过的受弹簧约束的滑块在转盘上相对平衡的稳定性。

解 将例 3.2.5 列出的线性动力学方程(3.2.42)写作矩阵形式为

$$\underline{\boldsymbol{M}}\ddot{\underline{\boldsymbol{x}}}+\underline{\boldsymbol{G}}\dot{\underline{\boldsymbol{x}}}+\underline{\boldsymbol{K}}\underline{\boldsymbol{x}}=\underline{\boldsymbol{0}} \tag{4.5.68}$$

各矩阵的定义分别为

$$\underline{\boldsymbol{M}}=\begin{bmatrix} m & 0 \\ 0 & m \end{bmatrix},\quad \underline{\boldsymbol{G}}=\begin{bmatrix} 0 & -2m\Omega \\ 2m\Omega & 0 \end{bmatrix},\quad \underline{\boldsymbol{K}}=\begin{bmatrix} k-m\Omega^2 & 0 \\ 0 & k-m\Omega^2 \end{bmatrix},\quad \underline{\boldsymbol{x}}=\begin{Bmatrix} x \\ y \end{Bmatrix}$$

根据开尔文定理 4.5.11，若 $k>m\Omega^2$，则 $\underline{\boldsymbol{K}}$ 为正定，无陀螺项的滑块平衡状态稳定，且 $\underline{\boldsymbol{G}}$ 的加入不影响稳定性。若 $k<m\Omega^2$，则 $\underline{\boldsymbol{K}}$ 为负定，无陀螺项的滑块平衡状态不稳定，但不稳定度为 2，仍有可能因 $\underline{\boldsymbol{G}}$ 的加入使平衡状态转为稳定。为验证此结论，列出方程(4.5.68)的特征方程：

$$\begin{vmatrix} ms^2+k-m\Omega^2 & -2m\Omega s \\ 2m\Omega s & ms^2+k-m\Omega^2 \end{vmatrix}=m^2\lambda^4+2(k+m\Omega^2)\lambda^2+(m\Omega^2-k)^2=0$$

解出

$$\lambda^2=-\left(\Omega^2+\frac{k}{m}\right)\pm 2\Omega\sqrt{\frac{k}{m}} \tag{4.5.69}$$

由于

$$\left(\varOmega-\sqrt{\frac{k}{m}}\right)^2=\varOmega^2+\frac{k}{m}-2\varOmega\sqrt{\frac{k}{m}}>0$$

即

$$\varOmega^2+\frac{k}{m}>2\varOmega\sqrt{\frac{k}{m}}$$

则式(4.5.69)中 λ^2 的两个根均为负实数，特征值 λ 为纯虚数。从而证明陀螺项的存在使系统的平衡状态转为稳定。若系统内存在完全阻尼，则陀螺项的镇定作用不可能实现。

在以上对开尔文定理的证明中，前提是系统的特征值无零根。对于特征值存在零根的情形，可对开尔文定理作以下补充：

若保守系统($\underline{\boldsymbol{M}}\neq\underline{\boldsymbol{0}}$, $\underline{\boldsymbol{K}}\neq\underline{\boldsymbol{0}}$, $\underline{\boldsymbol{C}}=\underline{\boldsymbol{G}}=\underline{\boldsymbol{0}}$)不稳定，不稳定度为奇数，且特征值存在零根，则陀螺矩阵 $\underline{\boldsymbol{G}}$ 的加入使系统转为稳定。

证明　系统的特征方程如式(4.5.29)。若保守系统存在零根，则 $a_4=0$，即 k_1 与 k_2 的乘积为零。不失一般性，设 $k_2=0$、$k_1<0$。无陀螺力时 $(g=0)$ 有一个正实根 $\lambda=\sqrt{|k_1|/m_1}$，保守系统不稳定，不稳定度为 1。增加陀螺力后非零特征值为

$$\lambda=\pm\sqrt{\frac{m_2|k_1|-g^2}{m_1m_2}}\tag{4.5.70}$$

若条件 $g^2>m_2|k_1|$ 满足，则非零特征值为纯虚根，证明足够的陀螺力能使线性保守系统转为稳定。上述证明仅限于 2 自由度线性系统，且属于李雅普诺夫一次近似理论的临界情况。

例 4.5.8　设质量为 m 的质点 P 在中心万有引力场中做圆轨道运动，如图 4.5.3 所示。引力 $\boldsymbol{F}$ 沿质点至中心 O 的连线，并与 P 点与 O 点的距离 r 的平方成反比，试分析质点相对轨道坐标系的运动稳定性。

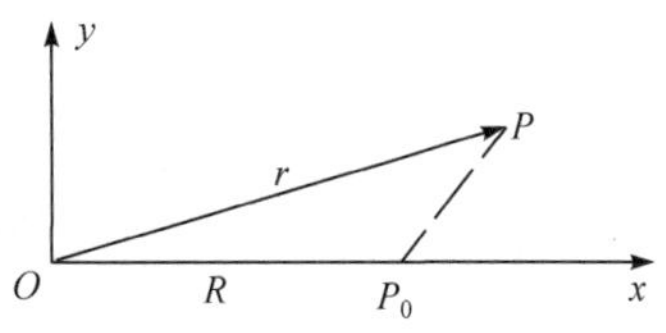

图 4.5.3　点的圆周轨道运动

解　以引力中心 O 至质点 P 的连线为 x 轴，沿 P 点速度方向作 y 轴。参考坐标系 O-xy 沿轨道平面以角速度 $\omega_c=\sqrt{\mu/R^3}$ 绕过中心 O 的法线匀速转动。其中，μ 为地球的引力参数，R 为圆轨道半径。设 P 点相对于 O 点的矢径为 $\boldsymbol{r}=x\boldsymbol{i}+y\boldsymbol{j}$，在转动坐标系 O-xy 中受地球引力 $\boldsymbol{F}_1$、离心力 $\boldsymbol{F}_2$ 和科氏惯性力 $\boldsymbol{F}_c$ 的作用：

$$
\begin{cases}
\boldsymbol{F}_1 = -\left(\dfrac{m\mu}{r^2}\right)\left(\dfrac{\boldsymbol{r}}{r}\right) = \dfrac{-m\mu}{(x^2+y^2)^{3/2}}(x\boldsymbol{i}+y\boldsymbol{j}) \\
\boldsymbol{F}_2 = m\omega_c^2\left(\dfrac{\boldsymbol{r}}{r}\right) = m\omega_c^2(x\boldsymbol{i}+y\boldsymbol{j}) \\
\boldsymbol{F}_c = -2m(\omega_c \times \dot{\boldsymbol{r}}) = 2m\omega_c(\dot{y}\boldsymbol{i}-\dot{x}\boldsymbol{j})
\end{cases}
\tag{4.5.71}
$$

将以上各作用力代入 P 点的动力学方程 $m\ddot{\boldsymbol{r}} = \boldsymbol{F}_1 + \boldsymbol{F}_2 + \boldsymbol{F}_c$ 投影到 x 轴和 y 轴，整理得到

$$
\begin{cases}
\ddot{x} - 2\omega_c\dot{y} + [\mu(x^2+y^2)^{-3/2} - \omega_c^2]x = 0 \\
\ddot{y} - 2\omega_c\dot{x} + [\mu(x^2+y^2)^{-3/2} - \omega_c^2]y = 0
\end{cases}
\tag{4.5.72}
$$

此方程组有常值特解 $x_s = R$、$y_s = 0$，即图 4.5.3 中的 P_0 点，对应于半径为 R 的圆轨道稳态运动。设 P 点受扰后的位置为 $x = R + \xi$、$y = \eta$，代入方程组(4.5.72)，仅保留 ξ、η 的一次项，得到线性化的受扰运动方程为

$$
\begin{cases}
\ddot{\xi} - 2\omega_c\dot{\eta} - 3\omega_c^3\xi = 0 \\
\ddot{\eta} + 2\omega_c\xi = 0
\end{cases}
$$

若忽略此方程组中的科氏惯性力项，则特征方程为

$$
\lambda^2(\lambda^2 - 3\omega_c^2) = 0
$$

其特征值为一个零根 $\lambda = 0$ 和一个正实根 $\lambda = \sqrt{3}\omega_c$，导致不稳定结论。若加入科氏惯性力，则特征方程改为

$$
\lambda^2(\lambda^2 + \omega_c^2) = 0
$$

除零根 $\lambda = 0$ 表示 P 点沿轨道切线方向的随遇性平衡以外，纯虚根 $\lambda = \pm \mathrm{i}\omega_c$ 表示指向引力中心 O 方向是稳定平衡。这表明，陀螺力的加入使不稳定的线性保守系统转为稳定。

4.6 周期变系数系统的稳定性

以上各节关于运动稳定性理论的研究对象仅限于定常系统。本节讨论非定常系统，其扰动方程右端显含时间变量 t，一般形式为

$$
\dot{\boldsymbol{x}} = \boldsymbol{X}(\boldsymbol{x}, t) \tag{4.6.1}
$$

函数 $\boldsymbol{X}(\boldsymbol{x}, t)$ 在状态空间中对应的向量场随时间不断变化。微分方程的解结构十分复杂，对稳态运动稳定性的判断非常困难。利用特征值判断线性定常系统稳定性的有效方法对非定常系统已不再适用。4.4.2 节叙述的李雅普诺夫定理可以扩

展到非定常系统，但实际应用的难度很大。对于一般情况的非定常系统，还没有普遍实用的稳定性判断方法。本节讨论系数随时间周期变化的一类特殊非定常系统，即**周期变系数的线性系统**。这类系统有较广泛的工程实际背景，如受轴向周期力作用直杆的振动、非圆截面旋转轴的横向振动、沿椭圆轨道运行的人造卫星等。

4.6.1　弗洛凯定理

弗洛凯定理是研究周期变系数线性常微分方程解稳定性的基本理论，适用于 n 阶方程的普通情况，本节仅讨论二阶情形，其一般形式为

$$\ddot{x}+p(t)\dot{x}+q(t)x=0 \tag{4.6.2}$$

式中，$p(t)$和$q(t)$均为周期 T 的周期函数，满足

$$p(t+T)=p(t),\quad q(t+T)=q(t) \tag{4.6.3}$$

设 $x_1(t)$和$x_2(t)$为方程(4.6.2)的两个线性独立的特解，满足**朗斯基行列式**：

$$\varDelta(t)=\begin{vmatrix} x_1(t) & \dot{x}_1(t) \\ x_2(t) & \dot{x}_2(t) \end{vmatrix}\neq 0 \tag{4.6.4}$$

将 $\varDelta(t)$ 对 t 微分，且利用方程(4.6.2)化作

$$\frac{\mathrm{d}\varDelta}{\mathrm{d}t}=\begin{vmatrix} x_1 & \ddot{x}_1 \\ x_2 & \ddot{x}_2 \end{vmatrix}=-p\varDelta \tag{4.6.5}$$

设初始条件为

$$\begin{bmatrix} x_1(0) & \dot{x}_1(0) \\ x_2(0) & \dot{x}_2(0) \end{bmatrix}=\begin{bmatrix} 1 & 0 \\ 0 & 1 \end{bmatrix} \tag{4.6.6}$$

积分方程(4.6.5)，得到

$$\varDelta(t)=\varDelta(0)\exp\left[-\int_0^t p(\tau)\mathrm{d}\tau\right] \tag{4.6.7}$$

由于 $\varDelta(0)=1$，所以 $\varDelta(t)\neq 0$。表明以式(4.6.6)为初始条件的解 $x_1(t)$和$x_2(t)$为基本解。方程(4.6.2)的任何解都可用此基本解的线性组合表示，为

$$x(t)=C_1x_1(t)+C_2x_2(t) \tag{4.6.8}$$

由于 $x_1(t+T)$ 和 $x_2(t+T)$ 也是方程(4.6.2)的解，可表示为 $x_1(t)$和$x_2(t)$的线性组合，为

$$\begin{cases} x_1(t+T)=a_{11}x_1(t)+a_{12}x_2(t) \\ x_2(t+T)=a_{21}x_1(t)+a_{22}x_2(t) \end{cases} \tag{4.6.9}$$

引入 $\underline{\boldsymbol{x}}=\{x_1,x_2\}^{\mathrm{T}}$、$\underline{\boldsymbol{A}}=[a_{ij}]$，将方程组(4.6.9)写作矩阵形式：

$$\underline{\boldsymbol{x}}(t+T)=\underline{\boldsymbol{A}}\underline{\boldsymbol{x}}(t) \tag{4.6.10}$$

令其中 t=0，将初始条件式(4.6.6)代入，导出

$$\underline{\boldsymbol{A}}=\begin{bmatrix} x_1(T) & \dot{x}_1(T) \\ x_2(T) & \dot{x}_2(T) \end{bmatrix} \tag{4.6.11}$$

常系数线性微分方程有指数函数 $x=\mathrm{e}^{\lambda t}$ 特解，满足

$$x(t+T)=\sigma x(t) \tag{4.6.12}$$

式中，$\sigma=\mathrm{e}^{\lambda T}$ 为复常数。借助特征值 λ 的实部符号可以判断线性方程零解的稳定性。在周期变系数线性微分方程中，虽然找不到指数函数特解，但仍有可能找出满足与条件式(4.6.12)相同的特解，σ 也是某个复常数。这种特殊性质的特解称为正规解。找到正规解以后，利用条件式(4.6.12)可以判断经过任意个周期以后解的变化趋势。反复使用条件式(4.6.12) m 次，得到

$$x(t+mT)=\sigma^m x(t) \tag{4.6.13}$$

于是根据 σ 的模可以判断解是否有界，并依此判断零解的稳定性。

$$|\sigma|<1\text{：稳定，}\ |\sigma|>1\text{：不稳定，}\ |\sigma|=1\text{：临界情况} \tag{4.6.14}$$

若 σ 为实数，则临界情况 $\sigma=\pm1$ 对应于周期解。$\sigma=+1$ 时周期为 T，$\sigma=-1$ 时周期为 $2T$。

将正规解 $x(t)$ 表示为基本解 $x_1(t)$ 和 $x_2(t)$ 的线性组合，即

$$x(t)=a_1x_1(t)+a_2x_2(t) \tag{4.6.15}$$

将式(4.6.9)和式(4.6.15)代入式(4.6.12)，整理后化作

$$[a_1(a_{11}-\sigma)+a_2a_{21}]x_1+[a_1a_{12}+a_2(a_{22}-\sigma)]x_2=0 \tag{4.6.16}$$

因 x_1 和 x_2 线性独立，其系数必为零，得到

$$\begin{cases} a_1(a_{11}-\sigma)+a_2a_{21}=0 \\ a_1a_{12}+a_2(a_{22}-\sigma)=0 \end{cases} \tag{4.6.17}$$

从 a_1 和 a_2 的非零解条件导出 σ 应满足的特征方程为

$$|\underline{\boldsymbol{A}}-\sigma\underline{\boldsymbol{I}}|=\sigma^2+P\sigma+Q=0 \tag{4.6.18}$$

系数 P 和 Q 分别为

$$P=-\mathrm{Tr}\underline{\boldsymbol{A}},\quad Q=|\underline{\boldsymbol{A}}|=\Delta(T) \tag{4.6.19}$$

特征方程(4.6.18)与基本解的选择无关。要证明这点，只需选择一对基本解 y_1 和 y_2：

$$y_1=\beta_1x_1+\beta_2x_2,\quad y_2=\gamma_1x_1+\gamma_2x_2 \tag{4.6.20}$$

将 y_1 和 y_2 代替 x_1 和 x_2，重复以上运算可导出与式(4.6.18)相同的特征方程。因此，当微分方程的参数确定后，特征方程及其对应的特征值都唯一地被确定。因 $Q\neq 0$，特征方程(4.6.18)无零根。根据条件式(4.6.14)，若全部特征根的模 $|\sigma|$ 均小于 1，则零解渐近稳定；只要其中有一个特征根的模大于 1，零解必不稳定。

4.6.2　希尔方程

设方程(4.6.2)中 $p(t)\equiv 0$，$q(t)$ 为周期 T 的周期函数，称为**希尔(Hill)方程**，则

$$\ddot{x}+q(t)x=0 \tag{4.6.21}$$

根据初始条件式(4.6.6)导出基本解 $x_1(t)$ 和 $x_2(t)$，代入式(4.6.11)确定矩阵 $\underline{\boldsymbol{A}}$。由于 $p(t)\equiv 0$，从式(4.5.7)导出 $\Delta(t)=\Delta(0)=1$，即 $Q=1$，σ 的特征方程为

$$\sigma^2-2a\sigma+1=0 \tag{4.6.22}$$

式中，$2a=a_{11}+a_{22}$。解出特征值为

$$\sigma_{1,2}=a\pm\sqrt{a^2-1} \tag{4.6.23}$$

分以下几种情形讨论：

(1) $|a|>1$。σ_1 和 σ_2 中必有一个根的值大于 1，对应的基本解无界，零解不稳定。

(2) $|a|<1$。σ_1 和 σ_2 中为共轭复根，由于 $\sigma_1\sigma_2=1$，此共轭复根的模必等于 1，方程的基本解有界，零解稳定。

(3) $|a|=1$。$\sigma_1=\sigma_2=\pm 1$ 为重根，其中一个正规解是以 T 或 $2T$ 为周期的周期解，是介于稳定和不稳定之间的临界情形。

因此，选择方程的参数组合使系统实现周期为 T 或 $2T$ 的周期运动，即成为参数平面内划分稳定域与不稳定域的分界线，构成参数平面的稳定图。

4.6.3　马蒂厄方程

周期函数 $q(t)$ 为余弦函数的希尔方程称为**马蒂厄方程**。其一般形式为

$$\ddot{x}+\left[\delta+\varepsilon\cos(2t)\right]x=0 \tag{4.6.24}$$

式中，$\cos(2t)$ 的周期为 π 或 2π。$\varepsilon=0$ 时方程(4.6.24)转化为线性保守系统。为保证此时仍存在周期为 π 或 2π 的周期解，令 $\delta=n^2\ (n=0,1,2,\cdots)$，分别对应线性无关特解 $\sin(nt)$和 $\cos(nt)$。除 $n=0$ 时唯一周期解为常值解以外，n 为偶数时周期为 π，n 为奇数时周期为 2π。ε 不为零时，将方程(4.6.24)中的方程的解 $x(t)$ 和参数 δ 分别展开成 ε 的幂级数：

$$x(t)=x_0(t)+\varepsilon x_1(t)+\varepsilon^2x_2(t)+\cdots \tag{4.6.25}$$

$$\delta = n^2 + \varepsilon\delta_1 + \varepsilon^2\delta_2 + \cdots \tag{4.6.26}$$

代入方程(4.6.24)，利用近似解析方法可算出与不同 n 对应的解 $x(t,\varepsilon)$ 及 $\delta(\varepsilon)$ 关系式。以 $n=0,1,2$ 为例，解出 $x(t,\varepsilon)$ 和 $\delta(\varepsilon)$ 的近似表达式如下。

$n=0$:

$$x = x_{c0}(t,\varepsilon) = 1 + \frac{\varepsilon}{4}\cos(2t) + \cdots, \quad \delta = \delta_{c0}(\varepsilon) = -\frac{1}{8}\varepsilon^2 + \cdots \tag{4.6.27}$$

$n=1$:

$$\begin{cases} x = x_{c1}(t,\varepsilon) = \cos t + \dfrac{\varepsilon}{16}\cos(3t) + \cdots, \quad \delta = \delta_{c1}(\varepsilon) = 1 - \dfrac{1}{2}\varepsilon - \dfrac{1}{32}\varepsilon^2 + \cdots \\ x = x_{s1}(t,\varepsilon) = \sin t + \dfrac{\varepsilon}{16}\sin(3t) + \cdots, \quad \delta = \delta_{s1}(\varepsilon) = 1 + \dfrac{1}{2}\varepsilon - \dfrac{1}{32}\varepsilon^2 + \cdots \end{cases} \tag{4.6.28}$$

$n=2$:

$$\begin{cases} x = x_{c2}(t,\varepsilon) = \cos(2t) + \dfrac{\varepsilon}{24}\left[3 - \cos(4t)\right] + \cdots, \quad \delta = \delta_{c2}(\varepsilon) = 4 + \dfrac{5}{48}\varepsilon^2 + \cdots \\ x = x_{s1}(t,\varepsilon) = \sin(2t) + \dfrac{\varepsilon}{24}\sin(4t) + \cdots, \quad \delta = \delta_{s2}(\varepsilon) = 4 - \dfrac{1}{48}\varepsilon^2 + \cdots \end{cases} \tag{4.6.29}$$

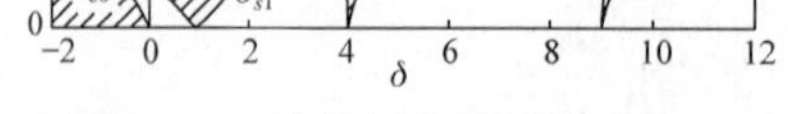

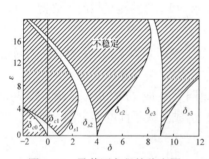

图 4.6.1　马蒂厄方程的稳定图

函数 $\delta(\varepsilon)$ 在 (δ,ε) 参数平面上构成一系列划分稳定域与不稳定域的分界线，称为稳定图，如图 4.6.1 所示。研究表明，稳定图中稳定域与不稳定域依次交替分布。因此，从 $n=0$ 的不稳定域出发可推断出 n 为其他值时的稳定或不稳定域(图 4.6.1 中以阴影区表示不稳定域)。

例 4.6.1　设长度 $l=0.5\text{ m}$ 的倒置单摆相对垂直轴的倾角为 φ，支点 O 沿垂直轴作 $y=a\cos(\omega t)$ 的简谐振动(图 4.6.2)，振幅 $a=1\text{cm}$。试列出动力学方程，化作马蒂厄方程的标准形式。利用稳定图判断为使倒置单摆保持垂直平衡稳定性，频率 ω 应满足的条件。

解　此非定常系统不允许采用拉格朗日方程建模，根据对动点 O 的动量矩定理列出

$$\ddot{\varphi} + \frac{1}{l}\left[-g + a\omega^2\cos(\omega t)\right]\varphi = 0 \tag{4.6.30}$$

令 $\tau = \omega t/2$ 作变量置换，化作

$$\frac{\mathrm{d}^2\varphi}{\mathrm{d}\tau^2}+[\delta+\varepsilon\cos(2\tau)]\varphi=0 \tag{4.6.31}$$

式中，

$$\delta=-\frac{4g}{l\omega^2},\quad \varepsilon=\frac{4a}{l} \tag{4.6.32}$$

因 $\delta<0$，为使 (δ,ε) 不越出稳定图左侧边界线 $\delta_{c0}(\varepsilon)=-\varepsilon^2/8$ 与 $\delta_{c1}(\varepsilon)=1-(\varepsilon/2)$ 之间的稳定域，即

$$|\delta_{c1}|>|\delta|>|\delta_{c0}| \tag{4.6.33}$$

将式(4.6.32)代入式(4.6.33)，导出 ω 应满足的稳定性条件为

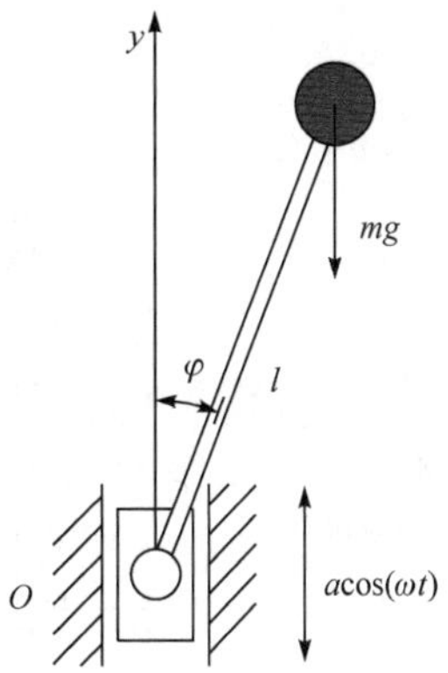

图 4.6.2　支点振动倒置单摆

$$\frac{\sqrt{2gl}}{a}>\omega>2\sqrt{\frac{g}{l-2a}}$$

将数据代入后算出 $313\mathrm{rad}/s>\omega>9\mathrm{rad}/s$，即频率在 1.4～50Hz，可保证倒置单摆垂直平衡稳定。对于下垂倒置单摆情形，$\delta>0$，稳定域虽明显大于倒置单摆，但也存在不稳定域。表明，对支点的某些振动频率，下垂的倒置单摆也可能出现不稳定。

第 5 章　刚性动力学原理

在工程技术中，变形很小的物体或虽有变形但不影响整体运动的物体可视为**刚体**。机械系统的刚性动力学是忽略构件弹性变形的理想机械系统的动力学问题。刚性动力学主要有单自由度机械系统的刚性动力学、两自由度机械系统的刚性动力学、多自由度机械系统的刚性动力学和刚体动力学原理等。本章主要讨论具有普遍意义的刚体动力学原理。

5.1　刚体的有限转动

5.1.1　有限转动张量

刚体是对刚硬物体的抽象，是由密集质点组成的质点系，其中任意两个质点之间的距离在运动过程中保持不变。不受约束的自由刚体相对于确定的参考坐标系有 6 个运动自由度，即刚体内任意 O 点的 3 个移动自由度和绕 O 点的 3 个转动自由度。因此，自由刚体在参考系中的位置可由 6 个独立参数，即 6 个广义坐标完全确定。受约束刚体的广义坐标数等于 6 减去完整约束数，其自由度等于广义坐标数减去非完整约束数。当 O 点的运动已确定时，其运动规律可视作已知的约束条件，刚体只有绕 O 点转动的 3 个独立自由度。O 点在惯性空间中固定不动是一种特例，即刚体绕定点的转动。

当分析刚体绕 O 点的转动时，可将 O 点作为原点建立固结于刚体的正交坐标系表示刚体的位置。各坐标轴的基矢量 $\boldsymbol{e}_j$ (j=1, 2, 3)组成矢量列阵 $\underline{\boldsymbol{e}}$，称为刚体的**连体基**。当多刚体同时绕 O 点转动时，刚体之间的相对位置由各刚体的连体基之间的方向余弦矩阵确定。用带括号的上标 i 表示不同连体基的序号，记作 $\underline{\boldsymbol{e}}^{(i)}$。当同一刚体绕 O 点多次转动时，将每次转动后的连体基视为一系列中间坐标系，刚体每次转动前后的位置关系由中间坐标系之间的方向余弦矩阵确定。方向余弦矩阵的 9 个元素中只有 3 个独立参数，对应刚体绕 O 点的 3 个转动自由度。

当刚体绕 O 点转动时，若转角为有限值，则称为**有限转动**。**欧拉定理**是关于有限转动的重要定理：**刚体绕定点 O 的任意有限转动可由绕 O 点某根轴的一次有限转动实现。**

任意两个连体基之间的方向余弦矩阵有等于 1 的特征值，所以对应的特征矢量在两个连体基上的坐标列阵完全相同。将上述两个连体基理解为刚体任意有限转动前后的位置，所对应的特征矢量相对转动前后的刚体保持位置不变，刚体的转动必可由绕特征矢量的一次转动实现。

如刚体绕 O 点做一系列有限转动，根据欧拉定理，应等于刚体绕 O 点的不同连体轴的一系列有限转动。刚体的最终位置由一系列按序排列的相邻基之间方向余弦矩阵的连乘积确定。由于矩阵乘法不存在交换律，当转动次序改变时，即使绕各转动轴的转角一一相同，但最终到达的位置并不相同。其原因是刚体的前次转动改变了固结在刚体上的后续转动轴在空间中的位置，因此一系列有限转动的合成不仅取决于各次转动轴在刚体内的位置和转过的角度，而且与转动顺序即转动的历史过程有关。

设刚体以 O 为基点的连体基 $\underline{\boldsymbol{e}}$ 在转动前的位置为 $\underline{\boldsymbol{e}}^{(0)}$，绕 p 轴逆时针转过 O 角后的位置为 $\underline{\boldsymbol{e}}^{(1)}$。沿转动轴 p 的基矢量 $\boldsymbol{p}$ 即 $\underline{\boldsymbol{e}}^{(0)}$ 与 $\underline{\boldsymbol{e}}^{(1)}$ 之间方向余弦矩阵的特征矢量，其相对于 $\underline{\boldsymbol{e}}^{(0)}$ 和 $\underline{\boldsymbol{e}}^{(1)}$ 的方向余弦 p_1、p_2、p_3 应完全相同。固定于刚体的任意矢量在转动前后的位置 $\boldsymbol{a}_0$ 和 $\boldsymbol{a}$ 均位于相对 p 轴对称的圆锥面内。过 $\boldsymbol{a}_0$ 和 $\boldsymbol{a}$ 的矢量端点 P_0 和 P 作平面与 p 轴垂直并相交于 O_1 点，过 P 点向 O_1P_0 引线，垂足为 Q，如图 5.1.1 所示，则有

$$\overrightarrow{OP}=\overrightarrow{OP_0}+\overrightarrow{P_0Q}+\overrightarrow{QP} \tag{5.1.1}$$

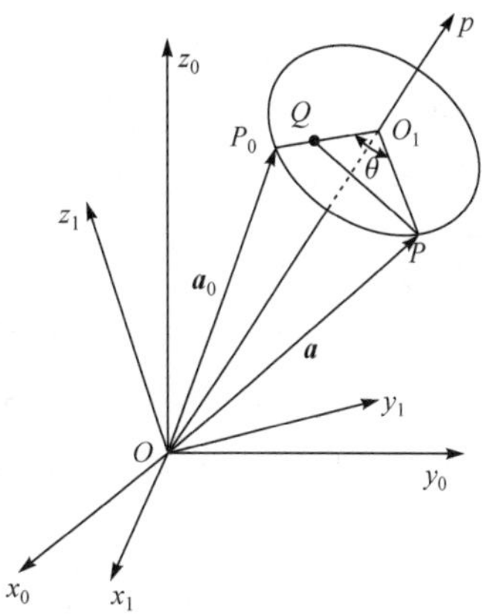

图 5.1.1　刚体的有限转动

其中矢量 $\overrightarrow{QP}$ 沿 $\boldsymbol{p}\times\boldsymbol{a}_0$ 方向，$\overrightarrow{P_0Q}$ 沿 $\boldsymbol{p}\times(\boldsymbol{p}\times\boldsymbol{a}_0)$ 方向，式(5.1.1)可写为

$$\boldsymbol{a}=\boldsymbol{a}_0+(1-\cos\theta)\boldsymbol{p}\times(\boldsymbol{p}\times\boldsymbol{a}_0)+\sin\theta(\boldsymbol{p}\times\boldsymbol{a}_0) \tag{5.1.2}$$

将其中的二重矢积展开后为

$$\boldsymbol{a}=\cos\theta\,\boldsymbol{a}_0+(1-\cos\theta)(\boldsymbol{p}\cdot\boldsymbol{a}_0)+\sin\theta(\boldsymbol{p}\times\boldsymbol{a}_0) \tag{5.1.3}$$

引入并矢 $\boldsymbol{A}$，定义为

$$\boldsymbol{A}=\cos\theta\boldsymbol{I}+(1-\cos\theta)\boldsymbol{pp}+\sin\theta\,\boldsymbol{p}\times\boldsymbol{I} \tag{5.1.4}$$

式中，$\boldsymbol{I}$ 为单位并矢。则式(5.1.3)的右项可简写为并矢 $\boldsymbol{A}$ 与矢量 $\boldsymbol{a}_0$ 的点积

$$\boldsymbol{a}=\boldsymbol{A}\cdot\boldsymbol{a}_0 \tag{5.1.5}$$

并矢 $\boldsymbol{A}$ 称作刚体的**有限转动张量**。将矢量式(5.1.5)中各项向 $\underline{\boldsymbol{e}}^{(1)}$ 基，即 $O\text{-}x_1y_1z_1$ 坐标系投影，写出由矢量和张量的坐标矩阵组成的矩阵方程为

$$\underline{\boldsymbol{a}}^{(1)}=\underline{\boldsymbol{A}}^{(1)}\cdot\underline{\boldsymbol{a}}_0^{(1)} \tag{5.1.6}$$

式中，$\underline{\boldsymbol{A}}^{(1)}$ 为有限转动张量 $\boldsymbol{A}$ 在 $\underline{\boldsymbol{e}}^{(1)}$ 中的坐标矩阵，称为有限转动矩阵。省略相同的上角标，从式(5.1.4)直接写出

$$\underline{\boldsymbol{A}} = \cos\theta \underline{\boldsymbol{I}} + (1-\cos\theta)\underline{\boldsymbol{p}}\,\underline{\boldsymbol{p}}^{\mathrm{T}} + \sin\theta \underline{\tilde{\boldsymbol{p}}} \tag{5.1.7}$$

式中，$\underline{\boldsymbol{I}}$ 为单位矩阵；$\underline{\boldsymbol{p}}$ 和 $\underline{\tilde{\boldsymbol{p}}}$ 分别为单位矢量 $\boldsymbol{p}$ 在 $\underline{\boldsymbol{e}}^{(1)}$ 中的坐标列阵和坐标方阵。

$$\underline{\boldsymbol{p}} = \begin{Bmatrix} p_1 \\ p_2 \\ p_3 \end{Bmatrix}, \quad \underline{\tilde{\boldsymbol{p}}} = \begin{bmatrix} 0 & -p_3 & p_2 \\ p_3 & 0 & -p_1 \\ -p_2 & p_1 & 0 \end{bmatrix} \tag{5.1.8}$$

在式(5.1.6)中，矢量 $\boldsymbol{a}$ 在 $\underline{\boldsymbol{e}}^{(1)}$ 中的坐标矩阵 $\underline{\boldsymbol{a}}^{(1)}$ 与矢量 $\boldsymbol{a}_0$ 在 $\underline{\boldsymbol{e}}^{(0)}$ 中的坐标矩阵 $\underline{\boldsymbol{a}}_0^{(0)}$ 应完全相同，则式(5.1.6)中的 $\underline{\boldsymbol{a}}^{(1)}$ 可用 $\underline{\boldsymbol{a}}_0^{(0)}$ 置换，改写为

$$\underline{\boldsymbol{a}}_0^{(0)} = \underline{\boldsymbol{A}}^{(1)} \cdot \underline{\boldsymbol{a}}_0^{(1)} \tag{5.1.9}$$

式中，矩阵 $\underline{\boldsymbol{A}}^{(1)}$ 将同一矢量 $\boldsymbol{a}_0$ 从 $\underline{\boldsymbol{e}}^{(1)}$ 中的坐标转换为 $\underline{\boldsymbol{e}}^{(0)}$ 中的坐标，$\underline{\boldsymbol{A}}^{(1)}$ 即连体基的转动后位置 $\underline{\boldsymbol{e}}^{(1)}$ 与转动前位置 $\underline{\boldsymbol{e}}^{(0)}$ 之间的方向余弦矩阵。将 $\underline{\boldsymbol{A}}^{(1)}$ 改写为 $\underline{\boldsymbol{A}}^{(01)}$，并将式(5.1.7)展开，则有

$$\underline{\boldsymbol{A}}^{(01)} = \begin{bmatrix} p_1^2(1-\cos\theta)+\cos\theta & p_1p_2(1-\cos\theta)-p_3\sin\theta & p_3p_1(1-\cos\theta)+p_2\sin\theta \\ p_1p_2(1-\cos\theta)+p_3\sin\theta & p_2^2(1-\cos\theta)+\cos\theta & p_3p_2(1-\cos\theta)-p_1\sin\theta \\ p_3p_1(1-\cos\theta)-p_2\sin\theta & p_3p_2(1-\cos\theta)+p_1\sin\theta & p_3^2(1-\cos\theta)+\cos\theta \end{bmatrix} \tag{5.1.10}$$

由于方向余弦之间存在关系式

$$p_1^2 + p_2^2 + p_3^2 = 1 \tag{5.1.11}$$

所以在构成矩阵 $\underline{\boldsymbol{A}}$ 所有元素的 4 个参数 p_1、p_2、p_3、θ 中只有 3 个独立变量，对应于刚体绕定点转动的 3 个自由度。当转动轴位置 $\boldsymbol{p}$ 和转角 θ 给定以后，代入式(5.1.10)即得到转角前后刚体位置之间的方向余弦矩阵。反之，任意给定方向余弦矩阵 $\underline{\boldsymbol{A}}=[a_{ij}]$，一般情况下，也可以从式(5.1.10)逆解出用方向余弦元素 $a_{ij}(i,j=1,2,3)$ 表示的转动轴位置及转角 θ：

$$p_k = \pm\sqrt{\frac{a_{kk}-\cos\theta}{1-\cos\theta}}, \quad \theta = \arccos\left(\frac{\mathrm{Tr}\underline{\boldsymbol{A}}^{(01)}-1}{2}\right), \quad k=1,\ 2,\ 3 \tag{5.1.12}$$

将解出的 θ 和 p_k 代入式(5.1.10)，与原矩阵 $\underline{\boldsymbol{A}}$ 核对，以确定 p_k 的正负号。式(5.1.12)的推导过程也可视为对刚体有限转动欧拉定理的证明过程。

例 5.1.1　由立方体的顶点组成的三角形 $A_0B_0C_0$ 绕 A_0 点做有限转动后移至 ABC，如图 5.1.2 所示，试计算一次转动轴 P 的位置和转动角度 θ。

解　以 A 点为原点 O，设坐标系 $O\text{-}x_0y_0z_0$ 为连基体的初始位置 $\underline{\boldsymbol{e}}^{(0)}$，其中，$x_0$ 轴平行于 B_0C_0，y_0 轴沿 A_0B_0，其转动后位置 $O\text{-}x_1y_1z_1$ 即 $\underline{\boldsymbol{e}}^{(1)}$ 在图 5.1.2 中标出。列出 $\underline{\boldsymbol{e}}^{(0)}$ 相对 $\underline{\boldsymbol{e}}^{(1)}$ 的方向余弦矩阵 $\underline{\boldsymbol{A}}^{(01)}$：

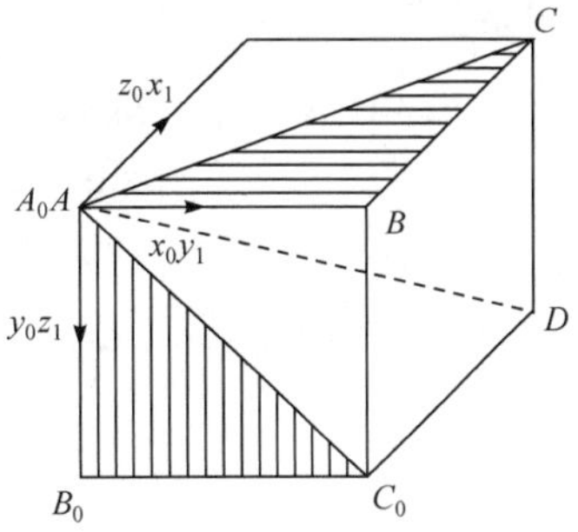

图 5.1.2　有限转动立方体

$$\underline{\boldsymbol{A}}^{(01)}=\begin{bmatrix}0 & 1 & 0\\ 0 & 0 & 1\\ 1 & 0 & 0\end{bmatrix}$$

利用式(5.1.12)导出

$$\theta=\arccos(-1/2)=120°,\quad p_1=p_2=p_3=-1/\sqrt{3}$$

对应的有限转动轴沿连接立方体顶点 AD 的对角线。

5.1.2　欧拉角

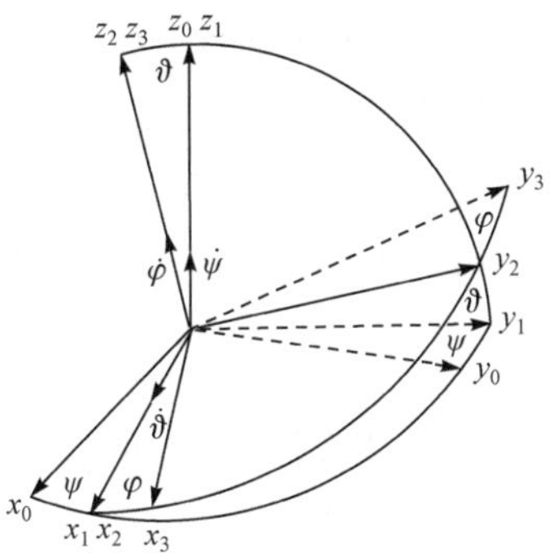

图 5.1.3　欧拉角

刚体绕定点 O 的 3 个转动自由度要求有 3 个广义坐标与之对应。设想将刚体的有限转动分解为依一定顺序绕连体坐标轴的 3 次有限转动，则每次转过的角度可定义为确定刚体转动前后相对位置的 3 个广义坐标。设连体基从初始位置 $\underline{\boldsymbol{e}}^{(0)}$，即坐标系 $O\text{-}x_0y_0z_0$ 出发，首先绕 z_0 轴转动 ψ 角到达 $\underline{\boldsymbol{e}}^{(1)}$，即 $O\text{-}x_1y_1z_1$；然后绕 x_1 轴转动 ϑ 角到达 $\underline{\boldsymbol{e}}^{(2)}$，即 $O\text{-}x_2y_2z_2$；最后绕 z_2 轴转动 φ 角到达 $\underline{\boldsymbol{e}}^{(3)}$，即 $O\text{-}x_3y_3z_3$。3 个广义坐标 ψ、ϑ、φ 称为**欧拉角**，其中，ψ 为**进动角**，ϑ 为**章动角**，φ 为**自转角**，如图 5.1.3 所示。将此转动次序表示为

$$(O\text{-}x_0y_0z_0)\xrightarrow[\psi]{z_0}(O\text{-}x_1y_1z_1)\xrightarrow[\vartheta]{x_1}(O\text{-}x_2y_2z_2)\xrightarrow[\varphi]{z_2}(O\text{-}x_3y_3z_3)$$

连体基二次转动后的位置 $\underline{\boldsymbol{e}}^{(2)}$，即 $O\text{-}x_2y_2z_2$ 通常称为**莱查(Resal)坐标系**或**莱查基**，其中，仅 z_2 轴与刚体固结，x_2 轴沿(x_0, y_0)与(x_3, y_3)二坐标平面的节线。对于质量相对 z_2 轴对称分布的刚体，莱查基 $\underline{\boldsymbol{e}}^{(2)}$ 与连体基 $\underline{\boldsymbol{e}}^{(3)}$ 同为刚体的主轴坐标系，但莱查基不参与刚体绕对称轴的自转，用它作为轴对称刚体的参考坐标系可明显使计算简化。为便于叙述，用角标(R)作为莱查基 $\underline{\boldsymbol{e}}^{(R)}$ 的标志。

利用式(5.1.7)或直接观察各坐标轴之间的夹角可以确定各次转动所对应的方向余弦矩阵为

$$\underline{\boldsymbol{A}}^{(01)}=\begin{bmatrix}\cos\psi & -\sin\psi & 0\\ \sin\psi & -\cos\psi & 0\\ 0 & 0 & 1\end{bmatrix},\quad \underline{\boldsymbol{A}}^{(12)}=\begin{bmatrix}1 & 0 & 0\\ 0 & \cos\vartheta & -\sin\vartheta\\ 0 & \sin\vartheta & \cos\vartheta\end{bmatrix},$$

$$\underline{\boldsymbol{A}}^{(23)}=\begin{bmatrix}\cos\varphi & -\sin\varphi & 0\\ \sin\varphi & -\cos\varphi & 0\\ 0 & 0 & 1\end{bmatrix} \tag{5.1.13}$$

莱查基 $\underline{\boldsymbol{e}}^{(2)}$ 或连体基 $\underline{\boldsymbol{e}}^{(3)}$ 相对 $\underline{\boldsymbol{e}}^{(0)}$ 的方向余弦矩阵 $\underline{\boldsymbol{A}}^{(02)}$ 和 $\underline{\boldsymbol{A}}^{(03)}$ 分别为

$$\underline{\boldsymbol{A}}^{(02)}=\underline{\boldsymbol{A}}^{(01)}\underline{\boldsymbol{A}}^{(12)}=\begin{bmatrix}\cos\psi & -\sin\psi\cos\vartheta & \sin\psi\sin\vartheta\\ \sin\psi & \cos\psi\cos\vartheta & -\cos\psi\sin\vartheta\\ 0 & \sin\vartheta & \cos\vartheta\end{bmatrix} \tag{5.1.14}$$

$$\begin{aligned}\underline{\boldsymbol{A}}^{(03)}&=\underline{\boldsymbol{A}}^{(02)}\underline{\boldsymbol{A}}^{(23)}\\ &=\begin{bmatrix}\cos\psi\cos\varphi-\sin\psi\cos\vartheta\sin\varphi & -\cos\psi\sin\varphi-\sin\psi\cos\vartheta\cos\varphi & \sin\psi\sin\vartheta\\ \sin\psi\cos\varphi+\cos\psi\cos\vartheta\sin\varphi & -\sin\psi\sin\varphi+\cos\psi\cos\vartheta\cos\varphi & -\cos\psi\sin\vartheta\\ \sin\vartheta\sin\varphi & \sin\vartheta\cos\varphi & \cos\vartheta\end{bmatrix}\end{aligned} \tag{5.1.15}$$

将式(5.1.15)中矩阵 $\underline{\boldsymbol{A}}^{(03)}$ 的元素记作 $a_{ij}(i,j=1,2,3)$，可导出用方向余弦表示的欧拉角计算公式为

$$\psi=\arctan\left(\frac{a_{31}}{a_{32}}\right),\quad \vartheta=\arccos a_{33},\quad \varphi=\arctan\left(-\frac{a_{13}}{a_{23}}\right) \tag{5.1.16}$$

在 $\vartheta=n\pi(n=0,1,\cdots)$ 的特殊位置，$a_{31}=a_{32}=a_{13}=a_{23}=0$，式(5.1.16)无意义而称为欧拉角的奇点。在奇点处由于 z_3 轴与 z_0 轴重合，x_1 轴的位置变得不确定，角度 ψ 与 φ 亦不能确定。实际上只要 z_3 轴接近 z_0 轴，ϑ 接近零时就会出现数值计算困难。

5.1.3 卡尔丹角

欧拉角是经典刚性动力学中习惯使用的广义坐标，特别适合讨论章动角 ϑ 接近不变、进动角 ψ 和自转角 φ 接近匀速增长的刚体运动，如天体的运动或陀螺的运动。但欧拉角并非广义坐标的唯一选择。实际上，从 3 个连体坐标轴按任意顺序选取转动轴(但不得连续选取同一轴)，所对应的 3 次有限转动角都可作为广义坐标的定义。例如，可规定连体基从初始位置 $\underline{\boldsymbol{e}}^{(0)}$，即 $O\text{-}x_0y_0z_0$ 位置出发，先绕

x_0轴转动α角到达$\underline{\boldsymbol{e}}^{(1)}$，即$O\text{-}x_1y_1z_1$；再绕$y_1$轴转动$\beta$角到达$\underline{\boldsymbol{e}}^{(2)}$，即$O\text{-}x_2y_2z_2$；最后绕$z_2$轴转动$\gamma$角到达$\underline{\boldsymbol{e}}^{(3)}$，即$O\text{-}x_3y_3z_3$。角度坐标$\alpha$、$\beta$、$\gamma$称为卡尔丹角，如图 5.1.4 所示。此转动次序可表示为

$$(O\text{-}x_0y_0z_0)\xrightarrow[\alpha]{x_0}(O\text{-}x_1y_1z_1)\xrightarrow[\beta]{y_1}(O\text{-}x_2y_2z_2)\xrightarrow[\gamma]{z_2}(O\text{-}x_3y_3z_3)$$

式中，$\underline{\boldsymbol{e}}^{(2)}$为卡尔丹角表示的莱查基$\underline{\boldsymbol{e}}^{(R)}$。各次转动对应的方向余弦矩阵分别为

$$\underline{\boldsymbol{A}}^{(01)}=\begin{bmatrix}1&0&0\\0&\cos\alpha&-\sin\alpha\\0&\sin\alpha&\cos\alpha\end{bmatrix}$$
$$\underline{\boldsymbol{A}}^{(12)}=\begin{bmatrix}\cos\beta&0&\sin\beta\\0&1&0\\-\sin\beta&0&\cos\beta\end{bmatrix}\qquad(5.1.17)$$
$$\underline{\boldsymbol{A}}^{(23)}=\begin{bmatrix}\cos\gamma&-\sin\gamma&0\\\sin\gamma&\cos\gamma&0\\0&0&1\end{bmatrix}$$

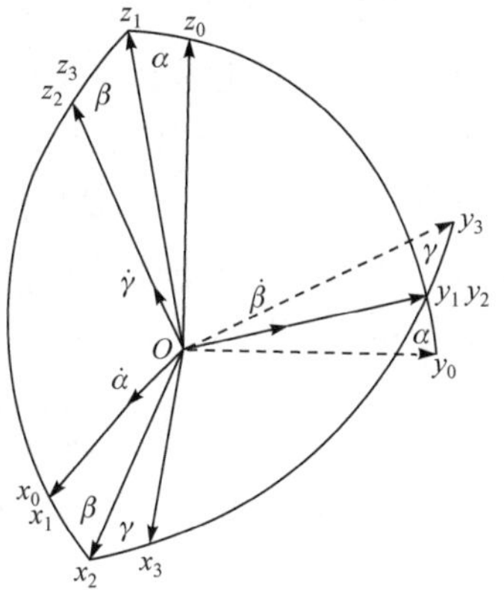

图 5.1.4 卡尔丹角

莱查基$\underline{\boldsymbol{e}}^{(2)}$或连体基$\underline{\boldsymbol{e}}^{(3)}$相对$\underline{\boldsymbol{e}}^{(0)}$的方向余弦矩阵$\underline{\boldsymbol{A}}^{(02)}$和$\underline{\boldsymbol{A}}^{(03)}$分别为

$$\underline{\boldsymbol{A}}^{(02)}=\underline{\boldsymbol{A}}^{(01)}\underline{\boldsymbol{A}}^{(12)}=\begin{bmatrix}\cos\beta&0&-\sin\beta\\\sin\alpha\sin\beta&\cos\alpha&-\sin\alpha\cos\beta\\-\cos\alpha\sin\beta&\sin\alpha&\cos\alpha\cos\beta\end{bmatrix}\qquad(5.1.18)$$

$$\begin{aligned}\underline{\boldsymbol{A}}^{(03)}&=\underline{\boldsymbol{A}}^{(02)}\underline{\boldsymbol{A}}^{(23)}\\&=\begin{bmatrix}\cos\beta\cos\gamma&-\cos\beta\sin\gamma&\sin\beta\\\cos\alpha\sin\gamma+\sin\alpha\sin\beta\cos\gamma&\cos\alpha\cos\gamma-\sin\alpha\sin\beta\sin\gamma&-\sin\alpha\cos\beta\\\sin\alpha\sin\gamma-\cos\alpha\sin\beta\cos\gamma&\sin\alpha\cos\gamma+\cos\alpha\sin\beta\sin\gamma&\cos\alpha\cos\beta\end{bmatrix}\end{aligned}$$

(5.1.19)

利用$\underline{\boldsymbol{A}}^{(03)}$的方向余弦元素$a_{ij}(i,j=1, 2, 3)$表示卡尔丹角计算公式为

$$\alpha=\arctan\left(-\frac{a_{23}}{a_{33}}\right),\quad\beta=\arcsin a_{13},\quad\gamma=\arctan\left(-\frac{a_{12}}{a_{11}}\right)\qquad(5.1.20)$$

卡尔丹角也存在$\beta=(\pi/2)+n\pi(n=0,1,\cdots)$的奇点，对应$z_2$轴与$x_1$轴重合的位置。由于此处$a_{23}=a_{33}=a_{12}=a_{11}=0$，在奇点附近也会发生数值计算困难。但与欧拉角不同，卡尔丹角的奇点远离β角的零点。对于z_3轴与z_0轴接近的情形，变

量α、β可作为无限小量。若$\underline{\boldsymbol{e}}^{(3)}$与$\underline{\boldsymbol{e}}^{(0)}$的各轴均互相接近，则$\alpha$、$\beta$、$\gamma$均可作为无限小量。因此，卡尔丹角特别适合讨论$z_3$轴在$z_0$轴附近，或$\underline{\boldsymbol{e}}^{(3)}$各轴均在$\underline{\boldsymbol{e}}^{(0)}$附近的刚体运动，在工程技术中应用更为广泛。以万向支架支撑的陀螺仪为例，如图 5.1.5 所示，可将外环、内环和转子视为物化的参考坐标系；$(O\text{-}x_1y_1z_1)$-外环、$(O\text{-}x_2y_2z_2)$-内环、$(O\text{-}x_3y_3z_3)$-转子，卡尔丹角α、β、γ就是外环、内环、转子的实际转角。

卡尔丹角也是确定飞机、船舶或车辆姿态的常用方法，但定义角度的转动次序不同，且按习惯被赋予不同名称。例 5.1.2 中对船舶姿态角的转动次序进行说明，对应的角度ψ、ϑ、φ分别称为**偏航角**、**纵倾角**和**横倾角**。

例 5.1.2　设船舶的连体基坐标系$O\text{-}xyz$定义为：y轴沿艄艉线，x轴指向船侧，z轴垂直于甲板，如图 5.1.6 所示。按以下顺序确定船舶摇摆的姿态角：

$$(O\text{-}x_0y_0z_0)\xrightarrow[\psi]{z_0}(O\text{-}x_1y_1z_1)\xrightarrow[\vartheta]{x_1}(O\text{-}x_2y_2z_2)\xrightarrow[\varphi]{y_2}(O\text{-}x_3y_3z_3)$$

试写出$O\text{-}xyz$相对$O\text{-}x_0y_0z_0$的方向余弦矩阵$\underline{\boldsymbol{A}}^{(03)}$。

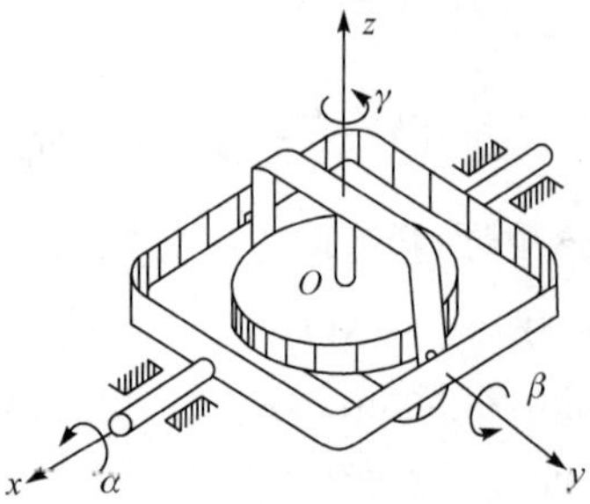

图 5.1.5　万向支架陀螺仪

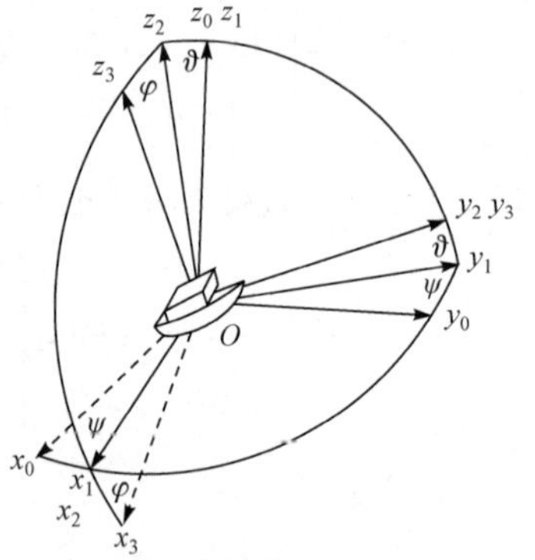

图 5.1.6　船体的连体基坐标系

解　船舶的姿态角为卡尔丹角类型，只需将图 5.1.4 中x、y、z轴顺序改写为z、x、y轴，角度α、β、γ依次改写为ψ、ϑ、φ，得到

$$\underline{\boldsymbol{A}}^{(03)}=\begin{bmatrix}\cos\psi\cos\varphi-\sin\psi\sin\vartheta\sin\varphi & -\sin\psi\cos\vartheta & \cos\psi\sin\varphi+\sin\psi\sin\vartheta\cos\varphi\\ \sin\psi\cos\varphi+\cos\psi\sin\vartheta\sin\varphi & \cos\psi\cos\vartheta & \sin\psi\sin\varphi-\cos\psi\sin\vartheta\cos\varphi\\ -\cos\vartheta\sin\varphi & \sin\vartheta & \cos\vartheta\cos\varphi\end{bmatrix}$$

例 5.1.3　设船舶甲板上安装两个水平平台，分别用内外环位置相反的方向支架支撑。以载体坐标系$O\text{-}x_0y_0z_0$为固定基$\underline{\boldsymbol{e}}^{(0)}$，$O\text{-}x_iy_iz_i\,(i=1,2)$为二平台台面的连体基$\underline{\boldsymbol{e}}^{(i)}$。无偏转时平台 1 的外环轴$x_1$和平台 2 的内环轴$x_2$沿$x_0$轴，平台 1 的内

环轴 y_1 和平台 2 的外环轴 y_2 沿 y_1 轴。设平台 1 的外环先绕 x_1 轴转过 α_1，内环再绕 y_1 轴转过 β_1，如图 5.1.7(a)所示；平台 2 的外环先绕 y_2 轴转过 β_2，内环再绕 x_2 轴转过 α_2，如图 5.1.7(b)所示。转角 $\alpha_i, \beta_i (i=1,2)$ 为无限小量，利用控制系统使两个平台的台面均保持水平，z_1 轴与 z_2 轴均为垂直轴。保留转角的二阶微量，试计算两个平台台面绕垂直轴相对偏转的角度 γ。

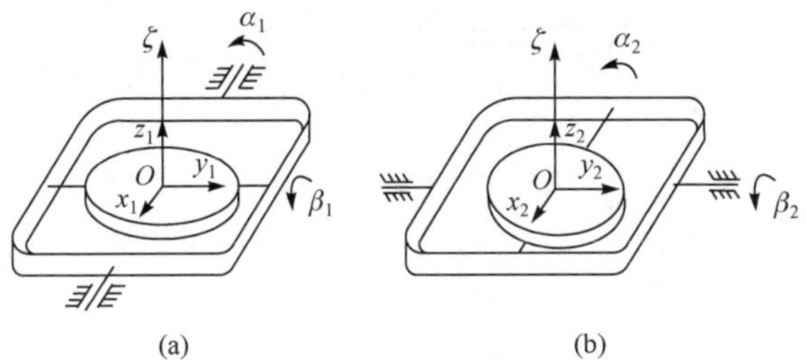

图 5.1.7　船舶夹板上的支承支架

解　分别列出平台转动后的连体基 $\underline{e}^{(i)}$ 相对 $\underline{e}^{(0)}$ 的方向余弦矩阵 $\underline{A}^{(0i)} (i=1,2)$ 为

$$\underline{A}^{(01)} = \begin{bmatrix} \cos\beta_1 & 0 & \sin\beta_1 \\ \sin\alpha_1\sin\beta_1 & \cos\alpha_1 & -\sin\alpha_1\cos\beta_1 \\ -\cos\alpha_1\sin\beta_1 & \sin\alpha_1 & \cos\alpha_1\cos\beta_1 \end{bmatrix}$$

$$\underline{A}^{(02)} = \begin{bmatrix} \cos\beta_2 & \sin\alpha_2\sin\beta_2 & \cos\alpha_2\sin\beta_2 \\ 0 & \cos\alpha_2 & -\sin\alpha_2 \\ -\sin\beta_2 & \sin\alpha_2\cos\beta_2 & \cos\alpha_2\cos\beta_2 \end{bmatrix}$$

因 z_1 轴与 z_2 轴平行，令矩阵 $\underline{A}^{(01)}$ 与 $\underline{A}^{(02)}$ 的第三列元素互等，导出 α_1 与 α_2、β_1 与 β_2 的差别仅三阶以上微量。平台 1 的 y_1 轴与平台 2 的 x_2 轴之间的夹角为 $(\pi/2+\gamma)$，令 $\underline{A}^{(01)}$ 的第二列与 $\underline{A}^{(02)}$ 的第一列各元素相乘计算 $\underline{e}^{(1)}$ 与 $\underline{e}^{(2)}$ 的标量积，导出

$$\sin\gamma = -\{0 \quad \cos\alpha_1 \quad \sin\alpha_1\}^{\mathrm{T}}\{\cos\beta_2 \quad 0 \quad -\sin\beta_2\} = \sin\alpha_1\sin\beta_2$$

仅保留 α_2、β_2 和 γ 的二阶微量，得到

$$\gamma = \alpha_1\beta_2$$

例 5.1.4　万向联轴节由主动轴 B_1，从动轴 B_2 和十字架 B_3 组成，B_3 通过圆柱铰与 B_1 和 B_2 连接，如图 5.1.8 所示。设 B_1 和 B_2 的夹角为 δ，试计算从动轴转角 φ_2 随主动轴转角 φ_1 变化的函数关系。

解　以联轴节中心点 O 为原点，建立 $O\text{-}x_0y_0z_0$ 为定参考基 $\underline{e}^{(0)}$，其中，x_0 轴沿 B_1 的转轴，(x_0, y_0)坐标面与 B_1 和 B_2 的转轴共面。令 $\underline{e}^{(0)}$ 绕 x_0 轴转动 φ_1 角后的位置为 B_1 的连体基 $\underline{e}^{(1)}$，即 $O\text{-}x_1y_1z_1$，其中，y_1 轴沿 B_3 相对 B_1 的转轴。再令 $\underline{e}^{(0)}$ 绕

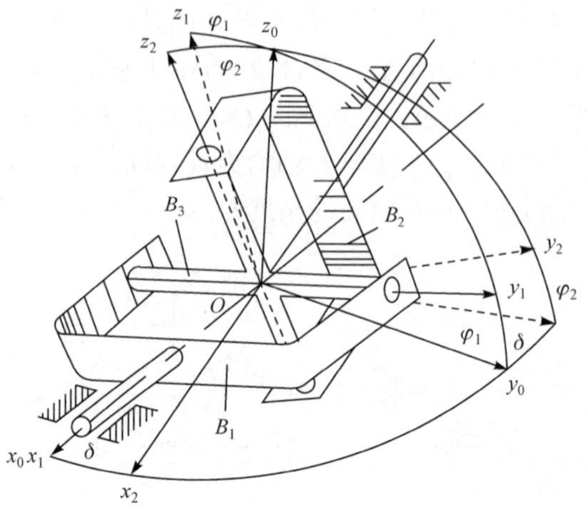

图 5.1.8　万向联轴节

z_0 轴转动 δ 角后 x_0 轴与 B_2 轴的转轴 x_2 重合，再绕 x_2 轴转动 φ_2 角后的位置为 B_2 的连体基 $\underline{\boldsymbol{e}}^{(2)}$，即 $O\text{-}x_2y_2z_2$，其中，z_0 轴为沿 B_3 的转轴。计算 $\underline{\boldsymbol{e}}^{(1)}$、$\underline{\boldsymbol{e}}^{(2)}$ 相对 $\underline{\boldsymbol{e}}^{(0)}$ 的方向余弦矩阵，得到

$$\underline{\boldsymbol{A}}^{(01)} = \begin{bmatrix} 1 & 0 & 0 \\ 0 & \cos\varphi_1 & -\sin\varphi_1 \\ 0 & \sin\varphi_1 & \cos\varphi_1 \end{bmatrix}$$

$$\underline{\boldsymbol{A}}^{(02)} = \begin{bmatrix} \cos\delta & -\sin\delta & 0 \\ -\sin\delta & \cos\delta & 0 \\ 0 & 0 & 1 \end{bmatrix}\begin{bmatrix} 1 & 0 & 0 \\ 0 & \cos\varphi_2 & -\sin\varphi_2 \\ 0 & \sin\varphi_2 & \cos\varphi_2 \end{bmatrix} = \begin{bmatrix} \cos\delta & -\sin\delta\cos\varphi_2 & \sin\delta\sin\varphi_2 \\ \sin\delta & \cos\delta\cos\varphi_2 & -\sin\varphi_2\cos\delta \\ 0 & \sin\varphi_2 & \cos\varphi_2 \end{bmatrix}$$

利用十字架的 z_2 轴与 y_1 轴的正交性条件，令对应的基矢量 $\underline{\boldsymbol{e}}^{(2)}$ 与 $\underline{\boldsymbol{e}}^{(1)}$ 的标量积等于零，即

$$\begin{aligned} &\{0 \quad \cos\varphi_1 \quad \sin\varphi_2\}\{\sin\delta\sin\varphi_2 \quad -\cos\delta\sin\varphi_2 \quad \cos\varphi_2\}^{\mathrm{T}} \\ &= -\cos\varphi_1\cos\delta\sin\varphi_2 + \sin\varphi_2\cos\varphi_2 = 0 \end{aligned}$$

则可导出 φ_2 与 φ_1 的对应关系为

$$\tan\varphi_1 = \cos\delta\tan\varphi_2$$

5.1.4　欧拉参数

利用半角公式，将式(5.1.10)表示的有限转动矩阵 $\underline{\boldsymbol{A}}^{(01)}$ 中的正弦和余弦函数化作以 $\sin(\theta/2)$ 和 $\cos(\theta/2)$ 表达。引入符号

$$\lambda_0 = \cos(\theta/2), \quad \lambda_k = p_k\sin(\theta/2), \quad k = 1, 2, 3 \tag{5.1.21}$$

式(5.1.21)定义的 4 个实数 $\lambda_k(k=0,1,2,3)$ 的组合称为**欧拉参数**。直接验算可以证实欧拉参数之间存在关系式：

$$\lambda_0{}^2+\lambda_1{}^2+\lambda_2{}^2+\lambda_3{}^2=1 \tag{5.1.22}$$

因此，用欧拉参数表示刚体姿态也只有 3 个独立变量。将欧拉参数 λ_k $(k=0,1,2,3)$ 排成 4 阶列阵 $\underline{\boldsymbol{\Lambda}}$：

$$\underline{\boldsymbol{\Lambda}}=\{\lambda_0\quad \lambda_1\quad \lambda_2\quad \lambda_3\}^{\mathrm{T}} \tag{5.1.23}$$

则关系式(5.1.22)可表示为

$$\underline{\boldsymbol{\Lambda}}^{\mathrm{T}}\underline{\boldsymbol{\Lambda}}-1=0 \tag{5.1.24}$$

利用欧拉参数将式(5.1.10)表示的有限转动矩阵 $\underline{\boldsymbol{A}}^{(01)}$ 表示为

$$\underline{\boldsymbol{A}}^{(01)}=\begin{bmatrix} 2(\lambda_0{}^2+\lambda_1{}^2)-1 & 2(\lambda_1\lambda_2-\lambda_0\lambda_3) & 2(\lambda_1\lambda_3+\lambda_0\lambda_2) \\ 2(\lambda_2\lambda_1+\lambda_0\lambda_3) & 2(\lambda_0{}^2+\lambda_2{}^2)-1 & 2(\lambda_2\lambda_3-\lambda_0\lambda_1) \\ 2(\lambda_3\lambda_1-\lambda_0\lambda_2) & 2(\lambda_3\lambda_2+\lambda_0\lambda_1) & 2(\lambda_0{}^2+\lambda_3{}^2)-1 \end{bmatrix} \tag{5.1.25}$$

此 3×3 矩阵可分解为二个矩阵的乘积

$$\underline{\boldsymbol{A}}^{(01)}=\underline{\boldsymbol{R}}\underline{\boldsymbol{R}}^{*\mathrm{T}},\quad \underline{\boldsymbol{A}}^{(10)}=\underline{\boldsymbol{R}}^{*}\underline{\boldsymbol{R}}^{\mathrm{T}} \tag{5.1.26}$$

式中，$\underline{\boldsymbol{R}}$ 与 $\underline{\boldsymbol{R}}^*$ 均为由欧拉参数构成的 3×4 矩阵，由完全相同的第一列和相互转置的 3 阶反对称方阵组成。

$$\underline{\boldsymbol{R}}=\begin{bmatrix} -\lambda_1 & \lambda_0 & -\lambda_3 & \lambda_2 \\ -\lambda_2 & \lambda_3 & \lambda_0 & -\lambda \\ -\lambda_3 & -\lambda_2 & \lambda_1 & \lambda_0 \end{bmatrix},\quad \underline{\boldsymbol{R}}^*=\begin{bmatrix} -\lambda_1 & \lambda_0 & \lambda_3 & -\lambda_2 \\ -\lambda_2 & -\lambda_3 & \lambda_0 & \lambda \\ -\lambda_3 & \lambda_2 & -\lambda_1 & \lambda_0 \end{bmatrix} \tag{5.1.27}$$

直接验算可以证实矩阵 $\underline{\boldsymbol{R}}$ 与 $\underline{\boldsymbol{R}}^*$ 有以下性质：

$$\underline{\boldsymbol{R}}\underline{\boldsymbol{R}}^{\mathrm{T}}=\underline{\boldsymbol{R}}^*\underline{\boldsymbol{R}}^{*\mathrm{T}}=\underline{\boldsymbol{I}}_3,\quad \underline{\boldsymbol{R}}^{\mathrm{T}}\underline{\boldsymbol{R}}=\underline{\boldsymbol{R}}^{*\mathrm{T}}\underline{\boldsymbol{R}}^*=\underline{\boldsymbol{I}}_4-\underline{\boldsymbol{\Lambda}}\underline{\boldsymbol{\Lambda}}^{\mathrm{T}},\quad \underline{\boldsymbol{R}}\underline{\boldsymbol{\Lambda}}=\underline{\boldsymbol{R}}^*\underline{\boldsymbol{\Lambda}}=\boldsymbol{0} \tag{5.1.28}$$

式中，$\underline{\boldsymbol{I}}_3$ 和 $\underline{\boldsymbol{I}}_4$ 分别为 3 阶和 4 阶单位矩阵。

利用式(5.1.25)中用欧拉参数表示的方向余弦元素，可逆解出用方向余弦 $a_{ij}(i,j=1,2,3)$ 表示的欧拉参数为

$$\lambda_0=\pm\frac{\sqrt{1+\mathrm{Tr}\underline{\boldsymbol{A}}^{(01)}}}{2},\quad \lambda_k=\pm\frac{\sqrt{1+2a_{kk}-\mathrm{Tr}\underline{\boldsymbol{A}}^{(01)}}}{2},\quad k=1,2,3 \tag{5.1.29}$$

不失一般性，规定转角 $\theta\leqslant\pi$ (如 $\theta\geqslant\pi$，需将 p 轴的负向改为正向)，则 λ_0 只取正值。λ_k 的正负可参照原矩阵 $\underline{\boldsymbol{A}}^{(01)}$ 的元素确定。将式(5.1.29)代入式(5.1.21)，可解出转动轴位置 $\lambda_k(k=1,2,3)$ 和转角 θ。欧拉定理可从中再次得到证明。欧拉参数不存在奇点，是与欧拉角或卡尔丹角相比的重要优点。

将式(5.1.15)中用欧拉角表示的方向余弦元素代入式(5.1.29)，化作

$$\lambda_0=\cos\left(\frac{\psi+\varphi}{2}\right)\cos\left(\frac{\vartheta}{2}\right),\quad \lambda_1=\cos\left(\frac{\psi-\varphi}{2}\right)\sin\left(\frac{\vartheta}{2}\right),$$
$$\lambda_2=\sin\left(\frac{\psi-\varphi}{2}\right)\sin\left(\frac{\vartheta}{2}\right),\quad \lambda_3=\sin\left(\frac{\psi+\varphi}{2}\right)\cos\left(\frac{\vartheta}{2}\right) \tag{5.1.30}$$

将式(5.1.25)中用欧拉参数表示的方向余弦元素代入式(5.1.16)，导出用欧拉参数表示的欧拉角计算公式为

$$\psi=\arctan\left(\frac{\lambda_3\lambda_1-\lambda_0\lambda_2}{\lambda_3\lambda_2+\lambda_0\lambda_1}\right),\quad \vartheta=\arccos[2({\lambda_0}^2+{\lambda_3}^2)-1],\quad \varphi=\arctan\left(\frac{\lambda_3\lambda_1+\lambda_0\lambda_2}{\lambda_0\lambda_1-\lambda_3\lambda_2}\right) \tag{5.1.31}$$

将式(5.1.25)中的方向余弦元素代入式(5.1.20)，导出用欧拉参数表示的卡尔丹角计算公式为

$$\alpha=\arctan\left[\frac{2(\lambda_0\lambda_1-\lambda_2\lambda_3)}{2({\lambda_0}^2+{\lambda_3}^2)-1}\right],\quad \beta=\arcsin[2(\lambda_0\lambda_2+\lambda_1\lambda_3)],\quad \gamma=\arctan\left[\frac{2(\lambda_0\lambda_3-\lambda_1\lambda_2)}{2({\lambda_0}^2+{\lambda_2}^2)-1}\right] \tag{5.1.32}$$

英国数学家凯莱(Cayley)将欧拉参数视作一组特殊的四元数 $\boldsymbol{\Lambda}$，使四元数这一抽象数学概念被赋予实际的力学内涵，从此四元数也被视为欧拉参数的同义词。为此，将欧拉参数中的 $\lambda_k\,(k=1,2,3)$ 视为矢量 $\boldsymbol{\lambda}$ 在 $\underline{\boldsymbol{e}}$ 基上的坐标，表示为

$$\boldsymbol{\lambda}=\boldsymbol{p}\sin\frac{\theta}{2} \tag{5.1.33}$$

将标量 λ_0 和矢量 $\boldsymbol{\lambda}$ 组合为四元数 $\boldsymbol{\Lambda}$，也称为**有限转动四元数**。四元数遵循特殊的规则进行乘法运算，以空心圆点作为乘法运算符号。借用加法符号将四元数表示为

$$\boldsymbol{\Lambda}=\lambda_0+\boldsymbol{\lambda} \tag{5.1.34}$$

关系式(5.1.22)的存在表明，有限转动四元数 $\boldsymbol{\Lambda}$ 为规范四元数，即

$$|\boldsymbol{\Lambda}|=\boldsymbol{\Lambda}\circ\boldsymbol{\Lambda}^*=\boldsymbol{\Lambda}^*\circ\boldsymbol{\Lambda}=1 \tag{5.1.35}$$

式中，$\boldsymbol{\Lambda}^*=\lambda_0-\boldsymbol{\lambda}$ 为 $\boldsymbol{\Lambda}$ 的共轭四元数。式(5.1.4)定义的有限转动张量 $\boldsymbol{A}$ 可用标量 λ_0 和矢量 $\boldsymbol{\lambda}$ 表示为

$$\boldsymbol{A}=(2{\lambda_0}^2-1)\boldsymbol{I}+2\boldsymbol{\lambda}\boldsymbol{\lambda}+2\lambda_0(\boldsymbol{\lambda}\times\boldsymbol{I}) \tag{5.1.36}$$

代入式(5.1.5)，化作以有限元转动四元数 $\boldsymbol{\Lambda}$ 及其共轭四元数 $\boldsymbol{\Lambda}^*$ 表示的有限转动公式：

$$\boldsymbol{a}=(2{\lambda_0}^2-1)\boldsymbol{a}_0+2\boldsymbol{\lambda}(\boldsymbol{\lambda}\cdot\boldsymbol{a}_0)+2\lambda_0(\boldsymbol{\lambda}\times\boldsymbol{a}_0)=\boldsymbol{\Lambda}\circ\boldsymbol{a}_0\circ\boldsymbol{\Lambda}^* \tag{5.1.37}$$

将式(5.1.37)左右两边各乘以 $\boldsymbol{\Lambda}^*$ 及 $\boldsymbol{\Lambda}$，则可逆解出

$$\boldsymbol{a}_0 = \boldsymbol{\Lambda}^* \circ \boldsymbol{a} \circ \boldsymbol{\Lambda} \tag{5.1.38}$$

若刚体连续做两次有限转动，第一次有限转动四元数为 $\boldsymbol{\Lambda}_1$，将矢量 $\boldsymbol{a}_0$ 转至 $\boldsymbol{a}_1$ 位置

$$\boldsymbol{a}_1 = \boldsymbol{\Lambda}_1 \circ \boldsymbol{a}_0 \circ \boldsymbol{\Lambda}_1^* \tag{5.1.39}$$

第二次有限转动四元数为 $\boldsymbol{\Lambda}_2$，将矢量 $\boldsymbol{a}_1$ 转至 $\boldsymbol{a}$ 位置，则有

$$\boldsymbol{a} = \boldsymbol{\Lambda}_2 \circ \boldsymbol{a}_1 \circ \boldsymbol{\Lambda}_2^* = \boldsymbol{\Lambda} \circ \boldsymbol{a}_0 \circ \boldsymbol{\Lambda}^*,\ \ \boldsymbol{\Lambda} = \boldsymbol{\Lambda}_2 \circ \boldsymbol{\Lambda}_1 \tag{5.1.40}$$

式(5.1.40)表明，刚体的两次有限转动可由一次有限转动实现，合成的有限转动四元数等于各次有限转动四元数的乘积。此结论可以推广到刚体连续做 n 次有限转动的一般情况，所以合成的有限转动四元数为

$$\boldsymbol{\Lambda} = \boldsymbol{\Lambda}_n \circ \boldsymbol{\Lambda}_{n-1} \circ \cdots \circ \boldsymbol{\Lambda}_2 \circ \boldsymbol{\Lambda}_1 \tag{5.1.41}$$

有限转动次序的不可交换性由四元数乘法运算的不可交换性所体现。

例 5.1.5　边长为 2、3、4 的立方体绕侧面的对角线 OA 转动 60°，如图 5.1.9 所示，试进行以下计算：①此有限转动对应的欧拉参数；②连体基 $\underline{\boldsymbol{e}}$ 与转动前位置 $\underline{\boldsymbol{e}}^{(0)}$ 之间的方向余弦矩阵；③此有限转动对应的卡尔丹角；④沿 BC 的单位矢量 $\boldsymbol{a}_0$ 的转动后位置 $\boldsymbol{a}$ 相对于 $\underline{\boldsymbol{e}}^{(0)}$ 的坐标列阵；⑤矢量 $\boldsymbol{a}$ 与 $\boldsymbol{a}_0$ 的夹角。

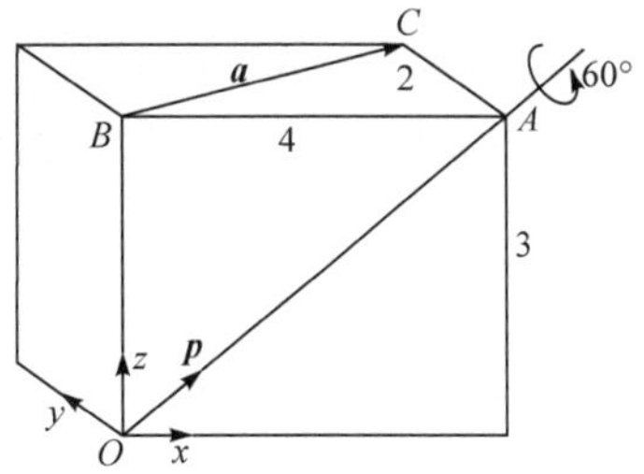

图 5.1.9　转动立方体

解　以坐标系 O-xyz 为连体基 $\underline{\boldsymbol{e}}$，沿 OA 的单位矢量 $\boldsymbol{p}$ 相对 $\underline{\boldsymbol{e}}$ 的方向余弦 p_1、p_2、p_3 及转角 θ 分别为

$$p_1 = 0.8,\quad p_2 = 0,\quad p_3 = 0.6,\quad \theta = 60°$$

代入式(5.1.21)计算欧拉参数，得到

$$\lambda_0 = \sqrt{3}/2,\quad \lambda_1 = 0.4,\quad \lambda_2 = 0,\quad \lambda_3 = 0.3 \tag{5.1.42}$$

设连体基 $\underline{\boldsymbol{e}}$ 的转动前位置 $\underline{\boldsymbol{e}}^{(0)}$，将式(5.1.42)代入式(5.1.25)计算 $\underline{\boldsymbol{e}}$ 相对 $\underline{\boldsymbol{e}}^{(0)}$ 的方向余弦矩阵，得到

$$\underline{\boldsymbol{A}}^{(01)} = \begin{bmatrix} 0.820 & -0.520 & 0.240 \\ 0.520 & 0.500 & -0.693 \\ 0.240 & 0.693 & 0.680 \end{bmatrix} \tag{5.1.43}$$

利用式(5.1.32)计算卡尔丹角为

$$\alpha = 45.5°,\quad \beta = 13.9°,\quad \gamma = 32.4°$$

沿 BC 的单位矢量 $\boldsymbol{a}_0$ 相对 $\underline{\boldsymbol{e}}^{(0)}$ 的坐标列阵与转动后 $\boldsymbol{a}$ 相对 $\underline{\boldsymbol{e}}$ 的坐标列阵相同，均为

$$\underline{\boldsymbol{a}}_0 = \underline{\boldsymbol{a}}^{(1)} = \{0.894 \quad 0.447 \quad 0\}^{\mathrm{T}}$$

利用式(5.1.43)导出的 $\underline{\boldsymbol{A}}^{(01)}$ 计算转动后的矢量 $\boldsymbol{a}$ 相对 $\underline{\boldsymbol{e}}^{(0)}$ 的坐标列阵 $\underline{\boldsymbol{a}}^{(0)}$ 为

$$\underline{\boldsymbol{a}}^{(0)} = \begin{bmatrix} 0.820 & -0.520 & 0.240 \\ 0.520 & 0.500 & -0.693 \\ 0.240 & 0.693 & 0.680 \end{bmatrix} \begin{bmatrix} 0.894 \\ 0.447 \\ 0 \end{bmatrix} = \begin{bmatrix} 0.966 \\ -0.641 \\ -0.095 \end{bmatrix}$$

计算矢量 $\boldsymbol{a}$ 与 $\boldsymbol{a}_0$ 之间的夹角 δ 为

$$\cos\delta = \underline{\boldsymbol{a}}^{(1)\mathrm{T}} \underline{\boldsymbol{a}}^{(0)} = \begin{pmatrix} 0.894 & 0.447 & 0 \end{pmatrix} \begin{bmatrix} 0.966 \\ -0.641 \\ -0.095 \end{bmatrix} = 0.756$$

$$\delta = \arccos\left(0.756\right) = 40.9°$$

5.1.5 罗德里格斯参数

1840 年罗德里格斯提出将欧拉参数的 $\lambda_k (k=1,2,3)$ 与 λ_0 相除，缩减为 3 个参数，均与半角正切成比例，称为罗德里格斯参数

$$\rho_k = \frac{\lambda_k}{\lambda_0} = p_k \tan\frac{\theta}{2}, \quad k=1,2,3 \tag{5.1.44}$$

将 $\lambda_k (k=1,2,3)$ 视为矢量 $\boldsymbol{\rho}$ 的坐标，称为**罗德里格斯矢量**，与欧拉参数的关系为

$$\lambda_0 = \frac{1}{\sqrt{1+\rho^2}}, \quad \lambda = \frac{\rho}{\sqrt{1+\rho^2}} \tag{5.1.45}$$

式中，$\rho = \tan(\theta/2)$ 为矢量 $\boldsymbol{\rho}$ 的模。将式(5.1.45)代入后，条件式(5.1.22)成为恒等式。代入式(5.1.36)，得到用罗德里格斯矢量表示的有限转动张量 $\boldsymbol{A}$ 为

$$\boldsymbol{A} = (1+\rho^2)^{-1}[(1-\rho^2)\boldsymbol{I} + 2\boldsymbol{\rho\rho} + 2(\boldsymbol{\rho}\times\boldsymbol{I})] \tag{5.1.46}$$

将式(5.1.45)代入式(5.1.31)，导出用罗德里格斯参数表示的欧拉角计算公式为

$$\psi = \arctan\left(\frac{\rho_3\rho_1 - \rho_2}{\rho_3\rho_2 + \rho_1}\right), \quad \vartheta = \arccos\left(\frac{1+2\rho_3{}^2}{1+\rho_2{}^2}\right), \quad \varphi = \arctan\left(\frac{\rho_3\rho_1 + \rho_2}{\rho_1 - \rho_3\rho_2}\right) \tag{5.1.47}$$

代入式(5.1.32)，导出用罗德里格斯参数表示的卡尔丹角计算公式为

$$\alpha = \arctan\frac{2(\rho_1 - \rho_2\rho_3)}{1-\rho^2+2\rho_3{}^2}, \quad \beta = \arcsin\frac{1+2\rho_1{}^2}{1+\rho^2}, \quad \gamma = \arctan\frac{2(\rho_3 - \rho_2\rho_1)}{1-\rho^2+2\rho_1{}^2} \tag{5.1.48}$$

罗德里格斯参数与刚体转动的自由度相等，具有变量数目少于欧拉参数的优点。当 θ 趋近于 $\pm\pi$ 时，罗德里格斯参数因 $\tan(\theta/2)$ 无限增大而存在奇异位置 $\pm\pi$。但

与欧拉角或卡尔丹角的奇点或π/2 相比，罗德里格斯参数有更大的有效范围。只要有限转动的角度变化不超出 $(-\pi, \pi)$，罗德里格斯参数仍有实际应用意义。

对罗德里格斯参数进一步改进，还可以扩大其应用范围。例如，将罗德里格斯参数中的 $\tan(\theta/2)$ 改为 $\tan(\theta/4)$，构成参数 $r_k\ (k=1,2,3)$。

$$r_k = \frac{\lambda_k}{1+\lambda_0} = p_k \tan\frac{\theta}{4}, \quad k=1,2,3 \tag{5.1.49}$$

改进后罗德里格斯参数的奇异位置从 $\pm\pi$ 变为 $\pm 2\pi$。有限转动的变化范围扩大为 $(-2\pi, 2\pi)$，更有利于实际应用。将 $r_k\ (k=1,2,3)$ 视为矢量 $\boldsymbol{r}$ 的坐标，$r=\tan(\theta/4)$ 为矢量 $\boldsymbol{r}$ 的模，与欧拉参数之间有以下关系：

$$\lambda_0 = \frac{1-r^2}{1+r^2}, \quad \lambda = \frac{2r}{1+r^2} \tag{5.1.50}$$

代入式(5.1.36)，有限转动张量 $\boldsymbol{A}$ 可表示为

$$\boldsymbol{A} = (1+r^2)^{-2}\{[(1-r^2)^2 - 4r^2]\boldsymbol{I} + 8\boldsymbol{rr} + 4(1-r^2)(r\times\boldsymbol{I})\} \tag{5.1.51}$$

将式(5.1.50)代入式(5.1.31)，导出用改进的罗德里格斯参数表示的欧拉角计算公式为

$$\begin{gathered}\psi = \arctan\frac{2r_3r_1 - r_2(1-r^2)}{2r_3r_2 + r_1(1-r^2)}, \quad \vartheta = \arccos\frac{(1-r^2)^2 + 4(2r_3{}^2 - r^2)}{(1+r^2)^2}, \\ \varphi = \arctan\frac{2r_3r_1 + r_2(1-r^2)}{r_1(1-r^2) - 2r_3r_2}\end{gathered} \tag{5.1.52}$$

代入式(5.1.32)，导出用改进的罗德里格斯参数表示的卡尔丹角计算公式为

$$\begin{gathered}\alpha = \arctan\frac{4[r_1(1-r^2) - 2r_2r_3]}{(1-r^2)^2 + 4(r_3{}^2 - r^2)}, \quad \beta = \arcsin\frac{4[2r_1r_3 + r_2(1-r^2)]}{(1+r^2)^2}, \\ \gamma = \arcsin\frac{4[r_3(1-r^2) - 2r_1r_2]}{(1-r^2)^2 + 4(r_1{}^2 - r^2)}\end{gathered} \tag{5.1.53}$$

5.2　刚体运动学方程

5.2.1　无限小转动矢量

当刚体绕 O 点转动的角度极小可视为无限小量时，称为刚体的**无限小转动**。卡尔丹角表示刚体位置，仅保留无限小转角 α、β、γ 的一次项，方向余弦公式(5.1.17)和(5.1.19)简化为

$$\underline{\boldsymbol{A}}^{(01)}=\begin{bmatrix}1&0&0\\0&1&-\alpha\\0&\alpha&0\end{bmatrix},\quad \underline{\boldsymbol{A}}^{(12)}=\begin{bmatrix}1&0&\beta\\0&1&0\\-\beta&0&1\end{bmatrix},\quad \underline{\boldsymbol{A}}^{(23)}=\begin{bmatrix}1&-\gamma&0\\\gamma&1&0\\0&0&1\end{bmatrix}\tag{5.2.1}$$

$$\underline{\boldsymbol{A}}^{(03)}=\underline{\boldsymbol{A}}^{(01)}\underline{\boldsymbol{A}}^{(12)}\underline{\boldsymbol{A}}^{(23)}=\begin{bmatrix}1&-\gamma&\beta\\\gamma&1&-\alpha\\-\beta&\alpha&1\end{bmatrix}\tag{5.2.2}$$

对比式(5.2.1)与式(5.2.2)可看出，对于无限小转动，方向余弦矩阵的乘法运算简化为仅需在单位矩阵的非对角线位置内填入参与运算的各矩阵元素，而不需考虑各矩阵在运算中的排列次序。因此，与有限转动不同，刚体做一系列无限小转动的位置与转动顺序无关。

根据欧拉定理，刚体的任意无限小转动与绕转动轴 $\boldsymbol{p}$ 的一次无限小转动 θ 等效。利用方向余弦公式(5.1.10)计算 $\underline{\boldsymbol{A}}^{(03)}$，仅保留 θ 的一次项，简化为

$$\underline{\boldsymbol{A}}^{(03)}=\begin{bmatrix}1&-p_3\theta&p_2\theta\\p_3\theta&1&-p_1\theta\\-p_2\theta&p_1\theta&1\end{bmatrix}\tag{5.2.3}$$

将式(5.2.3)与式(5.2.2)比较可得出结论：刚体绕 $\boldsymbol{p}$ 轴的一次无限小转动 θ 可分解为刚体绕连体坐标轴 x、y、z 的 3 次无限小转动 α、β、γ，只要令

$$\alpha=p_1\theta,\quad \beta=p_2\theta,\quad \gamma=p_3\theta\tag{5.2.4}$$

定义矢量 $\boldsymbol{\theta}$，它沿转动轴 $\boldsymbol{p}$ 的方向，以转过的角度 θ 为模，指向由右手定则确定，称为**无限小转动矢量**。

$$\boldsymbol{\theta}=\theta\boldsymbol{p}=\theta(p_1\boldsymbol{e}_1+p_2\boldsymbol{e}_2+p_3\boldsymbol{e}_3)\tag{5.2.5}$$

式(5.2.5)表明无限小转动矢量服从矢量加法规则，可写作

$$\boldsymbol{\theta}=\boldsymbol{\alpha}+\boldsymbol{\beta}+\boldsymbol{\gamma}\tag{5.2.6}$$

式中，$\boldsymbol{\alpha}$、$\boldsymbol{\beta}$、$\boldsymbol{\gamma}$ 分别为沿 x、y、z 各轴的无限小转动矢量

$$\boldsymbol{\alpha}=\alpha\boldsymbol{e}_1,\quad \boldsymbol{\beta}=\beta\boldsymbol{e}_2,\quad \boldsymbol{\lambda}=\lambda\boldsymbol{e}_3\tag{5.2.7}$$

略去式(5.2.3)中 $\underline{\boldsymbol{A}}^{(03)}$ 的角标，方向余弦矩阵可表示为单位矩阵 $\underline{\boldsymbol{I}}$ 与无限小转动矢量 $\boldsymbol{\theta}$ 的坐标方阵 $\underline{\tilde{\boldsymbol{\theta}}}=\theta\underline{\tilde{\boldsymbol{p}}}$ 之和，即

$$\underline{\boldsymbol{A}}=\underline{\boldsymbol{I}}+\theta\underline{\tilde{\boldsymbol{p}}}\tag{5.2.8}$$

式中，$\underline{\tilde{\boldsymbol{p}}}$ 为矢量 $\boldsymbol{p}$ 在基 $\underline{\boldsymbol{e}}$ 上的坐标方阵。

$$\underline{\tilde{\boldsymbol{p}}}=\begin{bmatrix}0&-p_3&p_2\\p_3&0&-p_1\\-p_2&p_1&0\end{bmatrix}\tag{5.2.9}$$

5.2.2　角速度与角加速度

当刚体做定点转动时，设在 t 与 $t+\Delta t$ 之间无限小时间间隔完成无限小转动 $\Delta\theta$，令 $\Delta t\to 0$，所对应的一次转动轴 $\boldsymbol{p}$ 称为刚体在 t 时刻的瞬时转动轴。将沿顺时转动轴 $\boldsymbol{p}$ 的无限小转动矢量 $\Delta\boldsymbol{\theta}$ 除以矢量符号 $\boldsymbol{\omega}$ 表示为

$$\boldsymbol{\omega}=\lim_{\Delta t\to 0}\frac{\Delta\boldsymbol{\theta}}{\Delta t}=\dot{\theta}\,\boldsymbol{p} \tag{5.2.10}$$

矢量 $\boldsymbol{\omega}$ 称为刚体的瞬时角速度，其模等于 $\Delta t\to 0$ 时 $\Delta\boldsymbol{\theta}/\Delta t$ 的极限值，方向沿顺时转动轴。设矢量 $\boldsymbol{\omega}$ 在连体基 $\underline{\boldsymbol{e}}$ 上的投影为 ω_x、ω_y、ω_z，形式上写作 π_x、π_y、π_z 的导数，即

$$\omega_x=\dot{\pi}_x,\quad \omega_y=\dot{\pi}_y,\quad \omega_z=\dot{\pi}_z \tag{5.2.11}$$

除刚体做定轴转动或平面运动的特殊情况以外，式(5.2.11)一般不可积。一般情况下，π_x、π_y、π_z 仅导数有物理意义，本身并不能作为某种坐标存在，是 2.3.1 节中定义的准坐标。

角速度矢量 $\boldsymbol{\omega}$ 对时间的导数 $\dot{\boldsymbol{\omega}}$，即刚体的**瞬时角加速度**：

$$\dot{\boldsymbol{\omega}}=\ddot{\theta}\,\boldsymbol{p}+\dot{\theta}\,\dot{\boldsymbol{p}} \tag{5.2.12}$$

刚体的瞬时角加速度不仅取决于转角的变化率，而且与瞬时转动轴的位置变化有关。

5.2.3　转动坐标系中的矢量导数

设任意矢量 $\boldsymbol{a}$ 以 O 为起点与刚体的连体基 $\underline{\boldsymbol{e}}$ 固结，连体基在 Δt 时间间隔内完成无限小转动 $\Delta\boldsymbol{\theta}$，使矢量 $\boldsymbol{a}$ 的端点 P 产生无限小位移 $\Delta\boldsymbol{a}$

$$\Delta\boldsymbol{a}=\boldsymbol{a}-\boldsymbol{a}_0 \tag{5.2.13}$$

式中，$\boldsymbol{a}_0$ 为 $\boldsymbol{a}$ 的位移前位置。将式(5.2.13)各矢量用连体基 $\underline{\boldsymbol{e}}$ 的坐标列阵表示。根据式(5.1.6)，$\boldsymbol{a}$ 的坐标矩阵 $\underline{\boldsymbol{a}}$ 等于连体基 $\underline{\boldsymbol{e}}$ 转动前后的有限转动矩阵 $\underline{\boldsymbol{A}}$ 乘以 $\boldsymbol{a}_0$ 的坐标矩阵 $\underline{\boldsymbol{a}}_0$。利用式(5.2.8)，得到

$$\Delta\boldsymbol{a}=\underline{\boldsymbol{e}}^{\mathrm{T}}(\underline{\boldsymbol{a}}-\underline{\boldsymbol{a}}_0)=\underline{\boldsymbol{e}}^{\mathrm{T}}(\underline{\boldsymbol{A}}-\underline{\boldsymbol{I}})\underline{\boldsymbol{a}}_0=\underline{\boldsymbol{e}}^{\mathrm{T}}\Delta\boldsymbol{\theta}\,\underline{\tilde{\boldsymbol{p}}}\underline{\boldsymbol{a}}_0 \tag{5.2.14}$$

将式(5.2.14)各项除以 Δt，Δt 趋近于零时 $\underline{\boldsymbol{a}}_0$ 与 $\underline{\boldsymbol{a}}$ 的差别可忽略，得到

$$\lim_{\Delta t\to 0}\frac{\Delta\boldsymbol{a}}{\Delta t}=\underline{\boldsymbol{e}}^{\mathrm{T}}\dot{\boldsymbol{\theta}}\,\underline{\tilde{\boldsymbol{p}}}\underline{\boldsymbol{a}}=\underline{\boldsymbol{e}}^{\mathrm{T}}\underline{\tilde{\boldsymbol{\omega}}}\underline{\boldsymbol{a}} \tag{5.2.15}$$

式中，$\underline{\tilde{\boldsymbol{\omega}}}$ 为连体基 $\underline{\boldsymbol{e}}$ 相对 $\underline{\boldsymbol{e}}^{(0)}$ 的瞬时角速度矢量 $\boldsymbol{\omega}$ 在 $\underline{\boldsymbol{e}}$ 基上的坐标方阵，即

$$\underline{\tilde{\boldsymbol{\omega}}}=\begin{bmatrix}1 & -\omega_3 & \omega_2\\ \omega_3 & 1 & -\omega_1\\ -\omega_2 & \omega_1 & 1\end{bmatrix} \tag{5.2.16}$$

式(5.2.15)为矢量$\boldsymbol{a}$的端点速度，即P点的速度$\dot{\boldsymbol{a}}$为

$$\dot{\boldsymbol{a}}=\underline{\boldsymbol{e}}^{\mathrm{T}}\underline{\dot{\boldsymbol{a}}}=\underline{\boldsymbol{e}}^{\mathrm{T}}\underline{\tilde{\boldsymbol{\omega}}}\underline{\boldsymbol{a}} \tag{5.2.17}$$

可用矢量式表示为

$$\dot{\boldsymbol{a}}=\boldsymbol{\omega}\times\boldsymbol{a} \tag{5.2.18}$$

如式(5.2.18)再对时间t求导，即得到P点的加速度$\ddot{\boldsymbol{a}}$为

$$\ddot{\boldsymbol{a}}=\dot{\boldsymbol{\omega}}\times\boldsymbol{a}+\boldsymbol{\omega}\times\dot{\boldsymbol{a}}=\dot{\boldsymbol{\omega}}\times\boldsymbol{a}+\boldsymbol{\omega}\times(\boldsymbol{\omega}\times\boldsymbol{a}) \tag{5.2.19}$$

将式(5.2.18)、式(5.2.19)中的$\boldsymbol{a}$以$\boldsymbol{r}$代替，即得到刚体中矢径为$\boldsymbol{r}$的任意点P的瞬时速度$\boldsymbol{v}$和加速度$\dot{\boldsymbol{v}}$的计算公式为

$$\boldsymbol{v}=\dot{\boldsymbol{r}}=\boldsymbol{\omega}\times\boldsymbol{r},\quad \dot{\boldsymbol{v}}=\ddot{\boldsymbol{r}}=\dot{\boldsymbol{\omega}}\times\boldsymbol{r}+\boldsymbol{\omega}(\boldsymbol{\omega}\times\boldsymbol{r}) \tag{5.2.20}$$

式中，速度公式和加速度公式的第一项形式上与刚体定轴转动相同，因为刚体的定点转动等同于绕瞬时转动轴的瞬时定轴转动。但加速度公式增加了因顺时转动轴方位变化而引起的第二项。

如矢量$\boldsymbol{a}$与刚体不固结，而是相对刚体也发生变化。利用坐标列阵$\underline{\boldsymbol{e}}$将矢量$\boldsymbol{a}$表示为$\boldsymbol{a}=\underline{\boldsymbol{a}}^{\mathrm{T}}\underline{\boldsymbol{e}}$，对时间$t$求导，得出

$$\dot{\boldsymbol{a}}=\underline{\dot{\boldsymbol{a}}}^{\mathrm{T}}\underline{\boldsymbol{e}}+\underline{\boldsymbol{a}}^{\mathrm{T}}\underline{\dot{\boldsymbol{e}}} \tag{5.2.21}$$

式中，右边第一项表示矢量$\boldsymbol{a}$相对$\underline{\boldsymbol{e}}$基的变化率，称为对$\underline{\boldsymbol{e}}$基的局部导数，以顶端符号“ˆ”表示，区别于用实心点表示的相对惯性空间的绝对导数，写作

$$\hat{\boldsymbol{a}}=\underline{\dot{\boldsymbol{a}}}^{\mathrm{T}}\underline{\boldsymbol{e}} \tag{5.2.22}$$

利用式(5.2.18)计算$\underline{\boldsymbol{e}}$基的各基矢量$\boldsymbol{e}_i(i=1,2,3)$对时间导数，且左乘$\underline{\boldsymbol{a}}^{\mathrm{T}}$，化作

$$\underline{\boldsymbol{a}}^{\mathrm{T}}\underline{\dot{\boldsymbol{e}}}=\underline{\boldsymbol{a}}^{\mathrm{T}}(\boldsymbol{\omega}\times\underline{\boldsymbol{e}})=\boldsymbol{\omega}\times\underline{\boldsymbol{a}}^{\mathrm{T}}\underline{\boldsymbol{e}}=\boldsymbol{\omega}\times\boldsymbol{a} \tag{5.2.23}$$

将式(5.2.22)、式(5.2.23)代入式(5.2.21)，得到变矢量$\boldsymbol{a}$对时间的求导公式，即一般情况下以$\boldsymbol{\omega}$角速度转动的坐标系中矢量$\boldsymbol{a}$的导数计算公式：

$$\dot{\boldsymbol{a}}=\hat{\boldsymbol{a}}+\boldsymbol{\omega}\times\boldsymbol{a} \tag{5.2.24}$$

将式(5.2.24)再对时间t求导，各矢量的导数利用式(5.2.24)计算，整理后得到转动坐标系中动点P的加速度公式为

$$\ddot{\boldsymbol{a}}=\hat{\hat{\boldsymbol{a}}}+2\boldsymbol{\omega}\times\hat{\boldsymbol{a}}+\dot{\boldsymbol{\omega}}\times\boldsymbol{a}+\boldsymbol{\omega}\times(\boldsymbol{\omega}\times\boldsymbol{a}) \tag{5.2.25}$$

其中，除刚体转动引起的切向加速度$\dot{\boldsymbol{\omega}}\times\boldsymbol{a}$和法向加速度$\boldsymbol{\omega}\times(\boldsymbol{\omega}\times\boldsymbol{a})$以外，增加了与$P$点相对运动有关的相对加速度$\hat{\hat{\boldsymbol{a}}}$和科氏加速度$2\boldsymbol{\omega}\times\hat{\boldsymbol{a}}$。

令$\boldsymbol{\omega}$对t求导计算刚体的角加速度时，设参考基的角速度为$\boldsymbol{\omega}_1$，将式(5.2.24)中的$\boldsymbol{a}$以$\boldsymbol{\omega}$代替，$\boldsymbol{\omega}$以$\boldsymbol{\omega}_1$代替，得到

$$\dot{\boldsymbol{\omega}}=\hat{\boldsymbol{\omega}}+\boldsymbol{\omega}_1\times\boldsymbol{\omega} \tag{5.2.26}$$

若参考基为连体基，则由于$\boldsymbol{\omega}_1=\boldsymbol{\omega}$，简化为

$$\dot{\boldsymbol{\omega}} = \hat{\boldsymbol{\omega}} \tag{5.2.27}$$

因此作为特例，角速度矢量$\boldsymbol{\omega}$相对惯性基的导数等同于相对连体基的局部导数。轴对称刚体通常选择 5.1.2 节或 5.1.3 节中定义的莱查基$\underline{\boldsymbol{e}}^{(R)}$为参考基，其角速度$\boldsymbol{\omega}_1$不含绕对称轴的转动而不同于刚体角速度$\boldsymbol{\omega}$。

5.2.4　角度坐标表示的运动学方程

刚体的运动学方程是运动学参数必须满足的微分方程。刚体的运动学方程与动力学方程共同确定刚体的运动规律。

将刚体相对定参考基$\underline{\boldsymbol{e}}^{(0)}$的任意位置以卡尔丹角$\alpha$、$\beta$、$\lambda$表示，且将刚体在$\Delta t$时间间隔内的无限小转动矢量$\Delta\boldsymbol{\theta}$分解为绕$\boldsymbol{e}_1{}^{(0)}$、$\boldsymbol{e}_2{}^{(1)}$、$\boldsymbol{e}_3{}^{(2)}$各轴的 3 次无限小转动$\Delta\alpha$、$\Delta\beta$、$\Delta\gamma$，即有

$$\Delta\boldsymbol{\theta} = \Delta\alpha\boldsymbol{e}_1{}^{(0)} + \Delta\beta\boldsymbol{e}_2{}^{(1)} + \Delta\gamma\boldsymbol{e}_3{}^{(2)} \tag{5.2.28}$$

将式(5.2.28)各项除以Δt，令Δt趋近于零，得到用卡尔丹角及其导数表示的瞬间角速度为

$$\boldsymbol{\omega} = \dot{\alpha}\boldsymbol{e}_1{}^{(0)} + \dot{\beta}\boldsymbol{e}_2{}^{(1)} + \dot{\gamma}\boldsymbol{e}_3{}^{(2)} \tag{5.2.29}$$

利用式(5.1.17)、式(5.1.18)的方向余弦矩阵将式(5.2.29)右边各基矢量变换到连体基$\underline{\boldsymbol{e}}^{(3)}$，导出$\boldsymbol{\omega}$在连体基$\underline{\boldsymbol{e}}^{(3)}$上的分量$\omega_x$、$\omega_y$、$\omega_z$，为卡尔丹角的变化率$\dot{\alpha}$、$\dot{\beta}$、$\dot{\gamma}$的线性组合，即

$$\begin{cases} \omega_x = \dot{\alpha}\cos\beta\cos\gamma + \dot{\beta}\sin\gamma \\ \omega_y = -\dot{\alpha}\cos\beta\sin\gamma + \dot{\beta}\cos\gamma \\ \omega_z = \dot{\alpha}\sin\beta + \dot{\gamma} \end{cases} \tag{5.2.30}$$

将ω_x、ω_y、ω_z排成坐标矩阵$\underline{\boldsymbol{\omega}}$，引入矩阵$\underline{\boldsymbol{D}}$和$\underline{\boldsymbol{\theta}}$：

$$\underline{\boldsymbol{D}} = \begin{bmatrix} \cos\beta\cos\gamma & \sin\gamma & 0 \\ -\cos\beta\sin\gamma & \cos\gamma & 0 \\ \sin\beta & 0 & 1 \end{bmatrix}, \quad \underline{\boldsymbol{\theta}} = \begin{Bmatrix} \alpha \\ \beta \\ \gamma \end{Bmatrix} \tag{5.2.31}$$

则式(5.2.30)可表示为矩阵形式：

$$\underline{\boldsymbol{\omega}} = \underline{\boldsymbol{D}}\dot{\underline{\boldsymbol{\theta}}} \tag{5.2.32}$$

除奇点位置以外，$\underline{\boldsymbol{D}}$存在逆矩阵。令式(5.2.32)两边左乘$\underline{\boldsymbol{D}}^{-1}$，逆解出卡尔丹角的变化率$\dot{\alpha}$、$\dot{\beta}$、$\dot{\gamma}$，用角速度$\omega_x$、$\omega_y$、$\omega_z$表示的关系式：

$$\begin{cases} \dot{\alpha} = (\omega_x\cos\gamma - \omega_y\sin\gamma)/\cos\beta \\ \dot{\beta} = \omega_y\sin\gamma + \omega_y\cos\gamma \\ \dot{\gamma} = (-\omega_x\cos\gamma + \omega_y\sin\gamma)\tan\beta + \omega \end{cases} \tag{5.2.33}$$

与此类似，也可写出用欧拉角及其导数表示的瞬时角速度为

$$\boldsymbol{\omega}=\dot{\psi}\boldsymbol{e}_3^{(0)}+\dot{\vartheta}\boldsymbol{e}_1^{(1)}+\dot{\varphi}\boldsymbol{e}_3^{(2)} \tag{5.2.34}$$

利用式(5.1.13)、式(5.1.14)中的方向余弦矩阵将式(5.2.34)右边各基矢量变换到连体基$\underline{\boldsymbol{e}}^{(3)}$，导出$\omega_x$、$\omega_y$、$\omega_z$为欧拉角变化率$\dot{\psi}$、$\dot{\vartheta}$、$\dot{\varphi}$的线性组合：

$$\omega_x=\dot{\psi}\sin\vartheta\sin\varphi+\dot{\vartheta}\cos\varphi,\quad \omega_y=\dot{\psi}\sin\vartheta\cos\varphi-\dot{\vartheta}\sin\varphi,\quad \omega_z=\dot{\psi}\cos\vartheta+\dot{\varphi} \tag{5.2.35}$$

也可用矩阵式(5.2.32)表示，仅需将矩阵$\underline{\boldsymbol{D}}$和$\underline{\boldsymbol{\theta}}$的定义改为

$$\underline{\boldsymbol{D}}=\begin{bmatrix}\sin\vartheta\sin\varphi & \cos\varphi & 0\\ \sin\vartheta\cos\varphi & -\sin\varphi & 0\\ \cos\vartheta & 0 & 1\end{bmatrix},\quad \underline{\boldsymbol{\theta}}=\begin{Bmatrix}\psi\\ \vartheta\\ \varphi\end{Bmatrix} \tag{5.2.36}$$

除奇点位置以外，对矩阵$\underline{\boldsymbol{D}}$求逆，导出欧拉角的变化率$\dot{\psi}$、$\dot{\vartheta}$、$\dot{\varphi}$用$\omega_x$、$\omega_y$、$\omega_z$表示的关系式：

$$\begin{cases}\dot{\psi}=(\omega_x\sin\varphi+\omega_y\cos\varphi)/\sin\vartheta\\ \dot{\vartheta}=\omega_x\cos\varphi-\omega_y\sin\varphi\\ \dot{\varphi}=-(\omega_x\sin\varphi+\omega_y\cos\varphi)\cot\vartheta+\omega_z\end{cases} \tag{5.2.37}$$

式(5.2.33)或式(5.2.37)是用角度坐标表示的刚体运动学方程。将其与刚体动力学方程组联立，对于给定的初始条件，可解出卡尔丹角或欧拉角的变化规律。两种运动学方程均为非线性微分方程，不存在解析积分而只能数值积分求解。但在奇点$\beta=\pi/2+n\pi(n=0,1,\cdots)$或$\vartheta=n\pi(n=0,1,\cdots)$附近，数值积分也难以进行。

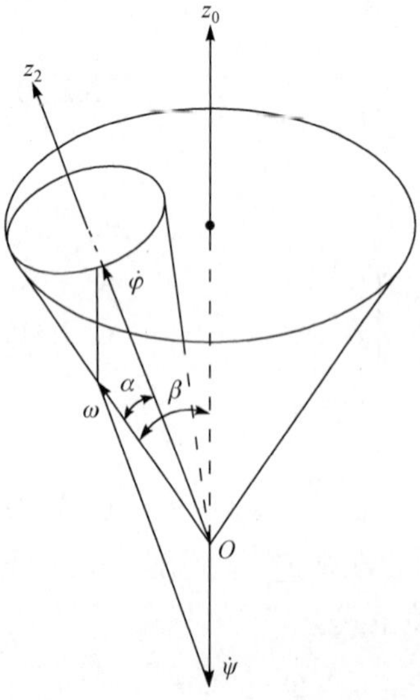

图 5.2.1　纯滚动动、定圆锥

例 5.2.1　设以球铰连接顶点且相互做纯滚动的动圆锥与定圆锥的顶角分别为2α和2β，对称轴分别为z_2和z_0。以欧拉角表示动圆锥相对定圆锥的位置如图 5.2.1 所示。设动圆锥绕z_2轴的角速度$\dot{\varphi}$给定，试求z_2轴绕z_0轴的进动角速度$\dot{\psi}$，并计算动圆锥的瞬时角速度$\boldsymbol{\omega}$和瞬时角加速度$\dot{\boldsymbol{\omega}}$。

解　由于动圆锥与定圆锥的接触线上各点的速度为零，此接触线即为瞬时转动轴。将动圆锥的瞬时角速度$\boldsymbol{\omega}$沿动圆锥对称轴z_2和定圆锥对称轴z_0分解为$\dot{\varphi}\boldsymbol{k}_2$和$\dot{\psi}\boldsymbol{k}_0$，则有

$$\dot{\varphi}\cos\alpha+\dot{\psi}\cos\beta=\omega,\quad \dot{\varphi}\sin\alpha+\dot{\psi}\sin\beta=0$$

导出

$$\dot{\psi}=-\left(\frac{\sin\alpha}{\sin\beta}\right)\dot{\varphi} \tag{5.2.38}$$

$$\omega=(\cos\alpha-\sin\alpha\cot\beta)\dot{\varphi} \tag{5.2.39}$$

建立动圆锥的莱查基$\underline{\boldsymbol{e}}^{(R)}$，即$O\text{-}x_2y_2z_2$坐标系。其中，$y_2$轴在$(z_2,z_0)$平面内，$x_2$轴垂直于此平面。瞬时角速度$\boldsymbol{\omega}$相对$\underline{\boldsymbol{e}}^{(R)}$的投影式为

$$\boldsymbol{\omega}=\omega(-\sin\alpha\boldsymbol{j}_2+\cos\alpha\boldsymbol{k}_2)$$

由于是以莱查基$\underline{\boldsymbol{e}}^{(R)}$为参考基，应根据式(5.2.26)计算动圆锥的瞬时角加速度$\dot{\boldsymbol{\omega}}$。将莱查基$\underline{\boldsymbol{e}}^{(R)}$的转动角速度$\boldsymbol{\omega}_1=\dot{\psi}\boldsymbol{k}_0$和上式代入式(5.2.26)，且利用式(5.2.38)、式(5.2.39)，导出

$$\dot{\boldsymbol{\omega}}=\left[-\dot{\varphi}^2\frac{\sin^2\alpha}{\sin\beta}\boldsymbol{i}_2+\ddot{\varphi}(-\sin\alpha\boldsymbol{j}_2+\cos\alpha\boldsymbol{k}_2)\right](\cos\alpha-\sin\alpha\cot\beta)$$

5.2.5　方向余弦表示的运动学方程

式(5.2.17)也可由矢量$\boldsymbol{a}=\underline{\boldsymbol{e}}^{\mathrm{T}}\underline{\boldsymbol{a}}$直接对$t$求导得到。如矢量$\boldsymbol{a}$与刚体固结，其在连体基$\underline{\boldsymbol{e}}$上的坐标矩阵$\underline{\boldsymbol{a}}$为常值，矢量$\boldsymbol{a}$的变化仅由连体基的转动引起，即

$$\dot{\underline{\boldsymbol{a}}}=\dot{\underline{\boldsymbol{e}}}^{\mathrm{T}}\underline{\boldsymbol{a}} \tag{5.2.40}$$

利用连体基相对固定基的方向余弦矩阵$\underline{\boldsymbol{A}}^{(01)}$将$\underline{\boldsymbol{e}}$变换为$\underline{\boldsymbol{e}}^{(0)}$。省略$\underline{\boldsymbol{A}}^{(01)}$的上角标，即有

$$\underline{\boldsymbol{e}}=\underline{\boldsymbol{A}}^{\mathrm{T}}\underline{\boldsymbol{e}}^{(0)} \tag{5.2.41}$$

将式(5.2.41)对时间求导后，再将$\underline{\boldsymbol{e}}^{(0)}$变换为$\underline{\boldsymbol{e}}$，为

$$\dot{\underline{\boldsymbol{e}}}=\dot{\underline{\boldsymbol{A}}}^{\mathrm{T}}\underline{\boldsymbol{e}}^{(0)}=\dot{\underline{\boldsymbol{A}}}^{\mathrm{T}}\underline{\boldsymbol{A}}\underline{\boldsymbol{e}} \tag{5.2.42}$$

代入式(5.2.40)，得到

$$\dot{\underline{\boldsymbol{a}}}=\underline{\boldsymbol{e}}^{\mathrm{T}}\underline{\boldsymbol{A}}^{\mathrm{T}}\dot{\underline{\boldsymbol{A}}}\underline{\boldsymbol{a}} \tag{5.2.43}$$

将$\underline{\boldsymbol{A}}^{\mathrm{T}}\underline{\boldsymbol{A}}=\underline{\boldsymbol{I}}$两边对时间求导，可证明式(5.2.43)中的$\underline{\boldsymbol{A}}^{\mathrm{T}}\dot{\underline{\boldsymbol{A}}}$为反对称矩阵

$$\underline{\boldsymbol{A}}^{\mathrm{T}}\dot{\underline{\boldsymbol{A}}}=-\dot{\underline{\boldsymbol{A}}}^{\mathrm{T}}\underline{\boldsymbol{A}}=-(\underline{\boldsymbol{A}}^{\mathrm{T}}\dot{\underline{\boldsymbol{A}}})^{\mathrm{T}} \tag{5.2.44}$$

将式(5.2.43)与式(5.2.17)对比，即得到用方向余弦矩阵表示的刚体的瞬时角速

度 $\boldsymbol{\omega}$ 在 $\underline{\boldsymbol{e}}$ 基上的坐标方阵 $\underline{\tilde{\boldsymbol{\omega}}}$：

$$\underline{\tilde{\boldsymbol{\omega}}} = \underline{\boldsymbol{A}}^{\mathrm{T}}\dot{\underline{\boldsymbol{A}}} = -\dot{\underline{\boldsymbol{A}}}^{\mathrm{T}}\underline{\boldsymbol{A}} \tag{5.2.45}$$

将式(5.2.45)展开后，导出用方向余弦及其导数表示的角速度 $\boldsymbol{\omega}$ 在 $\underline{\boldsymbol{e}}$ 基上的坐标 ω_x、ω_y、ω_z 为

$$\begin{cases}\omega_x = a_{13}\dot{a}_{12} + a_{23}\dot{a}_{22} + a_{33}\dot{a}_{32} \\ \omega_y = a_{11}\dot{a}_{13} + a_{21}\dot{a}_{23} + a_{31}\dot{a}_{33} \\ \omega_z = a_{12}\dot{a}_{11} + a_{22}\dot{a}_{21} + a_{32}\dot{a}_{31}\end{cases} \tag{5.2.46}$$

将式(5.2.46)的右边各项分别简写为 $\dot{\boldsymbol{e}}_2\cdot\boldsymbol{e}_3$、$\dot{\boldsymbol{e}}_3\cdot\boldsymbol{e}_1$ 和 $\dot{\boldsymbol{e}}_1\cdot\boldsymbol{e}_2$，则瞬时角速度 $\boldsymbol{\omega}$ 也可利用连体基矢量 $\boldsymbol{e}_i(i=1,2,3)$ 及其导数表示为

$$\boldsymbol{\omega} = \boldsymbol{e}_1(\dot{\boldsymbol{e}}_2\cdot\boldsymbol{e}_3) + \boldsymbol{e}_2(\dot{\boldsymbol{e}}_3\cdot\boldsymbol{e}_1) + \boldsymbol{e}_3(\dot{\boldsymbol{e}}_1\cdot\boldsymbol{e}_2) \tag{5.2.47}$$

将式(5.2.45)左乘矩阵 $\underline{\boldsymbol{A}}$，导出用方向余弦表示的运动学方程为

$$\dot{\underline{\boldsymbol{A}}} - \underline{\boldsymbol{A}}\underline{\tilde{\boldsymbol{\omega}}} = \underline{\boldsymbol{0}} \tag{5.2.48}$$

展开后得到方向余弦 $a_{ij}(i,j=1,2,3)$ 的 9 个变系数线性微分方程组，称为**泊松方程**。

$$\begin{cases}\dot{a}_{11} = \omega_x a_{12} - \omega_y a_{13}, & \dot{a}_{12} = \omega_x a_{13} - \omega_z a_{11}, & \dot{a}_{13} = \omega_y a_{11} - \omega_x a_{12} \\ \dot{a}_{21} = \omega_z a_{22} - \omega_y a_{23}, & \dot{a}_{22} = \omega_x a_{23} - \omega_z \alpha_{21}, & \dot{a}_{23} = \omega_y a_{21} - \omega_x a_{22} \\ \dot{a}_{31} = \omega_z a_{32} - \omega_y a_{33}, & \dot{a}_{32} = \omega_x a_{33} - \omega_z a_{31}, & \dot{a}_{33} = \omega_y a_{31} - \omega_x a_{32}\end{cases} \tag{5.2.49}$$

正交性条件是方程组(5.2.49)的 6 个初积分。因此，9 个方向余弦中只有 3 个为独立变量。从方程组(5.2.49)中任选 3 个标量方程，利用正交性条件化作仅含 3 个独立变量即可积分求解。式(5.2.49)也可用于计算方向余弦的导数。

根据式(5.2.27)，将式(5.2.46)逐项对 t 求导，即得到用方向余弦表示的角加速度 $\dot{\boldsymbol{\omega}}$ 在 $\underline{\boldsymbol{e}}$ 基上的分量 $\dot{\omega}_x$、$\dot{\omega}_y$、$\dot{\omega}_z$ 为

$$\begin{cases}\dot{\omega}_x = a_{13}\ddot{a}_{12} + a_{23}\ddot{a}_{22} + a_{33}\ddot{a}_{32} + \dot{a}_{13}\dot{a}_{12} + \dot{a}_{23}\dot{a}_{22} + \dot{a}_{33}\dot{a}_{32} \\ \dot{\omega}_y = a_{11}\ddot{a}_{13} + a_{21}\ddot{a}_{23} + a_{31}\ddot{a}_{33} + \dot{a}_{11}\dot{a}_{13} + \dot{a}_{21}\dot{a}_{23} + \dot{a}_{31}\dot{a}_{33} \\ \dot{\omega}_z = a_{12}\ddot{a}_{11} + a_{22}\ddot{a}_{21} + a_{32}\ddot{a}_{31} + \dot{a}_{12}\dot{a}_{11} + \dot{a}_{22}\dot{a}_{21} + \dot{a}_{32}\dot{a}_{31}\end{cases} \tag{5.2.50}$$

5.2.6 欧拉参数表示的运动学方程

在式(5.2.45)中，将 $\boldsymbol{\omega}$ 相对连体基 $\underline{\boldsymbol{e}}$ 的坐标方阵 $\underline{\tilde{\boldsymbol{\omega}}}$ 以方向余弦矩阵表示为

$$\underline{\tilde{\boldsymbol{\omega}}} = \underline{\boldsymbol{A}}^{(10)}\dot{\underline{\boldsymbol{A}}}^{(01)} \tag{5.2.51}$$

利用式(5.1.26)将方向余弦矩阵用矩阵 $\underline{\boldsymbol{R}}$ 与 $\underline{\boldsymbol{R}}^*$ 表示为

$$\underline{\boldsymbol{A}}^{(10)} = \underline{\boldsymbol{R}}^*\underline{\boldsymbol{R}}^{\mathrm{T}},\quad \dot{\underline{\boldsymbol{A}}}^{(01)} = \underline{\boldsymbol{R}}\dot{\underline{\boldsymbol{R}}}^{*\mathrm{T}} + \dot{\underline{\boldsymbol{R}}}\underline{\boldsymbol{R}}^{*\mathrm{T}} \tag{5.2.52}$$

直接验算可证实 $\underline{\boldsymbol{R}}\dot{\underline{\boldsymbol{R}}}^{*\mathrm{T}}=\dot{\underline{\boldsymbol{R}}}\underline{\boldsymbol{R}}^{*\mathrm{T}}$，式(5.2.52)中 $\dot{\underline{\boldsymbol{A}}}^{(01)}$ 简化为

$$\dot{\underline{\boldsymbol{A}}}^{(01)}=2\underline{\boldsymbol{R}}\dot{\underline{\boldsymbol{R}}}^{*\mathrm{T}} \tag{5.2.53}$$

代入式(5.2.51)，利用矩阵 $\underline{\boldsymbol{R}}$ 与 $\underline{\boldsymbol{R}}^*$ 的性质式(5.1.28)化简，得到

$$\underline{\tilde{\boldsymbol{\omega}}}=2\underline{\boldsymbol{R}}^*\underline{\boldsymbol{R}}^{\mathrm{T}}\underline{\boldsymbol{R}}\dot{\underline{\boldsymbol{R}}}^{*\mathrm{T}}=2\underline{\boldsymbol{R}}^*(\underline{\boldsymbol{I}}_4-\underline{\boldsymbol{\Lambda}}\underline{\boldsymbol{\Lambda}}^{\mathrm{T}})\dot{\underline{\boldsymbol{R}}}^{*\mathrm{T}}=2\underline{\boldsymbol{R}}^*\dot{\underline{\boldsymbol{R}}}^{*\mathrm{T}}=2\underline{\boldsymbol{R}}\dot{\underline{\boldsymbol{R}}}^{\mathrm{T}} \tag{5.2.54}$$

将式(5.2.54)中的 $2\underline{\boldsymbol{R}}^*\dot{\underline{\boldsymbol{R}}}^{*\mathrm{T}}$ 以式(5.1.27)代入展开后，其对角线元素即式(5.1.22)的导数应等于零，即有

$$\lambda_0\dot{\lambda}_0+\lambda_1\dot{\lambda}_1+\lambda_2\dot{\lambda}_2+\lambda_3\dot{\lambda}_3=0 \tag{5.2.55}$$

从非对角线元素得到

$$\begin{cases}\omega_x=2(-\lambda_1\dot{\lambda}_0+\lambda_0\dot{\lambda}_1+\lambda_3\dot{\lambda}_2-\lambda_2\dot{\lambda}_3)\\ \omega_y=2(-\lambda_2\dot{\lambda}_0-\lambda_3\dot{\lambda}_1+\lambda_0\dot{\lambda}_2+\lambda_1\dot{\lambda}_3)\\ \omega_z=2(-\lambda_3\dot{\lambda}_0+\lambda_2\dot{\lambda}_1-\lambda_1\dot{\lambda}_2+\lambda_0\dot{\lambda}_3)\end{cases} \tag{5.2.56}$$

将 $\omega_j(j=1,2,3)$ 排列成坐标矩阵 $\underline{\boldsymbol{\omega}}$，利用 $\underline{\boldsymbol{R}}^*$ 矩阵表示为 $\boldsymbol{\omega}$ 在 $\underline{\boldsymbol{e}}$ 基上的坐标矩阵为

$$\underline{\boldsymbol{\omega}}=2\underline{\boldsymbol{R}}^*\ddot{\underline{\boldsymbol{\Lambda}}} \tag{5.2.57}$$

利用矢量在不同坐标基中的关系和式(5.1.26)将 $\underline{\boldsymbol{\omega}}$ 变换至固定参考基 $\underline{\boldsymbol{e}}^{(0)}$，利用式(5.1.28)化简，得到 $\boldsymbol{\omega}$ 在 $\underline{\boldsymbol{e}}^{(0)}$ 基上的坐标矩阵为

$$\underline{\boldsymbol{\omega}}^{(0)}=\underline{\boldsymbol{A}}^{(01)}\underline{\boldsymbol{\omega}}=2\underline{\boldsymbol{R}}\underline{\boldsymbol{R}}^{*\mathrm{T}}\underline{\boldsymbol{R}}^*\dot{\underline{\boldsymbol{\Lambda}}}=2\underline{\boldsymbol{R}}\dot{\underline{\boldsymbol{\Lambda}}} \tag{5.2.58}$$

利用矢量的坐标方阵在不同坐标基中的变换关系和式(5.1.26)，将式(5.2.54)表示的 $\underline{\tilde{\boldsymbol{\omega}}}$ 变换为 $\underline{\boldsymbol{e}}^{(0)}$ 基的坐标方阵 $\underline{\tilde{\boldsymbol{\omega}}}^{(0)}$，利用式(5.1.28)简化，得到

$$\underline{\tilde{\boldsymbol{\omega}}}^{(0)}=\underline{\boldsymbol{A}}^{(01)}\underline{\tilde{\boldsymbol{\omega}}}\underline{\boldsymbol{A}}^{(10)}=2\underline{\boldsymbol{R}}\underline{\boldsymbol{R}}^{*\mathrm{T}}\underline{\boldsymbol{R}}^*\dot{\underline{\boldsymbol{R}}}^{*\mathrm{T}}\underline{\boldsymbol{R}}^*\underline{\boldsymbol{R}}^{\mathrm{T}}=2\underline{\boldsymbol{R}}\dot{\underline{\boldsymbol{R}}}^{*\mathrm{T}}\underline{\boldsymbol{R}}^*\underline{\boldsymbol{R}}^{\mathrm{T}} \tag{5.2.59}$$

将式(5.2.57)右边各项重新组合，得到另一种表达形式：

$$\underline{\boldsymbol{\omega}}_4=2\underline{\tilde{\boldsymbol{\Lambda}}}^*\dot{\underline{\boldsymbol{\Lambda}}} \tag{5.2.60}$$

式中，$\underline{\boldsymbol{\omega}}_4$ 为 $\underline{\boldsymbol{\omega}}$ 内增加零元素构成的 4 阶列阵：

$$\underline{\boldsymbol{\omega}}_4=\begin{Bmatrix}0 & \omega_x & \omega_y & \omega_z\end{Bmatrix}^{\mathrm{T}} \tag{5.2.61}$$

$\underline{\tilde{\boldsymbol{\Lambda}}}^*$ 为 $\underline{\boldsymbol{R}}^*$ 矩阵内增加行阵 $\underline{\boldsymbol{\Lambda}}^{\mathrm{T}}$ 构成的 4 阶方阵：

$$\underline{\tilde{\boldsymbol{\Lambda}}}^*=\begin{bmatrix}\lambda_0 & \lambda_1 & \lambda_2 & \lambda_3\\ -\lambda_1 & \lambda_0 & \lambda_3 & -\lambda_2\\ -\lambda_2 & -\lambda_3 & \lambda_0 & \lambda_1\\ -\lambda_3 & \lambda_2 & -\lambda_1 & \lambda_0\end{bmatrix} \tag{5.2.62}$$

直接验算证实 $\underline{\tilde{\boldsymbol{\Lambda}}}^*$ 为正交矩阵。将式(5.2.60)左乘 $\underline{\tilde{\boldsymbol{\Lambda}}}^{*\mathrm{T}}$，导出用欧拉参数表示的运动学方程，有两种不同表达：

$$\dot{\underline{\Lambda}} - \frac{1}{2}\tilde{\underline{\Lambda}}^{*\mathrm{T}}\underline{\omega}_4 = \mathbf{0} \quad 或 \quad \dot{\underline{\Lambda}} + \frac{1}{2}\underline{\omega}_4\underline{\Lambda} = \mathbf{0} \tag{5.2.63}$$

式中，$\underline{\omega}_4$ 为由角速度 ω_x、ω_y、ω_z 组成的 4 阶反对称方阵：

$$\tilde{\underline{\omega}}_4 = \begin{bmatrix} 0 & \omega_x & \omega_y & \omega_z \\ -\omega_x & 0 & -\omega_z & \omega_y \\ -\omega_y & \omega_z & 0 & -\omega_x \\ -\omega_z & -\omega_y & \omega_x & 0 \end{bmatrix} \tag{5.2.64}$$

将式(5.2.63)展开，得到欧拉参数 $\lambda_k\,(k=0,1,2,3)$ 的 4 个变系数线性微分方程组

$$\begin{cases} 2\dot{\lambda}_0 = -\omega_x\lambda_1 - \omega_y\lambda_2 - \omega_z\lambda_3 \\ 2\dot{\lambda}_1 = \omega_x\lambda_0 + \omega_z\lambda_2 - \omega_y\lambda_3 \\ 2\dot{\lambda}_2 = \omega_y\lambda_0 + \omega_x\lambda_3 - \omega_z\lambda_1 \\ 2\dot{\lambda}_3 = \omega_z\lambda_0 + \omega_y\lambda_1 - \omega_x\lambda_2 \end{cases} \tag{5.2.65}$$

与用欧拉角或卡尔丹角表示的非线性运动学方程(5.2.33)或(5.2.36)比较，线性方程组(5.2.65)在数值积分方面有明显优点。与用方向余弦表示的，即线性方程(5.2.49)比较，变量数减少很多。由于存在初积分式(5.1.22)，方程组(5.2.65)中只有 3 个方程是独立的。

将式(5.2.57)、式(5.2.58)对 t 求导，直接验算可证实 $\dot{\underline{\boldsymbol{R}}}\dot{\underline{\Lambda}} = \dot{\underline{\boldsymbol{R}}}^*\dot{\underline{\Lambda}} = \underline{\mathbf{0}}$，导出用欧拉参数表示的角加速度 $\dot{\boldsymbol{\omega}}$ 在 $\underline{\boldsymbol{e}}$ 基和 $\underline{\boldsymbol{e}}^{(0)}$ 基上的坐标矩阵：

$$\underline{\dot{\omega}} = 2\underline{\boldsymbol{R}}^*\ddot{\underline{\Lambda}}, \quad \underline{\dot{\omega}}^{(0)} = 2\underline{\boldsymbol{R}}\ddot{\underline{\Lambda}} \tag{5.2.66}$$

将 $\dot{\boldsymbol{\omega}}$ 在 $\underline{\boldsymbol{e}}$ 基上的投影式展开后，得到

$$\begin{cases} \dot{\omega}_x = 2(-\lambda_1\ddot{\lambda}_0 + \lambda_0\ddot{\lambda}_1 + \lambda_3\ddot{\lambda}_2 - \lambda_2\ddot{\lambda}_3) \\ \dot{\omega}_y = 2(-\lambda_2\ddot{\lambda}_0 - \lambda_3\ddot{\lambda}_1 + \lambda_0\ddot{\lambda}_2 + \lambda_1\ddot{\lambda}_3) \\ \dot{\omega}_z = 2(-\lambda_3\ddot{\lambda}_0 + \lambda_2\ddot{\lambda}_1 - \lambda_1\ddot{\lambda}_2 + \lambda_0\ddot{\lambda}_3) \end{cases} \tag{5.2.67}$$

以上叙述了描述刚体姿态的各种数学表达方法，不同方法各有优缺点和适用条件。

5.3　刚体动力学方程

5.3.1　刚体的动量矩

当讨论刚体绕固定 O 点的转动问题时，设刚体的瞬时角速度为 $\boldsymbol{\omega}$，刚体内任意点 P 处的微元质量 $\mathrm{d}m$ 相对 O 点的矢径为 $\boldsymbol{r}$，如图 5.3.1 所示。定义以下积分为

刚体对 O 点的动量矩，记作 $\boldsymbol{L}$：

$$\boldsymbol{L}=\int \boldsymbol{r}\times\boldsymbol{v}\mathrm{d}m \tag{5.3.1}$$

积分域为整个刚体。将其中 P 点的速度 $\boldsymbol{v}$ 以式(5.2.20)代入，利用式(2.1.43)得到

$$\boldsymbol{L}=\int \boldsymbol{r}\times(\boldsymbol{\omega}\times\boldsymbol{r})\mathrm{d}m=\int[r^2\boldsymbol{\omega}-(\boldsymbol{r}\cdot\boldsymbol{\omega})\boldsymbol{r}]\mathrm{d}m$$

$$=\int(r^2\boldsymbol{I}-\boldsymbol{rr})\mathrm{d}m\cdot\boldsymbol{\omega} \tag{5.3.2}$$

式中，$\boldsymbol{I}$ 为单位并矢。引入并矢 $\boldsymbol{J}$，定义为

$$\boldsymbol{J}=\int(r^2\boldsymbol{I}-\boldsymbol{rr})\mathrm{d}m \tag{5.3.3}$$

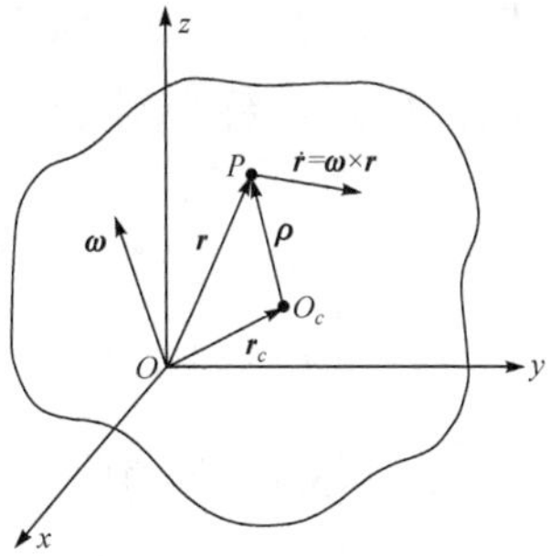

图 5.3.1　刚体的定点转动

$\boldsymbol{J}$ 称为刚体对 O 点的惯量张量，是描述刚体中质量分布状况的物理量。式(5.3.2)表明刚体对 O 点的动量矩 $\boldsymbol{L}$ 等于惯量张量 $\boldsymbol{J}$ 与角速度 $\boldsymbol{\omega}$ 的点积

$$\boldsymbol{L}=\boldsymbol{J}\cdot\boldsymbol{\omega} \tag{5.3.4}$$

一般情况下，O 点与刚体的质心 O_c 不重合，将 O_c 相对 O、P 相对 O_c 的矢径分别记作 $\boldsymbol{r}_c$ 和 $\boldsymbol{\rho}$ (图 5.3.1)，则有

$$\boldsymbol{r}=\boldsymbol{r}_c+\boldsymbol{\rho} \tag{5.3.5}$$

代入式(5.3.3)，利用 $\int\boldsymbol{\rho}\mathrm{d}m=0,\ \int\mathrm{d}m=m$,导出

$$\boldsymbol{J}=\boldsymbol{J}_c+m(r_c^2\boldsymbol{I}-\boldsymbol{r}_c\boldsymbol{r}_c) \tag{5.3.6}$$

式中，$\boldsymbol{J}_c$ 为刚体对质心的惯量张量：

$$\boldsymbol{J}_c=\int(\rho^2\boldsymbol{I}-\boldsymbol{\rho\rho})\mathrm{d}m \tag{5.3.7}$$

$\boldsymbol{J}_c$ 确定以后，可利用式(5.3.6)计算刚体对任意点 O 的惯量张量。5.6.1 节中将证明，刚体做一般运动时，其相对质心的动量矩与相对定点的动量矩公式(5.3.4)有完全相同的表达式，仅需将其中的 $\boldsymbol{J}$ 改为 $\boldsymbol{J}_c$。

5.3.2　刚体的质量几何

以 O 点为原点建立刚体的连体基 $\underline{e}$，即 O-xyz 坐标系，以确定 P 点的位置。将惯量张量 $\boldsymbol{J}$ 在 $\underline{e}$ 基上的坐标矩阵称为刚体的惯量矩阵，记作 $\underline{J}$：

$$\underline{J}=\begin{bmatrix} J_{xx} & -J_{xy} & -J_{zx} \\ -J_{xy} & J_{yy} & -J_{yz} \\ -J_{zx} & -J_{yz} & J_{zz} \end{bmatrix} \tag{5.3.8}$$

式中，J_{xx}、J_{yy}、J_{zz} 称为刚体相对 x、y、z 各轴的**转动惯量**，也称为**惯量矩**；J_{yz}、J_{zx}、J_{xy} 称为刚体的**惯量积**，分别定义为

$$\begin{cases} J_{xx} = \int (y^2 + z^2)\,\mathrm{d}m, \quad J_{yy} = \int (z^2 + x^2)\,\mathrm{d}m, \quad J_{zz} = \int (y^2 + x^2)\,\mathrm{d}m \\ J_{yz} = \int yz\mathrm{d}m, \quad J_{zx} = \int zx\mathrm{d}m, \quad J_{xy} = \int xy\mathrm{d}m \end{cases} \tag{5.3.9}$$

将式(5.3.6)各项向 $\underline{e}$ 基投影，得到

$$\underline{\boldsymbol{J}} = \underline{\boldsymbol{J}}_c + m\begin{bmatrix} y_c^2 + z_c^2 & -x_c y_c & -z_c x_c \\ -x_c y_c & x_c^2 + z_c^2 & -y_c z_c \\ -z_c x_c & -y_c z_c & y_c^2 + x_c^2 \end{bmatrix} \tag{5.3.10}$$

式中，$\underline{\boldsymbol{J}}_c$ 为刚体对质心的惯量张量 $\boldsymbol{J}_c$ 相对以 O_c 为原点平行于 $O\text{-}xyz$ 各坐标轴的坐标矩阵。因此，已知刚体相对质心的惯量矩阵 $\underline{\boldsymbol{J}}_c$，可利用式(5.3.10)计算刚体对任意点 O 的惯量矩阵。动量矩公式(5.3.4)可用坐标矩阵表示为

$$\underline{\boldsymbol{L}} = \underline{\boldsymbol{J}}\underline{\boldsymbol{\omega}} \tag{5.3.11}$$

式中，$\underline{\boldsymbol{\omega}}$ 为刚体角速度 $\boldsymbol{\omega}$ 的坐标矩阵：

$$\underline{\boldsymbol{\omega}} = \{\omega_x \quad \omega_y \quad \omega_z\}^{\mathrm{T}} \tag{5.3.12}$$

将式(5.3.12)和式(5.3.8)代入式(5.3.11)，导出刚体对 O 点动量矩 $\underline{\boldsymbol{L}}$ 的坐标矩阵为

$$\underline{\boldsymbol{L}} = \begin{bmatrix} J_{xx}\omega_x - J_{xy}\omega_y - J_{zx}\omega_z \\ -J_{xy}\omega_x + J_{yy}\omega_y - J_{yz}\omega_z \\ -J_{zx}\omega_x - J_{yz}\omega_y + J_{zz}\omega_z \end{bmatrix} \tag{5.3.13}$$

利用并矢的坐标转换，可将惯量张量相对统一原点 O 的两个不同基 $\underline{e}^{(s)}$ 与 $\underline{e}^{(r)}$ 的坐标矩阵之间进行相似正交变换

$$\underline{\boldsymbol{J}}^{(s)} = \underline{\boldsymbol{A}}^{(sr)}\underline{\boldsymbol{J}}^{(r)}\underline{\boldsymbol{A}}^{(rs)} \tag{5.3.14}$$

式中，$\underline{\boldsymbol{A}}^{(sr)}$ 为 $\underline{e}^{(s)}$ 与 $\underline{e}^{(r)}$ 之间的方向余弦矩阵。线性代数中证明，实对称矩阵必可由相似正交变换转化为对角阵，使变换后的所有非对角线元素均为零。此时，惯量矩阵有如下的简单形式：

$$\underline{\boldsymbol{J}} = \begin{bmatrix} A & 0 & 0 \\ 0 & B & 0 \\ 0 & 0 & C \end{bmatrix} \tag{5.3.15}$$

与式(5.3.15)对应的连体基称为刚体的**主轴坐标系**，各坐标轴称为刚体的**惯量主轴**。刚体相对主轴坐标系的惯量积为零，对角线元素 A、B、C 称为刚体的**主惯量**

矩。刚体相对不同参考点有不同的惯量主轴和主惯量矩，其中，对质心的惯量主轴和主惯量矩分别称为刚体的**中心惯量主轴**和**中心惯量矩**。

将式(5.3.4)各项向主轴坐标系投影，并将式(5.3.12)、式(5.3.15)代入，得到的刚体相对主轴坐标系的动量矩的计算公式为

$$\underline{\boldsymbol{L}} = \{A\omega_x \quad B\omega_y \quad C\omega_z\}^{\mathrm{T}} \tag{5.3.16}$$

因此当刚体绕任一惯量主轴转动时，动量矩矢量必与角速度矢量共线。可利用此特点计算惯量主轴的位置。$\underline{\boldsymbol{L}}$ 与 $\underline{\boldsymbol{\omega}}$ 的共线条件利用其坐标矩阵表示为

$$\underline{\boldsymbol{L}} = \lambda\underline{\boldsymbol{\omega}} \tag{5.3.17}$$

从式(5.3.11)和式(5.3.17)可导出

$$(\underline{\boldsymbol{J}} - \lambda\underline{\boldsymbol{I}})\underline{\boldsymbol{\omega}} = \underline{\boldsymbol{0}} \tag{5.3.18}$$

式中，λ 为待定常数；$\underline{\boldsymbol{I}}$ 为 3 阶单位矩阵。于是，惯量主轴的计算问题转化为求惯量矩阵 $\underline{\boldsymbol{J}}$ 的特征值问题。线性代数中证明，实对称矩阵必存在 3 个特征值，分别等于式(5.3.15)中的 3 个对角线元素，即 3 个主惯量矩所对应的 3 个特征矢量确定惯量主轴在刚体内的位置。

在分析具体问题时，也可直接根据刚体的几何形状判断均质刚体的惯量主轴位置。有以下规律可循：

(1) 若刚体有对称轴，则必为轴上各点的惯量主轴，称为**极轴**。过极轴上一点且与极轴垂直的任意轴也是该点的惯量主轴，称为**赤道轴**。刚体对极轴的惯量矩称为**极惯量矩**，对赤道轴的惯量矩称为**赤道惯量矩**。

(2) 若刚体有对称轴，则平面上各点的法线必为该点的惯量主轴。

(3) 球对称刚体过对称点的任意轴均为对称点的惯量主轴。

(4) 刚体的中心惯量主轴上各点的惯量主轴必与中心惯量主轴平行。

惯量张量是表征刚体相对某点的质量分布状况的物理量。为能直观地表示质量分布状况，潘索(Poinsot)提出了惯量椭球概念。设过 O 点的任意 p 轴相对连体基 $\underline{\boldsymbol{e}}$ 的方向余弦为 (l,m,n)，刚体相对 O 点的惯量张量 $\boldsymbol{J}$ 相对此坐标系的惯量矩阵 $\underline{\boldsymbol{J}}$ 如式(5.3.8)所示，利用转轴公式(5.3.14)的第一行第一列元素，得到刚体相对 p 轴的惯量矩 J_{pp}：

$$\begin{aligned} J_{pp} &= \{l \quad m \quad n\}\begin{bmatrix} J_{xx} & -J_{xy} & -J_{zx} \\ -J_{xy} & J_{yy} & -J_{yz} \\ -J_{zx} & -J_{yz} & J_{zz} \end{bmatrix}\begin{Bmatrix} l \\ m \\ m \end{Bmatrix} \\ &= J_{xx}l^2 + J_{yy}m^2 + J_{zz}n^2 - 2J_{yz}mn - 2J_{zx}nl - 2J_{xy}lm \end{aligned} \tag{5.3.19}$$

在 p 轴上选取 P 点，规定 P 点至 O 点的距离 R 与惯性矩 J_{pp} 的平方根成反比，即

$$R = \frac{k}{\sqrt{J_{pp}}} \tag{5.3.20}$$

式中，k 为任意选定的比例系数。P 点的坐标(x, y, z)为

$$x = Rl,\quad y = Rm,\quad z = Rn \tag{5.3.21}$$

改变 p 轴的方位，则 J_{pp} 及 R 均随之改变，P 点在空间中的轨迹形成一封闭曲面。将式(5.3.19)各项乘以 R^2 ,考虑式(5.3.20)、式(5.3.21)，得到 P 点的轨迹方程为

$$J_{xx}x^2 + J_{yy}y^2 + J_{zz}z^2 - 2J_{yz}yz - 2J_{zx}zx - 2J_{xy}zy = k^2 \tag{5.3.22}$$

即以 O 点为中心的椭球面方程。所包围的椭球称为刚体相对 O 点的惯量椭球，它形象化地表示出刚体对过 O 点的所有轴的惯量矩分布情况，如图 5.3.2 所示。刚体的 3 根惯量主轴与椭球的 3 根主轴对应。刚体相对质心的惯量椭球称为**中心惯量椭球**。当刚体的质量轴对称分布时，其惯量椭球为旋转椭球，极轴及赤道面内的任意轴均为惯量主轴。当刚体的质量球对称分布时，其惯量椭球为圆球，所有过 O 点的轴均为惯量主轴。

例 5.3.1　设刚体的主惯量矩为 A、B、C，其主轴坐标系 $O\text{-}xyz$ 绕 Oy 轴转动 α 角后的位置为 $O\text{-}x_1y_1z_1$，如图 5.3.3 所示，试计算刚体相对 $O\text{-}x_1y_1z_1$ 的惯量矩阵 $\underline{\boldsymbol{J}}^{(1)}$。

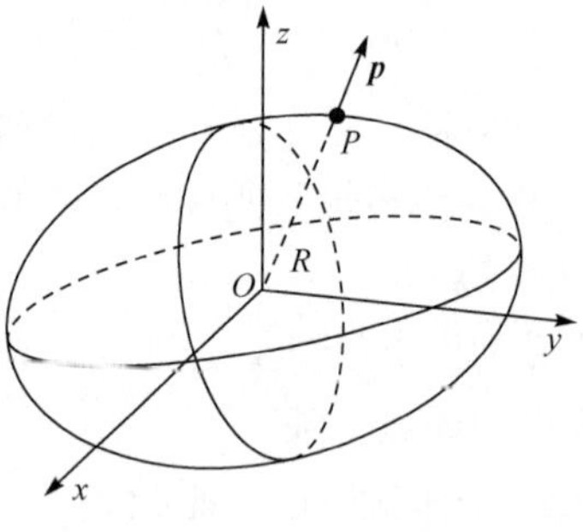

图 5.3.2　惯量椭球

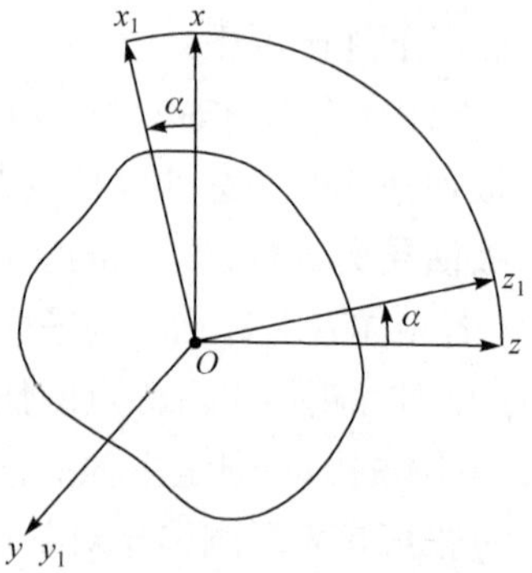

图 5.3.3　转动的刚体

解　利用式(5.3.14)导出

$$\underline{\boldsymbol{J}}^{(1)} = \begin{bmatrix} \cos\alpha & 0 & -\sin\alpha \\ 0 & 1 & 0 \\ \sin\alpha & 0 & \cos\alpha \end{bmatrix} \begin{bmatrix} A & 0 & 0 \\ 0 & B & 0 \\ 0 & 0 & C \end{bmatrix} \begin{bmatrix} \cos\alpha & 0 & \sin\alpha \\ 0 & 1 & 0 \\ -\sin\alpha & 0 & \cos\alpha \end{bmatrix}$$

$$= \begin{bmatrix} A\cos^2\alpha + C\sin^2\alpha & 0 & (A-C)\cos\alpha\sin\alpha \\ 0 & B & 0 \\ (A-C)\cos\alpha\sin\alpha & 0 & C\cos^2\alpha + A\sin^2\alpha \end{bmatrix}$$

例 5.3.2　均质立方体的边长分别为 $2a$、$2b$、$2c$，如图 5.3.4 所示，试计算其相对角 O 点的惯量矩阵。如令 $m=1$、$a=b=c=1$，再计算此正方体对 O 点的主惯量矩和对应的惯量主轴的方位。

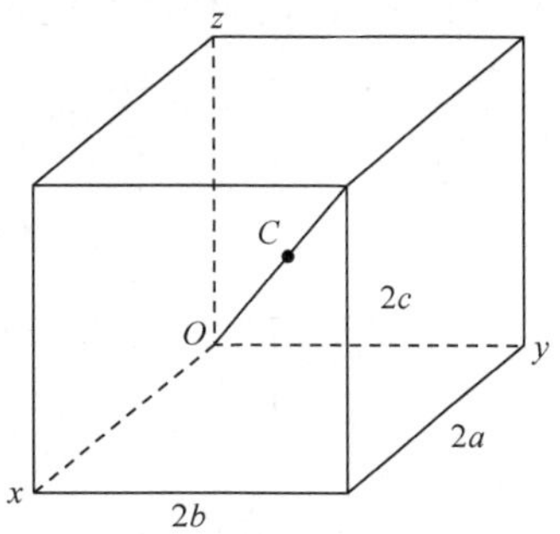

图 5.3.4　均质立方体

解　均质长方体的中心主惯量矩为

$$J_{cx}=\frac{1}{3}m(b^2+c^2),\quad J_{cy}=\frac{1}{3}m(a^2+c^2),$$

$$J_{cz}=\frac{1}{3}m(b^2+a^2)$$

利用式(5.3.10)算出刚体对 O 点的惯量矩阵为

$$\underline{\boldsymbol{J}}=\begin{bmatrix}\frac{4}{3}m(b^2+c^2) & -mab & -mca\\ -mab & \frac{4}{3}m(a^2+c^2) & -mbc\\ -mca & -mbc & \frac{4}{3}m(b^2+a^2)\end{bmatrix}$$

将 $m=1$、$a=b=c=1$ 代入上式，得到

$$\underline{\boldsymbol{J}}=\begin{bmatrix}8/3 & -1 & -1\\ -1 & 8/3 & -1\\ -1 & -1 & 8/3\end{bmatrix}$$

$\underline{\boldsymbol{J}}$ 的特征方程为

$$\lambda^3-8\lambda^2+(55/3)\lambda-(242/27)=0$$

解出的特征值 λ 即为刚体对 O 点的主惯量矩，为

$$A=2/3,\quad B=C=11/3$$

与 A 对应的惯量主轴的方向余弦 l、m、n 取决于以下齐次方程：

$$2l-m-n=0,\quad -l+2m-n=0,\quad -l-m+2n=0$$

解出 $l:m:n=1:1:1$，此惯量主轴的方向余弦为 $\left(1/\sqrt{3},1/\sqrt{3},1/\sqrt{3}\right)$，即沿过角点 O 的正方体的对角线方向。与 B、C 对应的惯量主轴的方向余弦 l、m、n 需满足唯一的齐次方程

$$l+m+n=0$$

即垂直于正方体对角线的任意方向。

5.3.3　刚体的动能和加速度能

将速度表达式(5.2.20)代入动能表达式(3.1.98)，计算定点转动的刚体动能。利

用式(2.1.44)将刚体的动能表示为

$$T=\frac{1}{2}\int(\boldsymbol{\omega}\times\boldsymbol{r})\cdot(\boldsymbol{\omega}\times\boldsymbol{r})\mathrm{d}m=\frac{1}{2}\boldsymbol{\omega}\cdot\left[\int(r^2\boldsymbol{I}-\boldsymbol{rr})\mathrm{d}m\cdot\boldsymbol{\omega}\right]$$
$$=\frac{1}{2}\boldsymbol{\omega}\cdot(\boldsymbol{J}\cdot\boldsymbol{\omega})=\frac{1}{2}\boldsymbol{\omega}\cdot\boldsymbol{L}=\frac{1}{2}\underline{\boldsymbol{\omega}}^{\mathrm{T}}\underline{\boldsymbol{L}} \tag{5.3.23}$$

将式(5.3.12)、式(5.3.13)代入式(5.3.23)后，得到

$$T=\frac{1}{2}\left(J_{xx}\omega_x^2+J_{yy}\omega_y^2+J_{zz}\omega_z^2-2J_{yz}\omega_y\omega_z-2J_{zx}\omega_x\omega_z-2J_{xy}\omega_y\omega_x\right) \tag{5.3.24}$$

若连体基为主轴坐标系，则简化为

$$T=\frac{1}{2}\left(A\omega_x^2+B\omega_y^2+C\omega_z^2\right) \tag{5.3.25}$$

当 T 为常数时，式(5.3.25)表明在动能守恒条件下瞬时角速度 $\boldsymbol{\omega}$ 的矢量端点轨迹为椭球，称为**动能椭球**。比较式(5.3.24)与式(5.3.22)可看出，动能椭球与 $k^2=2T$ 时的惯量椭球完全相同。

当应用第 3 章中叙述的阿佩尔方程或高斯原理建立动力学方程时，必须计算刚体的加速度能量 G，为此将式(5.2.20)代入式(3.2.100)，展开后得到

$$G=\frac{1}{2}\int[\dot{\boldsymbol{\omega}}\times\boldsymbol{r}+\boldsymbol{\omega}\times(\boldsymbol{\omega}\times\boldsymbol{r})]\cdot[\dot{\boldsymbol{\omega}}\times\boldsymbol{r}+\boldsymbol{\omega}\times(\boldsymbol{\omega}\times\boldsymbol{r})]\mathrm{d}m$$
$$=\frac{1}{2}\int(\dot{\boldsymbol{\omega}}\times\boldsymbol{r})\cdot(\dot{\boldsymbol{\omega}}\times\boldsymbol{r})\mathrm{d}m+\int(\dot{\boldsymbol{\omega}}\times\boldsymbol{r})\cdot[\boldsymbol{\omega}\times(\boldsymbol{\omega}\times\boldsymbol{r})]\mathrm{d}m+\cdots \tag{5.3.26}$$

式中，省略号为与加速度无关项，利用式(2.1.44)导出

$$\int(\dot{\boldsymbol{\omega}}\times\boldsymbol{r})\cdot(\dot{\boldsymbol{\omega}}\times\boldsymbol{r})\mathrm{d}m=\dot{\boldsymbol{\omega}}\cdot\left[\int(r^2\boldsymbol{I}-\boldsymbol{rr})\mathrm{d}m\cdot\dot{\boldsymbol{\omega}}\right]=\dot{\boldsymbol{\omega}}\cdot(\boldsymbol{J}\cdot\dot{\boldsymbol{\omega}}) \tag{5.3.27}$$

利用式(2.1.40)、式(2.1.42)和式(2.1.43)导出

$$\int(\dot{\boldsymbol{\omega}}\times\boldsymbol{r})\cdot[\boldsymbol{\omega}\times(\boldsymbol{\omega}\times\boldsymbol{r})]\mathrm{d}m=\dot{\boldsymbol{\omega}}\cdot\int\boldsymbol{r}\times[\boldsymbol{\omega}\times(\boldsymbol{\omega}\times\boldsymbol{r})]\mathrm{d}m=\dot{\boldsymbol{\omega}}\cdot\int\boldsymbol{\omega}\times[\boldsymbol{r}\times(\boldsymbol{\omega}\times\boldsymbol{r})]\mathrm{d}m$$
$$=\dot{\boldsymbol{\omega}}\cdot\boldsymbol{\omega}\times\left[\int(r^2\boldsymbol{I}-\boldsymbol{rr})\mathrm{d}m\cdot\boldsymbol{\omega}\right]=\dot{\boldsymbol{\omega}}\cdot[\boldsymbol{\omega}\times(\boldsymbol{J}\cdot\boldsymbol{\omega})] \tag{5.3.28}$$

将式(5.3.27)和式(5.3.28)代入式(5.3.26)，得到做定点转动刚体的加速度能量计算公式为

$$G=\frac{1}{2}\dot{\boldsymbol{\omega}}\cdot(\boldsymbol{J}\cdot\dot{\boldsymbol{\omega}})+\dot{\boldsymbol{\omega}}\cdot[\boldsymbol{\omega}\times(\boldsymbol{J}\cdot\boldsymbol{\omega})]+\cdots \tag{5.3.29}$$

例 5.3.3 试计算质点系在匀速转动坐标系中的离心力场势能。

解 将匀速转动坐标系视为以角速度 $\boldsymbol{\omega}$ 绕 O 点匀速转动的刚体。利用式(5.2.18)，将式(3.1.93)、式(3.1.94)中的 $\partial\boldsymbol{r}_i/\partial t$ 写作

$$\frac{\partial\boldsymbol{r}_i}{\partial t}=\boldsymbol{\omega}\times\boldsymbol{r}_i,\quad i=1,2,\cdots,N$$

代入式(3.1.99)、式(3.1.100)，进行与式(5.3.23)的类似推导，得到

$$T_0 = \frac{1}{2}\sum_{i=1}^{n} m_i \frac{\partial \boldsymbol{r}_i}{\partial t}\cdot\frac{\partial \boldsymbol{r}_i}{\partial t} = \frac{1}{2}\sum_{i=1}^{n} m_i(\boldsymbol{\omega}\times\boldsymbol{r}_i)\cdot(\boldsymbol{\omega}\times\boldsymbol{r}_i) = \frac{1}{2}\boldsymbol{\omega}\cdot(\boldsymbol{J}\cdot\boldsymbol{\omega})$$

离心力场势能为 $-T_0$，其中 $\boldsymbol{J}$ 为质点系对 O 点的惯量张量：

$$\boldsymbol{J} = \sum_{i=1}^{n} m_i(r^2\boldsymbol{I} - \boldsymbol{rr})$$

5.3.4　欧拉方程

刚体绕固定点 O 的转动称为**刚体定点运动**。将式(5.3.1)表示的刚体绕定点 O 的动量矩 $\boldsymbol{L}$ 对时间 t 求导，利用 $\dot{\boldsymbol{r}} = \boldsymbol{v}$，且根据牛顿定律，将其中 $\ddot{\boldsymbol{r}}\mathrm{d}m$ 以 P 点处的作用力 $\mathrm{d}\boldsymbol{F}$ 代替，得到

$$\dot{\boldsymbol{L}} = \int(\dot{\boldsymbol{r}}\times\boldsymbol{v} + \boldsymbol{r}\times\dot{\boldsymbol{v}})\mathrm{d}m = \int\boldsymbol{r}\times\ddot{\boldsymbol{r}}\mathrm{d}m = \int\boldsymbol{r}\times\mathrm{d}\boldsymbol{F} \tag{5.3.30}$$

式(5.3.30)的右项为刚体的作用力对 O 点的主矩 $\boldsymbol{M}$，导出刚体对定点的动量矩定理

$$\dot{\boldsymbol{L}} = \boldsymbol{M} \tag{5.3.31}$$

即，**刚体对定点 O 的动量矩对时间的导数等于外力对定点 O 的力矩**。

将式(5.3.31)中的动量矩 $\boldsymbol{L}$ 以式(5.3.4)代入，将对时间 t 的求导过程相对刚体的连体基 $\underline{\boldsymbol{e}}$ 进行。利用矢量导数计算公式(5.2.24)，得到

$$\boldsymbol{J}\dot{\boldsymbol{\omega}} + \boldsymbol{\omega}\times(\boldsymbol{J}\cdot\boldsymbol{\omega}) = \boldsymbol{M} \tag{5.3.32}$$

式中，$\boldsymbol{J}$ 为刚体对 O 点的惯量张量。

动量矩定理式(5.3.32)也可用分析力学方法证明。若不考虑刚体的平动，虚功率形式的刚体动力学方程可以表示为

$$(\boldsymbol{M} + \boldsymbol{M}^*)\cdot\delta\boldsymbol{\omega} = 0 \tag{5.3.33}$$

式中，$\boldsymbol{M}^*$ 为刚体的惯性力对 O 点的主矩。将求和式改为积分式，$\boldsymbol{\rho}_i$ 和 $\boldsymbol{r}_i$ 分别以 $\boldsymbol{r}$ 和 $\ddot{\boldsymbol{r}}$ 代替，利用式(2.1.42)、式(2.1.43)化简，且利用式(5.3.3)对 $\boldsymbol{J}$ 的定义，得到

$$\boldsymbol{M}^* = -\int\boldsymbol{r}\times\ddot{\boldsymbol{r}}\mathrm{d}m = -\int\{\boldsymbol{r}\times(\dot{\boldsymbol{\omega}}\times\boldsymbol{r}) + \boldsymbol{\omega}\times[\boldsymbol{r}\times(\boldsymbol{\omega}\times\boldsymbol{r})]\}\mathrm{d}m = -\boldsymbol{J}\cdot\dot{\boldsymbol{\omega}} - \boldsymbol{\omega}\times(\boldsymbol{J}\cdot\boldsymbol{\omega}) \tag{5.3.34}$$

当讨论刚体绕定点转动时，角速度变分 $\delta\boldsymbol{\omega}$ 为独立变量，方程(5.3.33)成立的充分必要条件即为式(5.3.32)。

将动量矩定理式(5.3.32)中的矢量运算化作相对刚体的主轴连体基 $\underline{\boldsymbol{e}}$ 的坐标矩阵运算。省略上角标，得到

$$\underline{\boldsymbol{J}}\,\underline{\dot{\boldsymbol{\omega}}} + \underline{\tilde{\boldsymbol{\omega}}}\,\underline{\boldsymbol{J}}\,\underline{\boldsymbol{\omega}} = \underline{\boldsymbol{M}} \tag{5.3.35}$$

式中，

$$\underline{\boldsymbol{\omega}}=\begin{Bmatrix}\omega_x\\ \omega_y\\ \omega_z\end{Bmatrix},\quad \underline{\boldsymbol{M}}=\begin{Bmatrix}M_x\\ M_y\\ M_z\end{Bmatrix},\quad \underline{\tilde{\boldsymbol{\omega}}}=\begin{bmatrix}0 & -\omega_z & \omega_y\\ \omega_z & 0 & -\omega_x\\ -\omega_y & \omega_x & 0\end{bmatrix},\quad \underline{\boldsymbol{J}}=\begin{bmatrix}A & & \\ & B & \\ & & C\end{bmatrix} \tag{5.3.36}$$

展开后，得到以角速度 ω_x、ω_y、ω_z 为未知变量的刚体绕定点转动的动力学方程组。

$$A\dot{\omega}_x+(C-B)\omega_y\omega_z=M_x,\quad B\dot{\omega}_y+(A-C)\omega_x\omega_z=M_y,\quad C\dot{\omega}_z+(B-A)\omega_y\omega_x=M_z \tag{5.3.37}$$

式(5.3.37)称为**欧拉方程**。将欧拉方程与运动学方程联立，若力矩 M_x、M_y、M_z 为姿态角或角速度的已知函数，则方程组封闭，可积分得到刚体的运动规律。

5.6.1 节中将证明，动量矩定理式(5.3.31)也适用于矩心为刚体质心 O_c 情形，即刚体对质心 O_c 的动量矩对时间的导数等于外力对质心 O_c 的力矩。因此，欧拉方程(5.3.37)也适用于刚体绕质心的转动。仅其中的 A、B、C 和 M_x、M_y、M_z 定义为刚体的中心主惯量矩和对质点的力矩分量。对刚体定点转动得到的所有结论均适用于刚体绕质心的转动。

方程(5.3.35)中的角速度和角加速度的坐标矩阵也可用欧拉参数表示。将式(5.2.54)、式(5.2.57)代入式(5.3.35)，直接验算可证明 $\underline{\dot{\boldsymbol{R}}}\underline{\ddot{\boldsymbol{\Lambda}}}=\underline{\boldsymbol{0}}$，导出用欧拉参数表示的欧拉方程为

$$2\underline{\boldsymbol{J}}\,\underline{\boldsymbol{R}}\,\underline{\ddot{\boldsymbol{\Lambda}}}+4\underline{\boldsymbol{R}}\,\underline{\dot{\boldsymbol{R}}}^{\mathrm{T}}\underline{\boldsymbol{J}}\,\underline{\boldsymbol{R}}^{*}\underline{\ddot{\boldsymbol{\Lambda}}}=\underline{\boldsymbol{M}} \tag{5.3.38}$$

式中，矩阵 $\underline{\boldsymbol{R}}$ 和 $\underline{\boldsymbol{R}}^*$ 的定义见式(5.1.27)。由于关系式(5.1.24)的存在，欧拉参数不是独立变量，方程(5.3.38)必须与式(5.1.24)联立求解。

例 5.3.4 试利用阿佩尔方程、凯恩方法和高斯原理推导欧拉动力学方程。

解 将角速度 $\boldsymbol{\omega}$ 相对刚体的主轴连体基的投影定义为准速度。令 $u_1=\omega_x$、$u_2=\omega_y$、$u_3=\omega_z$，将式(5.3.29)展开为

$$G=\frac{1}{2}(A\dot{\omega}_x^2+B\dot{\omega}_y^2+C\dot{\omega}_z^2)+(C-B)\omega_y\omega_z\dot{\omega}_x+(A-C)\omega_z\omega_x\dot{\omega}_y+(B-A)\omega_x\omega_y\dot{\omega}_z+\cdots \tag{5.3.39}$$

代入阿佩尔方程(3.2.101)，令 $\tilde{Q}_x=M_x,\tilde{Q}_y=M_y,\tilde{Q}_z=M_z$，即得到欧拉方程(5.3.37)。

将式(5.3.39)代入高斯拘束式(3.4.15)，得到

$$Z=G-M_x\dot{\omega}_x-M_y\dot{\omega}_y-M_z\dot{\omega}_z$$

令

$$\frac{\partial Z}{\partial\dot{\omega}_x}=0,\quad \frac{\partial Z}{\partial\dot{\omega}_y}=0,\quad \frac{\partial Z}{\partial\dot{\omega}_z}=0$$

亦得到欧拉方程(5.3.37)。

应用凯恩方法必须先确定刚体的偏角速度。利用角速度 $\boldsymbol{\omega}$ 在连体基上的投影式

$$\boldsymbol{\omega}=\omega_x\boldsymbol{i}+\omega_y\boldsymbol{j}+\omega_z\boldsymbol{k}$$

将上述准速度作为凯恩方法的广义速率，相应的偏角速度确定为

$$\boldsymbol{\omega}^{(1)}=\boldsymbol{i},\quad \boldsymbol{\omega}^{(2)}=\boldsymbol{j},\quad \boldsymbol{\omega}^{(3)}=\boldsymbol{k}$$

刚体的惯性力相对 O 点的主矩 $\boldsymbol{M}^*$ 已在式(5.3.34)中导出。将主动力矩 $\boldsymbol{M}$ 和惯性力矩 $\boldsymbol{M}^*$ 代入式(3.2.136)计算刚体的广义主动力和广义惯性力，代入方程(3.2.126)，亦得到欧拉方程(5.3.37)。

利用分析力学方法建立刚体动力学方程的最大优点是力矩项中仅包含主动力。在分析由多个刚体组成的系统时，此优点更为突出。

5.3.5　轴对称刚体的欧拉方程

机械工程中的旋转部件常可简化为质量轴对称分布的刚体。设刚体的对称轴为 z 轴，对 z 轴的极惯量矩 C，赤道惯量矩 $A=B$。由于与连体基有相同的对称轴 z，但不参与刚体绕 z 轴的旋转。用莱查基 $\underline{\boldsymbol{e}}^{(R)}$ 代替轴对称刚体的连体基 $\underline{\boldsymbol{e}}$ 可使欧拉方程明显简化。将方程(5.3.32)第二项中的坐标系角速度 $\boldsymbol{\omega}$ 以莱查基 $\underline{\boldsymbol{e}}^{(R)}$ 的角速度 $\boldsymbol{\omega}_1$ 代替，改为

$$\boldsymbol{J}\dot{\boldsymbol{\omega}}+\boldsymbol{\omega}_1\times(\boldsymbol{J}\cdot\boldsymbol{\omega})=\boldsymbol{M}\tag{5.3.40}$$

列写此矢量方程在莱查基 $\underline{\boldsymbol{e}}^{(R)}$ 上的坐标矩阵，得到

$$\underline{\boldsymbol{J}}\,\underline{\dot{\boldsymbol{\omega}}}+\underline{\tilde{\boldsymbol{\omega}}}_1\underline{\boldsymbol{J}}\,\underline{\boldsymbol{\omega}}=\underline{\boldsymbol{M}}\tag{5.3.41}$$

由于 $\underline{\boldsymbol{e}}^{(R)}$ 与 $\underline{\boldsymbol{e}}$ 均为轴对称刚体的主轴坐标系，由相同的质量几何和惯量矩阵 $\underline{\boldsymbol{J}}$ 。$\underline{\boldsymbol{\omega}}_1$ 与 $\underline{\boldsymbol{\omega}}$ 有相同的赤道轴分量，仅沿极轴 z 的分量 ω_{1z} 与 ω_x 不同。区别在于，后者比前者增加自旋角速度 $\dot{\varphi}$，即 $\omega_x=\omega_{1z}+\dot{\varphi}$ 。则有

$$\underline{\boldsymbol{\omega}}=\begin{Bmatrix}\omega_x\\ \omega_y\\ \omega_z\end{Bmatrix},\quad \underline{\tilde{\boldsymbol{\omega}}}_1=\begin{bmatrix}0 & -\omega_{1z} & \omega_y\\ \omega_{1z} & 0 & -\omega_x\\ -\omega_y & \omega_x & 0\end{bmatrix},\quad \underline{\boldsymbol{M}}=\begin{Bmatrix}M_x\\ M_y\\ M_z\end{Bmatrix}\tag{5.3.42}$$

将式(5.3.42)代入式(5.3.41)，得到轴对称刚体的欧拉方程为

$$\begin{cases}A\dot{\omega}_x+(C\omega_z-A\omega_{1z})\omega_y=M_x\\ A\dot{\omega}_y+(A\omega_{1z}-C\omega_z)\omega_x=M_y\\ C\dot{\omega}_x=M_z\end{cases}\tag{5.3.43}$$

例 5.3.5　试利用欧拉角和卡尔丹角写出轴对称刚体的动能和加速度能。

解 一般情况下，将式(5.2.32)中的矩阵 $\underline{\boldsymbol{D}}$ 用式(5.2.36)或式(5.2.31)代入，即得到用欧拉角或卡尔丹角表示的角速度用于动能计算。对于轴对称刚体，以莱查基 $\underline{\boldsymbol{e}}^{(R)}$ 代替连体基可使表达明显简化。以欧拉角为例，可利用式(5.2.35)。令其中 $\varphi=0$，即得到角速度 $\boldsymbol{\omega}$ 在莱查基上的投影为

$$\omega_x=\dot{\vartheta},\quad \omega_y=\dot{\psi}\sin\vartheta,\quad \omega_z=\dot{\varphi}+\dot{\psi}\cos\vartheta \tag{5.3.44}$$

代入式(5.3.25)，得到用欧拉角表示的刚体动能为

$$T=\frac{1}{2}[A(\dot{\vartheta}^2+\dot{\psi}^2\sin^2\vartheta)+C(\dot{\varphi}+\dot{\psi}\cos\vartheta)^2] \tag{5.3.45}$$

对于卡尔丹角情形，利用式(5.2.30)，令其中 $\gamma=0$，得到

$$\omega_x=\dot{\alpha}\cos\beta,\quad \omega_y=\dot{\beta},\quad \omega_z=\dot{\gamma}+\dot{\alpha}\sin\beta$$

代入式(5.3.25)得到用卡尔丹角表示的刚体动能为

$$T=\frac{1}{2}[A(\dot{\alpha}^2\cos^2\beta+\dot{\beta}^2)+C(\dot{\gamma}+\dot{\alpha}\sin\beta)^2]$$

例 5.3.6 试利用欧拉方程写出欧拉角描述的轴对称刚体的动力学方程。

解 以轴对称刚体的莱查基为参考系，用欧拉角描述的刚体角速度如例 5.3.5 中式(5.3.44)所示。莱查基速度 ω_{1x}、ω_{1y} 与 ω_x、ω_y 相同，令 ω_z 中 $\dot{\varphi}=0$ 即得到

$$\omega_x=\omega_{1x}=\dot{\vartheta},\quad \omega_y=\omega_{1y}=\dot{\psi}\sin\vartheta,\quad \omega_z=\dot{\psi}\sin\vartheta+\dot{\varphi},\quad \omega_{1z}=\dot{\psi}\cos\vartheta$$

代入欧拉方程(5.3.43)，得到

$$\begin{cases} A\ddot{\vartheta}+[C(\dot{\varphi}+\dot{\psi}\cos\vartheta)-A\dot{\psi}\cos\vartheta]\dot{\psi}\sin\vartheta=M_x \\ A(\ddot{\psi}\sin\vartheta+2\dot{\psi}\dot{\vartheta}\cos\vartheta)-C\dot{\vartheta}(\dot{\varphi}+\dot{\psi}\cos\vartheta)=M_y \\ C\dfrac{\mathrm{d}}{\mathrm{d}t}(\dot{\varphi}+\dot{\psi}\cos\vartheta)=M_z \end{cases}$$

例 5.3.7 试利用拉格朗日方程，写出以欧拉角为广义坐标的轴对称刚体的动力学方程。若刚体沿极轴的力矩 M_{φ} 为零，试利用劳斯函数写出降阶的动力学方程。

解 利用例 5.3.5 中式(5.3.44)表示的轴对称刚体的角速度，代入动能公式(5.3.25)得到

$$T=\frac{1}{2}[A(\dot{\vartheta}^2+\dot{\psi}^2\sin^2\vartheta)+C(\dot{\varphi}+\dot{\psi}\cos\vartheta)^2]$$

令 $q_1=\psi$、$q_2=\vartheta$、$q_3=\varphi$，代入拉格朗日方程(3.2.24)，得到

$$\begin{cases} A\ddot{\vartheta}+[C(\dot{\varphi}+\dot{\psi}\cos\vartheta)-A\dot{\psi}\cos\vartheta]\dot{\psi}\sin\vartheta=M_{\vartheta} \\ \dfrac{\mathrm{d}}{\mathrm{d}t}[A\dot{\psi}\sin^2\vartheta+C(\dot{\varphi}+\dot{\psi}\cos\vartheta)\cos\vartheta]=M_{\psi} \\ C\dfrac{\mathrm{d}}{\mathrm{d}t}(\dot{\varphi}+\dot{\psi}\cos\vartheta)=M_{\varphi} \end{cases} \tag{5.3.46}$$

式中，广义力 $Q_1 = M_\psi$、$Q_2 = M_\vartheta$、$Q_3 = M_\varphi$ 分别为刚体上作用的主动力矩沿 z_0、x、z 轴的分量。与例 5.3.6 导出动力学方程比较，$M_\vartheta = M_x$、$M_\varphi = M_z$，但沿 z_0 轴的 M_ψ 不同于 M_z，即 $M_\psi = M_y \sin\vartheta + M_z \cos\vartheta$。由于动能式中不含 ψ 和 φ，若 $M_\varphi = 0$，则 φ 为循环坐标，存在循环积分

$$C(\dot{\varphi} + \dot{\psi}\cos\vartheta) = L$$

式中，积分常数 L 的物理意义为刚体绕极轴的常值动量矩。从上式解出循环速度 $\dot{\varphi}$ 为

$$\dot{\varphi} = L/C - \dot{\psi}\cos\vartheta$$

代入方程组(5.3.46)的前两式，将循环速度 $\dot{\varphi}$ 消去，得到仅含 ψ、ϑ 的动力学方程为

$$\frac{\mathrm{d}}{\mathrm{d}t}(A\dot{\psi}\sin^2\vartheta + L_0\cos\vartheta) = M_\psi, \quad A\ddot{\vartheta} + (L_0 - A\dot{\psi}\cos\vartheta)\dot{\psi}\sin\vartheta = M_\vartheta$$

以上分析具有实际意义。当转子上作用的驱动力矩与阻尼力矩互相平衡时，可将转子绕对称轴的稳态匀速自转视为隐运动，则自转角 φ 作为循环坐标可避免在动力学方程中出现，仅需研究自转轴的方位变化，即与角度坐标 ϑ、ψ 有关的显运动变化规律。若 M_ψ 亦为零，则 ψ 亦为循环坐标，存在另一个循环积分使方程降阶，化作仅含非循环坐标 ϑ 的动力学方程。与例 5.3.6 比较，例 5.3.7 导出的动力学方程有更多优点。

对于由多个刚体组成的系统，若分别对各刚体列写欧拉方程，则必然出现刚体之间的约束力矩。以系统内若干刚体组成的子系统为对象列写方程，可使部分约束力矩转变为内力矩不在方程中出现。若采用分析力学方法建模，可完全避免约束力矩。如动力学函数(拉格朗日函数、劳斯函数、吉布斯函数等)内仅保留广义坐标或准速度及其导数的二次项，则自动生成一次近似的动力学微分方程。

例 5.3.8　质量为 m、半径为 R 的均质薄圆盘与绕垂轴 z_0 以匀角速度 Ω 转动的驱动轴之间，用万向节头 O 及圆盘固结的长度为 l 的无质量刚性杆 OC 相连接。圆盘的主轴坐标系 $O\text{-}xyz$ 如图 5.3.5 所示，其中 z 轴沿 CO 方向，与 z_0 轴的夹角为 α，x 轴垂直于 (z_0, z) 平面。圆盘可绕 z 轴转动，并在接触点 P 处相对固定圆筒壁做纯滚动。①计算圆盘绕 z 轴的相对转动角速度 $\dot{\varphi}$；②求筒壁对圆盘的正压力 F_N；③为保证圆盘与筒壁接触，转速 Ω 应满足的条件。

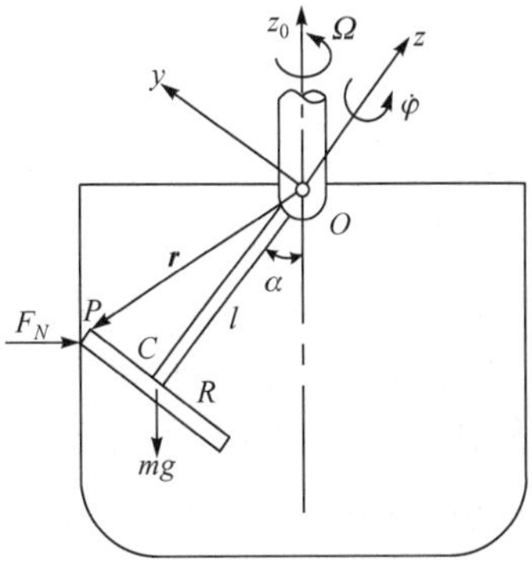

图 5.3.5　万向节头-圆盘系统

解　圆盘的瞬时角速度 $\boldsymbol{\omega}$ 和 P 点相对 O 点的矢径 $\boldsymbol{r}$ 分别为

$$\boldsymbol{\omega} = \Omega \sin\alpha \boldsymbol{j} + (\dot{\varphi} + \Omega\cos\alpha)\boldsymbol{k}, \quad \boldsymbol{r} = R\boldsymbol{j} - l\boldsymbol{k} \tag{5.3.47}$$

将式(5.3.47)代入式(5.2.20)计算 P 点的速度 $\boldsymbol{v}_P$，得到

$$\boldsymbol{v}_P = -[R\dot{\varphi} + \Omega(l\sin\alpha + R\cos\alpha)]\boldsymbol{i}$$

无滑动条件要求 $\boldsymbol{v}_P = \boldsymbol{0}$，导出

$$\dot{\varphi} = -\frac{\Omega}{R}(l\sin\alpha + R\cos\alpha) \tag{5.3.48}$$

将式(5.3.48)代入式(5.3.47)，得到 $\boldsymbol{\omega}$ 相对 $O\text{-}xyz$ 各轴的投影为

$$\omega_x = 0, \quad \omega_y = \Omega\sin\alpha, \quad \omega_z = -\frac{\Omega l}{R}\sin\alpha \tag{5.3.49}$$

动坐标系 $O\text{-}xyz$ 的转动角速度 $\boldsymbol{\omega}_1$ 的投影为

$$\omega_{1x} = 0, \quad \omega_{1y} = \Omega\sin\alpha, \quad \omega_{1z} = \Omega\cos\alpha \tag{5.3.50}$$

外力绕 Ox 轴的矩为

$$M_x = -mgl\sin\alpha - F_N(l\cos\alpha - R\sin\alpha) \tag{5.3.51}$$

将式(5.3.49)～式(5.3.51)及圆盘的主惯量矩 $A = mR^2/4$、$C = mR^2/2$ 代入欧拉方程(5.3.43)的第一式，导出筒壁对圆盘的正压力 F_N 为

$$F_N = \frac{[\Omega^2 R(R\cos\alpha + 2l\sin\alpha)/4 - gl]m\sin\alpha}{l\cos\alpha - R\sin\alpha}$$

为保证 $F_N>0$，要求 Ω 满足

$$\Omega > 2\sqrt{\frac{gl}{R(R\cos\alpha + 2l\sin\alpha)}}$$

例 5.3.9　设船舶消摆器由陀螺支架和匀速转动的转子组成，安装消摆器的船体做横摆运动，如图 5.3.6(a)所示。船舶的重心 O_1 在浮心 O 的下方。支架可绕横轴摆动，转子轴垂直安装，其支承中心与浮心 O 重合，陀螺支架下端的配重使消摆器的重心 O_2 下移。试写出系统的动力学方程，并利用开尔文定理分析船舶和消摆器垂直平衡位置的稳定性。

解　设船舶和消摆器的质量分别为 m_1 和 m_2，船体连同消摆器相对过浮心 O 的纵轴的惯量矩 J_1，陀螺支架连同转子相对转轴的惯量矩和转子的极惯量矩分别为 J_2 和 J，船体重心 O_1 与浮心距离为 l_1。陀螺支架的重心 O_2 与 O 点的距离为 l_2，船体、陀螺和支架的转角分别为 α、β 和 γ。图 5.3.6(b)中 $O\text{-}xyz$ 为惯性坐标系，$O\text{-}x_1y_1z_1$ 和 $O\text{-}xyz$ 分别为船体和支架坐标系。系统的动能 T 和势能 V 分别为

$$\begin{cases} T = \dfrac{1}{2}[J_1\dot{\alpha}^2 + J_2(\dot{\beta}^2 + \dot{\alpha}^2\cos\beta) + J(\dot{\varphi} - \dot{\alpha}\sin\beta)^2] \\ V = m_1 g l_1\cos\alpha + m_2 g l_2\cos\beta \end{cases}$$

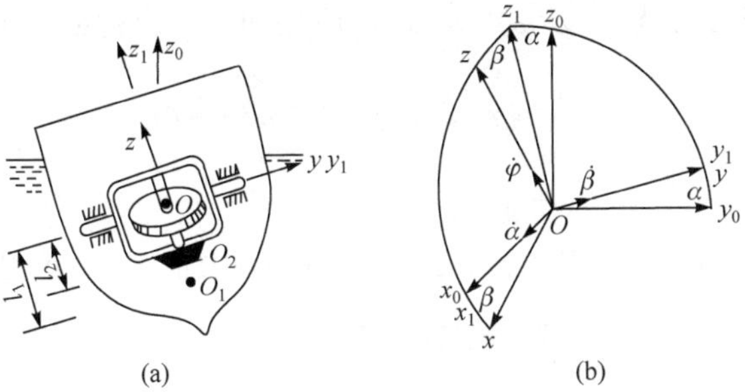

图 5.3.6　船舶消摆器

忽略轴承摩擦等其他力矩作用，此系统有循环坐标 φ，对应的循环积分为

$$J(\dot{\varphi}-\dot{\alpha}\sin\beta)=L$$

式中，积分常数 L 为转子的动量矩。仅保留 T、V 中 α 和 β 及其导数的二次项，代入拉格朗日方程(3.2.23)，得到一次近似方程为

$$\underline{\boldsymbol{M}}\ddot{\underline{\boldsymbol{x}}}+\underline{\boldsymbol{G}}\dot{\underline{\boldsymbol{x}}}+\underline{\boldsymbol{K}}\underline{\boldsymbol{x}}=\underline{\boldsymbol{0}}$$

式中，

$$\underline{\boldsymbol{M}}=\begin{bmatrix}J_1+J_2 & 0\\ 0 & J_2\end{bmatrix},\quad \underline{\boldsymbol{G}}=\begin{bmatrix}0 & L_0\\ -L_0 & 0\end{bmatrix},\quad \underline{\boldsymbol{K}}=\begin{bmatrix}m_1gl_1 & 0\\ 0 & m_2gl_2\end{bmatrix},\quad \underline{\boldsymbol{x}}=\begin{Bmatrix}\alpha\\ \beta\end{Bmatrix}$$

根据开尔文定理可得出以下结论：

(1) $l_1>0$、$l_2>0$，船体和消摆器均为下摆性，系统稳定。

(2) $l_1>0$、$l_2<0$ 或 $l_1<0$、$l_2>0$，船体和消摆器一个为下摆性，另一个为上摆性，系统不稳定。

(3) $l_1<0$、$l_2<0$，船体和消摆器均为上摆性，系统不稳定，但加入陀螺力后系统可转为稳定。此特性成为单轨车厢用陀螺稳定的设计依据。

5.4　无力矩刚体的定点转动

5.4.1　动力学方程的初积分

刚体定点运动的欧拉方程仅三种特殊情形存在解析积分。其中，无力矩状态下刚体的惯性运动是刚体定点运动的最简单情形，称为**欧拉情形刚体定点运动**。质心与支承中心重合的陀螺仪，忽略引力矩的天体或航天器绕质心转动均为欧拉情形刚体定点运动的实例。令欧拉方程(5.3.37)的右项为零，得到

$$A\dot{\omega}_x+(C-B)\omega_y\omega_z=0,\quad B\dot{\omega}_y+(A-C)\omega_x\omega_z=0,\quad C\dot{\omega}_z+(B-A)\omega_y\omega_x=0 \qquad (5.4.1)$$

令式(5.4.1)各式分别乘以 ω_x、ω_y、ω_z 后相加，导出初积分为

$$\frac{1}{2}(A\omega_x{}^2 + B\omega_y{}^2 + C\omega_z{}^2) = T \tag{5.4.2}$$

式中，积分常数 T 为系统的动能。

令式(5.4.1)各式分别乘以 $A\omega_x$、$B\omega_y$、$C\omega_z$ 后相加，导出**动量矩积分**为

$$A^2\omega_x{}^2 + B^2\omega_y{}^2 + C^2\omega_z{}^2 = L^2 \tag{5.4.3}$$

其物理意义为动量矩守恒，积分常数 L 为常值动量矩的模。

5.4.2 潘索的几何解释

设 P 为刚体瞬时角速度 $\boldsymbol{\omega}$ 的矢量端点，其相对主轴坐标系 $O\text{-}xyz$ 的坐标分别为

$$x = \omega_x, \quad y = \omega_y, \quad z = \omega_z \tag{5.4.4}$$

将式(5.4.4)代入初积分式(5.4.2)、式(5.4.3)，得到

$$Ax^2 + By^2 + Cz^2 = 2T \tag{5.4.5}$$

$$A^2x^2 + B^2y^2 + C^2z^2 = L^2 \tag{5.4.6}$$

式(5.4.5)表示的椭球面即 5.3.3 节中的动能椭球，或 5.3.2 节中相同形状的惯量椭球。式(5.4.6)表示另一个椭球面，称为**动量矩椭球**。在刚体运动过程中，由于动能和动量矩均守恒，P 点必须沿两个椭球面的交线移动。将惯量椭球方程(5.4.5)改写为

$$F(x,y,z) = \frac{1}{2}(Ax^2 + By^2 + Cz^2) - T = 0 \tag{5.4.7}$$

函数 F 在 P 点处对 x、y、z 的偏导数表示 P 点处椭球切平面 Π 法线方向的一组方向数

$$\left(\frac{\partial F}{\partial x}\right)_P = A\omega_x, \quad \left(\frac{\partial F}{\partial y}\right)_P = B\omega_y, \quad \left(\frac{\partial F}{\partial z}\right)_P = C\omega_z \tag{5.4.8}$$

将式(5.4.8)与式(5.3.16)对照，可看出式(5.4.4)平面的法线与刚体的动量矩 $\boldsymbol{L}$ 平行。由于动量矩矢量的方向不变，则 Π 平面在惯性空间中必保持方位不变。定点 O 与 Π 平面的距离 d 等于 $\boldsymbol{\omega}$ 矢量沿 Π 平面法线方向的投影，利用式(5.3.23)导出

$$d = \boldsymbol{\omega} \cdot \frac{\boldsymbol{L}}{L} = \frac{2T}{L} = \text{常量} \tag{5.4.9}$$

表明 Π 平面与固定点 O 的距离和方位都不变，称为惯性空间中的固定平面。由于

瞬时旋转轴通过 P 点，惯量椭球在 P 点处的线速度等于零。根据此分析结果，潘索对刚体运动作出以下形象化解释：**无力矩的刚体定点运动为中心固定的惯量椭球在固定平面上的无滑动滚旋运动**，称为刚体的**欧拉-潘索运动**，如图 5.4.1 所示。

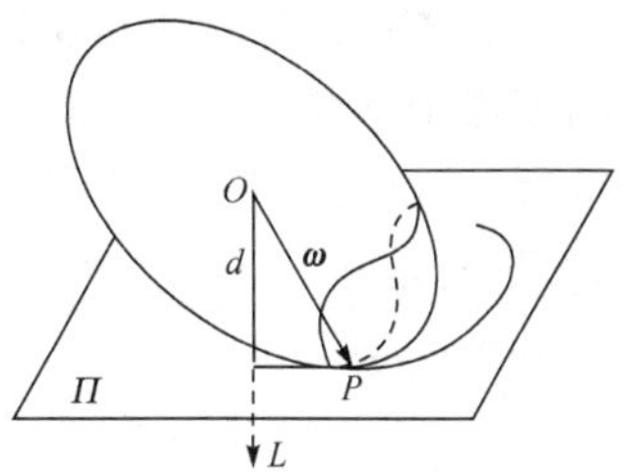

图 5.4.1　欧拉-潘索运动

P 点在惯量椭球表面的轨迹称为**本体极迹**，即惯量椭球与动量矩椭球的交线，P 点在 Π 平面上的轨迹称为**空间极迹**。也可以认为，欧拉-潘索运动是本体极迹沿空间极迹的无滑动滚动。

5.4.3　永久转动的稳定性

本体极迹曲线存在 3 个孤立奇点 $S_i(i=1,2,3)$，由欧拉方程(5.4.1)的 3 组特解构成：

$$\begin{cases} S_1: & \omega_x=\omega_y=0, \quad \omega_z=\omega_0 \\ S_2: & \omega_y=\omega_z=0, \quad \omega_x=\omega_0 \\ S_3: & \omega_z=\omega_x=0, \quad \omega_y=\omega_0 \end{cases} \tag{5.4.10}$$

此特解所描述的运动是刚体绕惯量主轴之一的匀速转动，且转动轴在惯性空间中保持方位不变，称为刚体的**永久转动**。

以奇点 S_1 为例，讨论刚体绕 z 轴永久转动的稳定性。将式(5.4.1)的前两式中第二项移至等号右边并将二式相除，得到仅含 ω_x、ω_y 的一阶方程：

$$\frac{\mathrm{d}\omega_x}{\mathrm{d}\omega_y}=\frac{\alpha\omega_y}{\omega_x}, \quad \alpha=\frac{B(C-B)}{A(A-C)} \tag{5.4.11}$$

受扰后瞬时旋转轴在永久转动轴附近的运动形态取决于奇点 S_1 的类型。根据 4.3.2 节中例 4.3.1 的分析可作出判断：

$$a<0: A>B、C>B \text{ 或 } A<B、C<B —— S_1 \text{ 为中心}$$

$$a>0: A>B>C \text{ 或 } A<C<B —— S_1 \text{ 为鞍点}$$

从而表明，当 z 轴为最大或最小惯量矩主轴时。受扰后瞬时旋转轴保持在 z 轴附近的小范围内运动，永久转动稳定。当 z 轴为中间惯量矩主轴时，受扰后瞬时旋转轴无限偏离 z 轴，永久转动不稳定。用类似方法判断 S_2、S_3 的奇点类型后，得出以下结论：**无力矩刚体绕最大或最小惯量矩主轴的永久转动稳定，绕中间惯量矩主轴的永久转动不稳定**。

本体极迹曲线族的几何特征如图 5.4.2 所示，图中 x 轴和 z 轴分别为刚体的最大和最小惯量矩主轴，y 轴为中间惯量矩主轴。

上述结论可用于分析腾空人体的绕质心运动。按图 5.4.3(a)建立左右对称人体的连体坐标系，对应的惯量椭球和本体极迹与图 5.4.2 相同。人体绕 y 轴转动的空翻运动为不稳定的永久转动。当上肢的反对称动作使惯量主轴 y 轴偏离原来位置时(图 5.4.3(b))，角速度矢量 $\boldsymbol{\omega}$ 即沿本体极迹移动，引起人体绕 z 轴的转动运动。此分析结果可用于解释体操中旋转运动的力学原理。

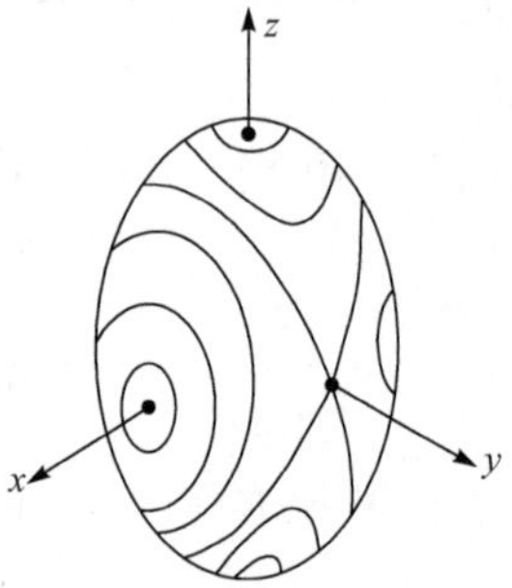

图 5.4.2 本体极迹

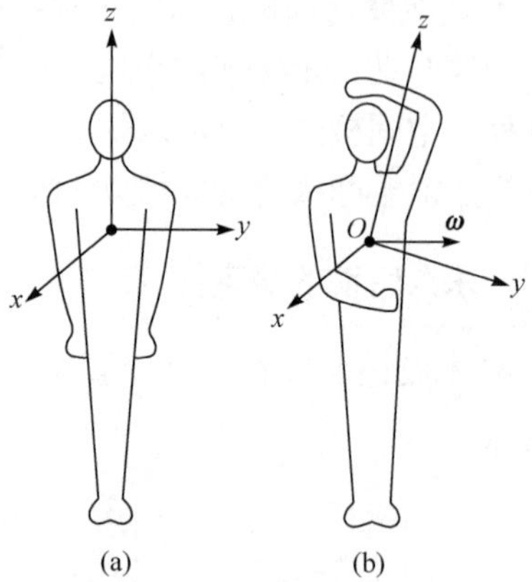

图 5.4.3 人体的惯量主轴

例 5.4.1 试应用李雅普诺夫直接方法讨论无力矩刚体永久转动的稳定性。

解 将欧拉方程的特解 $\omega_x = \omega_y = 0$、$\omega_x = \omega_0$ 对应的刚体绕 z 轴的永久转动作为未扰运动，设受扰运动为

$$\omega_x = \xi_1,\quad \omega_y = \xi_2,\quad \omega_z = \omega_0 + \xi_3$$

将上式代入无力矩刚体的欧拉方程(5.4.1)的前两式化作

$$\begin{cases} A\dot{\xi}_1 + (C-B)(\omega_0+\xi_3)\xi_2 = 0 \\ B\dot{\xi}_2 + (A-C)(\omega_0+\xi_3)\xi_1 = 0 \end{cases} \tag{5.4.12}$$

再代入初积分式(5.4.2)、式(5.4.3)，得到

$$\begin{cases} E_1 = A\xi_1^2 + B\xi_2^2 + C(\xi_3^2 + 2\omega_0\xi_3) = \text{const} \\ E_2 = A^2\xi_1^2 + B\xi_2^2 + C(\xi_3^2 + 2\omega_0\xi_3) = \text{const} \end{cases}$$

建立以下李雅普诺夫函数

$$E = E_2 - CE_1 \pm E_1{}^2 = A(A-C)\xi_1{}^2 + B(B-C)\xi_2{}^2 \pm 3\omega_0{}^2C^2\xi_3{}^2 + \cdots$$

式中，省略号为不影响 V 函数定号性的高次项。根据上式可进行以下判断：

如 $C<A$、$C<B$(令上式最后一项取正号)，E 为正定

如 $C>A$、$C>B$(令上式最后一项取负号)，E 为负定

由于 E 为守恒量，其沿受扰运动方程解曲线的全导数恒等于零。根据李雅普

诺夫的定理 4.4.1，以上两种情况对应的永久转动均为稳定的。

再建立另一李雅普诺夫函数$U=\xi_1\xi_2$，为不定号函数。计算 U 的全导数。得到

$$\dot{U}=\dot{\xi}_1\xi_2+\xi_1\dot{\xi}_2$$

将上式中的$\dot{\xi}_1$、$\dot{\xi}_2$以方程(5.4.12)代入，化作

$$\dot{U}=(\omega_0+\xi_3)\left(\frac{C-A}{B}\xi_1^{\ 2}+\frac{B-C}{A}\xi_2^{\ 2}\right)$$

不难判断，如 $A>B>C$，$\dot{U}$ 为负定；如 $A<B<C$，$\dot{U}$ 为正定。根据李雅普诺夫定理 4.4.3，以上两种情况对应的永久转动均为不稳定。从而证明：**无力矩刚体绕最大或最小惯量矩主轴的永久转动稳定，绕中间惯量矩主轴的永久转动不稳定**。

5.4.4　解析积分

在无力矩条件下，以守恒的动量矩矢量 $\boldsymbol{L}$ 为 Z 轴，建立特殊的惯性坐标系$O\text{-}XYZ$，记作$\underline{\boldsymbol{e}}^{(0)}$。刚体相对$\underline{\boldsymbol{e}}^{(0)}$的姿态角以欧拉角$\psi$、$\vartheta$、$\varphi$描述。在图 5.4.4 中略去连体基$\underline{\boldsymbol{e}}$的角标，记作$O\text{-}xyz$。利用式(5.2.35)写出角速度在连体基$\underline{\boldsymbol{e}}$上的投影

$$\begin{cases}\omega_x=\dot{\psi}\sin\vartheta\sin\varphi+\dot{\vartheta}\cos\varphi\\ \omega_y=\dot{\psi}\sin\vartheta\cos\varphi-\dot{\vartheta}\sin\varphi\\ \omega_z=\dot{\psi}\cos\vartheta+\dot{\varphi}\end{cases}\tag{5.4.13}$$

将沿 Z 轴的动量矩 $\boldsymbol{L}$ 直接向连体基$\underline{\boldsymbol{e}}$投影，得到

$$L_x=L\sin\vartheta\sin\varphi,\quad L_y=L\sin\vartheta\cos\varphi,\quad L_z=L\cos\vartheta\tag{5.4.14}$$

$\boldsymbol{L}$ 的各分量 L_x、L_y、L_z 分别等于 $A\omega_x$、$B\omega_y$、$C\omega_z$，将式(5.4.13)、式(5.4.14)代入后，解出

$$\begin{cases}\dot{\psi}=\omega_0[\rho+(\lambda-\rho)\sin^2\varphi]\\ \dot{\vartheta}=\omega_0(\lambda-\rho)\sin\vartheta\cos\varphi\sin\varphi\\ \dot{\varphi}=\omega_0\cos\vartheta[1-\rho-(\lambda-\rho)\sin^2\varphi]\end{cases}\tag{5.4.15}$$

式中，参数ω_0为刚体绕 Z 轴做永久转动时的角速度；λ、ρ 为惯量矩比。

$$\omega_0=\frac{L}{C},\quad \lambda=\frac{C}{A},\quad \rho=\frac{C}{B}\tag{5.4.16}$$

将式(5.4.15)的后两式相除，消去时间变量，化作ϑ和φ的一阶自治系统

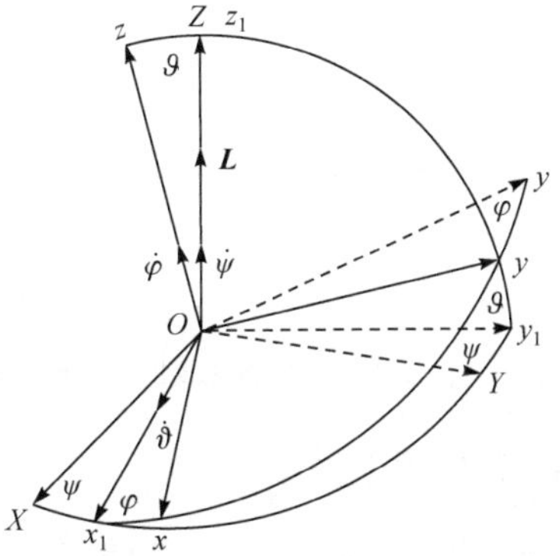

图 5.4.4　刚体在动量矩矢量参考系中的姿态角

$$\frac{\mathrm{d}\vartheta}{\mathrm{d}\varphi}=\frac{\varepsilon\tan\vartheta\cos\varphi\sin\varphi}{1-\varepsilon\sin^2\varphi} \tag{5.4.17}$$

式中，参数ε定义为

$$\varepsilon=\frac{\lambda-\rho}{1-\rho}=\frac{C(B-A)}{A(B-C)} \tag{5.4.18}$$

以$\varphi=0$对应的时刻为初始时刻，设ψ、ϑ的初始值分别为ψ_0、ϑ_0，方程(5.4.17)分离变量后积分得到

$$\sin\vartheta=\frac{\sin\vartheta_0}{\sqrt{1-\varepsilon\sin^2\varphi}},\quad \cos\vartheta=\sqrt{\frac{\cos^2\vartheta_0-\varepsilon\sin^2\varphi}{1-\varepsilon\sin^2\varphi}} \tag{5.4.19}$$

将解出的ϑ代入方程(5.4.15)的第三式，分离变量积分得到

$$nt=\int_0^{\varphi}\frac{\mathrm{d}\varphi}{\sqrt{(1-\varepsilon\sin^2\varphi)(1-\varepsilon_1\sin^2\varphi)}} \tag{5.4.20}$$

其中，

$$n=(1-\rho)\omega_0\cos\vartheta_0,\quad \varepsilon_1=\varepsilon\sec^2\vartheta_0 \tag{5.4.21}$$

引入新变量u、τ和参数k^2，定义为

$$u=\frac{\sqrt{1-\varepsilon}\sin\varphi}{\sqrt{1-\varepsilon\sin^2\varphi}},\quad \tau=n\sqrt{1-\varepsilon}t,\quad k^2=\left(\frac{\varepsilon}{1-\varepsilon}\right)\tan^2\vartheta_0 \tag{5.4.22}$$

可将式(5.4.20)化为第一类椭圆积分

$$\tau=\int_0^{u}\frac{du}{\sqrt{(1-u^2)(1-k^2u^2)}} \tag{5.4.23}$$

此椭圆积分的反函数为$u=\mathrm{sn}\,\tau$，利用椭圆函数符号$\mathrm{cn}\,\tau=\sqrt{1-\mathrm{sn}^2\tau}$、$\mathrm{tn}\,\tau=\mathrm{sn}\,\tau/\mathrm{cn}\,\tau$、$\mathrm{dn}\,\tau=\sqrt{1-k^2\mathrm{sn}^2\tau}$解出

$$\cos\vartheta=\cos\vartheta_0\mathrm{dn}\,\tau,\quad \tan\varphi=\frac{\mathrm{tn}\,\tau}{\sqrt{1-\varepsilon}} \tag{5.4.24}$$

代入方程(5.4.15)的第一式积分，得到

$$\psi=\psi_0+\frac{1}{\sqrt{(1-\varepsilon\cos\vartheta_0)}}\left(\frac{\tau}{\lambda-1}+\varepsilon\int_0^{\tau}\frac{\mathrm{sn}^2\tau}{1-\varepsilon\mathrm{cn}^2\tau}\mathrm{d}\tau\right) \tag{5.4.25}$$

式(5.4.24)、式(5.4.25)构成欧拉情形刚体定点运动的解析积分。

5.4.5 自由规则进动

对于轴对称刚体的特殊情形，上述解析积分可极大简化。设刚体的质量相对z轴对称分布，$A=B$，令方程(5.4.15)中$\lambda=\rho$，简化为

$$\dot{\vartheta}=0,\quad \dot{\psi}=\lambda\omega_0,\quad \dot{\varphi}=(1-\lambda)\omega_0\cos\vartheta_0 \tag{5.4.26}$$

式(5.4.26)表明，无力矩轴对称刚体的惯性运动是以不变的章动角 ϑ_0 绕动量矩矢量 $\boldsymbol{L}$ 做匀速进动的，同时绕极轴匀速自旋，称为刚体的**自由规则进动**。进动角速度 $\dot{\psi}$ 与自旋角速度 $\dot{\varphi}$ 之间满足以下关系：

$$\frac{\dot{\varphi}}{\dot{\psi}}=\left(\frac{1-\lambda}{\lambda}\right)\cos\vartheta_0 \tag{5.4.27}$$

图 5.4.5 是以惯量矩比 $\lambda=C/A$ 为参数的 $(\dot{\varphi}/\dot{\psi})$ 与 ϑ_0 之间的函数曲线族。根据曲线的几何性质判断，轴对称刚体的自由规则进动有以下特点：

(1) $\lambda<1$ 时极轴为最小惯量矩主轴，$\dot{\varphi}$ 与 $\dot{\psi}$ 同号，刚体的进动与自旋方向一致，称为**正进动**。$\lambda>1$ 时极轴为最大惯量矩主轴，$\dot{\varphi}$ 与 $\dot{\psi}$ 异号，进动与自旋方向相反，称为**逆进动**。

(2) $\lambda=1$ 时刚体为球对称体，$\dot{\varphi}=0$，刚体做无自旋的进动，即绕任意轴的永久转动。

(3) $\vartheta_0=0$ 时极轴与动量矩矢量重合，刚体绕极轴做永久转动。

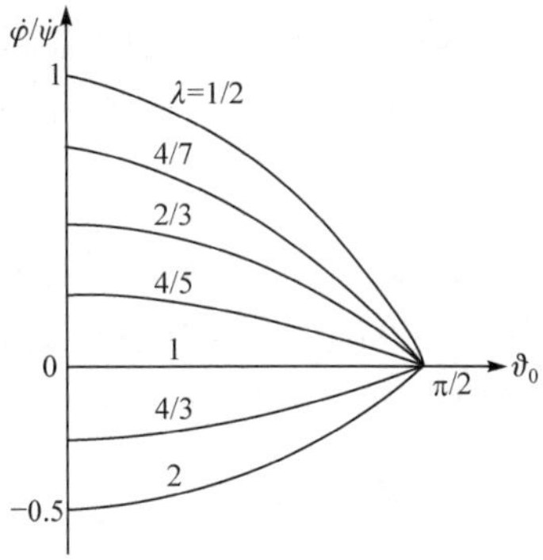

图 5.4.5　自由规则进动参数曲线

(4) $\vartheta_0=\pi/2$ 时，$\dot{\varphi}=0$，刚体绕赤道轴做永久转动。

在自由规则进动过程中，除 $\lambda=1$ 或 $\vartheta_0=0$ 外，瞬时角速度 $\boldsymbol{\omega}$ 与极轴方向或动量矩方向都不重合。刚体的动、静瞬时旋转轴的迹面为两个正圆锥面，即相对 z 轴对称的本体锥面和相对 z_0 轴对称的空间锥面，前者相对后者做无滑动的滚动，如图 5.4.6 所示。潘索几何解释中的本体锥面与惯量椭球的交线，为中心沿极轴分布的圆族，如图 5.4.7 所示。其中，与 $\vartheta_0=0$ 对应的极迹缩为孤立奇点，成为永久转动轴，而与 $\vartheta_0=\pi/2$ 对应的赤道圆上任意位置都是永久转动轴。在微小扰

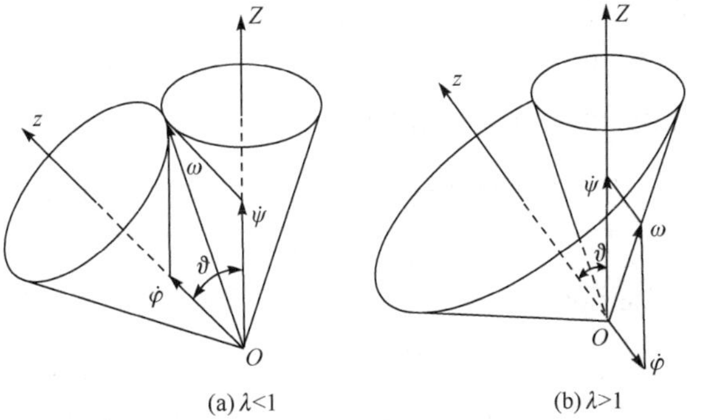

图 5.4.6　本体锥面与空间锥面

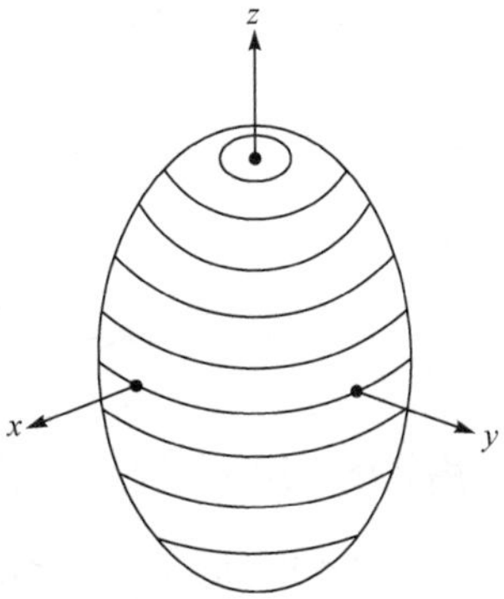

图 5.4.7　轴对称刚体的本体极迹

动作用下，极轴附近的瞬时旋转轴相对惯性空间和刚体的位置都只产生微小偏移。赤道轴附近的瞬时旋转轴虽仍保持在 z_0 轴附近，但相对刚体却不断偏离原来位置。从而得出结论：无力矩轴对称刚体绕对称轴的永久转动稳定，绕赤道轴的永久转动不稳定。

例 5.4.2　已测定地球扁平度所产生的惯性矩比 $\lambda=1.0033$，试分析地球自转轴沿地球表面移动的周期。

解　忽略微小的引力矩，地球做章动角 ϑ_0 极小的自由规则进动。近似令 $\cos\vartheta=1$，$(1-\lambda)/\lambda=-0.0033$，代入式(5.4.27)，导出

$$\dot{\varphi}\approx-\dot{\psi}/300$$

因此，$\dot{\varphi}<<-\dot{\psi}$，通常所说的地球自转实际上主要由进动角速度 $\dot{\psi}$ 体现。地球以 $\dot{\varphi}$ 为角速度的反方向缓慢自旋造成与动量矩重合的进动轴沿地球表面缓慢移动，其周期约为自转周期的 300 倍，即 300 天或近 10 个月。

5.4.6　最大轴原则

以上分析得到的所有结论都建立在刚体不变形无阻尼的基本假设基础上。若考虑实际物体可能存在的阻尼因素，如因变形引起的内阻尼或气体介质引起的外阻尼，必须对上述结论进行修正。当阻尼效应十分微弱时，仍可近似地利用刚体的计算公式(5.3.16)和(5.3.25)表示物体的动量矩和动能，并认为微小变形物体的惯性运动仍充分接近刚体的自由规则进动，只是章动角 ϑ 在阻尼作用的影响下不再保持常值而随时间缓慢变化。将式(5.4.26)中的 ϑ_0 改为 ϑ，代入例 5.3.5 中式(5.3.45)表示的动能公式，得到

$$2T=C\omega_0^{\ 2}[1+(\lambda-1)\sin^2\vartheta] \tag{5.4.28}$$

由于无力矩条件下的动量矩守恒原理适用于任何质点系，也包括变形体，式(5.4.28)中的参数 $\omega_0=L/C$ 仍保持常数。但由于动能 T 缓慢变化，章动角 ϑ 产生相应改变。将式(5.4.28)中的 T 和 ϑ 视为随时间缓慢变化的函数，对 T 求导后得到

$$2\dot{T}=C\omega_0^{\ 2}(\lambda-1)\dot{\vartheta}\sin(2\vartheta) \tag{5.4.29}$$

由于阻尼引起能量的耗散，T<0，导出不等式

$$(\lambda-1)\dot{\vartheta}\sin(2\vartheta)<0 \tag{5.4.30}$$

可利用式(5.4.30)估计章动角 ϑ 的变化趋势：

$$\lambda>1\begin{cases}0<\vartheta<\pi/2: & \dot{\vartheta}<0,\ \vartheta\to0\\ \pi/2<\vartheta<\pi: & \dot{\vartheta}>0,\ \vartheta\to\pi\end{cases},\quad \lambda<1\begin{cases}0<\vartheta<\pi/2: & \dot{\vartheta}>0,\ \vartheta\to\pi/2\\ \pi/2<\vartheta<\pi: & \dot{\vartheta}<0,\ \vartheta\to\pi/2\end{cases} \tag{5.4.31}$$

当刚体的极轴 z 为最大惯量矩主轴时 $(\lambda>1)$，趋向于与 Z 轴共线，转变为绕极轴的永久转动。若极轴的最小惯量矩主轴 $(\lambda<1)$，则趋向于与 Z 轴垂直，转变为绕赤道轴的永久转动，如图 5.4.8 所示。两种情况的最终阻尼结果都是使转子自动选择最大惯量矩主轴作为永久转动轴，因此 5.4.5 节关于轴对称刚体永久转动稳定性的结论应修正为：**考虑物体微小变形的阻尼作用时，无力矩的对称物体绕最大惯量矩主轴的永久转动渐近稳定，绕最小惯量矩主轴的永久转动不稳定**。此结论在航天实践中称为最大轴原则。

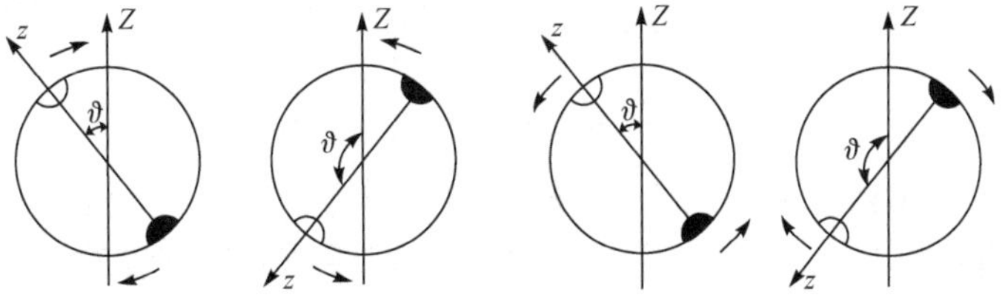

(a) $\lambda>1$　　(b) $\lambda<1$

图 5.4.8　阻尼引起的章动角变化趋势

在工程技术中，作为研究对象的实际物体虽然足够刚硬，但仍然不能满足刚体的严格定义。例如，物体内部存在微小的弹性变形或质量的微小移动。严格的分析必须用带弹性体的多体系统等更复杂的模型代替刚体的简化模型，但理论分析的难度也随之增加。对这种不严格满足刚体定义的物体运动进行定性分析时，可以近似地利用刚体的动量、动量矩和动能公式，但允许惯量矩和惯量积等质量几何参数在运动过程中改变而不再保持常值。这种对刚体不变形假设进行适当修正的模型可称为**准刚体**。以上关于最大轴原则的结论就是在准刚体模型的基础上分析得到的。

5.4.7　无力矩陀螺体的定点运动

刚体内带有数个轴对称转子的特殊质点系称为**陀螺体**，是航天技术中带控制飞轮航天器的简化模型，如图 5.4.9 所示。这类系统的特点是转子的相对旋转不影响系统总体的质量几何。本节讨论无力矩状态下陀螺体的定点转动。设各转子相对主刚体匀速转动，所产生的动量矩增量为 h，加在式(5.3.4)内，陀螺体的总动量矩为

$$\boldsymbol{L}=\boldsymbol{J}\cdot\boldsymbol{\omega}+\boldsymbol{h} \tag{5.4.32}$$

式中，$\boldsymbol{J}$ 为系统的惯量张量，包含转子部分。将式(5.4.32)代入动量矩定理式(5.3.31)，令 $\boldsymbol{M}=\boldsymbol{0}$，得到

$$\boldsymbol{J}\dot{\boldsymbol{\omega}}+\boldsymbol{\omega}\times(\boldsymbol{J}\cdot\boldsymbol{\omega}+\boldsymbol{h})=\boldsymbol{0}$$

连体基 $\underline{\boldsymbol{e}}$ 上的投影式为

$$\underline{\boldsymbol{J}}\dot{\underline{\boldsymbol{\omega}}}+\tilde{\underline{\boldsymbol{\omega}}}(\underline{\boldsymbol{J}}\underline{\boldsymbol{\omega}}+\underline{\boldsymbol{h}})=\underline{\boldsymbol{0}} \tag{5.4.33}$$

得到无力矩陀螺体的动力学方程

$$\begin{cases} A\dot{\omega}_x+(C-B)\omega_y\omega_z+\omega_y h_z-\omega_z h_y=0 \\ B\dot{\omega}_y+(A-C)\omega_z\omega_x+\omega_z h_x-\omega_x h_z=0 \\ C\dot{\omega}_z+(B-A)\omega_x\omega_y+\omega_x h_y-\omega_y h_x=0 \end{cases} \tag{5.4.34}$$

经过与 5.4.1 节类似的推导，导出无力矩陀螺体的能量积分和动量矩积分

$$\frac{1}{2}(A\omega_x^2+B\omega_y^2+C\omega_z^2)=T \tag{5.4.35}$$

$$(A\omega_x+h_x)^2+(A\omega_y+h_y)^2+(A\omega_z+h_z)^2=L^2 \tag{5.4.36}$$

其中能量积分与刚体情形的式(5.4.2)完全相同，积分常数 T 内包含转子转动的动能增量，并非陀螺体的实际动能。动量矩积分的常数 L 为守恒的动量矩 $\boldsymbol{L}$ 的模。

简单陀螺体仅带单个转子，且转子的旋转轴沿主刚体的主轴，如图 5.4.10 所示。令方程组(5.4.36)中 $h_x=h_y=0$，则式(5.4.34)的第三式不变，式(5.4.34)的前两式简化为

$$A\dot{\omega}_x+(C-B)\omega_y\omega_z-\omega_z h_y=0,\quad B\dot{\omega}_y+(A-C)\omega_z\omega_x-\omega_x h_z=0 \tag{5.4.37}$$

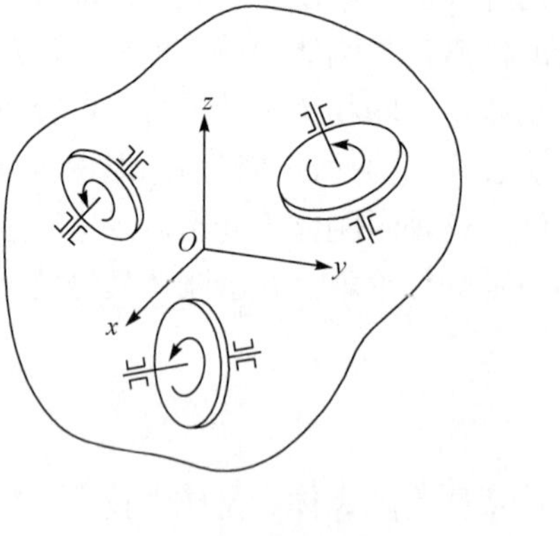

图 5.4.9　陀螺体

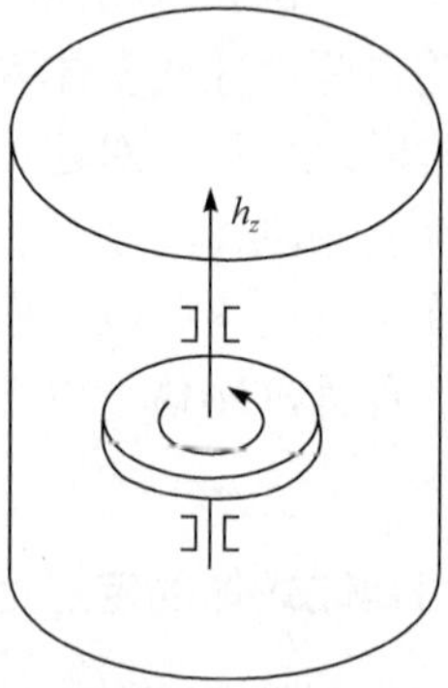

图 5.4.10　简单陀螺体

讨论陀螺体绕 z 轴永久转动的稳定性。将式(5.4.37)的两式相除，化作 ω_x、ω_y 的一阶方程

$$\frac{\mathrm{d}\omega_x}{\mathrm{d}\omega_y}=\frac{\alpha^*\omega_y}{\omega_x},\quad \alpha^*=\frac{B(C^*-B)}{A(A-C^*)} \tag{5.4.38}$$

式中，C^* 为由转子旋转使系统对 z 轴的惯量矩 C 得到增强的等效惯量矩。

$$C^*=C+\frac{h_x}{\omega_0} \tag{5.4.39}$$

式中，ω_0 为永久转动角度。利用 4.3.2 节中例 4.3.1 的分析结论，判断 $\omega_x=\omega_y=0$ 对应的奇点 S_1 的稳定性：

$$\alpha^*<0: C^*>A,\ C^*>B \quad \text{或} \quad C^*<A,\ C^*<B \text{——} S_1 \text{为中心}$$

$$\alpha^*>0: A>C^*>B \quad \text{或} \quad A<C^*<B \text{——} S_1 \text{为鞍点}$$

此结论与 5.4.3 节关于刚体永久转动的稳定性条件相同，仅惯量矩 C 以等效惯量矩 C^* 代替。如转子静止时的惯量矩 C 为中间值，则令转子旋转且提高转速使 h_z 增大至 C^* 超过 A 或 B，可使原来不稳定的永久转动变为稳定。

例 5.4.3　设陀螺体带 3 个转子，分别以主刚体的 3 个惯量矩主轴为旋转轴，如图 5.4.11 所示。在无力矩状态下预先规定主刚体的转动规律 $\omega_x(t)$、$\omega_y(t)$、$\omega_z(t)$，试确定各转子的运动规律 $h_x(t)$、$h_y(t)$、$h_z(t)$，以实现此设计动作。

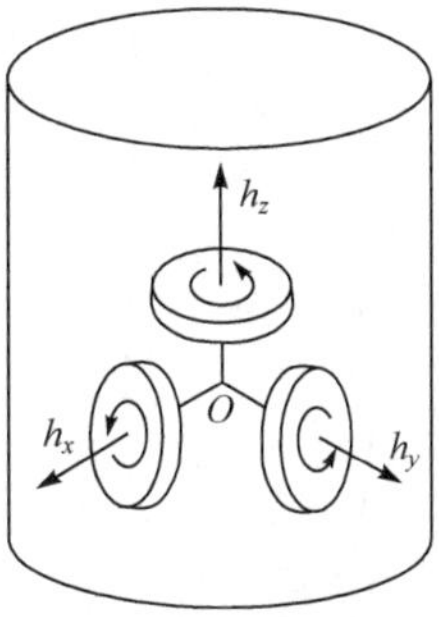

图 5.4.11　三转子陀螺体

解　考虑转子并非匀速旋转的一般情况，无力矩陀螺体的动力学方程组(5.4.34)中应增加转子动量矩的变化率 $\dot{h}_x$、$\dot{h}_y$、$\dot{h}_z$，改为

$$\begin{cases} A\dot{\omega}_x+(C-B)\omega_y\omega_z+\dot{h}_x+\omega_y h_z-\omega_z h_y=0 \\ B\dot{\omega}_y+(A-C)\omega_x\omega_z+\dot{h}_y+\omega_z h_x-\omega_x h_z=0 \\ C\dot{\omega}_z+(B-A)\omega_x\omega_y+\dot{h}_z+\omega_x h_y-\omega_y h_x=0 \end{cases}$$

将已知函数 $\omega_x(t)$、$\omega_y(t)$、$\omega_z(t)$ 代入后，化作 $h_x(t)$、$h_y(t)$、$h_z(t)$ 的微分方程组

$$\begin{cases} \dot{h}_x+\omega_y h_z-\omega_z h_y=-A\dot{\omega}_x(t)-(C-B)\omega_y(t)\omega_z(t) \\ \dot{h}_y+\omega_z h_x-\omega_x h_z=-B\dot{\omega}_y(t)-(A-C)\omega_x(t)\omega_z(t) \\ \dot{h}_z+\omega_x h_y-\omega_y h_x=-C\dot{\omega}_z(t)-(B-A)\omega_x(t)\omega_y(t) \end{cases}$$

此微分方程的解可确定各转子的设计规律。

5.4.8　受微弱力矩作用的摄动方程

5.4.4 节中在无力矩条件下建立以守恒的动量矩矢量 $\boldsymbol{L}$ 为坐标轴的惯性坐标系 $O\text{-}XYZ$，使解析积分得到极大简化。但无力矩状态是一种理想化状态，实际上以无力矩刚体为简化模型的对象常伴随微弱力矩的干扰。例如，陀螺仪因轴承干扰力矩引起的漂移、航天器因微重力矩或残余介质阻尼引起的姿态摄动等。由于力

矩的作用，动量矩 $\boldsymbol{L}$ 不再守恒。5.4.4 节建立的坐标系 $O\text{-}XYZ$ 已不再是惯性参考系，但可作为刚体的连体基 $\underline{\boldsymbol{e}}$ (或轴对称刚体的莱查基 $\underline{\boldsymbol{e}}^{(R)}$ 与惯性基 $\underline{\boldsymbol{e}}^{(0)}$ 之间过渡的坐标系，称为动量矩坐标系或动量矩基，记作 $\underline{\boldsymbol{e}}^{(L)}$ 。利用动量矩基建立的数学模型不同于欧拉方程，尤其适合分析受微弱力矩作用的刚体定点运动。

考虑微弱力矩的存在，动量矩 $\boldsymbol{L}$ 的方向和数值均发生变化。设惯性基 $\underline{\boldsymbol{e}}^{(0)}$ ，即 $O\text{-}x_0y_0z_0$ 绕 x_0 轴转动 α 角到达 $O\text{-}x_1y_1z_1$ ，再绕 y_1 轴转动 β 角后与 $O\text{-}XYZ$ 重合，则 α、β 是确定 $\boldsymbol{L}$ 矢量相对惯性基 $\underline{\boldsymbol{e}}^{(0)}$ 方位的姿态角，如图 5.4.12 所示。将动量矩 $\boldsymbol{L}$ 的模和姿态角 α、β 作为新变量，其随时间的缓慢变化体现动量矩在微弱力矩作用下的摄动。连体基 $O\text{-}xyz$ 相对动量矩基 $\underline{\boldsymbol{e}}^{(L)}$ 的姿态利用 5.4.4 节叙述的欧拉角 ψ、ϑ、φ 确定，如图 5.4.12 所示。则 L、α、β、ψ、ϑ、φ 完全确定刚体在惯性基 $\underline{\boldsymbol{e}}^{(0)}$ 中的位形。

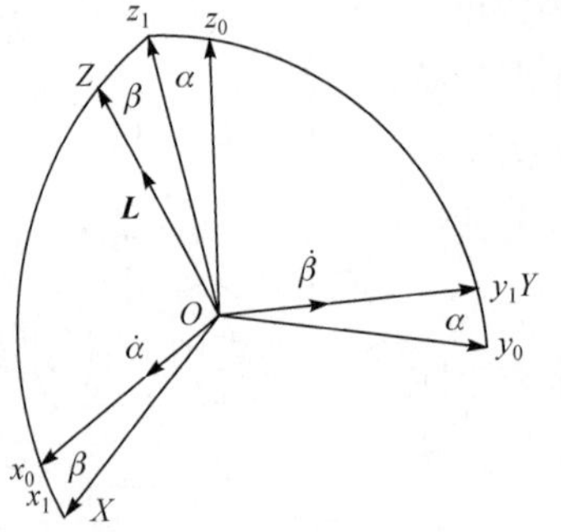

图 5.4.12　动量矩相对惯性参考系的方位

设刚体动量矩为 $\boldsymbol{L}$，动量矩基 $\underline{\boldsymbol{e}}^{(L)}$ 的转动角速度为 $\boldsymbol{\omega}_L$ ，力矩为 $\boldsymbol{M}$，将动量矩定理式(5.3.31)的求导过程相对 $\underline{\boldsymbol{e}}^{(L)}$ 进行，写作

$$\hat{\underline{\boldsymbol{L}}} + \hat{\underline{\boldsymbol{\omega}}}_L \underline{\boldsymbol{L}} = \underline{\boldsymbol{M}} \tag{5.4.40}$$

式中，$\boldsymbol{L}$、$\boldsymbol{\omega}_L$、$\boldsymbol{M}$ 在 $\underline{\boldsymbol{e}}^{(L)}$ 上的坐标矩阵分别为

$$\underline{\boldsymbol{L}} = L\{0 \quad 0 \quad 1\}^{\mathrm{T}}, \quad \underline{\boldsymbol{\omega}}_L = \{\dot{\alpha}\cos\beta \quad \dot{\beta} \quad \dot{\alpha}\sin\beta\}^{\mathrm{T}}, \quad \underline{\boldsymbol{M}} = \{M_X \quad M_Y \quad M_Z\}^{\mathrm{T}} \tag{5.4.41}$$

将式(5.4.41)代入式(5.4.40)，导出动力学方程

$$\dot{L} = M_Z, \quad \dot{\alpha} = \frac{-M_Y}{L\cos\beta}, \quad \dot{\beta} = \frac{M_X}{L} \tag{5.4.42}$$

设刚体相对 z 轴对称，以莱查基 $\underline{\boldsymbol{e}}^{(R)}$ 为参考坐标系，列出动量矩矢量 $\boldsymbol{L}$ 在 $\underline{\boldsymbol{e}}^{(R)}$ 上的坐标矩阵

$$\underline{\boldsymbol{L}} = \{0 \quad L\sin\vartheta \quad L\cos\vartheta\}^{\mathrm{T}} \tag{5.4.43}$$

刚体的角速度 $\boldsymbol{\omega}$ 为刚体相对 $\underline{\boldsymbol{e}}^{(L)}$ 的角速度 $\boldsymbol{\omega}_1$ 与 $\underline{\boldsymbol{e}}^{(L)}$ 相对 $\underline{\boldsymbol{e}}^{(0)}$ 的牵连角速度 $\boldsymbol{\omega}_L$ 之和。利用式(5.2.35)、式(5.4.41)列出 $\boldsymbol{\omega} = \boldsymbol{\omega}_1 + \boldsymbol{\omega}_L$ 在莱查基 $\underline{\boldsymbol{e}}^{(R)}$ 上的坐标矩阵

$$\underline{\boldsymbol{\omega}} = \begin{Bmatrix} \dot{\alpha}\cos\beta\cos\psi + \dot{\beta}\sin\psi + \dot{\vartheta} \\ \dot{\alpha}(\sin\beta\sin\vartheta - \cos\beta\cos\vartheta\sin\psi) + \dot{\beta}\cos\vartheta\cos\psi + \dot{\psi}\sin\vartheta \\ \dot{\alpha}(\sin\beta\cos\vartheta + \cos\beta\sin\vartheta\sin\psi) - \dot{\beta}\sin\vartheta\cos\psi + \dot{\psi}\cos\vartheta + \dot{\varphi} \end{Bmatrix} \tag{5.4.44}$$

令式(5.4.43)中 $\underline{\boldsymbol{L}}$ 的元素分别与 $A\omega_x$、$A\omega_y$、$C\omega_z$ 相等，解出 $\dot{\vartheta}$、$\dot{\psi}$、$\dot{\varphi}$，将其中的 $\dot{\alpha}$、$\dot{\beta}$ 以式(5.4.42)的后两式代入，导出

$$\begin{cases}\dot{\vartheta}=-\dfrac{1}{L}(M_X\sin\psi-M_Y\cos\psi)\\ \dot{\psi}=\lambda\omega_0-\dfrac{1}{L}[M_X\cot\vartheta\cos\psi+M_Y(\cot\vartheta\sin\psi-\tan\beta)]\\ \dot{\varphi}=(1-\lambda)\omega_0\cos\vartheta+\dfrac{1}{L\sin\vartheta}(M_X\cos\psi+M_Y\sin\psi)\end{cases}\tag{5.4.45}$$

将确定刚体在惯性基 $\underline{\boldsymbol{e}}^{(0)}$ 中姿态的 6 个变量 L、α、β、ψ、ϑ、φ 视为刚体定点转动的状态变量，式(5.4.42)与式(5.4.45)组成的一阶微分方程组就是状态变量的动力学方程。对于无力矩特殊情况，令 $M_X=M_Y=M_Z=0$，代入方程组(5.4.42)，得出动量矩守恒

$$\dot{L}=0,\quad \dot{\alpha}=\dot{\beta}=0\tag{5.4.46}$$

代入方程组(5.4.45)，得出式(5.4.26)表示的轴对称刚体的自由规则进动

$$\vartheta=\vartheta_0,\quad \dot{\psi}=\lambda\omega_0,\quad \dot{\varphi}=(1-\lambda)\omega_0\cos\vartheta_0\tag{5.4.47}$$

当有力矩作用时，给定力矩 M_X、M_Y、M_Z 的变化规律，对方程组(5.4.42)、(5.4.45)积分确定刚体的姿态。若力矩足够微弱，如太空中的微重力矩或残余空气动力矩，可将方程组(5.4.42)、(5.4.45)视为状态变量的摄动方程，利用各种近似方法计算状态变量的摄动解。例如，利用迭代法，将方程右项近似按不受扰的无力矩状态计算。或利用平均法，将方程右项以快速变化的进动角 ψ 每个周期的平均值代替，计算其长期摄动。

例 5.4.4　试利用近似迭代方法，分析与刚体角速度成正比的介质阻尼力矩对刚体自由规则进动的影响。

解　利用近似迭代方法，将式(5.4.46)、式(5.4.47)表示的无力矩状态的角速度 $\boldsymbol{\omega}$ 代入介质阻尼力矩 $\boldsymbol{M}=-k\boldsymbol{\omega}$，计算其在动量矩基 $\underline{\boldsymbol{e}}^{(L)}$ 的 X 轴和 Y 轴上的分量，得到

$$\begin{cases}M_X=k(1-\lambda)\omega_0\cos\vartheta_0\sin\vartheta_0\sin\psi\\ M_Y=-k(1-\lambda)\omega_0\cos\vartheta_0\sin\vartheta_0\cos\psi\end{cases}$$

代入方程(5.4.45)第一式的右项，得到

$$\dot{\vartheta}=-\frac{k\omega_0}{2L}(\lambda-1)\sin(2\vartheta_0)$$

两边乘以 $(\lambda-1)\sin(2\vartheta_0)$，得到与不等式(5.4.30)相同的稳定性条件

$$(\lambda-1)\dot{\vartheta}\sin(2\vartheta)<0$$

章动角 ϑ 的变化趋势与式(5.4.31)相同。从而证明，刚体的外阻尼与内阻尼对刚体自由规则进动的影响完全相同。

例 5.4.5 试利用平均法计算微重力场引起轴对称刚体惯性运动的长期摄动。设刚体的质量为 m，质心 O_c 在对称轴 z 轴上，与固定点 O 的距离为 l。

解 设重力 mg 沿 z_0 轴的负方向，其对 O 点的矩为 $\boldsymbol{M} = l\boldsymbol{k} \times (-mg)\boldsymbol{k}_0$。将 $\boldsymbol{M}$ 向动量矩基 $\underline{\boldsymbol{e}}^{(L)}$ 投影，得到

$$\begin{cases} M_X = mgl(\sin\alpha\cos\vartheta + \cos\alpha\cos\beta\sin\vartheta\cos\psi) \\ M_Y = mgl\cos\alpha(\cos\beta\sin\vartheta\sin\psi + \sin\beta\cos\vartheta) \\ M_Z = -mgl\sin\vartheta(\cos\alpha\sin\beta\cos\psi - \sin\alpha\sin\psi) \end{cases}$$

代入状态变量方程(5.4.42)和(5.4.45)的第一式，得到

$$\begin{cases} \dot{L} = mgl\sin\vartheta(\cos\alpha\sin\beta\cos\psi - \sin\alpha\sin\psi) \\ \dot{\alpha} = -\dfrac{mgl}{L}\cos\alpha(\sin\vartheta\sin\psi + \tan\beta\cos\vartheta) \\ \dot{\beta} = \dfrac{mgl}{L}(\sin\alpha\cos\vartheta + \cos\alpha\cos\beta\sin\vartheta\cos\psi) \\ \dot{\vartheta} = -\dfrac{mgl}{L}(\sin\alpha\cos\vartheta\sin\psi - \cos\alpha\sin\beta\cos\vartheta\cos\psi) \end{cases}$$

将每个方程的右项近似以每个 ψ 周期内的平均值代替，计算各状态变量的长期摄动，记作 $\tilde{L}$、$\tilde{\alpha}$、$\tilde{\beta}$、$\tilde{\vartheta}$。导出

$$\begin{cases} \dot{\tilde{L}} = \dfrac{1}{2\pi}\displaystyle\int_0^{2\pi} \dot{L}\,\mathrm{d}\psi = 0 \\ \dot{\tilde{\alpha}} = \dfrac{1}{2\pi}\displaystyle\int_0^{2\pi} \dot{\alpha}\,\mathrm{d}\psi = -\dfrac{mgl}{L}\cos\alpha\tan\beta\cos\vartheta \\ \dot{\tilde{\beta}} = \dfrac{1}{2\pi}\displaystyle\int_0^{2\pi} \dot{\beta}\,\mathrm{d}\psi = \dfrac{mgl}{L}\sin\alpha\cos\vartheta \\ \dot{\tilde{\vartheta}} = \dfrac{1}{2\pi}\displaystyle\int_0^{2\pi} \dot{\vartheta}\,\mathrm{d}\psi = 0 \end{cases}$$

表明在微重力作用下，刚体的动量矩模 L 和极轴与动量矩矢量 $\boldsymbol{L}$ 的夹角 ϑ 的长期摄动为零，仅动量矩矢量 $\boldsymbol{L}$ 围绕重力方向 z_0 轴缓慢变化。

5.5 重力场中轴对称刚体的定点转动

5.5.1 动力学方程的初积分

在重力场中做定点运动的刚体，若刚体为轴对称，且质心 O_c 与固定点 O 均位于对称轴上，则称为**拉格朗日情形刚体**或者**重刚体**，是刚体定点运动又一种可积分形式。地面上滚动的玩具陀螺是最常见的重刚体，如图 5.5.1 所示。受空气动力作用的旋转弹丸也可简化为拉格朗日情形刚体。

以定点 O 为原点，建立地面固定的参考坐标系 $O\text{-}x_0y_0z_0$，忽略地球自转效应，作为近似的惯性坐标系，其中，z_0 轴沿地球线垂直向上。仍以欧拉角 ψ、ϑ、φ 为广义坐标，将轴对称刚体的莱查基 $\underline{\boldsymbol{e}}^{(R)}$，即图 5.1.4 中的 $O\text{-}x_2y_2z_2$ 略去角标记作 $O\text{-}xyz$，z 轴为对称轴。利用例 5.3.5 中式(5.4.45)给出用欧拉角表示的轴对称刚体动能公式

$$T=\frac{1}{2}[A(\dot{\vartheta}^2+\dot{\psi}^2\sin^2\vartheta)+C(\dot{\varphi}+\dot{\psi}\cos\vartheta)^2] \tag{5.5.1}$$

设刚体的质量为 m，质心为 O_c，与固定点 O 的距离为 l，重力 mg 沿 z_0 轴负方向，则刚体的势能 V 为

$$V=mgl\cos\vartheta \tag{5.5.2}$$

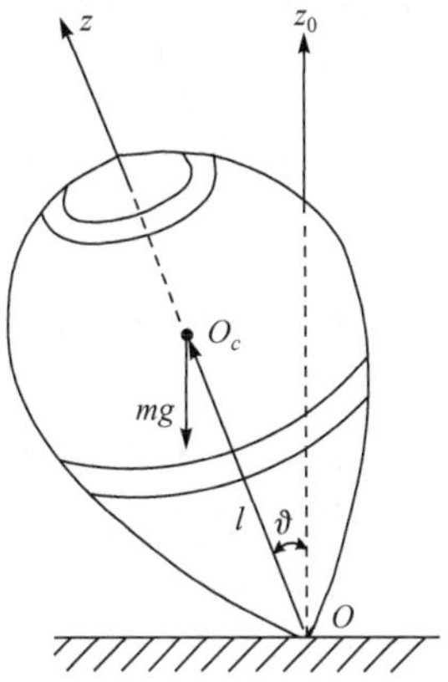

图 5.5.1　拉格朗日重刚体

系统的拉格朗日函数 L 为

$$L=T-V=\frac{1}{2}[A(\dot{\vartheta}^2+\dot{\psi}^2\sin^2\vartheta)+C(\dot{\varphi}+\dot{\psi}\cos\vartheta)^2]-mgl\cos\vartheta \tag{5.5.3}$$

由于函数 L 不含广义坐标 ψ、φ，此保守系统存在两个循环积分

$$\frac{\partial L}{\partial\dot{\psi}}=A\dot{\psi}(\dot{\vartheta}^2+\dot{\psi}^2\sin^2\vartheta)+C(\dot{\varphi}+\dot{\psi}\cos\vartheta)\cos\vartheta=G \tag{5.5.4}$$

$$\frac{\partial L}{\partial\dot{\varphi}}=C(\dot{\varphi}+\dot{\psi}\cos\vartheta)=C\omega_0 \tag{5.5.5}$$

即刚体相对 z_0 轴和 z 轴的动量矩守恒。由于函数 L 不显含时间 t，还存在广义能量积分

$$T+V=\frac{1}{2}[A(\dot{\vartheta}^2+\dot{\psi}^2\sin^2\vartheta)+C(\dot{\varphi}+\dot{\psi}\cos\vartheta)]+mgl\cos\vartheta=E \tag{5.5.6}$$

积分常数由初始条件 G、ω_0、E 确定。其中，ω_0 为守恒的刚体绕 z 轴的自旋角速度。

5.5.2　极点轨迹

从式(5.5.4)、式(5.5.5)消去 $\dot{\varphi}+\dot{\psi}\cos\vartheta$，得到

$$\dot{\psi}=\frac{G-C\omega_0\cos\vartheta}{A\sin^2\vartheta} \tag{5.5.7}$$

引入新的变量 $u=\cos\vartheta$，定义以下常数

$$u_m=\frac{G}{C\omega_0},\ \lambda=\frac{C}{A},\ v=\frac{C\omega_0}{A},\ \kappa=\frac{2E-C\omega_0}{A},\ \mu=\frac{2mgl}{A} \tag{5.5.8}$$

将式(5.5.7)以新符号表示为

$$\dot{\psi}=\frac{v(u_m-u)}{1-u^2} \tag{5.5.9}$$

将式(5.5.5)、式(5.5.9)代入式(5.5.6)，化作变量 u 的一阶微分方程

$$\dot{u}=\sqrt{f(u)} \tag{5.5.10}$$

式中，$f(u)$ 为 u 的三次多项式

$$f(u)=(\kappa-\mu u)(1-u^2)-\nu^2(u-u_m)^2 \tag{5.5.11}$$

设 u_1、u_2、u_3 为方程 $f(u)=0$ 的三个实根，且 $u_1<u_2<u_3$，可将 $f(u)$ 写为

$$f(u)=\mu(u-u_1)(u-u_2)(u-u_3) \tag{5.5.12}$$

以 O 为中心，单位长度为半径作单位球面的交点 P 称为**极点**。P 点在刚体运动过程中所描绘的轨迹称为**极点轨迹**，可形象地反映刚体极轴的运动形态，如图 5.5.2 所示。将式(5.5.10)与式(5.5.9)相除，消去时间变量后得到一阶微分方程

$$\frac{\mathrm{d}u}{\mathrm{d}\psi}=\frac{(1-u^2)\sqrt{f(u)}}{\nu(u_m-u)} \tag{5.5.13}$$

方程(5.5.13)的解确定以球面坐标表示的极点轨迹 ψ、ϑ。分析 $f(u)$ 函数的性质可对极点轨迹的几何特征进行定性判断。此方程仅当 $f(u)\geqslant 0$ 时方有意义。当 u 足够大时，$f(u)$ 的函数值与最高次项 μu^3 接近，$f(\pm\infty)\to\pm\infty$；$u=\pm 1$ 时式(5.5.11)右边第一项为零，则 $f(\pm 1)\leqslant 0$。可推知 u_3 必大于 1，且 u_1、u_2 如存在实数解必在区间 $[-1,+1]$ 内。因此，在 u 的定义域内，只能发生在 u_1 与 u_2 之间，如图 5.5.3 所示。令

$$\vartheta_1=\arccos u_1,\quad \vartheta_2=\arccos u_2,\quad \vartheta_m=\arccos u_m \tag{5.5.14}$$

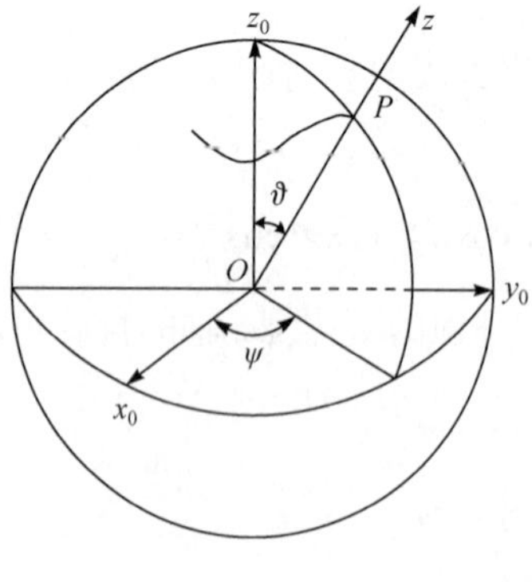

图 5.5.2　极点轨迹

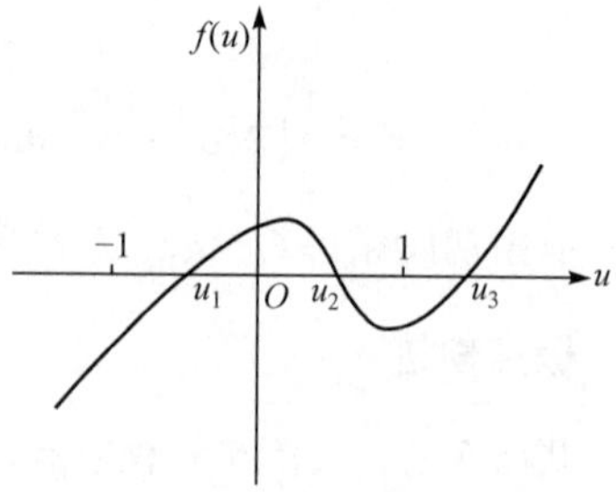

图 5.5.3　$f(u)$函数曲线

由式(5.5.13)推知，当 $u=u_1$ 或 $u=u_2$ 时，$\mathrm{d}u/\mathrm{d}\psi=0$；当 $u=u_m$ 时，$\mathrm{d}u/\mathrm{d}\psi=\infty$。因此，极点轨迹被限制在章动角为 ϑ_1 与 ϑ_2 的纬线之间的环形域内与边界相切，且在章动角为 ϑ_m 处与子午线相切。由于式(5.5.9)中分母恒大于零，$\dot{\psi}$ 的符号取决于 u_m-u。有以下三种情形：

(1) $u_m>u_2$。$\dot{\psi}$ 对任意 u 都大于零，运动过程中轴朝同一方向进动，极点轨

迹为不带回环的摆线，如图 5.5.4(a)所示。

(2) $u_m = u_2$。极点轨迹在上界处出现尖点。这种运动出现极轴从静止状态开始运动的情形。当刚体因重力作用向下摆动时，减小的势能转化为动能而产生进动，如图 5.5.4(b)所示。

(3) $u_1 < u_m < u_2$。极轴在上界和下界处的进动方向相反，极点轨迹成为带回环的摆线，如图 5.5.4(c)所示。

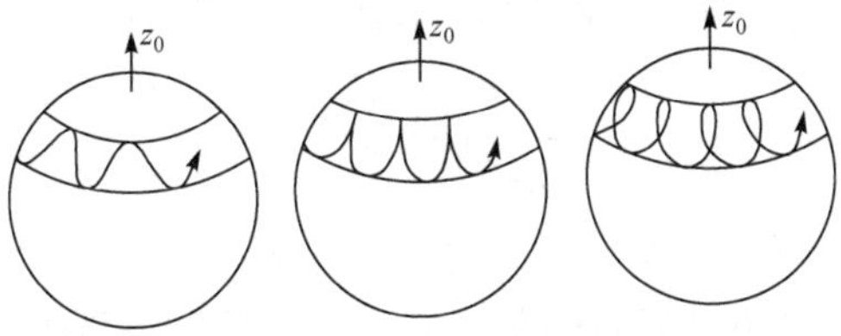

图 5.5.4　极点轨迹的三种类型

5.5.3　受迫规则进动

讨论在 u_1、u_2 为特殊情形下，设 $u_1 = u_2 = u_0$，u 的定义域缩为一点而保持常值 u_0，ϑ、$\dot{\psi}$ 亦保持常值 ϑ_0、$\dot{\psi}_0$，即有

$$\vartheta_0 = \arccos u_0, \quad \dot{\psi}_0 = \frac{v(u_m - u_0)}{1 - u_0^2} \tag{5.5.15}$$

刚体的运动是绕垂直轴的规则进动。但与欧拉-潘索情形的自由规则进动不同，其是在重力矩作用下“被迫”发生的**受迫规则进动**。

受迫规则进动的产生条件，即函数 $f(u)$ 曲线在 u_0 处与 u 轴的相切条件(图 5.5.5)，可表示为

$$\begin{cases} f(u_0) = (\kappa - \mu u)(1 - u_0^2) - v^2(u_0 - u_m)^2 = 0 \\ f'(u_0) = -\mu(1 - u_0^2) - 2u_0(\kappa - \mu u_0) - 2v^2(u_0 - u_m) = 0 \end{cases} \tag{5.5.16}$$

从式(5.5.15)解出 u_m，代入式(5.5.16)的第一式解出 κ，得到以 u_0、ϑ_0、$\dot{\psi}_0$ 表示的常数 u_m 和 κ

$$u_m = u_0 + \frac{\dot{\psi}_0}{v}(1 - u_0^2), \quad \kappa = \mu u_0 + \dot{\psi}_0^2(1 - u_0^2) \tag{5.5.17}$$

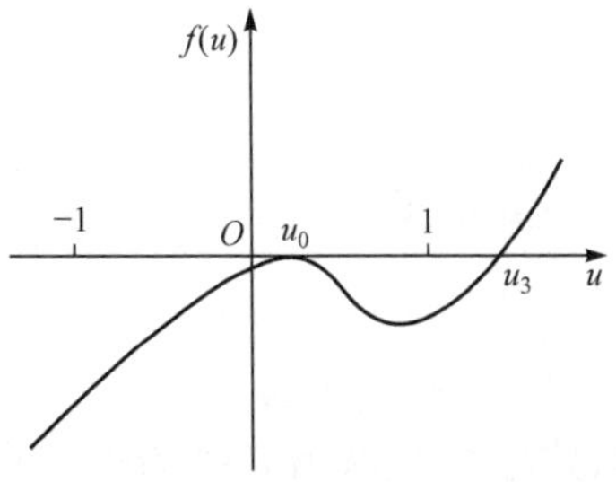

图 5.5.5　规则进动对应 $f(u)$ 的曲线

代入式(5.5.16)的第二式，简化并令 $u_0 = \cos\vartheta_0$，利用式(5.5.8)整理后导出常数 u_0、$\dot{\psi}_0$、ω_0 之间应满足的关系式

$$A\cos\vartheta_0\dot{\psi}_0^2 - C\omega_0\dot{\psi}_0 + mgl = 0 \tag{5.5.18}$$

从式(5.5.18)解出$\dot{\psi}_0$为

$$\dot{\psi}_0^2 = \frac{C\omega_0}{2A\cos\vartheta_0}\left(1 \pm \sqrt{1 - \frac{4Amgl\cos\vartheta_0}{C^2\omega_0^2}}\right) \tag{5.5.19}$$

讨论几种情况：

(1) $0 \leqslant \vartheta_0 < \pi/2$、$\cos\vartheta_0 > 0$。定义临界角速度$\omega_{cr}$

$$\omega_{cr} = \frac{2}{C}\sqrt{Amgl\cos\vartheta_0} \tag{5.5.20}$$

仅当$\omega_0 \geqslant \omega_{cr}$时$\dot{\psi}_0$才存在实根，其中$\omega_0 = \omega_{cr}$时为二重根。这表明，重心在支点上方的重陀螺仅当转速超过临界值时，方可能发生受迫规则进动。如陀螺转速足够大$(\omega_0 >> \omega_{cr})$，将式(5.5.19)展成$\omega_{cr}/\omega_0$的幂级数且略去二阶以上项次，得到$\dot{\psi}_0$的两个实根的近似值$\dot{\psi}_{01}$和$\dot{\psi}_{02}$

$$\dot{\psi}_{01} = \frac{mgl}{C\omega_0}, \quad \dot{\psi}_{02} = \frac{C\omega_0}{A\cos\vartheta_0} \tag{5.5.21}$$

$\dot{\psi}_{01}$和$\dot{\psi}_{02}$分别对应慢进动和快进动。在实际中慢进动现象通常可从玩具陀螺观察到。参照式(5.4.25)，高频的快进动可视为受迫运动分离出来的惯性运动。

(2) $\vartheta_0 = \pi/2$、$\cos\vartheta_0 > 0$。直接从方程解出慢进动角速度$\dot{\psi}_{01}$，不存在快进动。

(3) $\pi/2 < \vartheta_0 < \pi$、$\cos\vartheta_0 > 0$。不论取任何值，$\dot{\psi}_0$都存在符号相反的两个实根，表明重心在支点下方的重陀螺在任何转速下均能发生受迫规则进动。转速足够大时也分为慢进动和快进动，且方向相反。

5.5.4 永久转动的稳定性

设刚体在初始时刻为竖直状态，章动角为零。令方程(5.5.13)中 $u=1$，则$\mathrm{d}u/\mathrm{d}\psi = 0$。刚体保持零章动角不变而绕竖直的极轴做永久转动。当$u_0 = 1$时，由式(5.5.17)导出$\kappa = \mu$、$u_m = 1$，$f(u)$函数简化为

$$f(u) = \mu(1-u_0^2)(1+u_0-2a) \tag{5.5.22}$$

参数a定义为

$$a = \frac{v^2}{2\mu} = \frac{C^2\omega_0^2}{4mgl} \tag{5.5.23}$$

从式(5.5.22)解出方程$f(u)=0$的根为

$$u_1 = u_2 = 0, \quad u_3 = 2a - 1 \tag{5.5.24}$$

$a=1$时$u=1$为方程(5.5.13)的三重根。当$a>1$时，$u_3>1$；当$a<1$时，$u_3<1$。图 5.5.6 为不同 a 值对应的 $f(u)$ 函数曲线。若刚体的永久转动受到微小扰动，受扰后的 $f(u)$ 曲线以虚线表示。可以看出，$a\geqslant 1$时受扰运动仍充分接近永久转动，但$a<1$时受扰后的极轴将产生大幅度章动角变化而偏离永久转动。因此，$a\geqslant 1$是刚体永久转动的稳定性条件，可化作转动速度的限制条件

$$\omega_0 \geqslant \omega_{cr},\quad \omega_{cr}=\frac{2}{C}\sqrt{Amgl} \tag{5.5.25}$$

此条件与$\vartheta_0=0$时的规则进动条件式(5.5.20)一致。如刚体的重心在支点的下方，令$\vartheta_0=\pi$，则$u_0=-1$，导出$\kappa=-\mu$、$u_m=-1$。函数$f(u)$为

$$f(u)=-\mu(1+u)^2(1-u+2a) \tag{5.5.26}$$

函数曲线如图 5.5.7 所示。仍使用上述方法判断，a 为任何值永久转动都是稳定的。

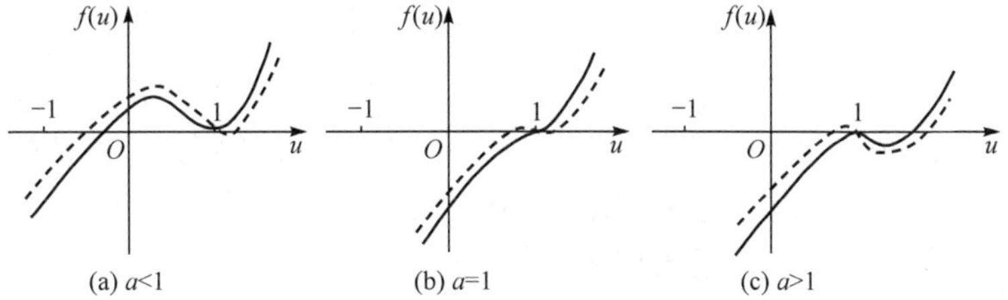

图 5.5.6　受扰前后的$f(u)$曲线

根据以上分析，重心在支点上方的刚体必须有足够大的转速才能维持稳定的永久转动。偏心距越大或极惯量越小，需要维持稳定性的转速越高。当重心在支点的下方时，刚体的永久性转动总是稳定的。

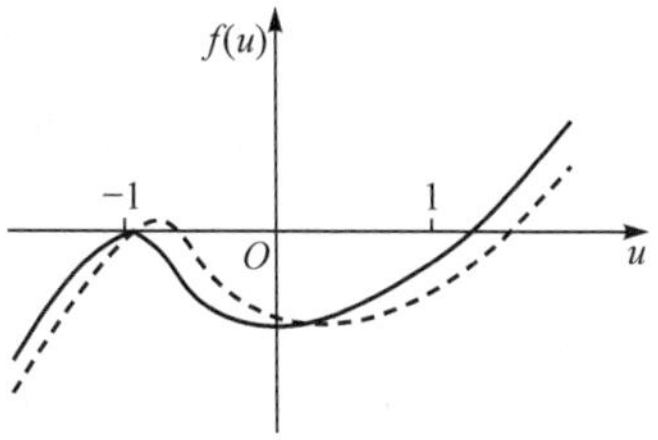

图 5.5.7　重心在支点下方的$f(u)$曲线

5.5.5　一次近似稳定性条件

刚体垂直轴永久转动的稳定性条件(5.5.25)也可利用一次近似理论导出。为便于使动力学方程线性化，改用卡尔丹角α、β确定刚体极轴z在垂直轴z_0附近的位置，如图 5.5.8 所示。将莱查坐标系作为轴对称刚体的参考系。令式(5.2.30)中$\gamma=0$，仅保留α、β及其导数的一次项，得到

$$\omega_x=\dot{\alpha},\quad \omega_y=\dot{\beta},\quad \omega_z=\dot{\gamma} \tag{5.5.27}$$

利用方向余弦矩阵(5.2.2)计算重力对定点O的矩$\boldsymbol{M}=l\boldsymbol{k}\times(mg\boldsymbol{k}_0)$，得到

$$M_x=mgl\alpha,\quad M_y=mgl\beta,\quad M_z=0 \tag{5.5.28}$$

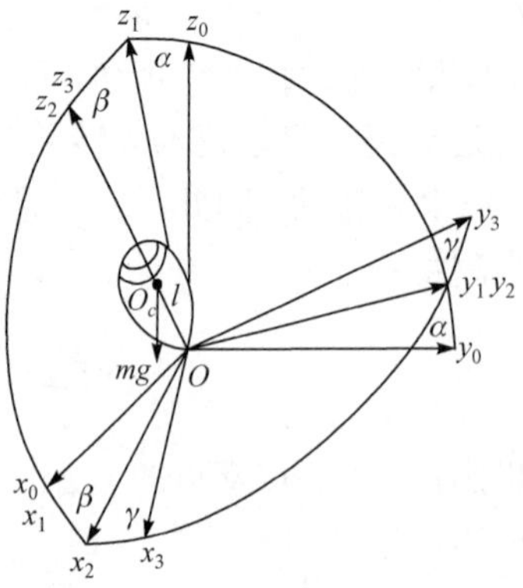

图 5.5.8　重刚体的卡尔丹角

将式(5.5.27)、式(5.5.28)代入轴对称刚体的欧拉方程(5.3.43)，仅保留 α、β 及其导数的一阶小量。从第三式导出循环积分 $\dot{\gamma}=\omega_0$，代入第一、第二式，得到

$$A\ddot{\alpha}+C\omega_0\dot{\beta}-mgl\alpha=0,\quad A\ddot{\beta}+C\omega_0\dot{\alpha}-mgl\beta=0 \tag{5.5.29}$$

式(5.5.29)写成矩阵形式为

$$\underline{\boldsymbol{M}}\,\underline{\ddot{\boldsymbol{x}}}+\underline{\boldsymbol{G}}\,\underline{\dot{\boldsymbol{x}}}+\underline{\boldsymbol{K}}\,\underline{\boldsymbol{x}}=\underline{\boldsymbol{0}} \tag{5.5.30}$$

式中，

$$\underline{\boldsymbol{M}}=\begin{bmatrix} A & 0 \\ 0 & A \end{bmatrix},\quad \underline{\boldsymbol{G}}=\begin{bmatrix} 0 & C\omega_0 \\ -C\omega_0 & 0 \end{bmatrix},\quad \underline{\boldsymbol{K}}=\begin{bmatrix} -mgl & 0 \\ 0 & -mgl \end{bmatrix},\quad \underline{\boldsymbol{x}}=\begin{Bmatrix} \alpha \\ \beta \end{Bmatrix} \tag{5.5.31}$$

根据 4.5.5 节的开尔文定理 4.5.11，保守系统的平衡虽不稳定，但由于不稳定度为偶数，所以陀螺项的加入有可能使系统转为稳定。为便于分析，引入复变量 $z=\alpha+\mathrm{i}\beta$，将对称的方程组(5.5.29)用复数表示为

$$A\ddot{z}+\mathrm{i}C\omega_0\dot{z}-mglz=0 \tag{5.5.32}$$

导出特征方程

$$A\lambda^2+\mathrm{i}C\omega_0\lambda-mgl=0 \tag{5.5.33}$$

以下条件满足时，特征值 λ 为纯虚根

$$\omega_0 \geqslant \frac{2}{C}\sqrt{Amgl} \tag{5.5.34}$$

不等式(5.5.34)为一次近似方程(5.5.29)零解稳定的充分必要条件，与式(5.5.25)一致。根据李雅普诺夫一次近似理论的定理 4.5.7，条件式(5.5.34)尚不能严格判断原非线性系统的零解稳定性。

5.6　刚体的一般运动

5.6.1　刚体对动点的动量矩定理

设 O_0-$x_0y_0z_0$ 是以固定点 O_0 为基点的惯性基 $\underline{\boldsymbol{e}}^{(0)}$，$O$ 为相对 $\underline{\boldsymbol{e}}^{(0)}$ 做任意运动的动点，O 点和刚体质心 O_c 相对 O_0 的矢径分别为 $\boldsymbol{r}_0$ 和 $\boldsymbol{r}_c$，刚体内任意点 P 相对 O_0、O 和 O_c 的矢径分别为 $\boldsymbol{r}$、$\boldsymbol{\rho}_0$ 和 $\boldsymbol{\rho}$，O_c 相对 O 点的矢径为 $\boldsymbol{\rho}_c$，如图 5.6.1 所示，则有

$$\boldsymbol{r} = \boldsymbol{r}_0 + \boldsymbol{\rho}_0, \quad \boldsymbol{\rho}_0 = \boldsymbol{\rho}_c + \boldsymbol{\rho} \tag{5.6.1}$$

根据式(5.3.1)的定义计算 P 点对 O 点的动量矩 $\boldsymbol{L}$，将式(5.6.1)代入，令 $\dot{\boldsymbol{r}} = \boldsymbol{v}$，$\dot{\boldsymbol{r}}_0 = \boldsymbol{v}_0$，利用关系式 $\int \mathrm{d}m = m, \int \boldsymbol{\rho}\mathrm{d}m = \boldsymbol{0}$，导出

$$\begin{aligned} \boldsymbol{L} &= \int \boldsymbol{\rho}_0 \times \dot{\boldsymbol{r}}\mathrm{d}m \\ &= \int \boldsymbol{\rho}_0 \times (\dot{\boldsymbol{\rho}}_0 + \dot{\boldsymbol{r}}_0)\mathrm{d}m \\ &= \boldsymbol{L}' + \boldsymbol{\rho}_c \times (m\boldsymbol{v}_0) \end{aligned} \tag{5.6.2}$$

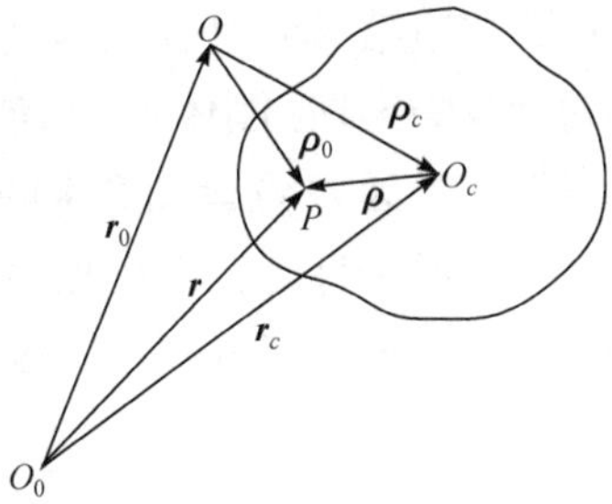

图 5.6.1　刚体内任意点与定点与动点的相对位置

式中，$\boldsymbol{L}'$ 为刚体相对以 O 为基点与 $O_0\text{-}x_0y_0z_0$ 各轴平行的平动坐标系 $O_0\text{-}\hat{x}_0\hat{y}_0\hat{z}_0$ 的动量矩。

$$\boldsymbol{L}' = \int \boldsymbol{\rho}_0 \times \dot{\boldsymbol{\rho}}_0 \mathrm{d}m \tag{5.6.3}$$

$\boldsymbol{L}'$ 与 $\boldsymbol{L}$ 的区别在于，前者未考虑 O 点的运动对动量矩的影响，若将 $\boldsymbol{L}$ 称为绝对动量矩，则 $\boldsymbol{L}'$ 为相对动量矩。当解决实际问题时，相对动量矩更便于计算。式(5.6.2)给出相对动量矩与绝对动量矩之间的关系，即：**刚体对任意动点的绝对动量矩等于相对动量矩与全部质量集中于质心处因 O 点运动产生的动量对 O 点的矩**。为便于计算，将式(5.6.1)代入式(5.6.3)，设刚体角速度为 $\boldsymbol{\omega}$，利用式(5.2.20)和式(2.1.43)，通过与式(5.3.2)类似的推导，得到

$$\boldsymbol{L}' = \int (\boldsymbol{\rho}_0 + \boldsymbol{\rho}) \times (\dot{\boldsymbol{\rho}}_c + \dot{\boldsymbol{\rho}})\mathrm{d}m = [\boldsymbol{J}_c + m(\rho_c^2 \boldsymbol{I} - \boldsymbol{\rho}_c\boldsymbol{\rho}_c)] \cdot \boldsymbol{\omega} = \boldsymbol{J} \cdot \boldsymbol{\omega} \tag{5.6.4}$$

式中，$\boldsymbol{J}$ 和 $\boldsymbol{J}_c$ 分别为刚体对 O 点和对质心 O_c 的转动张量，如式(5.3.6)和式(5.3.7)的定义。若 O 点与质心 O_c 重合，令式(5.6.2)、式(5.6.4)中 $\boldsymbol{\rho}_c = \boldsymbol{0}$，则 $\boldsymbol{J} = \boldsymbol{J}_c$、$\boldsymbol{L} = \boldsymbol{L}'$、刚体对质心的动量矩为

$$\boldsymbol{L} = \boldsymbol{J}_c \cdot \boldsymbol{\omega} \tag{5.6.5}$$

对比刚体对定点的动量矩(5.3.4)，二者完全相同，仅其中对定点的惯量张量 $\boldsymbol{J}$ 改为对质心的惯量张量 $\boldsymbol{J}_c$。

将式(5.6.4)对时间 t 求导，将式(5.6.1)代入，得到

$$\dot{\boldsymbol{L}}' = \int \boldsymbol{\rho}_0 \times \ddot{\boldsymbol{\rho}}_0 \mathrm{d}m = \int (\boldsymbol{\rho}_c + \boldsymbol{\rho}) \times (\ddot{\boldsymbol{r}} - \ddot{\boldsymbol{r}}_0)\mathrm{d}m = \int \boldsymbol{\rho}_0 \times \ddot{\boldsymbol{r}}\mathrm{d}m - m\boldsymbol{\rho}_c \times \ddot{\boldsymbol{r}}_0 \tag{5.6.6}$$

根据牛顿定律，将其中 $\ddot{\boldsymbol{r}}\mathrm{d}m$ 以 P 点处的作用力代替，令 $\boldsymbol{M} = \int \boldsymbol{\rho}_0 \times \mathrm{d}\boldsymbol{F}$ 为外力对 O 点的矩，有

$$\dot{\boldsymbol{L}}' = \boldsymbol{M} + \boldsymbol{\rho}_c \times (-m\ddot{\boldsymbol{r}}_0) \tag{5.6.7}$$

式中，右边第二项为 O 点运动产生的惯性力对 O 点的矩。式(5.6.7)对任意动点的相对动量矩定理：**刚体对 O 点的相对动量矩对时间的导数等于外力及全部质量集中于质心处因 O 点运动产生的惯性力对 O 点的矩**。

作为两个特例，若 O 点为刚体质心，则 $\boldsymbol{\rho}_c=\mathbf{0}$；若 O 点为固定点，则 $\ddot{\boldsymbol{r}}_0=\mathbf{0}$。两种情况下 $\boldsymbol{L}'$ 均等于 $\boldsymbol{L}$，式(5.6.7)均简化为

$$\dot{\boldsymbol{L}}=\boldsymbol{M},\quad \boldsymbol{L}=\boldsymbol{J}\cdot\boldsymbol{\omega} \tag{5.6.8}$$

与式(5.3.31)的结果相同，即**刚体以固定点或者质心为矩心 O 的动量矩对时间的导数等于外力对 O 点的力矩**。其中，$\boldsymbol{J}$ 为刚体对矩心 O 的惯量张量。

5.6.2　动力学方程

不受约束的刚体有 6 个自由度，即基点 O 的 3 个移动自由度和绕基点 O 的 3 个转动自由度，如图 5.6.2 所示。其动力学方程可用任何一种分析力学方法建立。

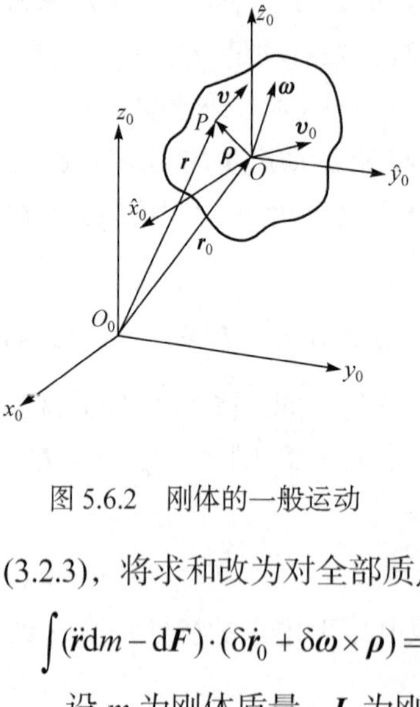

图 5.6.2　刚体的一般运动

将刚体的质心 O_c 选为参考点 O，令式(5.6.1)中 $\boldsymbol{\rho}_c=\mathbf{0}$，化作

$$\boldsymbol{r}=\boldsymbol{r}_0+\boldsymbol{\rho} \tag{5.6.9}$$

将式(5.6.9)各项对时间求导，其中 $\dot{\boldsymbol{\rho}}$ 由刚体绕 O 点转动的角速度 $\boldsymbol{\omega}$ 引起，利用式(5.2.18)写为

$$\dot{\boldsymbol{r}}=\dot{\boldsymbol{r}}_0+\boldsymbol{\omega}\times\boldsymbol{\rho} \tag{5.6.10}$$

对式(5.6.10)各项取若尔当速度变分，即各质点保持位置不变条件下的速度变分，得到

$$\delta\dot{\boldsymbol{r}}=\delta\dot{\boldsymbol{r}}_0+\delta\boldsymbol{\omega}\times\boldsymbol{\rho} \tag{5.6.11}$$

将式(5.6.11)代入虚功率形式的动力学方程(3.2.3)，将求和改为对全部质点的积分式，展开后化为

$$\int(\ddot{\boldsymbol{r}}\mathrm{d}m-\mathrm{d}\boldsymbol{F})\cdot(\delta\dot{\boldsymbol{r}}_0+\delta\boldsymbol{\omega}\times\boldsymbol{\rho})=\int(\ddot{\boldsymbol{r}}\mathrm{d}m-\mathrm{d}\boldsymbol{F})\cdot\delta\dot{\boldsymbol{r}}_0+\int\boldsymbol{\rho}\times(\ddot{\boldsymbol{r}}\mathrm{d}m-\mathrm{d}\boldsymbol{F})\cdot\delta\boldsymbol{\omega}=0 \tag{5.6.12}$$

设 m 为刚体质量，$\boldsymbol{L}$ 为刚体对 O 点的动量矩，$\boldsymbol{F}$、$\boldsymbol{M}$ 为刚体上作用的主动力对 O 点简化的主矢和主矩，则有

$$m\boldsymbol{r}_0=\int\boldsymbol{r}\mathrm{d}m,\quad \boldsymbol{L}=\int\boldsymbol{\rho}\times\dot{\boldsymbol{r}}\mathrm{d}m,\quad \boldsymbol{F}=\int\mathrm{d}\boldsymbol{F},\quad \boldsymbol{M}=\int\boldsymbol{\rho}\times\mathrm{d}\boldsymbol{F} \tag{5.6.13}$$

利用 $\int\boldsymbol{\rho}\mathrm{d}m=\mathbf{0}$，式(5.6.12)简化为

$$(m\ddot{\boldsymbol{r}}_0-\boldsymbol{F})\cdot\delta\dot{\boldsymbol{r}}_0+(\dot{\boldsymbol{L}}-\boldsymbol{M})\cdot\delta\boldsymbol{\omega}=0 \tag{5.6.14}$$

利用式(5.6.8)，将 $\boldsymbol{L}=\boldsymbol{J}\cdot\boldsymbol{\omega}$ 代入，以刚体的连体基为参考系计算 $\boldsymbol{L}$ 对时间的

导数，将式(5.6.14)化为

$$(m\ddot{\boldsymbol{r}}_0-\boldsymbol{F})\cdot\delta\dot{\boldsymbol{r}}_0+[\boldsymbol{J}\cdot\dot{\boldsymbol{\omega}}+\boldsymbol{\omega}\times(\boldsymbol{J}\cdot\boldsymbol{\omega})-\boldsymbol{M}]\cdot\delta\boldsymbol{\omega}=0 \tag{5.6.15}$$

若刚体的质心运动与绕质心转动之间无耦合，则 $\delta\dot{\boldsymbol{r}}_0$ 和 $\delta\boldsymbol{\omega}$ 均为独立变分，导出刚体一般运动的两组动力学方程

$$m\ddot{\boldsymbol{r}}_0=\boldsymbol{F},\quad \boldsymbol{J}\cdot\dot{\boldsymbol{\omega}}+\boldsymbol{\omega}\times(\boldsymbol{J}\cdot\boldsymbol{\omega})=\boldsymbol{M} \tag{5.6.16}$$

分别为刚体的质心运动和绕质心转动的数学表达。式(5.6.16)与矢量力学的动量定理和动量矩定理形式上完全相同。对于刚体无约束情形，二者无任何区别。当约束存在时，分析力学动力学方程中的 $\boldsymbol{F}$、$\boldsymbol{M}$ 仅限于主动力，不出现矢量力学必须包含的理想约束力和力矩。将方程(5.6.16)与约束方程联立即可确定刚体的运动规律。

将式(5.6.10)中任意点 P 的速度 $\dot{\boldsymbol{r}}$ 与基点 O 的牵连速度分别以 $\boldsymbol{v}$ 和 $\boldsymbol{v}_0$ 表示，有

$$\boldsymbol{v}=\boldsymbol{v}_0+\boldsymbol{\omega}\times\boldsymbol{\rho} \tag{5.6.17}$$

代入动能公式(3.1.98)，展开后化简得到

$$T=\frac{1}{2}\int\boldsymbol{v}\cdot\boldsymbol{v}\mathrm{d}m=\frac{1}{2}\int(\boldsymbol{v}_0+\boldsymbol{\omega}\times\boldsymbol{\rho})\cdot(\boldsymbol{v}_0+\boldsymbol{\omega}\times\boldsymbol{\rho})\mathrm{d}m=\frac{1}{2}mv_0^2+\frac{1}{2}\boldsymbol{\omega}\cdot(\boldsymbol{J}\cdot\boldsymbol{\omega}) \tag{5.6.18}$$

刚体动能的计算公式(5.6.18)称为**柯尼西定理**，即：**刚体的动能 T 等于质心运动动能与质心转动动能的简单叠加**。

将式(5.6.17)对时间微分，导出 P 点的瞬时加速度为

$$\dot{\boldsymbol{v}}=\dot{\boldsymbol{v}}_0+\dot{\boldsymbol{\omega}}\times\boldsymbol{\rho}+\boldsymbol{\omega}\times(\boldsymbol{\rho}\times\boldsymbol{\omega}) \tag{5.6.19}$$

式中，$\dot{\boldsymbol{v}}_0$ 为 O 点的牵连加速度；$\dot{\boldsymbol{\omega}}$ 为刚体的角加速度。将式(5.6.19)代入式(3.2.100)，展开后化简，得到刚体的加速度能的计算公式为

$$\begin{aligned}G&=\frac{1}{2}\int[\dot{\boldsymbol{v}}_0+\dot{\boldsymbol{\omega}}\times\boldsymbol{r}+\boldsymbol{\omega}\times(\boldsymbol{\omega}\times\boldsymbol{r})]\cdot[\dot{\boldsymbol{v}}_0+\dot{\boldsymbol{\omega}}\times\boldsymbol{r}+\boldsymbol{\omega}\times(\boldsymbol{\omega}\times\boldsymbol{r})]\mathrm{d}m\\&=\frac{1}{2}\left[mv_0^2+\int(\dot{\boldsymbol{\omega}}\times\boldsymbol{r})\cdot(\dot{\boldsymbol{\omega}}\times\boldsymbol{r})\mathrm{d}m\right]+\int(\dot{\boldsymbol{\omega}}\times\boldsymbol{r})\cdot[\boldsymbol{\omega}\times(\boldsymbol{\omega}\times\boldsymbol{r})]\mathrm{d}m+\cdots\\&=\frac{1}{2}mv_0^2+\frac{1}{2}\{\dot{\boldsymbol{\omega}}\cdot(\boldsymbol{J}\cdot\dot{\boldsymbol{\omega}})+2\dot{\boldsymbol{\omega}}\cdot[\boldsymbol{\omega}\cdot(\boldsymbol{J}\cdot\boldsymbol{\omega})]\}+\cdots\end{aligned} \tag{5.6.20}$$

即：**刚体的加速度能 G 等于质心运动加速度能与绕质心转动加速度能的简单叠加**。将(5.6.19)代入式(3.4.12)，展开后导出刚体的拘束计算公式为

$$Z=G-\dot{\boldsymbol{v}}_0\cdot\boldsymbol{F}-\dot{\boldsymbol{\omega}}\cdot\boldsymbol{M}+\cdots \tag{5.6.21}$$

式中，省略号是加速度或角加速度的无关项。

应用其他分析力学方法，如将上述动能和加速度能公式代入拉格朗日方程或阿佩尔方程，或利用高斯原理也能建立刚体一般运动的动力学方程。在质心运动或绕质心转动之间无耦合的条件下，可分别独立地讨论这两种运动。例如，不考

虑质心运动，直接利用欧拉方程讨论地球自转轴的进动和判断炮弹绕质心转动的稳定性。又如，航天器在太空中的运动可分解为轨道和姿态两种独立的运动。一般情况下，质心运动与绕质心的转动常有耦合。再如，在分析飞机或车船的运动时，就必须将刚体的 6 个动力学方程联立求解。

5.6.3 刚体在平面上的纯滚动

刚体在粗糙平面上的纯滚动是刚体一般运动的经典问题。以原盘的纯滚动为例，设圆盘的半径为 r，质量为 m，极惯量矩和赤道惯量矩分别为 C 和 A。以圆盘的质心为基点 O，建立平移坐标系 $O_0\text{-}\hat{x}_0\hat{y}_0\hat{z}_0$，与视为惯性基的固定坐标系 $O_0\text{-}x_0y_0z_0$ 平行。其中，z_0 垂直向上，(x_0, y_0) 为固定平面，如图 5.6.3 所示。设 O 点相对 $O_0\text{-}x_0y_0z_0$ 的坐标为 x、y、z，则速度 $\boldsymbol{v}_0$ 为

$$\boldsymbol{v}_0 = \dot{x}\boldsymbol{i}_0 + \dot{y}\boldsymbol{j}_0 + \dot{z}\boldsymbol{k}_0 \tag{5.6.22}$$

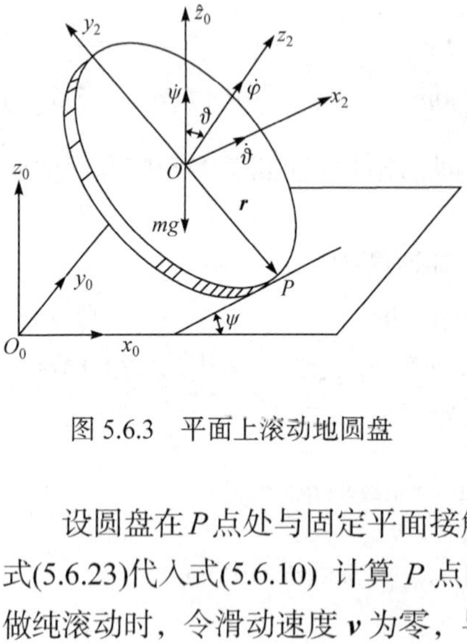

图 5.6.3 平面上滚动地圆盘

按照 5.1.2 节叙述的方法，定义刚体相对 $O_0\text{-}\hat{x}_0\hat{y}_0\hat{z}_0$ 的欧拉角 ψ、ϑ、φ，图 5.6.3 中的 $O\text{-}x_2y_2z_2$ 为莱查坐标系，z_2 为圆盘的极轴，x_2 轴沿盘面与固定平面的交线。$O\text{-}x_2y_2z_2$ 相对 $O_0\text{-}\hat{x}_0\hat{y}_0\hat{z}_0$ 的方向余弦矩阵即式(5.1.14)中的 $\underline{\boldsymbol{A}}^{(02)}$。令式(5.2.35)中 $\varphi = 0$，得到圆盘角速度在 $O\text{-}x_2y_2z_2$ 中的分量为

$$\omega_x = \dot{\vartheta}, \quad \omega_y = \dot{\psi}\sin\vartheta, \quad \omega_z = \dot{\varphi} + \dot{\psi}\cos\vartheta \tag{5.6.23}$$

设圆盘在 P 点处与固定平面接触，O 点至 P 点的矢径为 $\boldsymbol{\rho} = -r\boldsymbol{j}_2$。将式(5.6.22)、式(5.6.23)代入式(5.6.10) 计算 P 点的滑动速度 $\boldsymbol{v}$，变换到坐标系 $O_0\text{-}\hat{x}_0\hat{y}_0\hat{z}_0$。刚体做纯滚动时，令滑动速度 $\boldsymbol{v}$ 为零，导出

$$\begin{cases} v_x = \dot{x} + r(\omega_z\cos\psi - \dot{\vartheta}\sin\vartheta\sin\psi) = 0 \\ v_y = \dot{y} + r(\omega_z\sin\psi + \dot{\vartheta}\sin\vartheta\cos\psi) = 0 \\ v_z = \dot{z} - r\dot{\vartheta}\cos\vartheta = 0 \end{cases} \tag{5.6.24}$$

式(5.6.24)中的第三个方程可积分为完整约束

$$z = r\sin\vartheta \tag{5.6.25}$$

则变量 z 可不列入未知变量，将 x、y、ψ、ϑ、φ 作为刚体的 5 个广义坐标。由于存在 2 个非完整约束条件式(5.6.24)的前两式，系统的自由度为 3。利用式(5.6.18)可写出系统的动能与势能分别为

$$
\begin{cases}
T=\dfrac{1}{2}m(\dot{x}^2+\dot{y}^2+r^2\dot{\vartheta}^2\cos^2\vartheta)+\dfrac{1}{2}[A(\dot{\vartheta}^2+\dot{\psi}^2\sin^2\vartheta)+C(\dot{\varphi}+\dot{\psi}\cos\vartheta)^2] \\
V=mgr\sin\vartheta
\end{cases}
\tag{5.6.26}
$$

因 $L=T-V$ 不含 φ 和 ψ，存在循环积分

$$
\frac{\partial L}{\partial\dot{\varphi}}=C(\dot{\varphi}+\dot{\psi}\cos\vartheta)=C\omega_z,\quad \frac{\partial L}{\partial\dot{\psi}}=A\dot{\psi}\sin^2\vartheta+C\omega_z\cos\vartheta \tag{5.6.27}
$$

式(5.6.27)的第一式表明，圆盘绕极轴的角速度为常值，令 $\omega_z=\omega_0$。则可由式(5.6.23)的第三式单独确定，仅需写出与变量 x、y、ψ、ϑ 相关的动力学方程。利用带乘子的拉格朗日方程列写此非完整系统的动力学方程，必须将约束方程(5.6.24)的前两式写为变分形式：

$$
\delta x-r\delta\vartheta\sin\vartheta\sin\psi=0,\quad \delta y-r\delta\vartheta\sin\vartheta\cos\psi=0 \tag{5.6.28}
$$

对照式(3.2.80)，依次写出式(5.6.28)中各广义坐标变分 δx、δy、$\delta\vartheta$ 对应的系数 B_{kj} $(k=1,2;\ j=1,2,3,4)$，得到

$$
\begin{aligned}
&B_{11}=1,\quad B_{12}=B_{13}=0,\quad B_{14}=-r\sin\vartheta\sin\psi \\
&B_{22}=1,\quad B_{21}=B_{23}=0,\quad B_{24}=-r\sin\vartheta\cos\psi
\end{aligned}
\tag{5.6.29}
$$

将式(5.6.26)、式(5.6.29)和拉格朗日乘子代入劳斯方程(3.2.82)。其中，变量 ψ 对应的方程以初积分式(5.6.27)的第二式代替，得到方程组

$$
\begin{cases}
m\ddot{x}=\lambda_1 \\
m\ddot{y}=\lambda_2 \\
\dfrac{\mathrm{d}}{\mathrm{d}t}(A\dot{\psi}\sin^2\vartheta+C\omega_0\cos\vartheta)=0 \\
A(\ddot{\vartheta}-\dot{\psi}^2\cos\vartheta\sin\vartheta)+C\omega_0\dot{\psi}\sin\vartheta+mgr\cos\vartheta=r\sin\vartheta(\lambda_2\cos\psi-\lambda_1\sin\psi)
\end{cases}
\tag{5.6.30}
$$

将式(5.6.24)的前两式各项对 t 求微分计算加速度，代入式(5.6.30)的前两式，解出拉格朗日乘子为

$$
\begin{cases}
\lambda_1=mr[(\ddot{\vartheta}\sin\vartheta+\dot{\vartheta}^2\cos\vartheta+\omega_z\dot{\psi})\sin\psi+\dot{\vartheta}\dot{\psi}\sin\vartheta\cos\psi] \\
\lambda_2=-mr[(\ddot{\vartheta}\sin\vartheta+\dot{\vartheta}^2\cos\vartheta+\omega_z\dot{\psi})\cos\psi-\dot{\vartheta}\dot{\psi}\sin\vartheta\sin\psi]
\end{cases}
\tag{5.6.31}
$$

其物理意义为沿 x_0 和 y_0 方向的约束力，即地面对圆盘的摩擦力。将式(5.6.31)代入式(5.6.30)的第四式，整理后得到

$$
\begin{aligned}
&(A+mr^2\sin\vartheta)\ddot{\vartheta}+mr^2\dot{\vartheta}^2\sin\vartheta\cos\vartheta-A\dot{\psi}^2\sin\vartheta\cos\vartheta \\
&+(C+mr^2)\omega_0\dot{\psi}\sin\vartheta+mgr\cos\vartheta=0
\end{aligned}
\tag{5.6.32}
$$

方程(5.6.32)与(5.6.30)的第三式组成以 ψ、ϑ 为独立变量的动力学方程组。此方程组存在 $\dot{\psi}$、ϑ 等于常值的规则进动特解：

$$\vartheta = \vartheta_0, \quad \dot{\psi} = \dot{\psi}_0 \tag{5.6.33}$$

代入方程(5.6.32)，导出 $\dot{\psi}_0$ 的二次代数方程

$$A\dot{\psi}_0^2 \cos\vartheta_0 \sin\vartheta_0 - (C + mr^2)\omega_0 \sin\vartheta_0 \dot{\psi}_0 - mgr\cos\vartheta_0 = 0 \tag{5.6.34}$$

解出与其他常数之间的关系式

$$\dot{\psi}_0 = \frac{(C + mr^2)\omega_0}{2A\cos\vartheta}\left[1 \pm \sqrt{1 + \frac{4Amgr\cos^2\vartheta}{(C + mr^2)^2\omega_0^2\sin\vartheta}}\right] \tag{5.6.35}$$

设初始时刻 $\psi(0) = 0$ ，积分得到进动角 ψ 的变化规律

$$\psi = \dot{\psi}_0 t \tag{5.6.36}$$

令式(5.6.25)中 $\vartheta = \vartheta_0$ ，则 $z = r\sin\vartheta_0$ 为常值，表明圆盘做稳态滚动时保持质心高度不变。将特解(5.6.33)及 $\omega_z = \omega_0$ 代入式(5.6.24)的第一式和第二式，得到

$$\dot{x} = -r\omega_0 \cos\psi_0, \quad \dot{y} = -r\omega_0 \sin\psi_0 \tag{5.6.37}$$

设 x、y 的初始值为 $x(0) = 0$ 、$y(0) = 0$ ，积分可得

$$x = -\left(\frac{r\omega_0}{\dot{\psi}_0}\right)\sin(\dot{\psi}_0 t), \quad y = -\left(\frac{r\omega_0}{\dot{\psi}_0}\right)\cos(\dot{\psi}_0 t) \tag{5.6.38}$$

消去式(5.6.38)中的变量 t，导出圆盘质心的运动轨迹为圆弧

$$x^2 + y^2 = \left(\frac{r\omega_0}{\dot{\psi}_0}\right)^2 \tag{5.6.39}$$

因此，上述特解所描述的稳态运动为：圆盘保持常值倾斜角 ϑ_0 ，质心做半径为 $R = r\omega_0 / \dot{\psi}_0$ 的匀速水平圆周运动。对于 $\vartheta = \pi/2$ ，即圆盘直立滚动的特殊情形，从式(5.6.35)直接得到 $\dot{\psi}_0 \to 0$ ，$R \to \infty$ 。此时，圆盘沿直线做角速度为 ω_0 的匀速滚动。

利用一次近似理论讨论圆盘沿直线匀速滚动的稳定性问题。稳态运动解为

$$\vartheta = \pi/2, \quad \dot{\psi} = 0, \quad \omega_z = \omega_0 \tag{5.6.40}$$

引入扰动量

$$\xi = \vartheta - (\pi/2), \quad \eta = \dot{\psi} \tag{5.6.41}$$

代入方程(5.6.30)的第三式和式(5.6.32)，只保留扰动的一次项，导出一次近似扰动方程

$$(A + mr^2)\ddot{\xi} - mgr\xi + (C + mr^2)\omega_0\eta = 0, \quad A\ddot{\eta} - C\omega_0\dot{\xi} = 0 \tag{5.6.42}$$

此方程的特征方程为

$$\lambda^2[(A + mr^2)A\lambda^2 + (C + mr^2)\omega_0^2 - Amgr] = 0 \tag{5.6.43}$$

存在零本特征值 $\lambda=0$，表明圆盘质心位置的随遇性。除零根外，特征值 λ 的纯虚根条件为

$$\omega_0>\omega_{cr},\quad \omega_{cr}=\sqrt{\frac{Amgr}{C(C+mr^2)}} \tag{5.6.44}$$

此即圆盘沿直线匀速滚动的一次近似稳定性条件。

均质薄圆盘有 $A=mr^2/4$、$C=mr^2/2$，代入式(5.6.44)后，临界转速 ω_{cr} 化为

$$\omega_{cr}=\sqrt{\frac{g}{3r}} \tag{5.6.45}$$

上述结论也适用于细圆盘。令 $A=mr^2/2$、$C=mr^2$，从式(5.6.44)算出的临界转速为

$$\omega_{cr}=\sqrt{\frac{g}{6r}} \tag{5.6.46}$$

此临界转速小于圆盘情形，可见，圆环比圆盘有更强的稳定性。

5.6.4　刚体在平面上的带滑动滚动

当轴对称刚体在平面上滚动时，若考虑接触点 P 的滑动和滑动摩擦，则更接近实际情况。设接触点 P 附近的刚体表面为半径为 r 的球面，球面中心 O_1 和刚体的质心 O_c 均在极轴上。建立固定坐标系 $O_0\text{-}x_0y_0z_0$ 作为惯性基，z_0 轴沿地垂线向上，x_0、y_0 沿水平面。与 5.6.3 节相同，将刚体的质心取作极点 O，建立平移坐标系 $O_0\text{-}\hat{x}_0\hat{y}_0\hat{z}_0$。刚体相对 $O_0\text{-}\hat{x}_0\hat{y}_0\hat{z}_0$ 的姿态由卡尔丹角确定，即 $O_0\text{-}\hat{x}_0\hat{y}_0\hat{z}_0$ 先绕 $\hat{x}_0$ 轴转动角 α 到达 $O\text{-}x_1y_1z_1$，再绕 y_1 轴转动角 β 到达 $O\text{-}x_2y_2z_2$，即莱查基 $\underline{\boldsymbol{e}}^{(R)}$。最后绕 z_2 轴转动 φ 角后与刚体的连体基重合。将莱查基 $\underline{\boldsymbol{e}}^{(R)}$ 作为参考坐标系，略去角标记作 $O\text{-}xyz$，如图 5.6.4 所示。

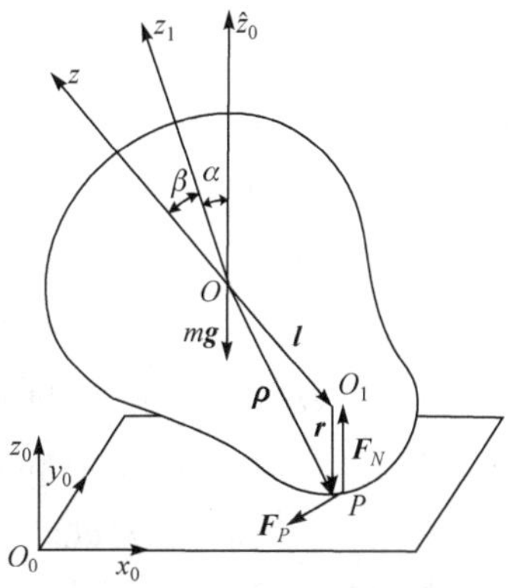

图 5.6.4　平面上绕极轴旋转的轴对称刚体

设极点 O 至球面中心 O_1 和接触点 P 的矢径分别为 $\boldsymbol{l}$ 和 $\boldsymbol{\rho}$，O_1 点至 P 点的矢径为 $\boldsymbol{r}$，则 $\boldsymbol{\rho}=\boldsymbol{l}+\boldsymbol{r}$，$h=r+l$ 为极轴垂直时的最大质心高度。设刚体的稳态运动为绕直立极轴的永久转动，受扰后极轴偏离垂直轴的角度 α、β 为小量，仅保留其一次项。矢径 $\boldsymbol{\rho}$ 在 $O\text{-}xyz$ 中的表达式为

$$\boldsymbol{\rho}=r(\beta\boldsymbol{i}-\alpha\boldsymbol{j})-h\boldsymbol{k} \tag{5.6.47}$$

刚体的角速度 $\boldsymbol{\omega}$ 和莱查基 $\underline{\boldsymbol{e}}^{(R)}$ 的角速度 $\boldsymbol{\omega}_1$ 在 $O\text{-}xyz$ 中的表达式为

$$\boldsymbol{\omega}=\boldsymbol{\omega}_1+\dot{\varphi}\boldsymbol{k},\quad \boldsymbol{\omega}_1=\dot{\alpha}\boldsymbol{i}+\dot{\beta}\boldsymbol{j} \tag{5.6.48}$$

设极点 O 的角速度为 $\boldsymbol{v}_0$，则接触点 P 的滑动速度 $\boldsymbol{v}$ 为

$$\boldsymbol{v}=\boldsymbol{v}_0+\boldsymbol{\omega}\times\boldsymbol{\rho} \tag{5.6.49}$$

投影到 $O\text{-}xyz$，得到

$$v_x=v_{0x}-h\dot{\beta}+r\dot{\varphi}\alpha,\quad v_y=v_{0y}-h\dot{\alpha}+r\dot{\varphi}\beta \tag{5.6.50}$$

式中，v_{0x}、v_{0y} 为 O 点的速度沿 x 轴和 y 轴的分量，仅保留其一次项。设刚体的质量为 m，质心的垂直加速度为高阶小量可以忽略，接触点 P 的法向支承力 $\boldsymbol{F}_N$ 与重力平衡：

$$\boldsymbol{F}_N=-m\boldsymbol{g}=mg(-\beta\boldsymbol{i}+\alpha\boldsymbol{j}+\boldsymbol{k}) \tag{5.6.51}$$

刚体快速自旋时由于接触点快速滑动，P 点的滑动摩擦不同于通常情况下的库伦公式。接触点快速滑动时产生的摩擦力 $\boldsymbol{F}_P$ 接近与滑动速度 $\boldsymbol{v}$ 成比例，写作

$$\boldsymbol{F}_P=-k\boldsymbol{v}=-k(v_x\boldsymbol{i}+v_y\boldsymbol{j}) \tag{5.6.52}$$

利用式(5.6.47)、式(5.6.51)和式(5.6.52)计算 $\boldsymbol{F}_N$ 和 $\boldsymbol{F}_P$ 对 O 点的矩，得到

$$\boldsymbol{M}=\boldsymbol{\rho}\times(\boldsymbol{F}_N+\boldsymbol{F}_P)=(mgl\alpha-khv_y)\boldsymbol{i}+(mgl\beta+khv_x)\boldsymbol{j} \tag{5.6.53}$$

设刚体的中心赤道惯量矩和极惯量矩为 A 和 C，将式(5.6.48)、式(5.6.53)代入欧拉方程(5.3.43)，其中第三式要求 $\omega_z=\dot{\varphi}$ 为常值。令 $\omega_z=\omega_0$，得到

$$\begin{cases}A\ddot{\alpha}+kh^2\dot{\alpha}-mgl\alpha+C\omega_0\dot{\beta}+khr\omega_0\beta+khv_{0y}=0\\ A\ddot{\beta}+kh^2\dot{\beta}-mgl\beta-C\omega_0\dot{\alpha}-khr\omega_0\alpha-khv_{0x}=0\end{cases} \tag{5.6.54}$$

应用动量定理列写刚体质心运动的动力学方程

$$m\dot{\boldsymbol{v}}_0=\boldsymbol{F}_N+\boldsymbol{F}_P \tag{5.6.55}$$

投影到 x 轴和 y 轴，得到

$$m\dot{v}_{0x}+k(v_{0x}-h\dot{\beta}+r\omega_0\alpha)=0,\quad m\dot{v}_{0y}+k(v_{0y}+h\dot{\alpha}+r\omega_0\beta)=0 \tag{5.6.56}$$

引入以下复变量

$$z=\alpha+\mathrm{i}\beta,\quad w=v_{0x}+\mathrm{i}v_{0y} \tag{5.6.57}$$

将形式对称的方程组(5.6.54)和(5.6.56)用复数形式表达为

$$\begin{cases}A\ddot{z}+(kh^2-\mathrm{i}C\omega_0)\dot{z}-(mgl+\mathrm{i}khr\omega_0)z-\mathrm{i}khw=0\\ \mathrm{i}kh\dot{z}+kr\omega_0 z+m\dot{w}+kw=0\end{cases} \tag{5.6.58}$$

计算此线性方程组的特征方程，得到

$$\lambda m(A\lambda^2-\mathrm{i}C\omega_0\lambda-mgl)+k[(A+mh^2)\lambda^2-\mathrm{i}(C+mhr)\omega_0\lambda-mgl]=0 \tag{5.6.59}$$

讨论两种极端情况：

(1) 平面绝对光滑。令 $k\to 0$，除零根 $\lambda=0$ 以外，方程(5.6.59)简化为与拉格

朗日刚体的特征方程(5.5.33)完全相同的形式，即

$$A\lambda^2 - \mathrm{i}C\omega_0\lambda - mgl = 0 \tag{5.6.60}$$

永久转动的一次近似稳定条件，即式(5.5.34)表示的特征值的纯虚根条件为

$$\omega_0 \geqslant \frac{2}{C}\sqrt{Amgl} \tag{5.6.61}$$

(2) 平面绝对粗糙，即纯滚动情形。令 $k \to \infty$，方程(5.6.59)简化为

$$(A + mh^2)\lambda^2 - \mathrm{i}(C + mhr)\omega_0\lambda - mgl = 0 \tag{5.6.62}$$

与式(5.6.60)比较，仅需将其中的惯量矩 A 以 $A + mh^2$ 代替，C 以 $C + mhr$ 代替。对式(5.6.61)作同样的代替即得到纯滚动情形的稳定条件

$$\omega_0 \geqslant \frac{2}{C + mhr}\sqrt{(A + mh^2)mgl} \tag{5.6.63}$$

对于最一般的情况，考虑方程(5.6.59)中的系数 k 的任意性，含 k 部分与不含 k 部分应同时等于零，即

$$A\lambda^2 - \mathrm{i}C\omega_0\lambda - mgl = 0 \tag{5.6.64}$$

$$(A + mh^2)\lambda^2 - \mathrm{i}(C + mhr)\omega_0\lambda - mgl = 0 \tag{5.6.65}$$

将式(5.6.64)和式(5.6.65)两个等式相减，得到

$$\lambda(h\lambda - \mathrm{i}r\omega_0) = 0 \tag{5.6.66}$$

除零根 $\lambda = 0$ 以外，解出纯虚特征根

$$\lambda = \mathrm{i}(r\omega_0 / h) \tag{5.6.67}$$

纯虚特征根对应渐近稳定与不稳定之间的临界状态。将其代入式(5.6.60)，化作

$$\frac{r}{h}\left(\frac{r}{h} - \frac{C}{A}\right) + \frac{mg}{A\omega_0}(h - r) = 0 \tag{5.6.68}$$

引入量纲为一的参数

$$\sigma = \frac{r}{h},\quad \varLambda = \frac{C}{A},\quad \mu = \frac{mgh}{A\omega_0^2} \tag{5.6.69}$$

代入式(5.6.68)，可用于确定 $(\varLambda, \sigma)$ 参数平面内渐近稳定域与不稳定域的分界线。利用静止刚体的质心在底部曲率中心下方 $(\omega_0 = 0, h < r)$ 为稳定平衡的事实，判断所分隔区域的稳定域和不稳定域。导出稳定性条件为

$$\sigma(\sigma - \varLambda) + \mu(1 - \sigma)\begin{cases} < 0, & \text{渐近稳定} \\ > 0, & \text{不稳定} \end{cases} \tag{5.6.70}$$

在参数平面上以直线 $\sigma = 1$ 和 $\sigma = \varLambda$ 划分 4 个区域 $D_i (i = 1, 2, 3, 4)$，如图 5.6.5 所示。

D_1 区：$\varLambda > \sigma > 1$。D_2 区：$\varLambda < \sigma < 1$。D_3 区：$\sigma > 1, \sigma > \varLambda$。$D_4$ 区：$\sigma < 1, \sigma < \varLambda$。$D_1$ 区和 D_3 区内刚体质心 O 低于底部曲率中心 O_1。D_2 区和 D_4 区内 O 高于 O_1。

其中，D_1 区为渐近稳定区，D_2 区为不稳定区，D_3 区、D_4 区内刚体的稳定性取决于自旋角速度 ω_0。D_3 区内的稳定性条件为

$$\omega_0 \begin{cases} < \omega_{cr}, & \text{渐近稳定} \\ > \omega_{cr}, & \text{不稳定} \end{cases} \tag{5.6.71}$$

D_4 区内的稳定性条件为

$$\omega_0 \begin{cases} < \omega_{cr}, & \text{不稳定} \\ > \omega_{cr}, & \text{渐近稳定} \end{cases} \tag{5.6.72}$$

ω_0 的临界值 ω_{cr} 定义为

$$\omega_{cr} = \sqrt{\frac{mgh}{\sigma A} \frac{|1-\sigma|}{|\Lambda-\sigma|}} \tag{5.6.73}$$

判据式(5.6.70)表明，考虑滑动摩擦时刚体在平面上旋转的稳定性取决于惯量矩和质心与底部曲率中心的相对位置。质心低于曲率中心的陀螺，一般情况下其绕直立轴的永久转动稳定，如图 5.6.6(a)所示，但若底部局部半径过大或质心过低，则转速超过临界值时可丧失稳定性，如图 5.6.6(b)所示。例如，在桌面上快速捻动一只图钉或纽扣，可观察到突然跃起的失稳现象。相反，若刚体的质心高于底部曲率半径中心，则其绕直立轴的永久转动一般不稳定，如图 5.6.6(c)所示，但若底部曲率半径过小或质心过高，则转速超过临界值时可转为稳定，如图 5.6.6(d)所示。尖端触地的拉格朗日刚体的稳定性即符合此规律。由半球体和细柄组成的陀螺当钝端触地旋转时属于 D_3 区，如图 5.6.6(e)所示。转速过大时可突然跃起为尖端触地稳定旋转，后者属于 D_4 区，如图 5.6.6(f)所示。鸡蛋钝端触地(图 5.6.6(g))或鸡蛋尖端触地旋转(图 5.6.6(h))也存在类似现象。

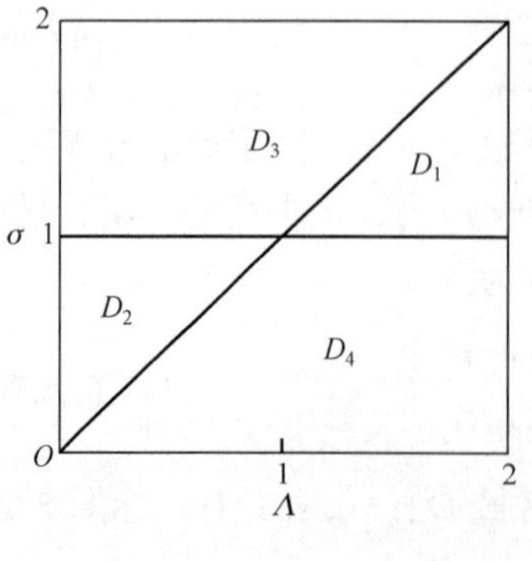

图 5.6.5　(A, ρ)参数平面上的稳定域

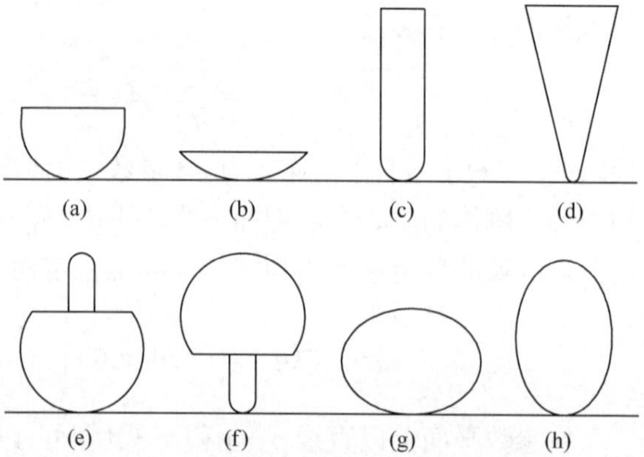

图 5.6.6　各类形状的轴对称刚体

第 6 章　弹性动力学原理

6.1　应 力 张 量

6.1.1　应力张量的概念

应力是动力学问题中重要的物理概念。为了定义应力张量，从受力物体中任意点 P 的邻近截取一个微四面体元 $PABC$，其棱是经过 P 的坐标曲线上的线元矢量，如图 6.1.1 所示。将微四面体棱边 PA、PB、PC、AB、AC 上的线元矢量分别表示为 $\mathrm{d}\boldsymbol{a}$ 、$\mathrm{d}\boldsymbol{b}$ 、$\mathrm{d}\boldsymbol{c}$ 、$\mathrm{d}\boldsymbol{r}$ 、$\mathrm{d}\boldsymbol{s}$ 。线元矢量 $\mathrm{d}\boldsymbol{a}$ 、$\mathrm{d}\boldsymbol{b}$ 、$\mathrm{d}\boldsymbol{c}$ 分别在基矢量 $\boldsymbol{g}_1$ 、$\boldsymbol{g}_2$ 、$\boldsymbol{g}_3$ 的方向，各自只有一个不为零的逆变分量，即

$$\mathrm{d}\boldsymbol{a}=\mathrm{d}a^1\boldsymbol{g}_1,\quad \mathrm{d}\boldsymbol{b}=\mathrm{d}b^2\boldsymbol{g}_2,\quad \mathrm{d}\boldsymbol{c}=\mathrm{d}c^3\boldsymbol{g}_3 \tag{6.1.1}$$

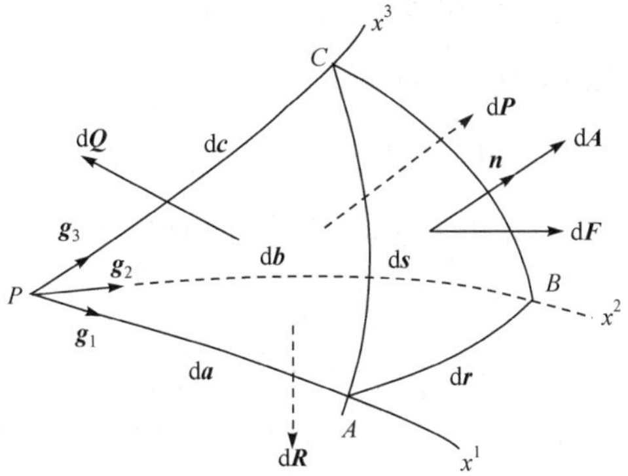

图 6.1.1　微四面体元

由矢量的合成法则，可知

$$\mathrm{d}\boldsymbol{r}=\mathrm{d}\boldsymbol{b}-\mathrm{d}\boldsymbol{a},\quad \mathrm{d}\boldsymbol{s}=\mathrm{d}\boldsymbol{c}-\mathrm{d}\boldsymbol{a} \tag{6.1.2}$$

图 6.1.1 中，ABC 就是所要考虑的面元，以矢量 $\mathrm{d}\boldsymbol{A}$ 表示为

$$\mathrm{d}\boldsymbol{A}=\frac{1}{2}\mathrm{d}\boldsymbol{r}\times\mathrm{d}\boldsymbol{s} \tag{6.1.3}$$

将式(6.1.2)代入式(6.1.3)，并考虑到式(6.1.1)，得到

$$\mathrm{d}\boldsymbol{A}=\frac{1}{2}(\mathrm{d}\boldsymbol{b}-\mathrm{d}\boldsymbol{a})\times(\mathrm{d}\boldsymbol{c}-\mathrm{d}\boldsymbol{a})=\frac{1}{2}(\mathrm{d}\boldsymbol{b}\times\mathrm{d}\boldsymbol{c}+\mathrm{d}\boldsymbol{c}\times\mathrm{d}\boldsymbol{a}+\mathrm{d}\boldsymbol{a}\times\mathrm{d}\boldsymbol{b})=\mathrm{d}A_i\boldsymbol{g}^i \tag{6.1.4}$$

式中，

$$\mathrm{d}A_1=\frac{1}{2}e_{123}\mathrm{d}b^2\mathrm{d}c^3,\quad \mathrm{d}A_2=\frac{1}{2}e_{123}\mathrm{d}c^3\mathrm{d}a^1,\quad \mathrm{d}A_3=\frac{1}{2}e_{123}\mathrm{d}a^1\mathrm{d}b^2 \tag{6.1.5}$$

三角形面元 PAB 可以由外法向矢量表示为

$$\frac{1}{2}(\mathrm{d}\boldsymbol{b}\times\mathrm{d}\boldsymbol{a})=\frac{1}{2}\mathrm{d}b^2\mathrm{d}a^1\in e_{213}\boldsymbol{g}^3=-\mathrm{d}A_i\boldsymbol{g}^3 \tag{6.1.6}$$

类似的表示对三角形面元 PBC 和 PCA 也成立。比较式(6.1.6)、式(6.1.4)、式(6.1.5)可以看出，表示面元 PAB、PBC 和 PCA 的外法向矢量与作为 $\mathrm{d}\boldsymbol{A}$ 的协变分量的 $\mathrm{d}A_i$ 的方向相反。如图 6.1.1 所示，作用在四面体元 $PABC$ 上各面元 PBC、PCA、PAB 和 ABC 的力矢量分别为 $\mathrm{d}\boldsymbol{P}$ 、$\mathrm{d}\boldsymbol{Q}$ 、$\mathrm{d}\boldsymbol{R}$ 和 $\mathrm{d}\boldsymbol{F}$ ，由于四面体元 $PABC$ 的平衡，有

$$\mathrm{d}\boldsymbol{F}+\mathrm{d}\boldsymbol{P}+\mathrm{d}\boldsymbol{Q}+\mathrm{d}\boldsymbol{R}=\boldsymbol{0} \tag{6.1.7}$$

力矢量 $\mathrm{d}\boldsymbol{P}$ 、$\mathrm{d}\boldsymbol{Q}$ 、$\mathrm{d}\boldsymbol{R}$ 、$\mathrm{d}\boldsymbol{F}$ 分别与其作用的面积成正比，可以沿方向分解为逆变分量，即

$$\begin{aligned}&\mathrm{d}\boldsymbol{P}=\mathrm{d}P^j\boldsymbol{g}_j=-\sigma^{1j}\mathrm{d}A_1\boldsymbol{g}_j,\quad \mathrm{d}\boldsymbol{Q}=\mathrm{d}Q^j\boldsymbol{g}_j=-\sigma^{2j}\mathrm{d}A_2\boldsymbol{g}_j\\&\mathrm{d}\boldsymbol{R}=\mathrm{d}R^j\boldsymbol{g}_j=-\sigma^{3j}\mathrm{d}A_3\boldsymbol{g}_j,\quad \mathrm{d}\boldsymbol{F}=\mathrm{d}F^j\boldsymbol{g}_j\end{aligned} \tag{6.1.8}$$

将式(6.1.8)代入式(6.1.7)，可得

$$\mathrm{d}\boldsymbol{F}=-\mathrm{d}\boldsymbol{P}-\mathrm{d}\boldsymbol{Q}-\mathrm{d}\boldsymbol{R}=\sigma^{ij}\mathrm{d}A_i\boldsymbol{g}_j=\mathrm{d}F^j\boldsymbol{g}_j \tag{6.1.9}$$

从而有 $(\mathrm{d}F^j-\sigma^{ij}\mathrm{d}A_i)\boldsymbol{g}_j=\boldsymbol{0}$ ，由于 $\boldsymbol{g}_j$ 线性无关，所以 $\mathrm{d}F^j-\sigma^{ij}\mathrm{d}A_i=0$ ，即

$$\mathrm{d}F^j=\sigma^{ij}\mathrm{d}A_i \tag{6.1.10}$$

由于 $\mathrm{d}F^j$ 是矢量，$\mathrm{d}A_i$ 是任意矢量，所以由商法则可知，σ^{ij} 是一个二阶张量。这就是**应力张量**。应力张量表示一点的应力状态。可以证明：**应力张量是对称张量**。

如图 6.1.2 所示的六面体元，三边的线元矢量分别为 $\mathrm{d}\boldsymbol{a}$ 、$\mathrm{d}\boldsymbol{b}$ 、$\mathrm{d}\boldsymbol{c}$ ，$\mathrm{d}\boldsymbol{a}=\mathrm{d}a^i\boldsymbol{g}_i$ 、$\mathrm{d}\boldsymbol{b}=\mathrm{d}b^j\boldsymbol{g}_j$ 、$\mathrm{d}\boldsymbol{c}=\mathrm{d}c^k\boldsymbol{g}_k$ 。作用在六面体元的三组相对面元上的力分别为

$$\mathrm{d}\boldsymbol{P}=\mathrm{d}P^m\boldsymbol{g}_m=\sigma^{lm}\mathrm{d}b^j\mathrm{d}c^k e_{jkl}\boldsymbol{g}_m$$

$$\mathrm{d}\boldsymbol{Q}=\mathrm{d}Q^m\boldsymbol{g}_m=\sigma^{lm}\mathrm{d}c^k\mathrm{d}a^i e_{kil}\boldsymbol{g}_m$$

$$\mathrm{d}\boldsymbol{R}=\mathrm{d}R^m\boldsymbol{g}_m=\sigma^{lm}\mathrm{d}a^i\mathrm{d}b^j e_{ijl}\boldsymbol{g}_m$$

在六面体的三组相对的面元上，作用有大小相等、方向相反的三对力，形成三个力矩为

$$\mathrm{d}\boldsymbol{a}\times\mathrm{d}\boldsymbol{P}=\mathrm{d}a^i\mathrm{d}P^m e_{imn}\boldsymbol{g}^n=\sigma^{lm}\mathrm{d}a^i\mathrm{d}b^j\mathrm{d}c^k e_{jkl}e_{imn}\boldsymbol{g}^n$$

$$\mathrm{d}\boldsymbol{b}\times\mathrm{d}\boldsymbol{Q}=\mathrm{d}b^j\mathrm{d}Q^m e_{jmn}\boldsymbol{g}^n=\sigma^{lm}\mathrm{d}a^i\mathrm{d}b^j\mathrm{d}c^k e_{kil}e_{jmn}\boldsymbol{g}^n$$

$$\mathrm{d}\boldsymbol{c}\times\mathrm{d}\boldsymbol{R}=\mathrm{d}c^k\mathrm{d}R^m e_{kmn}\boldsymbol{g}^n=\sigma^{lm}\mathrm{d}a^i\mathrm{d}b^j\mathrm{d}c^k e_{ijl}e_{kmn}\boldsymbol{g}^n$$

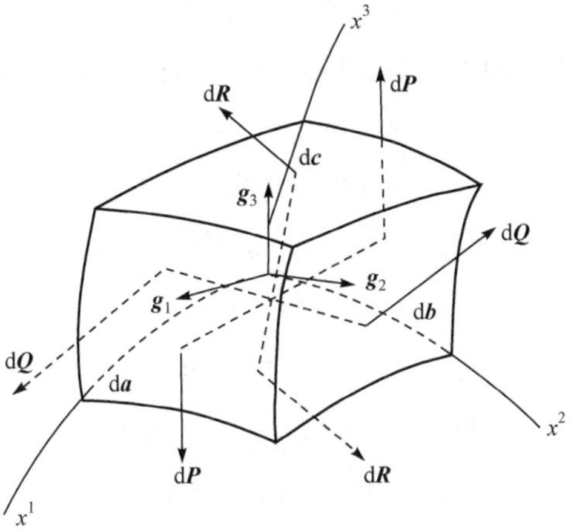

图 6.1.2　六面体元

六面体的平衡条件要求这三组力矩之和为零。这个合力矩是一个矢量，可以表示为 $\boldsymbol{M}=M_n\boldsymbol{g}^n$。由于 $\boldsymbol{g}^n$ 线性无关，$\boldsymbol{M}=\boldsymbol{0}$ 必然使每个分量为零，即

$$\sigma^{lm}\mathrm{d}a^i\mathrm{d}b^j\mathrm{d}c^k(e_{jkl}e_{imn}+e_{kil}e_{jmn}+e_{ijl}e_{kmn})=0 \tag{6.1.11}$$

式(6.1.11)对 n=1, 2, 3 分别成立。式中有 5 个哑指标，有 3^5=243 项，但其中多数项为零。可以采用图 6.1.2 描述的线元矢量 d$\boldsymbol{a}$ 、d$\boldsymbol{b}$ 、d$\boldsymbol{c}$ 去除为零的项。由于 i=1、j=2、k=3，对于 n=1，式(6.1.11)简化为

$$\sigma^{lm}(e_{23l}e_{1m1}+e_{31l}e_{2m1}+e_{12l}e_{3m1})=0$$

因为 e_{1m1}=0，上式括号中的第一项为零，对于第二项，只剩下两种选择：l=2、m=3，或者 l=3、m=2。因而剩下不为零的项只有

$$\sigma^{23}e_{312}e_{231}+\sigma^{32}e_{123}e_{321}=0$$

式中，四个置换张量的分量，前三个为正，最后一个为负，因此有 $\sigma^{23}-\sigma^{32}=0$，即 $\sigma^{23}=\sigma^{32}$。

在式(6.1.11)中，依次取 n=2、n=3，则可以证明 $\sigma^{31}=\sigma^{13}$、$\sigma^{23}=\sigma^{32}$，这就证明了应力张量是对称张量，即

$$\sigma^{ij}=\sigma^{ji},\quad i\neq j \tag{6.1.12}$$

6.1.2 过一点的任意面元上的应力矢量

在一点 P 的邻域取一面元，该面元矢量 $\mathrm{d}\boldsymbol{A}$ 可以由单位外法向矢量 $\boldsymbol{n}$ 表示为

$$\mathrm{d}\boldsymbol{A}=\boldsymbol{n}\mathrm{d}A=n_i\boldsymbol{g}^i\mathrm{d}A \tag{6.1.13}$$

式中，$\mathrm{d}A$ 为面元 ABC 的面积。将式(6.1.4)代入式(6.1.13)，得到 $\mathrm{d}A_i\boldsymbol{g}^i=n_i\mathrm{d}A\boldsymbol{g}^i$，由此得到

$$\mathrm{d}A_i=n_i\mathrm{d}A \tag{6.1.14}$$

若作用在面元 ABC 上的应力矢量为 $\boldsymbol{P}$，则该面元上的力矢量为

$$\mathrm{d}\boldsymbol{F}=\boldsymbol{P}\mathrm{d}A=P^i\boldsymbol{g}_i\mathrm{d}A \tag{6.1.15}$$

将式(6.1.15)代入式(6.1.9)，并利用式(6.1.14)，得

$$P^i\boldsymbol{g}_i\mathrm{d}A=\sigma^{ij}\mathrm{d}A_i\boldsymbol{g}_j=\sigma^{ij}n_i\mathrm{d}A\boldsymbol{g}_j \tag{6.1.16}$$

用 $\boldsymbol{g}^k$ 点乘式(6.1.16)的两端，更换指标，简化得

$$P^j=\sigma^{ij}n_i \tag{6.1.17}$$

当面元无限趋近 P 点，式(6.1.17)表示经过该点的，外法矢量为 $\boldsymbol{n}$ 的面元上的应力矢量，若该点的应力张量 σ^{ij} 已知，式(6.1.17)称为**柯西公式**。

6.1.3 应力张量的混合分量

以上讨论了应力张量的逆变分量 σ^{ij}。若与式(6.1.8)不一样，将 $\mathrm{d}\boldsymbol{P}$、$\mathrm{d}\boldsymbol{Q}$、$\mathrm{d}\boldsymbol{R}$ 和 $\mathrm{d}\boldsymbol{F}$ 分解成协变分量，如 $\mathrm{d}\boldsymbol{P}=\mathrm{d}P_j\boldsymbol{g}^j=-\sigma_{j}^{1}\mathrm{d}A_1\boldsymbol{g}^j$ 等，则可以得到应力张量的混合分量 $\sigma_{\cdot j}^{i}$，σ^{ij} 与 $\sigma_{\cdot j}^{i}$ 是通过度量张量相联系的，即

$$\sigma_{\cdot j}^{i}=\sigma^{ik}g_{kj},\quad \sigma_{j}^{\cdot i}=\sigma^{ki}g_{jk}$$

由于应力张量的对称性 $\sigma^{ik}=\sigma^{ki}$，有

$$\sigma_{\cdot j}^{i}=\sigma_{j}^{\cdot i}=\sigma_{j}^{i} \tag{6.1.18}$$

σ^{ij} 所在的面元是沿坐标曲线的基矢量 $\boldsymbol{g}_i$ 方向截取的，同时这个面元各边上的力也是沿着 $\boldsymbol{g}_i$ 的方向分解为分量的。因此，这些分量是在平衡条件式(6.1.9)中出现的那些分量，如图 6.1.3 所示。所以逆变分量 σ^{ij} 表示的应力张量最有实用价值。应力张量的混合分量 σ_{j}^{i} 在实际应用时也有价值。应力张量的协变分量的实用价值不大，不再讨论。

必须注意：在曲线坐标系中，应力张量 σ^{ij} 的量纲与通常意义上的正应力和剪

应力的量纲(M/LT²)是不一致的。由式(6.1.9)可以看出，面元上 d$\boldsymbol{A}$ 的力 d$\boldsymbol{F}$ 是将 σ^{ij} 与 dA_i 相乘之后，再与基矢量 $\boldsymbol{g}_j$ 相乘的力，所以 σ^{ij} 只是在张量力学的概念内尽可能接近通常工程上的应力概念的一些量。在直角坐标系中，σ^{ij} 与工程上的应力量纲一致。

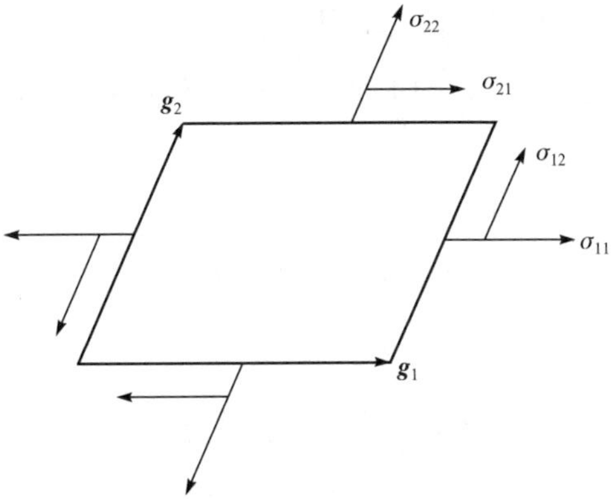

图 6.1.3　应力张量的协变分量

6.1.4　应力张量的主方向、主值、不变量

从式(6.1.10)可知：在受力物体内，过一点的任意面元 d$\boldsymbol{A}$ 上的力矢量 d$\boldsymbol{F}$ 是由该点应力张量的 9 个分量 σ^{ij} 确定的。在通过一个给定点的所有面元中，如果能够找到这样一个面元，作用在该面元上的力矢量正好垂直于该面元，这种情况下，该面元的应力将是简单的拉应力(或压应力)而没有切向分量。这表示该面元的法向矢量和面元上的应力矢量的方向是一致的，这个方向称为**应力张量的主方向**(或**主轴**)。这样的面元上的应力称为**应力张量的主应力(主值)**。

若这个面元上的力矢量 d$\boldsymbol{F}$ 垂直于这个面元，则 d$\boldsymbol{F}$ 与表示该面元的法向矢量 d$\boldsymbol{A}$ 方向一致。d$\boldsymbol{F}$ 的协变分量 dA_i 必然与面元矢量的协变分量成正比，因此有

$$\mathrm{d}\boldsymbol{F} = \mathrm{d}F_j\boldsymbol{g}^j = \sigma^i_j\mathrm{d}A_i\boldsymbol{g}^i,\quad \mathrm{d}\boldsymbol{A} = \mathrm{d}A_j\boldsymbol{g}^j$$

从而有

$$\sigma^i_j\mathrm{d}A_i = \sigma\mathrm{d}A_j \tag{6.1.19}$$

式中，σ 为比例常数，式(6.1.19)可以写成

$$(\sigma^i_j - \sigma\delta^i_j)\mathrm{d}A_i = 0 \tag{6.1.20}$$

这个张量方程代表三个未知量 dA_i 的三个分量方程。这些方程是齐次的，方程具

有非零解的条件是方程组的系数行列式为零，即

$$\det(\sigma_j^i - \sigma\delta_j^i) = \begin{vmatrix} \sigma_1^1 - \sigma & \sigma_1^2 & \sigma_1^3 \\ \sigma_2^1 & \sigma_2^2 - \sigma & \sigma_2^3 \\ \sigma_3^1 & \sigma_3^2 & \sigma_3^3 - \sigma \end{vmatrix} = 0 \tag{6.1.21}$$

方程(6.1.21)是σ的三次方程，有三个根$\sigma_{(m)}$ $(m=1,2,3)$。这三个标量并不是一个矢量的分量，而是应力张量σ_j^i的本征值，称为本征矢量。也就是应力张量σ_j^i的主值(或主应力)。

将式(6.1.21)展开，得到

$$\sigma^3 - A\sigma^2 + B\sigma - C = 0 \tag{6.1.22}$$

式中，

$$A = \sigma_j^i, \quad B = \frac{1}{2}(\sigma_i^i\sigma_j^j - \sigma_j^i\sigma_i^j), \quad B = \det\sigma_j^i \tag{6.1.23}$$

式(6.1.22)是一个本征值σ的三次方程，称为应力张量σ_j^i的特征方程。由此可以求出σ的三个值$\sigma_{(1)}$、$\sigma_{(2)}$、$\sigma_{(3)}$。

$\sigma_{(1)}$、$\sigma_{(2)}$、$\sigma_{(3)}$是方程(6.1.22)的三个根，则方程(6.1.22)可以写成

$$(\sigma - \sigma_{(1)})(\sigma - \sigma_{(2)})(\sigma - \sigma_{(3)}) = 0 \tag{6.1.24}$$

将式(6.1.24)展开得

$$\sigma^3 - J_1\sigma^2 + J_2\sigma - J_3 = 0 \tag{6.1.25}$$

式(6.1.25)的根和系数之间存在以下的关系：

$$J_1 = \sigma_{(1)} + \sigma_{(2)} + \sigma_{(3)}, \quad J_2 = \sigma_{(1)}\sigma_{(2)} + \sigma_{(2)}\sigma_{(3)} + \sigma_{(3)}\sigma_{(1)}, \quad J_3 = \sigma_{(1)}\sigma_{(2)}\sigma_{(3)} \tag{6.1.26}$$

比较式(6.1.22)和式(6.1.25)可以看出，J_1、J_2、J_3可由应力张量表示为

$$J_1 = \sigma_j^i, \quad J_2 = \frac{1}{2}(\sigma_i^i\sigma_j^j - \sigma_j^i\sigma_i^j), \quad J_3 = \det\sigma_j^i \tag{6.1.27}$$

由式(6.1.27)可以看出，J_1、J_2、J_3都是标量，不随坐标转换而改变，因此是不变量；J_1、J_2、J_3分别称为应力张量σ_j^i的第一、第二、第三不变量，分别是应力张量分量的线性函数、二次函数和三次函数。式(6.1.26)是以主应力表示的**应力张量的不变量**。

主应力和主方向具有以下特性：

(1) 与两个不同主值相联系的主方向是正交的(这里不再证明，可以作为练习自行证明)。若式(6.1.20)的三个本征值是不同的实数，即三个主应力的值彼此不相

同，则三个主方向相互正交；若两个主应力的值相同，则这两个主应力所在的平面内的任一方向皆为主方向；若三个主应力相等，则空间的任意方向都是主方向。

(2) 方程(6.1.22)不可能有复根，即应力张量的本征值是三个实数。

(3) 若沿应力张量的三个主方向取单位基矢量 $\boldsymbol{e}_m$ 作为参照标架，则它们相互正交。在与 $\boldsymbol{e}_m$ 垂直的各面元上，只有法向应力 $\sigma_{(m)}$ 而没有切向应力分量。这时，应力张量若以矩阵形式表示，则成对角矩阵

$$\underline{\boldsymbol{\sigma}}^{ij}=\begin{bmatrix}\sigma_{(1)} & 0 & 0\\ 0 & \sigma_{(2)} & 0\\ 0 & 0 & \sigma_{(3)}\end{bmatrix} \tag{6.1.28}$$

基矢量 $\boldsymbol{e}_m$ 是单位矢量，$\sigma_{(m)}$ 就是工程上采用的应力的量纲。

(4) 主应力有极值。这包括三方面：最大(或最小)的主应力是过相应点任意面元上的法向应力的最大(或最小)者；绝对值最大(或最小)的主应力是过相应点任意面元上应力矢量的最大(或最小)者；最大剪应力等于最大主应力与最小主应力之差的 1/2。

6.1.5 最大剪应力、八面体剪应力

1. 最大剪应力

计算受力物体内任一点的最大剪应力，可沿应力张量的主方向取单位基矢量 $\boldsymbol{e}_m$ 作为参考标架，如图 6.1.4 所示。考虑任一面元 d$\boldsymbol{A}$，若以外法向单位矢量 $\boldsymbol{n}$ 表示该面元的方向，dA 表示其大小，p^j 为作用在该面元上的应力矢量的分量，则得

$$p^j=\sigma^{ij}n_i \tag{6.1.29}$$

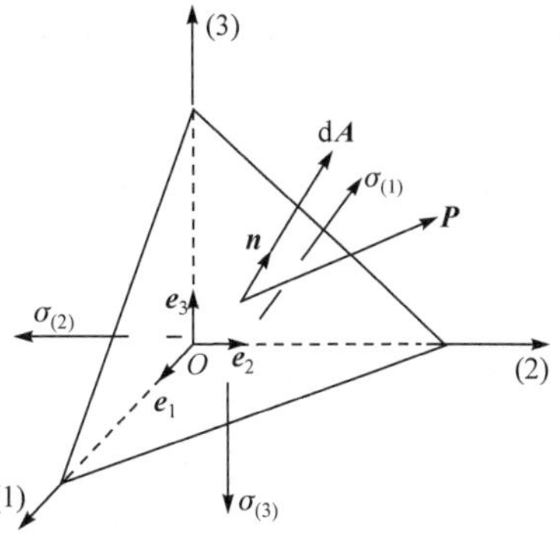

图 6.1.4 应力张量的主方向及单位基矢量

作用在面元 d$\boldsymbol{A}$ 上的应力矢量在方向 $\boldsymbol{n}$ 的分量以 N 表示，则

$$N=p^jn_j=\sigma^{ij}n_in_j=\sigma_{(1)}n_1^{\ 2}+\sigma_{(2)}n_2^{\ 2}+\sigma_{(3)}n_3^{\ 2} \tag{6.1.30}$$

这是因为在所考虑的问题中 $\sigma^{11}=\sigma_{(1)}$、$\sigma^{22}=\sigma_{(2)}$、$\sigma^{33}=\sigma_{(3)}$、$\sigma^{ij}=0(i\neq j)$，作用在面元 d$\boldsymbol{A}$ 上的应力矢量 $\boldsymbol{P}=p^j\boldsymbol{e}_j$，$\boldsymbol{P}$ 的大小为

$$|\boldsymbol{P}|^2=(p^1)^2+(p^2)^2+(p^3)^2=(\sigma_{(1)}n_1)^2+(\sigma_{(2)}n_2)^2+(\sigma_{(3)}n_3)^2 \tag{6.1.31}$$

作用在面元d**A**上的剪应力的大小为

$$\begin{aligned}S^2&=|P|^2-N^2=(\sigma_{(1)}n_1)^2+(\sigma_{(2)}n_2)^2+(\sigma_{(3)}n_3)^2-\left(\sigma_{(1)}{n_1}^2+\sigma_{(2)}{n_2}^2+\sigma_{(3)}{n_3}^2\right)^2\\&=[n_1n_2(\sigma_{(1)}-\sigma_{(2)})]^2+[n_2n_3(\sigma_{(2)}-\sigma_{(3)})]^2+[n_3n_1(\sigma_{(3)}-\sigma_{(1)})]^2\end{aligned}\tag{6.1.32}$$

为求 S 的极大值，可将式(6.1.32)对 n_i 求偏导数，并令其为零，得到

$$\begin{cases}2n_1\{[n_2(\sigma_{(1)}-\sigma_{(2)})]^2+[n_3(\sigma_{(3)}-\sigma_{(1)})]^2\}=0\\2n_2\{[n_3(\sigma_{(2)}-\sigma_{(3)})]^2+[n_1(\sigma_{(1)}-\sigma_{(2)})]^2\}=0\\2n_3\{[n_1(\sigma_{(3)}-\sigma_{(1)})]^2+[n_2(\sigma_{(2)}-\sigma_{(3)})]^2\}=0\end{cases}\tag{6.1.33}$$

而

$${n_1}^2+{n_2}^2+{n_3}^2=1\tag{6.1.34}$$

主应力的大小序列为

$$\sigma_{(1)}>\sigma_{(2)}>\sigma_{(3)}\tag{6.1.35}$$

解方程(6.1.33)、(6.1.34)可得到使 S^2 为极值的 n_1、n_2、n_3 的值，再代入式(6.1.32)，即可得到 S^2 的极值，结果如表 6.1.1 所示。

表 6.1.1　剪应力的极值

n_1	±1	0	0	0	$\pm1/\sqrt{2}$	$\pm1/\sqrt{2}$
n_2	0	±1	0	$\pm1/\sqrt{2}$	0	0
n_3	0	0	±1	$\pm1/\sqrt{2}$	$\pm1/\sqrt{2}$	$\pm1/\sqrt{2}$
S^2	0	0	0	$\left(\frac{\sigma_{(3)}-\sigma_{(1)}}{2}\right)^2$	$\left(\frac{\sigma_{(2)}-\sigma_{(3)}}{2}\right)^2$	$\left(\frac{\sigma_{(2)}-\sigma_{(3)}}{2}\right)^2$

从而可知剪应力的极值为

$$\frac{1}{2}\left|\sigma_{(2)}-\sigma_{(3)}\right|,\quad\frac{1}{2}\left|\sigma_{(3)}-\sigma_{(1)}\right|,\quad\frac{1}{2}\left|\sigma_{(1)}-\sigma_{(2)}\right|\tag{6.1.36}$$

由式(6.1.35)可知

$$\tau_{\max}=\frac{1}{2}\left|\sigma_{(3)}-\sigma_{(1)}\right|\tag{6.1.37}$$

由表 6.1.1 可看出，$\tau_{\max}$ 所在面元的外法向矢量 $\boldsymbol{n}=\pm(\boldsymbol{e}_1\pm\boldsymbol{e}_3)/\sqrt{2}$。因此，最大剪应力所在的面元等分最大主应力 $\sigma_{(1)}$ 与最小主应力 $\sigma_{(3)}$ 的方向所夹的直角，如图 6.1.4 所示。

2. 八面体剪应力

考虑受力物体内任一点 P，在 P 点的邻近作一个平面，使它与三个主轴的倾角相等。由于在 P 点的邻近可以作 8 个这样的平面，它们构成一个八面体，所以这些平面称为**八面体平面**，如图 6.1.5 所示。图中(1)、(2)、(3)为正应力张量的主轴，各轴上的单位基矢量分别为 $\boldsymbol{e}_1$、$\boldsymbol{e}_2$、$\boldsymbol{e}_3$。现考虑第一象限的八面体平面，其外法向单位矢量为

$$\boldsymbol{n}=(\boldsymbol{e}_1+\boldsymbol{e}_2+\boldsymbol{e}_3)/\sqrt{3}$$
$$n_1=n_2=n_3=1/\sqrt{3} \tag{6.1.38}$$

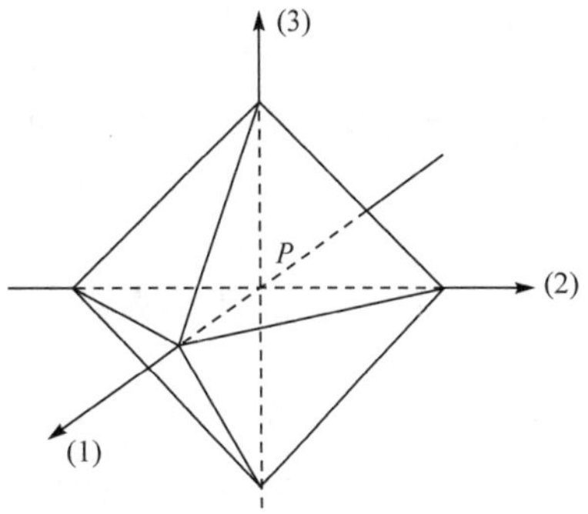

图 6.1.5　八面体平面

由式(6.1.31)可知，在第一象限的八面体平面上

$$S^2=\frac{1}{9}\left[(\sigma_{(1)}-\sigma_{(2)})^2+(\sigma_{(2)}-\sigma_{(3)})^2+(\sigma_{(3)}-\sigma_{(1)})^2\right] \tag{6.1.39}$$

作用在八面体平面上的剪应力称为八面体剪应力，以 τ_0 表示。由式(6.1.38)可知

$$\tau_0=|S|=\frac{1}{3}\sqrt{(\sigma_{(1)}-\sigma_{(2)})^2+(\sigma_{(2)}-\sigma_{(3)})^2+(\sigma_{(3)}-\sigma_{(1)})^2} \tag{6.1.40}$$

式(6.1.40)给出的 τ_0 值，对于所有的八面体平面都成立。

八面体剪应力 τ_0 是一个不变量，在屈服准则理论中是一个有重要意义的量。τ_0 可以用应力张量的不变量表示为

$$9\tau_0^2=2J_1^2-6J_2 \tag{6.1.41}$$

6.1.6　偏应力张量

偏应力张量 S^i_j 的定义为

$$S^i_j=\sigma^i_j-\delta^i_j p \tag{6.1.42}$$

式中，

$$p=\frac{1}{3}\sigma^i_i \tag{6.1.43}$$

$\delta^i_j p$ 定义为**球应力张量**，也称为**静水应力状态**。球应力张量只使物体产生体积的弹性变化，而偏应力张量使物体产生无体积变化的形状变化。材料的屈服是由于偏应力张量的作用，因此在塑性力学中，偏应力张量是一个有重要意义的量，与

屈服准则密切相关。

偏应力张量的主轴与应力张量的主轴一致，偏应力张量的主值为

$$S_{(i)}=\sigma_{(i)}-p,\quad i=1,2,3 \tag{6.1.44}$$

式中，$S_{(i)}(i=1,2,3)$是下列方程的根：

$$-D_1S^3+D_2S+D_3=0 \tag{6.1.45}$$

式中，D_1、D_2、D_3是偏应力张量的不变量：

$$D_1=S_i^i=S_{(1)}+S_{(2)}+S_{(3)},\quad D_2=\frac{1}{2}S_j^iS_i^j,\quad D_3=\det S_i^i=S_{(1)}S_{(2)}S_{(3)} \tag{6.1.46}$$

应力张量的不变量与偏应力张量的不变量之间存在下列关系：

$$D_1=0,\quad D_2=-J_2+\frac{1}{3}J_1^2,\quad D_3=J_3-\frac{1}{3}(J_1J_2)+\frac{2}{27}J_1^3 \tag{6.1.47}$$

三次方程(6.1.45)有三个实根，即

$$S_{(1)}=\sqrt{2}\tau_0\cos\left(\omega-\frac{\pi}{3}\right),\quad S_{(2)}=\sqrt{2}\tau_0\cos\left(\omega+\frac{\pi}{3}\right),\quad S_{(3)}=-\sqrt{2}\tau_0\cos\omega \tag{6.1.48}$$

式中，ω满足

$$-\cos(3\omega)=\frac{\sqrt{2}D_3}{(\tau_0)^3} \tag{6.1.49}$$

由式(6.1.48)和式(6.1.49)，可以得到下列主应力的计算公式：

$$\begin{cases}\sigma_{(1)}=\sqrt{2}\tau_0\cos\left(\omega-\dfrac{\pi}{3}\right)+\dfrac{1}{3}\sigma_i^i\\ \sigma_{(2)}=\sqrt{2}\tau_0\cos\left(\omega+\dfrac{\pi}{3}\right)+\dfrac{1}{3}\sigma_i^i\\ \sigma_{(3)}=-\sqrt{2}\tau_0\cos\omega+\dfrac{1}{3}\sigma_i^i\end{cases} \tag{6.1.50}$$

6.1.7 应力张量的物理分量

在曲线坐标系中，由于基矢量$\boldsymbol{g}_i$可以有不同的量纲，张量分量的量纲与它们表达的物理量的量纲可能不同，这给工程计算带来不便。因此，在进行工程计算时，常需采用张量的物理分量。

计算应力张量的物理分量，可利用定义应力张量的矢量方程(6.1.9)，其面元d$\boldsymbol{A}$的表示式为式(6.1.4)。由式(2.1.237)，面元d$\boldsymbol{A}$可表示为

$$\mathrm{d}\boldsymbol{A}=\sum_{i=1}^{3}\mathrm{d}A_i\sqrt{g^{\underline{ii}}}\,\frac{\boldsymbol{g}^i}{\sqrt{g^{\underline{ii}}}} \tag{6.1.51}$$

面元 d$\boldsymbol{A}$ 的物理分量为

$$\mathrm{d}A_{(i)}=\mathrm{d}A_i\sqrt{g^{\underline{ii}}} \tag{6.1.52}$$

其量纲是 L^2，根据式(2.1.237)、式(6.1.51)，式(6.1.4)可写成

$$\mathrm{d}\boldsymbol{F}=\sum_{i=1}^{3}\sum_{j=1}^{3}\sigma^{ij}\frac{\sqrt{g_{\underline{jj}}}}{\sqrt{g^{\underline{ii}}}}\mathrm{d}A_i\sqrt{g^{\underline{ii}}}\,\frac{\boldsymbol{g}_j}{\sqrt{g_{\underline{jj}}}} \tag{6.1.53}$$

式中，$\boldsymbol{g}_j\big/\sqrt{g_{\underline{jj}}}$ 是单位矢量，$\mathrm{d}A_i\sqrt{g^{\underline{ii}}}$ 是面元的物理分量，量纲为 L^2。则应力张量的物理分量为

$$\sigma^{(ij)}=\sigma^{ij}\frac{\sqrt{g_{\underline{jj}}}}{\sqrt{g^{\underline{ii}}}},\quad i、j\text{不求和} \tag{6.1.54}$$

其量纲是 $\mathrm{M/LT^2}$，与通常工程上采用的应力的量纲相同。应力张量的混合分量的物理分量为

$$\sigma_{(j)}^{(i)}=\sigma_j^i\frac{\sqrt{g^{\underline{jj}}}}{\sqrt{g^{\underline{ii}}}},\quad i、j\text{不求和} \tag{6.1.55}$$

在正交曲线坐标系中，考虑到式(2.1.106)，应力张量的物理分量可以表示为

$$\sigma^{(ij)}=\sigma^{ij}\sqrt{g_{\underline{ii}}}\sqrt{g_{\underline{jj}}},\quad \sigma_{(j)}^{(i)}=\sigma_j^i\sqrt{g_{\underline{ii}}}\sqrt{g^{\underline{jj}}} \tag{6.1.56}$$

张量的物理分量与其相应的张量分量具有相同的物理意义，但是量纲不同，在坐标转换时，张量分量按照特定的法则变换，而**物理分量却没有张量的性质，不能按张量的变换法则变换**。

6.1.8　大变形的应力张量

在变形后的构形中取微四面体，如图 6.1.6 所示，其棱边是经过 p 点的坐标曲线上的线元，面元 d$\boldsymbol{a}$ 上的力矢量为 d$\boldsymbol{F}$，面元 d$\boldsymbol{a}$ 的协变分量是 $\mathrm{d}a_i\ (i=1,2,3)$，设 p 点的应力张量为 σ^{ij}，由式(6.1.6)有

$$\mathrm{d}F_i=\sigma^{ij}\mathrm{d}a_i=\sigma^{ij}n_i\mathrm{d}a \tag{6.1.57}$$

图中 $\boldsymbol{n}$ 为面元 da 的单位外法矢。σ^{ij} 是在变形后的构形上定义的，称为**欧拉应力张**

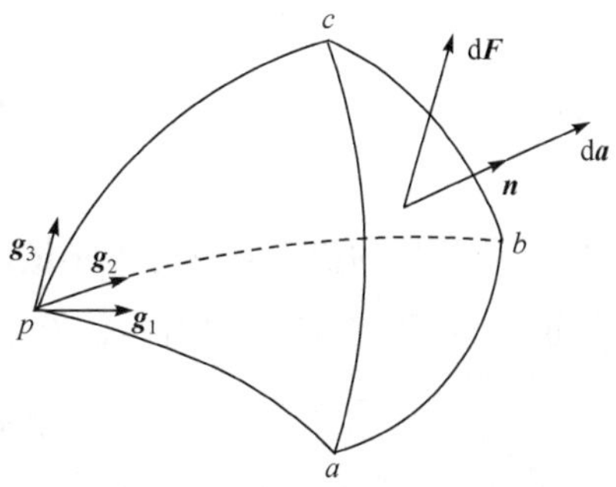

图 6.1.6　微四面体元

量，代表真实的应力。在讨论小变形问题时，由于位移和位移对 X^i (或 x^i)的偏导数(或协变导数)是微小的量，可以略去变形前后物体构形的变化，即略去初坐标和终坐标的差别。因此，可以取变形前(或初始构形)单位面积上的力为欧拉应力(真实应力)。在大变形问题中，则必须考虑变形对物体构形的影响，但变形后的构形是未知的(待定的)。为了研究方便，将作用于变形后物体面元上的力矢量假想地按某种方式作用在初始构形对应的面元上，所产生的应力称为名义应力。在初始构形上确定名义应力之后，根据已知的一一对应关系，就可以求出作用在变形后物体上的真实应力。

在 6.2.7 节的讨论中将会得到

$$\frac{\partial x^i}{\partial X^I} n_i \mathrm{d}a = \zeta N_I \mathrm{d}A \tag{6.1.58}$$

式中，dA 为与面元 d$\boldsymbol{a}$ 对应的初始构形中面元 d$\boldsymbol{A}$ 的面积；$\boldsymbol{N}$ 为 d$\boldsymbol{A}$ 的单位外法矢；ζ 为变形前后体元的体积之比。将式(6.1.58)乘以 $\partial X^I / \partial x^j$ 有

$$\frac{\partial X^I}{\partial x^j}\frac{\partial x^i}{\partial X^I} n_i \mathrm{d}a = \zeta \frac{\partial X^I}{\partial x^j} N_I \mathrm{d}A$$

即

$$n_j \mathrm{d}a = \zeta \frac{\partial X^I}{\partial x^j} N_I \mathrm{d}A \tag{6.1.59}$$

将式(6.1.59)代入式(6.1.57)，有

$$\mathrm{d}F^i = \sigma^{ij} \zeta \frac{\partial X^I}{\partial x^j} N_I \mathrm{d}A \tag{6.1.60}$$

令

$$T^{iJ} = \zeta \frac{\partial X^J}{\partial x^j} \sigma^{ij} \tag{6.1.61}$$

将式(6.1.60)等号右边的求和指标 I 更换为 J，则有

$$\mathrm{d}F^i = T^{iJ} N_J \mathrm{d}A \tag{6.1.62}$$

式中，T^{iJ} 称为**拉格朗日应力张量**，或**第一类皮奥拉-基尔霍夫**(Piola-Kirchhoff)**应力张量**。由式(6.1.62)可以看出，T^{iJ} 是初始构形上定义的名义应力。由式(6.1.61)有

$$\sigma^{ij} = \frac{1}{\zeta} T^{iJ} \frac{\partial x^j}{\partial X^J} \tag{6.1.63}$$

式(6.1.61)表明，拉格朗日应力张量 T^{iJ} 不是对称张量，将 T^{iJ} 作为初始构形上的应力张量，在建立本构方程时是不合适的。因为应变张量是对称张量，这就要求应

力张量要有对称性。

下面引入对称的应力张量——基尔霍夫应力张量，或第二类皮奥拉-基尔霍夫应力张量。将式(6.1.61)乘以 $\partial X^I/\partial x^i$，则有

$$\frac{\partial X^I}{\partial x^i}T^{iJ}=\zeta\frac{\partial X^I}{\partial x^i}\frac{\partial X^J}{\partial x^j}\sigma^{ij} \tag{6.1.64}$$

令

$$S^{IJ}=\frac{\partial X^I}{\partial x^i}T^{iJ} \tag{6.1.65}$$

则有

$$S^{IJ}=\zeta\frac{\partial X^I}{\partial x^i}\frac{\partial X^J}{\partial x^j}\sigma^{ij} \tag{6.1.66}$$

式中，S^{IJ} 称为**基尔霍夫应力张量，或第二类皮奥拉-基尔霍夫应力张量**。由式(6.1.66)可以看出，S^{IJ} 是二阶对称张量。由式(6.1.66)有

$$\sigma^{ij}=\frac{1}{\zeta}S^{KL}\frac{\partial x^i}{\partial X^K}\frac{\partial x^j}{\partial X^L} \tag{6.1.67}$$

对于直角坐标系有

$$T_{iJ}=\zeta\frac{\partial X_J}{\partial x_m}\sigma_{im},\quad S_{IJ}=\zeta\frac{\partial X_I}{\partial x_m}\frac{\partial X_J}{\partial x_n}\sigma_{mn} \tag{6.1.68}$$

$$\sigma_{ij}=\frac{1}{\zeta}\frac{\partial x_j}{\partial X_M}T_{iM},\quad S_{ij}=\frac{1}{\zeta}\frac{\partial x_i}{\partial X_K}\frac{\partial x_j}{\partial X_L}s_{KL} \tag{6.1.69}$$

对于非线性弹性力学问题，有拉格朗日应力张量的平衡方程和边界条件，以及基尔霍夫应力张量的平衡方程和边界条件。这些都是“非线性弹性理论”的讨论范围。

6.2 应 变 张 量

6.2.1 应变张量的概念

1. 变形梯度

设物体在未变形状态(初态)占据某个区域 B，物体内任一点 P 的位置由曲线坐标 X^K $(K=1,2,3)$ 描述，或者由坐标原点 O 到 P 点的位置矢量 $\boldsymbol{P}$ 描述。变形后，原来占据区域 B 的集合进入空间另一区域 b，P 点移动到 p。在变形后(终态)，点 p 的位置由另一曲线坐标 x^k $(k=1,2,3)$ 描述，或者由坐标原点 O 到 p 点的位置矢量 $\boldsymbol{p}$ 描述。坐标系 X^K 和 x^k 不一定相同，如图 6.2.1 所示。矢量 $\boldsymbol{P}$ 和 $\boldsymbol{p}$ 可以

表示为

$$\boldsymbol{P} = X_K \boldsymbol{G}^K = X^K \boldsymbol{G}_K, \quad \boldsymbol{p} = x_k \boldsymbol{g}^k = x^k \boldsymbol{g}_k \tag{6.2.1}$$

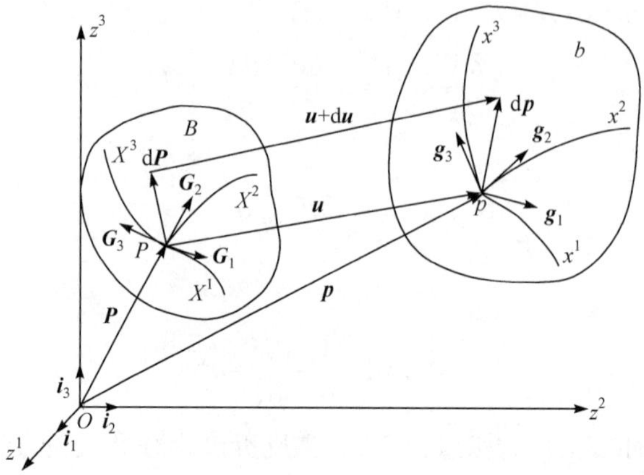

图 6.2.1　物体的状态变化

设物体由区域 B 变形到区域 b 是连续的，物体内部各质点在变形前后一一对应，坐标 x^k 和 X^K 由式(6.2.2)相联系：

$$x^k = x^k(X^1, X^2, X^3), \quad k = 1, 2, 3 \tag{6.2.2}$$

式(6.2.2)是可逆的，即有

$$X^K = X^K(x^1, x^2, x^3), \quad K = 1, 2, 3 \tag{6.2.3}$$

设式(6.2.2)和式(6.2.3)表示的函数在其定义域内连续且有一阶偏导数，则可定义变形梯度

$$x^k_{,K} = \frac{\partial x^x}{\partial X^K}, \quad X^K_{,k} = \frac{\partial X^K}{\partial x^x} \tag{6.2.4}$$

式(6.2.4)是两点张量。变形梯度存在下列关系：

$$X^K_{,k} x^k_{,L} = \delta^K_L, \quad x^k_{,K} X^K_{,l} = \delta^k_l \tag{6.2.5}$$

2. 应变张量

考虑物体内(初态)任一线元 $\mathrm{d}\boldsymbol{P}$，变形后为 $\mathrm{d}\boldsymbol{p}$ (在区域 b 内)，在区域 B 内线元长度的平方和区域 b 内线元长度的平方分别是

$$\mathrm{d}S^2 = G_{KL} \mathrm{d}X^K \mathrm{d}X^L, \quad \mathrm{d}s^2 = g_{kl} \mathrm{d}x^k \mathrm{d}x^l \tag{6.2.6}$$

式(6.2.6)中 $\mathrm{d}S^2$ 和 $\mathrm{d}s^2$ 也可分别用坐标 x^k 和 X^K 表示，由式(6.2.2)和式(6.2.3)，得到

$$\mathrm{d}X^K = X^K_{,k} \mathrm{d}x^k, \quad \mathrm{d}x^k = x^x_{,K} \mathrm{d}X^K \tag{6.2.7}$$

将式(6.2.7)代入式(6.2.6)，可得

$$\mathrm{d}S^2 = c_{kl}\mathrm{d}x^k\mathrm{d}x^l,\quad \mathrm{d}s^2 = C_{KL}\mathrm{d}X^K\mathrm{d}X^L \tag{6.2.8}$$

式中，

$$c_{kl} = G_{KL}X^K_{,k}X^L_{,l},\quad C_{KL} = g_{kl}x^k_{,K}x^l_{,L} \tag{6.2.9}$$

分别称为**柯西变形张量**和**格林变形张量**，它们都是对称张量且都是正定的。c_{kl}、C_{KL} 和度量张量 g_{kl}、G_{KL} 意义相似，只是 c_{kl} 以变形后的坐标描述初态的线元平方，C_{KL} 则反之。

若在区域 B 中所有线元长度的平方与在区域 b 中相应线元长度的平方相等，即 $\mathrm{d}S^2 = \mathrm{d}s^2$，则表示区域 B 在任意相邻两点间的距离不因变形而改变，这种情况便是刚体运动。因此，两者差可用来度量介质由于变形而产生的应变。这个差可以用初坐标 X^K 表示，也可以用终坐标 x^k 表示。

将式(6.2.8)的第二式和式(6.2.6)的第一式相减，式(6.2.8)的第一式和式(6.2.6)的第二式相减，分别给出线元长度的平方差为

$$\mathrm{d}s^2 - \mathrm{d}S^2 = 2E_{KL}\mathrm{d}X^K\mathrm{d}X^L,\quad \mathrm{d}s^2 - \mathrm{d}S^2 = 2e_{kl}\mathrm{d}x^k\mathrm{d}x^l \tag{6.2.10}$$

式中，

$$E_{KL} = \frac{1}{2}(C_{KL} - G_{KL}),\quad e_{kl} = \frac{1}{2}(g_{kl} - c_{kl}) \tag{6.2.11}$$

E_{KL} 和 e_{kl} 分别称为**拉格朗日有限应变张量**和**欧拉有限应变张量**，它们都是对称张量。前者用于拉格朗日坐标描述，以初坐标 X^K 作为自变量；后者用于欧拉坐标描述，以终坐标 x^k 作为自变量。拉格朗日有限应变张量也称为**格林有限应变张量**，欧拉有限应变张量也称为**阿尔曼西(Almaansi)有限应变张量**。可以看出，两者之间有以下转换关系：

$$E_{KL} = e_{kl}x_{k,K}x_{l,L},\quad e_{kl} = E_{KL}X_{K,k}X_{L,l} \tag{6.2.12}$$

应变张量是度量物体质点邻域纯变形的几何量。**物体内各点的应变张量 E_{KL} 或 e_{kl} 的全部分量等于零是物体变形只有刚体运动(只有移动和转动，没有质点间距离的改变)的必要和充分条件。**

6.2.2　应变张量与位移矢量的关系

由图 6.2.1 可以看出，P 点的位移矢量为 $\boldsymbol{u}$，与位置矢量 $\boldsymbol{P}$ 和 $\boldsymbol{p}$ 的关系为

$$\boldsymbol{u} = \boldsymbol{p} - \boldsymbol{P} \tag{6.2.13}$$

矢量 $\boldsymbol{u}$ 可以在坐标系中进行分解为

$$\boldsymbol{u} = U^K\boldsymbol{G}_K = U_K\boldsymbol{G}^K = u^k\boldsymbol{g}_k = u_k\boldsymbol{g}^k \tag{6.2.14}$$

由式(2.2.83)和式(2.2.85)，在 x^k 坐标下可得

$$U_L \boldsymbol{G}^L = x_l \boldsymbol{g}^l - X_L \boldsymbol{G}^L \tag{6.2.15}$$

在式(6.2.15)的两边点乘 $\boldsymbol{G}_K$，得到

$$U_K = \delta_K^l x_l - X_K \tag{6.2.16}$$

式(6.2.16)对 x_k 求导，得到

$$X_{K,k} = \delta_K^l \delta_{kl} - U_{K,k} = \delta_{Kk} - \delta_{mK} u_{m,k} = (\delta_{mk} - u_{m,k})\delta_{mK}$$

于是由式(6.2.9)的第一式给出的柯西变形张量为

$$c_{kl} = \delta_{KL} X_{K,k} X_{L,l} = \delta_{KL}(\delta_{mk} - u_{m,k})\delta_{mK}(\delta_{nl} - u_{n,l})\delta_{nL} = (\delta_{mk} - u_{m,k})(\delta_{nl} - u_{n,l})\delta_{mn}$$

$$= (\delta_{mk} - u_{m,k})(\delta_{ml} - u_{m,l}) = \delta_{kl} - u_{k,l} - u_{l,k} + u_{m,k} u_{,l}^m$$

从而阿尔曼西应变张量可表为

$$e_{kl} = \frac{1}{2}(u_{k,l} + u_{l,k} - u_{m,k} u_{,l}^m) \tag{6.2.17}$$

若用 $\boldsymbol{g}_k$ 点乘式(6.2.16)，然后对 X_K 求导，则类似上述步骤可得用位移梯度表示的格林应变张量为

$$E_{KL} = \frac{1}{2}(U_{K,L} + U_{L,K} - U_{M,K} U_{,L}^M) \tag{6.2.18}$$

阿尔曼西应变张量和格林应变张量都是二阶对称张量，都有三个实的特征值(称为主应变)和三个相互正交的主方向，同时可以给出应变张量的三个不变量。应变张量中指标相同的分量为**正应变分量**，而指标不同的分量为**剪应变分量**。

6.2.3　应变张量的几何意义

考虑图 6.2.2 所示的变形前在 X 点处边缘矢量为 $\boldsymbol{I}_i \mathrm{d}X_i$ $(i=1,2,3)$ 的微小直六面体，变形后成为在 x 点处的边缘矢量，为 $\boldsymbol{C}_i \mathrm{d}X_i$ $(i=1,2,3)$ 的斜六面体。变形前的微元矢量为 $\mathrm{d}\boldsymbol{X}$，变形后成为 $\mathrm{d}\boldsymbol{x}$，于是有

$$\mathrm{d}\boldsymbol{x} = \boldsymbol{i}_k \mathrm{d}x_k = \boldsymbol{i}_k x_{k,K} \mathrm{d}X_K = \boldsymbol{C}_K \mathrm{d}X_K \tag{6.2.19}$$

式中，$\boldsymbol{C}_K = \boldsymbol{i}_k x_{k,K} = \boldsymbol{x}_{,K}$ 是变形梯度 $x_{k,K}$ 组成的矩阵第 K 列元素构成的矢量，有 $C_{KL} = \boldsymbol{C}_K \cdot \boldsymbol{C}_L$。

如果设 $\boldsymbol{N}$ 和 $\boldsymbol{n}$ 分别为沿 $\mathrm{d}X$ 和 $\mathrm{d}x$ 方向的单位矢量，则有

$$N_K = \frac{\mathrm{d}X_K}{\mathrm{d}S},\quad n_k = \frac{\mathrm{d}x_k}{\mathrm{d}s} \tag{6.2.20}$$

将 $\mathrm{d}s/\mathrm{d}S$ 作为 $\boldsymbol{N}$ 的函数时记作 $\Lambda(\boldsymbol{N})$，作为 $\boldsymbol{n}$ 的函数时记作 $\lambda(\boldsymbol{n})$，即

$$\Lambda(\boldsymbol{N}) = \lambda(\boldsymbol{n}) = \frac{\mathrm{d}s}{\mathrm{d}S} \tag{6.2.21}$$

从而有

$$\begin{cases} \Lambda(\boldsymbol{N}) = \dfrac{\mathrm{d}s}{\mathrm{d}S} = \sqrt{\dfrac{C_{KL}\mathrm{d}X_K\mathrm{d}X_L}{\mathrm{d}S\mathrm{d}S}} = \sqrt{C_{KL}N_K N_L} \\ \lambda(\boldsymbol{n}) = \dfrac{\mathrm{d}s}{\mathrm{d}S} = \sqrt{\dfrac{\mathrm{d}s\mathrm{d}s}{c_{kl}\mathrm{d}x_k\mathrm{d}x_l}} = \sqrt{\dfrac{1}{c_{kl}n_k n_l}} \end{cases} \tag{6.2.22}$$

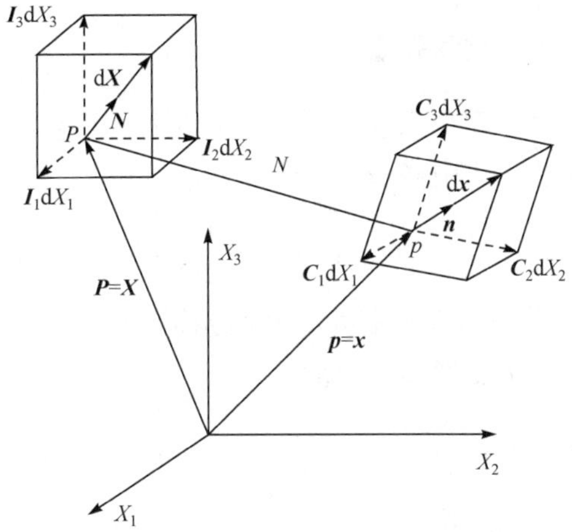

图 6.2.2　变形前后的微小直六面体

式(6.2.22)表明：张量 $\boldsymbol{C}$ 在 $\boldsymbol{N}$ 方向上的法向分量表示在 $\boldsymbol{N}$ 方向上长度比的平方，而张量 $\boldsymbol{c}$ 在 $\boldsymbol{n}$ 方向上的分量表示在 $\boldsymbol{n}$ 方向上长度比的平方的倒数。特别地，若取 $\boldsymbol{N}$ 沿 X_1 轴，即 $\boldsymbol{N}=(1,0,0)$ 时，则给出沿 X_1 轴的长度比为

$$\Lambda_{(1)} = \sqrt{C_{11}} = \sqrt{1+2E_{11}}$$

即有

$$E_{11} = \frac{1}{2}(\Lambda_{(1)}^2 - 1) \tag{6.2.23}$$

可见，格林应变张量的法向分量 E_{11} 就是沿 X_1 方向的长度比平方减 1 的 1/2。对于 E_{22}、E_{33} 有相同的结论。

$\boldsymbol{C}_1\mathrm{d}X_1$ 和 $\boldsymbol{C}_2\mathrm{d}X_2$ 的夹角 θ_{12} 计算如下：

$$\cos\theta_{12} = \frac{\boldsymbol{C}_1\mathrm{d}X_1}{|\boldsymbol{C}_1\mathrm{d}X_1|}\cdot\frac{\boldsymbol{C}_2\mathrm{d}X_2}{|\boldsymbol{C}_2\mathrm{d}X_2|} = \frac{C_{12}}{\sqrt{C_{11}C_{22}}} = \frac{2E_{12}}{\sqrt{1+2E_{11}}\sqrt{1+2E_{22}}} \tag{6.2.24}$$

式(6.2.24)提供了切线向应变 E_{12} 的一种几何意义。

变形前的微小直六面体体积为

$$\mathrm{d}V_0 = \mathrm{d}X_1\boldsymbol{I}_1 \times \mathrm{d}X_2\boldsymbol{I}_2 \cdot \mathrm{d}X_3\boldsymbol{I}_3 = [\boldsymbol{I}_1\ \boldsymbol{I}_2\ \boldsymbol{I}_3]\mathrm{d}X_1\mathrm{d}X_2\mathrm{d}X_3 = \mathrm{d}X_1\mathrm{d}X_2\mathrm{d}X_3$$

变形后的微元体体积为

$$\mathrm{d}V = \mathrm{d}X_1\boldsymbol{C}_1 \times \mathrm{d}X_2\boldsymbol{C}_2 \cdot \mathrm{d}X_3\boldsymbol{C}_3 = [\boldsymbol{C}_1\ \boldsymbol{C}_2\ \boldsymbol{C}_3]\mathrm{d}X_1\mathrm{d}X_2\mathrm{d}X_3 = |\underline{\boldsymbol{J}}|\mathrm{d}X_1\mathrm{d}X_2\mathrm{d}X_3$$

从而有

$$\mathrm{d}V = |\underline{\boldsymbol{J}}|\mathrm{d}V_0 \tag{6.2.25}$$

式中，$|\underline{\boldsymbol{J}}| = \det(x_k, K) > 0$。式(6.1.26)给出了变形后体积元素之间的关系。

6.2.4 小变形应变张量、转动张量

当位移梯度很小时，即在式(6.2.17)和式(6.2.18)中的$u_{m,k}$和$U_{M,K}$同单位 1 相比可以略去时，则在此二式中略去二级微量可得

$$\tilde{e}_{kl} = \frac{1}{2}(u_{k,l} + u_{l,k}) = u_{(k,l)}, \quad \tilde{E}_{KL} = \frac{1}{2}(U_{K,L} + U_{L,K}) = U_{(K,L)} \tag{6.2.26}$$

式中，$\tilde{e}_{kl}$和$\tilde{E}_{KL}$称为**小变形应变张量**，这是位移梯度张量的对称部分。位移梯度张量的反对称部分称为**小变形转动张量**。

$$\tilde{r}_{kl} = \frac{1}{2}(u_{k,l} - u_{l,k}) = u_{[k,l]}, \quad \tilde{R}_{KL} = \frac{1}{2}(U_{K,L} - U_{L,K}) = U_{[K,L]} \tag{6.2.27}$$

由式(6.2.26)和式(6.2.27)得到$u_{k,l} = \tilde{e}_{kl} + \tilde{r}_{kl}$、$U_{K,L} = \tilde{E}_{KL} + \tilde{R}_{KL}$。在$|U_{K,L}| \ll 1$和$|u_{l,k}| \ll 1$的情况下，式(6.1.14)可被线性化为

$$\tilde{E}_{KL} = \tilde{e}_{kl}\delta_K^k\delta_L^l, \quad \tilde{e}_{kl} = \tilde{E}_{KL}\delta_k^K\delta_l^L \tag{6.2.28}$$

式(6.2.28)给出了无限小应变张量的坐标转换规律。如果变形前后的坐标系取向一致，δ_K^k等就称为K-δ记号。在此情况下，格林应变张量和阿尔曼西应变张量之间的差异就不复存在，就都等同于无限小应变下的柯西应变张量，此时不必再区分字母和指标的大写和小写，通常记作

$$\varepsilon_{ij} = \frac{1}{2}(u_{i,j} + u_{j,i}) = u_{(i,j)} \tag{6.2.29}$$

无限小应变张量的分量有明显的几何意义，如令$E_{(N)}$和$e_{(n)}$为$\boldsymbol{N}$和$\boldsymbol{n}$方向的伸长率，即

$$E_{(n)} = e_{(n)} = \frac{\mathrm{d}s - \mathrm{d}S}{\mathrm{d}S} = \varLambda_{(n)} - 1$$

当$\boldsymbol{N}$取向在X_1方向时，由式(6.1.25)便给出

$$2E_{11} = (1 + E_{(1)})^2 - 1$$

当伸长率很小，即$E_{(1)} \ll 1$时，展开上式便得到

$$E_{11} \approx E_{(1)} \approx \tilde{E}_{11} = \varepsilon_{11}$$

对E_{22}和E_{33}亦有类似结果。可见，在无限小应变情况下，应变张量的法向分量代

表了沿坐标轴方向的伸长率。

在无限小应变情况下，式(6.2.24)可写成

$$2E_{12} \approx 2\tilde{E}_{12} \approx \cos\theta_{12}$$

X_1 轴和 X_2 轴之间夹角的改变量为

$$\Gamma_{12} = \frac{\pi}{2} - \theta_{12}$$

当这个改变量很小时，有

$$\Gamma_{12} = \frac{\pi}{2} - \theta_{12} \approx \sin\left(\frac{\pi}{2} - \theta_{12}\right) = \cos\theta_{12} = 2\tilde{E}_{12} = 2\varepsilon_{12} = \gamma_{12} \tag{6.2.30}$$

γ_{12} 称为工程角应变。可见，在小变形情况下，应变张量的非对角线上的分量近似地等于坐标轴夹角改变量的 1/2。在小变形的情况下，无限小的转动张量 $\tilde{r}_{kl}$ 和 $\tilde{R}_{KL}$ 也不需要再加以区别，以后都用 ω_{ij} 来标记，即

$$\omega_{ij} = \frac{1}{2}(u_{i,j} - u_{j,i}) = u_{[i,j]} \tag{6.2.31}$$

6.2.5　应变张量的性质

小变形应变张量 ε_{ij} 是二阶对称张量，其性质同应力张量 σ_{ij} 。下面通过与应力张量对比的方法，讨论小变形应变张量的性质。

1. 应变张量 ε_{ij} 的主方向、主值、不变量

应变张量和应力张量一样，也有主方向、主值、不变量，其推导方法同应力张量的方法，这里只写出有关结果。

应变张量的特征方程为

$$(\varepsilon^i_j - \varepsilon\delta^i_j)v_i = 0 \tag{6.2.32}$$

v_i 存在非零解的条件是方程组的系数行列式为零，即

$$\det(\varepsilon^i_j - \varepsilon\delta^i_j) = 0 \tag{6.2.33}$$

展开式(6.2.33)，得到 ε 的三次方程为

$$\varepsilon^3 - J_1\varepsilon^2 + J_2\varepsilon - J_3 = 0 \tag{6.2.34}$$

式中 J_1 、 J_2 、 J_3 是应变张量的不变量，即

$$J_1 = \varepsilon^i_i = \varepsilon_{(1)} + \varepsilon_{(2)} + \varepsilon_{(3)},\quad J_2 = \frac{1}{2}(\varepsilon^i_i\varepsilon^j_j - \varepsilon^i_j\varepsilon^j_i),\quad J_3 = \det\varepsilon^i_i = \varepsilon_{(1)}\varepsilon_{(2)}\varepsilon_{(3)} \tag{6.2.35}$$

式中， $\varepsilon_{(1)}$ 、 $\varepsilon_{(2)}$ 、 $\varepsilon_{(3)}$ 是方程(6.2.34)的三个根，即应变张量的本征值，也就是应变张量的主值。将 $\varepsilon_{(1)}$ 、 $\varepsilon_{(2)}$ 、 $\varepsilon_{(3)}$ 分别代入式(6.2.32)，可以求出三个本征矢量的

值 $v_{(1)i}$、$v_{(2)i}$、$v_{(3)i}$，它们的方向是应变张量的主方向(主轴)。可以证明，对于各向同性弹性材料，应变张量的主方向与该点应力张量的主方向一致。

2. 偏应变张量

和偏应力张量相似，可以定义偏应变张量(或应变偏量)为

$$e^i_j = \varepsilon^i_j - q\delta^i_j \tag{6.2.36}$$

式中，$q = \varepsilon^i_i/3$ 定义为**球应变张量**。偏应变张量的主值为

$$e_{(1)} = \varepsilon_{(1)} - \frac{1}{3}\varepsilon^i_i, \quad e_{(2)} = \varepsilon_{(2)} - \frac{1}{3}\varepsilon^i_i, \quad e_{(3)} = \varepsilon_{(3)} - \frac{1}{3}\varepsilon^i_i \tag{6.2.37}$$

式中，$e_{(1)}$、$e_{(2)}$、$e_{(3)}$ 是下列三次方程的三个根：

$$-e^3 + J'_2 e + J'_3 = 0 \tag{6.2.38}$$

式中，

$$J'_2 = \frac{1}{2}e^i_j e^j_i, \quad J'_3 = \det e^i_j \tag{6.2.39}$$

是偏应变张量的不变量，且第一不变量 $J'_1 = e^i_i = 0$。

6.2.6　应变张量的物理分量

应变张量 ε_{ij} 是二阶协变张量，当坐标转换时，服从二阶张量的变换法则。由式(6.2.10)可知，应变张量由式(6.2.40)定义

$$\mathrm{d}s^2 - \mathrm{d}S^2 = 2\varepsilon_{ij}\mathrm{d}x^i\mathrm{d}x^j \tag{6.2.40}$$

式中，$\mathrm{d}s^2$、$\mathrm{d}S^2$ 是标量，坐标的微分是一个矢量；$\mathrm{d}x^i$ 的物理分量是 $\sqrt{g_{\underline{ii}}}\mathrm{d}x^i$。式(6.2.40)可写成

$$\mathrm{d}s^2 - \mathrm{d}S^2 = 2\sum_{i=1}^{3}\sum_{j=1}^{3}\frac{\varepsilon_{ij}}{\sqrt{g_{\underline{ii}}}\sqrt{g_{\underline{jj}}}}\left(\sqrt{g_{\underline{ii}}}\mathrm{d}x^i\right)\left(\sqrt{g_{\underline{jj}}}\mathrm{d}x^j\right) \tag{6.2.41}$$

由式(6.2.41)，应变分量的物理分量可以定义为

$$\varepsilon_{(ij)} = \varepsilon_{ij}\frac{1}{\sqrt{g_{\underline{ii}}}\sqrt{g_{\underline{jj}}}}, \quad i, j\text{不求和} \tag{6.2.42}$$

它们是无量纲的量。在正交曲线坐标系，由于 $g^{\underline{ii}} = g_{\underline{ii}}^{-1}$，则应变张量的物理分量为

$$\varepsilon_{(ij)} = \varepsilon_{ij}\sqrt{g^{\underline{ii}}}\sqrt{g^{\underline{jj}}}, \quad i, j\text{不求和} \tag{6.2.43}$$

对于应变张量的混合分量，其物理分量为

$$\varepsilon_{(j)}^{(i)} = \varepsilon_j^i \frac{\sqrt{g^{\underline{ii}}}}{\sqrt{g^{\underline{jj}}}},\quad i,j\text{不求和} \tag{6.2.44}$$

对于正交曲线坐标系：

$$\varepsilon_{(j)}^{(i)} = \varepsilon_j^i \sqrt{g_{\underline{ii}}}\sqrt{g^{\underline{jj}}},\quad i,j\text{不求和} \tag{6.2.45}$$

6.2.7　变形前后体元及面元的变化

物体在未变形状态(初始构形)占据空间某区域 B，物体内任一点 P 的位置由曲线坐标 $X^K(K=1,2,3)$ 描述，或者由位置矢量 $\boldsymbol{P}$ 描述。变形后，原占据区域 B 的物体(质点集合)进入空间另一区域 b，称为物体变形后的状态(变形后构形)，P 点移动到 p，点 p 的位置由另一曲线坐标 $x^k(k=1,2,3)$ 描述，或者由位置矢量 $\boldsymbol{p}$ 描述，如图 6.2.1 所示。物体由区域 B 变形到区域 b 是连续的，初始构形的点 X^K 与变形后的点 x^k 是一一对应的，其关系用式(6.2.2)和式(6.2.3)表示。

这样，在区域 B，雅可比行列式 $\zeta = \left|\dfrac{\partial x^i}{\partial X^K}\right| \neq 0$，展开为

$$\zeta = \begin{vmatrix} \dfrac{\partial x^1}{\partial X^1} & \dfrac{\partial x^1}{\partial X^2} & \dfrac{\partial x^1}{\partial X^3} \\ \dfrac{\partial x^2}{\partial X^1} & \dfrac{\partial x^2}{\partial X^2} & \dfrac{\partial x^2}{\partial X^3} \\ \dfrac{\partial x^3}{\partial X^1} & \dfrac{\partial x^3}{\partial X^2} & \dfrac{\partial x^3}{\partial X^3} \end{vmatrix} \neq 0,\quad \text{在区域}B \tag{6.2.46}$$

考虑到 $ae_{lmn} = e_{rst}a_l^r a_m^s a_n^t$，式(6.2.46)可写成

$$\zeta e_{IJK} = e_{ijk}\frac{\partial x^i}{\partial X^I}\frac{\partial x^j}{\partial X^J}\frac{\partial x^k}{\partial X^K},\quad K=1,2,3 \tag{6.2.47}$$

偏导数

$$x_{,K}^k \equiv \frac{\partial x^k}{\partial X^K} \tag{6.2.48}$$

称为变形梯度，是变形梯度行列式，由式(6.2.2)有

$$\mathrm{d}x^k = \frac{\partial x^k}{\partial X^K}\mathrm{d}X^K \tag{6.2.49}$$

由此可以看出，$\partial x^k/\partial X^K$ 描述初始状态线元 $\mathrm{d}X^K$ 变形到终态(变形后状态)的线元 $\mathrm{d}x^k$，即 $\partial x^k/\partial X^K$ 描述了质点邻域的变形，因此称为**变形梯度**，它是两点张

量场。

已知变形梯度$\partial x^k/\partial X^K$，可以得到变形后体元的变化。设由初始构形取平行六面体，它的三个棱边分别为$\mathrm{d}\boldsymbol{Q}$、$\mathrm{d}\boldsymbol{R}$、$\mathrm{d}\boldsymbol{S}$

$$\mathrm{d}\boldsymbol{Q}=\mathrm{d}Q^I\boldsymbol{G}_I,\quad \mathrm{d}\boldsymbol{R}=\mathrm{d}R^J\boldsymbol{G}_J,\quad \mathrm{d}\boldsymbol{S}=\mathrm{d}S^K\boldsymbol{G}_K \tag{6.2.50}$$

由矢量的混合积$V=Q^iR^jS^ke_{ijk}=\boldsymbol{Q}\times\boldsymbol{R}\cdot\boldsymbol{S}$可知，六面体的体积为

$$\mathrm{d}V=\mathrm{d}\boldsymbol{Q}\times\mathrm{d}\boldsymbol{R}\cdot\mathrm{d}\boldsymbol{S}=\mathrm{d}Q^I\mathrm{d}R^J\mathrm{d}S^Ke_{IJK} \tag{6.2.51}$$

线元$\mathrm{d}\boldsymbol{Q}$、$\mathrm{d}\boldsymbol{R}$、$\mathrm{d}\boldsymbol{S}$变形后成为$\mathrm{d}\boldsymbol{q}$、$\mathrm{d}\boldsymbol{r}$、$\mathrm{d}\boldsymbol{s}$

$$\mathrm{d}q^i=\frac{\partial x^i}{\partial X^I}\mathrm{d}Q^I,\quad \mathrm{d}r^j=\frac{\partial x^j}{\partial X^J}\mathrm{d}R^J,\quad \mathrm{d}s^k=\frac{\partial x^k}{\partial X^K}\mathrm{d}S^K \tag{6.2.52}$$

变形后，$\mathrm{d}\boldsymbol{q}$、$\mathrm{d}\boldsymbol{r}$、$\mathrm{d}\boldsymbol{s}$为棱边的体元的体积为

$$\mathrm{d}v=\mathrm{d}\boldsymbol{q}\times\mathrm{d}\boldsymbol{r}\cdot\mathrm{d}\boldsymbol{s}=\mathrm{d}q^i\mathrm{d}r^j\mathrm{d}s^ke_{ijk}=\mathrm{d}Q^I\mathrm{d}R^J\mathrm{d}S^K\frac{\partial x^i}{\partial X^I}\frac{\partial x^j}{\partial X^J}\frac{\partial x^k}{\partial X^K}e_{ijk} \tag{6.2.53}$$

由式(6.2.47)得

$$\frac{\partial x^i}{\partial X^I}\frac{\partial x^j}{\partial X^J}\frac{\partial x^k}{\partial X^K}e_{IJK}=\zeta e_{IJK} \tag{6.2.54}$$

因此

$$\mathrm{d}v=\mathrm{d}Q^I\mathrm{d}R^J\mathrm{d}S^Ke_{ijk}\zeta=\zeta\mathrm{d}V \tag{6.2.55}$$

式(6.2.55)表示变形前后体元的体积之比。若初始构形物体介质的密度为ρ_0，变形后的密度为ρ，根据质量守恒定律

$$\rho_0\mathrm{d}V=\rho\mathrm{d}v \tag{6.2.56}$$

由式(6.2.55)和式(6.2.56)，有

$$\zeta=\frac{\mathrm{d}v}{\mathrm{d}V}=\frac{\rho_0}{\rho} \tag{6.2.57}$$

若已知ζ，还可以得到初始构形和变形后构形的面元之间的关系。设在初始构形，过P点的两线元$\mathrm{d}\boldsymbol{R}$、$\mathrm{d}\boldsymbol{S}$由式(6.2.50)表示，变形后P点对应的点为p，与线元$\mathrm{d}\boldsymbol{R}$、$\mathrm{d}\boldsymbol{S}$对应的线元分别为$\mathrm{d}\boldsymbol{r}$、$\mathrm{d}\boldsymbol{s}$。在初始构形，面元$\mathrm{d}\boldsymbol{A}$为

$$\mathrm{d}\boldsymbol{A}=\mathrm{d}\boldsymbol{R}\times\mathrm{d}\boldsymbol{S}=\mathrm{d}R^J\boldsymbol{G}_J\times\mathrm{d}S^K\boldsymbol{G}_K=\mathrm{d}R^J\mathrm{d}S^Ke_{JKI}\boldsymbol{G}^I \tag{6.2.58}$$

面元$\mathrm{d}\boldsymbol{A}$的协变分量为

$$\mathrm{d}A_I=\mathrm{d}R^J\mathrm{d}S^Ke_{JKI} \tag{6.2.59}$$

式(6.2.59)可以写为

$$N_I\mathrm{d}A=\mathrm{d}R^J\mathrm{d}S^Ke_{JKI} \tag{6.2.60}$$

式中，N_I 为矢量 $\boldsymbol{N}$ 的分量，$\boldsymbol{N}$ 为 $\mathrm{d}\boldsymbol{A}$ 的单位外法矢；$\mathrm{d}A$ 为面元 $\mathrm{d}\boldsymbol{A}$ 的面积，$\mathrm{d}\boldsymbol{A}=\boldsymbol{N}\mathrm{d}A$。变形后，以线元 $\mathrm{d}\boldsymbol{r}$、$\mathrm{d}\boldsymbol{s}$ 为边的面元为

$$\mathrm{d}\boldsymbol{a}=\mathrm{d}\boldsymbol{r}\times\mathrm{d}\boldsymbol{s}=\mathrm{d}r^j\mathrm{d}s^k e_{jki}\boldsymbol{g}^i \tag{6.2.61}$$

面元 $\mathrm{d}\boldsymbol{a}$ 的协变分量为

$$\mathrm{d}a_i=\mathrm{d}r^j\mathrm{d}s^k e_{jki}=n_i\mathrm{d}a \tag{6.2.62}$$

式中，n_i 为矢量 $\boldsymbol{n}$ 的分量，$\boldsymbol{n}$ 为 $\mathrm{d}\boldsymbol{a}$ 的单位外法矢；$\mathrm{d}a$ 为面元 $\mathrm{d}\boldsymbol{a}$ 的面积，$\mathrm{d}\boldsymbol{a}=\boldsymbol{n}\mathrm{d}a$。将式(6.2.52)的后两式代入式(6.2.62)，有

$$\mathrm{d}a_i=\frac{\partial x^j}{\partial X^J}\frac{\partial x^k}{\partial X^K}\mathrm{d}R^J\mathrm{d}S^K e_{jki} \tag{6.2.63}$$

将式(6.2.63)乘以变形梯度 $\partial x^i/\partial X^I$，有

$$\frac{\partial x^i}{\partial X^I}\mathrm{d}a_i=\frac{\partial x^i}{\partial X^I}\frac{\partial x^j}{\partial X^J}\frac{\partial x^k}{\partial X^K}\mathrm{d}R^J\mathrm{d}S^K e_{jki}=\zeta e_{jki}\mathrm{d}R^J\mathrm{d}S^K=\zeta\mathrm{d}A_I$$

即

$$\frac{\partial x^i}{\partial X^I}\mathrm{d}a_i=\zeta\mathrm{d}A_I \quad 或 \quad \frac{\partial x^i}{\partial X^I}n_i\mathrm{d}a=\zeta N_I\mathrm{d}A \tag{6.2.64}$$

由此可得

$$\mathrm{d}a_i=\frac{\partial X^I}{\partial x^i}\zeta\mathrm{d}A_I \quad 或 \quad n_i\mathrm{d}a=\frac{\partial X^I}{\partial x^i}\zeta N_I\mathrm{d}A \tag{6.2.65}$$

6.3　弹性动力学的基本方程

6.3.1　几何方程

1. 直角坐标系下的应变与位移关系

由弹性力学的小变形理论，在笛卡儿直角坐标系下，弹性固体中一点的应变与位移具有下列关系，并将该关系称为**几何方程**。

$$\begin{cases}\varepsilon_{xx}=\dfrac{\partial u}{\partial x}, \quad \varepsilon_{yy}=\dfrac{\partial v}{\partial y}, \quad \varepsilon_{zz}=\dfrac{\partial w}{\partial z}\\ \gamma_{xy}=\gamma_{yx}=\dfrac{\partial v}{\partial x}+\dfrac{\partial u}{\partial y}, \quad \gamma_{xz}=\gamma_{zx}=\dfrac{\partial w}{\partial x}+\dfrac{\partial u}{\partial z}, \quad \gamma_{yz}=\gamma_{zy}=\dfrac{\partial w}{\partial y}+\dfrac{\partial v}{\partial z}\end{cases} \tag{6.3.1}$$

式中，u、v、w 分别为沿坐标轴 x、y、z 方向的位移。令 $u=u_1$、$v=u_2$、$w=u_3$；$x=x_1$、$y=x_2$、$z=x_3$，则式(6.3.1)可改写为

$$\begin{cases}\varepsilon_{11}=\dfrac{\partial u_1}{\partial x_1}=\dfrac{1}{2}\left(\dfrac{\partial u_1}{\partial x_1}+\dfrac{\partial u_1}{\partial x_1}\right), & \varepsilon_{22}=\dfrac{\partial u_2}{\partial x_2}=\dfrac{1}{2}\left(\dfrac{\partial u_2}{\partial x_2}+\dfrac{\partial u_2}{\partial x_2}\right), \quad \varepsilon_{33}=\dfrac{\partial u_3}{\partial x_3}=\dfrac{1}{2}\left(\dfrac{\partial u_3}{\partial x_3}+\dfrac{\partial u_3}{\partial x_3}\right)\\ \varepsilon_{12}=\varepsilon_{21}=\dfrac{1}{2}\left(\dfrac{\partial u_1}{\partial x_2}+\dfrac{\partial u_2}{\partial x_1}\right), & \varepsilon_{23}=\varepsilon_{32}=\dfrac{1}{2}\left(\dfrac{\partial u_2}{\partial x_3}+\dfrac{\partial u_3}{\partial x_2}\right), \quad \varepsilon_{31}=\varepsilon_{13}=\dfrac{1}{2}\left(\dfrac{\partial u_3}{\partial x_1}+\dfrac{\partial u_1}{\partial x_3}\right)\end{cases}$$

上式具有明显的规律性，可以改写成下列张量的指标形式：

$$E_{ij}=\frac{1}{2}(u_{i,j}+u_{j,i}) \tag{6.3.2}$$

式中，

$$u_{i,j}=\frac{\partial u_i}{\partial x_j} \tag{6.3.3}$$

指标形式的应变与位移关系式(6.3.2)可以写为张量的不变性形式

$$\boldsymbol{E}=\frac{1}{2}[\nabla\boldsymbol{u}+(\nabla\boldsymbol{u})^{\mathrm{T}}]=\frac{1}{2}(\nabla\boldsymbol{u}+\boldsymbol{u}\nabla) \tag{6.3.4}$$

式中，$\boldsymbol{E}=E_{ij}\boldsymbol{e}_i\boldsymbol{e}_j$；$\boldsymbol{u}=u_i\boldsymbol{e}_i$。

2. 正交曲线坐标系下的应变与位移关系式

1) 一般形式

由于张量与坐标系的选择无关，因此式(6.3.4)在一般曲线坐标系下仍然成立。在非完整系物理标架下，应变与位移关系式的分量形式为

$$E_{ij}=\frac{1}{2}\left[(\bar{\nabla}\boldsymbol{u})_{ij}+(\bar{\nabla}\boldsymbol{u})_{ji}\right] \tag{6.3.5}$$

利用式(2.2.161)～式(2.2.163)，则由式(6.3.5)可写成下列一般形式：

$$E_{ij}=\frac{1}{2}[\bar{\partial}_i u_j+\bar{\partial}_j u_i+(\bar{\varGamma}_{ikj}+\bar{\varGamma}_{jki})u_k] \tag{6.3.6}$$

2) 圆柱坐标系

在圆柱坐标系下，考虑到式(2.2.154)，则由式(6.3.6)可写出圆柱坐标系下应变与位移关系式如下：

当$i=j=1$时，

$$\begin{aligned}E_{11}&=\frac{1}{2}[\bar{\partial}_1 u_1+\bar{\partial}_1 u_1+(\bar{\varGamma}_{1k1}+\bar{\varGamma}_{1k1})u_k]=\bar{\partial}_1 u_1+\bar{\varGamma}_{1k1}u_k\\&=\bar{\partial}_1 u_1+\bar{\varGamma}_{111}u_1+\bar{\varGamma}_{121}u_2+\bar{\varGamma}_{131}u_3=\bar{\partial}_1 u_1=\frac{\partial u_1}{\partial x_1}=\frac{\partial u_r}{\partial r}\end{aligned}$$

当 $i=1$ 、 $j=2$ 时，

$$
\begin{aligned}
E_{12}=E_{21}&=\frac{1}{2}[\bar{\partial}_1 u_2+\bar{\partial}_2 u_1+(\bar{\Gamma}_{1k2}+\bar{\Gamma}_{2k1})u_k]\\
&=\frac{1}{2}[\bar{\partial}_1 u_2+\bar{\partial}_2 u_1+(\bar{\Gamma}_{112}+\bar{\Gamma}_{211})u_1+(\bar{\Gamma}_{122}+\bar{\Gamma}_{221})u_2+(\bar{\Gamma}_{132}+\bar{\Gamma}_{231})u_3]\\
&=\frac{1}{2}\left(\bar{\partial}_1 u_2+\bar{\partial}_2 u_1+\bar{\Gamma}_{221}u_2\right)=\frac{1}{2}\left(\frac{\partial u_\theta}{\partial r}+\frac{1}{r}\frac{\partial u_r}{\partial \theta}-\frac{u_\theta}{r}\right)
\end{aligned}
$$

同理，可得应变分量的其他分量，因而圆柱坐标系下的应变与位移关系为

$$
\begin{cases}
E_{rr}=\bar{\partial}_1 u_1=\dfrac{\partial u_r}{\partial r}\\
E_{r\theta}=E_{\theta r}=\dfrac{1}{2}[\bar{\partial}_1 u_2+\bar{\partial}_2 u_1+\bar{\Gamma}_{221}u_2]=\dfrac{1}{2}\left(\dfrac{\partial u_\theta}{\partial r}+\dfrac{1}{r}\dfrac{\partial u_r}{\partial \theta}-\dfrac{u_\theta}{r}\right)\\
E_{\theta\theta}=\bar{\partial}_2 u_2+\bar{\Gamma}_{212}u_1=\dfrac{1}{r}\left(\dfrac{\partial u_\theta}{\partial \theta}+u_r\right)\\
E_{\theta z}=E_{z\theta}=\dfrac{1}{2}\left(\bar{\partial}_3 u_2+\bar{\partial}_2 u_3\right)=\dfrac{1}{2}\left(\dfrac{\partial u_\theta}{\partial z}+\dfrac{1}{r}\dfrac{\partial u_z}{\partial \theta}\right)\\
E_{zz}=\bar{\partial}_3 u_2=\dfrac{\partial u_z}{\partial z}\\
E_{rz}=E_{zr}=\dfrac{1}{2}\left(\bar{\partial}_3 u_1+\bar{\partial}_1 u_3\right)=\dfrac{1}{2}\left(\dfrac{\partial u_r}{\partial z}+\dfrac{1}{r}\dfrac{\partial u_z}{\partial r}\right)
\end{cases}
\tag{6.3.7}
$$

3) 球面坐标系

在球面坐标系下，考虑到式(2.2.155)，则由式(6.3.6)可写出球面坐标系下应变与位移关系如下：

当 $i=j=1$ 时，

$$
E_{11}=\frac{1}{2}\left[\bar{\partial}_1 u_1+\bar{\partial}_1 u_1+\left(\bar{\Gamma}_{1k1}+\bar{\Gamma}_{1k1}\right)u_k\right]=\bar{\partial}_1 u_1+\bar{\Gamma}_{1k1}u_k=\bar{\partial}_1 u_1=\frac{\partial u_1}{\partial x_1}=\frac{\partial u_r}{\partial r}
$$

当 $i=1$ 、 $j=2$ 时，

$$
\begin{aligned}
E_{12}=E_{21}&=\frac{1}{2}\left[\bar{\partial}_1 u_2+\bar{\partial}_2 u_1+\left(\bar{\Gamma}_{1k2}+\bar{\Gamma}_{2k1}\right)u_k\right]\\
&=\frac{1}{2}\left(\bar{\partial}_1 u_2+\bar{\partial}_2 u_1+\bar{\Gamma}_{221}u_2\right)=\frac{1}{2}\left(\frac{1}{r}\frac{\partial u_r}{\partial \theta}+\frac{\partial u_\theta}{\partial r}-\frac{u_\theta}{r}\right)
\end{aligned}
$$

同理，可得应变分量的其他分量，因而球面坐标系下的应变与位移关系为

$$
\begin{cases}
E_{rr}=\bar{\partial}_1 u_1=\dfrac{\partial u_r}{\partial r}\\
E_{r\theta}=E_{\theta r}=\dfrac{1}{2}(\bar{\partial}_1 u_2+\bar{\partial}_2 u_1+\bar{\Gamma}_{221}u_2)=\dfrac{1}{2}\left(\dfrac{1}{r}\dfrac{\partial u_r}{\partial \theta}+\dfrac{\partial u_\theta}{\partial r}-\dfrac{u_\theta}{r}\right)\\
E_{\theta\theta}=\bar{\partial}_2 u_2+\bar{\Gamma}_{212}u_1=\dfrac{1}{r}\left(\dfrac{\partial u_\theta}{\partial \theta}+u_r\right)\\
E_{\varphi\varphi}=\bar{\partial}_3 u_3+\bar{\Gamma}_{313}u_1+\bar{\Gamma}_{323}u_2=\dfrac{1}{r}\left(\dfrac{1}{\sin\theta}\dfrac{\partial u_\varphi}{\partial \varphi}+u_r+\cot\theta u_\theta\right)\\
E_{\varphi r}=E_{r\varphi}=\dfrac{1}{2}(\bar{\partial}_1 u_3+\bar{\partial}_3 u_1+\bar{\Gamma}_{331}u_3)=\dfrac{1}{2}\left(\dfrac{\partial u_\varphi}{\partial r}+\dfrac{1}{r\sin\theta}\dfrac{\partial u_r}{\partial \varphi}-\dfrac{u_\varphi}{r}\right)\\
E_{\theta\varphi}=E_{\varphi\theta}=\dfrac{1}{2}(\bar{\partial}_3 u_2+\bar{\partial}_2 u_3+\bar{\Gamma}_{332}u_3)=\dfrac{1}{2r}\left(\dfrac{1}{\sin\theta}\dfrac{\partial u_\theta}{\partial \varphi}+\dfrac{\partial u_\varphi}{\partial \theta}-\cot\theta u_\varphi\right)
\end{cases}
\tag{6.3.8}
$$

6.3.2 运动方程

1. 直角坐标系下的运动方程

在笛卡儿坐标系下，弹性动力学中的运动方程具有下列形式：

$$
\begin{cases}
\dfrac{\partial \sigma_{xx}}{\partial x}+\dfrac{\partial \tau_{xy}}{\partial y}+\dfrac{\partial \tau_{xz}}{\partial z}+\rho b_x=\rho a_x\\
\dfrac{\partial \tau_{yx}}{\partial x}+\dfrac{\partial \sigma_{yy}}{\partial y}+\dfrac{\partial \tau_{yz}}{\partial z}+\rho b_y=\rho a_y\\
\dfrac{\partial \tau_{zx}}{\partial x}+\dfrac{\partial \tau_{zy}}{\partial y}+\dfrac{\partial \sigma_{zz}}{\partial z}+\rho b_z=\rho a_z
\end{cases}
\tag{6.3.9}
$$

式中，ρ 是单位体积的质量；b_x、b_y、b_z 分别为沿 x、y、z 轴方向的单位质量体力；a_x、a_y、a_z 分别为沿 x、y、z 轴方向的加速度矢量分量。在式(6.3.9)中可分别令 x、y、z 和 u、v、w 为 x_1、x_2、x_3 和 u_1、u_2、u_3，并把指标 x、y、z 分别记为 1、2、3，则式(6.3.9)可改写为

$$
\begin{cases}
\dfrac{\partial T_{11}}{\partial x_1}+\dfrac{\partial T_{12}}{\partial x_2}+\dfrac{\partial T_{13}}{\partial x_3}+\rho b_1=\rho a_1\\
\dfrac{\partial T_{21}}{\partial x_1}+\dfrac{\partial T_{22}}{\partial x_2}+\dfrac{\partial T_{23}}{\partial x_3}+\rho b_2=\rho a_2\\
\dfrac{\partial T_{31}}{\partial x_1}+\dfrac{\partial T_{32}}{\partial x_2}+\dfrac{\partial T_{33}}{\partial x_3}+\rho b_3=\rho a_3
\end{cases}
$$

按爱因斯坦求和约定，上式可写成

$$
\frac{\partial T_{1j}}{\partial x_j}+\rho b_1=\rho a_1,\quad \frac{\partial T_{2j}}{\partial x_j}+\rho b_2=\rho a_2,\quad \frac{\partial T_{3j}}{\partial x_j}+\rho b_3=\rho a_3
$$

于是运动方程的指标记法可写成下列形式：

$$T_{ij,j} + \rho b_i = \rho a_i \tag{6.3.10}$$

式中，

$$T_{ij,j} = \frac{\partial T_{ij}}{\partial x_j} \tag{6.3.11}$$

考虑到 T_{ij} 的对称性，将式(6.3.11)写成张量的不变性形式，则为

$$\operatorname{div}\boldsymbol{T} + \rho\boldsymbol{b} = \rho\boldsymbol{a} \tag{6.3.12}$$

式中，$\boldsymbol{T} = T_{ij}\boldsymbol{e}_i\boldsymbol{e}_j$；$\boldsymbol{b} = b_i\boldsymbol{e}_i$；$\boldsymbol{a} = a_i\boldsymbol{e}_i$。

2. 正交曲线坐标系下的运动方程

1) 一般形式

由于张量与坐标系的选择无关，故式(6.3.12)对一般曲线坐标系也适用。于是，在非完整系物理标架下运动方程的分量形式为

$$(\overline{\nabla}\cdot\boldsymbol{T})_i + \rho b_i = \rho a_i \tag{6.3.13}$$

考虑到式(2.2.171)和式(2.2.196)，则可把式(6.3.13)写成下列运动方程的一般形式：

$$\overline{\partial}_k T_{ki} + \overline{\Gamma}_{kjk} T_{ji} + \overline{\Gamma}_{kji} T_{kj} + \rho b_i = \rho a_i \tag{6.3.14}$$

式中，加速度 a_i 可由式(2.2.197)写为

$$a_i = \left(\frac{\mathrm{D}\boldsymbol{v}}{\mathrm{D}t}\right)_i = \frac{\mathrm{D}v_i}{\mathrm{D}t} + \Gamma_{kli} v_k v_l \tag{6.3.15}$$

式中，$\boldsymbol{v}$ 为速度矢量。

2) 圆柱坐标系

在圆柱坐标系下，考虑到式(2.2.154)，则式(6.3.14)可写为

当 $i = 1$ 时，

$$\begin{aligned}
&\overline{\partial}_k T_{k1} + \overline{\Gamma}_{kjk} T_{j1} + \overline{\Gamma}_{kj1} T_{kj} + \rho b_1 - \rho a_1 \\
&= \overline{\partial}_1 T_{11} + \overline{\partial}_2 T_{21} + \overline{\partial}_3 T_{31} + T_{11}\overline{\Gamma}_{k1k} + T_{21}\overline{\Gamma}_{k2k} + T_{31}\overline{\Gamma}_{k3k} \\
&\quad + T_{k1}\overline{\Gamma}_{k11} + T_{k2}\overline{\Gamma}_{k21} + T_{k3}\overline{\Gamma}_{k31} + \rho b_1 - \rho a_1 \\
&= \overline{\partial}_1 T_{11} + \overline{\partial}_2 T_{21} + \overline{\partial}_3 T_{31} + \overline{\Gamma}_{212} T_{11} + \overline{\Gamma}_{221} T_{22} + \rho b_1 - \rho a_1 \\
&= \frac{\partial T_{rr}}{\partial r} + \frac{1}{r}\frac{\partial T_{\theta r}}{\partial \theta} + \frac{\partial T_{zr}}{\partial z} + \frac{T_{rr} - T_{\theta\theta}}{r} + \rho b_t - \rho a_r = 0
\end{aligned}$$

同理，可得 $i = 2$ 和 $i = 3$ 时的运动方程，从而得到圆柱坐标系下的运动方程为

$$\begin{cases}\dfrac{\partial T_{rr}}{\partial r}+\dfrac{1}{r}\dfrac{\partial T_{\theta r}}{\partial \theta}+\dfrac{\partial T_{zr}}{\partial z}+\dfrac{T_{rr}-T_{\theta\theta}}{r}+\rho b_t-\rho a_r=0\\ \dfrac{\partial T_{r\theta}}{\partial r}+\dfrac{1}{r}\dfrac{\partial T_{\theta\theta}}{\partial \theta}+\dfrac{\partial T_{z\theta}}{\partial z}+\dfrac{T_{r\theta}+T_{\theta r}}{r}+\rho b_\theta-\rho a_\theta=0\\ \dfrac{\partial T_{rz}}{\partial r}+\dfrac{1}{r}\dfrac{\partial T_{\theta z}}{\partial \theta}+\dfrac{\partial T_{zz}}{\partial z}+\dfrac{T_{rz}}{r}+\rho b_z-\rho a_z=0\end{cases} \tag{6.3.16}$$

式中，加速度 a_i 可由式(6.3.15)表示为

$$\begin{cases}a_r=a_1=\dfrac{\mathrm{D}v_1}{\mathrm{D}t}+\bar{\varGamma}_{kl1}v_kv_l=\dfrac{\mathrm{D}v_1}{\mathrm{D}t}+\bar{\varGamma}_{221}v_2^2=\dfrac{\mathrm{D}v_r}{\mathrm{D}t}-\dfrac{v_\theta^2}{r}\\ a_\theta=a_2=\dfrac{\mathrm{D}v_1}{\mathrm{D}t}+\bar{\varGamma}_{kl2}v_kv_l=\dfrac{\mathrm{D}v_2}{\mathrm{D}t}+\bar{\varGamma}_{212}v_1v_2=\dfrac{\mathrm{D}v_\theta}{\mathrm{D}t}+\dfrac{v_rv_\theta}{r}\\ a_z=a_3=\dfrac{\mathrm{D}v_1}{\mathrm{D}t}+\bar{\varGamma}_{kl3}v_kv_l=\dfrac{\mathrm{D}v_3}{\mathrm{D}t}=\dfrac{\mathrm{D}v_z}{\mathrm{D}t}\\ \dfrac{\mathrm{D}}{\mathrm{D}t}=\dfrac{\partial}{\partial t}+v_k\bar{\partial}_k=\dfrac{\partial}{\partial t}+v_1\bar{\partial}_1+v_2\bar{\partial}_2+v_3\bar{\partial}_3=\dfrac{\partial}{\partial t}+v_r\dfrac{\partial}{\partial r}+\dfrac{v_\theta}{r}\dfrac{\partial}{\partial\theta}+v_z\dfrac{\partial}{\partial z}\end{cases} \tag{6.3.17}$$

3) 球面坐标系

在球面坐标系下，考虑到式(2.2.155)，则式(6.3.14)可写为

当 $i=1$ 时，

$$\begin{aligned}&\bar{\partial}_kT_{k1}+\bar{\varGamma}_{kjk}T_{j1}+\bar{\varGamma}_{kj1}T_{kj}+\rho b_1-\rho a_1\\ =&\bar{\partial}_1T_{11}+\bar{\partial}_2T_{21}+\bar{\partial}_3T_{31}+T_{11}\bar{\varGamma}_{k1k}+T_{21}\bar{\varGamma}_{k2k}+T_{31}\bar{\varGamma}_{k3k}\\ &+T_{k1}\bar{\varGamma}_{k11}+T_{k2}\bar{\varGamma}_{k21}+T_{k3}\bar{\varGamma}_{k31}+\rho b_1-\rho a_1\\ =&\bar{\partial}_1T_{11}+\bar{\partial}_2T_{21}+\bar{\partial}_3T_{31}+\left(\bar{\varGamma}_{212}+\bar{\varGamma}_{313}\right)T_{11}+\bar{\varGamma}_{323}T_{21}+\bar{\varGamma}_{221}T_{22}+\bar{\varGamma}_{331}T_{32}+\rho b_1-\rho a_1\\ =&\frac{\partial T_{rr}}{\partial r}+\frac{1}{r}\frac{\partial T_{\theta r}}{\partial\theta}+\frac{1}{r\sin\theta}\frac{\partial T_{\varphi r}}{\partial\varphi}+\frac{1}{r}(2T_{rr}+\cot\theta T_{\theta r}-T_{\theta\theta}-T_{\varphi\varphi})+\rho b_r-\rho a_r=0\end{aligned}$$

同理，可得 $i=2$ 和 $i=3$ 时的运动方程，从而得到球面坐标系下的运动方程为

$$\begin{cases}\dfrac{\partial T_{rr}}{\partial r}+\dfrac{1}{r}\dfrac{\partial T_{\theta r}}{\partial\theta}+\dfrac{1}{r\sin\theta}\dfrac{\partial T_{\varphi r}}{\partial\varphi}+\dfrac{1}{r}(2T_{rr}+T_{\theta r}\cot\theta-T_{\theta\theta}-T_{\varphi\varphi})+\rho b_r-\rho a_r=0\\ \dfrac{\partial T_{r\theta}}{\partial r}+\dfrac{1}{r}\dfrac{\partial T_{\theta\theta}}{\partial\theta}+\dfrac{1}{r\sin\theta}\dfrac{\partial T_{\varphi\theta}}{\partial\varphi}+\dfrac{1}{r}[2T_{r\theta}+T_{\theta r}+(T_{\theta\theta}-T_{\varphi\varphi})\cot\theta]+\rho b_\theta-\rho a_\theta=0\\ \dfrac{\partial T_{r\varphi}}{\partial r}+\dfrac{1}{r}\dfrac{\partial T_{\theta\varphi}}{\partial\theta}+\dfrac{1}{r\sin\theta}\dfrac{\partial T_{\varphi\varphi}}{\partial\varphi}+\dfrac{1}{r}[2T_{r\varphi}+T_{\varphi r}+\cot\theta(T_{\theta\varphi}+T_{\varphi\theta})]+\rho b_\varphi-\rho a_\varphi=0\end{cases} \tag{6.3.18}$$

式中，加速度 a_i 可由式(6.3.15)表示为

$$\begin{cases} a_r = a_1 = \dfrac{\mathrm{D}v_1}{\mathrm{D}t} + \bar{\Gamma}_{kl1}v_k v_l = \dfrac{\mathrm{D}v_1}{\mathrm{D}t} + \bar{\Gamma}_{221}v_2^2 + \bar{\Gamma}_{331}v_3^2 = \dfrac{\mathrm{D}v_r}{\mathrm{D}t} - \dfrac{v_\theta^2 + v_\varphi^2}{r} \\ a_\theta = a_2 = \dfrac{\mathrm{D}v_2}{\mathrm{D}t} + \bar{\Gamma}_{kl2}v_k v_l = \dfrac{\mathrm{D}v_2}{\mathrm{D}t} + \bar{\Gamma}_{212}v_1 v_2 + \bar{\Gamma}_{332}v_3^2 = \dfrac{\mathrm{D}v_\theta}{\mathrm{D}t} + \dfrac{v_r v_\theta - \cot\theta v_\varphi^2}{r} \\ a_\varphi = a_3 = \dfrac{\mathrm{D}v_3}{\mathrm{D}t} + \bar{\Gamma}_{kl3}v_k v_l = \dfrac{\mathrm{D}v_3}{\mathrm{D}t} + \bar{\Gamma}_{313}v_1 v_3 + \bar{\Gamma}_{323}v_2 v_3 = \dfrac{\mathrm{D}v_\varphi}{\mathrm{D}t} + \dfrac{(v_r + \cot\theta v_\theta)v_\varphi}{r} \\ \dfrac{\mathrm{D}}{\mathrm{D}t} = \dfrac{\partial}{\partial t} + v_k\bar{\partial}_k = \dfrac{\partial}{\partial t} + v_1\bar{\partial}_1 + v_2\bar{\partial}_2 + v_3\bar{\partial}_3 = \dfrac{\partial}{\partial t} + v_r\dfrac{\partial}{\partial r} + \dfrac{v_\theta}{r}\dfrac{\partial}{\partial\theta} + \dfrac{v_\varphi}{r\sin\theta}\dfrac{\partial}{\partial\varphi} \end{cases}$$

(6.3.19)

3. 运动方程的卷积表达式

对于应力表示的运动方程(6.3.10)，考虑到运动的加速度是位移的二阶导数，则式(6.3.10)可写为

$$T_{ij,j} + \rho b_i = \rho\ddot{u}_i \tag{6.3.20}$$

在式(6.3.20)两边对 t 作卷积得

$$t*\sigma_{ij,j} + \rho t*b_k = \rho t*\ddot{u}_i \tag{6.3.21}$$

利用式(2.3.11)，式(6.3.21)可写为

$$t*\sigma_{ij,j} + \rho t*b_i = \rho(u_i - tv_{0i} - u_{0i}) \tag{6.3.22}$$

式(6.3.22)可写为

$$t*\sigma_{ij,j} + \rho\tilde{b}_i = \rho u_i \tag{6.3.23}$$

式(6.3.23)就是运动方程的**卷积表达式**，其中，$\tilde{\boldsymbol{b}}(\boldsymbol{x},t) = t*\boldsymbol{b}(\boldsymbol{x},t) + t\boldsymbol{v}_0(\boldsymbol{x}) + \boldsymbol{u}_0(\boldsymbol{x})$。

6.3.3　边界条件和间断条件

1. 边界条件

弹性问题中的力边界条件为

$$\sigma_{xx}n_x + \tau_{xy}n_y + \tau_{xz}n_z = \bar{p}_x,\quad \sigma_{yx}n_x + \tau_{yy}n_y + \tau_{yz}n_z = \bar{p}_y,\quad \sigma_{zx}n_x + \tau_{zy}n_y + \tau_{zz}n_z = \bar{p}_z$$

(6.3.24)

式中，n_x、n_y 和 n_z 及 $\bar{p}_x$、$\bar{p}_y$ 和 $\bar{p}_z$ 分别为法线 $\boldsymbol{n}$ 与坐标轴 x、y 和 z 的方向余弦及给定的表面力矢量的分量。式(6.3.24)可写成下列指标记法的形式：

$$T_{ij}n_j = \bar{p}_i \tag{6.3.25}$$

其张量不变性形式为

$$\boldsymbol{T}\cdot\boldsymbol{n} = \bar{\boldsymbol{p}} \tag{6.3.26}$$

弹性问题中的位移边界条件为

$$u_x = \overline{u}_x, \quad u_y = \overline{u}_y, \quad u_z = \overline{u}_z \tag{6.3.27}$$

写成指标记法则为

$$u_i = \overline{u}_i \tag{6.3.28}$$

其张量不变性形式为

$$\boldsymbol{u} = \overline{\boldsymbol{u}} \tag{6.3.29}$$

2. 间断条件

质量守恒定律、线动量守恒定律及角动量守恒定律是一切连续介质所应满足的基本定律。在连续场的情况下可由这些定律导出场方程，即**连续性方程**，**柯西第一运动定律**和**柯西第二运动定律**，在不连续场的情况下便导出间断条件。

从介质的连续性假设出发，需要位移场量 $\boldsymbol{u}(x,t)$ 在任意时刻 t 为空间坐标 x 的连续函数，即不容许在介质的粒子之间出现裂隙或重叠现象。然而，在载荷变化极为迅速的情况下，将会导致位移函数对时间或空间变量的导数及应力等场量在一个非常窄的空间区域内或很短的时间段内发生急骤变化，为了描述这些量的急骤变化，数学上可通过一个有限的跳跃，即引进间断面得到良好的近似。**间断面**是指在介质中运动着的曲面，该曲面两侧介质的运动呈现出某些不连续性。间断面在波的传播理论中是非常重要的概念。下面讨论在间断面上应当满足的条件，即**间断条件**。

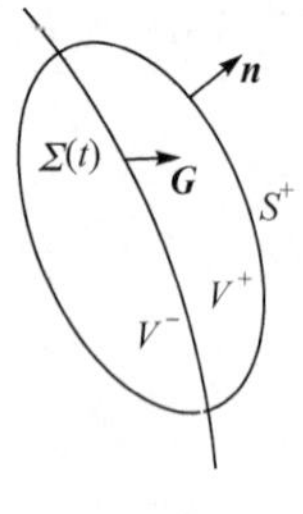

图 6.3.1 物质体积的间断面

考虑图 6.3.1 所示的物质体积 V 被一个以速度 $\boldsymbol{G}$ 传播的间断面 $\Sigma(t)$ 分为 V^- 和 V^+ 两部分。若跨越 $\Sigma(t)$ 两侧场量 f 有间断存在，则记 $[f] = f^- - f^+$ 表示量 f 在间断面处的间断量。f^- 和 f^+ 分别是间断面后方 V^- 和间断面前方 V^+ 内的 f 值，并假定它们在各自所在的区域内是连续可微的。

利用体积积分的导数表达式(3.1.69)，要求场量 ψ 在所考虑的物质体积上处处连续。当物质体积中包含图 6.3.1 所示的间断面时，式(3.1.69)应修正如下：

$$\frac{\mathrm{d}}{\mathrm{d}t}\int_{V-\Sigma}\psi\,\mathrm{d}V = \int_{V-\Sigma}\left[\frac{\partial\psi}{\partial t} + \mathrm{div}(\psi\boldsymbol{v})\right]\mathrm{d}V + \int_{\Sigma}\left[\psi(\boldsymbol{v}-\boldsymbol{G})\right]\cdot\boldsymbol{n}\,\mathrm{d}S \tag{6.3.30}$$

张量场的散度定理应进行如下修正：

$$\int_{S-\Sigma}\varphi_k n_k\,\mathrm{d}S = \int_{V-\Sigma}\varphi_{k,k}\,\mathrm{d}V + \int_{\Sigma}[\varphi_k]n_k\,\mathrm{d}S \tag{6.3.31}$$

在式(6.3.30)和式(6.3.31)中，$V-\Sigma$ 意指求体积分时应从物质体积 V 中扣除间断面上的物质点，$S-\Sigma$ 意指求面积分时排除 Σ 和 S 的交线，并有 $V-\Sigma=V^{+}+V^{-}$，$S-\Sigma=S^{+}+S^{-}$。

对上面两式简单证明如下：

先证明式(6.3.30)，整个体积分的变化率看作由两部分组成，一部分是固定体积不变时，由体积内部场的变化率所做的贡献，由下式给出：

$$\int_{V-\Sigma}\frac{\partial\psi}{\partial t}\mathrm{d}V+\int_{\Sigma}(\psi^{-}-\psi^{+})\boldsymbol{G}\cdot\boldsymbol{n}\mathrm{d}S$$

另一部分是由物质体积的变化率所做的贡献，可表示为

$$\int_{S^{-}}\psi^{-}\boldsymbol{v}^{-}\cdot\boldsymbol{n}\mathrm{d}S+\int_{S^{+}}\psi^{+}\boldsymbol{v}^{+}\cdot\boldsymbol{n}\mathrm{d}S$$

上面两部分贡献相加，写成如下形式：

$$\begin{aligned}\frac{\mathrm{d}}{\mathrm{d}t}\int_{V-\Sigma}\psi\mathrm{d}V=&\int_{V^{-}}\frac{\partial\psi}{\partial t}\mathrm{d}V+\int_{V^{+}}\frac{\partial\psi^{+}}{\partial t}\mathrm{d}V+\int_{\Sigma}\psi^{-}\boldsymbol{G}\cdot\boldsymbol{n}\mathrm{d}S-\int_{\Sigma}\psi^{+}\boldsymbol{G}\cdot\boldsymbol{n}\mathrm{d}S\\&+\int_{S^{-}}\psi^{-}\boldsymbol{v}^{-}\cdot\boldsymbol{n}\mathrm{d}S+\int_{S^{+}}\psi^{+}\boldsymbol{v}^{+}\cdot\boldsymbol{n}\mathrm{d}S+\int_{\Sigma}\psi^{-}\boldsymbol{v}^{-}\cdot\boldsymbol{n}\mathrm{d}S-\int_{\Sigma}\psi^{-}\boldsymbol{v}^{-}\cdot\boldsymbol{n}\mathrm{d}S\\&+\int_{\Sigma}\psi^{+}\boldsymbol{v}^{+}\cdot\boldsymbol{n}\mathrm{d}S-\int_{\Sigma}\psi^{+}\boldsymbol{v}^{+}\cdot\boldsymbol{n}\mathrm{d}S\end{aligned}$$

在上式中增添最后四项，是为了在 $V^{+}+S^{+}$ 和 $V^{-}+S^{-}$ 两个连续场的区域内分别使用散度定理。由式(3.1.68)和式(3.1.69)，上式可以写成

$$\begin{aligned}\frac{\mathrm{d}}{\mathrm{d}t}\int_{V-\Sigma}\psi\mathrm{d}V=&\int_{V^{-}}\left[\frac{\partial\psi^{-}}{\partial t}+\operatorname{div}(\psi^{-}\boldsymbol{v}^{-})\right]\mathrm{d}V+\int_{V^{+}}\left[\frac{\partial\psi^{+}}{\partial t}+\operatorname{div}(\psi^{+}\boldsymbol{v}^{+})\right]\mathrm{d}V\\&+\int_{\Sigma}\psi^{+}(\boldsymbol{v}^{+}-\boldsymbol{G})\cdot\boldsymbol{n}\mathrm{d}S-\int_{\Sigma}\psi^{-}(\boldsymbol{v}^{-}-\boldsymbol{G})\cdot\boldsymbol{n}\mathrm{d}S\end{aligned}$$

上式中右端前面两项积分区域合并，后面两项使用间断符号后便得到式(6.3.30)。

对于包括间断面的散度定理式(6.3.31)，只需在 V^{-} 和 V^{+} 两个区域上分别运用散度定理

$$\int_{V^{-}}\varphi_{k,k}^{-}\mathrm{d}V=\int_{S^{-}}\varphi_{k}^{-}n_{k}\mathrm{d}S+\int_{\Sigma}\varphi_{k}^{-}n_{k}\mathrm{d}S$$

$$\int_{V^{+}}\varphi_{k,k}^{+}\mathrm{d}V=\int_{S^{+}}\varphi_{k}^{+}n_{k}\mathrm{d}S-\int_{\Sigma}\varphi_{k}^{+}n_{k}\mathrm{d}S$$

此二式相加即得式(6.3.31)。

现在考虑物质体积中包含间断面的线动量的平衡定律。若令

$$\boldsymbol{t}(\boldsymbol{x},\boldsymbol{n},t)=\boldsymbol{t}(\boldsymbol{x},\boldsymbol{i}_{k},t)n_{k}=\boldsymbol{t}_{k}n_{k}\tag{6.3.32}$$

于是线动量总体平衡方程(3.1.78)可写成

$$\frac{\mathrm{d}}{\mathrm{d}t}\int_{V-\Sigma}\rho\boldsymbol{v}\,\mathrm{d}V=\int_{S-\Sigma}\boldsymbol{t}_k n_k\,\mathrm{d}S+\int_{V-\Sigma}\rho\boldsymbol{b}\,\mathrm{d}V \tag{6.3.33}$$

取$\psi=\rho\boldsymbol{v}$，$\varphi_k=\boldsymbol{t}_k$，对式(6.3.33)左端运用式(6.3.30)，右端第一项运用式(6.3.31)就得到

$$\int_{V-\Sigma}\left[\frac{\partial(\rho\boldsymbol{v})}{\partial t}+(\rho\boldsymbol{v}v_k)_{,k}-\boldsymbol{t}_{k,k}-\rho\boldsymbol{b}\right]\mathrm{d}V+\int_{\Sigma}\left[\rho\boldsymbol{v}(v_k-G_k)-\boldsymbol{t}_k\right]n_k\,\mathrm{d}S=0 \tag{6.3.34}$$

由于式(6.3.34)对物体任何一部分都成立，所以各被积函数分别为零，即有

$$\frac{\partial(\rho\boldsymbol{v})}{\partial t}+(\rho\boldsymbol{v}v_k)_{,k}-\boldsymbol{t}_{k,k}-\rho\boldsymbol{b}=\boldsymbol{0} \tag{6.3.35}$$

$$[\rho\boldsymbol{v}(v_k-G_k)]n_k=[\boldsymbol{t}_k]n_k \tag{6.3.36}$$

展开式(6.3.35)，有

$$\frac{\partial\rho}{\partial t}\boldsymbol{v}+\rho\frac{\partial\boldsymbol{v}}{\partial t}+(\rho v_k)_{,k}\boldsymbol{v}+\rho v_k\boldsymbol{v}_{,k}-\boldsymbol{t}_{k,k}-\rho\boldsymbol{b}=\boldsymbol{0}$$

或

$$\left[\frac{\partial\rho}{\partial t}+\left(\rho v_k\right)_{,k}\right]\boldsymbol{v}+\rho\left(\frac{\partial\boldsymbol{v}}{\partial t}+v_k\boldsymbol{v}_{,k}\right)-\boldsymbol{t}_{k,k}-\rho\boldsymbol{b}=\boldsymbol{0}$$

利用连续性方程，上式第一项为零，第二项写成速度的物质导数，则有

$$\rho\frac{\mathrm{D}\boldsymbol{v}}{\mathrm{D}t}-\boldsymbol{t}_{k,k}-\rho\boldsymbol{b}=\boldsymbol{0}$$

这就是柯西第一运动定律，即运动方程。而式(6.3.36)给出了间断面上应满足的动力学条件。其分量形式为

$$[\rho v_l(v_k-G_k)]n_k=[\sigma_{kl}]n_k \tag{6.3.37}$$

当$v_k<<G_k$时，有$-G_k[\rho v_l]n_k=[\sigma_{kl}]n_k$，在小变形的情况下，$\rho\approx\rho_0$，则给出

$$-G_k\rho_0[v_l]n_k=[\sigma_{kl}]n_k \tag{6.3.38}$$

顺便指出，若在间断面两侧应力有间断，则式(6.3.38)不再成立。

6.3.4　本构方程

1. 广义胡克定律

为了便于讨论，本节以笛卡儿坐标为例，即不考虑协变指标和逆变指标的区别。在均匀线性弹性固体的小变形理论中，应力与应变具有下列关系：

$$\begin{cases}T_{11}=C_{1111}E_{11}+C_{1112}E_{12}+C_{1113}E_{13}+\cdots+C_{1133}E_{33}\\ T_{12}=C_{1211}E_{11}+C_{1212}E_{12}+C_{1213}E_{13}+\cdots+C_{1233}E_{33}\\ \qquad\vdots\\ T_{33}=C_{3311}E_{11}+C_{3312}E_{12}+C_{3313}E_{13}+\cdots+C_{3333}E_{33}\end{cases} \tag{6.3.39}$$

式(6.3.39)共有九个方程，可以写成下列指标形式：

$$T_{ij} = C_{ijkl}E_{kl} \tag{6.3.40}$$

其不变性形式为

$$\boldsymbol{T} = \boldsymbol{C} : \boldsymbol{E} \tag{6.3.41}$$

弹性力学中常把式(6.3.39)～式(6.3.41)称为**广义胡克定律**。

2. 弹性常数张量

在式(6.3.40)中，T_{ij} 和 E_{kl} 均为二阶张量，由商法则可知，C_{ijkl} 必定是一个四阶张量，称为**弹性常数张量**。

由于应力张量 T_{ij} 和应变张量 E_{kl} 均为二阶对称张量，即 $T_{ij} = T_{ji}$ 、$E_{kl} = E_{lk}$ ，于是利用 $T_{ij} = C_{ijkl}E_{kl}$ 、$T_{ji} = C_{jikl}E_{kl}$ ，则有

$$C_{ijkl}E_{kl} - C_{jikl}E_{kl} = (C_{ijkl} - C_{jikl})E_{kl} = 0$$

由于 E_{kl} 的任意性，得

$$C_{ijkl} = C_{jikl} \tag{6.3.42}$$

式(6.3.42)表明，弹性常数张量 C_{ijkl} 对第一和第二指标 i 和 j 是对称的。同理，可证弹性常数张量 C_{ijkl} 对第三和第四指标 k 和 l 也是对称的，即

$$C_{ijkl} = C_{ijlk} \tag{6.3.43}$$

由式(6.3.42)和式(6.3.43)可知，在弹性常数张量的 $3^4 = 81$ 个分量中，至多有 $6 \times 6 = 36$ 个独立分量。下面通过应变能，进一步研究均匀线性弹性固体的本构方程。应变能 U 具有下列表达式：

$$U = \frac{1}{2}(\sigma_{xx}\varepsilon_{xx} + \sigma_{yy}\varepsilon_{yy} + \sigma_{zz}\varepsilon_{zz} + \tau_{xy}\gamma_{xy} + \tau_{yz}\gamma_{yz} + \tau_{zx}\gamma_{zx}) = \frac{1}{2}T_{ij}E_{ij} \tag{6.3.44}$$

或写成不变性形式为

$$U = \frac{1}{2}\boldsymbol{T} : \boldsymbol{E} \tag{6.3.45}$$

式(6.3.44)和式(6.3.45)表示每一应力分量在相应的应变分量上所做的功。因此，对于应力和应变的微小增量，U 的增量为

$$\mathrm{d}U = T_{ij}\,\mathrm{d}E_{ij} \tag{6.3.46}$$

考虑到 $U = U(T_{ij}, E_{ij})$

$$\begin{aligned} \mathrm{d}U &= \frac{\partial U}{\partial T_{ij}}\mathrm{d}T_{ij} + \frac{\partial U}{\partial E_{ij}}\mathrm{d}E_{ij} = \frac{\partial U}{\partial T_{ij}}\frac{\partial T_{ij}}{\partial E_{kl}}\mathrm{d}E_{kl} + \frac{\partial U}{\partial E_{ij}}\mathrm{d}E_{ij} = \frac{\partial U}{\partial T_{kl}}\frac{\partial T_{kl}}{\partial E_{ij}}\mathrm{d}E_{ij} + \frac{\partial U}{\partial E_{ij}}\mathrm{d}E_{ij} \\ &= \left(\frac{\partial U}{\partial T_{kl}}\frac{\partial T_{kl}}{\partial E_{ij}} + \frac{\partial U}{\partial E_{ij}}\right)\mathrm{d}E_{ij} = \frac{1}{2}(E_{kl}C_{klij} + T_{ij})\mathrm{d}E_{ij} \end{aligned} \tag{6.3.47}$$

由于 $E_{ij}=E_{ji}$，所以九个 E_{ij} 不能全都任意选取，但总可以选取一对指标 i、j，使得 $\mathrm{d}E_{ij}=\mathrm{d}E_{ji}\neq 0$，于是由式(6.3.46)和式(6.3.47)分别得到

$$2\mathrm{d}U=T_{ij}\mathrm{d}E_{ij}+T_{ji}\mathrm{d}E_{ji}=(T_{ij}+T_{ji})\mathrm{d}E_{ij}$$

$$\begin{aligned}2\mathrm{d}U&=\frac{1}{2}(E_{kl}C_{klij}+T_{ij})\mathrm{d}E_{ij}+\frac{1}{2}(E_{kl}C_{klji}+T_{ij})\mathrm{d}E_{ji}\\&=\frac{1}{2}[E_{kl}(C_{klij}+C_{klji})+T_{ij}+T_{ji}]\mathrm{d}E_{ij}\end{aligned}$$

比较上两式，得到

$$T_{ij}+T_{ji}=\frac{1}{2}[E_{kl}(C_{klij}+C_{klji})+T_{ij}+T_{ji}]$$

考虑到 $T_{ij}=T_{ji}$ 和 $C_{klij}=C_{klji}$，可得 $T_{ij}=C_{klij}E_{kl}$，与式(6.3.40)比较，则得到

$$C_{ijkl}=C_{klij} \tag{6.3.48}$$

这就是说，弹性常数张量 C_{ijkl} 除对其前两指标 i、j 和后两指标 k、l 对称外，还允许把一对指标 i、j 与另一对指标 k、l 互换。因此，弹性常数张量的独立分量数目从 36 个减少到 21 个。用矩阵表示则为

$$\begin{bmatrix}C_{1111}&C_{1122}&C_{1133}&C_{1123}&C_{1113}&C_{1112}\\ \cdot&C_{2222}&C_{2233}&C_{2223}&C_{2213}&C_{2212}\\ \cdot&\cdot&C_{3333}&C_{3323}&C_{3313}&C_{3312}\\ \cdot&\cdot&\cdot&C_{2323}&C_{2313}&C_{2312}\\ \cdot&\cdot&\cdot&\cdot&C_{1313}&C_{1312}\\ \cdot&\cdot&\cdot&\cdot&\cdot&C_{1212}\end{bmatrix} \tag{6.3.49}$$

式(6.3.49)是一般性的结果，现在讨论几种特殊形式。

(1) 设弹性常数张量 $\boldsymbol{C}$ 沿某一方向，如取作 $\boldsymbol{e}_3$ 是各向同性的，则由 $\boldsymbol{e}_1$ 和 $\boldsymbol{e}_2$ 所确定的平面是 $\boldsymbol{C}$ 的对称面，以这个面作为镜面的反射变换：

$$C_{i'j'k'l'}=\alpha_{i'i}\alpha_{j'j}\alpha_{k'k}\alpha_{l'l}e_{ijkl} \tag{6.3.50}$$

式中，C_{ijkl} 取指标 1、2 的方向实际上不变，而取指标 3 的方向变为其反方向，于是式(6.3.49)的 C_{ijkl} 带奇数个指标 3 的项要改变符号，故需使这些项为零时等式才成立，剩下不为零的弹性常数张量的分量只有 13 个独立分量。写成矩阵形式为

$$\begin{bmatrix}C_{1111}&C_{1122}&C_{1133}&0&0&C_{1112}\\ \cdot&C_{2222}&C_{2233}&0&0&C_{2212}\\ \cdot&\cdot&C_{3333}&0&0&C_{3312}\\ 0&0&0&C_{2323}&C_{2313}&0\\ 0&0&0&\cdot&C_{1313}&0\\ \cdot&\cdot&\cdot&0&0&C_{1212}\end{bmatrix} \tag{6.3.51}$$

(2) 设沿 $\boldsymbol{e}_2$ 方向也是各向同性的，则在式(6.3.51)中含奇数个指标 2 的弹性常数张量的分量为零。于是剩下不为零的弹性常数张量的分量只有九个独立分量。写成矩阵形式为

$$\begin{bmatrix} C_{1111} & C_{1122} & C_{1133} & 0 & 0 & 0 \\ \cdot & C_{2222} & C_{2233} & 0 & 0 & 0 \\ \cdot & \cdot & C_{3333} & 0 & 0 & 0 \\ 0 & 0 & 0 & C_{2323} & 0 & 0 \\ 0 & 0 & 0 & 0 & C_{1313} & 0 \\ 0 & 0 & 0 & 0 & 0 & C_{1212} \end{bmatrix} \tag{6.3.52}$$

(3) 设沿 $\boldsymbol{e}_1$ 方向也是各向同性的，这时材料沿 $\boldsymbol{e}_1$、$\boldsymbol{e}_2$、$\boldsymbol{e}_3$ 方向都是同性的。这种材料称为正交各向异性材料。与(1)、(2)一样地考虑，这时只剩下与式(6.3.52)相同的独立弹性常数张量分量。这时把正交各向异性弹性材料的应力和应变关系写成展开形式为

$$\begin{cases} E_{11} = \dfrac{1}{E_1}\left(T_{11} - \nu_{12}T_{22} - \nu_{13}T_{33}\right), \quad E_{12} = \dfrac{1}{G_{12}}T_{12} \\ E_{22} = \dfrac{1}{E_2}\left(T_{22} - \nu_{21}T_{11} - \nu_{23}T_{33}\right), \quad E_{13} = \dfrac{1}{G_{13}}T_{13} \\ E_{33} = \dfrac{1}{E_3}\left(T_{33} - \nu_{31}T_{11} - \nu_{32}T_{33}\right), \quad E_{23} = \dfrac{1}{G_{23}}T_{23} \end{cases} \tag{6.3.53}$$

式中，

$$\frac{\nu_{12}}{E_1} = \frac{\nu_{21}}{E_2}, \quad \frac{\nu_{13}}{E_1} = \frac{\nu_{31}}{E_3}, \quad \frac{\nu_{23}}{E_2} = \frac{\nu_{32}}{E_3}$$

(4) 设材料关于 $\boldsymbol{e}_3$ 轴是轴对称的，即材料中的每一点，对该轴做坐标旋转，其应力应变关系保持不变。显然，材料应当关于 $\boldsymbol{e}_1$ 与 $\boldsymbol{e}_2$ 和 $\boldsymbol{e}_2$ 与 $\boldsymbol{e}_3$ 的平面对称，故至多只剩下式(6.3.52)所示的九个独立分量。而且当 $\boldsymbol{e}_1$ 与 $\boldsymbol{e}_2$ 互换时弹性常数张量保持不变，即

$$C_{1111} = C_{2222}, \quad C_{1133} = C_{2233}, \quad C_{1313} = C_{2323}$$

故只剩下六个独立分量。再把坐标轴绕 $\boldsymbol{e}_3$ 轴转 45°，应力应变关系不变，还得到一个 C_{1111}、C_{1122}、C_{1212} 之间的关系，所以总共只剩下下列五个独立分量

$$C_{1111}, \quad C_{1212}, \quad C_{1313}, \quad C_{1133}, \quad C_{3333} \tag{6.3.54}$$

这种材料称为平面各向同性材料。

(5) 设关于 $\boldsymbol{e}_2$ 轴也是轴对称的，故 $C_{1111} = C_{3333}$、C_{1111}、C_{1313}、C_{1133} 之间存在关系，故只剩下下列三个独立常数：

$$C_{1111}, \quad C_{1212}, \quad C_{1313} \tag{6.3.55}$$

(6) 再设关于 $\boldsymbol{e}_1$ 轴也是轴对称的，于是 $C_{1212}=C_{1313}$，故只剩下下列两个独立常数：

$$C_{1111},\quad C_{1212} \tag{6.3.56}$$

在这种情况下，C_{ijkl} 在空间的各方向同性，简称**各向同性**。具有这种性质的物质称为**各向同性弹性物质**。

3. 各向同性弹性固体的本构方程

1) 应力应变关系式

在各向同性的条件下，四阶张量的一般形式为

$$C_{ijkl}=\alpha\delta_{ij}\delta_{kl}+\beta\delta_{ik}\delta_{jl}+\gamma\delta_{il}\delta_{jk} \tag{6.3.57}$$

考虑到 E_{ij} 的对称性，则可写出下列各向同性弹性固体的本构方程为

$$\begin{aligned}T_{ij}=C_{ijkl}E_{kl}&=(\alpha\delta_{ij}\delta_{kl}+\beta\delta_{ik}\delta_{jl}+\gamma\delta_{il}\delta_{jk})E_{kl}=\alpha\delta_{ij}\delta_{kl}E_{kl}+\beta\delta_{ik}\delta_{jl}E_{kl}+\gamma\delta_{il}\delta_{jk}E_{kl}\\&=\alpha\delta_{ij}E_{kk}+\beta E_{ij}+\gamma E_{ji}=\alpha\delta_{ij}E_{kk}+(\beta+\gamma)E_{ij}=\lambda\theta\delta_{ij}+2\mu E_{ij}\end{aligned} \tag{6.3.58}$$

式中，$\theta=\mathrm{Tr}\boldsymbol{E}=E_{kk}=E_{11}+E_{22}+E_{33}$ 是应变张量第一标量不变量；$\lambda=\alpha$，$2\mu=\beta+\gamma$，λ 和 μ 称为**拉梅系数**。把式(6.3.58)写成张量不变性形式，则为

$$\boldsymbol{T}=\lambda\theta\boldsymbol{I}+2\mu\boldsymbol{E} \tag{6.3.59}$$

式中，$\boldsymbol{I}$ 为二阶单位张量。式(6.3.59)写成分量形式为

$$\begin{cases}T_{11}=\lambda\theta+2\mu E_{11},\quad T_{22}=\lambda\theta+2\mu E_{22},\quad T_{33}=\lambda\theta+2\mu E_{33}\\T_{23}=T_{32}=2\mu E_{23},\quad T_{31}=T_{13}=2\mu E_{31},\quad T_{12}=T_{21}=2\mu E_{12}\end{cases} \tag{6.3.60}$$

2) 应变应力关系式

考虑式(6.3.58)，应力张量第一标量不变量 T_{kk} 与应变张量第一标量不变量 E_{kk} 有如下关系：

$$\Theta=T_{kk}=\lambda\theta\delta_{kk}+2\mu E_{kk}=(3\lambda+2\mu)\theta \tag{6.3.61}$$

从式(6.3.58)中解出 E_{ij}，即

$$E_{ij}=\frac{1}{2\mu}(T_{ij}-\lambda\theta\delta_{ij})=\frac{1}{2\mu}\left(T_{ij}-\frac{\lambda}{3\lambda+2\mu}\Theta\delta_{ij}\right) \tag{6.3.62}$$

把式(6.3.62)写成不变性形式，则为

$$\boldsymbol{E}=\frac{1}{2\mu}\left(\boldsymbol{T}-\frac{\lambda}{3\lambda+2\mu}\Theta\boldsymbol{I}\right) \tag{6.3.63}$$

式(6.3.62)和式(6.3.63)是用拉梅系数 λ 和 μ 表示的应变应力关系式。

考虑到下列杨氏模量 E 和泊松(Poisson)比 ν 与拉梅系数 λ 和 μ 的关系：

$$E=\frac{\mu(3\lambda+2\mu)}{\lambda+\mu},\quad v=\frac{\lambda}{2(\lambda+\mu)} \tag{6.3.64}$$

则得

$$\frac{1}{2\mu}=\frac{1+v}{E},\quad \frac{\lambda}{2\mu(3\lambda+2\mu)}=\frac{v}{E} \tag{6.3.65}$$

把式(6.3.62)代入式(6.3.59)和式(6.3.60)，分别得到杨氏模量 E 和泊松比 v 表示的应变应力关系式的指标形式和张量不变性形式如下：

$$E_{ij}=\frac{1}{E}[(1+v)T_{ij}-v\Theta\delta_{ij}] \tag{6.3.66}$$

$$\boldsymbol{E}=\frac{1}{E}[(1+v)\boldsymbol{T}-v\Theta\boldsymbol{I}] \tag{6.3.67}$$

式(6.3.67)的分量形式为

$$\begin{cases} E_{11}=\dfrac{1}{E}[T_{11}-v(T_{22}+T_{33})], & E_{12}=E_{21}=\dfrac{1+v}{E}T_{12} \\ E_{22}=\dfrac{1}{E}[T_{22}-v(T_{11}+T_{33})], & E_{23}=E_{32}=\dfrac{1+v}{E}T_{23} \\ E_{33}=\dfrac{1}{E}[T_{33}-v(T_{22}+T_{11})], & E_{31}=E_{13}=\dfrac{1+v}{E}T_{31} \end{cases} \tag{6.3.68}$$

6.3.5　应变协调方程

1. 应变协调方程及其不变性形式

由几何方程(6.3.2)知， $E_{ii}=u_{i,i}$ ，给该式两边求两次导数得到

$$E_{ii,jj}=(u_{i,i})_{,jj} \tag{6.3.69}$$

同理

$$E_{jj,ii}=(u_{j,j})_{,ii} \tag{6.3.70}$$

将式(6.3.69)和式(6.3.70)两式相加，得到

$$E_{ii,jj}+E_{jj,ii}=(u_{i,i})_{,jj}+(u_{j,j})_{,ii}=(u_{i,j})_{,ij}+(u_{j,i})_{,ij}=(u_{i,j}+u_{j,i})_{,ij}=2E_{ij,ij}$$

即有

$$E_{ij,ij}+E_{ij,ij}-E_{jj,ii}-E_{ii,jj}=0 \tag{6.3.71}$$

从几何方程(6.3.2)对坐标求导数，并进行指标轮换可以得到

$$E_{ij,k}=\frac{1}{2}(u_{i,j}+u_{j,i})_{,k},\quad E_{jk,i}=\frac{1}{2}(u_{j,k}+u_{k,j})_{,i},\quad E_{ki,j}=\frac{1}{2}(u_{k,i}+u_{i,k})_{,j} \tag{6.3.72}$$

将式(6.3.72)的第一式和第三式相加，再减去第二式，得到

$$E_{ik,j}+E_{ij,k}-E_{jk,i}=\frac{1}{2}(u_{i,k}+u_{k,i})_{,j}+\frac{1}{2}(u_{i,j}+u_{j,i})_{,k}-\frac{1}{2}(u_{j,k}+u_{k,j})_{,i}=u_{i,j,k} \tag{6.3.73}$$

将式(6.3.73)对 x_i 坐标求导，并交换求导次序得到

$$E_{ik,ij}+E_{ij,ik}-E_{jk,ii}-(u_{i,i})_{,jk}=0$$

即有

$$E_{ik,ij}+E_{ij,ik}-E_{jk,ii}-E_{ii,jk}=0 \tag{6.3.74}$$

将式(6.3.73)和式(6.3.74)统一起来有

$$E_{ik,lj}+E_{lj,ik}-E_{jk,li}-E_{li,jk}=0,\quad i\neq j,k\neq l \tag{6.3.75}$$

若取 m、s、p 为三个互不相等的数码，n、t、q 为三个互不相等的数码，则式(6.3.75)可写为

$$e_{ntq}e_{msp}(E_{sn,mt}+E_{mt,sn}-E_{mn,st}-E_{st,mn})=0$$

展开并换标有

$$e_{ntq}(e_{msp}E_{sn,mt}+e_{smp}E_{mn,st})+e_{tnq}(e_{msp}E_{st,mn}+e_{smp}E_{mt,sn})=0 \tag{6.3.76}$$

将式(6.3.76)的后面部分的 t 和 n 指标换标，得到该式中的前面部分，从而有

$$e_{ntq}(e_{msp}E_{sn,mt}+e_{smp}E_{mn,st})=0 \tag{6.3.77}$$

将式(6.3.77)括号中的两项换标后，可以看出是相等的，因而有 $e_{ntq}e_{msp}E_{sn,mt}=0$，即有

$$E_{ij,kl}e_{ikm}e_{jln}=0 \tag{6.3.78}$$

式(6.3.78)就是指标形式的**应变协调方程**，将式(6.3.78)写为张量形式为

$$e_{jln}e_{ikm}E_{ij,kl}\boldsymbol{g}^m\boldsymbol{g}^n=\boldsymbol{0} \tag{6.3.79}$$

考虑到式 $\boldsymbol{g}_i\times\boldsymbol{g}_j=e_{ijl}\boldsymbol{g}^l$，有

$$e_{kim}E_{ij,k}\boldsymbol{g}^m\boldsymbol{g}^j\times\boldsymbol{g}^l\partial_l=\boldsymbol{0} \tag{6.3.80}$$

$$\boldsymbol{g}^j\partial_j\times E_{ik}\boldsymbol{g}^i\boldsymbol{g}^k\times\boldsymbol{g}^l\partial_l=\boldsymbol{0} \tag{6.3.81}$$

式(6.3.81)可写为

$$\nabla\times\boldsymbol{E}\times\nabla=\boldsymbol{0} \tag{6.3.82}$$

或

$$\nabla\times\left(\nabla\times\boldsymbol{E}\right)^{\mathrm{T}}=\boldsymbol{0} \tag{6.3.83}$$

2. 笛卡儿坐标系下的协调方程

在笛卡儿直角坐标系下，方程(6.3.78)可以表示为

$$e_{ikm}e_{jln}\frac{\partial^2 E_{ij}}{\partial x_k \partial x_l}=0 \tag{6.3.84}$$

式(6.3.84)展开后得到笛卡儿直角坐标系下的协调方程为

$$\begin{cases}\dfrac{\partial^2\varepsilon_{xx}}{\partial y^2}+\dfrac{\partial^2\varepsilon_{yy}}{\partial x^2}=\dfrac{\partial^2\gamma_{xy}}{\partial x\partial y}, & \dfrac{\partial}{\partial z}\left(\dfrac{\partial\gamma_{yz}}{\partial x}+\dfrac{\partial\gamma_{zx}}{\partial y}-\dfrac{\partial\gamma_{xy}}{\partial z}\right)=2\dfrac{\partial^2\varepsilon_{zz}}{\partial x\partial y}\\ \dfrac{\partial^2\varepsilon_{yy}}{\partial z^2}+\dfrac{\partial^2\varepsilon_{zz}}{\partial y^2}=\dfrac{\partial^2\gamma_{yz}}{\partial x\partial z}, & \dfrac{\partial}{\partial y}\left(\dfrac{\partial\gamma_{yz}}{\partial x}-\dfrac{\partial\gamma_{zx}}{\partial y}+\dfrac{\partial\gamma_{xy}}{\partial z}\right)=2\dfrac{\partial^2\varepsilon_{yy}}{\partial x\partial z}\\ \dfrac{\partial^2\varepsilon_{zz}}{\partial x^2}+\dfrac{\partial^2\varepsilon_{xx}}{\partial z^2}=\dfrac{\partial^2\gamma_{zz}}{\partial z\partial x}, & \dfrac{\partial}{\partial x}\left(-\dfrac{\partial\gamma_{yz}}{\partial x}+\dfrac{\partial\gamma_{zx}}{\partial y}+\dfrac{\partial\gamma_{xy}}{\partial z}\right)=2\dfrac{\partial^2\varepsilon_{xx}}{\partial y\partial z}\end{cases} \tag{6.3.85}$$

3. 正交曲线坐标系下的协调方程

1) 一般形式

式(6.3.83)这种不变性形式的方程对任何曲线坐标系都适用。下面推导非完整系物理标架下协调方程的一般形式。为讨论方便，将拉普拉斯算子 $\bar{\nabla}$ 简写为 ∇ 。

令 $\boldsymbol{M}=\nabla\times\boldsymbol{E}$ 和 $\boldsymbol{Q}=\nabla\times(\nabla\times\boldsymbol{E})^{\mathrm{T}}$ ，则由式(2.2.180)可写出

$$Q_{ij}=(\nabla\times\boldsymbol{M}^{\mathrm{T}})_{ij}=e_{kli}(\bar{\partial}_k M_{lj}^{\mathrm{T}}+\bar{\varGamma}_{kml}M_{mj}^{\mathrm{T}}+\bar{\varGamma}_{kmj}M_{lm}^{\mathrm{T}})=0 \tag{6.3.86}$$

式中，

$$M_{ij}^{\mathrm{T}}=M_{ji}=(\nabla\times\boldsymbol{E})_{ij}^{\mathrm{T}}=e_{klj}(\bar{\partial}_k E_{li}+\bar{\varGamma}_{kml}E_{mi}+\bar{\varGamma}_{kmi}E_{lm}) \tag{6.3.87}$$

在非完整系物理标架下，不为零的克里斯托费尔符号只有 $\bar{\varGamma}_{iji}=-\bar{\varGamma}_{iij}$ 。可以导出下列有用的关系式：

$$\begin{aligned}\bar{\partial}_i E_{jk}-E_{jk}\bar{\varGamma}_{\underline{jji}}&=\frac{1}{H_{\underline{i}}}\partial_i E_{jk}+E_{jk}\frac{1}{H_{\underline{i}}H_{\underline{j}}}\partial_i H_j=\frac{H_{\underline{j}}}{H_{\underline{i}}H_{\underline{j}}}\partial_i E_{jk}+E_{jk}\frac{1}{H_{\underline{i}}H_{\underline{j}}}\partial_i H_{\underline{j}}\\&=\frac{1}{H_{\underline{i}}H_{\underline{j}}}(H_{\underline{j}}\partial_i E_{jk}+E_{jk}\partial_i H_{\underline{j}})=\frac{1}{H_{\underline{i}}H_{\underline{j}}}\partial_i(E_{jk}H_{\underline{j}})=\frac{1}{H_j}\bar{\partial}_i(E_{jk}H_{\underline{j}})\end{aligned} \tag{6.3.88}$$

于是就可写出式(6.3.87)的展开形式如下：

$$\begin{aligned}M_{11}^{\mathrm{T}}&=e_{kl1}(\bar{\partial}_k E_{l1}+\bar{\varGamma}_{kml}E_{m1}+\bar{\varGamma}_{km1}E_{lm})\\&=e_{231}(\bar{\partial}_2 E_{31}+\bar{\varGamma}_{2m3}E_{m1}+\bar{\varGamma}_{2m1}E_{3m})+e_{321}(\bar{\partial}_3 E_{21}+\bar{\varGamma}_{3m2}E_{m1}+\bar{\varGamma}_{3m1}E_{2m})\\&=e_{231}(\bar{\partial}_2 E_{31}+\bar{\varGamma}_{223}E_{21}+\bar{\varGamma}_{221}E_{32})+e_{321}(\bar{\partial}_3 E_{21}+\bar{\varGamma}_{332}E_{31}+\bar{\varGamma}_{331}E_{23})\\&=(\bar{\partial}_2 E_{31}+\bar{\varGamma}_{223}E_{21}+\bar{\varGamma}_{221}E_{32})-(\bar{\partial}_3 E_{21}+\bar{\varGamma}_{332}E_{31}+\bar{\varGamma}_{331}E_{23})\\&=(\bar{\partial}_2 E_{31}-\bar{\varGamma}_{332}E_{31})-(\bar{\partial}_3 E_{21}-\bar{\varGamma}_{223}E_{21})+\bar{\varGamma}_{221}E_{32}-\bar{\varGamma}_{331}E_{23}\\&=\frac{1}{H_3}\bar{\partial}_2(E_{31}H_3)-\frac{1}{H_2}\bar{\partial}_3(E_{21}H_2)+\bar{\varGamma}_{221}E_{32}-\bar{\varGamma}_{331}E_{23}\end{aligned} \tag{6.3.89}$$

对式(6.3.89)中的指标 1、2、3 进行轮换，则可得到 M_{22}^{T} 和 M_{33}^{T}，与式(6.3.89)同样方法可以写出 M_{21}^{T}，通过指标 1、2、3 轮换可以得到 M_{32}^{T} 和 M_{13}^{T}，将得到的 M_{21}^{T}、M_{32}^{T} 和 M_{13}^{T} 再分别对指标 2 和 1、3 和 2 及 1 和 3 进行对换并冠以负号得到 M_{12}^{T}、M_{23}^{T} 和 M_{31}^{T}，从而得到

$$
\begin{cases}
M_{11}^{\mathrm{T}} = \dfrac{1}{H_3}\bar{\partial}_2(E_{31}H_3) - \dfrac{1}{H_2}\bar{\partial}_3(E_{21}H_2) + \bar{\Gamma}_{221}E_{32} - \bar{\Gamma}_{331}E_{23} \\
M_{22}^{\mathrm{T}} = \dfrac{1}{H_1}\bar{\partial}_3(E_{12}H_1) - \dfrac{1}{H_3}\bar{\partial}_1(E_{32}H_3) + \bar{\Gamma}_{332}E_{13} - \bar{\Gamma}_{112}E_{31} \\
M_{33}^{\mathrm{T}} = \dfrac{1}{H_2}\bar{\partial}_1(E_{23}H_2) - \dfrac{1}{H_1}\bar{\partial}_2(E_{13}H_1) + \bar{\Gamma}_{113}E_{21} - \bar{\Gamma}_{223}E_{12} \\
M_{21}^{\mathrm{T}} = \dfrac{1}{H_3}\bar{\partial}_2(E_{32}H_3) - \dfrac{1}{H_2}\bar{\partial}_3(E_{22}H_2) + \bar{\Gamma}_{212}E_{31} + \bar{\Gamma}_{232}E_{33} - \bar{\Gamma}_{332}E_{23} \\
M_{32}^{\mathrm{T}} = \dfrac{1}{H_1}\bar{\partial}_3(E_{13}H_1) - \dfrac{1}{H_3}\bar{\partial}_1(E_{33}H_3) + \bar{\Gamma}_{323}E_{12} + \bar{\Gamma}_{313}E_{11} - \bar{\Gamma}_{113}E_{31} \\
M_{13}^{\mathrm{T}} = \dfrac{1}{H_2}\bar{\partial}_1(E_{21}H_2) - \dfrac{1}{H_1}\bar{\partial}_2(E_{11}H_1) + \bar{\Gamma}_{131}E_{23} + \bar{\Gamma}_{121}E_{22} - \bar{\Gamma}_{221}E_{12} \\
M_{12}^{\mathrm{T}} = \dfrac{1}{H_1}\bar{\partial}_3(E_{11}H_1) - \dfrac{1}{H_3}\bar{\partial}_1(E_{31}H_3) - \bar{\Gamma}_{121}E_{32} - \bar{\Gamma}_{131}E_{33} + \bar{\Gamma}_{331}E_{13} \\
M_{23}^{\mathrm{T}} = \dfrac{1}{H_2}\bar{\partial}_1(E_{22}H_2) - \dfrac{1}{H_1}\bar{\partial}_2(E_{12}H_1) - \bar{\Gamma}_{232}E_{13} - \bar{\Gamma}_{212}E_{11} + \bar{\Gamma}_{112}E_{21} \\
M_{31}^{\mathrm{T}} = \dfrac{1}{H_3}\bar{\partial}_2(E_{33}H_3) - \dfrac{1}{H_2}\bar{\partial}_3(E_{23}H_2) - \bar{\Gamma}_{313}E_{21} - \bar{\Gamma}_{323}E_{32} + \bar{\Gamma}_{223}E_{32}
\end{cases}
\tag{6.3.90}
$$

2) 圆柱坐标系下的协调方程

在圆柱坐标系下，将式(2.2.144)和式(2.2.154)代入式(6.3.90)，通过运算得到

$$
\begin{cases}
M_{11}^{\mathrm{T}} = \dfrac{1}{r}\left[\dfrac{\partial E_{zr}}{\partial \theta} - \dfrac{\partial (rE_{\theta r})}{\partial z} - E_{z\theta}\right], \quad M_{22}^{\mathrm{T}} = \dfrac{\partial E_{r\theta}}{\partial z} - \dfrac{\partial E_{z\theta}}{\partial r}, \quad M_{33}^{\mathrm{T}} = \dfrac{1}{r}\left[\dfrac{\partial (rE_{\theta z})}{\partial r} - \dfrac{\partial E_{rz}}{\partial \theta}\right] \\
M_{21}^{\mathrm{T}} = \dfrac{1}{r}\left[\dfrac{\partial E_{z\theta}}{\partial \theta} - \dfrac{\partial (rE_{\theta\theta})}{\partial z} + E_{zr}\right], \quad M_{32}^{\mathrm{T}} = \dfrac{\partial E_{rz}}{\partial z} - \dfrac{\partial E_{zz}}{\partial r}, \quad M_{13}^{\mathrm{T}} = \dfrac{1}{r}\left[\dfrac{\partial (rE_{\theta r})}{\partial r} - \dfrac{\partial E_{rr}}{\partial \theta} + E_{r\theta}\right] \\
M_{12}^{\mathrm{T}} = \dfrac{\partial E_{rr}}{\partial z} - \dfrac{\partial E_{zr}}{\partial r}, \quad M_{23}^{\mathrm{T}} = \dfrac{1}{r}\left[\dfrac{\partial (rE_{\theta\theta})}{\partial r} - \dfrac{\partial E_{r\theta}}{\partial \theta} - E_{rr}\right], \quad M_{31}^{\mathrm{T}} = \dfrac{1}{r}\left[\dfrac{\partial E_{zz}}{\partial \theta} - \dfrac{\partial (rE_{\theta z})}{\partial z}\right]
\end{cases}
\tag{6.3.91}
$$

在圆柱坐标系下，将式(6.3.91)代入式(6.3.86)，并考虑到式(2.2.154)得到

$$
\begin{aligned}
Q_{11} &= e_{kl1}(\bar{\partial}_k M_{l1}^{\mathrm{T}} + \bar{\Gamma}_{kml}M_{m1}^{\mathrm{T}} + \bar{\Gamma}_{km1}M_{lm}^{\mathrm{T}}) \\
&= e_{231}(\bar{\partial}_2 M_{31}^{\mathrm{T}} + \bar{\Gamma}_{2m3}M_{m1}^{\mathrm{T}} + \bar{\Gamma}_{2m1}M_{3m}^{\mathrm{T}}) + e_{321}(\bar{\partial}_3 M_{21}^{\mathrm{T}} + \bar{\Gamma}_{2m3}M_{m1}^{\mathrm{T}} + \bar{\Gamma}_{3m1}M_{2m}^{\mathrm{T}})
\end{aligned}
$$

$$=\bar{\partial}_2 M_{31}^{\mathrm{T}}+\bar{\Gamma}_{221}M_{32}^{\mathrm{T}}-\bar{\partial}_3 M_{21}^{\mathrm{T}}=\frac{1}{r}\left[\frac{\partial M_{31}^{\mathrm{T}}}{\partial\theta}-\frac{\partial(rM_{21}^{\mathrm{T}})}{\partial z}-M_{32}^{\mathrm{T}}\right]$$

$$=\frac{1}{r}\left\{\frac{1}{r}\frac{\partial}{\partial\theta}\left[\frac{\partial E_{zz}}{\partial\theta}-\frac{\partial(rE_{\theta z})}{\partial z}\right]-\frac{\partial}{\partial z}\left[\frac{\partial E_{z\theta}}{\partial\theta}-\frac{\partial(rE_{\theta\theta})}{\partial z}+E_{zr}\right]-\left[\frac{\partial E_{rz}}{\partial z}-\frac{\partial E_{zz}}{\partial r}\right]\right\}$$

$$=\frac{1}{r^2}\frac{\partial^2 E_{zz}}{\partial\theta^2}-\frac{2}{r}\frac{\partial^2 E_{\theta z}}{\partial\theta\,\partial z}+\frac{\partial^2 E_{\theta\theta}}{\partial z^2}-\frac{2}{r}\frac{\partial E_{zr}}{\partial z}+\frac{1}{r}\frac{\partial E_{zz}}{\partial r}=0$$

同理，可得到其他方程，从而得到圆柱坐标系下弹性问题的无限小应变协调方程为

$$\begin{cases}Q_{11}=\dfrac{1}{r^2}\dfrac{\partial^2 E_{zz}}{\partial\theta^2}-\dfrac{2}{r}\dfrac{\partial^2 E_{\theta z}}{\partial\theta\partial z}+\dfrac{\partial^2 E_{\theta\theta}}{\partial z^2}-\dfrac{2}{r}\dfrac{\partial E_{zr}}{\partial z}+\dfrac{1}{r}\dfrac{\partial E_{zz}}{\partial r}=0\\ Q_{22}=\dfrac{\partial^2 E_{zz}}{\partial r^2}+\dfrac{\partial^2 E_{rr}}{\partial z^2}-2\dfrac{\partial^2 E_{zr}}{\partial z\partial r}=0\\ Q_{33}=\dfrac{1}{r}\left[\dfrac{1}{r}\dfrac{\partial}{\partial r}\left(r^2\dfrac{\partial E_{\theta\theta}}{\partial r}\right)+\left(\dfrac{1}{r}\dfrac{\partial^2}{\partial\theta^2}-\dfrac{\partial}{\partial r}\right)E_{rr}-\dfrac{2}{r}\dfrac{\partial}{\partial r}\left(r\dfrac{\partial E_{r\theta}}{\partial\theta}\right)\right]=0\\ Q_{12}=\dfrac{1}{r}\dfrac{\partial^2 E_{zr}}{\partial\theta\partial z}-\dfrac{\partial}{\partial r}\left(\dfrac{1}{r}\dfrac{\partial E_{zz}}{\partial\theta}\right)+r\dfrac{\partial}{\partial r}\left(\dfrac{1}{r}\dfrac{\partial E_{z\theta}}{\partial z}\right)-\dfrac{\partial^2 E_{r\theta}}{\partial z^2}=0\\ Q_{23}=\dfrac{1}{r^2}\dfrac{\partial}{\partial r}\left(r^2\dfrac{\partial E_{r\theta}}{\partial z}\right)-\dfrac{1}{r}\dfrac{\partial^2 E_{rr}}{\partial\theta\partial z}-\dfrac{\partial}{\partial r}\left[\dfrac{1}{r}\dfrac{\partial(rE_{\theta z})}{\partial r}\right]+\dfrac{\partial}{\partial r}\left(\dfrac{1}{r}\dfrac{\partial E_{zr}}{\partial\theta}\right)=0\\ Q_{31}=\dfrac{1}{r}\left[\dfrac{1}{r}\dfrac{\partial}{\partial r}\left(r\dfrac{\partial E_{z\theta}}{\partial\theta}\right)-\dfrac{\partial}{\partial r}\left(r\dfrac{\partial E_{\theta\theta}}{\partial z}\right)-\dfrac{1}{r}\dfrac{\partial^2 E_{zr}}{\partial\theta^2}+\dfrac{\partial^2 E_{\theta r}}{\partial\theta\partial z}+\dfrac{\partial E_{rr}}{\partial z}\right]=0\end{cases}\tag{6.3.92}$$

3) 球面坐标系下的协调方程

在球面坐标系下，将式(2.2.144)和式(2.2.155)代入式(6.3.90)，通过运算得到

$$M_{11}^{\mathrm{T}}=\frac{1}{r^2\sin\theta}\frac{\partial}{\partial\theta}(r\sin\theta E_{\varphi r})-\frac{1}{r^2\sin\theta}\frac{\partial}{\partial\varphi}(rE_{\theta r})-\frac{1}{r}E_{\varphi\theta}+\frac{1}{r}E_{\theta\varphi}$$

$$=\frac{1}{r}\left[\frac{1}{\sin\theta}\frac{\partial(\sin\theta E_{\varphi r})}{\partial\theta}-\frac{1}{\sin\theta}\frac{\partial E_{\theta r}}{\partial\varphi}\right]$$

同理，可得到其他方程，从而得到

$$M_{11}^{\mathrm{T}}=\frac{1}{r}\left[\frac{1}{\sin\theta}\frac{\partial(\sin\theta E_{\varphi r})}{\partial\theta}-\frac{1}{\sin\theta}\frac{\partial E_{\theta r}}{\partial\varphi}\right]$$

$$M_{22}^{\mathrm{T}}=\frac{1}{r}\left[\frac{1}{\sin\theta}\frac{\partial E_{r\theta}}{\partial\varphi}-\frac{\partial(rE_{\varphi\theta})}{r\partial r}-\cot\theta E_{r\varphi}\right]$$

$$M_{33}^{\mathrm{T}}=\frac{1}{r}\left[\frac{\partial(rE_{\theta\varphi})}{\partial r}-\frac{\partial E_{r\varphi}}{\partial\theta}\right]$$

$$
\begin{aligned}
M_{21}^{\mathrm{T}} &= \frac{1}{r}\left[\frac{1}{\sin\theta}\frac{\partial(\sin\theta E_{\varphi\theta})}{\partial\theta} - \frac{1}{\sin\theta}\frac{\partial E_{\theta\theta}}{\partial\varphi} + E_{\varphi r} + \cot\theta E_{\theta\varphi}\right] \\
M_{32}^{\mathrm{T}} &= \frac{1}{r}\left[\frac{1}{\sin\theta}\frac{\partial E_{r\varphi}}{\partial\varphi} - \frac{\partial(rE_{\varphi\varphi})}{\partial r} + \cot\theta E_{r\theta} + E_{rr}\right] \\
M_{13}^{\mathrm{T}} &= \frac{1}{r}\left[\frac{\partial(rE_{\theta r})}{\partial r} - \frac{\partial E_{rr}}{\partial\theta} + E_{r\theta}\right] \\
M_{12}^{\mathrm{T}} &= \frac{1}{r}\left[\frac{1}{\sin\theta}\frac{\partial E_{rr}}{\partial\varphi} - \frac{\partial(rE_{\varphi r})}{\partial r} - E_{r\varphi}\right] \\
M_{23}^{\mathrm{T}} &= \frac{1}{r}\left[\frac{\partial(rE_{\theta\theta})}{\partial r} - \frac{\partial E_{r\theta}}{\partial\theta} - E_{rr}\right] \\
M_{31}^{\mathrm{T}} &= \frac{1}{r}\left[\frac{1}{\sin\theta}\frac{\partial(\sin\theta E_{\varphi\varphi})}{\partial\theta} - \frac{1}{\sin\theta}\frac{\partial E_{\theta\varphi}}{\partial\varphi} - E_{\theta r} - \cot\theta E_{\theta\theta}\right]
\end{aligned} \tag{6.3.93}
$$

在球面坐标系下，将式(6.3.93)代入式(6.3.86)，并考虑到式(2.2.155)得到

$$
\begin{aligned}
Q_{11} &= e_{kl1}(\bar{\partial}_k M_{l1} + \bar{\Gamma}_{kml}M_{m1} + \bar{\Gamma}_{km1}M_{lm}) \\
&= e_{231}(\bar{\partial}_2 M_{31}^{\mathrm{T}} + \bar{\Gamma}_{2m3}M_{m1}^{\mathrm{T}} + \bar{\Gamma}_{2m1}M_{3m}^{\mathrm{T}}) + e_{321}(\bar{\partial}_3 M_{21}^{\mathrm{T}} + \bar{\Gamma}_{3m2}M_{m1}^{\mathrm{T}} + \bar{\Gamma}_{3m1}M_{2m}^{\mathrm{T}}) \\
&= \bar{\partial}_2 M_{31}^{\mathrm{T}} + \bar{\Gamma}_{221}M_{32}^{\mathrm{T}} - \bar{\partial}_3 M_{21}^{\mathrm{T}} - \bar{\Gamma}_{332}M_{31}^{\mathrm{T}} - \bar{\Gamma}_{331}M_{23}^{\mathrm{T}} \\
&= \frac{1}{r}\frac{\partial M_{31}^{\mathrm{T}}}{\partial\theta} - \frac{1}{r}M_{32}^{\mathrm{T}} - \frac{1}{r\sin\theta}\frac{\partial M_{21}^{\mathrm{T}}}{\partial\varphi} + \frac{\cot\theta}{r}M_{31}^{\mathrm{T}} + \frac{1}{r}M_{23}^{\mathrm{T}} \\
&= \frac{1}{r}\left[\frac{1}{\sin\theta}\frac{\partial(\sin\theta M_{31}^{\mathrm{T}})}{\partial\theta} - \frac{1}{\sin\theta}\frac{\partial M_{21}^{\mathrm{T}}}{\partial\varphi} - (M_{32}^{\mathrm{T}} - M_{23}^{\mathrm{T}})\right] \\
&= \frac{1}{r}\left\{\frac{1}{r\sin\theta}\frac{\partial}{\partial\theta}\left[\frac{\partial(\sin\theta E_{\varphi\varphi})}{\partial\theta} - \frac{\partial E_{\theta\varphi}}{\partial\varphi} - \sin\theta E_{\theta r} - \cot\theta E_{\theta\theta}\right]\right\} \\
&\quad - \frac{1}{r\sin\theta}\frac{\partial}{\partial\varphi}\left[\frac{1}{\sin\theta}\frac{\partial(\sin\theta E_{\varphi\theta})}{\partial\theta} - \frac{1}{\sin\theta}\frac{\partial E_{\theta\theta}}{\partial\varphi} + E_{\varphi r} + \cot\theta E_{\theta\varphi}\right] \\
&\quad - \frac{1}{r}\left[\frac{1}{\sin\theta}\frac{\partial E_{r\varphi}}{\partial\varphi} + \frac{\partial(rE_{\varphi\varphi})}{\partial r} + \cot\theta E_{r\theta} + E_{rr}\right] + \frac{1}{r}\left[\frac{\partial(rE_{\theta\theta})}{\partial r} - \frac{\partial E_{r\theta}}{\partial\theta} - E_{rr}\right] \\
&= \frac{1}{r^2\sin^2\theta}\left[\frac{\partial^2 E_{\theta\theta}}{\partial\varphi^2} + \frac{\sin^2\theta}{r}\frac{\partial(r^2E_{\theta\theta})}{\partial r} - \sin\theta\cos\theta\frac{\partial E_{\theta\theta}}{\partial\theta}\right] + \frac{\partial}{\partial\theta}\left(\sin^2\theta\frac{\partial E_{\varphi\varphi}}{\partial\theta}\right) \\
&\quad + r\sin^2\theta\frac{\partial E_{\varphi\varphi}}{\partial r} - 2\frac{\partial^2(\sin\theta E_{\theta\varphi})}{\partial\theta\partial\varphi} - 2\sin\theta\frac{\partial(\sin\theta E_{r\theta})}{\partial\theta} \\
&\quad - 2\sin\theta\frac{\partial E_{r\varphi}}{\partial\varphi} - 2\sin^2\theta E_{rr} = 0
\end{aligned}
$$

同理，可得到其他方程，从而得到球面坐标系下弹性问题的无限小应变协调方程为

$$
\begin{aligned}
Q_{11}=&\frac{1}{r^2\sin^2\theta}\left[\frac{\partial^2 E_{\theta\theta}}{\partial\varphi^2}+\frac{\sin^2\theta}{r}\frac{\partial(r^2E_{\theta\theta})}{\partial r}-\sin\theta\cos\theta\frac{\partial E_{\theta\theta}}{\partial\theta}\right]+\frac{\partial}{\partial\theta}\left(\sin^2\theta\frac{\partial E_{\varphi\varphi}}{\partial\theta}\right)\\
&+r\sin^2\theta\frac{\partial E_{\varphi\varphi}}{\partial r}-2\frac{\partial^2(\sin\theta E_{\theta\varphi})}{\partial\theta\partial\varphi}-2\sin\theta\frac{\partial(\sin\theta E_{r\theta})}{\partial\theta}\\
&-2\sin\theta\frac{\partial E_{r\varphi}}{\partial\varphi}-2\sin^2\theta E_{rr}=0\\
Q_{22}=&\frac{1}{r^2}\left[\frac{\partial}{\partial r}\left(r^2\frac{\partial E_{\varphi\varphi}}{\partial r}\right)+\frac{1}{\sin^2\theta}\frac{\partial^2 E_{rr}}{\partial\varphi^2}\right.\\
&\left.-r\frac{\partial E_{rr}}{\partial r}+\cot\theta\frac{\partial E_{rr}}{\partial\theta}-\frac{2}{\sin\theta}\frac{\partial^2(rE_{r\varphi})}{\partial r\partial\varphi}-2\cot\theta\frac{\partial(rE_{r\theta})}{\partial r}\right]=0\\
Q_{33}=&\frac{1}{r^2}\left[\frac{\partial}{\partial r}\left(r^2\frac{\partial E_{\theta\theta}}{\partial r}\right)-2\frac{\partial^2(rE_{r\theta})}{\partial r\partial\theta}+\frac{\partial^2 E_{rr}}{\partial\theta^2}-r\frac{\partial E_{rr}}{\partial r}\right]=0\\
Q_{12}=&-\frac{1}{r^2\sin^2\theta}\left[r\sin\theta\frac{\partial^2(\sin\theta E_{\varphi\varphi})}{\partial r\partial\theta}-r\sin\theta\frac{\partial^2 E_{\theta\varphi}}{\partial\varphi\partial r}-\frac{\partial^2(\sin\theta E_{r\varphi})}{\partial\varphi\partial\theta}+\frac{\partial^2 E_{r\theta}}{\partial\varphi^2}\right.\\
&\left.+2\sin^2\theta E_{r\theta}-\sin^2\theta\frac{\partial E_{rr}}{\partial\theta}-r\sin\theta\cos\theta\frac{\partial E_{\theta\theta}}{\partial r}\right]=0\\
Q_{23}=&-\frac{1}{r^2}\left[\frac{\partial^2}{\partial\varphi\partial\theta}\left(\frac{E_{rr}}{\sin\theta}\right)+\frac{\partial}{\partial r}\left(r^2\frac{\partial E_{\theta\varphi}}{\partial r}\right)-\sin\theta\frac{\partial^2}{\partial\theta\,\partial r}\left(\frac{rE_{r\varphi}}{\sin\theta}\right)-\frac{1}{\sin\theta}\frac{\partial^2(rE_{\theta r})}{\partial\varphi\,\partial r}\right]=0\\
Q_{31}=&-\frac{1}{r^2\sin\theta}\left[r\frac{\partial^2 E_{\theta\theta}}{\partial r\partial\varphi}-\frac{r}{\sin\theta}\frac{\partial^2(\sin^2\theta E_{\theta\varphi})}{\partial\theta\partial r}+\frac{\partial^2(\sin\theta E_{r\varphi})}{\partial\theta^2}-\cot\theta\frac{\partial(\sin\theta E_{r\varphi})}{\partial\theta}\right.\\
&\left.+2\sin\theta E_{r\varphi}-\sin\theta\frac{\partial^2}{\partial\theta\partial\varphi}\left(\frac{E_{r\theta}}{\sin\theta}\right)-\frac{\partial E_{rr}}{\partial\varphi}\right]=0
\end{aligned}
\tag{6.3.94}
$$

6.4　弹性动力学问题的基本解法

6.4.1　弹性动力学问题的应力解法方程

1. 应力解法方程的指标形式和不变性形式

对于各向同性材料，将本构方程(6.3.66)代入应变协调方程(6.3.78)得到

$$E_{ij}=[(1+v)T_{ij}-v\Theta\delta_{ij}]_{,kl}e_{ikm}e_{jln}=0 \tag{6.4.1}$$

考虑到运动方程(6.3.13)，得到用应力分量表示的协调方程为

$$\nabla^2 T_{ij}+\frac{1}{1+v}\Theta_{,ij}+\rho(b_{j,i}+b_{i,j})+\frac{v\rho}{1-v}b_{k,k}=\rho(a_{j,i}+a_{i,j})+\frac{v\rho}{1-v}a_{k,k} \tag{6.4.2}$$

式(6.4.2)的不变性形式为

$$\nabla^2 \boldsymbol{T}+\frac{1}{1+v}\nabla\nabla\Theta+\rho(\nabla\boldsymbol{b}+\boldsymbol{b}\nabla)+\frac{v\rho}{1-v}\boldsymbol{I}\nabla\cdot\boldsymbol{b}=\rho(\nabla\boldsymbol{a}+\boldsymbol{a}\nabla)+\frac{v\rho}{1-v}\boldsymbol{I}\nabla\cdot\boldsymbol{a} \tag{6.4.3}$$

对于静力学问题，方程(6.4.3)简化为

$$\nabla^2 \boldsymbol{T}+\frac{1}{1+v}\nabla\nabla\Theta+\rho(\nabla\boldsymbol{b}+\boldsymbol{b}\nabla)+\frac{v\rho}{1-v}\boldsymbol{I}\nabla\cdot\boldsymbol{b}=\boldsymbol{0} \tag{6.4.4}$$

如果略去体力的影响，式(6.4.4)变为

$$\nabla^2 \boldsymbol{T}+\frac{1}{1+v}\nabla\nabla\Theta=\boldsymbol{0} \tag{6.4.5}$$

式(6.4.5)是不计体力时，弹性问题的贝尔特拉米(Beltrami)方程。

2. 直角坐标系下的应力解法方程

在笛卡儿直角坐标下，方程(6.4.3)的具体形式为

$$\left\{\begin{aligned}
&\nabla^2\sigma_x+\frac{1}{1+v}\frac{\partial^2\Theta}{\partial x^2}+2\rho\frac{\partial b_x}{\partial x}+\frac{v\rho}{1-v}\left(\frac{\partial b_x}{\partial x}+\frac{\partial b_y}{\partial y}+\frac{\partial b_z}{\partial z}\right)=\frac{v\rho}{1-v}\left(\frac{\partial a_x}{\partial x}+\frac{\partial a_y}{\partial y}+\frac{\partial a_z}{\partial z}\right)\\
&\nabla^2\sigma_y+\frac{1}{1+v}\frac{\partial^2\Theta}{\partial y^2}+2\rho\frac{\partial b_y}{\partial y}+\frac{v\rho}{1-v}\left(\frac{\partial b_x}{\partial x}+\frac{\partial b_y}{\partial y}+\frac{\partial b_z}{\partial z}\right)=\frac{v\rho}{1-v}\left(\frac{\partial a_x}{\partial x}+\frac{\partial a_y}{\partial y}+\frac{\partial a_z}{\partial z}\right)\\
&\nabla^2\sigma_z+\frac{1}{1+v}\frac{\partial^2\Theta}{\partial z^2}+2\rho\frac{\partial b_z}{\partial z}+\frac{v\rho}{1-v}\left(\frac{\partial b_x}{\partial x}+\frac{\partial b_y}{\partial y}+\frac{\partial b_z}{\partial z}\right)=\frac{v\rho}{1-v}\left(\frac{\partial a_x}{\partial x}+\frac{\partial a_y}{\partial y}+\frac{\partial a_z}{\partial z}\right)\\
&\nabla^2\tau_{yz}+\frac{1}{1+v}\frac{\partial^2\Theta}{\partial y\partial z}+\rho\left(\frac{\partial b_y}{\partial z}+\frac{\partial b_z}{\partial y}\right)=\rho\left(\frac{\partial a_y}{\partial z}+\frac{\partial a_z}{\partial y}\right)\\
&\nabla^2\tau_{zx}+\frac{1}{1+v}\frac{\partial^2\Theta}{\partial x\partial z}+\rho\left(\frac{\partial b_z}{\partial x}+\frac{\partial b_x}{\partial z}\right)=\rho\left(\frac{\partial a_z}{\partial x}+\frac{\partial a_x}{\partial z}\right)\\
&\nabla^2\tau_{xy}+\frac{1}{1+v}\frac{\partial^2\Theta}{\partial x\partial y}+\rho\left(\frac{\partial b_x}{\partial y}+\frac{\partial b_y}{\partial x}\right)=\rho\left(\frac{\partial a_x}{\partial y}+\frac{\partial a_y}{\partial x}\right)
\end{aligned}\right. \tag{6.4.6}$$

对于静态问题，式(6.4.6)的右边为零，就是线弹性问题中的米歇尔(Michell)方程。

3. 正交曲线坐标系下的应力解法方程

1) 一般形式

由张量不变性形式的方程(6.4.3)出发，考虑到矢量的梯度式(2.2.162)，矢量的散度式(2.2.168)，拉普拉斯算子式(2.2.188)和双重微分算子式(2.2.190)，则在一般曲线坐标系下，可将方程(6.4.3)写为如下的指标方程：

$$
\begin{aligned}
&\nabla^2 T_{ij} + \bar{\partial}_k(\bar{\Gamma}_{kli}T_{lj} + \bar{\Gamma}_{klj}T_{il}) + \bar{\Gamma}_{nkn}(\bar{\Gamma}_{kli}T_{lj} + \bar{\Gamma}_{klj}T_{il}) + \bar{\Gamma}_{kni}(\bar{\partial}_k T_{nj} + \bar{\Gamma}_{kln}T_{lj} + \bar{\Gamma}_{kli}T_{nl}) \\
&+\bar{\Gamma}_{knj}(\bar{\partial}_k T_{in} + \bar{\Gamma}_{kli}T_{ln} + \bar{\Gamma}_{kln}T_{il}) + \frac{1}{1+\nu}(\bar{\partial}_i\bar{\partial}_j + \bar{\Gamma}_{ikj}\bar{\partial}_k)\Theta + \rho[\bar{\partial}_i(b_j - a_j) \\
&+\bar{\partial}_j(b_i - a_i) + (\bar{\Gamma}_{ikj}+\bar{\Gamma}_{jki})(b_k - a_k)] + \frac{\nu\rho}{1-\nu}[\bar{\partial}_i(b_i - a_i) + \bar{\Gamma}_{iji}(b_j - a_j)] = 0
\end{aligned}
\tag{6.4.7}
$$

下面写出圆柱坐标系和球面坐标系下方程(6.4.7)的具体形式。

2) 圆柱坐标系

考虑到式(2.2.154)，在圆柱坐标系下，式(6.4.7)可以表示为

$$
\begin{cases}
\nabla^2 T_{11} + 2\bar{\partial}_2(\bar{\Gamma}_{221}T_{21}) + 2\bar{\Gamma}_{221}(\bar{\partial}_2 T_{21} + \bar{\Gamma}_{212}T_{11} + \bar{\Gamma}_{221}T_{22}) \\
\qquad + \dfrac{1}{1+\nu}\bar{\partial}_1\bar{\partial}_1\Theta + \rho\left(2 + \dfrac{\nu}{1-\nu}\right)(b_{1,1} - a_{1,1}) = 0 \\
\nabla^2 T_{22} + 2\bar{\partial}_2(\bar{\Gamma}_{212}T_{21}) + 2\bar{\Gamma}_{212}(\bar{\partial}_2 T_{12} + \bar{\Gamma}_{212}T_{11} + \bar{\Gamma}_{221}T_{22}) + \dfrac{1}{1+\nu}(\bar{\partial}_2\bar{\partial}_2 + \bar{\Gamma}_{212}\bar{\partial}_1)\Theta \\
\qquad +\rho\left(2 + \dfrac{\nu}{1+\nu}\right)(b_{2,2} - a_{2,2}) + 2\rho\bar{\Gamma}_{212}(b_1 - a_1) = 0 \\
\nabla^2 T_{33} + \dfrac{1}{1+\nu}\bar{\partial}_3\bar{\partial}_3\Theta + \rho\left(2 + \dfrac{\nu}{1+\nu}\right)(b_{3,3} - a_{3,3}) = 0 \\
\nabla^2 T_{12} + \bar{\partial}_2(\bar{\Gamma}_{212}T_{11} + \bar{\Gamma}_{221}T_{22}) + \bar{\Gamma}_{221}(\bar{\partial}_2 T_{22} + 2\bar{\Gamma}_{212}T_{12}) + \bar{\Gamma}_{212}(\bar{\partial}_2 T_{11} + 2\bar{\Gamma}_{221}T_{12}) \\
\qquad + \dfrac{1}{1+\nu}\bar{\partial}_1\bar{\partial}_2\Theta + \rho(b_{1,2} + b_{2,1} - a_{1,2} - a_{2,1}) + \rho\bar{\Gamma}_{221}(b_2 - a_2) + \dfrac{\nu\rho}{1+\nu}(b_{1,1} - a_{1,1}) = 0 \\
\nabla^2 T_{23} + \bar{\partial}_2(\bar{\Gamma}_{212}T_{13}) + \bar{\Gamma}_{212}(\bar{\partial}_2 T_{13} + \bar{\Gamma}_{221}T_{23}) \\
\qquad + \dfrac{1}{1+\nu}\bar{\partial}_2\bar{\partial}_3\Theta + \rho(b_{2,3} + b_{3,2} - a_{2,3} - a_{3,2}) + \dfrac{\nu\rho}{1+\nu}(b_{2,2} - a_{2,2}) = 0 \\
\nabla^2 T_{31} + \bar{\partial}_2\left(\bar{\Gamma}_{221}T_{32}\right) + \bar{\Gamma}_{221}\left(\bar{\partial}_2 T_{32} + \bar{\Gamma}_{212}T_{31}\right) \\
\qquad + \dfrac{1}{1+\nu}\bar{\partial}_3\bar{\partial}_1\Theta + \rho(b_{3,1} + b_{1,3} - a_{3,1} - a_{1,3}) + \dfrac{\nu\rho}{1+\nu}(b_{3,3} - a_{3,3}) = 0
\end{cases}
\tag{6.4.8}
$$

将式(2.2.154)中不为零的克里斯托费尔符号代入式(6.4.8)，有

$$
\begin{aligned}
&\nabla^2 T_{11}+2\bar{\partial}_2(\bar{\Gamma}_{221}T_{21})+2\bar{\Gamma}_{221}(\bar{\partial}_2 T_{21}+\bar{\Gamma}_{212}T_{11}+\bar{\Gamma}_{221}T_{22})\\
&+\frac{1}{1+v}\bar{\partial}_1\bar{\partial}_1\Theta+\rho\left(2+\frac{v}{1+v}\right)(b_{1,1}-a_{1,1})\\
=&\nabla^2 T_{rr}-\frac{2}{r}\frac{\partial}{\partial\theta}\left(\frac{1}{r}T_{\theta r}\right)-\frac{2}{r}\left(\frac{1}{r}-\frac{\partial T_{\theta r}}{\partial\theta}+\frac{T_{rr}}{r}-\frac{1}{r}T_{\theta\theta}\right)\\
&+\frac{1}{1+v}\frac{\partial^2\Theta}{\partial r^2}+\rho\left(2+\frac{v}{1+v}\right)\left(\frac{\partial b_r}{\partial r}-\frac{\partial a_r}{\partial r}\right)\\
=&\nabla^2 T_{rr}-\frac{4}{r^2}\frac{\partial T_{r\theta}}{\partial\theta}+\frac{2T_{rr}T_{\theta\theta}}{r^2}+\frac{1}{1+v}\frac{\partial^2\Theta}{\partial r^2}+\rho\left(2+\frac{v}{1+v}\right)\left(\frac{\partial b_r}{\partial r}-\frac{\partial a_r}{\partial r}\right)=0
\end{aligned}
$$

同理可得到其他方程，则圆柱坐标下应力法求解动力学问题的方程为

$$
\left\{
\begin{aligned}
&\nabla^2 T_{rr}-\frac{4}{r^2}\frac{\partial T_{r\theta}}{\partial\theta}+\frac{2T_{rr}T_{\theta\theta}}{r^2}+\frac{1}{1+v}\frac{\partial^2\Theta}{\partial r^2}+\rho\left(2+\frac{v}{1+v}\right)\left(\frac{\partial b_r}{\partial r}-\frac{\partial a_r}{\partial r}\right)=0\\
&\nabla^2 T_{\theta\theta}+\frac{4}{r^2}\frac{\partial T_{r\theta}}{\partial\theta}-\frac{2(T_{\theta\theta}-T_{rr})}{r^2}+\frac{1}{1+v}\left(\frac{1}{r^2}\frac{\partial^2}{\partial\theta^2}+\frac{1}{r}\frac{\partial}{\partial r}\right)\Theta\\
&\qquad+\rho\left(2+\frac{v}{1+v}\right)\left(\frac{\partial b_\theta}{\partial\theta}-\frac{\partial a_\theta}{\partial\theta}\right)+\frac{2\rho}{r}(b_r-a_r)=0\\
&\nabla^2 T_{zz}+\frac{1}{1+v}\frac{\partial^2\Theta}{\partial x^2}+\rho\left(2+\frac{v}{1+v}\right)\left(\frac{\partial b_z}{\partial z}-\frac{\partial a_z}{\partial z}\right)=0\\
&\nabla^2 T_{r\theta}+\frac{2}{r^2}\frac{\partial(T_{rr}-T_{\theta\theta})}{\partial\theta}-\frac{4T_{\theta r}}{r^2}+\frac{1}{1+v}\frac{\partial}{\partial r}\left(\frac{1}{r}\frac{\partial\Theta}{\partial\theta}\right)\\
&\qquad+\rho\left(\frac{\partial b_r}{\partial\theta}+\frac{\partial b_\theta}{\partial r}-\frac{\partial a_r}{\partial\theta}-\frac{\partial a_\theta}{\partial r}\right)+\frac{v\rho}{1+v}v\left(\frac{\partial b_r}{\partial r}-\frac{\partial a_r}{\partial r}\right)\\
&\qquad+\frac{\rho}{r}(b_\theta-a_\theta)=0\\
&\nabla^2 T_{\theta z}+\frac{2}{r^2}\frac{\partial T_{rz}}{\partial\theta}-\frac{T_{\theta z}}{r^2}+\frac{1}{1+v}\frac{1}{r}\frac{\partial^2\Theta}{\partial\theta\partial z}\\
&\qquad+\rho\left(\frac{\partial b_\theta}{\partial z}+\frac{\partial b_z}{\partial\theta}-\frac{\partial a_\theta}{\partial z}-\frac{\partial a_z}{\partial\theta}\right)+\frac{v\rho}{1+v}\left(\frac{\partial b_\theta}{\partial\theta}-\frac{\partial a_\theta}{\partial\theta}\right)=0\\
&\nabla^2 T_{zr}-\frac{2}{r}\frac{\partial T_{z\theta}}{\partial\theta}-\frac{T_{zr}}{r^2}+\frac{1}{1+v}\frac{\partial^2\Theta}{\partial r\partial z}+\rho\left(\frac{\partial b_z}{\partial r}+\frac{\partial b_r}{\partial z}-\frac{\partial a_z}{\partial r}-\frac{\partial a_r}{\partial z}\right)\\
&\qquad+\frac{v\rho}{1+v}\left(\frac{\partial b_z}{\partial z}-\frac{\partial a_z}{\partial z}\right)=0
\end{aligned}
\right.
\tag{6.4.9}
$$

式中，加速度项是位移的二阶导数，a_r, a_θ, a_z 可由式(2.2.197)经两次运算得到，即有

$$\begin{aligned} a_i &= \frac{\mathrm{D}v_i}{\mathrm{D}t} + \bar{\Gamma}_{kli} v_k v_l = \frac{\mathrm{D}}{\mathrm{D}t}\left(\frac{\mathrm{D}u_i}{\mathrm{D}t} + \bar{\Gamma}_{kli} u_k u_l\right) + \bar{\Gamma}_{kli}\left(\frac{\mathrm{D}u_k}{\mathrm{D}t} + \bar{\Gamma}_{mnk} u_m u_n\right)\left(\frac{\mathrm{D}u_l}{\mathrm{D}t} + \bar{\Gamma}_{pql} u_p u_q\right) \\ &= \frac{\mathrm{D}^2 u_i}{\mathrm{D}t^2} + \frac{\mathrm{D}\bar{\Gamma}_{kli}}{\mathrm{D}t} u_k u_l + \bar{\Gamma}_{kli} \frac{\mathrm{D}u_k}{\mathrm{D}t} u_l + \bar{\Gamma}_{kli} u_k \frac{\mathrm{D}u_l}{\mathrm{D}t} \\ &\quad + \bar{\Gamma}_{kli}\left(\frac{\mathrm{D}u_k}{\mathrm{D}t} + \bar{\Gamma}_{mnk} u_m u_n\right)\left(\frac{\mathrm{D}u_l}{\mathrm{D}t} + \bar{\Gamma}_{pql} u_p u_q\right) \end{aligned} \tag{6.4.10}$$

考虑到式(2.2.154)，由式(6.4.10)得到圆柱坐标下的加速度为

$$\begin{cases} a_r = \ddot{u}_r + \dfrac{\dot{r}}{r^2} u_\theta^2 + \dfrac{2}{r} u_\theta \dot{u}_\theta - \dfrac{1}{r} \dot{u}_\theta^2 - \dfrac{2}{r^2} u_r u_\theta \dot{u}_\theta - \dfrac{1}{r^3} u_r^2 u_\theta^2 \\ a_\theta = \ddot{u}_\theta - \dfrac{\dot{r}}{r^2} u_r u_\theta + \dfrac{1}{r}(u_r \dot{u}_\theta + u_\theta \dot{u}_r + \dot{u}_\theta^2) + \dfrac{1}{r^2}(u_\theta^2 \dot{u}_\theta - u_r u_\theta \dot{u}_\theta) - \dfrac{1}{r^3} u_r u_\theta^3 \\ a_z = \ddot{u}_r \end{cases} \tag{6.4.11}$$

3) 球面坐标系

考虑到式(2.2.155)，在球面坐标系下，式(6.4.7)可表示为

$$\begin{aligned} &\nabla^2 T_{11} + 2\bar{\partial}_2(\bar{\Gamma}_{221} T_{21}) + 2\bar{\partial}_3(\bar{\Gamma}_{331} T_{31}) + 2\bar{\Gamma}_{323}\bar{\Gamma}_{221} T_{21} \\ &\quad + 2\bar{\Gamma}_{221}(\bar{\partial}_2 T_{21} + \bar{\Gamma}_{212} T_{11} + \bar{\Gamma}_{221} T_{22}) + 2\bar{\Gamma}_{331}(\bar{\partial}_3 T_{31} + \bar{\Gamma}_{323} T_{21} + \bar{\Gamma}_{313} T_{11} + \bar{\Gamma}_{331} T_{33}) \\ &\quad + \frac{1}{1+v}\bar{\partial}_1\bar{\partial}_1\Theta + \rho\left(2 + \frac{v}{1+v}\right)\bar{\partial}_1(b_1 - a_1) = 0 \\ &\nabla^2 T_{22} + 2\bar{\partial}_2(\bar{\Gamma}_{212} T_{21}) + 2\bar{\partial}_3(\bar{\Gamma}_{332} T_{23}) + 2\bar{\Gamma}_{323}\bar{\Gamma}_{212} T_{21} \\ &\quad + 2\bar{\Gamma}_{212}(\bar{\partial}_2 T_{12} + \bar{\Gamma}_{221} T_{22} + \bar{\Gamma}_{212} T_{11}) + 2\bar{\Gamma}_{332}(\bar{\partial}_3 T_{32} + \bar{\Gamma}_{313} T_{12} + \bar{\Gamma}_{323} T_{22}\bar{\Gamma}_{332} T_{33}) \\ &\quad + \frac{1}{1+v}(\bar{\partial}_2\bar{\partial}_2 + \bar{\Gamma}_{212}\bar{\partial}_1)\Theta + \rho\left(2 + \frac{v}{1+v}\right)\bar{\partial}_2(b_2 - a_2) + 2\rho\bar{\Gamma}_{212}(b_1 - a_1) = 0 \\ &\nabla^2 T_{33} + 2\bar{\partial}_3(\bar{\Gamma}_{313} T_{13} + \bar{\Gamma}_{323} T_{23}) + 2\bar{\Gamma}_{313}(\bar{\partial}_3 T_{13} + \bar{\Gamma}_{331} T_{33} + \bar{\Gamma}_{313} T_{11} + \bar{\Gamma}_{323} T_{12}) \\ &\quad + 2\bar{\Gamma}_{323}(\bar{\partial}_3 T_{23} + \bar{\Gamma}_{332} T_{33} + \bar{\Gamma}_{313} T_{21} + \bar{\Gamma}_{323} T_{22}) + \frac{1}{1+v}(\bar{\partial}_3\bar{\partial}_3 + \bar{\Gamma}_{313}\bar{\partial}_1 + \bar{\Gamma}_{323}\bar{\partial}_2)\Theta \\ &\quad + \rho\left(2 + \frac{v}{1+v}\right)\bar{\partial}_3(b_3 - a_3) + 2\rho\bar{\Gamma}_{313}(b_1 - a_1) = 0 \\ &\nabla^2 T_{12} + \bar{\partial}_2(\bar{\Gamma}_{212} T_{11} + \bar{\Gamma}_{221} T_{22}) + \bar{\partial}_3(\bar{\Gamma}_{331} T_{32} + \bar{\Gamma}_{332} T_{13}) + \bar{\Gamma}_{323}(\bar{\Gamma}_{221} T_{22} + \bar{\Gamma}_{212} T_{11}) \\ &\quad + \bar{\Gamma}_{221}(\bar{\partial}_2 T_{22} + \bar{\Gamma}_{212} T_{12} + \bar{\Gamma}_{221} T_{22}) + \bar{\Gamma}_{331}(\bar{\partial}_3 T_{32} + \bar{\Gamma}_{313} T_{12} + \bar{\Gamma}_{323} T_{22} + \bar{\Gamma}_{331} T_{33}) \\ &\quad + \bar{\Gamma}_{212}(\bar{\partial}_2 T_{11} + 2\bar{\Gamma}_{221} T_{12}) + \bar{\Gamma}_{332}(\bar{\partial}_3 T_{13} + \bar{\Gamma}_{331} T_{33} + \bar{\Gamma}_{313} T_{11} + \bar{\Gamma}_{323} T_{12}) \\ &\quad + \frac{1}{1+v}\bar{\partial}_1\bar{\partial}_2\Theta + \rho[\bar{\partial}_1(b_2 - a_2) + \bar{\partial}_2(b_1 - a_1)] + \frac{v\rho}{1+v}\bar{\partial}_1(b_1 - a_1) = 0 \end{aligned}$$

$$
\begin{aligned}
&\nabla^2 T_{23}+\bar{\partial}_2(\bar{\Gamma}_{212}T_{13})+\bar{\partial}_3(\bar{\Gamma}_{332}T_{33}+\bar{\Gamma}_{313}T_{21}+\bar{\Gamma}_{323}T_{22})\\
&\quad+\bar{\Gamma}_{212}(\bar{\partial}_2T_{13}+\bar{\Gamma}_{221}T_{23}+\bar{\Gamma}_{212}T_{12})+\bar{\Gamma}_{332}(\bar{\partial}_3T_{33}+\bar{\Gamma}_{323}T_{23}+\bar{\Gamma}_{313}T_{13}+\bar{\Gamma}_{332}T_{33})\\
&\quad+\bar{\Gamma}_{313}(\bar{\partial}_3T_{21}+\bar{\Gamma}_{332}T_{31}+\bar{\Gamma}_{331}T_{23})+\bar{\Gamma}_{323}(\bar{\partial}_2T_{22}+2\bar{\Gamma}_{332}T_{23}+\bar{\Gamma}_{212}T_{13})\\
&\quad+\frac{1}{1+\nu}\bar{\partial}_2\bar{\partial}_3\Theta+\rho[\bar{\partial}_2(b_3-a_3)+\bar{\partial}_3(b_2-a_2)+\bar{\Gamma}_{332}(b_3-a_3)]+\frac{\nu\rho}{1+\nu}\bar{\partial}_2(b_2-a_2)=0\\
&\nabla^2 T_{31}+\bar{\partial}_2(\bar{\Gamma}_{221}T_{32})+\bar{\partial}_3(\bar{\Gamma}_{313}T_{11}+\bar{\Gamma}_{323}T_{21}+\bar{\Gamma}_{331}T_{33})\\
&\quad+\bar{\Gamma}_{313}(\bar{\partial}_3T_{11}+\bar{\Gamma}_{331}T_{31}+\bar{\Gamma}_{313}T_{11}+\bar{\Gamma}_{323}T_{12})+\bar{\Gamma}_{323}(\bar{\partial}_3T_{21}+\bar{\Gamma}_{221}T_{32}+\bar{\Gamma}_{332}T_{31}+\bar{\Gamma}_{323}T_{22})\\
&\quad+\bar{\Gamma}_{221}(\bar{\partial}_2T_{32}+\bar{\Gamma}_{212}T_{31})+\bar{\Gamma}_{331}(\bar{\partial}_3T_{33}+2\bar{\Gamma}_{313}T_{31}+2\bar{\Gamma}_{323}T_{32})+\frac{1}{1+\nu}(\bar{\partial}_3\bar{\partial}_1+\bar{\Gamma}_{331}\bar{\partial}_3)\Theta\\
&\quad+\rho[\bar{\partial}_3(b_1-a_1)+\bar{\partial}_1(b_3-a_3)+\bar{\Gamma}_{331}(b_3-a_3)]+\frac{\nu\rho}{1+\nu}[\bar{\partial}_3(b_3-a_3)+\bar{\Gamma}_{313}(b_1-a_1)]=0
\end{aligned}
\tag{6.4.12}
$$

将式(2.2.155)中不为零的克里斯托费尔符号代入式(6.4.12)，有

$$
\begin{aligned}
&\nabla^2T_{11}+2\bar{\partial}_2(\bar{\Gamma}_{221}T_{21})+2\bar{\partial}_3(\bar{\Gamma}_{331}T_{31})+2\bar{\Gamma}_{323}\bar{\Gamma}_{221}T_{21}+2\bar{\Gamma}_{221}(\bar{\partial}_2T_{21}+\bar{\Gamma}_{212}T_{11}+\bar{\Gamma}_{221}T_{22})\\
&\quad+2\bar{\Gamma}_{331}(\bar{\partial}_3T_{31}+\bar{\Gamma}_{323}T_{21}+\bar{\Gamma}_{313}T_{11}+\bar{\Gamma}_{331}T_{33})+\frac{1}{1+\nu}\bar{\partial}_1\bar{\partial}_1\Theta+\rho\left(2+\frac{\nu}{1+\nu}\right)\bar{\partial}_1(b_1-a_1)\\
&=\nabla^2T_{rr}-\frac{2}{r}\frac{\partial}{\partial\theta}\left(\frac{1}{r}T_{\theta r}\right)-\frac{2}{r\sin\theta}\frac{\partial}{\partial\varphi}\left(\frac{1}{r}T_{\varphi r}\right)-\frac{2\cot\theta}{r^2}T_{\theta r}-\frac{2}{r}\left(\frac{1}{r}\frac{\partial T_{\theta r}}{\partial\theta}+\frac{T_{rr}}{r}-\frac{1}{r}T_{\theta\theta}\right)\\
&\quad-\frac{2}{r}\left(\frac{1}{r\sin\theta}\frac{\partial T_{\varphi r}}{\partial\varphi}+\frac{\cot\theta}{r}T_{rr}+\frac{1}{r}T_{rr}-\frac{1}{r}T_{\varphi\varphi}\right)+\frac{1}{1+\nu}\frac{\partial^2\Theta}{\partial r^2}+\rho\left(2+\frac{\nu}{1+\nu}\right)\bar{\partial}_1(b_1-a_1)\\
&=\nabla^2T_{rr}-\frac{4}{r^2}\frac{\partial T_{\theta r}}{\partial\theta}-\frac{4}{r^2\sin\theta}\frac{\partial T_{r\theta}}{\partial\varphi}+\frac{2(T_{\theta\theta}-2T_{rr}+T_{\varphi\varphi})}{r}-\frac{4\cot\theta T_{\theta r}}{r^2}+\frac{1}{1+\nu}\frac{\partial^2\Theta}{\partial r^2}\\
&\quad+\rho\left(2+\frac{\nu}{1+\nu}\right)\left(\frac{\partial b_r}{\partial r}-\frac{\partial a_r}{\partial r}\right)=0
\end{aligned}
$$

同理可得到其他方程，则球面坐标下应力法求解动力学问题的方程为

$$
\begin{aligned}
&\nabla^2T_{rr}-\frac{4}{r^2}\frac{\partial T_{\theta r}}{\partial\theta}-\frac{4}{r^2\sin\theta}\frac{\partial T_{r\theta}}{\partial\varphi}+\frac{2(T_{\theta\theta}-2T_{rr}+T_{\varphi\varphi})}{r^2}-\frac{4\cot\theta T_{\theta r}}{r^2}+\frac{1}{1+\nu}\frac{\partial^2\Theta}{\partial r^2}\\
&\quad+\rho\left(2+\frac{\nu}{1+\nu}\right)\left(\frac{\partial b_r}{\partial r}-\frac{\partial a_r}{\partial r}\right)=0
\end{aligned}
$$

$$\nabla^2 T_{\theta\theta} - \frac{4}{r^2}\frac{\partial T_{r\theta}}{\partial\theta} - \frac{4\cos\theta}{r^2\sin^2\theta}\frac{\partial T_{\theta\varphi}}{\partial\varphi} + \frac{2(\sin^2\theta T_{rr} - T_{\theta\theta} + \cos^2\theta T_{\varphi\varphi})}{r^2\sin^2\theta}$$

$$+\frac{1}{1+v}\left(\frac{1}{r^2}\frac{\partial^2}{\partial\theta^2} + \frac{1}{r}\frac{\partial}{\partial r}\right)\Theta + \left(2+\frac{v}{1+v}\right)\frac{\rho}{r}\left(\frac{\partial b_\theta}{\partial\theta} - \frac{\partial a_\theta}{\partial\theta}\right) + \frac{2\rho}{r}(b_r - a_r) = 0$$

$$\nabla^2 T_{\varphi\varphi} + \frac{4}{r^2\sin\theta}\frac{\partial T_{r\varphi}}{\partial\varphi} + \frac{4\cos\theta}{r^2\sin^2\theta}\frac{\partial T_{\theta\varphi}}{\partial\varphi} + \frac{2(T_{rr}\sin^2\theta - T_{\varphi\varphi} + T_{\theta\theta}\cos^2\theta)}{r^2\sin^2\theta}$$

$$+\frac{4\cot\theta T_{r\theta}}{r^2} + \frac{1}{1+v}\left(\frac{1}{r^2\sin^2\theta}\frac{\partial^2}{\partial\varphi^2} + \frac{1}{r}\frac{\partial}{\partial r} + \frac{\cot\theta}{r^2}\frac{\partial}{\partial\theta}\right)\Theta$$

$$+\left(2+\frac{v}{1+v}\right)\frac{\rho}{r\sin\theta}\left(\frac{\partial b_\varphi}{\partial\varphi} - \frac{\partial a_\varphi}{\partial\varphi}\right) + \frac{2\rho}{r}(b_r - a_r) = 0$$

$$\nabla^2 T_{r\theta} + \frac{2}{r^2}\frac{\partial(T_{rr} - T_{\theta\theta})}{\partial\theta} - \frac{2\cos\theta}{r^2\sin^2\theta}\frac{\partial T_{r\varphi}}{\partial\varphi} - \frac{2}{r^2\sin^2\theta}\frac{\partial T_{\theta\varphi}}{\partial\varphi} + \frac{1}{r^2}(4+\cot^2\theta)T_{r\theta}$$

$$+\frac{\cot\theta}{r^2}T_{rr} + \frac{1-2\cot\theta}{r^2}T_{\theta\theta} + \frac{1+\cot\theta}{r^2}T_{\varphi\varphi} + \frac{1}{1+v}\frac{\partial}{\partial r}\left(\frac{1}{r}\frac{\partial\Theta}{\partial\theta}\right)$$

$$+\rho\left(\frac{\partial b_\theta}{\partial r} - \frac{\partial a_\theta}{\partial r}\right) + \frac{\rho}{r}\left(\frac{\partial b_r}{\partial\theta} - \frac{\partial a_r}{\partial\theta}\right) + \frac{v\rho}{1+v}\left(\frac{\partial b_r}{\partial r} - \frac{\partial a_r}{\partial r}\right) = 0$$

$$\nabla^2 T_{\theta\varphi} + \frac{2}{r^2}\frac{\partial T_{r\varphi}}{\partial\theta} + \frac{2}{r^2\sin\theta}\frac{\partial T_{\theta r}}{\partial\varphi} + \frac{2\cos\theta}{r^2\sin^2\theta}\frac{\partial(T_{\theta\theta} - T_{\varphi\varphi})}{\partial\varphi} - \frac{2T_{\theta\varphi}}{r^2\sin\theta} + \frac{2T_{r\theta}}{r^2}$$

$$-\frac{\cot\theta T_{r\varphi}}{r^2} - \frac{\cot^2\theta T_{\varphi\varphi}}{r^2} + \frac{1}{1+v}\frac{1}{r^2}\frac{\partial}{\partial\theta}\left(\frac{1}{\sin\theta}\frac{\partial\Theta}{\partial\varphi}\right) + \frac{\rho}{r}\left(\frac{\partial b_\varphi}{\partial\theta} - \frac{\partial a_\varphi}{\partial\theta}\right)$$

$$+\frac{\rho}{r\sin\theta}\left(\frac{\partial b_\theta}{\partial\varphi} - \frac{\partial a_\theta}{\partial\varphi}\right) - \frac{\rho\cot\theta}{r}(b_3 - a_3) + \frac{v\rho}{(1+v)r}\left(\frac{\partial b_\theta}{\partial\theta} - \frac{\partial a_\theta}{\partial\theta}\right) = 0$$

$$\nabla^2 T_{r\varphi} - \frac{2}{r^2}\frac{\partial T_{\theta\varphi}}{\partial\theta} - \frac{2}{r^2\sin\theta}\frac{\partial(T_{rr} - T_{\varphi\varphi})}{\partial\varphi} + \frac{2\cos\theta}{r^2\sin\theta}\frac{\partial T_{r\theta}}{\partial\varphi} - \frac{(3+2\cot\theta)T_{\varphi r}}{r^2}$$

$$+\frac{T_{rr}}{r^2} - \frac{\cot\theta T_{r\theta}}{r^2} + \frac{\cos\theta T_{\theta\theta}}{r^2\sin^2\theta} - \frac{\cot\theta T_{\theta\varphi}}{r^2} + \frac{1}{(1+v)r\sin\theta}\left(\frac{\partial^2}{\partial r\partial\varphi} - \frac{1}{r}\frac{\partial}{\partial\varphi}\right)\Theta$$

$$+\frac{\rho}{r\sin\theta}\left(\frac{\partial b_r}{\partial\varphi} - \frac{\partial a_r}{\partial\varphi}\right) + \rho\left(\frac{\partial b_\varphi}{\partial r} - \frac{\partial a_\varphi}{\partial r}\right) + \frac{v\rho - \rho + v\sin\theta}{(1+v)r\sin\theta}(b_\varphi - a_\varphi) + \frac{1}{r}(b_r - a_r) = 0$$

$$(6.4.13)$$

考虑到式(2.2.155)，由式(6.4.10)得到圆柱坐标下的加速度为

$$
\left\{
\begin{aligned}
a_r &= \ddot{u}_r + \frac{\dot{r}}{r^2}(u_\theta^2 + u_\varphi^2) - \frac{1}{r}(2u_\theta \dot{u}_\theta + 2u_\varphi \dot{u}_\varphi + \dot{u}_\theta^2 + \dot{u}_\varphi^2) - \frac{2u_r}{r^2}(u_\theta \dot{u}_\theta + u_\varphi \dot{u}_\varphi) \\
&\quad - \frac{1}{r^3}(u_r^2 u_\theta^2 + u_r^2 u_\varphi^2) + \frac{2\cot\theta}{r^2}(u_\varphi^2 \dot{u}_\theta - u_\theta u_\varphi \dot{u}_\varphi) \\
&\quad - \frac{\cot\theta}{r^3}[2u_r u_\theta u_\varphi^2 + 2u_r u_\theta u_\varphi^2 + (u_\theta^2 u_\varphi^2 + u_\varphi^4)\cot\theta] \\
a_\theta &= \ddot{u}_\theta - \frac{\dot{r}}{r^2}(u_r u_\theta - u_\varphi^2 \cot\theta) + \frac{\dot{\theta}}{r\sin^2\theta}u_\varphi^2 + \frac{1}{r}(u_r \dot{u}_\theta + u_\theta \dot{u}_r + \dot{u}_r \dot{u}_\theta) + \frac{1}{r^2}(u_\theta^2 \dot{u}_\theta + u_r u_\theta \dot{u}_r) \\
&\quad + \frac{1}{r^3}u_r u_\theta^3 - \frac{\cot\theta}{r}(2u_\varphi \dot{u}_\varphi + \dot{u}_\varphi^2) - \frac{\cot\theta}{r^2}[u_\varphi^2 \dot{u}_\theta + \dot{u}_r u_\varphi^2 + 2u_r u_\varphi \dot{u}_\varphi + (2u_\theta u_\varphi \dot{u}_\varphi - u_\varphi^4)\cot\theta] \\
&\quad - \frac{\cot\theta}{r^3}[u_r u_\theta u_\varphi^2 + u_\theta^2 u_\varphi^2 + u_r^2 u_\varphi^2 + (2u_r u_\theta u_\varphi^2 + u_\theta^2 u_\varphi^2 \cot\theta)\cot\theta] \\
a_\varphi &= \ddot{u}_\varphi - \frac{\dot{r}}{r^2}(u_r u_\varphi + u_\theta u_\varphi \cot\theta) - \frac{\dot{\theta}}{r\sin^2\theta}u_\theta u_\varphi + \frac{1}{r}(u_r \dot{u}_\varphi + u_\varphi \dot{u}_r + \dot{u}_r \dot{u}_\varphi) \\
&\quad + \frac{1}{r^2}(u_\theta^2 \dot{u}_\varphi + u_r u_\varphi \dot{u}_r) + \frac{1}{r^3}u_r u_\theta^2 u_\varphi + \frac{\cot\theta}{r}(u_\theta \dot{u}_\varphi + u_\varphi \dot{u}_\theta + \dot{u}_\theta \dot{u}_\varphi) \\
&\quad + \frac{\cot\theta}{r^2}[u_\varphi^2 \dot{u}_\varphi + u_\theta u_\varphi \dot{u}_r + u_r u_\theta \dot{u}_\varphi + u_r u_\varphi \dot{u}_\theta - (u_\theta u_\varphi \dot{u}_\varphi - u_\theta u_\varphi \dot{u}_\theta)\cot\theta] \\
&\quad + \frac{\cot\theta}{r^3}[u_r u_\varphi^3 + u_\theta^3 u_\varphi + u_\theta u_\varphi^3 + u_r^2 u_\theta u_\varphi - (u_r u_\theta u_\varphi^2 - u_r u_\theta^2 u_\varphi + u_\theta^2 u_\varphi^2 \cot\theta)\cot\theta]
\end{aligned}
\right.
\tag{6.4.14}
$$

按应力求解动力学问题时，除需要满足运动方程和应变协调方程，并在边界上满足应力边界条件外，有时还需考虑位移单值条件。由于位移边界条件一般无法用应力分量及其导数来表示，所以，位移边界问题和混合边界问题一般都不能用应力方法求解。

6.4.2 弹性动力学问题的位移解法方程

1. 位移解法方程的指标形式和不变性形式

在无限小应变下线性化的运动方程(6.3.10)中，体力 b_i 一般是预先给定的，称为**源函数**。σ_{ij} 和 u_i 是未知待求的场量。在方程(6.3.10)中既有应力的偏导数，又有位移的时间导数，若按照弹性力学中的应力法求解是困难的，因而一般采用位移法求解。为此将应力分量通过本构方程用应变量来表示，再利用应变-位移关系将应力分量用位移分量来表示。最后就得到用位移表示的运动方程。由式(6.3.58)

可得

$$T_{ij} = \lambda u_{j,j}\delta_{ij} + 2\mu E_{ij} = \lambda u_{j,j}\delta_{ij} + \mu(u_{i,j} + u_{j,i}) \tag{6.4.15}$$

将式(6.4.15)代入式(6.3.10)，则有

$$\lambda u_{j,jj}\delta_{ij} + \mu(u_{i,jj} + u_{j,ij}) + \rho b_i = \rho a_i \tag{6.4.16}$$

注意到 $u_{j,jj}\delta_{ij} = u_{j,ji}$，且有 $u_{j,ij} = u_{j,ji}$，则式(6.4.16)变成

$$\lambda u_{j,ji} + \mu u_{i,jj} + \mu u_{j,ji} + \rho b_i = \rho a_i$$

整理得到

$$(\lambda + \mu)u_{j,ji} + \mu u_{i,jj} + \rho b_i = \rho a_i \tag{6.4.17}$$

式(6.4.17)就是指标形式的用位移表示的运动方程，称为**纳维-柯西方程**。该方程也可写为

$$(\lambda + \mu)\nabla(\nabla \cdot \boldsymbol{u})_i + \mu\nabla^2 u_i + \rho b_i = \rho a_i \tag{6.4.18}$$

将式(6.4.18)写成张量的不变性形式为

$$(\lambda + \mu)\nabla\nabla \cdot \boldsymbol{u} + \mu\nabla^2 \boldsymbol{u} + \rho \boldsymbol{b} = \rho \boldsymbol{a} \tag{6.4.19}$$

式(6.4.19)是**不变性形式的纳维-柯西方程**，其中 ∇ 为矢量的哈密顿微分算子，∇^2 为拉普拉斯算子。注意到 $\nabla^2 \boldsymbol{u} = \nabla(\nabla \cdot \boldsymbol{u}) - \nabla \times \nabla \times \boldsymbol{u}$，则式(6.4.19)可化成

$$(\lambda + 2\mu)\nabla\nabla \cdot \boldsymbol{u} - \mu\nabla \times \nabla \times \boldsymbol{u} + \rho \boldsymbol{b} = \rho \boldsymbol{a} \tag{6.4.20}$$

式(6.4.17)是运动方程的一种很有用的形式。方程(6.4.17)～(6.4.20)是关于波函数 $u_i(x,t)$ 为未知变量的双典型偏微分方程组。求解这组方程，除个别情况外，得到其通解是困难的，甚至是行不通的。一般地说，这类方程的求解和定解往往一开始就相互交织在一起。这些方程连同适当的初始条件及边界条件构成的定解问题就是弹性动力学问题的核心。

2. 直角坐标系下的位移解法方程

在笛卡儿直角坐标系下，由式(6.4.17)展开得到

$$\begin{cases} \mu\nabla^2 u_1 + (\lambda + \mu)\dfrac{\partial}{\partial x_1}\left(\dfrac{\partial u_1}{\partial x_1} + \dfrac{\partial u_2}{\partial x_2} + \dfrac{\partial u_3}{\partial x_3}\right) + \rho b_1 = \rho a_1 \\ \mu\nabla^2 u_2 + (\lambda + \mu)\dfrac{\partial}{\partial x_2}\left(\dfrac{\partial u_1}{\partial x_1} + \dfrac{\partial u_2}{\partial x_2} + \dfrac{\partial u_3}{\partial x_3}\right) + \rho b_2 = \rho a_2 \\ \mu\nabla^2 u_3 + (\lambda + \mu)\dfrac{\partial}{\partial x_3}\left(\dfrac{\partial u_1}{\partial x_1} + \dfrac{\partial u_2}{\partial x_2} + \dfrac{\partial u_3}{\partial x_3}\right) + \rho b_3 = \rho a_3 \end{cases} \tag{6.4.21}$$

式中，λ 和 μ 为拉梅系数。因而得到弹性动力学问题中的位移解法方程在笛卡儿

直角坐标系下的形式为

$$\begin{cases}\mu\nabla^2 u+(\lambda+\mu)\dfrac{\partial}{\partial x}\left(\dfrac{\partial u}{\partial x}+\dfrac{\partial v}{\partial y}+\dfrac{\partial w}{\partial z}\right)+\rho b_x=\rho a_x\\ \mu\nabla^2 v+(\lambda+\mu)\dfrac{\partial}{\partial y}\left(\dfrac{\partial u}{\partial x}+\dfrac{\partial v}{\partial y}+\dfrac{\partial w}{\partial z}\right)+\rho b_y=\rho a_y\\ \mu\nabla^2 w+(\lambda+\mu)\dfrac{\partial}{\partial z}\left(\dfrac{\partial u}{\partial x}+\dfrac{\partial v}{\partial y}+\dfrac{\partial w}{\partial z}\right)+\rho b_z=\rho a_z\end{cases} \tag{6.4.22}$$

3. 正交曲线坐标系下的位移解法方程

1) 一般形式

由不变性形式方程(6.4.16)出发，考虑到拉普拉斯算子式(2.2.187)、式(2.2.188)，双重微分算子式(2.2.189)、式(2.2.190)，则在一般曲线坐标系下，可将方程(6.4.16)写为如下的指标方程：

$$\begin{aligned}&\mu[\nabla^2 u_i+2\bar{\Gamma}_{jki}\bar{\partial}_j u_k+\bar{\Gamma}_{jki}\bar{\Gamma}_{jmk}u_m+(\bar{\partial}_j\bar{\Gamma}_{jmi}+\bar{\Gamma}_{kjk}\bar{\Gamma}_{jmi})u_m]\\&+(\lambda+\mu)\bar{\partial}_i(\operatorname{div}\boldsymbol{u})+\rho b_i=\rho a_i\end{aligned} \tag{6.4.23}$$

式中，$\operatorname{div}\boldsymbol{u}=\bar{\partial}_k u_k+\bar{\Gamma}_{kjk}u_j$。

2) 圆柱坐标系

考虑到式(2.2.154)，在圆柱坐标系下，式(6.4.23)可以写为

$$\begin{cases}\mu[\nabla^2 u_1+2\bar{\Gamma}_{221}\bar{\partial}_2 u_2+\bar{\Gamma}_{221}\bar{\Gamma}_{212}u_1+(\bar{\partial}_2\bar{\Gamma}_{221})u_2]+(\lambda+\mu)\bar{\partial}_1\operatorname{div}\boldsymbol{u}+\rho b_1=\rho a_1\\ \mu(\nabla^2 u_2+2\bar{\Gamma}_{212}\bar{\partial}_2 u_1+\bar{\Gamma}_{221}\bar{\Gamma}_{212}u_2)+(\lambda+v)\bar{\partial}_2(\operatorname{div}\boldsymbol{u})+\rho b_2=\rho a_2\\ \mu\nabla^2 u_3+(\lambda+\mu)\bar{\partial}_3(\operatorname{div}\boldsymbol{u})+\rho b_3=\rho a_3\end{cases} \tag{6.4.24}$$

将式(2.2.154)中不为零的克里斯托费尔符号代入式(6.4.24)，得到圆柱坐标系下弹性动力学问题的位移解法方程为

$$\begin{cases}\mu\left[\nabla^2 u_r-\dfrac{2}{r^2}\dfrac{\partial u_\theta}{\partial\theta}-\dfrac{1}{r^2}u_r\right]+(\lambda+\mu)\dfrac{\partial}{\partial r}(\operatorname{div}\boldsymbol{u})+\rho b_r=\rho a_r\\ \mu\left[\nabla^2 u_\theta+\dfrac{2}{r^2}\dfrac{\partial u_r}{\partial\theta}-\dfrac{u_\theta}{r^2}\right]+(\lambda+\mu)\dfrac{1}{r}\dfrac{\partial}{\partial\theta}(\operatorname{div}\boldsymbol{u})+\rho b_\theta=\rho a_\theta\\ \mu\nabla^2 u_z+(\lambda+\mu)\dfrac{\partial}{\partial z}(\operatorname{div}\boldsymbol{u})+\rho b_z=\rho a_z\end{cases} \tag{6.4.25}$$

式中，加速度项由式(6.4.11)表示。

$$\nabla^2=\bar{\partial}_i\bar{\partial}_i+\bar{\Gamma}_{iji}\bar{\partial}_j=\frac{\partial^2}{\partial r^2}+\frac{1}{r^2}\frac{\partial^2}{\partial\theta^2}+\frac{\partial^2}{\partial z^2}+\frac{1}{r}\frac{\partial}{\partial r} \tag{6.4.26}$$

$$\operatorname{div}\boldsymbol{u}=\overline{\partial}_k u_k+\overline{\Gamma}_{kjk}u_j=\overline{\partial}_1 u_1+\overline{\partial}_2 u_2+\overline{\partial}_3 u_3+\overline{\Gamma}_{212}u_1=\frac{\partial u_r}{\partial r}+\frac{1}{r}\frac{\partial u_0}{\partial\theta}+\frac{\partial u_z}{\partial z}+\frac{u_r}{r}\tag{6.4.27}$$

3) 球面坐标系

考虑到式(2.2.155)，在球面坐标系下，式(6.4.20)可以写为

$$\begin{cases}\mu[\nabla^2 u_1+2\overline{\Gamma}_{331}\overline{\partial}_3 u_3+2\overline{\Gamma}_{221}\overline{\partial}_2 u_2+\overline{\Gamma}_{331}(\overline{\Gamma}_{313}u_1+\overline{\Gamma}_{323}u_2)+(\overline{\partial}_2\overline{\Gamma}_{221}+\overline{\Gamma}_{323}\overline{\Gamma}_{221})u_2\\ \quad+(\overline{\partial}_3\overline{\Gamma}_{331})u_3]+(\lambda+\mu)\overline{\partial}_1(\operatorname{div}\boldsymbol{u})+\rho b_1=\rho a_1\\ \mu[\nabla^2 u_2+2\overline{\Gamma}_{212}\overline{\partial}_2 u_1+2\overline{\Gamma}_{332}\overline{\partial}_3 u_2+\overline{\Gamma}_{313}\overline{\Gamma}_{332}u_1+(\overline{\Gamma}_{221}\overline{\Gamma}_{212}+\overline{\Gamma}_{323}\overline{\Gamma}_{332})u_2]\\ \quad+(\lambda+\mu)\overline{\partial}_2(\operatorname{div}\boldsymbol{u})+\rho b_2=\rho a_2\\ \mu[\nabla^2 u_3+2(\overline{\Gamma}_{313}\overline{\partial}_3 u_1+\overline{\Gamma}_{323}\overline{\partial}_3 u_2)+(\overline{\Gamma}_{331}\overline{\Gamma}_{313}+\overline{\Gamma}_{332}\overline{\Gamma}_{323})u_3]\\ \quad+(\lambda+\mu)\overline{\partial}_3(\operatorname{div}\boldsymbol{u})+\rho b_3=\rho a_3\end{cases}\tag{6.4.28}$$

将式(2.2.155)中不为零的克里斯托费尔符号代入式(6.4.28)，得到球面坐标系下弹性动力学问题的位移解法方程为

$$\begin{cases}\mu\left(\nabla^2 u_r-\dfrac{2}{r^2}\dfrac{\partial u_\theta}{\partial\theta}-\dfrac{2}{r^2\sin\theta}\dfrac{\partial u_\varphi}{\partial\varphi}-\dfrac{2u_r}{r^2}-\dfrac{2\cot\theta}{r^2}\right)+(\lambda+\mu)\dfrac{\partial}{\partial r}(\operatorname{div}\boldsymbol{u})+\rho b_r=\rho a_r\\ \mu\left(\nabla^2 u_\theta-\dfrac{2}{r}\dfrac{\partial u_r}{\partial\theta}-\dfrac{2\cos\theta}{r^2\sin^2\theta}\dfrac{\partial u_\varphi}{\partial\varphi}-\dfrac{u_\theta}{r^2\sin^2\theta}\right)+(\lambda+\mu)\dfrac{1}{r}\dfrac{\partial}{\partial\theta}(\operatorname{div}\boldsymbol{u})+\rho b_\theta=\rho a_\theta\\ \mu\left(\nabla^2 u_\varphi+\dfrac{2}{r^2\sin^2\theta}\dfrac{\partial u_r}{\partial\varphi}+\dfrac{2\cos\theta}{r^2\sin^2\theta}\dfrac{\partial u_\theta}{\partial\varphi}-\dfrac{u_\varphi}{r^2\sin^2\theta}\right)\\ \quad+(\lambda+\mu)\dfrac{1}{r\sin\theta}\dfrac{\partial}{\partial\varphi}(\operatorname{div}\boldsymbol{u})+\rho b_\varphi=\rho a_\varphi\end{cases}\tag{6.4.29}$$

式中，加速度项由式(6.4.14)表示。

$$\nabla^2=\overline{\partial}_i\overline{\partial}_i+\overline{\Gamma}_{iji}\overline{\partial}_j=\frac{\partial^2}{\partial r^2}+\frac{1}{r^2}\frac{\partial^2}{\partial\theta^2}+\frac{1}{r^2\sin^2\theta}\frac{\partial^2}{\partial\varphi^2}+\frac{2}{r}\frac{\partial}{\partial r}+\frac{\cot\theta}{r^2}\frac{\partial}{\partial\theta}\tag{6.4.30}$$

$$\begin{aligned}\operatorname{div}\boldsymbol{u}&=\overline{\partial}_k u_k+\overline{\Gamma}_{kjk}u_j=\overline{\partial}_1 u_1+\overline{\partial}_2 u_2+\overline{\partial}_3 u_3+(\overline{\Gamma}_{212}+\overline{\Gamma}_{313})u_1+\overline{\Gamma}_{323}u_2\\&=\frac{\partial u_r}{\partial r}+\frac{1}{r}\frac{\partial u_\theta}{\partial\theta}+\frac{1}{r\sin\theta}\frac{\partial u_\varphi}{\partial\varphi}+\frac{2u_r}{r}+\frac{\cot\theta u_\theta}{r}\end{aligned}\tag{6.4.31}$$

6.5　初值-边值问题的分类及其解的唯一性

在弹性动力学问题中有三类基本的初值-边值问题。假定 $t\geqslant t_0$（t_0 为初值时

间)，整个体积 V 中 $\rho\boldsymbol{b}$ 已知。在所有三类问题中，都是要确定位移场 $\boldsymbol{u}(\boldsymbol{x},t)$，使其在整个物体上对于 $t \geqslant t_0$，满足运动方程，并满足初始条件

$$u_i(\boldsymbol{x},t_0)=u_{i0}(\boldsymbol{x}),\quad \dot{u}_i(\boldsymbol{x},t_0)=v_{i0}(\boldsymbol{x}),\quad 在V+S上 \tag{6.5.1}$$

式中，$u_{i0}(\boldsymbol{x})$、$v_{i0}(\boldsymbol{x})$ 是预先给定的函数。三类问题的区别，在于满足不同的边界条件。

第一类问题(位移边值问题)：

$$u_i(\boldsymbol{x},t)=U_i(\boldsymbol{x},t),\quad \boldsymbol{x}在S上,\quad t>t_0 \tag{6.5.2}$$

第二类问题(应力边值问题)：

$$t_i(\boldsymbol{x},t)=T_i(\boldsymbol{x},t),\quad \boldsymbol{x}在S上,\quad t>t_0 \tag{6.5.3}$$

第三类问题(混合边值问题)：

$$\begin{cases}u_i(\boldsymbol{x},t)=U_i(\boldsymbol{x},t), & \boldsymbol{x}在S_u上, \quad t>t_0\\ t_i(\boldsymbol{x},t)=T_i(\boldsymbol{x},t), & \boldsymbol{x}在S_\sigma上, \quad t>t_0\end{cases} \tag{6.5.4}$$

此处 $S_u+S_\sigma=S$，在式(6.5.2)～式(6.5.4)中 $U_i(\boldsymbol{x},t)$、$T_i(\boldsymbol{x},t)$ 都是预先给定的函数。在第二、三类问题中 $T_i(\boldsymbol{x},t)$ 预先在整个边界或部分边界上给出，应力边界条件

$$\sigma_{ij}\boldsymbol{n}_j=\boldsymbol{T} \tag{6.5.5}$$

必须被满足。通过本构关系和位移与应变关系可将应力边界条件转化为位移边界条件。

由于线性化后的运动方程，应变与位移关系及本构方程都是线性的，从而叠加原理可以应用。以第二类问题为例，假定物体受到第一组体力 $\rho b_i'$ 和面力 T_i'，其相应的位移、应变和应力分别为 u_i'、ε_{ij}' 和 σ_{ij}'。当受到第二组体力 $\rho b_i''$ 和面力 T_i'' 作用时，其相应的位移、应变和应力分别为 u_i''、ε_{ij}'' 和 σ_{ij}''。如果两组力 $\rho b_i'+\rho b_i''$ 和 $T_i'+T_i''$ 共同作用于物体，则总的位移、应变和应力分别为 $u_i'+u_i''$、$\varepsilon_{ij}'+\varepsilon_{ij}''$ 和 $\sigma_{ij}'+\sigma_{ij}''$。对于其他两类问题同样成立。之所以能够利用叠加原理，是因为假定应变是无限小的，并采用线性化的本构方程。后面将会看到，在处理波的相互作用及振动的模态分析时，叠加原理将会给问题的求解带来极大的方便。

关于三类问题解的存在性在此不讨论，仅对解的唯一性进行简单讨论。假定对于上述定解问题，在相同的体力及相同的初始条件和边界条件下有两组解 u_i^{I}、σ_{ij}^{I} 和 u_i^{II}、$\sigma_{ij}^{\mathrm{II}}$。根据叠加原理，将两组解及对应的初值和边值相减，则

对于 $t>t_0$，在 V 内有

$$u_i=u_i^{\mathrm{I}}-u_i^{\mathrm{II}},\quad \sigma_{ij}=\sigma_{ij}^{\mathrm{I}}-\sigma_{ij}^{\mathrm{II}},\quad \rho b_i=0 \tag{6.5.6}$$

三类问题的初始条件均为

$$u_{i0}=\dot{u}_{i0}=0,\quad t=t_0,\quad 在S+V上 \tag{6.5.7}$$

边界条件分别为

$$\begin{cases}\text{第一类问题：}\ u_i=0,\quad t>t_0,\quad \text{在}S\text{上}\\ \text{第二类问题：}\ t_i=0,\quad t>t_0,\quad \text{在}S\text{上}\\ \text{第三类问题：}\ \begin{matrix}u_i=0,\quad t>t_0,\quad \text{在}S_u\text{上}\\ t_i=0,\quad t>t_0,\quad \text{在}S_\sigma\text{上}\end{matrix}\end{cases}\tag{6.5.8}$$

由能量守恒定律，有

$$\frac{\mathrm{d}}{\mathrm{d}t}\int_V \frac{1}{2}\rho v_i v_i\,\mathrm{d}V+\int_V \sigma_{ij}d_{ij}\,\mathrm{d}V=\int_S t_i v_i\,\mathrm{d}S+\int_V \rho b_i v_i\,\mathrm{d}V\tag{6.5.9}$$

由式(6.5.8)及式(6.5.6)最后一式，式(6.5.9)右端为零，于是有

$$\frac{\mathrm{d}}{\mathrm{d}t}\int_V \hat{T}\,\mathrm{d}V+\frac{\mathrm{d}}{\mathrm{d}t}\int_V A\,\mathrm{d}V=0\tag{6.5.10}$$

式中，$\hat{T}=\rho v_i v_i/2$ 为单位体积内的动能；$A=A(\varepsilon_{ij})$ 为前述的应变能的密度函数。导出式(6.5.10)时，用到了无限小应变下的以下关系式：

$$\frac{\mathrm{d}}{\mathrm{d}t}\int_V A\,\mathrm{d}V=\int_V \frac{\mathrm{d}A}{\mathrm{d}t}\mathrm{d}V=\int_V \frac{\partial A}{\partial\varepsilon_{ij}}\frac{\mathrm{d}\varepsilon_{ij}}{\mathrm{d}t}\mathrm{d}V=\int_V \sigma_{ij}\dot{\varepsilon}_{ij}\,\mathrm{d}V=\int_V \sigma_{ij}d_{ij}\,\mathrm{d}V\tag{6.5.11}$$

在式(6.5.10)中 $\hat{T}$ 和 A 都是正定的，即 $\hat{T}\geqslant 0$ 、$A\geqslant 0$ ，仅当 $v_i=0$ 、$\varepsilon_{ij}=0$ 时，取等号。令物体中总的动能和应变能为

$$T=\int_V \hat{T}\,\mathrm{d}V,\qquad U=\int_V A\,\mathrm{d}V$$

于是式(6.5.10)变成

$$\frac{\mathrm{d}}{\mathrm{d}t}(T+U)=0$$

积分后给出

$$T+U=T_0+U_0=C\tag{6.5.12}$$

式中，T_0 和 U_0 分别为初始时刻 t_0 物体的动能和应变能。由式(6.5.7)可知 $T_0=0$ 、$U_0=0$ ，从而 $C=0$ 。

由于 T 和 U 的正定性要求，必有

$$T=0,\quad U=0\tag{6.5.13}$$

由 $T=0$ 、$\dot{u}_i=0$ 可知，u_i 只能是空间坐标的函数。又有 $U=0$ ，则 $\varepsilon_{ij}=0$ ，所以 u_i 只能是刚体位移。但由于初始位移 $u_{i0}=0$ ，又 $\dot{u}_i=0$（$t>t_0$ 时），u_i 只能是零，于是由式(6.5.6)第一式得到

$$u_i^{\mathrm{I}}=u_i^{\mathrm{II}}\tag{6.5.14}$$

又因 $\varepsilon_{ij}=0$ ，从而 $\sigma_{ij}=0$ ，由式(6.5.6)第二式给出

$$\sigma_{ij}^{\mathrm{I}} = \sigma_{ij}^{\mathrm{II}} \tag{6.5.15}$$

至此，弹性动力学三类问题解的唯一性得到了证明。

6.6　弹性动力学的哈密顿变分原理

力学问题的变分原理，常与能量原理联系，若系统要处于平衡状态，则要求系统的某种能量取驻值，如最小势能原理、最小余能原理等。在弹性动力学问题中，除了考虑变形物体的应变能和外力势能外，尚需考虑物体的动能。建立包含这些能量的某些泛函，由驻值条件便可得到弹性动力学的方程及定解条件，这就是弹性动力学的变分原理。

根据定解条件的提法不同，弹性动力学的变分原理主要有两类，一类是哈密顿变分原理；另一类是 Gurtin 变分原理。哈密顿变分原理不考虑初值问题，而考虑时间域上的边值问题。不用初始条件，而是用时间域上 $t=0$ 和 $t=t_1$ 时刻的位移分布来建立泛函。但对一个实际的动力学问题来讲，往往 $t=t_1$ 时刻的位移场尚为待求的量，所以用这个原理解题是不方便的。Gurtin 变分原理是考虑初值问题，在给定 $t=0$ 时刻的初始位移和初始速度分布条件下建立泛函。对于解决实际问题，Gurtin 变分原理可能更适用，但此原理是以卷积的形式给出的。从导出场方程来看，两个原理具有相同的效果。由于哈密顿变分原理形式较为简单，下面只介绍该原理。

哈密顿变分原理采用时间域上的边界条件

$$\boldsymbol{u}(\boldsymbol{x},0) = \boldsymbol{u}_0(\boldsymbol{x}), \quad \boldsymbol{u}(\boldsymbol{x},t_1) = \boldsymbol{u}_1(\boldsymbol{x}) \tag{6.6.1}$$

式中，$\boldsymbol{u}_0(\boldsymbol{x})$ 和 $\boldsymbol{u}_1(\boldsymbol{x})$ 为给定的函数。其他的方程及空间边界条件仍然保留，即

(1) 运动方程

$$\sigma_{ij,j} + \rho b_i - \rho \ddot{u}_i = 0 \tag{6.6.2}$$

(2) 应变与位移关系

$$\varepsilon_{ij} = \frac{1}{2}(u_{i,j} + u_{j,i}) = u_{(i,j)} \tag{6.6.3}$$

(3) 本构方程

$$\sigma_{ij} = \lambda \Delta \delta_{ij} + 2\mu\varepsilon_{ij} \tag{6.6.4}$$

或

$$\varepsilon_{ij} = -\frac{\lambda \delta_{ij}\sigma_{kk}}{2\mu(3\lambda + 2\mu)} + \frac{1}{2\mu}\sigma_{ij} \tag{6.6.5}$$

(4) 边界条件

$$u_i(\boldsymbol{x},t)=U_i(\boldsymbol{x},t),\quad \boldsymbol{x}\in S_u,\ t>0 \tag{6.6.6}$$

$$t_i(\boldsymbol{x},t)=T_i(\boldsymbol{x},t),\quad \boldsymbol{x}\in S_\sigma,\ t>0 \tag{6.6.7}$$

满足方程(6.6.1)、(6.6.3)、(6.6.4)，以及式(6.6.6)的状态称为**可能运动状态**。哈密顿变分原理指出，在一切可能的运动状态中，真实的状态使

$$\delta\int_0^{t_1} L\,\mathrm{d}t=\delta\int_0^{t_1}(T-V)\,\mathrm{d}t=0 \tag{6.6.8}$$

式中，L 称为拉格朗日函数；T 和 V 分别为系统的动能和势能，其定义如下：

$$T=\frac{1}{2}\int_V \rho\frac{\mathrm{d}u_i}{\mathrm{d}t}\cdot\frac{\mathrm{d}u_i}{\mathrm{d}t}\mathrm{d}V$$

$$V=\int_V\left[A(\varepsilon_{ij})-\rho b_i u_i\right]\mathrm{d}V-\int_{S_\sigma}T_i u_i\,\mathrm{d}S$$

式中，$A(\varepsilon_{ij})$ 是应变能密度函数，即

$$A(\varepsilon_{ij})=\frac{1}{2}(\lambda\varDelta^2+\mu\varepsilon_{ij}\varepsilon_{ij})$$

哈密顿变分原理的另一种陈述是，在边界 S_u 上满足位移边界条件式(6.6.6)。在体积 V 内满足几何方程(6.6.3)，在 $t=0$ 和 $t=t_1$ 时刻位移由式(6.6.1)给定的情况下，使泛函

$$\varPi=\int_0^{t_1}\left\{\int_V\left[\frac{1}{2}\rho\frac{\mathrm{d}u_i}{\mathrm{d}t}\frac{\mathrm{d}u_i}{\mathrm{d}t}-A(\varepsilon_{ij})+\rho b_i u_i\right]\mathrm{d}V+\int_{S_\sigma}T_i u_i\mathrm{d}S\right\}\mathrm{d}t \tag{6.6.9}$$

取驻值的 u_i 必导出问题的真实解，也就是说，由 $\delta\varPi=0$，可导出运动方程(6.6.2)和应力边界条件式(6.6.7)。实际上由 $\delta\varPi=0$，即由

$$\delta\int_0^{t_1}\left\{\int_V\left[\frac{1}{2}\rho\frac{\mathrm{d}u_i}{\mathrm{d}t}\frac{\mathrm{d}u_i}{\mathrm{d}t}-A(\varepsilon_{ij})+\rho b_i u_i\right]\mathrm{d}V+\int_{S_\sigma}T_i u_i\mathrm{d}S\right\}\mathrm{d}t=0 \tag{6.6.10}$$

逐项进行变分运算

$$\begin{aligned}\delta\int_0^{t_1}\int_V\frac{\rho}{2}\frac{\mathrm{d}u_i}{\mathrm{d}t}\frac{\mathrm{d}u_i}{\mathrm{d}t}\mathrm{d}V\mathrm{d}t&=\int_0^{t_1}\int_V\rho\frac{\mathrm{d}u_i}{\mathrm{d}t}\delta\left(\frac{\mathrm{d}u_i}{\mathrm{d}t}\right)\mathrm{d}V\mathrm{d}t\\&=\int_V\left(\rho\frac{\mathrm{d}u_i}{\mathrm{d}t}\delta u_i\right)_0^{t_1}\mathrm{d}V-\int_0^{t_1}\int_V\rho\frac{\mathrm{d}^2u_i}{\mathrm{d}t^2}\delta u_i\mathrm{d}V\mathrm{d}t\\&=-\int_0^{t_1}\int_V\rho\ddot{u}_i\delta u_i\mathrm{d}V\mathrm{d}t\end{aligned} \tag{6.6.11}$$

$$\begin{aligned}\delta\int_0^{t_1}\int_V A(\varepsilon_{ij})\mathrm{d}V\mathrm{d}t&=\int_0^{t_1}\int_V\frac{\partial A}{\partial\varepsilon_{ij}}\delta\varepsilon_{ij}\mathrm{d}V\mathrm{d}t=\int_0^{t_1}\int_V\frac{\partial A}{\partial\varepsilon_{ij}}\frac{1}{2}(\delta u_{i,j}+\delta u_{j,i})\mathrm{d}V\mathrm{d}t\\&=\int_0^{t_1}\int_V\frac{\partial A}{\partial\varepsilon_{ij}}\delta u_{i,j}\mathrm{d}V\mathrm{d}t=\int_0^{t_1}\int_V\left[\left(\frac{\partial A}{\partial\varepsilon_{ij}}\delta u_i\right)_{,j}-\left(\frac{\partial A}{\partial\varepsilon_{ij}}\right)_{,j}\delta u_i\right]\mathrm{d}V\mathrm{d}t\end{aligned}$$

$$
\begin{aligned}
&= \int_0^{t_1}\int_V \frac{\partial A}{\partial \varepsilon_{ij}} \delta u_i n_j \mathrm{d}S\mathrm{d}t = \int_0^{t_1}\int_V \left(\frac{\partial A}{\partial \varepsilon_{ij}}\right)_{,j} \delta u_i \mathrm{d}V\mathrm{d}t \\
&= \int_0^{t_1}\int_{S_\sigma} \sigma_{ij} n_j \delta u_i \mathrm{d}S\mathrm{d}t - \int_0^{t_1}\int_V \sigma_{ij,j}\delta u_i \mathrm{d}V\mathrm{d}t \\
&= \int_0^{t_1}\int_{S_\sigma} t_i \delta u_i \mathrm{d}S\mathrm{d}t - \int_0^{t_1}\int_V \sigma_{ij,j}\delta u_i \mathrm{d}V\mathrm{d}t
\end{aligned}
\tag{6.6.12}
$$

将式(6.6.11)和式(6.6.12)代入式(6.6.10)，有

$$
\int_0^{t_1}\left[\int_V (-\rho\ddot{u}_i + \sigma_{ij,j} + \rho b_i)\delta u_i \mathrm{d}V + \int_{S_\sigma}(-t_i + T_i)\delta u_i \mathrm{d}S\right]\mathrm{d}t = 0 \tag{6.6.13}
$$

由于 δu_i 的任意性，得到运动方程(6.6.2)及应力边界条件式(6.6.7)。

上面陈述的哈密顿变分原理是在给定位移边界条件 $u_i = U_i$ 和几何关系 $\varepsilon_{ij} = u(i,j)$ 下变分的，这是有条件的变分原理。在利用拉格朗日乘子后，可由上述的哈密顿变分原理得到弹性动力学的广义变分原理。通过变分运算可以证明这些条件相对应的乘子是 $\sigma_{ij}n_j$ 和 σ_{ij}，这个广义变分原理可以陈述为：

在 $t=0$ 和 $t=t_1$ 时刻，u_i 为已知的条件下，弹性动力学问题的正确解 u_i、ε_{ij}、σ_{ij} 必使泛函

$$
\begin{aligned}
\Pi = \int_0^{t_1}\Bigg\{&\int_V\left[\frac{1}{2}\rho\frac{\mathrm{d}u_i}{\mathrm{d}t}\frac{\mathrm{d}u_i}{\mathrm{d}t} - A(\varepsilon_{ij}) + \rho b_i u_i - \sigma_{ij}\left(\frac{1}{2}u_{i,j} + \frac{1}{2}u_{j,i} - \varepsilon_{ij}\right)\right]\mathrm{d}V \\
&+ \int_{S_\sigma} t_l u_l \mathrm{d}S + \int_{S_u}\sigma_{ij}n_j(u_i - U_i)\mathrm{d}S\Bigg\}\mathrm{d}t
\end{aligned}
\tag{6.6.14}
$$

取驻值。

6.7　弹性动力学的互易定理

设有两个弹性动力学状态 $\langle u,\sigma\rangle$ 和 $\langle u',\sigma'\rangle$ 定义在区域 $R\times T^+$ 上，相应的体力、面力和初始条件分别为 b、T、u_0、v_0 和 b'、T'、u_0'、v_0'，则对于 $t\geqslant 0$，有

$$
\int_S T * u' \mathrm{d}S + \int_V \rho\left(b * u' + v_0 u' + u_0 \dot{u}'\right)\mathrm{d}V = \int_S T' * u \mathrm{d}S + \int_V \rho\left(b' * u + v_0' u + u_0' \dot{u}\right)\mathrm{d}V \tag{6.7.1}
$$

式中，S 和 V 分别是空间区域的表面积和体积。

证明　定义一个矢量场 $\boldsymbol{\omega}(\boldsymbol{x},t)$ 为

$$
\omega_k(\boldsymbol{x},t) = \sigma_{kl} * u_l' - \sigma_{kl}' * u_l \tag{6.7.2}
$$

于是有

$$\nabla\cdot\boldsymbol{\omega}=W_{k,k}=\sigma_{kl,k}*u'_l+\sigma_{kl}*u'_{l,k}-\sigma'_{kl,k}*u_l+\sigma'_{kl}*u_{l,k}\tag{6.7.3}$$

注意到

$$\sigma_{kl,k}=\rho\ddot{u}_l-\rho b_l,\quad \sigma'_{kl,k}=\rho\ddot{u}'_l-\rho b'_l$$

则有

$$\nabla\cdot\boldsymbol{\omega}=W_{k,k}=(\rho\ddot{u}_l-\rho b_l)*u'_l+\sigma_{kl}*u'_{l,k}-(\rho\ddot{u}'_l-\rho b'_l)*u_l-\sigma'_{kl}*u_{l,k}$$

由于应力张量的对称性

$$\varepsilon'_{kl}=\frac{1}{2}(u'_{k,l}+u'_{l,k})$$

则有

$$\nabla\cdot\boldsymbol{\omega}=\sigma_{kl}*\varepsilon'_{kl}-\sigma'_{kl}*\varepsilon_{kl}+\rho\ddot{u}_l*u'_l-\rho\ddot{u}'_l*u_l-\rho b_l*u'_l+\rho b'_l*u_l\tag{6.7.4}$$

又因

$$\sigma_{kl}*\varepsilon'_{kl}=c_{klmn}\varepsilon_{mn}*\varepsilon'_{kl}=\varepsilon_{kl}*c_{klmn}\varepsilon'_{mn}=\varepsilon_{kl}*\sigma'_{kl}=\sigma'_{kl}*\varepsilon_{kl}\tag{6.7.5}$$

于是有

$$\nabla\cdot\boldsymbol{\omega}=\rho\ddot{u}_l*u'_l-\rho\ddot{u}'_l*u_l-\rho b_l*u'_l+\rho b'_l*u_l\tag{6.7.6}$$

逐次利用式(2.3.7)，即

$$\dot{\theta}=\dot{\varphi}*\psi+\varphi(\boldsymbol{x},t)\psi\tag{6.7.7}$$

则得

$$(\boldsymbol{u}'*\boldsymbol{u})^{\cdot}=\dot{\boldsymbol{u}}*\boldsymbol{u}'+\boldsymbol{u}_0\cdot\boldsymbol{u}'\tag{6.7.8}$$

$$(\boldsymbol{u}'*\boldsymbol{u})^{\cdot\cdot}=(\boldsymbol{u}'*\boldsymbol{u}'+\boldsymbol{u}_0\cdot\boldsymbol{u}')^{\cdot}=\ddot{\boldsymbol{u}}*\boldsymbol{u}'+\dot{\boldsymbol{u}}_0\cdot\boldsymbol{u}'+\boldsymbol{u}_0\dot{\boldsymbol{u}}'\tag{6.7.9}$$

从式(6.7.9)得到

$$\ddot{\boldsymbol{u}}*\boldsymbol{u}'=(\boldsymbol{u}*\boldsymbol{u}')^{\cdot\cdot}-\boldsymbol{v}_0\cdot\boldsymbol{u}'-\boldsymbol{u}_0\cdot\dot{\boldsymbol{u}}'\tag{6.7.10}$$

同理可得

$$\ddot{\boldsymbol{u}}'*\boldsymbol{u}=(\boldsymbol{u}'*\boldsymbol{u})^{\cdot\cdot}-\boldsymbol{v}'_0\cdot\boldsymbol{u}-\boldsymbol{u}'_0\cdot\dot{\boldsymbol{u}}\tag{6.7.11}$$

考虑到式(6.7.10)和式(6.7.11)，式(6.7.6)为

$$\nabla\cdot\boldsymbol{\omega}=-\rho\boldsymbol{b}*\boldsymbol{u}'-\rho\boldsymbol{v}_0\boldsymbol{u}'-\rho\boldsymbol{u}_0\cdot\dot{\boldsymbol{u}}'+\rho\boldsymbol{b}'*\boldsymbol{u}+\rho\boldsymbol{v}'_0\cdot\boldsymbol{u}+\rho\boldsymbol{u}'_0\cdot\dot{\boldsymbol{u}}\tag{6.7.12}$$

由散度定理

$$\int_v\nabla\cdot\boldsymbol{\omega}\mathrm{d}v=\int_s\boldsymbol{\omega}\cdot\boldsymbol{n}\mathrm{d}s\tag{6.7.13}$$

及$T_k=\sigma_{lk}n_l$、$T'_k=\sigma'_{lk}n_l$，在S上，从而得到式(6.7.1)，弹性动力学的互易定理得证。

第 7 章　塑性动力学原理

塑性动力学是固体力学的一个分支学科，主要研究各种非理想弹性、弹塑性物体或结构在短时强载荷作用下的运动、变形及破坏的规律。实际的工程材料大多数都是弹塑性的，其弹性工作阶段有限。当外载荷的强度足够大，作用的时间很短时，受力物体必然有部分或全部进入塑性变形状态。因此，研究塑性动力学问题日益被实际工程所需要。

当物体在局部受到突加载荷时，由于物体的惯性，突加载荷对于物体各部分质点的扰动不可能同时发生，而要经过一个传播过程，由局部扰动区逐步传播到未扰动区，这种现象通常称为应力波的传播。因为任何物体都具有一定的尺寸，所以严格来说，物体受到突加载荷作用时，总会出现应力波的传播过程。当载荷作用时间很短，或是载荷变化极快，以及受力物体的尺寸又足够大时，这种应力波的传播过程就显得特别重要。这时，外力对于物体的动力效应必须通过应力波的传播情况才能表现出来。例如，在无限介质中局部扰动引起的动力效应、半无限介质表面及半无限长杆端部的扰动所引起的动力效应等都属于这类问题。

对于梁、拱、薄板、薄壳这类结构，在三个尺寸中总有一个或两个尺寸远小于其他尺寸，而突加载荷作用的方向又往往是尺寸最小的方向。在这种情况下，应力波在这一方向上传播所需要的时间比载荷作用的时间要短得多。因此，应力波的传播现象很快就消失,结构的动力效应主要表现为结构的变形随时间的变化。这类问题通常属于结构的弹塑性动力反应或动力响应问题。

在动载荷作用下，当载荷强度比较大、作用时间又足够长时，结构的塑性变形将随时间不断发展,其塑性区将不断扩大(包括出现新的塑性区及若干塑性区因扩大而合并)，引起结构物的侵彻、贯穿、断裂或破坏。如果载荷的强度虽然比较大，但作用时间很短，施加于结构的能量仍然是有限的。在这种情况下，物体的运动和变形将在输入的能量因产生塑性变形而消耗完以后，停止于一个确定的状态。应力波的传播和动力响应是塑性动力学的两类主要问题。前者研究局部扰动向未扰动区的传播，将动力效应作为一个传播过程来研究；后者则忽略扰动的传播过程，研究结构的变形与时间的关系。这两类问题都是工程技术中广泛关注的问题。

7.1　高应变率下塑性变形的微观机制

在高应变率条件下，固体材料塑性流动问题通常采取宏观层次和微观层次两种途径进行研究。宏观现象的物理基础，特别是塑性流动的微观机制及其与本构关系之间的联系，是塑性动力学研究的核心问题。

从原子水平看固体材料的弹塑性变形，可以把所研究的固体看成由位错运动引起塑形流动的晶体。因而对于许多金属和合金材料，就可以借助于位错动力学理论进行塑性流动微观机制的系统分析。

材料在未受外力扰动时，原子排列是有规则的。不同的金属材料各自严格地按一定的几何规则排列。其原子排列最密的方向是易发生滑动的方向。晶格中原子排列最密的平面称为**解理面**或**滑移面**。每个解理面和在该面上的一个滑动方向构成晶格的一个滑移系。根据金属的晶格种类不同，滑移系的个数也不同。当晶体受力作用时，在某一滑移系的剪应力达到该滑移系的极限剪应力时，该滑移系即开始滑动产生塑形流动。这就是说，金属材料塑性变形的微观机制主要是沿解理面的滑移。实测极限剪应力的数值比上述理论值(即沿解理面有一个原子间距量级的滑动时，剪应力应为剪切模量的量级)小几个数量级。这种偏差是把金属晶格的构造太理想化的结果。实际上，晶格一般都有缺陷，这种有序状态的晶体缺陷即**位错**。位错实际上是在原子格子中的不连续线，单位体积中这种不连续线的总长度称为位错密度ρ。位错主要分为两种类型：一种为**刃型位错**(图 7.1.1(a))；另一种是**螺型位错**(图 7.1.1(b))。前者滑移方向 DC 垂直于位错线 MN；后者滑移方向 PP' 平行于位线 MN。

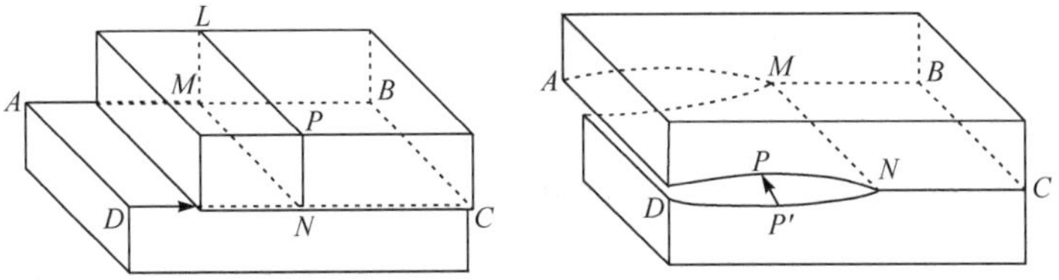

(a) 刃型位错　(b) 螺型位错

图 7.1.1　位错形式

此外，还有包含以上两种位错成分的**混合位错**。在位错动力学中，表征滑移运动的大小和方向的量为**伯格斯(Burgers)矢量**。伯格斯矢量的方向即两相邻点间的相对运动的方向，其大小约为一个或几个原子的间距。在其刃型位错中，伯格斯矢量的方向为$\overrightarrow{DC}$(图 7.1.1(a))，在螺型位错中为$\overrightarrow{PP'}$(图 7.1.1(b))。

单个的晶体称为单晶体。单晶体的强度较低、延续性强。但一切金属都具有多晶结构，在需要的时候，一般可以设法得到相应的单晶体，单晶体和多晶体变形的发生都是由于位错在**解理面内的运动**(称为**滑动**)和**正交于解理面的运动**(称为**攀移**)。外加应力的作用将引起位错运动。位错在晶体中的运动是产生塑性变形的根源。

当固体材料是均匀的各向同性体时，单晶体或多晶体的宏观塑性应变与解理面上的剪应变率或位错速度间的一般关系式可表示为

$$\varepsilon_{ij}^{p}=\frac{1}{V}\int_{0}^{L}\frac{1}{2}(n_i b_j+n_j b_i)v\mathrm{d}l \tag{7.1.1}$$

式中，n_i 为垂直于解理面的单位矢量 $\boldsymbol{n}$ 的分量；b_i 为伯格斯矢量 $\boldsymbol{b}$ 的分量；v 为在 dl 段的平均位错速度；L 为体积 V 内的位错总长度。在简单拉伸情况下，式(7.1.1)化为 Orowan 公式

$$\dot{\varepsilon}^{p}=\varphi\rho\bar{v} \tag{7.1.2}$$

式中，ρ 为可动位错密度；$\bar{v}$ 为平均位错速度；φ为位向因数。

式(7.1.2)说明，塑性应变率主要取决于可动位错密度与平均位错速度的乘积。因而，基于位错动力学的塑性变形微观机制的研究，关键在于确定平均位错速度 $\bar{v}$ 和可动位错密度 ρ 这两个量与应力应变间的联系。实验证明，平均位错速度依赖应力的大小，即

$$v=v(\sigma)$$

对于低位错密度的晶体，平均位错速度 v 随所加应力 σ 的增加而极快地增加，且可表示为

$$v\propto\sigma^{n} \tag{7.1.3}$$

$$v\propto\exp\left(-\frac{D}{\sigma}\right) \tag{7.1.4}$$

或

$$v\propto\exp\left[-\frac{\Delta u(\sigma)}{KT}\right] \tag{7.1.5}$$

式中，n、D、K 为材料常数；$\Delta u(\sigma)$ 为与应力相关的激活能；T 为热力学温度。

当忽略应变历史效应时则有

$$\dot{\sigma}^{p}\propto(\rho_0+C\varepsilon^{p})\exp\left(-\frac{D+H\varepsilon^{p}}{\sigma}\right) \tag{7.1.6}$$

式中，$(\rho_0+C\varepsilon^{p})$ 为总位错密度；$\exp(-H\varepsilon^{p}/\sigma)$ 为可动位错百分数。在平均位错速度很高时。实验证实，平均位错速度与应力的联系可取下列线性黏性关系：

$$v\propto\sigma+C \tag{7.1.7}$$

式中，C 为任意常数。若在高应变率下这种线性黏性机制成立，则可由宏观实验测定黏性系数 $\eta = \partial\tau/\partial\gamma$，从而由位错阻尼常数 B 与 η 间的关系式

$$B = \eta\rho b^2 \tag{7.1.8}$$

求出可动位错密度ρ。因为B可由直接测量的平均位错速度而定，伯格斯矢量 $\boldsymbol{b}$ 的值 b一般可知，所以不难由式(7.1.8)得出ρ。例如，对于铝，$\rho\approx 1\times 10^{11}\mathrm{m}^{-2}$。若取$b$=$3\times 10^{-10}$m，位错速度取极限值弹性剪切波速 3×10^3m/s，则由式(7.1.2)可得出 $\gamma = 10^5\mathrm{s}^{-1}$。

根据位错动力学理论，任何有限的应力和温度都可能引起塑性流动。这样，经典塑性理论中把应力空间划分为弹性区和塑性区的做法将不再必要，传统的屈服曲面及一些相应的概念只可作为一些参考指标。

7.2　塑性动力学的本构关系理论

7.2.1　屈服函数与加载函数

材料由初始弹性状态开始进入塑性状态的条件，称为**初始屈服条件**，或简称为**屈服条件**。初始屈服条件是初始弹性范围的边界。材料进入塑性状态之后，强化效应使得相继弹性范围不但与初始弹性范围不同，而且自身也随强化程度而变化。相继弹性范围的边界称为**相继屈服条件**或**加载条件**。初始屈服条件和相继屈服条件可总称为**屈服条件**。

屈服条件既可在应力空间内描述，也可在应变空间内描述。比较广泛应用的是在应力空间内给出屈服条件。屈服条件的数学表达式称为**屈服函数**(或分别称为屈服函数和加载函数)。屈服函数在应力(或应变)空间内的几何表示是超曲面，称为**屈服曲面**(或分别称为屈服曲面和加载曲面)。

屈服条件既然是材料的一种力学性质，就有动态和静态之分。下面只对几种常用的屈服函数进行一个简单的回顾。

1. 初始屈服条件

常用的初始屈服条件有两个，即 Tresca 屈服条件和 Mises 屈服条件。

1) Tresca 屈服条件

Tresca 屈服条件又称为**最大剪应力条件**，其表达式为

$$\tau_{\max} = \max\frac{1}{2}\left(|\sigma_2-\sigma_3|,\ |\sigma_3-\sigma_1|,\ |\sigma_1-\sigma_2|\right) = \frac{1}{2}\sigma_0 \tag{7.2.1}$$

式中，$\sigma_i (i=1,2,3)$ 为主应力。除特别声明外，数字下标不代表主应力的大小顺序；σ_0为简单拉伸屈服应力(静态)。式(7.2.1)也可写成分开的形式：

$$\sigma_2-\sigma_3=\pm\sigma_0,\quad \sigma_3-\sigma_1=\pm\sigma_0,\quad \sigma_1-\sigma_2=\pm\sigma_0 \tag{7.2.2}$$

2) Mises 屈服条件

Mises 屈服条件的表达式为

$$(\sigma_1-\sigma_2)^2+(\sigma_2-\sigma_3)^2+(\sigma_3-\sigma_1)^2=2\sigma_0^2 \tag{7.2.3}$$

或

$$J_2=\frac{1}{2}s_{ij}s_{ij}=\frac{1}{3}\sigma_0^2 \tag{7.2.4}$$

式中，s_{ij} 及 J_2 分别为应力偏张量及其二次不变量。其中，$J_2=3\tau_8^2/2$，τ_8 为八面体剪应力。因此，Mises 屈服条件又称为**八面体剪应力条件**。

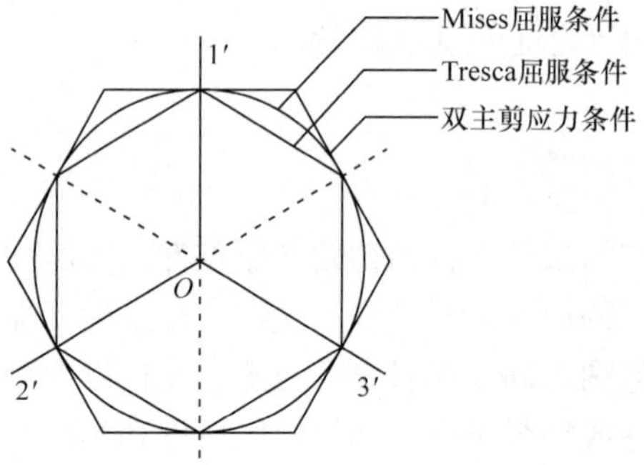

图 7.2.1　平面上的屈服曲线

上述两个屈服条件在三维主应力空间内都是正交于 π 平面 $(\sigma_1+\sigma_2+\sigma_3=0)$ 的棱柱面，它们与 π 平面相交的迹线称为 **π 平面上的屈服线**。根据屈服曲面的外凸性，在 π 平面上所有可能的屈服曲线必须位于图 7.2.1 所示的两个六边形之内或与之重合。其中，里面的六边形是 Tresca 屈服条件；外面的六边形为双主剪应力屈服条件，即

$$\max|S_i|=\frac{2}{3}\sigma_0,\ i=1,2,3 \tag{7.2.5}$$

式中，S_i 为主应力偏量，即

$$S_i=\sigma_i-\sigma_m,\quad \sigma_m=\frac{1}{3}\sigma_{ii}$$

或者写成

$$\begin{cases}\sigma_1-\dfrac{1}{2}(\sigma_2+\sigma_3)=\tau_{12}+\tau_{13}=\pm\sigma_0\\ \sigma_2-\dfrac{1}{2}(\sigma_3+\sigma_1)=\tau_{21}+\tau_{23}=\pm\sigma_0\\ \sigma_3-\dfrac{1}{2}(\sigma_1+\sigma_2)=\tau_{31}+\tau_{32}=\pm\sigma_0\end{cases} \tag{7.2.6}$$

式中，

$$\tau_{ij}=\frac{1}{2}(\sigma_i-\sigma_j),\quad i\neq j,\quad i,j=1,2,3$$

是主剪应力。外面的六边形常称为**最大折算应力条件**。Mises 屈服条件是位于两个六边形之间的一个圆。

2. 强化规律与加载函数

材料发生塑性变形后，由于强化效应，其相继弹性范围的边界，即加载曲面，不仅与瞬时应力有关，而且与材料所经历的加载历史有关。目前，在实际中比较广泛采用的强化模型有两类，即**各向同性强化模型**和**随动强化模型**。

1) 各向同性强化模型

各向同性强化模型又称为等向强化模型。这个强化理论假定，材料的加载曲面为初始屈服曲面在应力空间内的均匀扩大(不缩小)，但中心位置不变。加载曲面扩大的尺度可用某种表征强化程度的参数 κ 表示。加载函数可写成

$$\varphi(\sigma_{ij},\kappa)=f(\sigma_{ij})-F(\kappa)=0 \tag{7.2.7}$$

初始屈服函数则为

$$\varphi(\sigma_{ij})=f(\sigma_{ij})-C=0 \tag{7.2.8}$$

式中，C 为常数；$F(\kappa)$ 为强化参数 κ 的单调增加的正函数，κ 可用不同的力学量表示。因为 $f(\sigma_{ij})$ 为应力分量的齐次函数，所以式(7.2.7)表示的加载曲面是初始屈服曲面的几何相似地扩大。图 7.2.2 表示 Tresca 屈服条件和 Mises 屈服条件在 π 平面上的加载曲线。

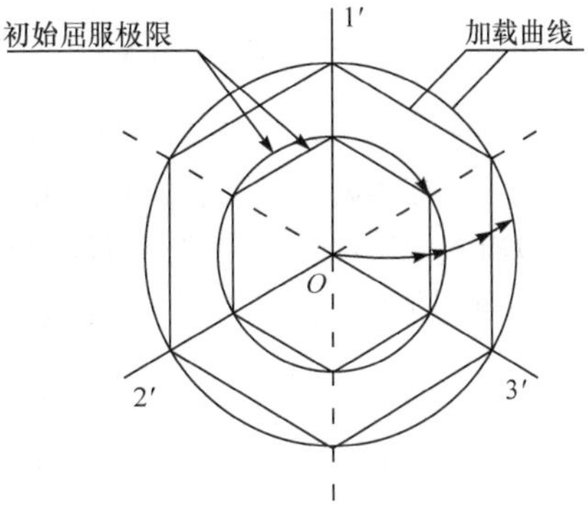

图 7.2.2　各向同性强化模型

2) 随动强化模型

随动强化通常称为**运动强化**。该强化理论认为，材料在加载过程中，初始屈服曲面保持大小、形状不变，但在应力空间内平行移动。初始屈服曲面在应力空间内的瞬时位置就是材料的加载曲面。设 $\hat{\sigma}_{ij}$ 为屈服曲面中心在应力空间内的位移(张量)，它是应力历史的参数，则随动强化的加载函数可表示为

$$\varphi(\sigma_{ij},\hat{\sigma}_{ij})=f(\sigma_{ij}-\hat{\sigma}_{ij})-C=0 \tag{7.2.9}$$

式中，C 为常数。通常假定

$$\mathrm{d}\hat{\sigma}_{ij}=c\mathrm{d}\varepsilon_{ij}^{p} \tag{7.2.10}$$

如果 c 为常数，则材料为线性强化。式(7.2.10)表明，屈服曲面的运动方向与屈服曲面的外法线平行；如果应力点位于屈服曲面的“角点”，则有

$$\mathrm{d}\hat{\sigma}_{ij}=c\mathrm{d}\varepsilon_{ij}^{p}=\mathrm{d}\sigma_{ij} \tag{7.2.11}$$

图 7.2.3 是 π 平面上 Tresca 屈服条件的随动强化模型。

当九维应力空间(全空间)内建立的随动强化模型退化到维数较低的应力子空间时，加载曲面会变形，因而在应用上将带来一定的复杂性。为此，Ziegler 提出了如下的修正，即设

$$d\hat{\sigma}_{ij} = (\sigma_{ij} - \hat{\sigma}_{ij})d\mu \tag{7.2.12}$$

式中，$d\mu > 0$。这表明，屈服曲面的运动方向平行于应力点与曲面中心的连线。在π平面上，Ziegler 的修正模型如图 7.2.4(a)所示(Tresca 屈服条件)。为了进行比较，图 7.2.4(b)示出 Prager 的模型。

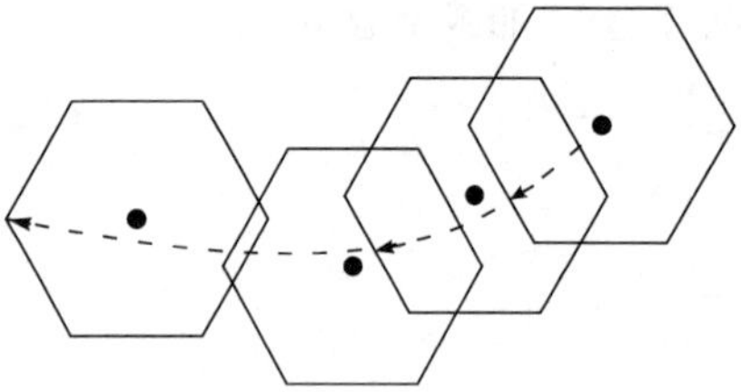

图 7.2.3　随动强化模型

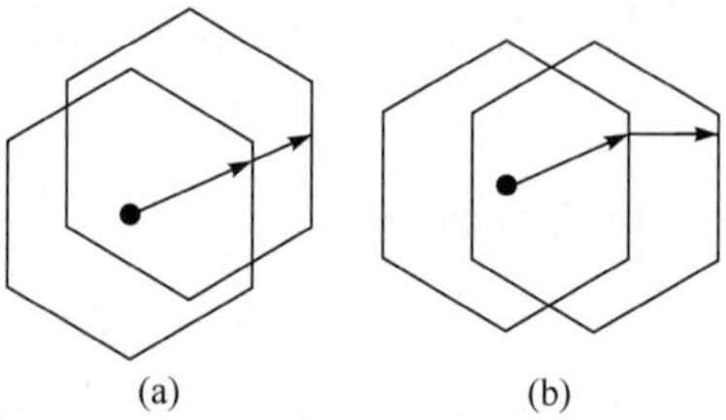

图 7.2.4　Ziegler 的模型和 Prager 的模型

等向强化模型不但没有考虑 Bauschinger 效应，而且认为材料有负的 Bauschinger 效应。这与实际情况不符，随动强化模型考虑了 Bauschinger 效应，但又偏于绝对化，所以有人称这种理论为“理想各向异性强化”。为了使理论同实际吻合，可将上述两个模型加以组合，得到组合模型，其加载函数可表示为

$$\begin{cases} \varphi(\sigma_{ij}, \varepsilon_{ij}^p, \kappa) = (\sigma_{ij} - \hat{\sigma}_{ij}) - F(\kappa) = 0 \\ d\hat{\sigma}_{ij} = c d\varepsilon_{ij}^p \end{cases} \tag{7.2.13}$$

当 $\hat{\sigma}_{ij} = 0$ 时(不意味着 $\varepsilon_{ij}^p = 0$)，式(7.2.13)变为等向强化；当 $F(\kappa) = \text{const}$ 时，式(7.2.13)变为随动强化。

3) 强化材料的加载、卸载准则

加载函数(7.2.13)一般可写成

$$\varphi(\sigma_{ij}, H_a) = 0 \tag{7.2.14}$$

式中，H_a 为表征应力历史的参数，如式(7.2.13)中的 ε_{ij}^p、κ。式(7.2.14)表示 (σ_{ij}, H_a) 空间内的一个固定的超曲面。应力点虽然可以变化，但只可能位于此曲面之上或其内，不可能位于此曲面之外，否则，不能维持平衡。

加载函数(7.2.14)又可看作应力空间内以 H_a 为参数的一族曲面。对于强化材料，H_a 变化，曲面往外移。曲面不变，H_a 也不变。当应力点变化时，可能有三种情况(都在应力空间内讨论问题)：

(1) 应力点从瞬时加载面向内移动，材料由塑性状态进入弹性状态，塑性应变保持不变。

(2) 应力点虽然移动，但保持在原来瞬时加载面上，即 H_a 没有变化，塑性应变也保持不变。

(3) 应力点从一个瞬时加载面向外移动到相邻的另一个加载面，材料从一个塑性状态进入另一个新的塑性状态，在此过程中，塑性应变和 H_a 都变化。

上述应力变化的三种情况，分别称为卸载过程、中性变载过程和加载过程。其条件可分别表示如下：

$$\begin{cases} \dfrac{\partial \varphi}{\partial \sigma_{ij}} \mathrm{d}\sigma_{ij} < 0, & \text{卸载准则} \\ \dfrac{\partial \varphi}{\partial \sigma_{ij}} \mathrm{d}\sigma_{ij} = 0, & \text{中性变载准则} \\ \dfrac{\partial \varphi}{\partial \sigma_{ij}} \mathrm{d}\sigma_{ij} > 0, & \text{加载准则} \end{cases} \tag{7.2.15}$$

在式(7.2.15)中，$\mathrm{d}\sigma_{ij}$ 可换为 $\dot{\sigma}_{ij}$ (应力率)。在卸载和中性变载过程中塑性变形不变，$\mathrm{d}\varepsilon_{ij}^{p} = 0$，因而 $\mathrm{d}H_a = 0$。在加载过程中，则有 $\mathrm{d}\varepsilon_{ij}^{p} \neq 0$、$\mathrm{d}H_a \neq 0$。

如果材料为理想塑性的，则屈服曲面和加载曲面重合，称为**极限曲面**。这时，应力点只可能在极限曲面之内或其上，不能在极限曲面之外，而且极限函数只与应力有关，用 $\psi(\sigma_{ij}) = 0$ 表示，则有

$$\begin{cases} \dfrac{\partial \psi}{\partial \sigma_{ij}} \mathrm{d}\sigma_{ij} < 0, & \text{卸载}, \mathrm{d}\varepsilon_{ij}^{p} = 0 \\ \dfrac{\partial \psi}{\partial \sigma_{ij}} \mathrm{d}\sigma_{ij} = 0, & \text{中性变载}, \mathrm{d}\varepsilon_{ij}^{p} \neq 0 \end{cases} \tag{7.2.16}$$

7.2.2　应变率无关理论

从塑性动力学的角度看，塑性本构关系可分为**应变率无关理论**和**应变率有关理论**。当材料对应变率不敏感，或是应变率较低时，为了使问题得到简化，大都采用应变率无关理论。**应变率无关理论**就是通常塑性力学中的塑性本构关系(或采取将静态屈服条件等关系式乘以考虑应变率效应的因子加以改善)。

静态条件下的塑性本构方程可分为两大类，即**增量理论(流动理论)**和**全量理论(形变理论)**。**增量理论**是建立应力增量(或应力率)和应变增量(或应变率)之间的关系。**全量理论**是建立应力全量和应变全量之间的关系。显然，增量理论更符合塑性的物理本质，因为塑性本构关系与加载历史有关，一般不存在与加载路径无关的全量关系。但是全量理论在数学上简洁，应用方便，在一定的加载条件下适用。

1. 理想塑性材料的增量理论

理想塑性材料是一种力学模型。当应力点位于极限曲面之内，属于弹性状态；当应力点位于极限曲面之上，材料屈服，可“无限地”发展塑性变形。但是，物体内局部材料屈服，不一定能无限地发展塑性变形，因为塑性变形可能要受到邻近弹性区的约束。

根据德鲁克(Drucker)公设，对于弹塑性不耦合的材料，塑性本构关系的增量理论为

$$\dot{\varepsilon}_{ij}^{p}=\dot{\lambda}\frac{\partial\varphi}{\partial\sigma_{ij}} \tag{7.2.17}$$

式中，φ 为屈服函数(包括初始屈服函数和加载函数)，起到了塑性势函数的作用。所以，将式(7.2.17)类型的塑性本构关系称为**塑性位势理论**。对于理想塑性材料，极限函数为

$$\psi(\sigma_{ij})=0 \tag{7.2.18}$$

于是塑性本构方程为

$$\dot{\varepsilon}_{ij}^{p}=\dot{\lambda}\frac{\partial\psi}{\partial\sigma_{ij}}\quad\begin{cases}\text{当}\psi=0,\text{且}\dfrac{\partial\psi}{\partial\sigma_{ij}}\mathrm{d}\sigma_{ij}=0\text{时}, & \dot{\lambda}\geqslant 0\\ \text{当}\psi\leqslant 0,\text{但}\dfrac{\partial\psi}{\partial\sigma_{ij}}\mathrm{d}\sigma_{ij}<0\text{时}, & \dot{\lambda}=0\end{cases} \tag{7.2.19}$$

式中，$\dot{\lambda}$ 为正的标量因子。如果采用 Mises 屈服条件，且取

$$\psi(\sigma_{ij})=J_2-{\tau_s}^2=0$$

则式(7.2.19)变为

$$\dot{\varepsilon}_{if}^{p}=\dot{\lambda}S_{ij},\quad \dot{\lambda}=\frac{D}{2J_2}=\frac{H}{2\sqrt{J_2}}=\frac{H}{2T} \tag{7.2.20}$$

式中，$T=\sqrt{J_2}$ 为剪应力强度。

$$H=\sqrt{2\dot{\varepsilon}_{ij}^{p}\dot{\varepsilon}_{ij}^{p}} \tag{7.2.21}$$

式中，H 为塑性剪应变率强度。注意到 $T=\sigma_e/\sqrt{3}$ 、$H=\sqrt{3}\dot{\varepsilon}_e^{p}$ ，于是

$$\dot{\lambda}=\frac{3\dot{\varepsilon}_e^{p}}{2\sigma_e} \tag{7.2.22}$$

式中，σ_e^{p} 和 σ_e 分别为塑性应变率强度和应力强度。

在式(7.2.20)中加入弹性应变部分，则有

$$\dot{e}_{ij}=\frac{1}{2G}\dot{S}_{ij}+\dot{\lambda}S_{ij},\quad \dot{\varepsilon}_{ii}=\frac{1}{3K}\dot{\sigma}_{ii} \tag{7.2.23}$$

式中，$\dot{e}_{ij}$ 为**应变率偏量**；G、K 分别为**剪切弹性模量**和**体积应变弹性系数**。式(7.2.23)称为 Prandtl-Reuss 方程。若略去弹性应变，则式(7.2.23)化为

$$\dot{e}_{ij}=\dot{\varepsilon}_{ij}=\dot{\lambda}S_{ij} \tag{7.2.24}$$

式(7.2.24)即为 Levy-Mises 方程。

2. 强化材料的增量理论

强化材料的加载函数一般可写成

$$\varphi(\sigma_{ij},\varepsilon_{ij}^{p},\kappa)=0 \tag{7.2.25}$$

式中，强化参数 κ 可以采用不同的力学量。

(1) **工作强化材料**。将塑性比功(用 a 表示)作为强化参数，即

$$\dot{\kappa}=\dot{a}=\sigma_{ij}\dot{\varepsilon}_{ij}^{p},\quad a=\int \mathrm{d}a=\sigma_{ij}\mathrm{d}\varepsilon_{ij}^{p} \tag{7.2.26}$$

各向同性强化模型的加载函数可写成

$$\varphi(\sigma_{ij},\kappa)=f(\sigma_{ij})-F(a)=0 \tag{7.2.27}$$

(2) **应力强化材料**。以应力量 σ^{*} 作为强化参数，各向同性强化的加载函数为

$$\varphi(\sigma_{ij},\kappa)=f(\sigma_{ij})-\overline{f}(\sigma^{*})=0 \tag{7.2.28}$$

式中，$\overline{f}(\sigma^{*})$ 为 $f(\sigma_{ij})$ 在历史中所曾达到的最大值，即应力空间中以前曾达到的最大加载曲面。在 $f(\sigma_{ij})$ 中，令 σ_x=0，其余分量为零，就得到函数 $\overline{f}(\sigma)$。

(3) **应变强化材料**。以塑性应变总量作为强化参数，即令

$$\kappa=\int \mathrm{d}\varepsilon_{e}^{p} \tag{7.2.29}$$

$$\mathrm{d}\varepsilon_{e}^{p}=\sqrt{\frac{2}{3}}\sqrt{\mathrm{d}\varepsilon_{ij}^{p}\mathrm{d}\varepsilon_{ij}^{p}} \tag{7.2.30}$$

$$\dot{\kappa}=\dot{\varepsilon}_{e}^{p}=\sqrt{\frac{2}{3}}\sqrt{\dot{\varepsilon}_{ij}^{p}\dot{\varepsilon}_{ij}^{p}} \tag{7.2.31}$$

一般地，$\int \mathrm{d}\varepsilon_{e}^{p}\neq\varepsilon_{e}^{p}=\sqrt{2/3}\sqrt{\varepsilon_{ij}^{p}\varepsilon_{ij}^{p}}$，只有当塑性应变分量之间比值保持不变时，两者才相等。等向强化加载函数可写成

$$\varphi(\sigma_{ij},\kappa)=f(\sigma_{ij})-\xi\left(\int \mathrm{d}\varepsilon_{e}^{p}\right)=0 \tag{7.2.32}$$

在加载过程中，应有下列关系：

$$\dot{\varphi}=\frac{\partial\varphi}{\partial\sigma_{ij}}\dot{\sigma}_{ij}+\frac{\partial\varphi}{\partial\varepsilon_{ij}^{p}}\partial\dot{\varepsilon}_{ij}^{p}+\frac{\partial\varphi}{\partial\kappa}\dot{\kappa}=0,\quad \frac{\partial\varphi}{\partial\sigma_{ij}}\dot{\sigma}_{ij}>0 \tag{7.2.33}$$

作为例子，取$\kappa=a=\int\sigma_{ij}\mathrm{d}\varepsilon_{ij}^{p}$，$\dot{\kappa}=\sigma_{ij}\varepsilon_{ij}^{p}$。代入式(7.2.33)，可以解出

$$\dot{\varepsilon}_{ij}^{p}=-\frac{(\partial\varphi/\partial\sigma_{ij})\dot{\sigma}_{ij}}{\partial\varphi/\partial\varepsilon_{ij}^{p}+(\partial\varphi/\partial a)\sigma_{ij}} \tag{7.2.34}$$

强化材料的增量理论可表示为

$$\dot{\varepsilon}_{ij}^{p}=h^{-1}\left(\frac{\partial\varphi}{\partial\sigma_{kl}}\dot{\sigma}_{kl}\right)\frac{\partial\varphi}{\partial\sigma_{ij}} \tag{7.2.35}$$

比较式(7.2.34)和式(7.2.35)，可得

$$h=-\left(\frac{\partial\varphi}{\partial\varepsilon_{ij}^{p}}+\frac{\partial\varphi}{\partial a}\sigma_{ij}\right)\frac{\partial\varphi}{\partial\sigma_{ij}} \tag{7.2.36}$$

式中，h 为正的标量函数，称为**强化函数**。因为 $h<0$，所以加载函数应满足下列不等式：

$$\left(\frac{\partial\varphi}{\partial\varepsilon_{ij}^{p}}+\frac{\partial\varphi}{\partial a}\sigma_{ij}\right)\frac{\partial\varphi}{\partial\sigma_{ij}}<0 \tag{7.2.37}$$

对于不同的强化模型，由式(7.2.36)及简单拉伸实验可以确定 h。

3. 全量理论

塑性本构关系不仅是应力、应变的函数，而且是应力历史的函数。因此，应该沿应力历史积分增量理论的本构方程，得到应力与应变的全量关系。这种全量关系与应力历史密切相关。

如果在加载过程中，应力分量(或应力偏量)的比值保持不变，这种应力路径称为**简单加载**。在简单加载情况下，应力偏量和应变偏量可写成

$$s_{ij}=\alpha s_{ij}^{0},\quad e_{ij}=\beta\dot{e}_{ij} \tag{7.2.38}$$

式中，α、β 为正的单调变化的参数。于是 Prandtl-Reuss 方程可写成

$$\dot{e}_{ij}=\frac{1}{2G}\dot{s}_{ij}+\dot{\lambda}s_{ij}=s_{ij}^{0}\left(\frac{\dot{\alpha}}{2G}+\alpha\dot{\lambda}\right),\quad \dot{\varepsilon}_{kk}=\frac{1}{3K}\dot{\alpha}\sigma_{kk}^{0} \tag{7.2.39}$$

对式(7.2.39)进行积分，可得

$$e_{ij}=\psi s_{ij},\quad \varepsilon_{ij}=\frac{1}{3K}\sigma_{kk} \tag{7.2.40}$$

式中，

$$\psi = \frac{1}{2G} + \int \alpha \mathrm{d}\lambda$$

令式(7.2.40)第一式两侧自乘，可以求出

$$\psi = 3\varepsilon_\varepsilon / (2\sigma_e)$$

于是，全量理论的本构方程为

$$e_{ij} = \frac{3\varepsilon_\varepsilon}{2\sigma_\varepsilon} s_{ij}, \quad \varepsilon_{kk} = \frac{1}{3K}\sigma_{kk} \tag{7.2.41}$$

从理论上说，全量理论只适用于简单加载情况。伊留申(Ilyushin)曾给出物体内处处实现简单加载的一组充分条件：①物体为小变形；②材料不可压缩；③外载按比例单调增长；④应力强度和应变强度之间有幂函数关系，即

$$\sigma_e = A\varepsilon_e^m \tag{7.2.42}$$

式中，A、m 为材料常数，且 $0 \leqslant m \leqslant 1$。

实验证明，在简单加载条件下，σ_e-ε_e 的关系曲线是单值，基本上与应力状态无关。因此可以假定，在简单加载条件下，σ_e-ε_e 曲线是单一的，与应力状态无关。这个假定称为**单一曲线假设**。于是，可以写出

$$\sigma_e = \varphi(\varepsilon_e) \tag{7.2.43}$$

式(7.2.41)和式(7.2.43)为全量理论的全部本构方程。函数 φ 可由简单拉伸的 σ-ε 曲线确定。式(7.2.43)也可写成($\nu = 1/2, E = 3G$)

$$\sigma_e = 3G\varepsilon_e[1 - \omega(\varepsilon_e)] \tag{7.2.44}$$

式中，$\omega(\varepsilon_e)$ 由简单拉伸曲线确定。利用式(7.2.44)可以采用逐次法(弹性解方法)求解塑性力学问题。

从理论上说，全量理论只适用于简单加载情况。对于偏离简单加载的情况，应用全量理论解题，往往也能得到较好的结果。

4. 简单卸载定理

物体在载荷作用下进入塑性状态后，按比例卸去载荷(简单卸载)，如果在卸去载荷的全过程中，物体内处处都发生应力卸载，且不在反向进入塑性状态，则可按弹性力学基本方程计算对应于载荷的应力和应变；再从卸载前的应力和应变中减去上述应力和应变，就得到残余应力和残余应变，这就是**简单卸载定理**。

7.2.3 过应力模型理论

动态塑性本构关系的主要特点是在本构关系中应正确地反映应变率效应。以一维应力状态为例，动态塑性本构方程应写成

$$\sigma = \varphi(\varepsilon^p, \dot{\varepsilon}^p) \tag{7.2.45}$$

动态塑性本构关系是很复杂的问题。在实验的基础上已建立的理论大致可分为三大类，即**过应力模型理论**、**黏塑性模型理论**和**拟线性本构关系理论**。

过应力是指材料在动力作用下所引起的瞬时应力与对应同一应变时的静态应力之差。以一维情况为例，设 $\sigma_1 = f(\varepsilon)$ 为静态拉伸曲线，σ 为动态应力，则 $\sigma = f(\varepsilon)$ 就是过应力。过应力模型理论认为，塑性应变率只是过应力的函数，与应变大小无关。其用方程可表示为

$$\dot{\varepsilon} = \frac{1}{E}\dot{\sigma} + \langle F[\sigma - F(\varepsilon)]\rangle \tag{7.2.46}$$

式中，E 为杨氏模量。$\langle F\rangle$ 定义为

$$\langle F(X)\rangle = \begin{cases} 0, & X \leqslant 0 \\ F(X), & X > 0 \end{cases} \tag{7.2.47}$$

函数 F 的形式可由简单拉伸的动力实验来确定。Malvern 讨论了这个问题，并给出以下结果：

$$F = \frac{1}{b}\left\{\exp\left[\frac{\sigma - f(\varepsilon)}{a}\right] - 1\right\} \tag{7.2.48}$$

式中，a、b 为材料常数。于是 Malvern 的本构方程可写成

$$\dot{\varepsilon} = \frac{1}{E}\dot{\sigma} + g(\sigma, \varepsilon) \tag{7.2.49}$$

$$\dot{\varepsilon}^p = g(\sigma, \varepsilon) + \frac{1}{b}\left\{\exp\left[\frac{\sigma - f(\varepsilon)}{a}\right] - 1\right\} \tag{7.2.50}$$

$$\sigma = f(\varepsilon) + a\ln(1 + b\dot{\varepsilon}^p) \tag{7.2.51}$$

式(7.2.50)表明，塑性应变率是一个指数松弛函数，所以也将上述本构关系称为**指数松弛函数型本构关系**。式(7.2.50)的一级近似式(线性关系)为

$$\dot{\varepsilon}^p = g(\sigma, \varepsilon) + \frac{1}{b}\left[\frac{\sigma - f(\varepsilon)}{a} - 1\right] \tag{7.2.52}$$

或者

$$E\dot{\varepsilon} = \dot{\sigma} + c[\sigma - f(\varepsilon)] \tag{7.2.53}$$

式中，c 为材料常数。Malvern 取 $c = 10^6\,\mathrm{s}^{-1}$ (对大部分金属材料都适用)。当应变率为 $200\mathrm{s}^{-1}$ 时，动态应力超过静态应力 10%。这说明，采用线性本构关系，如式(7.2.53)，若能适当选取其中的常数，则能得到工程实用中满意的结果。

本构方程可以简化为以下形式：

$$\dot{\varepsilon}^p = g(\sigma) = D\left(\frac{\sigma}{\sigma_0} - 1\right)^{\delta} \tag{7.2.54}$$

式中，D、δ 为材料常数。对于钢，D=40.4、$\delta = 5$；对于铝合金，D=6500、$\delta = 4$。

过应力模型认为，塑性应变率只是动态过应力的函数(此即过应力模型一词的由来)，与应变的大小无关。因此，不同应变率下的动态 σ-ε 曲线在塑性阶段是相互平行的，如图 7.2.5(a)所示。如果应变率是应变的函数，即 $\dot{\varepsilon} = \dot{\varepsilon}(\varepsilon)$，则 σ-ε 曲线如图 7.2.5(b)所示。

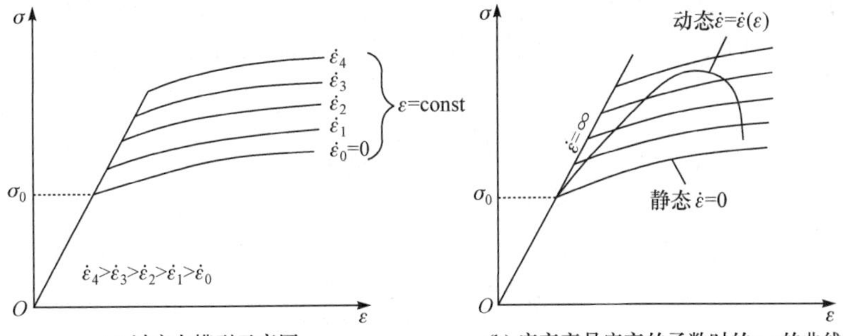

(a) 过应力模型示意图　　(b) 应变率是应变的函数时的σ-ε的曲线

图 7.2.5　σ-ε 关系曲线

过应力模型的本构方程首先由 Ludwik 提出，其表达式为

$$\sigma = \sigma_1 + A\ln(\dot{\varepsilon}^p / B), \quad \dot{\varepsilon}^p < B \tag{7.2.55}$$

式中，A、B 为材料常数；σ_1 为静态应力。Prandtl 给出了一个用加载速度 v 表示的式子

$$\sigma = \sigma_1 + C\ln(v/v_1) \tag{7.2.56}$$

式中，C 为材料常数；v_1 为准静态加载速度。Sokolovski 和 Rubin 分别采用下列形式：

$$g(\sigma,\varepsilon) = kF\left(|\sigma| - \sigma_0\right) \tag{7.2.57}$$

$$g(\sigma,\varepsilon) = 2k(\sigma - E_1\varepsilon) \tag{7.2.58}$$

式中，σ_0 为静态屈服应力；E_1 为静弹性模量。Richter 曾采用下列关系式：

$$\mu\dot{\varepsilon}^p = \sigma - \sigma_0 \mathrm{sgn}\sigma \tag{7.2.59}$$

在 Malvern 提出的式(7.2.50)中，$\sigma \to \infty$ 时，$\dot{\varepsilon}^p \to \infty$，这是不合理的。因为根据位错动力学的观点，位错的传播速度有一个极限值，不可能是无限大。因此，塑性应变率不可能无限大。

该模型可以修正为

$$\dot{\varepsilon}^{p} = A\{1 - \exp[-B(1-\varepsilon)(\sigma - f(\varepsilon))]\} \tag{7.2.60}$$

式中，A、B 为常数，而且 B 为小参数。其一级近似式仍为式(7.2.53)。

7.2.4 拟线性本构方程

上述动态塑性本构关系都存在一些缺点。Malvern 方程给出的应变率只是动态过应力的函数，对于不同应变率所得出的 σ-ε 曲线在非弹性部分是一组平行曲线(图 7.2.5(a))。一些实验结果表明，这些曲线并不平行。这主要是上述本构关系中都没有考虑应变率历史的效应和屈服滞后等因素，特别是没有反映材料普遍存在的瞬时塑性性质。为了改进上述理论的不足，Cristescu 提出以下的拟线性本构关系：

$$\frac{\partial \varepsilon}{\partial t} = \varphi(\sigma,\varepsilon)\frac{\partial \sigma}{\partial t} + \psi(\sigma,\varepsilon) \tag{7.2.61}$$

式中，函数 φ 和 ψ 满足

$$\psi\frac{\partial \varphi}{\partial \varepsilon} = \varphi\frac{\partial \psi}{\partial \varepsilon} + \frac{\partial \psi}{\partial \sigma} \tag{7.2.62}$$

对于不同的材料和不同的动力条件，将出现不同的应变率效应，对于每种材料都有其固有的动力特性，用拟线性方程描述这种固有的特性不致造成混乱。依赖时间的函数 $\psi(\sigma,\varepsilon)$ 是材料非瞬态塑性反应的量度，而函数 $\varphi(\sigma,\varepsilon)$ 则是材料对应增量的瞬态塑性反应的量度。$\psi(\sigma,\varepsilon)$ 不依赖应力的增量，而依赖应力本身，表示黏塑性应变的非瞬态部分；$\varphi(\sigma,\varepsilon)$ 则是黏塑性应变的瞬态部分，则塑性应变以波的形式传播。若材料的动力塑性反应只有非瞬态部分，则与应力的增量成比例。若材料的动力塑性反应确有瞬态与非瞬态两部分，则塑性应变就不可能以波的形式传播。人们总是认为材料具有弹性和塑性性质，非瞬态反应是指塑性应变部分，所以弹性应变还是以波的形式传播。对于刚塑性材料，如果塑性反应又是非瞬态的，则应力与质点的速度就只能以扩散的形式传开。

可以将式(7.2.61)写为

$$\frac{\partial \varepsilon}{\partial t} = \frac{1}{E}\frac{\partial \sigma}{\partial t} + \varphi(\sigma,\varepsilon)\frac{\partial \sigma}{\partial t} + \psi(\sigma,\varepsilon) \tag{7.2.63}$$

取

$$\psi(\sigma,\varepsilon) = \begin{cases} \dfrac{K(\varepsilon)}{E}[\sigma - f(\varepsilon)], & \sigma > f(\varepsilon), \varepsilon \geqslant \varepsilon_0 \\ 0, & \sigma \leqslant f(\varepsilon), \varepsilon < \varepsilon_0 \end{cases} \tag{7.2.64}$$

式中，$\sigma = f(\varepsilon)$ 是应力-应变平面上的弹塑性边界，即 $\sigma > f(\varepsilon)$ 时，反应是塑性的；$\sigma < f(\varepsilon)$ 时，反应是弹性的。在这条曲线上有动应力松弛，在此曲线之下则没有。

所以，又称曲线 $\sigma = f(\varepsilon)$ 为**动力松弛边界**。一般地，这条曲线并不与准静态应力应变曲线重合。

动力松弛边界可以采用以下的表达式：

$$f(\varepsilon)=\begin{cases}\sigma_0, & \varepsilon\leqslant\varepsilon_0\\ \sigma_0+\dfrac{\beta}{2}\varepsilon_z^{-1/2}(\varepsilon-\varepsilon_0), & \varepsilon_0\leqslant\varepsilon\leqslant\varepsilon_z\\ \beta\varepsilon^{1/2}, & \varepsilon_z\leqslant\varepsilon\end{cases} \tag{7.2.65}$$

$$\varepsilon_z=\left(\frac{\beta\varepsilon_0}{\sigma_0-\sqrt{\sigma_0{}^2-\varepsilon_0\beta^2}}\right)^2 \tag{7.2.66}$$

式中，β 为材料常数。对于铝，$\beta=5.6\times10^4$。动力松弛边界如图 7.2.6 所示，沿图中动力松弛边界有 $\psi=0$，其附近只有弹性波传播。

以上说明松弛边界与静态应力应变曲线完全是两个概念，但是人们往往把静态应力应变曲线近似地取作动力松弛边界，二者不加区别。

在特殊情况下，若材料不具有任何瞬时塑性反应，即 $\varphi=0$，则有

$$\frac{\partial\varepsilon^p}{\partial t}=\psi(\sigma,\varepsilon) \tag{7.2.67}$$

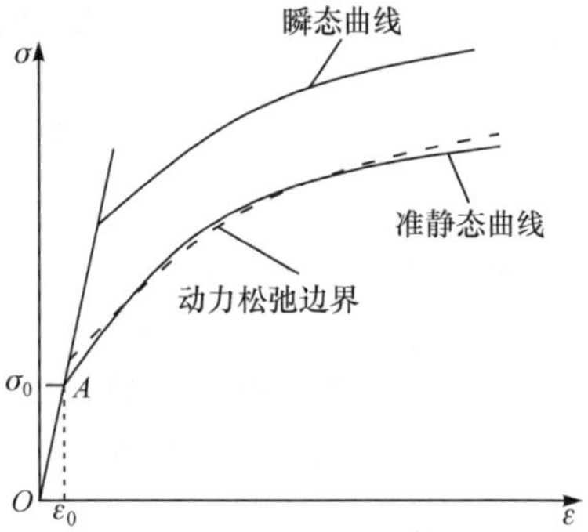

图 7.2.6　动力松弛边界

此即过应力模型的本构方程。若材料只具有瞬时塑性反应，即 $\psi=0$，则有

$$\frac{\partial\varepsilon^p}{\partial t}=\varphi(\sigma,\varepsilon)\frac{\partial\sigma}{\partial t} \tag{7.2.68}$$

以上讨论说明，塑性应变的发展有两种可能的机制：一是瞬时发生的；二是较缓慢发生的。可以根据动力实验判断在什么条件下，哪种是主要的，哪种是次要的，甚至可以忽略不计。

7.2.5 Bodner-Partom 理论

Bodner 和 Partom 基于位错动力学，提出一个弹性黏塑性强化材料的本构关系，这个本构关系不需要屈服判据和加载、卸载准则。该本构关系假定物体的应变可分为弹性和非弹性两部分，对于金属材料，弹性变形是由晶格变形引起的，可以由弹性势函数导出，而且是一种可逆的过程。非弹性变形则是由位错运动所产生的不可逆变形。因此，有

$$\dot{\varepsilon}_{ij} = \dot{\varepsilon}_{ij}^{e} + \dot{\varepsilon}_{ij}^{p} \tag{7.2.69}$$

式中，ε_{ij} 为应变张量，与位移的关系由几何方程(6.3.2)决定。

弹性应变率与应力率之间服从胡克定律

$$\dot{\varepsilon}^{e} = \frac{\dot{\sigma}_{ij}}{2\mu} - \lambda \dot{\sigma}_{kk} \delta_{ij} / [2\mu(3\lambda + 2\mu)] \tag{7.2.70}$$

式中，λ 、μ 为拉梅系数。

非弹性应变率服从经典的流动法则

$$\dot{\varepsilon}_{ij}^{p} = \dot{e}_{ij}^{p} = \Lambda s_{ij} \tag{7.2.71}$$

式中，s_{ij} 和 $\dot{e}_{ij}^{p}$ 分别表示应力偏量和非弹性应变率偏量。若材料的体积变化为弹性的，即塑性变形为不可压缩，则有 $\dot{\varepsilon}_{ij}^{p} = 0$ ，令式(7.2.71)两侧自乘，可得

$$\Lambda^2 = \dot{I}_2 / J_2 \tag{7.2.72}$$

式中，

$$\dot{I}_2 = \frac{1}{2} \dot{e}_{ij}^{p} \dot{e}_{ij}^{p} , \quad J_2 = \frac{1}{2} s_{ij} s_{ij} \tag{7.2.73}$$

Bodner-Partom 理论放弃了有关屈服条件的传统观点，假定非弹性应变率张量的二次不变量 $\dot{I}_2$ 与应力偏张量的二次不变量 J_2 之间存在一定的函数关系，并根据一种位错动力学模型建立了 $\dot{I}_2$ 与 J_2 之间的关系，即 $\dot{I}_2 = f(J_2)$ 的具体形式。这样就使本构关系具有微观位错运动的物理基础。

在低应变率和高应变率时，可动位错的平均速度 v 与应力的关系可分别表示为

$$v = C(\sigma / \sigma_0)^n \tag{7.2.74}$$

$$v = A \exp(-B/C) \tag{7.2.75}$$

式中，σ_0 、n、A、B 都是材料常数；C 为一标量因子。

Bodner 和 Partom 将上列两式推广到一般情况，给出下列关系式：

$$\dot{I}_2 = \dot{I}_0 \exp[-(A^2 / J_2)^n] \tag{7.2.76}$$

$$A^2 = \frac{1}{3} Z^2 [(n+1)/n]^{1/n} \tag{7.2.77}$$

式中，n 与 $\dot{I}_2$-I_2 曲线的屈服极限变化程度及应变率的敏感性有关；$\dot{I}_0$ 为应力很高时 $\dot{I}_2$ 的极限值；Z 为与材料的屈服强度有关的内变量，可取为塑性比功的函数，并假定

$$Z = Z_1 + (Z_0 - Z_1) \exp(-m W^p / Z_0) \tag{7.2.78}$$

式中，Z_0、Z_1 和 m 都是材料参数；W^p 为塑性比功。塑性比功率则为

$$D = \dot{W}^p = \sigma_{ij}\dot{\varepsilon}_{ij} = s_{ij}\dot{\varepsilon}_{ij}^p = 2\Delta J_2 \tag{7.2.79}$$

式(7.2.76)中，当 $n \to \infty$ 时，得到理想塑性的情况。当 W^p 很大时，$\dot{I}_2 \to 0$，这是纯弹性情况。

在单向应力情况下($\sigma_x = \sigma \neq 0$)，式(7.2.76)化为

$$\dot{I}_2 = \dot{I}_0 \exp[-(3A^2/\sigma^2)^n] \tag{7.2.80}$$

非弹性应变率偏量为

$$\dot{\varepsilon}_x^p = \Lambda\sigma = \frac{2\dot{I}_0}{\sqrt{3}}\frac{\sigma}{|\sigma|}\exp[-(3A^2/\sigma^2)^n] \tag{7.2.81}$$

$$\dot{\varepsilon}_y^p = \dot{\varepsilon}_z^p = -\frac{1}{2}\dot{\varepsilon}_x^p \tag{7.2.82}$$

塑性比功率为

$$D = \dot{W}^p = \sigma_x \dot{\varepsilon}_x^p \tag{7.2.83}$$

对于钛合金，上述材料常数为 $Z_0 = 1150\text{N/mm}^2$、$Z_1 = 1400\text{N/mm}^2$、$\dot{I}_0 = 10^{-8}\text{s}^{-2}$、$n = 1$、$m = 100$。

应用式(7.2.76)解题有许多方便之处，特别是采用数值方法求解塑性动力学问题时，不需考虑屈服条件和加载、卸载准则，可以大大节省计算时间。计算实例说明，用 Bodner-Partom 理论所得计算结果与实验结果吻合尚好。其进一步的研究课题之一应该是考虑如何使方程得到简化，以便于工程应用。根据位错运动模型，假定

$$\dot{I}_2 = D_0^2 \exp(-A^2/J_2)$$

式中，D_0 为非弹性剪应变率的极限值，与材料性质有关。A^2 则取为下列简单的多项式

$$A^2 = B + C(W^p)^D$$

式中，B、C、D 都是材料参数。

7.2.6　随机过程模型理论

本构关系可以根据在微观或细观尺度上描述材料在变形过程中的内部结构变化来建立。目前有两种主要的模型，一是以位错速度为依据，由此得出 Orwan 公式；二是以热激活理论为出发点，可以得出 Arrhenius 公式。实际上，在强动载荷作用下，材料将产生两种力学效应，即动力效应和热效应。**动力效应**是指材料在受外力作用后位错开始加速运动的现象，其位错速度随所施剪应力的大小按指数

规律上升，其应力幅值τ_d足以克服势垒，即τ_d不小于晶格的周期性结构的 Peierls 力τ_p。**热效应**是由于温度升高所产生的热应力引起的位错。

由位错动力学得知，晶体中的原子并不是在晶格上静止不动的，而总是在其平衡位置附近做热振动，温度升高时振动加剧，振幅增大。这种热振动和能量的起伏给位错带来了迁移运动的可能性。

在强载荷作用下所产生的动力效应和热效应最终都会导致位错迁移运动和热激活。若单位时间内越过高度为σ的势垒产生位错迁移运动的频率为 C，则根据 Boltzmann 统计，温升为 T，则连同热激活位错运动的概率 P 与 $\exp[-\Delta E_1/(KT)]$成比例，有

$$P(\sigma \to \sigma + \Delta\sigma) = C\exp[-\Delta E_1/(KT)]\Delta t \tag{7.2.84}$$

式中，ΔE_1为自由能；K 为 Boltzmann 常量；C 为与宏观应变率有关的常数。而

$$\Delta E_2 = \Delta E - T\Delta s \tag{7.2.85}$$

式中，ΔE_2为激活能；ΔE 为动能；Δs 为激活熵。

材料的变形过程是一个热激活过程，在此过程中，热能克服势垒产生位错迁移运动。然而，位错不可能在瞬间全部完成，从而可认为位错迁移概率与应变成比例，这就是导致塑性应变率$\dot{\varepsilon}^p$的 Arrhenius 方程。

$$\dot{\varepsilon} = \frac{\Delta\varepsilon}{\Delta t} = A\exp\left(-\frac{\Delta E}{KT}\right) \tag{7.2.86}$$

或写成

$$\dot{\varepsilon}^p = \dot{\varepsilon}_0^p \exp\left(-\frac{\Delta E}{KT}\right) \tag{7.2.87}$$

式中，ΔE 为应力σ的单调递减函数。Kocks 指出ΔE 可写为

$$\Delta E = \Delta E[(\sigma - \overline{\tau})/(\tau^* - \overline{\tau})], \quad \overline{\tau} < \sigma < \tau^* \tag{7.2.88}$$

式中，$\overline{\tau}$为热力学阈值；τ^*为最大滑移阻抗；σ为等效应力。在应变率为 10^3/s 以下的情况下，令V^*为激活体积，σ^*为应力势垒，式(7.2.88)可写为

$$\dot{\varepsilon}^p = \dot{\varepsilon}_0^p \exp\{-[\sigma^*(\varepsilon^p) - \sigma]V^*/(KT)\} \tag{7.2.89}$$

一般来说，由于动力效应和热效应的作用，引起克服势垒所必需的激活能，进而导致晶格变形及由此产生的应力所生成的应变能储存于材料内部。至于外力的作用使得哪种位错运动可以克服势垒，并在哪些方向上延伸，从而引起宏观变形，这是随机性的。材料内部的这种复杂的位错运动机制，实际上是材料内部结构变化的随机过程。根据金属物理学规律，可以给出激活概率的数学描述。

根据以上原理，下面来构造塑性动态本构关系的随机过程理论模型。

位错迁移运动的过程是不断克服势垒σ的过程。设已知时刻 t 系统处于状态 E_i，在时刻$\tau(\tau>t)$系统所处的状态与时刻 t 以前的状态无关，因而这一随机过程是时间连续、状态离散的马尔可夫(Markov)过程。于是，位错迁移的概率为

$$P_{ij}(\sigma^i \to \sigma^j) = C\exp\left(-\frac{\Delta E}{KT}\right)\Delta t \tag{7.2.90}$$

或

$$P_{ij}(\sigma \to \sigma+\Delta\sigma) = C\exp\left[-\frac{\sigma^*(\dot{\varepsilon}^p)V^*}{KT}\right]\Delta t \tag{7.2.91}$$

或

$$P_{ij}(\sigma \to \sigma+\Delta\sigma) = C\exp\left[-\frac{U-\Delta V(\sigma^*-\sigma)}{KT}\right]\Delta t \tag{7.2.92}$$

式中，$\sigma^*=\sigma+\Delta\sigma$；$U$为内能。

由转移概率的遍历性可知

$$\lim_{t\to\infty} P_{ij}(t) = P_j \tag{7.2.93}$$

实际上，状态的转移可以认为只是在时刻$t=t_n$ $(n=1,2,3,\cdots)$发生，这一过程为 Markov 链，即时间与状态都是离散的。就是说位错运动仅依赖前一次位错迁移后的状态，而与更以前的情况无关。假定由状态 E_i 经过一次迁移到状态 E_j 的概率和进行的是第几次迁移无关，则可用P_{ij}表示由 E_i 经过一次迁移到状态 E_j 的迁移概率。$P_{ij}(n)$表示由状态 E_i 经过 n 次迁移而到达状态 E_j 的概率。

由于从任何一种状态 E_j 出发，经过一次迁移后，必然出现状态 $E_1,E_2,\cdots$ 中的一个，故有转移概率 P_{jk} 为

$$\sum_{k=1}^{\infty} P_{jk}=1,\quad P_{jk}\geqslant 0,\quad j=1,2,\cdots \tag{7.2.94}$$

于是，随机矩阵 $\underline{\boldsymbol{P}}$ 为

$$\underline{\boldsymbol{P}} = \begin{bmatrix} P_{11} & \cdots & P_{1n} \\ \vdots & & \vdots \\ P_{m1} & \cdots & P_{mn} \end{bmatrix} \tag{7.2.95}$$

显然，矩阵的每个元素为非负，且每行之和均为 1。

可以认为位错迁移属于 n 次迁移，而非一次迁移。于是，由 Chapman-Kolomogorov 方程得

$$P_{ij}(n) = \sum_r P_{ir}(m)P_{rj}(n-m) \tag{7.2.96}$$

位错迁移过程实际上是齐次的，即可用 $P_{ij}(t)$ 表示在时刻 τ 系统处于状态 E_i 的条件下，经过一段时间 t 后系统处于状态 E_j 的概率，即

$$P_{ij}(t)=P_{ij}(\tau,t+\tau) \tag{7.2.97}$$

此时式(7.2.96)可写为

$$P_{ik}^{(n)}(t+\tau)=\sum_{i}^{n}P_{il}(t)P_{lk}(\tau) \tag{7.2.98}$$

由

$$P_n(t+\tau)=P^{(n-1)}P^{(1)}=(P)^n \tag{7.2.99}$$

有

$$P^{(n)}(\sigma\to\sigma+\Delta\sigma)=[P(\sigma\to\sigma+\Delta\sigma)]^n \tag{7.2.100}$$

有了随机矩阵，问题便可得到解决。

实际上，位错在晶体中的运动结果与整排原子相对于另一排原子做整体相互滑移的结果相同，故位错运动导致晶体的塑性变形。由以上讨论可知，对于 Markov 链在时刻 $t+\Delta t$ 滑移机构数为

$$\boldsymbol{z}(t+\Delta t)=\boldsymbol{P}\boldsymbol{z}(t)^n \tag{7.2.101}$$

式中，$\boldsymbol{z}(t)$ 为时刻主动滑移机构数矢量，且有

$$\boldsymbol{z}(t)=z\boldsymbol{P}(\sigma^i,t) \tag{7.2.102}$$

式中，z 为滑移机构总数；$\boldsymbol{P}(\sigma^i,t)$ 为概率分布矢量。由式(7.2.84)、式(7.2.86)可知，由时刻 t 到时刻 $t+\Delta t$ 在应力 σ^i 方向上的宏观非弹性变形可表示为

$$\dot{\varepsilon}_i^p=B\sum_{k=1}^{\infty}z_k\exp\left[-\frac{U-\Delta V(\sigma^*-\sigma)}{KT}\right] \tag{7.2.103}$$

由式(7.2.92)有

$$\dot{\varepsilon}_i^p=B\sum_{k=1}^{\infty}z_k\exp\left\{-\frac{[\sigma^*(\varepsilon^p)-\sigma]V^*}{KT}\right\} \tag{7.2.104}$$

式中，参数 U、ΔV、B 可由实验结果对比得到。若认为给定的温度和外力可考虑滑移机构都处在同一高度上，则非弹性应变率可表示为

$$\dot{\varepsilon}_i^p=D\exp\left\{-\frac{[\sigma^*(\varepsilon^p)-\sigma]V^*}{KT}\right\} \tag{7.2.105}$$

式中，D 为常数。

这类本构关系既考虑了材料内部结构的变化，又需要宏观力学实验，所以认

为这是介于宏观理论和细观理论之间的一种模型。

7.3　弹塑性系统的动力响应

在许多工程问题中，结构的动态响应问题往往可以简化为单质点系统的动力响应问题。动态问题和静态问题的主要区别在于：①材料在动力作用下具有一系列不同于静态的力学性质，这主要反映在本构关系内；②在动力问题中，要考虑惯性力的作用，这反映在运动方程内；③在动力问题中，外力是快速变化的，而且往往是短时强载荷。对于理想弹性体，动态本构关系和静态本构关系相同。对于弹塑性体，动态本构关系一般不同于静态本构关系。

对于理想塑性体，在静态载荷下，当载荷等于或大于极限载荷时，就认为结构已失去工作能力，但当结构受到短时强载荷作用时，即便载荷的峰值大于静态载荷，结构仍有可能不失去工作能力。这是因为载荷作用的时间短，加于结构的总能量有限，可以被结构所吸收，而且主要被塑性变形所消耗。弹塑性结构的动力响应主要取决于载荷的持续时间、载荷的变化规律、载荷峰值的大小及系统的本构关系。因此，其动应力和动位移的分布不仅不同于静态情况，也不同于弹性振动情况。

一般情况下，结构的运动可分为前后相继的三个阶段，称为三相，即初始弹性阶段(第一相)、塑性变形发展阶段(应力加载过程，称为第二相)和相继弹性阶段(应力卸载过程，称为第三相)。以单自由度弹塑性系统为例，设系统的抗力(在弹性阶段则称为恢复力)与系统的位移之间的关系如图 7.3.1 所示。其中，OA 为初始弹性阶段、AB 为塑性变形发展阶段(应力加载过程)、BC 为相继弹性阶段(应力卸载过程)。在第三相，ΔF_R 和 Δx 是线性关系，系统的运动将呈现弹性振动，不过是在有了残余位移的情况下做弹性振动。因此，有时也将第一相和第三相都称为第一相(弹性相)。

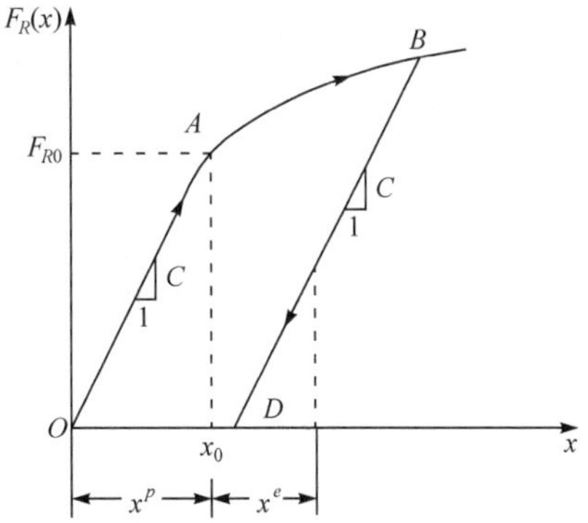

图 7.3.1　力与位移的关系

单自由度系统的运动方程为

$$m\ddot{x}+F_R(x)=F(t) \tag{7.3.1}$$

式中，m 为质点的质量；$F_R(x)$ 为系统的抗力；$F(t)$为外力。由图 7.3.1，各阶段的力与位移关系曲线为

$$F_R=\begin{cases}Cx, & \text{初始弹性阶段(第一相)}\\ F_R(x), & \text{塑性变形发展阶段(第二相)}\\ C(x-x^p)=Cx^e, & \text{相继弹性阶段(第三相)}\end{cases} \tag{7.3.2}$$

塑性变形发展阶段一般为非线性关系。在相继弹性阶段，x^p为位移的塑性部分，x^e为位移的弹性部分。

在初始弹性阶段，系统为理想弹性的，则$F_R=Cx$，代入式(7.3.1)后，其解为

$$x=x(0)\cos(\omega t)+\frac{\dot{x}(0)}{\omega}\sin(\omega t)+\frac{1}{m\omega}\int_0^t F(\tau)\sin[\omega(t-\tau)]\mathrm{d}\tau \tag{7.3.3}$$

式中，$x(0)$及$\dot{x}(0)$分别为t=0时系统的位移和速度(初始条件)。

其他变形阶段的解则依赖抗力与力和位移的关系及外力的变化规律。前一阶段的终止状态为后一阶段的初始条件。

7.3.1　理想弹塑性系统

理想弹塑性系统的抗力R与位移x的关系如图7.3.2所示，即

$$F_R(x)=\begin{cases}Cx, & x\leqslant x_0=F_{R0}/C \quad (\text{第一相})\\ F_{R0}, & x\geqslant x_0=F_{R0}/C \quad (\text{第二相})\\ C(x-x^p)=Cx^e, & (\text{第三相})\end{cases} \tag{7.3.4}$$

式中，C为比例常数；F_{R0}为流动(塑性)极限；x^p为残余位移或位移的塑性部分；x^e为位移的弹性部分。

1. 突加恒载

设突加A载荷，如图7.3.3所示，即

$$F(t)=F=\text{const} \tag{7.3.5}$$

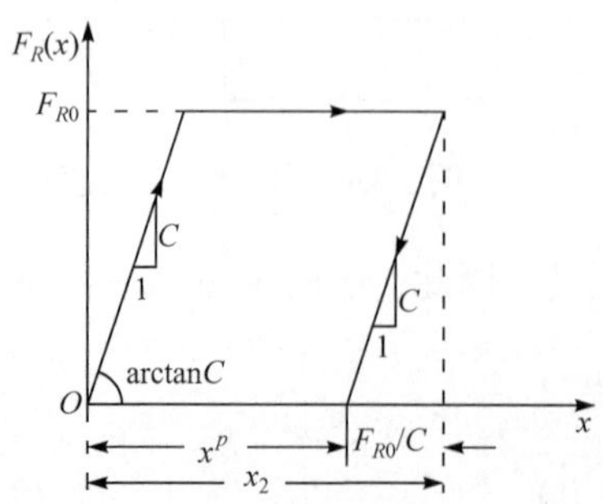

图7.3.2　理想弹塑形系统示意图

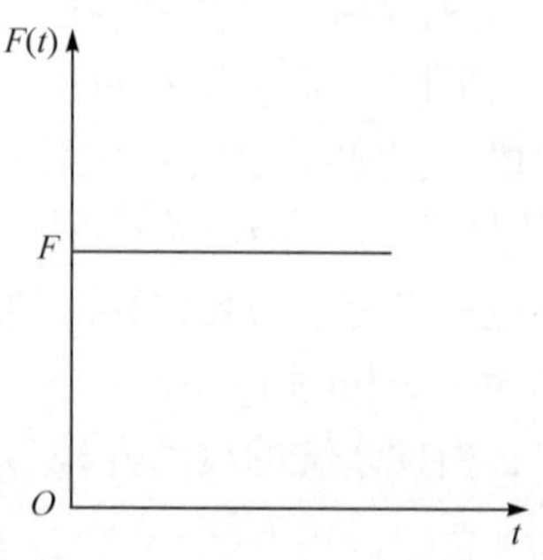

图7.3.3　突加载荷

显然，系统的全部运动不能用一个运动方程来描述，而应根据运动的不同变形阶段加以具体分析，得到各相的运动规律。

第一相　在本阶段，$F_R(x)$如式(7.3.4)的第一式所示，运动方程为

$$m\ddot{x} + Cx = F \tag{7.3.6}$$

初始条件为

$$x(0) = 0\,,\quad \dot{x}(0) = 0 \tag{7.3.7}$$

将式(7.3.5)、式(7.3.7)代入式(7.3.3)，得到系统第一相的运动规律为

$$x = \frac{F}{C}\left[1 - \cos(\omega t)\right] \tag{7.3.8}$$

式(7.3.8)表明，系统在运动的第一相，位移 x 将随时间而增长。设 $t = t_1$ 时，$x = x_0 = F_{R0}/C$。此后运动进入第二相。因此，第一相运动的持续时间为 t_1，由式(7.3.9)确定

$$x(t_1) = \frac{F_{R0}}{C} = \frac{F}{C}\left[1 - \cos(\omega t_1)\right] \tag{7.3.9}$$

由式(7.3.9)可求出

$$\omega t_1 = \arccos(1 - F_{R0}/F) \tag{7.3.10}$$

在第一相之末(t=t_1)，系统的位移和速度分别为

$$x(t_1) = F_{R0}/C\,,\quad \dot{x}(t_1) = \frac{\omega F}{C}\sin(\omega t_1) = \frac{\omega F_{R0}}{C}\sqrt{\frac{2F}{F_{R0}} - 1} \tag{7.3.11}$$

在式(7.3.10)中，有 $-1 \leqslant 1 - F_{R0}/F \leqslant 1$，或 $2 \geqslant F_{R0}/F \geqslant 0$。由此可见，只有当

$$2F \geqslant F_{R0} \tag{7.3.12}$$

时，式(7.3.10)才成立；或者说，当 $2F \geqslant F_{R0}$ 时，系统的运动不能进入第二相，只做弹性振动。实际上，突加载荷(即突加恒载)的动载系数为 2，即动力作用的最大值为 $2F$。当 $2F \leqslant F_{R0}$ 时，系统总是只在初始弹性阶段运动。

第二相　设 $2F > F_{R0}$，则当 $t > t_1$ 时，系统进入塑性变形发展阶段；此时系统的抗力保持为恒值 F_{R0}。运动方程为

$$m\ddot{x} + F_{R0} = F \tag{7.3.13}$$

本阶段的初始条件为式(7.3.11)。于是，可得式(7.3.13)的解为

$$x = \frac{F_{R0}}{C}\left[-\frac{1}{2}\left(1 - \frac{F_{R0}}{F}\right)(\omega t - \omega t_1)^2 + \sqrt{\frac{2F}{F_{R0}} - 1}(\omega t - \omega t_1) + 1\right] \tag{7.3.14}$$

第二相的运动一直延续到系统的速度为零、位移到达最大值时为止。此后系统进入第三相。设 t_2 为第二相运动的终止时间，其条件为 $\dot{x}(t_2) = 0$，将式(7.3.14)代入 $\dot{x}(t_2) = 0$，可得

$$\sqrt{\frac{2F}{F_{R0}}-1}-\left(1-\frac{F}{F_{R0}}\right)(\omega t_2-\omega t_1)=0 \tag{7.3.15}$$

由此解出

$$\omega t_2=\omega t_1+\sqrt{\frac{2F}{F_{R0}}-1}\frac{F_{R0}}{F_{R0}-F} \tag{7.3.16}$$

系统的位移为

$$x(t_2)=x_{\max}=\frac{F_{R0}}{1-F/F_{R0}} \tag{7.3.17}$$

因为$t_2>t_1$，又已知$2F>F_{R0}$，由式(7.3.16)可见，只有当$P<F_{R0}$时，式(7.3.16)才成立。否则，如果$P\geqslant F_{R0}$，则第二相的运动没有终止的时间，系统将无限地发生塑性流动，即系统丧失工作能力。

第三相　当$F_{R0}>P>F_{R0}/2$时，系统将在t_2以后进入第三相。在本阶段系统的抗力为式(7.3.4)的第三式。系统的运动方程为

$$m\ddot{x}^e+Cx^e=F \tag{7.3.18}$$

将$x^e=x-x^p$、$x^p=x(t_2)-F_{R0}/C$(图 7.3.2)及式(7.3.17)，代入式(7.3.18)，可得第三相的运动式方程为

$$m\ddot{x}+Cx=F+\left(F-\frac{F_{R0}}{2}\right)\left(\frac{F_{R0}}{F_{R0}-F}\right) \tag{7.3.19}$$

对式(7.3.19)进行积分，并注意到初始条件式(7.3.17)，得到第三相的运动规律为

$$x=\frac{F_{R0}}{C}\left\{\left(\frac{F}{F_{R0}}-\frac{1}{2}\right)\left(\frac{F}{F_{R0}-P}\right)+\frac{F}{F_{R0}}+\left(1-\frac{F}{F_{R0}}\right)\cos[\omega(t-t_1)]\right\} \tag{7.3.20}$$

注意到

$$x^p=x(t_2)-\frac{F_{R0}}{C}=\frac{F_{R0}}{C}\left(\frac{F}{F_{R0}}-\frac{1}{2}\right)\left(\frac{F_{R0}}{F_{R0}-F}\right),\quad x_{st}=\frac{P}{C}(\text{静态弹性位移})$$

都是不随时间变化的恒值。于是，式(7.3.20)可写成

$$x=x^p+x_{st}+\frac{F_{R0}}{C}\left(1-\frac{F}{F_{R0}}\right)\cos[\omega(t-t_2)] \tag{7.3.21}$$

式(7.3.21)表明，第三相的运动为在(x^p+x_{st})的位置附近的振动，即在包含残余位移的静平衡位置附近的振动，可称为**相继弹性振动**。从式(7.3.21)可见，在第三相，$x\leqslant x(t_2)$。已给定$F_{R0}/2<P<F_{R0}$，所以第三相的运动没有终止时刻，是本系统运动的最后一相。

根据以上分析可以得出以下结论：当理想弹塑性单自由度系统受到突加恒载F作用时，根据外力F的大小，其运动可分为以下三种情况：

(1) 当 $2F \leqslant F_{R0}$ 时，系统只有第一相的运动，即弹性振动。

(2) 当 $F \geqslant F_{R0}$ 时，系统只有第一相和第二相的运动，第二相的运动将持续下去，塑性变形无限发展。

(3) 当 $F_{R0} > F > F_{R0}/2$ 时，系统将相继发生第一、二、三相运动：首先是弹性振动；然后 $(t > t_1)$ 进入塑性变形发展阶段；最后在含有不变的残余位移的新平衡位置附近发生振动，而且这种振动将无休止地进行下去。

在不同外力作用下，系统的动力响应分区如图 7.3.4 所示。

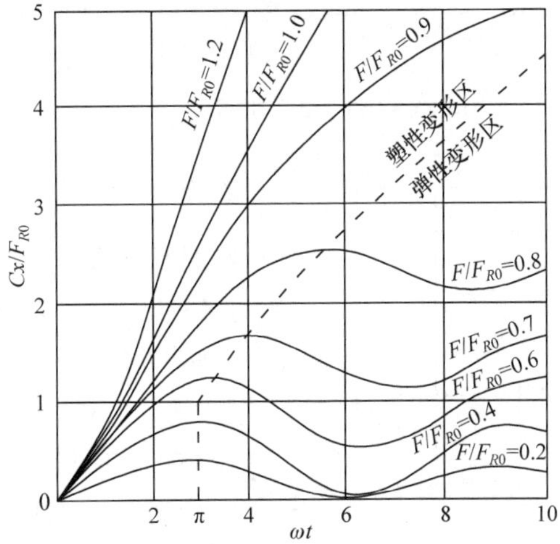

图 7.3.4　弹塑性系统的动力响应分区

在工程实际中，对弹塑性系统动力响应的研究，最关心的往往是系统的最大位移 x^* 及到达最大位移的时间 t^*。下面分析系统的最大位移 x^* 与时间 t^* 的关系。前面已说明，当 $0 \leqslant F/F_{R0} \leqslant 1/2$ 时，系统只能有第一相的运动，其运动规律为式(7.3.9)，令 $x(t^*) = 0$，可得到达最大位移 x^* 的时间为

$$\omega t^* = \pi \left(0 \leqslant \frac{F}{F_{R0}} \leqslant \frac{1}{2} \right), \quad x^* = x(t^*) = \frac{2F}{C} \tag{7.3.22}$$

当 $1/2 \leqslant F/F_{R0} \leqslant 1$ 时，系统的运动可进入第三相，最大位移发生在第二相之末，即式(7.3.16)，其中，$\omega t_1 = \arccos(1 - F_{R0}/F)$，所以

$$\begin{cases} \omega t^* = \arccos\left(1 - \dfrac{F_{R0}}{F}\right) + \dfrac{\sqrt{2F/F_{R0} - 1}}{1 - F/F_{R0}}, & \dfrac{1}{2} \leqslant \dfrac{F}{F_{R0}} \leqslant 1 \\ x^* = x(t^*) = \dfrac{F_{R0}}{2C(1 - F/F_{R0})} \end{cases} \tag{7.3.23}$$

当 $F/F_{R0} > 1$ 时，系统的塑性变形将无限发展，直到破坏。

由式(7.3.22)及式(7.3.23)中的第二式可以解出

$$\frac{Cx^*}{2F_{R0}}=\frac{F}{F_{R0}}\,,\quad \frac{F}{F_{R0}}=\frac{2(Cx^*/F_{R0})-1}{2(Cx^*/F_{R0})}$$

在式(7.3.22)及式(7.3.23)中，以 Cx^*/F_{R0} 代换 F/F_{R0} ，分别得到

$$\begin{cases}\omega t^*=\pi, & 0\leqslant \dfrac{Cx^*}{F_{R0}}\leqslant 1\\ \omega t^*=\arccos\left(\dfrac{1}{1-2Cx^*/F_{R0}}\right)+2\sqrt{\dfrac{Cx^*}{F_{R0}}\left(\dfrac{Cx^*}{F_{R0}}-1\right)}, & 1\leqslant \dfrac{Cx^*}{F_{R0}}\leqslant \infty\end{cases}$$

ωt^* 与 Cx^*/F_{R0} 的关系曲线如图 7.3.5 所示。

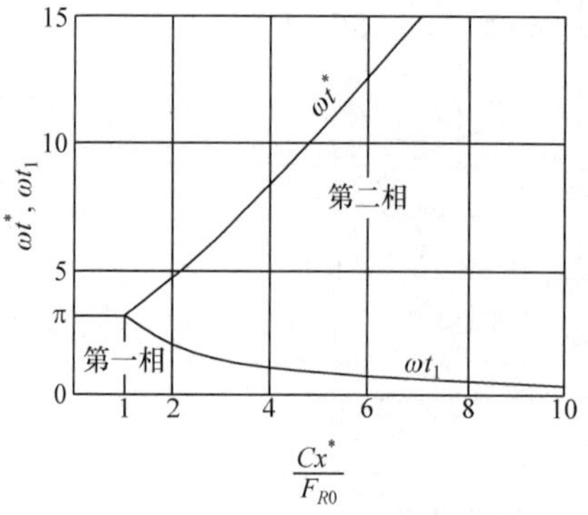

图 7.3.5　各相最大位移与时间的关系

2. 瞬时脉冲

瞬时脉冲可理解为载荷强度非常大，即 F=∞，但作用时间 T 却非常短，即 T→0。于是，瞬时脉冲将给系统一个初始冲量

$$S=FT \tag{7.3.24}$$

设质点的质量为 m ，冲量 S 将使系统得到一个初速 v_0 ，且有

$$S=mv_0 \tag{7.3.25}$$

由于脉冲作用时间极短，可以认为系统在脉冲作用以后才开始变形，即认为作用于系统上的载荷为零，但具有一个初速 $v_0=S/m$ 。系统的运动方程为

$$m\ddot{x}+F_R(x)=0 \tag{7.3.26}$$

初始条件为

$$x(0)=0\,,\quad \dot{x}(0)=S/m \tag{7.3.27}$$

可以采用与前例类似的方法分析系统各相的运动。

第一相　在式(7.3.26)中，令 $F_R(x)=Cx$ ，并考虑到初始条件式(7.3.27)，可以求出系统第一相的运动规律为

$$x=\frac{\omega S}{C}\sin(\omega t) \tag{7.3.28}$$

式中，$\omega^2=C/m$ 。第一相运动的持续时间 t_1 应满足 $x(t_1)=x_0=F_{R0}/C$ ，即

$$\omega t_1=\arcsin[F_{R0}/(\omega S)] \tag{7.3.29}$$

因为只有当 $F_{R0}/(\omega S)\leqslant 1$ 时，式(7.3.29)才成立。当 $F_{R0}/(\omega S)\geqslant 1$ 时，表明系统只有第一相的运动。现设 $F_{R0}/(\omega S)\leqslant 1$ ，则在第一相之末，系统的位移和速度分别为

$$\begin{cases} x(t_1)=\dfrac{F_{R0}}{C} \\ \dot{x}(t_1)=\dfrac{\omega}{C}\sqrt{(\omega S)^2-F_{R0}{}^2}, \quad \dfrac{F_{R0}}{\omega S}\leqslant 1 \end{cases} \tag{7.3.30}$$

第二相　当 $F_{R0}/(\omega S)<1$、$t>t_1$ 时，系统进入第二相运动，运动方程为

$$m\ddot{x}+R_0=0 \tag{7.3.31}$$

初始条件为式(7.3.30)，于是可得式(7.3.31)的解为

$$x=\frac{F_{R0}}{C}\left[-\frac{1}{2}(\omega t-\omega t^*)^2+\sqrt{(\omega S/F_{R0})^2-1}(\omega t-\omega t^*)+1\right] \tag{7.3.32}$$

当 $\dot{x}(t)=0$ 时，位移到达最大值，第二相运动终止。时间 t_2 为

$$\omega t_2=\omega t_1+\sqrt{(\omega S/F_{R0})^2-1} \tag{7.3.33}$$

已知 $F_{R0}/(\omega S)<1$，所以 t_2 总是存在的，或者说，在 $F_{R0}/(\omega S)<1$ 的情况下，系统的运动必然进入第三相。在第二相运动终止时，系统的位移和速度分别为

$$\begin{cases} x(t_2)=x_{\max}=\dfrac{F_{R0}}{2C}\left[(\omega S/F_{R0})^2+1\right] \\ \dot{x}(t_2)=0 \end{cases} \tag{7.3.34}$$

第三相　第三相的运动方程为

$$m\ddot{x}^e+Cx^e=0 \tag{7.3.35}$$

将 $x^e=x-x^p$ 代入式(7.3.35)，其中

$$x^p=x(t_2)-\frac{F_{R0}}{C}=\frac{F_{R0}}{2C}\left[(\omega S/F_{R0})^2+1\right] \tag{7.3.36}$$

并根据初始条件式(7.3.34)，可以求出第三相的运动规律为

$$x=\frac{F_{R0}}{C}\left\{\frac{1}{2}\left[(\omega S/F_{R0})^2+1\right]+\cos\left[\omega(t-t_2)\right]\right\}=x^p+\frac{F_{R0}}{C}\cos\left[\omega(t-t_2)\right] \tag{7.3.37}$$

式(7.3.37)表明，系统在第三相的运动为在 x^p 位置附近的振动，而且在第三相，位移 $x\leqslant x(t_2)$。此处假定系统在反向的流动极限值仍为 F_{R0}。

从以上分析可见，当 $F_{R0}/(\omega S)\geqslant 1$ 时，系统只能发生第一相运动，即弹性振动；当 $F_{R0}/(\omega S)<1$ 时，系统必然相继发生第一、二、三相运动，而且第三相运动时间将无限延长。与前例不同，在本例情况下，系统的运动不可能停留在第二相，即塑性变形不会无限发展，系统的位移总是有限的。这是本例和前例动力响应的显著区别，不同 S 值下系统的动力响应见图 7.3.6。

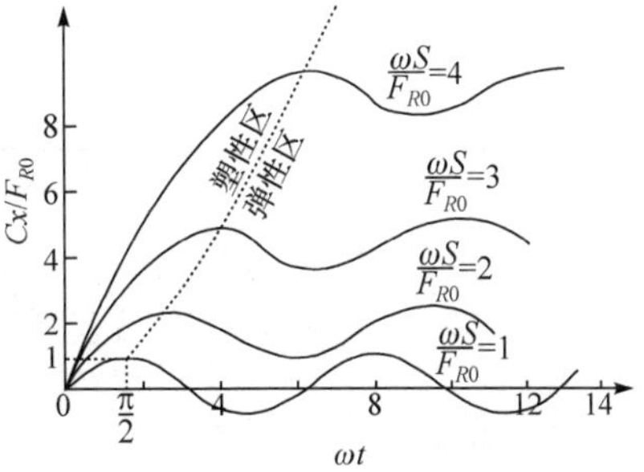

图 7.3.6　位移随时间变化曲线

系统的最大位移 x^* 和到达时间 t^* 的关系如下。已知：当 $0\leqslant F_{R0}/(\omega S)\leqslant 1$ 时，系统只能有第一相的运动，由式(7.3.28)可见

$$\omega t^*=\frac{\pi}{2}\,,\quad x^*=\frac{\omega S}{C} \tag{7.3.38}$$

当 $1\leqslant F_{R0}/(\omega S)\leqslant\infty$ 时，由式(7.3.33)、式(7.3.34)及式(7.3.29)可得

$$\begin{cases}\omega t^*=\omega t_2=\arcsin\left(\dfrac{F_{R0}}{\omega S}\right)+\sqrt{\left(\dfrac{\omega S}{F_{R0}}\right)^2+1}\\[2ex] x^*=x(t^*)=\dfrac{F_{R0}}{2C}\left[\left(\dfrac{\omega S}{F_{R0}}\right)^2+1\right]\end{cases} \tag{7.3.39}$$

由式(7.3.38)、式(7.3.39)中的第二式可以解出 x^* 与 S 的关系为

$$\begin{cases}\dfrac{Cx^*}{F_{R0}}=\dfrac{\omega S}{F_{R0}}, & 0\leqslant\dfrac{\omega S}{F_{R0}}\leqslant 1\\[2ex] \dfrac{\omega S}{F_{R0}}=\sqrt{\dfrac{2Cx^*}{F_{R0}}-1}, & 1\leqslant\dfrac{\omega S}{F_{R0}}\leqslant\infty\end{cases} \tag{7.3.40}$$

用 Cx^*/F_{R0} 代换 $\omega S/F_{R0}$，式(7.3.38)及式(7.3.39)可写成

$$\begin{cases}\omega t^*=\dfrac{\pi}{2}, & 0\leqslant\dfrac{Cx^*}{F_{R0}}\leqslant 1\\[2ex] \omega t^*=\arcsin\left(\dfrac{2Cx^*}{F_{R0}}-1\right)^{-1/2}+\sqrt{\dfrac{2Cx^*}{F_{R0}}-2}, & 1\leqslant\dfrac{Cx^*}{F_{R0}}\leqslant\infty\end{cases} \tag{7.3.41}$$

式(7.3.40)及式(7.3.41)所表示的关系曲线分别如图 7.3.7 和图 7.3.8 所示。

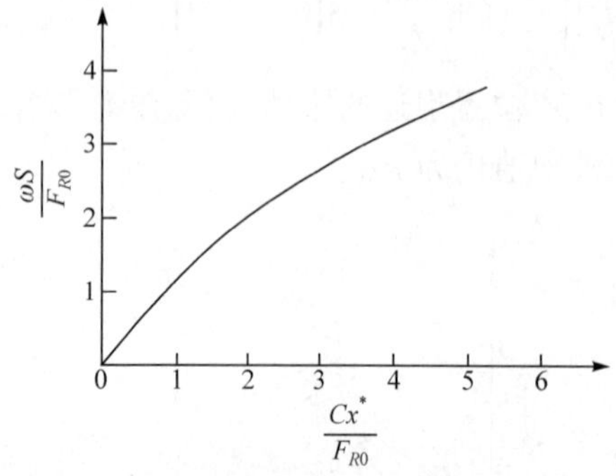

图 7.3.7　初始冲量与最终位移关系

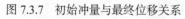

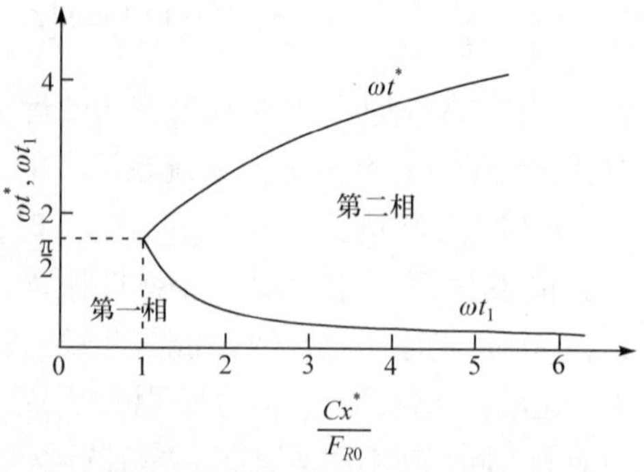

图 7.3.8　各相最大位移与时间关系

3. 矩形脉冲

脉冲载荷的变化规律如图 7.3.9 所示，即

$$\begin{cases} F(t)=F, & 0\leqslant t\leqslant T \\ F(t)=0, & T\leqslant t\leqslant \infty \end{cases} \tag{7.3.42}$$

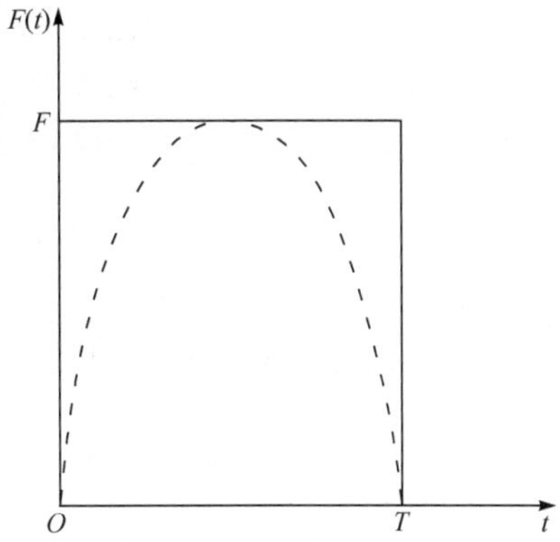

图 7.3.9　脉冲载荷

在实际应用中，这种矩形脉冲可以看作固体碰撞载荷或半个正弦波形(图 7.3.9 中虚线)载荷的简化。在矩形脉冲的作用下，系统的动力响应比前两例要复杂些，应当区分以下几种可能的情况，然后按不同情况进行求解。

(1) 系统在第一相($0\leqslant Cx^*/F_{R0}\leqslant 1$)到达最大位移。

情况Ⅰ-a：卸载前($t^*\leqslant T\leqslant\infty$)到达最大位移。

情况Ⅰ-b：卸载后($0\leqslant T\leqslant t^*$)到达最大位移。

(2) 系统在第二相($1\leqslant Cx^*/F_{R0}\leqslant\infty, t^*=t_3$)到达最大位移。

情况Ⅱ-a：在第一相($0\leqslant T\leqslant t_1$)卸载，在第二相($1\leqslant Cx^*/F_{R0}\leqslant\infty, t^*=t_3$)到达最大位移。

情况Ⅱ-b：在第二相($t_1\leqslant T\leqslant t^*$)卸载，在第二相($1\leqslant Cx^*/F_{R0}\leqslant\infty, t^*=t_3$)到达最大位移。

情况Ⅱ-c：在第二相以后($t^*\leqslant T\leqslant\infty$)卸载，在第二相($1\leqslant Cx^*/F_{R0}\leqslant\infty, t^*=t_3$)到达最大位移。

由于突加恒载可以视作矩形脉冲的极限情况，即$T\to\infty$，所以上面五种情况中，Ⅰ-a 和Ⅱ-c 的最大位移t^*与突加恒载的结果相同。为节省篇幅，此处只求解系统在各种可能情况下的最大位移及到达最大位移的时间。

情况Ⅰ-a：在该情况下，系统在第一相的运动规律为

$$x=\frac{F}{C}[1-\cos(\omega t)]=\frac{F}{C}2\sin^2\left(\frac{\omega t}{2}\right),\quad 0\leqslant t\leqslant T; 0\leqslant Cx^*/F_{R0}\leqslant 1 \tag{7.3.43}$$

系统的最大位移及到达最大位移的时间分别为

$$\omega t^*=\pi,\quad x^*=\frac{2F}{C} \tag{7.3.44}$$

情况Ⅰ-b：在该情况下，$0\leqslant T\leqslant t^*$。第一相的运动应分两段计算：卸载前的运动规律如式(7.3.43)所示，当$t=T$时，系统的位移和速度分别为

$$\begin{cases} x(T)=\dfrac{2F}{C}\sin^2\left(\dfrac{\omega T}{2}\right) \\ \dot{x}(T)=\dfrac{2\omega F}{C}\sin\left(\dfrac{\omega T}{2}\right)\cos\left(\dfrac{\omega T}{2}\right) \end{cases} \tag{7.3.45}$$

当$t>T$时，载荷为零，运动方程为

$$m\ddot{x}+Cx=0$$

考虑到初始条件式(7.3.45)，上式的解为

$$x=\frac{2F}{C}\sin\left(\frac{\omega T}{2}\right)\sin\left(\omega t-\frac{\omega T}{2}\right),\quad T\leqslant t\leqslant\infty \tag{7.3.46}$$

到达最大位移的时间由$\dot{x}(t^*)=0$求得为

$$\omega t^*=\frac{1}{2}(\omega T+\pi) \tag{7.3.47}$$

最大位移为

$$x^*=x(t^*)=\frac{2F}{C}\sin\left(\frac{\omega T}{2}\right) \tag{7.3.48}$$

情况Ⅱ-a：系统在第一相卸载，即$0\leqslant T\leqslant t_1$，所以第一相的运动规律由式(7.3.43)及式(7.3.46)描述。第一相的终止时间t_1由下式确定：

$$x(t_1)=\frac{2F}{C}\sin\left(\frac{\omega T}{2}\right)\sin\left(\omega t_1-\frac{\omega T}{2}\right)=\frac{F_{R0}}{C}$$

由上式可得

$$\omega t_1=\frac{\omega T}{2}+\arcsin\left[\frac{F_{R0}}{P}\frac{1}{2\sin(\omega T/2)}\right] \tag{7.3.49}$$

式(7.3.49)表明，t_1与T有关，即t_1为T的函数。可以证明，当$T=t_1$时，t_1具有最大值，其值为

$$(\omega t_1)_{\max}=2\arcsin\sqrt{\frac{F_{R0}}{2F}} \tag{7.3.50}$$

在第一相末，系统的位移与速度分别为

$$\begin{cases} x(t_1)=F_{R0}/C \\ \dot{x}(t_1)=\dfrac{\omega F_{R0}}{C}\sqrt{4\left(\dfrac{F}{F_{R0}}\right)^2\sin^2\left(\dfrac{\omega T}{2}\right)-1} \end{cases} \tag{7.3.51}$$

第二相的运动方程为

$$m\ddot{x}+F_{R0}=0$$

初始条件为式(7.3.51)，第二相的运动规律为

$$x=\frac{F_{R0}}{C}\left[-\frac{(\omega t-\omega t_1)^2}{2}+\sqrt{4\left(\frac{F}{F_{R0}}\right)^2\sin^2\left(\frac{\omega T}{2}\right)-1}(\omega t-\omega t_1)+1\right] \tag{7.3.52}$$

在第二相终止时，系统的速度为零，位移达到最大值。据此可以求出

$$\omega t^*=\omega t_2=\omega t_1+\sqrt{4\left(\frac{F}{F_{R0}}\right)^2\sin^2\left(\frac{\omega T}{2}\right)-1} \tag{7.3.53}$$

式中，t_1 由式(7.3.49)表示。最大位移为

$$x^*=x(t^*)=\frac{F_{R0}}{C}\left[2\left(\frac{F}{F_{R0}}\right)^2\sin^2\left(\frac{\omega T}{2}\right)+\frac{1}{2}\right] \tag{7.3.54}$$

情况Ⅱ-b：系统在第二相卸载，即 $t_1\leqslant T\leqslant t_2=t^*$。第一相的运动规律由式(7.3.43)描述，第一相运动终止时间 t_1 由下式计算：

$$x(t_1)=\frac{2F}{C}\sin^2\left(\frac{\omega t_1}{2}\right)=\frac{F_{R0}}{C}$$

由上式可得

$$\omega t_1=2\arcsin\sqrt{\frac{F_{R0}}{2F}} \tag{7.3.55}$$

注意，式(7.3.55)与式(7.3.50)一致，它是 t_1 的最大值。当 $t=t_1$ 时，系统的位移和速度分别为

$$x(t_1)=\frac{F_{R0}}{C},\quad \dot{x}(t_1)=\frac{\omega}{C}\sqrt{F_{R0}(2F-F_{R0})} \tag{7.3.56}$$

第二相卸载以前的运动方程为

$$m\ddot{x}+F_{R0}=F$$

在初始条件式(7.3.56)下，上式的解为

$$x=\frac{F_{R0}}{C}\left[\sqrt{\frac{2F}{F_{R0}}-1}(\omega t-\omega t_1)+1-\frac{1}{2}\left(1-\frac{F}{F_{R0}}\right)(\omega t-\omega t_1)^2\right],\quad t_1\leqslant T\leqslant t_2 \tag{7.3.57}$$

卸载时(t=T)，系统的位移和速度分别为

$$\begin{cases}x(T)=\dfrac{F_{R0}}{C}\left[\sqrt{\dfrac{2F}{F_{R0}}-1}(\omega t-\omega t_1)+1-\dfrac{1}{2}\left(1-\dfrac{F}{F_{R0}}\right)(\omega t-\omega t_1)^2\right]\\ \dot{x}(T)=\dfrac{\omega F_{R0}}{C}\left[\sqrt{\dfrac{2F}{F_{R0}}-1}-\left(1-\dfrac{F}{F_{R0}}\right)(\omega t-\omega t_1)\right]\end{cases} \tag{7.3.58}$$

第二相卸载后的运动方程为

$$m\ddot{x}+F_{R0}=0$$

在初始条件式(7.3.58)下，上式的解为

$$x=\frac{F_{R0}}{C}\left\{-\frac{1}{2}(\omega t-\omega T)^2+\left[-\left(1-\frac{F}{F_{R0}}\right)(\omega t-\omega T)+\sqrt{\frac{2F}{F_{R0}}-1}(\omega t-\omega T)\right]\right.$$
$$\left.+\left[-\frac{1}{2}\left(1-\frac{F}{F_{R0}}\right)(\omega T-\omega t_1)^2+\sqrt{\frac{2F}{F_{R0}}-1}(\omega T-\omega t_1)+1\right]\right\},\quad T\leqslant t\leqslant t_2 \tag{7.3.59}$$

系统到达最大位移的时间 $t^*=t_2$ 应使

$$\dot{x}(t^*)=0$$

由此可以求得

$$\begin{cases}\omega t^*=\omega T+\left[-\left(1-\dfrac{F}{F_{R0}}\right)(\omega T-\omega t_1)+\sqrt{\dfrac{F}{F_{R0}}-1}\right]\\ x^*=x(t^*)=\dfrac{F_{R0}}{C}\left[\dfrac{1}{2}\dfrac{F}{F_{R0}}\left(\dfrac{F}{F_{R0}}-1\right)\left(\omega T-2\arcsin\sqrt{\dfrac{F_{R0}}{2F}}\right)\right.\\ \qquad\left.\cdot\left(\omega T-2\arcsin\sqrt{\dfrac{F_{R0}}{2F}}-\dfrac{\sqrt{2F/F_{R0}-1}}{1-F/F_{R0}}\right)\dfrac{F}{F_{R0}}+\dfrac{1}{2}\right]\end{cases} \tag{7.3.60}$$

式(7.3.60)中，t^* 为 T 的函数，其最大值为

$$(\omega t^*)_{\max}=\omega t_1+\sqrt{\frac{2F}{F_{R0}}-1}\frac{F_{R0}}{F_{R0}-F} \tag{7.3.61}$$

式中，ωt_1 由式(7.3.55)表示。

情况Ⅱ-c：在该情况下，系统的最大位移 x^* 及到达最大位移的时间 t^* 都与突加恒载的情况相同，即

$$\omega t^*=\omega t_2=\omega t_1+\sqrt{\frac{2F}{F_{R0}}-1}\frac{F_{R0}}{F_{R0}-F} \tag{7.3.62}$$

式中，ωt_1 由式(7.3.55)表示。

$$x^*=\frac{F_{R0}}{2C(1-F/F_{R0})} \tag{7.3.63}$$

4. 爆炸载荷

爆炸载荷可近似地用指数函数表示，如图 7.3.10 所示，即

$$F(t)=F\mathrm{e}^{-t/T} \tag{7.3.64}$$

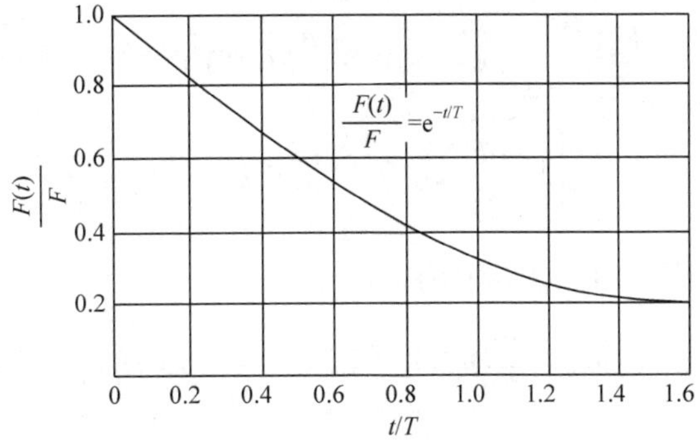

图 7.3.10　爆炸载荷示意图

在这种载荷作用下，最大位移的出现有两种可能的情况：

(1) 在第一相内到达最大位移($0\leqslant Cx^*/F_{R0}\leqslant 1$)。此时运动方程为

$$m\ddot{x}+Cx=F\mathrm{e}^{-t/T} \tag{7.3.65}$$

初始条件为

$$x(0)=0\ ,\quad \dot{x}(0)=0$$

考虑到系统的自然频率，可得式(7.3.65)的解为

$$x=\frac{F}{C}\frac{(\omega T)^2}{1+(\omega T)^2}\left[\mathrm{e}^{-t/T}-\cos(\omega t)+\frac{1}{\omega T}\sin(\omega t)\right] \tag{7.3.66}$$

到达最大位移的时间 t^* 由 $\dot{x}(t^*)=0$ 确定，即

$$\omega T\sin(\omega t)^*+\cos(\omega t)^*-\mathrm{e}^{-t^*/T}=0 \tag{7.3.67}$$

(2) 在第二相内到达最大位移($0\leqslant Cx^*/F_{R0}\leqslant 1$)。第一相的运动规律为式(7.3.66)，第一相的终止时刻 t_1 由下式确定：

$$x(t_1)=\frac{F}{C}\frac{(\omega T)^2}{1+(\omega T)^2}\left[\mathrm{e}^{-t_1/T}-\cos(\omega t_1)+\frac{1}{\omega T}\sin(\omega t_1)\right]=\frac{F_{R0}}{C}$$

由上式可得

$$\frac{(\omega T)^2}{1+(\omega T)^2}\left[\mathrm{e}^{-t_1/T}-\cos(\omega t_1)+\frac{1}{\omega T}\sin(\omega t_1)\right]=\frac{F_{R0}}{F} \tag{7.3.68}$$

以 $x(t_1)$ 及 $\dot{x}(t_1)$ 为初始条件，求解下列运动方程

$$m\ddot{x}+F_{R0}=F\mathrm{e}^{-t/T}$$

可以得到第二相的运动规律

$$x=\frac{F_{R0}}{C}\left\{-\frac{1}{2}(\omega t-\omega t_1)^2+\frac{F}{F_{R0}}(\omega T)^2(\mathrm{e}^{-t/T}-\mathrm{e}^{-t_1/T})\right.$$
$$\left.+\left[1+\frac{F}{F_{R0}}\cos(\omega t_1)\right]\omega T(\omega t-\omega t_1)+1\right\} \tag{7.3.69}$$

到达最大位移的时间 t^* 由 $\dot{x}(t^*)=0$ 确定，即

$$(\omega t^*-\omega t_1)+\frac{F}{F_{R0}}\omega T\mathrm{e}^{-t^*/T}-\left[1+\frac{F}{F_{R0}}\cos(\omega t_1)\right]\omega T=0 \tag{7.3.70}$$

7.3.2 理想刚塑性系统

由于变形的塑性部分比弹性部分大，在动力作用下，系统在变形过程中塑性变形部分所吸收的能量远远超过弹性变形部分所能吸收的能量。在许多工程问题中，为了简化计算，往往允许略去变形的弹性部分，从而得到刚塑性模型，如图 7.3.11 所示。其中，图 7.3.11(a)为理想刚塑性系统，图 7.3.11(b)为刚塑性线性强化系统。

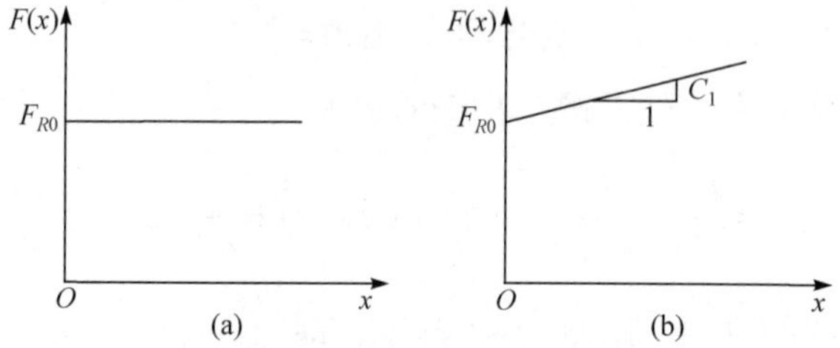

图 7.3.11　理想刚塑性及理想刚塑性线性强化系统示意图

对于刚塑性系统，当外力 $F(t)$小于流动极限 F_{R0} 时，系统处于静止状态。只有当 $F(t)$大于 F_{R0} 时，系统才开始运动。运动开始的条件为 $F(t_1)=F_{R0}$，t_1 为系统开始运动的时间。于是，刚塑性系统的运动方程为

$$m\ddot{x}+(F_{R0}+C_1x)=F(t) \tag{7.3.71}$$

式中，C_1 为强化系数。初始条件为

$$x(t_1)=0\ ,\quad \dot{x}(t_1)=0 \tag{7.3.72}$$

如果系统为理想刚塑性的，则 $C_1=0$，运动方程为

$$m\ddot{x}+F_{R0}=F(t) \tag{7.3.73}$$

由于下列等式：

$$\int\mathrm{d}t\int F\mathrm{d}t=t\int F\mathrm{d}t-\int tF\mathrm{d}t \tag{7.3.74}$$

故式(7.3.73)在初始条件式(7.3.72)上的解为

$$x=\frac{1}{m}\left[t\int_{t_1}^{t}F(t)\mathrm{d}t-\int_{t_1}^{t}tF(t)\mathrm{d}t-F_{R0}(t-t_1)^2/2\right] \tag{7.3.75}$$

假设系统在运动开始后的某一时刻 $t^*(>t_1)$ 到达最大位移，此时速度为零。由此可得确定 t^* 的方程为

$$\frac{1}{t^*-t_1}\int_{t_1}^{t^*}F(t)\mathrm{d}t=F_{R0} \tag{7.3.76}$$

若已给定载荷形式 $F(t)$、流动极限 F_{R0}，则可由下列方程组求解运动开始的时刻 t_1 、最大位移 x^* 及最大位移到达的时间 t^*：

$$x^*=\frac{1}{m}\left[\frac{1}{2}F_{R0}(t^{*2}-t_1^2)-\int_{t_1}^{t^*}tF(t)\mathrm{d}t\right],\quad F(t_1)=F_{R0},\quad \frac{1}{t^*-t_1}\int_{t_1}^{t^*}F(t)\mathrm{d}t=F_{R0} \tag{7.3.77}$$

式中，x^* 的两种表达式已应用式(7.3.76)消去了积分项 $\int_{t_1}^{t^*}F(t)\mathrm{d}t$ 。

下面分两种载荷情况计算系统的最大位移及到达最大位移的时间。

1. 突加载荷

突加恒载荷可表示为

$$F(t)=F=\mathrm{const} \tag{7.3.78}$$

由式(7.3.77)的第二式可见，当 $F(t)>F_{R0}$ 时，$t_1=0$；当 $F(t)=F_{R0}$ 时，t_1 可取任意值；当 $F(t)<F_{R0}$ 时，t_1 不存在，即系统处于静止状态。将式(7.3.78)代入式(7.3.75)，得到系统在突加恒载作用下的运动规律为

$$x=\frac{1}{m}\frac{F-F_{R0}}{2}(t-t_1)^2 \tag{7.3.79}$$

当 $F>F_{R0}$ $(t_0=0)$ 时，式(7.3.79)为

$$x=\frac{1}{m}(F-F_{R0})\frac{t^2}{2} \tag{7.3.80}$$

系统的位移将随时间的增长而无限地增加。当 $F=F_{R0}$ 时，t_1 不定，x 的值不定，即 $0\leqslant x\leqslant\infty$ 。当 $F<F_{R0}$ 时，系统处于静止状态，$x\equiv 0$ 。因此，在突加恒载作用下，理想刚塑性系统的位移不存在最大值。

2. 半正弦波载荷

半正弦波载荷的规律为

$$\begin{cases}F(t)=F\sin\left(\pi\dfrac{t}{T}\right), & t\leqslant T\\ F(t)=0, & t>T\end{cases} \tag{7.3.81}$$

系统的最大位移可能出现在卸载之前($t^* \leqslant T$)和卸载之后($t^* > T$)。

$t^* \leqslant T$ 的情况：将式(7.3.81)代入式(7.3.79)，可以得到

$$\begin{cases} x^* = \dfrac{1}{m}\left(\dfrac{F_{R0}}{2}(t^{*2} - t_1^2) + F\left\{\left(\dfrac{T}{\pi}\right)^2\left[\sin\left(\pi\dfrac{t^*}{T}\right) - \sin\left(\pi\dfrac{t_1}{T}\right)\right]\right.\right. \\ \qquad \left.\left. - \dfrac{T}{\pi}\left[t^*\cos\left(\pi\dfrac{t^*}{T}\right) - t_1\cos\left(\pi\dfrac{t_1}{T}\right)\right]\right\}\right) \\ \sin\left(\pi\dfrac{t^*}{T}\right) = \dfrac{F_{R0}}{F}, \quad \dfrac{T}{\pi}\dfrac{\cos(\pi t_1/T) - \cos(\pi t^*/T)}{t^* - t_1} = \dfrac{F_{R0}}{F} \end{cases} \tag{7.3.82}$$

$T < t^*$ 的情况：将式(7.3.81)代入式(7.3.79)，可以得到

$$\begin{cases} x^* = \dfrac{1}{m}\left(\dfrac{F_{R0}}{2}(t^{*2} - t_1^2) - F\left\{-\left(\dfrac{T}{\pi}\right)^2\sin\left(\pi\dfrac{t_1}{T}\right) + \dfrac{T}{\pi}\left[T + t_1\cos\left(\pi\dfrac{t_1}{T}\right)\right]\right\}\right) \\ \sin\left(\pi\dfrac{t_1}{T}\right) = \dfrac{F_{R0}}{F}, \quad \dfrac{T}{\pi}\dfrac{\cos(\pi t_1/T) + 1}{t^* - t_1} = \dfrac{F_{R0}}{F} \end{cases} \tag{7.3.83}$$

从式(7.3.83)消去 t_1 和 t^* 后，得到最大位移表达式

$$x^* = \frac{F_{R0}}{m}\left(\frac{T}{\pi}\right)^2\left[\frac{\left(3 - \sqrt{1-K^2}\right)\left(1 + \sqrt{1-K^2}\right)}{2K^2} - \frac{\pi - \arcsin K}{K}\right] \tag{7.3.84}$$

式中，$K=F_{R0}/F$。x^*-K 的关系曲线如图 7.3.12 所示。

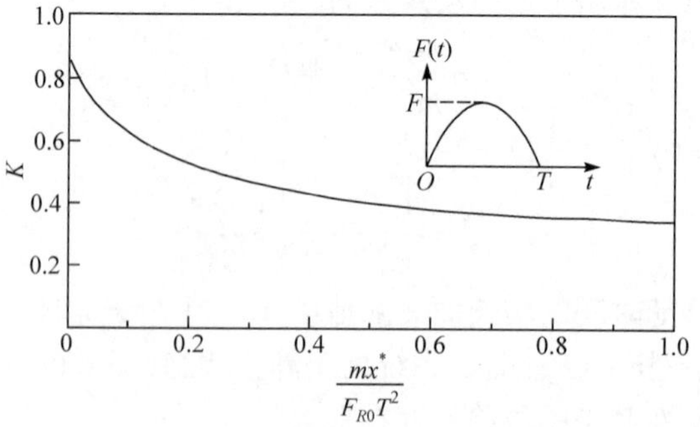

图 7.3.12 x^*-K 的关系曲线

下面以瞬时脉冲载荷为例，对刚塑性系统和弹塑性系统的结果进行比较，估计刚塑性模型所引起的误差。为简单计算，假定系统没有强化。

设 v_0 为初始速度，即瞬时脉冲输入的初始冲量为

$$S = mv_0 \tag{7.3.85}$$

式中，m 为质点的质量。对于理想刚塑性系统，当系统到达最大位移时，初始动能全部转化为塑性变形能，即 $mv_0^2/2 = F_{R0}x_r^*$，从而有

$$x_r^* = \frac{mv_0^2}{2F_{R0}} \tag{7.3.86}$$

式中，x_r^* 表示刚性理想塑性系统的最大位移。

根据动量定律，有 $F_{R0}t^* = mv_0$，t^* 为最大位移到达的时间，于是有

$$t^* = \frac{mv_0}{F_{R0}} \tag{7.3.87}$$

对于理想弹性塑性系统，若在塑性变形阶段(第二相)到达最大位移 x^*，则系统得到的初始动能在最大位移到达时转变为弹性变形能 W^e 及塑性变形能 W^p，即

$$\frac{1}{2}mv_0 = W^e + W^p = \frac{1}{2}\frac{F_{R0}^2}{C} + \left(x^* - \frac{F_{R0}}{C}\right)F_{R0}$$

由上式可以求得

$$x^* = \frac{1}{2}\frac{mv_0^2}{F_{R0}} + \frac{1}{2}\frac{F_{R0}}{C} \tag{7.3.88}$$

又因

$$W^e = \frac{1}{2}\frac{F_{R0}^2}{C}, \quad W^p = \frac{1}{2}mv_0^2 - \frac{1}{2}\frac{F_{R0}^2}{C}$$

可得

$$r = \frac{W^p}{W^e} = \frac{mCv_0^2}{F_{R0}^2} - 1 \tag{7.3.89}$$

由式(7.3.89)可解出

$$\frac{mv_0^2}{2F_{R0}} = \frac{F_{R0}}{2C}(1+r) \tag{7.3.90}$$

于是式(7.3.86)及式(7.3.88)可分别写成

$$x_r^* = \frac{F_{R0}}{2C}(r+1), \quad x^* = \frac{F_{R0}}{2C}(r+2) \tag{7.3.91}$$

由式(7.3.91)可以得到两种模型的最大位移之差为

$$\frac{x^* - x_r^*}{x^*} = \frac{1}{r+2} \tag{7.3.92}$$

式(7.3.92)表明，当 $r \geqslant 8$ 时刚性理想塑性系统的结果，其误差在 10%以内。

7.3.3 弹性线性强化系统

对于大多数金属材料，在塑性变形阶段都具有一定的强化现象，应力应变关系是非线性的。为了简化计算，常用分段线性函数作为非线性函数的近似。图 7.3.13 是双折线模型，图中 C_1 为初始弹性系数；C_2 为强化系数；C_3 为相继弹性系数，通常 $C_3 = C_1$。假设阻尼作用与速度成正比，则各相的运动方程为：

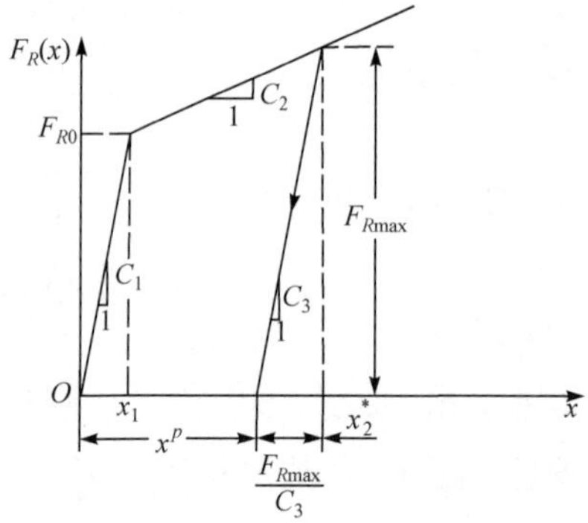

图 7.3.13　弹性线性强化系统模型

第一相　位移用 x_1 表示，$x_1 \leqslant x_0$，$F \leqslant F_{R0}$，运动方程为

$$m\ddot{x}_1 + 2\beta\dot{x}_1 + C_1x_1 = F(t) \tag{7.3.93}$$

第二相　位移用 x_2 表示，$x_2 \geqslant x_0$，$F \geqslant F_{R0}$，系统抗力的表达式为

$$F(x_2) = C_2x_2 + (C_1 - C_2)x_0 = C_2x_2 + K_2$$

记

$$K_2 = (C_1 - C_2)x_0 \tag{7.3.94}$$

则运动方程为

$$m\ddot{x}_2 + 2\beta\dot{x}_2 + C_2x_2 + K_2 = F(t) \tag{7.3.95}$$

第三相　位移用 x_3 表示，x_2 到达最大值 x_2^* 后，系统开始应力卸载，进入相继弹性阶段，即第三相。位移的弹性部分为

$$x^e = x_3 - x^p \tag{7.3.96}$$

式中，x^p 为位移的塑性部分，不因时间而变化。其值为

$$x^p = x_2^* + F_{R\max}/C_3 \tag{7.3.97}$$

$$F_{R\max} = C_2x_2^* + K_2 \tag{7.3.98}$$

于是

$$x^p = x_2^* - \frac{1}{C_3}(C_2x_2^* + K_2) \tag{7.3.99}$$

运动方程为

$$m\ddot{x}^e + 2\beta\dot{x}^e + C_3x^e = F(t) \tag{7.3.100}$$

将式(7.3.96)及式(7.3.99)代入式(7.3.100)，得到

$$m\ddot{x}_3 + 2\beta\dot{x}_3 + C_3x_3 + K_3 = F(t) \tag{7.3.101}$$

$$K_3 = -[(C_3 - C_2)x_2^* - K_2] \tag{7.3.102}$$

由以上分析结果可见，三相的运动方程可统一写成

$$m\ddot{x}_n + 2\beta\dot{x}_n + C_n x_n + K_n = F(t) \tag{7.3.103}$$

式中，$n=1,2,3$，分别表示第一相、第二相和第三相；C_1为初始弹性系数；C_2为强化系数；C_3为相继弹性系数，通常$C_3 = C_1$。

$$K_1 = 0,\quad K_2 = (C_1 - C_2)x_0,\quad K_3 = -[(C_3 - C_2)x_2^* - K_2] \tag{7.3.104}$$

对于单自由度弹性线性强化系统的运动规律，可归结为求解如下形式的基本方程：

$$\ddot{x} + 2\beta\dot{x} + Cx + K = F(t) \tag{7.3.105}$$

系统在前一相末的位移和速度，即为后一相的初始条件。对于不同的相，C和K取不同的值。在式(7.3.105)中，已将质点的质量m遍除式(7.3.103)的各相。式(7.3.105)的齐次解应满足下列方程：

$$\ddot{x} + 2\beta\dot{x} + Cx = 0 \tag{7.3.106}$$

齐次解与加载规律及K值无关，它可取如下的形式：

$$x = A\mathrm{e}^{-\beta t}\sin(\omega t + \varphi) \tag{7.3.107}$$

式中，

$$\omega^2 = C - \beta^2,\quad C > \beta^2 \tag{7.3.108}$$

式中，A及φ为待定常数，由初始条件确定。

问题的特解则与加载规律和K有关，下面讨论四种载荷情况。

1. 瞬时脉冲

设初始冲量为S，则系统的初始条件为

$$x(0) = 0,\quad \dot{x}(0) = v_0 = S/m \tag{7.3.109}$$

特解应满足

$$\ddot{x} + 2\beta\dot{x} + Cx = -K \tag{7.3.110}$$

取特解为$x = -K/C$，则全解为

$$x = A\mathrm{e}^{-\beta t}\sin(\omega t + \varphi) - K/C \tag{7.3.111}$$

式中，K和C与运动的相有关，初始条件也各不相同。第一相运动的初始条件为式(7.3.109)。

2. 矩形脉冲

矩形脉冲可表示为

$$\begin{cases} F(t)=F, & t\leqslant T \\ F(t)=0, & t>T \end{cases} \tag{7.3.112}$$

当 $t<T$ 时的特解应满足

$$\ddot{x}+2\beta\dot{x}+Cx=F-K \tag{7.3.113}$$

可取特解为 $x=(F-K)/C$，于是全解为

$$x=A\mathrm{e}^{-\beta t}\sin(\omega t+\varphi)+\frac{F-K}{C}(t-T) \tag{7.3.114}$$

式中，A 及 φ 由初始条件确定。

3. 半波正弦载荷

半波正弦载荷可表示为

$$\begin{cases} F(t)=F\sin(at), & 0\leqslant t\leqslant T \\ F(t)=0, & t>T \end{cases} \tag{7.3.115}$$

$t\leqslant T$ 时的特解应满足

$$\ddot{x}+2\beta\dot{x}+Cx=F\sin(at)-K \tag{7.3.116}$$

特解分为两部分：对应$-K$的部分，即$-K/C$；令对应 $F\sin(at)$ 的部分的特解为

$$x=A'\sin(at)+B'at$$

将上式代入式(7.3.116)，令 K=0，可以求出

$$A'=\frac{(C-a^2)F}{(C-a^2)^2+(2\beta a)^2},\quad B'=\frac{-2\beta aF}{(C-a^2)^2+(2\beta a)^2},\quad \frac{B'}{A'}=-2\beta a/(a^2-C)$$

所以对应 $F\sin(at)$ 的特解为

$$x=\sqrt{A'^2+B'^2}\sin(at+\gamma),\quad \tan\gamma=B'/A' \tag{7.3.117}$$

问题的全解为

$$\begin{cases} x=A\mathrm{e}^{-\beta t}\sin(\omega t+\varphi)-\dfrac{K}{C}+\dfrac{F}{\sqrt{(C-a^2)+(2\beta a)^2}}\sin(at+\gamma) \\ \tan\gamma=2\beta a/(a^2-C), \quad t\leqslant T \end{cases} \tag{7.3.118}$$

A 及 φ 为积分常数，由初始条件确定。

4. 爆炸载荷

爆炸载荷可表示为

$$\begin{cases} F(t)=F\mathrm{e}^{bt}, & 0\leqslant t\leqslant T \\ F(t)=0, & t>T \end{cases} \tag{7.3.119}$$

当 $t \leqslant T$ 时，特解应满足

$$\ddot{x}+2\beta\dot{x}+Cx=-K+F\mathrm{e}^{-bt} \tag{7.3.120}$$

令特解为

$$x=B\mathrm{e}^{-bt}-K/C$$

代入式(7.3.120)，可以求出

$$B=\frac{F}{b^2-2\beta b+C}$$

从而得到问题的全解为

$$x=A\mathrm{e}^{-\beta t}\sin(\omega t+\varphi)-\frac{K}{C}+\frac{F\mathrm{e}^{-bt}}{b^2-2\beta b+C},\quad t\leqslant T \tag{7.3.121}$$

式中，A 及 φ 为积分常数，由初始条件确定。

上面只讨论了 $t \leqslant T$ 的情况。当 $t > T$ 时，令 $F=0$，对于系统各相的运动，应该取 C 和 K 的不同值，积分常数则由各相的初始条件确定。

例 7.3.1　设爆炸波的 $F=2$、$b=2$、$T=\pi$；系统的阻尼系数 $\beta=0.3$、$C_1=C_3=1$、$C_2=0.5$、$x_0=0.243$。初始状态是静止的，试确定系统各相的运动规律。

解　由于初始状态是静止的，根据式(7.3.121)，可得第一相 $(K_1=0)$ 的运动规律为

$$x_0=0.526[\mathrm{e}^{-2t}-2.04\mathrm{e}^{-0.3t}\sin(0.955t+2.63)]$$

由上式可以求出

$$x^*=0.59>x_0$$

所以系统最大位移发生在第二相。第一相的终止时间为 $t=0.65$，并可求出

$$K_2=(C_1-C_2)x_0=0.1215,\quad x_1(t_1)=x_0=0.243,\quad \dot{x}_1(t_1)=0.523$$

于是第二相的运动规律为

$$x_2=-0.243+0.607\mathrm{e}^{-2t}+1.181\mathrm{e}^{-0.3t}\sin(0.638t-0.225)$$

由上式可以求出

$$t_2=2,\quad x_2^*=0.637,\quad \dot{x}_2(t_2)=0.034$$

并可求出 $K_3=-[(C_3-C_2)x_2^*-K_2]=-0.197$，于是第三相的运动规律为

$$x_3=0.198+0.526\mathrm{e}^{-2t}+0.832\mathrm{e}^{-0.3t}\sin(0.955t-0.69)$$

当 $t=\pi$ 时

$$x_3=0.438,\quad \dot{x}_3=0.282$$

当 $t>\pi$ 时，载荷卸去，系统将做自由振动，运动规律为

$$x_3 = 0.198 + 0.844\mathrm{e}^{-0.3t}\sin(0.955t - 0.705)$$

这是在塑性位移 $x^p = 0.198$ 情况下的阻尼振动，其运动曲线如图 7.3.14 所示。其中，曲线 1 为弹塑性情况，曲线 2 为弹性情况。

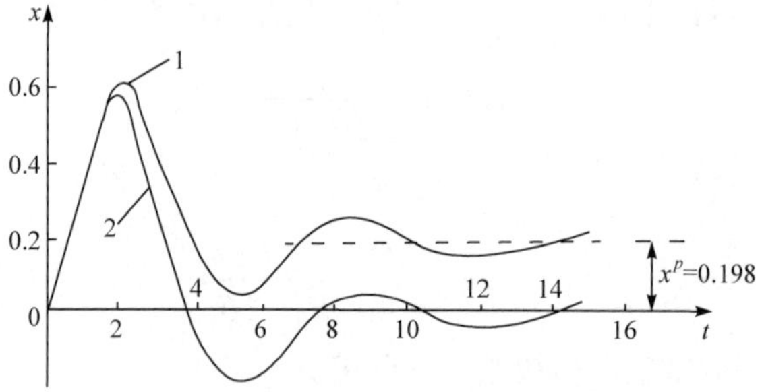

图 7.3.14　弹性与弹塑性系统运动的典型时程曲线

7.3.4　弹黏塑性系统

弹黏塑性表示材料在弹性阶段为理想弹性的，在塑性阶段则同时有黏性性质。若在弹性阶段也有黏性性质，则用**黏弹塑性**来表示。弹黏塑性材料模型常用来比拟材料在塑性阶段的应变率，所以后面讨论的将主要是弹黏塑性材料。

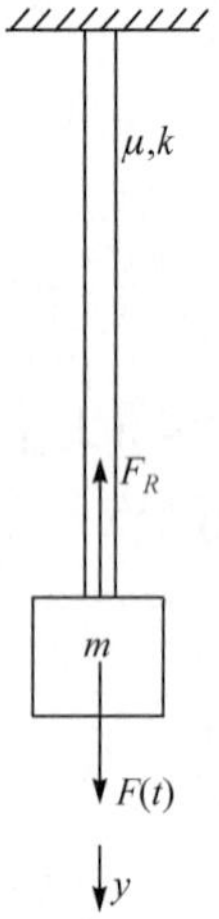

图 7.3.15　单自由度系统

设有图 7.3.15 所示的单自由度系统，其恢复力 F_R 及其与位移 y 之间的关系为

$$\begin{cases} F_R = ky, & |F_R| \leqslant F_{R0} \\ \dot{F}_R = k\dot{y} - \mu\left(|R| - R_0\right)\mathrm{sgn}R, & |F_R| > F_{R0} \end{cases} \tag{7.3.122}$$

式中，F_{R0} 为屈服极限；μ 为黏性系数；k 为刚度系数。

设 t_s 为 F_R 到达 F_{R0} 的时刻，则在 $t \leqslant t_s$ 时，$F_R = ky$；在 $t > t_s$ 时，恢复力 F_R 应由式(7.3.122)的第二式积分得到，即

$$F_R = F_{R0}\mathrm{sgn}F_R + k\int_{t_s}^{t} \dot{y}(t)\mathrm{e}^{-\mu(t-\tau)}\mathrm{d}\tau \tag{7.3.123}$$

以下讨论各相的运动。

第一相　初始弹性阶段，运动方程为

$$m\ddot{y} + ky = F(t) \tag{7.3.124}$$

若初始条件为

$$y(0) = y_0, \quad \dot{y}(0) = \dot{y}_0 \tag{7.3.125}$$

则方程(7.3.124)的解为

$$y(t)=y_0\cos(\omega t)+\frac{\dot{y}_0}{\omega}\sin(\omega t)+\frac{1}{m\omega}\int_0^t F(\tau)\sin(t-\tau)\mathrm{d}\tau \tag{7.3.126}$$

式中，$\omega^2=k/m$ 为弹性自由振动频率。

第一相终止时间为 t_s，此时有 $F_R=F_{R0}$，第一相的初始条件为：位移 $y(s)=y_s$ 和速度 $\dot{y}(s)=\dot{y}_s$。

第二相　黏塑性状态，运动方程和初始条件分别为

$$\begin{cases} m\ddot{y}+F_{R0}+k\displaystyle\int_{t_s}^t \dot{y}(\tau)\mathrm{e}^{-\mu(t-\tau)}\mathrm{d}\tau=F(t) \\ y(t_s)=y_s,\quad \dot{y}(t_s)=\dot{y}_s,\quad t>t_s \end{cases} \tag{7.3.127}$$

方程(7.3.127)是一个积分微分方程。可用拉普拉斯变换来求解。令

$$\theta=t-t_s,\quad y(t_s+\theta)=y_1(\theta),\quad F(t_s+\theta)=F_1(\theta)$$

方程(7.3.127)化为

$$\ddot{y}_1+\omega^2\int_0^\theta(\theta-\tau)\mathrm{e}^{-\mu\tau}\mathrm{d}\tau=\frac{1}{m}F_1(\theta)-\frac{1}{m}F_{R0} \tag{7.3.128}$$

取拉普拉斯变换

$$L[y_1(\theta)]=X(p),\quad L[p_1(\theta)]=Y(p)$$

则方程(7.3.128)变换为

$$p^2(p^2+\mu p+\omega^2)X(p)=(p^3+\mu p^2+\mu\omega^2)y_s+\frac{p(p+\mu)}{m}Y(p)+p(p+\mu)\dot{y}_s \tag{7.3.129}$$

式中，

$$\dot{y}_s=\dot{y}_1(0),\quad y_s=y_1(0)$$

解方程(7.3.129)得

$$X(p)=y_s\frac{p^3+\mu p^3-\mu\omega^2}{p^2(p^2+\mu p+\omega^2)}+\frac{p+\mu}{\dot{y}xp(p^2+\mu p+\omega^2)}+\frac{p+\mu}{pm(p^2+\mu p+\omega^2)}Y(p) \tag{7.3.130}$$

式(7.3.130)的原函数为

当 $\mu\neq 2\omega$，即 $p_1\neq p_2$（p_1、p_2 为多项式 $p^2+\mu p+\omega^2$ 的根)时，有

$$\begin{aligned} y(t)=&\frac{\mu}{\omega^2}(\dot{y}_s+\mu y_s)-\mu y_s(t-t_s)+\frac{p_2(p_1y_s-\dot{y}_s)}{p_1(p_1-p_2)}\mathrm{e}^{p_1(t-t_s)}-\frac{p_1(p_1y_s-\dot{y}_s)}{p_2(p_1-p_2)}\mathrm{e}^{p_2(t-t_s)} \\ &+\frac{1}{m}\int_0^{t-t_s}p(t-\tau)\left[\frac{\mu}{\omega^2}-\frac{p_2}{p_1(p_1-p_2)}\mathrm{e}^{p_1\tau}+\frac{p_1}{p_2(p_1-p_2)}\mathrm{e}^{p_2\tau}\right]\mathrm{d}\tau \end{aligned} \tag{7.3.131}$$

当 $\mu=2\omega$，即 $p_1=p_2$ 时，有

$$y(t)=4y_s+\frac{2\dot{y}_s}{\omega}-2\omega y_s(t-t_s)-\mathrm{e}^{-\omega(t-t_s)}\left(3y_s+\frac{2\dot{y}_s}{\omega}\right)-(t-t_s)\mathrm{e}^{-\omega(t-t_s)}(\omega y_s+\dot{y}_s)$$
$$+\frac{1}{m}\int_0^{t-t_s}F(t-\tau)\left(\frac{2}{\omega}-\frac{2}{\omega}\mathrm{e}^{-\omega\tau}-\tau\mathrm{e}^{-\omega t}\right)\mathrm{d}\tau \tag{7.3.132}$$

以下讨论给定初始脉冲 i 的情况，且限定 $p_1=p_2$，即

$$F(t)=0\,,\quad \mu=2\omega\,,\quad y(0)=0\,,\quad \dot{y}(0)=\frac{1}{m}\mathrm{i}$$

于是各相运动规律如下：

第一相 第一相的运动规律为

$$y(t)=\frac{\mathrm{i}\omega}{k}\sin(\omega t) \tag{7.3.133}$$

第一相终止时刻为

$$t_s=\frac{1}{\omega}\arcsin\left(\frac{F_{R0}}{\mathrm{i}\omega}\right) \tag{7.3.134}$$

t_s 时刻的位移与速度为

$$y_s=\frac{F_{R0}}{k}\,,\quad \dot{y}_s=\dot{y}(t_s)=\frac{\mathrm{i}\omega^2}{k}\cos(\omega t)=\frac{F_{R0}\omega}{k}\sqrt{(\mathrm{i}\omega/F_{R0})^2-1} \tag{7.3.135}$$

第二相 由式(7.3.132)及式(7.3.135)得第二相运动规律为

$$y(t)=\frac{F_{R0}}{k}\left\{4+2\sqrt{\left(\frac{\mathrm{i}\omega}{F_{R0}}\right)^2-1}-2\omega(t-t_s)-\mathrm{e}^{-\omega(t-t_s)}\left[3+2\sqrt{\left(\frac{\mathrm{i}\omega}{F_{R0}}\right)^2-1}\right]\right.$$
$$\left.-\omega(t-t_s)-\mathrm{e}^{-\omega(t-t_s)}\left[1+\sqrt{\left(\frac{\mathrm{i}\omega}{F_{R0}}\right)^2-1}\right]\right\} \tag{7.3.136}$$

第二相运动的过程中，位移在 $\dot{y}[\omega(t_1-t_s)]=0$ 时达最大值。由此得

$$\left[2+\sqrt{\left(\frac{\mathrm{i}\omega}{F_{R0}}\right)^2-1}\right]\mathrm{e}^{-\omega(t_1-t_s)}+\left[1+\sqrt{\left(\frac{\mathrm{i}\omega}{F_{R0}}\right)^2-1}\right]\omega(t_1-t_s)\mathrm{e}^{-\omega(t_1-t_s)}=2 \tag{7.3.137}$$

若第二相运动终止时间为 t_2，则此时恢复力 F_R 重新等于 F_{R0}，由此得

$$\left\{1+\left[1+\sqrt{\left(\frac{\mathrm{i}\omega}{F_{R0}}\right)^2-1}\right](t_2-t_s)\omega\right\}\mathrm{e}^{-\omega(t_2-t_s)}=1 \tag{7.3.138}$$

第三相 第三相的运动为系统在新的平衡位置附近的弹性振动，运动方程为

$$m\ddot{\bar{y}}+k\bar{y}=0 \tag{7.3.139}$$

式中，$\bar{y}$ 为相应新平衡位置的坐标。而新的平衡位置 y_3 为

$$y_3=y_2-F_{R0}/k$$

式中，y_2为第二相末的位移。于是有

$$\bar{y} = y - y_2 = y - y_3 + \frac{F_{R0}}{k}$$

将以上关系式代入式(7.3.139)得

$$\frac{\mathrm{d}^2 y}{\mathrm{d}\zeta^2} + y = y_1 - \frac{F_{R0}}{k} \tag{7.3.140}$$

式中，$\zeta = \omega(t - t_s)$，初始条件为

$$y(\zeta_1) = y_1，\quad \dot{y}(\zeta_1) = \dot{y}_1 \tag{7.3.141}$$

式中，$\zeta_1 = \omega(t_2 - t_s)$。方程(7.3.140)在初始条件式(7.3.141)下的解为

$$y = \frac{F_{R0}}{k}\cos(\zeta - \zeta_1) + \dot{y}_1 \sin(\zeta - \zeta_1) + y_1 - \frac{F_{R0}}{k} \tag{7.3.142}$$

第三相的运动在ζ_2时刻终止，此时

$$F_R = k\bar{y} = -F_{R0}$$

或

$$\cos(\zeta_2 - \zeta_1) + \frac{k}{F_{R0}}\dot{y}_1 \sin(\zeta_2 - \zeta_1) = -1$$

于是有

$$\zeta_2 = \omega(t_3 - t_s) = \zeta_1 + \arccos\left[\frac{(k\dot{y}_1/F_{R0})^2 - 1}{(k\dot{y}_1/F_{R0})^2 + 1}\right] \tag{7.3.143}$$

类似地，可以继续讨论第四相运动，即杆在受压状态下进入塑性区的运动。图 7.3.16 给出位移随时间的变化规律，并给出与理想弹塑性系统(虚线)的比较。图 7.3.17 给出脉冲 i 与最大位移的关系曲线，图中虚线相应于理想弹塑性系统。

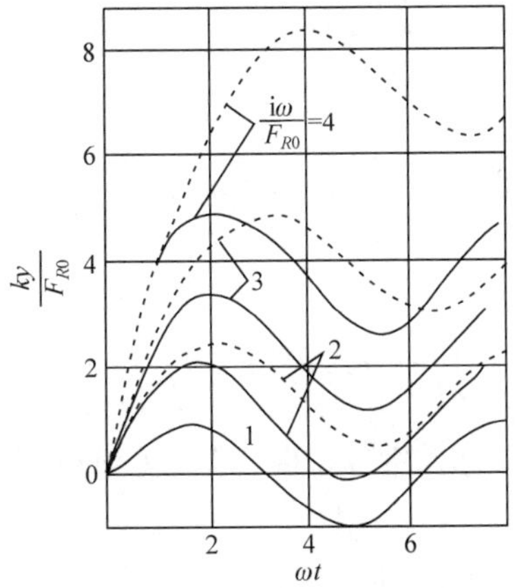

图 7.3.16　位移随时间的变化曲线

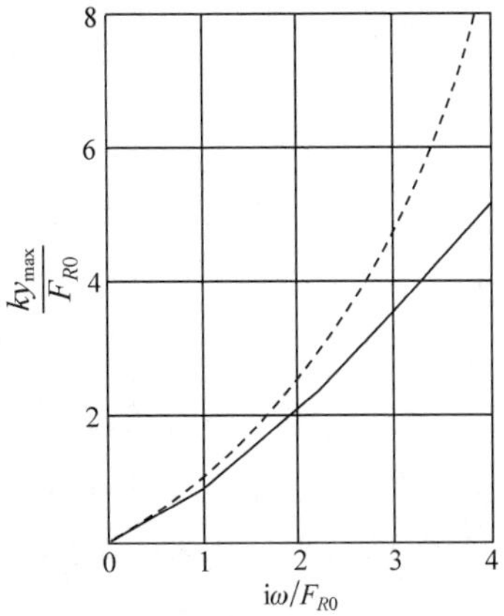

图 7.3.17　脉冲与最大位移的关系曲线

由以上结果可以看出，在同样大小的外作用扰动下，弹黏塑性系统的位移较小。

7.4　间断面的传播、力和运动边界条件

设想由表面 S 所围的有限空间(体积)V 在运动过程中被某一运动的界面$\Sigma(t)$分成 V_1 和 V_2 两部分，表面 S 被分成 S_1 和 S_2。于是，V_1 的边界为 S_1 和$\Sigma(t)$，V_2 的边界为 S_2 和$\Sigma(t)$，即有

$$\Omega_1 = V_1 \cup S_1 \cup \Sigma\ ,\quad \Omega_2 = V_2 \cup S_2 \cup \Sigma$$

显然，$\Sigma(t)$是 V_1 和 V_2 的共同边界。在应力波的传播问题中，$\Sigma(t)$是波的间断面(波前)。本节分析间断面上应力间断值应满足的条件，即动力连续条件和运动连续条件。后面的讨论以笛卡儿坐标为例，即不考虑协变指标和逆变指标的区别。

设边界上点的位移速度为$\boldsymbol{v} = v_i \boldsymbol{e}_i$，则外法线方向的速度分量为$v_n = \boldsymbol{v}\cdot\boldsymbol{n} = v_i n_i$。则令$\boldsymbol{v}_c$为$\Sigma(t)$上外法线方向的运动速度，且设外法线$\boldsymbol{n}$指向 V_2。因此，对于 V_1，边界$\Sigma(t)$上的法向速度为$\boldsymbol{v}_c$；对于V_2，边界$\Sigma(t)$上的法向速度为$-\boldsymbol{v}_c$。

设有连续可微的标量函数$f(\boldsymbol{x},t)$，有如下的关系：

$$\frac{\mathrm{d}f}{\mathrm{d}t} = \frac{\partial f}{\partial t} + \frac{\partial f}{\partial x_i}\frac{\mathrm{d}x_i}{\mathrm{d}t} = \frac{\partial f}{\partial t} + \frac{\partial f}{\partial x_i}\dot{x}_i \tag{7.4.1}$$

下面分析积分$\int f\mathrm{d}V$对时间的导数。在 $\mathrm{d}t$ 时间内，原体积 V 内的函数有变化，同时体积 V 本身也有变化，变化的值为

$$\left(\int \boldsymbol{vn}\mathrm{d}S\right)\mathrm{d}t$$

式中，S 为原来的边界；$\boldsymbol{v}$ 为 S 上点的速度。在 $\mathrm{d}t$ 时间内，$\int_V f\mathrm{d}V$ 的变化为两部分之和，即

$$\mathrm{d}\left(\int_{V_1} f\mathrm{d}V\right) = \left(\int_{V_1}\frac{\partial f}{\partial t}\mathrm{d}V\right)\mathrm{d}t + \left(\int_S \boldsymbol{vn}f\mathrm{d}S\right)\mathrm{d}t = \left(\int_{V_1}\frac{\partial f}{\partial t}\mathrm{d}V + \int_S v_i n_i f\mathrm{d}S\right)\mathrm{d}t$$

由上式得到

$$\frac{\mathrm{d}}{\mathrm{d}t}\left(\int_{V_1} f\mathrm{d}V\right) = \int_{V_1}\frac{\partial f}{\partial t}\mathrm{d}V + \int_S v_i n_i f\mathrm{d}S \tag{7.4.2}$$

设函数$f(\boldsymbol{x},t)$在V_1及V_2内都是连续可微的标量函数，但在$\Sigma(t)$上可以间断。对于 V_1 及 V_2 分别应用式(7.4.2)，可得

$$\frac{\mathrm{d}}{\mathrm{d}t}\int_{V_1} f\mathrm{d}V = \int_{V_1}\frac{\partial f}{\partial t}\mathrm{d}V + \int_{S_1} f v_n\mathrm{d}S + \int_{\Sigma} f v_c\mathrm{d}S \tag{7.4.3}$$

$$\frac{\mathrm{d}}{\mathrm{d}t}\int_{V_2} f\mathrm{d}V = \int_{V_2}\frac{\partial f}{\partial t}\mathrm{d}V + \int_{S_2} fv_n\mathrm{d}S + \int_{\Sigma} f(-v_c)\mathrm{d}S \tag{7.4.4}$$

设f在$\Sigma(t)$上不连续，且令 f_1 和 f_2 分别为$\Sigma(t)$上在 V_1 和 V_2 侧的f值。将式(7.4.3)和式(7.4.4)相加，可得

$$\frac{\mathrm{d}}{\mathrm{d}t}\int_{V} f\mathrm{d}V = \int_{V}\frac{\partial f}{\partial t}\mathrm{d}V + \int_{S_1} fv_n\mathrm{d}S + \int_{S_2} fv_n\mathrm{d}S + \int_{\Sigma}(f_1 - f_2)v_c\mathrm{d}S \tag{7.4.5}$$

如果在 V 内 $f(\boldsymbol{x},t)$ 连续 $(f_1 = f_2)$，则式(7.4.5)与式(7.4.2)一致。式(7.4.5)表明，在 V 内若函数f有间断面，则在式(7.4.2)中应计入函数f在间断面上的间断值所产生的附加项，即式(7.4.5)的最后一项。

1. 力连续条件

在式(7.4.5)中，取函数f为介质的密度，即 $f(\boldsymbol{x},t) = \rho(\boldsymbol{x},t)$ 。根据质量守恒定律，可得

$$\int_{V}\frac{\partial \rho}{\partial t}\mathrm{d}V + \int_{S_1}\rho v_n\mathrm{d}S + \int_{S_2}\rho v_n\mathrm{d}S + \int_{\Sigma}(\rho_1 - \rho_2)v_c\mathrm{d}S = 0 \tag{7.4.6}$$

式中，ρ_1、ρ_2 分别为$\Sigma(t)$两侧 V_1 和 V_2 内介质的密度。体积V 是任意选取的，设想在某一时刻t，体积 V 从$\Sigma(t)$两侧向$\Sigma(t)$缩小，并趋于零(t 不变)。于是，边界 S_1 和 S_2 都趋于 $\Sigma(t)$ 而成为$\Sigma(t)$的一部分，用 Σ_0 表示。当 $S_1 \to \Sigma_0$，其外法线与$\Sigma(t)$的外法线相反，按$\Sigma(t)$的外法线规定 S_1 上的法向速度分量时，应加一个负号。现设$V \to 0$时，S_1 和 S_2 上的法向速度分量分别为 v_{1n} 和 v_{2n}，当$V \to 0$时，有

$$\int_{V}\frac{\partial f}{\partial t}\mathrm{d}V \to 0\text{，}\quad \int_{S_1}\rho v_n\mathrm{d}S \to -\int_{\Sigma_0}\rho_1 v_{1n}\mathrm{d}S\text{，}\quad \int_{S_2}\rho v_n\mathrm{d}S \to \int_{\Sigma_0}\rho_2 v_{2n}\mathrm{d}S \tag{7.4.7}$$

将式(7.4.7)代入式(7.4.6)，得到

$$\int_{\Sigma_0}\rho_1(v_{1n} - v_c)\mathrm{d}S - \int_{\Sigma_0}\rho_2(v_{2n} - v_c)\mathrm{d}S = 0 \tag{7.4.8}$$

由于 Σ_0 也是任意的，由式(7.4.8)可得

$$\rho_1(v_{1n} - v_c) = \rho_2(v_{2n} - v_c) \tag{7.4.9}$$

式(7.4.9)为间断面上应满足的第一个间断条件，是根据质量守恒定律推出的。在式(7.4.9)中，$(v_{1n} - v_c)$ 及 $(v_{2n} - v_c)$ 分别为间断面两侧沿法线方向质点对间断面的相对速度。如果间断面$\Sigma(t)$的运动方向与上面所设方向相反，即指向 V_1，则在上列式中，将 $(-v_c)$ 改为 $(+v_c)$ 。

现在，再取 $f(\boldsymbol{x},t) = \rho v_i$，则有

$$f_1 = \rho_1 v_{1i}\text{，}\quad f_2 = \rho_2 v_{2i}$$

代入式(7.4.5)中，得到

$$\frac{\mathrm{d}}{\mathrm{d}t}\int_V \rho v_i \mathrm{d}V = \int_V \frac{\partial}{\partial t}(\rho v_i)\mathrm{d}V + \int_{S_1} \rho v_n v_i \mathrm{d}S + \int_{S_2} \rho v_n v_i \mathrm{d}S + \int_{\Sigma} (\rho_1 v_{1i} - \rho_2 v_{2i}) v_c \mathrm{d}S \tag{7.4.10}$$

根据动量定理式(3.1.73)，且不计体力，应有

$$\frac{\mathrm{d}}{\mathrm{d}t}\int_V \rho v_i \mathrm{d}V = \int_S T_i \mathrm{d}S = \int_S \sigma_{ij} n_j \mathrm{d}S \tag{7.4.11}$$

由式(7.4.10)和式(7.4.11)可以得到

$$\int_S \sigma_{ij} n_j \mathrm{d}S = \int_V \frac{\partial}{\partial t}(\rho v_i)\mathrm{d}V + \int_{S_1} \rho v_n v_i \mathrm{d}S + \int_{S_2} \rho v_n v_i \mathrm{d}S + \int_{\Sigma} (\rho_1 v_{1i} - \rho_2 v_{2i}) v_c \mathrm{d}S$$

如同上面，取 $V \to 0$，经整理后，得到

$$\int_{\Sigma_0} (\sigma_{2ij} - \sigma_{1ij}) n_j \mathrm{d}S = -\int_{\Sigma_0} \rho_1 v_{1i} v_{1n} \mathrm{d}S + \int_{\Sigma_0} \rho_2 v_{2i} v_{2n} \mathrm{d}S + \int_{\Sigma} (\rho_1 v_{1i} - \rho_2 v_{2i}) v_c \mathrm{d}S \tag{7.4.12}$$

由于 Σ_0 是任意的，所以由式(7.4.12)可得

$$(\sigma_{2ij} - \sigma_{1ij}) n_j = -\rho_1 v_{1i}(v_{1n} - v_c) + \rho_2 v_{2i}(v_{2n} - v_c) \tag{7.4.13}$$

将第一个间断条件式(7.4.9)代入式(7.4.13)，得到

$$(\sigma_{2ij} - \sigma_{1ij}) n_j = \rho_1 (v_{1n} - v_c)(v_{2i} - v_{1i}) \tag{7.4.14}$$

再令

$$[\sigma_{ij}] = \sigma_{2ij} - \sigma_{1ij}\text{，}\quad [v_i] = v_{2i} - v_{1i}$$

分别为间断面上应力和速度的间断值。于是式(7.4.14)可写成

$$[\sigma_{ij}] n_j = \rho_1 (v_{1n} - v_c)[v_i] \tag{7.4.15}$$

式(7.4.15)称为**动量连续条件**或**应力间断条件**，表明在波的间断面上应力间断值和速度间断值应满足一定的关系。

如果间断面的运动方向指向 V_1，则将式(7.4.15)中的 $(-v_c)$ 改为 $(+v_c)$。

在应力波的传播问题中，v_c 表示波的传播速度，v 是介质质点的运动速度。一般情况下，这两个量相差很大。例如，炸药对钢板爆炸所引起的 3×10^9 Pa 数量级的高应力，将产生 80m/s 左右的质点速度(当应力降低时，质点的运动速度还要降低)；而波在钢材中的传播速度约为 6000m/s，相差两个数量级。所以，在式(7.4.15)中，可以略去质点的运动速度 v。动力连续条件式(7.4.15)可简化为

$$[\sigma_{ij}] n_j = -\rho_1 v_c [v_i] \tag{7.4.16}$$

2. 运动连续条件

动力连续条件是给出应力间断值和速度间断值在波间断面上应满足的关系，是在一定时刻 t，波的间断面位于一定位置时力的连续性条件。下面分析波的间

断面在运动过程中有关几何方面(或运动方面)的条件，研究在间断面上速度间断值和应变间断值之间应满足的关系。

设$u(\boldsymbol{x},t)$为一连续可微的函数，它是标量函数或矢量函数，且设在时刻 t，u 在$\Sigma(t)$上的间断值为$[u]=u_2-u_1$，Δt后，间断面移动，变为$\Sigma(t+\Delta t)$，这时，u 在间断面上的间断值设为$[u']=u_2'-u_1'$。在 Δt 时段内，u 的间断值变化为

$$\Delta[u]=[u']-[u]=(u_2'-u_2)-(u_1'-u_1)=\Delta u_2-\Delta u_1 \tag{7.4.17}$$

于是有

$$\frac{\Delta[u]}{\Delta t}=\frac{\Delta u_2}{\Delta t}-\frac{\Delta u_1}{\Delta t} \tag{7.4.18}$$

当$\Delta t\to 0$时，式(7.4.18)变为

$$\frac{\mathrm{d}[u]}{\mathrm{d}t}=\left(\frac{\mathrm{d}u}{\mathrm{d}t}\right)_2-\left(\frac{\mathrm{d}u}{\mathrm{d}t}\right)_1=\left[\frac{\mathrm{d}u}{\mathrm{d}t}\right] \tag{7.4.19}$$

式中，

$$\left(\frac{\mathrm{d}u}{\mathrm{d}t}\right)_2=\left(\frac{\partial u}{\partial t}\right)_2+\left(\frac{\partial u}{\partial x_i}\right)_2\frac{\mathrm{d}x_x}{\mathrm{d}t},\quad \left(\frac{\mathrm{d}u}{\mathrm{d}t}\right)_1=\left(\frac{\partial u}{\partial t}\right)_1+\left(\frac{\partial u}{\partial x_i}\right)_1\frac{\mathrm{d}x_x}{\mathrm{d}t} \tag{7.4.20}$$

式中，x_i为间断面$\Sigma(t)$上点的坐标。因此，$\mathrm{d}x_i/\mathrm{d}t=v_i$是$\Sigma(t)$上点的运动速度，已设间断面的运动速度为$\boldsymbol{v}_c=v_c\boldsymbol{n}$，于是有

$$\frac{\mathrm{d}x_x}{\mathrm{d}t}=v_i=v_cn_i$$

此处n_i为间断面$\Sigma(t)$上外法线的方向余弦。将式(7.4.20)中两式相减，得到

$$\left(\frac{\mathrm{d}u}{\mathrm{d}t}\right)_2-\left(\frac{\mathrm{d}u}{\mathrm{d}t}\right)_1=\left(\frac{\partial u}{\partial t}\right)_2-\left(\frac{\partial u}{\partial t}\right)_1+\left[\left(\frac{\partial u}{\partial x_i}\right)_2-\left(\frac{\partial u}{\partial x_i}\right)_1\right]v_cn_i$$

将上式代入式(7.4.19)，得到

$$\frac{\mathrm{d}[u]}{\mathrm{d}t}=\left(\frac{\partial u}{\partial t}\right)_2-\left(\frac{\partial u}{\partial t}\right)_1+v_cn_i\left[\left(\frac{\partial u}{\partial x_i}\right)_2-\left(\frac{\partial u}{\partial x_i}\right)_1\right]$$

或者

$$\frac{\mathrm{d}[u]}{\mathrm{d}t}=\left[\frac{\partial u}{\partial t}\right]+v_cn_i\left[\frac{\partial u}{\partial x_i}\right] \tag{7.4.21}$$

式中，

$$\left[\frac{\partial u}{\partial t}\right]=\left(\frac{\partial u}{\partial t}\right)_2-\left(\frac{\partial u}{\partial t}\right)_1,\quad \left[\frac{\partial u}{\partial x_i}\right]=\left(\frac{\partial u}{\partial x_i}\right)_2-\left(\frac{\partial u}{\partial x_i}\right)_1 \tag{7.4.22}$$

分别为$\partial u/\partial t$和$\partial u/\partial x_i$在间断面上的间断值。式(7.4.21)称为函数$u(\boldsymbol{x},t)$的一阶**运动**

连续条件或机动间断条件。

如果函数 $u(\boldsymbol{x},t)$ 在 $\Sigma(t)$ 上是连续的，即 $[u]=0$，则式(7.4.20)变为

$$\left[\frac{\partial u}{\partial t}\right]=v_c n_i\left[\frac{\partial u}{\partial x_i}\right] \tag{7.4.23}$$

如果间断面 $\Sigma(t)$ 的运动是指向 V_1，则在上列有关式中，将 $(-v_c)$ 改为 $(+v_c)$。

现取 u 为质点的位移 $u(\boldsymbol{x},t)$，则式(7.4.21)应写成

$$\frac{\mathrm{d}u}{\mathrm{d}t}=\left[\frac{\partial u}{\partial t}\right]+v_c n_i\left[\frac{\partial u}{\partial x_i}\right] \tag{7.4.24}$$

在卡氏坐标系内，式(7.4.24)可写成

$$\frac{\mathrm{d}[u_j]}{\mathrm{d}t}=\left[\frac{\partial u_j}{\partial t}\right]+v_c n_i[u_{j,i}] \tag{7.4.25}$$

当位移在间断面 $\Sigma(t)$ 上连续时，$[u]=0$，于是得到

$$\left[\frac{\partial u_i}{\partial t}\right]=-v_c n_j[u_{i,j}] \tag{7.4.26}$$

式(7.4.25)或式(7.4.26)称为波的间断面上的运动连续条件。在小变形情况下，式(7.4.26)可写成

$$[v_i]=-v_c n_j[u_{i,j}]=-v_c n_j[\varepsilon_{ij}+\omega_{ij}] \tag{7.4.27}$$

式中，ε_{ij} 和 ω_{ij} 分别为**应变张量**和**转动张量**。如果在运动中不存在转动，则 $\omega_{ij}=0$，于是得到

$$[v_i]=-v_c n_j[\varepsilon_{ij}] \tag{7.4.28}$$

注意，式(7.4.28)与式(7.4.16)有对偶关系，即

$$[\sigma_{ij}]n_j=-\rho_1 v_c[v_i]，\text{动力连续条件}$$

$$[\varepsilon_{ij}]n_j=-[v_i]/v_c，\text{运动连续条件}$$

在刚性理想塑性梁的动力分析中，梁内将出现可动塑性铰。在此例情况下，问题属于一维的，塑性铰就是可动间断面 $\Sigma(t)$。在小变形条件下，可以认为 $\Sigma(t)$ 的外法线平行于 x 轴，即 $n_1=1$、$n_2=n_3=0$。位移则为 $u_1=u_2=0$、$u_3=\omega\neq 0$。显然，在梁的运动过程中，在塑性铰处，ω 和 $\partial\omega/\partial t=0$ 都是连续的，否则，梁在塑性铰处将产生无限大的剪应变 γ_{xz} 或无限大的剪应变率 $\dot{\gamma}_{xz}$。在式(7.4.24)中，令 $v_c=\dot{\xi}$，塑性铰的移动速度 $i=3$、$j=1$、$n_1=1$、$[v_i]=[\dot{\omega}]=0$，于是得到

$$\dot{\xi}(u_{s,1})=\dot{\xi}\left[\frac{\partial\omega}{\partial x}\right]=\dot{\xi}[\varphi]=0 \tag{7.4.29}$$

式中，$\varphi=\partial\omega/\partial x$ 为梁的倾角。式(7.4.27)表明，当 $\dot{\xi}\neq 0$ 时(可动铰)，$[\varphi]=0$，即当塑性铰移动时，其两侧梁的倾角连续，在塑性铰处不会出现“尖点”。反之，当 $\dot{\xi}=0$ 时(固定铰)，$[\varphi]\neq 0$，梁在塑性铰处将出现倾角间断。

式(7.4.22)中的 u 可取为任意函数。例如，当 $\dot{\xi}\neq 0$ 时，梁的倾角 $\varphi=\partial\omega/\partial x$ 在塑性铰处连续。于是可取 u 为 φ，则有下列关系

$$[\dot{\varphi}]+\dot{\xi}\left[\frac{\partial\varphi}{\partial x}\right]=0\text{，}\quad \dot{\xi}\neq 0$$

或者写成

$$[\dot{\omega}']+\dot{\xi}[\omega'']=0 \tag{7.4.30}$$

式中，$\omega'=\partial\omega/\partial x$；$\omega''=\partial^2\omega/\partial x^2$。

在式(7.4.22)中，如取 u 为梁的速度，且已知在塑性铰处速度连续，因此又有下列关系

$$[\ddot{\omega}]+\dot{\xi}[\dot{\omega}']=0 \tag{7.4.31}$$

7.5　刚塑性动力学的一般原理

7.5.1　虚速度原理

1. 塑性动力学方程

求解塑性动力学问题，最终归结为确定塑性体(体积为 V，表面积为 S)在动力作用下，在初始时刻 t_0 之后任意时刻 $t(>t_0)$ 物体内的速度场 $\dot{u}_i(\boldsymbol{x},t)$、加速度场 $\ddot{u}_i(\boldsymbol{x},t)$、应力场 $\sigma_{ij}(\boldsymbol{x},t)$ 及应变场 $\varepsilon_{ij}(\boldsymbol{x},t)$ 满足所有基本方程、边界条件和初始条件。对于刚性理想塑性体，这些方程如下。

速度场 $\dot{u}_i$ 应满足：

几何方程

$$\dot{\varepsilon}_{ij}=\frac{1}{2}(\dot{u}_{i,j}+\dot{u}_{j,i}),\ \text{在}\ V\ \text{内} \tag{7.5.1}$$

运动边界条件

$$\dot{u}_i=\hat{\dot{u}}_i,\ \text{在}\ S_u\ \text{上} \tag{7.5.2}$$

不可压缩条件

$$\dot{\varepsilon}_{ii}=0,\ \text{在}\ V\ \text{内} \tag{7.5.3}$$

及加速度与速度的关系

$$\ddot{u}_i = \frac{\mathrm{d}\dot{u}_i}{\mathrm{d}t} \approx \frac{\partial \dot{u}_i}{\partial t} \tag{7.5.4}$$

应力场σ_{ij}应满足：

运动方程

$$\sigma_{ij,j} + F_i - \rho\ddot{u}_i = 0\text{，在 }V\text{ 内} \tag{7.5.5}$$

应力边界条件

$$\sigma_{ij}n_j = \hat{F}_i\text{，在 }S_T\text{上} \tag{7.5.6}$$

屈服条件

$$\varphi(\sigma_{ij}) \leqslant 0\text{，在 }V+S\text{ 上} \tag{7.5.7}$$

应力和应变率满足塑性流动法则

$$\dot{\varepsilon}_{ij} = \dot{\lambda}\frac{\partial \varphi}{\partial \sigma_{ij}} \tag{7.5.8}$$

式中，$\varphi(\sigma_{ij}) = 0$为屈服函数；$\hat{F}_i$及$\hat{u}_i$分别为给定的**边界力**和**边界位移速度**。

只满足式(7.5.1)～式(7.5.3)的速度场称为**可能运动速度场**，用$\dot{u}_i^*$表示；只满足式(7.5.5)～式(7.5.7)的应力场称为**动力容许应力场**，用σ_{ij}^0表示。其中的加速度不一定是真实的。所有不带上标的量是真实的。与静力学不同，运动速度场和动力容许应力场可能有一个交叉项加速度。因此，动力容许应力场与加速度场密切相关，并满足以下几种不同运动方程：

$$\begin{cases} \sigma_{ij,j}^0 + F_i - \rho\ddot{u}_i = 0 \\ \sigma_{ij,j}^0 + F_i - \rho\ddot{u}_i^* = 0 \\ \sigma_{ij,j}^0 + F_i - \rho\ddot{u}_i^{**} = 0 \end{cases} \tag{7.5.9}$$

式中，$\ddot{u}_i^{**}$为不同于$\ddot{u}_i^*$的加速度场。式(7.5.9)的几个运动方程对应边界上的面力分别为

$$F_i^0 = \sigma_{ij}^0 n_j\text{，}\quad F_i^{0*} = \sigma_{ij}^0 n_j\text{，}\quad F_i^{0**} = \sigma_{ij}^0 n_j \tag{7.5.10}$$

如果给定可能运动速度场$\dot{u}_i^*$，则可以求$\ddot{u}_i^*$，再按式(7.5.9)和式(7.5.10)求σ_{ij}^0和F_i^{0*}；但也可由$\dot{u}_i^*$求$\dot{\varepsilon}_{ij}^*$，再按塑性流动法则确定与$\dot{\varepsilon}_{ij}^*$相关联的应力σ_{ij}^*。这时σ_{ij}^*不满足运动方程，在边界上有

$$F_i^* = \sigma_{ij}^* n_j \tag{7.5.11}$$

显然，F_i^*不一定满足应力边界条件。

在静力学问题中，虽然也引用速度场、应变率场，但静态问题不考虑应变率效应，属于非黏性的，所以静力学中的速度只是用以表示相对大小的概念，可以

用增量来代换，问题本身不存在实际的时间过程。例如，在静态极限分析中，可能运动速度场实际上是极限状态到达瞬时(对刚塑性体，极限状态到达之前，$\dot{u}_i = 0$)的可能运动速度场，没有、也不需要考虑初始状态。动力学问题本身存在真实的时间过程，由于问题是非线性的，只能按时间增量来求解。因此，可能运动速度场和相应的加速度场是在给定初始条件(如 $t = t_0$ 时给定的速度场)下设定的，必须满足初始条件，即 $t = t_0$ 时的可能运动速度场应该就是真实的速度场。

在短时强载荷作用下，塑性动力学问题的提法可分为两大类：第一类问题是在给定的动载荷作用下，求物体的运动规律和残余变形分布，这类问题称为动力响应的正问题(简称动力响应问题)；第二类问题是在给定残余变形和位移分布或运动规律的条件下，求载荷的强度，这类问题称为动力响应的反问题。下面讨论的问题，主要是动力响应的正问题。

2. 虚速度原理

在塑性静力学中，已经建立虚功率原理：

$$\int_V \sigma_{ij}^0 \dot{\varepsilon}_{ij}^* \mathrm{d}V + \sum_l \int_V \sigma_i^0 [\dot{u}_i^*] \mathrm{d}S = \int_V F_i \dot{u}_i^* \mathrm{d}V + \sum_l \int_S F_i^0 \dot{u}_i^* \mathrm{d}S \tag{7.5.12}$$

式中，σ_{ij}^0 为静力可能应力场；$\dot{\varepsilon}_{ij}^*$ 为运动可能速度场；S_l 为第 l 个速度间断面；$\sigma_i^0 = \sigma_{ij}^0 n_j$ 为间断面上的应力分量；$[\dot{u}_i^*]$ 为 $\dot{u}_i^*$ 的间断值。如果应力惯性力法(达朗贝尔原理)将 $(-\rho \ddot{u}_i^*)$ 作为惯性力加入体积力 F_i 中，则式(7.5.12)变为

$$\int_V \sigma_{ij}^0 \dot{\varepsilon}_{ij}^* \mathrm{d}V + \sum_l \int_{S_l} \sigma_i^0 [\dot{u}_i^*] \mathrm{d}S + \int_V \rho \ddot{u}_i \dot{u}_i^* \mathrm{d}V = \int_V F_i \dot{u}_i^* \mathrm{d}V + \int_S F_i^0 \dot{u}_i^* \mathrm{d}S \tag{7.5.13}$$

式中，σ_{ij}^0 为对应 $\ddot{u}_i$ 的动力容许应力场。式(7.5.13)称为**虚速度原理**，$\dot{u}_i^*$ 、$\dot{\varepsilon}_{ij}^*$ 与 σ_{ij}^0 、F_i、F_i^0 之间可以互不相关，即 $\dot{\varepsilon}_{ij}^*$ 与 σ_{ij}^0 可以不存在任何关系，$\dot{u}_i^*$ 与 $\ddot{u}_i$ 也不必服从式(7.5.4)。可见，问题的真实解必然满足虚速度原理。

如同虚功率原理在静力学中的作用，虚速度原理是动力学中一个重要的基本等式，是与材质(本构关系)无关的一个普遍原理，适用于运动物体的任何给定时刻。在推导动力学中有关功能原理(极值原理)时经常要用到。

3. 基本不等式

如果只考虑符合德鲁克公设的稳定材料，则在刚塑性体的动力学问题中，屈服曲面的外凸性及塑性应变率与屈服曲面的正交性依然存在。根据德鲁克公设，下列不等式成立：

$$(\sigma_{ij}^{(1)} - \sigma_{ij}^{(2)}) \dot{\varepsilon}_{ij}^{(1)} \geqslant 0 \tag{7.5.14}$$

式中，$\sigma_{ij}^{(1)}$ 及 $\sigma_{ij}^{(2)}$ 为满足屈服条件式(7.5.7)的两个应力状态，而 $\sigma_{ij}^{(1)}$ 是与 $\dot{\varepsilon}_{ij}^{(1)}$ 对应(即满足塑性流动法则(7.5.8))的应力。

7.5.2　哈密顿型的变分原理

该物体的体积为 V，表面为 S。在运动过程中，物体在任意时刻的运动状态可用函数 $\xi_i(t)$ 表示，称为广义位移。物体在运动中的动能为

$$T=\frac{1}{2}\int_V \rho\dot{u}_i\dot{u}_i\mathrm{d}V \tag{7.5.15}$$

物体的总势能为

$$V=\int_V (U-F_i\dot{u}_i)\mathrm{d}V-\int_{S_T}\hat{F}_i\dot{u}_i\mathrm{d}S \tag{7.5.16}$$

式中，$U=U(u_i)$ 是物体的变形能，是位移 $u_i(\boldsymbol{x},t)$ 的函数。则拉格朗日函数为

$$L=T-V \tag{7.5.17}$$

哈密顿作用量 J 为

$$J=\int_{t_0}^{t_1} L\mathrm{d}t \tag{7.5.18}$$

对于保守系统，哈密顿原理可陈述如下：在两个瞬时 t_0 和 t_1 之间，描述物体真实运动的广义位移 $\xi_i(t)$ 使得哈密顿作用量取驻值，即

$$\delta J=\delta\int_{t_0}^{t_1} L\mathrm{d}t=0 \tag{7.5.19}$$

或者说，在同一时间间隔内(如 t_0 和 t_1)，物体可经历不同的、与真实运动邻近的可能运动，由初始位置 $\xi_i(t_0)$ 运动到最终位置 $\xi_i(t_1)$，其中真实的运动使作用量取驻值。这就是经典的哈密顿原理，只适用于保守系统。

弹塑性物体是非保守系统，不能直接应用哈密顿原理，应进行如下修改，即

$$\delta J'=\delta\int_{t_0}^{t_1} L\mathrm{d}t-\delta\int_{t_0}^{t_1}\delta D\mathrm{d}t=0 \tag{7.5.20}$$

式中，D 为物体的塑性功率，是单位时间内物体的塑性耗散能，称为**耗散能函数**。设用 $\bar{D}$ 表示塑性耗散比能，则有

$$D=\int_V \bar{D}\mathrm{d}V \tag{7.5.21}$$

塑性耗散比能是塑性应变率 $\dot{\varepsilon}_{ij}$(对于刚塑性体，$\dot{\varepsilon}_{ij}=\dot{\varepsilon}_{ij}^{p}$)的单值函数，其一般表达式可写成

$$\bar{D}=Q_j\dot{q}_j,\quad j=1,2,\cdots,n \tag{7.5.22}$$

式中，Q_j 为广义应力，如梁的弯矩、板的弯矩和扭矩等；$\dot{q}_j$ 为与广义应力对应的

广义(塑性)应变率，如曲率变率、扭率变率；n 为描述应力状态的参量(广义应力)个数。于是，式(7.5.21)可写成

$$D=\int_V Q_j\dot{q}_j\mathrm{d}V \tag{7.5.23}$$

式中，$\mathrm{d}V$ 为广义体元，可以是线元(如梁元)、面元(如板元、壳元)或体元(材料单元体)。

对于不同的问题，$\bar{D}$ 具有不同的表达式。例如，对于服从 Mises 屈服条件的三维问题

$$\bar{D}=\tau_0 H \tag{7.5.24}$$

式中，τ_0 为材料的剪切屈服极限；H 为剪应变率强度：

$$H=\sqrt{\frac{2}{3}}\sqrt{(\dot{\varepsilon}_1-\dot{\varepsilon}_2)^2+(\dot{\varepsilon}_2-\dot{\varepsilon}_3)^2+(\dot{\varepsilon}_3-\dot{\varepsilon}_1)^2} \tag{7.5.25}$$

对于服从 Tresca 屈服条件的三维问题

$$\bar{D}=\sigma_0\left|\dot{\varepsilon}_i\right|_{\max}-\frac{1}{2}(\left|\dot{\varepsilon}_1\right|+\left|\dot{\varepsilon}_2\right|+\left|\dot{\varepsilon}_3\right|) \tag{7.5.26}$$

式中，$\left|\dot{\varepsilon}_i\right|_{\max}$ 为主应变率中的最大绝对值。对于弯曲的薄板(Mises 屈服条件)

$$\bar{D}=\frac{2}{\sqrt{3}}M_0\sqrt{\dot{K}_x^2+\dot{K}_x\dot{K}_y+\dot{K}_y^2+\dot{K}_{xy}^2/4} \tag{7.5.27}$$

式中，M_0 为薄板的极限弯矩；$\dot{K}_x$ 、$\dot{K}_y$ 为曲率变率；$\dot{K}_{xy}$ 为扭率变率。如果薄板内出现了塑性铰线，则单位铰线长度上的塑形功率为

$$\begin{cases}\bar{D}=\dfrac{2}{\sqrt{3}}M_0\left|[\dot{\theta}]\right|, & \text{Mises屈服条件}\\ \bar{D}=M_0\left|[\dot{\theta}]\right|, & \text{Tresca屈服条件}\end{cases} \tag{7.5.28}$$

式中，$\left|[\dot{\theta}]\right|$ 为沿塑性铰线板的角速度间断量的绝对值，这时

$$D=\int_{l_m}\bar{D}\mathrm{d}l_m=\frac{2}{\sqrt{3}}M_0\int_{l_m}\left|[\dot{\theta}]\right|\mathrm{d}l_m,\quad \text{Mises屈服条件} \tag{7.5.29}$$

或

$$D=\int_{l_m}\bar{D}\mathrm{d}l_m=M_0\int_{l_m}\left|[\dot{\theta}]\right|\mathrm{d}l_m,\quad \text{Tresca屈服条件} \tag{7.5.30}$$

如果板是不等厚的，则在式(7.5.29)、式(7.5.30)中 M_0 不是常数，应该放到积分号之内。

式(7.5.20)称为修正的哈密顿原理，该原理表明：**在同一时间间隔内，在由系统的初始位置到达最终位置的所有与真实运动邻近的可能运动中，真实运动使泛函 J' 取驻值**，即

$$\delta J' = 0 \tag{7.5.31}$$

式中，

$$J' = \int_{t_0}^{t_1} (T - H)\mathrm{d}t - \int_{t_0}^{t_1} D\mathrm{d}t \tag{7.5.32}$$

由上述讨论可知，在哈密顿型的变分原理中，没有考虑问题的初始条件(例如，t=0 时的速度场 $\dot{u}_i(x,0) = \dot{u}_i^0(x,0)$)，只是在待求未知量的所有可能分布(如运动可能速度场)中寻求其真实的分布或近似分布。因此，在这里只涉及一个初始时刻和以后时刻所共同的速度场或位移场的模式(试函数)，而未考虑给定的初始速度场或初始位移场。因此，哈密顿型的变分原理未能描述初值-边值问题的全部特征，这个问题可由 Gurtin 变分原理加以弥补。

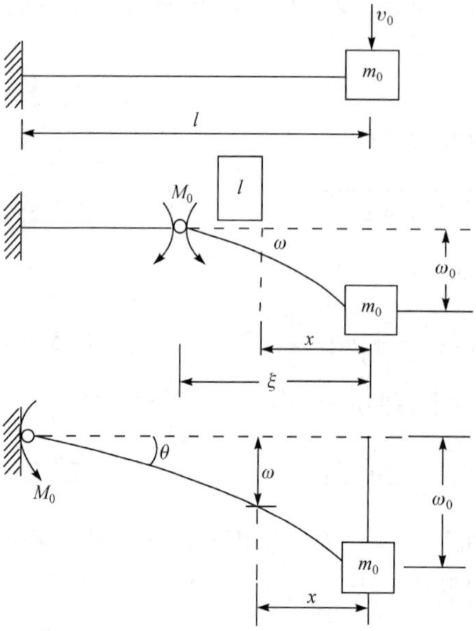

图 7.5.1　端部受冲击悬臂梁及其变形

例 7.5.1　设有理想刚塑性悬臂梁，跨长为 l，自由端质量 m_0，在 m_0 上受初速度 v_0 的作用，如图 7.5.1 所示。试求其运动终止时刻 t_f 和自由端的最终残余变形 ω_{0f}。

解　该梁的运动分为两相。第一相为从 t=0 到 $t = t_1$，t_1 为塑性铰到达固定端的时刻。第二相为从 t_1 到 t_f。

假定速度场为

$$\dot{\omega} = \omega_0(1 - x/\xi) \tag{7.5.33}$$

则由方程(7.5.31)，有

$$\delta\left(\int_0^{t_f} \frac{1}{2} m_0 \omega_0^2 \mathrm{d}t + \int_0^{t_f}\int_0^l \frac{1}{2}\rho\omega^2 \mathrm{d}x\mathrm{d}t\right) = \int_0^{t_f} fM_0 \delta\theta \mathrm{d}t \tag{7.5.34}$$

式中，ρ 为梁单位长度的质量。

假定位移场为

$$\omega = \omega_0(1 - x/l) \tag{7.5.35}$$

式中，

$$\omega_0(t) = \frac{C_1}{2}(t - t_f)^2 + C_2 \tag{7.5.36}$$

包含两个待定常数。$\omega_0(t)$ 的表达式应当选择最简便的形式，同时要满足在 t_f 时刻运动停止的两个条件，即应有

$$\dot{\omega}_0(t_f)=0 \tag{7.5.37}$$

由于 $\dot{\omega}_0(0)=v_0$，$\omega_0(0)=0$，故可得

$$t_f=-v_0/C_1,\quad C_2=-C_1t_f^2/2 \tag{7.5.38}$$

将式(7.5.35)～式(7.5.38)代入式(7.5.34)，对 C_1 取一次变分后，即可求出 C_1，于是可得

$$t_f=\frac{v_0l(m_0+\rho l/3)}{M_0},\quad \omega_{0f}=\frac{v_0^2l(m_0+\rho l/3)}{2M_0} \tag{7.5.39}$$

这一结果与动力分析方法所得结果及实验结果均一致。图 7.5.2 是按式(7.5.39)的第二式计算结果(图 7.5.2 中曲线)与 Parke 用软钢试件所做实验结果的比较，图中给出四种不同条件下的实验点。

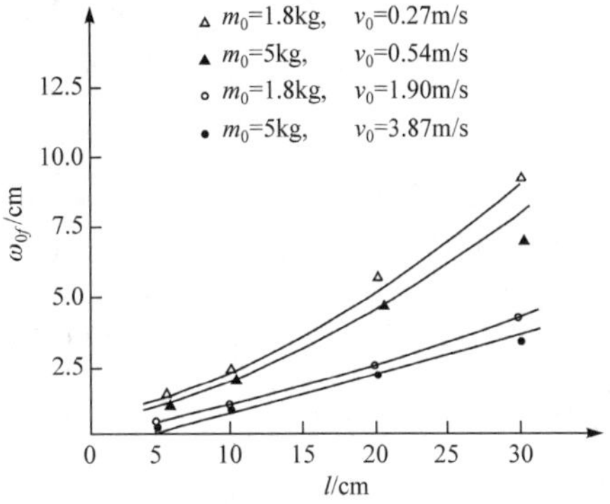

图 7.5.2　不同条件下的计算与实验结果

例 7.5.2　设有刚塑性矩形板，材料密度为ρ，边长为 $2a\times 2b$，四边固定，如图 7.5.3 所示，在 t=0 时刻受均布初始速度 v_0 作用。试求 t_f 和 ω_{0f}。

解　由方程(7.5.28)，在小变形条件下有

$$\delta\int_0^{t_f}\int_A\frac{1}{2}\rho\dot{\omega}^2\mathrm{d}A\mathrm{d}t=\int_0^{t_f}\int_{l_m}M_0\delta\theta\mathrm{d}l_m\mathrm{d}t \tag{7.5.40}$$

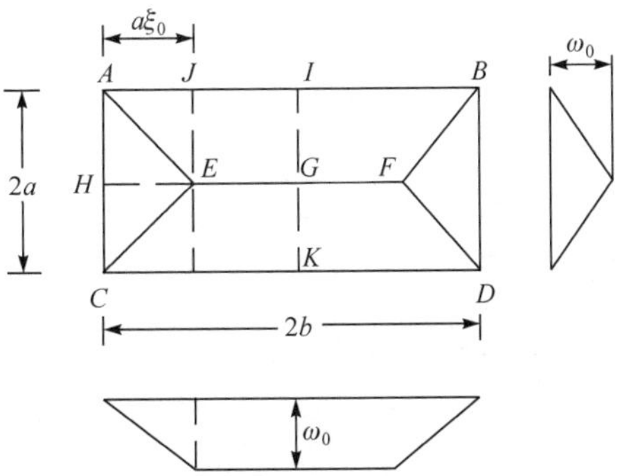

图 7.5.3　矩形板可能的运动位移场

假定位移场如图 7.5.3 所示，则由对称性可只考虑板的四分之一，如 $AIGH$ 部分。若令 $AIGH$ 部分变形时，其沿边界线的转动角度为 φ，φ 角可由极限分析的上限定理确定为

$$\tan\varphi=\sqrt{3+\beta^2}-\beta$$

式中，$\beta=a/b$。假定图 7.5.3 中塑性铰线 AE、EF、FB、FD 等不随时间变化，且假定板中心的挠度 ω_0 为

$$\omega_0(t)=v_0 t+Ct^2 \tag{7.5.41}$$

由此得

$$\dot{\omega}_0(t)=v_0+2Ct \tag{7.5.42}$$

式中，C 为由变分确定的待定系数。

初始条件与最终条件为

$$\omega_0(t)=0\text{ ，}\ \dot{\omega}_0(0)=v_0\text{ ，}\ \dot{\omega}_0(t_f)=0$$

由此得

$$t_f=-\frac{v_0}{2C} \tag{7.5.43}$$

任意点的挠度为

$$\omega=\begin{cases}\omega_0\xi/\xi_0, & 0\leqslant\xi\leqslant\eta\xi_0 \quad (AHE)\\ \omega_0\eta, & 0\leqslant\eta\leqslant\xi/\xi_0 \quad (AEJ)\\ \omega_0\eta, & 0\leqslant\eta\leqslant 1 \quad (JEGI)\end{cases} \tag{7.5.44}$$

式中，$\xi=x/a$；$\eta=y/b$。$a\xi_0$ 如图 7.5.3 所示。

由式(7.5.41)、式(7.5.43)、式(7.5.44)对 C 取变分可得

$$\delta\int_0^{t_f}\int_A\frac{1}{2}\rho\dot{\omega}^2\mathrm{d}A\mathrm{d}t=\frac{7}{12}ab\rho\left(\frac{1}{3}-\frac{\xi_0}{6}\right)\frac{V_0^3}{C_2}\delta C \tag{7.5.45}$$

塑性铰线的相对转角 θ 为

$$\begin{cases}\theta=\omega_0\left(\dfrac{\cos\varphi}{a\xi_0}+\dfrac{\sin\varphi}{b}\right), & \text{沿}AE\text{线}\\ \theta=\omega_0/b, & \text{沿}AI\text{、}EG\text{线}\\ \theta=\omega_0/(a\xi_0), & \text{沿}AH\text{线}\end{cases}$$

于是有

$$\int_{l_m}M_0\delta\theta\mathrm{d}l_m+\int_{AH}M_0\delta\theta\mathrm{d}l_m+\int_{EG+AI}M_0\delta\theta\mathrm{d}l_m+\int_{AH}M_0\delta\theta\mathrm{d}l_m=M_0R\delta\omega_0 \tag{7.5.46}$$

其中，

$$R=\omega\left(\frac{\cos\varphi}{a\xi_0}+\frac{\sin\varphi}{b}\right)a\sqrt{\beta^2+\xi_0^2}+\frac{a}{b}(2-\xi_0)+\frac{b}{a\xi_0}$$

考虑到式(7.5.41)、式(7.5.43)和式(7.5.46)，可得

$$\int_0^{t_f}\int_{l_m}M_0\delta\theta\mathrm{d}l_m\mathrm{d}t=-\frac{M_0Rv_0^3}{24C^2}\delta C$$

由式(7.5.39)得

$$C=\frac{M_0R}{14(1/3-\xi_0/6)ab\rho}$$

从而有

$$t_f = \frac{28(1/3 - \xi_0/6) v_0 a b \rho}{M_0 R}$$

$$\omega_{0f} = \frac{7}{2}\left(\frac{1}{3} - \frac{\xi_0}{6}\right)\frac{a b \rho v_0}{M_0 R}$$

这一结果仅在挠度很小时才与实验结果相近。当挠度较大时，则应考虑薄膜力的影响。

7.5.3 刚塑性体位移限定定理

在结构动力分析问题中，屈服面和本构关系的复杂性而带来的数学上的困难往往难以克服。在工程应用上，有时需要寻求结构在冲击载荷作用下的最大残余变形的上限或下限以便指导工程设计。另外，限界定理可以给出动力分析正确性的校验，因而限界定理的研究具有理论与实用的价值。

设有共性理想塑性体受冲击载荷作用，即当 t=0 时，物体获得初速度 $\dot{u}_i^0(\boldsymbol{x})$，在 t>0 时，物体的边界条件为

$$\begin{cases} \hat{F}_i(\boldsymbol{x},t) = 0, & 在S_T上 \\ \hat{\dot{u}}_i(\boldsymbol{x},t) = 0, & 在S_u上 \end{cases} \tag{7.5.47}$$

式中，$S = S_T \cup S_u$，$S_T \cap S_u = 0$。如果不考虑体积力，则物体在运动过程中便没有外力做功，其初始动能为

$$T_0 = \frac{1}{2}\int_V \rho \dot{u}_i^0 \dot{u}_i^0 \mathrm{d}V \tag{7.5.48}$$

在上述条件下，具有下列两个实用价值的定理。

定理 7.5.1　在冲击载荷作用下，刚塑性体的运动持续时间 t_f满足下列不等式

$$t_f \geqslant \int_V \rho \dot{u}_i^0 \dot{u}^* \mathrm{d}V / D(\dot{\varepsilon}_{ij}^*) \overset{\text{def}}{\Rightarrow} t_f^* \tag{7.5.49}$$

式中，$\dot{u}^*$ 为任一与时间无关的运动可能的、连续的速度场；$D(\dot{\varepsilon}_{ij}^*)$ 为对应 $\dot{u}^*$ 的塑性耗散能，即

$$D(\dot{\varepsilon}_{ij}^*) = \int_V \sigma_{ij}^* \dot{\varepsilon}_{ij}^* \mathrm{d}V > 0 \tag{7.5.50}$$

式中，σ_{ij}^* 为与 $\dot{\varepsilon}_{ij}^*$ 关联的、满足流动法则的应力场，但不一定是动力许可应力场。

证明　根据德鲁克公设，有

$$\sigma_{ij}^* \dot{\varepsilon}_{ij}^* \geqslant \sigma_{ij} \dot{\varepsilon}_{ij}^* \tag{7.5.51}$$

式中，σ_{ij} 为真实应力场。将式(7.5.51)两侧在体积 V 内积分，并应用虚速度原理式(7.5.13)及式(7.5.50)，得到

$$\int_V \sigma_{ij}^* \dot{\varepsilon}_{ij}^* \mathrm{d}V = D(\dot{\varepsilon}_{ij}^*) \geqslant -\int_V \rho \ddot{u}_i \dot{u}_i^* \mathrm{d}V \tag{7.5.52}$$

因为 $\dot{u}^*$ 与时间无关，在小变形情况下，有下列关系：

$$\int_V \rho \ddot{u}_i \dot{u}_i^* \mathrm{d}V = \frac{\mathrm{d}}{\mathrm{d}t}\int_V \rho \dot{u}_i \dot{u}_i^* \mathrm{d}V$$

将上式代入式(7.5.52)，得到

$$D(\dot{\varepsilon}_{ij}^*) \geqslant \frac{\mathrm{d}}{\mathrm{d}t}\int_V \rho \dot{u}_i \dot{u}_i^* \mathrm{d}V$$

令上式两侧在 t=0 及 t=t_f 时段内积分，因为 $D(\dot{\varepsilon}_{ij}^*)$ 与时间无关，所以可得

$$t_f \geqslant \frac{1}{D(\dot{\varepsilon}_{ij}^*)}\left(-\int_V \rho \dot{u}_i \dot{u}_i^* \mathrm{d}V\right)\Bigg|_0^{t_f}$$

已知 t=0 时，$\dot{u}_i = \dot{u}_i^0$；$t = t_f$ 时，$\dot{u}_i = 0$ (运动停止)。所以由上式可得式(7.5.49)。于是，定理 7.5.1 证毕。这个定理表明，$t_f^* = \int_V \rho \dot{u}_i^0 \dot{u}_i^* \mathrm{d}V / D(\dot{\varepsilon}_{ij}^*)$ 是物体运动持续时间 t_f 的下限。只要 $\dot{u}_i$ 在 V 内是连续的(不必连续可微)，则式(7.5.49)中的积分总是可以逐段计算的。

如果体积分不等于零，但不随时间而变化，则式(7.5.49)应改为

$$t_f^* = \int_V \rho \dot{u}_i^0 \dot{u}_i^* \mathrm{d}V / D(\dot{\varepsilon}_{ij}^*) - F_i \dot{u}_i^* \mathrm{d}V \tag{7.5.53}$$

定理 7.5.2　在冲击载荷作用下，刚塑性体表面的最大位移 $u_i(t_f) = u_i^f$ 满足下列不等式

$$\int_S F_i^0 u_i^f \mathrm{d}S \leqslant \int_V \frac{1}{2} \rho \dot{u}_i^0 \dot{u}_i^0 \mathrm{d}V = T_0 \tag{7.5.54}$$

式中，$F_i^0 = \sigma_{ij}^0 n_j$ 为一与时间无关的、与静力容许应力场平衡的面力，称为安全载荷。此处仍然假定速度场是连续的。

证明　根据不等式(7.5.14)，有

$$\sigma_{ij} \dot{\varepsilon}_{ij} \geqslant \sigma_{ij}^0 \dot{\varepsilon}_{ij}$$

式中，σ_{ij}、$\dot{\varepsilon}_{ij}$ 为真实解。在体积 V 内积分上式两侧，并利用虚速度原理式(7.5.13)、虚功率原理及式(7.5.1)，可得下列不等式：

$$-\int_V \rho \ddot{u}_i \dot{u}_i \mathrm{d}V \geqslant \int_S F_i^0 \dot{u}_i \mathrm{d}S \tag{7.5.55}$$

类似于前面所述，有

$$\int_V \rho \ddot{u}_i \dot{u}_i \mathrm{d}V = \frac{\mathrm{d}}{\mathrm{d}t}\int_V \frac{1}{2} \rho \dot{u}_i \dot{u}_i \mathrm{d}V = \frac{\mathrm{d}T}{\mathrm{d}t}$$

因为 F_i^0 与时间无关，所以有

$$\int_S F_i^0 \dot{u}_i \mathrm{d}S = \frac{\mathrm{d}}{\mathrm{d}t}\int_S F_i^0 u_i \mathrm{d}S$$

将以上两式代入式(7.5.55)，得到不等式

$$-\frac{\mathrm{d}T}{\mathrm{d}t} \geqslant \frac{\mathrm{d}}{\mathrm{d}t}\int_S F_i^0 u_i \mathrm{d}S$$

在 t=0 与 $t=t_f$ 时段内积分上式两侧，并注意到 t=0 时，u_i=0，T=T_0；$t=t_f$ 时，$u_i=u_i^f$，T=0。因此可得

$$T_0 \geqslant \int_S F_i^0 u_i^f \mathrm{d}S$$

于是式(7.5.54)得证。定理 7.5.2 给出了受冲击载荷作用的刚塑性体运动停止时表面位移(最大位移)的某种上限不等式。

为了计算物体表面指定点在指定方向上最大位移的上限，可在该点沿指定方向施加一个集中载荷 F，则由式(7.5.54)可得 F 方向的最大位移的上限为

$$\delta_f \leqslant \frac{T_0}{F_S} \leqslant \frac{T_0}{F^0} \tag{7.5.56}$$

式中，F^0 为安全载荷；F_S 为静态极限载荷。根据静态极限分析的下限定理，有 $F_S \geqslant F^0$。

例 7.5.3　设有受均布冲击载荷作用的梁，如图 7.5.4(a)所示，跨长为 2l，单位长度的质量为 m。当 t=0 时，梁获得初速度 v_0。试求梁运动的持续时间 t_f的下限及梁跨中最大挠度的上限。

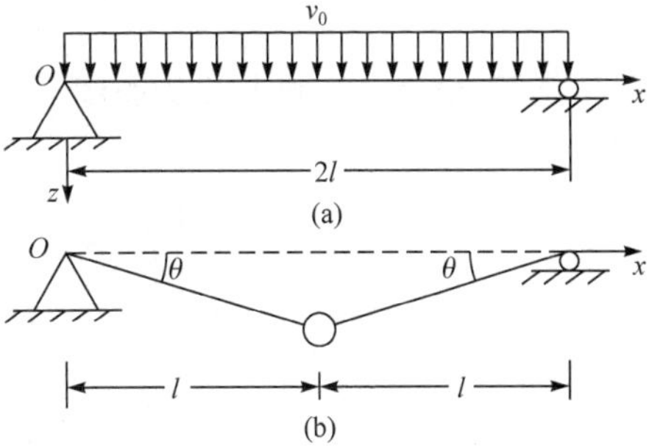

图 7.5.4　受均布冲击作用的梁

解　取运动可能速度场如图 7.5.4(b)所示，即

$$\dot{u}_i^* = \dot{\omega}^* = x\dot{\theta},\quad 0 \leqslant x \leqslant l$$

则有

$$D(\dot{\omega}^*) = 2M\dot{\theta}$$

于是

$$\int_V \rho \dot{u}_i^0 \dot{u}_i^* \mathrm{d}V = 2\int_0^l m v_0 x\dot{\theta}\mathrm{d}x = m v_0 l^2 \dot{\theta}$$

根据定理 7.5.1，有

$$t_f \leqslant \frac{\int_V \rho \dot{u}_i^0 \dot{u}_i^* \mathrm{d}V}{D(\dot{u}_i^*)} = \frac{m v_0 l^2 \dot{\theta}}{2M_0 \dot{\theta}} = \frac{m v_0 l^2}{2M_0}$$

所得结果实际上是精确解。

若在梁跨中点加一个集中力 F，则静态极限载荷为 $F_S = 2M_0/l$，由定理 7.5.2 可得

$$\delta_f \leqslant \frac{T_0}{F_S} = \frac{2mlv_0^2/2}{2M_0/l} = \frac{ml^2v_0^2}{2M_0}$$

真实解为 $\delta_f = mlv_0^2/(3M_0)$，所以上式所示结果为真实解的一个上限。

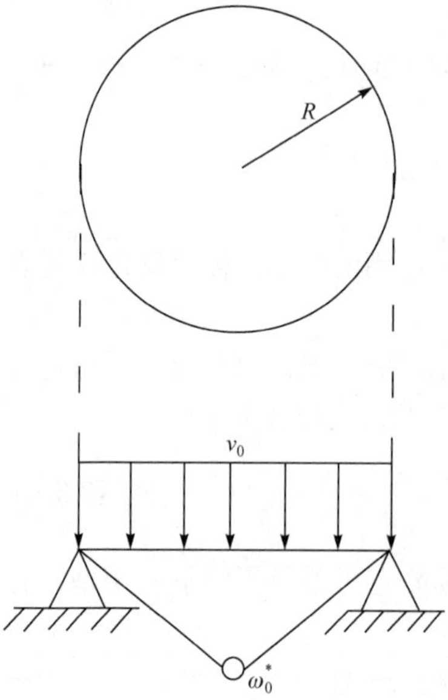

图 7.5.5　受均布冲击作用的圆盘

例 7.5.4　设有受均布冲击载荷的圆板，如图 7.5.5 所示，当 t=0 时，$\dot{\omega} = v_0$。试求 t_f的下限及板中心最大挠度的上限。

解　取运动可能速度场如图 7.5.5 所示，即

$$\dot{\omega}^* = (1 - r/R)\dot{\omega}_0^*$$

式中，$\dot{\omega}_0^*$ 为板中心的速度。则有

$$D(\dot{\omega}^*) = \int_0^R M_0(\dot{T}_r^* + \dot{T}_\theta)2\pi r\mathrm{d}r = 2\pi M_0\dot{\omega}_0^*$$

$$\int_V \rho\dot{u}_i^0\dot{u}_i^*\mathrm{d}V = \int_0^R mv_0\dot{\omega}^* 2\pi r\mathrm{d}r = \frac{\pi}{3}mv_0R\dot{\omega}_0^*$$

式中，m 为板中单位面积上的质量。根据定理 7.5.1，得

$$t_f \leqslant mv_0R^2/(6M_0)$$

在圆板中心加一集中力 R，已知 $R_S = 2\pi M_0$。于是，根据定理 7.5.2，有

$$\delta_f \leqslant T_0/R_S = (m\pi R^2v_0^2/2)/(2\pi M_0) = mR^2v_0^2/(4M_0)$$

定理 7.5.3　在冲击载荷作用下，刚塑性体表面上最大位移 $(u_i^f)_{\max}$ 有一个下限，即

$$(u_i^f)_{\max} \geqslant t_f^*\left[\int_V \rho\dot{u}_i^0\dot{u}_i^*\mathrm{d}V - \int_0^{t_f^*} D(\dot{u}_i^*)\mathrm{d}t\right]\Big/\left(\int_V \rho\tilde{u}_i^2\mathrm{d}V\right) \tag{7.5.57}$$

式中，

$$\dot{u}_i^* = \tilde{u}_i^*\left\langle(t_f^* - t)/t_f^*\right\rangle \tag{7.5.58}$$

$\tilde{u}_i^*$ 为与时间无关的一个运动模式，是 x 的连续函数。其中

$$\left\langle\frac{t_f^* - t}{t_f^*}\right\rangle = \begin{cases}(t_f^* - t)/t_f^*, & t < t_f^* \\ 0, & t \geqslant t_f^*\end{cases} \tag{7.5.59}$$

t_f^* 为定理 7.5.1 中所给出的 t_f 的一个下限，即 $t \geqslant t_f^*$。于是，有

$$\begin{cases}\dot{u}_i^* = \tilde{u}_i^*, & t = 0 \\ \dot{u}_i^* = 0, & t \geqslant t_f^*\end{cases} \tag{7.5.60}$$

证明　根据不等式(7.5.14)，有

$$\sigma_{ij}^{*}\dot{\varepsilon}_{ij}^{*} \geqslant \sigma_{ij}\dot{\varepsilon}_{ij}^{*} \tag{7.5.61}$$

式中，

$$\dot{\varepsilon}_{ij}^{*} = \frac{1}{2}(\dot{u}_{i,j} + \dot{u}_{j,i})$$

σ_{ij}^{*} 为与 $\dot{\varepsilon}_{ij}^{*}$ 关联的应力场。将上式两侧在体积 V 内积分，并应用虚速度原理式(7.5.13)及几何方程(7.5.1)，得到

$$\int_V \sigma_{ij}^{*}\dot{\varepsilon}_{ij}^{*}\mathrm{d}V = \int_0^{t_f^*} D(\dot{u}_i^{*}) \geqslant -\int_V \rho\ddot{u}_i\dot{u}_i^{*}\mathrm{d}V$$

将上式在 0～t_f内积分，得到

$$\int_0^{t_f} D(\dot{u}_i^{*})\mathrm{d}t \geqslant -\int_V \mathrm{d}V\int_0^{t_f} \rho\ddot{u}_i\dot{u}_i^{*}\mathrm{d}t$$

注意到 $t > t_f^*$ 时，$\dot{u}_i^{*} = 0$，$D(\dot{u}_i^{*}) = 0$，所以上式可写成

$$\int_0^{t_f^*} D(\dot{u}_i^{*})\mathrm{d}t \geqslant -\int_V \mathrm{d}V\int_0^{t_f^*} \rho\ddot{u}_i\dot{u}_i^{*}\mathrm{d}t \tag{7.5.62}$$

将式(7.5.62)右侧对时间的积分进行连续分部积分，并注意到

$$t = 0\text{ 时，}\ u_i = 0,\ \dot{u}_i = \dot{u}_i^0,\ \dot{u}_i^{*} = \tilde{\dot{u}}_i^{*}$$

$$t = t_f\text{ 时，}\ \dot{u}_i = 0,\ u_i = u_i^{f*} \leqslant u_i^f$$

可得

$$\int_0^{t_f^*} \rho\ddot{u}_i\dot{u}_i^{*}\mathrm{d}t = -\rho\dot{u}_i^0\tilde{\dot{u}}_i^{*} - \rho\ddot{u}_i^{*}u_i^{f*} - \int_0^{t_f^*} \rho u_i\dddot{u}_i^{*}\mathrm{d}t \tag{7.5.63}$$

根据式(7.5.59)，当 $t \leqslant t_f^*$ 时，有

$$\ddot{u}_i^{*} = -\tilde{\dot{u}}_i^{*}/t_f^{*},\quad \dddot{u}_i^{*} = 0 \tag{7.5.64}$$

将式(7.5.63)和式(7.5.64)代入式(7.5.62)，得到

$$\int_0^{t_f^*} D(\dot{u}_i^{*})\mathrm{d}t \geqslant \int_V (\rho\dot{u}_i^0\tilde{\dot{u}}_i^{*} - \rho\tilde{\dot{u}}_i^{*}u_i^{f*}/t_f^{*})\mathrm{d}V$$

或者

$$\frac{1}{t_f^*}\int_V \rho\tilde{\dot{u}}_i^{*}u_i^{f*}\mathrm{d}V \geqslant \int_V \rho\dot{u}_i^0\tilde{\dot{u}}_i^{*}\mathrm{d}V - \int_0^{t_f^*} D(\dot{u}_i^{*})\mathrm{d}V$$

分别取运动模式为 $\tilde{\dot{u}}_1^{*} \neq 0$、$\tilde{\dot{u}}_2^{*} = \tilde{\dot{u}}_3^{*} = 0$、$\tilde{\dot{u}}_2^{*} \neq 0$、$\tilde{\dot{u}}_3^{*} = \tilde{\dot{u}}_1^{*} = 0$、$\tilde{\dot{u}}_3^{*} \neq 0$、$\tilde{\dot{u}}_1^{*} = \tilde{\dot{u}}_2^{*} = 0$，可得

$$\int_V \rho\tilde{\dot{u}}_1^{*}u_1^{f*}\mathrm{d}V \geqslant t_f^*\left[\int_V \rho\dot{u}_1\tilde{\dot{u}}_i^{*}\mathrm{d}V - \int_0^{t_f^*} D(\dot{u}_1^{*})\mathrm{d}V\right] \tag{7.5.65}$$

利用中值定理，有

$$\int_V \rho \tilde{\dot{u}}_1^* u_1^{f*} \mathrm{d}V \leqslant (\dot{u}_1^{f*})_{\max} \int_V \rho \tilde{\dot{u}}_1^* \mathrm{d}V \leqslant (\dot{u}_1^f)_{\max} \int_V \rho \tilde{\dot{u}}_1^* \mathrm{d}V$$

将上式代入式(7.5.65)，得到 $(u_1^f)_{\max}$ 的下限为

$$(u_1^f)_{\max} \geqslant t_f^* \left[\int_V \rho \dot{u}_1^0 \tilde{\dot{u}}_1^* \mathrm{d}V - \int_0^{t_f^*} D(\dot{u}_1^*) \mathrm{d}t \right] \bigg/ \int_V \rho \tilde{\dot{u}}_1^* \mathrm{d}V$$

类似地，可以得到 $(u_2^f)_{\max}$ 和 $(u_2^f)_{\max}$ 的下限。将它们写成一般形式，即得式(7.5.57)。于是，定理 7.5.3 得证。

例 7.5.5　试求例 7.5.3 中梁中点挠度的下限。

解　因梁在运动终止时，最大挠度发生在跨的中点，所以可以用定理 7.5.3 求其下限。设运动模式仍如图 7.5.4(b)所示，则

$$\int_0^{t_f^*} D(\dot{\omega}^*) \mathrm{d}t = 2M_0 \dot{\theta} \int_0^{t_f^*} \frac{t_f^* - t}{t_f^*} \mathrm{d}t = \frac{1}{2} t_f^* (2M_0 \dot{\theta})$$

$$\int_V \rho \dot{u}_i^0 \tilde{\dot{u}}_i^* \mathrm{d}V = 2\int_0^l m v_0 x \dot{\theta} \mathrm{d}x = m v_0 \dot{\theta} l^2$$

$$\int_V \rho \tilde{\dot{u}}_i^* \mathrm{d}V = 2\int_0^l m x \dot{\theta} \mathrm{d}x = m \dot{\theta} l^2$$

由例 7.5.3 中取 $t_f^* = m v_0 l^2 / (2M_0)$。于是，根据定理 7.5.3(式(7.5.57))，有

$$\delta_f \geqslant \frac{m v_0 l^2}{2M_0} \left[m v_0 \dot{\theta} l^2 - \left(\frac{m \theta l^2}{2M_0} \right) M_0 \dot{\theta} \right] \bigg/ (m \dot{\theta} l^2) = \frac{m v_0 l^2}{4M_0}$$

结合例 7.5.3 结果，可知

$$\frac{m v_0^2 l^2}{2M_0} \geqslant \delta_f \geqslant \frac{m v_0 l^2}{4M_0}$$

平均值为 $3 m v_0^2 l^2 / (8M_0)$，精确解为 $m v_0^2 l^2 / (3M_0)$。

例 7.5.6　试求例 7.5.4 中圆板中心最大挠度的下限。

解　设运动模式如图 7.5.5 所示，即

$$\dot{\omega}^* = \dot{\omega}_0 (1 - r/R) \left\langle (t_f^* - t)/t_f^* \right\rangle$$

于是

$$\int_V \rho \dot{u}_1^0 \tilde{\dot{u}}_1^* \mathrm{d}V = \int_0^R 2m\pi r \mathrm{d}r v_0 (1 - r/R) \dot{\omega}_0 = \frac{1}{3} m\pi R^2 v_0 \dot{\omega}_0$$

$$\int_0^{t_f^*} D(\dot{u}_i^*) \mathrm{d}t = 2\pi M_0 \dot{\omega}_0 \int_0^{t_f^*} [(t_f^* - t)/t_f^*] \mathrm{d}t = \frac{1}{2} t_f^* 2\pi M_0 \dot{\omega}_0$$

$$\int_V \rho \tilde{\dot{u}}_1^* \mathrm{d}V = \int_0^R 2m\pi r \mathrm{d}r(1-\frac{r}{R})\dot{\omega}_0 = \frac{1}{3}m\pi R^2\dot{\omega}_0$$

$$t_f^* = mv_0R^2/(6M_0)$$

由定理 7.5.3 可得

$$\delta_f \geqslant \frac{mv_0R^2}{6M_0}\left[\frac{1}{3}\pi mR^2v_0\dot{\omega}_0 - \frac{mv_0R^2}{12}2\pi M_0\dot{\omega}_0\right]\Bigg/\left(\frac{\pi mR^2\dot{\omega}_0}{3}\right) = \frac{mv_0^2R^2}{12M_0}$$

结合例 7.5.4 的结果，得

$$\frac{mv_0^2R^2}{4M_0} \geqslant \delta_f \geqslant \frac{mv_0^2R^2}{12M_0}$$

平均值为 $mv_0^2R^2/(6M_0)$，精确解为 $mv_0^2R^2/(8M_0)$。

对于一类结构，如梁和板，当挠度只比厚度大一个数量级时，应变仍然比较小，如果变形不会降低结构的承载能力，则可以用极值路径的概念给出这种大变形情况下最大位移的上限不等式。

7.5.4　刚塑性动力学的最小值原理

1. 应变加速度的特性

在刚塑性体的动力学中，采用流动法则，即

$$\begin{cases}\dot{\varepsilon}_{ij} = \dot{\lambda}\partial\varphi/\partial\sigma_{ij} \\ \dot{\lambda} = 0, \quad \varphi \leqslant 0 \text{且} \dot{\varphi}<0 \\ \dot{\lambda} \geqslant 0, \quad \varphi=0 \text{且} \dot{\varphi}=0\end{cases} \tag{7.5.66}$$

式中，$\dot{\lambda}$ 及 $\partial\varphi/\partial\sigma_{ij}$、$\partial\varphi/\partial\sigma_{ij}$ 都是位矢 $\boldsymbol{x}$ 及时间 t 的函数，因此有

$$\ddot{\lambda} = \frac{\mathrm{d}\dot{\lambda}}{\mathrm{d}t} \approx \frac{\partial\dot{\lambda}}{\partial t}$$

由式(7.5.66)可以求出应变加速度

$$\ddot{\varepsilon}_{ij} = \ddot{\lambda}\frac{\partial\varphi}{\partial\sigma_{ij}} + \dot{\lambda}\frac{\partial}{\partial t}\left(\frac{\partial\varphi}{\partial\sigma_{ij}}\right) \tag{7.5.67}$$

有下列三种可能的情况：

(1) $\dot{\lambda}=0$ 且 $\varphi=0$，则 $\dot{\varepsilon}_{ij}=0$，应力点在屈服曲面上，对应刚塑性区的交界。因为 $\lambda \geqslant 0$，所以 $\ddot{\lambda} \geqslant 0$。

(2) $\dot{\lambda}=0$ 且 $\varphi<0$，则 $\dot{\varepsilon}_{ij}=0$，应力点在屈服曲面之内，对应刚性区，$\ddot{\lambda}=0$，但应力值不确定。

(3) $\dot{\lambda}>0$ (当然 $\varphi=0$)，则 $\dot{\varepsilon}_{ij} \neq 0$，$\ddot{\lambda}$ 可为正，可为负。

综合上列情况，可以得出以下结论：

在 $\dot{\varepsilon}_{ij}=0$ 的区域内 $\dot{\lambda}=0$ 、$\ddot{\lambda}\geqslant 0$ 。由式(7.5.67)可得

$$\ddot{\varepsilon}_{ij}=\ddot{\lambda}\frac{\partial\varphi}{\partial\sigma_{ij}},\quad \ddot{\lambda}\geqslant 0 \tag{7.5.68}$$

这表明 $\ddot{\varepsilon}_{ij}$ 总是在屈服曲面的外法线方向，具有与 $\dot{\varepsilon}_{ij}$ 同样的正交性。

在 $\dot{\varepsilon}_{ij}\neq 0$ 的区域内 $\dot{\lambda}>0$ ，$\ddot{\lambda}$ 可为正，可为负，因而 $\ddot{\varepsilon}_{ij}$ 的方向不能确定。但当屈服曲面为严格外凸时，与 $\ddot{\varepsilon}_{ij}$ 对应的应力是唯一的。

如果屈服曲面是分段线性的，如 Tresca 屈服曲面，则因 $\partial\varphi/\partial\sigma_{ij}$ =常数，式(7.5.67)变为

$$\ddot{\varepsilon}_{ij}=\ddot{\lambda}\frac{\partial\varphi}{\partial\sigma_{ij}} \tag{7.5.69}$$

式中，$\ddot{\lambda}$ 满足上述同样的条件，即 $\dot{\lambda}=0$ 时，$\ddot{\lambda}\geqslant 0$ ；$\dot{\lambda}>0$ 时，$\ddot{\lambda}$ 可为正，可为负。

由此可见，当应力点位于屈服曲面的线性区域时，虽 $\ddot{\varepsilon}_{ij}$ 与屈服曲面正交，但不一定指向屈服曲面之外，也可能是内法线方向。

如果应力点位于“尖点”(泛指若干线性区的“交界”)上，例如，设 $\varphi_r=0$ 、$\varphi_{r+1}=0$ 、$\varphi_k<0$ 、$k\neq r,r+1$ ，这表示应力点在 $\varphi_r=0$ 及 $\varphi_{r+1}=0$ 两线性区域的交界上。于是，有两种情况：

(1) 设 $\dot{\lambda}_r=0$ 、$\dot{\lambda}_{r+1}>0$ ，则 $\ddot{\lambda}_r\geqslant 0$ ，$\ddot{\lambda}_{r+1}$ 都可正可负，因此 $\ddot{\varepsilon}_{ij}$ 可在一定的范围之内。

(2) 设 $\dot{\lambda}_r>0$ 、$\dot{\lambda}_{r+1}>0$ ，则 $\ddot{\lambda}_r$ 及 $\ddot{\lambda}_{r+1}$ 都可正可负，$\ddot{\varepsilon}_{ij}$ 完全不能确定。

以上结论如图 7.5.6 所示(只画出二维的情况)。无论哪一种情况，$\ddot{\varepsilon}_{ij}$(若不等于零)都正交于 $\varphi_r=0$ 、$\varphi_{r+1}=0$ 的交界。

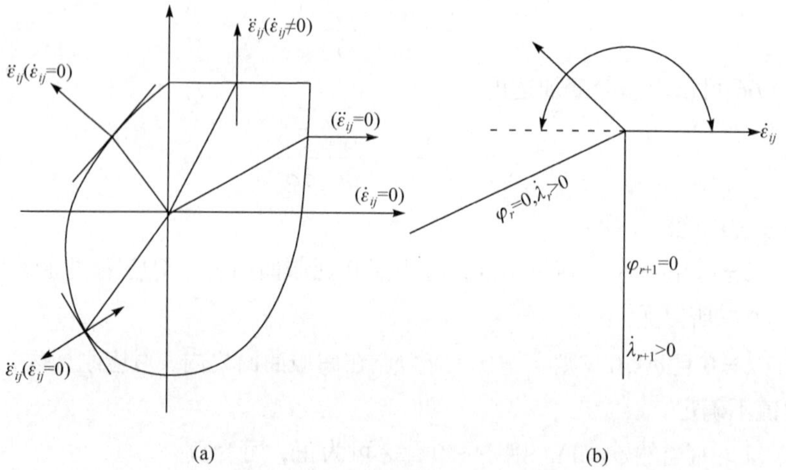

图 7.5.6 应变加速度与屈服正交示意图

2. 关于应变加速度的等式和不等式

设加速度为$\ddot{u}_i$，则对应的应变加速度为

$$\ddot{\varepsilon}_{ij}=\frac{1}{2}(\ddot{u}_{i,j}+\ddot{u}_{j,i}) \tag{7.5.70}$$

令只满足式(7.5.70)及在S_u上，$\ddot{u}_i=\hat{\ddot{u}}_i$的加速度场为运动可能加速度场，并用$\ddot{u}_i^*$表示。设速度场连续，类似于虚速度原理，有下列虚加速度原理：

$$\int_V \sigma_{ij}^0\ddot{\varepsilon}_{ij}^*\mathrm{d}V+\int_V \rho\ddot{u}_i\ddot{u}_i^*\mathrm{d}V+\sum_l\int_{S_l}\sigma_i^0[\ddot{u}_i^*]\mathrm{d}S=\int_V F_i\ddot{u}_i^*\mathrm{d}V+\int_{S_T}\hat{F}_i\ddot{u}_i^*\mathrm{d}S+\int_{S_u}\hat{F}_i^0\hat{\ddot{u}}_i^*\mathrm{d}S \tag{7.5.71}$$

式中，$\sigma_i^0=\sigma_{ij}^0n_j$，$n_j$是间断面外法线方向单位矢量的分量。

在刚塑性体动力学中，存在类似于式(7.5.14)的不等式

$$(\sigma_{ij}^*-\sigma_{ij})\ddot{\varepsilon}_{ij}^*\geqslant 0 \tag{7.5.72}$$

式中，σ_{ij}^*和$\ddot{\varepsilon}_{ij}^*$分别为与$\ddot{u}_i^*$对应的应力和应变加速度。$\sigma_{ij}$为实际应力，因此有$\varphi(\sigma_{ij})\leqslant 0$，$\varphi(\sigma_{ij}^*)\leqslant 0$。设在任意$t_0$时刻，已给定$\dot{u}_i^*$及$\dot{\varepsilon}_{ij}^*$，则在$t=t_0$时，$\dot{u}_i^*=\dot{u}_i$、$\dot{\varepsilon}_{ij}^*=\dot{\varepsilon}_{ij}$，$\dot{u}_i$及$\dot{\varepsilon}_{ij}$是真实速度场。因此，$\sigma_{ij}$和$\sigma_{ij}^*$必须与同一$\dot{\varepsilon}_{ij}$相关联。而$\ddot{u}_i^*$和$\ddot{\varepsilon}_{ij}^*$由运动可能速度场$\dot{u}_i^*$导出，即

$$\ddot{u}_i^*=\frac{\mathrm{d}\dot{u}_i^*}{\mathrm{d}t},\quad \ddot{\varepsilon}_i^*=\frac{1}{2}(\ddot{u}_{i,j}^*+\ddot{u}_{j,i}^*)$$

根据流动法则及上述$\ddot{\varepsilon}_{ij}$的特性，有下列两种情况：

(1) 当$\dot{\varepsilon}_{ij}^*\neq 0$(即$\dot{\varepsilon}_{ij}\neq 0$)时，$\ddot{\varepsilon}_{ij}^*$不确定。又可分为如下三种情况：当$\dot{\varepsilon}_{ij}^*$正交于屈服曲面的非线性区域时，应力唯一确定应变率，$\sigma_{ij}=\sigma_{ij}^*$，式(7.5.72)成立；如果$\dot{\varepsilon}_{ij}^*$正交于屈服曲面的线性区域，则$\ddot{\varepsilon}_{ij}^*$恒与屈服曲面正交，而$\sigma_{ij}$和$\sigma_{ij}^*$必位于同一线性区域内，否则不能与同一应变率相关联，所以$\sigma_{ij}^*-\sigma_{ij}$与$\ddot{\varepsilon}_{ij}^*$正交，式(7.5.72)成立；如果$\sigma_{ij}^*$在屈服曲面线性区域的边上(交界处)，$\sigma_{ij}$亦必位于同一边上，式(7.5.72)成立。

(2) 当$\dot{\varepsilon}_{ij}^*=0$时，$\ddot{\varepsilon}_{ij}^*$或等于零，或与屈服面正交且外向，式(7.5.72)恒成立。

3. 位移加速度最小值原理

由不等式(7.5.72)可得

$$\sigma_{ij}^*\ddot{\varepsilon}_{ij}^*\geqslant\sigma_{ij}\ddot{\varepsilon}_{ij}^* \tag{7.5.73}$$

式中，σ_{ij}^* 为与 $\dot{\varepsilon}_{ij}^*$ 关联的应力；σ_{ij} 为任何时刻 t_0 的真实应力。将式(7.5.73)两侧在体积 V 内积分，并应用虚加速度原理式(7.5.71)消去 $\int_V \sigma_{ij}\ddot{\varepsilon}_{ij}^* \mathrm{d}V$，可得

$$\int_V \sigma_{ij}^*\ddot{\varepsilon}_{ij}^* \mathrm{d}V \geqslant \int_V \sigma_{ij}\ddot{\varepsilon}_{ij}^* \mathrm{d}V = \int_V F_i\ddot{u}_i^* \mathrm{d}V + \int_{S_T} \hat{F}_i\ddot{u}_i^* \mathrm{d}S + \int_{S_u} F_i^0\hat{\ddot{u}}_i^* \mathrm{d}S - \int_V \rho\ddot{u}_i\ddot{u}_i^* \mathrm{d}V \tag{7.5.74}$$

又根据式(7.5.71)，有

$$\int_V \sigma_{ij}\ddot{\varepsilon}_{ij} \mathrm{d}V = \int_V F_i\ddot{u}_i \mathrm{d}V + \int_{S_T} \hat{F}_i\ddot{u}_i \mathrm{d}S + \int_{S_T} F_i^0\hat{\ddot{u}}_i \mathrm{d}S - \int_V \rho\ddot{u}_i\ddot{u}_i \mathrm{d}V$$

将上式代入式(7.5.74)，消去面积分 $\int_{S_T} F_i^0\hat{\ddot{u}}_i \mathrm{d}S$ 部分，得到

$$\begin{aligned}&\int_V \sigma_{ij}^*\ddot{\varepsilon}_{ij}^* \mathrm{d}V - \int_V F_i\ddot{u}_i^* \mathrm{d}V - \int_{S_T} \hat{F}_i\ddot{u}_i^* \mathrm{d}S \\ &\geqslant \int_V \sigma_{ij}\ddot{\varepsilon}_{ij} \mathrm{d}V - \int_V F_i\ddot{u}_i \mathrm{d}V - \int_{S_T} \hat{F}_i\ddot{u}_i \mathrm{d}S + \int_V \rho(\ddot{u}_i\ddot{u}_i - \ddot{u}_i\ddot{u}_i^*) \mathrm{d}V\end{aligned} \tag{7.5.75}$$

式中，

$$\ddot{u}_i\ddot{u}_i - \ddot{u}_i\ddot{u}_i^* = \frac{1}{2}(\ddot{u}_i\ddot{u}_i - \ddot{u}_i^*\ddot{u}_i^*) + \frac{1}{2}(\ddot{u}_i - \ddot{u}_i^*)^2 \geqslant \frac{1}{2}(\ddot{u}_i\ddot{u}_i - \ddot{u}_i^*\ddot{u}_i^*) \tag{7.5.76}$$

将式(7.5.76)的末项代换式(7.5.75)中最后一个积分的被积函数，不会改变原来的不等式，则有

$$\begin{aligned}&\int_V \sigma_{ij}^*\ddot{\varepsilon}_{ij}^* \mathrm{d}V - \int_V F_i\ddot{u}_i^* \mathrm{d}V - \int_{S_T} \hat{F}_i\ddot{u}_i^* \mathrm{d}S + \frac{1}{2}\int_V \rho\ddot{u}_i^*\ddot{u}_i^* \mathrm{d}V \\ &\geqslant \int_V \sigma_{ij}\ddot{\varepsilon}_{ij} \mathrm{d}V - \int_V F_i\ddot{u}_i \mathrm{d}V - \int_{S_T} \hat{F}_i\ddot{u}_i \mathrm{d}S + \frac{1}{2}\int_V \rho\ddot{u}_i\ddot{u}_i \mathrm{d}V\end{aligned} \tag{7.5.77}$$

式(7.5.77)表明，在所有运动可能的加速度场中，真实的加速度场使下列泛函有最小值

$$J^* = \int_V \sigma_{ij}^*\ddot{\varepsilon}_{ij}^* \mathrm{d}V - \int_V F_i\ddot{u}_i^* \mathrm{d}V - \int_{S_T} \hat{F}_i\ddot{u}_i^* \mathrm{d}S + \frac{1}{2}\int_V \rho\ddot{u}_i^*\ddot{u}_i^* \mathrm{d}V \tag{7.5.78}$$

即

$$J^* - J \geqslant 0 \tag{7.5.79}$$

式中，J 为真实加速度场所对应的 J^* 值。这就是刚塑性体动力学的**位移加速度最小值原理**。

4. 加速度场的唯一性

根据位移加速度最小值原理，可以证明加速度场的唯一性。设对于同一个动力学问题，有两个加速度解，因而泛函 J 也有两个值，设为 J_1 和 J_2。因为 J_1 是真

实的，所以 $J_2 \geqslant J_1$；又因 J_2 也是真实的，所以必有 $J_1 \geqslant J_2$。由此可得 $J_1 = J_2$。

根据以上证明过程可知，若 $J_1 \geqslant J_2$，则有下列不等式

$$(\sigma_{ij}^{(1)} - \sigma_{ij}^{(2)})\ddot{\varepsilon}_{ij}^{(1)} \geqslant 0$$

$$\frac{1}{2}(\ddot{u}_i^{(1)}\ddot{u}_i^{(1)} - \ddot{u}_i^{(2)}\ddot{u}_i^{(2)}) + \frac{1}{2}(\ddot{u}_i^{(1)} - \ddot{u}_i^{(2)})^2 \geqslant \frac{1}{2}(\ddot{u}_i^{(1)}\ddot{u}_i^{(1)} - \ddot{u}_i^{(2)}\ddot{u}_i^{(2)})$$

如果 $J_1 = J_2$，则在以上两式中应取等号，第二式要求 $\ddot{u}_i^{(1)} = \ddot{u}_i^{(2)}$，从而 $\ddot{\varepsilon}_{ij}^{(1)} = \ddot{\varepsilon}_{ij}^{(2)}$。

若第一式取等号，则有不同的情况。已知 $\ddot{\varepsilon}_{ij}^{(1)} = \ddot{\varepsilon}_{ij}^{(2)}$，若 $\ddot{\varepsilon}_{ij}^{(1)} = \ddot{\varepsilon}_{ij}^{(2)} \neq 0$，则当屈服曲面是严格外凸时，应力场唯一，即 $\sigma_{ij}^{(1)} = \sigma_{ij}^{(2)}$。这一结论在前面已讨论过。如果应力在屈服曲面的线性区域，则 $\sigma_{ij}^{(1)}$ 和 $\sigma_{ij}^{(2)}$ 可不相等，但必处于同一线性区域之内。如果 $\ddot{\varepsilon}_{ij}^{(1)} = \ddot{\varepsilon}_{ij}^{(2)} = 0$，必有 $\ddot{\varepsilon}_{ij} = 0$，因此在刚性区内应力场不唯一。

5. 加速度间断的影响

在上面推导位移加速度最小值原理中，已默认加速度场是连续的，所以在应用虚加速度原理时，没有写出加速度间断值的项。现设真实加速度 $\ddot{u}_i$ 和运动可能加速度 $\ddot{u}_i^*$ 都有间断，且设间断面分别为 Σ 及 Σ^* (为简单计算，以 Σ 等表示所有间断面)，一般地说，Σ 和 Σ^* 不重合，间断值 $[\ddot{u}_i^*]$ 和 $[\ddot{u}_i]$ 不相等。则在式(7.5.77)的左侧和右侧应分别加入下列附加项：

$$\int_{\Sigma^*} \sigma_i^*[\ddot{u}_i^*]\mathrm{d}S\,,\quad \int_{\Sigma} \sigma_i[\ddot{u}_i]\mathrm{d}S \tag{7.5.80}$$

式中，

$$\sigma_i^* = \sigma_{ij}^* n_j^*\,,\quad \sigma_i = \sigma_{ij} n_j \tag{7.5.81}$$

式中，n_j^*、n_j 分别是 Σ 及 Σ^* 上外法线方向单位矢量的分量。在加速度场有间断面的情况下，位移加速度最小值原理依然成立，即 $J^* - J \geqslant 0$，其中

$$J^* = \int_V \sigma_{ij}^*\ddot{\varepsilon}_{ij}^*\mathrm{d}V - \int_V F_i\ddot{u}_i^*\mathrm{d}V - \int_{S_T} \hat{F}_i\ddot{u}_i^*\mathrm{d}S + \frac{1}{2}\int_V \rho\ddot{u}_i^*\ddot{u}_i^*\mathrm{d}V + \int_{\Sigma^*} \sigma_i^*[\ddot{u}_i^*]\mathrm{d}S \tag{7.5.82}$$

$$J = \int_V \sigma_{ij}\ddot{\varepsilon}_{ij}\mathrm{d}V - \int_V F_i\ddot{u}_i\,\mathrm{d}V - \int_{S_T} \hat{F}_i\ddot{u}_i\,\mathrm{d}S + \frac{1}{2}\int_V \rho\ddot{u}_i\,\ddot{u}_i\,\mathrm{d}V + \int_{\Sigma^*} \sigma_i[\ddot{u}_i]\mathrm{d}S \tag{7.5.83}$$

在式(7.5.78)中是先按式(7.5.82)定义泛函 J^*，然后求 $J^* - J$。经运算变换后(在面积分和体积分的变换中要计入间断项)，可得

$$J^* - J = \frac{1}{2}\int_V \rho(\ddot{u}_i - \ddot{u}_i^*)^2\mathrm{d}V + \int_V (\sigma_{ij}^* - \sigma_{ij})\ddot{\varepsilon}_{ij}^*\mathrm{d}V + \int_{\Sigma^*} (\sigma_{ij}^* - \sigma_{ij})n_{ij}^*[\ddot{u}_i^*]\mathrm{d}S \tag{7.5.84}$$

已知式(7.5.84)中右侧前两项不为负，又在特殊情况下证明了第三项亦不为

负，因此加速度位移最小值原理依然成立，即 $J^*-J\geqslant 0$。实际上

$$J^*-J=\frac{1}{2}\int_V \rho(\ddot{u}_i^*\ddot{u}_i^*-\ddot{u}_i\ddot{u}_i)\mathrm{d}V+\int_V F_i(\ddot{u}_i^*-\ddot{u}_i)\mathrm{d}V-\int_S F_i^0(\ddot{u}_i^*-\ddot{u}_i)\mathrm{d}S$$
$$+\int_V(\sigma_{ij}^*\ddot{\varepsilon}_{ij}^*-\sigma_{ij}^*\ddot{\varepsilon}_{ij})\mathrm{d}V+\int_{\Sigma^*}\sigma_i^*[\ddot{u}_i^*]\mathrm{d}S-\int_{\Sigma}\sigma_i[\ddot{u}_i]\mathrm{d}S \tag{7.5.85}$$

式中，

$$\frac{1}{2}\int_V \rho(\ddot{u}_i^*\ddot{u}_i^*-\ddot{u}_i\ddot{u}_i)\mathrm{d}V=\int_V \rho\ddot{u}_i(\ddot{u}_i^*-\ddot{u}_i)\mathrm{d}V+\frac{1}{2}\int_V \rho(\ddot{u}_i^*-\ddot{u}_i)^2\mathrm{d}V \tag{7.5.86}$$

通过适当变换，并应用边界条件和运动方程，可得

$$\int_V \rho\ddot{u}_i(\ddot{u}_i^*-\ddot{u}_i)\mathrm{d}V-\int_V F_i(\ddot{u}_i^*-\ddot{u}_i)\mathrm{d}V-\int_S F_i^0(\ddot{u}_i^*-\ddot{u}_i)\mathrm{d}S$$
$$=\int_V \rho(\ddot{u}_i-F_i)(\ddot{u}_i^*-\ddot{u}_i)\mathrm{d}V-\int_S \sigma_{ij}n_j(\ddot{u}_i^*-\ddot{u}_i)\mathrm{d}S-\int_{\Sigma^*}\sigma_i[\ddot{u}_i^*]\mathrm{d}S+\int_{\Sigma}\sigma_i[\ddot{u}_i]\mathrm{d}S$$
$$=\int_V \rho(\ddot{u}_i-F_i)(\ddot{u}_i^*-\ddot{u}_i)\mathrm{d}V-\int_V [\sigma_{ij}(\ddot{u}_i^*-\ddot{u}_i)]_{,j}\mathrm{d}V-\int_{\Sigma^*}\sigma_i[\ddot{u}_i^*]\mathrm{d}S+\int_{\Sigma}\sigma_i[\ddot{u}_i]\mathrm{d}S$$
$$=\int_V \rho(\ddot{u}_i-F_i-\sigma_{ij,j})\mathrm{d}V-\int_V \sigma_{ij}(\ddot{u}_{i,j}^*-\ddot{u}_{i,j})\mathrm{d}V-\int_{\Sigma^*}\sigma_i[\ddot{u}_i^*]\mathrm{d}S+\int_{\Sigma}\sigma_i[\ddot{u}_i]\mathrm{d}S$$
$$=-\int_V \sigma_{ij}(\ddot{\varepsilon}_{ij}^*-\ddot{\varepsilon}_{ij})\mathrm{d}V-\int_{\Sigma^*}\sigma_i[\ddot{u}_i^*]\mathrm{d}S+\int_{\Sigma}\sigma_i[\ddot{u}_i]\mathrm{d}S \tag{7.5.87}$$

将式(7.5.86)及式(7.5.87)代入式(7.5.85)，即得到式(7.5.84)。

下面证明不等式

$$\int_{\Sigma^*}(\sigma_{ij}^*-\sigma_{ij})n_j[\ddot{u}_i^*]\mathrm{d}S\geqslant 0 \tag{7.5.88}$$

为方便讨论，采用局部坐标。设 x 与间断面的 $\boldsymbol{n}$ 重合，于是有 $n_1^*=1$、$n_2^*=n_3^*=1$。式(7.5.81)中的被积函数称为

$$D=(\sigma_{ij}^*-\sigma_{ij})[\ddot{u}_i]=(\sigma_x^*-\sigma_x)[\ddot{u}_x^*]+(\tau_{xy}^*-\tau_{xy})[\ddot{u}_y^*]+(\tau_{xz}^*-\tau_{yz})[\ddot{u}_z^*] \tag{7.5.89}$$

设 v_G 为间断面的运动速度，在本构关系理论中已经证明，当某函数 $\varphi(\boldsymbol{x},t)$ 沿间断面连续时，有下列运动连续条件：

$$\left[\frac{\partial\varphi}{\partial t}\right]+v_G\left[\frac{\partial\varphi}{\partial x}\right]=0 \tag{7.5.90}$$

为了保持介质的连续性，沿间断面 $\dot{u}_x$ 应连续。以 $\dot{u}_x$ 代替 φ，由式(7.5.83)可得

$$[\ddot{u}_x]+v_G[\dot{u}_{x,x}]=0 \tag{7.5.91}$$

根据不可压缩条件，应有 $\dot{u}_{i,i}=0$，即

$$[\dot{u}_{x,x}]+[\dot{u}_{y,y}]+[\dot{u}_{z,z}]=0 \tag{7.5.92}$$

以平面应变为例，设 $u_z=0$。并采用 Mises 屈服条件，屈服函数为

$$\varphi=\frac{1}{4}(\sigma_x-\sigma_y)^2+\tau_{xy}^2-\tau_0^2 \tag{7.5.93}$$

于是

$$\frac{\partial\varphi}{\partial\sigma_x}=\frac{1}{2}(\sigma_x-\sigma_y)\,,\quad \frac{\partial\varphi}{\partial\sigma_y}=-\frac{1}{2}(\sigma_x-\sigma_y)\,,\quad \frac{\partial\varphi}{\partial\tau_{xy}}=2\tau_{xy} \tag{7.5.94}$$

被积函数(7.5.89)变为

$$D=(\sigma_x^*-\sigma_x)^2[\ddot{u}_x^*]+(\tau_{xy}^*-\tau_{xy})[\ddot{u}_y^*] \tag{7.5.95}$$

不可压缩条件式(7.5.92)变为

$$[\dot{u}_{x,x}]+[\dot{u}_{y,y}]=0 \tag{7.5.96}$$

现在分析几种可能的情况：

(1) 设$[\ddot{u}_x^*]=0$，由式(7.5.91)，应有$v_G=0$或$[\dot{u}_{x,x}^*]=0$，被积函数(7.5.95)变为

$$D=(\tau_{xy}^*-\tau_{xy})[\ddot{u}_y^*] \tag{7.5.97}$$

如果$\dot{\varepsilon}_{ij}^*=0$，则$\ddot{\lambda}\geqslant 0$，而且有

$$\ddot{\varepsilon}_{ij}=\ddot{\lambda}\frac{\partial\varphi}{\partial\sigma_{ij}} \tag{7.5.98}$$

如果将间断面(在平面问题的情况下，可看成间断线)看作一狭带，宽度为e，在此带内，$\ddot{u}_y^*$连续但(线性)变化急剧。当$e\to 0$时，即为间断线。在带内

$$\ddot{\varepsilon}_x=\frac{\partial u_x^*}{\partial x}\,,\quad \ddot{\varepsilon}_y=\frac{\partial u_y^*}{\partial y}$$

$$\ddot{\gamma}_{xy}=\frac{\partial\ddot{u}_x^*}{\partial y}+\frac{\partial\ddot{u}_y^*}{\partial x}=\frac{\partial\ddot{u}_x^*}{\partial y}+\frac{[\ddot{u}_y^*]}{e}$$

当$e\to 0$时，$\ddot{\gamma}_{xy}^*\to\infty$，对应$\ddot{\varepsilon}_x^*=\ddot{\varepsilon}_y^*=0$。由式(7.5.98)及式(7.5.81)，应有$\sigma_x^*=\sigma_y^*$。则由屈服条件式(7.5.93)得到$\tau_x^*=\tau_0^2$，而且$\tau_{xy}^*[\ddot{u}_y^*]>0$，但$|\tau_{xy}|\leqslant\tau_0$。由此可见，式(7.5.97)不为负，即$D\geqslant 0$。如果$\varepsilon_{ij}\neq 0$，这时应力唯一确定$\varepsilon_{ij}^*(=\varepsilon_{ij})$，即$\sigma_{ij}=\sigma_{ij}^*$，式(7.5.97)仍然成立。

(2) 设$[\ddot{u}_x^*]\neq 0$，这属于速度强间断面。由于$[\ddot{u}_x^*]\neq 0$，所以$[\dot{u}_{x,x}^*]\neq 0$(运动连续条件)及$[\dot{u}_{y,y}^*]\neq 0$(不可压缩条件)，从而$[\ddot{u}_y^*]\neq 0$。若将间断线看作一狭带的极限情况，可以证明$\sigma_x-\sigma_y$、$\dot{\gamma}_{xy}=\dot{\gamma}_{xy}^*\neq 0$、$\tau_{xy}^*=\tau_{xy}=\pm\tau_0$，式(7.5.95)变为

$$D=(\sigma_x^*-\sigma_x)^2[\ddot{u}_x^*]$$

根据不可压缩条件，应有

$$\frac{\partial \ddot{u}_x^*}{\partial x}+\frac{\partial \ddot{u}_y^*}{\partial y}=\frac{[\ddot{u}_x^*]}{e}+\frac{\partial \ddot{u}_y^*}{\partial y}=0$$

当$e\to 0$时，只有$\ddot{u}_y^*$沿间断线处处间断，上式才成立。然而，这是不可能的(否则，在J^*中应计入这种间断值所引起的功)。因此，要求$[\ddot{u}_x^*]=0$，即D=0。于是，对于平面应变状态，式(7.5.88)得证。

对于像梁这样的弯曲结构，泛函J取下列简化形式：

$$J=\int_l (3w_i^2/2-p_i w_i+M_0|\ddot{\kappa}|)\mathrm{d}l \tag{7.5.99}$$

式中，$w_i\equiv\ddot{u}_i$；$\ddot{\kappa}=\dfrac{\partial \ddot{w}}{\partial x^2}$为曲率加速度。

若将梁长分为n个小段，每段长为$h=l/n$，令由外载荷作用产生的每小段之间节点处的角速度为Ω_k，则式(7.5.92)化为

$$J=\frac{\rho}{2}h^3\sum_{i,j=1}^{n}\alpha_{ij}\dot{\Omega}_i\dot{\Omega}_j-h^2p\sum_{i=1}^{n}\beta_i\dot{\Omega}_i+M_0\sum_{i=1}^{n-1}\left|\dot{\Omega}_{i+1}-\dot{\Omega}_i\right| \tag{7.5.100}$$

式中，二次项系数α_{ij}仅与系统的形状和分段方法有关；β_i依赖载荷作用的形式；p是一个乘子，依赖载荷的强度。

若引进下列无量纲的量：

$$k_1=\frac{ph^3}{m_0}\dot{\Omega}_1,\quad k_{i+1}=\frac{ph^3}{m_0}(\dot{\Omega}_{i+1}-\dot{\Omega}_i),\quad i=1,2,\cdots,n-1$$

式中，$p=\dfrac{h^2q}{M_0}$，则式(7.5.100)化为

$$J=\frac{1}{2}\sum_{i,j=1}^{n}\alpha_{ij}k_ik_j-p\sum_{i=1}^{n}b_ik_i+\sum_{t=1}^{n-1}|k_i| \tag{7.5.101}$$

于是，最小原理化要求式(7.5.101)为最小。但应注意到，若某些$k_i=0$为非解析的，则用一般方法求解将有困难。这就要求梁的挠度为外凸性，即有$k_i\geqslant 0$，则问题化为使泛函

$$J=\frac{1}{2}\sum_{i,j=1}^{n}\alpha_{ij}k_ik_j-p\sum_{i=1}^{n}b_ik_i+\sum_{i=1}^{n-1}c_ik_i$$

在约束条件$k_i\geqslant 0$、$\sum\limits_{i=1}^{n}q_{il}k_i=q_l$下取最小值。

以上实际上是一个数学规划问题，可以采用任一适当的数学规划法来求解。

位移加速度最小原理是在面力F_i^0、位移速度$\dot{u}_i$和应变率$\dot{\varepsilon}_{ij}$为已知，瞬时应力σ_{ij}服从屈服条件(在有限变形时还应有位移u_i为已知)的前提下，考虑运动许可的加速度场作为许可函数$\ddot{u}_i^*$，使泛函J^*取极值来寻求与实际加速度场最

接近的近似解。可以用这一最小值原理构造结构动力响应的数值解，假定 t 时刻的 σ_{ij} 、u_i 、$\dot{u}_i$ ，由最小值原理求出 $t+\Delta t$ 时刻的 $\ddot{u}_i$ ，再由 $u(t+\Delta t)$ 、$\dot{u}(t+\Delta t)$ 导出 $\varepsilon_{ij}(t+\Delta t)$ 和 $\dot{\varepsilon}_{ij}(t+\Delta t)$ ，而 $t+\Delta t$ 时刻的应力则可由本构关系确定。如此循环计算可得全部结果。

在计算中总是要碰到刚性区的问题。在刚性区，应变率 $\dot{\varepsilon}_{ij}=0$ ，所以应力不能由 $\dot{\varepsilon}_{ij}$ 来求得。在计算中要分离刚性区 V_R 和塑性区 V_P 。在塑性区，应力为已知，而在刚性区应力可为任意值。利用这一刚性区应力的任意性，σ_{ij} 可通过理想塑性材料的流动法则，把许可的应变率 $\dot{\varepsilon}_{ij}$ 看成应变率计算。这种做法认为是合理的，因为在用塑性流动理论时，应力是由应变率的比值，而不是由应变率本身绝对值的大小来确定的。

应当指出，由最小值原理，一般地只宜构造近似场，而由近似的应变率得到的应力自然就不是真实的应力。当速度场是近似场时，由此构造的泛函就不会有驻值或极值的性质，由于这种困难，所以目前仍没有针对瞬态近似速度场的极值原理。

若在给定位移场和速度场的条件下，要求建立以应力场 σ_{ij} 构成的泛函所满足的极值原理，则由于应力 σ_{ij} 可由流动法则求出，而在 $\dot{\varepsilon}_{ij}$ 已知的情况下，对于绝对外凸的屈服曲面，$\dot{\varepsilon}_{ij}$ 与 σ_{ij} 有一一对应的关系，所以建立应力极值原理可能也会遇到某些困难。

例 7.5.7　设有受均布动载荷 $p(t)$ 作用的简支圆板，载荷作用时间为 $0\leqslant t\leqslant t_1$ ，之后载荷全部卸去，如图 7.5.7 所示。设材料服从 Tresca 屈服条件，试求其最终残余变形。

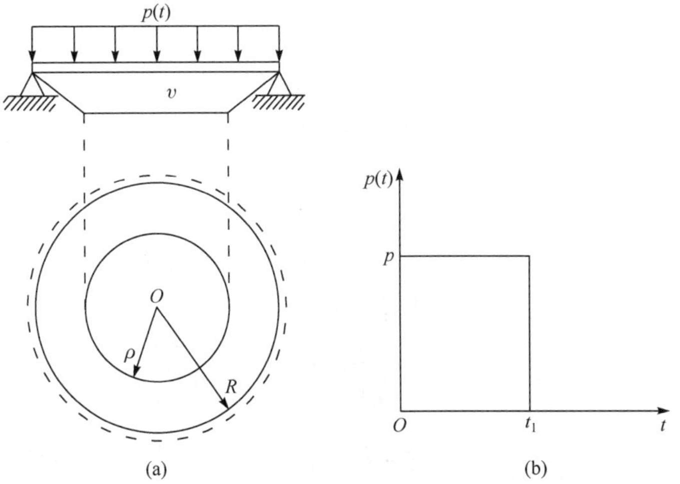

图 7.5.7　受均布动载荷作用的简支圆板及载荷图

解　假定在任一瞬时的速度场为图 7.5.7(a)所示的截顶锥形，锥顶半径为ρ，即塑性铰环的半径为ρ，在$0\leqslant r\leqslant\rho$区域内，板的运行速度为$v$。在$\rho\leqslant r\leqslant R$内任一点均有

$$\dot{\omega}=\frac{r-R}{\rho-R}v$$

已知边界条件及初始条件为

$$\begin{cases}\dot{\omega}=0, & \ddot{\omega}=0, \quad r=R\\ \dot{\omega}(r)=0, & \ddot{\omega}(r)=\lim\limits_{\Delta t\to 0}\dfrac{\dot{\omega}(r,\Delta t)}{\Delta t}, \quad t=0\end{cases}$$

假定在初始时刻$\ddot{\omega}$的分布与$\dot{\omega}$的分布规律相同，即有

$$\begin{cases}(\ddot{\omega})_{t=0}=\dot{v}, & 0\leqslant r\leqslant\rho\\ (\ddot{\omega})_{t=0}=\dfrac{r-R}{\rho-R}\dot{v}, & \rho\leqslant r\leqslant R\end{cases}$$

于是有

$$\begin{aligned}J&=2\pi\left[\frac{m}{2}\int_0^{\rho}\dot{v}^2r\mathrm{d}r+\frac{m}{2}\int_0^{\rho}\left(\frac{r-R}{\rho-R}\right)\dot{v}^2r\mathrm{d}r-\int_0^{\rho}p\dot{v}r\mathrm{d}r-p\dot{v}\int_0^{R}\frac{r-R}{\rho-R}r\mathrm{d}r\right.\\&\quad\left.+M_0\int_0^{R}\frac{\dot{v}}{R-\rho}r\mathrm{d}r+M_0\rho\frac{\dot{v}}{R-\rho}\right]\\&=2\pi\left[\frac{m\dot{v}^2}{24}(3\rho^2+2\rho R+R^2)-\frac{\rho\dot{v}}{6}(\rho^2+\rho R+R^2)+\frac{\dot{v}M_0R}{R-\rho}\right]\end{aligned}$$

由

$$\frac{\partial J}{\partial\rho}=0\,,\quad\frac{\partial J}{\partial\dot{v}}=0$$

可得确定ρ和$\dot{v}$的方程，计算后得

$$\rho=0\,,\quad p=12M_0\frac{R}{(R-\rho)^2(R+\rho)}\tag{7.5.102}$$

若$p\geqslant 12M_0/R^2$，则$\rho\neq 0$。于是，有

$$\dot{v}=\frac{2(pR^2-6M_0)}{mR^2},\quad \rho=0$$

$$\dot{v}=\frac{p}{m},\quad \rho\neq 0$$

在$t\leqslant t_1$时刻，有

$$\begin{cases}\dot{\omega}=v, & 0\leqslant r\leqslant\rho\\ \dot{\omega}=\dfrac{r-R}{\rho-R}v, & \rho\leqslant r\leqslant R\end{cases}$$

由此可得

$$\begin{cases}\ddot{\omega}=\dot{v}, & 0\leqslant r\leqslant\rho\\ \ddot{\omega}=(r-R)\dfrac{\dot{v}(\rho-R)-v\dot{\rho}}{(\rho-R)^2}, & \rho\leqslant r\leqslant R\end{cases}$$

在塑性铰环 $r=\rho$ 处，有

$$-\frac{\partial\ddot{\omega}}{\partial r}=\frac{\dot{v}(\rho-R)-v\dot{\rho}}{(\rho-R)^2}$$

于是，泛函 J 为

$$J=\frac{m}{24}\left\{\dot{v}^2(3\rho^2+2\rho R+R^2)+\left[2v\dot{\rho}\dot{v}-\frac{(v\dot{\rho})^2}{\rho-R}\right](3\rho+R)\right\}$$
$$+M_0\frac{R}{(R-\rho)^2}[\dot{v}(R-\rho)+v\dot{\rho}]$$

由

$$\frac{\partial J}{\partial\dot{v}}=0\text{，}\quad\frac{\partial J}{\partial\dot{\rho}}=0$$

并考虑到式(7.5.102)及 $v=pt_1/m$，可得确定 $v(t)$ 及 $\rho(t)$ 的微分方程为

$$\dot{v}=0\text{，}\quad\dot{\rho}(3\rho^2+2\rho R+R^2)=-\frac{12M_0R}{pt_1}$$

或

$$\dot{v}=-\frac{12M_0}{mR^2}\text{，}\quad\rho=0$$

7.6　刚塑性动力学的广义原理

7.6.1　刚塑性体的极值原理

7.5 节所讨论的刚塑性体动力学的最小值原理实际上是高斯最小作用原理在刚塑性连续介质中的推广。当应用位移加速度最小值原理时，要求加速度 $\ddot{u}_i^*$ 应满足运动可能的条件，这在一些情况下会带来不便。本节将介绍的极值原理则具有某些简便之处。

由于动力容许应力场所对应的加速度场不同，虚速度原理式(7.5.13)有下列三种写法：

$$\begin{cases}\int_V \sigma_{ij}^0 \dot{\varepsilon}_{ij}^* \mathrm{d}V + \sum_l \int_{S_l} \sigma_{ij}^0 n_j [\dot{u}_i^*] \mathrm{d}S + \int_V \rho \ddot{u}_i \dot{u}_i^* \mathrm{d}V = \int_S F_i^0 \dot{u}_i^* \mathrm{d}S + \int_V F_i \dot{u}_i^* \mathrm{d}V \\ \int_V \sigma_{ij}^0 \dot{\varepsilon}_{ij}^* \mathrm{d}V + \sum_l \int_{S_l} \sigma_{ij}^0 n_j [\dot{u}_i^*] \mathrm{d}S + \int_V \rho \ddot{u}_i^* \dot{u}_i^* \mathrm{d}V = \int_S F_i^{0*} \dot{u}_i^* \mathrm{d}S + \int_V F_i \dot{u}_i^* \mathrm{d}V \\ \int_V \sigma_{ij}^0 \dot{\varepsilon}_{ij}^* \mathrm{d}V + \sum_l \int_{S_l} \sigma_{ij}^0 n_j [\dot{u}_i^*] \mathrm{d}S + \int_V \rho \ddot{u}_i^{**} \dot{u}_i^* \mathrm{d}V = \int_S F_i^{0**} \dot{u}_i^* \mathrm{d}S + \int_V F_i \dot{u}_i^* \mathrm{d}V \end{cases} \tag{7.6.1}$$

1. 动力响应问题的动力状态特性

设选取运动可能速度场$\dot{u}_i^*$、$\dot{\varepsilon}_{ij}^*$，由德鲁克公设不等式(7.5.14)，有

$$(\sigma_{ij}^* - \sigma_{ij})\dot{\varepsilon}_{ij}^* \geqslant 0 \tag{7.6.2}$$

式中，σ_{ij}^*与$\dot{\varepsilon}_{ij}^*$满足流动法则。将式(7.6.2)在体积 V 内积分，并应用式(7.6.1)的第一式，考虑到$(\sigma_{ij}^* - \sigma_{ij})n_j[\dot{u}_i^*] \geqslant 0$，可得

$$\int_V \rho \ddot{u}_i \dot{u}_i^* \mathrm{d}V \geqslant \int_S F_i^0 \dot{u}_i^* \mathrm{d}S + \int_V F_i \dot{u}_i^* \mathrm{d}V - \int_V \sigma_{ij}^* \dot{\varepsilon}_{ij}^* \mathrm{d}V - \sum_l \int_{S_l} \sigma_{ij}^* n_j [\dot{u}_i^*] \mathrm{d}S \tag{7.6.3}$$

式(7.6.3)右侧是已知量F_i^0、F_i及$\dot{u}_i^*$、σ_{ij}^*、$\dot{\varepsilon}_{ij}^*$的函数，左侧是真实加速度的加权积分，因此式(7.6.3)给出了关于真实加速度$\ddot{u}_i$(为待求的)的一个积分意义下的定量限值。

式(7.6.3)可改写为

$$\int_S F_i^0 \dot{u}_i^* \mathrm{d}S + \int_V F_i \dot{u}_i^* \mathrm{d}V - \int_V \sigma_{ij}^* \dot{\varepsilon}_{ij}^* \mathrm{d}V - \sum_l \int_{S_l} \sigma_{ij}^* n_j [\dot{u}_i^*] \mathrm{d}S - \int_V \rho \ddot{u}_i \dot{u}_i^* \mathrm{d}V \leqslant 0 \tag{7.6.4}$$

真实的速度场将使式(7.6.4)等于零，则刚塑性体的实际运动速度将使式(7.6.4)所表达的量取最大值。根据基本不等式(7.5.14)，有

$$(\sigma_{ij} - \sigma_{ij}^0)\dot{\varepsilon}_{ij} \geqslant 0$$

式中，σ_{ij}^0为与$\ddot{u}_i$相关的动力容许应力场。在体积 V 内积分上式，并应用式(7.6.1)的第一式消去$\int_V \sigma_{ij} \dot{\varepsilon}_{ij} \mathrm{d}V$及$(\sigma_{ij} - \sigma_{ij}^0)n_j[\dot{u}_i] \geqslant 0$，可得

$$\int_V \rho \ddot{u}_i \dot{u}_i \mathrm{d}V \leqslant \int_S F_i^0 \dot{u}_i \mathrm{d}S + \int_V F_i \dot{u}_i \mathrm{d}V - \int_V \sigma_{ij}^0 \dot{\varepsilon}_{ij} \mathrm{d}V - \sum_l \int_{S_l} \sigma_{ij}^0 n_j [\dot{u}_i] \mathrm{d}S \tag{7.6.5}$$

上述不等式只给出了真实加速度$\ddot{u}_i$的一个定性的积分界限。式(7.6.5)可改写为

$$\int_S F_i^0 \dot{u}_i \mathrm{d}S + \int_V F_i \dot{u}_i \mathrm{d}V - \int_V \sigma_{ij}^0 \dot{\varepsilon}_{ij} \mathrm{d}V - \sum_l \int_{S_l} \sigma_{ij}^0 n_j [\dot{u}_i] \mathrm{d}S - \int_V \rho \ddot{u}_i \dot{u}_i \mathrm{d}V \geqslant 0 \tag{7.6.6}$$

当σ_{ij}^0为真实应力时，式(7.6.6)取等号。因此，刚塑性体运动时的真实应力使式(7.6.6)所表达的量取最小值。

上述关于真实速度的最大性质和真实应力的最小性质都是对加速度而言的，

因此与静力学中真实速度和真实应力的性质(即极限分析的上、下限定理)相反，这是因为在静态极限分析中所求的是(极限)载荷，而不是加速度。

如果加速度给定，应力待求，则可将不等式(7.6.3)、(7.6.5)分别写成

$$\int_S F_i^0 \dot{u}_i^* \mathrm{d}S + \int_V F_i \dot{u}_i^* \mathrm{d}V \leqslant \int_V \rho \ddot{u}_i \dot{u}_i^* \mathrm{d}V + \int_V \sigma_{ij}^* \dot{\varepsilon}_{ij}^* \mathrm{d}V + \sum_l \int_{S_l} \sigma_{ij}^* n_j [\dot{u}_i^*] \mathrm{d}S \tag{7.6.7}$$

$$\int_S F_i^0 \dot{u}_i \mathrm{d}S + \int_V F_i \dot{u}_i \mathrm{d}V \geqslant \int_V \rho \ddot{u}_i \dot{u}_i \mathrm{d}V + \int_V \sigma_{ij}^0 \dot{\varepsilon}_{ij} \mathrm{d}V + \sum_l \int_{S_l} \sigma_{ij}^0 n_j [\dot{u}_i] \mathrm{d}S \tag{7.6.8}$$

不等式(7.6.7)的右侧为已知量 $\ddot{u}_i$ 和 $\dot{u}_i^*$ 的函数，在功率的意义下，给出了载荷的一个定量界限或判据。由于真实速度使式(7.6.7)取等号，所以具有使式(7.6.7)右侧取最小值的性质。反之，不等式(7.6.8)只给出了定性的界限或判据(因 $\dot{u}_i$ 待求)，而真实应力使该式取等号，因此具有使式(7.6.8)右侧取最大值的性质。其结论刚好与上述关于求加速度的结论相反。

2. 动力响应正问题的极值原理

设选定某一类运动可能速度场 $\dot{u}_i^*$ 及对应的加速度场 $\ddot{u}_i^*$ 。又设 σ_{ij}^0 为满足下列条件的动力容许应力场：

$$\begin{cases} \sigma_{ij,j}^0 + F_i - \rho \ddot{u}_i^* = 0 \\ \varphi(\sigma_{ij}^0) \leqslant 0 \\ \sigma_{ij}^0 n_j = F_i^{0*} = \hat{F}_i, \quad \text{在} S_T \text{上} \end{cases} \tag{7.6.9}$$

根据基本不等式(7.5.14)，有

$$(\sigma_{ij}^* - \sigma_{ij}^0) \dot{\varepsilon}_{ij}^* \geqslant 0$$

式中，σ_{ij}^* 与 $\dot{\varepsilon}_{ij}^*$ 服从塑性流动法则，但不一定满足运动方程。在体积 V 内积分上式，并应用式(7.6.1)的第二式消去 $\int_V \sigma_{ij}^0 \dot{\varepsilon}_{ij}^* \mathrm{d}V$ ，考虑到 $(\sigma_{ij}^* - \sigma_{ij}^0) n_j [\dot{u}_i^*] \geqslant 0$ ，可得

$$J_1 = \int_V \sigma_{ij}^* \dot{\varepsilon}_{ij}^* \mathrm{d}V + \sum_l \int_{S_l} \sigma_{ij}^* n_j [\dot{u}_i^*] \mathrm{d}S + \int_V \rho \ddot{u}_i^* \dot{u}_i^* \mathrm{d}V - \int_S F_i^0 \dot{u}_i^* \mathrm{d}S - \int_V F_i \dot{u}_i^* \mathrm{d}V \geqslant 0 \tag{7.6.10}$$

式中，函数 $\ddot{u}_i^*$ 、σ_{ij}^0 及 F_i^{0*} 彼此有关，满足式(7.6.1)的第二式，即

$$\int_V \sigma_{ij}^0 \dot{\varepsilon}_{ij}^* \mathrm{d}V + \sum_l \int_{S_l} \sigma_{ij}^0 n_j [\dot{u}_i^*] \mathrm{d}S + \int_V \rho \ddot{u}_i^* \dot{u}_i^* \mathrm{d}V = \int_S F_i^{0*} \dot{u}_i^* \mathrm{d}S + \int_V F_i \dot{u}_i^* \mathrm{d}V$$

对于真实的解，式(7.6.10)取等号。如果在 S_u 上，$\hat{\dot{u}}_i^* = 0$ ，则在式(7.6.10)及式(7.6.1)的第二式中将面积分 $\int_S F_i^{0*} \dot{u}_i^* \mathrm{d}S$ 改写为 $\int_{S_T} F_i^{0*} \dot{u}_i^* \mathrm{d}S$ ，并且应选取 $\ddot{u}_i^*$ 、σ_{ij}^0 使得

$$\sigma_{ij}^0 n_j = F_i^{0*} = \hat{F}_i, \quad \text{在 } S_T \text{ 上}$$

式(7.6.10)表明，真实的解使泛函 J_1 取最小值，并等于零，称为**动力响应正问题的最小值原理**。

可以证明，满足式(7.6.1)的第二式，且在 S_T 上，$F_i^{0*} = \hat{F}_i$ 的函数组 σ_{ij}^0、$\ddot{u}_i^*$ 和 F_i^{0*} 存在。

对于选定的加速度场 $\ddot{u}_i^*$ 和与 $\dot{\varepsilon}_{ij}^*$ 关联的(满足塑性流动法则的)应力场 σ_{ij}^*，建立下列等式：

$$\int_V \sigma_{ij}^* \dot{\varepsilon}_{ij}^* \mathrm{d}V + \sum_l \int_{S_l} \sigma_{ij}^* n_j [\dot{u}_i^*] \mathrm{d}S - \int_V F_i \dot{u}_i^* \mathrm{d}V + \int_V \rho \ddot{u}_i^* \dot{u}_i^* \mathrm{d}V = \int_S F_i^{0*} \dot{u}_i^* \mathrm{d}S \tag{7.6.11}$$

式中，$\dot{\varepsilon}_{ij}^* = \dot{\lambda} \dfrac{\partial \varphi(\sigma_{ij}^*)}{\partial \sigma_{ij}^*}$；$F_i^* = \sigma_{ij}^* n_j$。

显然，σ_{ij}^* 不满足运动方程和力的边界条件，式(7.6.11)不是虚速度原理，仅是一个功能等式。因此式(7.6.1)的第二式和式(7.6.11)中的 $\dot{u}_i^*$ 和 $\ddot{u}_i^*$ 是不相同的。

在满足式(7.6.11)的函数 σ_{ij}^* 和 $\ddot{u}_i^*$ 中，可以选取函数，使得 $F_i^* = \hat{F}_i$(在 S_T 上)，也可以选取这样的动力容许应力场，满足 $\sigma_{ij,j}^0 + F_i - \rho \ddot{u}_i^* = 0$、$\varphi(\sigma_{ij}^0) \leqslant 0$。但在 S_T 上，F_i^{0*} 不一定等于给定的外力 $\hat{T}$。于是，根据不等式(7.5.14)，有

$$(\sigma_{ij}^* - \sigma_{ij}^0) \dot{\varepsilon}_{ij}^* \geqslant 0$$

在体积 V 内对上式积分，并应用式(7.6.11)消去 $\int_V \sigma_{ij}^* \dot{\varepsilon}_{ij}^* \mathrm{d}V$，由 $(\sigma_{ij}^* - \sigma_{ij}^0) n_j [\dot{u}_i^*] \geqslant 0$ 可得

$$J_1' = \int_V \sigma_{ij}^0 \dot{\varepsilon}_{ij}^* \mathrm{d}V + \sum_l \int_{S_l} \sigma_{ij}^* n_j [\dot{u}_i^*] \mathrm{d}S + \int_V \rho \ddot{u}_i^* \dot{u}_i^* \mathrm{d}V - \int_V F_i \dot{u}_i^* \mathrm{d}V - \int_{S_T} F_i^* \dot{u}_i^* \mathrm{d}S \leqslant 0 \tag{7.6.12}$$

式中，$F_i^* = \hat{F}_i$(在 S_T 上)。真实的解将使式(7.6.12)取等号。由此可见，真实的解使泛函 J_1' 取最大值，并等于零，称为**动力响应正问题的最大值原理**。

式(7.6.10)及式(7.6.12)是极值原理的一般形式，由此可导出其他形式。当位移边界条件为零时，即 $\hat{u} = 0$(在 S_T 上)，则式(7.6.10)及式(7.6.12)分别为

$$J_1 = \int_V \sigma_{ij}^* \dot{\varepsilon}_{ij}^* \mathrm{d}V + \sum_l \int_{S_l} \sigma_{ij}^* n_j [\dot{u}_i^*] \mathrm{d}S + \int_V \rho \ddot{u}_i^* \dot{u}_i^* \mathrm{d}V - \int_V F_i \dot{u}_i^* \mathrm{d}V - \int_S \hat{F}_i \dot{u}_i^* \mathrm{d}S \geqslant 0 \tag{7.6.13}$$

$$J_1' = \int_V \sigma_{ij}^0 \dot{\varepsilon}_{ij}^* \mathrm{d}V + \sum_l \int_{S_l} \sigma_{ij}^0 n_j [\dot{u}_i^*] \mathrm{d}S + \int_V \rho \ddot{u}_i^* \dot{u}_i^* \mathrm{d}V - \int_V F_i \dot{u}_i^* \mathrm{d}V - \int_{S_T} \hat{F}_i \dot{u}_i^* \mathrm{d}S \leqslant 0 \tag{7.6.14}$$

即真实解使泛函 J_1 有最小值，使泛函 J_1' 有最大值，并且都等于零。

由式(7.6.10)、式(7.6.12)可见，泛函 J_1 和 J_1' 之间有下列关系：

$$J_1 \geqslant J_1' \tag{7.6.15}$$

对于真实解，式(7.6.15)取等号。

应当指出，在式(7.6.10)与式(7.6.12)(或者式(7.6.13)与式(7.6.14))中，函数 $\dot{u}_i^*$ 和 $\ddot{u}_i^*$ 是不相同的，因为这两个原理分别基于不同的式(7.6.1)的第二式及式(7.6.11)。

根据上述极值原理，先给出分别满足式(7.6.1)的第二式及式(7.6.11)的函数 σ_{ij}^0 、 $\dot{u}_i^*$ 、 $\ddot{u}_i^*$ 、 F_i^* 及 F_i^{0*} ，代入式(7.6.10)与式(7.6.12)、式(7.6.13)与式(7.6.14)中，然后使式(7.6.10)和式(7.6.13)为最小，或使式(7.6.12)和式(7.6.14)为最大，以求得真实解或真实解的近似解。

在建立极值原理时，还可以将动力容许应力场定义为

$$\begin{cases} \sigma_{ij,j}^0 + F_i - \rho\ddot{u}_i^{**} = 0 \\ \varphi(\sigma_{ij}^0) \leqslant 0 \\ \sigma_{ij}^0 n_j = F_i^{0**} = \hat{F}_i, \quad 在S_T上 \end{cases} \tag{7.6.16}$$

式中，$\ddot{u}_i^{**}$ 为与 $\ddot{u}_i^*$ 不同的另一加速度场，对应运动可能速度场 $\dot{u}_i^{**}$ 。而 $\dot{u}_i^*$ 、$\dot{\varepsilon}_{ij}^*$ 为与 $\ddot{u}_i^*$ 对应的运动可能速度场。这时，虚速度原理应取式(7.6.1)的第三式，于是采用类似的步骤，可得

$$J_1^* = \int_V \sigma_{ij}^* \dot{\varepsilon}_{ij}^* \mathrm{d}V + \sum_l \int_{S_l} \sigma_{ij}^* n_j [\dot{u}_i^*] \mathrm{d}S + \int_V \rho\ddot{u}_i^{**} \dot{u}_i^* \mathrm{d}V - \int_V F_i \dot{u}_i^* \mathrm{d}V - \int_S F_i^{0**} \dot{u}_i^* \mathrm{d}S \geqslant 0 \tag{7.6.17}$$

式中，$F_i^{0**} = \sigma_{ij}^0 n_j = \hat{F}_i$ (在 S_T 上)。对于真实解，式(7.6.17)取等号。因此，真实解使式(7.6.17)的泛函 J_1^* 取最小值，并等于零。

类似地，可以建立下列等式：

$$\int_V \sigma_{ij}^* \dot{\varepsilon}_{ij}^* \mathrm{d}V + \sum_l \int_{S_l} \sigma_{ij}^* n_j [\dot{u}_i^*] \mathrm{d}S + \int_V \rho\ddot{u}_i^{**} \dot{u}_i^* \mathrm{d}V - \int_V F_i \dot{u}_i^* \mathrm{d}V - \int_S F_i^* \dot{u}_i^* \mathrm{d}S = 0 \tag{7.6.18}$$

式中，惯性力为 $-\rho\ddot{u}_i^{**}$ ，而 $\dot{u}_i^*$ 是运动可能速度场，与式(7.6.1)的第二式中的 $\dot{u}_i^*$ 相同。根据不等式(7.5.14)，有

$$(\sigma_{ij}^* - \sigma_{ij}^0)\dot{\varepsilon}_{ij}^* \geqslant 0$$

在体积 V 内对上式积分，并应用式(7.6.18)消去 $\int_V \sigma_{ij}^* \dot{\varepsilon}_{ij}^* \mathrm{d}V$ ，由 $(\sigma_{ij}^* - \sigma_{ij}^0) n_j [\dot{u}_i^*] \geqslant 0$

可得

$$J_1^{*\prime} = \int_V \sigma_{ij}^0 \dot{\varepsilon}_{ij}^* \mathrm{d}V + \sum_l \int_{S_l} \sigma_{ij}^0 n_j [\dot{u}_i^*] \mathrm{d}S + \int_V \rho\ddot{u}_i^{**} \dot{u}_i^* \mathrm{d}V - \int_V F_i \dot{u}_i^* \mathrm{d}V - \int_S F_i^* \dot{u}_i^* \mathrm{d}S \leqslant 0 \tag{7.6.19}$$

式中，$F_i^* = \sigma_{ij}^* n_j = \hat{F}_i$ (在 S_T 上)。σ_{ij}^0 满足对应 $\ddot{u}_i^{**}$ 的运动方程及屈服条件 $\varphi(\sigma_{ij}^0) \leqslant 0$，但 $\sigma_{ij}^0 n_j = F_i^{0**}$ 不一定满足应力边界条件。对于真实解，式(7.6.19)取等号。因此，真实解使泛函 $J_1^{*\prime}$ 有最大值，且等于零，称为最大值原理。

应当指出，式(7.6.18)及式(7.6.1)的第二式中的 $\dot{u}_i^*$ 、$\ddot{u}_i^*$ 相同。

在式(7.6.10)及式(7.6.12)中，也可用真实的速度 $\dot{u}_i(\dot{\varepsilon}_{ij})$ 代换运动可能速度场 $\dot{u}_i^*(\dot{\varepsilon}_{ij}^*)$，这样可以得到相应的泛函及不等式。因为真实的速度 $\dot{u}_i$ 是待求的，所以这种形式的不等式或极值原理不能应用。

在卸载后，$\hat{F}_i = 0$ (在 S_T 上)，则以上有关不等式应该改变，S_T 上的面积分为零，例如，式(7.6.13)变为

$$\int_V \sigma_{ij}^* \dot{\varepsilon}_{ij}^* \mathrm{d}V + \sum_l \int_{S_l} \sigma_{ij}^* n_j [\dot{u}_i^*] \mathrm{d}S + \int_V \rho \ddot{u}_i^* \dot{u}_i^* \mathrm{d}V - \int_V F_i \dot{u}_i^* \mathrm{d}V \geqslant 0 \tag{7.6.20}$$

如果在以上有关式中令加速度为零，则得到相应的静力学极值原理。

综上所述，当采用动力响应问题的最小值原理式(7.6.10)解题时，必须按以下程序进行。

(1) 选取某一运动可能速度场 $\dot{u}_i^*$ 及 $\dot{\varepsilon}_{ij}^*$ 相应的加速度场 $\ddot{u}_i^* = \mathrm{d}\dot{u}_i^* / \mathrm{d}t$ ；

(2) 选取对应 $\ddot{u}_i^*$ 的动力容许应力场 σ_{ij}^0，使 $\ddot{u}_i^*$ 与 σ_{ij}^0 满足式(7.6.9)表示的条件；

(3) 计算与 $\dot{u}_i^*$ 对应的 $\dot{\varepsilon}_{ij}^*$ ；

(4) 给定体积力 F_i 和面力 $\hat{F}_i$ (在 S_T 上)；

(5) 将 $\dot{u}_i^*$ 、$\dot{\varepsilon}_{ij}^*$ 、$\ddot{u}_i^*$ 、σ_{ij}^0 、σ_{ij}^* 视作位矢 $\boldsymbol{x}$ 和时间 t 的函数，代入式(7.6.13)，求 J_1 为最小时的函数 $\dot{u}_i$ 、ε_{ij} 、$\ddot{u}_i$ 及 σ_{ij}^0，一般即得真实解的近似结果。

3. 动力学响应反问题的极值原理

这类问题是给定运动规律或残余变形分布求载荷强度，所以极值原理是对载荷建立的。为了区分“真实的”和“给定的”，将给定的量加顶端符号“ ^ ”。

令 $\hat{\dot{u}}_i$ 、$\hat{\ddot{u}}_i$ 为给定的速度场和加速度场，σ_{ij}^0 为对应 $\hat{\ddot{u}}_i$ 的动力容许应力场，满足下列条件：

$$\begin{cases} \sigma_{ij,j}^0 + F_i - \rho \hat{\ddot{u}}_i^* = 0, & \text{在}V\text{内} \\ \varphi(\sigma_{ij}^0) \leqslant 0, & \text{在}V\text{内} \\ \sigma_{ij}^0 n_j = F_i^0, & \text{在}S_T\text{上} \end{cases} \tag{7.6.21}$$

因为载荷是待求的，所以没有给定力的边界条件。根据不等式(7.5.14)，有

$$(\hat{\sigma}_{ij} - \sigma_{ij}^0) \hat{\dot{\varepsilon}}_{ij} \geqslant 0$$

式中,

$$\hat{\dot{\varepsilon}}_{ij}=\frac{1}{2}(\hat{\dot{u}}_{i,j}+\hat{\dot{u}}_{j,i})$$

式中，$\hat{\sigma}_{ij}$ 为与 $\hat{\dot{\varepsilon}}_{ij}$ 关联的应力场，即满足塑性流动法则的应力场。这里的 $\hat{\dot{u}}_i$ 、$\hat{\dot{\varepsilon}}_{ij}$ 、$\hat{\sigma}_{ij}$ 在某种意义上与 $\dot{u}_i^*$ 、ε_{ij}^* 、σ_{ij}^* 相似，但 $\hat{\dot{u}}_i$ 等是给定的，$\dot{u}_i^*$ 等是任选的，可以改变的。

在体积 V 内对上式积分，并应用虚速度原理(以 $\hat{\ddot{u}}_i$ 代换 $\ddot{u}_i^*$ ，$\hat{\dot{u}}_i$ 代换 $\dot{u}_i^*$)消去 $\int_V \sigma_{ij}^0\hat{\dot{\varepsilon}}_{ij}\mathrm{d}V$ ，且设没有间断面，可得

$$J_2=\int_V \hat{\sigma}_{ij}\hat{\dot{\varepsilon}}_{ij}\mathrm{d}V+\int_V \rho\hat{\ddot{u}}_i\hat{\dot{u}}_i\mathrm{d}V-\int_V F_i\hat{\dot{u}}_i\mathrm{d}V-\int_S F_i^0\hat{\dot{u}}_i\mathrm{d}S\geqslant 0 \tag{7.6.22}$$

对于真实解，式(7.6.22)取等号。因此，真实解使泛函 J_2 有最小值，并等于零，称为**动力学响应反问题的最小值原理**。

如果在 S_u 上，$\hat{\dot{u}}_i=0$ ，则将式(7.6.22)中的面积分 $\int_S F_i^0\hat{\dot{u}}_i\mathrm{d}S$ 改写为 $\int_{S_T} F_i^0\hat{\dot{u}}_i\mathrm{d}S$ ，当给定 $\hat{\dot{u}}_i$ 、$\hat{\ddot{u}}_i$ 、F_i 及相应的 $\hat{\sigma}_{ij}$ 和 $\hat{\dot{\varepsilon}}_{ij}$ ($\hat{\sigma}_{ij}$ 与 $\hat{\dot{\varepsilon}}_{ij}$ 满足塑性流动法则)时，可以选取 S_T 上的载荷 F_i 使下列等式成立:

$$\int_V \hat{\sigma}_{ij}\hat{\dot{\varepsilon}}_{ij}\mathrm{d}V+\int_V \rho\hat{\ddot{u}}_i\hat{\dot{u}}_i\mathrm{d}V-\int_V F_i\hat{\dot{u}}_i\mathrm{d}V-\int_S F_i^*\hat{\dot{u}}_i\mathrm{d}S=0 \tag{7.6.23}$$

由于 $\hat{\sigma}_{ij}$ 不一定是动力可能的，所以式(7.6.23)不是虚速度原理，是类似于式(7.6.11)功能的等式。由式(7.6.22)、式(7.6.23)可见

$$\int_V F_i^0\hat{\dot{u}}_i\mathrm{d}V\leqslant\int_S F_i^*\hat{\dot{u}}_i\mathrm{d}S \tag{7.6.24}$$

现在，选取某一运动可能速度场 $\dot{u}_i^*$ 及加速度场 $\ddot{u}_i^*$ ，在 S_T 上可以选取 $F_i^*=\sigma_{ij}^*n_j$ ，使下列功能等式成立:

$$\int_V \sigma_{ij}^*\dot{\varepsilon}_{ij}^*\mathrm{d}V+\int_V \rho\ddot{u}_i^*\dot{u}_i^*\mathrm{d}V-\int_V F_i\dot{u}_i^*\mathrm{d}V-\int_S F_i^*\dot{u}_i^*\mathrm{d}S=0 \tag{7.6.25}$$

由不等式(7.6.2)，有

$$(\sigma_{ij}^*-\sigma_{ij}^0)\dot{\varepsilon}_{ij}^*\geqslant 0$$

式中，σ_{ij}^0 为动力容许应力场，定义如下:

$$\begin{cases}\sigma_{ij,j}^0+F_i-\rho\hat{\ddot{u}}_i=0\\ \varphi(\sigma_{ij}^0)\leqslant 0\\ \sigma_{ij}^0n_j=F_i^0,\quad 在S_T上\end{cases} \tag{7.6.26}$$

在体积 V 内积分上列不等式，并应用式(7.6.25)消去 $\int_V \sigma_{ij}^* \dot{\varepsilon}_{ij}^* \mathrm{d}V$，可得

$$J_2' = \int_V \sigma_{ij}^0 \dot{\varepsilon}_{ij}^* \mathrm{d}V + \int_V \rho \hat{\ddot{u}}_i \dot{u}_i^* \mathrm{d}V - \int_V F_i \dot{u}_i^* \mathrm{d}V - \int_S F_i^* \dot{u}_i^* \mathrm{d}S \leqslant 0 \tag{7.6.27}$$

真实解使式(7.6.27)取等号。由此可见，真实解使泛函 J_2' 取最大值，并等于零，称为**动力响应反问题的最大值原理**。

根据式(7.6.26)，有下列等式(即虚速度原理)：

$$\int_V \sigma_{ij}^0 \dot{\varepsilon}_{ij}^* \mathrm{d}V + \int_V \rho \hat{\ddot{u}}_i \dot{u}_i^* \mathrm{d}V - \int_V F_i \dot{u}_i^* \mathrm{d}V - \int_S F_i^0 \dot{u}_i^* \mathrm{d}S = 0 \tag{7.6.28}$$

式(7.6.28)实质是式(7.6.1)的第三式，不过令其中的 $\ddot{u}_i^{**} = \hat{\ddot{u}}$。比较式(7.6.27)及式(7.6.28)，可得

$$\int_S F_i^0 \dot{u}_i^* \mathrm{d}S \leqslant \int_S F_i^* \dot{u}_i^* \mathrm{d}S \tag{7.6.29}$$

如果在 S_u 上，$\hat{\dot{u}}_i = 0$，则在上列各式中，面积分中的 S 都改为 S_T。

设运动的初始条件为 $t = 0$、$\hat{\dot{u}}_i = 0$；又设 t_f 为运动终止(最大位移)时刻，即 $t = t_f$ 时，$\hat{\dot{u}}_i = 0$，则有

$$\int_0^{t_f} \int_V \rho \hat{\ddot{u}}_i \hat{\dot{u}}_i \mathrm{d}V = \int_V (\rho \hat{\dot{u}}_i \hat{\dot{u}}_i / 2)\Big|_0^{t_f} \mathrm{d}V = 0 \tag{7.6.30}$$

由式(7.6.22)，可得下列最小值原理：

$$\int_0^{t_f} \left(\int_V \hat{\sigma}_{ij} \hat{\dot{\varepsilon}}_{ij} \mathrm{d}V - \int_V F_i \hat{\dot{u}}_i \mathrm{d}V - \int_S F_i^0 \hat{\dot{u}}_i \mathrm{d}S \right) \mathrm{d}t \geqslant 0 \tag{7.6.31}$$

类似地，由式(7.6.27)可得最大值原理：

$$\int_0^{t_f} \left(\int_V \sigma_{ij}^0 \dot{\varepsilon}_{ij}^* \mathrm{d}V - \int_V F_i \dot{u}_i^* \mathrm{d}V - \int_S F_i^* \dot{u}_i^* \mathrm{d}S \right) \mathrm{d}t + \int_V \rho \hat{\dot{u}}_i \dot{u}_i^* \mathrm{d}V - \int_0^t \mathrm{d}t \int_V \rho \ddot{u}_i^* \hat{\dot{u}}_i \mathrm{d}V \leqslant 0 \tag{7.6.32}$$

当 $t \geqslant t_f$ 时，式(7.6.32)变为

$$\int_0^{t_f} \left(\int_V \sigma_{ij}^0 \dot{\varepsilon}_{ij}^* \mathrm{d}V - \int_V F_i \dot{u}_i^* \mathrm{d}V - \int_S F_i^* \dot{u}_i^* \mathrm{d}S \right) \mathrm{d}t - \int_0^{t_f} \mathrm{d}t \int_V \rho \ddot{u}_i^* \hat{\dot{u}}_i \mathrm{d}V \leqslant 0 \tag{7.6.33}$$

以上有关结果都可推广到速度有间断的情况。

综合以上分析，可以得出以下结论：

(1) 比较式(7.6.1)的第二式及式(7.6.18)，注意其中 $\dot{u}_i^*$ 是相同的。又设在 S_u 上，$\hat{\dot{u}}_i = 0$，以及在 S_T 上，$F_i^* = F_i^{0*} = \hat{F}_i$，于是根据不等式 $(\sigma_{ij}^* - \sigma_{ij}^0)\dot{\varepsilon}_{ij}^* \geqslant 0$ 和 $(\sigma_{ij}^* - \sigma_{ij}^0) n_j [\dot{u}_i^*] \geqslant 0$，可以得到

$$J_3 = \int_V \rho \ddot{u}_i^* \dot{u}_i^* \mathrm{d}V - \int_V \rho \ddot{u}_i^{**} \dot{u}_i^* \mathrm{d}V \geqslant 0 \tag{7.6.34}$$

对于真实解 $\ddot{u}_i^* = \ddot{u}_i$ 、$\ddot{u}_i^{**} = \ddot{u}_i$，式(7.6.34)取等号。

(2) 式(7.6.34)中的加速度 $\ddot{u}_i^*$ 和 $\ddot{u}_i^{**}$ 分别是在加权积分意义下真实加速度 $\ddot{u}_i$ 的上、下限。

$$\ddot{u}_i^* \geqslant \ddot{u}_i \geqslant \ddot{u}_i^{**} \tag{7.6.35}$$

在式(7.6.34)中，分别令 $\dot{u}_i^*$ 、$\ddot{u}_i^*$ 和 $\ddot{u}_i^{**}$ 为真实的，可得

$$\int_V \rho \ddot{u}_i \dot{u}_i \mathrm{d}V \geqslant \int_V \rho \ddot{u}_i^{**} \dot{u}_i \mathrm{d}V$$

$$\int_V \rho \ddot{u}_i^* \dot{u}_i^* \mathrm{d}V \geqslant \int_V \rho \ddot{u}_i \dot{u}_i^* \mathrm{d}V$$

因此，在加权积分的意义下，证实了不等式(7.6.35)。

7.6.2 刚塑性体的广义变分原理

设有刚塑性物体，体积为 V，表面为 S；在表面的一部分 S_T 上给出表面力 $\hat{F}_i$，在其余部分 S_u 上给出位移速度 $\hat{\dot{u}}_i$；体积力为 F_i。以上各量都给出为位矢 $\boldsymbol{x}$ 及时间 t 的函数。在初始时刻，$t=0$ 时，给出物体内的位移 $u_i^{(0)}$ 及速度 $\dot{u}_i^{(0)}$。于是，在 $t>0$ 的任意时刻，应力 σ_{ij} 、速度 $\dot{u}_i$ 、应变率 $\dot{\varepsilon}_{ij}$ 、应变加速度 $\ddot{\varepsilon}_{ij}$ 及位移加速度 $\ddot{u}_i$ 应满足下列基本方程和边界条件。

(1) 运动方程：

$$\sigma_{ij,j}^0 + F_i - \rho \ddot{u}_i = 0 \tag{7.6.36}$$

(2) 几何方程：

$$\dot{\varepsilon}_{ij} = \frac{1}{2}(\dot{u}_{i,j} + \dot{u}_{j,i})\text{，}\quad \ddot{\varepsilon}_{ij} = \frac{1}{2}(\ddot{u}_{i,j} + \ddot{u}_{j,i}) \tag{7.6.37}$$

(3) 屈服条件：

$$\varphi(\sigma_{ij}) = f(\sigma_{ij}) - C \leqslant 0 \tag{7.6.38}$$

式中，C 为常数。

(4) 塑性流动法则。

$$\dot{\varepsilon}_{ij} = \dot{\lambda} \frac{\partial \varphi}{\partial \sigma_{ij}}\text{，}\quad \dot{\lambda} \geqslant 0 \tag{7.6.39}$$

当 $\dot{\varepsilon}_{ij} \neq 0$ 时，应力必在屈服曲面上，$\dot{\lambda} > 0$ 。

当 $\dot{\varepsilon}_{ij}=0$ 且 $\varphi(\sigma_{ij}) = 0$ 时，则 $\dot{\lambda}=0$ ，有

$$\ddot{\varepsilon}_{ij} = \ddot{\lambda} \frac{\partial \varphi}{\partial \sigma_{ij}}\text{，}\quad \ddot{\lambda} \geqslant 0 \tag{7.6.40}$$

当$\dot{\varepsilon}_{ij} \neq 0$、$\ddot{\varepsilon}_{ij} \neq 0$时，有

$$\ddot{\varepsilon}_{ij} = \ddot{\lambda}\frac{\partial \varphi}{\partial \sigma_{ij}} + \dot{\lambda}\frac{\partial}{\partial t}\left(\frac{\partial \varphi}{\partial \sigma_{ij}}\right), \quad \dot{\lambda}>0, \ddot{\lambda}\text{可正可负} \tag{7.6.41}$$

由于屈服曲面的外凸性，恒有

$$(\sigma_{ij} - \sigma'_{ij})\ddot{\varepsilon}_{ij} \geqslant 0 \tag{7.6.42}$$

式中，σ'_{ij}满足$\varphi(\sigma'_{ij}) \leqslant 0$。

(5) 边界条件。

$$\begin{cases} \sigma_{ij} n_j = \hat{F}_i, & \text{在}S_T\text{上} \\ \dot{u}_i = \hat{\dot{u}}_i, \quad \ddot{u}_i = \hat{\ddot{u}}_i, & \text{在}S_u\text{上} \end{cases} \tag{7.6.43}$$

式中，n_j为S_T的外法线方向余弦。

设σ_{ij}、$\dot{u}_i$为真实解，则称

$$\sigma'_{ij} = \sigma_{ij} + \delta\sigma_{ij}, \quad \dot{u}'_i = \dot{u}_i + \delta\dot{u}_i \tag{7.6.44}$$

为**许可状态**，其中$\delta\sigma_{ij}$、$\delta\dot{u}_i$都是真实解的变分。σ'_{ij}和$\dot{u}'_i$为彼此独立的函数，但$\dot{\varepsilon}'_{ij}$、$\ddot{\varepsilon}'_{ij}$与$\dot{u}'_i$、$\ddot{u}'_i$服从式(7.6.37)。在物体内，由应力场σ_{ij}区分刚性区$V_r(\varphi(\sigma_{ij})<0)$和塑性区$V_p(\varphi(\sigma_{ij})=0)$，其分界面为$\Sigma$。对于许可状态，只要求$\sigma'_{ij}$及其对$x_i$的一阶导数在$V_P$内连续，在间断面上允许有有限的间断值，但不必满足运动方程和力的边界条件。许可的速度场$\dot{u}'_i$则在$V = V_R + V_P$内连续，允许存在间断面，但不必满足位移边界条件，σ'_{ij}和$\dot{\varepsilon}'_{ij}$也不必满足塑性流动法则。

定理 7.6.1 在许可状态下，真实的运动状态使下列泛函取极值。

$$\begin{aligned} \varPi_1 = &\int_V [(\sigma_{ij,j} + F_i - \rho\ddot{u}_i)\ddot{u}_i]\mathrm{d}V + \int_V \frac{1}{2}\rho\ddot{u}_i\ddot{u}_i\mathrm{d}V + \int_V \ddot{\lambda}[\varphi(\sigma_{ij}) + \psi^2]\mathrm{d}V \\ &- \int_{S_u} \hat{\ddot{u}}_i\sigma_{ij}n_j\mathrm{d}S - \int_{S_T} \ddot{u}_i(\sigma_{ij}n_j - \hat{F}_i)\mathrm{d}S \end{aligned} \tag{7.6.45}$$

即$\delta\varPi_1=0$等价于满足全部基本方程和边界条件式(7.6.36)～式(7.6.43)。式中，ψ为坐标x_i的某一标量函数。

证明 由于刚性区和塑性区的分界面可以变分，有下列关系：

$$\delta\int_{V_R}(\cdots)\mathrm{d}V = \int_{V_R}\delta(\cdots)\mathrm{d}V + \int_{\delta V_R}(\cdots)\mathrm{d}V \tag{7.6.46}$$

$$\delta\int_{V_P}(\cdots)\mathrm{d}V = \int_{V_P}\delta(\cdots)\mathrm{d}V + \int_{\delta V_P}(\cdots)\mathrm{d}V \tag{7.6.47}$$

式中，$(\cdots)$表示某一被积函数。在小变形情况下，V、S_T及S_u的大小不变，而δV_R和δV_P正好大小相等，符号相反，因此恒有

$$\delta\int_V (\cdots)\mathrm{d}V = \delta\int_{V_R} (\cdots)\mathrm{d}V + \delta\int_{V_P} (\cdots)\mathrm{d}V = \int_{V_P} \delta(\cdots)\mathrm{d}V \tag{7.6.48}$$

根据式(7.6.48)，定理 7.6.1 可表达为

$$\begin{aligned}\delta\Pi_1 = &\int_V \delta[(\dot{\sigma}_{ij,j} + F_i - \rho\ddot{u}_i)\ddot{u}_i]\mathrm{d}V + \int_V \delta\left(\frac{1}{2}\rho\ddot{u}_i\ddot{u}_i\right)\mathrm{d}V + \int_V \delta\{\ddot{\lambda}[\varphi(\sigma_{ij}) + \psi^2]\}\mathrm{d}V \\ &- \int_{S_u} \delta(\hat{\ddot{u}}_i\sigma_{ij}n_j)\mathrm{d}S - \int_{S_T} \delta[\ddot{u}_i(\sigma_{ij}n_j - \hat{F}_i)]\mathrm{d}S = 0\end{aligned}$$

展开后可得

$$\begin{aligned}\delta\Pi_1 = &\int_V (\sigma_{ij,j} + F_i - \rho\ddot{u}_i)\delta\ddot{u}_i\mathrm{d}V + \int_V \ddot{u}_i\delta\sigma_{ij,j}\mathrm{d}V - \int_V \rho\ddot{u}_i\delta\ddot{u}_i\mathrm{d}V + \int_V \rho\ddot{u}_i\delta\ddot{u}_i\mathrm{d}V \\ &+ \int_V \delta\ddot{\lambda}[\varphi(\sigma_{ij}) + \psi^2]\mathrm{d}V + \int_V \ddot{\lambda}\frac{\partial\varphi}{\partial\sigma_{ij}}\delta\sigma_{ij}\mathrm{d}V + \int_V 2\ddot{\lambda}\psi\delta\psi\mathrm{d}V - \int_{S_u} \delta\hat{\ddot{u}}_i\sigma_{ij}n_j\mathrm{d}S \\ &- \int_{S_u} \hat{\ddot{u}}_i\delta(\sigma_{ij}n_j)\mathrm{d}S - \int_{S_T} \delta[\ddot{u}_i(\sigma_{ij}n_j - \hat{F}_i)]\mathrm{d}S - \int_{S_T} \ddot{u}_i\delta(\sigma_{ij}n_j)\mathrm{d}S = 0\end{aligned} \tag{7.6.49}$$

将式(7.6.49)加以整理，并注意到下列等式

$$\int_V (\sigma_{ij}n_j)_{,j}\mathrm{d}V = \int_V \sigma_{ij}n_ju_i\mathrm{d}S$$

或

$$\int_V (\sigma_{ij,j}u_i + \sigma_{ij}u_{i,j})\mathrm{d}V = \int_V \sigma_{ij}n_ju_i\mathrm{d}S$$

及

$$\int_V u_i\delta\sigma_{ij,j}\mathrm{d}V = -\int_V u_{i,j}\delta\sigma_{ij}\mathrm{d}V + \int_S u_i\delta(\sigma_{ij}n_j)\mathrm{d}S$$

于是式(7.6.49)可写成

$$\begin{aligned}\delta\Pi_1 = &\int_V (\sigma_{ij,j} + F_i - \rho\ddot{u}_i)\delta\ddot{u}_i\mathrm{d}V + \int_V \left(\ddot{\lambda}\frac{\partial\varphi}{\partial\sigma_{ij}} - \ddot{\varepsilon}_{ij}\right)\delta\sigma_{ij}\mathrm{d}V + \int_V \delta\ddot{\lambda}[\varphi(\sigma_{ij}) + \psi^2]\mathrm{d}V \\ &+ \int_V 2\ddot{\lambda}\psi\delta\psi\mathrm{d}V - \int_{S_u} \delta(\sigma_{ij}n_j)(\ddot{u}_i - \hat{\ddot{u}}_i)\mathrm{d}S - \int_{S_T} \delta\ddot{u}_i(\sigma_{ij}n_j - \hat{F}_i)\mathrm{d}S = 0\end{aligned} \tag{7.6.50}$$

式中，第二个体积分等于对 V_R 和 V_P 两个体积分之和。但在刚性区内，$\varphi < 0$ 、$\dot{\lambda}=0$ 、$\ddot{\lambda}=0$ ，因而在 V_R 内有

$$\ddot{\varepsilon}_{ij} = \ddot{\lambda}\frac{\partial\varphi}{\partial\sigma_{ij}} + \dot{\lambda}\frac{\partial}{\partial t}\left(\frac{\partial\varphi}{\partial\sigma_{ij}}\right) = 0$$

在式(7.6.50)中，$\delta\ddot{u}_i$ 、$\delta\sigma_{ij}$ 及 $\delta\ddot{\lambda}$ 都是任意的变分，因此由 $\delta J=0$ ，可以得出运动方程、塑性流动法则、边界条件，以及下列关系式：

$$\varphi(\sigma_{ij}) + \zeta^2 = 0 \tag{7.6.51}$$

$$\ddot{\lambda}\psi=0 \tag{7.6.52}$$

式(7.6.51)和式(7.6.52)表明下列几种可能的情况：

(1) 当$\zeta=0$，且$\ddot{\lambda}\neq 0$及$\dot{\lambda}\neq 0$时，$\varphi=0$、$\dot{\varepsilon}_{ij}\neq 0$。这是塑性区应满足的条件。

(2) 当$\zeta\neq 0$，且$\ddot{\lambda}=0$时，$\varphi<0$，所以$\dot{\lambda}=0$、$\dot{\varepsilon}_{ij}=0$。这是刚性区应满足的条件。

(3) 当$\zeta=0$，且$\ddot{\lambda}\neq 0$及$\dot{\lambda}=0$时，从而$\dot{\varepsilon}_{ij}=0$、$\varphi=0$。这是刚塑性区分界面应满足的条件。因为当屈服曲面为外凸时，应力间断面和位移率间断面不能重合，而且在弹塑性交界面上，应变率在间断面的两侧都等于零。所以，刚塑性区的分界面Σ不是一个应力间断面。这种情况说明刚塑性交界面的性质和进一步要求屈服曲面要有外凸性。于是证毕。

定理 7.6.2 若屈服函数$\varphi(\sigma_{ij})=f_n(\sigma_{ij})-C=0$中，$f_n(\sigma_{ij})$是应力分量的$n$次齐次函数，则定理 7.6.1 中的泛函可用以下的Π_2来代换，结果不变(注意，这时$f_n(\sigma_{ij})\leqslant\sigma_T^n=C$)。

$$\Pi_2=\int_V \sigma_{ij}\ddot{\varepsilon}_{ij}\left[\frac{(n+1)\sigma_T^n-f_n}{n\sigma_T^n}\right]\mathrm{d}V-\int_V F_i\ddot{u}_i\mathrm{d}V-\int_V\frac{1}{2}\rho\ddot{u}_i\ddot{u}_i\mathrm{d}V$$
$$-\int_{S_u}(\ddot{u}_i-\hat{\ddot{u}}_i)\sigma_{ij}n_j\mathrm{d}S-\int_{S_T}F_i^0\ddot{u}_i\mathrm{d}S \tag{7.6.53}$$

定理 7.6.2 的证明类似于定理 7.6.1 的证明。

当定理 7.6.1 或定理 7.6.2 用到梁、板、壳等具体结构时，应将σ_{ij}和$\dot{\varepsilon}_{ij}$换成广义应力Q_{ij}和广义应变率$\dot{\kappa}_{ij}$。当速度场有间断面时，在泛函Π_1和Π_2中应加入附加项。

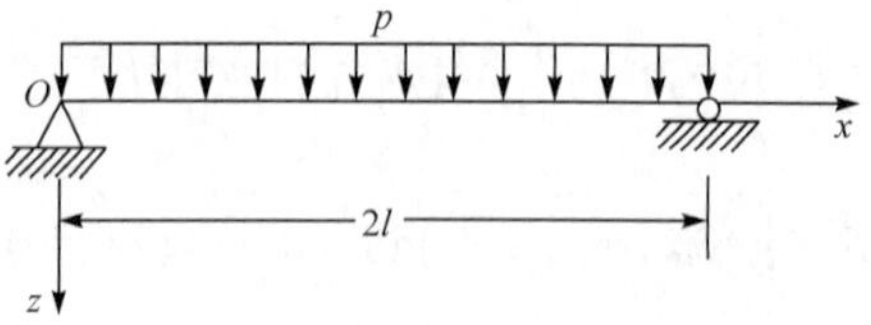

图 7.6.1 受均布冲击载荷作用的简支梁

例 7.6.1 设跨长为 $2l$ 的刚塑性简支梁受到均布冲击载荷作用，其峰值为p，如图 7.6.1 所示，载荷作用的持续时间为τ，梁的极限弯矩为M_0，梁单位长度上的质量为m_0。若$n=2$、$f_n=M^2$、$\sigma_T^2=M_0^2$。应用定理 7.6.2 求解冲击载荷作用下梁的动力响应。

解 将坐标原点设在梁的左端。由于对称性，只需考虑梁的 1/2。

在塑性变形过程中，变形的模式不变。选取

$$M=\beta x^2,\quad \dot{w}=\dot{w}_0 x,\quad 0<x<l \tag{7.6.54}$$

即设梁在中点$x=l$处有一个固定塑性铰。于是

$$\ddot{\kappa}=-\frac{\partial^2\dot{w}}{\partial x^2}=0,\quad 0<x<l$$

将有关式代入式(7.6.53)，得到

$$\begin{aligned}\Pi_n&=\beta l^2\ddot{w}_0\left(\frac{3M_0^2-\beta^2l^4}{2M_0^2}\right)-\int_0^l p(t)\ddot{w}_0 x\mathrm{d}x+\int_0^l\frac{1}{2}m_0\ddot{w}_0^2 x\mathrm{d}x\\&=l^2\ddot{w}_0\left(\frac{3M_0^2\beta-\beta^3l^4}{2M_0^2}\right)-\frac{1}{2}p(t)\ddot{w}_0 l^2+\frac{1}{6}\rho l^2\ddot{w}_0^2\end{aligned}\tag{7.6.55}$$

式(7.6.55)中右侧的第一项为梁中点存在一固定铰引起 $\partial\dot{w}/\partial x$ 间断而产生的附加项。令 $\partial\Pi_2/\partial\beta=0$ 及 $\partial\Pi_n/\partial\ddot{w}_0=0$，分别得到

$$\begin{cases}\beta^2l^4=M_0^2\quad(\text{即}\,\beta l^2=M_0)\\ \beta l^2\left(\dfrac{3M_0^2\beta-\beta^2l^4}{2M_0^2}\right)-\dfrac{1}{2}p(t)l^2+\dfrac{1}{3}m_0l^3\ddot{w}_0=0\end{cases}\tag{7.6.56}$$

设载荷为

$$p(t)=\begin{cases}p,& 0\leqslant t\leqslant\tau\\ 0,& t\geqslant 0\end{cases}\tag{7.6.57}$$

由式(7.6.56)、式(7.6.57)可以解出

$$\beta l^2=M_0,\quad \ddot{w}_0=\frac{3}{pl^3}\left(\frac{1}{2}pl^2-M_0\right)=\text{const}$$

根据初始条件，$t=0$ 时，$\dot{w}=0$、$w=0$，可以求出 $t=\tau$ 时，梁中点的速度和位移分别为

$$\dot{w}_{\text{中}}(\tau)=\frac{3}{pl^3}\left(\frac{1}{2}pl^2-M_0\right)l\tau$$

$$w_{\text{中}}(\tau)=\frac{1}{2}\ddot{w}_0 l\tau=\frac{3}{2m_0l^3}\left(\frac{1}{2}pl^2-M_0\right)l\tau^2$$

当 $t>\tau$ 时，$p=0$，则有

$$\ddot{w}_{\text{中}}=-\frac{3M_0}{\rho l^3}l=\text{const}$$

梁停止运动的时间为

$$T=\tau+\tau'\tag{7.6.58}$$

式中，

$$\tau'=\frac{\dot{w}_{\text{中}}(\tau)}{3M_0/(\rho l^2)}=\frac{1}{M_0}\left(\frac{1}{2}pl^2-M_0\right)\tau$$

代入式(7.6.58)，得到

$$T=p\tau/p_0 \tag{7.6.59}$$

式中，$p_0=2M_0/l^2$ 是静态极限载荷。梁中点的残余变形最大，其值为

$$w_{\max}=w_{中}(\tau)+\dot{w}_{中}(\tau')=\frac{3}{2pl}\left(\frac{1}{2}pl^2-M_0\right)\tau^2+\frac{3M_0}{2m_0l^2}\tau^2=\frac{3p(p-p_0)}{4m_0p_0}\tau^2$$

对于爆炸载荷，有

$$\tau\to 0，\quad p\to\infty，\quad p\tau\to\rho v_0 \tag{7.6.60}$$

于是

$$w_{\max}=\frac{3p^2\tau^2}{4m_0(2M_0/l^2)}=\frac{3}{8}\frac{m_0l^2v_0^2}{M_0}=0.375\frac{m_0l^2v_0^2}{M_0} \tag{7.6.61}$$

在整个运动过程中，选取

$$\begin{cases}M=\beta(x^2-2lx)\\ \ddot{w}=\ddot{w}_0x\end{cases}，\quad 0<x<l \tag{7.6.62}$$

计算结果同前。

在整个运动过程中，选取

$$\begin{cases}M=\beta(x^2-2lx)\\ \ddot{w}=\ddot{w}_0(3xl-x^2)\end{cases}，\quad 0<x<l \tag{7.6.63}$$

对于矩形脉冲载荷(7.6.57)，可以求出

$$\begin{cases}T=p\tau/p_0\\ w_{\max}=0.682\dfrac{p(p-p_0)\tau^2}{m_0p_0}\\ p_0=1.1914M_0/l^2\end{cases} \tag{7.6.64}$$

对于爆炸载荷，$p\tau=pv_0$，有

$$w_{\max}=0.356\frac{m_0l^2v_0^2}{M_0} \tag{7.6.65}$$

设在梁中有两个不同的塑性区段(图 7.6.2)，即选取

$$\begin{cases}M=\beta_1x,\quad \ddot{w}=\ddot{w}_1x,\quad 0<x<l_1\\ M=\beta_2,\quad \ddot{w}=\ddot{w}_2,\quad l_1<x<l_2\end{cases} \tag{7.6.66}$$

在全梁内，$\ddot{\kappa}=-\partial^2\ddot{w}/\partial x^2=0$。于是

$$\begin{aligned}\Pi_2&=\beta_2\frac{3M_0^2-\beta^2}{2M_0^2}\ddot{w}_1-p(t)\int_0^{l_1}\ddot{w}_1x\mathrm{d}x-p(t)\int_{l_1}^{l}w_2\mathrm{d}x+m_0\left(\int_0^{l_1}\frac{1}{2}\ddot{w}_1x^2\mathrm{d}x+\int_{l_1}^{l}\frac{1}{2}\ddot{w}_2^2\mathrm{d}x\right)\\&=\beta_2\frac{3M_0^2-\beta^2}{2M_0^2}\ddot{w}_1-\frac{1}{2}p(t)\ddot{w}_1l_1^2-p(t)\ddot{w}_2(l^2-l_1^2)+m_0\left[\frac{1}{6}\ddot{w}_1^2l_1^3+\frac{1}{2}\ddot{w}_2^2(l-l)\right]\end{aligned} \tag{7.6.67}$$

式中，第一项是所取加速度场在 $x=l_1$ 处具有斜率 $(\ddot{w}_{,x})$ 间断而引起的，则有

$$\begin{cases} 若\dfrac{\partial \Pi_2}{\partial \beta}=0，\quad 得到\beta_2=M_0 \\ 若\dfrac{\partial \Pi_2}{\partial \ddot{w}_1}=0，\quad 得到M_0-\dfrac{1}{2}p(t)l_1^2+\dfrac{1}{3}m_0\ddot{w}_1l_1^3=0 \\ 若\dfrac{\partial \Pi_2}{\partial \ddot{w}_2}=0，\quad 得到(l-l_1)[p(t)-m_0\ddot{w}_2]=0 \end{cases} \tag{7.6.68}$$

在塑性铰处，速度 $\dot{w}$ 必连续，因此在该处的运动连续条件为

$$[\ddot{w}]+\dot{l}_1[\dot{w}_{,x}]=0 \tag{7.6.69}$$

式中，$\dot{l}_1=v_G$ 是铰的运动速度。因为速度连续，所以在 $x=l_1$ 处，$\dot{w}_+=\dot{w}_-$、$\dot{w}_1l_1=\dot{w}_2$，则有

$$[\dot{w}_{,x}]=-\dot{w}_1-\dot{w}_2/l_1 \tag{7.6.70}$$

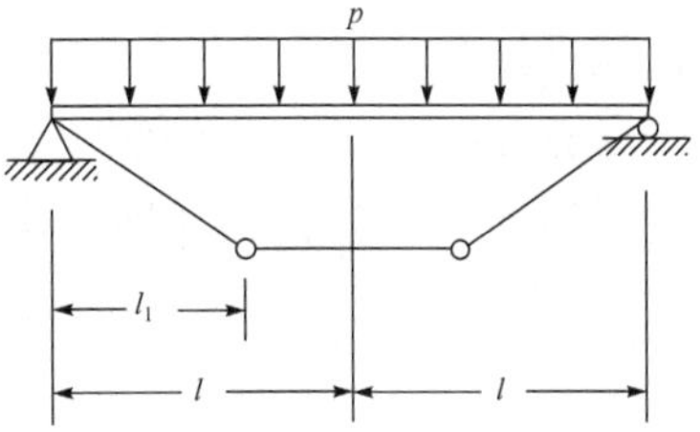

图 7.6.2　两铰变形机构的简支梁

下面讨论各阶段的运动。

第一阶段　$0\leqslant t\leqslant \tau$，$p(t)=p=\text{const}$。

由式(7.6.68)的第二式和第三式，可得

$$\ddot{w}_1l_1=\frac{3}{m_0l_1^2}\left(\frac{1}{2}pl_1^2-M_0\right),\quad l\neq l_1 \tag{7.6.71}$$

$$\ddot{w}_2=p/m_0 \tag{7.6.72}$$

从而得到

$$[\ddot{w}]=\ddot{w}_2-\ddot{w}_1l_1=-\frac{3}{m_0l_1^2}\left(\frac{1}{6}pl_1^2-M_0\right) \tag{7.6.73}$$

又由式(7.6.72)可得

$$\dot{w}_2=pt/m_0 \tag{7.6.74}$$

将式(7.6.74)代入式(7.6.69)，得

$$[\dot{w}_{,x}]=-pt/(m_0l_1) \tag{7.6.75}$$

再将式(7.6.73)、式(7.6.75)代入式(7.6.69)并简化，得到

$$\frac{1}{6}pl_1^2-M_0+\frac{1}{3}ptl_1\dot{l}_1=0 \tag{7.6.76}$$

式(7.6.76)对任何时刻 t 都成立，因此必有 $\dot{l}_1=0$，即塑性铰是固定的。于是由式(7.6.76)可得 $l_1^2=6M_0/p$。因为 $0\leqslant l_1\leqslant l$，所以必有

$$p\geqslant 6M_0/l^2\overset{\text{def}}{=}p_1 \tag{7.6.77}$$

当 $p \leqslant 6M_0/l^2$ 时，l_1 将大于 l，这是不可能的，因此以上分析不正确。为了满足式(7.6.68)的第三式，则有 $l_1 = l$，即在梁的中点有一个不动铰。再由式(7.6.68)的第二式，可得

$$\ddot{w}_1 l_1 = \frac{3}{2m_0}\left(p - \frac{2M_0}{l^2}\right) \tag{7.6.78}$$

当 $\ddot{w}_1 = 0$ 时，问题是静态的，相应地由式(7.6.78)可得

$$p_0 = 2M_0/l^2 = \frac{1}{3}p_1$$

这就是静态极限载荷。

综合以上分析，可得：

当 $p_0 < p \leqslant 3p_0 = p_1$ 时，属于中载，梁在中点出现一个不动铰，其运动规律为

$$\begin{cases} w = w_1 x \\ m_0 w_1 l = \dfrac{3}{4}(p - p_0)t^2 \end{cases}, \quad 0 < x < l \tag{7.6.79}$$

当 $p > 3p_0 = p_1$ 时，属于高载，这时运动规律为

$$\begin{cases} w = w_1 x, \quad m_0 w_1 = pt^2/2l_1, \quad 0 < x < l_1 \\ w = w_2, \quad m_0 w_2 = pt^2/2, \quad l_1 < x < l_2 \end{cases} \tag{7.6.80}$$

式中，$l_1^2 = 6M_0/p$。

第二阶段　$\tau \leqslant t \leqslant T_1$，$p(t) = 0$。

(1) 中载($p_0 < p \leqslant 3p_0 = p_1$)。选取

$$\ddot{w} = \ddot{w}_0 x, \quad M = \beta x, \quad 0 < x < l$$

于是

$$\begin{cases} 若\dfrac{\partial \Pi_2}{\partial \beta}=0, \quad 得到\beta_2 = M_0 \\ 若\dfrac{\partial \Pi_2}{\partial \ddot{w}_0}=0, \quad 得到M_0 + \dfrac{1}{3}m_0 \ddot{w}_0 l^3 = 0 \end{cases} \tag{7.6.81}$$

利用 $t = \tau$ 时的连续条件，可得

$$m_0 w_0 = -\frac{3M_0}{2l^3}(t-\tau)^2 + \frac{3\tau}{2l^3}(p - p_0)(t-\tau) + \frac{3}{4}(p - p_0)\tau^2$$

梁停止运动(塑性流动)的时间为

$$T = p\tau/p_0$$

梁中点处的最大残余变形为

$$w_{\max} = \frac{3p(p - p_0)\tau^2}{4m_0 p_0} \tag{7.6.82}$$

(2) 高载($p>3p_0=p_1$)。选取

$$\begin{cases}\ddot{w}=\ddot{w}_1x, & M=\beta_1x, \quad 0<x<l_1\\ \ddot{w}=\ddot{w}_2, & M=\beta_2, \quad l_1<x<l_2\end{cases} \tag{7.6.83}$$

所选应力场及加速度场和式(7.6.66)一样，于是由式(7.6.67)(令 p=0)可得

$$\beta_2=M_0, \quad M_0+\frac{1}{3}m_0\ddot{w}_1l_1^3=0, \quad (l-l_1)m_0\ddot{w}_2=0 \tag{7.6.84}$$

在式(7.6.84)中，若令 $l=l_1$，则 $t=\tau$ 时速度不连续，因为在第一阶段，当 $t=\tau$ 时，$l\neq l_1$。所以只能有

$$\ddot{w}_1=p\tau/m_0, \quad \ddot{w}_2=0 \tag{7.6.85}$$

由式(7.6.84)及 $x=l_1$ 处的运动连续条件，可得 $-3M_0+p\tau l_1\dot{l}_1=0$，积分 $\dot{l}_1$，并利用 $t=\tau$ 时的初始条件，即 $t=\tau$ 时，$l_1^2=6M_0/p$，可以求出

$$l_1^2=\frac{6M_0t}{p\tau} \tag{7.6.86}$$

设 $t=T_1$ 时，$l_1=l$。由式(7.6.86)可求出

$$T_1=pl^2\tau/(6M_0) \tag{7.6.87}$$

以后即开始第三阶段(只在高载下才有第三阶段)。

第三阶段　$T\geqslant t\geqslant T_1, p(t)=0$。

选取

$$\ddot{w}=\ddot{w}_0x, \quad M=\beta x, \quad 0<x<l \tag{7.6.88}$$

其分析过程与中载的第二阶段相似。

当应力场和加速度场选择恰当时，由广义变分原理所得近似解和精确解是一致的。

下面列出冲击载荷作用下的完全解，式中 $p=2M_0/l^2$。

(1) 中载($p_0<p\leqslant 3p_0$)。

$$T=p\tau/p_0 \tag{7.6.89}$$

$$w_{\max}=\frac{3p(p-p_0)\tau^2}{4m_0p_0} \tag{7.6.90}$$

(2) 高载($p>3p_0$)。

$$T=p\tau/p_0 \tag{7.6.91}$$

$$w_{\max}=\frac{p(p-p_0)\tau^2}{m_0p_0} \tag{7.6.92}$$

对于爆炸载荷，设 $p\tau=m_0v_0$，则有

$$w_{\max}=\frac{1}{3}\frac{m_0l^2v_0^2}{M_0} \tag{7.6.93}$$

爆炸载荷作用下 $w_{\max}$ 的上下限为

$$\begin{cases} w_{\max} \leqslant \dfrac{1}{2}\dfrac{m_0 l^2 v_0^2}{M_0}, & \text{上限} \\ w_{\max} \geqslant \dfrac{1}{4}\dfrac{m_0 l^2 v_0^2}{M_0}, & \text{下限} \end{cases} \tag{7.6.94}$$

上列解可与例 7.5.7 的结果进行比较。

利用广义变分原理不仅有可能得到精确解，而且采用静态极限分析时的应力场和速度场，所求出的最大残余变形也比由上、下限定理所得结果更接近精确结果。

7.6.3 初值边值问题的广义变分原理

为了克服哈密顿型变分原理中未计入初始条件的不足，Gurtin 利用两函数的卷积，建立了弹性动力学的变分原理。本节将简要介绍其主要结果及其在刚塑性体动力学中的推广。

设有两个函数 $f(\boldsymbol{x},t)$ 及 $g(\boldsymbol{x},t)$，其卷积 $(f * g)$ 为

$$(f * g)(\boldsymbol{x},t) = \int_0^t f(\boldsymbol{x},t-\tau) g(\boldsymbol{x},t)\mathrm{d}\tau, \quad t \geqslant 0 \tag{7.6.95}$$

根据 Titchmarch 定理，对于 $t \geqslant 0$，若 $f * g = 0$，则必有 g=0 或 f=0。于是，不难证明以下引理。

引理 7.6.1 设 v 为在 $V \times [0,t_p]$ 上光滑的函数，t_p 为小于无穷大的某一个固定时刻，“×”表示两集的笛卡儿积(下同)。又设任意光滑函数 $w(\boldsymbol{x},t) \in V \times [0,t_p]$ 及所有对 x_i 的导数在 $S \times [0,t_p]$ 上都等于零，于是若对于任意这样的函数有

$$\int_V (v * w - \tau)(\boldsymbol{x},t)\mathrm{d}\boldsymbol{x}=0, \quad t \geqslant 0 \tag{7.6.96}$$

则

$$v(\boldsymbol{x},t) = 0, \quad \forall(\boldsymbol{x},t) \in V \times [0,t_p] \tag{7.6.97}$$

引理 7.6.2 令 v 在 $S_T \times [0,t_p]$ 上光滑，并假定对于任意在 $S_u \times [0,t_p]$ 上等于零的函数 w，有

$$\int_{S_T} (v * w)(\boldsymbol{x},t)\mathrm{d}\boldsymbol{x} = 0, \quad t \geqslant 0, \quad \boldsymbol{x} \in S_T \tag{7.6.98}$$

则

$$v(\boldsymbol{x},t) = 0, \quad \forall(\boldsymbol{x},t) \in S_T \times [0,t_p] \tag{7.6.99}$$

式中，S_T、S_u 分别为给定面力和给定初速度的部分表面，且有 $S = S_T \cup S_u$、$S_T \cap S_u$=0；S 为物体 V 的边界。V 的闭包为 $\bar{V} = V \cup S$。

引理 7.6.3 设 $v_i (i=1,2,3)$ 在 $S_u \times [0,t_p]$ 光滑，并假定在任意光滑的对称张量函数 w_{ij} 及其对 x_i 的所有导数在 $S_T \times [0,t_p]$ 上都等于零。若有

$$\int_{S_u}(v_i * w_{ij} n_j)(\boldsymbol{x},t)\mathrm{d}S = 0 \tag{7.6.100}$$

式中，n_j 为沿 S_u 外法线方向单位矢量的分量，则

$$v_i = 0, \quad 在 S_u \times [0,t_p] 上 \tag{7.6.101}$$

引理 7.6.4　设 v_i 在 $\bar{V}$ 上光滑，如果对于任意 $t=0$，其值为零的光滑函数 $w_j(j=1,2,3)$，有

$$\int_V v_i(\boldsymbol{x}) * w_j(\boldsymbol{x})\mathrm{d}\boldsymbol{x} = 0, \quad \boldsymbol{x} \in V \tag{7.6.102}$$

即

$$v_i = 0, \quad 在 \bar{V} 内 \tag{7.6.103}$$

引理 7.6.5　设 v_i 为在 $S_T \times [0,t_p]$ 上的光滑函数，又设任意光滑对称张量函数 w_{ij} 在 V 内 $t=0$ 时刻等于零。于是，若有

$$\int_{S_u}(v_i * w_{ij,j})(\boldsymbol{x},t)\mathrm{d}S = 0 \tag{7.6.104}$$

则

$$v_i = 0，在 S_T \times [0,t_p] 上 \tag{7.6.105}$$

引理 7.6.6　仅当

$$(g * \sigma_{ij,j})(\boldsymbol{x},t) + F_i(\boldsymbol{x},t) - \rho(g' * \dot{u}_i)(\boldsymbol{x},t) = 0, \quad \forall(\boldsymbol{x},t) \in V \times [0,t_p] \tag{7.6.106}$$

成立时，位移分量 $\dot{u}_i(\boldsymbol{x},t)$、应力分量 $\sigma_{ij}(\boldsymbol{x},t)$ 才满足运动方程

$$\sigma_{ij,j} + \hat{F}_i = \rho\ddot{u}_i, \quad 在 \bar{V} \times [0,t_p] 内 \tag{7.6.107}$$

和初始条件

$$\dot{u}_i(\boldsymbol{x},t) = \hat{u}(\boldsymbol{x}), \quad \boldsymbol{x} \in \bar{V} \tag{7.6.108}$$

式中，

$$g(t) \equiv 1, \quad g'(t) \equiv 1 \tag{7.6.109}$$

$$F_i = (g * \hat{F}_i)(\boldsymbol{x},t) + \rho[\hat{\dot{u}}_i(\boldsymbol{x},0)t + \hat{u}_i(\boldsymbol{x},0)], \quad t \geqslant 0 \tag{7.6.110}$$

式中，ρ 为材料密度。现在给出下列初值边值问题的广义变分原理。

定理 7.6.3　令 Π 为所有可能运动过程的集合，$t \in [0,t_p]$，仅当可能运动过程 p 为初值边值问题的解时，在 Π_3 内的下列泛函(以下将 $\Pi_t\{p\}$ 简写为 Π_3)

$$\begin{aligned}\Pi_3 = &\int_V \left[g * \varepsilon_{ij} * E_{ijkl}\varepsilon_{kl}/2 + \rho\dot{u}_i * \dot{u}_i/2 - g * \sigma_{ij} * \varepsilon_{ij} - (g * \sigma_{ij,j} + F_i) * \dot{u}_i\right](\boldsymbol{x},t)\mathrm{d}V \\ &+ \int_{S_T}(g * F_i * \hat{u})(\boldsymbol{x},t)\mathrm{d}S + \int_{S_u}[g * (F_i - \hat{F}_i) * u_i]\mathrm{d}S\end{aligned} \tag{7.6.111}$$

取驻值，即

$$\delta\Pi_3 = 0, \quad 0 \leqslant t \leqslant p \tag{7.6.112}$$

式(7.6.111)中，$F_i = g * \hat{F}_i(\boldsymbol{x},t) + \rho[\hat{\dot{u}}_i t + \hat{v}(\boldsymbol{x})]$。

上述定理与静力学中的胡海昌-鹫津原理对应。

定理 7.6.4 在所有的可能状态中，若实际的运动状态不存在应力场和速度场的间断，则它使下列泛函 Π_4 取极值，即有

$$\delta\Pi_4=\delta\left(\int_V (g*\sigma_{ij,j}\dot{u}_i)\mathrm{d}V+\int_V F_i\dot{u}_i\mathrm{d}V-\frac{1}{2}\rho\int_V (g*\dot{u}_i\dot{u}_i)\mathrm{d}V+\int_V\left\{g*\frac{\sigma_{ij}\dot{\varepsilon}_{ij}}{2\sigma_0^2}[f(\sigma_{ij})+\varphi^2]\right\}\mathrm{d}V\right.$$
$$\left.-\int_{S_T}[g*(F_i^0-\hat{F}_i)\dot{u}_i]\mathrm{d}S-\int_{S_u}(g*F_i^0\hat{\dot{u}}_i)\mathrm{d}S\right)=0 \tag{7.6.113}$$

式中，σ_0 为简单拉伸屈服应力 $f(\sigma_{ij})$ 为应力分量的二次齐次函数。

证明 在式(7.6.113)中，σ_{ij}、$\dot{u}_i$、$(\sigma_{ij}\dot{\varepsilon}_{ij})/(2\sigma_0^2)=\lambda$，以及 φ 均为独立分量，将此一阶变分展开，并考虑到 $\delta F_i^0=n_j\delta\sigma_{ij}$，$\dot{u}_i\delta\sigma_{ij,j}=(\dot{u}_i\delta\sigma_{ij})_{,j}-\dot{u}_{(i,j)}\delta\sigma_{ij}$ 及

$$\int_V (g*\dot{u}_i\sigma_{ij})_{,j}\mathrm{d}V=\int_{\partial V}(g*\dot{u}_i)n_j\delta\sigma_{ij}\mathrm{d}S \tag{7.6.114}$$

可得

$$\delta\Pi_4=\int_V (g*\sigma_{ij,j})+F_i-\rho(g'*\dot{u}_i)\delta\sigma_{ij}\mathrm{d}V+\int_V\left[g*\left(\frac{\sigma_{ij}\dot{\varepsilon}_{ij}}{2\sigma_0^2}\frac{\partial f}{\partial\sigma_{ij}}-\dot{u}_{(i,j)}\right)\delta\sigma_{ij}\right]\mathrm{d}V$$
$$+\int_V\left\{g*\left[f(\sigma_{ij})+\varphi^2\right]\delta\left(\frac{\sigma_{ij}\dot{\varepsilon}_{ij}}{2\sigma_0^2}\right)\right\}\mathrm{d}V+\int_V\left(g*\frac{\sigma_{ij}\dot{\varepsilon}_{ij}}{2\sigma_0^2}2\varphi\delta\varphi\right)\mathrm{d}V$$
$$-\int_{\partial V_\sigma}[g*(F_i^0-\bar{F}_i^0)\delta\dot{u}_i]\mathrm{d}S+\int_{\partial V_u}[g*(\bar{\dot{u}}_i-\dot{u}_i)\delta\sigma_{ij}n_j]\mathrm{d}S=0 \tag{7.6.115}$$

由 $\delta\dot{u}_i$、$\delta\sigma_{ij}$、$\delta\lambda$、$\delta\varphi$ 的任意性及引理 7.6.1～引理 7.6.6，可得

$$\begin{cases}(g*\sigma_{ij,j})+F_i-\rho(g'*\dot{u}_i)=0, & \text{在}\bar{V}\times[0,t_p]\text{内}\\ \dot{\varepsilon}_{ij}-\dfrac{\sigma_{ij}\dot{\varepsilon}_{ij}}{2\sigma_0^2}-\dfrac{\partial f}{\partial\sigma_{ij}}=0, & \text{在}\bar{V}\times[0,t_p]\text{内}\\ f(\sigma_{ij})+\varphi^2=0, & \text{在}\bar{V}\times[0,t_p]\text{内}\\ \lambda\varphi=0, & \text{在}V\times[0,t_p]\text{内}\\ F_i^0-\bar{F}_i^0=0, & \text{在}\partial V_\sigma\times[0,t_p]\text{上}\\ \dot{u}_i-\bar{\dot{u}}_i=0, & \text{在}\partial V_u\times[0,t_p]\text{上}\end{cases} \tag{7.6.116}$$

式(7.6.116)中的各式即所讨论问题的全部支配方程和附加条件，包括运动方程、本构方程、边界条件和初始条件，式(7.6.116)的第三式和第四式表明：

(1) 若 $\lambda\neq 0$、$\varphi=0$，则 $\dot{\varepsilon}\neq 0$、$f(\sigma_{ij})=0$，表示在塑性区应满足塑性流动定理和屈服条件。

(2) 若 $\lambda=0$、$\varphi=0$，则 $\dot{\varepsilon}=0$、$f(\sigma_{ij})<0$，表示在刚性区应满足的条件。

(3) 若 $\lambda=0$、$\varphi=0$，则 $\dot{\varepsilon}=0$、$f(\sigma_{ij})=0$，表示在刚塑性交界面应满足的条件。

在此情况下，交界面是一个应力间断面，在屈服曲面为外凸曲面时，应力间断面和应变间断面不可能重合。在应力间断面上应变率必须连续，而在刚塑性情况下，应变率在间断面两侧均等于零。这就是说，第三种情况说明了刚塑性交界面的性质和进一步要求屈服曲面要有外凸性。证毕。

以下讨论刚塑性区域的运动交界面和在塑性区内可能存在间断面的问题。

在刚塑性体变形过程中，刚塑性交界面通常随时间变化，这种变化可在广义变分原理中得到反映。对于这种情况，连同塑性区内可能存在的应力或位移速度的间断面的场合，因而有以下定理。

定理 7.6.5　在所有的可能状态中，若实际的运动状态含有运动刚塑性交界面和应力与位移速度的间断面，则将使下列泛函 Π_5 取驻值，即下列变分方程成立。

$$\begin{aligned}\delta\Pi_5=\delta\Bigg(&\int_V (g*\sigma_{ij,j}\dot{u}_i)\mathrm{d}V+\int_V F_i\dot{u}_i\mathrm{d}V-\frac{1}{2}\rho\int_V (g*\dot{u}_i\dot{u}_i)\mathrm{d}V\\&+\int_V\left\{g*\frac{\sigma_{ij}\dot{\varepsilon}_{ij}}{2\sigma_0^2}[f(\sigma_{ij})+\varphi^2]\right\}\mathrm{d}V-\int_{S_T}[g*(F_i^0-\bar{F}_i^0)\dot{u}_i]\mathrm{d}S-\int_{S_u}(g*F_i^0\hat{\dot{u}}_i)\mathrm{d}S\\&+\int_{\Gamma'}\left[g*\left(\left\|\bar{F}_i^0\right\|-\left\|F_i^0\right\|\right)\right]\dot{u}_i\mathrm{d}S-\int_{\Gamma''}\left[g*\left\|\dot{u}_i\right\|F_i^0\right]\mathrm{d}S\Bigg)=0\end{aligned}\tag{7.6.117}$$

实际上，定理 7.6.5 就是定理 7.6.4 中加上了关于应力间断面 Γ' 和位移速度间断面 Γ'' 的积分项。考虑到在体积 V 内有有限个刚塑性交界面，即把 V 分成了不同的刚性区和塑性区，并考虑到变分 δu_i 、$\delta\sigma_{ij}$ 的任意性及上述引理便不难证明定理 7.6.5。

7.6.4　解的唯一性定理

在塑性静力学中，可以对较广泛的情况建立解的唯一性定理。在动力学问题中，可以在引入一些附加条件下讨论解的唯一性问题。假定

(1) 物体是小变形。

(2) 不存在运动速度的间断。

(3) 应力增量和应变率增量满足

$$\mathrm{d}\sigma_{ij}\mathrm{d}\dot{\varepsilon}_{ij}\geqslant 0\tag{7.6.118}$$

(4) 下列不等式成立：

$$(\sigma_{ij}^{(1)}-\sigma_{ij}^{(2)})(\dot{\varepsilon}_{ij}^{(1)}-\dot{\varepsilon}_{ij}^{(2)})\geqslant 0\tag{7.6.119}$$

式中，$\sigma_{ij}^{(1)}$ 为任意应力状态；$\sigma_{ij}^{(2)}$ 为经由任意路径及任意时间后到达的应力状态；$\dot{\varepsilon}_{ij}^{(1)}$ 和 $\dot{\varepsilon}_{ij}^{(2)}$ 分别为与 $\sigma_{ij}^{(1)}$ 和 $\sigma_{ij}^{(2)}$ 对应的应变率。

对于梁、板、壳一类结构的动力响应问题，条件(2)是无关紧要的；但对于应

力波的传播问题，则应加以特别的注意，要对具体问题进行具体分析。

限制条件式(7.6.118)与材料的稳定性条件类似。在直线应力路径下，式(7.6.118)实际上保证了式(7.6.119)。

设对于同一塑性动力学问题有两个解：速度场$\dot{u}_i^{(1)}$、$\dot{u}_i^{(2)}$；加速度场$\ddot{u}_i^{(1)}$、$\ddot{u}_i^{(2)}$；应力场$\sigma_{ij}^{(1)}$、$\sigma_{ij}^{(2)}$；应变率场$\dot{\varepsilon}_{ij}^{(1)}$、$\dot{\varepsilon}_{ij}^{(2)}$。因为只讨论小变形问题，位移-应变关系、运动方程都是线性的，所以两个解之差必然也满足这些基本方程和边界条件，但体力、面力和S_u上的位移、速度都等于零。在$t>t_0$(t_0为运动开始的时刻)的任意时刻，根据虚速度原理，应有

$$\int_V \rho(\ddot{u}_i^{(1)}-\ddot{u}_i^{(2)})(\dot{u}_i^{(1)}-\dot{u}_i^{(2)})\mathrm{d}V+\int_V \rho(\sigma_{ij}^{(1)}-\sigma_{ij}^{(2)})(\dot{\varepsilon}_{ij}^{(1)}-\dot{\varepsilon}_{ij}^{(2)})\mathrm{d}V=0 \quad (7.6.120)$$

当速度场连续或速度间断为定常值时，有下列关系：

$$\int_V \rho(\ddot{u}_i^{(1)}-\ddot{u}_i^{(2)})(\dot{u}_i^{(1)}-\dot{u}_i^{(2)})\mathrm{d}V=\frac{\mathrm{d}T}{\mathrm{d}t} \quad (7.6.121)$$

式中，

$$T=\frac{1}{2}\int_V \rho(\dot{u}_i^{(1)}-\dot{u}_i^{(2)})(\dot{u}_i^{(1)}-\dot{u}_i^{(2)})\mathrm{d}V\geqslant 0 \quad (7.6.122)$$

只有当$\dot{u}_i^{(1)}=\dot{u}_i^{(2)}$时，式(7.6.122)才取等号。由式(7.6.120)、式(7.6.121)及式(7.6.119)可得

$$\frac{\mathrm{d}T}{\mathrm{d}t}=\int_V (\sigma_{ij}^{(1)}-\sigma_{ij}^{(2)})(\dot{\varepsilon}_{ij}^{(1)}-\dot{\varepsilon}_{ij}^{(2)})\mathrm{d}V\leqslant 0 \quad (7.6.123)$$

因在初始时刻(t_0)，两组解都满足初始条件，所以

$$T(t_0)=0 \quad (7.6.124)$$

结合式(7.6.122)～式(7.6.124)，要求$t_0>t$的任何时刻，都有

$$\frac{\mathrm{d}T}{\mathrm{d}t}=0\text{，}\quad T=\mathrm{const}=0 \quad (7.6.125)$$

即

$$\int_V \rho(\dot{u}_i^{(1)}-\dot{u}_i^{(2)})(\dot{u}_i^{(1)}-\dot{u}_i^{(2)})\mathrm{d}V=0 \quad (7.6.126)$$

$$\int_V (\sigma_{ij}^{(1)}-\sigma_{ij}^{(2)})(\dot{\varepsilon}_{ij}^{(1)}-\dot{\varepsilon}_{ij}^{(2)})\mathrm{d}V=0 \quad (7.6.127)$$

由式(7.6.127)可见，满足初始条件、边界条件及动力学基本方程的速度和加速度只有唯一的一组解，在速度连续及连续可微的条件下，应变率也只有唯一解。

至于应力场的唯一性问题，则与本构关系有关。例如，当材料是弹塑性(或弹黏塑性)的，则可证明，应变率的唯一性可以导致应力的唯一性。

参 考 文 献

范天佑. 2006. 断裂动力学原理与应用[M]. 北京: 北京理工大学出版社.

郭日修. 2003. 弹性力学与张量分析[M]. 北京: 高等教育出版社.

黄克智, 薛明德, 陆明万. 2003. 张量分析[M]. 北京: 清华大学出版社.

贾书惠. 1987. 刚体动力学[M]. 北京: 高等教育出版社.

李润方, 王建军. 1994. 齿轮系统动力学[M]. 北京: 科学出版社.

李有堂. 2010. 机械系统动力学[M]. 北京: 机械工业出版社.

李有堂, 马平, 杨萍, 等. 2000. 计算切口应力集中系数的无限相似单元法[J]. 机械工程学报, 36(12): 101-104.

刘延柱. 2016. 高等动力学[M]. 北京: 高等教育出版社.

尚梅. 2013. 高等动力学[M]. 北京: 机械工业出版社.

石端伟. 2007. 机械动力学[M]. 北京: 中国电力出版社.

舒仲周, 张继业, 曹登庆. 1992. 运动稳定性[M]. 北京: 中国铁道出版社.

唐锡宽, 金德闻. 1983. 机械动力学[M]. 北京: 高等教育出版社.

武际可, 苏先越. 1994. 弹性系统的稳定性[M]. 北京: 科学出版社.

谢官模. 2007. 振动力学[M]. 北京: 国防工业出版社.

杨桂通. 1988. 弹性动力学[M]. 北京: 中国铁道出版社.

杨桂通. 2012. 塑性动力学[M]. 北京: 高等教育出版社.

杨桂通. 2015. 塑性动力学概论[M]. 北京: 清华大学出版社.

杨义勇, 金德闻. 2009. 机械系统动力学[M]. 北京: 清华大学出版社.

应光祖. 2011. 高等动力学——理论与应用[M]. 杭州: 浙江大学出版社.

张伯军. 2010. 弹性动力学简明教程[M]. 北京: 科学出版社.

张策. 2000. 机械动力学[M]. 北京: 高等教育出版社.

张元林. 2003. 积分变换[M]. 北京: 高等教育出版社.

Danieson D A. 1992. Vectors and Tensors in Engineering and Physics[M]. Redwood City: Addison-Wesley Publishing Company.

Eringen A C, Suhubi E S. 1975. Elastodynamics[M]. New York: Academic Press.

Hu C B, Li Y T, Gong J. 1998. The transition method of geometrically similar element for dynamic crack problem[J]. Key Engineering Materials, 145-149: 267-272.

Li Y T, Ma P. 2007. Finite geometrically similar element method for dynamic fracture problem[J]. Key Engineering Materials, 345-346: 441-444.

Li Y T, Song M. 2008. Method to calculate stress intensity factor of V-notch in bi-materials[J]. Acta Mechanica Solida Sinica, 21(4): 337-346.

Li Y T, Rui Z Y, Huang J L. 2000a. An inverse fracture problem of a shear specimen with double cracks[J]. Key Engineering Materials, 183-187: 37-42.

Li Y T, Wei Y B, Hou Y F. 2000b. The fracture problem of framed plate under explosion loading[J]. Key Engineering Materials, 183-187: 319-324.

Li Y T, Ma P, Yan C F. 2006a. Anti-fatigued criterion of annularly breached spindle on mechanical design[J]. Key Engineering Materials, 321-323: 755-758.

Li Y T, Rui Z Y, Yan C F. 2006b. Uniform model and fracture criteria of annularly breached bars under bending[J]. Key Engineering Materials, 321-323: 751-754.

Li Y T, Yan C F, Kang Y P. 2006c. Transition method of geometrically similar element for dynamic V-notch problem[J]. Key Engineering Materials, 306-308: 61-66.

Li Y T, Rui Z Y, Yan C F. 2007a. Transition method of geometrically similar element to calculate the stress concentration factor of notch[J]. Materials Science Forum, 561-565: 2205-2208.

Li Y T, Yan C F, Jin W Y. 2007b. The method of torsional cylindrical shaft with annular notch in quadric coordinate[J]. Materials Science Forum, 561-565: 2225-2228.

Li Y T, Rui Z Y, Yan C F. 2008. A new method to calculate dynamic stress intensity factor for V-notch in a bi-material plate[J]. Key Engineering Materials, 385-387: 217-220.

Li Y T, Yan C F, Feng R C. 2010. Dynamic stress intensity factor of fixed beam with several notches by infinitely similar element method[J]. Key Engineering Materials, 417-418: 473-476.

Ogata K. 2004. 系统动力学[M]. 韩建友，李威，邱丽芳，等译. 北京：机械工业出版社.

Reismann H, Pawlik P. 1980. Elasticity, Theory and Applications[M]. New York: John Wiley & Sons.

Rui Z Y, Li Y T, Feng R C. 2008. Gear faults diagnosis based on wavelet neural networks[C]. IEEE International Conference on Mechatronics and Automation, Takamatsu, 5-8: 367-372.